乱流工学ハンドブック

笠木伸英
［総編集］
河村　洋
長野靖尚
宮内敏雄
［編集］

朝倉書店

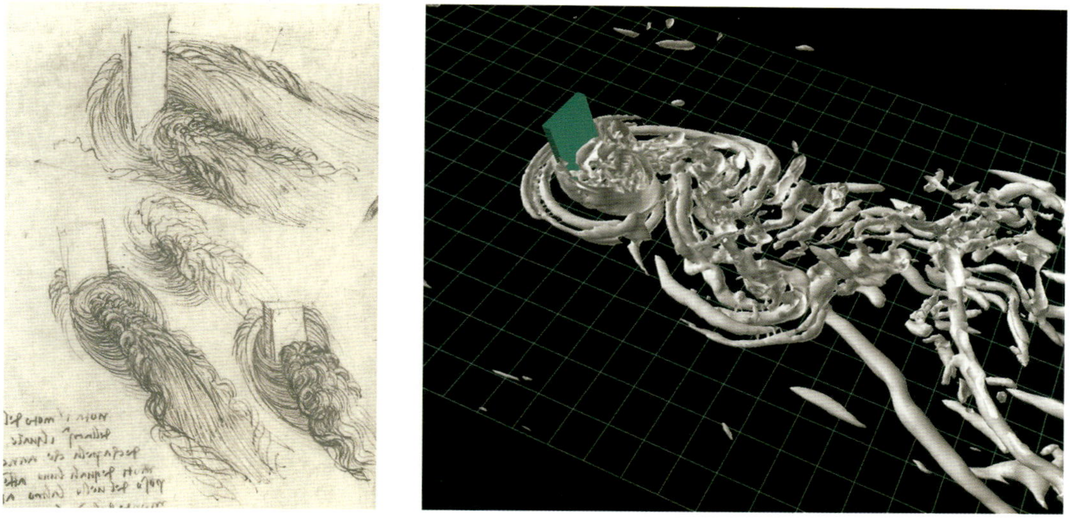

口絵 1　レオナルド・ダ・ヴィンチから直接数値シミュレーションへ：レオナルドは，自然や人体の克明なスケッチを多く残している．左図はその一つで，川の中に立つ杭のうしろに現れる乱流渦（『レオナルド・ダ・ヴィンチ素描集』朝倉書店）．一方，右図は最近の直接数値シミュレーション（DNS）による流れの中に置かれた板の周りの渦の可視化（提供：河村洋）．レイノルズ数や自由表面の有無等の条件は異なるものの，レオナルドが魅了された複雑な渦運動が 500 年のときを経てコンピューターによって再現される．

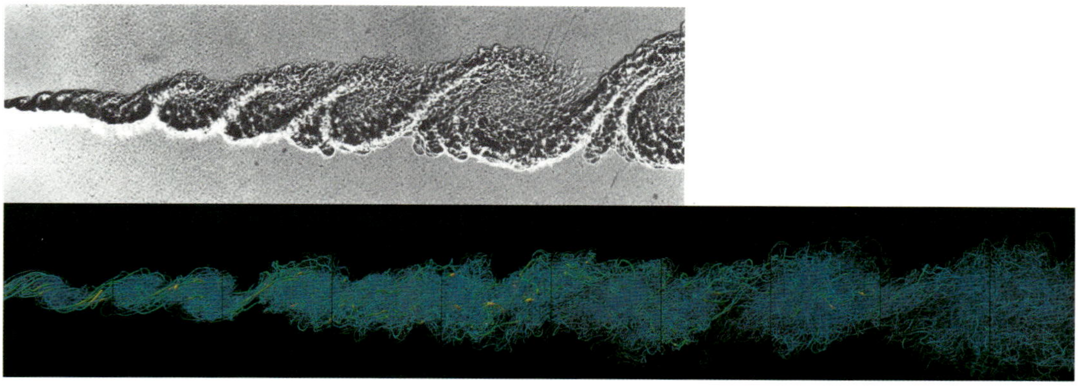

口絵 2　混合層の可視化：実験（シュリーレン写真上）と DNS（微細渦の軸分布：太さと色はそれぞれ軸上の第二普遍量の平方根に比例して太く，青から赤へと変化する）から得られた混合層の組織構造．十分発達した乱流状態であっても，大規模で組織的な構造が乱流中に存在する．（G. L. Brown and A. Roshko : J. Fluid Mech., **64**, 1974, 775- ; Y. Wang, *et al.*: Int. J. Heat Fluid Flow, **28**, 2007, 1280-1290）（9.3.1 項参照）

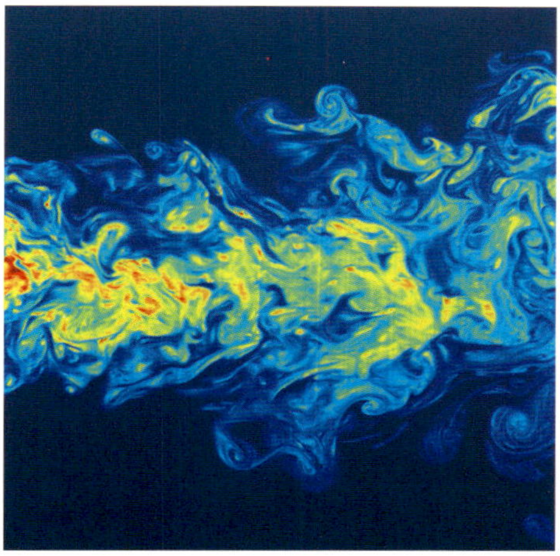

口絵 3　乱流噴流の断面構造の LIF による可視化：噴流中には様々のスケールの渦運動が存在し，また周囲流体との間に乱流と非乱流の明確な境界が存在して，間欠性が生じる (作動流体は水，Re＝2000，可視化領域はノズル径の 60～100 倍の距離)．（J. Westerweel, *et al.*: J. Fluid Mech., **631**, 2009, 199-230）（9.3.2 項参照）

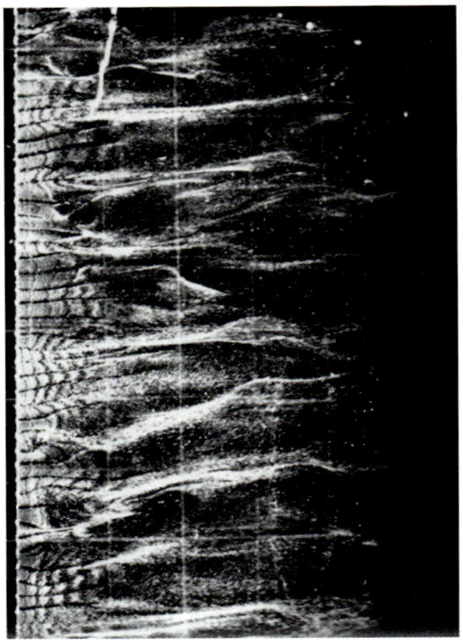

口絵 4　水素気泡法による乱流境界層壁近くのストリーク構造の可視化：壁に平行な断面，水素気泡法の電極線は壁近傍 $y^+ \sim 4.5$ に設置．（S. J. Kline *et al.*: J. Fluid Mech., **30**, 1967, 741-773）（9.4.3 項，図 9.33 参照）

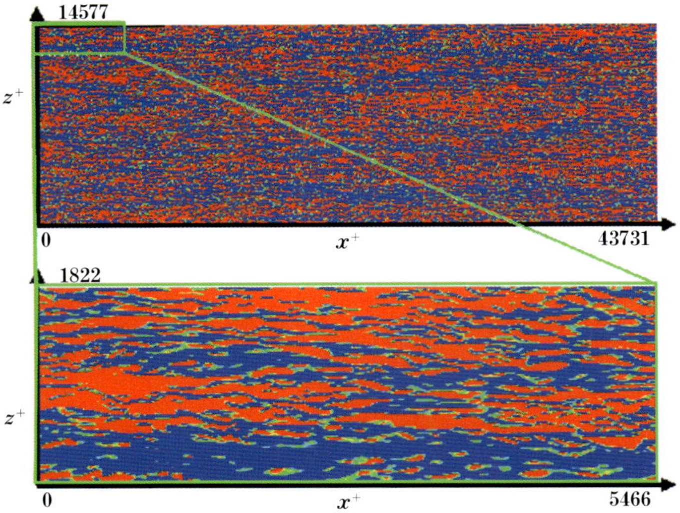

口絵 5　チャネル乱流の DNS（$Re_\tau=2320$）における壁に平行な断面での u' の等値線図：赤は高速領域（$u'^+>1$），青は低速領域（$u'^+<-1$）．高レイノルズ数壁乱流の壁面近傍では，外層スケールで整理される大規模構造と，粘性スケールで整理されるストリーク構造が併存する．（K. Iwamoto *et al.*: Proc. 6th Symp. Smart Control of Turbulence, 2005, 327-333）（9.4.3 項参照）

口絵 6　平板乱流境界層（$Re_\theta \sim 3500$）における大規模構造の可視化：主流方向は左から右．（T. Corke *et al.*: An Album of Fluid Motion（M. V. Dyke ed.），The Parabolic Press, Stanford, California, 1986, 92）（9.4.3 項図 9.38 参照）

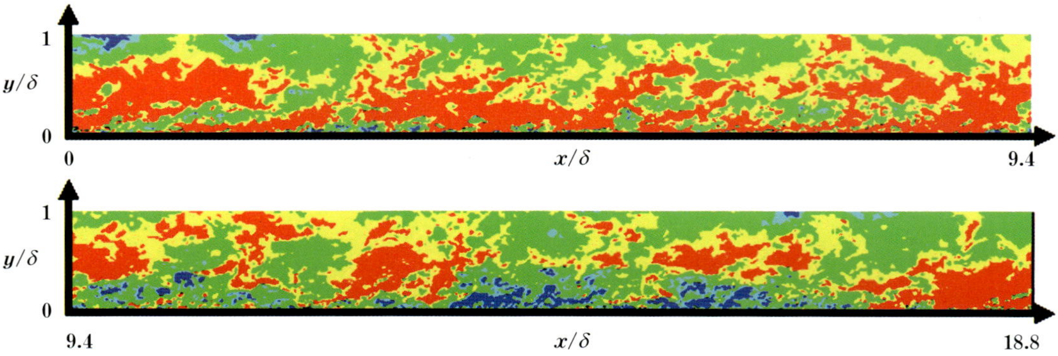

口絵 7　チャネル乱流の DNS（$Re_\tau=2320$）におけるスパン方向に垂直な断面での u' の等値線図：赤は高速領域（$u'^+>3$），青は低速領域（$u'^+<-3$）．口絵 6 の平板境界層の場合と同様に，大規模構造のスケールは壁近傍からチャネル中央にまで及ぶ．（K. Iwamoto *et al.*: Proc. 6th Symp. Smart Control of Turbulence, 2005, 327-333）（9.4.3 項参照）

口絵 8　チャネル乱流の DNS（Re_τ=1160）の流れに垂直な断面（壁面から中心まで）での渦構造と低高速領域の可視化：レイノルズ数の増加と共に，壁近くの小スケールの縦渦に加えて，チャネル半幅オーダーの大規模渦運動が現れる．白は渦構造（歪み速度テンソルの第 2 不変量，$II<-0.005$），赤は高速領域（$u^{+\prime}<-1.0$），青は低速領域（$u^{+\prime}>1.0$）を示す．（K. Iwamoto *et al.*: Int. J. Heat Fluid Flow, **23**, 2002, 678-689）（9.4.3 項節参照）

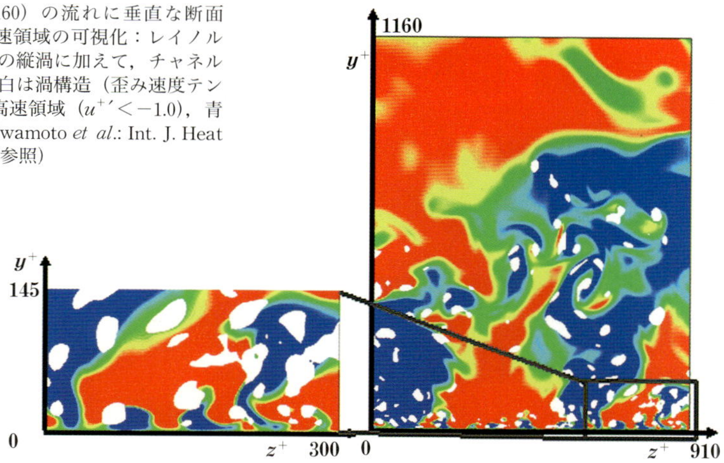

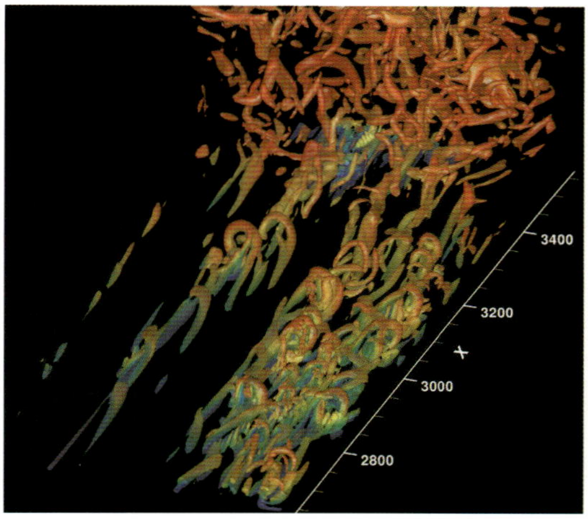

(a)

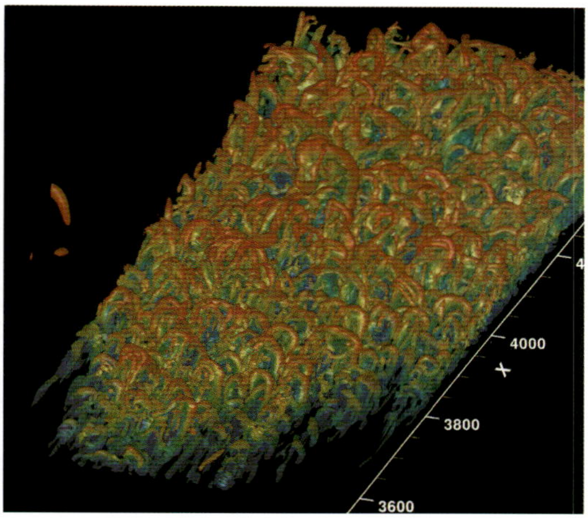

(b)

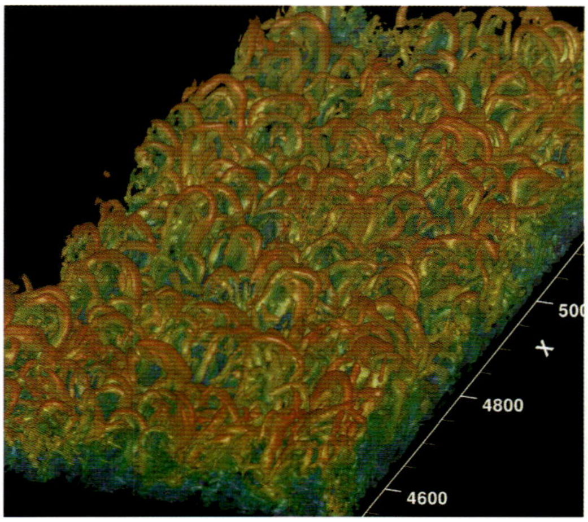

(c)

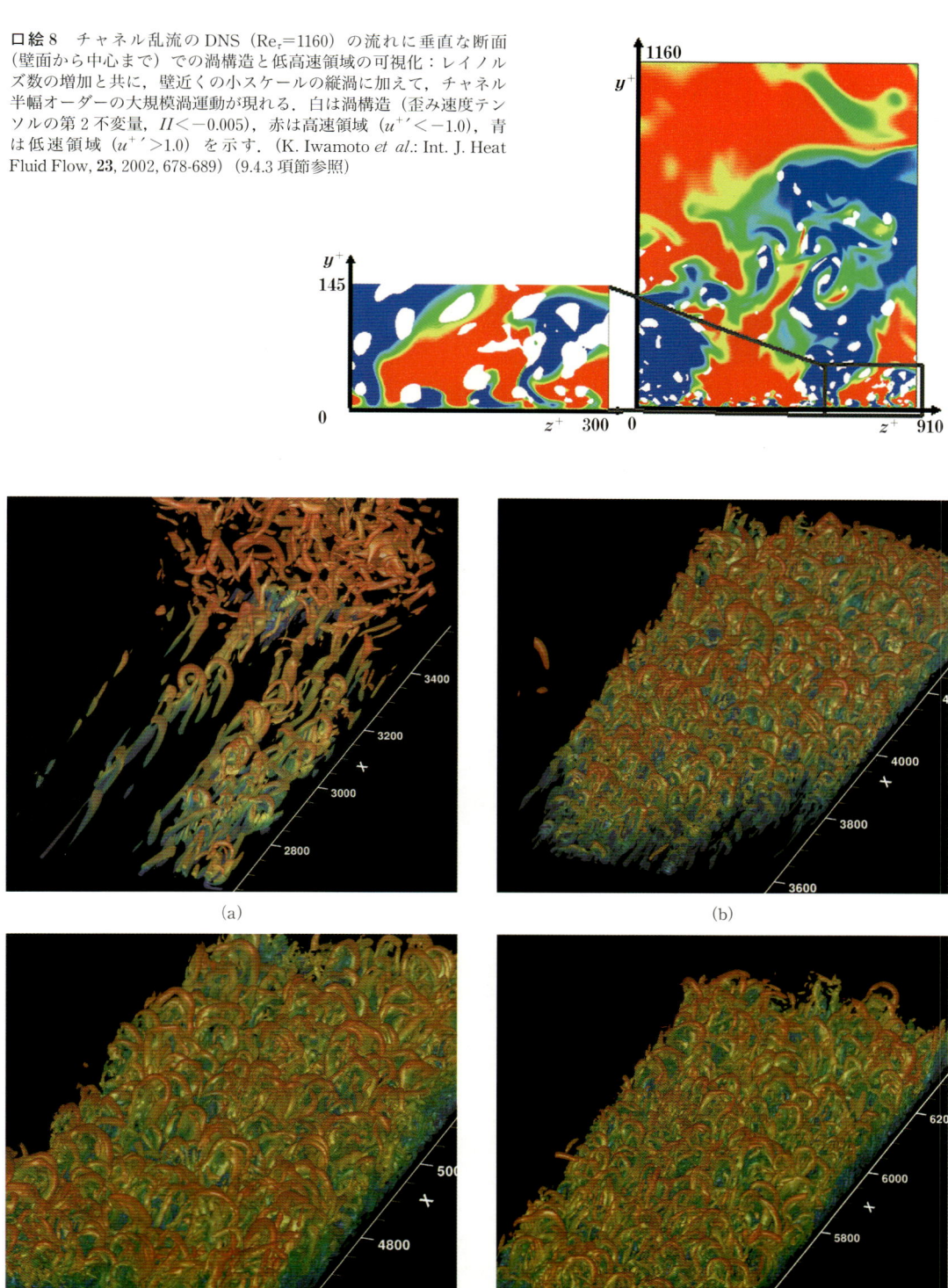

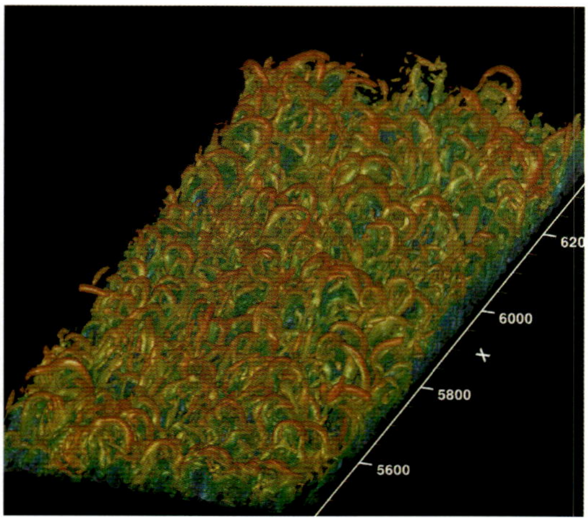

(d)

口絵 9　平板乱流境界層の DNS（80 ≦ Re_θ≦940）における渦構造（歪み速度テンソルの第 2 不変量）の等値面図（赤は高速領域，青は低速領域）．(a) 流れ方向に並んだヘアピン渦が成長している．(c-d) 下流ではヘアピン渦が発達し，全領域に存在する．（X. Wu and P. Moin: J. Fluid Mech., **630**, 2009, 5-41）（9.4.3 節参照）

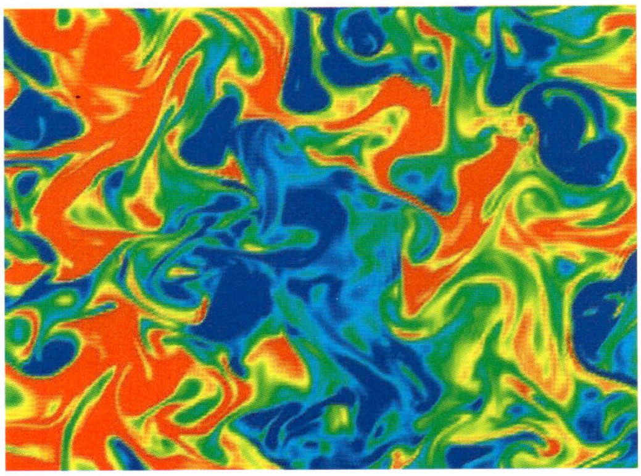

(a) Pr＝10

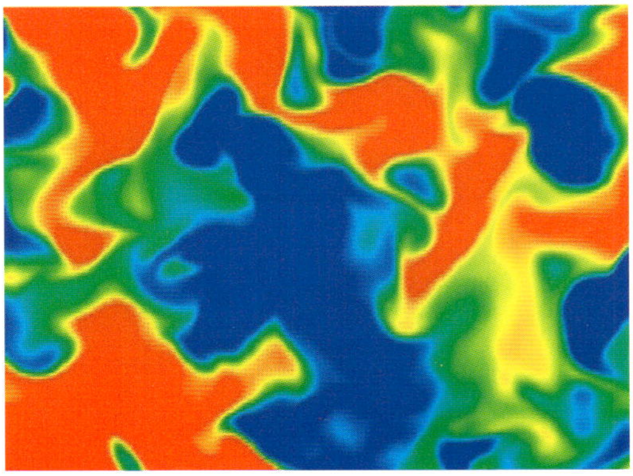

(b) Pr＝0.71

口絵 10　乱流熱輸送におけるプラントル数の影響：壁面加熱されたチャネル乱流の DNS で再現された，壁面と平行な中央断面における，異なるプラントル数流体の瞬時温度分布（高温（赤），低温（青））．流れは同一（Re_τ＝180，向きは図中左から右）．(a) と (b) を比較すると，高・低温領域の位置や形状は，大きなスケールではほぼ一致しているが，Pr の大きい場合 (a) には，さらに細かい構造が見られる．Pr が小さい場合 (b) には熱拡散が盛んで，構造が均一化されている．（Kozuka, *et al*.: Int. J. Heat and Fluid Flow, **30**, 2009, 514-524）（9.4 節参照）

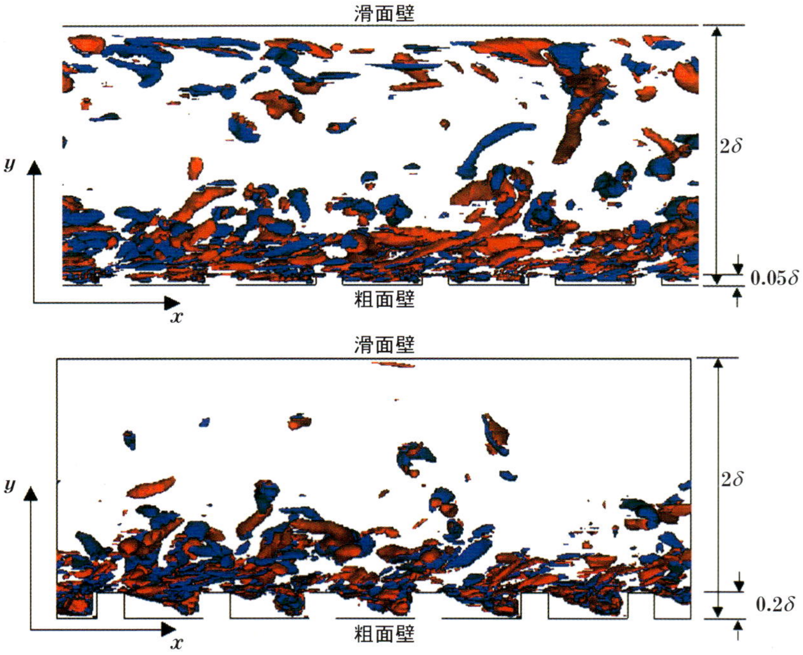

口絵 11　片側に粗面壁（k 型）を有するチャネル乱流の DNS における内渦構造の可視化：粗面が低い場合は，渦構造（$II^+<-0.5$）はキャビティ内に侵入し，滑面に比べて乱れ強さが若干増加するだけであるが，粗面が高くなると粗面近傍での渦生成が活発となる．赤は流れ方向渦度が正，青は負の渦度．（Y. Nagano *et al*.: Int. J. Heat Fluid Flow, **25**, 2004, 393-403）（16.1 節参照）

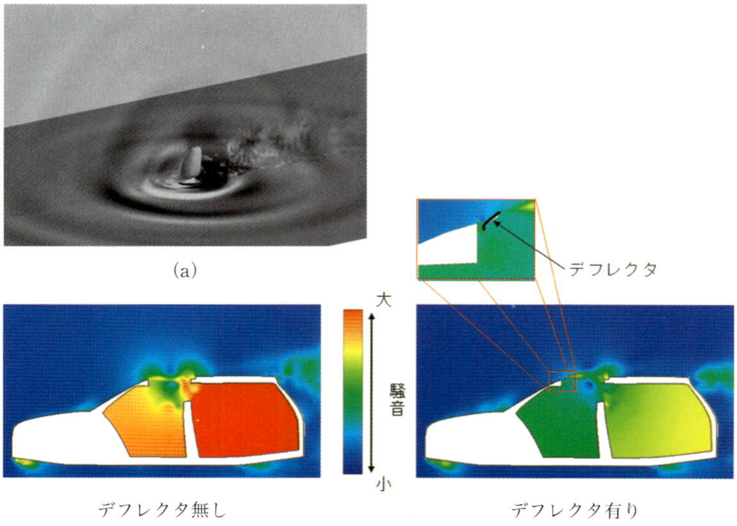

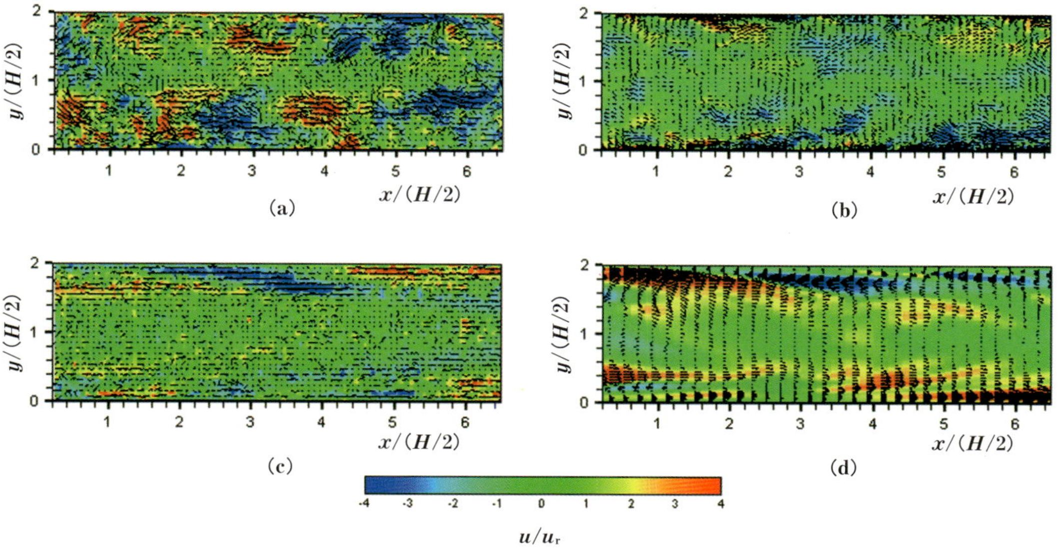

口絵 12　抵抗低減を伴う流れの可視化：実験（PIV）と DNS から得られたチャネル乱流の乱れ変動分布（流れは左から右，速度変動をカラーとベクトルで表現）．実験では，水の流れ（a）と比べて界面活性剤を添加した流れ（c）（抵抗低減率 55.8%）では小規模な渦が消失し，ゆるやかな速度変動が現れる．同じレイノルズ数（Re_τ=395）で行った DNS では，水の流れ（b）と比べて，粘弾性流体の効果を考慮した解析（d）（抵抗低減率 54.6%）では，実験同様不規則な渦の消失と大規模な変動が現れる．（提供：川口靖夫，塚原隆裕，本澤政明）（19.3.2 節参照）

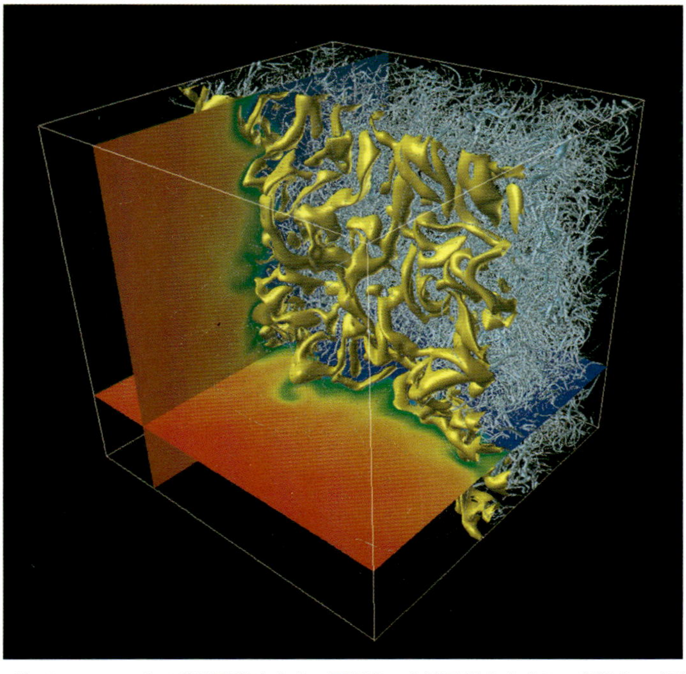

口絵 13　DNS による乱流予混合火炎の可視化：乱流予混合火炎は，乱流中に存在する渦構造と干渉し，層流火炎とは異なる局所的火炎構造を有する．白は微細渦構造の中心軸，黄色は熱発生率の等値面（層流火炎の最大熱発生率よりも大きな領域），断面は温度分布．（提供：店橋護，宮内敏雄）（図 17.2 参照）

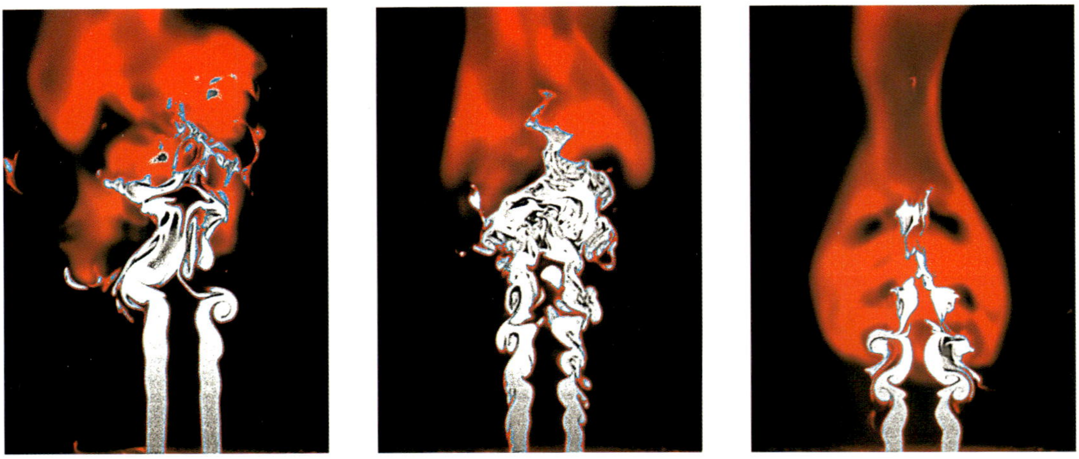

(a)　　　(b)　　　(c)

口絵 14　乱流噴流拡散火炎の能動制御：メタン・空気同軸噴流（Re＝2400，ノズル径＝20 mm）の混合過程をノズル出口のマイクロフラップにより制御，外側環状空気噴流に煙を混入，レーザシート光により大規模渦構造と火炎自発光を撮影，擬似カラー表示．(a) 制御なし，(b) 矩形波制御，(c) 鋸波制御．(N. Kurimoto *et al.*: Exp. Fluids, **39**, 2005, 995-1008)（17.4 節，19.3.4 節参照）

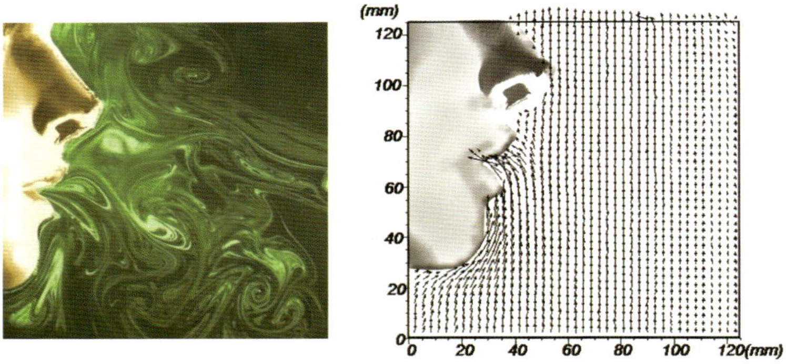

(a) 可視化図　　(b) 風速ベクトル（実験値）

口絵 15　定常吸い込みの PIV 測定：人が空気を吸い込む様子の口周辺の気流性状をレーザを用いて可視化した結果 (a) と，PIV (particle image velocimetry) により測定した風速ベクトル分布(b)．（村上周三，CFD による建築・都市の環境設計工学，東京大学出版会，2000)（21.1 節，図 21.6 参照）

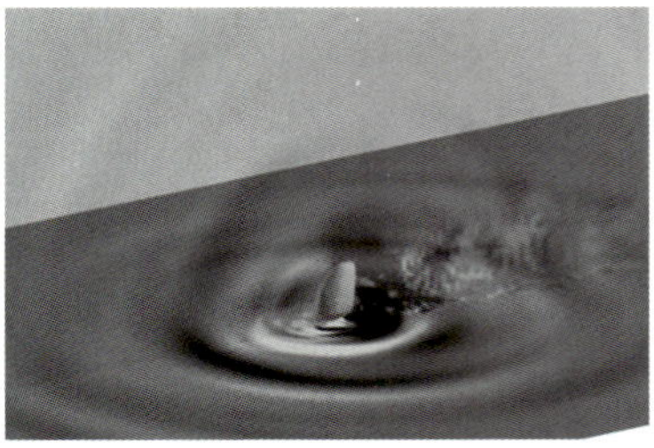

(a)

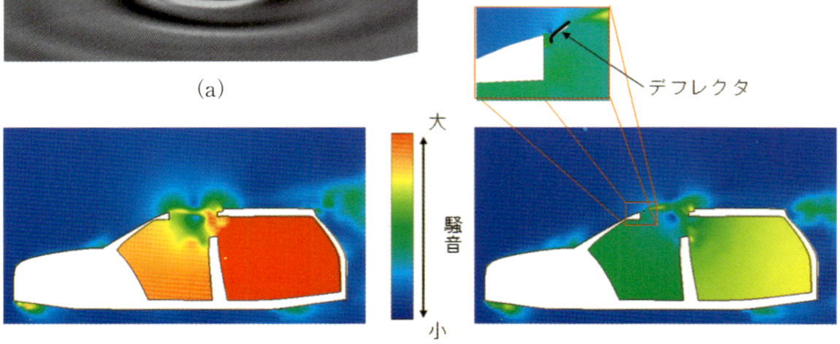

デフレクタ無し　　デフレクタ有り

(b)

口絵 16　数値シミュレーション (CFD) による自動車空力騒音の予測：(a) 平板上に取り付けられたドアミラーから発生する風切り音の瞬時圧力分布（加藤ほか：日本機械学会論文集 B 編，**72** (722)，2006，72-79)，(b) 窓やサンルーフを開けて走行する際に車室内に発生する低周波数騒音（ウィンドスロップと呼ばれる共鳴音）の圧力変動分布．(M. Inagaki *et al.*: AIAA J., **40**, 2002, 1823-1829)（21.4.1 節参照）

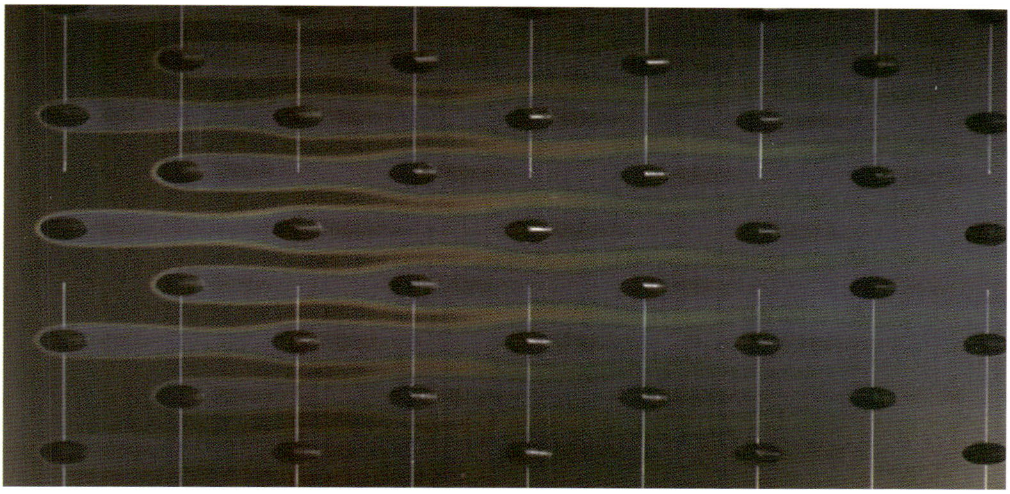

口絵 17　高温ガスタービン翼全面膜冷却のモデル実験：感温液晶を塗布した試験面（1000×400 mm^2）吹き出し孔（d＝12 mm，吹き出し角 30 度）から加熱空気を吹き出して，壁面温度分布（冷却効率）を可視化．（笠木伸英他：日本機械学会論文集，**48**, 1982, 1146-1154）（21.4.4，21.5.2 項参照）

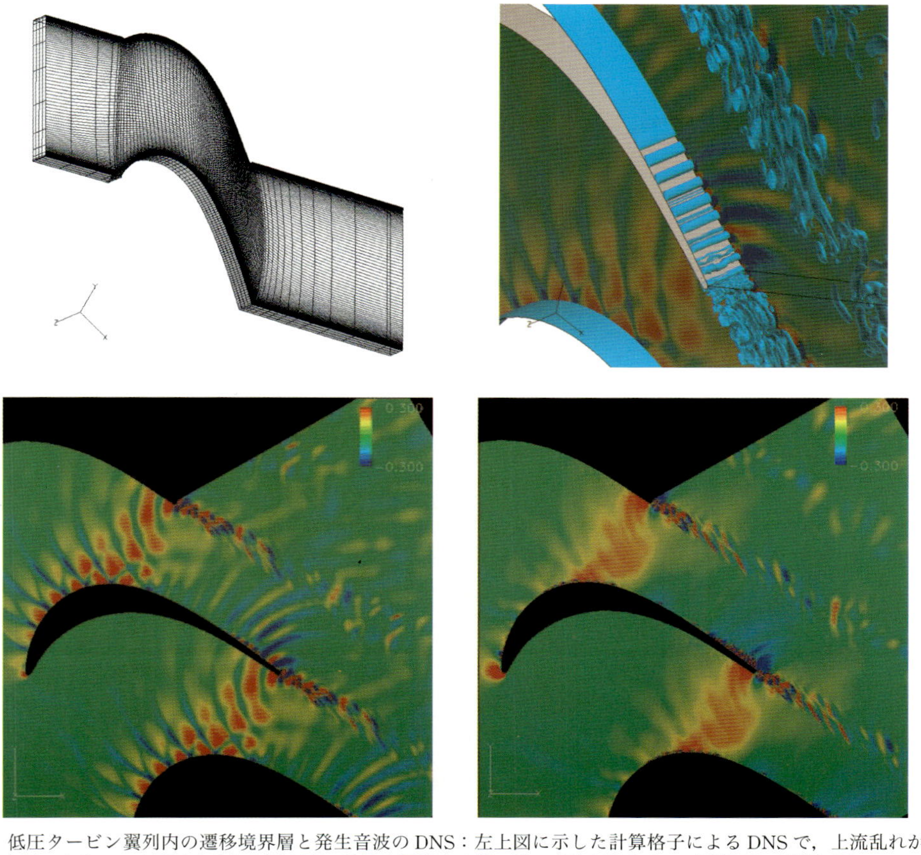

口絵 18　低圧タービン翼列内の遷移境界層と発生音波の DNS：左上図に示した計算格子による DNS で，上流乱れが無い場合は，右上図のように二次元性を有した渦が翼の後縁を通過する際に強い音波が発生する（等値面は速度勾配テンソルの第二普遍量，左下図は右上図の断面内の分布）．一方，乱れを含む場合（右下図）では境界層がはく離前に乱流遷移するため，このような渦構造や音波は現れない（色は速度の発散を現す）．（K. Matsuura and C. Kato : AIAA J., **45**-2, 2007, 442-457）（20.1 節，図 20.1 参照）

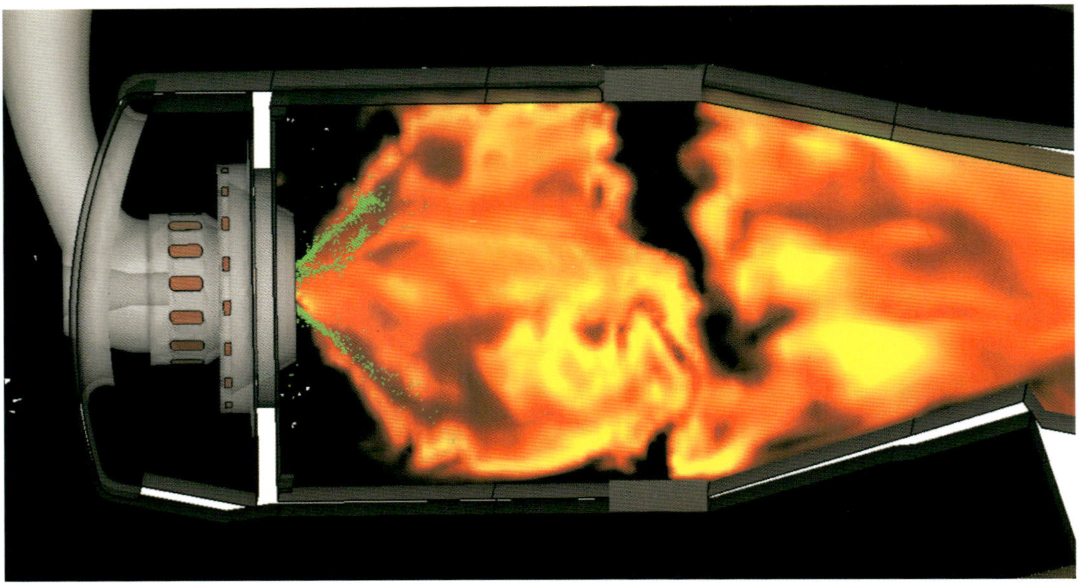

口絵 19　LESにより得られたガスタービン燃焼器内の燃料液滴分布と乱流火炎温度分布：スプレー噴射後の燃料液滴（jet A）の変形，分裂，蒸発，燃焼の過程をモデル化し，Dynamic Smagorinsky　SGSモデルを採用した実燃焼器のLES.（P. Moin, and S.V. Apte: AIAA J., **44**, 2006, 698-708）（21.4.4, 21.5.2 項参照）

口絵 20　航空渦の可視化：翼端から発生する航跡渦が大気中にしばらく残り，後続の航空機の運航障害となる．（J. R.Chambers: Concept to Reality, NASA SP-2003-4529, 2003）（21.5.3 項，図 21.93 参照）

刊行にあたって

人類は，地球上にその生命を得た太古以来，空気や水の流れとの深い関係を保ちながら営々と歴史を刻んできた．現代社会においても，日常生活のなかで，産業のなかで，そして地球や宇宙の自然現象のなかでさまざまな流れの存在を認めることができる．それらの流れは，われわれにとってすでにあまりにも身近なことではあるが，ときとして予想外の振舞いや美の演出に遭遇し，新鮮な驚きや畏怖を感じることさえある．こうした流れは，ときに整然とゆっくり流れ，また刻々と乱れて流れるが，多くの場合後者の“乱流”であり，これが本ハンドブックの主題である．

現代社会において，乱流現象は，機器，プラント，建築構造，航空宇宙，食料生産，医療など，広範な領域できわめて重要な課題となっている．また，地球規模の気候変動の予測や環境アセスメントにおいても，乱流の数学的な取扱いがその精度の鍵となっている．しかし，そうした多くの場面では，依然として模型や試作機を使って実験計測が繰り返され，あるいはこれまでの経験値などに大きく依存して設計や最適化が進められる．この事実は，強い非線形性から派生する複雑性や解析上の困難さに阻まれて，乱流現象の機構的，あるいは数理的全容がいまも明らかにされていないことによる．この結果，未知の乱流現象の定量的な予測には大きな不確かさが伴い，さまざまな機器の設計や運転の技術は，科学を基礎とする完備された方法論とされるに至っていない．

さて，Leonardo da Vinci は 500 年前に水の流れのスケッチ集を遺しており，乱流の美しさと複雑さに魅了されていたことがわかる．流体運動やそのなかでの熱や物質の移動現象は，マクロな視点では古典力学で理解される力学系と考えられ，それらを記述する基本的な微分方程式群は 19 世紀初期から知られていた．ただし，近代的な乱流の研究の始まりは，Osborne Reynolds の円管内の乱流遷移の可視化実験や乱流応力の定式化が行われた 19 世紀末といってよい．その後，理論，計測技術，そしてコンピュータの発展に伴い，またそれらを駆使した多くの研究者達の成果により，われわれの乱流に関する知識は飛躍的に増加した．とくに，1960 年代以降，一様等方性乱流や境界層乱流などの標準的な乱流から，より複雑な剪断乱流へと対象が拡がり，現実に現れるほとんどの乱流が網羅されるほど，知識の蓄積には目覚ましいものがあった．本ハンドブックのねらいの一つは，こうした膨大な知識を体系的に整理して示し，乱流に関して俯瞰的な見通しを提供することにある．それは，一人の専門家によってなしうる範囲をはるかに越えるものであり，それゆえ，研究者コミュニティの総力が求められる．国内外の乱流に関する参考書や専門書は多数あるが，こうした試みははじめてといえる．

本ハンドブックのもう一つのねらいは，21 世紀に入り生じている科学技術と社会の関係の変化に依拠している．地球上の多くの人びとが科学技術の恩恵に浴し，豊かな生活を手に入れた現在，一方で，世界は地球規模の困難な課題に直面している．18 世紀以来，物質の本質と振舞いをより細かな分析によって解明する要素論は輝かしい成功を収めたが，その成果は必ずしも全体を理解することにつながらないことも明らかになった．とくに，乱流をはじめとする非線形系システムは，要素の理解からは予測しえない組織的な構造や挙動を示し，階層の統合を求める全体論の追究が改めて要請されている．科学者の行為についていえば，事象の因果関係を論理的に明らかにするだけでは足りず，そのような理法を統合して，科学技術をその総合的結果が人類社会の永続的な営みを支えるように導くことを，より重要視するようになっている．したがって，本ハンドブックの企画の底流には，100 年余にわたる乱流研究の成果を集大成し，それを社会へ還元していく方法論を示す狙いがある．本書を，乱流ハンドブックではなく，乱流工学ハンドブックと冠したのも，工学という知の実践をもって，先人達の足跡を継承したいとの思いからである．

本ハンドブックは，このような観点から，乱流工学の三つの重要課題である，乱流を理解すること，予測すること，応用し制御することを意図した三部構成とし，それらの意義をわかりやすく示した．これまで乱流研究は，その困難さゆえに，どちらかといえば，乱流を理解することに努力が傾注されてきた経緯がある．その成果は，たとえば，乱雑な流体運動としての乱流の描像を，自己組織的な秩序構造を有する，より躍動的な姿に塗り換えてきた．今後は，そうした基盤的な理解をさらに深めると同時に，予条件で生じる乱流を定量的に予測し，乱流の特性を応用し，乱流を思い通りに制御する科学的方法の構築のためにいっそうの努力を継続する必要がある．近年，そうした成果の一つとして，飛躍的に向上したコンピュータを利用した数値解析が，研究開発や設計に採用されるようになってきた．つまり，固体力学，構造力学と同様に，微分方程式群と数理モデルに基づいて，精度よくかつ効率的に数値解を求めることが可能になってきた．汎用的な熱流体解析ソフトウェアも製品化され，産業界でこれらを利用してものづくりを手がけることも希ではなくなっている．こうした最先端の技法をさらに発展させることによって，また誤りなく使いこなすことによって，社会への知の還元が可能となる．

以上，本ハンドブックは，乱流工学にかかわる広範な知識の，21 世紀初頭における体系化を試みたものである．初学者にとってこの分野の概要を把握し，個別のテーマについて基礎的事項を学ぶ入門書として，研究者にとって必要に応じて参照できる専門書として，さらに技術者にとって実際の設計や製造の現場における参考書として，広く役立てていただければ幸甚である．

2004 年春に本企画を提案して以来，編集委員として常に適切なご助言とご協力をいただいた，河村 洋，長野靖尚，宮内敏雄の各先生へ衷心より御礼を申し上げたい．これらの方々は，筆者が乱流研究に携わりはじめた頃からの尊敬すべき友人，よき研究のライバルでもあり，また乱流工学の発展をともに目指してきた同士である．本企画をともに実現できたことは大きな喜びである．また，本ハンドブックは，わが国の代表的な研究者に最新の知識に基づいて寄稿していただき，はじめて可能となったものであり，執筆者各位に謹んで御礼を申し上げたい．朝倉書店編集部の皆様には，本ハンドブック刊行の意義をご理解いただき，出版に向けて弛まずご協力いただいた．深く謝意を表する次第である．

2009 年 9 月

総編集　笠 木 伸 英

総　編　集

笠　木　伸　英　東京大学大学院工学系研究科

編 集 委 員

河　村　　　洋　諏訪東京理科大学システム工学部
長　野　靖　尚　名古屋工業大学名誉教授
宮　内　敏　雄　東京工業大学大学院理工学研究科

執　筆　者

浅　井　圭　介　東北大学
浅　井　雅　人　首都大学東京
安　倍　賢　一　九州大学
飯　田　明　由　豊橋技術科学大学
飯　田　雄　章　名古屋工業大学
五十嵐　　　保　防衛大学校名誉教授
磯　村　浩　介　(株)IHI
稲　葉　英　男　国立津山工業高等専門学校
岩　本　　　薫　東京農工大学
遠　藤　誉　英　東京電力(株)
大　坂　英　雄　広島工業大学
大　澤　克　幸　鳥取大学
大　村　直　人　神戸大学
大　屋　裕　二　九州大学
小　尾　晋之介　慶應義塾大学
笠　木　伸　英　東京大学
梶　島　岳　夫　大阪大学
加　藤　信　介　東京大学
加　藤　千　幸　東京大学
金　田　行　雄　名古屋大学
河　合　宗　司　(独)宇宙航空研究開発機構
川　口　靖　夫　東京理科大学
川　西　　　澄　広島大学
河　原　能　久　広島大学
河　村　　　洋　諏訪東京理科大学
岸　田　　　豊　新日本製鐵(株)
木　田　重　雄　京都大学
鬼　頭　修　己　名古屋工業大学
木　村　元　昭　日本大学
功　刀　資　彰　京都大学
越　塚　誠　一　東京大学
児　玉　良　明　(独)海上技術安全研究所
後　藤　俊　幸　名古屋工業大学
小　森　　　悟　京都大学
近　藤　裕　昭　(独)産業技術総合研究所
酒　井　康　彦　名古屋大学
榊　原　　　潤　筑波大学
佐　藤　　　徹　東京大学

島　　信　行　静岡大学	服　部　博　文　名古屋工業大学
下　村　　裕　慶應義塾大学	半　場　藤　弘　東京大学
須　賀　一　彦　大阪府立大学	菱　田　公　一　慶應義塾大学
鈴　木　　洋　神戸大学	姫　野　龍太郎　理化学研究所
鈴　木　雄　二　東京大学	廣　田　真　史　三重大学
炭　谷　圭　二　トヨタ自動車(株)	深　潟　康　二　慶應義塾大学
髙　木　　周　東京大学	福　西　　祐　東北大学
髙　木　正　平　室蘭工業大学	藤　井　孝　藏　(独)宇宙航空研究開発機構
田　川　正　人　名古屋工業大学	堀　内　　潔　東京工業大学
武　石　賢一郎　大阪大学	前　川　　博　電気通信大学
店　橋　　護　東京工業大学	蒔　田　秀　治　豊橋技術科学大学
棚　橋　隆　彦　慶應義塾大学名誉教授	松　尾　裕　一　(独)宇宙航空研究開発機構
谷　下　一　夫　慶應義塾大学	道　奥　康　治　神戸大学
田　村　哲　郎　東京工業大学	宮　内　敏　雄　東京工業大学
塚　原　隆　裕　東京理科大学	村　上　周　三　(独)建築研究所
辻　　俊　博　名古屋工業大学	持　田　　灯　東北大学
冨　山　明　男　神戸大学	望　月　貞　成　東京農工大学名誉教授
豊　田　国　昭　北海道工業大学名誉教授	望　月　信　介　山口大学
長　田　孝　二　名古屋大学	森　西　洋　平　名古屋工業大学
長　野　靖　尚　名古屋工業大学名誉教授	柳　瀬　眞一郎　岡山大学
中　部　主　敬　京都大学	山　田　常　圭　消防研究センター
中　村　佳　朗　名古屋大学	山　本　　誠　東京理科大学
西　岡　通　男　大阪府立大学名誉教授	吉　川　典　彦　名古屋大学
西　村　　司　東京理科大学	吉　澤　　徴　東京大学名誉教授
二ノ方　　壽　東京工業大学	吉　田　英　生　京都大学
野　田　　進　豊橋技術科学大学	李　家　賢　一　東京大学
長谷川　達　也　名古屋大学	渡　辺　敬　三　東京農工大学
長谷川　洋　介　東京大学	

(五十音順)

目　　次

I. 乱流の基礎

II.　乱流の予測法とモデリング

III. 実用乱流と乱流制御

記　号　表

人名に由来する無次元数および数字は立体（ローマン），それ以外はイタリックとした．本文中で，とくに定義なく使用している記号は本表によるが，必要に応じて他の記号を定義して用いている．

A	面積
A^+	Van Driest 定数
A_1	a_{ij} の第 1 不変量，a_{ii}
A_2	a_{ij} の第 2 不変量，$a_{ij}a_{ji}$
A_3	a_{ij} の第 3 不変量，$a_{ij}a_{jk}a_{ki}$
a_{ij}	レイノルズ応力の非等方テンソル，$\overline{u_i'u_j'}/k-2\delta_{ij}/3$
Bi	ビオー数
b_{ij}	レイノルズ応力の非等方テンソル，$\overline{u_i'u_j'}/2k-\delta_{ij}/3$
C	定数
C_D	抵抗係数（抗力係数）
C_f	摩擦係数
c_p	定圧比熱
c_v	定積比熱
D	拡散係数，あるいは直径
d	直径
$E(\boldsymbol{k}), E(k)$	パワースペクトル
E_{ij}	スペクトルテンソル
e	内部エネルギー
e_{ij}	方向余弦テンソル
F	平坦度
F_i	力の i 方向成分
Fr	フルード数
G_i	質量流束，ρu_i
Gr	グラスホフ数
g	重力加速度
H	高さ，あるいは境界層形状係数，δ^*/θ
h	熱伝達率，あるいはエンタルピー
$\boldsymbol{k}$	波数ベクトル
k	波数，あるいは乱れエネルギー，$\overline{u_i'u_i'}/2$
k_θ	温度変動の分散，$\overline{\theta'^2}/2$
L	長さ
l	プラントルの混合長
Ma	マッハ数
Nu	ヌセルト数
n	モル数
Pe	ペクレ数
P_k	乱れエネルギー k の生成率
P_{ij}	レイノルズ応力 $\overline{u_i'u_j'}$ の生成率
$P_{i\theta}$	乱流熱流束 $\overline{u_i'\theta'}$ の生成率
P_θ	温度変動の分散 k_θ の生成率
Pr	プラントル数，ν/α
$\mathrm{Pr_t}$	乱流プラントル数，$\nu_\mathrm{t}/\alpha_\mathrm{t}$
p	圧力
q	熱流束
q^2	速度積，$\overline{u_i'u_i'}$
q_w	壁面熱流束
R	ガス常数，半径，タイムスケール比 (τ_θ/τ_u)，あるいは相関関数
Ri	リチャードソン数
R_{ij}	i，j 方向成分速度変動成分の相関関数
Re	レイノルズ数
$\mathrm{Re_b}$	バルク平均レイノルズ数
$\mathrm{Re_t}$	乱流レイノルズ数，$k^2/\nu\varepsilon$
r，θ，z	円筒座標系
S	歪み度

Sc	シュミット数，ν/D
Sh	シャーウッド数
S_{ij}	変形（歪み）速度テンソル
St	スタントン数
Tu	主流乱れ度
t	時間
U_{b}	バルク平均速度
u_τ	摩擦速度
u_i	i 方向速度成分
u，v，w	x，y，z 方向速度成分
V	体積
v_{K}	コルモゴロフの速度スケール
W	仕事
X_i	i 成分のモル分率
x，y，z	流れ方向，壁垂直方向，スパン方向座標
x_i	i 方向座標
Y_i	i 成分の質量分率

＜ギリシャ文字・ローマ数字＞

α	温度拡散係数
α_{t}	渦温度拡散係数
β	体膨張係数
γ	比熱比，$c_{\mathrm{p}}/c_{\mathrm{v}}$
δ	チャネル半幅，あるいは境界層厚さ
δ^*	境界層排除厚さ
δ_{ij}	クロネッカーのデルタ
ε	乱れエネルギー k の散逸率
ε_{ij}	レイノルズ応力 $\overline{u_i'u_j'}$ の散逸率
ε_{ijk}	交換テンソル
$\varepsilon_{i\theta}$	乱流熱流束 $\overline{u_i'\theta'}$ の散逸率
ε_θ	温度変動の分散 k_θ の散逸率
η_{K}	コルモゴロフの長さスケール
$\boldsymbol{\Theta}_{\mathrm{b}}$	バルク平均温度
θ	境界層運動量厚さ，あるいは温度
θ_τ	摩擦温度，$q_{\mathrm{w}}/(\rho c_{\mathrm{p}} u_\tau)$
$\varkappa$	カルマン定数
$\varkappa_\theta$	温度分布に対するカルマン定数
Λ	積分スケール
λ	熱伝導率
λ_u	テーラースケール
λ_θ	温度乱れのテーラースケール
μ	粘性係数
ν	動粘性係数
ν_{t}	渦動粘性係数
Π	Coles の伴流関数
π	円周率
ρ	密度
σ_{ij}	応力テンソル
τ_{K}	コルモゴロフの時間スケール
τ_{ij}	応力テンソル
τ_{w}	壁面剪断応力
τ_u	乱れの時間スケール，k/ε
τ_θ	温度乱れの時間スケール，$k_\theta/\varepsilon_\theta$
ϕ_{ij}	圧力・歪み相関
$\phi_{i\theta}$	圧力・温度勾配相関
Ω_{ij}	渦度（回転）テンソル
ω	角速度
ω_i	i 方向渦度成分
I	b_{ij} の第 1 不変量，b_{ii}
II	b_{ij} の第 2 不変量，$b_{ij}b_{ji}$
III	b_{ij} の第 3 不変量，$b_{ij}b_{jk}b_{ki}$

＜添字＞

$(\ )'$	変動成分
$(\ )^+$	粘性スケール（u_τ, v, θ_τ）による無次元化
$\overline{(\ )}$	アンサンブル平均
$(\ )_{\mathrm{rms}}$	root-mean-square 値
$(\ )_{\mathrm{w}}$	壁面での値
$(\ )_\infty$	主流での値，あるいは参照値

＜その他＞

ボールド字体はベクトル量を表す．たとえば，

$\boldsymbol{u}$	速度ベクトル
$\boldsymbol{e}_1$, $\boldsymbol{e}_2$, $\boldsymbol{e}_3$	基底ベクトル

I

乱流の基礎

1

乱流工学序論

1.1 乱流の性質と分類

乱流にかかわる現象は，自然界，産業界を通じてわれわれの生活に深く関与している．たとえば，海洋，河川，あるいは大気の流れは乱流で，それらのなかで生じるさまざまな現象が，地球の物質圏，生命圏にきわめて大きな影響を及ぼしている．人間社会においても，さまざまな機器・装置，車両・航空機，建築構造物，製造プロセス，化学プラントやエネルギープラントなどの内外で生じる流れのほとんどは乱流である．人間をはじめ動物の体内では，呼吸器系，循環器系で乱流が生じている．したがって，これらを正しく理解し，予測する手段を確立することは，科学技術の最重要課題の一つである．つまり，自動車・船舶・航空機をはじめとして，高効率で安全な機械やプラントの設計には，設計条件下で生じる乱流と付随する伝熱，物質拡散，音，燃焼などの現象を定量的に予測する必要がある．製造プロセスにおける乱流熱流動の予測は良質の製品を安定して製造するための鍵であり，住環境や都市環境，さらには地球環境のアセスメントにもスケールは異なるが乱流の予測が不可欠である．

乱流を厳密に定義することは難しいといわれる．優れた乱流の解説書においても，乱流に共通する複数の性質をあげて，乱流の定義に換えていることが多く，ここでもそれにならうことにする．まず，変動速度の**不規則性**（randomness）が特徴である．乱流中の速度や圧力を測定すると，時間とともに乱雑に変動する．流体自体も微視的にみれば不規則な分子運動によって特徴づけられており，それを巨視的に連続体としてとらえたときに粘性係数や熱伝導率などの物性値が決まる．乱流では，分子スケールよりはるかに大きいスケールの流体塊が運動する．これは，粘性による減速効果よりも流体塊の慣性力が上回るためで，流体塊がいわば自由勝手に運動し，それがわれわれに乱れてみえることになる．このような状態は一般に**高レイノルズ数**（high Reynolds number）条件で観察される．また流れは**非定常で3次元的**（unsteady three-dimensional flow）である．乱流では巨視的な流体の混合が促進されるので，運動量，熱，物質の輸送拡散は分子運動のみによるプロセスに比べてはるかに大きくなる，結果として，層流と比べて，摩擦損失や流動抵抗が大きくなり，機器設計上の不利を招く一方，**顕著な熱物質伝達**（high heat and mass transfer rate）を与えたり，物体周りの流れで剝離を生じにくくする優れた効果もある．

乱流は高レイノルズ数で生じ，粘性効果が相対的に小さいが，粘性効果からまったく自由なわけではない．平均流が失う運動エネルギーの大部分はまず乱れのエネルギーに変換される．この乱れエネルギーは大きなスケールから小さなスケールへ伝えられ，最終的に乱流中の最も小さな渦の粘性力に抗する変形仕事によって内部エネルギー（熱エネルギー）に変換される．したがって，多様なスケールの渦運動間でのエネルギーのやりとりを有する**非線形散逸力学系**（nonlinear dissipative dynamical system）である．なお，異なるスケール間の相互作用に基づくエネルギーのカスケード過程で，流体の微小部分の回転を表す渦度の伸張が生じ，より小さなスケールの乱れが生じる．**3次元的な渦度変動**（three-dimensional vorticity fluctuation）を伴う流れを，厳密に乱流と定義する場合もある．しかし，最小の乱流渦の大きさでも分子の平均自由行程より十分大きいので，乱流といえども連続体の力学方程式により記述される．

乱流は初期あるいは境界条件に強く依存した力学系で，運動方程式，エネルギー方程式の一般解は存在しない．乱流は，きわめて自由度の大きい非線形力学系で，巨視的には同じ境界条件下でも，小さな差異のある初期条件に対して大きく異なる事象を発現するため，乱流は二度と同一な形では生じない．ただし，その統計量に関しては，同じ境界条件下であれば同じ値を示す．たとえば，管内乱流の速度や乱れエネルギーなどの分布は，初期条件が異なっていても，十分長い時間にわたって平均をとれば同じになる．また，多くの工学的目的においては，乱流の瞬時の諸量を知ることは要せず，統計的性質，たとえば摩擦抵抗や熱伝達率，そして平均速度や平均濃度などを検討の対象とする．一方，天気予報のように，乱流のある時刻の特定の箇所での状況を予測することを目的とする場合も少なくない．

図1.1は，回流水槽での可視化実験の写真である．図下部の平板に沿って左から右へ水が流れ，乱流境界層が形成されている．図左端に壁面と垂直に張られた細線から周期的な電気分解によって水素気泡のタイムラインをつくると，時々刻々変化する流体の運動を観察することができる．主流と境界層の境界をみると瞬間的には複雑に入り組んだ形をしており，境界層内には大小の特徴のある乱れ，すなわち局所的な加速や減速，変形や回転などが混在している．乱流はさまざまなスケールの乱れ，あるいは渦運動から成り立っていることもわかる．また，乱流は不規則だと述べたが，図1.1には何か規則性があるようにもみえる．不規則ではあるが，秩序立ったパターンとして認識できるような準規則性，準周期性を呈する非線形散逸系の挙動は，注目されている事実である．

乱流の形態は，各種境界条件，初期条件によってさまざまであることはすでに述べたが，そのような多様な乱流を体系的に理解するためには，乱流を支配する個別の力学的な作用に注目して分類し，その基本的な力学機構を理解し，それらをもとに，より複雑な乱流の機構をとらえることが有効である．そのような考え方から，これまでの多くの乱流研究は，ある種のグループの乱流に対して，あるいは乱流の基本的な素過程に対して共通的解釈や法則を見出すことを基本的な姿勢として進められ，得られた知見を体系化してきた．もちろん，乱流の強い非線形性から，個別の素過程の力学の単純な重ね合わせや類推によって，一般的な複雑乱流の理解が直ちに可能となるわけではないが，乱流に内在する複数の機構を同定し，主要な機構を把握することは，多くの場面で大きな助けとなっている．とくに，数値的な乱流予測を可能とする乱流モデルの構築においては，素過程のモデリングを組み込んで一般性の高い乱流モデルの構築に成功している．

乱流の分類を図1.2に示す．まず，一様性乱流（homogeneous turbulence）と非一様性乱流（inhomogeneous turbulence）に大別される．一様性とは，乱流の統計量が座標系の並進移動に対して不変であることを意味する．さらに，等方性は，座標系の回転に対しても不変であることが条件となる．一様等方性乱流（homogeneous isotropic turbulence）は，最も基本的な乱流といってよい．平均歪みが存在しないので，初期の乱れは単純に減衰過程をたどるが，波数空間での乱れの力学を検討する

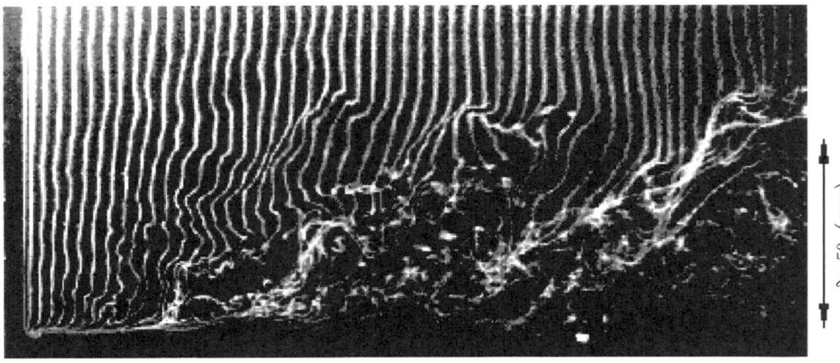

図 1.1　水素気泡による平板に沿う乱流境界層の可視化

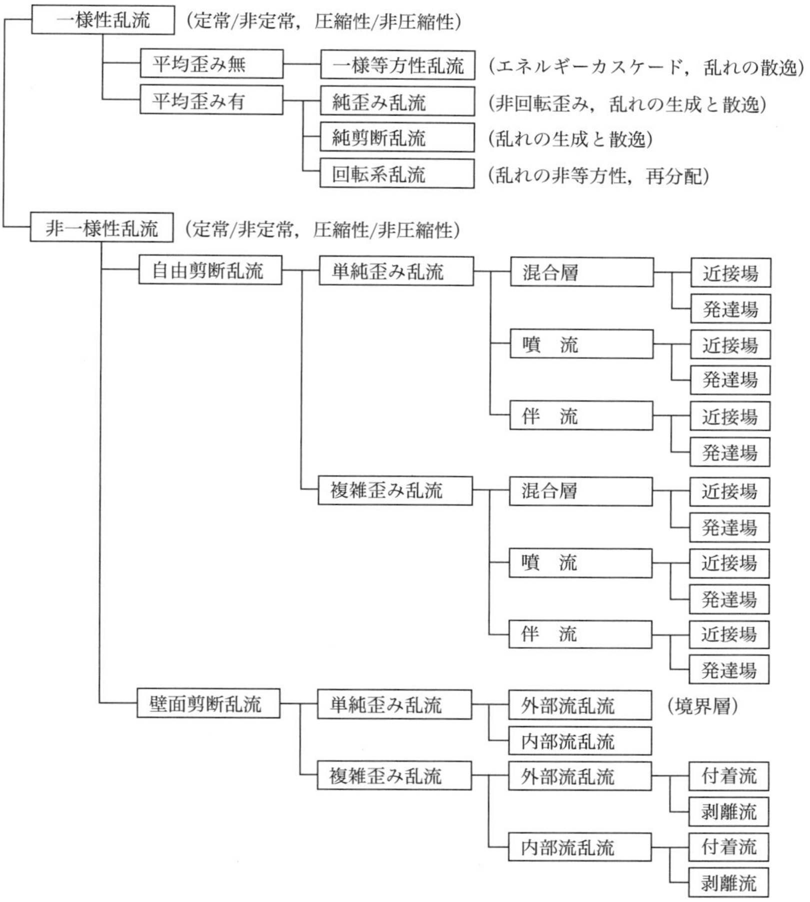

図 1.2 乱流の分類

には都合がよい．また，風洞の格子下流でも近似的に得られる乱流であるので古くから理論研究の対象となってきた．同様に，一定率の単純圧縮・膨張（pure strain），単純剪断（pure shear），回転（system rotation）など，一定の平均歪みが一様な乱れの場に加えられる場も，理論やモデル化の基礎として研究されてきた．これらの乱流では，乱れの継続的な生成があり，そのため乱れの非等方性度も強く影響を受けるが，そのような乱れの生成と散逸に関与する力学過程は一般的な剪断乱流に共通に存在するので，それらの理解はきわめて重要である．

実際にわれわれの生活や自然界に現れる乱流は非一様性乱流であるが，これらは固体壁面の影響を直接受ける壁面剪断乱流（wall shear turbulent flow, wall turbulence，壁面乱流，壁乱流とも称される）と，そうでない自由剪断乱流（free shear turbulent flow，free turbulence，自由乱流とも称される）に大別される．後者の基本的な形態は，混合層（mixing layer），噴流（jet），伴流（wake，後流ともいう）である．混合層は，速度差のある二つの流れが接して流れる場合に生じる剪断層であるが，流体力学的不安定（ケルビン-ヘルムホルツ不安定）が生じて離散的な渦列が形成され，それらの合体などを経て早期に乱流に遷移する．ノズルから周囲流体のなかに流体が吹き出された結果生じる速度過剰領域を噴流と呼ぶが，一方，伴流は流れのなかにおかれた物体の下流にできる速度欠損領域である．2次元噴流や2次元伴流は，相互に干渉しあう二つの混合層で成り立っているともいえる．以上の自由乱流は，いずれも剪断層が形成されて間もない上流条件の影響を強く残した近接場と，十分下流で上流条件の影響が忘れ去られ，発達した状態となる発達場とに分類できる．

壁面剪断乱流は，滑りなし，不透過条件が課せられる壁面に接して流れる乱流で，滑りなし条件から壁面上で大きな平均速度勾配を生じ，また不透過条件から強い乱れの非等方性を生じることが知られている．壁面の存在によって，乱れの平均流に対する相対的な大きさは，自由乱流と比べて小さく抑制されるが，主流と壁面との速度差が保たれるので乱れの生成率は継続的に大きく保たれ，したがってエネルギー損失も大きい．物体周りの乱流境界層のように外部に開かれた外部流と，パイプやチャネルのような固体壁に囲まれた内部流とに分類される．さらに，壁面に接して流れる付着流と，流れが壁面から剝がれる剝離流とに分類される．

以上の単純歪み乱流に加えて，図1.2では複雑歪み乱流（extra rates of strain）をあげた．複雑歪みは，系の回転，流線の曲率，圧力勾配，3次元的な歪み，非定常性，主流乱れ，表面粗さ，粘弾性壁，壁面吹き出し/吸い込み，体積力（浮力，MHD力），スカラー輸送，変物性，化学反応，混相（粒子・気泡添加，相界面，相変化など）など，分類表にあげた基本的な乱流に付加的に加わる力学的影響因子を指す．実際の乱流を扱う場合，まずそれが図1.2のどのようなカテゴリーに属する乱流かを見極め，さらに内在する影響因子を的確に把握し，それらに対する適切な知識を動員して目的を達成することが必要になる．

文　　献

1) H. Schlichting: Boundary-Layer Theory, 4th ed., McGraw-Hill, 1979.
2) J. O. Hinze: Turbulence, 2nd ed., McGraw-Hill, 1975.
3) R. B. Bird *et al.*: Transport Phenomena, 2nd ed., Wiley, 2002.
4) W. M. Kays, M. E. Crawford: Convective Heat and Mass Transfer, 3rd ed., McGraw-Hill, 1993.
5) H. Tennekes, J. L. Lumley: A First Course in Turbulence, MIT Press, 1972.

1.2　乱流研究の歴史

乱流は，人間生活のなかで空気や水の流れとして頻繁に現れるので，古代から人々の関心を招いたに違いない．記録に残るものとしては，レオナルド・ダ・ビンチ（Leonardo da Vinci, 1452-1519）による，堰をよぎる水流の観察が素描集（図1.3）[1]が

図 1.3　岩棚に腰をかけ右を向いた老人の横顔：水の習作とノート[1]

遺されている．優れた科学者，技術者，そして芸術家でもあった彼ならではのダイナミックな描写には，水流の剝離や合流に伴って生じる乱流の渦運動が正確に描かれており，彼の観察眼の鋭さに驚かされる．

近代的な乱流研究の進展の概要を，工学的な視点から表 1.1 にまとめた[2~18]．粘性を考慮した流体の運動方程式は，1800 年代に，Navier[19] に始まり，Poisson, Saint-Venant，そして Stokes[20] によって完成されたとされる．そして，1883 年にレイノルズ（O. Reynolds）の著名な円管内流の可視化実験[21] が行われ，臨界レイノルズ数を境に流れのパターンに遷移が生じ，乱れた流れが観察されることが明らかになる．さらに彼は，1895 年にレイノルズ分解[22] を導入した運動方程式の記述から，乱れの力学的な効果を乱流応力（レイノルズ応力）として明確に示し，これがその後の乱流研究で多くの理論や実験のきっかけをつくったのである．

20 世紀に入ると，産業革命後の技術の発展，とくに原動機，自動車，航空機の発展とともに，乱流研究は加速されていく．プラントル（L. Prandtl）の境界層理論[23] は，壁に沿って流れる乱流の力学に深い洞察を加えるとともに，計算機のない時代にポテンシャル流れ理論とともに物体周りの流れを解析するツールとなった．これに基づき，カルマン（Th. von Karman）[24] とポールハウゼン（K. Pohlhausen）[25] は境界層運動量積分方程式を定式化して，多くの境界層計算を可能にした．層流から乱流への遷移にかかわる，流体力学的安定問題は 19 世紀から扱われていたが，Orr[26] と Sommerfeld[27] によって，境界層流れの安定性を数学的に記述する Orr-Sommerfeld 方程式が導かれた．境界層の遷移過程は，さらに Tollmien[28] と Schlichting によって予測された進行波動（Tollmien-Schlichting 波，T-S 波）が Schubauer-Skramstad[29] によって実験的に検証されて，解き明かされていく．

乱流境界層の解析に必要な乱流モデルとして，プラントルが混合長仮説[30] を提案したのが，1925 年である．現在では，ゼロ方程式モデルと呼ばれるこのモデルは，気体分子運動論と類似な概念をもとにしていたものの実用性に優れ，またその後の乱流モデリングでも混合長概念は応用された．カルマンの速度欠損則[31]，プラントルの壁法則[32] が提案されたのも，20 世紀前半である．一方，乱流理論が数学的な厳密さをもって進展したのもこの時代で，テーラー（G. I. Taylor）の等方性乱流理論[33]，そしてコルモゴロフ（A. N. Kolmogorov）の局所等方性乱流理論と慣性小領域の存在予測[34] なども，乱流研究の重要なマイルストーンである．

20 世紀前半は，理論と実験が研究推進の両輪であったことは間違いない．物体の抗力や揚力の測定，ピトー管による速度測定，そしてマノメータによる静圧測定などが繰り返されるなか，乱れを測定するに十分な周波数応答性を有する熱線流速計[35] も開発され，乱流境界層などの測定に威力を発揮した[36]．前述の Schubauer と Skramstad による T-S 波の観察も一例である．また，1950 年代には，Laufer[37,38] や Klebanoff[39] によって，チャネル，円管，平板境界層などの標準的な壁乱流の平均速度や乱れの計測を通じて，それまで未解明であった壁乱流の基本的性質が明らかにされ，それらのデータはその後の理論や乱流モデルの検証に役立てられた．

1960 年代は，デジタル計算機が急速に発展した時代でもあり，それらを使った乱流や乱流伝熱の数値予測も始まった．乱れエネルギー方程式に加えて，散逸率などの第 2 の特性量の輸送方程式を用いて渦粘性を予測する，いわゆる 2 方程式乱流モデルの開発が続けられた．先立つ Rotta[40] の基盤的な研究に加えて，英国インペリアルカレッジの Spalding ら[41] の研究グループの貢献によって，標準 k-ε モデル[15] が構築された．当時の計算機性能は大規模な 3 次元乱流計算を行うには不十分であったが，この時代に 2 方程式モデルと壁法則を用いた乱流境界層計算が広くなされるようになっていく．また，サブグリッド渦粘性（Samgorinsky モデル）[42] に基づくラージエディシミュレーション（large eddy simulation, LES）の手法が整備された[43]．1968 年には，乱流モデル計算のオリンピックといわれた，第 1 回のスタンフォード会議[44] が開催されている．

乱雑な流体運動として認識されていた乱流中に秩序立った運動が存在する事実は，Hama[45] の縞状構造の発見後，系統的な乱流境界層の可視化実験を続けたスタンフォード大学の Kline ら[46,47] によって詳細に調べられた．乱流境界層の壁近傍にはスパン方向に準周期的に，流れ方向に長く伸びた低速の領域

表 1.1　乱流工学研究の歴史

年代	年	事項	内容	研究者	関連文献
1800 年代	1823	粘性流体の運動方程式	粘性流体の運動方程式は，Navier に始まり，Poisson, Saint-Venant，そしてStokes によって完成	C. L. M. H. Navier	1823, Mem. Acad. R. Sci. Paris, **6**, 389-416
	1845			G. G. Stokes	1845, Trans. Camb. Phil. Soc., **8**, 287-305
	1868	ケルビン-ヘルムホルツ不安定	ケルビン-ヘルムホルツ不安定の初期研究	H. Helmholtz	1868, Phil. Mag., Ser. 4, **36**, 337-346
	1877	渦粘性概念	乱流の実効的な粘性の概念を提唱	J. Boussinesq	1877, Mem. Acad. Sci. Paris, **23**, 1-680
	1880	非粘性層流の不安定性	2 次元平行流で変曲点を有する速度分布が必要条件であることを解明	L. Rayleigh	1880, Proc. London Marh. Soc., **11**, 57-70
	1883	円管内層流・乱流遷移	染料による可視化によって，円管内流れの遷移を明らかにし，臨界レイノルズ数の存在を実証	O. Reynolds	1883, Phil. Trans. R. Soc. London A, **174**, 935-82
	1895	レイノルズ分解	速度，圧力を平均と変動に分解し，運動方程式に現れるレイノルズ応力，そして乱れのエネルギー式を導出	O. Reynolds	1895, Phil. Trans. R. Soc. London A, **186**, 123-64
1900-50 年代	1904	境界層理論	ナビエ-ストークス方程式に対する境界層近似によって，境界層方程式を導出.	L. Prandtl	1904, Proc. 3rd Int. Math. Cong., Heidelberg(NACA TM 452, 1928)
	1907	流体力学的安定理論	境界層の線形安定理論の定式化(Orr-Sommerfeld Equation)	W. M. F. Orr	1907, Proc. R. Irish Acad. A, **27**, 9-27; 69-138
	1909			A. Sommerfeld	1909, Atti IV. Congr. Int. Math. Rome, 1908, 116-124
	1912	熱伝達の無次元整理	無次元数の関係で熱伝達率が整理できることを証明	W. Nusselt	1912, Z. angew. Math. Mech., **1**, 233-253
	1914	熱線流速計	細線の熱伝達の原理を応用した熱線流速計を開発	L. V. King	1914, Proc. R. Soc. London A, **90**, 563-570
	1921	境界層運動量方程式	境界層運動量積分方程式の定式化による解析	Th. von Karman	1921, Z. angew. Math. Mech., **1**, 233-252
				K. Pohlhausen	1921, Z. angew. Math. Mech., **1**, 252-268
	1925	混合長仮説	流体塊が運動量を保持して到達できる平均距離を混合長として，渦粘モデルを提案	L. Prandtl	1925, Z. Angew. Math. Mech., **5**, 136-139
	1929	熱線流速計による乱流測定	定電流型回路を用いて，時間遅れを補償した乱れ測定を達成	H. J. Dryden and A. M. Kuethe	1929, NACA Rep. 320
	1929	層流境界層の安定解析	OS 方程式に基づいて，Blasius 速度分布の中立安定限界を導出	W. Tollmien	1929, Nachr. Ges. Wiss. Göttingen, Math.-phys., Kl., 21-44
	1930	速度欠損則	乱流境界層外層の速度欠損普遍則を提唱	Th. von Karman	1930, Nachr. Ges. Wiss. Göttingen, Math.-phys., Kl., 58-76

年代	年	事項	内容	研究者	関連文献
1900-50年代	1932	壁法則	摩擦速度を使って対数速度分布を含む壁法則を提案	L. Prandtl	1932, Ergebn. Aerodyn. VersAnst. Gottingen, **4**, 18-29
	1933	層流境界層の不安定予測，T-S 波	Blasius 速度分布の超臨界レイノルズ数での攪乱増幅を予測	H. Schlichting	1933, Nachr. Ges. Wiss. Göttingen, Math.-phys., Kl. **1**, 47-78
	1933	粗さの効果	円管内乱流に対する壁面粗さの効果を系統的な実験で評価	J. Nikuradse	1933, Ver. Dtsch. Ing., Forsch. 361
	1935	等方性乱流理論	一様等方性乱流に対して，2点相関テンソルを用いた理論の導出	G. I. Taylor	1935, Proc. R. Soc. London A, **151**, 444-478
	1941	局所等方性乱流理論	統計理論に基づいてコルモゴロフのスペクトル(−5/3 乗則)の存在を予測	A. N. Kolmogorov	1941, C. R. Acad. SSSR, **30**, 301-305; **32**, 16-18
	1943	T-S 波の発見	Tollmien(1929)，Schlichting(1933)が予測した平板境界層の不安定波動を計測確認	G. B. Schubauer and H. K. Skramstad	1943, NACA Tech. Rep. No. 909(1948)
1950 年代	1950	壁乱流の標準データ取得	2 次元チャネル内発達乱流の統計量の測定	J. Laufer	1950, NACA Tech. Note No. 2123
	1951	2 方程式モデル	乱れの二つのスケールの輸送方程式を導出して，2 方程式モデルの基礎を提案	J. Rotta	1951, Zeitsch. für Physik, **129**, 547-572; **131**, 51-77
	1954	壁乱流の標準データ取得	ゼロ圧力勾配平板乱流境界層の統計量の測定	P. S. Klebanoff	1954, NACA Tech. Note No. 3178
	1954	壁乱流の標準データ取得	円管内発達乱流の統計量の測定	J. Laufer	1954, NACA Tech. Rep. No. 1174
出版	1950		"Heat and Mass Transfer"	E. R. G. Eckert and R. M. Drake, Jr.	1950
	1951		"Boundary-Layer Theory"	H. Schlichting	1951
	1953		"The Theory of Homogeneous Turbulence"	G. K. Batchelor	1953
	1955		"The Theory of Hydrodynamic Stability"	C. C. Lin	1955
	1956		"The Structure of Turbulent Shear Flow"	A. A. Townsend	1956
	1959		"Turbulence"	J. O. Hinze	1959
1960 年代	1963	ラージエディシミュレーションにおける渦粘性	サブグリッドスケール応力に対する渦粘性仮説	J. Smagorinsky	1963, Mon. Weather Rev., **91**, 99-164
	1964	レーザ流速計	He-Ne レーザを用いて，流速計を開発	Y. Yeh and H. Z. Cummins	1964, Appl. Phys. Lett., **4**, 176-178
	1967	剪断乱流の秩序構造(境界層)	乱流境界層壁近傍の低速ストリーク構造，そしてバースティングを可視化実験を通じて発見し，乱流の秩序構造の研究を先導	S. J. Kilne, W. C. Reynolds, F. A. Schraub and P. W. Runstadler	1967, J. Fluid Mech., **30**, 741-733
	1967	2 方程式モデル	標準 k-ε モデルの基礎を構築	D. B. Spalding	1967, Heat Transfer Sec Rep. WF/TN/31, Imperial Colleqe

年代	年	事項	内容	研究者	関連文献
1960 年代	1967	レーザ流速計による乱流計測	レーザ流速計で円管内水流乱流を計測	R. J. Goldstein and W. F. Hagen	1967, Phys. Fluids, **10**, 1349–1352
	1967		レーザ流速計で気流乱流を計測	E. Rolfe and R. M. Huffaker	1967, NASA Rep. N68-18099
	1968	乱流境界層計算法に関する Stanford Conference	乱流境界層を体系的に分類し，それぞれの実験データに対して計算予測を評価	S. J. Kline, M. V. Morkovin, G. Sovran and D. J. Cockrell	1968, Proc. Comp. of Turbulent Boundary Layers-1968, AFOSR-IFP-Stanford Conference
出版	1960		"Transport Phenomena"	R. B. Bird, W. E. Stewart and E. N. Lightfoot	1960
出版	1966		"Convective Heat and Mass Transfer"	W. M. Kays	1966
1970 年代	1970	乱流のラージエディシミュレーション	6720 の格子を用いて，チャネル乱流の LES を行い，その可能性を指摘	J. W. Deardorff	1970, J. Fluid Mech, **41**, 453–480
	1971	剪断乱流の秩序構造（混合層）	可視化実験により，混合層中の剪断層厚さスケールの渦列と，それらの合体による混合層の発達を発見	G. L. Brown and A. Roshko	1971, AGARD CP, No. 93
	1972	乱流のダイレクトシミュレーション	スペクトル法を用いた一様等方性乱流の DNS を行う	S. A. Orszag and G. S. Patterson	1972, Phys, Rev. Lett., **28**, 2, 76–79
	1972	応力方程式モデル	速度乱れの相関テンソルの輸送方程式に基づくクロージャを提案	K. Hanjalic and B. E. Launder	1972, J. Fluid Mech., **52**, 609–638
	1975	応力方程式モデル	応力方程式モデルの理論的な基礎として，圧力歪み相関項の定式化	B. E. Launder, G. J. Riece and W. Rodi	1975, J. Fluid Mech., **68**, 537–566
	1977	第 1 回剪断乱流シンポジウム	その後 2 年ごとに 1997 年まで，乱流研究者の集う会議として世界各地で開催．1999 年から，Turbulence & Shear Flow Phenomena として継続中	F. Durst, V. W. Goldschmidt, B. E. Launder, F. W. Schmidt and J. H. Whitelaw	1977, Symp. Turbulent Shear Flows, Penn. State University
出版	1971		"Statistical Fluid Mechanics"	A. S. Monin and A. M. Yaglom	1971
出版	1972		"Mathematical Models of Turbulence"	B. E. Launder and D. B. Spalding	1972
出版	1972		"A First Course in Turbulence"	H. Tennekes and J. L. Lumley	1972
1980 年代	1980–81	複雑乱流計算法に関する Stanford Conference	曲がり，加減速，剥離などを伴う複雑乱流を体系的に分類し，それぞれの実験データに対して乱流モデルと計算法を評価	S. J. Kline, B. J. Cantwell and G. M. Lilley	1980–81, AFOSR-HTTM-Stanford Conference on Complex Turbulent flows: Comparison of Computation and Experiment
	1982	チャネル乱流のラージエディシミュレーション	並列計算機 ILLIAC-IV を駆使して，50 万の格子を用いた本格的なチャネル乱流の LES を行い，数値風洞の有用性を実証	P. Moin and J. Kim	1982, J. Fluid Mech., **118**, 341–377

年代	年	事項	内容	研究者	関連文献
1980年代	1984	粒子画像流速計	粒子画像のコンピュータ処理(PIV)による定量的な乱流計測を実証	R. J. Adrian	1984, Appl. Opt., **23**, 1690-1691
	1987	壁乱流のダイレクトシミュレーション	スペクトル法を定式化して，チャネル乱流のダイレクトシミュレーションを初めて遂行	J. Kim, P. Moin and R. Moser	1987, J. Fluid Mech., **177**, 133-166
	1989	DNSと画像計測の精度実証	粒子画像の3次元コンピュータ処理(PTV)によってチャネル乱流の乱流計測を行い，DNSとの詳細一致を実証	K. Nishino and N. Kasagi	1989, 7th Symp. Turbulent Shear Flows, 22.1.1-6
出版	1981		"Engineering Calculation Methods for Turbulent Flow"	P. Bradshaw, T. Cebeci and J. H. Whitelaw	1981
出版	1982		"An Album of Fluid Motion"	M. Van Dyke	1982
1990年代	1990	乱流制御理論	最適制御理論をナビエ-ストークス方程式にはじめて適用して定式化	F. Abergel and R. Temam	1990, Theor. Comput. Fluid Dyn., **1**, 303-325
	1991	応力モデルの数学的基盤整備	圧力歪み相関項のテンソル形式における不変量を含めた数学的完備	C. G. Speziale, S. Sarkar, and T. Gatski	1991, J. Fluid Mech., 227, 245-272
	1991	ダイナミックSGSモデル	LESにおけるSGSモデルの係数を，局所的な乱れの状態に応じて最適化する手法を提案	M. Germano, U. Piomelli, P. Moin and W. H. Cabot	1991, Phys. Fluids A, **3**, 1760-1765
		各種剪断乱流のダイレクトシミュレーション	一様性乱流，自由乱流，壁乱流など各種剪断乱流，乱流熱伝達のデータベース構築	P. Moin, J. Kim, N. Kasagi, H. Kawamura, Y. Nagano, T. Miyauchi *et al.*	
	1996	マイクロマシン技術の応用	マイクロマシン(MEMS)技術による微小デバイスの応用による流れ制御の可能性を指摘	C.-M. Ho and Y.-C. Tai	1996, ASME J. Fluids Eng., **188**, 437-447
2000年以降		複雑乱流のダイレクトシミュレーション	混相乱流，反応乱流のシミュレーション	M. R. Maxey, G. E. Karniadakis, Y. Tuji, T. Kajishima, T. Miyauchi *et al.*	
		超大規模シミュレーション	地球シミュレータなどの巨大並列計算機による，超大型シミュレーション	Y. Kaneda, N. Kasagi, O. Jimenez, H. Kawamura *et al.*	
		各種商用CFDソフトウェアの市場普及	PHOENICS, StarCD, Fluent, CFXなど，差分法，有限体積法，有限要素法などの計算技法を使った汎用計算ソフトウェアが普及		

(低速ストリーク，low-speed streaks) が形成されること，そして低速ストリークは壁面から離れる方向に運動し，揺動を経て乱雑な混合に至る，バースティング (bursting) と呼ばれる過程をたどることが明らかにされた．それまで層流底層と呼ばれていた，壁に接する粘性効果の卓越する薄い層は，その力学的役割の重要性から粘性底層 (viscous sublayer) と呼ばれるようになる．その後，同様の観察がオハイオ州立大学のBrodkeyら[48]によって報告され，乱流中の秩序立った決定論的な運動の存在

は，揺るぎない事実となった．カリフォルニア工科大学のBrownとRoshko[49]による2次元混合層の可視化実験では，乱雑な混合を経て発達が促されるのではなく，スパン方向に軸を有する離散的な渦列が形成され，それらの合体によって混合層の厚さが下流に向かって増加していくこと，そして渦間にさらに縦渦が生じてレイノルズ応力が生まれることなども明らかにされた．これらの乱流の秩序構造の発見は，それまでの乱流の概念を大きく変え，秩序と混沌の形成という非線形力学としての重要な課題を呈することになった．

1970年代は，乱流のモデリングと剪断乱流の秩序構造という，いわば質的に異なる研究努力が並行して，しかも活発に推進された時代である．2方程式モデルには，壁法則を境界条件に用いるそれまでの手法に代わり，壁面上の境界条件によって粘性底層を含む全領域を解析対象とする，低レイノルズ数型モデル[50]と称する手法が構築された．さらに渦粘性を排除し，応力テンソルの各成分を輸送方程式から直接求める，応力輸送方程式モデル[51,52]，その近似的な手法としての代数応力モデル[53]が開発された．熱などのスカラー輸送に対しても，乱流フラックスの輸送方程式[54,55]に基づく同様の手法が構築されている．これらのモデルは，種々の流れ系において評価や改良が進められ，急速に実用計算コードにも組み入れられていった．LESがチャネル乱流[56]に初めて応用され，また一様等方性乱流の直接数値シミュレーション（direct numerical simulation, DNS）[57]も試みられ，次世代計算機での本格計算の下地も形成された．

上記と並行して，剪断乱流中で乱流諸量が時空間的に特有な位相関係を保って運動する流体部分を準秩序構造としてとらえることが一般化し，それらに関するさまざまな知見の蓄積が試みられた．これらは，熱線・熱膜流速計や新たに開発されたレーザ流速計[58,59]，そしてそれらの出力信号を大量かつ高速に処理するためのデジタル信号処理技術の進展に支えられた．VITA法や4象限分類法など，乱れの条件付抽出法による解析も進められ，準秩序構造が運動量や熱の輸送に支配的な役割を果たしていることが明らかになっていった[60]．

1977年には，第1回の剪断乱流シンポジウム（Symp. Turbulent Shear Flows）[61]がペンシルバニア州立大学において気鋭の研究者たちによって開催され，その後2年ごとに乱流研究者の集う会議として世界各地で開催されることになる一方，70年代の乱流モデリングに関する研究成果の総括として，第2回のスタンフォード会議[62]が1980/81年に開催され，図1.2に示したような乱流の分類に従って各種乱流モデルによる計算結果と実験データとの比較が系統的に行われた．

1980年代は，スーパーコンピュータを利用した乱流の大規模な数値シミュレーションが新しい研究手法として確立された時期といえよう．LESあるいはDNSは，米国スタンフォード大学とNASA/Ames研究所の研究者[63,64]が精力的に推し進めたが，80年代の後半からは，ヨーロッパやわが国でも同様の大規模計算が行われるようになった．これらのデータベースによって，乱流場の動的な挙動や統計量についての詳細な情報が得られるため，低レイノルズ数で単純形状の標準的な乱流場については，従来の実験データに代わって研究対象とされるようになった．とくに，チャネル乱流[65]や乱流境界層[66]のDNSデータベースをもとにした構造解析が進行するとともに，従来主として実験的に蓄積されてきた種々の準秩序構造に関する知識について，研究者間のコンセンサスを得ようとする国際的な研究協力も行われた．実験的な観察結果の多くが再確認されるとともに，かぎられたデータに頼らざるをえなかった実験的知見の一部が修正されていった．さらに，DNSデータベースによれば，乱流の各種統計量の輸送方程式に現れる，生成，散逸，再配分，拡散などの乱れの素過程に関する定量的な知識が得られるので，乱流モデルの検証をあらためて詳細に行うことが可能になった．統計量の壁面漸近挙動[50,67]を積極的に考慮したモデルの開発[68,69]，あるいは応力・フラックスの輸送方程式モデル[70,71]の開発が急速に進展した．

一方，実験研究の分野での新しい発展として，デジタル画像処理機器の急速な発展とともに，可視化技術によって2点相関テンソルをはじめとする定量情報を得ることが可能になり，乱流研究の強力な武器に育っていった．微細な粒子の運動を追跡するための高性能なCCDカメラや記録媒体が開発され，これらを用いて，粒子群画像の相関計測によるものはPIV（particle image velocimeter）[72]，個々の粒子の3次元運動を追跡するものはPTV（particle tracking velocimeter）[73]として発達した．チャネル乱流の基本的な統計量に関して，DNSとPTVの結果が精度よく一致して，両者の信頼性も確認された[74]．このほかにも，レーザ誘起蛍光法（laser-induced fluorescence），超音波計測，X線やMRIなどのトモグラフィーも発展したが，これらの計測技術は数値シミュレーションの困難な複雑乱流の研究に大きな助けとなっていった．

1990年代以降は，計算機の高性能化と研究機関への普及がいっそう加速し，それらを応用した乱流モデル計算，大規模数値シミュレーション[75,76]，多次元的な画像計測が行われた．DNSは，標準的な一様乱流や壁乱流に加えて，回転や体積力の効果，熱伝達，粒子や気泡の混入，化学反応などを含む場合も扱われ，それらの統計量がネットワーク上に整備提供されるようになった[77]．LESは，渦粘性概念に基づくSGSモデルに加えてスケール相似性（scale similarity）モデルも応用されるようになり，またモデル定数を局所的な乱れの状態に応じて最適化する手法（dynamic procedure）[78]が提案されて，いっそうの一般性を有するように改善されている．乱流のモデリングには，連続体力学（有理力学），テンソル解析，実現性条件や座標変換則など，数学的な一貫性を満たしてより高い普遍性を実現する試みも繰り返された[76]．繰り込み群（renormalization group method）や直接相互作用近似法（direct-interaction approximation）などの統計理論による剪断乱流のモデル化も進められた[79]．また，理論的な困難を抱えていた壁面近傍領域のモデリングに，一般性に優れ実用性の高いモデルが提案され[80]，さらに固体壁の近傍にRANSを用い遠方にLESを用いるハイブリッド手法[81]も使われるようになった．こういった乱流モデルや計算法は実用現場でも多用されて，技術開発や製品設計に威力を発揮し，現在では広くソフトウェアパッケージとしても普及している．

画像計測をもとにした多次元フィールド計測は，この時代にさらに機器の性能改善とともに適用範囲を広げ，より広くさまざまな乱流現象の解析に応用されるようになった[82]．等温流のみならず，伝熱や化学反応を伴う乱流，気泡流などの二相流乱流の計測に応用されている．

90年代以降の新たな動きとして，乱流の高度な制御技術の開発をあげることができる．それまでの主として経験と直感に基づいていた乱流制御に対して，現代制御理論のナビエ-ストークス方程式力学系への適用が最適あるいは準最適制御理論として提案され[83]，さらに適応型制御にも発展しつつある．このような理論的な整備とともに，半導体製造プロセスを利用した，微細なセンサ，アクチュエータの製作を可能とする微小電子機械（microelectromechanical systems, MEMS）[84]の研究開発が著しい発展を示した．剪断乱流の力学や輸送機構に関する豊富な知識，新しいマイクロデバイスを創造する技術，そしてシミュレーションや先端計測技術によって，革新的な乱流制御への取組みの時代が始まっている[85,86]．

以上，乱流工学のこれまでの発展を概観したが，その歴史はレイノルズの可視化実験から数えても，すでに100年以上を経ているが，乱流現象にはなお未知の点も多い．また，さまざまな乱流現象の定量的な予測の精度は工学的な目的にとって不十分な場合も多く，さらに乱流を思いどおりに制御するという人類の夢は依然として実現への道は遠く，乱流はいまなお科学技術分野での中心的な研究課題の一つといえる．ノーベル物理学賞受賞者のひとりハイゼンベルグ（Werner K. Heisenberg, 1901-76）は，若き時代にSchlichtingのもとで乱流研究に携わった経験から，以下の言葉を遺したとの逸話が伝わっている．

> “When I meet God, I am going to ask him two questions: Why relativity? And why turbulence? I really believe he will have an answer for the first.”

非線形性の強い乱流現象は，未知の側面を多々残し，多くの科学者の関心を引きつけると同時に，人間生活との深いかかわりから，多くの技術者にとっても避けて通れない重要な課題となっている．

文　　献

1) Leonardo da Vinci, Carlo Pedretti 解説，裾分一弘ほか訳：自然の研究：レオナルド・ダ・ヴィンチの素描：ウィンザー城王室図書館蔵手稿より，岩波書店，1985.
2) K. C. Cheng: 4 th Int. Symp. Transport Pheno. & Dyn. Rotat. Mach. (ISROMAC-4), 1992, B 221-239.
3) 谷　一郎編：流体力学の進歩 乱流，丸善，1980.

4) E. R. G. Eckert, R. M. Drake, Jr.: Heat and Mass Transfer, McGraw-Hill, 1950.
5) H. Schlichting: Boundary-Layer Theory (Grenzschicht-Therie), McGraw-Hill, 1951.
6) G. K. Batchelor: The Theory of Homogeneous Turbulence, Cambridge Univ. Press, 1953.
7) C. C. Lin: The Theory of Hydrodynamic Stability, Cambridge Univ. Press, 1955.
8) A. Townsend: The Structure of Turbulent Shear Flow, Cambridge Univ. Press, 1956.
9) J. O. Hinze: Turbulence, McGraw-Hill, 1959.
10) R. B. Bird *et al.*: Transport Phenomena, Wiley, 1960.
11) S. Chandrasekhar: Hydrodynamic and Hydromagnetic Stability, Oxford Univ. Press, 1961.
12) W. M. Kays: Convective Heat and Mass Transfer, McGraw-Hill, 1966.
13) R. S. Brodkey: The Phenomena of Fluid Motions, Addison-Wesley, 1967.
14) A. S. Monin, A. M. Yaglom: Statistical Fluid Mechanics, Vols. 1 and 2 (translated from Russian), MIT Press, 1971.
15) B. E. Launder, D. B. Spalding: Mathematical Models of Turbulence, Academic Press, 1972.
16) H. Tennekes, J. L. Lumley: A First Course in Turbulence, MIT Press, 1972.
17) P. Bradshaw *et al.*: Engineering Calculation Methods for Turbulent Flow, Academic Press, 1981.
18) M. Van Dyke: An Album of Fluid Motion, Parabolic Press, 1982.
19) C. L. M. H. Navier: Mem. Acad. R. Sci. Paris, **6**, 1823, 389-416.
20) G. G. Stokes: Trans. Camb. Phil. Soc., **8**, 1845, 287-305.
21) O. Reynolds: Phil. Trans. R. Soc. London A, **174**, 1883, 935-982.
22) O. Reynolds: Phil. Trans. R. Soc. London A, **186**, 1895, 123-164.
23) L. Prandtl: Proc. 3 rd Int. Math. Cong., 1904, Heidelberg (NACA TM 452, 1928).
24) Th. von Karman: Z. angew. Math. Mech., **1**, 1921, 233-252.
25) K. Pohlhausen: Z. angew. Math. Mech., **1**, 1921, 252-268.
26) W. M. F. Orr: Proc. R. Irish Acad. A, **27**(9-27), 1907, 69-138.
27) A. Sommerfeld: Atti IV. Congr. Int. Math. Rome, 1908, 116-124.
28) W. Tollmien: Nachr. Ges. Wiss. Göttingen, Math.-phys., Kl., 1929, 21-44.
29) G. B. Schubauer, H. K. Skramstad: NACA Tech. Rep., No. 909, 1943 (1948).
30) L. Prandtl: Z. angew. Math. Mech., **5**, 1925, 136-139.
31) Th. von Karman: Nachr. Ges. Wiss. Göttingen, Math.-phys. Kl., 1930, 58-76.
32) L. Prandtl: Ergebn. Aerodyn. VersAnst. Göttingen, **4**, 1932, 18-29.
33) G. I. Taylor: Proc. R. Soc. London A, **151**, 1935, 444-478.
34) A. N. Kolmogorov: C. R. Acad. SSSR, **30**, 301-305; **32**, 1941, 16-18.
35) L. V. King: Proc. R. Soc. London A, **90**, 1914, 563-570.
36) H. J. Dryden, A. M. Kuethe: NACA Rep., 1929, 320.
37) J. Laufer: NACA Tech. Note, No. 2123, 1950.
38) J. Laufer: NACA Tech. Rep., No. 1174, 1954.
39) P. S. Klebanoff: NACA Tech. Note, No. 3178, 1954.
40) J. Rotta: Zeitsch. für Physik, **129**, 1951, 547-572; **131**, 1951, 51-77.
41) D. B. Spalding: Heat Transfer Sec Rep. WF/TN/31, Imperial College, 1967.
42) J. Smagorinsky: Mon. Weather Rev., **91**, 1963, 99-164.
43) D. K. Lilly: Proc. IBM Sci. Comp. Symp. Envir. Sci., IBM Form 320-1951, 1967, 195-210.
44) S. J. Kline *et al.*: Proc. Comp. of Turbulent Boundary Layers-1968, AFOSR-IFP-Stanford Conference, 1968.
45) F. R. Hama: Symp. Naval Hydrodyn (S. Corrsin ed.), Pub. 515, NAS-NRC 373.
46) S. J. Kline, P. W. Runstadler: Trans. ASME J. Appl. Mech., **26**(2), 1959, 166-170.
47) S. J. Kline *et al.*: J. Fluid Mech., **30**, 1967, 741-773.
48) E. R. Corino, R. S. Brodkey: J. Fluid Mech., **37**, 1969, 1-30.
49) G. L. Brown, A. Roshko: J. Fluid Mech., **64**, 1974, 775-816.
50) W. P. Jones, B. E. Launder: Int. J. Heat Mass Transfer, **15**, 1972, 301-314.
51) K. Hanjalic, B. E. Launder: J. Fluid Mech., **52**, 1972, 609-638.
52) B. E. Launder *et al.*: J. Fluid Mech., **68**, 1975, 537-566.
53) W. Rodi: Z. angew. Math. Mech., **56**, 1976, 219-221.
54) B. E. Launder: Heat and Mass Transport, Topics in Applied Physics, 12, Springer-Verlag, 1976, 231-287.
55) J. L. Lumley: Adv. Appl. Mech., **18**, 1978, 123-176.
56) J. W. Deardorff: J. Fluid Mech., **41**, 1970, 453-480.
57) S. A. Orszag, G. S. Patterson: Phys. Rev. Lett., **28**(2), 1972, 76-79.
58) R. J. Goldstein, W. F. Hagen: Phys. Fluids, **10**, 1967, 1349-1352.
59) R. J. Adrian: Fluid Mechanics Measurements (R. J. Goldstein ed.), Hemisphere, 1983, 155-244.
60) B. J. Cantwell: Ann. Rev. Fluid Mech., **13**, 1981, 457-515.
61) F. Durst *et al.*: Symp. Turbulent Shear Flows, Penn. State Univ., 1977.
62) S. J. Kline *et al.*: AFOSR-HTTM-Stanford Conference on Complex Turbulent flows: Comparison of Computation and Experiment, 1980-81.
63) P. Moin, J. Kim: J. Fluid Mech., **118**, 1982, 341-377.
64) R. S. Rogallo, P. Moin: Ann, Rev. Fluid Mech., **16**, 1984, 99-137.
65) J. Kim *et al.*: J. Fluid Mech., **177**, 1987, 133-166.
66) S. K. Robinson: Ann. Rev. Fluid Mech., **23**, 1991, 601-639.
67) K. Hanjalic, B. E. Launder: J. Fluid Mech., **74**, 1976, 593-610.
68) H. K. Myong, N. Kasagi: JSME Int. J., Ser. II, **33**, 1990, 63-72.
69) Y. Nagano, M. Tagawa: ASME J. Fluids Eng., **112**, 1991, 33-39.
70) C. G. Speziale *et al.*: J. Fluid Mech., **227**, 1991, 245-272.
71) T.-H. Shih *et al.*: AIAA J., **28**, 1990, 610-617.

72)　R. J. Adrian : Appl. Opt., **23**, 1984, 1690-1691.
73)　N. Kasagi, K. Nishino : Exp. Therm. Fluid Sci., **4**, 1991, 601-613.
74)　K. Nishino, N. Kasagi : 7 th Symp. Turbulent Shear Flows, 1989, 22.1.1-6.
75)　P. Moin, K. Mahesh : Ann. Rev. Fluid Mech., **30**, 1998, 539-578.
76)　大宮司久明ほか(編)：乱流の数値流体力学，東京大学出版会，1998.
77)　笠木伸英ほか：新編伝熱工学の進展3　乱流伝熱のダイレクトシミュレーション，養賢堂，2000，1-123.
78)　M. Germano *et al.* : Phys. Fluids A, **3**, 1991, 1760-1765.
79)　吉澤　徴：流体力学，東京大学出版会，2001.
80)　P. A. Durbin : J. Fluid Mech., **249**, 1993, 465-498.
81)　P. R. Spalart *et al.* : Proc. 1 st AFOSR Int. Conf. DNS/LES, 1997, 137-147.
82)　W. J. A. Dahm *et al.* : Phys. Fluids A, **4**, 1992, 2191-2206.
83)　F. Abergel, R. Temam : Theor. Comput. Fluid Dyn., **1**, 1990, 303-325.
84)　C.-M. Ho, Y.-C. Tai : ASME J. Fluids Eng., **118**, 1996, 437-447.
85)　M. Gad-el-Hak : Flow Control : Passive, Active and Reactive Flow Management, Cambridge Univ. Press, 2000.
86)　笠木伸英：日本航空宇宙学会誌，**48**，2000，155-161.

1.3　乱流工学の目的

乱流工学とは，さまざまな乱流現象を理解し，予測し，そして応用・制御する科学的知識の体系といえる．そのニーズは，機械，航空，船舶，原子力，土木，建築，化学，資源など，多くの工学分野に存在し，さらには気象や地球科学にも及ぶ．本ハンドブックは，この基本的な認識に立って，乱流の**理解**，**予測**，**応用・制御**に対応する三つの編から構成されている．

乱流の構造，力学機構，輸送機構は，科学的にもきわめて興味深い事象であり，それ自体現在も広く研究が進められている．そして，乱流物理にかかわる知識は，乱流の数値予測や制御においても重要であり，たとえば乱流モデルを用いた計算結果の妥当性，あるいは乱流制御法の有効な改善策を判断するうえでも大きな助けとなる．乱流は，1.1節でその分類を示したように多様であり，ごく基本的な剪断乱流から複雑乱流まで，それらの機構は一括りにはしにくい．個々の乱流の種類と，理解の目的によって，異なる手法が採用される．これまで，乱流の発生にかかわる流れの安定性と乱流遷移，そして各種剪断乱流の統計的性質と構造は幅広く研究されてきた．乱流の秩序構造や渦の素過程における力学は，現在も重要課題である．

乱流の記述法として，流体運動の一般的方法としてのオイラー法とラグランジュ法が用いられる．大半の理論では，前者にあたるナビエ-ストークス方程式が用いられるが，流体中の固体粒子，気泡，相界面，渦核などを時間的に追跡するラグランジュ法も，そして両者を組み合わせた方法も用いられる．これらは，乱流を理解するための各種手法に共通の理論的な基盤を与える．

実験計測は，古くから乱流現象を理解するための有力なツールである．計測対象となる物理量は，速度，圧力，渦度，温度，化学種濃度などであり，計測は，点，面，あるいは空間におけるものに分類される．乱流研究に大きな役割を果たした熱線流速計やレーザドップラー流速計は点計測であり，一方，流れの可視化は面や体積中の諸量の分布を観察する手法である．後者を計算機の援用によって定量的計測法としたものが粒子画像流速計であり，主としてPIVとPTVの2種があり，前者は計測処理ソフトウェアとともに市販されている．可視化は，以下に述べる数値シミュレーションにおいても重要な手法であり，実験では困難な渦度や乱流構造の解析にも応用されている．

支配方程式を忠実に数値的に積分する，直接数値シミュレーション（direct numerical simulation, DNS）は近年計算機性能の向上とともに飛躍的に発達した手法で，乱流物理の理解に大きな助けとなっている．ナビエ-ストークス方程式と境界条件，初期条件の成立と数値計算の精度が十分吟味されたものであれば，その数値積分によって，いわば風洞実験のように乱流にかかわるすべてのデータを入手することができる．したがって，実験とは対照的に，瞬時の速度や圧力の分布から，乱れの構造やその力学を解析することができる．ただし，幅広い乱れのスケール分布を有する乱流を十分に解像して数値計算を進めるためには，膨大な数の数値計算格子（計算機メモリ）と積分タイムステップ（CPUタイム）が必要となるので，比較的小さなレイノルズ数条件にかぎられる．また，熱や物質の輸送を伴う乱流に対して，それらのスカラー量の乱れのスケール分布に関連するプラントル数やシュミット数が1を大きく越えるDNSを行うことは困難である．この状況は，計算機の長期的な性能向上を予想しても大きく変わらず，自然や産業に現れる高レイノルズ数，高プラントル数乱流のシミュレーションは今後とも実質的に不可能であるといわざるをえない．なお，流体の運動方程式を計算機上で解く手法においては，数値解法としての差分法，有限要素法，スペクトル法の精度とともに，計算機アーキテクチャを活かして計算速度を確保することも重要となる．

実験計測や数値シミュレーションによって得られた乱流現象のデータは，さまざまな形で解析に供されている．平均的な速度，圧力，温度，濃度の空間分布，そしてそれらの時間的な変化は工学的に重要度が高い情報である．乱れの強度に関する知識も設計上有用である．さらに，各種乱れの確率密度，スペクトル，相関，そして条件付抽出データなどは，乱流の力学機構や構造に有力な手がかりを与える．層流から乱流への遷移については，線形あるいは非線形安定理論による検討が有効である．さらに進んだ解析手法として，有理力学（rational mechanics），固有関数展開（proper orthogonal decomposition），統計推定（stochastic estimation），カオス理論（chaos theory），ウエーブレット解析（wavelet analysis）などが応用されている．

乱流工学の第2の目標は，与条件下で生じる乱流現象にかかわる特性量を定量的に予測することである．予測すべき特性量は目的によって異なり，たとえば航空機の翼の場合，その設計のためには，抗力，揚力，モーメント，局所的な摩擦力，圧力を求める必要がある．同じ翼型でも，高温ガスタービンのタービン翼の場合は，流体力に加えて，流れとの熱授受を防止するフィルムクーリングの断熱効率の表面分布を予測する必要がある．種々の熱交換器や機器冷却では，熱伝達率とともに，エネルギー損失を招く圧力損失を予測せねばならない．エンジンや燃焼器では，燃料と酸化剤の混合過程や火炎の安定性，そして燃焼生成物の濃度など，詳しい特性量の予測が必要である．プラント排出物の大気や海洋への拡散問題では，平均的な排出物の濃度分布，そして各位置での濃度変動幅などもアセスメントに必要となる．

このようなさまざまな目的に応じて，従来その予測法が提案され，確立されてきた．最も原始的な方法は，データ表やグラフであろう．内挿によって設計条件下の値を見積もることになる．実験値や計算値を，理論をもとに，あるいは理論を近似して当てはめ，相関式や経験式の形に整理したものは，簡便で使いやすく，その有用性は高い．ただし，それらの相関式のもととなった理論や実験データの条件範囲を逸脱して使用することは，予測値の不確かさを推定することができないので避けるべきである．

一方，乱流の各種モデルが近年整備され，これらを利用して複雑な乱流現象の予測が可能となっている．ナビエ-ストークス方程式にレイノルズ分解を施し平均値を扱う方法が古くから工学的に多用されてきたが，支配方程式系を数学的に閉じるために導入される，レイノルズ応力に対する完結仮説（closure）をレイノルズ平均型（RANS）モデルという．また，時間平均あるいはアンサンブル平均の代わりに，空間的なフィルタ関数を定義して局所体積平均（格子平均）を解析の対象とする，ラージエディシミュレーション（large eddy simulation, LES）も普及している．LESは，RANSモデルに比べて計算負荷が大きいが，非定常流を含む広範囲の適用性からその工学的有用性が認められた手法である．この場合にも，フィルタ幅以下のスケールの乱れによる応力成分（sub-grid scale stress, SGS応力）をモデル化する必要がある．なお，乱流のシミュレーションとしては，格子ガスオートマトン法，格子ボルツマン法，ダイレクトシミュレーションモンテカルロ法が用いられることもある．

これらを用いた手法は，数値流体力学（computational fluid dynamics, CFD）として発展し，構造力学コードなどとともに商用ソフトウェアとして市場に提供され，実用的な科学技術計算手法，設計手法として広く応用されている．ただし，未知の乱流現象の予測に関してはなお信頼性に欠ける場合があるので注意が必要である．その原因は，乱流モデルと数値計算法の精度が，工学的に現れる広い範囲の条件下において必ずしも十分でないことである．したがって，乱流現象の予測は依然として主要な研究課題の一つでもある．

乱流現象を応用し，制御することが乱流工学の第3の目標である．すでに述べたように，乱流現象が関与する工学分野は広く，そして人間や生体の機能にも及ぶ．このような広い分野で，乱流の効果的な応用と制御は新たな価値の創造に寄与する可能性を秘めている．応用の観点からは，たとえば，乱流は層流と比べて，運動量，熱，物質の拡散，輸送が格段に速いので，この性質は目的に応じて広く利用されている．たとえば，乱流境界層は剥離しにくい性質があるので，乱流促進対や縦渦発生体を翼に設置して乱れを促進し，ストールの防止に役立てている．また，乱流熱伝達率は層流のそれに比べて大きいので，熱交換器に利用されて高い熱授受特性を達成している．固体壁に衝突する噴流では高い熱伝達が得られるので，加熱，冷却，乾燥などの装置に広く応用されているが，噴流を衝突前に乱流に遷移させると効果は大きく増加する．化学プラントの混合プロセスでは，乱流を利用して優れた混合性能を達成している．

乱流現象を思いのままに制御することは，永く人類の夢の一つであった．技術的には，機器の高性能化，高機能化，製品の高品質化，省エネルギーや環境保全など，その便益は計り知れなく大きい．たとえば，高速輸送機器の抵抗を減少させれば，多大な省エネルギーが可能となる．高温ガスタービンでは，高効率化のためにタービン入口温度の上昇が継続的に図られてきたが，耐熱合金の融点よりも高い燃焼ガスに曝されるタービン翼の内部に冷却空気を循環させて内部対流冷却を施し，さらに多数の細孔から翼面に沿って吹き出すフィルムクーリングを組み合わせる，高度な乱流伝熱制御技術によって運転を可能にしている．自動車をはじめさまざまな機器内外の乱流が発生する空力騒音や排出物を抑止できれば人間生活とのいっそうの調和を図ることが可能になる．室内気流を制御できれば，清浄で快適な住環境，精密作業環境，医療環境が実現できる．鉄鋼や化学プラントでの熱流動プロセスを制御できれば，製品の品質向上，安定化，低コスト化を達成することができる．河川や海岸の乱流と付随する土砂の輸送，生物環境の変化を制御できれば，河川，海岸の保全，災害の防止にも役立つ．

乱流制御の方法は，古くから試みられ，初期には経験的で直感的なアイデアに頼っていたが成功例も多い．表面粗さや渦発生体による境界層制御は古くから試みられ，翼の揚抗比の向上，鈍頭物体の抵抗低減（ゴルフボールなど），タブ付噴流ノズルによる混合促進などが実用化されている．また，生物の進化の結果達成された優れた機能を模擬して，リブレット（サメ），粘弾性皮膜（イルカ），ポリマー溶液（ウナギ）などによる乱流摩擦低減制御も実現した．近年は，最適制御理論，そして遺伝的アルゴリズムやニューラルネットワークなどの適応型制御の方法など，現代制御理論が本格的に導入され，またマイクロマシン技術で制作される微細なセンサやアクチュエータの応用も展望され，新しい研究のフェーズに至っている．

以上，乱流工学の三つの目的について概説したが，これらの詳細について以下の各章で述べることとする．

[笠木伸英]

2

基礎方程式

2.1 乱流の記述

乱流は複雑な流体運動であるが，ほとんどの場合連続体として取り扱うことができるので，解析のための基礎方程式として，ナビエ-ストークス方程式が用いられる．ナビエ-ストークスが適用できないのは，非常に希薄な気体や，高分子を含む非ニュートン流体などである．ナビエ-ストークス方程式に，密度成層，電磁効果，混相（固体粒子，液滴，気泡などの混入を含む），さらに界面の効果を取り入れた方程式系によって，より複雑な乱流を表すことができる．ここでは，これらの付加的な効果を含まない非圧縮性，あるいは圧縮性流体を取り扱うための基礎方程式を説明する．

気体と液体の運動は，ともに連続体としての流体と仮定して取り扱うことができるが，微視的にみれば，その構造は大きく異なっている．気体では，個々の分子は，ときどき衝突することを除いてほぼ独立に自由に運動している．一方，液体はむしろ固体に近く，個々の分子は比較的狭い範囲を彷徨しながら，多数の分子が集団的な運動をしていると考えられている．たとえば，氷の正四面体結晶構造は，水の状態でもある程度保たれていることが知られている．また，氷結晶を維持している水素結合は，液体状態である水においても支配的で，多数の水分子が水素結合で結びついている．温度が上昇するにつれて結合は各所で切れ，運動の自由度が増していく．金属では，自由電子の海の中に金属イオンが分布している点では固体も液体も共通していると考えられている．気体については20世紀の前半から分子運動の分布関数から出発して巨視的変数に対する方程式を導くことに成功しているが，液体に対しては，現在も多くの努力がなされていて発展途上である．

このように，気体と液体は構造的には大きく異なっているが，空間・時間について巨視化操作（あるいは粗視化操作，平均化操作）を行うことによって流体として取り扱うことができるようになる点では共通している．気体では平均自由行程（mean free path），平均衝突時間（mean collision time）が存在する．空間的には平均自由行程よりも十分に大きな距離にわたる平均，時間的には平均衝突時間よりも十分長い時間間隔にわたる平均をとり，それ以下の空間・時間スケールでの変動を考慮しないのが巨視化の意味である．

$$\mathrm{Kn}=\frac{[\text{平均自由行程}]}{[\text{流れの代表的長さ}]} \qquad (2.1.1)$$

をクヌーセン数（Knudsen number）と呼び，$\mathrm{Kn} \ll 1$ の場合には気体が自由な分子から構成されていることに起因する離散的な効果が現れず，連続体として取り扱うことができる．しかし，$\mathrm{Kn} \approx 1$ となると分子的な効果，たとえば境界で速度がゼロにならない速度すべりなどが現れる．

液体では平均自由行程や平均衝突時間などに明確に対応する量は存在しないが，狭い範囲で彷徨する分子に対して同様な巨視化操作を施すことが可能である．このようにして，気体・液体の空間・時間のすべての点についてその近傍での平均量を考えれば，各点に物理量を対応させることができる．これらを巨視的な物理量と呼び，各点に任意の時間に物理量が対応する3次元空間を連続体（continuous media）という．またこのように気体・液体を取り扱うことを連続体近似という．なお，走る車の集合や星の集合も，空間・時間の巨視化操作を行うことによって，連続体としての流体として取り扱うことが可能である．ここで注意しなければいけないことは，現実の物質に対しては，ある程度以下の空間・時間スケールにおいては連続体近似を適用することができないが，連続体は仮想的な物体として任意の小さなスケールまで分解能をもつ点である．

空間の各点で巨視的物理量が定義されているだけでは，連続体として力学的に取り扱うことはできない．すなわち，基礎方程式が，各点で定義された巨視的物理量のみで表現されていなければいけない．また，物理法則がすべて巨視的物理量で表現されるためには，局所的に熱力学的平衡状態が実現されていることが必要である．以上述べた条件のもとで，いくつかの物理量の保存則から基礎方程式が導かれる．なお，本節では座標関数として $\boldsymbol{x}=(x, y, z)$ または (x_1, x_2, x_3)，速度ベクトルとして $\boldsymbol{u}=(u, v, w)$ または (u_1, u_2, u_3) を，場合に応じて使い分けることにする．また，同一項中でのベクトルやテンソルの同じ添字記号は，とくに断りのないかぎりそれらの1から3までの和（縮約）をとることにする．

オイラー法またはオイラー的な方法（Eulerian method）では，それぞれの巨視的物理量の，連続体における空間・時間の各点 $(\boldsymbol{x}, t)$ での値，および空間・時間偏微分係数を解析の対象とする．おもに用いられる巨視的物理量は密度 $\rho(\boldsymbol{x}, t)$，速度 $\boldsymbol{u}(\boldsymbol{x}, t)$，圧力 $p(\boldsymbol{x}, t)$，内部エネルギー $e(\boldsymbol{x}, t)$，あるいは温度 $T(\boldsymbol{x}, t)$ である．これらの量およびその1次時間偏微分係数，適当な階数の空間偏微分係数をある時刻に空間のすべての点で与えれば，以後の流体運動は一意的に決定されると考える．

次に流体粒子（fluid particle）を定義する．まず連続体内の点 $\boldsymbol{x}$ を含む領域内の流体塊を考える．次に，その体積を無限に小さくした極限として，流体粒子を無限小体積の領域内の流体の集合であると定義する．流体粒子は連続体内の有限体積の領域として導入されるが，最後には，微分法で極限をとるように体積ゼロの極限をとる点に注意しなければいけない．このような極限操作を経て，質点系に対するニュートン力学の手法を連続体に適用することが可能となる．これをラグランジュ法またはラグランジュ的な方法（Lagrangian method）と呼ぶ．

流体粒子は流体の流れによって移流されると考える．したがって，初期時刻 t_0 における流体粒子の位置 $\boldsymbol{x}_0$ を指定すると，$t>t_0$ における流体粒子の軌跡 $\boldsymbol{x}(t, \boldsymbol{x}_0, t_0)$ が一意的に定まる．$\boldsymbol{x}(t, \boldsymbol{x}_0, t_0)$ は微分方程式

$$\frac{\partial}{\partial t}\boldsymbol{x}(t, \boldsymbol{x}_0, t_0)=\boldsymbol{u}(\boldsymbol{x}, t) \qquad (2.1.2)$$

の積分であり

$$\boldsymbol{x}(t, \boldsymbol{x}_0, t_0)=\int_{t_0}^{t}\boldsymbol{u}(\boldsymbol{x}(t', \boldsymbol{x}_0, t_0), t')\mathrm{d}t' \qquad (2.1.3)$$

で求められる．この軌跡に沿った微分を実質微分（substantial derivative）またはラグランジュ微分（Lagrangian derivative）と呼び，D/Dt と書く．実質微分は流体粒子の移動に沿った物理量の変化を意味する．$\boldsymbol{x}$ と t の任意の関数 $f(\boldsymbol{x}, t)$ の実質微分は $\boldsymbol{x}(t)=\boldsymbol{x}(t, \boldsymbol{x}_0, t_0)$ を流体粒子の軌跡とすると

$$\begin{aligned}\frac{D}{Dt}f(\boldsymbol{x}, t)&=\lim_{\Delta t\to 0}\frac{1}{\Delta t}[f(\boldsymbol{x}(t+\Delta t), t+\Delta t)-f(\boldsymbol{x}(t), t)]\\&=\lim_{\Delta t\to 0}\frac{1}{\Delta \mathrm{t}}\Big[(\boldsymbol{x}(t+\Delta t)-\boldsymbol{x}(t))\cdot\nabla f(\boldsymbol{x}, t)\\&\qquad+\Delta t\frac{\partial}{\partial t}f(\boldsymbol{x}, t)\Big]\\&=\boldsymbol{u}(\boldsymbol{x}, t)\cdot\nabla f(\boldsymbol{x}, t)+\frac{\partial}{\partial t}f(\boldsymbol{x}, t)\end{aligned}$$

であるから

$$\begin{aligned}\frac{D}{Dt}f(\boldsymbol{x}, t)&=\frac{\partial}{\partial t}f(\boldsymbol{x}, t)+\frac{\partial x_i}{\partial t}\frac{\partial f}{\partial x_i}\\&=\frac{\partial}{\partial t}f(\boldsymbol{x}, t)+(\boldsymbol{u}\cdot\nabla)f \qquad (2.1.4)\end{aligned}$$

となる．これから

$$\frac{D}{Dt}=\frac{\partial}{\partial t}+(\boldsymbol{u}\cdot\nabla) \qquad (2.1.5)$$

が得られる．これが，空間座標を固定した時間偏微分（オイラー微分，Eulerian derivative）と実質微分の間の関係式である（なお著者によっては D/Dt を単に $\mathrm{d}/\mathrm{d}t$ と書く場合もある．この根拠は $f(\boldsymbol{x}, t)$ を $\boldsymbol{x}$ と t の関数と考えて，全微分 $\mathrm{d}f=\partial f/\partial x_i\,\mathrm{d}x_i+\partial f/\partial t\,\mathrm{d}t$ をとり，同時に，$\mathrm{d}x_i/\mathrm{d}t=u_i$ を仮定すれば $\mathrm{d}f/\mathrm{d}t=Df/Dt$ が成り立つからであるが，ここで実質微分の記号を用いる理由は，$x_i(t)$ が流体粒子の軌跡であることを明確に表現するためである）．

同様にして，流体塊も初期時刻 t_0 において領域の位置を指定すると，$t>t_0$ における位置を，境界上の流体粒子の軌跡を追跡することによって一意的

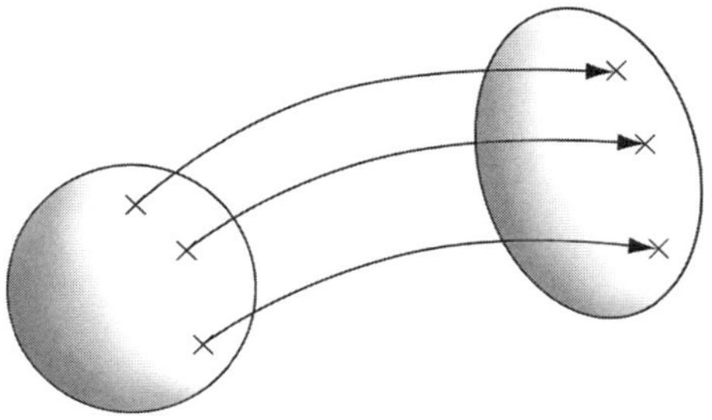

図 2.1　流体塊の移動
流れに沿った流体塊と境界上の流体粒子の位置変化を示す.

に求めることができる（図 2.1）. 定義より, 流体塊には流体の巨視的な流入・流出はなく, 内部の質量は一定であることがわかる.

オイラー法とラグランジュ法は一見異なった方法のようにみえるが, 実際は同じ数学的方法を異なる視点からみているにすぎない. 両者は互いに等価であるが, 一方の方法によって他方法よりはるかに容易に結果が得られる場合がある. とくに, 乱流の統計理論では, ラグランジュ的な方法が優れた結果を導くことが知られている.

乱流は, 連続体として取り扱われる流体中の複雑な運動であって一見不規則のようにもみえる. したがって, 平均的性質を決定するために連続体近似を行うときの巨視化操作と類似の平均化操作が行われる. しかし, 両者はまったく同じではない. まず, 連続体近似が成立しない空間的スケール（分子スケール）はきわめて小さい（0°C, 1 気圧の空気の平均自由行程は約 65 nm）. 一方, たとえば, 空気を用いた室内実験での乱流の最小スケール（コルモゴロフ長）が 0.1 mm 以下となることはまれである. これに比べ, 分子スケールははるかに小さく, 流体の巨視的な変動と比べて実際には無視することが可能である. また, 分子スケールの運動がはるかに大きなスケールまで直接影響を及ぼすことはないと思われている. 図 2.2 は, 気体で空間平均をとることによって, なめらかな連続体近似を得る様子を模式的に示したものである.

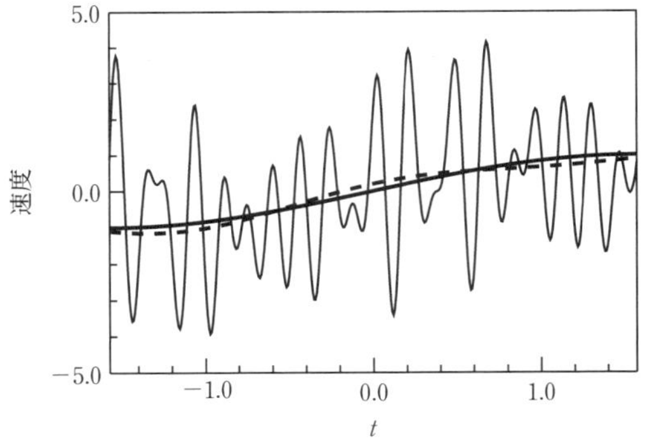

図 2.2　一辺が Δx の立方体内で, 空間平均をとったときの, ある位置における一方向平均速度の時間的変化の模式図
(a) 細い実線 $\Delta x \approx 10\,l$, (b) 点線 $\Delta x \approx 100\,l$, (c) 太い実線 $\Delta x \approx 1000\,l$. ここで l は平均自由行程で, 縦軸横軸の目盛は適当にとってある.

それに対して, 乱流の平均化操作を行う場合, 平均値が変化するスケールと乱流の変化スケールの比はしばしば同程度の大きさであり, さらに, 小さなスケールと大きなスケールの運動は, たとえスケール比が大きくても非線形項を通じて緊密に影響しあっていると考えられている. したがって, 分子運動の巨視化操作のアナロジーを安易に乱流へ適用することには慎重な検討が必要である.

2.2 保　存　則

流体の運動を支配する方程式は, 質量, 運動量, エネルギーの保存則から導かれる.

2.2.1 質量保存則

流体内部に領域 V をとり, その境界を S とする（図 2.3）.

V 内の流体の質量は

$$\iiint_V \rho(\boldsymbol{x}, t)\,\mathrm{d}V$$

であり, 微小時間 Δt においてこの領域から流出す

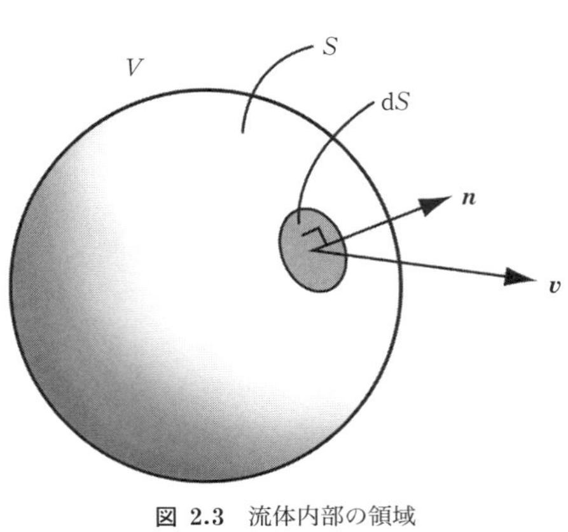

図 2.3　流体内部の領域

る流体の質量は $\boldsymbol{n}$ を境界面における外向き単位法線ベクトルとすると

$$\Delta t \iint_S \rho(\boldsymbol{x}, t)\,\boldsymbol{u}(\boldsymbol{x}, t)\cdot\boldsymbol{n}\,\mathrm{d}S$$

であるから，質量保存則は

$$\frac{\partial}{\partial t}\iiint_V \rho(\boldsymbol{x}, t)\,\mathrm{d}V = -\iint_S \rho(\boldsymbol{x}, t)\,\boldsymbol{u}(\boldsymbol{x}, t)\cdot\boldsymbol{n}\,\mathrm{d}S \tag{2.2.1}$$

となる．質量流束密度，すなわち領域 V の境界の単位面積を単位時間に流出する質量は $\rho\boldsymbol{u}$ である．ガウスの発散定理を式（2.2.1）の右辺に適用すると

$$\frac{\partial}{\partial t}\iiint_V \rho(\boldsymbol{x}, t)\,\mathrm{d}V = -\iiint_V \mathrm{div}(\rho\boldsymbol{u})\,\mathrm{d}V$$

となる．上式が任意の領域 V で成立することから

$$\frac{\partial\rho}{\partial t} + \mathrm{div}(\rho\boldsymbol{u}) = 0 \tag{2.2.2}$$

が得られ，これを連続方程式（equation of continuity）と呼ぶ．

流体の密度が流体粒子の運動に沿って変化しないとすると

$$\frac{D\rho}{Dt} = 0 \tag{2.2.3}$$

で，このとき

$$\mathrm{div}\,\boldsymbol{u} = 0 \tag{2.2.4}$$

が成立する．このような流体を非圧縮性流体（incompressible fluid）と呼ぶ．それ以外の流体は圧縮性流体（compressible fluid）である．もし，ある領域内で ρ＝一定なら，式（2.2.2）よりその領域で $\mathrm{div}\,\boldsymbol{u}=0$ が得られる．なお，混相流などの多成分流体では，連続方程式は各流体の密度と体積分率を含む特有の形態をとる．

流体中に非常に小さな直方体を考え，そこへ出入りする流体を考えることにより，連続方程式を導く方法もよく用いられる．空間に固定された図 2.4 の直方体をとる．

面 ABCD を通って Δt 時間に直方体に流入する（流入，流出は，仮に u が正の場合に当てはまるように表現したもので，負なら逆となることに注意していただきたい）流体の質量は

$$(\rho u)(x, y, z, t)\,\Delta y\Delta z\Delta t$$

である．次に，面 EFGH を通って直方体から流出する流体の質量は，距離 Δx の変化を考慮して

$$(\rho u)(x+\Delta x, y, z, t)\,\Delta y\Delta z\Delta t$$

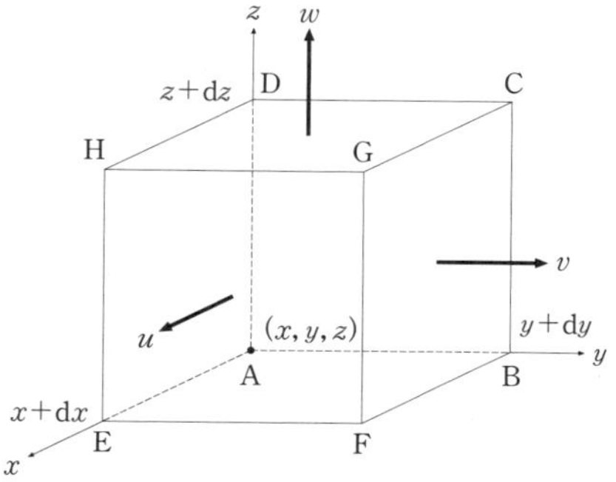

図 2.4　流体中の微小な直方体 1

$$\approx\left\{(\rho u)(x, y, z, t) + \frac{\partial}{\partial x}(\rho u)\Delta x\right\}\Delta y\Delta z\Delta t$$

となる．ゆえに，x 方向に流出する流体の質量と，流入する流体の質量の差は

$$\frac{\partial}{\partial x}(\rho u)\,\Delta x\Delta y\Delta z\Delta t$$

で，同様な考察を y，z 方向にも行うと，Δt 時間の間に直方体から流出する流体の全質量は

$$\left\{\frac{\partial}{\partial x}(\rho u) + \frac{\partial}{\partial y}(\rho v) + \frac{\partial}{\partial z}(\rho w)\right\}\Delta x\Delta y\Delta z\Delta t \tag{2.2.5}$$

となる．一方，密度の時間的変化による直方体内の質量変化は

$$\begin{aligned}&\rho(x, y, z, t+\Delta t)\,\Delta x\Delta y\Delta z - \rho(x, y, z, t)\,\Delta x\Delta y\Delta z\\ &\quad\approx\left\{\rho(x, y, z, t) + \frac{\partial\rho}{\partial t}\Delta t\right\}\Delta x\Delta y\Delta z\\ &\quad\quad-\rho(x, y, z, t)\,\Delta x\Delta y\Delta z\\ &\quad=\frac{\partial\rho}{\partial t}\Delta x\Delta y\Delta z\Delta t\end{aligned} \tag{2.2.6}$$

で，これらが釣り合うことから質量保存式

$$\frac{\partial\rho}{\partial t} + \frac{\partial}{\partial x}(\rho u) + \frac{\partial}{\partial y}(\rho v) + \frac{\partial}{\partial z}(\rho w) = 0 \tag{2.2.7}$$

が得られ，これは連続方程式（2.2.2）を成分表記したものである．

2.2.2　運動量保存則

質点に対するニュートンの運動方程式が運動量の保存と等価であることはよく知られている．したがって，領域 V 内の運動量保存則から運動方程式を導くことが可能である．しかし，領域の境界を単位時間に通過する運動量流束を最初から正しく与えることはそれほど簡単ではない．そこで，ラグランジ

ュ的な発想から出発することにする．最初に粘性が無視できる非粘性流体に対する運動方程式を導き，その後，粘性効果を取り入れた方程式を誘導する．

まず，圧力場が流体粒子に及ぼす力を求める．領域 V 内の流体塊に圧力から働く力は

$$-\iint_S p\boldsymbol{n}\,\mathrm{d}S$$

で与えられる．ガウスの発散定理を用いると

$$-\iiint_V \mathrm{grad}\,p\,\mathrm{d}V$$

と変形されるので，体積 δV の流体塊に働く力は $-\delta V\,\mathrm{grad}\,p$ となる．流体塊の質量は一定なので，$\delta V\to 0$ の極限では質量一定の質点とみなすことができ，ニュートンの運動方程式を適用することが可能となる．流体粒子の加速度は，流体粒子の軌跡に沿った速度 $\boldsymbol{u}$ のラグランジュ微分であるから

$$\rho\delta V\frac{D\boldsymbol{u}}{Dt}=-\delta V\,\mathrm{grad}\,p$$

さらに外力（体積力）を考慮すると

$$\rho\frac{D\boldsymbol{u}}{Dt}=-\mathrm{grad}\,p+\rho\boldsymbol{F} \qquad (2.2.8)$$

が得られる．ここで，$\boldsymbol{F}$ は単位質量あたりの外力である．式（2.1.5）を用いると

$$\rho\left[\frac{\partial\boldsymbol{u}}{\partial t}+(\boldsymbol{u}\cdot\nabla)\,\boldsymbol{u}\right]=-\mathrm{grad}\,p+\rho\boldsymbol{F} \qquad (2.2.9)$$

となる．式（2.2.8），（2.2.9）は粘性の無視できる非粘性流体（inviscid fluid）（完全流体，perfect-fluid とも呼ばれる）に対して成り立つ式で，オイラー方程式（Euler equation）と呼ばれる．

次に運動量の保存則を導く．ここでは外力はないとする．式（2.2.2）を用いると，式（2.2.9）より

$$\frac{\partial}{\partial t}(\rho\boldsymbol{u})+\mathrm{div}(\rho\boldsymbol{u}\boldsymbol{u})=-\mathrm{grad}\,p \qquad (2.2.10)$$

が得られる．ここで，$\boldsymbol{uu}$ はベクトル $\boldsymbol{u}$ のディアド（dyad）と呼ばれる2階対称テンソルで，テンソル解析ではベクトル $\boldsymbol{u}$ と $\boldsymbol{u}$ のテンソル積 $\boldsymbol{u}\otimes\boldsymbol{u}$ である．$\mathrm{div}(\rho\boldsymbol{uu})$ は対称テンソル $\rho\boldsymbol{uu}$ の発散で，成分で表すと

$$\frac{\partial}{\partial x_j}(\rho u_i u_j)$$

である．式（2.2.10）を領域 V で積分し，ガウスの発散定理を用いると

$$\frac{\partial}{\partial t}\iiint_V \rho\boldsymbol{u}\,\mathrm{d}V+\iint_S(\rho\boldsymbol{uu})\cdot\boldsymbol{n}\,\mathrm{d}S=-\iint_S p\boldsymbol{n}\,\mathrm{d}S.$$

ここで $\boldsymbol{n}$ は対象となる領域から，垂直外向きの単位ベクトルである．これから $\boldsymbol{I}$ を単位テンソルとすると

$$\frac{\partial}{\partial t}\iiint_V \rho\boldsymbol{u}\,\mathrm{d}V=-\iint_S(p\boldsymbol{I}+\rho\boldsymbol{uu})\cdot\boldsymbol{n}\,\mathrm{d}S \qquad (2.2.11)$$

が得られる．$\boldsymbol{\Pi}=p\boldsymbol{I}+\rho\boldsymbol{uu}$ は運動量流束テンソル（momentum flux tensor）と呼ばれ，式（2.2.11）は領域 V における運動量の保存を表す．すなわち領域 V の $\boldsymbol{n}$ に垂直な境界を単位時間，単位面積あたり流出する運動量は $\boldsymbol{\Pi}\cdot\boldsymbol{n}=(p\boldsymbol{I}+\rho\boldsymbol{uu})\cdot\boldsymbol{n}=p\boldsymbol{n}+\rho(\boldsymbol{u}\cdot\boldsymbol{n})\,\boldsymbol{u}$ である．また，$-p\boldsymbol{n}$ は，領域外部から，領域内部の $-\boldsymbol{n}$ 方向に働く単位面積あたりの力（垂直応力）である．

オイラー方程式を粘性のある流体へ拡張するために，式（2.2.11）を成分表示で表す．

$$\frac{\partial}{\partial t}(\rho u_i)=-\frac{\partial\Pi_{ij}}{\partial x_j} \qquad (2.2.12)$$

ここで，Π_{ij} は $\boldsymbol{\Pi}$ の成分で，x_j に垂直な面の単位面積を，単位時間に通過する x_i 方向の運動量を表し

$$\Pi_{ij}=p\delta_{ij}+\rho u_i u_j \qquad (2.2.13)$$

である．

気体では，分子間衝突は熱平衡状態を成立させる一方，空間変化に伴う非平衡状態から平衡状態への回帰過程で，圧力以外の応力を発生させる．これを粘性応力と呼ぶ．粘性応力の定義は，対象とする領域外部から，領域内部へ働く粘性に起因する単位面積あたりの力で，垂直応力だけでなく $\boldsymbol{n}$ に垂直な方向の接線応力も発生する．液体では，おもに，分子間結合による剪断への抵抗が粘性応力を生成する．たとえば，水では温度が上昇するにつれて水素結合がいろいろな場所で切れるため，粘性は小さくなることが知られている．したがって，粘性応力が速度場の空間勾配によって決定されると仮定することは妥当であると考えられる．粘性応力テンソル（viscous stress tensor）を τ_{ij} とする．これは，x_j に垂直な面の単位面積に，外部から対象となる領域に働く，粘性が原因である x_i 方向の応力（stress）である．なお，応力は単位面積あたりに働く面積力である．このとき圧力による応力を含めた全応力を与える

$$\sigma_{ij}=-p\delta_{ij}+\tau_{ij} \tag{2.2.14}$$

を応力テンソル（stress tensor）と呼ぶ．

外部のモーメントやシアーによる回転の強制がない場合，粘性力によって流体粒子が自発的に回転を始めることがないことから

$$\tau_{ij}=\tau_{ji} \tag{2.2.15}$$

が満たされなければいけない．このとき，モーメント方程式は，運動量方程式が成立すれば，自動的に満足されることが示される．

変形速度テンソル（または速度勾配テンソル，deformation rate tensor）は

$$\frac{\partial u_i}{\partial x_j}=\frac{1}{2}\left(\frac{\partial u_i}{\partial x_j}+\frac{\partial u_j}{\partial x_i}\right)+\frac{1}{2}\left(\frac{\partial u_i}{\partial x_j}-\frac{\partial u_j}{\partial x_i}\right) \tag{2.2.16}$$

と二つの部分に分解される．対称部分

$$S_{ij}=\frac{1}{2}\left(\frac{\partial u_i}{\partial x_j}+\frac{\partial u_j}{\partial x_i}\right) \tag{2.2.17}$$

は，歪み速度テンソル（strain rate tensor）と呼ばれ，反対称部分

$$\Omega_{ij}=\frac{1}{2}\left(\frac{\partial u_i}{\partial x_j}-\frac{\partial u_j}{\partial x_i}\right) \tag{2.2.18}$$

は，渦度に関連したテンソルである．渦度 $\boldsymbol{\omega}=(\omega_1, \omega_2, \omega_3)$ とすると

$$\omega_i=\varepsilon_{ijk}\Omega_{jk} \tag{2.2.19}$$

が成立するので，ω_i は Ω_{ij} の双対擬ベクトル(dual pseudovector) である．

Ω_{ij} は流体粒子の局所的な剛体回転に対応しているため，粘性応力を発生させることはない．したがって，粘性応力は S_{ij} によって決定されると考えられる．速度勾配が小さいとき，粘性応力テンソルは歪み速度テンソルの1次式で与えられると考えられる．

$$\tau_{ij}=C_{ijkl}S_{kl} \tag{2.2.20}$$

$\tau_{ij}=\tau_{ji}$ が成り立つから

$$C_{ijkl}=C_{jikl} \tag{2.2.21}$$

$S_{kl}=S_{lk}$ が成り立つから

$$C_{ijkl}=C_{ijlk} \tag{2.2.22}$$

となり，独立な C_{ijkl} の個数は $6\times6=36$ 個となる．また，流体が等方的であると仮定すると，添字の1と2，2と3，3と1を入れ替えたものは相等しい．また，反転対称性より，添字の $ijkl$ のうち，同じ数字が奇数回現れるものはゼロとなる．この結果独立なものはたとえば

$$C_{1111},\quad C_{1122},\quad C_{1212}$$

の3個となる．最後に，x_3 軸周りの微小回転に対する不変性を仮定すると

$$C_{1111}=C_{1122}+2C_{1212} \tag{2.2.23}$$

となり，独立なものは2個となる．$C_{1122}=\zeta$，$C_{1212}=\mu$ とおくと，上の条件を満足する C_{ijkl} として

$$C_{ijkl}=\mu(\delta_{ik}\delta_{jl}+\delta_{il}\delta_{jk})+\zeta\delta_{ij}\delta_{kl} \tag{2.2.24}$$

が考えられる．このとき

$$\tau_{ij}=C_{ijkl}S_{kl}=2\mu S_{ij}+\zeta\delta_{ij}S_{kk} \tag{2.2.25}$$

が得られる．

したがって，粘性を考慮した運動量流束テンソル，粘性応力テンソルは

$$\Pi^v_{ij}=p\delta_{ij}+\rho u_i u_j-\tau_{ij},$$
$$\tau_{ij}=\mu\left(\frac{\partial u_i}{\partial x_j}+\frac{\partial u_j}{\partial x_i}-\frac{2}{3}\delta_{ij}\frac{\partial u_k}{\partial x_k}\right)+\zeta'\delta_{ij}\frac{\partial u_k}{\partial x_k} \tag{2.2.26}$$

となる．ここで μ は粘性係数（または粘度，coefficient of viscosity），ζ は第2粘性係数（または第2粘度，second coefficient of viscosity）と呼ばれる．$\zeta'=\zeta+(2/3)\mu$ は体積粘性率（bulk viscosity）と呼ばれる非負値をとる物理量で，単原子分子気体では $\zeta'\approx0$，多原子分子気体では $\zeta'=O(\mu)$ である．Π^v_{ij} は，粘性項も含めて，x_j に垂直な単位面積を，単位時間に通過する x_i 方向の運動量である．Π^v_{ij} を用いると，式（2.2.12）は

$$\frac{\partial}{\partial t}(\rho u_i)=-\frac{\partial \Pi^v_{ij}}{\partial x_j} \tag{2.2.27}$$

と粘性を含めた形に拡張される．

μ と ζ が一定値と考えられるとき，式（2.2.27）をベクトル形で表すと

$$\rho\left[\frac{\partial \boldsymbol{u}}{\partial t}+(\boldsymbol{u}\cdot\nabla)\boldsymbol{u}\right]=-\mathrm{grad}\,p+\mu\nabla^2\boldsymbol{u}+\left(\zeta'+\frac{\mu}{3}\right)\mathrm{grad}\,\mathrm{div}\,\boldsymbol{u}+\rho\boldsymbol{F} \tag{2.2.28}$$

となる．式（2.2.28）をナビエ-ストークス方程式(Navier-Stokes equation）と呼ぶ．非圧縮性流体ではナビエ-ストークス方程式は

$$\frac{\partial \boldsymbol{u}}{\partial t}+(\boldsymbol{u}\cdot\nabla)\boldsymbol{u}=-\frac{1}{\rho}\mathrm{grad}\,p+\nu\nabla^2\boldsymbol{u}+\rho\boldsymbol{F} \tag{2.2.29}$$

と簡単になる．ここで $\nu=\mu/\rho$ は動粘性係数

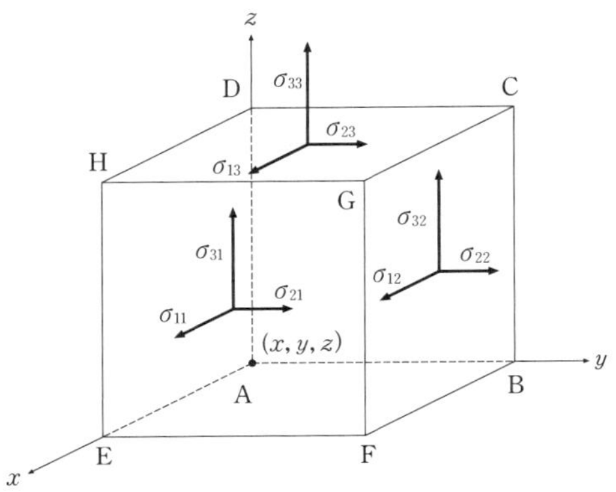

図 2.5　流体中の微小な直方体

(kinematic viscosity)と呼ばれる．また式(2.2.28)，(2.2.29) 中の $\rho\boldsymbol{F}$ は外力項である．

連続方程式と同様に，ナビエ-ストークス方程式も，流体中に非常に小さな直方体を考え，そのなかへ出入りする流れを考えることにより導くことができる．空間に固定された図 2.5 の直方体をとる．

面 ABCD に働く x_i 方向の応力は

$$-\sigma_{i1}(x, y, z, t)\Delta y\Delta z$$

である．面 EFGH に働く x_i 方向の応力は，距離 Δx の変化を考慮して

$$\sigma_{i1}(x+\Delta x, y, z, t)\Delta y\Delta z$$
$$\approx\left\{\sigma_{i1}(x, y, z, t)+\frac{\partial\sigma_{i1}}{\partial x}\Delta x\right\}\Delta y\Delta z$$

となる．ゆえに，x 軸に垂直な面に働く x_i 方向の応力の合計は

$$\frac{\partial\sigma_{i1}}{\partial x}\Delta x\Delta y\Delta z$$

となる．次に，面 ADHE に働く x_i 方向の応力と，面 BCGF に働く x_i 方向の応力の合計は

$$\frac{\partial\sigma_{i2}}{\partial y}\Delta x\Delta y\Delta z.$$

面 AEFB に働く x_i 方向の応力と，面 DHGC に働く x_i 方向の応力の合計は

$$\frac{\partial\sigma_{i3}}{\partial z}\Delta x\Delta y\Delta z$$

となるので，x_i 方向の応力の総和は

$$\frac{\partial\sigma_{ij}}{\partial x_j}\Delta x\Delta y\Delta z \tag{2.2.30}$$

となる．一方，直方体内の x_i 方向の運動量の変化率は

$$\rho\Delta x\Delta y\Delta z\frac{Du_i}{Dt} \tag{2.2.31}$$

であるから，ニュートンの運動方程式より

$$\rho\frac{Du_i}{Dt}=\frac{\partial\sigma_{ij}}{\partial x_j} \tag{2.2.32}$$

が成立する．式 (2.1.5) と (2.2.2) を用いると

$$\frac{\partial}{\partial t}(\rho u_i)+\frac{\partial}{\partial x_j}(\rho u_i u_j)=\frac{\partial\sigma_{ij}}{\partial x_j} \tag{2.2.33}$$

が得られ，ナビエ-ストークス方程式となる．

次に，連続体に対する応力テンソル解析からどのようにしてナビエ-ストークス方程式が導かれるかを説明する．まず，行列に対するケイリー-ハミルトンの定理 (Cayley-Hamilton theorem) とテンソルの不変量について簡単に要約する．

歪み速度テンソル $\boldsymbol{S}=(S_{ij})$ は 3 次の対称テンソルであるから．S_{ij} の固有値の満たす特性方程式と同型の行列方程式

$$\boldsymbol{S}^3-S_1\boldsymbol{S}^2+S_2\boldsymbol{S}-S_3\boldsymbol{I}=0 \tag{2.2.34}$$

を満足する．係数

$$\begin{aligned} S_1&=\mathrm{tr}\,\boldsymbol{S}=S_{11}+S_{22}+S_{33}, \\ S_2&=S_{22}S_{33}-S_{23}S_{32}+S_{11}S_{33}-S_{13}S_{31} \\ &\quad+S_{11}S_{22}-S_{12}S_{21}, \\ S_3&=\det\boldsymbol{S} \end{aligned} \tag{2.2.35}$$

は，座標回転に対して不変なスカラー量である．これに関連して以下の定理が成立する ((II) の証明略)．

(I)　$\boldsymbol{S}$ の任意のべき $\boldsymbol{S}^n$ の関数は，$\boldsymbol{S}^2$，$\boldsymbol{S}$，$\boldsymbol{I}$ のみの関数となる．

(II)　S_{ij} のスカラー関数は，三つの不変量 S_1，S_2，S_3 のみによって表される．

非ニュートン流体への一般化，また乱流モデルの応力テンソルの形を決定するときにはこの定理はたいへん強力な指針となる．たとえば，非圧縮性流体のナビエ-ストークス方程式を一般化するとき，μ を S_2，S_3 の関数と考えることができる．また，応力テンソルを $\boldsymbol{S}$ の非線形関数とするときには $\boldsymbol{S}^2$，$\boldsymbol{S}$，$\boldsymbol{I}$ の関数として取り扱えばよい．

応力の定義より，運動量方程式は

$$\frac{\partial}{\partial t}(\rho u_i)+\frac{\partial}{\partial x_i}(\rho u_i u_j)=\frac{\partial\sigma_{ij}}{\partial x_j}+\rho F_i \tag{2.2.36}$$

である．構成方程式による方法では，応力テンソル σ_{ij} を，歪み速度テンソル S_{ij} で表すことを考えるが，速度が一定，すなわち $S_{ij}=0$ の場合でも圧力

による応力が現れるため，偏差応力（stress deviator）$\hat{\sigma}_{ij}=\sigma_{ij}-\sigma\delta_{ij}$，歪み速度テンソルの偏差 $\hat{S}_{ij}=S_{ij}-S\delta_{ij}$ を用いることにする．ここで $\sigma=(\sigma_{11}+\sigma_{22}+\sigma_{33})/3$，$S=(S_{11}+S_{22}+S_{33})/3$ である．最も簡単な関係式として

$$\hat{\sigma}_{ij}=2\mu\hat{S}_{ij} \qquad (2.2.37)$$

を仮定すると

$$\sigma_{ij}=2\mu(S_{ij}-S\delta_{ij})+\sigma\delta_{ij} \qquad (2.2.38)$$

となる．$P=-\sigma=-\sigma_{kk}/3$ とおく（ストークスの関係，Stokes' relation）と

$$\sigma_{ij}=2\mu(S_{ij}-S\delta_{ij})-P\delta_{ij} \qquad (2.2.39)$$

となり，式（2.2.26）で，$p=P$，$\zeta'=0$ とした場合に相当する．これを一般化して

$$\sigma_{ij}=2\mu(S_{ij}-S\delta_{ij})-P\delta_{ij}+\zeta' S_{kk}\delta_{ij} \qquad (2.2.40)$$

とし，$P=p$ とおくと，式（2.2.26）が再現される．このとき

$$\frac{1}{3}\sigma_{kk}=-P+\zeta' S_{kk} \qquad (2.2.41)$$

となり，$P\neq-(1/3)\sigma_{kk}$ である．

2.2.3 エネルギー保存則

最初に非粘性流体に対するエネルギー保存則を導き，続いて粘性流体に対するエネルギー保存則を仮定して，それから内部エネルギーの方程式を導く．$e(\boldsymbol{x},t)$ を単位質量あたりの内部エネルギーとすると，単位体積あたりの全エネルギーは

$$\frac{1}{2}\rho\boldsymbol{u}^2+\rho e$$

となる．外力のないとき式（2.2.2），（2.2.9）より

$$\frac{\partial}{\partial t}\left(\frac{1}{2}\rho\boldsymbol{u}^2\right)=-\frac{1}{2}\boldsymbol{u}^2\operatorname{div}(\rho\boldsymbol{u})-(\boldsymbol{u}\cdot\nabla)p-\rho\boldsymbol{u}\cdot[(\boldsymbol{u}\cdot\nabla)\boldsymbol{u}]$$

が得られる．圧力の変化 Δp は単位質量あたりのエンタルピー H，エントロピー s の変化を用いて $\Delta p=\rho(\Delta H-T\Delta s)$ と表されるので

$$\frac{\partial}{\partial t}\left(\frac{1}{2}\rho\boldsymbol{u}^2\right)=-\frac{1}{2}\boldsymbol{u}^2\operatorname{div}(\rho\boldsymbol{u})-\rho(\boldsymbol{u}\cdot\nabla)\left(\frac{1}{2}\boldsymbol{u}^2+H\right)+\rho T(\boldsymbol{u}\cdot\nabla)s. \qquad (2.2.42)$$

一方，$\Delta e=T\Delta s+(p/\rho^2)\Delta\rho$ であるから

$$\Delta(\rho e)=H\Delta\rho+\rho T\Delta s$$

となる．また，非粘性流体では流体粒子の運動に沿ってエントロピーが変化しないため

$$\frac{\partial}{\partial t}(\rho e)=H\frac{\partial\rho}{\partial t}+\rho T\frac{\partial s}{\partial t}=-H\operatorname{div}(\rho\boldsymbol{u})-\rho T(\boldsymbol{u}\cdot\nabla)s \qquad (2.2.43)$$

が成り立つ．式（2.2.42）と（2.2.43）の辺々を加え合わせると

$$\frac{\partial}{\partial t}\left(\frac{1}{2}\rho\boldsymbol{u}^2+\rho e\right)=-\left(\frac{1}{2}\boldsymbol{u}^2+H\right)\operatorname{div}(\rho\boldsymbol{u})-\rho(\boldsymbol{u}\cdot\nabla)\left(\frac{1}{2}\boldsymbol{u}^2+H\right)=-\operatorname{div}\left[\rho\boldsymbol{u}\left(\frac{1}{2}\boldsymbol{u}^2+H\right)\right] \qquad (2.2.44)$$

が得られる．式（2.2.44）はエネルギー流束

$$\rho\boldsymbol{u}\left(\frac{1}{2}\boldsymbol{u}^2+H\right)$$

をもつ保存形であり，$H=e+(1/\rho)p$ を考慮すると，エネルギー流束は流れによって運ばれる全エネルギー

$$\rho\boldsymbol{u}\left(\frac{1}{2}\boldsymbol{u}^2+e\right)$$

と，圧力によってなされる仕事 $p\boldsymbol{u}$ からなっていることがわかる．式（2.2.44）を領域 V で積分すると，全エネルギー保存則

$$\frac{\partial}{\partial t}\iiint_V\left(\frac{1}{2}\rho\boldsymbol{u}^2+\rho e\right)\mathrm{d}V=-\iint_S\rho\boldsymbol{u}\left(\frac{1}{2}\boldsymbol{u}^2+H\right)\cdot\boldsymbol{n}\,\mathrm{d}S \qquad (2.2.45)$$

あるいは

$$\frac{\partial}{\partial t}\iiint_V\left(\frac{1}{2}\rho\boldsymbol{u}^2+\rho e\right)\mathrm{d}V=-\iint_S\rho\boldsymbol{u}\left(\frac{1}{2}\boldsymbol{u}^2+e\right)\cdot\boldsymbol{n}\,\mathrm{d}S-\iint_S p\boldsymbol{u}\cdot\boldsymbol{n}\,\mathrm{d}S \qquad (2.2.46)$$

が求められる．

式（2.2.46）の右辺第2項は応力のする仕事であるから，粘性のある場合は $-p$ を応力テンソル $-p\delta_{ij}+\tau_{ij}$ で置き換えるとよい．すると

$$-\iint_S p\boldsymbol{u}\cdot\boldsymbol{n}\,\mathrm{d}S\Rightarrow-\iint_S p\boldsymbol{u}\cdot\boldsymbol{n}\,\mathrm{d}S+\iint_S\boldsymbol{u}\cdot\boldsymbol{\tau}\cdot\boldsymbol{n}\,\mathrm{d}S$$

となる．ここで $\boldsymbol{\tau}$ は τ_{ij} を成分とする2階対称テンソルで，$\boldsymbol{u}\cdot\boldsymbol{\tau}\cdot\boldsymbol{n}$ はスカラー値 $u_i\tau_{ij}u_j$ である．さらに，温度勾配に起因する熱流束

$$\boldsymbol{q}=-\lambda\operatorname{grad}T$$

を付け加える．ここで，λ は熱伝導率である．すると保存則（2.2.46）は

$$\frac{\partial}{\partial t}\iiint_V\left(\frac{1}{2}\rho\boldsymbol{u}^2+\rho e\right)\mathrm{d}V$$
$$=-\iint_S\rho\boldsymbol{u}\left(\frac{1}{2}\boldsymbol{u}^2+e\right)\cdot\boldsymbol{n}\mathrm{d}S-\iint_S p\boldsymbol{u}\cdot\boldsymbol{n}\mathrm{d}S$$
$$+\iint_S\boldsymbol{u}\cdot\boldsymbol{\tau}\cdot\boldsymbol{n}\mathrm{d}S-\iint_S\boldsymbol{q}\cdot\boldsymbol{n}\mathrm{d}S$$
$$=-\iint_S\rho\boldsymbol{u}\left(\frac{1}{2}\boldsymbol{u}^2+H\right)\cdot\boldsymbol{n}\mathrm{d}S+\iint_S\boldsymbol{u}\cdot\boldsymbol{\tau}\cdot\boldsymbol{n}\mathrm{d}S$$
$$-\iint_S\boldsymbol{q}\cdot\boldsymbol{n}\mathrm{d}S \qquad (2.2.47)$$

となり，微分形で表すと全エネルギーの方程式

$$\frac{\partial}{\partial t}\left(\frac{1}{2}\rho\boldsymbol{u}^2+\rho e\right)=-\mathrm{div}\left[\rho\boldsymbol{u}\left(\frac{1}{2}\boldsymbol{u}^2+H\right)\right]$$
$$-\mathrm{div}[-\boldsymbol{u}\cdot\boldsymbol{\tau}-\lambda\,\mathrm{grad}\,T] \qquad (2.2.48)$$

が得られる．ここで $\boldsymbol{u}\cdot\boldsymbol{\tau}$ はベクトル値 $u_i\tau_{ij}$ である．これから内部エネルギー e の方程式を導くと

$$\rho\left[\frac{\partial}{\partial t}+(\boldsymbol{u}\cdot\nabla)\right]e=-p\,\mathrm{div}\,\boldsymbol{u}+\boldsymbol{\tau}:\mathrm{grad}\,\boldsymbol{u}$$
$$-\mathrm{div}(-\lambda\,\mathrm{grad}\,T) \qquad (2.2.49)$$

となる．ただし，$\boldsymbol{\tau}:\mathrm{grad}\,\boldsymbol{u}$ はスカラー値 $\tau_{ij}(\partial u_i/\partial x_j)$ である．最後にエントロピー s の方程式は，式 (2.2.43) を得た変形を考慮すると

$$\rho T\left[\frac{\partial}{\partial t}+(\boldsymbol{u}\cdot\nabla)\right]s=\boldsymbol{\tau}:\mathrm{grad}\,\boldsymbol{u}-\mathrm{div}(-\lambda\,\mathrm{grad}\,T) \qquad (2.2.50)$$

である．非圧縮性流体に対しては e の方程式から圧力項が消えるが，s の方程式は変化しない点に注意していただきたい．

以上で，流体方程式の解を求めるために必要な方程式はすべて登場したようにみえるが，オイラー方程式，ナビエ-ストークス方程式に圧力 p が入っているため，連続方程式とオイラー方程式（またはナビエ-ストークス方程式）だけでは方程式の数が一つ不足する．そのため，状態方程式（equation of states）

$$p=p(\rho,\,T) \qquad (2.2.51)$$

を導入する必要がある．もし等温（T＝一定）または断熱（s＝一定）を仮定すると，p は ρ だけの関数

$$p=p(\rho) \qquad (2.2.52)$$

となり，エネルギー方程式は不要となる．このような流体をバロトロピー流（barotropic flow）と呼ぶ．非粘性流体では断熱条件を仮定しなければいけない．

一方，非圧縮性流体では ρ＝一定であり，圧力はオイラー方程式（またはナビエ-ストークス方程式）の発散をとって得られる方程式

$$\frac{\partial^2 p}{\partial x_i^2}+\rho\frac{\partial u_i}{\partial x_j}\frac{\partial u_j}{\partial x_i}-\frac{\partial^2\tau_{ij}}{\partial x_i\partial x_j}=\rho\frac{\partial F_i}{\partial x_i} \qquad (2.2.53)$$

を解くことによって得られる．なお，浮力効果を考慮したブシネスク近似（Boussinesq approximation）では連続方程式（2.2.4）を用いるが，温度変化が密度を変化させ，浮力を生じさせると考えるため，エネルギー方程式と状態方程式に相当する式を連立させる必要がある．

流体の運動を扱うとき，厳密には，内部エネルギーの変化（温度変化）が，熱応力などの形で応力に変化を及ぼす可能性があるが，通常はこれを無視し，質量保存則と運動量保存則に基づく基礎方程式で解を求めることができる．エネルギー方程式が関係するのは，圧縮性流体で，圧力を状態方程式を用いて表したときに，エネルギー方程式を連立させて解かなければいけない場合である．

2.3 レイノルズ分解

乱流は大まかにいえば，流体の不規則な乱雑運動であるため，膨大な不必要データを捨て去り，必要な情報だけを抽出するための方法が工夫されてきた．そのなかで最も基本的な方法は．乱流のすべての実現（流れ中の攪乱や，境界のゆらぎなどの制御不能な要因から起こりうるすべての可能な流れ）について，等重率を仮定して平均をとるもので，アンサンブル平均（ensemble average）と呼ばれる．実際の流れに対して具体的にアンサンブル平均をとるためには，空間平均または時間平均をとることが多い．しかし，乱流が空間的または時間的に一様でない場合，平均操作を行う空間・時間間隔の大きさが結果に大きな影響を与えることはいうまでもない．一方，乱流は多様なスケールの階層構造をもつため，各階層に対応した平均操作が存在する．したがって，平均操作について述べるとき，そのスケールについて明確な定義が必要である．ここで説明する平均操作は，乱流の最大スケールの階層に対するアンサンブル平均と考える．

非圧縮性流体を考えることにし，基礎方程式は連

続方程式 (2.2.4) とナビエ-ストークス方程式 (2.2.29) とする．アンサンブル平均を行って得られた物理量 a の平均値を $\bar{a}$ で表し，平均からの変位を a' で表す．すると速度 $\boldsymbol{u}$，圧力 p は

$$\boldsymbol{u}(\boldsymbol{x}, t) = \overline{\boldsymbol{u}(\boldsymbol{x}, t)} + \boldsymbol{u}'(\boldsymbol{x}, t) \quad (2.3.1)$$

$$p(\boldsymbol{x}, t) = \overline{p(\boldsymbol{x}, t)} + p'(\boldsymbol{x}, t) \quad (2.3.2)$$

と分解される．これをレイノルズ分解 (Reynolds decomposition) という．定義より

$$\overline{\boldsymbol{u}'(\boldsymbol{x}, t)} = \overline{p'(\boldsymbol{x}, t)} = 0 \quad (2.3.3)$$

である．式 (2.3.1)，(2.3.2) を方程式 (2.2.4)，(2.2.29) へ代入し，(2.3.3) を考慮すると

$$\mathrm{div}\, \bar{\boldsymbol{u}} = 0, \quad (2.3.4)$$

$$\frac{\partial \bar{\boldsymbol{u}}}{\partial t} + (\bar{\boldsymbol{u}} \cdot \nabla)\, \bar{\boldsymbol{u}} + \overline{(\boldsymbol{u}' \cdot \nabla)\, \boldsymbol{u}'} = -\frac{1}{\rho} \mathrm{grad}\, \bar{p} + \nu \nabla^2 \bar{\boldsymbol{u}}, \quad (2.3.5)$$

$$\mathrm{div}\, \boldsymbol{u}' = 0 \quad (2.3.6)$$

$$\frac{\partial \boldsymbol{u}'}{\partial t} + (\bar{\boldsymbol{u}} \cdot \nabla)\, \boldsymbol{u}' + (\boldsymbol{u}' \cdot \nabla)\, \bar{\boldsymbol{u}} + (\boldsymbol{u}' \cdot \nabla)\, \boldsymbol{u}' - \overline{(\boldsymbol{u}' \cdot \nabla)\, \boldsymbol{u}'} = -\frac{1}{\rho} \mathrm{grad}\, p' + \nu \nabla^2 \boldsymbol{u}' \quad (2.3.7)$$

が得られる．式 (2.3.4)，(2.3.5) をレイノルズ平均された連続方程式，レイノルズ平均されたナビエ-ストークス方程式 (Reynolds-averaged Navier-Stokes equation, RANS) という．平均速度 $\bar{\boldsymbol{u}}$，平均圧力 $\bar{p}$ を求めるためには，連立方程式 (2.3.4)，(2.3.5) を解く必要があるが，そのためには未知量 $\overline{(\boldsymbol{u}' \cdot \nabla)\, \boldsymbol{u}'}$ を知らなければいけない．非圧縮条件 (2.3.6) より

$$\overline{(\boldsymbol{u}' \cdot \nabla)\, \boldsymbol{u}'} = \mathrm{div}\, (\overline{\boldsymbol{u}' \boldsymbol{u}'})$$

となるので，$\boldsymbol{u}'$ のディアド $\boldsymbol{u}'\boldsymbol{u}'$ の平均値を求めることに帰着する．方程式 (2.3.5) を

$$\rho \left[\frac{\partial \bar{\boldsymbol{u}}}{\partial t} + (\bar{\boldsymbol{u}} \cdot \nabla)\, \bar{\boldsymbol{u}} \right] = \mathrm{div} \left[-\bar{p} \boldsymbol{I} - \rho \overline{\boldsymbol{u}' \boldsymbol{u}'} + \mu\, \mathrm{grad}\, \bar{\boldsymbol{u}} \right] \quad (2.3.8)$$

と書き直すと，$-\rho \overline{\boldsymbol{u}' \boldsymbol{u}'}$ は応力項とみなすことができる．そこで

$$\boldsymbol{R} = -\rho \overline{\boldsymbol{u}' \boldsymbol{u}'} \quad (2.3.9)$$

と表して，レイノルズ応力テンソル (Reynolds stress tensor) と呼ぶ．$\boldsymbol{R}$ は 2 階の対称テンソルで，その成分は $R_{ij} = -\rho \overline{u_i' u_j'}$ である．式 (2.3.5) または (2.3.8) をレイノルズ方程式 (Reynolds equation) と呼ぶ．

R_{ij} を記述する方程式は，変動に対する方程式 (2.3.6)，(2.3.7) から得られ，以下のようになる．

$$\left[\frac{\partial}{\partial t} + (\bar{\boldsymbol{u}} \cdot \nabla) \right] R_{ij} = \overline{u_i' \frac{\partial p'}{\partial x_j}} + \overline{u_j' \frac{\partial p'}{\partial x_i}} + R_{ik} \frac{\partial \bar{u}_j}{\partial x_k} + R_{jk} \frac{\partial \bar{u}_i}{\partial x_k} + \rho \frac{\partial}{\partial x_k} \overline{u_k' u_i' u_j'} + \nu \left[\nabla^2 R_{ij} + 2\rho \overline{\frac{\partial u_j'}{\partial x_k} \frac{\partial u_j'}{\partial x_k}} \right]. \quad (2.3.10)$$

式 (2.3.10) には変動速度の 3 次相関 $\overline{u_k' u_i' u_j'}$ が含まれ，これを求めるためにはさらに 4 次以上の相関を含む高次の方程式を解かなければいけない．これを完結性の問題 (closure problem) と呼ぶ．この種の困難は，基礎方程式が非線形である系では避けられない．この解決のために，多くの統計理論，乱流モデルが提案されている．なお，変動速度 u_i' と変動圧力 p' の相関項 $\overline{u_i' \partial p' / \partial x_j}$ も本質的には 3 次相関項である．変動速度場の平均速度への影響をレイノルズ応力として表し，レイノルズ応力の方程式と連立させて解く方法をレイノルズ応力モデル (Reynolds stress model) と呼ぶ．

次に，平均速度場 $\bar{\boldsymbol{u}}$ の単位質量あたりの運動エネルギー

$$\bar{K} = \frac{1}{2} \bar{\boldsymbol{u}}^2 \quad (2.3.11)$$

に対する方程式を求めてみよう．式 (2.3.4)，(2.3.5) より以下のように得られる．

$$\left[\frac{\partial}{\partial t} + (\bar{\boldsymbol{u}} \cdot \nabla) \right] \bar{K} = -\frac{1}{\rho} (\boldsymbol{u} \cdot \nabla)\, \bar{p} - \frac{\partial}{\partial x_j} (\overline{u_j' u_k'} \bar{u}_k) + \frac{\partial}{\partial x_j} \left[\nu \bar{u}_i \left(\frac{\partial \bar{u}_i}{\partial x_j} + \frac{\partial \bar{u}_j}{\partial x_i} \right) \right] + \overline{u_j' u_k'} \frac{\partial \bar{u}_k}{\partial x_j} - 2\nu \bar{S}_{jk}{}^2, \quad (2.3.12)$$

$$\bar{S}_{jk} = \frac{1}{2} \left(\frac{\partial \bar{u}_j}{\partial x_k} + \frac{\partial \bar{u}_k}{\partial x_j} \right). \quad (2.3.13)$$

式 (2.3.12) 右辺第 1 項は平均圧力による仕事，第 2 項は乱流拡散，第 3 項は粘性による拡散，第 4 項は乱流（変動場）の生成，第 5 項は粘性散逸を表す．変動場 $\boldsymbol{u}'$ の単位質量あたりの運動エネルギー

$$K' = \frac{1}{2} \overline{\boldsymbol{u}'^2} \quad (2.3.14)$$

は，式 (2.3.10) で $i=j$ として縮約をとることで容易に得られる．

$$\left[\frac{\partial}{\partial t}+(\bar{\boldsymbol{u}}\cdot\nabla)\right]K'=\frac{\partial}{\partial x_j}\left[-\frac{1}{\rho}\overline{u'_jp'}-\frac{1}{2}\overline{u'_ju'^2_k}+\overline{\nu u'_i\left(\frac{\partial u'_i}{\partial x_j}+\frac{\partial u'_j}{\partial x_i}\right)}\right]-\overline{u'_ju'_k}\frac{\partial \bar{u}_k}{\partial x_j}-2\nu\overline{S'^2_{jk}}, \quad (2.3.15)$$

$$S'_{jk}=\frac{1}{2}\left(\frac{\partial u'_j}{\partial x_k}+\frac{\partial u'_k}{\partial x_j}\right). \quad (2.3.16)$$

式 (2.3.15) 右辺第1項は変動圧力による仕事，第2項は乱流拡散，第3項は粘性による拡散，第4項は平均場による乱流（変動場）の生成，第5項は粘性散逸を表す．K' の方程式 (2.3.15) は，乱流モデルでしばしば利用される．

最後に，曲線座標でレイノルズ方程式を取り扱う場合に必要となる $\boldsymbol{R}$ の発散 $\nabla\cdot\boldsymbol{R}$ （$=\partial_i R_{ij}$）の曲線座標表現を与えておく．

1. 円柱座標

$$(\nabla\cdot\boldsymbol{R})_r=\frac{1}{r}\frac{\partial}{\partial r}(rR_{rr})+\frac{1}{r}\frac{\partial}{\partial\theta}R_{r\theta}-\frac{1}{r}R_{\theta\theta}+\frac{\partial R_{rz}}{\partial\theta},$$

$$(\nabla\cdot\boldsymbol{R})_\theta=\frac{1}{r}\frac{\partial R_{\theta\theta}}{\partial\theta}+\frac{\partial R_{r\theta}}{\partial r}+\frac{2}{r}R_{r\theta}+\frac{\partial R_{\theta z}}{\partial z},$$

$$(\nabla\cdot\boldsymbol{R})_z=\frac{1}{r}\frac{\partial}{\partial r}(rR_{rz})+\frac{1}{r}\frac{\partial R_{\theta z}}{\partial\theta}+\frac{\partial R_{zz}}{\partial z}. \quad (2.3.17)$$

なお，$R_{r\theta}=R_{\theta r}$，$R_{rz}=R_{zr}$，$R_{\theta z}=R_{z\theta}$ である．

2. 球座標

$$(\nabla\cdot\boldsymbol{R})_r=\frac{1}{r^2}\frac{\partial}{\partial r}(r^2R_{rr})+\frac{1}{r\sin\theta}\frac{\partial}{\partial\theta}(\sin\theta\,R_{r\theta})+\frac{1}{r\sin\theta}\frac{\partial R_{r\phi}}{\partial\phi}-\frac{R_{\theta\theta}+R_{\phi\phi}}{r},$$

$$(\nabla\cdot\boldsymbol{R})_\theta=\frac{1}{r^2}\frac{\partial}{\partial r}(r^2R_{r\theta})+\frac{1}{r\sin\theta}\frac{\partial}{\partial\theta}(\sin\theta\,R_{\theta\theta})+\frac{1}{r\sin\theta}\frac{\partial R_{\theta\phi}}{\partial\phi}+\frac{1}{r}R_{r\theta}-\frac{\cot\theta}{r}R_{\phi\phi},$$

$$(\nabla\cdot\boldsymbol{R})_\phi=\frac{1}{r^2}\frac{\partial}{\partial r}(r^2R_{r\phi})+\frac{1}{r}\frac{\partial R_{\theta\phi}}{\partial\theta}+\frac{1}{r\sin\theta}\frac{\partial R_{\phi\phi}}{\partial\phi}+\frac{1}{r}R_{r\phi}+\frac{2\cot\theta}{r}R_{\theta\phi}. \quad (2.3.18)$$

なお，$R_{r\theta}=R_{\theta r}$，$R_{r\phi}=R_{\phi r}$，$R_{\theta\phi}=R_{\phi\theta}$ である．

［柳瀬眞一郎］

2.4 密度変化を伴う乱流

密度変化を伴う乱流は，高速流れ，自然対流，燃焼流などにみられる．本節ではこれらの密度変化を伴う乱流を扱う際の基礎方程式について述べる．

2.4.1 圧縮性流れの基礎方程式[1,2]

まず以下の仮定を行う．

i）多成分化学種，化学反応を考慮する．

ii）体積力を考慮する．ただし化学種には依存しないものとする．

iii）Soret 効果，Dufour 効果，温度勾配拡散，体積粘性を無視する．

iv）拡散は Fick 則に従う．

仮定に基づくと，密度変化を考慮した圧縮性流れの基礎方程式は以下のように書ける．

連続の式

$$\frac{\partial\rho}{\partial t}+\frac{\partial\rho u_i}{\partial x_i}=0 \quad (2.4.1)$$

運動量の式

$$\rho\frac{\partial u_i}{\partial t}+\rho u_j\frac{\partial u_i}{\partial x_j}=-\frac{\partial p}{\partial x_i}+\frac{\partial\tau_{ij}}{\partial x_j}+\rho f_i \quad (2.4.2)$$

エネルギーの式

$$\rho\frac{\partial h_t}{\partial t}+\rho u_i\frac{\partial h_t}{\partial x_i}=\frac{\partial p}{\partial t}-\frac{\partial q_i}{\partial x_i}+\frac{\partial u_i\tau_{ij}}{\partial x_j}+\rho f_i u_i \quad (2.4.3)$$

化学種の式

$$\rho\frac{\partial Y_k}{\partial t}+\rho u_i\frac{\partial Y_k}{\partial x_i}=-\frac{\partial\rho Y_kV_{ki}}{\partial x_i}+w_k \quad (2.4.4)$$

状態方程式

$$p=\rho R^0T\sum_k\frac{Y_k}{W_k} \quad (2.4.5)$$

ここで，剪断応力

$$\tau_{ij}=\mu\left(\frac{\partial u_i}{\partial x_j}+\frac{\partial u_j}{\partial x_i}-\frac{2}{3}\delta_{ij}\frac{\partial u_i}{\partial x_i}\right) \quad (2.4.6)$$

全エンタルピー

$$h_t=\sum_k Y_kh_k+\frac{1}{2}u_iu_i \quad (2.4.7)$$

$$h_k=h_k{}^0+\int_{T_0}^{T}C_{p,k}\mathrm{d}T \quad (2.4.8)$$

熱流束

$$q_i=-\lambda\frac{\partial T}{\partial x_i}+\rho\sum_k h_kY_kV_{ki} \quad (2.4.9)$$

化学種 k の拡散速度

$$V_{ki}=-\frac{D_k}{Y_k}\frac{\partial Y_k}{\partial x_i} \quad (2.4.10)$$

また，f_i は重力や電磁力などの体積力，Y_k，D_k，

w_k はそれぞれ化学種 k の質量分率，拡散係数，反応速度を表す．

次にエネルギーの式（2.4.3）を変形する．エネルギーの式は，流速が遅い場合，密度変化を伴う流れを支配する重要な役割をもつ．まず次の仮定を行う．

v）流速は遅く，運動エネルギーはエンタルピーに比べて小さく無視できる．

すなわち，

$$h_t \approx h = \sum_k h_k Y_k \tag{2.4.11}$$

このときエネルギーの式（2.4.3）は

$$\rho\frac{\partial h}{\partial t}+\rho u_i\frac{\partial h}{\partial x_i}=\frac{\partial p}{\partial t}-\frac{\partial q_i}{\partial x_i}+\frac{\partial u_i\tau_{ij}}{\partial x_j}+\rho f_i u_i \tag{2.4.12}$$

式(2.4.11) より

$$\mathrm{d}h=\sum_k C_{\mathrm{p},k}Y_k\mathrm{d}T+\sum_k h_k\mathrm{d}Y_k=C_\mathrm{p}\mathrm{d}T+\sum_k h_k\mathrm{d}Y_k \tag{2.4.13}$$

式(2.4.9) と（2.4.13）を（2.4.12）に代入して

$$\rho C_\mathrm{p}\frac{\partial T}{\partial t}+\rho u_i C_\mathrm{p}\frac{\partial T}{\partial x_i}+\rho\sum_k h_k\frac{\partial Y_k}{\partial t}+\rho u_i\sum_k h_k\frac{\partial Y_k}{\partial x_i}$$
$$=\frac{\partial p}{\partial t}-\frac{\partial}{\partial x_i}\left(\lambda\frac{\partial T}{\partial x_i}\right)-\frac{\partial}{\partial x_i}\left(\rho\sum_k h_k Y_k V_{ki}\right)$$
$$+\frac{\partial u_i\tau_{ij}}{\partial x_j}+\rho f_i u_i \tag{2.4.14}$$

化学種の式（2.4.4）に h_k をかけて和をとると，

$$\rho\sum_k h_k\frac{\partial Y_k}{\partial t}+\rho u_i\sum_k h_k\frac{\partial Y_k}{\partial x_i}$$
$$=-\sum_k h_k\frac{\partial\rho Y_k V_{ki}}{\partial x_i}+\sum_k h_k w_k \tag{2.4.15}$$

式(2.4.14) から（2.4.15）を辺々差し引くと，エネルギーの式は次のように書ける．

$$\rho C_\mathrm{p}\frac{\partial T}{\partial t}+\rho u_i C_\mathrm{p}\frac{\partial T}{\partial x_i}$$
$$=\frac{\partial p}{\partial t}-\frac{\partial}{\partial x_i}\left(\lambda\frac{\partial T}{\partial x_i}\right)-\sum_k\rho Y_k V_{ki}\frac{\partial h_k}{\partial x_i}-\sum_k h_k w_k$$
$$+\frac{\partial u_i\tau_{ij}}{\partial x_j}+\rho f_i u_i \tag{2.4.6}$$

ここで，さらに以下の仮定を行う．

vi）$\sum_k \rho Y_k V_{ki}\frac{\partial h_k}{\partial x_i}$ を無視する

vii）粘性による散逸，粘性による仕事を無視する

viii）体積力 f_i による仕事（位置エネルギー変化）を無視する

これより，式(2.4.16) は以下のようになる．

$$\rho C_\mathrm{p}\frac{\partial T}{\partial t}+\rho u_i C_\mathrm{p}\frac{\partial T}{\partial x_i}=\frac{\partial p}{\partial t}-\frac{\partial}{\partial x_i}\left(\lambda\frac{\partial T}{\partial x_i}\right)-\sum_k h_k w_k \tag{2.4.17}$$

式（2.4.17）をエネルギーの式として，基礎方程式を保存形表示すると，以下のようになる．

$$\frac{\partial\rho}{\partial t}+\frac{\partial\rho u_i}{\partial x_i}=0 \tag{2.4.18}$$

$$\frac{\partial\rho u_i}{\partial t}+\frac{\partial\rho u_i u_j}{\partial x_j}=-\frac{\partial p}{\partial x_i}+\frac{\partial\tau_{ij}}{\partial x_j}+\rho f_i \tag{2.4.19}$$

$$\frac{\partial\rho T}{\partial t}+\frac{\partial\rho T u_i}{\partial x_i}=\frac{1}{C_\mathrm{p}}\frac{\partial p}{\partial t}-\frac{1}{C_\mathrm{p}}\frac{\partial}{\partial x_i}\left(\lambda\frac{\partial T}{\partial x_i}\right)$$
$$-\frac{1}{C_\mathrm{p}}\sum_k h_k w_k \tag{2.4.20}$$

$$\frac{\partial\rho Y_k}{\partial t}+\frac{\partial\rho Y_k u_i}{\partial x_i}=-\frac{\partial}{\partial x_i}\left(\rho D_k\frac{\partial Y_k}{\partial x_i}\right)+w_k \tag{2.4.21}$$

ここで，μ，λ，C_p は混合気の物性値である．圧力の時間変化が無視でき，C_p 一定の場合には，式（2.4.20）と（2.4.21）は同じ形のスカラー量の輸送方程式とみなすことができる．したがって，[0, 1] で規格化されたスカラー変数，すなわち進行度変数（progress variable）c を用いて輸送方程式を表すと，以下のようになる．

$$\frac{\partial\rho c}{\partial t}+\frac{\partial\rho c u_i}{\partial x_i}=-\frac{\partial}{\partial x_i}\left(\rho\alpha_c\frac{\partial c}{\partial x_i}\right)+w_c \tag{2.4.22}$$

2.4.2　ファーブル平均

密度変化を伴う乱流を扱うときはレイノルズ平均（Reynolds averaging）に代わってファーブル平均（Favre averaging）が用いられる．ファーブル平均は密度加重平均（mass-weighted averaging）とも呼ばれる．変数 ϕ のファーブル平均は以下のように定義される．

$$\tilde{\phi}=\frac{\overline{\rho\phi}}{\bar{\rho}} \tag{2.4.23}$$

変数 ϕ のファーブル平均 $\tilde{\phi}$ からのずれを ϕ'' とすると以下の関係が成り立つ．

$$\phi''=\phi-\tilde{\phi} \tag{2.4.24}$$

$$\overline{\rho\phi''}=0 \tag{2.4.25}$$

また，ファーブル平均とレイノルズ平均の差は次のように書ける．

$$\tilde{\phi}-\bar{\phi}=\frac{\overline{\rho'\phi''}}{\bar{\rho}}=\frac{\overline{\rho'\phi'}}{\bar{\rho}} \tag{2.4.26}$$

2.4.3 ファーブル平均基礎方程式[1)]

保存形表示の基礎方程式（2.4.18）〜（2.4.21）の ρ，p 以外の変数に対してファーブル平均を適用し，平均値と変動に分解して平均をとると，以下のファーブル平均量に関する方程式が得られる．

$$\frac{\partial\bar{\rho}}{\partial t}+\frac{\partial\bar{\rho}\tilde{u}_i}{\partial x_i}=0 \qquad (2.4.27)$$

$$\frac{\partial\bar{\rho}u_i}{\partial t}+\frac{\partial\bar{\rho}\tilde{u}_i\tilde{u}_j}{\partial x_j}=-\frac{\partial\bar{p}}{\partial x_i}+\frac{\partial}{\partial x_j}(\bar{\tau}_{ij}-\overline{\rho u_i'' u_j''})+\bar{\rho}f_i \qquad (2.4.28)$$

$$\frac{\partial\bar{\rho}\tilde{T}}{\partial t}+\frac{\partial\bar{\rho}\tilde{T}\tilde{u}_i}{\partial x_i}=\frac{1}{C_{\mathrm{p}}}\frac{\partial\bar{p}}{\partial t}-\frac{1}{C_{\mathrm{p}}}\frac{\partial}{\partial x_i}\left(\overline{\lambda\frac{\partial T}{\partial x_i}}\right)+\frac{\partial}{\partial x_i}(-\overline{\rho T'' u_i''})-\frac{1}{C_{\mathrm{p}}}\sum_k\overline{h_k w_k} \qquad (2.4.29)$$

$$\frac{\partial\bar{\rho}\tilde{Y}_k}{\partial t}+\frac{\partial\bar{\rho}\tilde{Y}_k\tilde{u}_i}{\partial x_i}=-\frac{\partial}{\partial x_i}\left(\overline{\rho D_k\frac{\partial Y_k}{\partial x_i}}\right)+\frac{\partial}{\partial x_i}(-\overline{\rho Y_k'' u_i''})+\bar{w}_k \qquad (2.4.30)$$

また，スカラー輸送方程式（2.4.22）は

$$\frac{\partial\bar{\rho}c}{\partial t}+\frac{\partial\bar{\rho}\tilde{c}\tilde{u}_i}{\partial x_i}=-\frac{\partial}{\partial x_i}\left(\overline{\rho\alpha_c\frac{\partial c}{\partial x_i}}\right)+\frac{\partial}{\partial x_i}(-\overline{\rho c'' u_i''})+\bar{w}_c \qquad (2.4.31)$$

ここで，式（2.4.28）の右辺第2項の $-\overline{\rho u_i'' u_j''}$ はレイノルズ応力と呼ばれる．また，式（2.4.29）の右辺第3項，式（2.4.30）の右辺第2項，式（2.4.31）の右辺第2項は乱流スカラー流束を表す．

一方，レイノルズ平均を用いると連続の式（2.4.22）は

$$\frac{\partial\bar{\rho}}{\partial t}+\frac{\partial\bar{\rho}\bar{u}_i}{\partial x_i}=-\frac{\partial\overline{\rho' u_i'}}{\partial x_i} \qquad (2.4.32)$$

のように，乱れによる湧き出し項を含む形になる．このような方程式を取り扱うのは難しいので，圧縮性を含む流れではファーブル平均が一般に用いられる．

2.4.4 レイノルズ応力，乱流運動エネルギーの輸送方程式[3,4)]

レイノルズ応力は乱流の運動量輸送効果を表すもので，レイノルズ応力の輸送方程式によって求めることができる．またレイノルズ応力の輸送方程式から乱流運動エネルギーの輸送方程式を求めることもできる．

まず平均運動エネルギーの式を導出する．$\tilde{u}_j\times\tilde{u}_i$ に対する式(2.4.28)＋$\tilde{u}_i\times\tilde{u}_j$ に対する式(2.4.28) より

$$\frac{\partial}{\partial t}(\bar{\rho}\tilde{u}_i\tilde{u}_j)+\frac{\partial}{\partial x_k}(\bar{\rho}\tilde{u}_i\tilde{u}_j\tilde{u}_k)=-\tilde{u}_j\frac{\partial\bar{p}}{\partial x_i}-\tilde{u}_i\frac{\partial\bar{p}}{\partial x_j}+\tilde{u}_j\frac{\partial}{\partial x_k}(\bar{\tau}_{ik}-\overline{\rho u_i'' u_k''})+\tilde{u}_i\frac{\partial}{\partial x_k}(\bar{\tau}_{jk}-\overline{\rho u_j'' u_k''})+\bar{\rho}f_i\tilde{u}_j+\bar{\rho}f_j\tilde{u}_i \qquad (2.4.33)$$

ここで，$i=j$ とすると

$$\frac{\partial}{\partial t}\left(\bar{\rho}\frac{\tilde{u}_i\tilde{u}_i}{2}\right)+\frac{\partial}{\partial x_k}\left(\bar{\rho}\frac{\tilde{u}_i\tilde{u}_i}{2}\tilde{u}_k\right)=-\tilde{u}_i\frac{\partial\bar{p}}{\partial x_i}+\tilde{u}_i\frac{\partial}{\partial x_k}(\bar{\tau}_{ik}-\overline{\rho u_i'' u_k''})+\bar{\rho}f_i\tilde{u}_i \qquad (2.4.34)$$

同様にして，$u_j\times u_i$ に対する式(2.4.19)＋$u_i\times u_j$ に対する式(2.4.19) より

$$\frac{\partial}{\partial t}(\rho u_i u_j)+\frac{\partial}{\partial x_\gamma}(\rho u_i u_j u_k)=-u_j\frac{\partial p}{\partial x_i}-u_i\frac{\partial p}{\partial x_j}+u_j\frac{\partial\tau_{ik}}{\partial x_k}+u_i\frac{\partial\tau_{jk}}{\partial x_k}+\rho f_i u_j+\rho f_j u_i \qquad (2.4.35)$$

ここで，$u_i=\tilde{u}_i+u_i''$，$u_j=\tilde{u}_j+u_j''$，$u_k=\tilde{u}_k+u_k''$ を代入して平均をとると

$$\frac{\partial}{\partial t}(\bar{\rho}\tilde{u}_i\tilde{u}_j+\overline{\rho u_i'' u_j''})+\frac{\partial}{\partial x_k}(\bar{\rho}\tilde{u}_i\tilde{u}_j\tilde{u}_k+\tilde{u}_i\overline{\rho u_j'' u_k''}+\tilde{u}_j\overline{\rho u_i'' u_k''}+\tilde{u}_k\overline{\rho u_i'' u_j''}+\overline{\rho u_i'' u_j'' u_k''})$$
$$=\tilde{u}_j\frac{\partial\bar{p}}{\partial x_i}-\overline{u_j''\frac{\partial p}{\partial x_i}}-\tilde{u}_i\frac{\partial\bar{p}}{\partial x_i}-\overline{u_i''\frac{\partial p}{\partial x_j}}+\tilde{u}_j\frac{\partial\bar{\tau}_{ik}}{\partial x_k}+\overline{u_j''\frac{\partial\tau_{ik}}{\partial x_k}}+\tilde{u}_i\frac{\partial\bar{\tau}_{jk}}{\partial x_k}+\overline{u_i''\frac{\partial\tau_{jk}}{\partial x_k}}+\bar{\rho}f_i\tilde{u}_j+\bar{\rho}f_j\tilde{u}_i \qquad (2.4.36)$$

式（2.4.36）から式（2.4.33）を辺々差し引くと，ファーブル平均を用いたレイノルズ応力の輸送方程式が得られる．

$$\frac{\partial}{\partial t}(\overline{\rho u_i'' u_j''})+\frac{\partial}{\partial x_k}(\tilde{u}_k\overline{\rho u_i'' u_j''})=-\overline{u_j''\frac{\partial p}{\partial x_i}}-\overline{u_i''\frac{\partial p}{\partial x_j}}+\overline{u_j''\frac{\partial\tau_{ik}}{\partial x_k}}+\overline{u_i''\frac{\partial\tau_{jk}}{\partial x_k}}-\overline{\rho u_j'' u_k''}\frac{\partial\tilde{u}_i}{\partial x_k}-\overline{\rho u_i'' u_k''}\frac{\partial\tilde{u}_j}{\partial x_k}-\frac{\partial}{\partial x_k}(\overline{\rho u_i'' u_j'' u_k''}) \qquad (2.4.37)$$

さらに，$i=j$ とおくと，ファーブル平均を用いた乱流運動エネルギーの輸送方程式が得られる．

$$\frac{\partial}{\partial t}\left(\frac{1}{2}\overline{\rho u_i'' u_i''}\right)+\frac{\partial}{\partial x_k}\left(\tilde{u}_k\frac{1}{2}\overline{\rho u_i'' u_i''}\right)$$
$$=-\overline{u_i''\frac{\partial p}{\partial x_i}}+\overline{u_i''\frac{\partial \tau_{ik}}{\partial x_k}}-\overline{\rho u_i'' u_k''}\frac{\partial \tilde{u}_i}{\partial x_k}$$
$$-\frac{\partial}{\partial x_k}\left(\overline{\frac{1}{2}\rho u_i'' u_i'' u_k''}\right) \qquad (2.4.38)$$

式（2.4.37）のレイノルズ応力の輸送方程式はレイノルズ応力モデルで用いられる．ただし，右辺第1項，第2項の速度変動圧力相関項，第3項，第4項の速度変動応力相関項，第7項の乱流輸送項に対してモデルが必要となる．また，式（2.4.38）の乱流運動エネルギーの輸送方程式は2方程式モデルで用いられ，レイノルズ応力モデルと同様に右辺第1項，第2項，第4項のモデル化が必要となる．

2.4.5　乱流スカラー流束輸送方程式[4)]

レイノルズ応力の輸送方程式を導出したのと同様の手順で乱流スカラー流束の輸送方程式を求めることができる．

$\tilde{u}_i\times$式(2.4.31)$+\tilde{c}\times$式(2.4.28) より

$$\frac{\partial}{\partial t}(\bar{\rho}\tilde{c}\tilde{u}_i)+\frac{\partial}{\partial x_j}(\bar{\rho}\tilde{c}\tilde{u}_i\tilde{u}_j)$$
$$=\tilde{u}_i\frac{\partial}{\partial x_j}\overline{\left(\rho\alpha_c\frac{\partial c}{\partial x_j}\right)}-\tilde{c}\frac{\partial \bar{p}}{\partial x_i}+\tilde{c}\frac{\partial \bar{\tau}_{ij}}{\partial x_j}+\tilde{u}_i\bar{w}_c$$
$$-\frac{\partial}{\partial x_j}(\tilde{u}_i\overline{\rho c'' u_j''}+\tilde{c}\,\overline{\rho u_i'' u_j''})$$
$$+\overline{\rho c'' u_j''}\frac{\partial \tilde{u}_i}{\partial x_j}+\overline{\rho u_i'' u_j''}\frac{\partial \tilde{c}}{\partial x_j} \qquad (2.4.39)$$

$u_i\times$式(2.2.22)$+c\times$式(2.4.19) より

$$\frac{\partial}{\partial t}(\rho c u_i)+\frac{\partial}{\partial x_j}(\rho c u_i u_j)$$
$$=u_i\frac{\partial}{\partial x_j}\left(\rho\alpha_c\frac{\partial c}{\partial x_j}\right)-c\frac{\partial p}{\partial x_i}+c\frac{\partial \tau_{ij}}{\partial x_j}+u_i w_c \qquad (2.4.40)$$

さらに，$c=\tilde{c}+c''$，$u_i=\tilde{u}_i+u_i''$，$u_j=\tilde{u}_j+u_j''$ を代入して平均をとると

$$\frac{\partial}{\partial t}(\bar{\rho}\tilde{c}\tilde{u}_i+\overline{\rho c'' u_i''})+\frac{\partial}{\partial x_j}(\bar{\rho}\tilde{c}u_i\tilde{u}_j+\overline{\rho u_i'' u_j''}\tilde{c}$$
$$+\overline{\rho c'' u_i''}\tilde{u}_j+\overline{\rho c'' u_j''}\tilde{u}_i+\overline{\rho c'' u_i'' u_j''})$$
$$=\tilde{u}_i\frac{\partial}{\partial x_j}\overline{\left(\rho\alpha_c\frac{\partial c}{\partial x_j}\right)}+\overline{u_i''\frac{\partial}{\partial x_j}\left(\rho\alpha_c\frac{\partial c}{\partial x_j}\right)}$$
$$-\tilde{c}\frac{\partial \bar{p}}{\partial x_i}-\overline{c''\frac{\partial p}{\partial x_i}}+\tilde{c}\frac{\partial \bar{\tau}_{ij}}{\partial x_j}+\overline{c''\frac{\partial \tau_{ij}}{\partial x_j}}$$
$$+\tilde{u}_i\bar{w}_c+\overline{u_i'' w_c} \qquad (2.4.41)$$

式（2.4.41）から式（2.4.39）を辺々差し引くと

$$\frac{\partial}{\partial t}(\overline{\rho c'' u_i''})+\frac{\partial}{\partial x_j}(\overline{\rho c'' u_i''}\tilde{u}_j)$$
$$=-\overline{\rho c'' u_j''}\frac{\partial \tilde{u}_i}{\partial x_j}-\overline{\rho u_i'' u_j''}\frac{\partial \tilde{c}}{\partial x_j}$$
$$-\frac{\partial}{\partial x_j}(\overline{\rho c'' u_i'' u_j''})\overline{u_i''\frac{\partial}{\partial x_j}\left(\rho\alpha_c\frac{\partial c}{\partial x_j}\right)}$$
$$-\overline{c''\frac{\partial p}{\partial x_i}}+\overline{c''\frac{\partial \tau_{ij}}{\partial x_j}}+\overline{u_i'' w_c} \qquad (2.4.42)$$

式（2.4.42）によって乱流スカラー流束を求めることができるが，その場合，右辺第3項の乱流輸送項，第4項の速度変動スカラー拡散相関項，第5項のスカラー変動圧力相関項，第6項のスカラー変動粘性応力相関項，第7項の速度変動反応速度相関項などに対してモデルが必要となる．

2.4.6　低マッハ数近似[5~7)]

温度差の大きい自然対流現象や燃焼流などのように，密度変化は大きいが流速が音速に比べて小さい場合を考える．これを低マッハ数近似（low Mach number approximation）という．このとき基礎方程式は式（2.4.18）～(2.4.21) とほぼ同じ形に書ける．

$$\frac{\partial \rho}{\partial t}+\frac{\partial \rho u_i}{\partial x_i}=0 \qquad (2.4.43)$$

$$\frac{\partial \rho u_i}{\partial t}+\frac{\partial \rho u_i u_j}{\partial x_j}=-\frac{\partial p}{\partial x_i}+\frac{\partial \tau_{ij}}{\partial x_j}+\rho f_i \qquad (2.4.44)$$

$$\frac{\partial \rho T}{\partial t}+\frac{\partial \rho T u_i}{\partial x_i}=\frac{1}{C_{\mathrm{p}}}\frac{\partial p_{\mathrm{s}}}{\partial t}-\frac{1}{C_{\mathrm{p}}}\frac{\partial}{\partial x_i}\left(\lambda\frac{\partial T}{\partial x_i}\right)$$
$$-\frac{1}{C_{\mathrm{p}}}\sum_k h_k w_k \qquad (2.4.45)$$

$$\frac{\partial \rho Y_k}{\partial t}+\frac{\partial \rho Y_k u_i}{\partial x_i}=-\frac{\partial}{\partial x_i}\left(\rho D_k\frac{\partial Y_k}{\partial x_i}\right)+w_k \qquad (2.4.46)$$

ただし，全圧力は静圧と動圧の和として表される．

$$p=p_{\mathrm{s}}+p_{\mathrm{d}} \qquad (2.4.47)$$

ここで，静圧（熱力学的圧力）は理想気体の状態方程式に従うとする．

$$p_{\mathrm{s}}=\rho R^0 T\sum_k\frac{Y_k}{W_k} \qquad (2.4.48)$$

化学種成分が1種類であると仮定すると，状態方程式は

$$p_{\mathrm{s}}=\rho R T \qquad (2.4.49)$$

ここで，$R=R^0/W$ である．また，この場合，化学種の式（2.4.46）は不要になり，エネルギーの式

(2.4.45) は以下のように書ける.

$$\frac{\partial \rho T}{\partial t}+\frac{\partial \rho T u_i}{\partial x_i}=\frac{1}{C_p}\frac{\partial p_s}{\partial t}-\frac{1}{C_p}\frac{\partial}{\partial x_i}\left(\lambda\frac{\partial T}{\partial x_i}\right)-\frac{Q}{C_p} \tag{2.4.50}$$

ここで, Q は発熱量を表す. さらに静圧は時間的, 空間的に変化しないと仮定すると, 式 (2.4.49) から

$$\rho T=\rho_0 T_0=\text{const.} \tag{2.4.51}$$

ここで, ρ_0, T_0 は基準密度と温度である. またエネルギーの式 (2.4.50) は以下のようになる.

$$\frac{\partial \rho T}{\partial t}+\frac{\partial \rho T u_i}{\partial x_i}=-\frac{1}{C_p}\frac{\partial}{\partial x_i}\left(\lambda\frac{\partial T}{\partial x_i}\right)-\frac{Q}{C_p} \tag{2.4.52}$$

2.4.7　ブシネスク近似[8)]

低マッハ数近似が成り立つような低速の自然対流を考える. 反応はないものとする. このとき体積力は重力加速度であり

$$f_i=g_i \tag{2.4.53}$$

となる. したがって式 (2.4.44) は

$$\frac{\partial \rho u_i}{\partial t}+\frac{\partial \rho u_i u_j}{\partial x_j}=-\frac{\partial p}{\partial x_i}+\frac{\partial \tau_{ij}}{\partial x_j}+\rho g_i \tag{2.4.54}$$

重力加速度の下での静圧の分布は以下のようになる.

$$\frac{\partial p_s}{\partial x_i}=\rho_0 g_i \tag{2.4.55}$$

ここで, ρ_0 は基準密度である. $p=p_s+p_d$ であるから式 (2.4.54) は

$$\frac{\partial \rho u_i}{\partial t}+\frac{\partial \rho u_i u_j}{\partial x_j}=-\frac{\partial p_d}{\partial x_i}+\frac{\partial \tau_{ij}}{\partial x_j}+(\rho-\rho_0)g_i \tag{2.4.56}$$

密度は温度と圧力の関数で $\rho(T, p_s+p_d)$ と書ける. したがって基準密度は $\rho_0(T_0, p_s+p_{d0})$ となり, 密度の変化が基準密度に比べて小さい場合 ($|\rho-\rho_0|\ll\rho_0$) には, これを展開して

$$\rho(T, p_s+p_d)=\rho_0(T_0, p_s+p_{d0})+\left(\frac{\partial\rho}{\partial T}\right)_0(T-T_0)+\left(\frac{\partial\rho}{\partial p}\right)_0(p_d-p_{d0}) \tag{2.4.57}$$

が得られる. さらに, 体積膨張係数と等温音速の定義

$$\left(\frac{\partial\rho}{\partial T}\right)_0=-\rho_0\beta \tag{2.4.58}$$

$$\left(\frac{\partial\rho}{\partial p}\right)_0=\frac{1}{a_T^2} \tag{2.4.59}$$

を用いれば, 式 (2.4.57) は

$$\rho-\rho_0=-\rho_0\beta(T-T_0)+\frac{1}{a_T^2}(p_d-p_{d0}) \tag{2.4.60}$$

したがって, 式(2.4.56) は

$$\frac{\partial \rho u_i}{\partial t}+\frac{\partial \rho u_i u_j}{\partial x_j}=-\frac{\partial p_d}{\partial x_i}+\frac{\partial \tau_{ij}}{\partial x_j}-\rho_0\beta g_i(T-T_0)+\frac{1}{a_T^2}g_i(p_d-p_{d0}) \tag{2.4.61}$$

式 (2.4.61) を基準流速を用いて無次元化すれば, 右辺第4項はマッハ数 M (Mach number) の2乗に比例するので, 低マッハ数近似が成り立つ ($M^2\ll1$) 場合には無視できる. したがって

$$\frac{\partial \rho u_i}{\partial t}+\frac{\partial \rho u_i u_j}{\partial x_j}=-\frac{\partial p_d}{\partial x_i}+\frac{\partial \tau_{ij}}{\partial x_j}-\rho_0\beta g_i(T-T_0) \tag{2.4.62}$$

式 (2.4.62) は自然対流に対して適用することのできる, 低マッハ数近似した運動量の式である.

ブシネスク近似 (Boussinesq approximation) では, さらに連続の式, エネルギーの式で密度一定, 輸送係数一定とする. したがって基礎方程式は

連続の式

$$\frac{\partial u_i}{\partial x_i}=0 \tag{2.4.63}$$

運動量の式

$$\frac{\partial u_i}{\partial t}+u_j\frac{\partial u_i}{\partial x_j}=-\frac{1}{\rho_0}\frac{\partial p_d}{\partial x_i}+\nu\frac{\partial^2 u_i}{\partial x_j^2}-\beta g_i(T-T_0) \tag{2.4.64}$$

エネルギーの式

$$\frac{\partial T}{\partial t}+u_i\frac{\partial T}{\partial x_i}=\alpha\frac{\partial^2 T}{\partial x_i^2} \tag{2.4.65}$$

となる. ここで, ν は動粘性係数, α は温度拡散係数である.

[長谷川達也]

文　　献

1) K. K. Kuo: Principles of Combustion, John Wiley, 1986, 161-215.
2) 日本機械学会：燃焼の数値計算, 日本機械学会, 2001, 33-43.
3) K. K. Kuo: Principles of Combustion, John Wiley, 1986, 412-430.
4) K. N. C. Bray: Proc. R. Soc. Lond., A, **451**, 1995, 231-256.
5) R. G. Rehm, H. R. Baum: J. Res. Nat. Bure. Stand., **83**,

1978, 297-308.
6) H. Mlaouah *et al.*: Int. J. Heat Fluid Flow, **18**, 1997, 100-106.
7) Y. Shimomura: Phys. Fluids, **11**, 1999, 3136-3149.
8) 小竹　進ほか：熱流体ハンドブック，丸善，1994，179-185.

2.5 音 の 発 生

2.5.1 渦の変形による音の発生

Lightlhill は流れの基礎方程式であるナビエ-ストークス方程式と連続の式とから，以下に示すライトヒル方程式を導いた[1]．

$$\frac{\partial^2 \rho}{\partial t^2}-c_0^2\frac{\partial^2 \rho}{\partial x_i^2}=\frac{\partial^2 T_{ij}}{\partial x_i \partial x_j} \qquad (2.5.1)$$

ここに，ρ は流体の密度を表し，また，T_{ij} はライトヒルの応力テンソル（Lighthill stress tensor）と呼ばれ，次式で表される．

$$T_{ij}\equiv \rho u_j u_i+p_{ij}-c_0^2\rho\delta_{ij} \qquad (2.5.2)$$

$$p_{ij}=p\delta_{ij}-\sigma_{ij}, \qquad \sigma_{ij}=2\mu\left(S_{ij}-\frac{1}{3}\frac{\partial u_k}{\partial x_k}\delta_{ij}\right),$$
$$S_{ij}=\frac{1}{2}\left(\frac{\partial u_i}{\partial x_j}+\frac{\partial u_j}{\partial x_i}\right) \qquad (2.5.3)$$

ライトヒル方程式を導出する過程において近似はなく，したがって，式（2.5.1）はもとのナビエ-ストークス方程式と等価である．c_0 は任意定数であるが，静止流体中の音速と考えた場合，ライトヒル方程式の左辺は静止流体中を伝播する音を表す．すなわち，ライトヒル方程式は右辺の T_{ij} を音源として，流れから音が発生することを意味している．さらに，高レイノルズ数かつ低マッハ数流れに対しては，音の発生に対する粘性の影響は無視でき，かつ，流れによる音の対流効果も無視できる．Howe はこのような仮定のもとに，ライトヒル方程式に基づき以下の Howe の式を導いた[2,3]．

$$\left(\frac{1}{c_0^2}\frac{\partial^2}{\partial t^2}-\nabla^2\right)B=\mathrm{div}(\omega\times \boldsymbol{u}) \qquad (2.5.4)$$

ここに，B は全エンタルピーである．

$$B=\int\frac{\mathrm{d}p}{\rho}+\frac{1}{2}u^2 \qquad (2.5.5)$$

Howe の式（2.5.4）は渦の伸縮・変形が流れのなかの主要な音源であることを示している．これを概念的に示すと図 2.6 のようになる．すなわち，渦糸が形を変えずに流体中を流れているだけでは，渦の通過に伴い圧力が変動するだけであり音は発生しないが，渦が衝突・合体・分裂などにより伸縮・変形すると，流体の圧縮・膨張が生じ，音が発生する[4]．

Lighthill は自由空間のグリーン関数：

$$G_0(\boldsymbol{x},\boldsymbol{y},t-\tau)=\frac{1}{4\pi|\boldsymbol{x}-\boldsymbol{y}|}\delta(\boldsymbol{x}-\boldsymbol{y})\delta\left(t-\tau-\frac{|\boldsymbol{x}-\boldsymbol{y}|}{c_0}\right) \qquad (2.5.6)$$

を用いてライトヒル方程式（2.5.1）の一般解（2.5.7）を求めた[1]．

$$p-p_0=\frac{1}{4\pi}\frac{\partial^2}{\partial x_i \partial x_j}\int_V\frac{T_{ij}(\boldsymbol{y},t-r/c_0)}{r}\mathrm{d}\boldsymbol{y} \qquad (2.5.7)$$

さらに，音の波長に対して十分に遠方にある観測点においては，式（2.5.7）右辺の空間微分は時間微分に置き換えることができる．

$$p-p_0=\frac{1}{4\pi c_0^2}\frac{x_i x_j}{r^3}\frac{\partial^2}{\partial t^2}\int_V T_{ij}\left(\boldsymbol{y},t-\frac{r}{c_0}\right)\mathrm{d}\boldsymbol{y} \qquad (2.5.8)$$

ここに音源の中心は音場に固定された座標系 x_i の中心 $x_i=0$ にあることを仮定しており，r は音源の中心と観測点との間の距離 $(x_i x_i)^{1/2}$ を表す．ここで，式（2.5.8）を導出するにあたり，音源領域の大きさは音の波長に対して十分に小さいことを仮定しており，音源変動の位相差の影響は無視してい

渦の通過に伴い，圧力は変動するが音は発生しない
渦の変形により音が発生する
音
圧縮による高圧部
(a)　変形しないで移動する渦　　(b)　変形する渦

図 2.6　流れから発生する音

る．このような仮定が成立する音源を音響的にコンパクト（acoustically compact）という．一般に，比較的マッハ数の小さい流れは低周波数の音に対してはコンパクトな音源となる．さて，上式からわかるように，渦から発生する音はいわゆる4重極の特性をもっている．

式（2.5.8）を用いることにより，発生する音の強度（音響パワー）に関する相似則を導くことができる．すなわち，流れの代表速度を U，また，代表長さを L とすると，

$$u_i u_j \propto U^2, \qquad \frac{\partial^2}{\partial t^2} \propto \left(\frac{U}{L}\right)^2, \qquad V \propto L^3 \tag{2.5.9}$$

であるから（注：∇は音源領域の体積），音響パワー I は，

$$I = \frac{p^2}{\rho c_0} \propto \frac{[(U/L)^2 U^2 L^6 / c_0{}^2]^2}{c_0} \propto U^8 L^2 c_0{}^{-5}$$
$$\propto L^2 c_0{}^3 M^8 \tag{2.5.10}$$

ここに M は流れのマッハ数（$=U/C_0$）である．式（2.5.10）からわかるように，渦から発生する音の強度は，マッハ数の小さい低速の流れでは問題とはならないが，マッハ数の大きい高速流になるとマッハ数の8乗に比例して急激に増大することがわかる．ジェットエンジンの排気音のように，高速のジェットから非常に大きな音が発生するのはこのためである．

2.5.2　流れのなかにある物体の影響

一般に，流れのなかに物体がおかれるとその表面や背後には境界層や後流が形成され，前項で説明したように，これらのなかにある渦の変形から音が発生する．しかしながら，流れのなかにある物体は，境界層や後流などの音源を形成するということ以外にも，流体音の発生に対して重要な役割を果たしている．

Curleは，物体の内部および表面（物体と流体との境界）では0，流れの領域で1という値をとるヘビィサイド関数 $H(f)$ を用いて，ライトヒル方程式（2.5.1）を物体表面や物体内部でも成り立つように拡張した[5]．

$$\left(\frac{1}{c_0^2}\frac{\partial^2}{\partial t^2} - \nabla^2\right)[Hc_0^2(\rho - \rho_0)]$$
$$= \frac{\partial^2 (HT_{ij})}{\partial x_i \partial x_j} - \frac{\partial}{\partial x_i}\left[(\rho u_i u_j + p_{ij})\frac{\partial H}{\partial x_j}\right]$$
$$+ \frac{\partial}{\partial t}\left[\rho u_j \frac{\partial H}{\partial x_j}\right] \tag{2.5.11}$$

前項と同じように，自由空間のグリーン関数（2.5.6）を用いて式（2.5.11）の一般解を求めることができる．

$$p - p_0 = \frac{1}{4\pi}\frac{\partial^2}{\partial x_i \partial x_j}\int_V \frac{T_{ij}(\boldsymbol{y}, t - r/c_0)}{r}\mathrm{d}\boldsymbol{y}$$
$$-\frac{1}{4\pi}\frac{\partial}{\partial x_j}\int_S \frac{n_j p_{ij}(\boldsymbol{y}, t - r/c_0)}{r}\mathrm{d}S(\boldsymbol{y}) \tag{2.5.12}$$

式（2.5.12）の右辺第1項は渦から発生し，観測点に直接到達する音（直接音）を表している．一方，右辺第2項は物体（固体表面）の存在により現れた項である．音の波長に対して十分に遠方にある観測点においては，前項と同様に，式（2.5.12）右辺の空間微分は時間微分に置き換えることができる．

$$p - p_0 = \frac{1}{4\pi c_0{}^2}\frac{x_i x_j}{r^3}\frac{\partial^2}{\partial t^2}\int_V T_{ij}\left(\boldsymbol{y}, t - \frac{r}{c_0}\right)\mathrm{d}\boldsymbol{y}$$
$$+\frac{1}{4\pi c_0}\frac{x_i}{r}\frac{\partial}{\partial t}\int_S n_j p_{ij}\left(\boldsymbol{y}, t - \frac{r}{c_0}\right)\mathrm{d}S(\boldsymbol{y}) \tag{2.5.13}$$

前項と同じように，式（2.5.13）を導出するにあたり，音源領域の大きさは音の波長に対して十分に小さいことを仮定しており，音源変動の位相差の影響は無視している．式（2.5.13）右辺第2項の積分は物体が流体に作用する力（流体力の反作用）である．つまり，物体は流体に力を作用させる2次音源とみなすことができ，これは2重極の特性をもつ．前項と同じような議論により，2重極音源の音響パワーを推定すると，

$$p_{ij} \propto U^2, \qquad \frac{\partial}{\partial t} \propto \left(\frac{U}{L}\right), \qquad S \propto L^2 \tag{2.5.14}$$

であるから，

$$I = \frac{p^2}{\rho c_0} \propto \frac{[(U/L)U^2 L^4 / c_0]^2}{c_0} \propto U^6 L^2 c_0{}^{-3}$$
$$\propto L^2 c_0{}^3 M^6 \tag{2.5.15}$$

渦から発生する音の強度は流れのマッハ数の8乗に比例するのに対して，物体表面の2重極音源から発生する音の強度はマッハ数の6乗に比例して増大する．したがって，低マッハ数の流れのなかにおかれた物体から発生する音を議論する場合，直接音は2重極音源から発生する音に対して無視でき，物体表面の圧力変動として記述される2重極音源のみ考慮すればよいことがわかる．　**［加藤千幸］**

文　献

1) M. J. Lighthill : Proc. R. Soc. Lond., A **211**, 1951, 564-87.

2) M. S. Howe : Theory of Vortex Sound, Cambridge Univ. Press.

3) M. S. Howe : Q. J. Mech. Appl. Math., **54**-1, 2001, 139-155.

4) A. Powell : J. of Acoust. Soc. Am., **33**, 1964, 177-195.

5) N. Curle : Proc. R. Soc. Lond., A, **231**, 1955, 505-14.

3

数　値　解　法

3.1　ナビエ-ストークス式に基づく数値シミュレーション

3.1.1　差　分　法

差分法（finite-difference method）とは，流れ場の計算領域に規則的に配置された離散点群（構造格子）を利用して，基礎方程式が表す場の近似解を求めようとする方法である．基礎方程式に含まれる微分は，離散点上の数値を用いて差分近似される．離散点以外のスペースについては何も考慮しないのが差分法の基本的な考え方である．しかし，流れの現象は保存則に支配されているので，これに整合しない差分法では，近似精度がいかに高くても，よい結果が得られなかったり，計算が破綻したりする．そこで，有限体積法の発想が取り入れられ，グローバルな（計算領域全体の）収支もしくはローカルな（格子ごとの）収支に基づいて構成された差分近似式が用いられることが多くなった[1,2]．

以下に示す差分法は，そのような最近の研究成果が反映されたものである．したがって，差分法なのか有限要素法なのか判然としない記述があるが，上記の経緯をたどれば理解しやすい．

a.　差分近似式

流れの基礎方程式は偏微分方程式であり，時間および空間に関する微係数が含まれる．前者は過去から未来へ一方向的であり，後者は多方向性をもつ．しかし，時空間の特性線に沿って情報が伝播する性質をもつ移流項が基礎式に含まれるため，両者は独立ではない．そのような背景から，さまざまな差分法が用いられることになる．

1）　差分法の導出　連続な関数 $f(x)$ の微分に対する差分近似を考える．関数 $f(x)$ を多項式展開（polynomial expansion）$\tilde{f}(x)=a_0+a_1x+\cdots+a_mx^m$ で近似できれば，微係数 $f'(x)$ も $\tilde{f}'(x)$ で近似できるであろう．差分式の構成に使われる離散点の範囲をステンシルという．ある点 x の近傍にステンシル $x_0, x_1, \cdots, x_n$ を選び，それぞれの点での関数値を $f_0, f_1, \cdots, f_n$ とする．ここで，$m=n$ とすることが多く，このときには，$\tilde{f}$ がステンシル区間での補間式（interpolation）となるように $a_0, a_1, \cdots, a_m$ を決めることができる．このような方法で導かれた差分は，近似関数である補間式の微分と解釈することができる．

等間隔 Δx に配置されたステンシルを用い，$x_i=i\Delta x$ を基点とするテイラー展開（Taylor expansion）

$$f_{i\pm k}=f_i\pm(k\Delta x)f'_i+\frac{(k\Delta x)^2}{2}f''_i\pm\frac{(k\Delta x)^3}{6}f_i^{(3)}+\frac{(k\Delta x)^4}{24}f_i^{(4)}\pm\cdots \tag{3.1.1}$$

を考える（複合同順）．f_{i+1} と f_{i-1} の差と和からそれぞれ，

$$\frac{-f_{i-1}+f_{i+1}}{2\,\Delta x}=f'_i+\frac{(\Delta x)^2}{6}f_i^{(3)}+\mathcal{O}[(\Delta x)^4] \tag{3.1.2}$$

$$\frac{f_{i-1}-2f_i+f_{i+1}}{(\Delta x)^2}=f''_i+\frac{(\Delta x)^2}{12}f_i^{(4)}+\mathcal{O}[(\Delta x)^4] \tag{3.1.3}$$

が得られる．これらは，x_{i-1}, x_i, x_{i+1} の3点の値による補間式（2次式）の1階および2階微係数にほかならない．右辺第2，3項は差分の微分に対する誤差である．Δx と高階微係数の両方が小さければ，第2項が主要な誤差となる．主要な誤差が $(\Delta x)^N$ に比例するとき，差分式は N 次精度（degree of accuracy）をもつという．また，差分係数の重みが基点 i に対して対称であるとき，中心差分（central finite-difference）という．その意

味で，f がなめらかで Δx が小さければ，式(3.1.2)，(3.1.3) はともに2次精度中心差分である．

ステンシルを広げ，テイラー展開の高次の項まで採用すれば，高次精度の差分近似式が得られる．たとえば，5点のステンシルを使うと，次のように4次精度中心差分となる．

$$\frac{f_{i-2}-8f_{i-1}+8f_{i+1}-f_{i+2}}{12\,\Delta x} = f'_i - \frac{(\Delta x)^4}{30} f_i^{(5)} + \mathcal{O}[(\Delta x)^6] \quad (3.1.4)$$

$$\frac{-f_{i-2}+16f_{i-1}-30f_i+16f_{i+1}-f_{i+2}}{12(\Delta x)^2} = f''_i - \frac{(\Delta x)^4}{90} f_i^{(6)} + \mathcal{O}[(\Delta x)^6] \quad (3.1.5)$$

さらに高次精度の差分式の導入も可能である．

テイラー展開から導出される差分法は，高次化に伴ってステンシルが広がるため，計算領域の境界近傍で精度の維持が困難になる．さらに，たとえば $e^x \simeq 1+x+\cdots$ と $e^{-x} \simeq 1-x+\cdots$ の展開は元来の逆数関係（$e^x \cdot e^{-x}=1$）を満たさない．

これらの問題は，有理形の近似により解消できる場合がある．なかでも，狭いステンシルで精度を高めることが可能な方法として，パデ展開（Padé expansion）に基づくコンパクト差分法（compact finite-difference method）[3] がある．コンパクト差分では1階および2階の微分はたとえば次のように表現される．

$$\beta_1 f'_{i-2} + \alpha_1 f'_{i-1} + f'_i + \alpha_1 f'_{i+1} + \beta_1 f'_{i+2} = c_1 \frac{-f_{i-3}+f_{i+3}}{6\Delta x} + b_1 \frac{-f_{i-2}+f_{i+2}}{4\Delta x} + a_1 \frac{-f_{i-1}+f_{i+1}}{2\Delta x} \quad (3.1.6)$$

$$\beta_2 f''_{i-2} + \alpha_2 f''_{i-1} + f''_i + \alpha_2 f''_{i+1} + \beta_2 f''_{i+2} = c_2 \frac{f_{i-3}-2f_i+f_{i+3}}{(3\Delta x)^2} + b_2 \frac{f_{i-2}-2f_i+f_{i+2}}{(2\Delta x)^2} + a_2 \frac{f_{i-1}-2f_i+f_{i+1}}{(\Delta x)^2} \quad (3.1.7)$$

式 (3.1.6) では $\alpha_1=1/3$，$\beta_1=0$，$a_1=14/9$，$b_1=1/9$，$c_1=0$，式 (3.1.7) では $\alpha_2=2/11$，$\beta_2=0$，$a_2=12/11$，$b_2=3/11$，$c_2=0$ とする6次精度の方法がよく使われる．各点ごとに微係数は直接求まらず連立方程式（$c_1=c_2=0$ の場合には幅3の帯行列）となる．このため，計算領域のすべてのデータを参照するという，後述のスペクトル法と類似の特性を有する．

2)　空間微分に対する中心差分近似　流れの数値計算においては，空間の1階微分に対して，前項で示した $\pm1, \pm2, \cdots$ ではなく，$\pm1/2, \pm3/2, \cdots$ のステンシルを用いることが多い．その場合，中間点での補間が必要になることがある．

2次精度の補間と中心差分

$$\frac{f_{i-1/2}+f_{i+1/2}}{2} = f_i + \frac{(\Delta x)^2}{8} f''_i + \mathcal{O}[(\Delta x)^4] \quad (3.1.8)$$

$$\frac{-f_{i-1/2}+f_{i+1/2}}{\Delta x} = f'_i + \frac{(\Delta x)^2}{24} f_i^{(3)} + \mathcal{O}[(\Delta x)^4] \quad (3.1.9)$$

は，2点間を直線で近似し，中間での値と勾配を求めたことになる．なお，式 (3.1.9) の形式の1階差分を2重に実行することにより，2階差分式(3.1.3) が得られる．

さらに，4点に対するテイラー展開（あるいは3次多項式近似）により

$$\frac{-f_{i-3/2}+9f_{i-1/2}+9f_{i+1/2}-f_{i+3/2}}{16} = f_i - \frac{3(\Delta x)^4}{128} f_i^{(4)} + \mathcal{O}[(\Delta x)^6] \quad (3.1.10)$$

$$\frac{f_{i-3/2}-27f_{i-1/2}+27f_{i+1/2}-f_{i+3/2}}{24\,\Delta x} = f'_i - \frac{3(\Delta x)^4}{640} f_i^{(5)} + \mathcal{O}[(\Delta x)^6] \quad (3.1.11)$$

$$\frac{f_{i-3/2}-f_{i-1/2}-f_{i+1/2}+f_{i+3/2}}{2(\Delta x)^2} = f''_i + \frac{5(\Delta x)^2}{24} f_i^{(4)} + \mathcal{O}[(\Delta x)^4] \quad (3.1.12)$$

が得られる．補間式と1階差分の式は4次の精度をもつ．2階差分に関しては，2次精度の式 (3.1.12) ではなく，式 (3.1.10) の形式の1階差分を2重に実行することにより得られる4次精度の

$$\frac{f_{i-3}-54f_{i-2}+783f_{i-1}-1460f_i+783f_{i+1}-54f_{i+2}+f_{i+3}}{(24\Delta x)^2} \quad (3.1.13)$$

のほうがよい．これは，前項の4次精度の式(3.1.5) とも異なり，ステンシルは7点に広がってしまう．しかし，微分で成立する $(f')'=f''$ の関係との整合性を優先するなら，式 (3.1.13) を使う．

3)　高次精度差分法の意味　フーリエ変換によって高次精度化の効果を考える．$f(x)$ が周期 2π のなめらかな分布をもつものとして，$f(x)$ のフー

リエ級数展開

$$f(x)=\sum_k A_k \exp(ikx) \qquad (3.1.14)$$

($i=\sqrt{-1}$) を微分すれば

$$f'(x)=\sum_k ikA_k \exp(ikx) \qquad (3.1.15)$$

となる．つまり，微分は波数空間では波数（wavenumber）k の乗算である．一方，差分式 (3.1.9), (3.1.11) をそれぞれフーリエ変換すると，波数空間では解析的な微分における波数 k の代わりに

$$K_{(2)}=\frac{2}{\Delta x}\sin\frac{k\Delta x}{2} \qquad (3.1.16)$$

$$K_{(4)}=\frac{1}{12\,\Delta x}\left(27\sin\frac{k\Delta x}{2}-\sin\frac{3k\Delta x}{2}\right) \qquad (3.1.17)$$

を乗じていることがわかる．$K_{(N)}$ を N 次精度差分の実効波数という．より高次，高階の差分式に対しても同様に解析できる．図 3.1 はその一例であり，精度次数の選択のための一つの目安となる．差分では，解析的な微分に比べて高波数域でフィルターがかかったように実効波数が減衰している．これは，細かい変動に対する解像度の実質的な低下を意味する．中心差分の精度を上げると，同じ格子幅でも高波数での解像度が高くなる．

なお，細かい変動に対する解像度は，コンパクト差分のほうが同じ精度次数のテイラー展開に基づく差分よりも高い[3]．しかし，このことは細かい変動に敏感であることを意味し，計算が不安定になりやすい．そのため，スムージング（smoothing）などの措置がとられている．

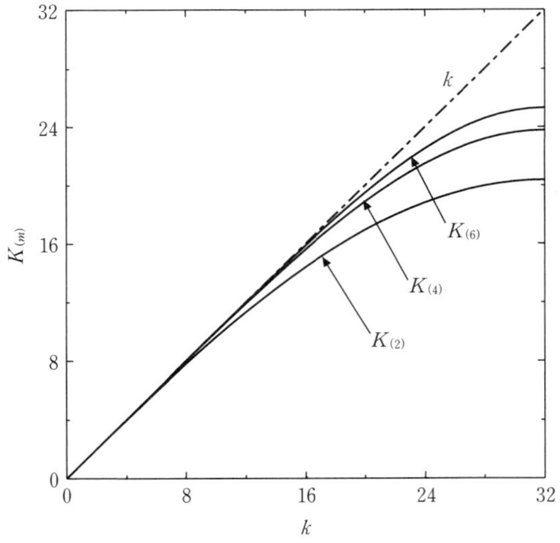

図 3.1 中心差分式の実効波数 $K(m)$（周期 2π の領域を 64 分割した場合）

以上を要約すれば次のようになる．テイラー展開，パデ展開が有効な範囲（高階微係数が顕著でないなめらかな関数に対する近傍点への展開だけで差分法を構成する場合）にのみ，精度次数は意味をもつ．しかし，精度次数は必ずしも信頼性を意味するのではなく，解像度を表すものである．記憶容量が小さく，演算が速い計算機においては，高次精度差分の採用は高解像度化のために有効である．

4) 上流差分（風上差分） 流れの基礎方程式には移流の項が含まれる．たとえば，$u(\partial f/\partial x)$ は物理量 f が流速 u で x 方向に運ばれることを表す．あるいは，流束で表現した $\partial(uf)/\partial x$ の形式が使われる．これらに対して，ステンシルを上流側に重みをつける計算法を上流スキーム（upstream scheme）という．風上スキーム（upwind scheme）という人が多いが，適用対象は気流にかぎらない．この背景は，特性の理論で説明できそうではあるが，現実の数値計算では数値振動を防ぐ効果を期待して導入されることが多い．したがって，中心差分に対して拡散性の強い項を付加する形式となっている．

勾配型 $u(\partial f/\partial x)$ に対しては，u の符号に応じて上流側にステンシルをとる

$$\left.\begin{array}{ll} u_i\dfrac{-f_{i-1}+f_i}{\Delta x} & u_i\geq 0 \\ u_i\dfrac{-f_i+f_{i+1}}{\Delta x} & u_i<0 \end{array}\right\}$$
$$=u_i\frac{-f_{i-1}+f_{i+1}}{2\Delta x}-\frac{|u_i|\Delta x}{2}\frac{f_{i-1}-2f_i+f_{i+1}}{(\Delta x)^2} \qquad (3.1.18)$$

という手法がある．上流化の意味は，右辺のように整理すれば明らかで，右辺第 1 項が 2 次精度中心差分，第 2 項は 2 階の差分に正の係数 $|u_i|\Delta x/2$ を乗じた付加項である．第 2 項により，基礎式に存在する物理的な拡散に数値的な拡散（numerical diffusion）が追加され，しかも付加項により 1 次精度に低下している．数値的拡散が物理的拡散を上回ると，数値解は過度に平滑化され，レイノルズ数を変更しても結果が変わらないことになるので，乱流の解析には適さない．精度次数を高めた例としては，Kawamura-Kuwahara の 3 次精度スキーム[4]

$$u_i \frac{f_{i-2}-8f_{i-1}+8f_{i+1}-f_{i+2}}{12\Delta x}$$
$$+3|u_i|\frac{f_{i-2}-4f_{i-1}+6f_i-4f_{i+1}+f_{i+2}}{12\Delta x} \quad (3.1.19)$$

が知られており，さらに高次化されたものも提案されている[5]．式（3.1.19）の第2項は，4階差分に $|u_i|(\Delta x)^3/4$ を乗じたものになっている．式（3.1.18）に比べて精度次数は高くなったが，基礎式には存在しない高階微分が陽に付加されたことに注意しなければならない．これが顕在化すると，非物理的な解となるおそれがある．

これらの上流差分は，式（3.1.18）右辺および（3.1.19）の第1項のような非保存的な差分法とともに用いられてきた．保存則に整合する後述の差分法を使用すれば，不要である場合が少なくない．それでも解析する現象に対して格子解像度が不足する場合にのみ，適切な差分法への付加という形で導入すべきである[1]．

一方，発散型 $\partial(uf)/\partial x$ に対しては，f の補間を上流側に重みをつける方法がある．まず，流束の収支を2次精度中心差分で表しておく．

$$[(uf)_x]_{i+1/2}=\frac{-[uf]_i+[uf]_{i+1}}{\Delta x} \quad (3.1.20)$$

上流化しない場合には，f には両隣からの均等な補間値を与える．上流化手法として最もよく使われるLeonardのQUICK法[6]は $[uf]_i$ を

$$u\frac{-f_{i-3/2}+9f_{i-1/2}+9f_{i+1/2}-f_{i+3/2}}{16}$$
$$+|u_i|\frac{-f_{i-3/2}+3f_{i-1/2}-3f_{i+1/2}+f_{i+3/2}}{16} \quad (3.1.21)$$

と与える．式（3.1.21）の右辺第1項は4次精度の対称な補間，第2項は3階差分に $|u_i|(\Delta x)^3/16$ を乗じたものになっている．QUICK法は，流束の補間は3次精度であるけれども，式（3.1.20）により総合的には2次精度である．

高次・高階の項は決して副次的ではない場合があることに注意すべきである．上流化の影響を予測するのは難しいが，付加項は格子幅に依存するという性質を利用し，同じ領域に対して格子分割数を変更した計算を実施することによって，ある程度は影響を評価することは可能である．

5）時間進行差分　時間発展法に対しては，空間差分とは異なる差分法が用いられ，高次精度化の方法も異なる．いま，時刻 $t_n=n\Delta t$（n は時間ステップ，Δt は時間刻み）までの状態が既知であるとする．$\partial f/\partial t=g(f)$ に対して，右辺には既知の値のみを用いる陽解法（explicit method）としてはアダムス-バッシュフォース法（Adams-Bashforth method）がよく用いられる．この方法は，テイラー展開

$$f^{(n+1)}=f^{(n)}+\left[\Delta tg+\frac{\Delta t^2}{2}\frac{\partial g}{\partial t}+\frac{\Delta t^3}{6}\frac{\partial^2 g}{\partial t^2}+\cdots\right]^{(n)} \quad (3.1.22)$$

において，右辺の括弧内の時間微分に後退差分（既知の時間ステップだけを使った片側差分）を適用することによって導かれる．括弧内の第1項で打ち切れば1次精度の陽的オイラー法（explicit Euler method）である．第2項までとって $\partial g/\partial t$ を $[g^{(n)}-g^{(n-1)}]/\Delta t$ で近似すれば，2次精度

$$f^{(n+1)}=f^{(n)}+\frac{\Delta t}{2}[3g^{(n)}-g^{(n-1)}] \quad (3.1.23)$$

第3項までとって $\partial g/\partial t$，$\partial^2 g/\partial t^2$ に3点片側差分を用いれば，3次精度

$$f^{(n+1)}=f^{(n)}+\frac{\Delta t}{12}[23g^{(n)}-16g^{(n-1)}+5g^{(n-2)}] \quad (3.1.24)$$

となる．

高レイノルズ数の粘性流れの計算においては，アダムス-バッシュフォース法などの陽解法は非線形項の予測段階に用いられ，粘性項は陰的に扱われることがある．その際，2次精度の陰解法（implicit method）であるクランク-ニコルソン法（Crank-Nicholson method）

$$\frac{f^{(n+1)}-f^{(n)}}{\Delta t}=\frac{g^{(n)}+g^{(n+1)}}{2} \quad (3.1.25)$$

が一般的である．g に f の空間微係数が含まれる場合，これを差分近似すれば式（3.1.25）は連立方程式となる．

複数ステップで右辺を評価することによって高精度化するアダムス-バッシュフォース法に対して，n ステップから $n+1$ ステップの間を多段階とするルンゲ-クッタ法（Runge-Kutta method）が用いられることもある．

b.　差分法の整合性

対流項に対する差分法の整合性（consistency）[1,7]

に関して述べる．これは

$$\frac{\partial(fg)}{\partial x}=f\frac{\partial g}{\partial x}+\frac{\partial f}{\partial x}g \qquad (3.1.26)$$

$$\frac{\partial^2 f}{\partial x^2}=\frac{\partial}{\partial x}\left(\frac{\partial f}{\partial x}\right) \qquad (3.1.27)$$

$$\frac{\partial^2 f}{\partial x\partial y}=\frac{\partial}{\partial x}\left(\frac{\partial f}{\partial y}\right)=\frac{\partial}{\partial y}\left(\frac{\partial f}{\partial x}\right) \qquad (3.1.28)$$

といった微分で成立する関係が離散化後も保たれる条件である．

式（3.1.26）の重要性は次のように説明できる．非圧縮流体の運動方程式における対流項は，勾配型の $u_j(\partial u_i/\partial x_j)$ と発散型の $\partial(u_j u_i)/\partial x_j$ のいずれでもよく，両者は連続の式（$\partial u_j/\partial x_j=0$）を介して等価である．また，運動方程式に u_i を乗じると運動エネルギー k（$=u_i u_i/2$）の輸送方程式になるが，連続の式を用いた変形により，対流項は $\partial(u_j k)/\partial x_j$ という流束の発散で表現することができる．つまり，対流の計算に際して，運動量と運動エネルギーはともに保存されなければならない．以上の演算で用いた式（3.1.26）の関係を維持する差分法を適用すれば，互換性（解が対流項の型に依存しないこと）[7] と 2 乗量（quadratic quantity）であるエネルギーの保存性[8] が保証されることがわかる．

式（3.1.27）は，非圧縮流れにおいて圧力振動を発生させずに連続条件を満足するための方法として，後述の MAC 系や SIMPLE 系で用いられるスタガード格子に関連する．式（3.1.28）は，一般座標格子におけるメトリックの算出における注意事項[9] でもある．

差分法の整合性は，流れの数値計算そのものだけではなく，その結果から高次のレイノルズ応力の各成分の収支を算出する際にも，残差を生じさせない方法として不可欠である[10]．

ここでは，式（3.1.26）に関連して，対流項に対する適切な差分近似式を示す．それを記述する準備として，2 点ステンシルを用いた補間と中心差分の表記

$$[\overline{f}^{mx}]_j=\frac{f_{i-m/2}+f_{i+m/2}}{2},$$

$$[\delta_{mx}f]_j=\frac{-f_{i-m/2}+f_{i+m/2}}{m\Delta x} \qquad (3.1.29)$$

を導入しておく．等間隔格子での適切な 2 次精度中心差分は，発散型では

$$\frac{\partial(u_j u_i)}{\partial x_j}=\delta_{1x_j}(\overline{u}_j^{1x_i}\overline{u}_i^{1x_j}) \qquad (3.1.30)$$

勾配型では

$$u_j\frac{\partial u_i}{\partial x_j}=\overline{\overline{u}_j^{1x_i}\delta_{1x_j}u_i}^{1x_j} \qquad (3.1.31)$$

である[7]．いずれも j に対して縮約をとる．高次精度でも互換性と保存性を保持する方法が提案されている[11,12]．4 次精度中心差分については，発散型（3.1.30）は

$$\frac{\partial(u_j u_i)}{\partial x_j}=\frac{9}{8}\delta_{1x_j}(\overline{u}_j^{x_i}\overline{u}_i^{1x_j})-\frac{1}{8}\delta_{3x_j}(\overline{u}_j^{x_i}\overline{u}_i^{3x_j}) \qquad (3.1.32)$$

勾配型（3.1.31）は

$$u_j\frac{\partial u_i}{\partial x_j}=\frac{9}{8}\overline{\overline{u}_j^{x_i}\delta_{1x_j}u_i}^{1x_j}-\frac{1}{8}\overline{\overline{u}_j^{x_i}\delta_{3x_j}u_i}^{3x_j} \qquad (3.1.33)$$

とする（ただし $\overline{u}_j^{x_i}=(9\overline{u}_j^{1x_i}-\overline{u}_j^{3x_i})/8$）．

非等間隔格子で $\partial f/\partial x$ を求めるには，物理空間（x）でこれを差分化する方法と，計算空間（ξ）で等間隔格子に写像して（$\partial\xi/\partial x$）（$\partial f/\partial\xi$）とする方法が考えられるが，上記の整合性を保持するためには後者が都合がよい[1]．

c. 非圧縮流れ解法

非圧縮流れの非定常解法について，代表的な方法を説明する．平均流れ場だけを必要とする場合も，非定常解法を時間的に収束するまで実施しても定常解を得ることができる．

1） 非定常解法　非圧縮流れにおける質量と（外力がないときの）運動量の保存式は次のように書くことができる．

$$\nabla\cdot\boldsymbol{u}=0 \qquad (3.1.34)$$

$$\frac{\partial\boldsymbol{u}}{\partial t}=-\nabla\cdot(\boldsymbol{uu})-\nabla P+\nabla\cdot\{\nu[\nabla\boldsymbol{u}+{}^t(\nabla\boldsymbol{u})]\} \qquad (3.1.35)$$

簡単のため，密度は一定で，$P=p/\rho$ とした．質量保存式（3.1.34）は，速度場に対する発散なしを規定しているだけで，圧力の時間変化を与えていない．運動量保存式（3.1.35）は速度場の時間変化を与えているが，速度場には式（3.1.34）も同時に課されている．この関係を同時に満たす圧力場を決めることが非圧縮流れ解法のポイントである．

式（3.1.35）の右辺を既知の時間ステップ n で評価するオイラーの前進差分法を考える．仮に

$$\boldsymbol{u}^*=\boldsymbol{u}^{(n)}+\Delta t(-\nabla\cdot(\boldsymbol{uu})-\nabla P$$

$$+\nabla\cdot\{\nu[\nabla \boldsymbol{u}+{}^t(\nabla \boldsymbol{u})]\})^{(n)} \qquad (3.1.36)$$

とおくと，$\boldsymbol{u}^*$ は $\boldsymbol{u}^{(n+1)}$ に対する予測値になっているが，数値計算の誤差により $\nabla\cdot\boldsymbol{u}^*=0$ は満足されない．このような状態で時間進行を継続すると計算は破綻する．そこで，

$$\boldsymbol{u}^{(n+1)}=\boldsymbol{u}^*-\Delta t\nabla\phi \qquad (3.1.37)$$

としてみる．この結果が $\nabla\cdot\boldsymbol{u}^{(n+1)}=0$ を満たすならば，少なくとも質量保存誤差に伴う破綻は防止できる．そのためには，ϕ は楕円型方程式

$$\nabla^2\phi=\frac{\nabla\cdot\boldsymbol{u}^*}{\Delta t} \qquad (3.1.38)$$

の解であればよい．したがって，式 (3.1.36) で次の時間ステップの流れを予測し，式 (3.1.38) を解いてから，式 (3.1.37) で補正を行うアルゴリズムが考えられる．ここで $P^{(n+1)}=P^{(n)}+\phi$ と考えると，以上の手続きは $\nabla\cdot\boldsymbol{u}^{(n+1)}=0$ と

$$\frac{\boldsymbol{u}^{(n+1)}-\boldsymbol{u}^{(n)}}{\Delta t}=-\nabla\cdot(\boldsymbol{uu})^{(n)}-\nabla P^{(n+1)} +\nabla\cdot\{\nu[\nabla\boldsymbol{u}^{(n)}+{}^t(\nabla\boldsymbol{u})^{(n)}]\} \qquad (3.1.39)$$

を連立させて求めたことと等価である．

上述の方法は，SMAC 法とよばれ，非定常流れに対する MAC 系解法の代表例である．しかし，非定常性が重要となる乱流解析には，1 次精度では不十分である．また，境界層をとらえるために固体壁近傍に計算格子を集中させる場合，粘性項に陽解法を用いたのでは，安定性の制約から時間刻み Δt を極端に小さくしなければならない．以上のことから，精度と安定性を改善する必要がある．速度に対しても陰解法（非線形項に対しては半陰解法）を用いる SIMPLE 系解法も知られているが，時間分解能を重視して小さい Δt を使う非定常乱流解析への適用例はあまり見当たらない．

非線形である対流項 $\boldsymbol{C}=-\nabla\cdot(\boldsymbol{uu})$ に対しては，陽解法であるアダムス-バッシュフォース法がよく用いられる．拡散項に対しては，拡散係数が一定となり $\nu\nabla^2\boldsymbol{u}$ と線形化される場合には，クランク-ニコルソン法を用いることができる．そこで，これらを 2 次精度とした

$$\boldsymbol{u}^{(n+1)}=\boldsymbol{u}^{(n)}-\Delta t\nabla P^{(n+1)}-\frac{\Delta t}{2}(3\,\boldsymbol{C}^{(n)}-\boldsymbol{C}^{(n-1)}) +\frac{\Delta t}{2}\nu(\nabla^2\boldsymbol{u}^{(n+1)}+\nabla^2\boldsymbol{u}^{(n)}) \qquad (3.1.40)$$

という構成が考えられる．これに対しては，Kim-Moin の部分段階法（fractional step method）[13] が知られているが，SMAC 法に準じて書き換えておく．予測段階では

$$\boldsymbol{u}^*-\Delta t\frac{\nu}{2}\nabla^2\boldsymbol{u}^* =\boldsymbol{u}^{(n)}+\Delta t\left(-\nabla P^{(n)}+\frac{3\,\boldsymbol{C}^{(n)}-\boldsymbol{C}^{(n-1)}}{2}+\frac{\nu}{2}\nabla^2\boldsymbol{u}^{(n)}\right) \qquad (3.1.41)$$

の楕円型方程式を速度ベクトルの各成分について解く．続いて式 (3.1.38) を解き，式 (3.1.37) および

$$P^{(n+1)}=P^{(n)}+\phi-\frac{\nu}{2}\Delta t\nabla^2\phi \qquad (3.1.42)$$

で補正すれば，1 ステップの時間進行が完了する．

なお，Kim-Moin の方法[13] に伴う分離誤差を除去した方法として Dukowics-Dvinsky の部分段階法[14] が提案されている[2]．また，ルンゲ-クッタ法により，時間分解能を高めた例もある．ここでは関連の解法を網羅するスペースの余裕はないが，原理的には前述の方法からの拡張・改良と考えてよい．

2）直角座標系での解法　MAC 系，SIMPLE 系の解法の特徴は，計算格子に対する変数のスタガード配置である．圧力方程式の右辺には，運動方程式の圧力勾配を連続の式（速度の発散）に代入して得られたラプラス演算子（2 階微分）がある．圧力の勾配と連続の式における発散に ±1 の差分ステンシルを用いると，その代入関係により圧力方程式の 2 階差分は ±2 のステンシルとなる．これを計算すれば，偶数番目と奇数番目がリンクしなくなり，圧力は振動解（チェッカーボード不安定）となってしまう．一方，圧力方程式を ±1 のステンシルで独立に差分近似してしまうと，連続の式の差分式が満たされなくなる．そこで，図 3.2 に示すように，格子の中心に圧力，境界には界面に直交する速度成分を配置すれば，この問題は解消される．これはスタガード配置とよばれ，±1/2 のステンシルを組み合わせ，微分で成立する $p''=(p')'$ の関係に整合する差分法により，速度場と圧力場をカプリングさせるものである．

ここでは，直角座標（デカルト座標）における 2 次元の等間隔格子（Δx，Δy）で説明しよう．対流項と粘性項に上述の適切な空間差分を適用し，式 (3.1.36) や式 (3.1.41) などで予測した速度場を

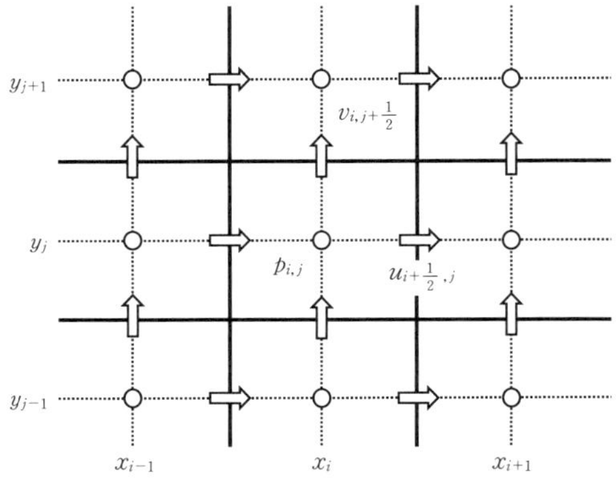

図 3.2　スタガード配置（2 次元）

$(u^*,\ v^*)$ とする．SMAC 法における修正段階 (3.1.37) をスタガード格子（staggered grid）で考える．図 3.2 において，圧力 $P_{i,j}$ の定義点（格子中心）に対してスタガード位置にある速度定義点で 2 次精度で記述すると

$$u_{i+1/2,j}^{(n+1)}=u_{i+1/2,j}^{*}-\Delta t\frac{-\phi_{i,j}+\phi_{i+1,j}}{\Delta x} \tag{3.1.43}$$

$$v_{i,j+1/2}^{(n+1)}=v_{i,j+1/2}^{*}-\Delta t\frac{-\phi_{i,j}+\phi_{i,j+1}}{\Delta y} \tag{3.1.44}$$

となる．このように修正された後の速度場 $(u^{(n+1)},\ v^{(n+1)})$ を連続の式

$$\frac{-u_{i-1/2,j}^{(n+1)}=u_{i+1/2,j}^{(n+1)}}{\Delta x}+\frac{-v_{i,j-1/2}^{(n+1)}+v_{i,j+1/2}^{(n+1)}}{\Delta y}=0 \tag{3.1.45}$$

に代入すると圧力方程式

$$\frac{\phi_{i-1,j}-2\phi_{i,j}+\phi_{i+1,j}}{(\Delta x)^2}+\frac{\phi_{i,j-1}-2\phi_{i,j}+\phi_{i,j+1}}{(\Delta y)^2}$$
$$=\frac{1}{\Delta t}\left(\frac{-u_{i-1/2,j}^{*}+u_{i+1/2,j}^{*}}{\Delta x}+\frac{-v_{i,j-1/2}^{*}+v_{i,j+1/2}^{*}}{\Delta y}\right) \tag{3.1.46}$$

が得られる．左辺は $\nabla^2\phi$ に対する ± 1 のステンシルを用いた 2 次精度中心差分となっている．

式 (3.1.46) は楕円型方程式の境界値問題に対する差分近似式である．多次元では，たいへん大がかりな連立方程式になるため，直接解法は非現実的であり，反復解法が用いられることが多い．代表的な方法としては，SOR（逐次過緩和）法（successive over-relaxation method），多重格子法（multigrid method），残差切除法（residual-cutting method）または共役勾配法（Conjugate gradient method）系などがある．また，周期的な方向をもつ場に対しては，離散フーリエ変換を利用すると効率よく解くことができる．いずれにしても，圧力方程式の数値解には誤差が混入し，それは連続の式への誤差となる．しかし，毎ステップで式 (3.1.45) を目標として圧力方程式 (3.1.46) を解くわけであるから，その誤差は拡大しない．そのような良好な状態で時間進行計算を維持するために差分法の整合性が不可欠である．

この時間進行法に関連して，圧力の意味に若干の注意が必要である．静止した固体壁面上で，速度の法線方向成分の予測値を境界条件に合わせて $u_n^*=0$ と与えたとする．これは修正段階では変更されてはならないので，壁面境界条件は $\partial\phi/\partial n=0$ である．しかし，固体壁面上でナビエ-ストークスの運動方程式は $\partial P/\partial n=\partial(\nu\partial u_n/\partial n)/\partial n$ であり，圧力の法線方向勾配は 0 ではない．したがって，時間進行の過程で得られた「圧力」値をそのまま物理現象の解析に用いられないことがある．この例での解決法は，壁面上の予測速度を運動方程式に基づいて与え，圧力勾配を加えたら境界条件になるような手順にすることである．あるいは，時間進行を終了したあとで，物理的な境界条件のもとに圧力方程式を解きなおしてもよい．

3）一般曲線座標系での解法　任意形状の物体周りの計算法にはさまざまな提案があるが，高レイノルズ数の粘性流れ解析では境界層に対する解像度を確保することが重要である．その場合，少ない格子点数で境界形状を効率よく表現するために，物体に沿って計算格子を生成する手法が採用される．格子に沿う座標は一般曲線座標（generalized curvilinear coordinate）となる．そのとき，各方向に 1 格子ごとに 1 だけ増えるような座標系を設定すると便利である．これを (ξ,η,ζ) と表現しておこう．

まず，座標変換に対するいくつかのパラメーターを整理しておく．直角座標 x_i での速度成分 u_i に対して，一般曲線座標での反変成分（contravariant component）として ξ^j および U^j と表記する．座標変換のヤコビアン（変換行列の行列式）を $J=|\partial x_i/\partial\xi^j|$ で表す．前述の通り，j 方向に 1 格子ごとに ξ^j は 1 だけ増えることにしたので，J は物理空間での格子体積に相当する．速度成分間の変換は

$$U^j=\frac{\partial\xi^j}{\partial x_i}u_i,\qquad u_i=\frac{\partial x_i}{\partial\xi^j}U^j \tag{3.1.47}$$

となる．非圧縮の連続の式 $\partial u_i/\partial x_i=0$ を変換すると

$$\frac{1}{J}\frac{\partial(JU^j)}{\partial\xi^j}=0 \tag{3.1.48}$$

となる．JU^j は体積流量の次元をもっている．

反変成分をスタガード配置し，前項の方法をそのまま一般曲線座標に展開することも原理的には可能である．しかし，共変微分に伴ってプログラミングが煩雑になるだけでなく，保存性の誤差を生じやすいという問題がある．そこで，強保存型（strong conservation form）といわれる形式

$$\frac{\partial u_i}{\partial t}+\frac{1}{J}\frac{\partial}{\partial\xi^j}J\left(U^ju_i+\frac{\partial\xi^j}{\partial x_i}P-2\nu\frac{\partial\xi^j}{\partial x_k}D_{ik}\right)=0 \tag{3.1.49}$$

を導入する．式（3.1.49）は，曲線座標に沿う速度成分ではなく，直角座標系成分 u_i での運動量保存を一般曲線座標で表しておいる．一方，格子の境界を通過する流量を表現するために反変成分 JU^j が用いられる．

$$D_{ik}=\frac{1}{2}\left(\frac{\partial\xi^m}{\partial x_k}\frac{\partial u_i}{\partial\xi_m}+\frac{\partial\xi^m}{\partial x_i}\frac{\partial u_k}{\partial\xi_m}\right) \tag{3.1.50}$$

は変形速度テンソルの直角座標成分である．便宜のため，対流項を勾配型に書き換え，粘性係数が一定の場合について記述しておこう．

$$\frac{\partial u_i}{\partial t}+U^j\frac{\partial u_i}{\partial\xi^j}+\frac{\partial\xi^j}{\partial x_i}\frac{\partial P}{\partial\xi^j}-\nu\frac{1}{J}\frac{\partial}{\partial\xi^j}\left(J\frac{\partial\xi^j}{\partial x_m}\frac{\partial\xi^k}{\partial x_m}\frac{\partial u_i}{\partial\xi^k}\right)=0 \tag{3.1.51}$$

強保存型の数値計算に適するのは図 3.3 のようなコロケート配置である．格子の中心には基本変数（u_i と p）を定義し，スタガード位置には補助的な変数として JU^j をおく．その際，対流項の保存性に整合する 2 次精度中心差分法は，発散型（3.1.49）に対しては，式（3.1.29）の表記を用いて

$$\frac{1}{J}\frac{\partial(JU^ku_i)}{\partial\xi^k}=\frac{1}{J}\delta_{1k}[(JU)^k\cdot\bar{u}_i^{1k}] \tag{3.1.52}$$

勾配型（3.1.51）に対しては

$$\frac{1}{J}(JU^k)\frac{\partial u_i}{\partial\xi^k}=\frac{1}{J}\overline{(JU)^k\cdot\delta_{1k}u_i}^{1k} \tag{3.1.53}$$

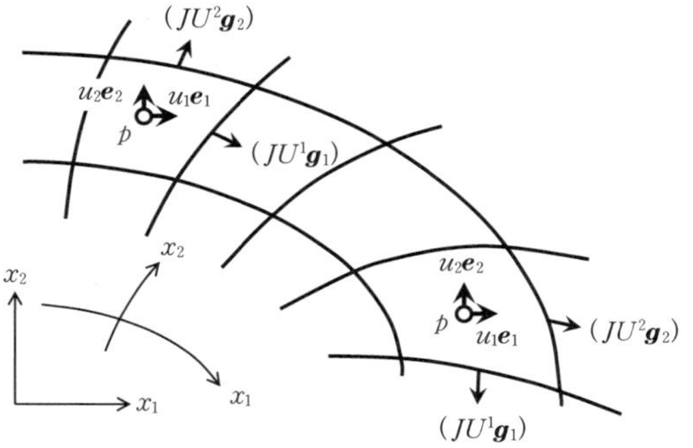

図 3.3 コロケート配置（2 次元）

である．いずれも k に対して縮約をとる．高次精度化するには，これらの形式を基盤として，式（3.1.32），（3.1.33）で示されたように展開すればよい．

一般曲線座標におけるコロケート格子（colocated grid）を用いた非圧縮流れの時間進行として，アダムス-バッシュフォース法による予測に基づく SMAC 法の一例を示しておこう[1)]．空間差分は 2 次精度中心差分とする．まず，格子中心において，対流項・粘性項（あわせて F_i と表記），圧力勾配項を求め，速度場 u_i^* を予測する．

$$u_i^*=u_i^{(n)}-\Delta t\frac{\partial\xi^k}{\partial x_i}\overline{\delta_{1k}P^{(n)}}^{1k}+\Delta t\frac{3F_i^{(n)}-F_i^{(n-1)}}{2} \tag{3.1.54}$$

反変成分に変換し，ヤコビアン J を乗じてから，スタガード位置に補間する．

$$(JU)^{j*}=\overline{J\frac{\partial\xi^j}{\partial x_i}u_i^*}^{1j} \tag{3.1.55}$$

圧力の時間変化分 ϕ（$=P^{(n+1)}-P^{(n)}$）に対する方程式

$$\delta_{1j}\left(\overline{J\frac{\partial\xi^j}{\partial x_m}\frac{\partial\xi^k}{\partial x_m}}^{1j}\delta_{1k}\phi\right)=\frac{1}{\Delta t}\delta_{1j}(JU)^{j*} \tag{3.1.56}$$

を解き，その勾配によって速度場を

$$(JU)^{j(n+1)}=(JU)^{j*}-\Delta t\overline{J\frac{\partial\xi^j}{\partial x_m}\frac{\partial\xi^k}{\partial x_m}}^{1j}\delta_{1k}\phi \tag{3.1.57}$$

$$u_i^{(n+1)}=u_i^*-\Delta t\frac{\partial\xi^k}{\partial x_i}\overline{\delta_{1k}\phi}^{1k} \tag{3.1.58}$$

と修正する．なお，基本的には同じスキームでも，細部のプログラミングにはかなりの多様性がある．

コロケート配置は一般曲線座標だけではなく直角座標にも適用可能であるが，式（3.1.55）のような

補間を含むために，解がなまる（実質的に解像度が低下する）傾向がある．したがって，直角座標に対してはスタガード配置のほうが格子のもつ解像度をより有効に利用することができるので，適宜使い分けられている． ［梶島岳夫］

文　献

1) 梶島岳夫：乱流の数値シミュレーション，養賢堂，1999.
2) 森西洋平：機械の研究，**53**(2)，2001，233-242.
3) S. K. Lele : J. Comput. Phys., **103**, 1992, 16-42.
4) T. Kawamura, K. Kuwahara : AIAA Paper, No. 84-0340, 1984.
5) M. M. Rai, P. Moin : J. Comput. Phys., **96**, 1991, 15-53.
6) B. P. Leonard : Comput. Meth. Appl. Mech. Eng., **19**, 1979, 59-98.
7) 梶島岳夫：日本機械学会論文集（B編），**60**(574)，1994，2058-2063.
8) S. A. Piacsek, G. P. Williams : J. Comput. Phys., **6**, 1970, 392-405.
9) 藤井孝藏：流体力学の数値計算法，東京大学出版会，1995.
10) 鈴木哲也，河村　洋：日本機械学会論文集（B編），**60**(578)，1994，3280-3286.
11) 森西洋平：日本機械学会論文集（B編），**62**(604)，1996，4090-4097.
12) 森西洋平：日本機械学会論文集（B編），**62**(604)，1996，4098-4105.
13) J. Kim, P. Moin : J. Comput. Phys., **59**, 1985, 308-323.
14) J. K. Dukowics, A. S. Dvinsky : J. Comput. Phys., **102**, 1992, 336-347.

3.1.2 スペクトル法

スペクトル法は重みつき残差法の一種であり，その離散化過程からガラーキン法，コロケーション法，タウ法の3種に分けられる．それぞれの方法は引用文献1〜3に詳細に記述されているので，ここではこれらの方法の相違点を簡単に示すために，次のような問題を考える．

$$\frac{\partial u}{\partial t}+G(u)+Lu=0 \qquad (3.1.59)$$

ここで，G は非線形演算子，L は線形演算子であり，式（3.1.59）の方程式に対して初期条件と境界条件を次のように与える．

$$u(x,0)=f(x) \qquad (3.1.60)$$

$$B(u)=0 \qquad (3.1.61)$$

ここで，B は境界演算子を示している．スペクトル法の離散化過程は基底関数の空間 X_N，試行関数の空間 Y_N および X_N 空間から Y_N 空間への直交投影演算子 Q_N を定義することからなる．

解 u が近似解 $u_N\in X_N$ とすると，重みつき残差法の手法から

$$Q_N\left(\frac{\partial u_N}{\partial t}+G_N(u_N)+L_Nu_N\right)=0 \qquad (3.1.62)$$

あるいは，

$$\left(\frac{\partial u_N}{\partial t}+G_N(u_N)+L_Nu_N,\ v\right)=0 \qquad (3.1.63)$$

と表記される．ここで，$v\in Y_n$ であり，(・，・) は関数の内積を示している．

a. ガラーキン法

関数空間 X_N として，式（3.1.60）を満足する，つまり境界条件を満足する関数系 $\{\phi_k\}$ を考えると，近似解 u_N は

$$u_N=\sum_{k=1}^{N}\hat{u}_k\phi_k \qquad (3.1.64)$$

と表される．ここで，Y_N として関数系 $\{\varphi_k\}$ で定義される空間を考えると式（3.1.65）は，

$$\int\left\{\frac{\partial u_N}{\partial t}+G_N(u_N)+L_Nu_N\right\}\varphi_k w\mathrm{d}x=0$$

$$k=0,\cdots,N-1 \qquad (3.1.65)$$

となる．ここで，w は重み関数であり，

$$\int\phi_k\varphi_l w\mathrm{d}x=\delta_{kl} \qquad (3.1.66)$$

を満足する．式（3.1.66）の関係から式（3.1.65）は

$$\frac{\partial\hat{u}_k}{\partial t}+\int G_N(u_N)\varphi_k w\mathrm{d}x+L_N\hat{u}_k=0 \qquad (3.1.67)$$

となる．これをガラーキン方程式と呼ぶ．この場合，境界条件式（3.1.60）は考える必要はなく，左辺第2項の積分が陽に表現できれば解くことができる．

b. コロケーション法

ガラーキン法と同様に関数空間 X_N を定義し，近似解 u_N が格子点上の値 $u(x_j)$ の補間によって表されるとする．すなわち

$$Q_Nu=\sum_{k=1}^{N}\hat{u}_k\phi_k \qquad (3.1.68)$$

と与えられ，係数は

$$u(x_j)=\sum_{k=1}^{N}\hat{u}_k\phi_k \qquad (3.1.69)$$

により与えられる．格子点上の値の補間によることから，試行関数としてデルタ関数を用いることによ

り，式（3.1.65）は

$$\left.\frac{\partial u_N}{\partial t}+G_N(u_N)+L_N u_N\right|_{x=x_j}=0 \tag{3.1.70}$$

となり，初期条件と境界条件は

$$u_N(x_j,0)=u(x_j,0)=f(x_j) \tag{3.1.71}$$

$$B(u_N(x_j))=0 \tag{3.1.72}$$

となる．ここで，ガラーキン法の式（3.1.67）と異なり，コロケーション法では式（3.1.70）が物理空間において表記されていることに注意が必要である．

c. タウ法

ガラーキン法においては，関数空間 X_N として境界条件式（3.1.61）を満足する関数系を仮定した．これに対して，タウ法では X_N を構成する関数は必ずしも境界条件を満足する必要はない．タウ法においては，Y_N を構成する関数要素の $N-l$ 個に対して式（3.1.59）の条件を考える．

$$\int\left\{\frac{\partial u_N}{\partial t}+G_N(u_N)+L_N u_N\right\}\varphi_k w\mathrm{d}x=0$$

$$k=0,\cdots,N-l-1 \tag{3.1.73}$$

ここで，境界条件式（3.1.61）を

$$\int B_N(u_N)\varphi_k w\mathrm{d}x=0 \qquad k=0,\cdots,N-1 \tag{3.1.74}$$

と付加することで境界条件が満たされる．ここで，l は境界条件の数に対応する．タウ法はガラーキン法の変形型であり，境界条件の取り扱いが異なるだけである．

d. スペクトル法の実用例

ここでは，基底関数として実際によく用いられる直交関数系について説明する．

1) 複素フーリエ級数　区間 $[0,2\pi]$ で解の周期性が仮定できる場合，基底関数として複素フーリエ級数が用いられる．この場合，変数 u は

$$u=\sum_{k=-N/2}^{N/2-1}\hat{u}_k e^{ikx} \tag{3.1.75}$$

と表現できる．ここで，次のような1次元双曲問題にフーリエスペクトル法を適用することを考える．

$$\frac{\partial u}{\partial t}-c\frac{\partial u}{\partial x}=0 \tag{3.1.76}$$

ここで，c は定数である．試行関数として e^{-ikx} を用いて，上述のガラーキン法を適用すると，

$$\frac{\partial \hat{u}_k}{\partial t}-cik\hat{u}_k=0 \qquad -N/2\le k\le N/2-1 \tag{3.1.77}$$

を得る．フーリエスペクトル法の場合，空間微分が基底関数の解析微分となるため，級数を打ち切る項数 N が十分大きければ，きわめて高精度である．式（3.1.77）は，時間微分項のみの常微分方程式群であるため，時間積分に適切な方法を用いれば，容易に解くことができる．

複素フーリエ級数を基底関数として用い，有限項で打ち切った場合，フーリエ係数を求めるために，高速フーリエ変換（FFT）が用いられる．乱流の直接数値計算などにフーリエスペクトル法を適用した場合，FFT が全計算時間の 90% 以上を占める．ここでは，2変数実数データを一度の FFT でフーリエ変換する方法を示す[4]．

2組の実数データ u^1，u^2 を考え，次のような複素数をつくる．

$$u=u^1+iu^2 \tag{3.1.78}$$

このフーリエ係数は

$$\hat{u}_k=\hat{u}_k^1+i\hat{u}_k^2 \tag{3.1.79}$$

となる．この複素数を実部と虚部に次のように分離する．

$$\hat{u}_{k,R}=\hat{u}_{k,R}^1-\hat{u}_{k,I}^2 \tag{3.1.80}$$

$$\hat{u}_{k,I}=\hat{u}_{k,I}^1+\hat{u}_{k,R}^2 \tag{3.1.81}$$

ここで，下付添字 R と I はそれぞれ実部と虚部を表す．フーリエ係数の対称性から

$$\hat{u}_k=\hat{u}_{N-k}^* \qquad k=1,\cdots,N/2-1 \tag{3.1.82}$$

であるので，

$$\hat{u}_k^1=\frac{1}{2}(\hat{u}_k+\hat{u}_{N-k}^*) \qquad k=1,\cdots,N/2-1 \tag{3.1.83}$$

$$\hat{u}_k^2=-\frac{i}{2}(\hat{u}_k-\hat{u}_{N-k}^*) \qquad k=1,\cdots,N/2-1 \tag{3.1.84}$$

$$\hat{u}_0^1=\hat{u}_{0,R}, \qquad \hat{u}_{-N/2}^1=\hat{u}_{-N/2,R} \tag{3.1.85}$$

$$\hat{u}_0^2=\hat{u}_{0,I}, \qquad \hat{u}_{-N/2}^2=\hat{u}_{-N/2,I} \tag{3.1.86}$$

とすれば，1回の FFT で2変数データのフーリエ変換が可能となる．この手続きの逆を行えば，逆フーリエ変換も可能であり，多次元へも拡張可能である．

2) 正弦・余弦級数　境界に対して平行な速度成分を u，垂直な成分を v として，変数 u に余弦級数，変数 v に正弦級数を基底関数に用いれば，

自由滑り壁の境界条件を表現することができる．すなわち，区間 $[0,\pi]$ で境界条件

$$\left.\frac{\partial u}{\partial x}\right|_{x=0}=\left.\frac{\partial u}{\partial x}\right|_{x=\pi}=0 \tag{3.1.87}$$

$$v(0)=v(\pi)=0 \tag{3.1.88}$$

の場合，

$$u_j=\sum_{k=0}^{N/2}\hat{u}_k\cos kx_j \tag{3.1.89}$$

$$v_j=\sum_{k=0}^{N/2}\hat{v}\sin kx_j \tag{3.1.90}$$

$$x_j=\frac{\pi}{N/2}j \qquad j=0,\cdots,N/2 \tag{3.1.91}$$

と近似する．

これらの変換についても FFT を用いて行うことができる．余弦級数展開の場合，データ長 N の新変数 u'_j

$$u'_j=\begin{cases}\dfrac{1}{2}u_j & j=0,N/2\\ u_j & j=1,\cdots,N/2-1\\ 0 & \text{otherwise}\end{cases} \tag{3.1.92}$$

を考え，u'_j のデータ長 N のフーリエ変換を行う．

$$\hat{u}'_k=\frac{1}{N}\sum_{j=0}^{N-1}u'_j\exp\left(-\frac{2\pi ijk}{N}\right) \tag{3.1.93}$$

これより，

$$\hat{u}_k=\begin{cases}\dfrac{1}{2}\hat{u}'_{k,R} & k=0,N/2\\ \hat{u}'_{k,R} & k=1,\cdots,N/2-1\end{cases} \tag{3.1.94}$$

と求めることができる．

正弦級数展開についても同様に，

$$v'_j=\begin{cases}0 & j=0,N/2\\ v_j & j=1,\cdots,N/2-1\\ 0 & \text{otherwise}\end{cases} \tag{3.1.95}$$

として，

$$\hat{v}_k=\begin{cases}0 & k=0,N/2\\ \hat{v}'_{k,I} & k=1,\cdots,N/2-1\end{cases} \tag{3.1.96}$$

と求められる．しかし，複素フーリエ変換を用いると，格子点 $N/2+1$ 個に対して，データ長 N の FFT を用いることになり，非常に効率が悪い．そこで，データ長 $N/2$ の FFT による N 個のデータのフーリエ変換を考える．データ長 N の変数 u_j とそのフーリエ変換

$$\hat{u}_k=\frac{1}{N}\sum_{j=0}^{N-1}u_j\exp\left(-\frac{2\pi ijk}{N}\right)$$
$$k=-N/2,\cdots,N/2-1 \tag{3.1.97}$$

に対して，

$$\begin{cases}v_j=u_{2j}\\ w_j=u_{2j+1}\end{cases} \quad j=0,\cdots,N/2-1 \tag{3.1.98}$$

とすると，

$$\begin{aligned}\hat{u}_{k,R}=&\sum_{j=0}^{N/2-1}v_j\cos\left(\frac{2\pi jk}{N/2}\right)\\ &+\cos\left(\frac{\pi k}{N/2}\right)\sum_{j=0}^{N/2-1}w_j\cos\left(\frac{2\pi jk}{N/2}\right)\\ &-\sin\left(\frac{\pi k}{N/2}\right)\sum_{j=0}^{N/2-1}w_j\sin\left(\frac{2\pi jk}{N/2}\right)\end{aligned} \tag{3.1.99}$$

$$\begin{aligned}\hat{u}_{k,I}=&-\sum_{j=0}^{N/2-1}v_j\sin\left(\frac{2\pi jk}{N/2}\right)\\ &-\cos\left(\frac{\pi k}{N/2}\right)\sum_{j=0}^{N/2-1}w_j\sin\left(\frac{2\pi jk}{N/2}\right)\\ &-\sin\left(\frac{\pi k}{N/2}\right)\sum_{j=0}^{N/2-1}w_j\cos\left(\frac{2\pi jk}{N/2}\right)\end{aligned} \tag{3.1.100}$$

となる．ここで，$f_j=v_j+iw_j$ のフーリエ変換を考えると

$$\hat{f}_{k,R}=\sum_{j=0}^{N/2-1}v_j\cos\left(\frac{2\pi jk}{N/2}\right)+\sum_{j=0}^{N/2-1}w_j\sin\left(\frac{2\pi jk}{N/2}\right) \tag{3.1.101}$$

$$\hat{f}_{k,I}=\sum_{j=0}^{N/2-1}v_j\sin\left(\frac{2\pi jk}{N/2}\right)+\sum_{j=0}^{N/2-1}w_j\cos\left(\frac{2\pi jk}{N/2}\right) \tag{3.1.102}$$

となる．これより，

$$\begin{aligned}\hat{u}_{k,R}=&\frac{1}{2}(\hat{f}_{k,R}+\hat{f}_{N-k,R})\\ &+\frac{1}{2}(\hat{f}_{k,I}+\hat{f}_{N-k,I})\cos\left(\frac{\pi k}{N/2}\right)\\ &-\frac{1}{2}(\hat{f}_{k,R}-\hat{f}_{N-k,R})\sin\left(\frac{\pi k}{N/2}\right)\end{aligned} \tag{3.1.103}$$

$$\begin{aligned}\hat{u}_{k,I}=&\frac{1}{2}(\hat{f}_{k,I}+\hat{f}_{N-k,I})\\ &-\frac{1}{2}(\hat{f}_{k,R}+\hat{f}_{N-k,R})\cos\left(\frac{\pi k}{N/2}\right)\\ &-\frac{1}{2}(\hat{f}_{k,I}-\hat{f}_{N-k,I})\sin\left(\frac{\pi k}{N/2}\right)\end{aligned} \tag{3.1.104}$$

$$\hat{u}_{0,R}=\hat{f}_{0,R}+\hat{f}_{0,I} \tag{3.1.105}$$

$$\hat{u}_{0,I}=0 \tag{3.1.106}$$

となる．この方法は 1 変数のみのフーリエ係数を与えるが，新たな周期関数を用いることで 2 変数を同

時に変換することも可能である[2)].

3) チェビシェフ級数 区間 $[-1,1]$ で与えられる関数 $u(x)$ のチェビシェフ級数展開は,

$$u(x)=\sum_{k=0}^{\infty}\hat{u}_k T_k(x) \quad (3.1.107)$$

と与えられ,展開係数 $\hat{u}_k$ は次のようになる.

$$\hat{u}_k=\frac{2}{\pi c_k}\int_{-1}^{1}u(x)\,T_k(x)\frac{\mathrm{d}x}{\sqrt{1-x^2}} \quad (3.1.108)$$

ここで,式 (3.1.107) を有限項で打ち切った多項式

$$u_j=\sum_{k=0}^{N}\hat{u}_k T_k(x_j) \quad (3.1.109)$$

に対して,$N+1$ 個の離散点 $x_0, x_1, \cdots, x_N$ を Gauss-Lobatto 分割

$$x_j=-\cos\theta_j=-\cos\frac{\pi j}{N} \quad (3.1.110)$$

として与えると,上式は,

$$u_j=\sum_{k=0}^{N}\tilde{u}_k\cos\frac{\pi jk}{N} \quad (3.1.111)$$

となり,離散チェビシェフ逆変換を得る.また,式 (3.1.108) より展開係数 $\tilde{u}_k$ は次のように得られ,

$$\tilde{u}_k=\frac{2}{Nc_k}\sum_{j=0}^{N}c_j^{-1}u_j\cos\frac{\pi jk}{N} \quad (3.1.112)$$

これは離散チェビシェフ変換である.この変換は,上述の正弦級数展開と同様に FFT を用いて効率よく計算できる.

ここで,式 (3.1.109) の両辺を x で微分すると,

$$u_j^{(1)}=\sum_{k=0}^{N}\tilde{u}_k T_k^{(1)}(x_j)$$

となる.ここで,上付き添字 (n) は n 階微分を表す.この式の右辺を

$$\sum_{k=0}^{N}\tilde{u}_k^{(1)}T_k(x_j)=\sum_{k=0}^{N}\tilde{u}_k T_k^{(1)}(x_j) \quad (3.1.113)$$

を満たすように展開係数 $\tilde{u}_k^{(1)}$ を決めることによって,チェビシェフ空間での微分を可能にする.まず,式 (3.1.113) に式 (3.1.110) を代入する.

$$\sum_{k=0}^{N}\tilde{u}_k^{(1)}T_k(\theta_j)=\sum_{k=0}^{N}\tilde{u}_k\frac{\mathrm{d}\theta}{\mathrm{d}x}T_k(\theta_j)$$
$$\Leftrightarrow\sum_{k=0}^{N}\tilde{u}_k^{(1)}\{\sin(k-1)\theta-\sin(k+1)\theta\}$$
$$=\sum_{k=0}^{N}2k\tilde{u}_k\sin k\theta$$

ここで,$\sin k\theta$ についてまとめ,係数を比較することにより,次の漸化式が得られる.

$$\tilde{u}_{N+1}^{(1)}=\tilde{u}_N^{(1)}=0$$
$$2k\tilde{u}_k=\tilde{u}_{k+1}^{(1)}-c_{k-1}\tilde{u}_{k-1}^{(1)} \qquad c_k=\begin{cases}2 & k=0,N\\ 1 & 1\le k\le N-1\end{cases} \quad (3.1.114)$$

同様に,m 回微分に対しては次式が成立する.

$$\tilde{u}_{N+1}^{(m)}=\tilde{u}_N^{(m)}=0$$
$$2k\tilde{u}_k^{(m-1)}=\tilde{u}_{k+1}^{(m)}-c_{k-1}\tilde{u}_{k-1}^{(m)}$$
$$c_k=\begin{cases}2 & k=0,N\\ 1 & 1\le k\le N-1\end{cases} \quad (3.1.115)$$

このようなチェビシェフ級数を用いて,タウ法による次のようなヘルムホルツ方程式の解法を示す.

$$\frac{\mathrm{d}^2u}{\mathrm{d}x^2}+\lambda u=F(x) \quad (3.1.116)$$

ただし,境界条件は

$$u(+1)=b_1 \qquad u(-1)=b_2 \quad (3.1.117)$$

とする.直交関数系としてチェビシェフ級数 $T_m(x)$ を用いた近似解を $u^N(x)$ とすると,

$$u^N(x)=\sum_{k=0}^{N}a_k T_k(x) \quad (3.1.118)$$

となる.ここで,式 (3.1.117) のコロケーション法による近似は,試行関数としてディラックのデルタ関数

$$\psi_j(x)=\delta(x-x_j) \qquad j=1,\cdots,N-1$$

を用いることによって,次のように表される.

$$\int_{-1}^{1}\left[\frac{\mathrm{d}^2u^N}{\mathrm{d}x^2}+\lambda u^N-F\right]\psi_j(x)\,\mathrm{d}x=0 \quad (3.1.119)$$

これに,式 (3.1.118) を代入すると,

$$a_k^{(2)}+\lambda a_k=f_k \qquad k=1,\cdots,N-1 \quad (3.1.120)$$

となる.ここで 2 階微分は,

$$\frac{\mathrm{d}^2u^N}{\mathrm{d}x^2}=\sum_{k=0}^{N}a_k\frac{\mathrm{d}^2T_k}{\mathrm{d}x^2}=\sum_{k=0}^{N}a_k^{(2)}T_k$$

より,解析的に求められる.同様に境界条件式 (3.1.117) は

$$u^N(+1)=b_1 \qquad u^N(-1)=b_2 \quad (3.1.121)$$

であることから,

$$\sum_{k=0}^{N}a_k=b_1 \qquad \sum_{k=0}^{N}(-1)^k a_k=b_2 \quad (3.1.122)$$

が得られる.両式の和と差をとることによって最終的に次式が導かれる.

$$\sum_{\text{even}} a_k = \frac{b_1 + b_2}{2} \qquad \sum_{\text{odd}} a_k = \frac{b_1 - b_2}{2} \tag{3.1.123}$$

したがって，ヘルムホルツ方程式を解くためには，式 (3.1.120) と式 (3.1.123) からなる N 次元連立方程式を解けばよいことになる．式 (3.1.120) を $k+1$ と $k-1$ の場合について書く．

$$a_{k+1}^{(2)} + \lambda a_{k+1} = f_{k+1} \qquad -1 \leq k \leq N-3$$
$$a_{k-1}^{(2)} + \lambda a_{k-1} = f_{k-1} \qquad 1 \leq k \leq N-1$$

これらの式の両辺の差をとり，$m=2$ とした式 (3.1.114) の関係式を用いると，

$$2ka_k^{(1)} = (f_{k+1} - \lambda a_{k+1}) - c_{k-1}(f_{k-1} - \lambda a_{k-1}) \qquad (1 \leq k \leq N-3) \tag{3.1.124}$$

同様な操作を $m=1$ の関係式を用いて行うと，最終的に次式が得られる．

$$\begin{aligned} &c_{k-2}\lambda(k+1)a_{k-2} + \{4k(k+1)(k-1) - 2\lambda\alpha_k k\}a_k \\ &\quad + 2\lambda\alpha_{k+2}(k-1)a_{k+2} \\ &= c_{k-2}(k+1)f_{k-2} - 2\alpha_k k f_k + \alpha_{k+2}(k-1)f_{k+2} \\ &\qquad 2 \leq k \leq N \\ &\qquad \alpha_k = \begin{cases} 1 & 0 \leq k \leq N-2 \\ 0 & k \geq N-1 \end{cases} \end{aligned} \tag{3.1.125}$$

この式は偶数項と奇数項が互いに独立である．そのため，式 (3.1.123) とあわせてそれぞれ独立に解くことができ，それらをマトリックス形式で表すと次のようになる．

$$\begin{pmatrix} 1 & 1 & 1 & & \cdots & & 1 \\ & x & x & x & & & \\ & & x & x & x & & \\ & & & \ddots & & & \\ & & & x & x & x & \\ & & & & x & x & \\ & & & & & x & x \end{pmatrix} \begin{pmatrix} a_0 \\ a_2 \\ a_4 \\ \vdots \\ a_{N-4} \\ a_{N-2} \\ a_N \end{pmatrix} = \begin{pmatrix} \frac{b_1+b_2}{2} \\ g_0 \\ g_2 \\ \vdots \\ g_{N-6} \\ g_{N-4} \\ g_{N-2} \end{pmatrix} \tag{3.1.126}$$

$$\begin{pmatrix} 1 & 1 & 1 & & \cdots & & 1 \\ & x & x & x & & & \\ & & x & x & x & & \\ & & & \ddots & & & \\ & & & x & x & x & \\ & & & & x & x & x \\ & & & & & x & x \end{pmatrix} \begin{pmatrix} a_1 \\ a_3 \\ a_5 \\ \vdots \\ a_{N-5} \\ a_{N-3} \\ a_{N-1} \end{pmatrix} = \begin{pmatrix} \frac{b_1-b_2}{2} \\ g_1 \\ g_3 \\ \vdots \\ g_{N-7} \\ g_{N-5} \\ g_{N-3} \end{pmatrix} \tag{3.1.127}$$

ここで，式 (3.1.125) の右辺を g_k としている．

e. 非線形項の近似法

前述の3種類の方法による離散化過程で，非線形演算子 G の取り扱いがガラーキン法とコロケーション法では大きく異なる．ガラーキン法とタウ法では，式 (3.1.67) から非線形項は

$$\int G_N(u_N)\varphi_k w \mathrm{d}x = 0 \tag{3.1.128}$$

となり，コロケーション法では式 (3.1.70) から

$$G_N(u_N)|_{x=x_j} = 0 \tag{3.1.129}$$

と近似される．たとえば，関数空間 X_N としてフーリエ級数を考え，非線形演算子 G として，

$$G(u) = uv \tag{3.1.130}$$

を考える．この場合，式 (3.1.128) の積分は

$$\sum_{m+n=k} \hat{u}_m \hat{v}_n \tag{3.1.131}$$

と表記される．この計算はコンボリューション和と呼ばれる．これに対してコロケーション法の場合，非線形項は物理空間において，

$$u_N(x_j)v_N(x_j) \tag{3.1.132}$$

と近似される．これを式 (3.1.131) と同様な表記に変換すれば，

$$\sum_{m+n=k} \hat{u}_m \hat{v}_n + \sum_{m+n=k+N} \hat{u}_m \hat{v}_n \tag{3.1.133}$$

となる．コロケーション法で近似された非線形項の第2項はエイリアジング誤差と呼ばれ，ガラーキン法には現れない．エイリアジング誤差は，とくに乱流を計算する場合，致命的な誤差を生じさせる．したがって，この誤差は何らかの方法で除去されなければならない．

非線形項の計算方法は，上記のようにコンボリュ

ーション和を直接計算する方法と物理空間上の選点での積として計算する方法があるが，非線形部分を一度物理空間に逆変換し，物理空間で積をとったのち，再び変換する方法を変換法，あるいは擬スペクトル法と呼ぶ．この方法はフーリエ級数を用いた場合についてはコロケーション法と等価になる．ここでは，次のような非線形項を考える．

$$g=uv \qquad (3.1.134)$$

この非線形項の厳密な評価は，

$$\hat{g}_k=\sum_{m+n=k}\hat{u}_m\hat{v}_n \qquad (3.1.135)$$

と与えられる．それぞれの変数を離散フーリエ変換を用いて

$$u'_j=\sum_{k=-N/2}^{N/2-1}\hat{u}_k e^{ikx_j} \qquad j=0,\cdots,N-1 \qquad (3.1.136)$$

$$v'_j=\sum_{k=-N/2}^{N/2-1}\hat{v}_k e^{ikx_j} \qquad j=0,\cdots,N-1 \qquad (3.1.137)$$

として，物理空間における積を考えると

$$g'=u'v' \qquad (3.1.138)$$

となる．これを再び離散フーリエ変換を用いて

$$\hat{g}'_k=\frac{1}{N}\sum_{j=0}^{N-1}w'_j e^{ikx_j} \qquad k=-N/2,\cdots,N/2-1 \qquad (3.1.139)$$

のように非線形項を評価する．この非線形項のフーリエ係数は

$$\hat{g}'_k=\hat{g}_k+\sum_{m+n=k\pm N}\hat{u}_m\hat{v}_n \qquad (3.1.140)$$

となり，これはコロケーション法と一致する．次に，エイリアジング誤差を除去する方法を示す．

1）パディング法　非線形項式（3.1.131）において $M>N$ の離散フーリエ変換を考える．

$$u_j^n=\sum_{k=-M/2}^{M/2-1}\tilde{u}_k e^{ikx_j} \qquad j=0,\cdots,M-1 \qquad (3.1.141)$$

$$v_j^n=\sum_{k=-M/2}^{M/2-1}\tilde{v}_k e^{ikx_j} \qquad j=0,\cdots,M-1 \qquad (3.1.142)$$

ここで，

$$\tilde{u}_k=\begin{cases}\hat{u}_k & -N/2\le k\le N/2-1\\ 0 & \text{otherwise}\end{cases} \qquad (3.1.143)$$

$$\tilde{v}_k=\begin{cases}\hat{v}_k & -N/2\le k\le N/2-1\\ 0 & \text{otherwise}\end{cases} \qquad (3.1.144)$$

である．これらの積をとると

$$g_j^n=u_j^n v_j^n \qquad j=0,\cdots,M-1 \qquad (3.1.145)$$

$$\hat{g}_k^n=\sum_{m+n=k}\tilde{u}_m\tilde{v}_n+\sum_{m+n=k\pm M}\tilde{u}_m\tilde{v}_n$$
$$k=-M/2,\cdots,M/2-1 \qquad (3.1.146)$$

となる．ここで，$k=-N/2,\cdots,N/2-1$ に対して式（3.1.135）が得られればエイリアジング誤差は除去される．式（3.1.146）の右辺第2項について，

$$M\ge\frac{3}{2}N-1 \qquad (3.1.147)$$

とした場合，$k=-N/2,\cdots,N/2-1$ に対してエイリアジング誤差は除去される．この方法は3/2則と呼ばれることもある．計算格子点として 2^n 個の点を用いた場合，式（3.1.147）によりエイリアジング誤差を効率的に除去するには物理空間上 $3\times2^{n-1}$ の格子点を用いることになる．したがって，2基数のFFTのほかに3基数のFFTを用意する必要がある．

2）位相シフト法　物理空間における格子点と Δ 位相のずれた点を考える．この場合，式（3.1.136）と（3.1.137）は

$$u_j^\Delta=\sum_{k=-N/2}^{N/2-1}\hat{u}_k e^{ik(x_j+\Delta)} \qquad j=0,\cdots,N-1 \qquad (3.1.148)$$

$$v_j^\Delta=\sum_{k=-N/2}^{N/2-1}\hat{v}_k e^{ik(x_j+\Delta)} \qquad j=0,\cdots,N-1 \qquad (3.1.149)$$

となり，非線形項は

$$g_j^\Delta=\boldsymbol{u}_j^\Delta\boldsymbol{v}_j^\Delta \qquad j=0,\cdots,N-1 \qquad (3.1.150)$$

$$\hat{g}_k^\Delta=\sum_{m+n=k}\tilde{u}_m\tilde{v}_n+e^{\pm iN\Delta}\sum_{m+n=k\pm N}\tilde{u}_m\tilde{v}_n$$
$$k=-N/2,\cdots,N/2-1 \qquad (3.1.151)$$

ここで，$\Delta=\pi/N$ とすると

$$\hat{g}_k^\Delta=\sum_{m+n=k}\tilde{u}_m\tilde{v}_n-\sum_{m+n=k\pm N}\tilde{u}_m\tilde{v}_n$$
$$k=-N/2,\cdots,N/2-1 \qquad (3.1.152)$$

となり，式（3.1.140）から

$$\hat{g}_k=\frac{1}{2}(\hat{g}'_k+\hat{g}_k^\Delta)$$
$$k=-N/2,\cdots,N/2-1 \qquad (3.1.153)$$

が得られる．この方法はFFTの回数が増えるという欠点はあるが，2基数のFFTのみで計算が可能である．

エイリアジング誤差除去法として，二つの代表的

な方法を示したが，実際の計算にあたっては，計算速度，記憶容量，流れ場，計算格子点などを配慮して選択される．　　　　　　　　　［店橋　護］

文　　献

1) D. Gottlieb, S. A. Orszag: Numerical Analysis of Spectral Methods, Society of Industrial and Applied Mathematics, 1977.
2) C. Canuto *et al.*: Spectral Methods in Fluid Dynamics, Springer, 1988.
3) J. P. Boyd: The Chebyshev and Fourier Spectral Methods (Lecture Notes in Engineering No. 49), Springer, 1989.
4) 安居院猛，中嶋正之：FFT の使い方，産報出版，1981.

3.1.3　有限要素法[1~4)]

有限要素法は複雑形状物体周りの流れ解析に適している．すなわち，有限要素法は汎用性に富み，境界条件の取り込みが他の手法に比較して容易である．

有限要素法の基礎は重みつき残差法の弱形式にある．近似解がディリクレ（Dirichlet）条件を満たすこと，および重み関数がディリクレ境界上で 0 となることから，解が容易に求まる．一般の有限要素法は各要素ごとの領域積分の和として全体を表す．この手法を用いると要素数の増大に伴って，巨大な係数行列が生ずる．これを避けるために最近では element by node 法が発展している．

a.　重みつき残差法と弱形式

重みつき残差法はいろいろな計算手法の基礎となる概念である．有限要素法，有限体積法，境界要素法などはすべて重みつき残差法の重み関数の選び方によって生ずる異なった計算手法である．

重みつき残差法の弱形式として有限要素法が生まれる．ここではこの弱形式について調べる．

1)　重みつき残差法　　微分方程式

$$L(\phi)=f$$

を考える．この方程式の近似解を $\bar{\phi}$，残差を ε とすれば

$$L(\bar{\phi})-f=\varepsilon$$

となる．そこで任意の重み関数 w に対して

$$(\varepsilon, w)=\int_\Omega\{L(\bar{\phi})-f\}w\mathrm{d}\Omega=0$$

となるように $\bar{\phi}$ を決定する．この方法が重みつき残差法である．

2)　弱形式　　上の定式化では重み関数が任意であった．次に《重み関数 w に制限を付加する》．すなわち重み関数 w は基本境界条件 Γ_1 を満足するものとする．そして境界条件も含めて重みつき残差法で定式化する．そして，この重みつき残差法において部分積分を行うと弱形式（weak form）が得られる．次に弱形式を例示する．$L=\nabla^2$ のとき弱形式はどのように書けるかを調べる．

部分積分して弱形式を導く．グリーンの第 1 公式

$$\int_\Omega(\nabla\bar{\phi}\cdot\nabla w)\mathrm{d}\Omega+\int_\Omega\nabla^2\bar{\phi}w\mathrm{d}\Omega=\int_\Gamma w\frac{\partial\bar{\phi}}{\partial n}\mathrm{d}\Gamma$$

を利用し，Γ_1 上で $w=0$ であることに注意すれば

$$\int_\Omega\{(\nabla\bar{\phi}\cdot\nabla w)+fw\}\mathrm{d}\Omega=\int_{\Gamma_2}qw\mathrm{d}\Gamma$$

を得る．これが求める弱形式である．右辺を境界項とよぶ．表 3.1 に近似関数と残差および境界条件をまとめておく．

表 3.1　近似関数と残差

境　界	厳密解 ϕ	近似関数 $\bar{\phi}$	重み関数 w
in Ω	$L(\phi)=f$	$L(\bar{\phi})-f=\varepsilon$	任　意
on Γ_1	$\phi=p$	$\bar{\phi}-p=\varepsilon_1\equiv0$	$w\equiv0$
on Γ_2	$\partial\phi/\partial n=q$	$\partial\bar{\phi}/\partial n-q=\varepsilon_2$	任　意

＊1　近似関数は Γ_1 上で完全に境界条件を満足する．
＊2　重み関数は Γ_1 上で 0 である．
Γ_1…基本境界条件（essential boundary condition）：ディリクレ条件
Γ_2…自然境界条件（natural boundary condition）：ノイマン条件

3)　有限要素法による定式化　　有限要素法で境界値問題が定式化されるとき，次の 4 段階で考えるのがよい．

S：強形式（strong form）
　　オリジナルの境界値問題

W：弱形式（weak form）
　　重み関数をかけて部分積分したもの．ただし，ディリクレ境界 Γ_1 上で重み関数は 0 となる．

G：ガレルキン法
　　解をディリクレ境界 Γ_1 上で 0 となる関数と Γ_1 の境界条件を満足する既知関数の和として表す．

M：行列方程式（matrix equation）
　　各要素ごとに積分を実行し行列方程式をつくる．この行列方程式はすべての境界条件を満

足しているものでなければならない．

以上を図式化すると

$$\text{(S)} \Longleftrightarrow \text{(W)} \approx \text{(G)} \Longleftrightarrow \text{(M)}$$

となる．

b. 要素と節点

1) 要素単位と節点単位 有限要素法を用いて大規模な複雑形状内の流れ問題を解析する場合，要素ごとの積分評価式を全体領域にわたって重ね合わせると，最終的には非線形の巨大な連立1次方程式が得られる．しかし，この巨大連立1次方程式を反復法で解くことは計算効率が悪い．よって運動方程式を差分法的に定式化して，時間進行するのが望ましい（図3.4）．要素ごとに積分して全体行列をつくることは並列処理にも不向きである．また，局所的な移動最小2乗法に属するフリーメッシュ法では，節点データのみが必要で，要素-節点コネクティビティーの情報を必要としない．このことはフリーメッシュ法が並列化環境に適していることを意味している．フリーメッシュ法においてはバックグラウンドセルと呼ばれる領域内のみで積分評価が行われる．これを極限化すると各接点を直接積分点とする節点単位の計算法が生まれる．ここでは要素単位の積分評価式からどのように節点単位の積分評価式が生まれるかを調べる．

2) 質量の集中化 有限要素法における質量の集中化とはどんなことかを調べる．

$$\varphi = N_1\varphi_1 + N_2\varphi_2$$

として，次の積分を実行する．

$$\begin{aligned}&\int_{i-1}^{i} N_1(N_1\varphi_1 + N_2\varphi_2)\,\mathrm{d}x\\&= \int_{i-1}^{i} N_1N_1\mathrm{d}x\varphi_1 + \int_{i-1}^{i} N_1N_2\mathrm{d}x\varphi_2\\&= \left(\frac{2}{3}\varphi_1 + \frac{1}{3}\varphi_2\right)J_0\end{aligned}$$

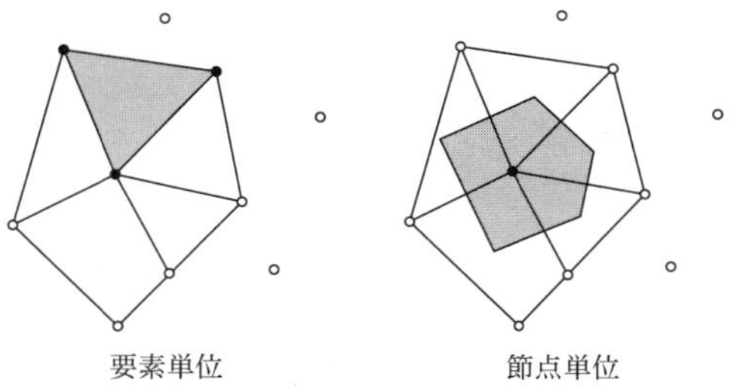

図 3.4 要素単位と節点単位

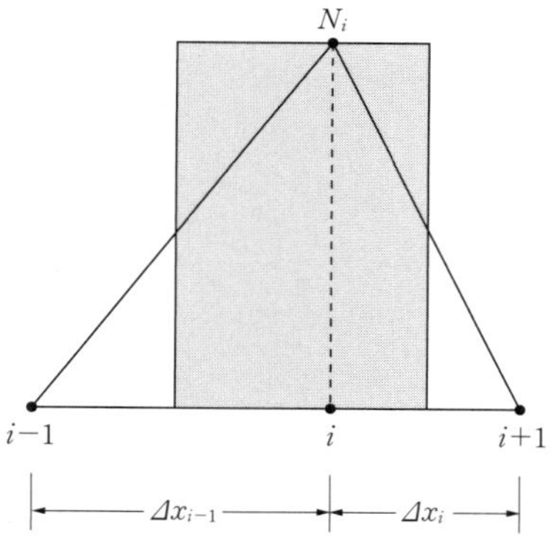

図 3.5 質量の集中化

表 3.2 有限要素法と有限体積法

有限要素法	節点に質量を集中	vertex centered 法
有限体積法	要素の重心に質量を集中	cell centered 法

$$\begin{aligned}&\int_{i-1}^{i} N_2(N_1\varphi_1 + N_2\varphi_2)\,\mathrm{d}x\\&= \int_{i-1}^{i} N_2N_1\mathrm{d}x\varphi_1 + \int_{i-1}^{i} N_2N_2\mathrm{d}x\varphi_2\\&= \left(\frac{1}{3}\varphi_1 + \frac{2}{3}\varphi_2\right)J_0\end{aligned}$$

よって質量行列は

$$M_{ab} = \int_{i-1}^{i} N_aN_b\mathrm{d}x = J_0\begin{bmatrix}\frac{2}{3} & \frac{1}{3}\\ \frac{1}{3} & \frac{2}{3}\end{bmatrix}$$

となる．ここで $J_0 = \Delta x_{i-1}/2$ である．

次に質量の集中化を行うと

$$\bar{M}_{ab} = J_0\begin{bmatrix}1 & 0\\ 0 & 1\end{bmatrix}$$

が得られる．これは要素の節点に質量を集中したことを意味する（図3.5）．有限体積法では要素の重心に要素の質量が集中化される（表3.2）．したがって要素の力の釣合いを考えるときには有限要素法よりも有限体積法のほうが考えやすい．

3) 要素平均と節点平均 非構造格子の有限要素法を用いる場合，要素平均と節点平均を定義するのが便利である．

i) 要素平均： 要素平均は要素内で一定である．そして要素平均を，重み関数を1として

$$\langle f\rangle_e \equiv \frac{1}{\Omega_e}\int_{\Omega_e} f\mathrm{d}\Omega$$

で定義する．ここで積分領域は各要素内である．$f = \sum f_iN_i$ とすれば2次元の場合は

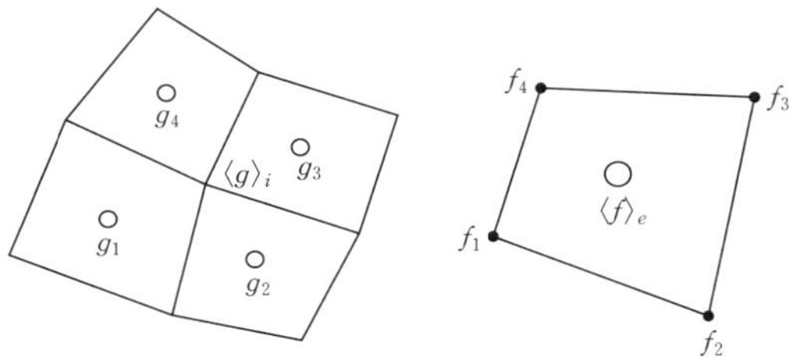

$\langle g\rangle_i=\dfrac{g_1S_1+g_2S_2+g_3S_3+g_4S_4}{S_1+S_2+S_3+S_4}$　　$\langle f\rangle_e=\dfrac{1}{4}(f_1+f_2+f_3+f_4)$

(a) 質量加重平均　　(b) 単純加算平均

図 3.6 要素平均と節点平均

$$\langle f\rangle_e=\frac{1}{4}(f_1+f_2+f_3+f_4)$$

となる．すなわち単純加算平均となる（図 3.6）．

ii) 節点平均： 節点平均は重み関数を形状関数に選び

$$\langle g\rangle_i\equiv\frac{\int_{\Omega_i}N_i g\,\mathrm{d}\Omega}{\int_{\Omega_i}N_i\,\mathrm{d}\Omega}$$

で定義される．ここで積分領域は形状関数 N_i の定義領域である．2 次元の場合

$$\langle g\rangle_i=\frac{g_1S_1+g_2S_2+g_3S_3+g_4S_4}{S_1+S_2+S_3+S_4}$$

となる．すなわち質量加重平均となる．

iii) 質量と運動量： 質量セルには要素平均，運動量セルには節点平均を用いる（図 3.7）．かつ運動方程式の構成方程式には要素平均を用いる．この場合拡散項の 2 階微分により hourglass モードが発生するから，次に述べる dot 積の定義式を用いる．

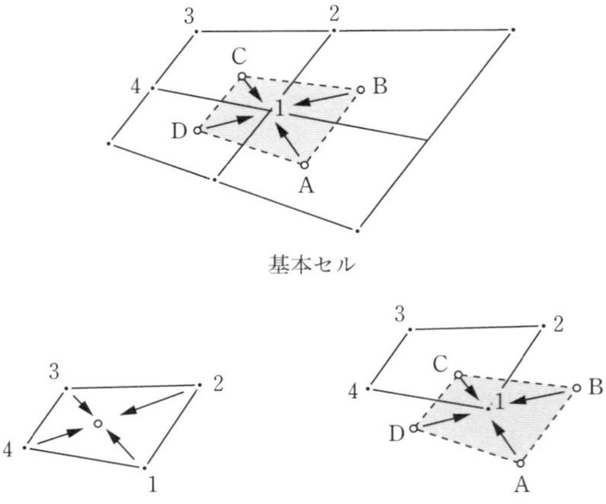

図 3.7 質量の要素平均と運動量の節点平均

c. GSMAC 有限要素法[5~7)]

HSMAC 法は米国のロス・アラモス研究所の Hint-Nicols-Romero（1975）によって開発された解析プログラム SOLA（solution algorithm）のなかに現れる解析手法で Highly Simplified MAC 法の省略形である．このアルゴリズムを有限要素化したものが GSMAC（generalized simplified marker and cell）有限要素法で差分法の長所と有限要素法の長所を兼ね備えている．その特長は

離散ナブラ演算子法： 係数行列を要素に依存する部分と要素に依存しない部分に分解し，要素に依存しない部分を解析的に表示する方法

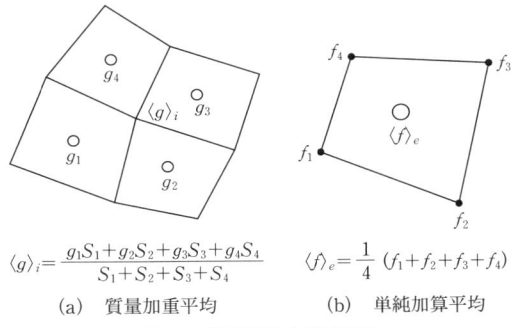

要素平均と節点平均： 要素平均と節点平均を組み合わせた離散化手法

質量の集中化： 行列方程式を解かずに差分的に時間進行する方法

圧力と速度の同時緩和法： 圧力に関するポワソン方程式を解かずに $\nabla\cdot\boldsymbol{v}=0$ を満足する場を求める方法

である．以下にこれらの内容を説明する．

1) 離散ナブラ演算子法 形状関数の勾配の要素平均を離散ナブラ演算子

$$\nabla_a=\frac{1}{\Omega_e}\int_{\Omega_e}\nabla N_a\,\mathrm{d}\Omega$$

と定義する．また，∇N_a と ∇N_b の open 積の要素平均を

表 3.3 係数行列と離散ナブラ演算子

質量行列	$M_{ab}=\int N_aN_b\mathrm{d}\Omega(x)$	対称行列
集中質量行列	$\bar{M}_{ab}=J_e\delta_{ab}$　　$J_e=\dfrac{\Omega_e(x)}{\Omega_e(\xi)}$	
移流行列	$A_{ab}=\int N_a\boldsymbol{v}\cdot\nabla N_b\mathrm{d}\Omega(x)$ $=\Omega_e(x)\boldsymbol{v}_e\cdot\boldsymbol{g}_e^j\left(N_a\dfrac{\partial N_b}{\partial\xi^j}\right)$	非対称行列
拡散行列 (dot 行列)	$D_{ab}=\int\nabla N_a\cdot\nabla N_b\mathrm{d}\Omega(x)$ $=\Omega_e(x)\nabla_a\cdot\nabla_b$ $=\Omega_e(x)\boldsymbol{g}_e^i\cdot\boldsymbol{g}_e^j\left(\dfrac{\partial N_a}{\partial\xi^i}\dfrac{\partial N_b}{\partial\xi^j}\right)$	対称行列
BTD 行列	$B_{ab}=\int\boldsymbol{v}\cdot\nabla N_a\boldsymbol{v}\cdot\nabla N_b\mathrm{d}\Omega(x)$ $=\Omega_e(x)\boldsymbol{v}_e\cdot\nabla_a\boldsymbol{v}_e\cdot\nabla_b$ $=\Omega_e(x)\boldsymbol{v}_e\cdot\boldsymbol{g}_e^i\boldsymbol{v}_e\cdot\boldsymbol{g}_e^j\left(\dfrac{\partial N_a}{\partial\xi^i}\dfrac{\partial N_b}{\partial\xi^j}\right)$	

計算に必要なものは

$\left(\dfrac{\partial\boldsymbol{r}}{\partial\xi^i}\right)$　$i=1,2,3$ および $\left(N_a\dfrac{\partial N_b}{\partial\xi^j}\right)$, $\left(\dfrac{\partial N_a}{\partial\xi^i}\dfrac{\partial N_b}{\partial\xi^j}\right)$

だけである

$$\nabla_a\nabla_b=\frac{1}{\Omega_e}\int_{\Omega_e}\nabla N_a\nabla N_b\mathrm{d}\Omega$$

で定義する．この定義は簡便な記号法であって，それぞれの要素平均 ∇_a と ∇_b の open 積ではないことに注意しておく．これより dot 積は

$$\nabla_a\cdot\nabla_b\equiv\frac{1}{\Omega_e}\int_{\Omega_e}\nabla N_a\cdot\nabla N_b\mathrm{d}\Omega$$

と表せる．これはトレースを用いて

$$\nabla_a\cdot\nabla_b\equiv\mathrm{tr}(\nabla_a\nabla_b)$$

と記述することもできる．今後用いる離散ナブラ演算子を表 3.3 にまとめておく．

離散ナブラ演算子の特徴： 離散ナブラ演算子法は表 3.4 に示されたように element by node 法で定式化されるので有限体積法の長所と有限要素法の長所を兼ね備えている．有限体積法はセル中心の強形式による定式化であり，境界条件の取扱いが有限要素法より複雑である．それに比較して，有限要素法は節点中心の弱形式で定式化される．そのため係数行列の計算に多くの CPU 時間を必要とする．また，係数行列およびその計算は element by element によって実行される．ここで述べる離散ナブラ演算子法は要素平均と節点平均を組み合わせた手法であり，element by node 法で実行される．また，離散ナブラ演算子は解析的に求められガウス-ルジャンドルの積分公式を必要としないため非記憶で高速に計算が実行できる．

表 3.4 有限体積法・有限要素法・離散ナブラ演算子法の比較

有限体積法	element by element	強形式	セル中心
有限要素法	element by element	弱形式	節点中心
離散ナブラ演算子法	element by node	弱形式	節点中心

2) 運動の方程式の定式化 運動量の釣合いの方程式は積分形で

$$\frac{\mathrm{d}}{\mathrm{d}t}\int_{V_m(t)}\rho\boldsymbol{v}\mathrm{d}V=\oint_{S_m(t)}\boldsymbol{t}^{(n)}\mathrm{d}S+\int_{V_m(t)}\rho\boldsymbol{b}\mathrm{d}V$$

と記述できる．この原理式は数値計算上の多くの情報を含んでいる．ここで $V_m(t)$ は物質検査体積，$S_m(t)=\partial V_m(t)$，$\boldsymbol{t}^{(n)}$ は応力ベクトル，$\boldsymbol{b}$ は単位体積あたりの外力である．この方程式よりコーシーの運動方程式

$$\rho\frac{\mathrm{d}\boldsymbol{v}}{\mathrm{d}t}=\nabla\cdot\boldsymbol{T}+\rho\boldsymbol{b}$$

が導ける．ただし，コーシーの基本定理 $\boldsymbol{t}^{(n)}=\boldsymbol{n}\cdot\boldsymbol{T}$ を用いた．$\boldsymbol{n}$ は面の外向き単位法線ベクトル，$\boldsymbol{T}$ は応力テンソルでニュートン流体の場合，その構成方程式はナビエ-ポアソンの法則によって

$$\boldsymbol{T}=-p\boldsymbol{I}+\lambda(\nabla\cdot\boldsymbol{v})\boldsymbol{I}+\mu(\nabla\boldsymbol{v}+\boldsymbol{v}\nabla)$$

と記述できる．ここで p は圧力，$\boldsymbol{I}$ は恒等テンソル，λ は第 2 粘性係数，μ は剪断粘性係数，$\boldsymbol{v}\nabla=(\nabla\boldsymbol{v})^{\mathrm{T}}$ で T は転置を意味する．運動方程式の離散化には有限体積法よりも有限要素法がすぐれている．これは応力テンソルの中に微分演算子 ∇ が含まれているから，その発散は 2 階微分となる．2 階微分は一つの要素で処理することができない．すなわち，隣接する要素の情報が必要となる．有限体積法のセル中心法ではガウスの発散定理を用い，セル境界の積分として表せる．よって，セル境界上での微分の評価式が必要となる．一方，有限要素法の節点中心法では重みをかけて部分積分し，2 階微分を 1 階微分の積，すなわち弱形式として表現できる．この手法は境界条件がきわめて容易にとりこめる．数値計算の場合，境界条件の取扱いは一般にかなり複雑であるが，有限要素法はその点優れている．このことを考慮して，運動方程式には節点平均法

$$\left\langle\rho_e\left(\frac{\partial\boldsymbol{v}}{\partial t}+\boldsymbol{v}_e\cdot\nabla\boldsymbol{v}\right)=\nabla\cdot\boldsymbol{T}_e+\rho_e\boldsymbol{b}\right\rangle_i$$

を用いる．そしてこれを有限要素法で実行する．ここで，密度，移流速度，応力テンソルには要素平均を用いる．ここで

$$\boldsymbol{T}_e=-p_e\boldsymbol{I}+\lambda_e(\nabla_b\cdot\boldsymbol{v}_b)\boldsymbol{I}+\mu_e(\nabla_b\boldsymbol{v}_b+\boldsymbol{v}_b\nabla_b)$$

$$\nabla_a\cdot\boldsymbol{T}_e=-\nabla_a p_e+(\lambda_e+\mu_e)\nabla_a(\nabla_b\cdot\boldsymbol{v}_b)+\mu_e\nabla_a\cdot\nabla_b\boldsymbol{v}_b$$

である．ただし，$\nabla_a\nabla_b=\nabla_b\nabla_a$ で対称テンソルである．非圧縮流体の場合 $\nabla\cdot\boldsymbol{v}=0$ である．非圧縮条件を要素平均で表すと $\nabla_a\cdot\boldsymbol{v}_a=0$ と離散化される．

次に，運動方程式の各項の離散ナブラ演算子表示を求める．

● 非定常項：要素内での内積の要素平均値を

$$(\boldsymbol{a},\boldsymbol{b})_e=\frac{1}{\Omega_e}\int_{\Omega_e}\boldsymbol{a}\cdot\boldsymbol{b}\mathrm{d}\Omega$$

と表す．重み関数 $\boldsymbol{w}=N_a\boldsymbol{w}_a$，$\boldsymbol{v}=N_b\boldsymbol{v}_b$ とすれば

$$\left(\boldsymbol{w},\frac{\partial\boldsymbol{v}}{\partial t}\right)_e=\boldsymbol{w}_a\cdot\langle N_a\rangle_e\langle N_b\rangle_e\dot{\boldsymbol{v}}_b$$

となる．

● 移流項：移流項も同様の計算により

$$(\boldsymbol{w},\boldsymbol{v}_e\cdot\nabla\boldsymbol{v})_e=\boldsymbol{w}_a\cdot\langle N_a\rangle_e\boldsymbol{v}_e\cdot\nabla_b\boldsymbol{v}_b$$

となる．

●応力テンソルの発散項：応力テンソルの発散項には部分積分の公式

$$\nabla\cdot(\boldsymbol{T}\cdot\boldsymbol{w})=(\nabla\cdot\boldsymbol{T})\cdot\boldsymbol{w}+\boldsymbol{T}:\nabla\boldsymbol{w}$$

を用いる．上式の両辺を要素内で積分して，ガウスの発散定理を用いると

$$\int_{\Omega_e}\nabla\cdot(\boldsymbol{T}\cdot\boldsymbol{w})\,\mathrm{d}\Omega=\int_{\Gamma_e}\boldsymbol{t}^{(n)}\cdot\boldsymbol{w}\,\mathrm{d}\Gamma$$
$$=\int_{\Omega_e}(\nabla\cdot\boldsymbol{T})\cdot\boldsymbol{w}\,\mathrm{d}\Omega+\int_{\Omega_e}\boldsymbol{T}:\nabla\boldsymbol{w}\,\mathrm{d}\Omega$$

となる．これより

$$(\boldsymbol{w},\nabla\cdot\boldsymbol{T})_e=\frac{\boldsymbol{w}_a}{\Omega_e}\cdot\int_{\Gamma_e}\boldsymbol{t}^{(n)}N_a\mathrm{d}\Gamma-\boldsymbol{w}_a\cdot(-\nabla_a p_e)$$
$$-\boldsymbol{w}_a\cdot[(\lambda_e+\mu_e)\nabla_a\nabla_b+\mu_e\mathrm{tr}(\nabla_a\nabla_b)\boldsymbol{I}]\cdot\boldsymbol{v}_b$$

ここで $\Gamma_e=\Gamma_1+\Gamma_2$ で境界はディリクレ条件 Γ_1 とノイマン条件 Γ_2 の和からなっている．重み関数は Γ_1 上で 0 であるから実際の境界積分項は Γ_2 上のみの積分となる．

●外力項：

$$(\boldsymbol{w},\rho_e\boldsymbol{b})_e=\boldsymbol{w}_a\cdot\rho_e\langle N_a\rangle_e\langle N_b\rangle_e\boldsymbol{b}_b$$

●質量集中化：有限要素法の質量集中化に対応する離散ナブラ演算子法の質量集中化は

$$\Omega_e(x)\langle N_a\rangle_e\langle N_b\rangle_e=J_e\delta_{ab}$$

と表せる．ここで δ_{ab} はクロネッカーのデルタである．また $\Omega_e(x)$ と $\Omega_e(\xi)$ をそれぞれ物理空間と計算空間の要素体積とすればヤコビアンは $J_e=\Omega_e(x)/\Omega_e(\xi)$ となる．重み関数は $\boldsymbol{w}_a$ は任意であるから，離散ナブラ演算子法に基づく要素レベルの離散式は

$$\rho_eJ_e\dot{\boldsymbol{v}}_b+\rho_e\Omega_e\boldsymbol{v}_e\cdot\langle N_a\rangle_e\nabla_b\boldsymbol{v}_b$$
$$=-\Omega_e\nabla_e\cdot\boldsymbol{T}_e+\int_{\Gamma_2}\boldsymbol{t}^{(n)}N_a\mathrm{d}\Gamma+\rho_eJ_e\boldsymbol{b}_a+(\mathrm{BTD})$$

表 3.5　同時緩和法の計算手順

$\boldsymbol{v}^{n+1}=\tilde{\boldsymbol{v}}-\nabla\varphi,\ \nabla^2\varphi=\nabla\cdot\tilde{\boldsymbol{v}}\ (\nabla\cdot\boldsymbol{v}^{n+1}=0)$	
$p^{n+1}=p^n+\dfrac{\varphi}{\Delta t}$	
Step 1　for　$k=0$	$\boldsymbol{v}^{(0)}=\tilde{\boldsymbol{v}},\ p^{(0)}=p^n$
Step 2　for　$k=k$	$D^k=\dfrac{1}{V_e}\int\boldsymbol{v}^k\cdot\boldsymbol{n}\mathrm{d}S$
	$\lambda=\dfrac{1}{V_e}\int\dfrac{1}{\Delta n}\mathrm{d}S$
	$\varphi^k=-\dfrac{D^k}{\lambda}$
	$\boldsymbol{v}^{k+1}=\boldsymbol{v}^k-\nabla\varphi^k$
	$p^{k+1}=p^k+\dfrac{\varphi}{\Delta t}$
Step 3　if　$(\nabla\cdot\boldsymbol{v}^{k+1}=0)$：go to Step 4	
else：go to Step 2	
Step 4　$\boldsymbol{v}^{k+1}=\boldsymbol{v}^{n+1},\ p^{k+1}=p^{n+1}$	

となる．実際の計算にはこれに安定化項として BTD 項が付加される．上式を係数行列を用いて表すと普通の有限要素法となる．

3)　速度と圧力の同時緩和法　　同時緩和法は，$\nabla\cdot\boldsymbol{v}=0$ を満足するソレノイダル場から導かれるポワソン方程式の解法に対して有効である．

まず速度の予測子 $\tilde{\boldsymbol{v}}$ を求める．次に修正速度ポテンシャル φ を導入して，速度と圧力を同時緩和法で $\nabla\cdot\boldsymbol{v}^{n+1}=0$ を満足させながら解く．すなわち，反復子 $k=0$ に対して，$\boldsymbol{v}^{(0)}=\tilde{\boldsymbol{v}}$，$p^{(0)}=p^n$ として，次の反復子

$$\boldsymbol{v}^{k+1}=\boldsymbol{v}^k-\nabla\varphi^k$$
$$p^{k+1}=p^k+\varphi^k/\Delta t$$
$$\nabla^2\varphi^k=\nabla\cdot\boldsymbol{v}^k\qquad(\nabla\cdot\boldsymbol{v}^{k+1}=0)$$

を繰り返す．このとき，φ^k に関するポアソン方程式はニュートン-ラプソン法により解かれる．反復

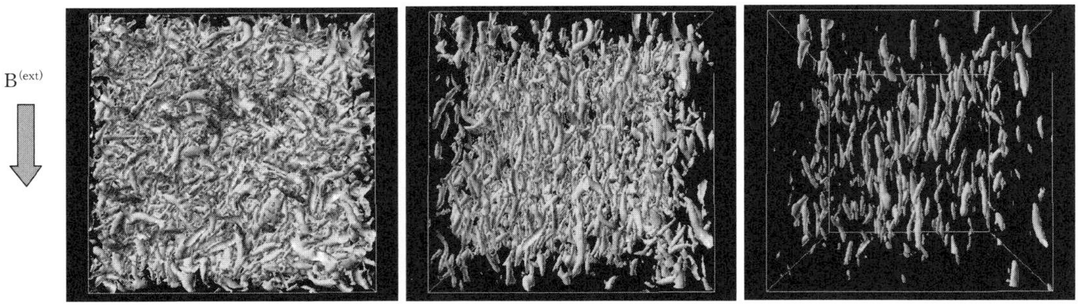

(a)　初期状態　　　(b)　$t=0.125$　　　(c)　$t=0.25$

図 3.8　電磁乱流場の非等方性

の結果，すべての要素で $|\nabla\cdot\boldsymbol{v}^{k+1}|\leq\varepsilon_v$（たとえば $\varepsilon_v=0.001$）を満足したとき，$\boldsymbol{v}^{k+1}=\boldsymbol{v}^{n+1}$，$p^{k+1}=p^{n+1}$ として次の時間ステップに進む．この同時反復を表 3.5 に示しておく．

4）計算例 ここでは GSMAC 有限要素法による電磁乱流の計算例[8]を示す．この場合流体の運動方程式の外力項に電磁力が付加される．また，流体運動と連成する磁場を計算するために磁束密度に関する誘導方程式が付加される．流体の速度場も磁場も発散零のソレノイダル場であるから，GSMAC 有限要素法のアルゴリズムが適している．図 3.8 に速度勾配テンソルの第 2 不変量の等値面の時間変化を示す．最初等方的であった場が，上方から下方にかけられた印加磁場のために磁力線方向に沿って乱れが減衰し，電磁乱流場は非等方的となる．

［棚橋隆彦］

文　　献

1) K. J. Bathe : Finite Element Procedures in Engineering Analysis, Prentice-Hall, 1982.
2) O. C. Zienkiewicz, R. L. Taylor : The Finite Element Method, McGraw-Hill, 1988.
3) 棚橋隆彦：GSMAC-FEM 数値流体力学の基礎とその応用，IPC，1991.
4) 棚橋隆彦：流れの有限要素解析 I，II，朝倉書店，1997.
5) 棚橋隆彦：計算流体力学――GSMAC 有限要素法，共立出版，2006.
6) T. Tanahashi *et al.*: Inter. J. for Numerical Methods in Fluids, **11**, 1990.
7) 棚橋隆彦，沖　良篤：双対空間を用いた HYbrid 形上流化有限要素法，第 1 報，日本機械学会論文集（B 編），1993.
8) 三好市朗ほか：日本計算工学会論文集，Transactions of JSCES Paper No. 20050025（2005-9），1-11.

3.1.4 直接数値シミュレーション

a. 乱流の特性と完結問題

乱流現象は非常に幅の広い時間・空間スケールを有している．乱流運動を特徴づける長さスケールとして，積分スケール（l_E），テイラーマイクロスケール（λ）およびコルモゴロフスケール（η）がある．これらのスケールは，レイノルズ数が十分高い乱流では次のように見積もることができる．

$$\frac{l_E}{\eta}=\mathrm{Re}_{l_E}^{3/4}=\frac{\mathrm{Re}_\lambda^{3/2}}{15^{3/4}} \qquad (3.1.154)$$

$$\frac{\lambda}{\eta}=15^{1/4}\,\mathrm{Re}_\lambda^{1/2} \qquad (3.1.155)$$

$$\frac{l_E}{\lambda}=\frac{\mathrm{Re}_\lambda}{15} \qquad (3.1.156)$$

ここで，それぞれの特性長さは次のように定義される．詳細は第 7 章を参照されたい．

$$l_E=\frac{\pi}{2u_{\mathrm{rms}}^2}\int_0^\infty\frac{E(k)}{k}\mathrm{d}k \qquad (3.1.157)$$

$$\lambda=\sqrt{\langle u^2\rangle/\left\langle\left(\frac{\partial u}{\partial x}\right)^2\right\rangle} \qquad (3.1.158)$$

$$\eta=\left(\frac{\nu^3}{\varepsilon}\right)^{1/4} \qquad (3.1.159)$$

ここで，$E(k)$ は次のようなエネルギースペクトルである．

$$\frac{3}{2}u_{\mathrm{rms}}^2=\int_0^\infty E(k)\,\mathrm{d}k \qquad (3.1.160)$$

また，レイノルズ数はそれぞれ次のように定義される．

$$\mathrm{Re}_{l_E}=\frac{u_{\mathrm{rms}}l_E}{\nu} \qquad (3.1.161)$$

$$\mathrm{Re}_\lambda=\frac{u_{\mathrm{rms}}\lambda}{\nu} \qquad (3.1.162)$$

ここで，ν は動粘性係数である．式（3.1.154）から式（3.1.156）が完全に成り立つのは一様等方性乱流と呼ばれる理想的な乱流場であるが，高レイノルズ数の乱流場であれば，どのような乱流場でも近似的に成立すると考えてよい．

このようにレイノルズ数の増加とともに乱流運動の最小スケールと最大スケールの差は増大する．乱流は基本的に 3 次元現象であるため，計算に必要な格子点は

$$N^3\propto\mathrm{Re}_{l_E}^{9/4}=\frac{\mathrm{Re}_\lambda^{9/2}}{15^{9/4}} \qquad (3.1.163)$$

と見積もられる．

工学的に重要な流れは，乱流に加えて熱や物質の輸送を伴う場合が多い．流体の温度変化や濃度変化が流体の運動に影響を及ぼさない場合，熱・物質輸送はスカラーの輸送方程式によって記述できる．乱流中でのスカラー変動の最小スケールは取り扱う流体や物質の物性値に依存し，熱輸送の場合はプラントル数（Pr）に，物質輸送の場合はシュミット数（Sc）により規定される．Pr>1 あるいは Sc>1 の場合，スカラー変動の最小スケール（バチェラースケール：η_B）は乱流場の最小スケールであるコルモゴロフスケールよりも小さくなり，$\eta_\mathrm{B}=\eta/\sqrt{\mathrm{Pr}}$ あるいは $\eta_\mathrm{B}=\eta/\sqrt{\mathrm{Sc}}$ と見積もられる．したがって，高プラントル数あるいは高シュミット数の場合，乱

流場の解析に必要な格子点の $Pr^{3/2}$ 倍あるいは $Sc^{3/2}$ 倍の格子点が必要となる．

燃焼流の場合，通常 1 mm 以下の厚さの火炎を解像するために，火炎内に 10〜20 点程度の格子を配置する必要がある．この格子点は解析に用いられる化学反応機構に依存する．乱流燃焼の場合，必要とされる格子点は取り扱う流れ場のコルモゴロフスケールと火炎厚さの比にも依存する．コルモゴロフスケールと火炎厚さが同程度であった場合，乱流のみの解析に比べて 10^3 倍程度の格子点を必要とする．

コンピュータの演算速度の向上は，ムーアの法則に従うと考えられており，それによれば演算速度は 1.5 年で 2 倍になる．これはトランジスタなどの集積技術の進展予測に基づくものであり，1980 年頃までのコンピュータの演算速度はこの法則にほぼ従って向上した．その後，集積技術の限界から一時的に演算速度の向上率は低下したが，近年では並列計算技術の開発により 7 年で 10 倍程度である[1]．図 3.9 は，1993 年以降の世界最高速スーパーコンピュータの演算速度の推移[1]を示している．2007 年 6 月現在で世界最高速のスーパーコンピュータの演算速度は約 280 TFlops である．近年の向上率が維持されたとすると，2020 年頃には 1 ExaFlops (Exa：10^{18}，100 京) のスーパーコンピュータが実現されるものと予測される．

3.1.1 項や 3.1.2 項で示した高精度差分法やスペクトル法を用いて，前述した乱流のすべてのスケールの運動を一切のモデルを導入せず解析する手法は直接数値シミュレーション (direct numerical simulation, DNS) と呼ばれている．図 3.9 には，過去に報告されている主要な DNS の格子点数の推移も示した．ここで，一様等方性乱流 (HIT)，平行平板間乱流 (TCF) および乱流混合層 (TML) の基本的乱流場について，わが国とその他の諸外国の研究者によるものに分けて図示した．乱流の DNS の規模は，最高速スーパーコンピュータの演算速度とほぼ同様に増大しており，2011 年にわが国で計画されている京速コンピュータ (演算速度 10 PFlops) が実現されれば 10^{12} (1 兆) の格子点を，2020 年に 1 EXAFlops の演算速度が実現されれば 10^{14} (100 兆) の格子点を用いた乱流の DNS が実現されるものと予測される．このように，将来的には複雑な工学機器内の流れを完全にコンピュータ上に再現される可能性があるが，現状ではそのようなシミュレーションは不可能に留まっている．

このようなことから，乱流場を平均と変動に分離し，平均場を支配する方程式を解析する方法が古くから行われている．速度 u をその平均値 $\bar{u}$ と平均値からの変動 u' に以下のように分離する．

$$u=\bar{u}+u' \tag{3.1.164}$$

ここで，平均操作には時間平均，アンサンブル平均，空間平均などが考えられる．どのような平均操

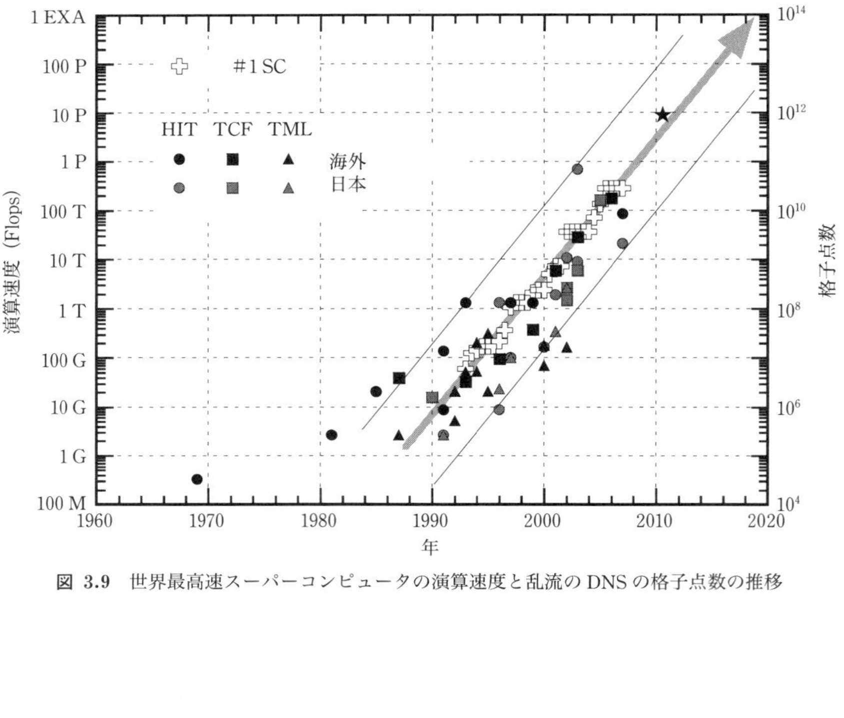

図 3.9　世界最高速スーパーコンピュータの演算速度と乱流の DNS の格子点数の推移

作を施したとしても，平均場を支配する方程式は，次のようになる．

$$\frac{\partial \bar{u}_i}{\partial t}+\frac{\partial}{\partial x_j}\bar{u}_i\bar{u}_j=-\frac{1}{\rho}\frac{\partial \bar{p}}{\partial x_j}-\frac{\partial}{\partial x_j}\overline{u'_iu'_j}+\nu\frac{\partial^2\bar{u}_i}{\partial x_j^2} \quad (3.1.165)$$

ここで，右辺第2項はレイノルズ応力項と呼ばれ，それらは変動成分の2次量の平均値であるため未知である．これらの未知量の輸送方程式をナビエ-ストークス方程式から導くことも可能であるが，3次以上の未知量が輸送方程式に含まれることになる．この手続きを何度繰り返しても方程式を完結することはできない．したがって，いずれかのレベルで未知量を既知の物理量で表現する必要があり，これを一般に乱流モデルと呼ぶ．たとえば，乱流エネルギー k と乱流エネルギー散逸率 ε を用いて，式(3.1.165)のレイノルズ応力項をモデル化する k-ε モデルでは，次のような乱流エネルギーの輸送方程式に完結する必要がある．

$$\frac{\partial k}{\partial t}=\frac{\partial}{\partial x_j}\left\{-\bar{u}_jk-\frac{1}{\rho}\overline{u'_jp'}-\frac{1}{2}\overline{u'_ju'^2_k}+\nu\left(\frac{\partial k}{\partial x_j}+\frac{\partial}{\partial x_k}\overline{u'_ju'_k}\right)\right\}-\overline{u'_ju'_k}\frac{\partial \bar{u}_k}{\partial x_j}-2\nu\overline{S'^2_{jk}} \quad (3.1.166)$$

ここで，S_{ij} は歪み率テンソルである．実験により式(3.1.166)のすべての項を計測することはきわめて困難である．DNSでは乱流場のすべての情報が詳細に得られるため，式(3.1.166)の各項などのようなすべての乱流統計量を求めることが可能であり，種々の乱流モデルの検証や高精度化に役立っている．また，実験では得ることが困難な瞬時の乱流構造を理解することが可能であり，乱流現象の解明とそのモデル化に大きく貢献している．しかし，DNSは計算機資源の制限から，幾何学形状の単純な基本的な乱流場にかぎられている．

b.　基本的乱流場の直接数値シミュレーション

ここでは，一様等方性乱流，乱流混合層，平行平板間乱流などの基本的乱流場のDNSについて解説する．これらの基本的乱流場のDNS手法は確立されており，詳細は笠木ら[2]によってまとめられている．

1)　一様等方性乱流のDNS　一様等方性乱流DNSは，初期条件のみを与え，その減衰過程を計算する場合[3]と，低波数域にエネルギーを注入し続けて統計的に定常な計算を行う場合[4]の2種類に分類できる．一様等方性乱流のDNSでは，計算領域を十分大きく，通常は積分長の4倍以上として，流れ場の一様性から各方向に周期的境界条件を設定し，3方向にフーリエスペクトル法を適用する場合が多い．連続の式とナビエ-ストークス方程式は

$$i\boldsymbol{k}\cdot\hat{\boldsymbol{u}}_k=0 \quad (3.1.167)$$

$$\left(\frac{\mathrm{d}}{\mathrm{d}t}+\nu\boldsymbol{k}^2\right)\hat{\boldsymbol{u}}_k=-i\boldsymbol{k}\hat{p}_k-(\widehat{\boldsymbol{u}\cdot\nabla\boldsymbol{u}})_k \quad (3.1.168)$$

となる．式(3.1.168)の両辺の発散をとることにより，

$$\hat{p}_k=-\frac{1}{\boldsymbol{k}^2}i\boldsymbol{k}\cdot\hat{\boldsymbol{f}}_k \quad (3.1.169)$$

ここで，

$$\hat{\boldsymbol{f}}_k=-(\widehat{\boldsymbol{u}\cdot\nabla\boldsymbol{u}})_k \quad (3.1.170)$$

である．したがって，

$$\left(\frac{\mathrm{d}}{\mathrm{d}t}+\nu|\boldsymbol{k}|^2\right)\hat{\boldsymbol{u}}_k=\hat{\boldsymbol{f}}_k-\boldsymbol{k}\frac{(\boldsymbol{k}\cdot\hat{\boldsymbol{f}}_k)}{\boldsymbol{k}^2} \quad (3.1.171)$$

を解くことになる．非線形項から生じるエイリアジング誤差の除去にはいくつかの方法が採用されている[5]．3次元の場合，一つの非線形項は

$$\begin{aligned}\hat{g}_k=&\sum_{m+n=k}\hat{u}_m\hat{v}_n+\sum_{m+n=k\pm Ne_1}\hat{u}_m\hat{v}_n\\&+\sum_{m+n=k\pm Ne_2}\hat{u}_m\hat{v}_n+\sum_{m+n=k\pm Ne_3}\hat{u}_m\hat{v}_n\\&+\sum_{m+n=k\pm Ne_1\pm Ne_2}\hat{u}_m\hat{v}_n+\sum_{m+n=k\pm Ne_1\pm Ne_3}\hat{u}_m\hat{v}_n\\&+\sum_{m+n=k\pm Ne_2\pm Ne_3}\hat{u}_m\hat{v}_n+\sum_{m+n=k\pm Ne_1\pm Ne_2\pm Ne_3}\hat{u}_m\hat{v}_n\end{aligned} \quad (3.1.172)$$

となり，右辺第1項以外はすべてエイリアジング誤差である．完全にエイリアジング誤差を除去するには，すべての方向に3/2則を適用するか，あるいは位相シフト法を用いる必要がある．3/2則を用いた場合，DNSに必要な記憶容量が膨大となる．これに対して，位相シフト法の場合，記憶容量は大きく増加しないが，位相の異なる非線形項を8回計算する必要があり，計算時間が増大する．このため，シフトさせる位相を時間的にランダムに変更して誤差を蓄積させないなどの方法が採用される場合もある．

図3.10はDNSから得られた減衰一様等方性乱流の可視化結果を示している．このようなDNS結果は乱流統計理論の検証[6]や乱流構造の解明[7]に盛

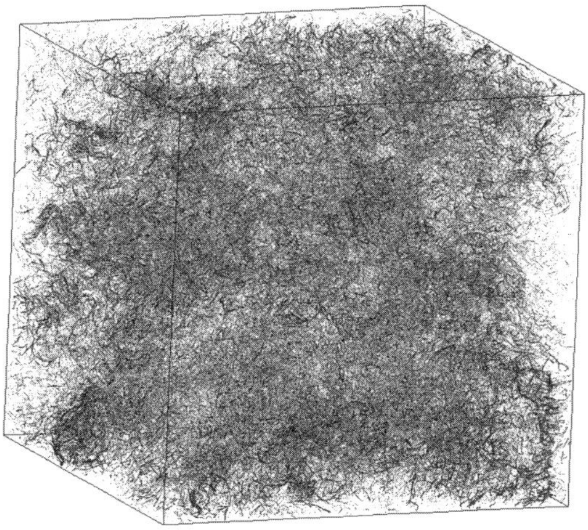

図 3.10 一様等方性乱流の DNS 結果の可視化例

んに用いられている．

2) 乱流混合層の DNS 混合層，噴流，伴流などの自由剪断乱流の DNS は，流入・流出境界条件を設定して実際に観察される空間的に発達する流れ場を解析する場合[8,9]と，テイラーの仮説を用いて空間的な発展を時間的な発展に変換し，完全平行流と近似して解析する場合[10,11]がある．ここでは，自由剪断乱流のなかでも最も基本的な平面混合層の時間発展型 DNS について示す[11]．

時間発展型の混合層の流れ方向を x 方向，流れに垂直方向を y 方向，これらに垂直なスパン方向を z 方向とする．初期条件として y 方向に速度勾配を有する平均速度分布に微小擾乱を重ね合わせる．流れ方向とスパン方向には周期的境界条件を設定し，垂直方向には剪断層中心から十分離れた位置で自由滑り条件を仮定する．この場合，各速度成分は，

$$u_j(x,y,z,t)=\sum_{k_x=N_x/2}^{N_x/2-1}\sum_{k_z=-N_z/2}^{N_z/2-1}\sum_{k_y=0}^{N_y}\hat{u}_j(k_x,k_y,k_z,t)\times\exp(ik_x x+ik_z z)\begin{cases}\cos(k_y y) & j=1,3\\ \sin(k_y y) & j=2\end{cases} \tag{3.1.173}$$

と，複素フーリエ級数と正弦・余弦級数を用いて展開できる．垂直方向にはルジャンドル多項式を用いたスペクトル法を適用した例もあるが，この場合境界条件は無限遠における一様流の条件となる[10]．初期速度分布としては，ハイパーボリックタンジェント型[11]や誤差関数型[10]の平均速度分布が仮定され，これに微小擾乱が重ね合わされる．また，乱流境界層の DNS 結果[12]を初期条件として与えた例もある[13]．

完全平行流と近似する時間発展型混合層の DNS では，計算領域の設定が重要となる．通常流れ方向には，平均速度分布に対して線形安定性理論より求められる不安定波長の偶数倍の計算領域を設定する．図 3.11 は時間発展混合層の DNS 結果の可視化例を示している[11]．図は速度勾配テンソルの第 2

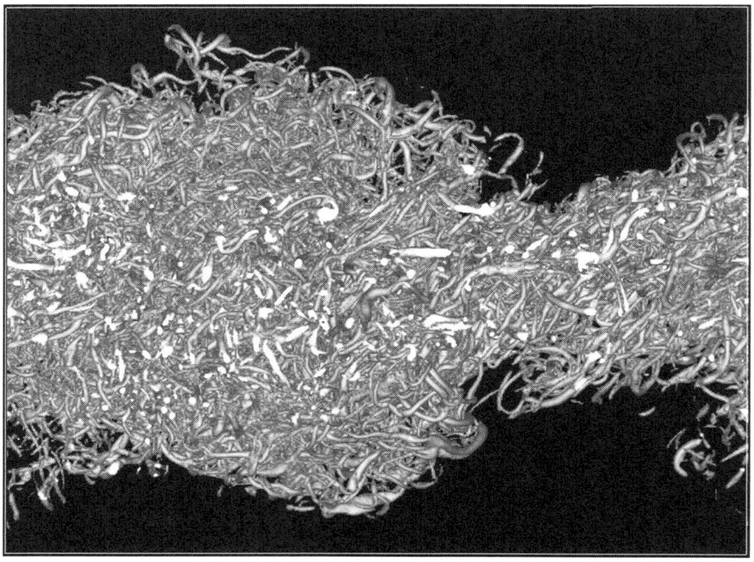

図 3.11 時間発展乱流混合層の DNS 結果の可視化例

不変量が正の値を示す領域を示しており，剛体的に回転する微細な渦構造を示している．図中の中心付近に存在する微細渦の集合体が不安定波の第2低調波に対応する構造であり，計算領域によって定まる低調波が飽和する時刻まで計算が可能となる．また，スパン方向の計算領域についても，9.3.1項で示す第2不安定性に基づいて設定する必要がある．

3)　平行平板間乱流のDNS　壁面剪断乱流のDNSの代表例は平行平板間乱流である．このDNSは発達した十分長い平行平板間乱流を考え，その一部を計算対象とする．この際，流れ方向の計算領域は速度変動の自己相関関数が十分小さくなる長さとし，スパン方向の領域は壁面近傍でスパン方向に準周期的に存在する乱流構造が影響を受けない長さとされる．離散化手法は，流れ方向とスパン方向にフーリエスペクトル法，壁垂直方向にチェビシェフスペクトル法が用いられる場合[14~16]が多いが，3.1.1項で示したコンシステントスキームなどの高次精度差分法が用いられる場合もある[17,18]．また，チェビシェフスペクトル法を用いた場合には，基礎方程式を変形し，圧力を消去した形で解く方法[15]と，圧力を残したまま連続の式と連立させて解くためにインフレンスマトリックスを導入する方法[14]がある．

図3.12は平行平板乱流のDNS結果の可視化例[18]を示している．図示されている物理量は図3.11と同様である．壁面近傍は，きわめて剪断が強く，多くの渦構造が存在している．このため，壁面近傍の格子幅には十分注意を払わなければならない．通常，それぞれの方向の格子分解能は，$\Delta x^+=10$，$\Delta y^+=0.4$および$\Delta z^+=7$程度と考えられている．ここで，＋は壁単位を表す．計算には，一定の圧力勾配を与えて計算する方法と流量を一定として計算する場合がある．図3.13はDNSより得られた乱流運動エネルギーの輸送方程式の収支を示している．DNSでは理論的あるいは実験的に得ることのできない乱流統計量を得ることが可能であり，このようなデータにより乱流モデルの構築・検証が行われている．

4)　その他のDNS　上述の流れ場に加えて，一様剪断乱流[19]，乱流境界層[12]，乱流クエット流[20]，テイラークエット流[21,22]などの多くの流れ場についてDNSが行われている．また，熱物質輸送を伴う場合や混相乱流[23,24]，MHD乱流[25,26]，乱流燃焼[27,28]などへもDNSは拡張され，それらの結果

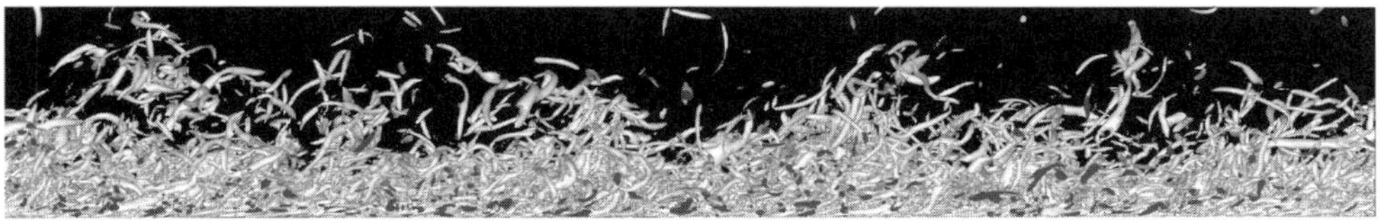

図 3.12　平行平板間乱流のDNS結果の可視化例

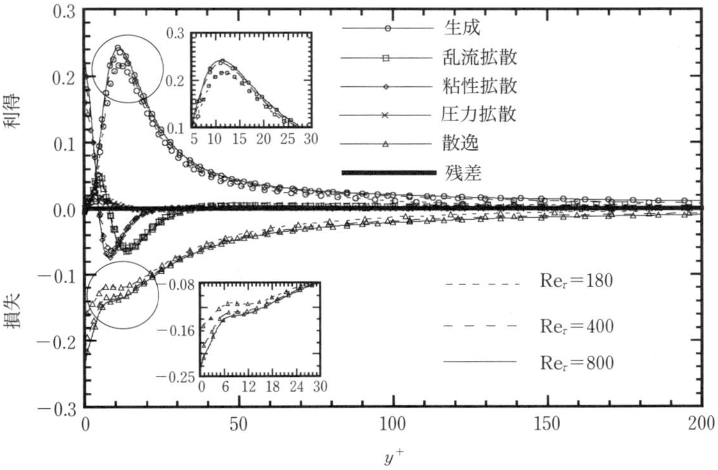

図 3.13　平行平板間乱流のDNSから得られた乱流エネルギー輸送方程式の収支

は各種乱流輸送現象の解明とモデル化に用いられている[29]. ［店橋 護］

文　献

1) http://www.top 500.org/
2) 笠木伸英ほか：伝熱工学の進展 3，養賢堂，2000.
3) R. A. Clark *et al.*: J. Fluid Mech., **91**, 1979, 1.
4) A. Vincent, M. Meneguzzi: J. Fluid Mech., **258**, 1994, 245.
5) C. Canuto *et al.*: Spectral Methods in Fluid Mechanics, Springer, 1988.
6) K. Yoshida *et al.*: Phys. Fluids, **15**(8), 2003, 2385.
7) M. Tanahashi *et al.*: IUTAM Symp. Simulation and Identification of Organized Structures in Flows (J. N. Sorensen *et al.* eds.), Kluwer Academic Publishers, 1990, 131-140.
8) B. R. Ramaparian *et al.*: Phys. Fluid, **A1**(12), 1989, 2034.
9) 宮内敏雄ほか：日本機械学会論文集（B 編），**62**(594)，1996，499.
10) R. D. Moser, M. M. Rogers: Phys. Fluid, **A3**, 1991, 1128.
11) M. Tanahashi *et al.*: J. Turbulence, **2**, 2001, 6.
12) P. R. Spalart: J. Fluid Mech., **187**, 1988, 61-98.
13) R. D. Moser, M. M. Rogers: J. Fluid Mech., **247**, 1993, 275.
14) L. Kleiser, U. Schuman: Proc. 3 rd GAMM Conf. on Numerical Methods in Fuild Mechanics, 1980, 165-173.
15) J. Kim *et al.*: J. Fluid Mech., **177**, 1987, 133-166.
16) N. Kasagi *et al.*: J. Heat Transfer, **114**, 1992, 598-606.
17) H. Abe *et al.*: ASME J. Fluids Eng., **97**, 2001, 382.
18) M. Tanahashi *et al.*: Int. J. Heat and Fluid Flow, **25**, 2004, 331-340.
19) M. J. Lee *et al.*: J. Fluid Mech., **216**, 1990, 561-683.
20) K. H. Bech *et al.*: J. Fluid Mech., **286**, 1995, 291-325.
21) P. S. Marcus: J. Fluid Mech., **146**, 1984, 665-113.
22) 宮内敏雄ほか：日本機械学会論文集（B 編），**62**(594)，1996，579-585.
23) K. D. Squires, J. K. Eaton: Phys. Fluids, **2**, 1990, 1191-1203.
24) L.-P. Wang, M. R. Maxey: J. Fluid Mech., **256**, 1993, 27-68.
25) O. Zikanov, A. Thess: J. Fluid Mech., **358**, 1998, 299-333.
26) 店橋　護ほか：日本機械学会論文集（B 編），**65**(640)，1999，3877-3883.
27) R. Hilbert *et al.*: Prog. Energy Combust. Sci., **30**, 2004, 61-117.
28) M. Tanahashi *et al.*: Proc. Combust. Inst., **28**, 2000, 529-535.
29) 巻末データベースサイト参照.

3.2 粒　子　法

3.2.1 粒子法とは

連続体の運動に対して，格子を用いることなく離散化する方法として，粒子法がある．ここでは，現在広く使われている2種類の粒子法，SPH (smoothed particle hydrodynamics) 法と MPS (moving particle semi-implicit) 法について紹介する．これらの方法は微分方程式の一般的な離散化法であり，流体解析にも構造解析にも適用されている．

離散化に格子を用いない方法は一般的にメッシュレス法あるいはグリッドレス法と呼ばれ，粒子法はそのなかで計算点が流れとともに移動するラグランジュ法を指す．ラグランジュ法であるため対流項を計算する必要がなく，数値拡散が生じない．また，格子を用いないため，界面が大変形するような問題に対して格子がゆがんで計算ができなくなるといったような問題も生じない．こうした利点のため，おもに自由表面流れや混相流においてこれまで粒子法は適用されてきた．なお，粒子法に関しては文献1に詳しく解説されている．

3.2.2 SPH 法

SPH (smoothed particle hydrodynamics) 法は，宇宙物理学に関する流体力学の問題を解くために Lucy[2] や Gingold と Monaghan[3] によって開発された粒子法である．SPH 法ではそれぞれの粒子が保持する値にカーネル関数 w をかけ，これらを重ね合わせることで空間分布を表現する．すなわち，任意の座標 $\boldsymbol{x}$ における変数値 $f(\boldsymbol{x})$ を次のように内挿する．

$$\langle f(\boldsymbol{x})\rangle = \sum_j f_j w(|\boldsymbol{x}-\boldsymbol{r}_j|, h)\frac{m_j}{\rho_j} \tag{3.2.1}$$

ここで，$\boldsymbol{r}_j$ は粒子 j の座標，f_j はその粒子のもつ変数値，m_j は質量である．密度 ρ は

$$\rho(\boldsymbol{x}) = \sum_j m_j w(|\boldsymbol{x}-\boldsymbol{r}_j|, h) \tag{3.2.2}$$

である（図 3.14）．カーネル関数 $w(r, h)$ には3次

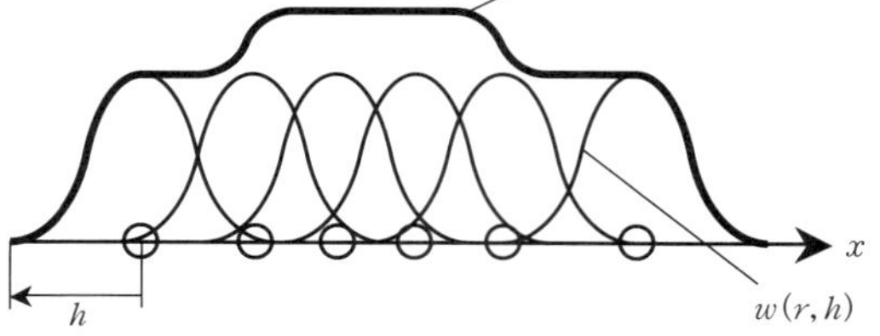

図 3.14　SPH 法における密度分布

元ではたとえば次のようなB-Spline関数を使う．

$$w(r,h)=\frac{1}{\pi h^3}\begin{cases}1-\frac{3}{2}s^2+\frac{3}{4}s^3 & 0\leq s\leq 1\\ \frac{1}{4}(2-s)^3 & 1\leq s\leq 2\\ 0 & s\geq 2\end{cases} \tag{3.2.3}$$

ただし，

$$s=\frac{r}{h} \tag{3.2.4}$$

において h はカーネル関数の半径である．粒子からの距離が $2h$ 以上になるとカーネル関数の値はゼロになる．これによって内挿に用いる粒子を近傍に限定し，計算時間を節約する．また，カーネル関数の全領域にわたる積分は1になるよう規格化されている．

SPH法では内挿によって得られた分布を微分することで空間微分が得られる．

$$\langle\nabla f(\boldsymbol{x})\rangle=\sum_j f_j\nabla w(|\boldsymbol{x}-\boldsymbol{r}_j|,h)\frac{m_j}{\rho_j} \tag{3.2.5}$$

つまり，カーネル関数の微分 ∇w の重ね合わせになる．ここで，密度 ρ の空間微分については考慮されていないが，その近似方法について詳細な議論がある[4]．

圧縮性流れの支配方程式は，圧力が密度のみの関数，すなわちbarotropic流れであるとすると，

$$P=P(\rho) \tag{3.2.6}$$

$$\frac{D\boldsymbol{u}}{Dt}=-\frac{1}{\rho}\nabla P \tag{3.2.7}$$

と書ける．流体の粘性は無視している．これらの方程式を各粒子において離散化して計算する．

式 (3.2.6) の計算に必要な密度は式 (3.2.2) によって求めることができる．あるいは，いったん連続の式に戻って，

$$\frac{\mathrm{d}\rho_i}{\mathrm{d}t}=-(\rho\nabla\cdot\boldsymbol{u})_i=-\sum_j m_j(\boldsymbol{u}_i-\boldsymbol{u}_j)\cdot\nabla_i w(|\boldsymbol{r}_i-\boldsymbol{r}_j|,h) \tag{3.2.8}$$

から粒子 i の密度変化を計算することもできる．

式 (3.2.7) の右辺は，次のように変形してから離散化する．

$$\frac{1}{\rho}\nabla P=\nabla\left(\frac{P}{\rho}\right)+\frac{P}{\rho^2}\nabla\rho=\sum_j m_j\left(\frac{P_j}{\rho_j^2}+\frac{P_i}{\rho_i^2}\right)\cdot\nabla_i w(|\boldsymbol{r}_i-\boldsymbol{r}_j|,h) \tag{3.2.9}$$

さらに人工粘性 Π_{ij} を加えて，粒子 i の速度変化を次のように計算する．

$$\frac{\mathrm{d}\boldsymbol{u}_i}{\mathrm{d}t}=-\sum_j m_j\left(\frac{P_j}{\rho_j^2}+\frac{P_i}{\rho_i^2}+\Pi_{ij}\right)\cdot\nabla_i w(|\boldsymbol{r}_i-\boldsymbol{r}_j|,h) \tag{3.2.10}$$

$$\Pi_{ij}=\begin{cases}\frac{-\alpha c_{ij}\mu_{ij}+\beta\mu_{ij}^2}{\rho_{ij}} & (\boldsymbol{u}_i-\boldsymbol{u}_j)\cdot(\boldsymbol{r}_i-\boldsymbol{r}_j)<0\\ 0 & \text{上記以外}\end{cases} \tag{3.2.11}$$

$$\mu_{ij}=\frac{h(\boldsymbol{u}_i-\boldsymbol{u}_j)\cdot(\boldsymbol{r}_i-\boldsymbol{r}_j)}{(\boldsymbol{r}_i-\boldsymbol{r}_j)^2+\varepsilon h^2} \tag{3.2.12}$$

$$c_{ij}=\frac{c_i+c_j}{2} \tag{3.2.13}$$

$$\rho_{ij}=\frac{\rho_i+\rho_j}{2} \tag{3.2.14}$$

ここで，c は音速である．式 (3.2.11) が示すように，人工粘性は粒子同士が接近する場合にだけ働き，斥力の向きになる．これによって，粒子が互いに接近するときにすり抜けてしまうのを防ぐ．Monaghanによれば[5]，$\alpha=1$，$\beta=2$，$\varepsilon=0.01$ でよい結果が得られるとのことである．

計算アルゴリズムとしては，上記の一連の式をすべて陽的に計算する．流体の圧力が密度だけの関数ではなく，温度も関係する場合には，エネルギー保存則も同様に離散化して計算する必要がある．流れの速度が音速よりも遅く非圧縮性近似が成り立つ場合には，時間刻み幅が流れの速度に対して非常に小さくなってしまうが，SPH法ではそのような場合でも圧縮性を考慮してすべて陽的に計算するアルゴリズムを用いる場合が多い．ただし，SPH法でも次に紹介するMPS法で用いられているような半陰的アルゴリズムが用いられることもある．

3.2.3 MPS 法

MPS (moving particle semi-implicit) 法はKoshizukaらによって開発された粒子法で[6]，自由表面を有する非圧縮流れ解析のために開発された．粒子は一定の距離 r_e 以内の近傍の粒子と相互作用するものとし，粒子間距離 r が短いほど相互作用は強くなるとする．この相互作用の強さは次の重み関数によって与えられる．

$$w(r)=\begin{cases}\dfrac{r_e}{r}-1 & 0\leq r<r_e\\ 0 & r_e\leq r\end{cases}\tag{3.2.15}$$

この重み関数の特徴は，まず第1に，距離 r_e より遠い粒子に対する値がゼロであり，遠方の粒子との相互作用を計算しないようにすることである．こうすることで，SPH 法におけるカーネル関数と同様に，相互作用にかかわる粒子数を限定して計算時間を節約することができる．r_e の値として $2\sim3l_0$ が用いられている．ここで l_0 は初期粒子配置における粒子間隔である．第2の特徴は，粒子間距離がゼロに近づくと重み関数の値がいくらでも大きくなることである．これは，粒子数密度一定という非圧縮性条件のもとで，粒子がすり抜けるのを防ぐ効果がある．ちなみに，MPS 法では人工粘性は用いない．

ある粒子 i に対して，その近傍粒子 j における重み関数の和を粒子数密度と呼ぶ．

$$n_i=\sum_{j\neq i}w(|\boldsymbol{r}_j-\boldsymbol{r}_i|)\tag{3.2.16}$$

粒子数密度は流体の密度 ρ に比例している．そこで，非圧縮性条件における流体の密度が一定であるという条件は，粒子数密度が一定であるという条件で表すことができ，その値を n^0 とする．

MPS 法では微分演算子に対する粒子間相互作用モデルを用意する．ここでは勾配とラプラシアンのモデルを説明する．勾配は次の式で離散化する．

$$\langle\nabla f\rangle_i=\frac{d}{n^0}\sum_{j\neq i}\left[\frac{f_j-f_i}{|\boldsymbol{r}_j-\boldsymbol{r}_i|^2}(\boldsymbol{r}_j-\boldsymbol{r}_i)\,w(|\boldsymbol{r}_j-\boldsymbol{r}_i|)\right]\tag{3.2.17}$$

これは図 3.15 に示すように，ある変数 f に対して粒子 i とその近傍粒子 j との間で勾配ベクトルを

$$\frac{f_j-f_i}{|\boldsymbol{r}_j-\boldsymbol{r}_i|^2}(\boldsymbol{r}_j-\boldsymbol{r}_i)$$

と計算し，重み関数をかけて和をとったものである．ただし，重み平均の規格化のために n^0/d で割る．ここで d は空間次元の数である．

ラプラシアンは次の式で離散化する．

$$\langle\nabla^2 f\rangle_i=\frac{2d}{\lambda n^0}\sum_{j\neq i}[(f_j-f_i)\,w(|\boldsymbol{r}_j-\boldsymbol{r}_i|)]\tag{3.2.18}$$

これは図 3.16 に示すように，粒子 i がある変数 f_i をもっているとすると，その一部を近傍の粒子に分配することを意味している．ただし，式 (3.2.18) 中のパラメータ λ に対しては，

$$\lambda=\frac{\sum_{j\neq i}|\boldsymbol{r}_j-\boldsymbol{r}_i|^2 w(|\boldsymbol{r}_j-\boldsymbol{r}_i|)}{\sum_{j\neq i}w(|\boldsymbol{r}_j-\boldsymbol{r}_i|)}\cong\frac{\int_V w(r)\,r^2\mathrm{d}v}{\int_V w(r)\,\mathrm{d}v}\tag{3.2.19}$$

と与える．こうすることで，分配による統計的分散の増分を，拡散方程式の解析解における増分と等しくすることができる．

非圧縮性流れの支配方程式は以下のように書ける．

$$\frac{D\rho}{Dt}=0\tag{3.2.20}$$

$$\frac{D\boldsymbol{u}}{Dt}=-\frac{1}{\rho}\nabla P+\nu\nabla^2\boldsymbol{u}+\boldsymbol{g}\tag{3.2.21}$$

式 (3.2.20) は質量保存則で，有限体積法では速度の発散がゼロであるという式を用いるが，MPS 法では密度が一定であるという式を用いる．これはすでに述べたように，粒子数密度一定であるという条

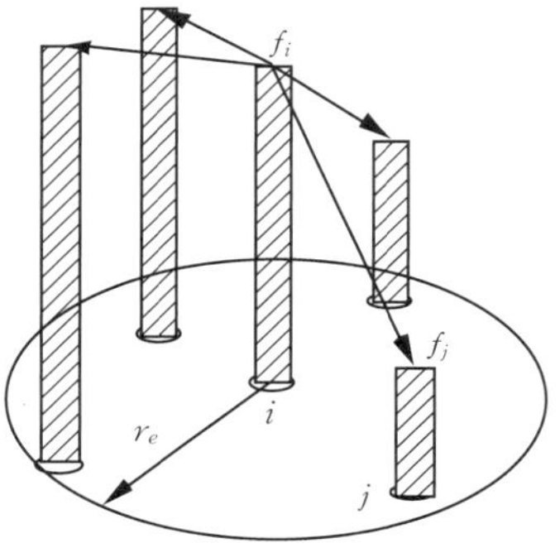

図 3.15　MPS 法の勾配に対する粒子間相互作用モデル

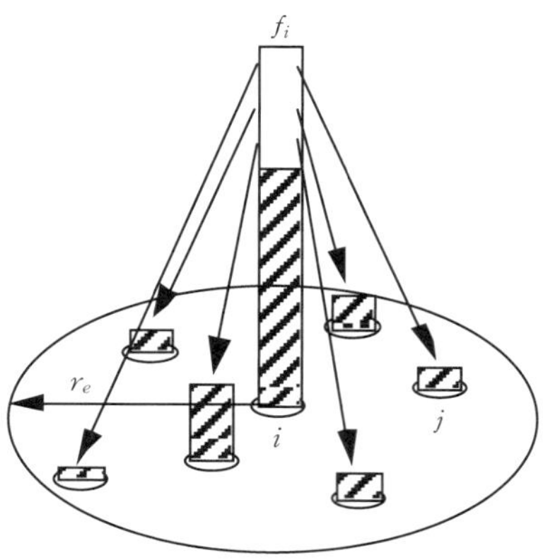

図 3.16　MPS 法のラプラシアンに対する粒子間相互作用モデル

件に置き換える．式（3.2.21）は運動量保存則で，右辺第1項は圧力勾配項，第2項は粘性項，第3項は重力項である．MPS法はラグランジュ法であるので，対流項を計算する必要はない．

これらの式を各時間ステップにおいて2段階で計算する．まず第1段階では運動量保存則（式（3.2.21））の右辺第1項の圧力勾配項以外の項を陽的に計算し，粒子の速度と位置を更新する．

$$\boldsymbol{u}^{*}=\boldsymbol{u}^{n}+\Delta t\left[\nu\nabla^{2}\boldsymbol{u}^{n}+\boldsymbol{g}^{n}\right] \quad (3.2.22)$$

$$\boldsymbol{r}^{*}=\boldsymbol{r}^{n}+\Delta t\boldsymbol{u}^{*} \quad (3.2.23)$$

ここで上添字 n は古い時刻の値，* は第1段階終了後の更新された値を意味する．式（3.2.22）の粘性項にはラプラシアン ∇^2 が含まれており，これをMPS法のラプラシアンモデル（式（3.2.18））で離散化する．

第2段階では，第1段階終了後の粒子数密度を用いて，次の圧力のポアソン方程式を陰的に計算する．

$$\nabla^{2}P^{n+1}=-\frac{\rho}{\Delta t^{2}}\frac{n^{*}-n^{0}}{n^{0}} \quad (3.2.24)$$

左辺のラプラシアンもMPS法のラプラシアンモデルで離散化する．陰的なので各粒子の圧力に対する連立1次方程式が得られる．これを解いて新しい時刻 $n+1$ の圧力を求める．得られた圧力を運動量保存則の圧力勾配項に代入し，速度と位置を修正する．

$$\boldsymbol{u}'=-\frac{\Delta t}{\rho}\nabla P^{n+1} \quad (3.2.25)$$

$$\boldsymbol{u}^{n+1}=\boldsymbol{u}^{*}+\boldsymbol{u}' \quad (3.2.26)$$

$$\boldsymbol{r}^{n+1}=\boldsymbol{r}^{*}+\Delta t\boldsymbol{u}' \quad (3.2.27)$$

式（3.2.25）の右辺の勾配はMPS法の勾配モデル（式（3.2.17））で計算する．

MPS法における境界条件の計算方法を以下に説明する．

a. 固定壁

固定壁境界では，速度に対してはすべての成分が0，圧力に対しては勾配が0の境界条件が必要である．そこで，固定壁境界から壁の方向に3列の壁粒子を配置する．これらの壁粒子では速度成分はすべて0に固定し，座標も一定のまま変えない．3列のうち最も内側1列の壁粒子でのみ圧力を計算する．壁近傍の流体粒子あるいは圧力を計算する壁粒子において，圧力を計算しない壁粒子とのラプラシアンモデルの係数を0にする．これはすなわち式（3.2.18）で $P_i=P_j$ としたことと同じであるから，圧力勾配0の境界条件を与えたことに相当する．

圧力を計算する壁粒子では粒子数密度も計算する．粒子数密度の計算では重み関数のパラメータに $r_e=2.1l_0$ を使うので，そのなかに十分な数の粒子が存在するように壁粒子をさらに2列，すなわち合計3列配置しなければならない．もし，壁粒子が1列しか配置されてなければ，壁粒子における粒子数密度が低下し，次に説明する自由表面境界と判定されてしまう．

移動する壁を計算したい場合は，壁粒子に速度を与え，粒子の座標も時間の経過に伴って変化させていけばよい．

b. 自由表面

自由表面より外側には流体粒子がないので，自由表面上の流体粒子では粒子数密度が低下する．そして，

$$n^{*}<\beta n^{0} \quad (3.2.28)$$

を満たす粒子を自由表面上に存在すると判定する．ここでパラメータ β は，たとえば0.97を用いる．そして，自由表面上にあると判定された粒子には，圧力のポアソン方程式を解く際に圧力をゼロに固定する．この自由表面の境界条件は単純なだけでなく，表面形状を描かなくてもよい．流体の分裂や合体が生じても例外的な取扱いは必要ない．

c. 流入流出

流入境界では新しい流体粒子を発生させる．3列で表される移動壁を流入境界から外側に配置し，その移動速度を流入速度に設定する．最も内側の壁粒子が流入境界より十分内側に達したらこれを流体粒子に変化させ，その分，上流に新しい壁粒子を発生させる．これを繰り返すことで次々と新しい流体粒子を流入境界から流入させることができる．流出境界では逆に境界を越えた流体粒子を消去すればよい．

粒子法による乱流解析の研究例はまだ非常に少ない．後藤らは空間解像度以下の小さなsub-particle-scaleの渦をモデル化して，LES（large eddy simulation）法による乱流計算を粒子法で行っている[7~9]．

MPS法による計算例として水柱の崩壊を紹介する．2次元の静止した矩形の水柱を初期条件として

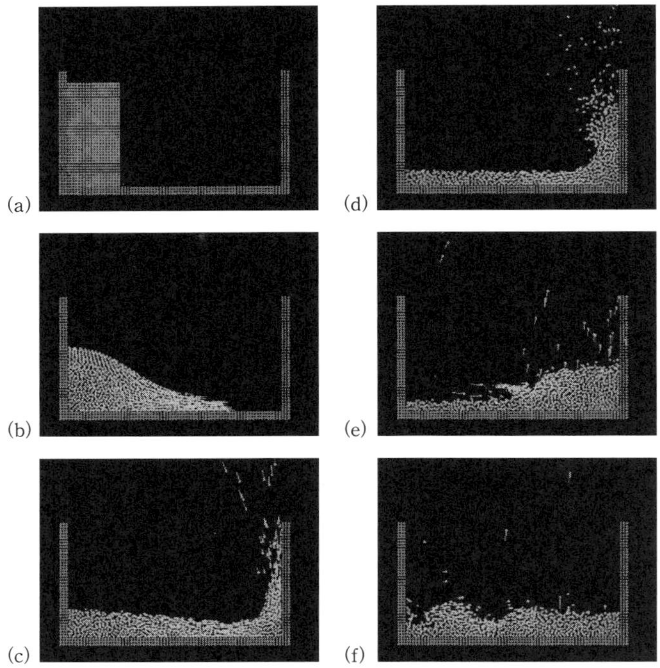

図 3.17　MPS 法による水柱の崩壊の計算結果

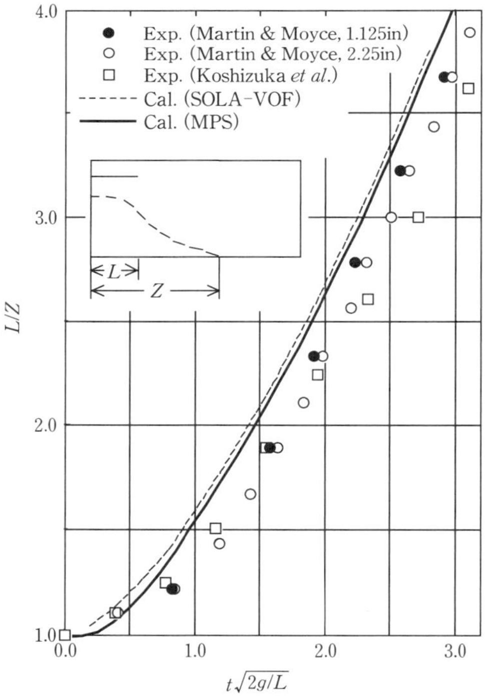

図 3.18　水柱の崩壊における先端位置の比較

与え，これが重力により崩壊する問題であり，自由表面を有する非圧縮性流れのベンチマーク問題として広く用いられている．粒子法による計算結果を図 3.17 に示す．崩壊した水は横方向に勢いよく進み，側壁に衝突して跳ね上がっている．粒子法ではこのように水が飛び散ったり，それが落下して合体するような場合にも特別な処理をすることなく計算することができる．また，連続の式の計算誤差などによって質量が失われることはなく，粒子の数が保たれていれば質量は保存される．図 3.18 に底面における水の先端位置の変化を示す．MPS 法による計算結果は従来の VOF 法（volume-of-fluid）と定量的によく一致している．実験よりも計算のほうが先端位置の進行が速いが，これは実験では底面での濡れ性の影響があるのに対して，計算ではこれが考慮されていないからである．　　　　［越塚誠一］

文　　献

1)　越塚誠一：粒子法，丸善，2005.
2)　L. B. Lucy : Astron. J., **82**, 1977, 1013-1024.
3)　R. A. Gingold, J. J. Monaghan : Mon. Not. R. Astr. Soc., **181**, 1977, 375-389.
4)　S. Inutsuka : J. Comput. Phys., **179**, 2002, 238-267.
5)　J. J. Monaghan : Comput. Phys. Comm., **48**, 1988, 89-96.
6)　S. Koshizuka *et al.* : Comput. Fluid Dynamics J., **4**, 1995, 29-46.
7)　H. Gotoh *et al.* : Comput. Fluid Dynamics J., **9**, 2001,

339-347.
8) 後藤仁志ほか：海岸工学論文集，**49**，2002，31-35.
9) H. Gotoh *et al.*: Ann. J. Hydr. Engin., JSCE, **47**, 2003, 397-402.

3.3 相界面シミュレーション法

気液界面の変形や結晶成長の問題など，流れ場のなかで時々刻々変形する界面を安定かつ高精度で計算するシミュレーション手法の開発は，計算物理学の分野の重要なテーマの一つとなっている．ここでは，最近開発が盛んに行われている有限差分法を用いて固定格子上を移動する界面を取り扱う手法を中心に，変形する相界面を扱う計算手法について説明する．これらの数値計算手法は，現段階においては層流の流れ場に対して適用されているものが大半である．しかし，格子点数の制約からくる解像度の問題を除けば，計算手法そのものは乱流場においても適用可能である．したがって，ここでは層流，乱流をとくに区別せず，相界面シミュレーション法について紹介する．

3.3.1 相界面シミュレーション法の分類

a. 手法の大まかな分類

ここでは，連続体の視点に立ち，相界面を扱う数値計算手法について説明する．流れを支配する方程式を場の方程式としてとらえるオイラー的視点に立ち，相界面（自由境界）をもつ流れを考える．この場合，典型的な数値解析手法として，次のものがあげられる．

- 境界要素法
- 有限差分（体積）法
  1) 固定矩形格子型
  2) 境界適合格子型
- 有限要素法

これらの手法のうち，自由界面流れ，とくに気液界面の大変形の問題に対しては，境界要素法が以前より多くの成功を収めてきた．しかし，境界要素法は，流れ場が線形の場合に有効な手法であり，乱流場には適用できないため，解析の対象となる系はかぎられるものとなる．

一方，最近のコンピュータの計算能力の向上に伴い，有限差分法，さらには有限要素法による計算が増加してきており，種々の新しいアルゴリズムが開発されている．有限差分（体積）法を用いてナビエ-ストークス方程式を解く手法は，①固定矩形格子内を通過する自由界面を何らかの手法で追跡する固定矩形格子型，②界面の形状にあわせて格子を切る境界適合格子型の2種類に分類することができる．

①固定格子を用いた手法は，相界面での境界条件の精度はやや劣るが，多数の界面や複雑な境界をもつ流れに対して適した計算手法である．②境界適合格子を用いた手法は，境界条件の精度に関しては優れているが，多数の液滴や粒子などを含む複雑な界面をもつ流れに対しては，適用困難な手法となる．これに対し，有限要素法では，相界面の境界条件を高精度で維持したまま，複雑な界面形状をもつ系に適用することが比較的容易である．有限要素法は，非構造格子の使用に適し，境界適合格子による普通の差分法に比べ，格子形成の自由度が大きい．そのため，液体中に多くの気液界面をもつような複雑な流れに対しても，分散した気液界面に適合した格子を切りながら流れを精度よく解くことが可能となる．したがって，差分法における固定矩形格子型と境界適合格子型のそれぞれの利点をあわせもっており将来性が高い．ただし，現状においては，計算時間の観点より，2次元や軸対称流れ，または比較的滑らかな自由界面の変形を伴う流れなどがおもな解析対象となっている．複数の自由界面形状をもつ3次元流れ（層流）への適用例は少なく，さらに乱流場への適用となるときわめて少ない．

したがって，相界面のシミュレーション手法として，乱流場への適用までを考えた際には，現段階においては有限差分法による計算手法が有力な手法と考えられ，なかでも固定矩形格子を用いた手法はさまざまな問題への適用が可能である．以下，固定矩形格子を用いた手法についてさらに説明を行う．

b. 固定矩形格子を用いた手法に関して

相界面のシミュレーションは，最近では相分離や結晶成長などのシミュレーションが話題になることも多い．しかし，流れのシミュレーションと関連した問題としては，気液界面流れを解くことがシミュレーション手法開発の始まりであった．最初に気液の自由界面流れを解く手法として開発されたものは，Harlow and Welch[1]のMAC（marker and cell）法である．この手法は，その名の由来にもなっているとおり，固定された矩形格子内において自由表面を表すマーカーを配置し，その動きを追跡することにより自由界面流れを解こうとするものである．その後，Hirt と Nichols[2] により VOF 法が開発され，この手法の改良版が現在盛んに用いられている．

これらの手法は，固定矩形格子内を通過する界面を何らかの手法で追跡する方法であり，最近，この発想の延長上にあるいくつかの新しい手法が開発されている．その代表的なものは，密度関数法と呼ばれるものである．この手法では，たとえば，気相で 1，液相で 0 という値をとる密度関数と呼ばれるものの移流によって界面を追跡する．VOF 法もこれらの手法の一つと考えることもでき，VOF 法の場合には，セル内での気相の体積比率（ボイド率）を密度関数と考えることに相当する．したがって，VOF 法の場合には密度関数が体積比率という物理量を表すため，数値計算上，質量保存の精度がよい．一般の密度関数法では，質量の保存は保証されておらず，界面追跡の精度は，密度関数の移流方程式を解く精度で決まる．したがって，密度関数の移流方程式を解く際に，安定かつ精度のよい手法の適用が重要となり，数値拡散が小さくかつ安定した手法の使用が望まれる．移流方程式に対する CIP 法[3] や TVD 法の適用はこのような要請からきている．

密度関数法に類似した手法として，レベルセット法[4~6] がある．通常の密度関数法が界面を急峻な関数で表現するのに対し，この手法では，界面からの距離をレベルセット関数として所有することにより，密度関数の移流に伴う数値拡散の影響を小さくしている．レベルセット法は，UCLA の Osher らを中心とした米国の応用数学者たちにより開発されてきた手法である．自由界面追跡の精度評価などが数学的に正確になされており，移動境界流れを扱っている研究者の間でとくに話題になっている．この手法は，単なる自由界面流れだけでなく，複雑な界面形状をもつ凝固などの相変化問題にも適用されている．

以上，VOF 法，密度関数法，レベルセット法など，固定矩形格子内を通過する界面の移動を，界面と関連づけて定義される関数の値の変化から追跡する手法を界面捕獲法と呼ぶ．

密度関数法と，MAC 法的な考えの両方を取り込んでいる手法として，Tryggvason の界面追跡法[7~9] がある．この手法では，気液界面を境界要素法での界面のように，陽に表現する（2 次元ではセグメント，3 次元では三角形要素の集まり）．そのため，気液界面をラグランジュ的に追跡することができ，密度関数の移流による数値拡散を伴わない利点がある．さらに，界面をインディケーター関数で記述するという密度関数法的な概念をあわせもっており，界面における密度や粘性および表面張力の跳びを，格子スケールで平滑化されたステップ関数やデルタ関数を用いて記述することにより，数値的安定性を達成している．

以上，固定矩形格子を用いた手法では，表面張力など気液界面に働く力は，ナビエ-ストークス方程式において界面における生成項として付加される．この際，VOF 法や界面を急峻な関数として表現する密度関数法では，界面の曲率を精度よく求めるのが困難なため，界面形状の決定法や曲率の計算法については多くの研究がなされている[10~12]．

3.3.2 相界面に課される条件

連続体としての数学的定式化の際には，通常，相界面は無限小の厚みをもつとみなされ，界面においてさまざまな物理量の跳びを考える．ここでは，混ざり合わない 2 流体において，界面での相変化がない場合に関して，界面の移動方法および課される境界条件について説明する．

a. 界面追跡の方法について

有限差分（体積）法を用いた場合には，流れの支配方程式（連続の式，運動量保存式など）は，オイラー的に記述された偏微分方程式を用い，空間に配置された格子点上で支配方程式を離散化する．この場合においても，移動する界面を追跡する方法は，オイラー的視点に立つ必要はない．自由界面流れにおいては，界面の移動や変形を扱う手法は，大きく①オイラー法，②ラグランジュ法，③ ALE（arbitrary Lagrangian-Eulerian）法の三つに分類できる．

①オイラー法は，支配方程式の離散化同様，オイラー的視点に基づき界面の移動を追跡する方法である．すなわち，前述の界面捕獲法の場合に対応し，空間に固定された格子内を移動する界面に関して，界面を表す関数（VOF 関数，レベルセット関数など）を移流することにより界面の移動を表現する方

法である．②ラグランジュ法は，界面上の流体粒子はつねに界面上にとどまるという条件より，界面が要素によって陽に表現されているときに，その要素の移動速度に従って界面を移動させる方法である．③ALE法は，ラグランジュ法とオイラー法を組み合わせた方法であり，基本的なアイデアはラグランジュ法に近い．ラグランジュ法では，時間進行とともに，界面を表す格子点の密度に空間的な粗密が発生する問題点をもつが，ALE法は，それを避けるのに，界面上の格子点を動かす方向を流体粒子の移動方向ではなく，数値計算上，より適した方向に移動させようとする方法である．

b.　運動学的条件

運動学的条件（kinematic condition）とは，移動する界面における質量保存の関係を記述したものである．混ざり合わない2流体の界面においては，界面上の流体粒子はつねに界面上にとどまるという重要な関係を与える．運動学的条件は，流体1と流体2の界面において，流体1側の速度を $\boldsymbol{u}_1$，流体2側の速度を $\boldsymbol{u}_2$ とすると，

$$\boldsymbol{u}_1\cdot\boldsymbol{n}=\boldsymbol{u}_2\cdot\boldsymbol{n} \tag{3.3.1}$$

と表される．この関係は図3.19より明らかなように，界面に垂直な方向における流速が，流体1側と流体2側で一致することを表している．また，界面における流体1，2とは別に界面そのものの速度を $\boldsymbol{u}_s$ と仮に定義すると，以下の関係が成り立つ．

$$(\boldsymbol{u}_1-\boldsymbol{u}_s)\cdot\boldsymbol{n}=(\boldsymbol{u}_2-\boldsymbol{u}_s)\cdot\boldsymbol{n}=0 \tag{3.3.2}$$

この式は，界面の移動速度に対する流体1，2の相対速度の法線方向成分が0になることを意味し，このことより，混ざり合わない流体1，2に関して，界面の接線方向の滑りを許した場合でも，界面上の流体粒子は，つねに界面上にとどまることがわかる．

以上の運動学的条件を用いて，界面の移動を行う．その際，界面の移動を1）オイラー的，2）ラグランジュ的，3）ALE的に扱うかにより，この運動学的条件の記述が異なってくる．

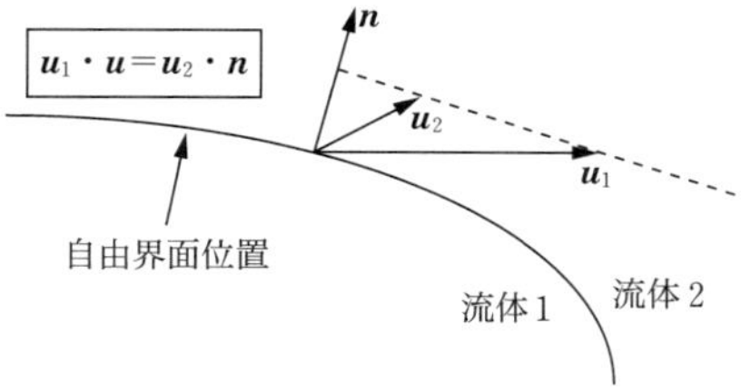

図 3.19　界面における運動学的条件

1）　オイラー的（陰関数による表記）　界面の移動をオイラー的に扱う手法，すなわち界面捕獲法を用いた場合には，自由界面の形状を陰関数で表現する方法が適している．この場合，自由界面上の流体粒子群により形成される平面の方程式を，時間（t）と空間（$\boldsymbol{x}$）の関数として，

$$F(t,\boldsymbol{x})=\text{const.} \tag{3.3.3}$$

と与える．自由界面上の流体粒子は，移動後も自由界面上に存在することより，この式は時刻によらず界面上でつねに成り立ち，これより，

$$\frac{DF}{Dt}=\frac{\partial F}{\partial t}+\boldsymbol{u}\cdot\nabla F=0 \tag{3.3.4}$$

の関係が成り立つ．この式は，界面を表す関数 F の移流を表す方程式である．F を ρ と読み変えれば，非圧縮性流体の質量保存の式に対応することがわかる．

2）　ラグランジュ的　界面の移動をラグランジュ的に扱う手法は，界面捕獲法とは異なり，界面を要素として陽に表記している界面追跡法に適した手法である．この場合，界面を構成している要素上の点をラグランジュ的に追跡し，界面上の流体粒子はつねに界面上にあるという条件より，移動後の位置を新しい時刻での界面位置とする．すなわち，

$$\frac{\mathrm{d}\boldsymbol{x}_s}{\mathrm{d}t}=\boldsymbol{u}_s \tag{3.3.5}$$

ここで，添字 s は，界面上の値であることを示す．

この関係を用いて，界面上の点を移動させる．界面追跡法といった場合，境界適合格子を用いて界面を追跡する方法と，固定格子内で形成された界面要素を移動する方法の2種類が考えられる．境界適合格子を用いた場合，上式の $\boldsymbol{x}_s$，$\boldsymbol{u}_s$ は，界面を表す座標線上の格子点の位置と速度をそれぞれ表す．

界面の追跡をラグランジュ的に行った場合，移動後の界面要素の形状が大きく歪んできたり，要素の空間的分布に粗密が生じはじめ（図3.20），数値的安定性や計算精度に問題を生じることがある．この場合には，界面要素の切り直しが必要となる．境界適合格子を用いる場合には，通常，各時間ステップごとに界面格子の再配置を行う．この場合，ラグランジュ的に移動した格子点について各点を結ぶ3次スプラインを形成し，その3次スプライン上で格子

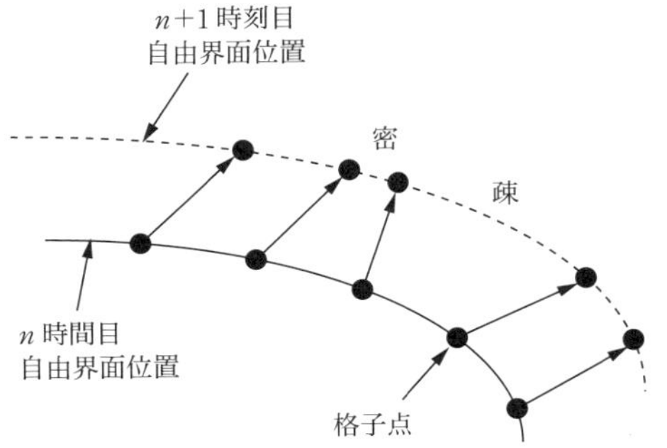

図 3.20　界面のラグランジュ的追跡

点を適切な位置に移動することにより再配置するのが，精度・安定性ともに優れた手法である．一般には，このように格子の再配置をする場合も，次項で説明するALE法として分類される．

3）ALE的（陽関数による表記）　この場合も，界面追跡法に適した表記である．この場合には，たとえば，自由界面の形状をある基準位置からの高さとして，

$$z=h(t,x,y) \quad (3.3.6)$$

のように表す．この場合，$F(t,x,y,z)=z-h(t,x,y)$ とおいて，1）陰関数表記のところで得られた関係を用いると，

$$\frac{DF}{Dt}=\frac{\mathrm{d}z}{\mathrm{d}t}-\frac{\partial h}{\partial t}-\frac{\mathrm{d}x}{\mathrm{d}t}\frac{\partial h}{\partial x}-\frac{\mathrm{d}y}{\mathrm{d}t}\frac{\partial h}{\partial y}$$
$$=w-\frac{\partial h}{\partial t}-u\frac{\partial h}{\partial x}-v\frac{\partial h}{\partial y}=0 \quad (3.3.7)$$

すなわち，

$$\frac{\partial h}{\partial t}=w-u\frac{\partial h}{\partial x}-v\frac{\partial h}{\partial y} \quad (3.3.8)$$

を得る．この式は，時間とともに界面の高さがどのように変化していくのかを表している．たとえば，流下液膜の問題を境界適合格子を用いて解く場合に，界面の変形がさほど大きくなく，界面の高さが，位置の一価関数として与えられるときに，この表記による扱いが適したものとなる．また，界面の位置を記述する際に，その高さを物理空間の位置の関数として与えるのではなく，曲線座標系内すなわち計算空間内での位置（ξ,η,ζ）の関数として記述することも可能である．この場合には，高さ h は

$$\zeta=h(t,\xi,\eta) \quad (3.3.9)$$

と記述され，また，界面位置の追跡は，次式によって行われる．

$$\frac{\partial h}{\partial t}=U_\zeta-U_\xi\frac{\partial h}{\partial \xi}-U_\eta\frac{\partial h}{\partial \eta} \quad (3.3.10)$$

ここで，U_ζ, U_η, U_ξ は速度の反変成分と呼ばれ，座標線に直交する方向の速度成分である．

これらの手法では，界面の移動が，界面に交差する方向の座標線に沿って行われるため，ラグランジュ法で問題となる，界面近傍の格子の歪みや，格子密度の粗密などの問題が生じにくい．

c. 動力学的条件

界面における動力学的条件（dynamic condition）とは，界面での運動量保存に関連して課される応力に関する条件である．表面張力の無視できない自由界面における応力の条件は，界面の法線方向に関して，

$$-p_1+\mu_1\boldsymbol{n}\cdot(\nabla\boldsymbol{u}_1+{}^t\nabla\boldsymbol{u}_1)\cdot\boldsymbol{n}$$
$$=-p_2+\mu_2\boldsymbol{n}\cdot(\nabla\boldsymbol{u}_2+{}^t\nabla\boldsymbol{u}_2)\cdot\boldsymbol{n}+\sigma\varkappa \quad (3.3.11)$$

接線方向に関して，

$$\mu_1\boldsymbol{t}\cdot(\nabla\boldsymbol{u}_1+{}^t\nabla\boldsymbol{u}_1)\cdot\boldsymbol{n}=\mu_2\boldsymbol{t}\cdot(\nabla\boldsymbol{u}_2+{}^t\nabla\boldsymbol{u}_2)\cdot\boldsymbol{n}+\boldsymbol{t}\cdot\nabla_s\sigma \quad (3.3.12)$$

となる．ここで，添字1，2はそれぞれ，流体1，2側の値であることを示し，また，σ は表面張力係数，$\varkappa$ は界面の平均曲率を表す．この式における，$\nabla_s\sigma$ の項は，表面張力係数が界面上で変化する場合に働く応力を表しており，この項の影響により与えられる効果は，マランゴニ効果と呼ばれる．さらに，気液自由界面の場合，気相の密度，粘性は，液相に対して十分小さいとされ，界面での気相側の粘性応力を無視し，気相側圧力（p_{gas}）を一定と仮定し，次式が用いられる場合が多い．

法線方向：　$-p_1+\mu_1\boldsymbol{n}\cdot(\nabla\boldsymbol{u}_1+{}^t\nabla\boldsymbol{u}_1)\cdot\boldsymbol{n}$
$$=-p_{\mathrm{gas}}+\sigma\varkappa \quad (3.3.13)$$

接線方向：　$\mu_1\boldsymbol{t}\cdot(\nabla\boldsymbol{u}_1+{}^t\nabla\boldsymbol{u}_1)\cdot\boldsymbol{n}$
$$=\boldsymbol{t}\cdot\nabla_s\sigma \quad (3.3.14)$$

d. 界面の曲率の計算法

気液界面において働く表面張力による応力は，表面張力係数と気液界面の平均曲率の積で与えられる．したがって，界面における応力の釣合い式において，表面張力による力が無視できない場合には，気液界面の平均曲率を精度よく計算することが重要となる．界面の平均曲率は，数学的には，

$$\varkappa=-\nabla\cdot\boldsymbol{n} \quad (3.3.15)$$

で与えられるが，この式の扱い方は，界面追跡の手法により異なってくる．以下にそれぞれの手法に適

した界面の平均曲率の計算手法について述べる．

1)　固定格子を用いた場合

i)　界面捕獲法を用いた場合：　この場合には，界面は，密度関数などを用いて，$\phi(x,y,z)=$ const. と表現される．したがって，界面における法線ベクトル $\boldsymbol{n}$ は，

$$\boldsymbol{n}=\frac{\nabla\phi}{|\nabla\phi|}$$

で与えられ，界面における平均曲率は，次式で与えられる．

$$\kappa=-\nabla\cdot\boldsymbol{n}=-\nabla\cdot\left(\frac{\nabla\phi}{|\nabla\phi|}\right) \quad (3.3.16)$$

2 次元の場合にその計算式を示すと次のようになる．

$$\kappa_{2D}=-\nabla\cdot\left(\frac{\nabla\phi}{|\nabla\phi|}\right)$$
$$=\frac{\left(\frac{\partial\phi}{\partial y}\right)^2\frac{\partial^2\phi}{\partial x^2}-2\frac{\partial\phi}{\partial x}\frac{\partial\phi}{\partial y}\frac{\partial^2\phi}{\partial x\partial y}+\left(\frac{\partial\phi}{\partial x}\right)^2\frac{\partial^2\phi}{\partial y^2}}{\left(\left(\frac{\partial\phi}{\partial x}\right)^2+\left(\frac{\partial\phi}{\partial y}\right)^2\right)^{3/2}}$$
$$(3.3.17)$$

ii)　界面追跡法を用いた場合：　界面捕獲法と同様の固定格子を用いた場合でも，界面追跡法の場合には，気液界面を，固定格子上をまたがる界面要素として陽に有しているため，その情報を用いて界面の曲率の計算が可能となる．また，Tryggvason の界面追跡法[7~9]などでは，気相と液相の判別をするためインディケーター関数が用いられており，これらを用いて，界面捕獲法と同様の計算式で界面の曲率を計算することも可能である．界面追跡法では，界面に接する方向に働く表面張力の合力として界面に垂直な方向の表面張力による応力を計算するのが，数値誤差が少ないといわれている．この場合には，界面の曲率を計算する必要はなく，界面要素の境界における接線（接平面）の方向を精度よく計算するのが重要となる．

2)　境界適合格子を用いた場合　この場合には，一般曲線座標系で，格子点群が $\boldsymbol{x}_G(\xi,\eta,\zeta)$ で与えられており，界面は，ある座標面に沿って，たとえば $\xi_S=$const. といった曲面上の離散的な点で，

$$\boldsymbol{x}_S=(x_S(\eta,\zeta),y_S(\eta,\zeta),z_S(\eta,\zeta)) \quad (3.3.18)$$

と与えられる．この場合，界面での法線ベクトル $\boldsymbol{n}=\boldsymbol{e}_\eta\times\boldsymbol{e}_\zeta$，（ここで，$\boldsymbol{e}_\eta\times\boldsymbol{e}_\zeta$ は，η 方向，ζ 方向の単位基底）を用いて，界面の平均曲率 κ は，次式で与えられる．

$$\kappa=\frac{G\cdot L+E\cdot N-2F\cdot M}{E\cdot G-F^2} \quad (3.3.19)$$

ここで，

$$E=\frac{\partial\boldsymbol{x}_S}{\partial\eta}\cdot\frac{\partial\boldsymbol{x}_S}{\partial\eta},\quad F=\frac{\partial\boldsymbol{x}_S}{\partial\eta}\cdot\frac{\partial\boldsymbol{x}_S}{\partial\zeta},$$
$$G=\frac{\partial\boldsymbol{x}_S}{\partial\zeta}\cdot\frac{\partial\boldsymbol{x}_S}{\partial\zeta},\quad L=\frac{\partial^2\boldsymbol{x}_S}{\partial\eta^2}\cdot\boldsymbol{n},\quad M=\frac{\partial^2\boldsymbol{x}_S}{\partial\eta\partial\zeta}\cdot\boldsymbol{n},$$
$$N=\frac{\partial^2\boldsymbol{x}_S}{\partial\zeta^2}\cdot\boldsymbol{n}$$

である．

3.3.3　固定矩形格子を用いた各種数値計算手法

相界面のシミュレーションに関して，固定された矩形格子を用いて有限差分（体積）法により数値計算を行う方法について，a. 界面捕獲法と，b. 界面追跡法とに分けて，より細かな説明を行う．

a.　界面捕獲法

まず，レベルセット法，密度関数法，VOF 法などを用いた場合に有効な基礎方程式の表記を行う．これらの手法では，あるスカラー関数（ϕ）を導入し，界面の位置を $\phi=c$（一定）の曲線によって与える．また，基礎方程式は固定格子上で離散化され，方程式中に界面の位置は陽に現れてこない．界面での応力の跳びを表す表面張力の項は，運動量保存式中に付加項として取り込まれる．混ざり合わない 2 種の流体において，非圧縮の条件のもと，表面張力係数（σ）を一定とすると基礎方程式は，次式で表される．

連続の式：
$$\nabla\cdot\boldsymbol{u}=0 \quad (3.3.20)$$

運動量保存式：

$$\frac{\partial\rho\boldsymbol{u}}{\partial t}+\nabla\cdot(\rho\boldsymbol{u}\boldsymbol{u})=-\nabla p+\rho\boldsymbol{g}+\nabla\cdot\mu(\nabla\boldsymbol{u}+{}^t\nabla\boldsymbol{u})$$
$$+\sigma\kappa\delta(\phi-c)\left(\frac{\nabla\phi}{|\nabla\phi|}\right) \quad (3.3.21)$$

また，密度や粘度の移流と関連して，次式で示される関数 ϕ の移流方程式が解かれる．

$$\frac{\partial\phi}{\partial t}+\nabla\cdot(\boldsymbol{u}\phi)=0 \quad (3.3.22)$$

ここでは，種々の界面捕獲法のうち，比較的最近開発された手法であり，多くの研究者に利用されているレベルセット法[4~6]についてさらに説明を行う．

レベルセット法：　レベルセット法では，界面を記述する指標として，界面からの距離を表す距離関数を用いる．多くの界面捕獲法では，界面を急峻な関数で表現するのに対し，この手法では，距離関数を用いることにより，関数の移流に伴う数値拡散の影響を小さくしている．ただし，レベルセット関数の距離関数としての特性は，時間進行とともに失われてしまう．したがって，レベルセット関数の距離関数としての特性を維持するために，各時間ステップごとに再初期化とよばれる過程を行う必要がある（図 3.21）．この過程は，他の界面捕獲法に比べ，計算手順を増やすこととなるが，密度関数の移流に伴う数値拡散の影響を小さくしたり，界面の曲率の計算精度を向上させるなど利点も多い．

レベルセット関数 ϕ の再初期化は，以下の過程で行われる．

ϕ の再初期化：

$$\frac{\partial\phi}{\partial\tau}=\frac{\phi_0}{\sqrt{\phi_0^2+\varepsilon^2}}(1-|\nabla\phi|) \quad (3.3.23)$$

再初期化[4]は，この式の定常解を各時間ステップごとに求めることによって行われる．この式の時間変数 τ は，物理的な時間ではなく，式（3.3.23）の定常解を計算するために導入された疑似時間である．式（3.3.23）の定常解が得られれば，$|\nabla\phi|=1$，すなわち ϕ が距離関数となっていることがわかる．

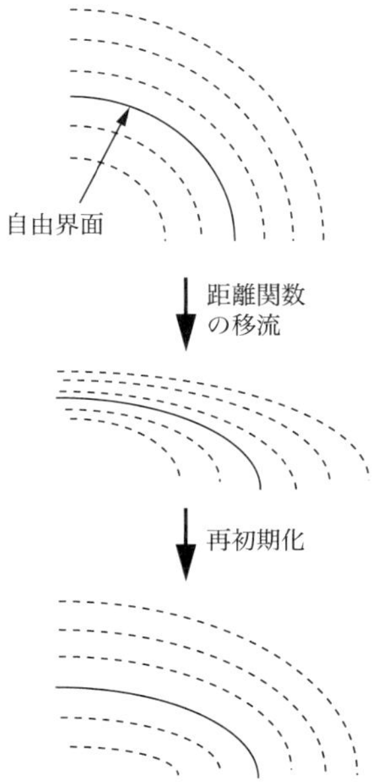

図 3.21　距離関数と再初期化

以上の再初期化により，レベルセット関数が距離関数であるという特性は保たれるが，時間進行とともに，数値誤差の蓄積から質量保存に対する誤差が無視できなくなる場合がある．この問題に対し，Chang ら[5]は，上記の再初期化の過程に加え，新たに初期面積（体積）への初期化を行うことにより質量保存の精度を上げている．また，Sussman ら[6]は，再初期化の過程で界面の微小な移動が起きないための改良を行っている．

以上の再初期化により計算された，レベルセット関数（ϕ）は，界面からの距離関数としての特徴をもつ．この ϕ を用いて，各格子点での密度や粘度，および運動量保存式中の表面張力による応力の項などを計算する．この際，δ 関数やステップ関数を格子スケールで鈍らせた次に示す近似超関数を用いて，各物理量の計算を行う．

$$\delta_\varepsilon(\phi)=\begin{cases}\dfrac{1}{2}\dfrac{1+\cos(\pi\phi/\varepsilon)}{\varepsilon} & |\phi|<\varepsilon\text{ のとき}\\ 0 & \text{それ以外のとき}\end{cases} \quad (3.3.24)$$

$$H_\varepsilon(\phi)=\begin{cases}0 & \phi<-\varepsilon\text{ のとき}\\ \dfrac{\phi+\varepsilon}{2\varepsilon}+\dfrac{\sin(\pi\phi/\varepsilon)}{2\pi} & |\phi|\le\varepsilon\text{ のとき}\\ 1 & \phi>\varepsilon\text{ のとき}\end{cases} \quad (3.3.25)$$

これらを用いて，密度および粘性は次のようになる．

$$\rho(\phi)=\rho_0(\phi)+(\rho_1-\rho_0)H_\varepsilon(\phi) \quad (3.3.26)$$

$$\mu(\phi)=\mu_0(\phi)+(\mu_1-\mu_0)H_\varepsilon(\phi) \quad (3.3.27)$$

また，式（3.3.21）の δ 関数の代わりに上に示した $\delta_\varepsilon(\phi)$ が用いられ，運動量方程式が離散化される．

b.　界面追跡法

Tryggvason の界面追跡法[7~9]では，界面を要素の張り合わせとして陽な形で有しているが，Tryggvason の界面追跡法の特徴は，さらにインディケーター関数と呼ばれる密度関数を利用して，界面における物性値や物理量を周囲の格子点に分配し，数値的安定を達成している点にある．この手法においてはインディケーター関数の値と界面の位置の関係は，以下のようになっている．

インディケーター関数は，通常の密度関数法と同様，2種類の流体でそれぞれ，0，1の値をとるステップ関数である．この手法では，インディケーター関数（$I(x)$）の勾配ベクトル $\boldsymbol{G}(\boldsymbol{x})$ を次式により計算する．

$$\boldsymbol{G}(\boldsymbol{x})=\nabla I=\sum_{l} D(\boldsymbol{x}-\boldsymbol{x}^{(l)})\,\boldsymbol{n}^{(l)}\Delta s^{(l)} \tag{3.3.28}$$

ここで，$D(\boldsymbol{x})$ は δ 関数を格子スケールで鈍らせた近似超関数，添字 l は界面要素の番号を表す添字である．さらに上の式の発散をとると，次式が得られる．

$$\nabla^2 I=\nabla\cdot\boldsymbol{G} \tag{3.3.29}$$

このポアソン方程式を数値的に解き，各格子点での $I(x)$ の値を求めることになる．さらにこの $I(x)$ の値を用いて，各格子点における密度および粘性は次式により決定する．

$$\rho(x)=\rho_0(x)+(\rho_1-\rho_0)I(x) \tag{3.3.30}$$

$$\mu(x)=\mu_0(x)+(\mu_1-\mu_0)I(x) \tag{3.3.31}$$

このように密度や粘性の決定方法は，密度関数法と同様となる．しかし，界面追跡法では，界面を陽に有しているため，界面の移流をラグランジュ的に行うことができ，数値粘性の導入が必要となる密度関数の移流方程式を解く必要がなくなる．以下にアルゴリズムの概要を示す．

アルゴリズム

①インディケーター関数に関するポアソン方程式を解き，密度場，粘度場を決定する．

②固定格子上で，ナビエ-ストークス方程式を離散化し，解く（表面張力の項は，ナビエ-ストークス方程式中に含まれる）．

③界面要素をラグランジュ的に移動させ，その後，要素の再構成を行う．

④以上，①～③の過程を時間進行させながら繰り返す．

この手法を用いて多数の気泡を含む乱流場の計算を行った例を図3.22に示す[13]．下降乱流中を上昇していく気泡群に対して，異なるボイド率（1.5%，3.0%，6.0%）に対して計算を行っている．いずれの場合も，本条件においては，気泡はほぼ球形を保ったままチャネル中央を上昇する傾向があり，ボイド率の増加とともに水平方向に気泡の並んだクラスター構造が弱く現れているのがわかる．変形する気泡・液滴を多数含む乱流場に対して直接数値計算が行われた例はきわめて少なく，計算が行われたほとんどの例が界面追跡法によるものである．

以上，固定格子を用いた場合には，界面捕獲法のレベルセット法においても，界面追跡法のTryggvasonの方法においても，平滑化デルタ関数

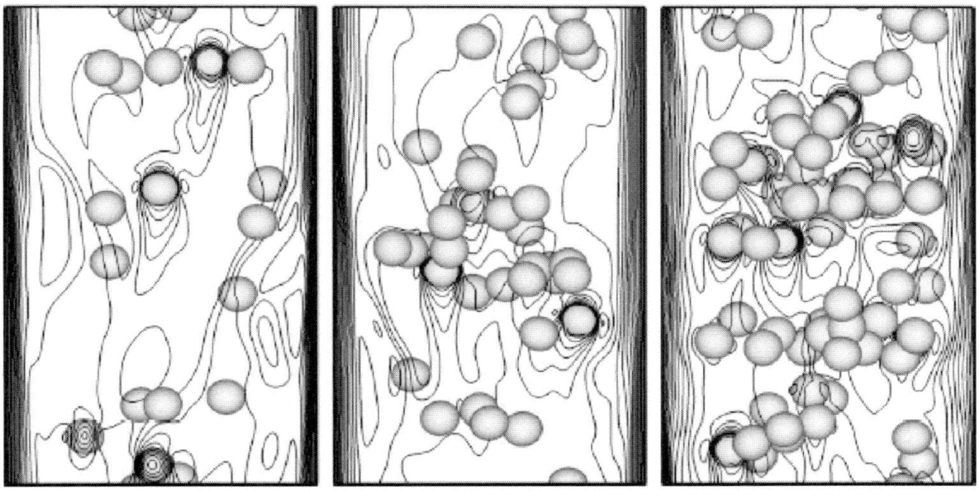

図 3.22 Tryggvasonの界面追跡法による下降乱流中を上昇する気泡群の数値計算結果[13]（左からボイド率1.5%，3.0%，6.0%の場合）

を用いて格子スケールで鈍らされた界面を扱うことにより計算の安定性を保っている．最近，これらの手法の延長上にある手法として，格子スケールで鈍らされた界面を求める際に界面における自由エネルギーの概念を導入したフェイズフィールド法[14]が話題となっている．また，レベルセット法の延長上にある手法としては，鈍らされた界面により計算精度が下がるのを避けるため，界面法線方向と接線方向に境界条件を分離し，仮想的な流れ場を解くゴースト流体法とよばれる手法も注目を集めている[15]．

［髙木 周］

文 献

1) F. H. Harlow, J. E. Welch : Phys. Fluids, **8**, 1965, 2182.
2) C. W. Hirt, B. D. Nichols : J. Comput. Phys., **39**, 1981, 201.
3) F. Xiao, T. Yabe : Proc. Int. Symp. Comp. Fluid Dyn., 1993, 337.
4) M. Sussman *et al.* : J. Comput. Phys, **114**, 1994, 146.
5) Y. C. Chang *et al.* : J. Comput. Phys, **124**, 1996, 449.
6) M. Sussman, P. Smereka : J. Fluid Mech, **341**, 1997, 269.
7) S. O. Unverdi, G. Tryggvason : J. Comput. Phys., **100**, 1992, 25.
8) A. Esmaeeli, G. Tryggvason : J. Fluid Mech, **314**, 1996, 315.
9) P.-W. Yu *et al.* : Phys. Fluids, **7**, 1995, 2608.
10) J. U. Brackbill *et al.* : J. Comput. Phys., **100**, 1992, 335.
11) N. Ashgriz, J. Y. Poo : J. Comput. Phys., **93**, 1991, 449.
12) B. Lafaurie *et al.* : J. Comput. Phys., **113**, 1994, 134.
13) I. Lu, G. Tryggvason : Phys. Fluids, **18**, 2006, 103302.
14) D. Jacqumin : J. Comput. Phys., **155**, 1999, 96.
15) S. Osher, R. Fedkiw : Level Set Methods and Dynamic Implicit Surfaces, Springer, 2003, 175.

3.4 圧縮性乱流のシミュレーション法

3.4.1 圧縮性乱流の特徴

圧縮性流れは，基本的に高速流れであることが多く，その結果として高いレイノルズ数となるため，必然的に工学的利用の場における流れの多くは乱流である．航空機やエンジン開発といった実利用において乱流状態を正しく予測することは大切な研究要素であるが，スケール効果，すなわちレイノルズ数に応じて流れがどのように変化するかを正しく予測することは大変難しい．主たる研究手段の一つは風洞試験であるが，そこではレイノルズ数を変化させることが容易ではないため，数値シミュレーション技術への期待は高い．1970 年代までの境界層方程式による物体付近の流れ予測に対して，1980 年代前半から，圧縮性流れシミュレーションの基礎方程式としてナビエ-ストークス方程式が一般に利用されるようになってから，剝離を含む複雑な流れを扱えるようになり，乱流の扱いについてのさまざまなモデル化の提案も含め活発な議論が行われるようになってきた．

一般に，乱流のシミュレーションにおける重要な要素は計算手法と乱流のモデル化であるという点では非圧縮流れの場合と変わらない．しかしながら，圧縮性流れ特有の顕著な現象として，衝撃波や接触面といった物理的な不連続の存在があり，その位置や強さ，さらに非定常流れではその移動速度などを正しくとらえることが圧縮性流れシミュレーションの基本要求要件となる．そのため，物理的な不連続をとらえることを意識した計算スキームや乱流のモデル化を考える必要がある．物体後流などを例に考えてみても，主流が音速以下では剝離渦がかなり大きな変動をみせるのに対して，主流が超音速になると一見して定常的な再循環領域が存在しているようにみえる．このようにある時間スケール，もしくは時間平均場で流れをみたときには不連続が存在しないような流れ場においても，短い時間スケールでみると，局時的な多数の不連続が存在していることに注意する必要がある．また，最近の研究成果は，こういった局時的な変動を意識した数値シミュレーションを行うことが平均場の正しい予測につながることを示している．

航空分野における翼周りの流れなどでは，形状が流線型であることが特徴であり，その結果，一般の機械系や土木系のシミュレーションよりも微妙な流れ変化が流体力学特性に大きな影響を与える．このことから，壁面での境界条件として壁法則などは利用されず，厳密は付着流れの境界条件が必ず利用されることに注意しておきたい．

以下では，圧縮性流体をシミュレーションするための基本的な計算法の概要と乱流のモデリング手法の二つの側面について述べる．

3.4.2 圧縮性乱流の計算手法

最初に空間の離散化手法について考える．一般に圧縮性流れの数値計算には，TVD 法に代表される高解像度風上法が利用される．80 年代から現在に至るまでシミュレーションの中心は，乱流モデルを利用した数値計算であり，そこでは一般には2次精度もしくは3次精度風上バイアスの手法[1~3]が多く利用されてきた．一方，コンピュータの性能向上に伴ってラージエディシミュレーション（large-eddy simulaton, LES）やLES手法に基づく音響の直接シミュレーションなどが普及しはじめてきたが，現在の計算機性能では依然として格子解像度の不足という問題を抱えている．結果として，これまでより，高い空間解像度や精度をもったシミュレーション手法に対する要求が高くなってきた．たとえば，少ないステンシル数で高次精度化が可能で，差分法でありながらスペクトル法に近い解像度を得ることができるコンパクト差分スキーム[4]や結合コンパクト法などがその代表例である．

コンパクト差分スキームは中心差分法的な線形なスキームであり，衝撃波などの不連続で数値的な振動を生ずるため，一般にはコンパクト差分スキームでは不連続をうまく処理できない．そのため，風上型不連続捕獲手法のうちで高次精度を維持できるENO（essentially non-oscillatory）法[5]，WENO（weighted essentially non-oscillatory）法[6]，非線形コンパクト差分スキーム[7]やWCNS（weighted compact nonlinear scheme）法[8]などの利用も試みられている．また，不連続の領域が特定できる場合，そこにだけTVD型の手法を用い，それ以外の領域ではコンパクト法を利用して解を接続するハイブリッド的な方法[9]なども利用されている．一方，近年では人口粘性を衝撃波近傍に局所的に加えることによって，コンパクト差分法を全領域で利用する手法も試みられている[9,10]

次に時間積分法について述べる．時間積分法については80年代後半から大きな変化はないので，文献2，3などの記載を参照されれば十分であろう．ただ，最近は時間変動流れを扱うことが多くなり，高速流特有の定常流れのシミュレーションから非定常流れを対象としたシミュレーションが増えてきた．時間平均を用いているため，理論的には整合性に問題が残ることを覚悟したうえで，実用上，レイノルズ平均ナビエ-ストークス（Reynolds-averaged Navier-Stokes, RANS）方程式を用い，適当な乱流モデルを組み合わせて行うシミュレーションがすでに広く利用されている．

乱流を扱う場合は，物体付近の物理量変化が層流問題に比べてさらに著しいため，時間陽解法を利用するのが困難となる．そのため，一般には時間陰解法が利用される．陰解法においては，時間積分幅を大きくとったときに時間的な変動に強い減衰が起こることが理論的にも示されており，それを避けるために時間刻み幅を陽解法なみに小さくとるか，時間反復解法を入れて，各瞬間で時間項を含んだナビエ-ストークス方程式への収束解を得ながら時間積分を進めていくというやり方が普及してきた．すなわち，陰解法を利用する場合でも，時間刻み幅はクーラン数1桁程度をとるか，上記の繰返し計算によって時間項を含んだ方程式への収束を維持しながら計算を進めることが必要である．繰返し数を減らした場合，精度を維持するための時間刻み幅を小さくとらなければならず，結局，ケースによっての判断となる．参考となる基準をつくることが望ましいが，一つの例として，翼のフラッター現象のシミュレーションにおける時間積分幅と反復回数に関する基準が文献10に示されている．

陽解法においても，マルチグリッド法などを利用することで計算効率を高める努力がなされており，陽解法と陰解法の優劣もみえなくなりつつある．また，90年代の数値計算法の分析から，陰解法は緩和的な手法の特殊な場合と理解できることが指摘されている．この意味で，陽解法と陰解法の境目も定かではなくなってきている．

3.4.3　圧縮性乱流のモデル化

a.　基本的な考え方

圧縮性流れのシミュレーションにおいても，非圧縮流れのシミュレーションにおける乱流現象のモデリングと同様な扱いが存在する．高速気流特有の密度変動という要素が加わるため基礎方程式の考え方に違いがあるが，結果として得られる式に対しては非圧縮流れと同様な扱いをすることが多く，流れの密度変動が大きく流れ場を変化させる極超音速流れや希薄流れを除いては，非圧縮流れに対して開発された手法を拡張利用することが多い．

b.　直接シミュレーション（DNS）

乱流現象のモデリングでは，現象のどのような側面に関心があるかといった研究者の判断によりモデリングの選択が行われる．現在のところ，図3.23

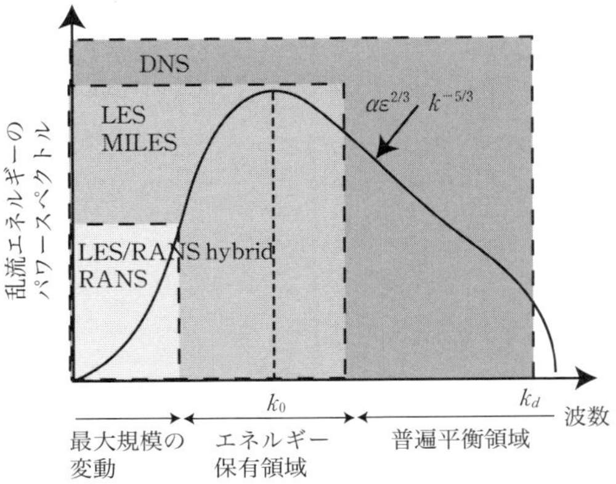

図 3.23　各乱流モデリング手法が直接計算する波数領域

にみられるように波数空間でどの波数までを直接取り扱うかによりさまざまな乱流のモデリング手法が存在する．最も直接的な手法は直接数値シミュレーション（direct numerical simulation, DNS）である．圧縮性乱流解析におけるDNSは圧縮性乱流を支配する連続，運動量，エネルギーの式で表されるナビエ-ストークス方程式を用いて，モデル化なしに乱流を最小渦スケールであるコルモゴロフのマイクロスケールまで詳細に直接数値シミュレーションし，乱流現象のすべてを数値的に再現する方法である．

DNSは物理量の時空間的な発展が計算対象であるので，任意の時刻および位置での平均物理量あるいは乱流統計量などの情報を得ることが可能となる．しかし乱れの最小スケールまで解像するDNSの性質上，3次元空間に必要な格子点数はレイノルズ数の9/4乗に比例して増大する．したがってDNSに必要な格子点数はわずか数万程度のレイノルズ数の流れでさえも膨大となり，最新のスーパーコンピュータを用いても解析可能な乱流は単純な流れ形態をもつ低レイノルズ数流れにかぎられている．以下に，典型的な流れ場として，境界層と剪断を伴う後流流れの二つに分けて，現状を示す．

圧縮性乱流境界層に対しては，すでにDNSによる数値実験[11]が行われており，DNSデータベースが存在する．これらのデータベースは乱流現象を理解するうえで最も基本的な情報であり，乱流モデルを評価する際にも有効に使われている．またDNSは衝撃波/境界層相互作用による剥離を伴う圧縮性乱流解析にも行われるようになってきている[12]．しかし計算機性能の限界により，解析対象は圧縮性乱流の特徴である高レイノルズ数流れではなく比較的低いレイノルズ数にかぎられているのが現状である．

物体後方に発達する圧縮性乱流ウエイクの乱流解析においても，最近，DNSによって円柱物体背後の圧縮性乱流ウエイクの解析[13]が行われている．しかし圧縮性乱流境界層解析の場合と同様に，計算機環境の限界から解析対象となる流れは数万程度のレイノルズ数にかぎられており，実用レベルのレイノルズ数条件下でDNS乱流解析は現在のところ困難である．

c.　レイノルズ平均ナビエ-ストークス方程式

一般的に圧縮性乱流の流れは高レイノルズ数になるので，DNSによる圧縮性乱流の実用解析は困難である．そこで圧縮性乱流の実用解析では式(3.4.1)のようにナビエ-ストークス方程式に密度加重平均（Favre平均）を用いて時間平均値と変動値に分解した時間平均ナビエ-ストークス方程式(RANS)がよく用いられる．

$$f=\tilde{f}+f^{11},\qquad \tilde{f}=\frac{\overline{\rho f}}{\bar{\rho}}\qquad(3.4.1)$$

ここで，$\tilde{f}$ は密度加重平均値，f^{11} は変動値を，そして $\overline{\rho f}$ および $\bar{\rho}$ はレイノルズ平均値（アンサンブル平均値，定常流では時間平均と一致）を表す．圧縮性乱流の平均化処理の際，密度加重平均を用いるのは圧縮性乱流の支配方程式に非圧縮性乱流で通常用いられるレイノルズ平均処理を施す際，密度変化に関する相関項が支配方程式中に現れるのを防ぐためである．このようにRANSは時間的な平均量のみを直接解き，乱流変動エネルギースペクトルのすべての成分をモデル化するため，乱流成分のすべてを直接格子で解像するDNSと比べて大幅な計算コストの削減が可能となり工学的実用問題に広く用いられている．しかし，すべての乱流成分をモデル化することから，RANSの乱流モデルは流れ場の形態や条件に大きく依存する．また解の乱流モデルへの依存度が大きいことからモデルの普遍性や流れの予測精度は限定される．とくに大規模剥離流れに対する予測精度が不十分であることは一般的によく知られている．

航空宇宙分野で，現在でも継続的に広く用いられているRANSの乱流モデルとして，Baldwin-

Lomaxモデル[14]とSpalart-Allmarasモデル[15]の二つがあげられる．Baldwin-Lomaxモデルは，1980年代前半に開発されたいわゆる代数モデル（0方程式モデル）で，境界層理論の延長線と後流への拡張によって，乱流渦粘性係数を壁からの距離と平均速度勾配によって評価するものである．考え方が単純で演算の負荷も少なく，数値計算上の安定性にも優れることからいまでも広く使われている．Spalart-Allmarasモデルは次元解析と経験則などをもとに構築された半経験的なモデルで，ナビエ-ストークス方程式と並行して，乱流渦粘性係数の輸送方程式を時間方向に解き進めていく．壁面からの距離を用いないので，非構造格子や直交格子系の計算法に有利なモデルでもある．

それ以外にも，低速流で開発された，1方程式，2方程式などのモデルの圧縮性流れへの拡張版や応力方程式モデルなども存在する．それらについては文献16を参照されたい．

基本的にRANSは剝離のない圧縮性乱流境界層の解析には有用である．実際，DNSやLESで解析が困難な高レイノルズ数流れとなる工学的実用問題に対して多く適用され成果をあげている．適切な遷移モデルを用いることにより，層流から乱流境界層への乱流遷移についても予測に成功している例[14]も存在する．しかしながら，乱流遷移を伴う流れや剝離を伴う衝撃波/境界層相互作用のような圧縮性乱流解析に対しては，RANSは適切な実験データに基づいたチューニングを行わないかぎりよい解を与えない．また，RANSでは用いる支配方程式の性質上，時間平均された情報のみが解析から得られることにも注意したい．

当然，RANSは古くから3次元物体形状の背後に発達する円柱物体背後の後流[17]やエアロスパイクノズル背後の後流[18]などに適用されてきた．しかし時間平均量のみを解析対象とし，乱れ成分のすべてをモデル化するRANSを用いると，高レイノルズ数となる圧縮性乱流の重要な流れの乱れ成分をモデル化に頼ることになるため，結果として得られる平均流の評価も十分な精度で行えない．e.で述べるように，乱流モデルを利用したRANSで物体後流領域をシミュレーションすると，そこに生ずる再循環は実験値よりも強く評価され，ベース面の圧力を低めに評価する傾向がある．

d. ラージエディシミュレーション

RANS手法とは異なり，乱れの低周波数成分（GS成分，grid-scale成分）は直接格子で解像し，普遍性が期待できる乱れの高周波数成分（SGS成分，subgrid-scale成分）をモデル化する乱流モデリング手法がラージエディシミュレーション（large-eddy simulation，LES）である．圧縮性乱流解析におけるLESでもRANS手法と同様にナビエ-ストークス方程式を粗視化するが，RANS手法との相違点は密度加重空間フィルタ（Favreフィルタ）を用いて乱れの低周波数成分であるGS成分と高周波数成分であるSGS成分に分解した空間平均ナビエ-ストークス方程式を用いる点である．LESでは，DNSにおけるナビエ-ストークス方程式の代わりに，粗視化されたGS成分の方程式を用いることで，必要な計算負荷をDNSに比べて緩和できる．また，GS成分を直接格子で解像するLESの性質から，RANSと比べ計算負荷は高くなるが，普遍性の期待できる小さな渦だけをモデル化し，流れ場の形態の影響を強く受ける大きな渦（低周波数の比較的エネルギーの大きい乱れ成分）は直接解くので流れの予測精度がよいことが期待できる．

LESは，DNSと比べ計算負荷が軽減されるとはいえ，依然として現在の計算機環境で3次元物体形状周りの高レイノルズ数流れを解析することは困難であり，近年になってようやく単純形状周りの実用的なレイノルズ数条件下の圧縮性乱流解析に用いられるようになってきたところである．LES手法と同様の解析手法としてマイルズ（monotone integrated large-eddy simulation, MILES）と呼ばれる手法も存在する．MILESは計算スキームからの数値粘性がSGS成分のモデル化の役割を果たすと考え，SGS成分のモデル化を陽的には行わない乱流モデリング手法である．

LESでも圧縮性乱流境界層解析[19]や衝撃波/境界層相互作用による剝離を伴う乱流境界層への遷移[20]などの解析に成功している．DNSとの相違点は，LESを用いた解析では圧縮性乱流として実用的な高レイノルズ数領域まで解析が進んできたことである．用いる支配方程式の性質上，時間変動成分とアンサンブル平均である時間平均成分の双方のデータを得ることが可能となり，より深い流れ場解析を行うことができる．

LESやMILESは実用的な数百万程度の高レイノルズ数条件下における円柱物体背後に発達する圧縮性乱流後流の解析[21,22]に適用されつつある．しかし，SpalartとBogueの予測にもあるように，現状の計算機性能では実用レベルのレイノルズ数条件下で3次元物体形状周りの流れ場を解析するのはいま一歩困難なのが現状である．

e. LES/RANSハイブリッド法

乱流モデルを利用したいわゆるRANSでは汎用的な利用に対して十分な信頼性がないこと，一方で汎用的で高い精度があると考えられるLESでは，計算機能力の面で困難さが残ることから，90年代からこの二つを組み合わせたLES/RANSハイブリッド法が開発され，優れた成果を生んできた．

航空宇宙分野の圧縮性乱流解析で広く利用されているデタッチドエディシミュレーション(detached-eddy simulation, DES)[23]はその一例である．DESはRANSのSpalart-Allmaras乱流モデル（S-Aモデル）[15]が壁面から離れた領域で自動的にLESのSGSモデル（スマゴリンスキーモデル[24]）のように変化する手法である．実際のS-Aモデルからの変更点はS-Aモデル中の長さスケールである壁からの距離dを$\tilde{d}$に変更するのみであり，S-Aモデルからの変更が容易なことが特徴で，広く工学的実用問題に適用され，とくに非構造格子法を用いた解析により，その有効性が確認されている．ここで$\tilde{d}$は式（3.4.2）のように定義され，C_{DES}はモデル定数，Δは格子幅を示す．

$$\tilde{d}=\min(d, C_{DES}\Delta), \qquad \Delta=\max(\Delta x, \Delta y, \Delta z) \tag{3.4.2}$$

一方，物体付近の領域ではRANSを，その外側の領域でLESを同時に用いた解法を行い，双方の解を接続するタイプのLES/RANSハイブリッド法[25,26]も提案され，一部の研究者に利用されている．この手法では，解の接続方法に自由度があり，たとえば文献25では直接的な解の接続を行っているのに対して文献26ではバッファ領域を設けることにより解を滑らかに接続している．実問題で優れた結果が得られている一方，接続方法や接続位置付近での空間解像度の影響など詳細についてはまだ十分な評価がなされていない．

これらのハイブリッド乱流モデリング法は，壁面付近においてのみRANSを適用し，それ以外の剥離域などを含む全体領域では乱れの低周波数成分を直接格子で解像できるLESを適用する手法であると要約できる．これによって，高レイノルズ数流れに起こる壁面付近での極度な計算コスト増を避けつつ，優れた予測精度が期待できる．結果として，比較的低い計算コストで，工学的実用レベルの圧縮性乱流解析を可能とする手法として期待されている．

LES/RANSハイブリッド法では，境界層内での乱流遷移はRANS手法でとらえる必要がある．当然，乱流遷移問題に対してモデルの普遍性には疑問が残る．また，境界層内に存在する乱流変動の詳細はとらえることができず，その予測精度には限界があると考えられる．一方で，これまでRANSシミュレーションでは正確な評価が困難であった，剥離を伴う衝撃波/境界層相互作用のように，剥離領域の大部分がLESによる解析を要求する場合に対してもLES/RANSハイブリッド法は有効であろうという期待がある．実際，翼面上に剥離泡が発生する翼周りの流れ解析[27]にLES/RANSハイブリッド法は成功している．現状では，まだ適用例が少なく，どのような圧縮性乱流が正しく予測できるかという点は，必要な格子解像度と合わせて，今後の研究を待たなければいけない．

次に，大規模な剥離流れへの適用について考えてみよう．3次元物体形状，たとえば，円柱物体後流やエアロスパイクノズル背後の後流域などをRANSで解析すると，図3.24にあるように再循環領域の流れが強くなり結果として工学上重要なベース抵抗を正確に予測できないのが現状である．この傾向は図3.25(b)に示されるようにRANSの乱流モデルを変えても変わらない[17]．これは時間・空間的に局在化した強い変動を直接とらえることが正しい時間平均流れを記述するためには必要となることを示唆していると考えられる．DESを含めいわゆるLES/RANSハイブリッド法は，大規模な剥離領域ではLES手法が適用されるため，物体剥離背後に発達する後流などのシミュレーションで優れた予測精度が期待される．実用的な高レイノルズ数条件下でも，図3.25に示されるような円柱物体背後の流れ解析[26,28]や円柱周りの流れ解析[29]にLES/RANSハイブリッド法は成功している．この場合においても，LES/RANSハイブリッド法はそのモ

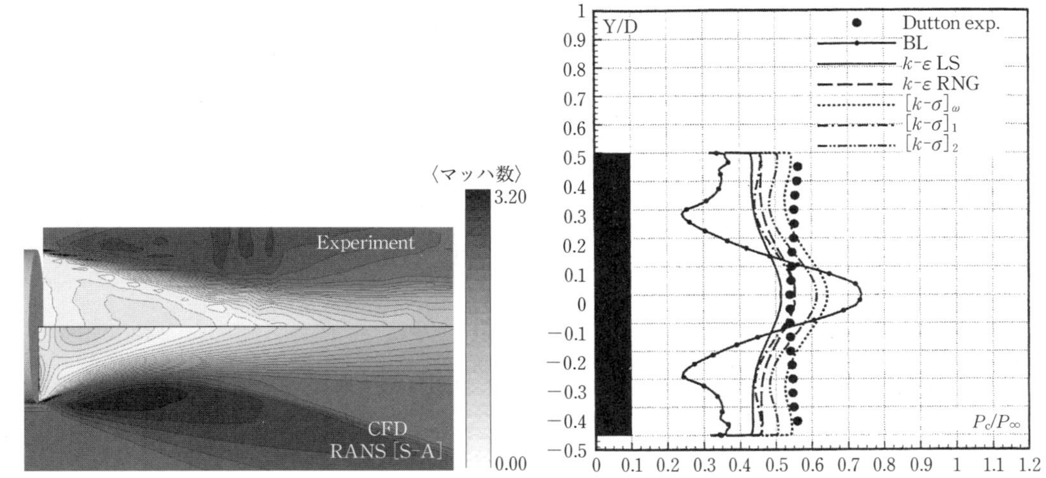

図 3.24　RANS 手法による超音速ベース流れの予測
(a) ベース部等マッハ線図[8]．(b) ベース面圧力分布[19]．

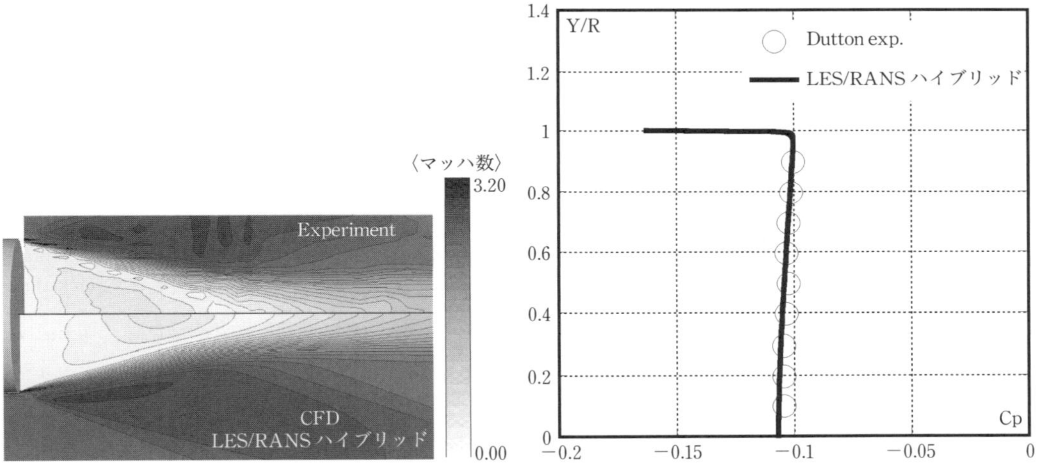

図 3.25　LES/RANS ハイブリッド手法による超音速ベース流れの予測[8]
(a) ベース部等マッハ線図．(b) ベース面圧力分布．

デリングの性質上，物体壁面に沿って発達する乱流境界層内の乱れ成分が剝離後のウエイクに与える影響は考慮できていない．これまでの成果は，RANS が適用される領域での流れの乱れ成分の欠如やモデリングの際の理論的な矛盾が解に大きな影響を与えていないことを示唆しているが，適用例はかぎられており，さらなる利用によって，この手法の特性や欠点を理解していくことが必要である．

Spalart と Bogue[30] は実用的なレイノルズ数条件下における圧縮性乱流解析として代表的な翼周りの流れ解析が可能になる各圧縮性乱流モデリング手法の時期を予想しており，RANS：1995, DES（LES/RANS ハイブリッド）：2000, LES：2045, DNS：2080 としている．実際，LES/RANS ハイブリッド法は，LES が実用レベルに達するまでの期間，広く利用されていくと予想されている．

圧縮性乱流のシミュレーション法の重要な要素の一つである乱流のモデリング手法は，今後局在化された時間・空間の変動をとらえるシミュレーションへと移行することで，より高い段階へと変化していくと期待される．実用問題への適用を考えた高レイノルズ数条件下での圧縮性乱流のシミュレーションは，LES が実用レベルになるまでの期間（Spalart

と Bogue によると 2045 年頃)，二つの方向で進むと想像される．実問題に対するパラメトリックスタディー的な多数のシミュレーションにおいては RANS の乱流モデルを課題ごとに工夫することがさらに進むであろう．一方で，精度が期待される個々の問題については，LES/RANS ハイブリッド乱流モデリングのさらなる工夫とその適用範囲の拡大が図られるであろう．圧縮性流体のシミュレーションにおいても，乱流の解析手法は，その実用化に向けて着実に前進しているといえる．

[藤井孝藏・河合宗司]

文　献

1) C. Hirsch: Numerical Computation of Internal and External Flows, John Wiley, 1997.
2) 藤井孝藏，嶋　英志：数値流体力学ハンドブック（小林敏雄ほか編)，東京大学出版会，2003.
3) 藤井孝藏：流体力学の数値計算法，東京大学出版会，1994.
4) K. S. Lele: J. Comput. Phys., **103**(1), 1992, 16-42.
5) C. W. Shu, S. Osher,: J. Comput. Phys, **77**(2), 1998, 439-471.
6) G. S. Jiang, C. W. Shu: J. Comput. Phys., **126**(1), 1996, 202-228.
7) X. Deng, H. Maekawa: J. Comput. Phys., **130**(1), 1997, 77-91.
8) X. Deng, H. Zhang: J. Comput. Phys., **165**(1), 2000, 22-44.
9) A. W. Cook: Phys. Fluids, **19**, 2007, 055103
10) S. Kawai, S. K. Lele: J. Comput. Phys., **227**(22), 2008, 9498-9526.
11) D. P. Rizzetta, M. R. Visbal: AIAA J., **40**(8), 2002, 1574-1581.
12) 寺島洋史，藤井孝藏：ISAS Research Note，No. 795, 2005.
13) N. Adams: Advances in DNS/LES, Greyden, Columbus, OH, 1997, 29-40.
14) A. A. Lawal, N. D. Sandham: Direct and Large-Eddy Simulation IV, Kluwer Academic Publishers, 2001, 301-310.
15) R. D. Sandberg, H. F. Fasel: AIAA Paper 2004-0593, 2004.
16) B. Baldwin, H. Lomax: AIAA Paper 78-257, 1978.
17) P. R. Spalart, S. R. Allmaras: AIAA Paper 92-0439, 1992.
18) 小林敏雄，加藤信介：数値流体力学シリーズ　乱流解析（数値流体力学編集委員会編)，東京大学出版会，1995.
19) R. Benay, P. Servel: AIAA J., **39**(3), 2001, 407-416.
20) R. Schwane *et al.*: AIAA Paper 2002-0585, 2002.
21) G. Urbin, D. Knight: AIAA J., **39**(7), 2001, 1288-1295.
22) S. Teramoto: Transactions of the Japan Society for Aeronautical and Space Sciences, **47**(158), 2005, 268-275.
23) C. Fureby *et al.*: AIAA Paper 99-0426, 1999.
24) A. R. Baurle *et al.*: AIAA J., **41**(8), 2003, 1463-1480.
25) P. R. Spalart *et al.*: Advances in DNS/LES, 1 st AFOSR International Conference on DNS/LES, Greyden Press, Columbus, OH, 1997.
26) J. Smagorinsky: Monthly Weather Review, **91**(3), 1963, 99-152.
27) J. N. Georgiadis *et al.*: AIAA J., **41**(2), 2003, 218-229.
28) S. Kawai, K. Fujii: AIAA J., **43**(6), 2005, 1265-1275.
29) S. Kawai, K. Fujii: AIAA J., **43**(5), 2005, 953-961.
30) J. R Forsythe *et al.*: J. Fluids Engin., **124** 2002, 911-923.
31) A. Travin *et al.*: Turbulence and Combustion, **63**, 1999, 293-313.
32) P. R. Spalart, R. D. Bogue: Aeronaut. J., **107**(1072), 2003, 322-329.

4

乱流の計測法

4.1 速度の計測

4.1.1 熱線流速計

乱流の速度場は時間的に変動する．したがって，乱流現象を解明するために速度変動を計測する必要がある．他の流体計測手法に比べて，熱線流速計は乱流場のほぼ完全な時系列データを得られるという点で乱流計測上最も有用な計測器の一つである．熱線流速計では，センサとして直径 1〜5 μm，長さ 1〜3 mm 程度の金属細線（白金，タングステン）を用い，それを流れのなかにおいて，電流によりジュール加熱する．そして，センサから強制対流によって奪われる熱量が流速に依存することを利用して速度変動を測定する手法である．

これまでに，加熱金属線からの熱伝達[1]，抵抗線の熱慣性の補償法[2]，フライングホットワイヤの使用[3]，渦度の直接計測[4] や多チャネルプローブ[5] を用いた空間計測や条件付計測などの種々な工夫が施されてきた[6~8]．最近では，MEMS 技術[9] なども応用されている．

a. 動作原理

熱線流速計には定電流型（図 4.1）と定温度型（図 4.2）の 2 種類がある．定電流型は定電流回路を用いて熱線に一定の電流を加えて加熱する方式であり，ホイートストンブリッジを用いて流速変化に伴う熱線の抵抗の変化を検出する．周囲気流による強制冷却により熱線抵抗が変化し，ブリッジ内に発生する不平衡電圧を差動アンプで増幅し流速を測定する．ブリッジ内の可変抵抗 R_3 により加熱電流を変化させ，熱線の加熱比

$$\alpha=\frac{R_{\rm w}-R_{\rm a}}{R_{\rm a}} \qquad (4.1.1)$$

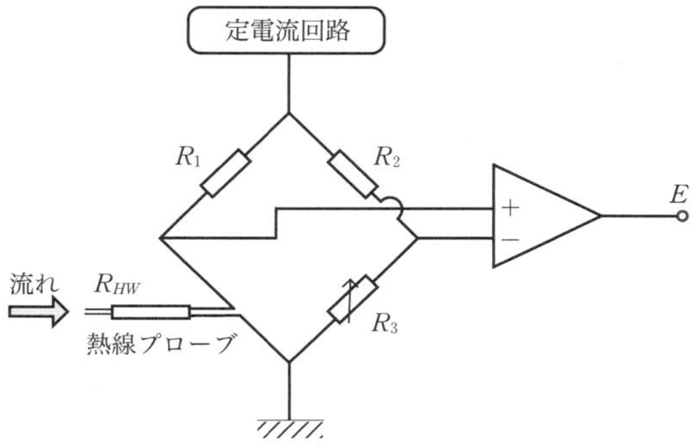

図 4.1　定電流型熱線流速計の構成

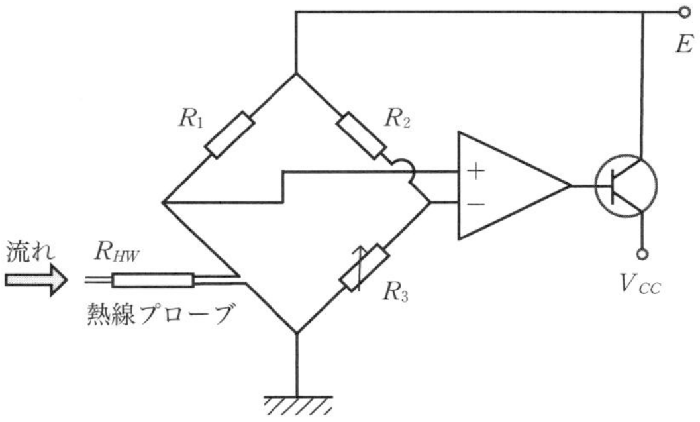

図 4.2　定温度型熱線流速計の構成

を調整する．ここで，$R_{\rm w}$ は加熱時の抵抗値，$R_{\rm a}$ は非加熱時の抵抗値である．加熱比を大きくするほど感度はよくなるが，寿命の問題もあり，$\alpha<2$ 程度で用いられる．

定電流型熱線流速計は，①回路構成が簡単であること，②電気的ノイズを小さくできること，③加熱電流を小さくした場合，流速感度に対して温度感度が増大するため，抵抗線温度計（4.3 節参照）として使用可能などの特徴をもつ．しかし，周波数応答性が低いこと，熱線の出力電圧と流速の関数の直線化が困難なことなどが欠点としてあげられる．

定温度型は，負帰還回路を用いて加熱電流を制御しつねに熱線温度を一定に保つ方式である．流速変化に伴う熱線抵抗の変化によって生じるブリッジ内の不平衡電圧を，数百～数千倍に増幅する差動アンプを介してブリッジへ供給電圧として負帰還させ，熱線温度（抵抗）を一定に保持する．このとき，流速は負帰還電圧 E として検出され，線形化器（linearizer）を通すことによって流速 U に比例する出力 E_{out} が得られる．

定温度型流速計では，①熱的時定数が等価的に 0 となり，高周波成分まで測れること，②出力信号の直線化が容易であり，流速が直接計測できることなどの長所をもち，一般的に用いられる．一方，定電流型に比べると，回路構成が複雑になり，電気的ノイズも大きくなりやすいといった欠点をもつ．以後，主として，定温度型熱線流速計について説明する．

b.　熱線流速計の線形化器

気流中で，十分に長く 2 次元性の良好な熱線の発熱量と放熱量の平衡状態は次式で与えられる．

$$2\pi r_w h(T_w - T_a) - I^2 R_w = 0 \quad (4.1.2)$$

ここで，r_w，R_w，h は熱線の半径，単位長さあたりの電気抵抗値，熱線表面の熱伝達率である．また，T_w，T_a は熱線温度，気流温度であり，熱線表面のヌセルト数 $Nu_f = 2r_w h/\lambda$ には以下に述べる実験式などを用いる．最も一般的な負帰還電圧 E と流速 U の関係は，

$$E^2 = BU^n + C \quad (4.1.3)$$

で与えられ，ここで，B，C は定数である．一般的には，King の式[10]が用いられ，この場合，$n=0.5$ であり，さらに信頼性が高いとされる Collis-Williams の実験式[1]を式（4.1.2）に代入した場合，$n=0.45$ となる．このように，E と U は比例関係にはなく，次式のように流速に比例した出力 E_{out} として熱線からの出力 E から求められる．すなわち，

$$U = E_{out} = \{B_0(E^2 - C_0)\}^{1/n} \quad (4.1.4)$$

ここで，定数 B_0 は利得，C_0 は零点調整に相当し，較正実験により決定される．上式を実現する演算回路を線形化器と呼ぶ（図 4.3）．アナログ演算器を用いた場合，回路はやや繁雑になるという欠点はあるが，安価で精度がよく，時系列の流速信号がリアルタイムでみられるといった長所をもつ．現在は高性能で比較的安価な A/D 変換器が入手可能であり，熱線出力 E を A/D 変換してコンピュータに取り込み，線形演算を行う方法も用いられている．

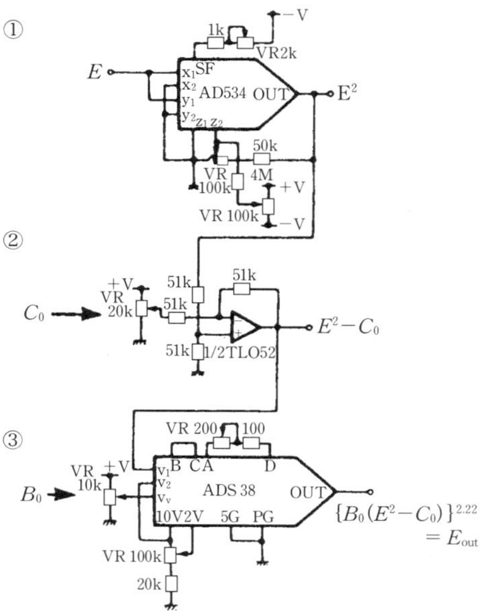

図 4.3　直線化を行うアナログ回路の一例

c.　熱線流速計の較正

熱線流速計で計測する前には必ず較正を行い，流速 U と熱線流速計の出力電圧 E_{out} の線形関係を補償する必要がある．手順は次のとおりである．①低乱れの較正用風洞を用いて，ピトー管などで測定した流速を基準に，使用する流速範囲内で B_0，C_0 を調整し，風速の直線性や零点の決定を行う．②利得や零点の調整は気流温度，熱線抵抗，加熱比などにより変化する．なお，熱線は速度感度より温度感度が大きいため，計測中に気流温度が変化した場合，再較正を行う必要がある．

流速と較正した線形化器の出力電圧の関係（1 m/s-0.5 V になるように較正）を図 4.4 に示す．低速側と高速側で測定値が理想的な点線からずれている．低速側のずれは，熱線の放熱による自然対流の発生が原因であり，高速側でのずれは風圧で熱線がたわむことなどが原因であるとされている[7]．King の式では広い流速範囲にわたって直線性を保てない場合があり，以下に示すようなさまざまな補正式が提案されている．

$$0 \sim 3\ \mathrm{m/s}: E^2 = A_D + B_D U^n$$

$$(n, A_D, B_D: \text{流速によって変化})^{11)} \quad (4.1.5)$$

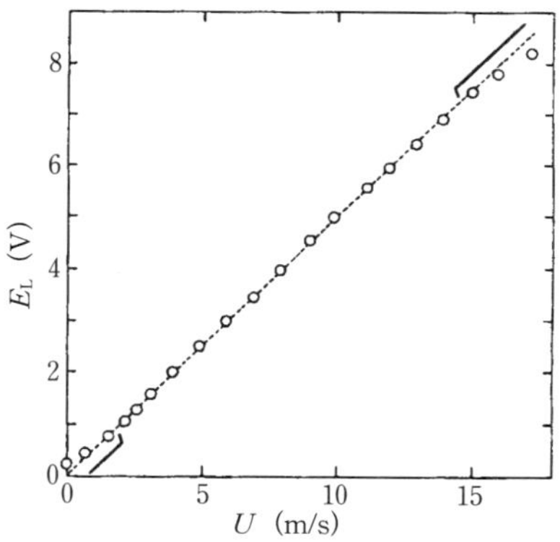

図 4.4 直線化された熱線の出力と流速の関係

5～60 m/s：$E^2=a+bU^{0.5}+cU$
(Bruun の式)[12] (4.1.6)

2～120 m/s：$E^2=BU_K{}^{0.5}+C$,
$U=U_K(1+\varepsilon U_K{}^m)$, $m=1.5$ (4.1.7)
(Nishioka と Asai の式，U_K：King の式から求めた流速)[13]

d. 熱線プローブ

熱線流速計で使用されるプローブ（図 4.5）は，直径 1～5 μm の Pt 線や W 線からなる熱線，ピアノ線や縫い針などの支持針（プロング），さらに，それらを固定するため，セラミック，アクリル，ガラスエポキシなど絶縁物を使用した支持部により構成されている．通常のプローブは市販されているが，複雑なものは使用目的によって自作される．熱線とプロングとの接合には，電気溶接による手法やハンダづけする手法などがある．また，金属細線を銀で被覆してあるウォラストン線も使用される．このとき，センサ部は硝酸などによって被覆を溶かして用いる．

熱線プローブは，用途によりさまざまな形式のものが工夫がなされている．

① I プローブ：熱線と直角方向（1 方向）の流速を測定できる．一般用（図 4.5(a)），および，境界層内の流れ場を乱さないように支持部を曲げてある境界層用 I プローブ（図 4.5(b)）がある．

② X(V) プローブ（図 4.5(c), (d)）：一般的には，主流に対して±45° に傾けた 2 本の熱線を組み合わせたものであり，流れ方向および直角方向の流速（u, v）を同時に測定できる．また，レイノルズ応力 $-\overline{uv}$ を求めることができる．

③ 3 次元プローブ[14]（図 4.5(e)）：主流に対して異なる傾きを有する熱線を 3 本組み合わせたものであり，3 方向の流速成分（u, v, w）を同時に測定できる[15]．

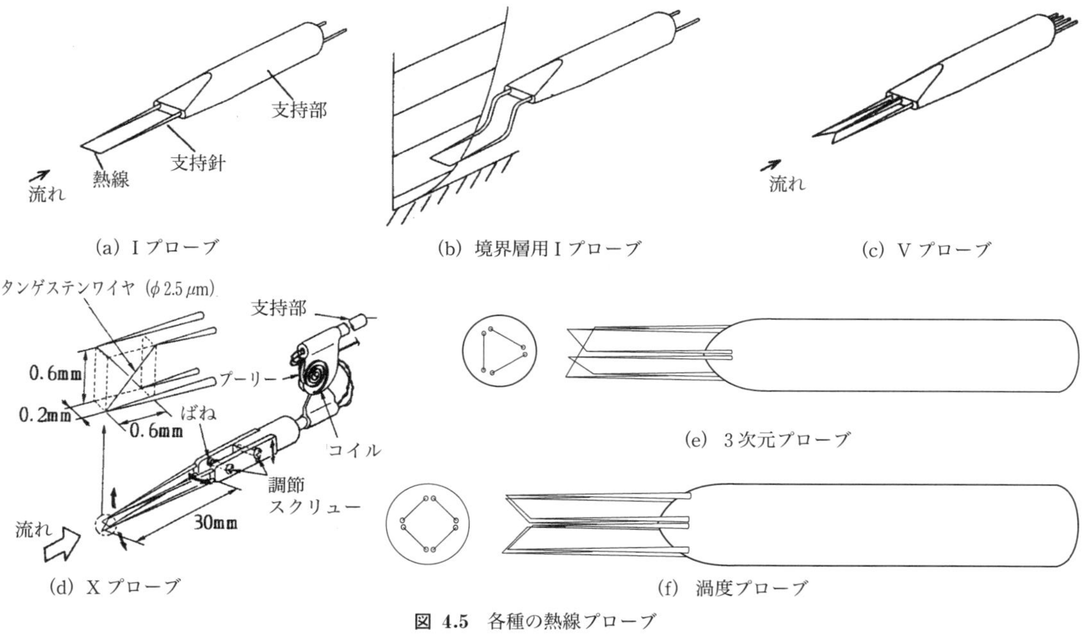

(a) I プローブ　(b) 境界層用 I プローブ　(c) V プローブ　(d) X プローブ　(e) 3 次元プローブ　(f) 渦度プローブ

図 4.5 各種の熱線プローブ

④渦度プローブ：二つのVプローブや3次元プローブ（図4.5(f)）を組み合わせ，速度場の微分を求めることにより，渦度 $\omega=\mathrm{rot}\boldsymbol{v}$ を算出できる．

e. 特殊な熱線プローブの使用法

近年，乱流場の空間情報や渦度の空間微分など，高次の統計量が要求される．そのため，複数のIプローブやXプローブで構成される多チャネルプローブ[16]が用いられる．たとえば，138本のIプローブを束ねた多チャネルプローブ[17]により流れ場の空間的構造の解析が行われている．

一般に，熱線はその原理上，逆流を計測することができない．このような場合，熱線プローブを移動させて，流速よりも十分に速い一定な速度を与え，それに条件付抽出法を応用してデータ処理を行うフライングホットワイヤ（図4.6）が用いられ，たとえば，円柱背後の逆流域の計測などが行われている[3]．

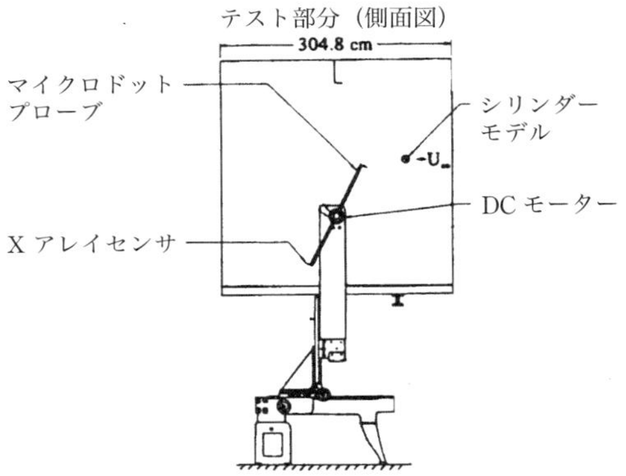

図 4.6　フライングホットワイヤ[3]

f. 使用上の留意点

1) 熱線形状　熱線の空間分解能は，形状や大きさによって決定され，計測したい流体現象のスケールよりも熱線が十分に小さいことが必要である[18]．しかし，熱線のアスペクト比（熱線の長さと直径の比 l/d）が小さすぎると，熱線両端から支持針への熱伝導のため，熱線の温度分布の2次元性が崩れ，風速の感度特性が劣化する[19]（図4.7）．一般に，白金線では，少なくとも l/d が200，W線の場合にはそれ以上値が必要とされている[20]．たとえば，乱流中の最小渦スケール（コルモゴロフスケール η）を0.5 mmとすると，熱線長さは0.5 mm，

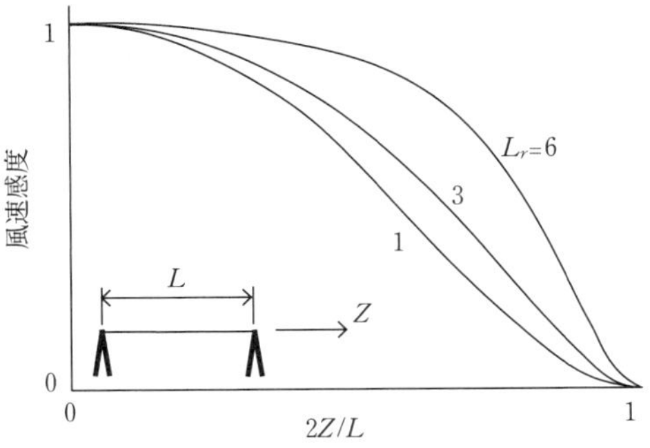

図 4.7　熱線各部の感度[19]
$L_r=(L/2)\sqrt{h/\kappa}$，h：単位長さあたりの熱伝達係数，κ：長さ方向の熱伝導係数．

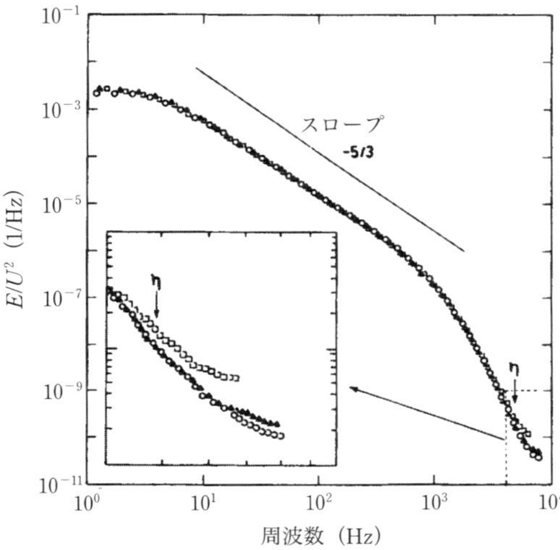

図 4.8　線径が異なる場合のエネルギースペクトルの違い（$\lambda/d=300$，加熱比1.6）
○：1 μm，▲：2.5 μm，□：5 μm．

線径で2.5 μm以下となる．さらに，熱線長さに関して，$l<6\,\eta$[21]や，境界層中でスパン方向におかれた場合，$l<20v/u_{\mathrm{k}}$（$u_{\mathrm{k}}=\sqrt{\tau_0/\rho}$：摩擦速度）[18]などの目安が与えられている．図4.8は，乱流中で熱線径を変えたときの速度変動のスペクトルであるが，アスペクト比や加熱比が一定の条件下でも，熱線径による違いがスペクトル分布に生じている．すなわち，DC～3 kHz程度までは線径による違いはないが，線径5 μmの熱線では乱流場の最小渦スケールであるコルモゴロフスケール（$\eta\fallingdotseq 0.22$ mm）以上の高周波領域の小さい渦がとらえられていない．

2) プローブの線間距離　多線式のプローブでは，各熱線で流速の検出位置が異なるので，線間距離以下のスケールをもつ微小な渦をとらえることができない．壁面に近づくと，この影響が無視できないので注意が必要である[22]．熱線どうしが接近しすぎると熱的干渉を起こし，正確な測定値が得られない．熱的干渉を起こさない線間距離はほぼ 100 d 以上とされ，その範囲で熱線をできるだけ接近させる必要がある．また，熱線間に大きな平均速度勾配が存在すると誤差を生じる．速度勾配による誤差をなくす手段として，三線式Xプローブ（図 4.9[23]）を使用する方法がある．このプローブは速度勾配の方向に3本の熱線を配置し，上下2線の平均と中央の1線とで演算することにより平均速度勾配の影響を最小限に抑えている．また，固体壁面のきわめて近傍における計測にも注意が必要である．

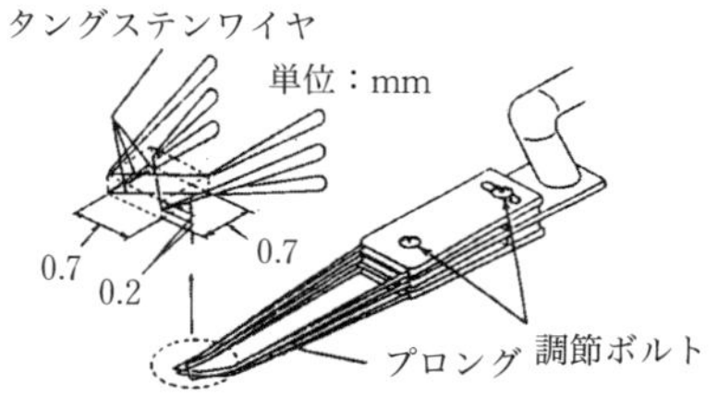

図 4.9 三線式Xプローブ[22]

3） プローブ各部の形状　プロングやサポートが流れを乱す場合がある．とくに壁面近傍で熱線を用いる場合など，プローブやサポートが乱れを発生させることの影響は大きい．また，Xプローブなどでは，支持針の後流が他方の熱線に影響を及ぼすことがある．そのためプローブやサポートをできるだけ細くする必要があるが，サポートをトラス構造にしたり，トラバース装置との接続部にゴムを挿入するなど，剛性の低下による振動や変形が生じないように注意が必要である．

4） 乱れが強い場での使用上の注意　熱線流速計の計測値は，乱れの強さ自体によって影響を受ける．乱れ強度 $\sqrt{\overline{u^2}}/U$ が 10％ 程度以下の場合，補正の割合は U，u，v に関していずれも ±1％ 未満とされるが，乱れ強度が大きい場合はかなりの誤差を含む．そのような乱流場では，熱線が，法線方向速度成分に加えて接線方向速度成分も感知するようになるため，線形性が崩れ，測定値が真の速度が違ってくる[20]．主流（U）方向と熱線の垂線とがつくる角度を α とすると，熱線の感度 U_e は

$$U_e^2(\alpha) = U^2(\cos^2\alpha + \varkappa^2\sin^2\alpha)$$

で示される[24]．$\varkappa$ は接線方向速度成分の影響を示す係数であり，通常 $\varkappa=0.1\sim0.2$ である．乱れ強度の影響に対する補正法は，Guitton[25]，Kawallら[26]，長野ら[27] などにより提案されている．図 4.10 は，乱れ強度 $\sqrt{\overline{u^2}}/U$ に対して補正の割合（ε_U, ε_u, ε_v：平均流速，主流方向および直角方向速度変動成分の誤差）を示したもので，長野らの方法に基づいて強い乱流場中で検定した例である．$\sqrt{\overline{u^2}}/U$ が 10％ から 40％ へ変化する間に，$\sqrt{\overline{v^2}}/\sqrt{\overline{u^2}}$ が 0.48 から 0.77 へ変化している．

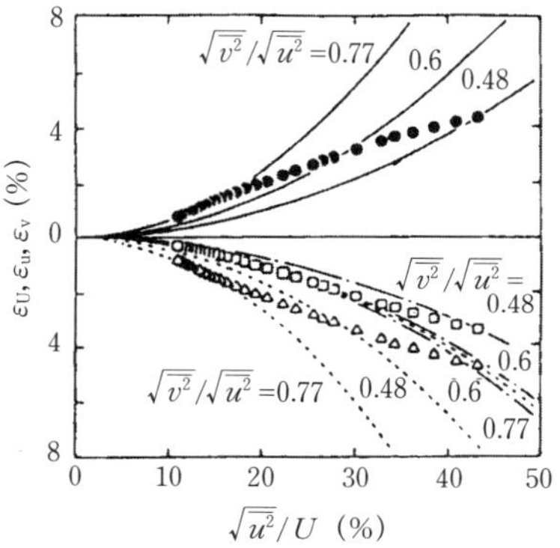

図 4.10 乱れ強度による補正の違い
実験結果；（κ=0.13），●：ε_U，□：ε_u，△：ε_r.
長野・田川[26]；（κ=0.13），——：ε_U，
－－－：ε_u，⋯⋯：ε_r.

5） 熱線の汚れ　熱線の汚れは，熱線の感度などを著しく劣化させる．アルコールなどを用いて汚れを除去し，金属表面を露出しておく必要がある．また，長時間使用した熱線は劣化しやすいので，注意が必要である．

6） 電気的ノイズ対策

熱線流速計の出力信号に電気的ノイズが乗ると，S/N 比が悪化し，微小変動を得られなくなる．その対策として，流速計の回路で使用する電気部品を極力減らし，かつ，良質なものを用いること，熱線の加熱比 a を十分（a=1.5～2）にとって感度を向上させることなどがある．ただし，加熱比を大きくとりすぎると，熱線の劣化を招き寿命が短くなる．リード線抵抗を小さくすること，電気シールド性の良好なコードを使用すること，アースのとり方に注意することなどがあげられる．　**［蒔田秀治］**

文　　献

1) D. C. Collis, M. J. Williams: J. Fluid Mech., **6**, 1959, 357.
2) H. L. Dryden, A. M. Kuethe: NACA Tech. Report, 320, 1929.
3) B. Cantwell, D. Coles: J. Fluid Mech., **136**, 1983, 321-374.
4) P. Vukoslavcevic *et al.*: J. Fluid Mech., **228**, 1991, 25-51.
5) A. Seifert *et al.*: J. Eng. Math., **28** 1994, 43-54.
6) 谷　一郎ほか：流体力学実験法，岩波書店，1977，170-198.
7) A. E. Perry: Hot-Wire Anemometry, Oxford Univ. Press. 1982.
8) H. H. Bruun: Hot-wire Anemometry, Oxford Univ. Press, 1995.
9) A. Naguib *et al.*: ASME FED, 248-2, 2000, 639.
10) L. V. King: Phil. Trans. Roy. Soc. London, **214A**, 1914, 373-432.
11) I. K. Tsanis: Dantec Information, 04, 1987, 13.
12) H. H. Bruun: J. Fluid Mech., **76** 1976, 145.
13) M. Nishioka, M. Asai: J. Fluid Mech., **190**, 1988, 113.
14) I. C. Lekakis *et al.*: Exp. in Fluids, **7**, 1989, 228-240.
15) 辻　俊博，長野靖尚：ながれ，**18**，1999，191-198.
16) 蒔田秀治，西沢：日本機械学会論文集 B 編，**67**(661)，2001，2259.
17) J. H. Citriniti, W. K. George: J. Fluid Mech., **418**, 2000, 137.
18) A. V. Johansson, P. H. Alfredsson: J. Fluid Mech., **137**, 1983, 409.
19) 坂尾：流れ，**9**，1990，53.
20) J. O. Hinze: Turbulence, McGraw-Hill, 1975.
21) J. C. Wyngaard: J. Phys. E., **1**, 1968, 1105.
22) Y. Suzuki, N. Kasagi: Exp. Therm. Fluid Sci., **5**(1) 1992, 69.
23) 蒔田秀治ほか：日本機械学会論文集（B 編），**55**(511)，1989，606.
24) F. H. Champagne *et al.*: J. Fluid Mech., **28**, 1967, 153.
25) D. E. Guitton: C. A. S. I. Trans., **7**(2), 1974, 69
26) J. G. Kawall *et al.*: J. Fluid Mech., **133**, 1983, 83.
27) 長野靖尚，田川正人：日本機械学会論文集（B 編），**54**(503)，1988，1642.

4.1.2　レーザ流速計

光学的な速度計測法の一つとしてレーザ流速計(laser Doppler velocimetry, LDV) がよく用いられる．この手法は1964年に Yeh と Cummins[1] によって発表された論文を機に，その後，種々の開発がなされ，現在では複数のメーカーにより市販の計測器として実用に供されており，この計測法に関する資料も多数出版されている[2~6]．LDV の特徴としては，i) 流体が透過性であれば，非接触で測定でき流れ場を乱さない，ii) 周波数シフト装置を用いることで逆流の測定が可能，iii) 流速とドップラー信号の関係は光学系により決定されるので校正が不要，iv) 空間分解能が高く（数十 μm），広範囲の流速（数千 m/s）の測定が可能である．以上の利点に反して，従来，光学系の調整の複雑さなどの問題があったが，近年では光ファイバや高感度の半導体素子，さらに半導体レーザを用い，パッケージングされたシステムが開発されており，比較的容易に測定ができるようになっている．その他の問題としては，適切なトレーサ粒子の添加がある．ドップラー信号を得るために必要な，ある程度の大きさ（数 μm）の散乱粒子の均一な添加が測定の信頼性に大きな影響を与える．以下に，LDV の基礎（光学系および信号処理）とトレーサ粒子の必要事項，さらに乱流諸量に対する解析法について概説する．

a.　光学系

レーザ流速計の光学系の概略を図 4.11 に示す．光源であるレーザには，He-Ne や Ar-Ion などのガスレーザが用いられていたが，最近では，半導体の赤色レーザや小型の YAG レーザも用いられるようになった．レーザ光はビームスプリッタで 2 本の等強度の平行ビームに分割され，収束レンズにより一点に集光される．逆流を測定するための周波数シフト装置はその直前に片方のレーザ光に装着される．2 本のビームの交差角を 2θ，レーザ光の波長を λ，流体の速度を U とすると，得られる散乱光のドップラー周波数 f_D は $f_D=2U\sin\theta/\lambda$ で与えられる．したがって交差角を精度よく測定しておけば流速が得られることになる．前述の関係式は，周波数シフトを用いない場合であるが，このドップラー周波数にあらかじめ決まった周波数 f_D を与えておくと，受光系で観測される信号は f_D と f_B が加わったものとなる．これにより，f_B の周波数が零流速として測定ができ，正負両方向の速度の測定が可能となる．f_B はブラグセルに与える周波数（40～80 MHz）をミキシングダウンして設定する．一般には正方向の最大速度の 2 倍程度のシフトを与えればよい．

受光系をレーザ光の反対側（正面）におく場合を前方散乱型，集光レンズとビームスプリッタの間におく場合を後方散乱型と呼ぶ．散乱強度は前方のほうが後方より 2 桁以上強いので，低出力のレーザでも良好な信号が得られるが，二つの観測窓が必要になる．後方散乱型は光学系を一つにまとめることが

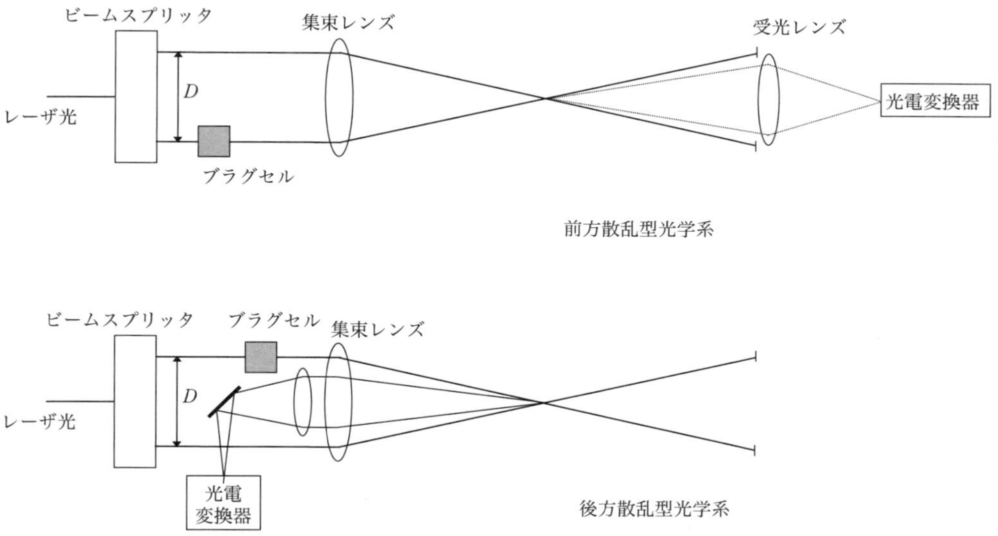

図 4.11 レーザ流速計の光学系

でき，最近では光ファイバを用いたプローブ型のものも市販されるようになった．

b. LDV の測定体積

レーザ光束の断面の強度分布は TEM 00 モードである場合にはガウス分布をしている．そこで，集束レンズの前での光束径を e^{-2} の部分で定義し，その径を D とするとき，図 4.12 に示されるような回転楕円体になる．その大きさは，レーザの波長を λ，レンズの焦点距離を f とすると，

$$\Delta X=\frac{4\lambda f}{\pi D},\quad \Delta Y=\frac{\Delta X}{\cos\theta},\quad \Delta Z=\frac{\Delta X}{\sin\theta}$$

実際のシステムでは，集束レンズ前の光束が平行光でなく，ビーム系の広がりなどが生じていると，レンズで集光した際に，ビームの交差点とビームウエスト（いちばん細くなっている部分）は一致せず，等強度の測定体積が形成されない場合がある．このような場合には信号が劣化し，測定精度の低下の一因となる．

測定体積からの散乱信号の一例を図 4.13 に示す．ここで干渉縞と同程度の大きさの粒子（2～3 μm）が測定体積中心を通過した場合には，(i) に示すようなペデスタル信号が得られる．同じ通過位置でも，粒径が大きくなると信号も (ii) のように，低周波成分が浮き上がったような形状になる．また，粒子が測定体積の端を通過すると，(iii) に示すような高周波のドップラー成分が中心のみに存在する

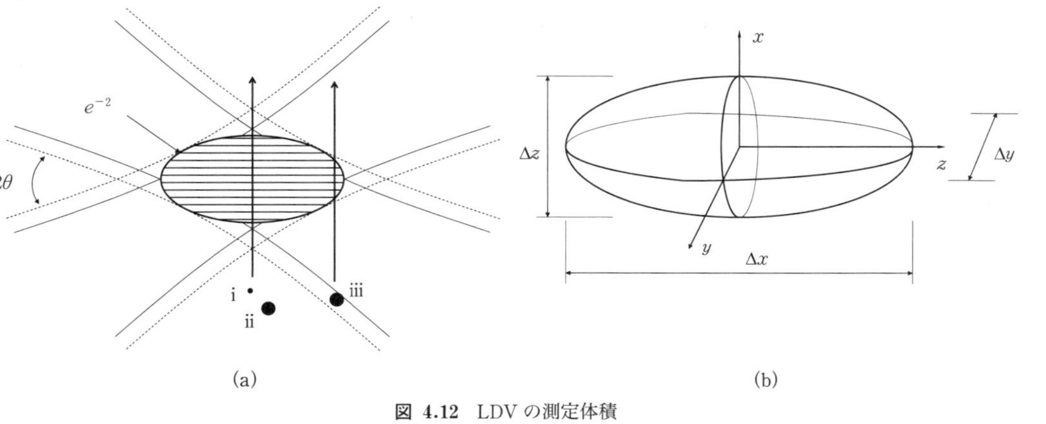

図 4.12 LDV の測定体積

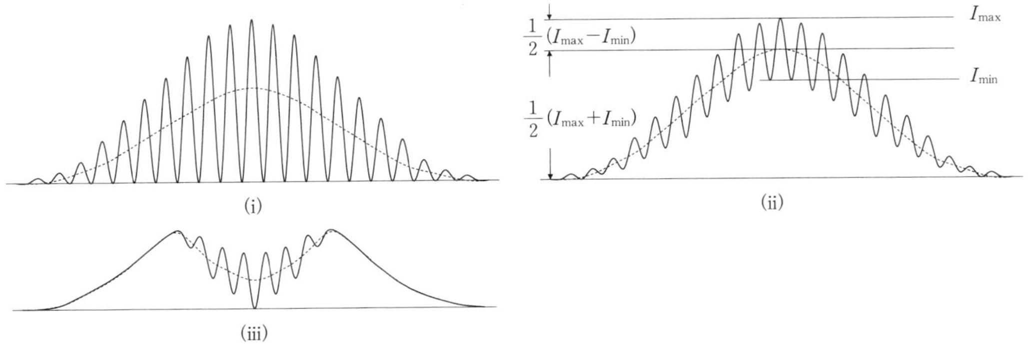

図 4.13 トレーサ粒子からの出力信号例 (i), (ii), (iii) は図 4.12(a)に対応.

信号となる．いずれにせよ，高周波成分のドップラー信号は前述の関係式で速度と一対一に対応しているが，質のよい信号を得ることが信頼性につながる．すなわち，バンドパスフィルタにより適切な閾値を設定したり，個々の信号の S/N 比を評価してデータを収録するとよい．後者の方法は，FFT 法を基本にした信号処理器で可能である．

c. トレーサ粒子の必要事項

レーザ流速計では，浮遊する微細な粒子の散乱信号よりその速度を算出するため，粒子が流体の速度に十分追従していることが前提となる．おもなトレーサ粒子については文献 4～6 に詳細があるが，留意点としては，変動成分に関しても十分追従性が確保されているか，定量の供給が可能であるか（時間的な変動は乱れの測定誤差を誘発する），人体に無害か，などを考慮しなくてはならない．これらの粒子の運動は，小径なのでストークスの抵抗則を仮定し，単一の球形粒子の運動方程式（BBO 方程式）により評価される．一般には，空気などの気体で数十 m/s 程度の流れでは，アトマイザ（噴霧器）により導入されるオイル（シリコンオイルやサラダオイルなど）微小滴を用いる．この際の粒径は 2～3 μm である．燃焼場などには 1 μm 程度の酸化チタンやアルミナの金属粒子が用いられる．また水など液体では，比重が 1 に近い，ポリスチレンやナイロン粒子が用いられる．

d. 信号処理法

図 4.14 に代表的な信号処理の流れを示す．フォトマルチプライヤなどで構成された受光器から，前述の信号が出力され，ミキサによって，所望の周波数シフトを行い，信号処理器に送られる．ここでは，代表的な処理法である，トラッカ，カウンタおよび FFT による方法について概説する．

1) 周波数トラッカ[4,6] トレーサ粒子が比較的均一に分散できる液体流の計測において用いられる．測定原理としては，入力信号と内部発信器信号を混合して，両者の差がなくなるようにし，内部発信器の周波数に対応するアナログ値を出力する．したがって，内部発信器の動作範囲とその追従性の範囲で測定が可能であり，乱れが極度に大きい場合には追従できない場合がある．また，トレーサ粒子がとぎれた場合には信号の入力がなくなり，アナログ出力もドロップアウトしてしまう．

2) 周波数カウンタ（周期計測） ドップラー

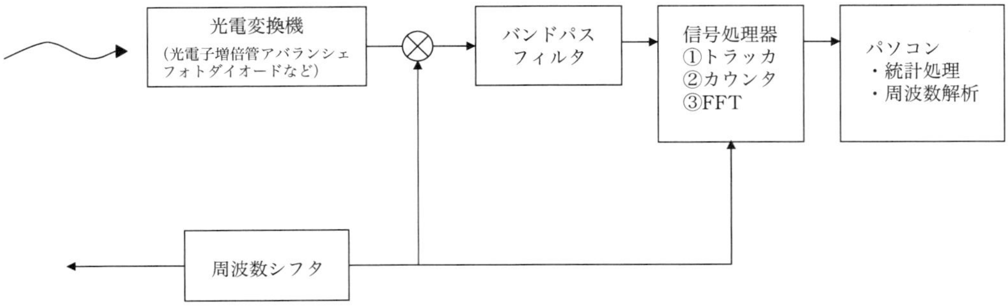

図 4.14 信号処理の流れ

信号の n (8〜16) 周期の時間間隔を基準クロック (0.5〜1 GHz) で計測し，その周期から周波数を求める方法．周期計測はデジタル処理であるので，デジタルデータとしてパソコンに送られる．ドップラー信号の入力に対応して処理されるので，トラッカなどのようなドロップアウトなどの問題はないが，信号のS/N比がよくないと，周期計測のゲート作成時に誤動作を起こす．これを避けるために，異なる周期 (8と5など) の結果を比較して，許容範囲ならば出力するなどの方法がとられる．

3) FFTによる方法 1980年代までには前述のトラッカやカウンタタイプの信号処理が用いられてきたが，その後のデジタル技術の進展に伴い，高速のA/D変換が可能になり，数十MHz程度のドップラー信号を直接デジタルデータとして収録することが可能となってきた．そこで開発された方法が，FFT (高速フーリエ変換) を用いて周波数スペクトルドメインで解析するものである．バーストスペクトラルアナライザ (burst spectoral analyser) とも呼ばれ，市販されている．特徴は，一つのドップラー信号をすべてデジタルで収録し，そのなかからS/N比のよい部分のデータを選択することが可能である．すなわち，FFTで得られる周波数スペクトルの最大値とその他との比によりS/Nが評価できる．このようなデータは一度メモリに収録すればパソコンで処理できるが，高データレートの実時間処理は難しい．これを解決すべく，専用のハードウェアでFFT処理を行い，実時間処理を可能にしている．出力信号は信号処理したことを示す同期信号，ドップラー周波数，データの時間間隔であり，パソコン内で平均値，乱れ強さ，流の周波数解析が行われる．

e. 乱流データの解析

一般に乱流場にエルゴード性があるとすると，離散データから平均値と乱れの評価をすることができる．平均値を求めるには数千個のデータが必要である．また，速度の変動の確率密度がほぼ正規分布をしていると仮定すると，分散 σ の3倍の領域に99.7%のデータが存在することになる．この性質を利用して，不確定に入ってきた不良データを棄却する．変動速度のRMS値は，分散 σ と同等であるので，この3-σ 法による棄却検定を収束するまで繰り返す．

f. 不等間隔データの周波数解析

LDVのデータは，基本的には流体中のトレーサ粒子からの散乱信号を処理して得られるもので，時系列データであるものの，その時間間隔は一定ではない．出力信号が連続的なアナログ信号である場合 (熱線流速計などは一例) には，一定の時間間隔でA/D (アナログ-デジタル) 変換を行い，高速フーリエ解析 (FFT) などを用いることが一般的である．しかしながら，LDVの時系列データは，図4.15に示すように，時間間隔が一定ではないためFFTアルゴリズムを直接適用することはできない．LDVの信号処理器に入ってきた信号はその都度処理され，速度のデータとデータの時間間隔が出力される．このような場合，Blackman-Tukey法[7]を用いてスペクトルを推定する．この際，収録された

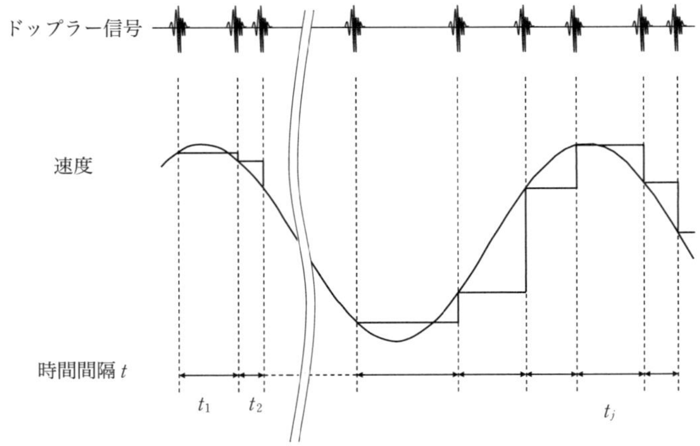

図 4.15 LDVからの信号出力例
時間間隔が等間隔ではないことに注意．

データの時間間隔の最大値は，ナイキスト周波数の条件を満たしていることが条件となる．すなわち，(i) 速度の変動成分に対して自己相関係数を求める，ただし，時間間隔が一定ではないのでその都度ごとに時間間隔を計算する．(ii) その時間間隔の相関値を積算して，相関係数を求める．(iii) その相関係数を有限離散コサイン変換をしてスペクトルを求める．

ここで重要なことは，解析しようとする周波数範囲と，得られている信号のデータレートをあらかじめ見極めておくことである．とくに高周波数域では，対応する時間間隔で信号が存在するか否かの確認が重要である．

g. 2方向速度計測と相関データの処理

レーザ光の波長ごとにLDVの測定体積を作成し，それぞれの速度の測定が可能である．この2成分の速度測定には，多波長同時発信のAr-Ionレーザの488 nmと514.5 nmの2波長の光束を用いて，図4.16に示すような送光系を設定する．(a) はそれぞれの波長に2本の平行ビームを垂直交差させたもの，(b) は上部のビームは2波長を混合したものを用いて488 nmと514.5 nmと干渉させて同様の垂直方向の二つの測定体積を形成させる．受光系は光学フィルタを介してそれぞれの波長に対して設置する．

2方向計測の際の注意事項としては，光学系の測定座標系と測定対象の座標との一致を確認することである．仮に1/100度程度の座標系の相違が存在しても，主流方向の速度成分がその垂直成分に影響を与える．さらにレイノルズ応力の評価をする際には，二つの信号の同時性（コインシデンス）がきわめて重要である．これは，処理された信号が同一の散乱粒子からのものか否かを判断するものである．同時性は，乱流の最小時間スケールより小さい時間内で認められればよい．コインシデンスが良好に作動している場合には，図4.17(a) のような，u-v

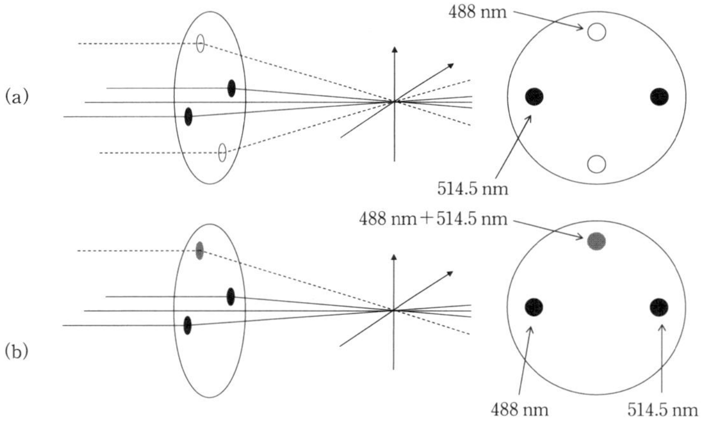

図 4.16　2成分測定用LDVの光学系

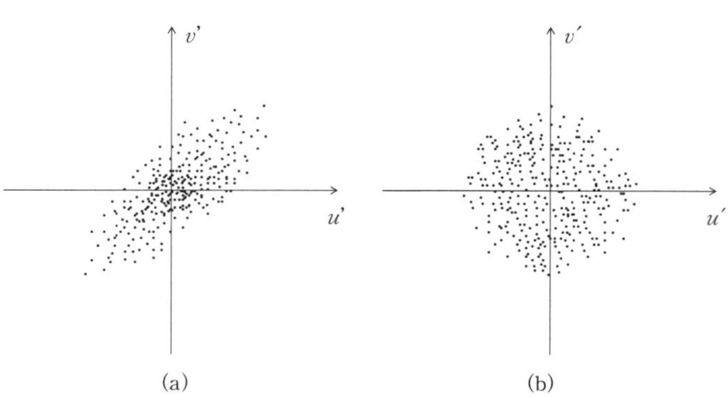

図 4.17　u，v の変動速度相関図

の変動相関が現れるが，コインシデンスがとれていない場合には (b) に示すように無相関になり，実際と異なる値を示すことになる．

コインシデンスがとれていない場合でも u，v のそれぞれの変動値（RMS 値）の変化はほとんどない場合が多い．これは図 4.17 の相関の各点が，X と Y 軸に投影されるものを考えると，(a) も (b) も相違はなくなる．したがって乱れの測定結果からだけでレイノルズ応力の評価をするのは危険である．さらに，不良データの棄却に関しては，3-σ 法を用いるなどが行われているが，2 方向同時測定の場合には u，v の平面で 2 次元的な棄却検定を行う必要がある．　［菱田公一］

文　献

1) Y. Yeh, H. Z. Cummins : Appl. Phys. Lett., **4**(10), 1964, 176.
2) 技術資料「流体計測法」，日本機械学会，1985.
3) 笠木伸英ほか（編）：流体実験ハンドブック，朝倉書店，1997.
4) 流れの計測懇談会（編）：LDV の基礎と応用，日刊工業新聞社，1980.
5) F. Dust *et al.*: Principles and Practice of Laser-Doppler Anemometry, Academic Press, 1976.
6) H. E.Albrecht *et al.*: Laser Doppler and Phase Doppler Measurements techniques, Springer, 2003.
7) 日野幹雄：スペクトル解析，朝倉書店，1977.

4.1.3 壁面剪断応力測定

壁面近傍の乱れの生成や摩擦抵抗に関連する乱流中の組織的構造と壁面剪断応力の変動とは，強い相関をもつことが知られていることから，壁面剪断応力測定はその構造の研究的側面だけではなく，壁乱流を制御するための情報としての役割も期待されている[1]．さらに，乱流構造の解析や壁乱流の制御を考えると，時間平均値だけでなく壁面剪断応力の変動成分も測定可能となるようなセンサの需要が高まっている．空間分解能に優れ，かつ高い周波数応答を有するセンサが要求され，近年，半導体製造技術に立体構造加工技術を付加した MEMS (micro electro mechanical systems) を利用したセンサが注目されている[2,3]．壁面剪断応力測定には多くの方法が提案，開発されてきている．それらは壁面の一部を周囲から切り離した浮動要素片に加わる力を測定する直接測定法（フローティングエレメント，floating element）と，流体力学や伝熱学の相似則を用いたり，物質や熱などのトレーサを用いたりする間接測定法とに大きく分類できる．間接測定法には運動量バランス法[4]，対数法則に基づくクラウザー線図法，プレストン管に代表される障害物を利用した方法，熱伝達を用いる熱膜法，トレーサ法[5]，壁面近傍の速度勾配を求める光学計測法や超音波流速分布法などがある．

a. フローティングエレメント

壁面から切り離された浮動要素片に働く剪断応力を直接計測する方法である．この方法は流れ場や流体の性質に依存しないため信頼性の高い測定法として用いられている．しかし，構造が複雑になること，浮動要素片と壁面には構造上隙間が存在し壁面が不連続となること，壁面剪断応力の値自体がきわめて微小なことから使用上の注意点も多い[6]．

壁面剪断応力 τ_w は次式で与えられる．

$$\tau_w = \frac{F}{A} \qquad (4.1.8)$$

ここで，F は浮動要素片に加わる接線力，A は浮動要素片の面積である．接線力を求める方法としては，弾性体で支持された浮動要素片の変位をばねの歪量，静電容量，光学的手法などを用いて測定する変位法と，変位センサからの信号に基づき磁力やサーボモータを利用し変位を 0 に保持する零点法とがある．壁面剪断応力を受ける浮動要素片は直径 60 mm の円形状[6]から，近年では，MEMS 技術で製作された縦横 1280 μm×400 μm，厚さ 10 μm のシリコン製の極微小浮動要素片（図 4.18）と光学的手法を用い，線形測定範囲が 6.2 mPa～1.3 Pa，1 次共振周波数が 1.7 kHz という性能をもつセンサ[7]も実現している．

図 4.18　極微小浮動要素片[7]

b. クラウザー線図[4)]

この方法は壁法則に立脚した方法で，対数法則に壁面剪断応力 $\tau_w = C_f(1/2)\rho U^2$ と摩擦速度 $u_\tau = \sqrt{\tau_w/\rho}$ の関係を代入して書き換えた式を利用する．

$$\frac{u}{U}\sqrt{\frac{2}{C_f}}=\frac{1}{\varkappa}\ln\left(\frac{yU}{v}\sqrt{\frac{C_f}{2}}\right)+C \qquad (4.1.9)$$

ここで，カルマン定数 $\varkappa=0.41$ および定数 $C=5.0$ が採用されている．図 4.19 に示すように，摩擦係数 C_f をパラメータとしたクラウザー（Clauser）線図をあらかじめ用意し，実測した壁面速度分布をこの線図上にプロットする．そのなかで最も一致する曲線の摩擦係数 C_f が求める値となり，壁面剪断応力を算出することができる．

c. プレストン管[8)]

プレストン（Preston）管は円形または長方形のピトー管を壁面上に設置し，この障害物による全圧と壁面静圧の差，つまり動圧 ΔP とその点の壁面剪断応力 τ_w との関係を利用するものである．そのとき，壁法則の成立を前提とすると次の式が得られる．

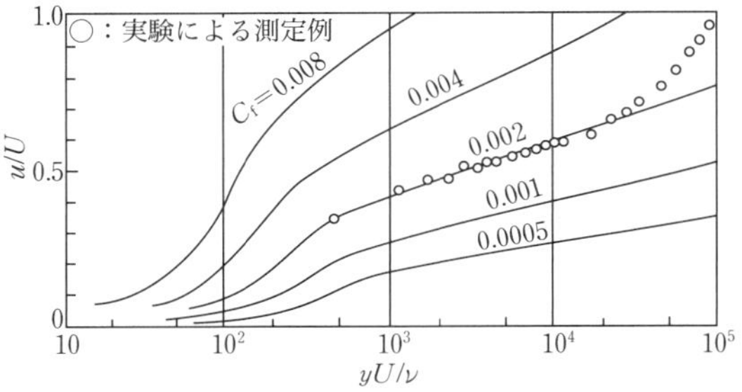

図 4.19 クラウザー線図の例[4)]

$$\frac{\tau_w d^2}{4\rho\nu^2}=G\left(\frac{\Delta P d^2}{4\rho\nu^2}\right) \qquad (4.1.10)$$

ここで，d はプレストン管の外径，関数 G の形は円管流あるいは 2 次元チャネル流を利用し，圧力勾配から壁面剪断応力を測定することで較正曲線が得られる．与えられた流れ場において，ΔP を測定することにより較正曲線を利用して壁面剪断応力が決まる．標準的な較正曲線として Patel[9)] の関係が知られている．

d. 熱伝達

この方法は平板乱流境界層において，壁近傍で対数法則が成立するとともに摩擦係数が熱伝達率の無次元数であるスタントン数に比例することから，壁面剪断応力を伝熱量から間接的に求めるものである．熱膜センサの例を図 4.20 に示す．基板のダイアフラム上に白金やニッケルなどの金属，あるいはポリシリコンなどの半導体の熱膜センサが形成される．一般にこのセンサはホイートストンブリッジの一部を形成し，熱膜から流体への伝熱量に応じて，熱膜の温度を一定に保つように電流が供給される．熱膜で発生するジュール熱 Q は流体と周囲基板とに伝熱される．流れが定常で層流，また，流れ方向の圧力勾配が無視できる場合，壁面剪断応力 τ_w と伝熱量 Q の関係は次のようになる．

$$Q=C_1\tau_w^n+C_2 \qquad (4.1.11)$$

ここで，C_1，n は熱膜から流体への熱伝達の状態により決まる定数であり，C_2 は流れに無関係な周囲基板への熱伝導による熱損失を表している．また，n は 1/3 となることが知られているが，非定常な流れではこの関係が成立しないことが指摘されており[10)]，既知の流れにより較正曲線を得ることが肝

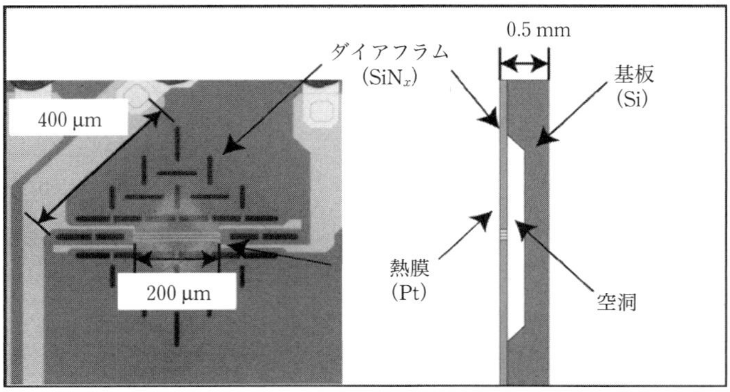

図 4.20 マイクロ熱膜壁面剪断応力センサ[1)]

要である．

最近では，面情報を得るためにMEMS技術を用いて熱膜部分の面積をより小さくして壁面に多数のセンサ群を形成するとともに，高い周波数応答性を実現するために発熱部周囲のダイアフラム下を真空空洞[11]にしたり，ダイアフラムに熱絶縁のための多数のスリット[12]を形成する工夫も施されている．なお，1チャネルの熱膜センサとしてはDANTEC社製55 R 47などが市販されている．

e. 物質伝達

物質拡散と壁面剪断応力の相関を利用した方法は，物質移動量が熱流束の場合と同様に剪断応力の1/3乗に比例するので，壁面近傍の特定物質の濃度を計測することにより壁面剪断応力を求める方法である．物質移動量を求める方法として電解溶液内の電気化学反応[13]がある．壁面上の拡散による物質輸送の境界層厚さが直線速度勾配の底層内であり，準定常な現象にかぎられる場合，物質伝達係数Kと速度勾配Sには

$$K = C_3 S^{1/3} \tag{4.1.12}$$

という関係が解析から導かれる．ここで，C_3はカソードの寸法と流れ方向との角度，拡散係数から定まる定数である．また，物質伝達係数Kと電気化学反応による電流Iには

$$K = \frac{I}{AFC_B} \tag{4.1.13}$$

という関係が導かれている．ここで，Aは電極の表面積，Fはファラデー定数，C_Bは電解液の濃度である．物質伝達係数Kの測定から速度勾配Sを求め，$\tau_w = \mu S$に基づき剪断応力を決定する．この方法は原理上時間変動量の測定も可能で，また，センサとなるカソード形状により壁面剪断応力の流れ方向成分とスパン方向成分の測定も可能である．具体例として，水酸化ナトリウム溶液にフェリシアン化物を混入した研究が示されている[14]．

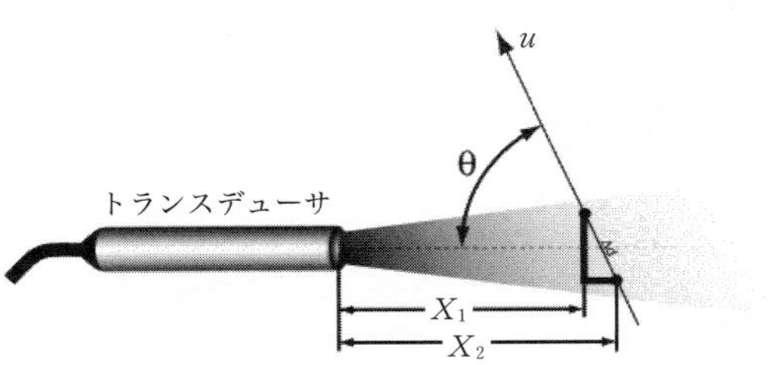

図 4.21 超音波ビームと流れの関係(Signal Processing SA)

f. 超音波流速分布

ドップラー効果を利用した超音波流速分布計測は超音波パルスを発射し，流れに追従する微粒子のエコーから速度分布を求める計測法である．図4.21に示すようなトランスデューサから発射される超音波ビームと角度θをなす流れに対して，ビーム上に計測地点がn個あり，i番目の計測地点をX_iとする．超音波パルスを発信し，X_iに存在する微粒子からのエコーを受信するまでの時間をt_i，音速をC_aとする．パルスが流れの変動スケールより微小な時間間隔Tで連続発信されると，その微粒子群は移動し，エコー受信に時間遅れΔt_iが生じる場合の流速は

$$u_i = \frac{\Delta X_i}{T\cos\theta} = \frac{C_a \Delta t_i}{2T\cos\theta} \tag{4.1.14}$$

で表されるので1次元1方向の速度分布計測が可能となる．壁面から超音波ビームを発射し微粒子からのエコーを受信することにより壁面近傍の速度勾配を測定し，壁面剪断応力を求める[15]ことができる．なお，Signal-Processing SA社製DOP 2000などが市販されている．

g. 光学計測

光学計測法であるLGM(laser gradient meter)[16]の原理は，LDVと同様，レーザ光の干渉により空間に形成される検査体積を通過した微粒子からの散乱光を利用するものである．図4.22のようにレーザ光が隣接するスリットを通過すると，平面波の回折効果によりスリット背後に円筒波面が広がり，両者が干渉し放射状に広がる不等間隔干渉縞が形成される．そして，流れに追従する微粒子からの散乱光の周波数f_dは次のように表される，

$$f_d = \frac{u(y)}{d(y)} = \frac{ay + o(y^2)}{\lambda y/S} \cong \frac{S}{\lambda} a \tag{4.1.15}$$

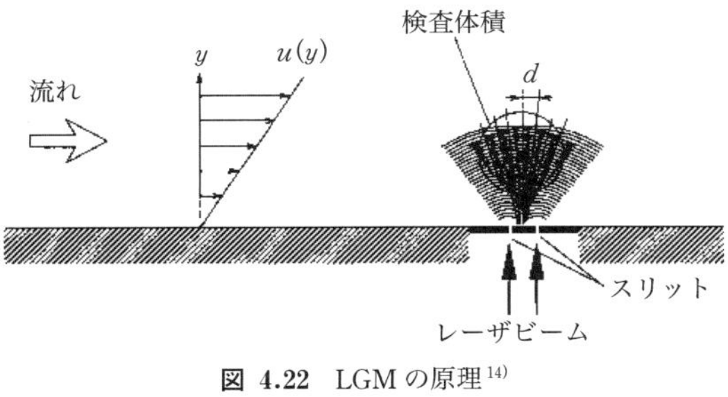

図 4.22 LGMの原理[14]

このとき，壁面近傍速度 u と干渉縞の間隔 d は壁面からの距離 y の関数となる．y の高次の項は流れに強い圧力勾配がなければ無視できるので，入射レーザ光波長 λ，スリット間隔 S より，散乱光の周波数 f_d をカウントすることで壁面速度勾配 a が直接測定できることになり，この値に流体の粘性係数を乗ずれば瞬時の壁面剪断応力が求められる．適用にあたってはおもに逆光部光学系，とくにスリット周りの光軸調整が最重要課題となる．受光部には，光学系，信号処理装置ともに原理的には通常のLDV用のものを流用することができる．なお，LGMを用いたセンサとしてMeasurement Science Enterprise社製MicroS Shear Stress Sensorが市販されている．

壁面剪断応力測定に関して概観したが，空間分解能，時間分解能をともに有するMEMSセンサが注目されており，今後，センサの利用者と製作者との共同作業により使用しやすく，精度がよく，多点同時測定が可能なセンサが開発されることが切望される．　**［木村元昭］**

文　　献

1) 笠木伸英：ながれ，**25**，2006，13-22.
2) 鈴木雄二，笠木伸英：ながれ，**25**，2006，95-102.
3) L. Lofdahl, M. Gad-el-Hak : Progr. Aerosp. Sci., **35**, 1999, 101-203.
4) 望月　修：機械の研究，**45**(8)，1993，893-897.
5) 佐野正利，上運天昭司：日本機械学会講演論文集，No. 990-3，1999，95-96.
6) 望月信介，大坂英雄：機械の研究，**45**(6)，1993，684-690.
7) S. Horowitz *et al.* : 42 th AIAA Aerospace Sciences Meeting, 2004, 1-10.
8) 宮田勝文：機械の研究，**45**(7)，1993，799-805.
9) V. C. Patel : J. Fluid Mech., **23**(1), 1965, 185-208.
10) Q. Lin *et al.* : J. Micromech. Microeng., **14**, 2004, 1640-1649.
11) C. Liu *et al.* : J. MEMS, 8(1), 1999, 90-99.
12) 吉野　崇ほか：日本機械学会論文集（B編），**70**(689)，2004，38-45.
13) T. J. Hanratty, J. A. Campbell : Fluid Mechanics Measurements, 2 nd ed. (R. J. Goldstein ed.), Taylor & Francis, 1996, 575-648.
14) A. A. Steenhoven, F. J. H. M. Beucken : J. Fluid Mech., **231**, 1991, 599-614.
15) M. Nowak : Experi. Fluids, **33**, 2002, 249-255.
16) 小尾晋之介：ながれ，**17**，1998，74-79.

4.2 圧力の計測

圧力は流体計測における基本量の一つである．たとえば，物体の静圧分布からは，剥離や再付着の存在がわかり，境界層の全圧分布からは境界層の状態を知ることができる．また，変動圧力を計測することは，噴流や後流の流れ構造の解明だけでなく，境界層の乱流遷移や乱流騒音の予測に非常に重要である．圧力の計測は，現在では圧力変換器（トランスデューサ）やマイクロフォンを用いた方法がほぼ完成されたものといえるが，一方で，近年の技術革新に伴い，MEMSや光学的手法など新しい技術も登場してきた．本節では，これらの技術の概要を紹介する．

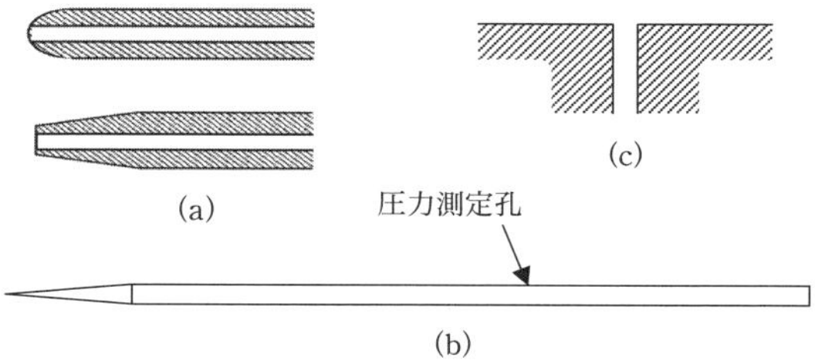

図 4.23　(a) 総圧管，(b) 静圧管，(c) 静圧孔

4.2.1　全圧管，静圧管，静圧孔[1,2)]

圧力の計測は，全圧（総圧ともいう）と静圧の計測に分けられ，それぞれ，全圧管（図4.23(a)）と静圧管（図4.23(b)）と呼ばれるプローブ（探針）が使われる．全圧管ではプローブの先端に，静圧管ではプローブの側面に圧力孔が設けられている．境界層のように速度勾配をもつ流れ場の全圧を測定する場合には，先端が速度勾配方向につぶれた全圧管（プレストン管）を使用する．一方，物体表面の静圧は通常，表面に直角に小さな孔（静圧孔）をあけて測定する（図4.23(c)）．静圧孔の直径は0.3～1.0 mm程度で，流れを乱すことのないよう，レイノルズ数が大きな実験ほど，小さな静圧孔を用いる必要がある．

4.2.2　圧力変換器[1,2)]

圧力の計測には，古くは液柱式圧力計（マノメータ）が用いられていたが，現在では，ダイアフラム式やピエゾ抵抗型の圧力変換器が主流である．ダイアフラム式圧力変換器は，ダイアフラム（膜面）の変形が印加圧力に比例することを原理としており，膜面に張られたストレインゲージで，歪みを電気信号に変換し圧力を計測する．一方，ピエゾ抵抗式の圧力変換器は，シリコンなどの半導体の電気抵抗が圧力によって変化する現象を利用したものである．半導体型センサは膜面式のものに比較して高感度であるが温度の影響を受けやすく，精度を保つには温度補償が不可欠である．

4.2.3 変動圧の測定

圧力変換器は固有の共振周波数をもち，変動圧を測定する際には，共振周波数が十分に高い変換器を選択しなければならない．高周波数で変動圧を測定するには，圧力変換器を壁面と同一平面に設置するか，圧力孔の直下に埋め込んで使う．図 4.24 のように，圧力変換器を圧力孔と組み合わせて使う場合は，両者の間に空隙があるため，ヘルムホルツ共振が発生する．導圧管の断面積と深さを A，L，空隙部の体積を V，音速を a とすると，ヘルムホルツ共振周波数は次式で与えられる．

$$f_{\mathrm{H}}=\frac{a}{2\pi}\sqrt{\frac{A}{LV}} \qquad (4.2.1)$$

変動圧計測では共振周波数を高くすることが重要なので，孔の面積はできるだけ大きく，一方，孔の深さと空隙の体積はできるだけ小さくする必要がある．測定系の全体の周波数特性は 2 次等価回路とみなせ，入出力信号の振幅比（ゲイン）と位相差は周波数によって変化する．図 4.25 は理論計算値の一例で，実際もこれに似た特性を示すことが知られている．共振の影響は，導圧管内または受圧面前面にダンパ材（スクリーン）を入れることで防ぐことができる．

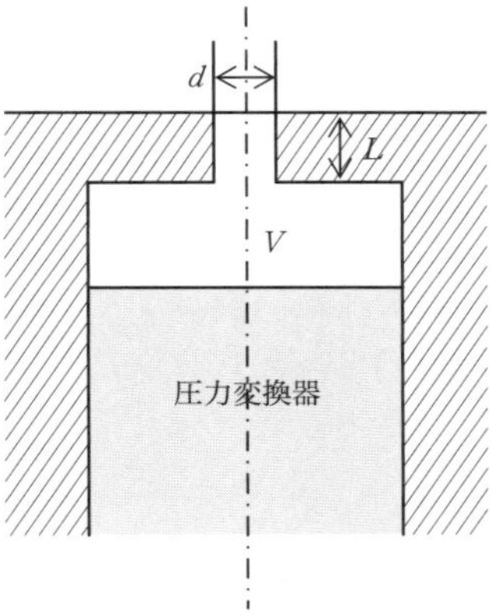

図 4.24 圧力測定孔の形状

4.2.4 マイクロフォン[3)]

乱流の計測にはマイクロフォンが有効な場合が多い．流体実験に用いられるマイクロフォンの大部分は，コンデンサマイクとして知られる静電容量型のもので，ダイヤフラム（金属薄膜など）の振動による電極間の距離（静電容量）の変化をそれに比例した電圧の変化として取り出すものである．コンデンサマイクは音波レベルの微弱な圧力変動の計測が可能で，感度が高い，周波数特性が平坦，ダイナミックレンジが広いという特徴をもつが，構造上直流成分の測定はできない．測定対象に応じて，自由音場型，音圧音場型，ランダム型の 3 種類があり，標準品として口径 1/8 インチから 1 インチまでのものが市販されている．小型のものほど高周波数域の特性に優れるが，小型化により感度は低下する．コンデ

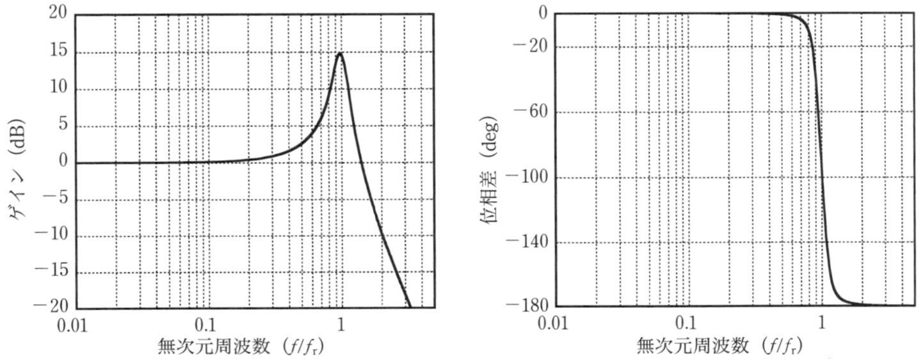

図 4.25 圧力変換器の周波数特性（理論値）

ンサマイクは出力インピーダンスが高いので，信号の取出しには一般に前置増幅器（プリアンプ）が使用される．

4.2.5 新しい圧力測定法

a. MEMS センサ[4]

近年，半導体製造技術を利用したMEMS（micro electro mechanical systems）の発展が著しく，圧力の計測においても，ピエゾ抵抗，圧電効果，静電容量（マイクロフォンと同じ原理）を利用したMEMSセンサが開発されている．流体計測用のものとしては，寸法が100 μm程度で，低周波から高周波（数十kHz）までのダイナミックレンジをもつセンサが登場している．また，さらに空間分解能を高めたアレイ型センサも開発されている．MEMSの最大の特徴はバッチ製造技術と集積化にあり，乱流工学においてその重要性はさらに高まるものと思われる．

b. 感圧塗料[5]

感圧塗料（pressure sensitive paint, PSP）は白金ポルフィリンなどの発光色素を含む特殊塗料で，発光の強度が酸素分圧によって変化するという性質をもっている．これにより，物体に塗布された感圧塗料の発光分布をCCDカメラで計測すれば，物体上の空気圧（酸素分圧に比例）の2次元的な分布が計測できる（図4.26）．感圧塗料は，航空機やロケットの風洞模型や回転翼の試験で，圧力を定量計測するツールとして実用化されている．ただし，その用途は，剥離や渦，衝撃波などの，比較的大規模な流れ構造の定常計測にかぎられている．カルマン渦の放出に伴う円柱表面の非定常圧測定なども試みられているが，乱流現象による圧力変動をとらえるには感度・周波数特性のさらなる改善が必要とされる．

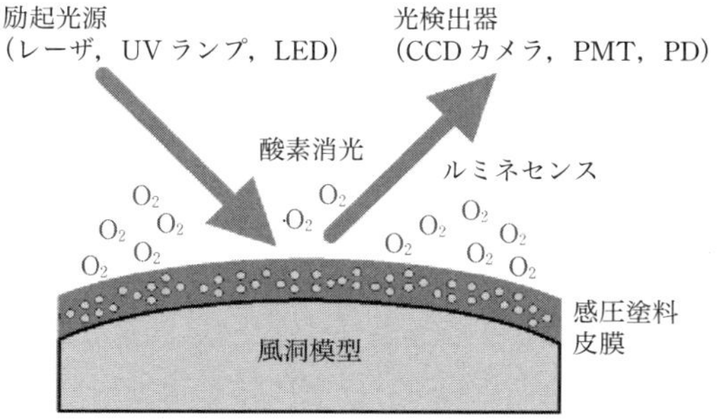

図 4.26 感圧塗料の計測原理

［浅井圭介］

文　献

1) 日本機械学会（編）：技術資料 流体計測法，日本機械学会，1985，1-66.
2) 笠木伸英ほか（編）：流体実験ハンドブック，朝倉書店，1997，155-165.
3) 飯田明由：空力音源の計測技術，日本音響学会誌，**59**(5)，2003，282-287.
4) L. Lofdahl, M. Gad-el-Hak：Prog. Aero. Sci., **35**, 1999, 101-203.
5) 浅井圭介：可視化情報学会誌，**83**(21)，2001，203-208.

4.3 温度の計測

表4.1におもな温度測定法を一覧で示す．測定にあたっては，計測システムの総合的なコスト，測定法に固有の不確かさ（正確度と精密度），時間分解能，空間分解能，測定できる空間領域などを考慮して適切な手法を選択する必要がある．測定法は接触法と非接触法に大別される．接触法には豊富な資料と文献に裏づけられた信頼性の高さと低いコストに強みがあり，一方，非接触法には測定対象に外乱をほとんど与えない点に最大の特長がある．後者はレーザ光源の普及に伴って近年大きく進展した．各測定法については表4.1にあげた参考文献に詳しい．ここでは，常温乱流場の温度測定では標準的なツールとなっている金属細線による抵抗温度センサ（以下では抵抗線と呼ぶ）をとりあげて，使用する際の注意事項を述べる．

抵抗線の測定原理は単純であり，金属細線の電気抵抗が温度に比例して変化する現象を利用する．細線の直径（線径）は耐久性と応答速度を考慮して決定される．現状では，抵抗線以外に1 kHzを越える高い周波数の温度変動を時系列で測定できる安価で簡便な方法はない．そのため，気相乱流温度場の変動強度，散逸率，スペクトル，乱流熱流束などの乱流量の測定に，線径0.65～1 μmの白金線や線径3～5 μmのタングステン線からなる抵抗線プローブがよく利用されている．ただし，白金線はきわめて脆弱であり適用範囲がかなり限定されるので，実用的には，格段に丈夫なタングステン線の出力を応答補償する方法が有効である．

典型的な抵抗線プローブの先端部詳細を図4.27に示す．細線（感温部）の両端に支持部（スタブ）

表 4.1 温度計測法の種類と特徴

分類	測定法		測定原理（利用される物理現象）	測定対象			適用範囲		測定空間		測定可能な量		同時に使用される流速計	補足事項	参考図書
				気体	液体	物体表面	常温	高温	点	面	時間変動	空間分布			
接触法	抵抗線	極細	電気抵抗の変化	○	—	—	○	—	○	—	○	—	熱線/LDV	線径 0.65〜1 μm	a), b)
		細線		○	△	—	○	△	○	—	○*1	—		線径 3〜10 μm	
	熱電対	細線	ゼーベック効果	○	○	○	○	○	○	—	○*1	—	LDV	線径 13〜100 μm	c), d)
	サーミスタ		電気抵抗の変化	○	○	—	○	—	○	—	△*1	—	—	海洋での乱流計測	c)
	感温液晶	粒子	液晶の構造変化	—	○	—	○	—	—	○	△*2	○	PIV	おもに画像計測	c), d)
		シート		—	—	○	○	—	—	○	△	○	—		
非接触法	レーザ	蛍光	誘起蛍光（LIF）	○	○	—	○	○	○	○	○*2	○	PIV	蛍光物質の選択	a), e), f)
		散乱	レイリー散乱	○	—	—	—	○	○	○	○*2	○	LDV/PIV	高温流	a), d)〜f)
			ラマン散乱, CARS	○	—	—	—	○	○	—	△*2	—	LDV	燃焼流，衝撃波	
	光，レーザ		屈折，干渉	○	○	—	○	○	—	○*3	△*2	○	—	おもに画像計測	a), f)
	赤外線		放射	—	—	○	○	○	○	○	△	○	—	放射率の決定	c), d)
	音波／超音波		音速の変化	○	○	—	○	○	—	—	—	—	—	非局所温度, CT 法	概要のみ c)

記号）"○"：適用可能，"△"：条件付あるいは限定的に適用可能，"—"：不適または実績が少ない

略語）LIF: laser induced fluorescence, CARS: coherent anti-Stokes Raman scattering, LDV: laser-Doppler velocimetry, PIV: particle image velocimetry

*1 ただし，適切に応答補償する必要がある．

*2 時間分解能は光源，データ処理装置などの計測システムおよび実験条件によって大きく異なる．

*3 基本的には光路方向における温度変化が小さい場を対象とする．

参考図書）

a) 日本機械学会編：熱流体の新しい計測法，養賢堂，1998.
b) 笠木伸英ほか 4 名編：流体実験ハンドブック，朝倉書店，1997.
c) 棚澤一郎ほか 4 名：伝熱研究における温度測定法，養賢堂，1985.
d) 日本機械学会編：計測法シリーズ 8 熱計測技術，朝倉書店，1986.
e) Instrumentation for Flows with Combustion (A. M. K. P. Taylor ed.), Academic Press, 1993.
f) 大澤敏彦，小保方富夫：レーザ計測，裳華房，1994.

があり，その末端が支持針（プロング）に溶接あるいはハンダづけされる．スタブをなくして細線を直接プロングに溶接することもある．白金線の場合には，白金線が銀で被覆されたウォラストン線（市販品）を必要な長さで切断してプロングにハンダづけしたのち，その中央部分の銀被覆を濃度 15% 程度の硝酸により通電しながら溶解・除去する．両端に残された銀被覆がスタブになる．一方，タングステン線では，熱線用に市販されている素線の両端部を銅メッキしてスタブとする．ウォラストン線およびタングステン線のこのような処理については文献 1 が参考になる．抵抗線には自己発熱が無視できる程度の低い一定電流（通常 0.1〜1 mA）を流し，細線両端で発生する微小な電位差を計測アンプで 1000 倍程度増幅したのち A/D 変換する．また，乱流計測の精度を高めるために，直流分を差し引いてから変動成分を増幅することでダイナミックレンジを拡大することもよく行われる．抵抗線の場合には，原則として静特性と動特性（周波数応答）の校正が必要である．静特性の校正は，通常は標準温度計（または JIS 規格の熱電対）により監視された恒温器内で行われるが，作業そのものは容易である．一方，動特性の校正は非常に難しく手間のかかる作業であり，実施されることはまれである．抵抗線の動特性についてはすでに確立した研究報告があるので，それらの成果を利用すればよい．

図 4.27 に示す抵抗線の周波数応答については，実数の式[2] または複素数の式[3] で表現される厳密な理論解が導出されている．両式は同一の結果を与えることが確認されている．ただし，解から数値を求

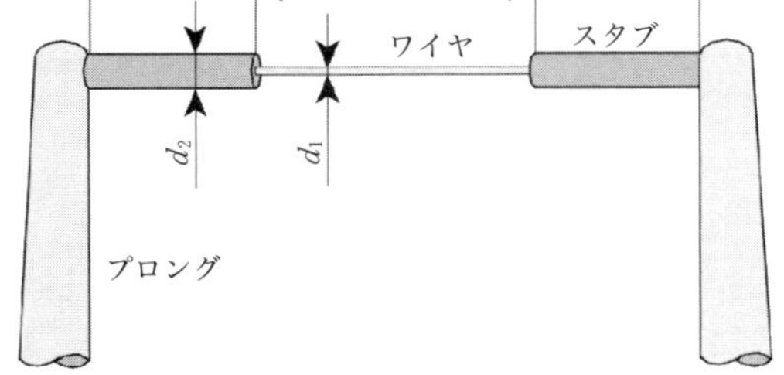

図 4.27 抵抗線プローブ先端部の詳細

める手順は形式の簡単な複素数解のほうが容易である．周波数応答 $H(\omega)$ の複素数解は次式で与えられる[3]．

$$H(\omega)=\frac{1}{1+j\omega\tau_1}-\left[\frac{1}{1+j\omega\tau_2}-\frac{1}{1+j\omega\tau_p}\right.$$
$$+\left(\frac{1}{1+j\omega\tau_1}-\frac{1}{1+j\omega\tau_2}\right)\cosh\left(\frac{\Omega_2(L-l)}{2}\right)\Bigg]$$
$$\times\left\{\frac{\Omega_1 l}{2}\left[\frac{\Omega_1\lambda_1 d_1^2}{\Omega_2\lambda_2 d_2^2}\sinh\left(\frac{\Omega_2(L-l)}{2}\right)\right.\right.$$
$$\left.\left.+\coth\left(\frac{\Omega_1 l}{2}\right)\cosh\left(\frac{\Omega_2(L-l)}{2}\right)\right]\right\}^{-1} \quad (4.3.1)$$

ここで，j：虚数単位；$\omega(=2\pi f)$：角周波数；τ_1，τ_2，τ_p：細線，スタブ，プロングの時定数；L，l：プローブの幾何学的パラメータ（図 4.27）；d_1，d_2：細線およびスタブの直径；λ_1，λ_2：細線およびスタブの熱伝導率；Ω_1，Ω_2：式（4.3.2）で定義される細線（$n=1$）およびスタブ（$n=2$）のパラメータ；である．

$$\Omega_n\equiv\sqrt{\frac{1+j\omega\tau_n}{a_n\tau_n}}$$
$$=\frac{1}{\sqrt{2a_n\tau_n}}\left(\sqrt{\sqrt{1+\omega^2\tau_n^2}+1}+j\sqrt{\sqrt{1+\omega^2\tau_n^2}-1}\right) \quad (4.3.2)$$

式（4.3.2）の a_n は温度伝導率（$\equiv\lambda_n/\rho_n c_n$；$\rho_n$，$c_n$：密度，比熱）を表す．なお，細線とスタブは長い円柱形状をしているから，その時定数 τ_n は次式で表すことができる．

$$\tau_n=\frac{\rho_n c_n d_n}{4h} \quad (n=1,2) \qquad (4.3.3)$$

式（4.3.3）中の h は熱伝達率である．細線の場合には，次の Collis-Williams 相関式により h の値を推定できる（ただし，空気流についてのみ有効）．

$$\mathrm{Nu}\left(\frac{T_f}{T_g}\right)^{-0.17}=0.24+0.56\,\mathrm{Re}^{0.45}$$
$$(0.02<\mathrm{Re}<44) \qquad (4.3.4)$$

ここで，$\mathrm{Nu}(=hd_n/\lambda_g)$ はヌセルト数，$\mathrm{Re}(=Ud_n/\nu_g)$ はレイノルズ数であり，λ_g，ν_g，U，T_g は測定対象である流体の熱伝導率，動粘性係数，流速，温度をそれぞれ表す．また，式（4.3.4）左辺の T_f は膜温度であり，T を細線の温度として $T_f=(T+T_g)/2$ で定義される．常温乱流の測定では $T_f=T_g$ としてよい．なお，式（4.3.4）の適用範囲を越えるレイノルズ数の空気流や水流のヌセルト数の評価には次のクラマース（Kramers）の式が利用できる．

$$\mathrm{Nu}=0.42\,\mathrm{Pr}^{0.20}+0.57\,\mathrm{Pr}^{0.33}\mathrm{Re}^{0.50}$$
$$(0.1<\mathrm{Re}<10^4) \qquad (4.3.5)$$

なお，式（4.3.1）を数値計算する際には，補助的に次の関係を用いることがある（x, y は実数）．

$$\left.\begin{aligned}\cosh(x+jy)&=\cosh x\cos y+j\sinh x\sin y\\ \sinh(x+jy)&=\sinh x\cos y+j\cosh x\sin y\\ \coth(x+jy)&=\frac{\cosh(x+jy)}{\sinh(x+jy)}\end{aligned}\right\} \quad (4.3.6)$$

式（4.3.1）により計算された周波数応答の一例[3]を図 4.28 に示す．横軸は温度変動の周波数，縦軸は利得である．計算対象は流速 4 m/s の常温

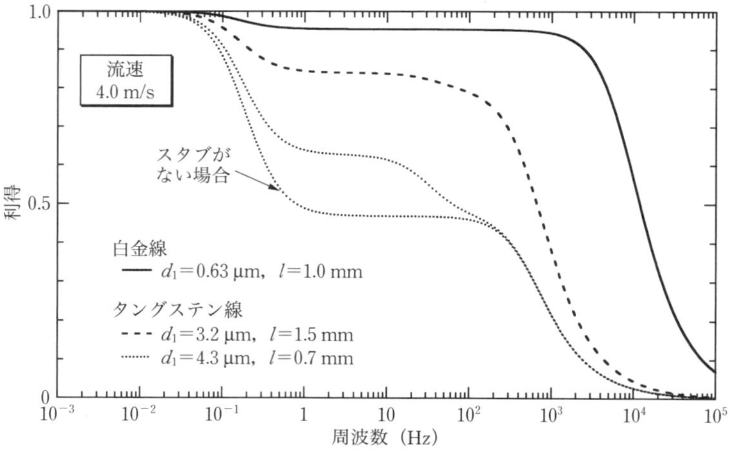

図 4.28　抵抗線の周波数応答

温度変動の周波数と抵抗線出力の関係（流速 4 m/s の空気中におかれた場合）

空気であり，プロング時定数 τ_p には標準的なプローブの値である 1 s を与えた．また，抵抗線の幾何学パラメータには，実験で使用した抵抗線を模擬するように，i) $d_1=0.63\ \mu$m 白金線と $d_2=100\ \mu$m 銀スタブ；$l=1.0$ mm，$L=3$ mm，ii) $d_1=3.2\ \mu$m タングステン線と $d_2=35\ \mu$m 銅スタブ；$l=1.5$ mm，$L=3.8$ mm，iii) $d_1=4.3\ \mu$m タングステン線と $d_2=35\ \mu$m 銅スタブ；$l=0.7$ mm，$L=3.5$ mm，の 3 組を採用した．なお，細線とスタブの物性値には表 4.2 の値を用いた．

図 4.28 から明らかなように，線径 0.63 μm の極細抵抗線（$l=1.0$ mm）は，2 kHz 以下の温度変動に対して利得が 0.95 と若干は低下するものの，応答遅れがほとんどない優れた応答特性を示す．2 kHz より高い周波数領域では 1 次遅れ系で応答する．一方，3.2 μm タングステン線（$l=1.5$ mm）では応答できる周波数帯が 1 桁ほど小さくなり，1～100 Hz の低い周波数域での利得は 0.83 にまで低下する．さらに 4.3 μm タングステン線（$l=0.7$ mm）では，利得は 2 段階で低下したのち 1 次遅れ応答に漸近する．この場合に，スタブを設けずに長さ 0.7 mm の細線の両端を直接プロングに溶接する

表 4.2 細線温度センサ（抵抗線と熱電対）の代表的な材料の物性値

細線またはスタブの材料	密度 ρ [kg/m^3]	比熱 c [J/(kg·K)]	熱伝導率 λ [W/(m·K)]
クロメル [a]	8670	444	17.4
アルメル [a]	8750	461	48.3
銅 [a]	8880	386	398.
コンスタンタン [b]	8922	418	21.6
白金 [a]	21460	133	71.4
白金ロジウム [c] (90—10%)	19900	150	40
銀 [a]	10490	237	427.
タングステン [a]	19250	133	178.

a) 熱物性ハンドブック編集委員会：熱物性ハンドブック，養賢堂，1990，22-27.
b) D. R. Pitts, L. E. Sissom：Heat Transfer, McGraw-Hill, 1977, 306.
c) H. H. Bruun：Hot-Wire Anemometry, Oxford Univ. Press, 1995, 27.

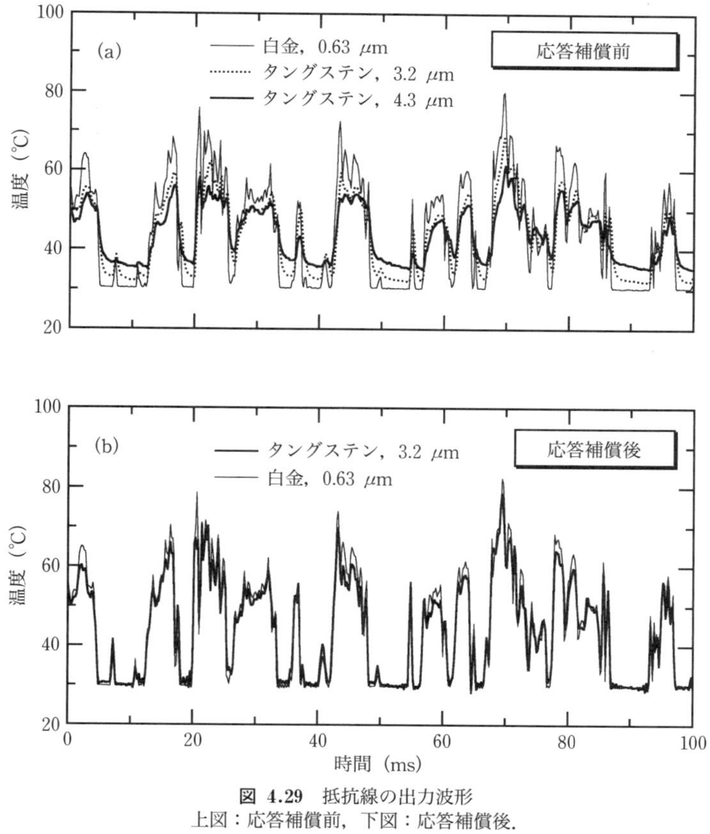

図 4.29 抵抗線の出力波形
上図：応答補償前，下図：応答補償後．

と，周波数帯 0.1〜100 Hz での利得がさらに低下する．ただし，応答特性そのものはフラットで素直になる．この差異がスタブの効果を示している．

抵抗線応答特性の支配パラメータは，細線直径 d_1 と直径と長さの比 l/d_1 である．前者は応答しうる上限の周波数を規定し，後者は低周波数域での利得低下にかかわる．当然，d_1 が小さく，l/d_1 が大きいほどよい．理想的には，$d_1<1\ \mu$m，$l/d_1>2000$ を満たす抵抗線を用いたい．しかし，この二つの条件を同時に満足させることは現実には難しい．たとえば，耐久性を重視して線径 3 μm のタングステン線を採用するなら，感温部長さ l を 6 mm より長くしなければならない．これほど長い抵抗線では，応答特性が改善されても空間分解能の低下[4]が問題となってくる．このジレンマには抵抗線の出力を応答補償することで対処できる．

図 4.29 にその一例[3]を示す．実験に用いた抵抗線プローブの形状は上述の解析（i）〜（iii）と同じである．測定対象は，一様流速 4 m/s の空気中におかれた加熱円柱の後流である．図 4.29(a) に応答補償前の抵抗線出力を示す．タングステン線の出力が 0.63 μm 白金線のそれに追従していないことは一目瞭然であり，とくに，それが境界層外縁の温度（約 30°C）に到達できない現象が顕著である．この現象は，3.2 μm タングステン線の場合 l/d_1 が 469 と小さく，さらに 4.3 μm 線では 163 と非常に小さくなるために，細線軸方向の熱伝導損失の影響が増大して発生する．図 4.29(b) は 3.2 μm タングステン線の出力を式（4.3.1）の周波数応答を利用してデジタル的に応答補償した結果を示す．応答補償は，測定された時系列データを FFT でフーリエ変換し，その結果（複素数データ）をフーリエ成分ごとに式（4.3.1）の $H(\omega)$ で除算したのち逆 FFT で時間領域に戻して完了する（手順の詳細については文献 3 を参照）．この応答補償により，図 4.29(a) にみられた応答遅れはほぼ解消される．すなわち，応答補償によって「丈夫で速い」抵抗線が実現できる．

細線熱電対は自然対流などの低速流や燃焼といった高温流に用いられることが多い．熱電対は，抵抗線とは異なり，丈夫さと静特性の校正を省略できる点で優れている．しかし，細線熱電対の応答は遮断周波数 $f_c=1/(2\pi\tau_1)$ が数 Hz 以下と遅いことが普通であり，多くの場合に応答補償が必要である．式（4.3.1）には汎用性があって細線熱電対にも適用できる[3]ので，熱電対を抵抗線と同様の手順で応答補償することは容易である．この応答補償によって細線熱電対でも数百 Hz 程度までの温度変動を測定できるようになる．

［田川正人］

文　献

1) A. E. Perry : Hot-Wire Anemometry, Clarendon Press, 1982, 7-9.
2) T. Tsuji *et al.*: Experi. Fluids, **13**, 1992, 171-178.
3) M. Tagawa *et al.*: Review of Scientific Instruments, 76, 2005, No. 094904 (10 pages).
4) J. C. Wyngaard : Phys. Fluids, **14**, 1971, 2052-2054.

4.4　化学種濃度の計測

多成分流体中の濃度計測法は多くあるが，乱流計測に適用できるものは少ない．在来のサンプリングプローブ法は，空間分解能も低く，時間追従性については，不確定で複雑な誤差要因を含む．乱流計測には，空間分解能のある時間積算計測が要求され，乱流機構解明にはさらに時間分解能が要求される．時間分解能によって，計測法は，時間積算計測，時間分解能が不十分な瞬時計測，時間分解能が十分な時系列的計測の三つに帰結する．レーザ分光計測法のいくつかは，乱流計測に最も適している．ここでは，乱流場に適したレイリー散乱法とレーザ誘起蛍光法（LIF）に限定し，計測原理の概略を説明したうえで，計測例を示す．他のレーザ計測法として，ラマン散乱法や CARS（コヒーレント反ストークス散乱法）などがあるが，一点時間積算計測に限定される．レーザ濃度計測法の一般的な解説は文献 1 などを参照されたい．

4.4.1　レーザと信号光計測装置

アルゴンイオンレーザ（488.0 nm と 514.5 nm，出力 4〜40 W）の連続発振光は時間変動計測に最適である．パルスレーザ（Nd：YAG レーザやエキシマレーザ）を用いると高い時間分解能（10〜100 ns）が可能となるが，最大 100 発/秒の発振となるため，時間変動計測には不十分である．多くの場合に，パルスレーザで色素レーザを励起し，さらに，結晶によってレーザ光を混合して，計測に必要な波長のレーザ光を発振させる．信号光強度計測装置はいくつかあり，一点時間変動計測にはフォトマル（光電子増倍管）が，平面分布コマ撮計測にはイメージインテンシファイヤつきCCDカメラ（ICCDカメラ）や高速度ビデオが利用できる．

フォトマルの応答周波数は最大2～3 kHzであり，ダイナミックレンジも高く，多くの乱流場に適用できる．ただし，信号にはショットノイズ（光電変換に起因するノイズで，強度の平方根に比例してゆらぐ）と呼ばれる誤差が含まれ，RMS値などの統計平均量の計算では誤差を除去できるが，時間変動瞬時値の誤差を除去する方法はない．代表的なICCDカメラは，1000×1000のピクセル・8～12ビットのダイナミックレンジ・最小露光時間5 ns・10～30コマ/秒の性能をもつ．代表的な高速度ビデオの性能は，1000×1000のピクセル・8～10ビットのダイナミックレンジ・6000コマ（500×500ピクセル使用時）/秒であり，分光感度が低い欠点はあるが，高い分解能のコマ撮りが可能となる．これらのカメラによる計測でも，ショットノイズと同様なノイズは含まれる．測定に必要な波長の信号光は，分光器または干渉フィルタを用いて取り出す．干渉フィルタは簡便に使用でき，30％程度の高い透過率をもつが，透過波長半値幅が10 nm以上あり，波長分解能が悪い欠点がある．分光器は高価であるが，0.1 nmのオーダーの波長分解能をもつ．また，最近では，画像分光に対応して，半値幅5 nm程度のイメージ分光器も市販されている．

一般に信号光強度は分子数密度とともに増加するので，S/N比の高い計測を得るには，液体のほうが気体より，高濃度のほうが低濃度より，有利となる．

4.4.2 モル分率の測定

a. レイリー散乱法による定温・定圧2種気体混合乱流のモル分率計測

定温・定圧場での化学種AとBのレイリー散乱光強度 I_R は，以下の式で与えられる．

$$I_R = CI_0[X_A\sigma_A + (1-X_A)\sigma_B]$$

ここで，C：光学系の係数，I_0：レーザ入射光強度，X_A：化学種Aのモル分率，σ_A：化学種Aのレイリー散乱断面積，σ_B：化学種Bのレイリー散乱断面積である．C と I_0 が一定の場合に，I_R，I_{RA}，I_{RB} を測定して，以下の式で X_A を決定できる．

$$X_A = \frac{I_R/I_{RB}-1}{\sigma_A/\sigma_B-1}, \qquad \frac{\sigma_A}{\sigma_B} = \frac{I_{RA}}{I_{RB}}$$

ここで，I_{RA} と I_{RB} はおのおの化学種AとBが100％のときの散乱光強度である．レイリー散乱は，微粒子からのミー散乱と同様に，入射光と同一波長の弾性散乱である．したがって，レイリー散乱だけを計測するためには，防塵フィルタを用いて，気体中への微粒子の混入を防ぐ必要がある．また，散乱光強度を最大にするために，レーザの偏光面に対して直角方向から散乱光を集光する．

ここでは，二酸化炭素（CO_2）と空気の2次元剪断流による乱流混合の計測例を示す．空気を一つの化学種と考えて，上の2種気体混合の基礎式を用いて，CO_2 モル分率を計測した．厚さ10 mm幅140 mmの2次元チャネルの中央に仕切り板を設置して，空気と CO_2 の平均流速の差を約2 m/sにして，剪断乱流場をつくり，点計測と面計測を行った．

点計測では，Arイオンレーザの波長514.5 nmのビームをレンズによって測定場に集光させ，測定点からの信号光を，入射ビームと直角方向においたレンズを用いて，分光器の入射スリットに集光させる．分光器の出口にフォトマル（応答時間70 ns）を設置して，ソケットアセンブリからの電圧信号をデジタルオシロスコープに記録した．得られた N 個の離散データの処理は，以下の手順で行った（データ処理方法の詳細については，文献2を参照されたい）．

①直流成分の除去：平均値を求め，データから引いた値を新たなデータとする．

②周波数分解能のよいハミング窓関数 WF_n をデータにかける．

$$WF_n = 0.54 - 0.46\cos\left(\frac{2\pi n}{N-1}\right) \quad (0 \leq n \leq N-1)$$

③②のデータの高速フーリエ変換を行う．

④約102万個（約8.5分）の離散データについて，②で得たデータのパワースペクトルを算出する．さらに，スペクトルに平滑化処理（たとえば，Savitzky-Golay法）を施す．

⑤空気流のみを流したときのパワースペクトルは，ショットノイズによるものとみなして，これを除去するために，ウィナーフィルタを作成する（図4.30は，ある測定点でのウィナーフ

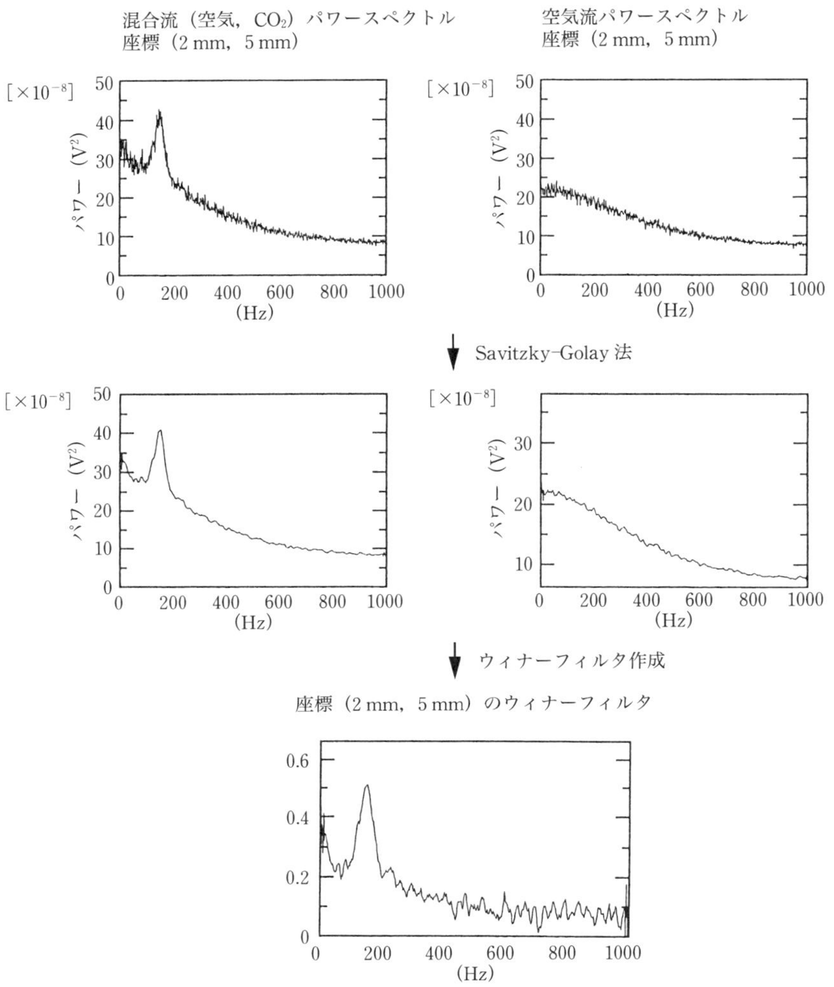

図 4.30　ウィナーフィルタの計算過程概略[3)]

ィルタの作成過程を示す）．

⑥ウィナーフィルタを用いて，③で得たデータを逆フーリエ変換し，ノイズを除去した実時間変動データを得る．

⑦①で除去した平均値を加えて電圧値を求め，モル分率・rms 値・確率密度関数（pdf）を得る．

図 4.31 は，鉛直方向に沿う pdf の変化の様子を示す[3)]．

面計測では，フォトマルの代わりに ICCD カメラを用いて，モル分率の平面分布を得ることができる．ただし，フォトマルのような時系列的解析は得られない．図 4.32 は面計測の例[4)]を示し，いくつかの高さにおける水平方向の (a) 時間積算と (b) 瞬時の CO_2 モル分率分布を与える．横軸の 0 に仕切り板があり，画像計測によって，二酸化炭素のガス塊が引きちぎれて空気側へ移動する過程がわかる．面計測を行う場合は，入射レーザシート光の強度分布を計測して，較正する必要がある．また，信号光が弱い場合には，ノイズを除去するために，得た画像に平滑化処理を施す．

この計測法は，気体の乱流計測法のなかで最も信頼性が高く，非反応系に限定されるが，気体成分の時系列点計測が可能な唯一の方法である．また，時系列計測はできないが，気体成分の瞬時面計測ができる点も大きなメリットである．

b.　LIF による 2 種液体混合乱流のモル分率平面分布時間変動計測[5,6)]

液体は分子数密度が大きいために信号光強度も高

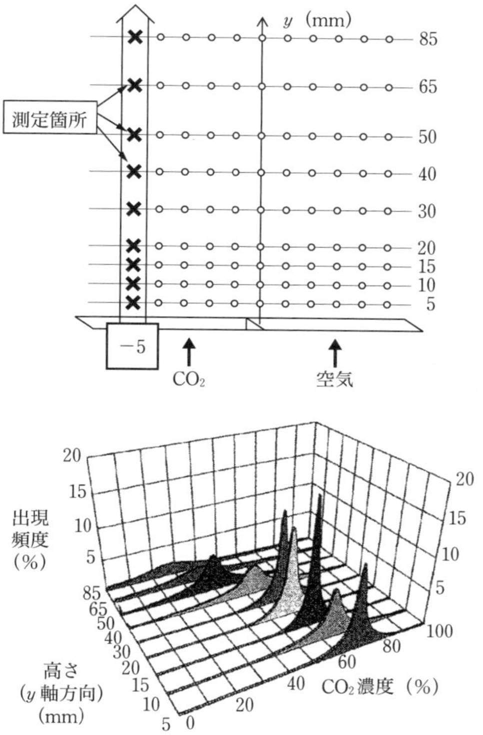

図 4.31 pdfの計測[3)]

く，S/N比の高い計測が可能になり，毎秒数千コマ撮影のイメージインテンシファイヤつき高速度ビデオカメラを用いれば，時系列的面分布解析が可能になる．この計測法は，すべての乱流計測法のなかで最も信頼性の高い結果を与える．図4.33は実験装置例を示す[6)]．高濃度蛍光色素水溶液を内径6 mmのノズルから水中に噴出させ，Arイオンレーザのシート光を測定場に導き，蛍光強度の平面分布をCCDカメラで記録している．多くの場合に，蛍光強度と色素濃度は比例関係を満たすので，濃度決定は容易である（ただし，一般に溶液構造は複雑であり，比例関係にない場合もある）．レイノルズ数120から4800まで変化させて，乱流遷移の過程を画像計測によってとらえている．ただし，乱流の微細構造を完全にとらえるためには，レーザシートの厚さ0.5 mm以下の空間分解能が必要であると指摘されており，計測の空間分解能について十分な注意と検討が必要である．

c. 標準添加LIFによる乱流予混合火炎中の一酸化窒素（NO）モル分率時間積算計測[7,8)]

乱流燃焼場における微量汚染物質の計測技術開発

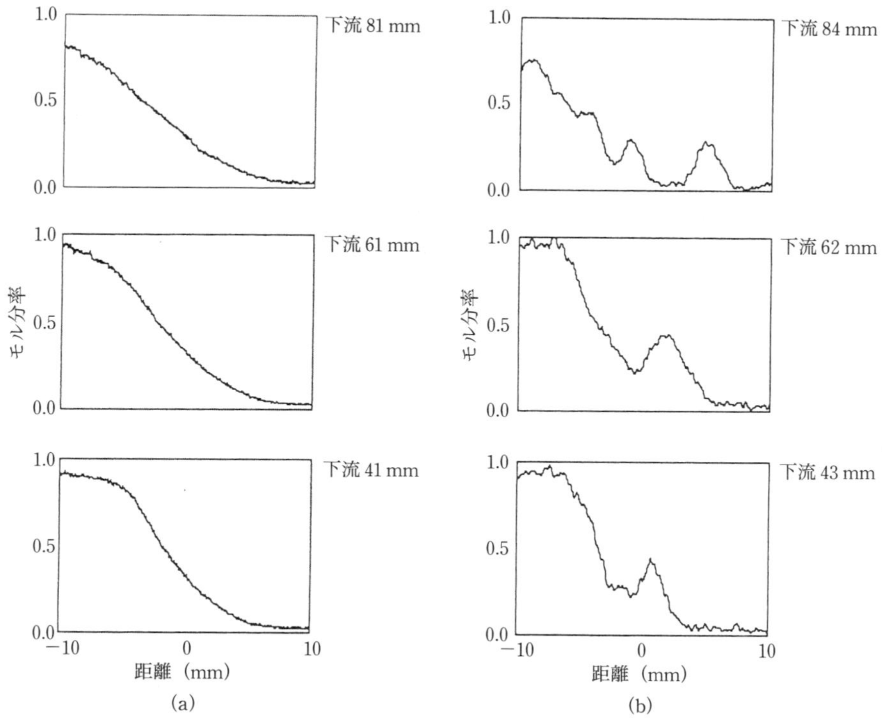

図 4.32 CO_2モル分率分布
(a) 時間積算，(b) 瞬時[4)]．

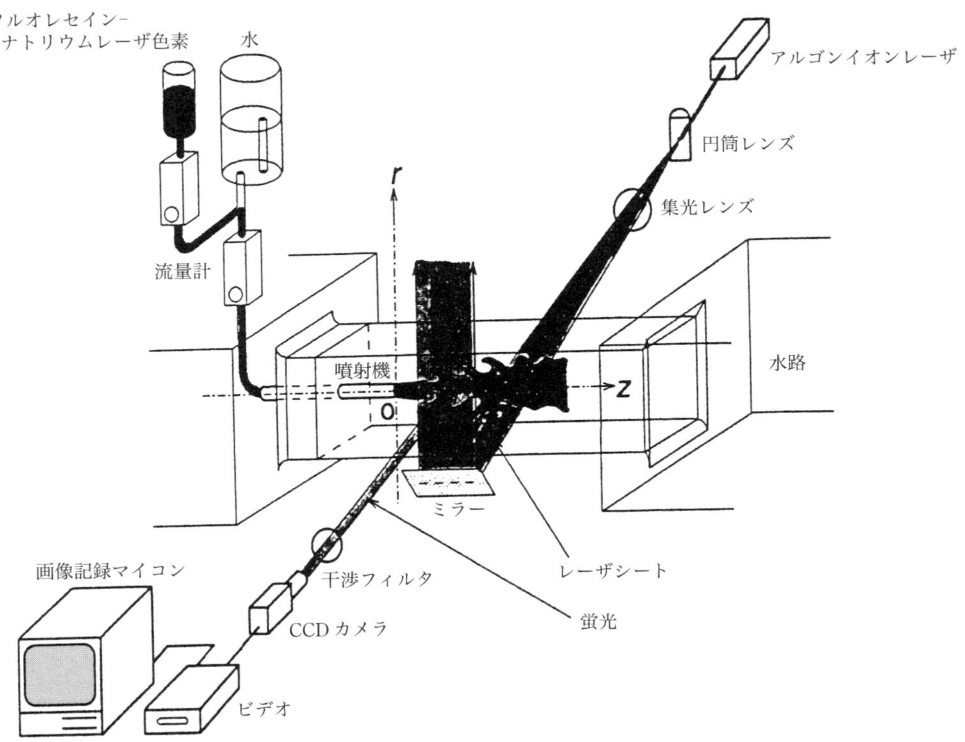

図 4.33　液体乱流混合計測装置例[6)]

は重要となっている．ここでは，NOの計測を示す．NOの蛍光強度は，周囲化学種に大きく依存し，定量評価は容易でない．100 ppmの一酸化窒素を予混合気と周囲流空気に添加して，添加しない場合の蛍光強度と比較して較正して，火炎中のNOのモル分率 X を決定する．ここで，S_F：火炎のLIF強度，S_{FNO}：NOを添加した火炎のLIF強度，X_{NO}：添加したNOのモル分率である．

$$X=\frac{S_F X_{NO}}{S_{FNO}-S_F}$$

添加したNOの燃焼化学反応による変化は微小であり，添加時のモル分率は不変とみなせる．また，添加するNOの濃度を変化させて，LIF強度とNO濃度の線形依存を確かめている．226.03 nmのレーザシート光（エキシマ・色素レーザ光の倍波を結晶で得る）で励起し，生じた247 nmのLIF画像信号を透過半値幅14 nmの干渉フィルタを介して，ICCDカメラで計測する．レーザ出力は0.8～1.2 mJ/pulseで，レーザシートは高さ20 mm，厚さ0.5 mmである．図4.34はレイノルズ数2870の量論混合メタン-空気乱流火炎のレーザ照射200発の積算計測結果で，バーナ中心軸に沿ったモル分率の分布を示す．画像計測の結果は，火炎高さ50 mmからの下流領域で，モル分率が急速に増加し，70 ppmのレベルに達することを示す．層流火炎の結果[7)]も約70 ppmであり，時間積算計測では乱流と層流の測定値の差は誤差範囲内である．分子数密度はモル分率と温度から算定できる．異なる二つの励起波長を用いて同一の蛍光波長強度を計測し，ボル

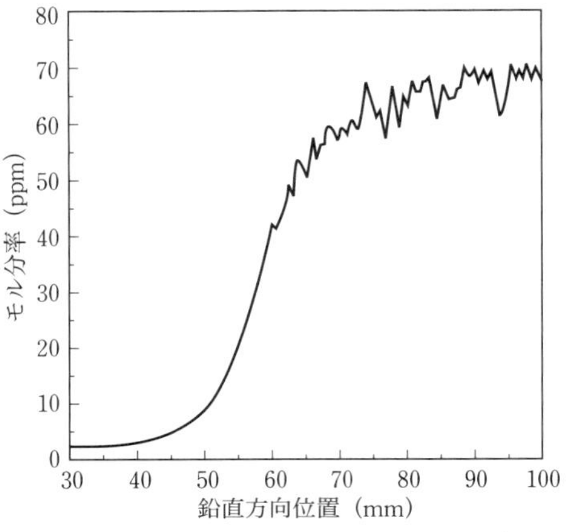

図 4.34　乱流火炎中のNOモル分率分布[7)]

ツマン分布を仮定して，二つの場合の蛍光強度比から温度を決定する．これは二線蛍光法と呼ばれる．

ラジアントチューブバーナと呼ばれる工業炉用加熱バーナを可視化するために，石英ガラスで製作し，同様な方法を用いて，管内部のNOモル分率分布を計測した例[8]がある．測定精度を確保するため，レーザビーム直線上の計測にかぎられるが，低NO_xバーナの開発段階での迅速診断法として，計測結果を最適条件設計へ利用することが期待される．

この計測法のNO以外への適用例はまだないが，原理的には，化学的に安定した微量成分に適用できる．時間積算計測に限定される点が欠点ではあるが，微量物質の乱流拡散機構の解明に利用できる．

［吉川典彦］

文　献

1) 出口祥啓，吉川典彦：熱流体の新しい計測法（日本機械学会編），養賢堂，1998，35-70.
2) 谷口慶治（編）：信号処理の基礎，共立出版，2001.
3) 春日洋祐：レーザーレーリー散乱法による混合場の濃度計測，修士論文，名古屋大学，1998.
4) 高坂政道：レーザー画像分光における基盤的手法の整備と検討，修士論文，豊橋技術科学大学，1994.
5) W. J. A. Dahm *et al.*: Phys. Fluids, A, **3**(5), 1991, 1115-1127.
6) H. Yamashita *et al.*: Atlas of Visualization, CRC Press, 1996, 53-66.
7) 奥野和也ほか：日本機械学会論文集（B編），**72**(723)，2006，2733-2740.
8) 高見千保美ほか：JETI，**54**(7)，2006，52-54.

4.5　流れの可視化・画像計測

乱流の特徴の一つは，時空間的に広がる渦構造を有することであり，それが運動量やエネルギーの輸送を直接的に支配していると考えられる．そのため，乱流現象を把握するうえにおいて渦構造をとらえることは重要であるが，熱線流速計などの一点（0次元）計測手法で時間的・空間的に変化する渦構造の全体像をとらえることは難しい．一方，流れの可視化や画像計測は，流れ場の広い領域を瞬間的にとらえ，2次元あるいは3次元的な渦構造を定性的あるいは定量的に把握することを可能とするものであり，近年，乱流現象の解明に大きく貢献してきた．本節では，こうした流れの実験的可視化手法と，可視化画像から計算機処理を経て速度ベクトルや温度・濃度などのスカラー量を2次元的あるいは3次元的に計測する画像計測手法について解説する．

4.5.1　流れの可視化

流れの可視化は，風洞や水路の流れを実験的に可視化する方法と，数値計算や画像計測などの多次元計測手法により得られた速度データなどを3次元グラフィックスによって計算機上で可視化する方法に分けられるが，ここでは前者について概説する．

流れの可視化法は，壁面に塗布された油などの紋様から壁面上の流れの方向などを可視化する壁面トレース法，多数の短い糸のなびき具合から流れの方向を可視化するタフト法，流体中に注入されたトレーサによって流脈などを可視化する注入トレーサ法，電気分解で発生する水素をトレーサとする水素気泡法などの電気制御トレーサ法ならびに化学反応トレーサ法，シャドウグラフやシュリーレン法など光の屈折や干渉を利用する光学的可視化法に大別される（表4.3）．なお，各手法の詳細な説明および具体的なノウハウについては文献1を参照されたい．

a.　壁面トレース法

壁面トレース法の代表的なものは油膜法である．油やワセリンなどを物体表面にムラなく平滑に塗布したのち，流れのなかに設置する．適当な時間経過後，油面が平滑のままであれば壁面上の流れは層流であり，筋状であれば乱流であることがわかる．さらに，筋の方向から限界流線（あるいは壁面剪断応力の方向），剥離の有無などを知ることができる（図4.35）[14]．

壁面の物質伝達率を可視化する方法としては物質移動法があげられる．そのうち，昇華法では，ナフタリンによって物体を形成し，気流中におくことでナフタリンが昇華して表面の厚みが変化することを利用する．厚みの変化をダイヤルゲージなどで正確に測ることで，昇華の度合い，すなわち時間平均的な物質伝達率を求めることができる．

壁面の温度を可視化する方法としては，感温液晶法が用いられる．壁面上に塗布された感温液晶に白色光を照射すると温度に依存した特定の波長の光を散乱するため，その色から温度を可視化することができる．

表 4.3　実験的可視化法の分類

可視化手法		気流	水流	内容
壁面トレース法	油膜法・油点法	○	○	表面に油膜・油点をつくり，流れの筋模様から流れの状態・方向を可視化する
	ミルク塗膜法	○	○	物体表面にミルクを塗布して，流れの状態・方向を可視化する
	物質移動法	○	○	物体表面から流体への物質移動現象，すなわち，溶解・蒸発・昇華を利用して，物体表面の流れの状態を調べる
	電解腐食法		○	電解による陽極の腐食を利用して表面の流線模様を可視化する
	感温液晶法	○	○	液晶などの感温材料を塗布して，色彩分布として表面温度を可視化する
	感圧塗料法	○		ある種の蛍光物質を塗布して光を照射し，得られる蛍光強度の酸素分圧依存性から表面圧力を計測する
	感圧紙法	○	○	圧力を色濃度に変換して表面の圧力分布を可視化する
タフト法	表面タフト法	○	○	多数の短い糸（タフト）のなびき具合から，表面近傍の流れの方向を調べる
	デプスタフト法	○	○	タフトを表面から離して支持し，表面から少し離れた点の風向分布を可視化する
	タフトグリッド法	○	○	主流に直角な断面上に細線で格子をつくり，その交点にタフトを配置し，その面の風向分布を可視化する
	タフトスティック法	○	○	細い棒の先にタフトを配置し，その面の風向分布を可視化する
	蛍光ミニタフト法	○	○	ナイロンの単繊維を蛍光染料に浸けたものをタフトとして用い，紫外線を照射して，蛍光を撮影する
注入トレーサ法	流脈法	○	○	トレーサを連続的に注入して流線・流脈を可視化する
	流跡法	○	○	トレーサを間欠的に注入して流線・流跡を可視化する
	懸濁法	○	○	あらかじめ流体中に液体または固体の粒子を一様に懸濁させて，流線・流跡を可視化する
	表面浮遊法		○	液体の表面にトレーサを浮遊させて，表面の流れの流線・流跡を可視化する
	タイムライン法	○	○	トレーサを流れに垂直に注入してタイムラインを可視化する
電気制御トレーサ法	水素気泡法		○	金属細線を陰極として電気分解で発生する水素ガスをトレーサとして流線・流脈・流跡・タイムラインを可視化する
	火花追跡法	○		高圧・高周波パルスにより次々に得られる火花放電群により，タイムラインを可視化する
	スモークワイヤ法	○		油を塗った金属細線に通電し，生ずる白煙をトレーサとして流線・流脈・タイムラインを可視化する
化学反応トレーサ法	無電解反応法	○	○	流体と特定の物質との化学反応により，物体表面または2流体境界の流れの状態を可視化する
	電解発色法		○	電解により生成発色した物質をトレーサとして流線・流脈を可視化する
光学的可視化法	シャドウグラフ法	○	○	点光源からの光，または平行光線を流れ場に通してスクリーン上に投影し，流体の密度変化に応じてできる影絵により流れを可視化する
	シュリーレン法	○	○	平行光線を密度差のある流れ場に通して屈折させ，屈折光をナイフエッジ切断して，投影されたスクリーン上の明暗から流体の密度勾配を可視化する
	マッハ–ツェンダ干渉法	○	○	平行光線を二つに分け，一方を密度差のある流れに通したあと，二つを合わせてできる干渉縞から密度や圧力の定量的な計測を行う

気体中におかれた壁面の圧力を可視化する方法として，感圧塗料（pressure sensitive paint, PSP）があげられる．壁面に塗布された蛍光染料にレーザ光を照射すると蛍光が観察される．この蛍光の強度は周囲の酸素濃度に依存するため，蛍光強度から酸素分圧（すなわち気体の圧力）が可視化される．

b.　タフト法

短い糸（タフト）の一端を固定して流体中におくと糸がなびいて流れの方向に向く．これを物体表面に多数貼りつけることで，物体表面における流れが可視化される（表面タフト法）．流れが物体表面に沿って流れており，境界層が比較的薄ければタフト

図 4.35 一様流中に置かれたゴルフボール周りの流れの可視化[14]
油膜法によるゴルフボール表面の可視化．↓部分が剥離点に相当する．$Re=1.22\times10^5$，ディンプル数は 328 である．

は表面に張りついたようになるが，境界層が厚い場合や不安的な場合にはタフトの先端が揺れ動き，剥離領域ではタフトが激しく揺れ動いたり旋回したりする．

流れのなかに格子状に張られたワイヤの交点にタフトを取りつけることで，壁面から離れた面における流向分布を観察することができる（タフトグリッド法）．タフトをつけた格子面が流れ方向と垂直になるようにおけば，流れの断面における 2 次流れなどを可視化することができる．

タフトの材料としては，気流用にはナイロン繊維，水流用にはナイロン糸や竹，樹脂棒などが用いられる．タフト法は風洞中におかれた自動車や航空機，回流水槽などにおかれた船体などの表面上あるいはその後流を可視化するのに用いられることが多い．

c. 注入トレーサ法

Reynolds が行った円管流の実験では，層流と乱流を区別するために上流からインクを注入し，その乱れを観察したことはよく知られている．このとき，インクは上流の一点から時間的に連続して注入されており，可視化されたインクの筋は流脈を表している．水流用としてはインクのほかに蛍光染料やメチレンブルー，墨汁などが，空気流用としては，軽油やケロシン，流動パラフィンなどのミストや，タバコや線香，ドライアイスなどの煙が用いられる．一方，単一のトレーサの時間的経過を追うことで流跡を可視化することができる．トレーサとしては，空気流にはシャボン玉が，水流には微細気泡や樹脂粉末などが用いられる．トレーサに適当な光を照射し，長時間露光により写真を撮影するか，ビデオカメラなどで動画を撮影してコンピュータ上で重ね合わせることで流跡を求めることができる．

d. 電気制御トレーサ法

水流中において，流れを可視化したい場所に金属細線を陰極として張り，流れを乱さないような他の場所に陽極板をおき，パルス状の直流電圧を両極に印加する．電圧印加と同時に，細線に微細な水素気泡が多数発生し，気泡が流れとともに流下することでタイムラインが可視化される（水素気泡法）．細線を三角波状に変形させて直流電圧を連続して印加すれば，細線のそれぞれの角部に水素気泡が集中して発生するために，流脈が観察される．

気流中では火花追跡法が用いられる．気流中に向かい合った電極をおき，パルス状の高電圧を印加すると，両電極間を最短距離で結ぶ直線上に火花が発生して放電する．火花は直ちに消失するが，火花が発生した部分の空気はイオン化されて気流とともに流下する．次に，同様のパルス電圧を印加すると，火花は抵抗の小さいイオン化された部分を通る．これを順次繰り返すことで時々刻々のタイムラインが観察される（図 4.36）[14]．

スモークワイヤ法は気流中で用いられる注入トレーサ法の一種である．直径 0.1 mm 程度のニクロム，ステンレス，あるいはタングステンの細線を気流中に鉛直に張る．細線には等間隔で小さな結び目あるいはビーズ玉をおくなどしておく．この細線の

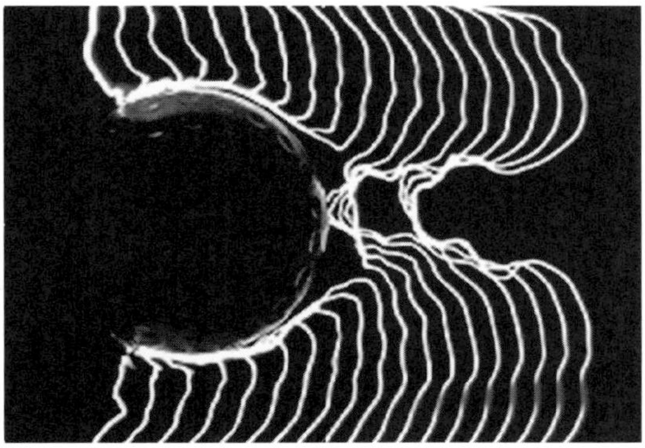

図 4.36 一様流中におかれたゴルフボール周りの流れの可視化[14]
火花追跡法によるゴルフボール後流のタイムライン．

上部から流動パラフィンに灯油やベビーオイルなどを混合して粘性を小さくした油を定常的に給油し，細線に電流を流して加熱する．電流を調整して等間隔に煙が出るようにすれば煙の流跡線が観察される．

e. 光学的可視化法

高速気流などの圧縮性を伴う空気流や温度分布のある水流に，点光源からの光や平行光線を照射し，対向側におかれたスクリーンに投影する．このとき，光は流体の密度勾配に伴い屈折するので，密度勾配による光路変位が光路上で積分された位置に光が到達する．この投影像を観察することで，密度分布が可視化される．これをシャドウグラフ法という．

密度差のある流れの可視化法としてはシュリーレン法やマッハ-ツェンダー干渉法も用いられる．シュリーレン法は，平行光線を密度差のある流れ場を通して屈折させ，ナイフエッジ切断して，投影されたスクリーン上の明暗から流体の密度勾配を可視化する．マッハ-ツェンダー干渉法は，平行光線を二つに分け，一方を密度差のある流れに通過させたあと，二つの光線をスクリーンや撮像体上で合わせてできる干渉縞から密度の定量的な計測を行う方法である．これらの手法は，衝撃波を伴う超音速流れを可視化する際によく用いられる．

4.5.2　画像取得

画像計測は，画像処理に適した画像を得ることから始まる．画像を得るには照明，カメラ，カメラで取得した画像をコンピュータへ入力するためのインターフェース（画像取り込みボードなど），およびこれらを時間的に同期させる同期回路が必要である．

a. 照　明

表 4.4 に画像計測に用いられる一般的な光源を示す．流体の画像計測では時間的に短くパルス状に発光する光源を必要とする．また，流体中の一断面を照らすために光シート（light sheet）が必要となる場合が多い．写真用ストロボに使われるキセノンフラッシュランプは比較的安価でありながら，発光半値幅が数 μs 程度のパルス光を発生する．光源から放射状に発せられるため，効率的に照射するには放物型ミラーなどで集光する必要がある．とくに，シート状に照射する場合には出力端が線状に配列された光ファイバ束を通して線光源をつくり，シリンドリカルレンズで集光させてシート光とする方法がとられる．しかしながら，光シートの厚さは数 mm から数十 mm 程度と比較的厚くなることが難点である．

薄い光シートを発生させるにはレーザ光源を用いる．レーザ光は広がり角が非常に小さく（μrad～mrad オーダー）ほぼ平行に伝播するため，シリンドリカルレンズによって薄いシート状に広げることが可能である．パルス発振型の Nd-YAG レーザは発光半値幅が数ナノ秒程度であり，後述の PIV や LIF に多用される．発光強度は 10～500 mJ/パルス程度，発光周波数はフラッシュランプ励起が 30 Hz 程度，半導体励起型は 10 kHz 程度である．PIV で必要となる微小時間隔てられた 2 回のパルス光（ダブルパルス）を得るためには，2 台のレーザから発せられた光ビームを光学系によって平行に重ね合わせ，2 台のレーザを微小時間間隔ずらして発光させる方法がとられる．

b. カメラおよび画像取込み装置

被写体から放射された光はレンズを通してカメラ内部の撮像面に集光し結像する．撮像面には光の強

表 4.4　画像計測に用いられる光源

	周波数	発光時間	出力	波長	シート照明	体積照明
キセノンランプ	～10 kHz	～10 μs	～10 J/パルス	白色		○
Nd-YAG レーザ	～30 Hz（半導体励起は～10 kHz）	～10 ns	～500 mJ/パルス	532 nm*，1064 nm 355*	○	
アルゴンレーザ		連続	～20 W	488 nm，514.5 nm	○	
He-Ne レーザ		連続	～50 mW	632	○	
半導体レーザ		連続	～10 W	青～赤外	○	
LED		連続		青～赤外		○
ハロゲンランプ		連続		白色		○

＊非線形光学結晶

度を記録する撮像素子が設置されており，その種類によりいくつかに分類される．最も古くからある撮像素子はフィルムカメラに用いられる銀塩フィルムである．解像度がきわめて高く，また，機械的連写装置による動画撮影も可能であるが，フィルムの機械的位置ずれが避けられないため，後述の位置校正には注意が必要である．画像計測で多用される撮像素子はCCDやC-MOS撮像素子である．CCDは，各画素に設けられたフォトダイオードによって光電変換を行い，その電荷を一種のシフトレジスタである電荷結合素子（charge-coupled device, CCD）で順次転送して読み出す方式をとる．感度が高く低ノイズであることが特徴である．一方，C-MOS撮像素子は各画素にフォトダイオードに加えて増幅用トランジスタを有し，光電変換された電荷を電圧に変換したうえで，DRAMなどに用いられるクロスワイヤ方式により読み出しを行う．C-MOSプロセスを用いることができるため安価で回路集積が容易であるうえ，高速読出しや部分読出しが可能である．ただし，個々の画素の増幅率にバラツキがあるため，画像には固定ノイズが現れるので，これを補正する処理が必要である．

撮像素子から読み出された映像信号は種々の形式で伝送され，画像取込み装置に入力される．テレビに用いられているNTSC方式では撮像素子の出力信号はアナログ信号として伝送され，画像取込み装置でAD変換される．広く普及している方式ではあるが，画面縦方向の解像度が規定されているため高解像度化が図れないこと，偶数ラインと奇数ラインを交互に転送するインターレース方式のため全画面の読出しが2時刻にわたることなどから画像計測には不向きな面もある．一方，撮像素子の出力をカメラ内部でAD変換して伝送するデジタル出力形式のカメラは，画素数の規定がなく非インターレース方式の読出しが可能であることから，画像計測によく用いられる．近年，デジタル出力方式カメラと画像取込み装置の物理的インターフェース規格としてCamera Link™が定められ，これに準拠した画像機器が多数入手可能である．また，LANに用いられるギガビットイーサネットにより画像を転送するカメラも発売されている．秒間数百フレーム以上撮影可能な高速カメラは，画像取込み装置と一体型の場合もある．

画像取込み装置に入力された画像情報は同装置のメモリに蓄えられたのちに，PCIバスなどを経由してコンピュータ上のメモリまたはハードディスクへ転送される．同装置のメモリが少ない場合には，画像取込みと同時にコンピュータへの転送が行われることもある．このとき，画像を連続的に取り込む際にはコマ落ちが生じぬように注意しなければならない．

c. 同期回路

カメラと照明のタイミングを制御するために同期回路が必要となる．同期回路は通常，任意の時間間隔のパルス発生機能およびそのパルスに対して遅れを伴ったディレイパルス発生機能を有するものである．これにより生成されたパルスをトリガー信号としてカメラおよび照明に入力させることで，タイミング制御を行う．ただし，カメラにトリガー信号の入力ができない場合（たとえばNTSC方式カメラ）には，カメラの同期信号を取り出したうえで，その信号に遅れを伴うディレイパルスを生成して照明に入力させる必要がある．

4.5.3 投影関数

画像計測においては，3次元物体空間におかれている測定対象がレンズと撮像素子を介して2次元画像空間に投影される．ここで，物体空間の座標系（物体座標系）を画像空間の座標系（画像座標系）に写像する関数を投影関数という．投影関数は物体空間における位置と画像空間における位置の対応関係を表すものであり，画像に物理的な位置情報を与えるうえで必要となる．とくに，複数台のカメラで同一の領域を撮影するステレオPIVや3次元PTVでは不可欠である．光学的モデルに基づいた投影関数として，ピンホールカメラモデルがあげられる．ピンホールカメラモデルでは，測定対象から発せられた光が1点（ピンホール）を通って直進し撮像面に投影される．慣例に従ってピンホールに対して撮像面と対称な面を画像座標(X, Y)とすれば，(X, Y)は投影関数F_X，F_Yにより次のように表される．

$$X=F_X(x, y, z)=\frac{cx}{L-z}, \quad Y=F_Y(x, y, z)=\frac{cy}{L-z} \tag{4.5.1}$$

ここで，物体座標系(x, y, z)と画像座標系$(X,$

Y）の相対的な位置関係および c と L は図 4.37 に示すとおりである．PIV などのように計測領域が x-y 面に限定される場合には $z=0$ となり，次式で表される．

$$X=Mx,\quad Y=My \quad ただし \quad M=\frac{c}{L} \qquad (4.5.2)$$

M は像倍率に等しいので，x-y 面に定規などをおいて撮影し，その画像から定規の像の長さを求めることで算出される．

物体座標系に対して画像座標系が傾いている場合には，次の回転を考慮したピンホールカメラモデルが用いられる．

$$X=F_X(x,y,z)=c\frac{a_{11}(x-x_0)+a_{12}(y-y_0)+a_{13}(z-z_0)}{a_{31}(x-x_0)+a_{32}(y-y_0)+a_{33}(z-z_0)}$$

$$Y=F_Y(x,y,z)=c\frac{a_{21}(x-x_0)+a_{22}(y-y_0)+a_{23}(z-z_0)}{a_{31}(x-x_0)+a_{32}(y-y_0)+a_{33}(z-z_0)} \qquad (4.5.3)$$

ここで，(x_0, y_0, z_0) は物体座標系におけるピンホールの位置，a_{11}～a_{33} は物体座標系を回転させるための回転マトリックスである．これらの係数は基準点データをもとに最小 2 乗法によって決定される．ここで，基準点データとは物体座標とそれに対応する画像座標の組であり，後述の校正装置を用いて得られる．ピンホールカメラモデルは像歪みのない理想的なカメラをモデル化したものであるが，実際にはレンズに収差が存在するため撮像面に投影される像は歪みを含む．歪みを考慮したピンホールカメラモデルも多く提案されている[1]．

このほか，物理的なカメラモデルを用いない投影関数として，多項式が用いられる場合もある．たとえば，3 次多項式の 2 次元投影関数は

$$X=F_X(x,y)=a_1+a_2x+a_3y+a_4x^2+a_5y^2+a_6xy+a_7x^3+a_8y^3+a_9x^2y+a_{10}xy^2$$

$$Y=F_Y(x,y)=b_1+b_2x+b_3y+b_4x^2+b_5y^2+b_6xy+b_7x^3+b_8y^3+b_9x^2y+b_{10}xy^2 \qquad (4.5.4)$$

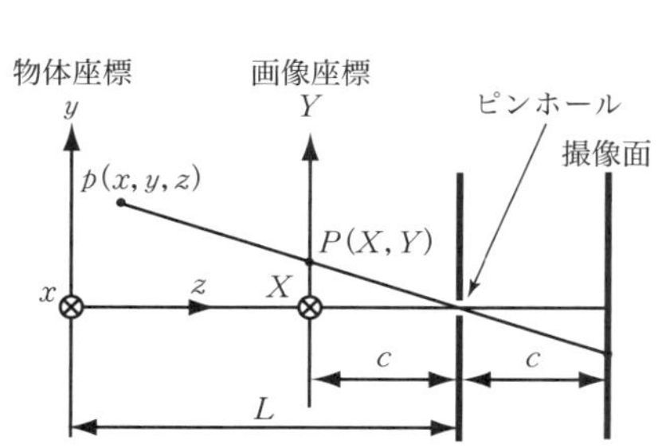

図 4.37 ピンホールカメラモデル

である．

基準点データを作成するのに必要な装置が校正装置である．よく用いられるものは黒色に塗られた平板に格子点状に白点が描かれたものであり，それを計測領域に挿入して撮影する．撮影後，パタンマッチングなどの手法により画像における基準点位置を求め，基準点データを作成する．投影関数が 3 次元の場合には，この平板を面と垂直方向に精密送り台などを用いて移動させながら，複数断面における基準点画像を撮影する．

4.5.4 PIV

粒子画像流速測定法（particle image velocimetry, PIV）は，流体に追従する粒子を流動場に混入させ，時間的連続撮影された可視化画像から微小時間 $\mathrm{d}t$ における粒子の変位ベクトル $\mathrm{d}x$ を求め，速度ベクトル $\mathrm{d}x/\mathrm{d}t$ を推定する方法である．PIV は画像相関法（狭義の PIV）と粒子追跡法（particle tracking velocimetry, PTV）の 2 種類に大別される．

a. 画像相関法（狭義の PIV）

画像相関法は，光シートで照明された 2 次元的な粒子群をビデオカメラなどで撮影し，1 時刻目 $t=t_0$ および 2 時刻目 $t=t_0+\mathrm{d}t$ における粒子画像を得たうえで，1 時刻目の画像における微小な領域（検査領域）内の輝度値分布と 2 時刻目の画像における領域（探査領域）内の輝度値分布との相互相関関数を求め，その最大値となる位置を検査領域内の粒子群の平均的な移動位置として推定し，変位ベクトル $\mathrm{d}x$ を求める方法である（図 4.38）．相互相関関数は畳み込み演算または FFT を用いて計算される．検査領域が大きい場合には後者が計算速度において有利である．相互相関関数は粒子画像と同様に空間的に離散化されているため，求められる変位ベクトルは±0.5 画素の誤差を伴う．そこで，離散化された相関関数に 2 次元正規分布を内挿して連続関数としたうえで変位ベクトルを求めることで，誤差を±0.1 画素程度に減少させる手法（サブピクセル解析）がとられる．ただし，粒子像の大きさが 2 画素

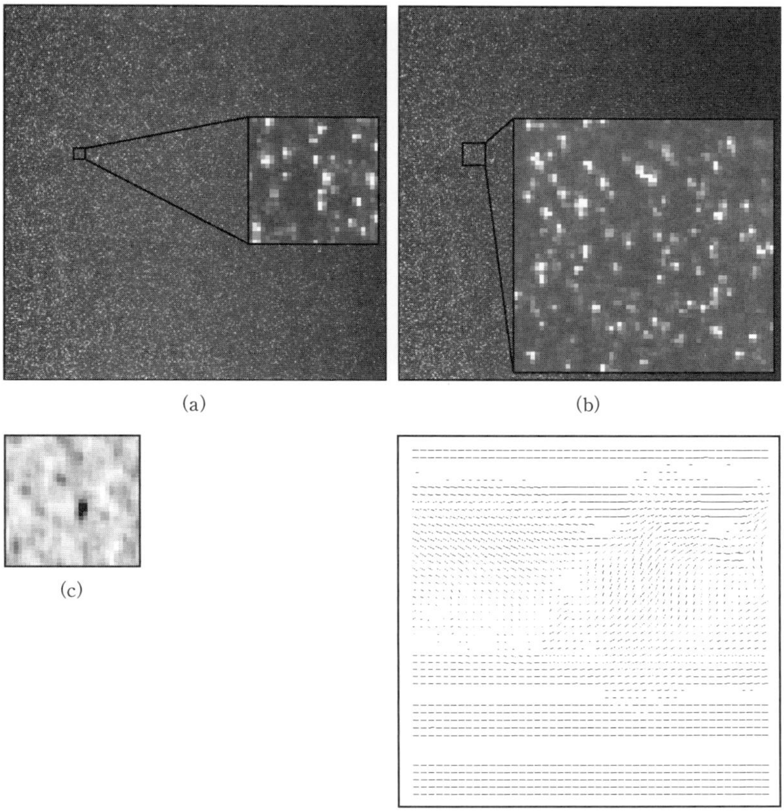

図 4.38　画像相関法のために撮影された粒子画像，相関関数および速度ベクトル分布
(a) 1 時刻目の粒子画像（$t=t_0$）と検査領域（拡大部分），(b) 2 時刻目の粒子画像（$t=t_0+8$ ms）と探査領域（拡大部分），(c) 検査領域と探査領域の輝度値の相互相関関数（白：−1.0，黒：1.0），(d) 速度ベクトル分布．

を下回るときには真の変位量と求められる変位量の関係が線形にならない（ピークロッキング）ので，粒子像の大きさに注意する必要がある．

画像における粒子移動量が求められたならば，以下の方法により物体座標における速度が算出される[2]．図 4.39 は 1 台のカメラによって粒子画像を撮影し，速度の 2 成分を計測する場合を示している．投影関数を F_X および F_Y とし，それを時間 t で微分すれば

$$\frac{\mathrm{d}X}{\mathrm{d}t}=\frac{\mathrm{d}}{\mathrm{d}t}F_X(x(t),y(t),z(t))$$
$$=\frac{\partial F_X}{\partial x}\frac{\mathrm{d}x}{\mathrm{d}t}+\frac{\partial F_X}{\partial y}\frac{\mathrm{d}y}{\mathrm{d}t}+\frac{\partial F_X}{\partial z}\frac{\mathrm{d}z}{\mathrm{d}t}$$
$$\frac{\mathrm{d}Y}{\mathrm{d}t}=\frac{\mathrm{d}}{\mathrm{d}t}F_Y(x(t),y(t),z(t))$$
$$=\frac{\partial F_Y}{\partial x}\frac{\mathrm{d}x}{\mathrm{d}t}+\frac{\partial F_Y}{\partial y}\frac{\mathrm{d}y}{\mathrm{d}t}+\frac{\partial F_Y}{\partial z}\frac{\mathrm{d}z}{\mathrm{d}t}$$

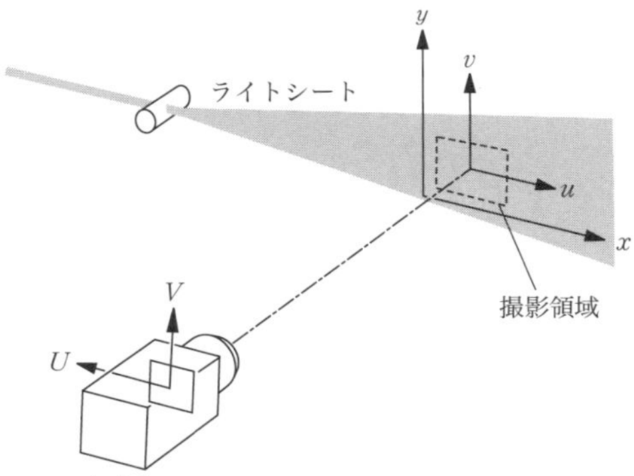

図 4.39　1 台のカメラを用いた PIV の機器配置

(4.5.5)

物体座標における粒子速度を $u=\mathrm{d}x/\mathrm{d}t$，$u=\mathrm{d}y/\mathrm{d}t$，$w=\mathrm{d}z/\mathrm{d}t$，画像座標における粒子速度（像速度）を $U=\mathrm{d}X/\mathrm{d}t$，$V=\mathrm{d}Y/\mathrm{d}t$ とおいて上式を変

形すれば，

$$\begin{bmatrix} u \\ v \end{bmatrix} = \begin{bmatrix} \frac{\partial F_X}{\partial x} & \frac{\partial F_X}{\partial y} \\ \frac{\partial F_Y}{\partial x} & \frac{\partial F_Y}{\partial y} \end{bmatrix}^{-1} \begin{bmatrix} U \\ V \end{bmatrix} - \begin{bmatrix} \frac{\partial F_X}{\partial x} & \frac{\partial F_X}{\partial y} \\ \frac{\partial F_Y}{\partial x} & \frac{\partial F_Y}{\partial y} \end{bmatrix}^{-1} \begin{bmatrix} \frac{\partial F_X}{\partial z} w \\ \frac{\partial F_Y}{\partial z} w \end{bmatrix} \quad (4.5.6)$$

ここで，光シートに対する奥行き方向の速度ベクトル成分 w が小さいか，あるいはカメラと光シートが離れており投影関数の z に関する微係数が小さい場合には，右辺第2項をゼロとみなすことで速度ベクトル成分 u，v は投影関数の勾配と像速度成分 U，V から求められる．右辺第2項が無視しえない場合には，次に示すステレオ PIV が有効である．

図4.40のように，2台のカメラによって光シート面内の同一領域を異なる方向から撮影することで，速度ベクトル3成分の2次元分布を計測する方法をステレオ PIV と呼ぶ．上付添字をカメラ番号(1あるいは2）とすれば，像速度は

$$\begin{bmatrix} U^1 \\ V^1 \\ U^2 \\ V^2 \end{bmatrix} = \begin{bmatrix} \frac{\partial F_X{}^1}{\partial x} & \frac{\partial F_X{}^1}{\partial y} & \frac{\partial F_X{}^1}{\partial z} \\ \frac{\partial F_Y{}^1}{\partial x} & \frac{\partial F_Y{}^1}{\partial y} & \frac{\partial F_Y{}^1}{\partial z} \\ \frac{\partial F_X{}^2}{\partial x} & \frac{\partial F_X{}^2}{\partial y} & \frac{\partial F_X{}^2}{\partial z} \\ \frac{\partial F_Y{}^2}{\partial x} & \frac{\partial F_Y{}^2}{\partial y} & \frac{\partial F_Y{}^2}{\partial z} \end{bmatrix} \begin{bmatrix} u \\ v \\ w \end{bmatrix} \quad (4.5.7)$$

と表される．これを変形してテンソル表示すれば

$$u_i = (F_{ij}^T F_{ij})^{-1} F_{ij}^T U_j \quad (4.5.8)$$

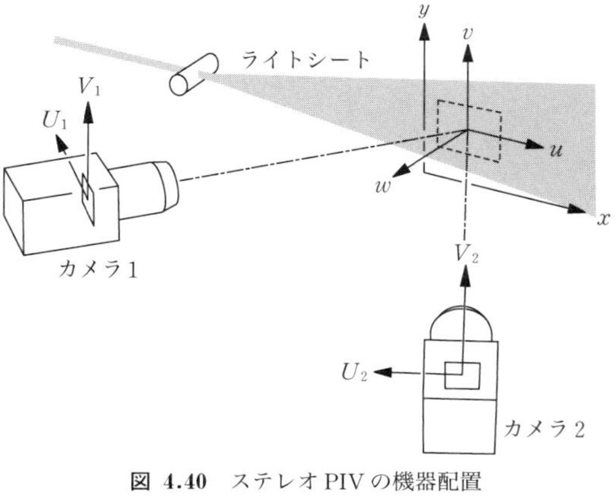

図 4.40　ステレオ PIV の機器配置

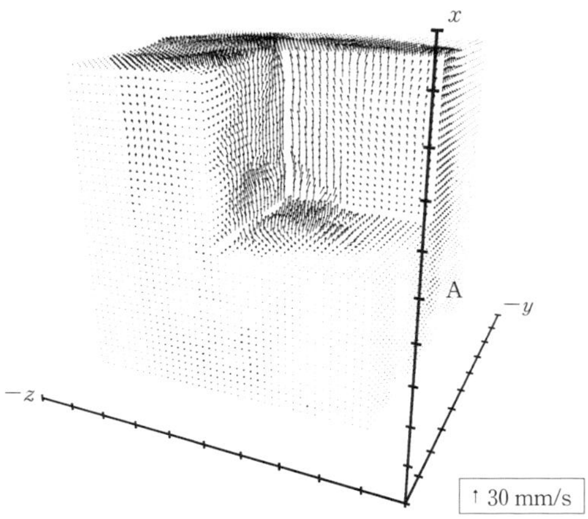

図 4.41　スキャニングステレオ PIV により計測された軸対称噴流の速度ベクトル3成分の3次元分布

となり，速度ベクトル3成分を像速度および投影関数の勾配から求めることができる．

ステレオ PIV は速度3成分の2次元分布を計測する方法であるため，速度の面外方向の微係数を算出することはできない．そこで，ステレオ PIV を2セット用いて近接した平行な2断面を計測し，面外方向の微係数を算出することも可能である．これにより，空気噴流発達域の速度勾配テンソル全9成分の2次元的分布が計測されている[3]．また，計測面をその面と垂直方向に高速スキャンすることで，速度3成分の3次元的な分布を計測する手法（スキャニングステレオ PIV）も開発されている[4,5]．図4.41は高速カメラと高速パルスレーザを用いたスキャニングステレオ PIV による水の軸対象噴流の計測例[5]であり，噴流コア部分の3次元的な速度ベクトル分布が計測されている．こうした計測結果は直接数値計算（DNS）により得られる結果と比較可能であり，画像計測が乱流現象を把握するうえで強力なツールとなりうることを示すものである．

b.　粒子追跡法（PTV）

画像相関法が検査領域内の複数粒子を追跡する方法であるのに対して，粒子追跡法は単一粒子を追跡する方法である．粒子追跡法では，①画像座標における粒子位置の検出，②物体座標における粒子位置の算出，③多時刻にわたる粒子の追跡，の3段階の処理を必要とする．

①の画像座標における粒子位置の検出には，粒子画像を二値化したうえで輝度が1の部分を粒子とし

て検出する方法，標準的な粒子像をあらかじめ用意しておき，その像と粒子像の相関関数の極大値位置を粒子位置とする方法（粒子マスク法）などがある．

画像座標における粒子位置が求まれば，投影関数に基づいて②の物体座標における粒子位置を求める．1台のカメラで撮影された粒子画像のみを用いる場合には，前項と同様に光シートによって計測領域を2次元面に限定したうえで，その面内における2次元的な粒子位置が計測される．一方，体積照明された粒子群を複数のカメラで異なる方向から撮影し，各カメラのピンホールと粒子を結ぶ直線の交点を求めることで，粒子の3次元的位置を得ることができる．

③の粒子の追跡にあたっては，2時刻間 $\mathrm{d}t$ における粒子移動量が平均粒子間距離よりも十分に小さい場合には，各粒子の移動量は1時刻目の粒子の近傍に存在する2時刻目の粒子を探すことで求められる．しかし，粒子移動量が平均粒子間距離と同程度あるいは比較的大きい場合には2時刻の画像から対応する粒子を探すことは困難であり，4時刻の画像に基づいて粒子を追跡する4時刻追跡法[6,7]や，複数粒子の配置パタンの類似度から対応する粒子を求める二値化相関法[8]，4時刻追跡法と二値化相関法を組み合わせた3時刻パタンマッチング法[9]などが

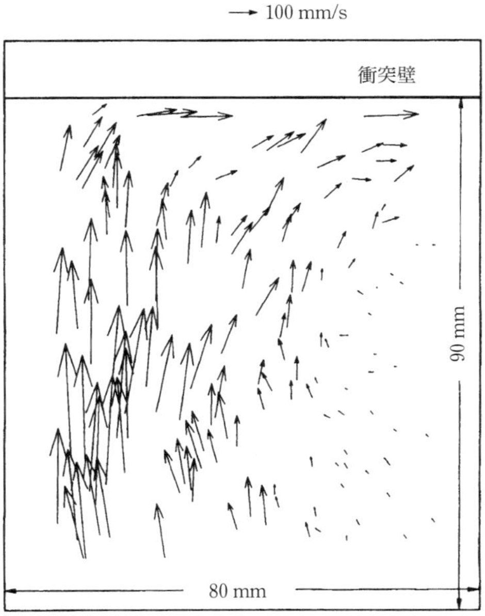

図 4.42　2次元PTVを用いた軸対称衝突噴流の計測例[10)]

用いられている．図4.42は水を作動流体とした軸対称衝突噴流の計測例である[10)]．カメラ1台を使用して速度ベクトル2成分の2次元分布が計測されている．速度ベクトルの位置は計測時の粒子位置に等しいためランダムに配置される．このため，平均速度分布などの統計量を求める際には，領域を格子状に細分化したうえで，各格子内に包含される速度データを統計処理するなどの方法がとられる．

4.5.5　スカラー計測

流体分子あるいは流体に混入された物質が温度や濃度に依存した明るさや色を示せば，それらを画像としてとらえることで温度や濃度の分布を計測することができる．

水の濃度や温度の計測に多用される方法としてレーザ誘起蛍光法（laser induced fluorescence, LIF）があげられる．水にFluoresceinやRhodamine Bなどの蛍光染料を溶解させ，レーザ光シートを照射して蛍光分子を励起すると蛍光を発する．単位微小体積の蛍光染料が単位時間あたりに放射する光エネルギー I [W/m^3] は，励起光の光子を吸収する分子の単位体積単位時間における数に比例し，次式で表される．

$$I = I_0' C\phi\varepsilon \qquad (4.5.9)$$

ここで，I_0' [W/m^2] は微小体積に入射する励起光束，C [g/m^3] は蛍光染料の濃度，ϕ は吸収された励起光の蛍光発光に寄与する割合を示す量子収率，ε [m^2/g] は入射した励起光強度に対して励起光が単位濃度の溶液を単位長さだけ通過するときに吸収される光強度の割合を示す吸光係数である．光束 I_0 [W/m^2] の励起光が有限体積の蛍光染料溶液に入射し，溶液を x [m] 通過したところでの励起光束 I_0' は，

$$I_0' = I_0 e^{-\varepsilon x C} \qquad (4.5.10)$$

で与えられる．これはBeer-Lambertの法則として知られており，入射した光が溶液を通過する間に吸収され減衰することを表している．よって，有限体積を通過した励起光による蛍光の放射エネルギーは，

$$I = I_0 C\phi\varepsilon e^{-\varepsilon x C} \qquad (4.5.11)$$

となる．励起光強度 I_0 が一定であり，また，通過距離 x あるいは濃度 C が小さく $e^{-\varepsilon x C} = 1$（一定）とみなせる場合には，I は濃度 C に比例するので，

(a)　(b)　(c)

図 4.43　2色レーザ誘起蛍光法により撮影された蛍光画像と蛍光強度比
(a) Rhodamin B,(b) Rhodamin 110,(c) 蛍光強度比.

蛍光強度に基づいて蛍光染料の濃度を計測することが可能となる．蛍光強度をCCDカメラなどで計測することで，2次元的な分布を計測できる．このとき，既知の濃度における蛍光強度をあらかじめ求めておけば，濃度の絶対値を計測することができる．

量子収率 ϕ は温度依存性があり，一般に温度の上昇に伴って減少する．これは，温度が高いことで分子の衝突によるエネルギーの消失，内部転換，系間交差が起こりやすいことが原因である．一方，吸光係数 ε の温度依存性は小さいので，I_0，C を一定とすれば蛍光強度は温度の関数となる．緑色光を吸収しオレンジ色を発光する蛍光染料Rhodamine Bは，温度依存性が高く（約−2.3%/K），水に可溶なため広く用いられている．

通常，温度が非一様な流動場では密度も非一様であるため励起光が流動場を通過する際に屈折が生じる．そのため，測定部分において励起光が時空間的に変動し，計測誤差が無視しえない場合がある．それを回避するには2種類の染料を用いる（2色LIF）．蛍光強度の温度に対する依存性および発光波長が異なる2種類の染料A，Bを混ぜて溶解させ，励起光を照射する．ダイクロイックビームスプリッタや色フィルタによって波長を分離し，2台のカメラで同時撮影すれば蛍光強度比は

$$\frac{I_A}{I_B}=\frac{I_0' C_A \phi_A \varepsilon_A}{I_0' C_B \phi_B \varepsilon_B}=\frac{C_A \phi_A \varepsilon_A}{C_B \phi_B \varepsilon_B} \quad (4.5.12)$$

となり，局所励起光強度 I_0' に依存しない．図4.43は上面冷却・下面加熱された矩形容器内の自然対流を2色LIFで計測した例である[11]．図4.43はRhodamin BおよびRhodamin 110の蛍光画像と両者の比を画像化した図である．蛍光画像には光の屈折に伴うスジが多く現れているが，強度比画像にはほとんど現れず温度プルームが明瞭に観察される．この計測におけるランダム誤差は±0.17℃である．

このほかに，蛍光強度のPHに対する依存性を利用した温度とPH濃度の同時計測[12]や，PIVとLIFによる温度と速度の同時計測[13]など，複数の物理量の同時計測が試みられている．［榊原　潤］

文　献

1) 中山泰喜，青木克巳（編）：可視化技術の手ほどき，朝倉書店，1998.
2) 可視化情報学会（編）：PIVハンドブック，森北出版，2002，172-191.
3) J. A. Mullin, W. J. A. Dahm : Exp. Fluids, **38**(2), 2005, 185-196.
4) C. Brucker : Appl. Sci. Res., **56**(2-3), 1996, 157-179.
5) T. Hori, J. Sakakibara : Meas. Sci. Tech., **15**(6), 2004, 1067-1078.
6) 小林敏夫ほか：日本機械学会論文集（B編），**55**(509)，1989，107-114.
7) 西野耕一ほか：日本機械学会論文集（B編），**55**(510)，1989，404-412.
8) 植村知正ほか：可視化情報，**10**(38)，1990，196-202.
9) K. Nishino, K. Torii : Transport Phenomena in Thermal Engineering (J. S. Lee *et al*. eds.), Begell house, **2**, 1993, 1411-1416.
10) K. Nishino *et al*.: Int. J. Heat Fluid Flow, **17**(3), 1996, 193-201.
11) J. Sakakibara, R. J. Adrian : Exp. Fluids, **37**(3), 2004, 331-340.
12) J. Coppeta J, C. Rogers : Exp. Fluids, **25**(1), 1998, 1-15.
13) J. Sakakibara *et al*.: Exp. Fluids, **16**(2), 1993, 82-96.
14) 青木克巳：可視化情報学会誌，**24**(93)，2004，109-115.

4.6　データ処理法

乱流運動の最大の特徴は時・空間的な不規則性である．図4.44[1]に示すように，乱流場の速度（圧力，温度など）は瞬間的に不規則な変動をしてお

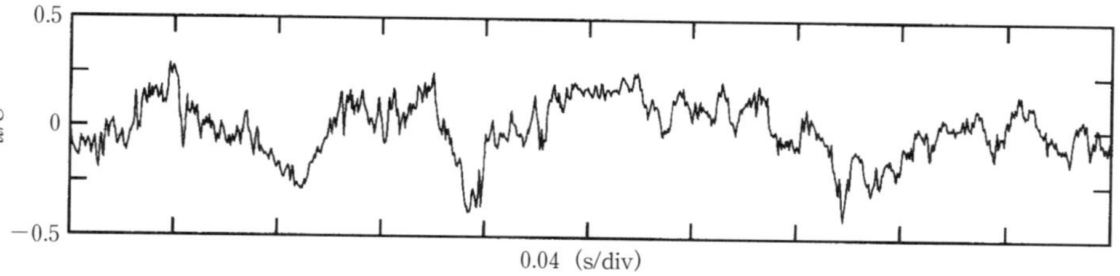

図 4.44 風洞中に形成した準等方性乱流場の速度変動（U=7 m/s）[1)]

り，一見，そのなかに規則性を見出すことは困難であるが，計測手法やデータ処理によって乱流場の特性や秩序構造を解明できる．たとえば，一般的な時間平均以外にも，条件付抽出法を用いたアンサンブル平均処理により，剪断乱流中に存在している秩序運動がとらえられている．このような不規則な速度変動の統計処理に関して，確率密度分布やスペクトル解析，構造関数などを用いた解析が行われている．近年はデータ処理機器の発達とともに，ウェーブレット解析，POD 解析など，検出条件に依存しない，より客観的な手法も用いられる．

4.6.1 成分分解とアンサンブル平均

乱流場中で速度の瞬間計測には，おもに熱線流速計や LDV（laser doppler velocimeter）が用いられる．これらは，ある位置における点計測であり，計測点における各種統計量，たとえば，平均流速，乱流強度，レイノルズ応力などが求められる．しかし，多点計測や条件付計測[2)]によって乱流場の空間構造もとらえることが可能である．

噴流や物体後流中の秩序渦[3)]，バックステップ流れ中の渦放出[4)]など，周期性をもつ乱流現象や，境界層中に発生するバーストや種々の渦構造の通過[5)]など，ランダムに検出される乱流信号に対しても，適切な条件付けに基づいてデータを抽出し，次式に示すアンサンブル平均処理（ensemble average）$\langle f(\boldsymbol{x}, \tau)\rangle$ を行うことによって捕捉・検出が可能である．

$$\langle f(\boldsymbol{x}, \tau)\rangle = \frac{1}{N}\sum_{i=1}^{N} f(\boldsymbol{x}, t_i+\tau) \qquad (4.6.1)$$

ここで，f は計測点 $\boldsymbol{x}$ における速度，圧力，温度などの瞬間値，t_i は各イベント（周期的あるいは非周期的現象）の発生時刻，N はアンサンブル平均回数（現象の出現数）である．t_i を起点として，時間 τ を変数とするアンサンブル平均操作によって，アンサンブル平均波形を求めることができる（図 4.45）．アンサンブル平均が時間に依存せず一定で，かつ，それが時間平均

$$\overline{f(\boldsymbol{x})} = \lim_{T\to\infty}\frac{1}{T}\int_0^T f(\boldsymbol{x}, t)\,\mathrm{d}t \qquad (4.6.2)$$

と一致するとき，エルゴールド的であるという．

一般に，流速の瞬間値 u は次式のように平均値と変動（fluctuation）に分けられる．これを二成分分解という．すなわち，

$$u = \langle u\rangle + u' \qquad (4.6.3)$$

ここで，エルゴールド的ならば $\langle u\rangle = \bar{U}$ となり，レイノルズ分解（Reynolds decomposition）を用いることができ，時間平均流速 $\bar{U}$ を用いて，

$$u = \bar{U} + u' \qquad (4.6.4)$$

乱流中に秩序的な運動が存在すると考えられる場合，流速 u を平均速度 U と秩序成分 u_c，乱雑成分 u_r に分解する三成分分解[6)]が用いられる．

$$u = \langle u\rangle + u_r = U + u_c + u_r \qquad (4.6.5)$$

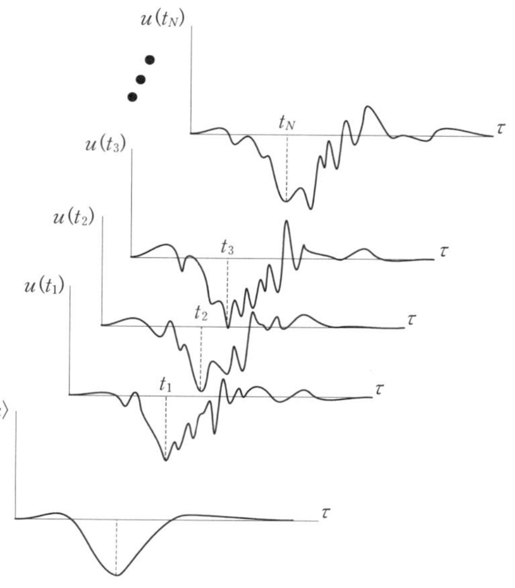

図 4.45 条件付計測とアンサンブル平均

上式を，ナビエ-ストークス方程式（2.2節）や乱流エネルギー方程式（2.2節）に代入し，平均成分，秩序成分，乱雑成分の各項間の運動量やエネルギー輸送が求められている[7]．

円柱後流や噴流など，周期性の強い速度変動を有するような乱流場では，秩序成分の発生を検出する参照プローブと計測用プローブを併用して，アンサンブル平均された情報 $\langle u\rangle$，u_c，および，乱雑成分 u_r を得ることができる．その場合，励起信号成分や特徴的な変動波形が発生する位置に設置した参照プローブからの参照信号を基準にして，それらの位相角 θ（または，式（4.6.1）の τ）に関して計測用プローブで得られる速度信号の1周期分をコンピュータに取り込み，アンサンブル平均回数（N 回）繰り返して計測し，アンサンブル平均処理を行うことにより，各位相 θ（τ）におけるアンサンブル平均速度 $\langle u\rangle$，秩序成分 u_c，乱雑成分 u_r が求められる．

図4.46に，2次元噴流の位相平均速度ベクトルおよび位相平均渦度分布を示す[8]．このように，点計測でも条件付平均を施すことにより乱流場の空間構造をとらえることができる．ただし，事象の発生が不規則であったり，複数のモードが時・空間的に混在している場合は，アンサンブル平均結果に不正確さを伴い，可視化や多チャネルプローブ（4.1.1項）などで得られた瞬間像と比較検討する必要がある．

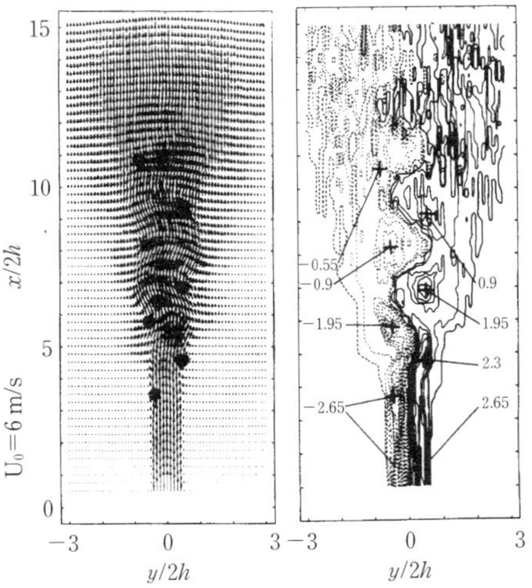

図 4.46　2次元噴流の位相平均速度ベクトルと渦度分布[8]

4.6.2　秩序運動の検出法

1）VITA法　VITA法[10]（variable interval time averaging）は，一見乱雑な速度変動成分中に存在する特徴的な運動（構造），たとえば，乱流境界層のバースト現象[11]などの検出に用いられる手法である．VITA法は局所的な平均値を

$$\hat{u}(t)=\frac{1}{T}\int_{t-0.5T}^{t+0.5T}u(\tau)\,\mathrm{d}\tau \qquad (4.6.6)$$

とするとき，k をある定数として，

$$\widehat{\mathrm{var}}(t)=\hat{u}^2(t)-[\hat{u}(t)]^2>ku_{\mathrm{rms}} \qquad (4.6.7)$$

の条件を基準としてサンプリングする手法である．図4.47は，結果の一例として，2次元チャネル乱流の速度変動と式（4.6.7）の $\widehat{\mathrm{var}}(t)$ を示す[12,13]．ここでは，閾値を $k=1$，検出条件をより明確にするために $\mathrm{d}u/\mathrm{d}t>0$ を加えて，バーストを検出している．VITA法は速度の1方向成分（u）のみを用いてサンプリングできる簡便な手法であるため，多くの研究で用いられてきた．しかし，検出パラメータ k，T などの選定に任意性をもつため，結果の厳密性に十分な注意が必要である．

2）四象限解析　四象限解析は，乱流の2方向速度成分を用いた解析手法である．乱流中で速度変動の2方向成分 u，v の積 $-\overline{uv}$ はレイノルズ応力と呼ばれ，乱れによる運動量輸送を表すとともに，エネルギー方程式（2.2節参照）中で乱れの生成に関与する重要な量である．

k を定数とするとき，$-\overline{uv}>k$ を条件としてサンプリングする手法を四象限解析[14,15]（quadrant analysis）という．k の値は検出すべき成分の強さを決定する．たとえば，乱流境界層内で uv 面上の第2または4象限において大きなレイノルズ応力が生じたときに，その信号を取り込むことである．す

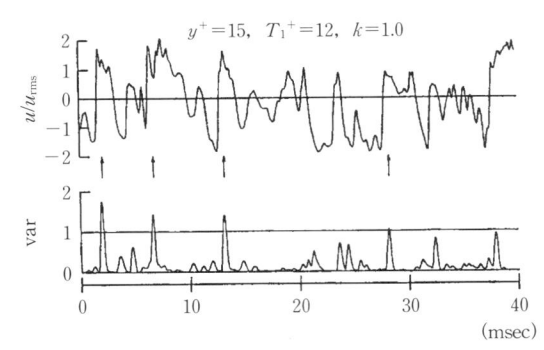

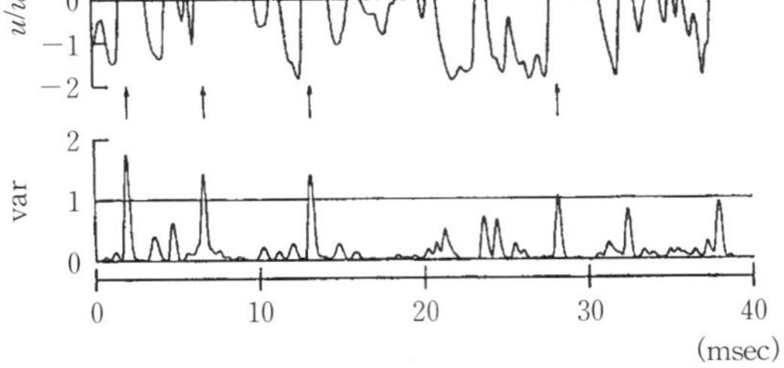

図 4.47　VITA法によって検出されたバースト現象[13]

なわち，第2象限に対応する低速上昇流（ejection）と第4象限に対応する高速下降流（sweep）を検出することに相当する．たとえば，$k=4.5$ として強い低速上昇流を，$k=2.5$ として強い高速下降流を検出した例がある[15]．また，$k>0$ で uv 面上の第1象限のときは高速流の外向き運動，第3象限のときは低速流の内向き運動としてとらえられている[13]．結果はサンプリング位置や定数 k の値に依存するため，その解釈に注意が必要である．

4.6.3 統計処理

1） 変動の確率密度分布・構造関数　乱流場の普遍的な性質を解明することは重要であり，一様等方性乱流や一様剪断乱流などで乱流変動の統計的性質を調べるために，速度や温度変動の瞬間値 $f(\boldsymbol{x}, t)$ の平均や rms 値のほかに，確率密度分布や，次式で定義されるスキューネス S，フラットネス F が用いられている．すなわち，

$$S=\frac{\overline{f^3}}{(\overline{f^2})^{3/2}} \tag{4.6.8}$$

$$F=\frac{\overline{f^4}}{(\overline{f^2})^2} \tag{4.6.9}$$

スキューネスは確率密度分布 p の正規分布

$$p(f)=\frac{1}{\sigma\sqrt{2\pi}}\exp\left[-\frac{1}{2}\left(\frac{f-\mu}{\sigma}\right)^2\right],\quad \sigma>0 \tag{4.6.10}$$

（σ：標準偏差，μ：分布の平均値）に対するゆがみ度を，フラットネスは扁平度を表すものである．正規分布のとき，$S=0$，$F=3$ となる．Van Atta と Antonia[16] は，大気乱流や剪断乱流などの速度変動の確率密度分布は，一般的にほぼ正規分布をしているが，その微分値のフラットネスが乱流レイノルズ数とともに増加することを示し，乱流場の微細構造に空間的な間欠性が存在することを指摘した（9.1節参照）．

また，r だけ離れた2点の速度差の n 乗で定義される構造関数

$$\overline{\{u(\boldsymbol{x}+r, t)-u(\boldsymbol{x}, t)\}^n} \tag{4.6.11}$$

が用いられる（7.3節参照）．2次の構造関数は次節のスペクトルと類似し，3次の構造関数は慣性小領域（9.1.1項参照）で微細構造の間欠性の影響を受けず，乱流の普遍的な性質[17~20] を調べるために用いられる．構造関数の値と次数 n の関係を調べることによって，局所的な散逸や速度勾配などの微細構造の特性が空間的に不均一であること（微細構造の間欠性）が示されており，Kolmogorov（1962）のモデル[17] や β モデル[18] など，乱流場の微細構造に関するモデルが提案されている[19,20]．

2） スペクトル解析　スペクトル解析[21] は，フーリエ（Fourier）級数展開を応用した手法であり，時空間的にランダムな乱流現象を波数空間に変換することにより各（周）波数成分について解析することができる．Taylor[22] は，乱流研究において スペクトルや相関の概念を導入し，最も単純な乱流場である一様等方性乱流に関する統計理論（9.1.1項参照）を確立した．

乱流の速度変動（図4.44）の時系列信号 $u(t)$ のフーリエ変換は，次式で定義される．

$$U(f)=\int_{-\infty}^{\infty}u(t)\,e^{-i2\pi ft}\mathrm{d}t \tag{4.6.12}$$

$U(f)$ はフーリエ級数の周波数ごとの成分であり，そのエネルギー分布は，

$$S_{uu}(f)=\lim_{T\to\infty}\left[\frac{1}{T}E\{|U(f)|^2\}\right] \tag{4.6.13}$$

で与えられ，一般的にパワースペクトルと呼ばれる．また，自己相関関数

$$\begin{aligned}R_{uu}(\tau)&=E\{u(t)\,u(t+\tau)\}\\&=\lim_{T\to\infty}\frac{1}{T}\int_{-T/2}^{T/2}u(t)\,u(t+\tau)\mathrm{d}t\end{aligned} \tag{4.6.14}$$

とフーリエ変換とは逆変換の関係になる．すなわち，

$$S_{uu}(\omega)=\frac{1}{2\pi}\int_{-\infty}^{\infty}R_{uu}(\tau)\,e^{-i\omega\tau}\mathrm{d}\tau \tag{4.6.15}$$

$$R_{uu}(\tau)=\int_{-\infty}^{\infty}S_{uu}(\omega)\,e^{i\omega\tau}\mathrm{d}\omega \tag{4.6.16}$$

これをウィナー-キンチン（Wiener-Khintchine）の定理と呼ぶ．

スペクトル解析により乱流理論の検証が行われている．また，乱流エネルギーの波数分布や種々の特性（渦）スケール（4.7節参照）を算出し，乱流場の特性が決定される．図4.48は，大気乱流や潮流，風洞乱流などの速度変動のエネルギースペクトル分布であり，Makita の例に関して，インテグラルスケール（積分特性距離）L_{ux}，Talyor のマイクロスケール（微分特性距離）λ_f，および，コルモゴロフスケール η を示している．図中，コルモゴロフの−5/3乗則が成立している領域を慣性小領域

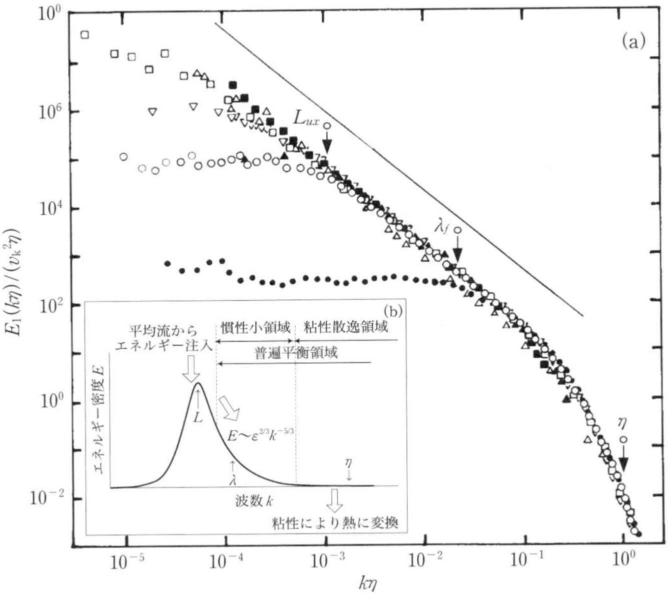

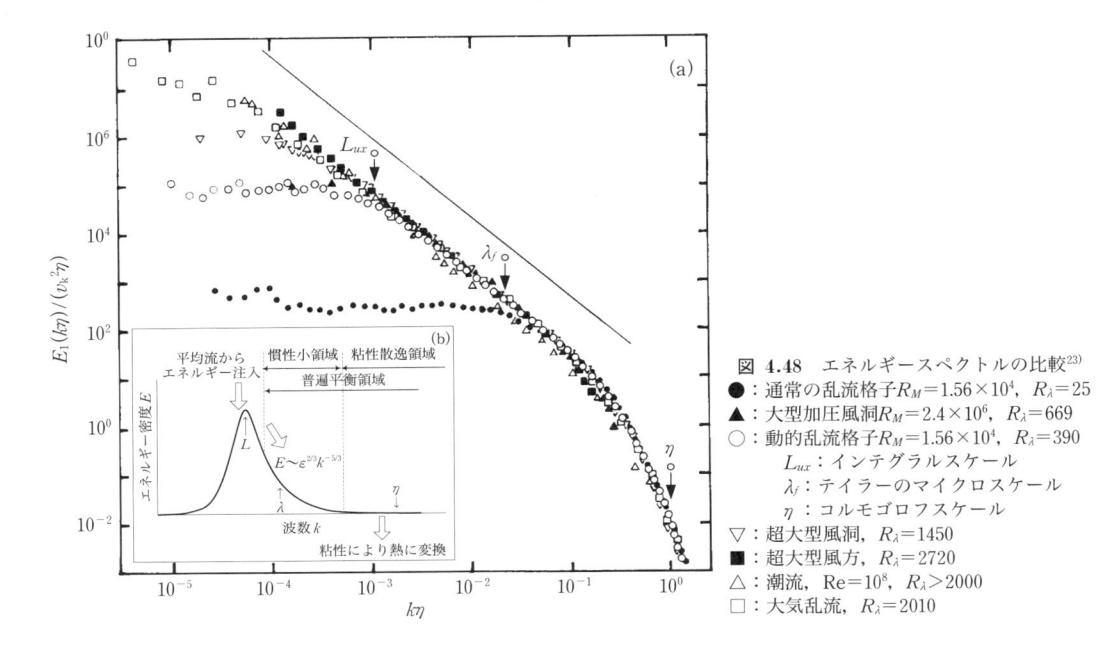

図 4.48 エネルギースペクトルの比較[23)]
●：通常の乱流格子$R_M=1.56\times10^4$，$R_\lambda=25$
▲：大型加圧風洞$R_M=2.4\times10^6$，$R_\lambda=669$
○：動的乱流格子$R_M=1.56\times10^4$，$R_\lambda=390$
L_{ux}：インテグラルスケール
λ_f：テイラーのマイクロスケール
η：コルモゴロフスケール
▽：超大型風洞，$R_\lambda=1450$
■：超大型風方，$R_\lambda=2720$
△：潮流，$\mathrm{Re}=10^8$，$R_\lambda>2000$
□：大気乱流，$R_\lambda=2010$

(9.1.1項参照）と呼ぶ．慣性小領域の左側は，一般的に非平衡な低波数領域，右側の高波数側が粘性散逸領域であり，低波数領域ではインテグラルスケールが，粘性散逸領域ではコルモゴロフスケールが代表的な渦スケールである．また，慣性小領域および粘性散逸領域を合わせて，普遍平衡領域という．図4.48(a）は，両対数グラフであるが，線形座標でも表示される（図4.48(b))．平均流（平均速度勾配）からインテグラルスケール付近の大きな渦にエネルギーが注入され，エネルギーカスケード過程を通して，より小さい渦構造へ輸送され，コルモゴロフスケール程度の微細渦により乱流エネルギーが粘性散逸される（第6節参照）．

また，スペクトル解析によって鈍頭物体後流やバックステップ流れなど，周期的に放出される剥離渦が観察される場合，計測した速度変動から渦放出周波数 f を求めることによって，無次元渦放出周波数であるストローハル数 $\mathrm{St}=fD/U_\infty$ が決定される．U_∞ は主流流速，D は物体の代表長さである．たとえば，円柱の場合，レイノルズ数 $\mathrm{Re}=10^2\sim10^5$ において $\mathrm{St}\fallingdotseq0.2$ であることが知られている（9.3.3項参照）．

3) ウェーブレット解析　ウェーブレット解析は，1980年代にモレー（Morlet）が石油探査のために開発した解析手法である．Argoul[24)] はそれを乱流研究に応用し，風洞乱流の速度変動のカスケードプロセスを説明した．

現在，ウェーブレット解析は，離散的情報を処理する離散ウェーブレット変換もあるが，乱流解析では連続ウェーブレット変換が主として用いられる．噴流や後流などの剪断乱流中で放出された渦の構造やスケールに時間的な不規則性が伴う場合，スペクトル解析では，時間的に平均されるためそれらの構造を厳密には抽出できない．このような場合，周波数・時間軸情報を与えることのできるウェーブレット解析が利用される．

時系列信号を $s(t)$ とするとき，それに対するウェーブレット変換は，

$$W(a,b)=\frac{1}{\sqrt{a}}\int\Psi\left(\frac{t-b}{a}\right)s(t)\,\mathrm{d}t \qquad (4.6.17)$$

で定義される．W はウェーブレット係数，Ψ は相関の基底関数として与えられるウェーブレット関数であり，その積分値は零となる．一般的に，乱流解析では，Ψ に Gabor 関数

$$\Psi(t)=\frac{1}{\pi^{1/4}}\left(\frac{\omega_0}{\sigma}\right)^2\exp\left[-\frac{1}{2}\left(\frac{\omega_0}{\sigma}\right)^2t^2+j\omega_0t\right] \qquad (4.6.18)$$

が最も使用されている．これは ω_0 を中心周波数とする時間-周波数の局在性が良好な関数である．その他のウェーブレット関数として，Mexican hat

$$\Psi(t)=-\frac{d^2}{dt^2}\exp\left(-\frac{t^2}{2}\right)=(1-t^2)\exp\left(-\frac{t^2}{2}\right) \tag{4.6.19}$$

や Morley ウェーブレット

$$\Psi(t)=\exp(jqt)\exp\left(-\frac{t^2}{2A}\right)-\exp\left(-\frac{q^2}{2A}\right)\exp\left(-\frac{t^2}{2A}\right) \tag{4.6.20}$$

($q, A>0$ は定数)，French hat などがあり[25]，解析対象の特徴に応じて使い分けられる．

ウェーブレット解析の例として，図 4.49 は球後流（Re＝2870）をＩ型熱線プローブで計測した速度変動波形およびウェーブレット解析結果を比較したものである．スペクトル解析は時間平均的な情報しか提供できないが，ウェーブレット解析では，乱流場の非定常現象の周波数特性も解析できる．さらに，任意の形状を有するウェーブレット関数を用いた解析もできるため，乱流場中の秩序構造を抽出する手法としても応用される．また，ウェーブレット画像圧縮技術に基づいた PIV，ウェーブレット多重解像度解析なども行われている．

ウェーブレットの入門書としては，Chui[26]，榊原[25]のものがある．また，乱流研究については Farge[27]，榊原ら[28]を，大気乱流への応用については山田[29]に詳しい．

4）POD 解析　Lumley[30]によって提言された固有関数展開法は，一般的に POD 解析（proper orthogonal decomposition）と呼ばれる．乱流中で多点計測した速度信号などを固有関数に分解したとき，それぞれの固有関数は全乱流エネルギーに対する寄与割合を示す．したがって，固有関数を調べることによって乱流中に存在する秩序運動などを抽出することができる．なお，POD 解析は KL（Karhunen-Loève）展開とも呼ばれる．

乱流場中の各点における速度変動を u_i，u_j とするとき，その相互相関を求めると，

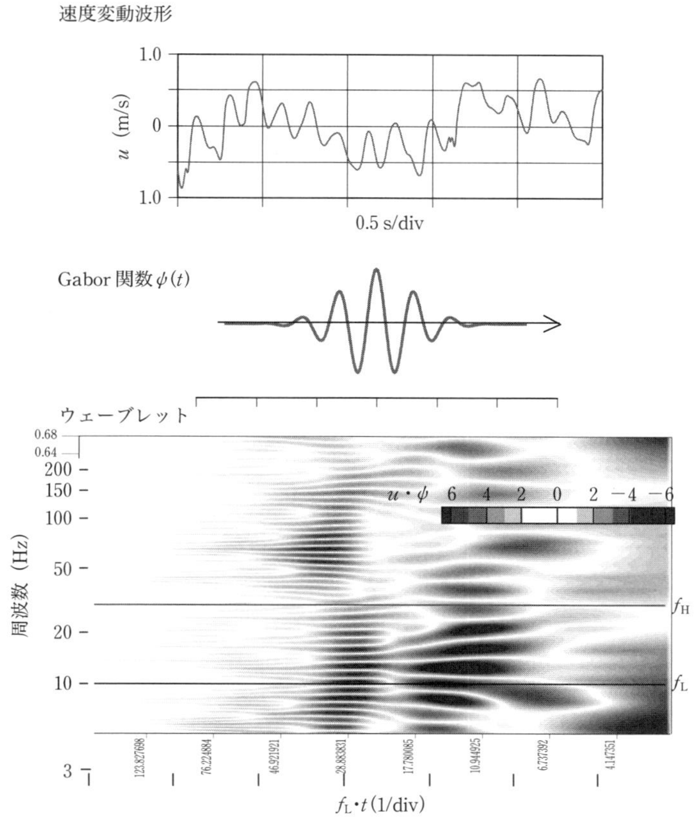

Re＝2870，X/d＝2.0，f_L：low modeの渦放出周波数

図 4.49 球後流で熱線計測された速度変動のウェーブレット解析結果

$$R_{i,j}(\boldsymbol{r}, \boldsymbol{r}') = \langle u_i(\boldsymbol{r}, t)\, u_j(\boldsymbol{r}', t)\rangle \qquad (4.6.21)$$

となる．固有値を $\lambda_i^{(n)}$，固有関数を $\Psi_i^{(n)}$ とするとき，これらは相互相関の積分方程式

$$\int R_{i,j}(\boldsymbol{r}, \boldsymbol{r}')\, \Psi_i^{(n)}(\boldsymbol{r}')\,\mathrm{d}\boldsymbol{r}' = \lambda_i^{(n)} \Psi_i^{(n)}(\boldsymbol{r}),$$
$$n = 1, 2, \cdots, N \qquad (4.6.22)$$

を解くことによって得られる．ここで，$n=1, 2, \cdots, N$ で，N は $R_{i,j}$ を構成する相互相関の数である．固有関数 $\Psi_i^{(n)}$ を用いて変動量 u_i，u_j などを再構成することができる．上式によって展開された成分の全エネルギー，すなわち，もとの変動量の全エネルギー $\lambda_i^{\mathrm{total}}$ は，

$$\lambda_i^{\mathrm{total}} = \sum_{n=1}^{N} \lambda_i^{(n)} \qquad (4.6.23)$$

で求められる．$\lambda_i^{(n)}$ は，$\lambda_i^{\mathrm{total}}$ に対する第 n 基底の寄与を表しており，第 K 番目の構成成分のみによる変動量の再構成は，$a^{(n)}(t)$ をランダム変数として，次式で表される．

$$u_i(\boldsymbol{r}, t) = \sum_{n=1}^{K} a^{(n)}(t)\, \Psi_i^{(n)}(\boldsymbol{r}) \qquad (4.6.24)$$

$$a^{(n)}(t) = \int u_i(\boldsymbol{r}, t)\, \Psi_i^{(n)}(\boldsymbol{r})\,\mathrm{d}\boldsymbol{r} \qquad (4.6.25)$$

上式を用いることによって観察したい基底の成分だけで解析対象（波形）を再構成できる．

図 4.50 は，12 本の X 型熱線プローブを用いて，2 次元混合層の速度変動を POD 解析の結果[31]である．オリジナルの渦度分布（図 4.50(a)）に対して，第 1 基底のみの渦度分布は，小規模な渦度分布が除かれたものになっている．POD 解析は，乱流混合層[31]，噴流[32]，後流[33]，乱流境界層[34]などさまざまな流れ場において用いられている．POD 解析に関する詳しい資料として，Holmes ら[35]を参照されたい．

上記のように，乱流場の解析にはさまざまな解析手法が用いられる．スペクトル解析は速度変動中の特徴的な周波数成分を検出する場合に有効な解析技術であるが，周波数成分が定常的でない場合，時間軸情報を残したまま周波数解析を行えるウェーブレット解析が役立つ．POD 解析では，周波数情報は抽出できないが，空間計測された速度変動のうち相互相関が高い領域が時・空間的にどのように分布しているかを解析可能である． **［蒔田秀治］**

文　　献

1) H. Makita : Fluid Dynamics Res., **8**, 1991, 53-64.
2) L. S. G. Kovaszay *et al.* : J. Fluid Mech., **41**, 1970, 283-325.
3) A. K. M. F. Hussain, K. B. M. Q. Zaman : J. Fluid Mech., **101**, 1980, 493.
4) S. Yoshioka *et al.* : Int. J. Heat Flow, **22**(4), 2001, 393.
5) G. R. Offen, S. J. Kline : J. Fluid Mech., **62**, 1974, 223.
6) A. K. M. F. Hussain : Phys. Fluids, **26**, 1983, 2816.
7) 蒔田秀治ほか：日本機械学会論文集（B 編），**70**(698)，2004，2507-2514.
8) 蒔田秀治ほか：日本機械学会論文集（B 編），**58**(555)，1992，3237-3244.
9) T. S. Luchik, W. G. Tiederman : J. Fluid Mech., **174**, 1987, 529.
10) R. F. Blackwelder, R. E. Kaplan : J. Fluid Mech., **76**, 1976, 89-112.
11) H. T. Kim *et al.* : J. Fluid Mech., **50**, 1971, 133-160.
12) C. P. Chen, R. F. Blackwelder : J. Fluid Mech., **89**, 1978, 1-33.
13) 佐野：機械学会第 71 期全国大会資料集 G，**930**(63)，1993，296-300.
14) J. M. Wallace *et al.* : J. Fluid Mech., **54**, 1972, 34-48.
15) S. S. Lu, W. W. Willmarth : J. Fluid Mech., **60**, 1973, 481-512.
16) C. W. Van Atta, R. A. Antonia : Phys. Fluids, **23**, 1980, 252-257.
17) A. N. Kolmogorov : J. Fluid Mech., **13**, 1962, 82-85.
18) U. Frisch *et al.* : J. Fluid Mech., **87**, 1978, 719-736.
19) U. Frish : Turbulence, The Legacy of A. N. Kol-

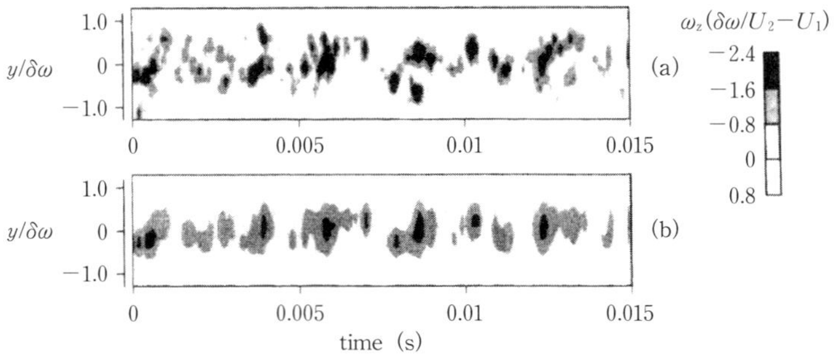

図 4.50 2 次元混合層の速度変動の POD の解析結果[31]
(a) オリジナル波形を用いた渦度分布，(b) 第 1 基底のみを用いた渦度分布．

mogorov, Cambridge Univ. Press, 1995.
20) 後藤俊幸：乱流理論の基礎，朝倉書店，1998.
21) 日野幹雄（総編）：スペクトル解析ハンドブック，朝倉書店，2004.
22) G. K. Batchelor : The Theory of Homogeneous Turbulence, Cambridge Univ. Press, 1953.
23) 蒔田秀治：ながれ，**21**(5)，2002，409.
24) F. Argoul : Nature, **338**(2), 1989, 51-53.
25) 榊原　進：ウェーブレットビギナーズガイド，東京電機大学出版局，1995.
26) C. K. Chui : An Introduction to Wavelets, Academic Press, 1992 (C. K. チュウイ著：ウェーブレット入門，東京電機大学出版局，1993).
27) M. Farge : An. Rev. of Fluid Mech., **24**, 1992, 395-457.
28) 榊原ほか：可視化情報，**21**(82)，2001，141-169.
29) 山田：天気，**40**(9)，1993，663-670.
30) J. L. Lumley : Atmospheric Turbulence and Radio Wave Propagation (A. M. Yaglom, V. I. Tatarsky eds.), Nauka, Moscow, 1967, 166.
31) 石川ほか：日本機械学会論文集（B 編），**63**(610)，1997，2001-2008.
32) S. V. Gordeyev, F. O. Thomas : J. Fluid Mech., **460**, 2002, 349.
33) F. R. Payne, J. L. Lumley : Phys. Fluids (Suppl.), **10**, 1967, 194.
34) P. Holmes *et al.* : J. Fluid Mech., **192**, 1988, 115.
35) P. Holmes *et al.* : Turbulence, Coherent Structures, Dynamical Systems and Symmetry, Cambridge Univ. Press, 1996, 86-128.

4.7 不確かさ解析

あらゆる計測データには誤差（error）が含まれている．したがって，得られる実験結果と理論，モデル，他の実験データとの比較・評価には，そこに含まれる誤差を定量的に評価しておく必要がある．工学的な計測ではほとんどの場合，真の値（true value）が未知であるから，数学的に厳密な取扱いが直接適用できることは少ない．そこで，誤差を直接評価する代わりに，不確かさ（uncertainty）という概念が使われる．不確かさとは，ある確率のもとで，個々の測定値あるいはそれらから計算される最終的な実験結果に含まれる誤差の限界値を推定したものである．逆に，不確かさの区間（uncertainty interval）が示されると，それは同じ確率で真の値を含むことが期待できる．

不確かさ解析は単に報告書や論文を書く際の補足的仕事と考えるのは誤りで，計画される実験の前に行うことで，より積極的な意味をもつようになり，そうあってこそこの解析の意義が十分活きてくる．

すなわち，まず，実験を計画する段階において，実験方法，実験条件，測定機器を仮定し，個々の測定に付随する不確かさが，最終的に得られる実験結果の不確かさ区間にどのように影響するかを解析する．そして，最終的な実験結果に許される不確かさの許容値と比較し，実験方法，実験条件，測定機器の選択にフィードバックさせる．このことにより，各測定値に対して不必要に高い精度を求めることも，また実験後に実験値のばらつきの大きさにあわてることもなくなる．また，経験の少ない実験者がむやみに精度の高い測定機器を要求しがちなことも避けられ，許されるコストと期間で最良の実験を計画することができる．

不確かさについては，すでに優れた解説や成書[1~5]があるので，ここでは，ANSI/ASME「計測の不確かさ」[1,2]に従って，ごく基本的な内容を説明することとする．

4.7.1 かたより誤差と偶然誤差

誤差とは，測定値から真の値を引いた差として定義される．全誤差（total error）δ_k は，かたより誤差（bias error）β と偶然誤差（precision error）ε_k を含む．すなわち，

$$\delta_k = \beta + \varepsilon_k \tag{4.7.1}$$

である．添字 k は k 番目の測定値を意味する．

まず，偶然誤差に関しては，測定値の母集団の確率密度分布の広がりの指標である標準偏差の推定値として，次に定義する測定値 X_k の分布の精密度（precision index）S_X を用いる．

$$S_X = \sqrt{\sum_{k=1}^{N} \frac{(X_k - \bar{X})^2}{(N-1)}} \tag{4.7.2}$$

$$\bar{X} = \sum_{k=1}^{N} \frac{X_k}{N} \tag{4.7.3}$$

ここで，N は測定回数，$\bar{X}$ は測定値 X_k の平均値（試料平均）である．偶然誤差を小さくするには，測定値として平均値 $\bar{X}$ を用いるとよいが，その場合，平均値の分布の精密度は，$S_{\bar{X}}/\sqrt{N}$ となる．そのため，実験条件を一定に保って数多くのサンプル測定値を得たり，複数の測定機器を用いて反復測定を行って平均値 $\bar{X}$ が計算される．

全誤差のなかの第 2 の成分は，かたより誤差であり，これは実験期間を通じて変化のない一定値である．かたより誤差の上限に対する推定値を，正確度（bias limit）B という．正確度を推定するのは一般

に容易ではないが，たとえば，異なる実験装置間で比較試験を行う，実際の測定器と標準器との比較を行う，異なる原理や校正方法に基づいた測定結果を比較するなどの方法によって推定する．しかし，かたより誤差に関する情報がまったく得られない場合は，実験者の経験と判断で推定せざるをえない．

ある測定パラメータの実験値を得るに至るまでの種々の要素誤差要因は，(1) 校正，(2) データ収集，(3) データ処理，の各過程に伴う誤差に分類される．校正とは，実験に使用される測定器の測定値を，標準器をはじめとするより精度の優れた校正機器と比較することである．つまり，測定器のかたより誤差を，校正機器と比較校正の際に生ずる偶然誤差と校正機器自身のかたより誤差の合成値である，より小さな誤差で置き換える作業である．

データ収集においては，実際に用いられる計測系の各構成要素に伴う誤差に加えて，環境の影響，プローブ挿入に伴う誤差，測走パラメータの空間的な非均一性に基づく誤差など，データ収集時のあらゆる誤差要因が対象となる．

データ処理に伴う誤差は，たとえば校正曲線の当てはめや数値計算の精度などに伴うが，通常これらの誤差は無視しうるほど小さい場合が多い．

計測の総括精密度は，上述の各要素誤差要因に対する要素精密度より，次式で計算される．

$$S=\sqrt{\sum_{j=1}^{3}\sum_{i=1}^{K_i}S_{ij}^2} \qquad (4.7.4)$$

ここで，j は誤差要因の区分を示し，$j=1$ は校正，$j=2$ はデータ収集，$j=3$ はデータ処理を意味する．K_j は，各 j の過程における要素誤差要因の数を示す．総括正確度も同様に，

$$B=\sqrt{\sum_{j=1}^{3}\sum_{i=1}^{K_i}B_{ij}^2} \qquad (4.7.5)$$

と計算される．精密度と正確度から不確かさを計算するには，総括精密度の自由度 (degrees of freedom) と，それに対するスチューデント t 値を求める必要がある．すべての誤差要因の精密度が十分な試料の大きさ（たとえば，30 以上）に基づいて計算されていれば，自由度は 30 以上とし，$t=2$ としてよい．しかし，小数の試料に対する要素精密度が含まれる場合には，自由度 ν を次の Welch-Satterthwaite の式から計算し，対応するスチューデント t 値を表 4.5 から算出する．

表 4.5　95%信頼度での対称スチューデント t 値

自由度 ν	t 値	自由度 ν	t 値
1	12.706	16	2.120
2	4.303	17	2.110
3	3.182	18	2.101
4	2.776	19	2.093
5	2.571	20	2.086
6	2.447	21	2.080
7	2.365	22	2.074
8	2.306	23	2.069
9	2.262	24	2.064
10	2.228	25	2.060
11	2.201	26	2.056
12	2.179	27	2.052
13	2.160	28	2.048
14	2.145	29	2.045
15	2.131	>30	2.0

$$\nu=\frac{\sum_{j=1}^{3}\sum_{i=1}^{K_i}S_{ij}^2}{\sum_{j=1}^{3}\sum_{i=1}^{K_i}S_{ij}^4/\nu_{ij}} \qquad (4.7.6)$$

ここで，$\nu_{ij}=N_{ij}-1$，N_{ij} は S_{ij} の計算に用いた試料の個数である．

4.7.2　不確かさ解析の方法

単一測定量の複数回の測定の平均値 $\bar{X}$ を最終的な実験結果とすると，その不確かさ区間は次のように表示される．

$$\bar{X}\pm U \qquad (4.7.7)$$

ここで，不確かさ U は，式 (4.7.7) が真の値を含むと期待される 95% 包括度 (coverage) で，次のように計算される．

$$U_{RSS}=\sqrt{B^2+(tS_{\bar{X}})^2} \qquad (4.7.8)$$

複数パラメータの測定値に基づく実験結果の不確かさを考慮する場合，各パラメータの総括精密度，総括正確度が推定されると，測定パラメータのある関数として定義される最終的な実験結果の不確かさ区間は，テイラー展開に基づく方法によって計算する．すなわち，各パラメータの平均値 $\bar{P}_i$ によって結果 r が

$$r=f(\bar{P}_1, \bar{P}_2, \mathrm{L}\,\bar{P}_J) \qquad (4.7.9)$$

によって得られるとすると，結果の絶対精密度および絶対正確度は，

$$S_r=\sqrt{\sum_{i=1}^{J}(\theta_i S_{\bar{P}_i})^2} \qquad (4.7.10)$$

$$B_r=\sqrt{\sum_{i=1}^{J}(\theta_i B_{\bar{P}_i})^2} \qquad (4.7.11)$$

で与えられる．ここで，θ_i は感度係数で，

$$\theta_i=\frac{\partial r}{\partial P_i} \qquad (4.7.12)$$

である．また，$S_{\bar{P}_i}$ および $B_{\bar{P}_i}$ は，各測定パラメータの平均値の総括精密度，総括正確度である．S_r および B_r を結果 r で除した値を，相対精密度，相対正確度という．

S_r の自由度 ν_r も式（4.7.6）と同様に，以下のように計算される．

$$\nu_r=\frac{(\sum_{j=1}^{3}\sum_{i=1}^{K_i}(\theta_i S_{\bar{P}_i})^2)^2}{\sum_{j=1}^{3}\sum_{i=1}^{K_i}(\theta_i S_{\bar{P}_i})^4/\nu_{\bar{P}_i}} \qquad (4.7.13)$$

ここで，$\nu_{\bar{P}_i}=N_i-1$，ν_r に対してスチューデント t 値が求められる．以上から，結果の不確かさは，

$$U_{rRSS}=\sqrt{B_r^2+(tS_r)^2} \quad (\text{約}\ 95\%\ \text{包括度}) \qquad (4.7.14)$$

となる．さらに M 回の実験結巣の平均値を報告する場合は，上式中の精密度 S_r は $1/\sqrt{M}$ 倍となる．

複数の測定パラメータ（温度，圧力など）から最終結果（流量など）が求められる場合，各パラメータの精密度，正確度は，結果に同じ重みで影響するわけではない．すなわち，各パラメータに含まれる誤差は，おのおのの感度係数との積として，結果の不確かさに伝播する．計測系を計画する際にはこの点の認識が重要で，一般に多くの誤差要因のなかで結果に大きな影響を与える主要な要素誤差は限られた数である場合が多い．また，結果 r がパラメータ X_i，の関数として，

$$r=AX_1^aX_2^b\cdots X_N^h \qquad (4.7.15)$$

と定義される場合，各パラメータの相対的な感度係数〔$=(X_i/r)(\partial r/\partial X_i)$〕は，$a, b, \cdots, h$ であるから，指数の絶対値の大きなパラメータほど精度よく測定する必要がある．このような検討の結果，どのパラメータの測定に最も注意を払うべきか，各測定器にどの程度の精度が要求されるか，考えられる複数の測定法のなかからどれを選択すべきかなどが明らかになる．

実験値のなかには，明確な理由もなく，ときにかけ離れたデータが現れることがある．これを異常値というが，ANSI/ASME の規約にはこれを客観的に排除する基準として修正トンプソン-τ 法が紹介されている．あるデータ群中の測定値 X_j とデータ群の平均値 $\bar{X}$ との差の絶対値 $\delta=|X_j-\bar{X}|$ が精密度の倍数（τS_X）以上となるとき，これを異常値と判定するもので τ の値は表として与えられている．

4.7.3 実験計画の例

ここでは，空気流のなかに置かれた細い加熱円柱周りの熱伝達率測定を例にとって，不確かさ解析に基づく実験計画[5]について考えてみる．簡単のために，輻射および軸方向の熱伝導が無視できると仮定する．円柱の直径を D，長さを L，表面温度を T，空気温度を T_a とすると，定常状態における伝熱量 Q と熱伝達率 h の関係は，

$$Q=hA(T-T_a),\ A=\pi DL \qquad (4.7.16)$$

である．したがって，定常法で熱伝達率を求める場合は，

$$h=\frac{Q}{\pi DL\Delta T} \qquad (4.7.17)$$

となる．ここで，$\Delta T=(T-T_a)$ とおいた．

一方，非定常法を用いた場合，円柱を加熱した状態から突然加熱を停止し，冷却過程における温度変化から熱伝達率を算出する．このとき円柱内部に温度分布が生じない（ビオ数が小さい）と仮定すれば温度変化は，円柱の質量を M，比熱 C_p を用いて

$$T=(T_{max}-T_a)\exp\left\{-\frac{hA}{MC_p}t\right\}+T_a \qquad (4.7.18)$$

と書くことができる．したがって，温度差が $1/e$ になる時刻を τ とおけば，

$$h=\frac{MC_p}{\pi DL}\cdot\frac{1}{\tau} \qquad (4.7.19)$$

で与えられる．

それでは，それぞれの測定法に伴う不確かさを計算してみよう．ここでは，簡単のため，正確度，精密度に分けずに計算を進めるが，分けた場合でも同様の議論が成り立つ．まず，定常法の場合，熱伝達率の不確かさ U_h の相対値は，不確かさの伝播式（式（4.7.10），（4.7.11））より，

$$\left(\frac{U_h}{h}\right)^2=\left(\frac{U_Q}{Q}\right)^2+\left(\frac{U_D}{D}\right)^2+\left(\frac{U_L}{L}\right)^2+\left(\frac{U_{\Delta T}}{\Delta T}\right)^2 \qquad (4.7.20)$$

となる．ここで，

$$U_D=0.01D,\ U_L=0.001L,\ U_{\Delta T}=0.5^\circ\text{C} \qquad (4.7.21)$$

と見積もる．そして，つねに $\Delta T=50^\circ\text{C}$ となるように，加熱量 Q を選んだとすると，

$$\left(\frac{U_h}{h}\right)^2=\left(\frac{U_Q}{Q}\right)^2+(0.01)^2+(0.001)^2+(0.01)^2 \quad (4.7.22)$$

となり，右辺第2項以降が小さいこと，および，式(4.7.16) より，

$$U_h \approx \frac{U_Q}{\pi DL\Delta T} \quad (4.7.23)$$

が得られる．したがって，不確かさの相対値は，

$$\frac{U_h}{h} \approx \frac{U_Q}{\pi DL\Delta T}\cdot\frac{1}{h} \quad (4.7.24)$$

のように，h に反比例することがわかる．

一方，非定常法を用いた場合，式 (4.7.19) より

$$\left(\frac{U_h}{h}\right)^2=\left(\frac{U_M}{M}\right)^2+\left(\frac{U_D}{D}\right)^2+\left(\frac{U_L}{L}\right)^2+\left(\frac{U_\tau}{\tau}\right)^2 \quad (4.7.25)$$

である．$U_M=0.01M$ と見積もると，

$$\left(\frac{U_h}{h}\right)^2=(0.01)^2+(0.01)^2+(0.001)^2+\left(\frac{U_\tau}{\tau}\right)^2 \quad (4.7.26)$$

となる．したがって，右辺では最終項のみが残り，式 (4.7.19) を用いると，相対不確かさは

$$\frac{U_h}{h} \approx \frac{\pi DLU_\tau}{MC_p}h \quad (4.7.27)$$

となり，今度は h に比例することがわかる．

したがって，あらかじめ定常法・非定常法のどちらかが決まっているときは，式 (4.7.24), (4.7.27) より，どのような実験条件下であれば意味のある測定値が得られるかを前もって知ることができる．

さらに重要なこととして，不確かさ解析によって，測定原理そのものの優劣を判定することができる．図4.51は，式 (4.7.23), (4.7.26) の定性的挙動をプロットしたものである．具体的な相対誤差の値は，円柱の寸法や物性値などによるが，定常法では h が大きな領域で相対誤差が小さいのに対して，非定常法では，h が小さな領域で相対誤差が小さい．したがって，熱伝達率の小さい低速流では非定常法が，熱伝達率の大きい高速流では定常法が優れていることがわかる．このことは，単に測定装置の選択だけでなく，測定原理の選定においても不確かさ解析が有用であることがわかる．

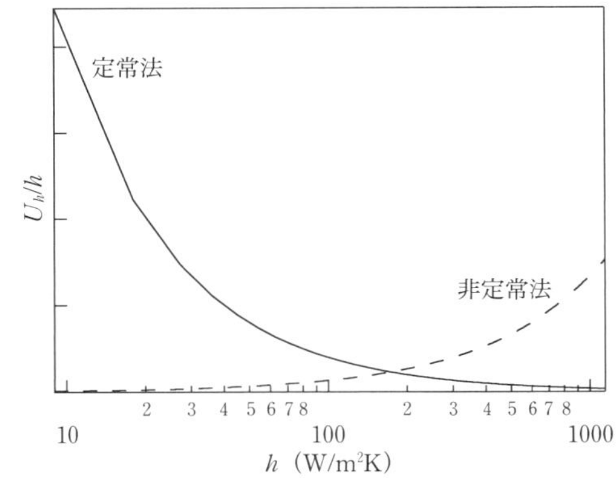

図 4.51　定常法・非定常法による熱伝達率測定の相対不確かさの定性的挙動

以上述べたように，不確かさ解析は実験・計測における不可欠の道具の一つである．不確かさ解析は実験者に実験精度の向上を強いるわけではなく，むしろ客観的に実験結果の精度の評価を求めるものである．困難な実験では不確かさが大きくなる傾向にあるが，不確かさが適切に評価されていれば，そのような実験で得られた測定値も有用なデータとなりうる．また，とくに不確かさ解析が実験計画の段階で活用されることによって，合理的な実験の遂行を可能にし，その目的の達成に役立つことも強調したい．一方，実験後には，実験結果どうし，あるいは理論結果などとの定量的な比較に客観性をもたせ，さらに将来の実験計画にあたって検討すべき主たる誤差要因の抽出が可能になる．　**［鈴木雄二］**

文　　献

1) ANSI/ASME PTC 19. 1-1985, Measurement Uncertainty, ASME, 1986.
2) 日本機械学会（訳）：アメリカ機械学会性能試験規約「計測の不確かさ」，日本機械学会，1987.
3) 笠木伸英：日本機械学会誌，**92**(843)，1989，150-156.
4) 笠木伸英，長野靖尚：ターボ機械，**17**，1989，256-263，395-401，526-532.
5) H. W. Coleman, W. G. Steele: Experimentation and Uncertainty Analysis for Engineers, 2nd ed., Wiley Interscience, 1998.

5

乱流の発生

5.1 流れの安定性

層流から乱流への遷移が層流の不安定性によることを最初に提示したのは，O. Reynolds（1883）である．彼は，真直ぐな円管のなかの流れが，流速と管直径および粘性係数からなる無次元パラメータがある臨界値を越えると，変動が増幅し乱流に遷移することを実験で示した．そのパラメータは，レイノルズ数と呼ばれる流体力学の最も重要な無次元数として知られているのはいうまでもない．

同時期に，Rayleigh が非粘性の線形安定性解析を行い，「非粘性で流れが不安定になるためには，速度分布が変曲点をもつ必要がある」という有名なレイリーの不安定条件を見出した．速度差のある二つの流れが接する混合層において，すぐに剪断層が渦に巻き上がり乱流に遷移するのは，ケルビン-ヘルムホルツ（Kelvin-Helmholtz）不安定と呼ばれる，この変曲点速度分布の不安定性によるものである．しかしながら，レイリーの不安定条件では，円管内流れはもちろんのこと，圧力勾配のない境界層のような，速度分布が変曲点をもたない流れの乱流遷移を説明できない．

壁に沿う剪断流の不安定性に関しては，粘性の働きが重要である．Tollmien と Schlichiting は粘性項を含んだ平板境界層（ブラジウス流）の線形安定性解析を行い，Schubauer & Skramstadt[1] は，低乱環境での境界層の遷移が実際に線形安定性理論に従う波動の成長から始まることを実験的に明らかにした．この粘性型不安定性により成長する波動は，トルミーン-シュリヒティング（Tollmien-Schlichting, TS）波動と呼ばれる．平行平板間の平面ポアズイユ流においても線形安定性理論が予測する TS 波の増幅特性が Nishioka ら[2] により実験的に検証された．

流れの不安定性には，遠心力や浮力などの体積力も影響する．遠心力による不安定性の代表的なものには，凹面壁に沿った境界層におけるゲルトラー（Görtler）渦と呼ばれる縦渦の発生があり，浮力の影響による不安定性にはレイリー-ベナール（Rayleigh-Bénard）対流と呼ばれる熱対流，さらに表面張力が作用するとマランゴニ（Marangoni）対流が生じる．また，超音速流のように流体の圧縮性が重要な流れでは，マッハ数も流れの安定性を支配する重要なパラメータである．

5.1.1 線形安定性理論と遷移予測

微小攪乱に対する層流の安定性を調べる最も簡単な理論は，平行流近似に基づく線形安定性理論である．厳密に平行流といえるのは，ポアズイユ流やクエット流などごく一部の流れであるが，境界層や自由剪断流においても，境界層厚さに比べて流れ方向の変化スケールが非常に大きいことから，平行流近似に基づく理論を適用することができる．

a. オアーゾンマーフェルト方程式

平行流近似に基づく線形安定性解析の基礎式は，ナビエ-ストークス方程式と連続の式から導かれる．2 次元非圧縮流を仮定し，安定性を調べる基本流の速度分布を $\bar{u}=(U(y),0,0)$ とする．攪乱の速度成分を

$$\begin{pmatrix} u(x,y,z,t) \\ v(x,y,z,t) \\ w(x,y,z,t) \end{pmatrix} = \begin{pmatrix} \hat{u}(y) \\ \hat{v}(y) \\ \hat{w}(y) \end{pmatrix} e^{i(\alpha x+\beta z-\omega t)} \tag{5.1.1}$$

とおき，ナビエ-ストークス方程式に代入し，2 次の微小項を無視し線形化を行うと，次の 4 階の常微

分方程式が得られる．

$$\frac{\mathrm{d}^4\hat{v}}{\mathrm{d}y^4}-2(\alpha^2+\beta^2)\frac{\mathrm{d}^2\hat{v}}{\mathrm{d}y^2}+(\alpha^2+\beta^2)^2\hat{v}$$
$$=i\mathrm{Re}\left[(\alpha U-\omega)\left\{\frac{\mathrm{d}^2\hat{v}}{\mathrm{d}y^2}-(\alpha^2+\beta^2)\hat{v}\right\}-\alpha\frac{\mathrm{d}^2U}{\mathrm{d}y^2}\hat{v}\right] \quad (5.1.2)$$

この式は，オアーゾンマーフェルト（Orr-Sommerfeld, OS）方程式と呼ばれる．境界条件は，平面ポアズイユ流では，上下壁で $\hat{v}=\mathrm{d}\hat{v}/\mathrm{d}y=0$，境界層のように一方に固体壁がない場合には固体壁上で $\hat{v}=\mathrm{d}\hat{v}/\mathrm{d}y=0$，無限遠方（$y\to\infty$）で $\hat{v}\to 0$ を課す．これらの境界条件のもとで，OS 方程式は各レイノルズ数 Re に対して波数 α,β と角周波数 ω の間の分散関係式 $B(\alpha,\beta,\omega,\mathrm{Re})=0$ を与える．

時間増幅の攪乱を考える場合は，波数 α と β は実数，角周波数 ω は複素数 $\omega=\omega_r+i\omega_i$ となり，ω_i が時間増幅率を与える．境界層実験で観察されるように，攪乱が下流方向へ増幅する場合には，ω は実数，α は複素波数 $\alpha=\alpha_r+i\alpha_i$ となり，$-\alpha_i$ が空間増幅率を表す．

スパン方向波数 $\beta=0$ の攪乱は x 方向に伝播する 2 次元波を表し，非圧縮流れの場合，斜行波（$\beta\neq 0$）よりも 2 次元波（$\beta=0$）のほうが増幅率が大きく，臨界レイノルズ数を与えるのも 2 次元波である（スクワイヤ（Squire）の定理）．また，平板境界層や平面ポアズイユ流では攪乱（すなわち，TS 波）の増幅率が小さく，2 次元波の場合，空間増幅率（$-\alpha_i$）は時間増幅率（ω_i）から Gaster 変換[3]，

$$-\alpha_i=\frac{\omega_i}{c_g} \quad (5.1.3)$$

により求めることができる．ここで，$c_g=\partial\omega_r/\partial\alpha_r$ は群速度である．

OS 方程式は，チェビシェフ多項式展開による方法[4]，差分方程式による方法[5] などにより解くことができる．平面ポアズイユ流の臨界レイノルズ数（最大速度 U_c とチャネル半分高さ h で定義）の理論計算値[4] は 5772.22 である．

混合層のように，速度分布が変曲点をもつケルビン-ヘルムホルツ不安定の場合には，レイノルズ数が小さくないかぎり，粘性項を省略したレイリー方程式，

$$(\alpha U-\omega)\left\{\frac{\mathrm{d}^2\hat{v}}{\mathrm{d}y^2}-(\alpha^2+\beta^2)\hat{v}\right\}-\alpha\frac{\mathrm{d}^2U}{\mathrm{d}y^2}\hat{v}=0 \quad (5.1.4)$$

により解析することができる．

b. PSE

境界層のような流れ方向に緩やかに変化する流れにおいて攪乱の増幅・減衰をより精度よく評価する方法として，PSE（parabolized stability equations）を用いた解析がある[6]．簡単のために，流れは非圧縮 2 次元境界層 $\bar{\boldsymbol{u}}=(U,V)$ とする．非平行性を考慮して 2 次元波動攪乱を

$$u(x,y,t)=\hat{u}(x,y)\exp\left[i\left(\int_{x_0}^{x}\alpha\mathrm{d}x-\omega t\right)\right] \quad (5.1.5)$$

のように仮定すると，線形攪乱方程式は放物型の偏微分方程式となる．

$$i(\alpha U-\omega)\hat{u}+\frac{\partial U}{\partial y}\hat{v}+i\alpha\hat{p}-\frac{1}{\mathrm{Re}}\left(\frac{\partial^2}{\partial y^2}-\alpha^2\right)\hat{u}$$
$$=-\left(\frac{\partial U}{\partial x}\hat{u}+V\frac{\partial\hat{u}}{\partial y}\right)-\left(U\frac{\partial\hat{u}}{\partial x}+\frac{\partial\hat{p}}{\partial x}-2\frac{i\alpha}{\mathrm{Re}}\frac{\partial\hat{u}}{\partial x}-\frac{i}{\mathrm{Re}}\frac{\partial\alpha}{\partial x}\hat{u}\right)-\varkappa\left(U\hat{v}+V\hat{u}-\frac{1}{\mathrm{Re}}\frac{\partial\hat{u}}{\partial y}\right) \quad (5.1.6)$$

$$i(\alpha U-\omega)\hat{v}+\frac{\partial\hat{p}}{\partial y}-\frac{1}{\mathrm{Re}}\left(\frac{\partial^2}{\partial y^2}-\alpha^2\right)\hat{v}$$
$$=-\left(\hat{u}\frac{\partial V}{\partial x}+V\frac{\partial\hat{v}}{\partial y}+\frac{\partial V}{\partial y}\hat{v}\right)-\left(U\frac{\partial\hat{v}}{\partial x}-2\frac{i\alpha}{\mathrm{Re}}\frac{\partial\hat{v}}{\partial x}-\frac{i}{\mathrm{Re}}\frac{\partial\alpha}{\partial x}\hat{v}\right)+\varkappa\left(2U\hat{u}+\frac{1}{\mathrm{Re}}\frac{\partial\hat{v}}{\partial y}\right) \quad (5.1.7)$$

$$i\alpha\hat{u}+\frac{\partial\hat{v}}{\partial y}=-\frac{\partial\hat{u}}{\partial x}-\varkappa\hat{v} \quad (5.1.8)$$

ここで，$\varkappa$ は壁面曲率であり，平板境界層の場合は $\varkappa$ を含む項は現れない．右辺は，流れの非平行性に基づく項であり，それらをすべて無視すると OS 方程式が得られる．境界条件は，$\hat{u}(x,0)=\hat{v}(x,0)=0$，$\hat{u}(x,\infty)=0$，$\hat{v}(x,\infty)=0$，$x=x_0$ での初期条件は，$\hat{u}(x_0,y)=f(y)$，$\hat{v}(x_0,y)=g(y)$ である．

この初期値問題を数値的に解くためには，x 方向の計算ステップ幅が $\Delta x>1/\alpha_r$，すなわち波長の $1/(2\pi)$ 以上のステップ幅で計算を進めるか，あるいは圧力波の上流への伝播を防ぐため $\partial\hat{p}/\partial x=0$ を課す．さらに，各変数の振幅関数（$\hat{u},\hat{v}$ など）と複素波数 α はともに変数 x を含んでいるので，次のような繰り返し計算により振幅関数の x 方向変化を最小にして α を定める．

$$\alpha_n=\alpha_{n-1}-\frac{i\int_0^{y_{\max}}\left(\hat{u}^*\frac{\partial\hat{u}}{\partial x}+\hat{v}^*\frac{\partial\hat{v}}{\partial x}\right)\mathrm{d}y}{\int_0^{y_{\max}}(\hat{u}\hat{u}^*+\hat{v}\hat{v}^*)\mathrm{d}y} \tag{5.1.9}$$

ここで，* は複素共役を表し，α_n の収束値を α とする．

図 5.1 は，OS 方程式と PSE から計算された零圧力勾配の境界層（ブラジウス流）の中立安定曲線[7] を比較している．図には，Gaster[8] による非平行安定性理論による解析結果も示してある．

なお，PSE は非線形問題に対しても拡張可能である．また，有限振幅攪乱に対する非線形安定性理論については，文献 9 が詳しい．

c. e^N 法

e^N 法は，Smith と Van Ingen により提案された線形安定性解析の結果に基づく境界層遷移の予測法である．中立安定曲線の下分枝に出会う位置 $x=x_0$ での攪乱振幅を A_0，それより下流の x 位置での振幅を A とし，その間の増幅を $e^N=A/A_0$ のように指数 N を用いて表すと，N は増幅率の積分，

$$N=-\int_{x_0}^{x}\alpha_i\mathrm{d}x \tag{5.1.10}$$

により計算される．N 値がある値 N_{tr} に達するまで攪乱が増幅すれば遷移が始まるという判定基準に基づき遷移を予測する．気流乱れの弱い非圧縮境界層の場合，N_{tr} として 8〜10 の値が広く用いられている．また，気流乱れの強さを考慮した N_{tr} の経験式が提案されている[10]．

$$N_{tr}=-8.43-2.4\ln(Tu) \tag{5.1.11}$$

ここで，Tu は主流中の速度変動の実効値であり，低乱環境の $Tu=0.1\%$ では $N_{tr}=8.15$ なのに対し，$Tu=1\%$ では $N_{tr}=2.6$ である．ただし，e^N 法は，初期攪乱の強さ A_0 について何も言及しておらず，あくまでも経験的な遷移予測法である．

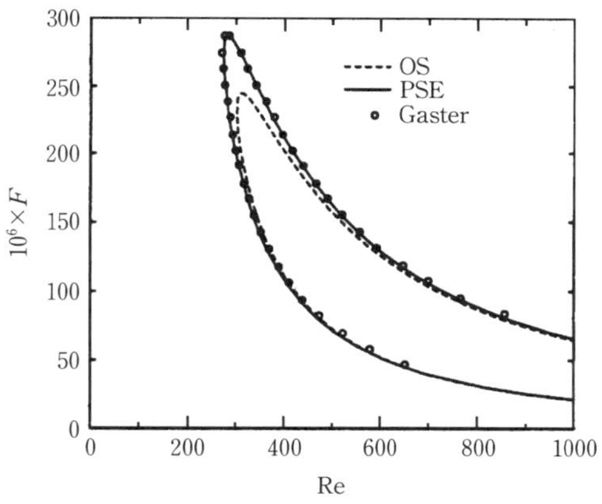

図 5.1 平板境界層の中立安定曲線[6,7]
$F=f\nu/U_\infty^2$，$\mathrm{Re}=\sqrt{U_\infty x/\nu}$．ただし f は周波数，U_∞ は一様流速度，ν は動粘性係数，x は前縁からの距離．

5.1.2 絶対不安定と移流不安定

上述の安定性理論では，攪乱は式（5.1.1）のような無限に広がった平面波を仮定する．しかしながら，実際の外乱環境下の流れでは，攪乱は空間的に局存化し波束（さまざまな波数の攪乱の重ね合わせからなる）を形成している場合が多い．そのとき，図 5.2 のように，2 種類の攪乱増幅を考えることができる．波束攪乱がその場所にとどまり時間的に増幅する場合を絶対不安定（absolute instability），下流へ流れ去る場合を移流不安定（convective instability）という．波束がその場にとどまるための

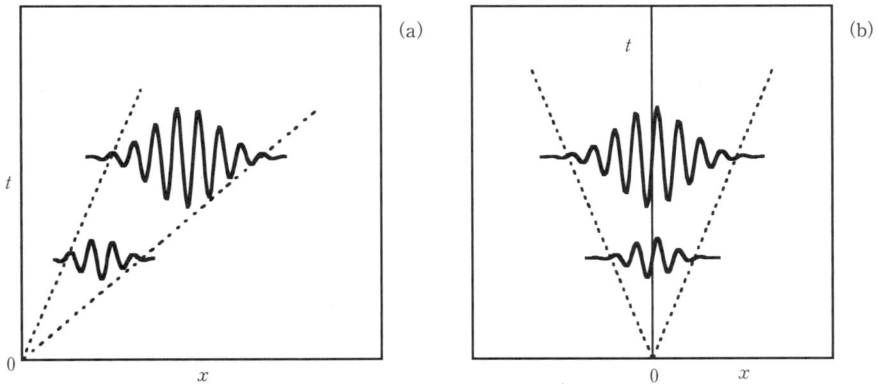

図 5.2 波束攪乱の増幅
(a) 移流不安定，(b) 絶対不安定．

条件は，複素群速度が $c_g = \mathrm{d}\omega/\mathrm{d}\alpha = 0$ となることであり，かつその位置で $\omega_i > 0$ である場合には波束は下流に流れ去ることなく時間増幅を行うので絶対不安定となる．鈍体の後流や剝離泡においては，擾乱が時間的に増幅する絶対不安定領域が存在し得る．絶対不安定領域がある範囲にわたって存在する場合，全体不安定（global instability）[11] に導かれ，定常な流れから振動流への分岐（ホップ分岐）が起きる．その典型は，物体後流におけるカルマン渦列の発生であり，レイノルズ数がある臨界値を越えると後流が振動を開始する．円柱後流の場合，振動流への分岐が始まる臨界レイノルズ数は約46と計算されている[12]．

5.1.3 過渡増幅

過渡増幅（transient growth）は，固有モード（ノーマルモード）がすべて減衰であっても，それらの重ね合わせ，あるいは，異なるモード間の共鳴相互作用により起きる初期の擾乱増幅である．共鳴は，3次元擾乱に対する線形擾乱方程式の固有モードの非直交性に起因する[13,14]．3次元擾乱の発達を支配する方程式は，

$$\left(\frac{\mathrm{d}^2}{\mathrm{d}y^2}-\alpha^2-\beta^2\right)\frac{\partial\hat{v}}{\partial t}-i\alpha U\left(\frac{\mathrm{d}^2}{\mathrm{d}y^2}-\alpha^2-\beta^2\right)\hat{v}+i\alpha\frac{\mathrm{d}^2U}{\mathrm{d}y^2}\hat{v}+\frac{1}{\mathrm{Re}}\left(\frac{\mathrm{d}^2}{\mathrm{d}y^2}-\alpha^2-\beta^2\right)^2\hat{v}=0 \quad (5.1.12)$$

$$\frac{\partial\hat{\eta}}{\partial t}+i\alpha U\hat{\eta}-\frac{1}{\mathrm{Re}}\left(\frac{\mathrm{d}^2}{\mathrm{d}y^2}-\alpha^2-\beta^2\right)\hat{\eta}=i\beta\frac{\mathrm{d}U}{\mathrm{d}y}\hat{v}. \quad (5.1.13)$$

ただし，$\hat{v}(y,t)$ および $\hat{\eta}(y,t)$ はそれぞれ，速度の y 方向成分および渦度の y 方向成分である．式(5.1.12)（OS方程式）の固有値（μ）と式(5.1.13)の右辺=0とおいた同次方程式（スクワイヤ方程式）の固有値（λ）が互いに等しいか近い値をとると，非同次方程式(5.1.13)の解 η は，初期に $te^{-\lambda t}$ に比例する代数的増幅を示し，ある時間の経過後減衰に転じる．したがって，初期擾乱が大きければ減衰に転じる前に十分な強さにまで成長し，遷移を引き起こすことが十分可能である．平板境界層において，最大過渡増幅に導く最適擾乱(optimal disturbances) は Andersson ら[15] と Luccini[16] により求められている．過渡増幅は，強い自由流乱れのもとで生じる境界層のバイパス遷移機構の一つと考えられている．　　［浅井雅人］

文　献

1) H. Shubauer, H. K. Skramstadt : NACA Tech. Rep., 1947, 909.
2) M. Nishioka *et al.* : J. Fluid Mech., **72**, 1975, 731-751.
3) M. Gaster : J. Fluid Mech., **14**, 1962, 222-224.
4) S. A. Orszag : J. Fluid Mech., **50**, 1971, 689-703.
5) A. Srokowski, S. A. Orszag : AIAA Paper, 1977, 77-1222.
6) Th. Herbert : Annu. Rev. Fluid Mech., **29**, 1997, 245-283.
7) F. P. Bertolotti *et al.* : J. Fluid Mech., **242**, 1992, 441-474.
8) M. Gaster : J. Fluid Mech., **66**, 1974, 465-480.
9) 水島二郎，藤村　薫：流体力学シリーズ5　流れの安定性，朝倉書店，2003.
10) L. M. Mack : AGARD CP-224, 1977.
11) P. Huerre, P. A. Monkewitz : Annu. Rev. Fluid Mech., **22**, 1990, 473-537.
12) C. P. Jackson : J. Fluid Mech., **182**, 1987, 23-45.
13) M. Landahl : J. Fluid Mech., **98**, 1980, 243-251.
14) L. S. Hultgren, L. H. Gustavsson : Phys. Fluids, **24**, 1981, 1000-1004.
15) P. Andersson *et al.* : Phys. Fluids, **11**, 1999, 134-150.
16) P. Luchini : J. Fluid Mech., **404**, 2000, 289-309.

5.2 自由剪断流の遷移

5.2.1 自由剪断流の安定性と遷移

a. 自由剪断層流の安定性

壁から遠く離れた剪断流は自由剪断流と呼ばれ，壁の影響を直接的に受ける壁面剪断流と区別されている．図5.3〜5.5に示すように，自由剪断流の代表的例は，混合層や噴流および伴流である．混合層

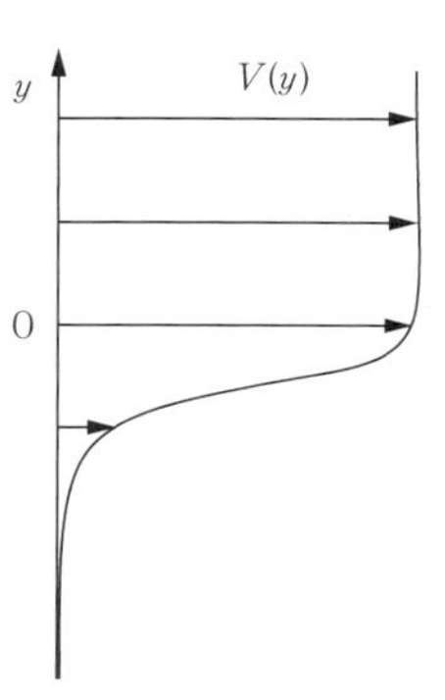

（注：曲線 $f(y)$ は $f(y)=\tanh y$）

図 5.3　2次元混合層

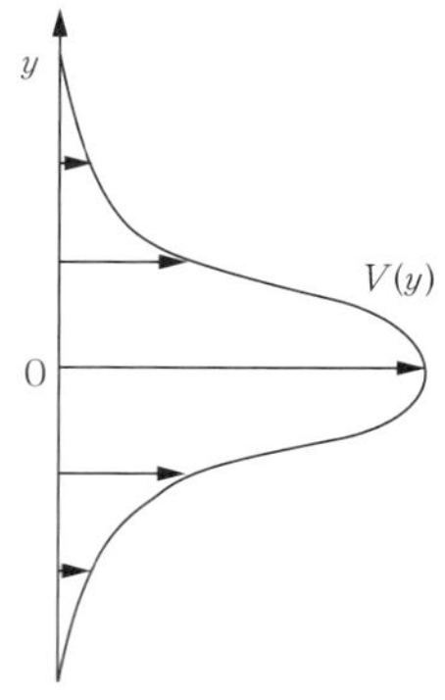

（注：曲線 $f(y)$ は $f(y)=\mathrm{sech}^2 y$）

図 5.4　Bickley 噴流

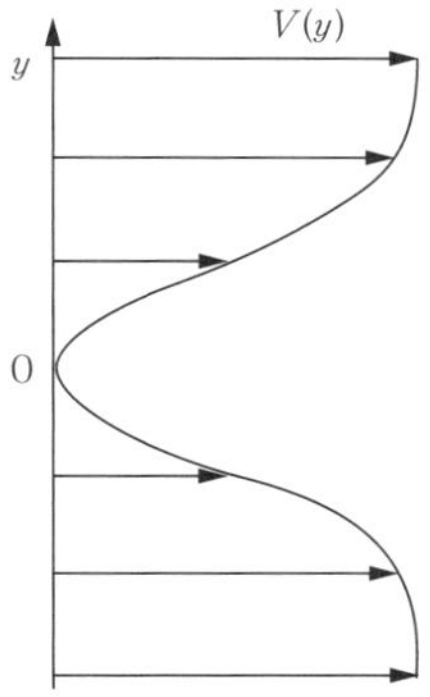

（注：曲線 $f(y)$ は $f(y)=1-\exp(-y^2)$）

図 5.5　2 次元伴流

などの自由剪断流においては層流速度分布が変曲点をもつため，いわゆる変曲点不安定性による波動型攪乱の線形成長を起源として攪乱の非線形成長によって渦列が形成される[1]．臨界レイノルズ数はいずれの自由剪断流においてもたいへん小さく，粘性は波動型攪乱の成長率を小さく抑える効果をもつ．また，低レイノルズ数の流れにおいては粘性拡散作用によって流れ方向に沿って流れが大幅に変化する．実験で得られる臨界レイノルズ数は攪乱の振幅が非常に小さいとし平均流の非平行性を考慮した線形安定性理論によって予測された計算値とおおむね一致する[2]．

2 次元円柱伴流では臨界レイノルズ数（主流速度と円柱直径を使って）は 1 の程度である．また，軸対称流れにおいては，伴流，噴流ともに 2 次元流よりも高い臨界レイノルズ数を与える．攪乱成長率は臨界レイノルズ数からレイノルズ数が数百まで急激に大きくなり 1000 を越えると攪乱成長率はわずかに大きくなる程度である．したがって，レイノルズ数が大きいときは粘性の効果は弱く，平均流については平行流近似が当てはまり，一方，変動については非粘性攪乱方程式が適用される．これらの安定性理論の解は，混合層においては，基本モードおよび低調波モードの固有関数は混合層中心をはさんで非対称な分布をもち，2 次元の伴流と噴流については中心線の両側で同位相の対称モードと位相が 180° 違った逆対称モードの 2 種類がある．また軸対称な流れでは方位角が $2\pi/n\,(n=1,2,\cdots)$ を周期とする多くのモードが存在する．そして，成長の有様は変動の種類によって異なる．

工学的に扱われる自由剪断層流におけるレイノルズ数（数千程度）で攪乱成長率がたいへん大きいために，実験的流れに潜む乱雑な微小攪乱や，また数値計算に導入した乱雑攪乱を種として，波動型変動が選択的に成長する．乱雑な変動は波動型変動が成長すると成長した変動の周波数付近以外の成分は成長が抑制され，遷移構造の起源は固有の波動型変動の選択的成長によって与えられることがわかる．

微小攪乱から選択的に成長する波動の周波数を基本周波数という．基本周波数をもつ波動から形成される流れに垂直方向に軸をもつ渦運動を主渦構造と呼ぶ．一方，複数の離散的周波数をもつ変動が導入されると，その組合せに応じた遷移構造が形成され

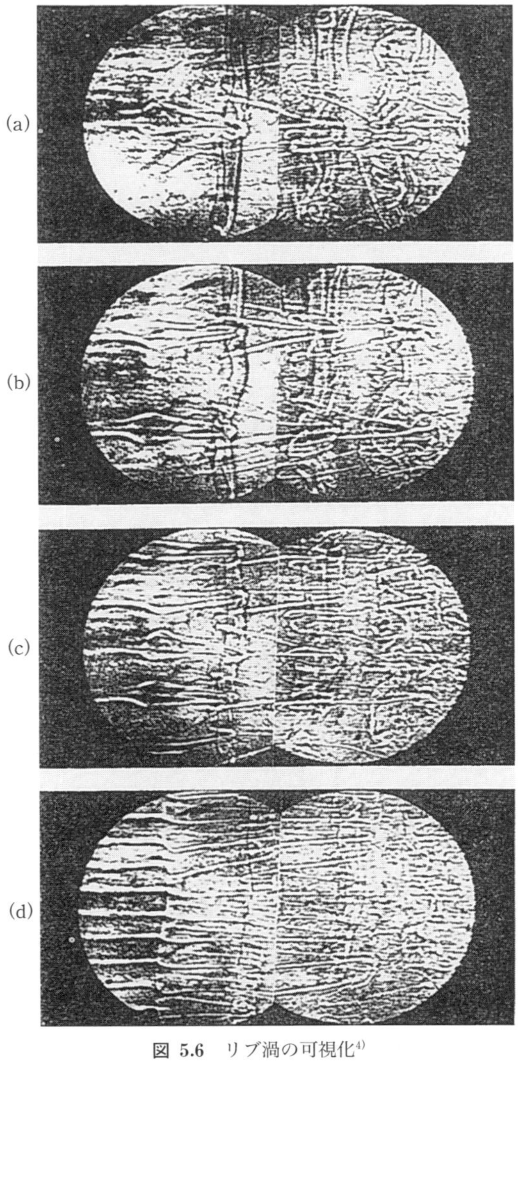

図 5.6　リブ渦の可視化[4]

る[3]．さらに，とくに基本周波数の半整数倍の波動攪乱は，混合層にみられるような主渦の合体に決定的な影響を及ぼす．そのような半整数倍の波動変動を低調波変動と呼ぶ．また，主流方向に対して波動の方向が傾いている場合を斜め波動変動と呼び，基本波変動と斜め変動との組合せによって主渦間に発達する縦渦が形成される．図 5.6 は水槽実験による可視化結果を示す．スパン方向波長を変えた攪乱変動を導入すると，ブレイド領域と呼ばれる主渦間に縦渦が観察され，主渦にからまるように発達する様子がみられる．攪乱のなかには主渦の変形に対してより効果がある場合があることがわかる．このように，遷移渦構造の起源は波動型攪乱の成長にあると考えられている．基本波変動の成長率が大きいために，主渦が発達する段階では付随する速度変動は主流速度の 10% 程度まで増加し，大きさが他の変動成分より著しく大きいことによって主要渦構造とその起源の対応はかなり明確である．

b.　さまざまな自由剪断層流

混合層は自由境界層とも類似して，二つの主流の間に速度差がある．自由境界層とは，壁面に沿って形成された境界層は壁面が急になくなることによって剥離流となり，固体面の拘束から自由であることから自由境界層と呼ばれる（図 5.7）．圧力勾配によって境界層が剥離することによって逆流領域の上に形成される剥離流と区別されている．混合層には上下の速度差が存在する 2 次元混合層と軸対称流れとなる円形混合層がある．噴流は 2 次元流れにおいて微小な噴出口から流出する Bickley 噴流や有限な開口部から噴出する放物型や矩形噴流（トップハット噴流）と呼ばれる噴流が実際的である（図 5.8）．Bickley 噴流は境界層方程式の厳密解であり，数学的に近似が明確であるため，2 次元噴流の解析ではこの分布が使用されている．軸対称噴流においては（図 5.9），噴流の外周に一様流れが存在する co-flowing jet がある（図 5.10）．さらに，工学的応用のためノズル出口が円形のみならず楕円や面積を大きくした花びら状にしたミキサーノズルや最近航空機エンジンに用いられた低騒音シェブロンノズル[5] など多様な噴流流れが存在する．

2 次元物体列伴流は一様流に垂直に物体列軸をお

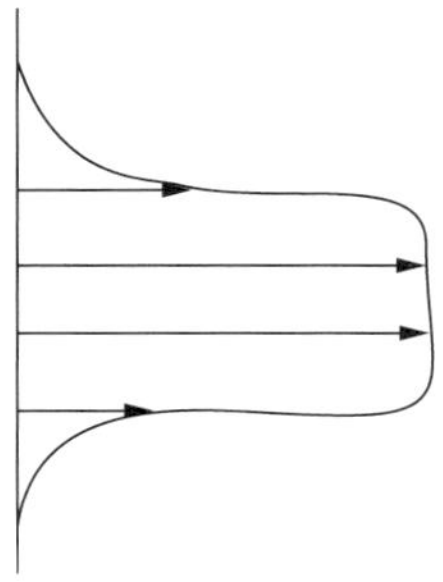

図 5.8　トップハット噴流

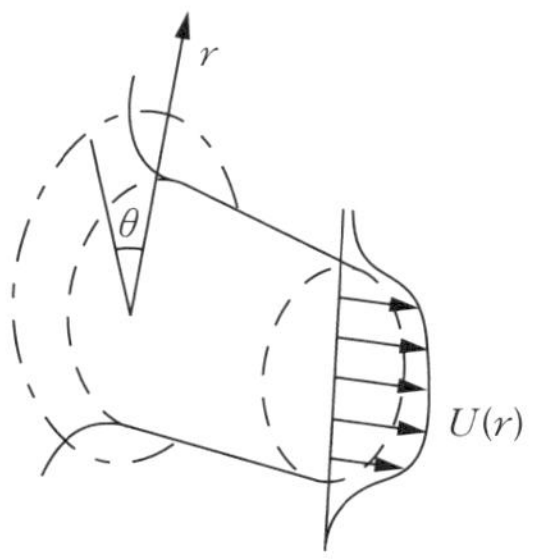

図 5.9　軸対称噴流

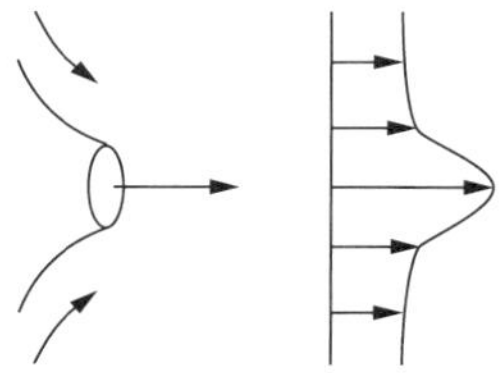

図 5.10　co-flowing jet

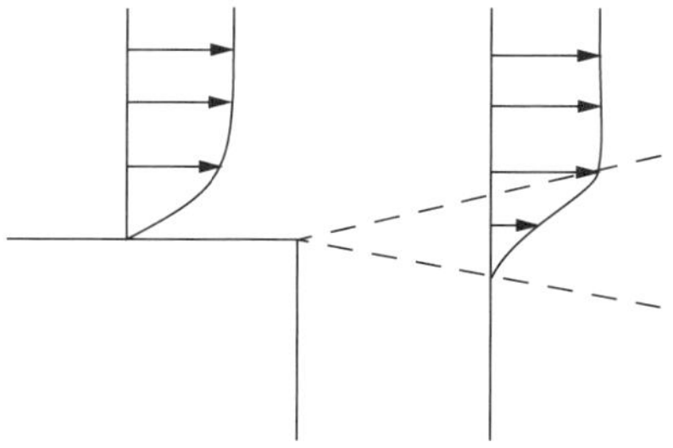

図 5.7　自由境界層

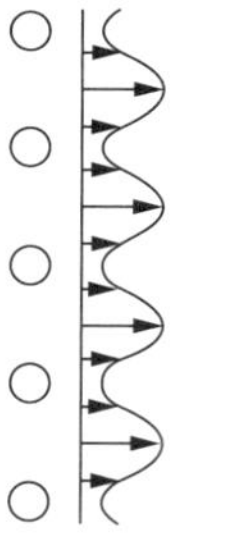

図 5.11　円柱列を過ぎる伴流噴流

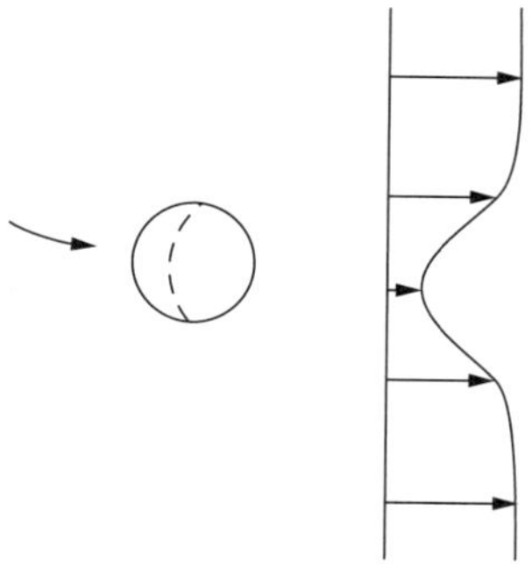

図 5.12　球の伴流

く場合に形成される2次元噴流がありガウス分布でよく近似される（図5.11）．物体間隔が大きくなると噴流の合流が起こる[6]．また，球などの3次元物体の伴流などがある（図5.12）．これらの自由剪断流層流は最初に述べたように速度分布に変曲点をもつことが共通している．レイノルズ数が増加すると，攪乱方程式のヤコビ行列固有値が分岐に対応する型をもつ場合が現れ，それらの層流分布はピッチフォーク分岐[7]と呼ばれる定常流から周期をもつ定常流（層流）に遷移するといえる．

c.　安定性に及ぼす圧縮性の影響[8]

圧縮性自由剪断流においてはマッハ数の影響があり，マッハ数が大きくなるにしたがって一般に攪乱成長率は著しく小さくなるとともに，超音速噴流のように支配的攪乱の性質も変化する．たとえば，2次元噴流では中心軸に対して同位相の対称または反対称な攪乱モードが存在し，低マッハ数で現れる第1不安定モードより噴流マッハ数が1以上ではマッハ数の影響によって新たに現れる第2不安定モードの成長率が大きくなる（図5.13(a)）．軸対称トップハット噴流ではヘリカルモードには伝播する方位角の異なるモードが存在し（図5.13(b)），マッハ数が大きくなるにしたがって全体的に成長率は減少するが，方位角によって減少の仕方が異なる[9]．

速度分布の詳細は不安定モードの特徴に影響を与え，速度分布において粘性の影響が部分的でありノズル壁面近傍に現れトップハット噴流のように平坦な速度分布をもつ場合と，粘性の影響が強く伴流のガウス分布で代表されるような速度分布をもつ場合では安定性理論の不安定モードの性質は異なる[9]．圧縮性流れにおける後流ではガウス分布で近似される場合には反対称モードと対称モードが有効な不安

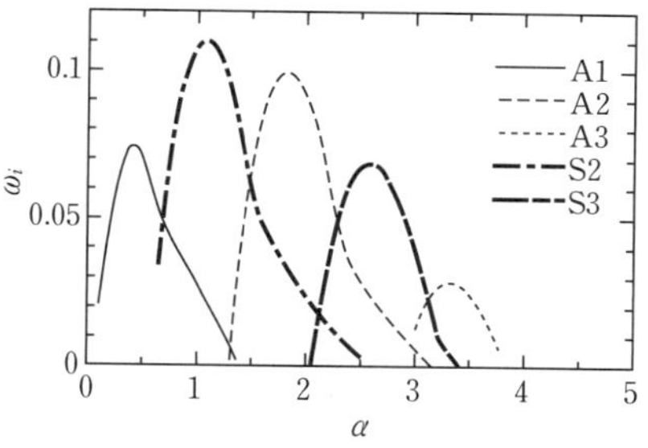

Re＝1000，Mc＝1.55.

図 5.13(a)　超音速平面噴流の対称・反対称攪乱の成長率
噴流マッハ数3.1，半幅レイノルズ数1000；波数 vs 成長率．
S：対称モード，A：反対称モード，A1，A2，A3はそれぞれ第1，第2，第3反対称モード，S2，S3は第2，第3対称モード，なお第一対称モードは安定．

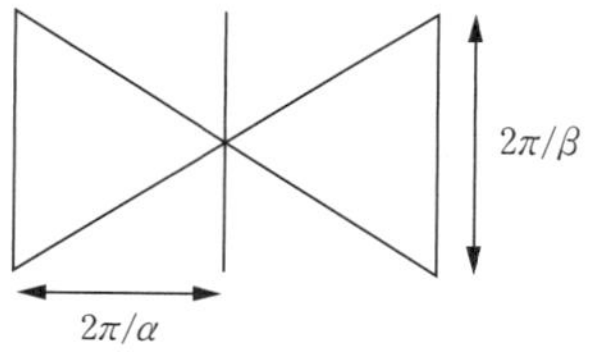

図 5.13(b)　ケルビン–ヘルムホルツ不安定波と斜め低調波

定モードであるが，平坦な速度分布をもつ伴流の場合はケルビン–ヘルムホルツモード以外の不安定モードが現れ圧縮性自由剪断流の複雑な構造の起源となる．さらに，圧縮性流れにおいては自由剪断流の層流速度分布のみならず温度分布や密度分布も攪乱成長率に大きな影響を与える．マッハ数が大きくなるにしたがって乱流混合層の下流に向かう成長率が小さくなることは実験的にもよく知られているが，発達する渦構造はマッハ数が小さい場合と異なり，2次元的大規模構造が存在せず，外層に現れるさまざまな馬蹄形渦が下流に向かう成長を支配しているので，馬蹄形渦が頻繁に境界に出現する原因は混合層において斜めに伝播する波動攪乱の成長率が最も大きいことが主な原因であると考えられている[10,11]．

5.2.2　遷移過程

自由剪断流の遷移の特色は不安定な波動型攪乱の成長が大きな影響を及ぼすことであり，成長した波動型攪乱によって形成される主渦が遷移過程の基本構造になる．攪乱が成長する線形過程においては全体的な構造に目立った変化がないが，成長が飽和した非線形過程では線形過程とは対照的に主渦構造が

顕著になる．主渦が発達すると，2次不安定性によって混合層の場合はリブ構造と呼ばれる縦渦が主渦間（ブレイド領域）に形成される[4]．また，2次不安定性によって縦渦とともに曲がった主渦列が形成される．遷移過程のこのような構造変化は比較的緩やかであり，急激な変化を示す壁面剪断流の遷移過程と対照的である．さらに，基本構造についても，対応する主渦より縦渦が基本になる壁面剪断流の遷移構造とは大きな相違がある．

このような自由剪断流における遷移過程における変化は一般に非線形過程とも呼ばれている．図5.14に示すように，主渦が形成された下流においては，主渦列の配列が2次元的に不安定である混合層においては，先に述べたように不安定変動の中の低調波変動が成長することによって主渦の合体が起こる．伴流においては，カルマン渦列が2次元的に不安定ではなく，むしろ斜め低調波変動が成長する過程がある．Cimbalaらの研究[12]では，カルマン渦列に伴う変動が減衰し，もはや観測されなくなる十分下流においては，カルマン渦列より低い周波数の変動が現れ，より支配的になる．これらは，斜めモードであり，千鳥状になる斜め構造の起源であると考えられている．この斜め低調波変動は乱流伴流においても重要であると考えられ，乱流伴流における微細渦を伴う大規模構造の基本的特徴を説明するために用いられる．

自由剪断流の遷移に伴う発達過程の制御は，乱流混合の促進や騒音の低減化にも関係している．前節でも述べたように，自由剪断流におけるケルビン-ヘルムホルツモードは成長率が大きく，剪断層からエネルギーの供給を受け，形成される渦構造は概して大きくその渦度も大きい．そのため，たとえば円形噴流において形成される渦輪による誘導速度が他の渦輪の移動に影響を及ぼすので，形成される渦輪の周方向位相を制御することで，噴流を分岐(bifurcating)[13]させ，また通常の円形噴流より格段に広がる円形噴流“blooming jet”[14]を形成することができる．

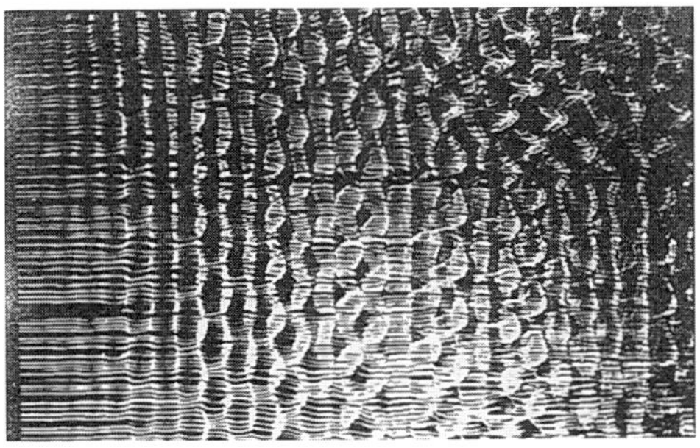

図 5.14　Far Wake 構造の可視化[12]

一方，混合層のように主渦の合体を促進するように低調波を積極的に導入して，混合を促進するとともに2次不安定性によって形成される縦渦とを組み合わせ大規模混合と微細混合を同時に実現することができることが知られている[15]．しかし，主渦の合体は渦運動から発生する音源となることが知られており，主渦は騒音低下において重要な制御対象である．したがって，bifurcating and blooming jetの例にみられるように，形成される渦構造の操作が乱流工学における遷移自由剪断流の制御の重要な鍵である．

翼などの流線形物体の下流で伴流が発達するときは，層流境界層から発達する伴流はケルビン-ヘルムホルツ不安定性によりスパン方向に軸をもつローラ渦が並んだカルマン渦列に発達する．その反作用によって翼の振動や音波の発生に起因するため乱流工学上不安定性により発生する渦列の制御は重要な課題となる．また，円柱や角柱列の下流の流れにおいても物体列を過ぎる噴流の合流による不安定性が存在して，振動の原因として制御の対象となっている．

遷移過程の比較的早い段階の渦構造の発達は自由剪断流の構造に大きな影響を与えるため工学上重要であり研究が進んでいる．一方，遷移過程後期にいたる自由剪断流の構造については，複雑化に対して多様なパスが存在し，必ずしも十分理解が進んでいるとはいえない．

5.2.3　遷移後期の構造と乱流場

基本渦構造が発達したのち，複数段階の複雑化を経て，自由剪断流は乱流に遷移する．よく知られた混合層の遷移過程は，混合遷移（mixing-transition）と呼ばれる主渦の合体を数回繰り返すことによって乱流状態が形成される．混合層の主渦のようにスパン方向に一様な渦運動はローラ渦と呼ばれる(図5.15)．HoとHuangの実験[16]やRogersらの

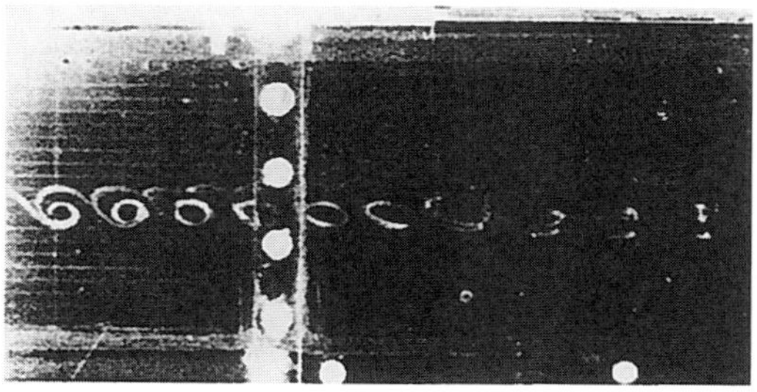

図 5.15　混合層のローラ渦列[16]

大規模高精度計算[17]によれば，合体したローラ渦内が局所的に複雑化して（一方では，ローラ渦間のひずみ領域は合体に伴い整流化するが），さらなる主渦構造の合体により，速度変動が−5/3 乗則に近づき，混合層全体が乱流状態となる．混合層全体が乱流状態に到達すると，混合遷移過程で増加した混合層内のエネルギー散逸量の積分値が飽和する．微細構造遷移とも呼ばれ，主渦の合体という非一様な大規模運動を経過して乱流状態が発達する特徴をもつ．

伴流においては，ローラ渦の合体はめったに観測されず，基本波の減衰と斜め低調波モードの成長に伴ってローラ渦の崩壊と縦渦の複雑化がひきおこされる[18]．したがって，微細構造が形成されるとともに，伴流バルジ構造が千鳥状になるなど，斜めモードの増幅の形跡が規則的な構造として観察される．それは，低調波が段階的に成長する過程が存在するためであり，混合層に 2 次元低調波が成長することと類似であるが，ローラ渦の合体という渦運動とは異なる．その際，初期ローラ渦構造に対する 2 次不安定性によりローラ渦の間に縦渦が形成される．ただし，下流ではローラ渦は減衰して，代わって，斜め交互構造が観察されるようになる．実験では下流において低周波の攪乱が受容されるため低調波がより支配的になり，一般に非対称な斜め構造が形成される．縦渦はさらに発達して，伴流外層の構造として下流における乱流伴流を特徴づける構造になる．伴流の 3 次元構造と空力的音波発生機構の関係も明らかになっている[19]．

十分発達すると，縦渦対構造の働きによって，主流より遅い領域が現れるとともに，外層に噴出する弱い噴流のような構造が発達する．これは，Grant (1958) が示した，円柱の下流における構造と特徴が一致する．Grant は速度相関計測より，平均化された流れ場での一対の斜め渦がそのような乱流伴流を特徴づけることを示した．注目すべきことは，上流の乱流条件が異なっても，十分下流における伴流の乱流場は同様な特徴をもつ乱流構造が現れることである．そして，混合層や伴流それぞれの自己相似な乱流場が形成される．　　　　［前川　博］

文　　献

1) C. M. Ho, P. Huerre : Ann. Rev. Fluid Mech., **16**, 1984, 239-272.
2) 佐藤　浩：流体力学の進歩—乱流（谷　一郎編），丸善，1980，47-87.
3) H. Maekawa *et al.* : J. Fluid Mech., **235**, 1992, 223-254.
4) K. J. Nygaard, A. Glezer : J. Fluid Mech., **231**, 1991, 257-301.
5) E. Gutmark : Proc. of International Conference on Jets, Wake and Separated Flows, 2005, 35-44.
6) P. M. Morreti : Ann. Rev. Fluid Mech., **25**, 1993, 99-144.
7) 日本流体力学会（編）：流体力学ハンドブック（第2版），丸善，1998，261.
8) D. Watanabe, H. Maekawa : J. Turbulence (Institute of Physics), **3**, 2002, 1-17.
9) K. H. Luo, N. D. Sandham : Phys. Fluids, **9**(4), 1997, 1003-1013.
10) J. H. Chen : Procceedings of the 8th Symposium on Turbulent Shear Flows, 1991, Technical Univ. of Munich.
11) H. Maekawa, D. Watanabe : Proceedings of ASME-JSME Thermal Engineering Summer Heat Transfer Conference, Canada, 2007.
12) J. M.Cimbala *et al.* : J. Fluid Mech., **190**, 1988, 265-298.
13) N. Kasagi : Proc. of International Conference on Jets, Wake and Separated Flows, 2005, 45-53.
14) W. C. Reynolds *et al.* : Ann. Rev. Fluid. Mech., **35**, 2003, 295-315.
15) 黒川原佳：走行台車を使った自由せん断流の研究，電気通信大学平成 8 年度卒業論文，1996.
16) C. M. Ho, L. S. Huang : J. Fluid Mech., **119**, 1982, 443-473.
17) M. M. Rogers, D. D. Moser : Phys. Fluids, **6**(367), 1998, 903-923.
18) C. H. K. Williamson : Ann. Rev. Fluid. Mech., **28**, 1996, 477-539.
19) H. Maekawa *et al.* : JSME Internat. J. (B), **49**(4), 2006, 1086-1091.

5.3　壁面剪断流の遷移

5.3.1　境界層流の遷移

航空機の翼あるいは流線型状物体の粘性抵抗を推算する場合は，境界層遷移の位置を把握する必要がある．この意味で，境界層遷移点の予知は，とくに航空工学においてきわめて重要である．しかし，境界層遷移は，外部条件，すなわち物体を取り巻く流れの非一様性，そこに潜む乱れ，風洞騒音，あるいは物体表面粗さやその前縁曲率や段差などに敏感であり，しかもこれらの要因が互いに関連し合い，実際の遷移過程はきわめて複雑である．したがって，ある一つの要素の影響を切り離して調べる場合でも，これと他の要素と組み合わさって生ずる影響まで考えていかなければならない．遷移の実験結果を正しく理解し，または遷移予知を正しく行うにあたって，注意する必要がある．一方，固体壁をもたない流れ，すなわち自由境界をもつ後流や噴流さらには剥離した剪断層の乱流遷移も，工学的には回転翼やエンジンの排気騒音，剥離剪断層の再付着問題などと絡んで重要な研究課題である．

a. 2次元境界層遷移

1) 主流の乱れが小さい場合 一様流の方向に平行におかれたなめらかで圧力勾配のない平板に沿って，ブラジウス相似解で示される2次元境界層が形成される．主流の乱れが小さい場合にこの境界層は，擾乱の方程式を線形化したOS（Orr-Sommerfelt）方程式の解として，境界層の排除厚さ δ^* と主流速度 U_∞ に基づくレイノルズ数Reが519を越えると不安定となる．平板の前縁から下流方向に x をとる場合，この臨界値は，

$$\delta^*=\frac{1.73}{\sqrt{\nu x/U_\infty}}=1.73x\sqrt{\mathrm{Re}_x}$$

の関係を用いると，

$$\left(\frac{U_\infty x}{\nu}\right)_{\mathrm{Critical}}=5.9\times10^4$$

となる点に相当する．しかし，境界層はこの位置を超えるとすぐに乱流になるのではなく，まず主流と直角方向に軸をもつ横渦型の2次元波動が成長し始める．この成長波動は，層流の線形安定理論の予測するTollmien-Schlichting波（T-S波）と呼ばれ，実験で検出することができるのは，臨界位置の4倍程度下流である．波動は下流方向に線形的に成長したのち，非線形増幅・干渉，波動の3次元化，偶然化などの複雑な過程を経て，臨界レイノルズ数に達した点よりも遥か下流の $\mathrm{Re}_x=U_\infty x/\nu=3.5\sim5\times10^6$ の位置で完全乱流になる．

T-S波動の存在をはじめて明らかにしたのはSchubauberとSkramstad（1943）であるが，その後Klebanoffら（1962）はT-S波の3次元化過程の詳細を，さらにNishioka[1]は平板境界層と同様な遷移過程を観察できる平面ポアズイユ流で振動リボンによる人工攪乱を導入して，乱流の芽が観察される過程までを実験的に詳細に調べている．

臨界値を越えた境界層が乱流へと遷移するためには，2次元波動であるT-S波動の線形成長のあと，波動の3次元化が不可欠である．3次元構造には2種類あって，図5.16(a)に示すように横幅方向に並んで変動振幅の大小位置が流れ方向に変わらないもの（peak-valley splitting型）と図5.16(b)に示すように千鳥状に入れ替わるもの（staggered型）とがある．このような3次元化はT-S波動の波頭が流れ方向に対して直角でない，いわゆる斜行型のT-S波動の成長によるもので，斜行型にはさらに横幅方向のスケールが異なる2種類のモードが理論的[2,3]に知られており，実験的[4]にも示されている．

splitting型は2次元基本T-S波動の周波数と同じ周波数をもつが，staggered型は空間構造が2周期ごとに1回の割りで流下することから基本T-S波動のそれの半分である．線形安定解析によれば，3次元化は基本T-S波動の成長によって基本流がゆがめられ，この新たな流れ場が微小な3次元攪乱に対して線形的に不安定化し，斜行波が成長するものと説明している．この斜行波の成長によって，2次元波動に流れと直角方向に速度の高低が現れ始

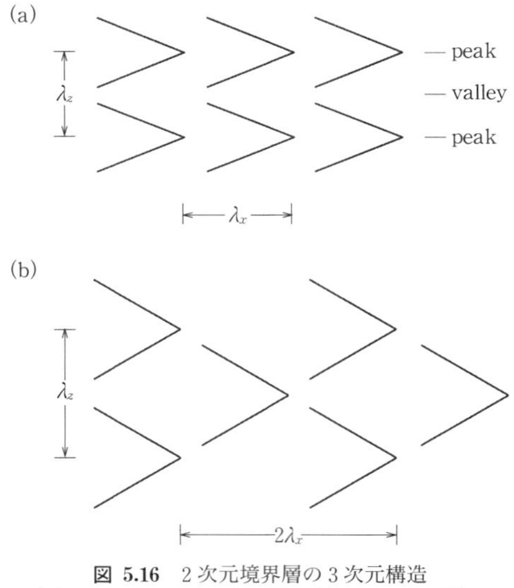

図 5.16 2次元境界層の3次元構造
(a) peak-valley splitting型，(b) staggered型．

め，速度が速く位相の進む領域は山（peak）として，速度が遅く位相の遅れる領域は谷（valley）として交互に並ぶ peak-valley 構造が形成され，ピーク位置に頂点をもつ Λ 形渦が現れる．このように，形成された Λ 渦の両脚が縦渦対として働くことにより，壁面近傍では自己誘導で流体が持ち上げられ，局所速度より遅いピーク領域は流れ方向に引き伸ばされ，高剪断層が発達する．この高剪断は高周波に対してきわめて不安定（高周波 2 次不安定）であり，Λ 渦の先頭部から次々に 1 桁スケールの小さいヘアピン型の渦に崩壊していく．この渦崩壊を熱線風速計で観察すると，T-S 波動に重畳するスパイク信号としてとらえられ，下流方向にスパイクの数は増加する（図 5.17）[5]．この渦ははじめ微小振幅であるが，非線形成長してヘアピン型の 3 次元渦に成長する．3 次元渦は壁近傍の横方向に壁変数で $\lambda=100\nu/\boldsymbol{u}_\tau$（$\boldsymbol{u}_\tau$：壁摩擦速度）程度のスケールの縦渦を誘起し，誘起された縦渦は Λ 形渦を形成して，乱流生成機構が完了し，このように小さな渦が次々に発生して局所的に乱流状態になる．

2）外乱の受容　2 次元境界層において T-S 波動が成長するためには何か微小な種が必要であり，物体表面がきわめてなめらかであるならば，それは外部流れに起因するであろう．外部流に潜む残留変動がどのような経過をたどって不安定波動に成長するかという問題は受容性（receptivity）の問題と呼ばれる．外部の渦度変動強度と 2 次元境界層の遷移レイノルズの関係は古くから調べられているが，騒音のように，渦度変動に比べて長波長の非回転変動の受容過程の研究は比較的新らしく，Goldstein[6] によってようやく理論的なアプローチがなされたに過ぎない．また，主流の乱れが大きい場合の乱流遷移研究はさらに新しい．主流変動の強度が $Tu=1\%$ でも T-S 波動の成長が観察され，乱れがより大きい $Tu>2\%$ ではもはや T-S 波動の攪乱成長からではなく，位相速度をもたない縦渦の成長から遷移が開始することが実験的に観察されている．このような外乱が大きい環境下での境界層遷移は，バイパス（bypass）遷移と呼ばれる．

実験的観察によれば，横幅方向に境界層厚さの 2

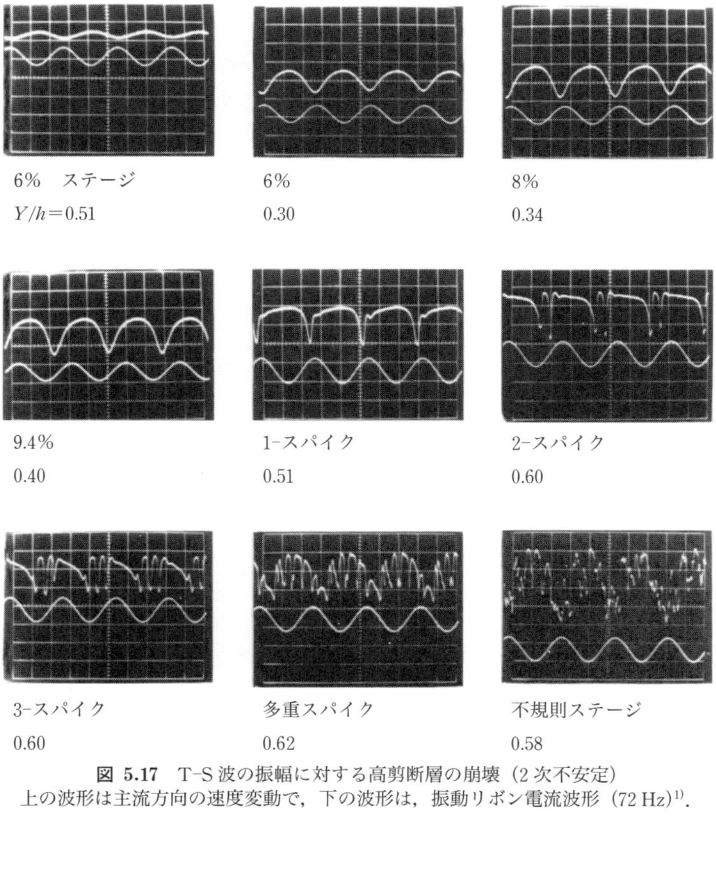

図 5.17　T-S 波の振幅に対する高剪断層の崩壊（2 次不安定）
上の波形は主流方向の速度変動で，下の波形は，振動リボン電流波形（72 Hz）[1]．

倍程度の波長で流れ方向にきわめて長いスケールをもつ低速領域，いわゆるストリーク（縦縞）構造の成長から始まることは知られている．このストリーク構造が下流方向に成長するのに伴い，ストリークがスパン方向に振動を始め，その直後に乱流に崩壊して，そこから乱流斑点が発生し乱流化が促進される．このような観察に対して，従来の線形安定理論とは異なるRapid Transient Growth 理論[7]によれば，流れ方向に相似性を仮定しない場合，線形撹乱方程式の解として，T-S 波動とはまったく別の性質や構造をもつ撹乱がより速く成長することが示される．この理論から予測されている撹乱の構造や，エネルギーが流れ方向距離に比例して増加する事実などの性質は，自然遷移に現れるストリーク構造とよく一致している．

b.　3 次元境界層遷移過程

高速航空機主翼の後退角は，衝撃波の発生を遅延し，あるいは弱める作用がある．しかし，後退翼はその圧力勾配の方向が外部流の方向と異なるために，外部ポテンシャル流はとくに翼の前縁（図 5.18(a)）と後縁近傍で大きく曲げられ，外部流線と直角方向に 2 次流れが誘導される．この 2 次流れは横流れ（cross-flow）と呼ばれ，図 5.18(b) に示すように境界層外部と翼面上で速度が 0 となるため，速度分布は変曲点をもつことになる．したがって，3 次元境界層の合成速度分布は，変曲点をもつ捩れた速度分布となり，レイリーの定理から，非粘性の極限において不安定であることが結論づけられる．

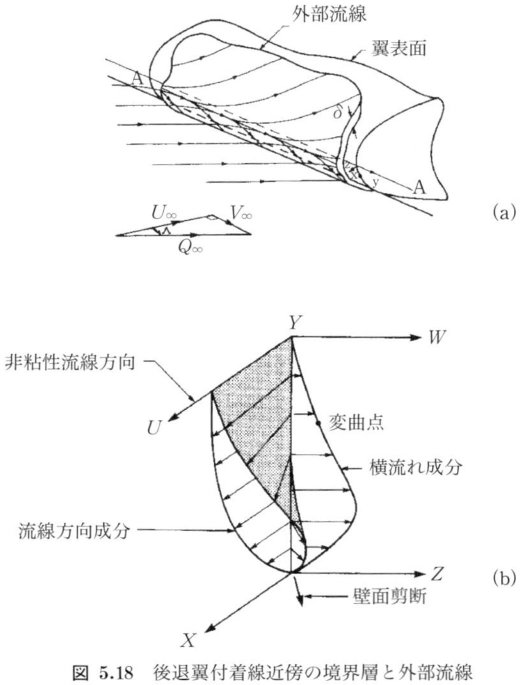

図 5.18　後退翼付着線近傍の境界層と外部流線
(a) 付着線近傍の境界層と外部流，(b) 付着線から離れた境界層内の捩れた速度分布．

この不安定は横流れ不安定と呼ばれ，2 次元境界層の T-S 波に始まる穏やかな粘性不安定と性質をまったく異にしている．また，近年流線の曲がりによる遠心力型の流線曲率不安定が見出され[5]，横流れ波動と同様に流線曲率波動は外部流線とほぼ直角方向に伝播する縦渦型であること，その不安定性は横流れに比べて弱いことなども明らかにされている．外乱が小さい場合の境界層遷移過程は流れ場が 3 次元であっても，2 次元のそれと基本的な違いはないことはこれまでの研究で明らかにされているが，最も大きな相違点は最初の不安定性が粘性型でなく変曲点型であり，縦渦撹乱の成長に伴って流れを 3 次元化させることである．

1）　横流れ不安定性と流線曲率不安定性　3 次元境界層が 2 次元の境界層に比べてはるか上流側で乱流に遷移することは，Gray[8]の飛行試験ではじめて明らかにされ，乱流遷移に先立って翼表面の層流部分の可視化から，ほぼ外部流線方向に並んだ筋状の痕跡を観察している．引き続いて行われた風洞実験で，この筋は横流れ不安定に起因した縦渦が原因であることが明らかとなった．この実験が契機となって，3 次元境界層の安定性が理論的に調べられた．理論で最初にとりあげられたのは，ナビエ-ストークス方程式の厳密解が知られている静止流体中を回転する円盤流である．Gregory は Walker[10]と共同して，実験を行い線形安定解析結果との比較を行った．実験によると，回転軸を中心とする円形の層流域とその外側に広がる乱流域の間に環状の層流域が存在し，そこには一定間隔で周方向に並ぶ約 30 個のらせん状渦列が周方向と 13 度程度傾いて円盤に固定された状態で観察されている．渦の傾きは Stuart 理論とよく一致する一方，渦の個数には大きな隔たりが見出されたが，その後の研究では，ほぼ実験との一致が得られている．

図 5.19 は線形安定解析から求めた，円盤流の代表的なレイノルズ数における中立安定曲線であ

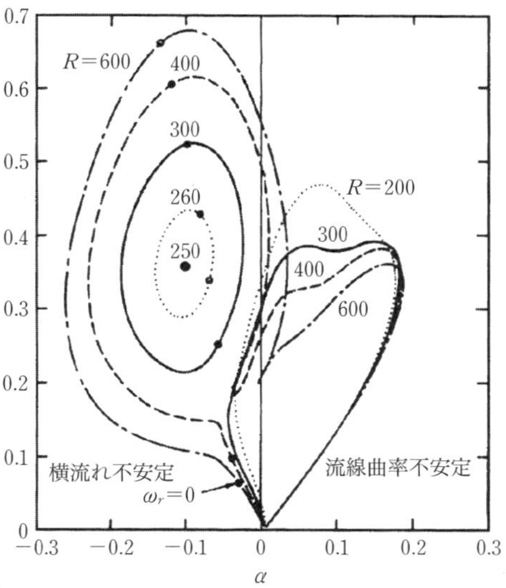

図 5.19 回転円盤流に対する横流れ不安定と流線曲率不安定の中立安定曲線
α, β はそれぞれ周方向と半径方向の波数で, $R=r\sqrt{\Omega/\nu}$ は局所レイノルズ数を示し, r は円盤中心からの距離, Ω は円盤の角速度, ν は流体の動粘性係数[11].

る[11]. ここに, α は周方向, β は半径方向の攪乱の波数を示し, 流線曲率不安定は横流れ不安定に比べて臨界レイノルズ数が小さく, また流線曲率不安定攪乱は半径方向の外側に向かい, 一方横流れ不安定攪乱は内側に向かって伝播することを示している. 乱れの小さい静止流体中では, 流線曲率不安定に起因した攪乱が先に成長しても, のちに成長する横流れ攪乱が遷移を支配することになる. しかし, 外乱が大きい場合には, 流線曲率不安定波が大きく成長して, 横流れ不安定波の成長を経ないで遷移する場合も観測されている. 図 5.19 に示した線形安定解析結果でもう一つ重要な点は, 横流れ不安定攪乱で最も不安定なモードは定在型の縦渦ではなく, 位相速度をもつ進行波型の攪乱である. しかし, 回転円盤流において横流れ進行波型の存在は実験的に観察されているものの, 実際に乱流遷移に導いているのは縦渦であり, その理由[12,13]はまだ十分とはいえない.

2) 3次元境界層遷移に対する外乱の影響 境界層遷移過程をより複雑にしている要素は, 外乱である. 主流の乱れのレベルに応じて, 横流れ不安定攪乱のモードが選択されることはよく知られている. 静止流体の揺らぎが小さい回転円盤流あるいは主流乱れのレベルが小さい風洞における斜め平板あるいは後退翼では, 横流れ不安定に起因して縦渦が支配的に成長するが, 逆に外乱のレベルが高い場合には, 進行波型攪乱が支配的に成長することが観察されている[14]. これは, 外乱のレベルが高いと進行波の初期振幅が縦渦に比べて大きく与えられたためと解釈されている. 当然のこととして, 時間変動を伴う外乱のレベルが高いほど乱流遷移点は上流に移動する. 一方, 模型表面の粗さや凹みは横流れの定在モードを誘起するが, 流れ上流の翼前縁に平行に等間隔に並べた微小 3 次元粗度では, その間隔を最も不安定な縦渦の波長と異なるように選ぶと, 逆に遷移が遅延する場合も報告されている.

騒音も外乱の一種であるが, 横流れ不安定は T-S 不安定と異なり, 縦渦型の攪乱を誘起することから, 平面的な波面をもつ音波は横流れ攪乱には鈍感である[15]. 同様にある有限の長さの薄いテープを翼前縁近傍に張った場合, テープの中間点では横流れ攪乱の増幅がとくにみられないが, テープの両端で縦渦が励起される.

c. 付着線境界層遷移過程

無限に長い後退翼の前縁に沿う流れは付着線境界層を形成し, この領域から分岐した流れ (図 5.18 (a)) は翼の下流の境界層に多大な影響を及ぼすため, 付着線境界層の安定問題は重要である. 線形安定解析から, 付着線境界層の臨界値は翼前縁に沿う境界層の特性長さと付着線方向の一様な流速でつくるレイノルズ数が 582 であり, その成長攪乱の特性は 2 次元境界層の T-S 波と同じである. 後退する翼では, 機首部から発達した境界層は翼の前縁に達するまでに乱流遷移することから, 付着線境界層はこの乱流境界層に汚染 (contamination) されたことになる. したがって, この汚染に対する付着線境界層の臨界遷移レイノルズ数は翼を設計する際には重要なパラメータとなる. Poll[16] によれば, 付着線境界層に沿う境界層を粗さで乱した場合, 運動量厚さに基づくレイノルズ数が 250 以下では乱流に遷移しないことが実験的に見出されている.

d. 凹面に沿う境界層遷移

壁面が外側に凹の曲率をもつ場合に, それに沿う 2 次元境界層では回転円筒間の流れと同様に遠心力不安定が発生し, これをゲルトラー不安定と呼ぶ. この場合に現れる攪乱は図 5.20 に示すように, 流れに直角な横幅 (スパン) 方向に並び, 交互に回転

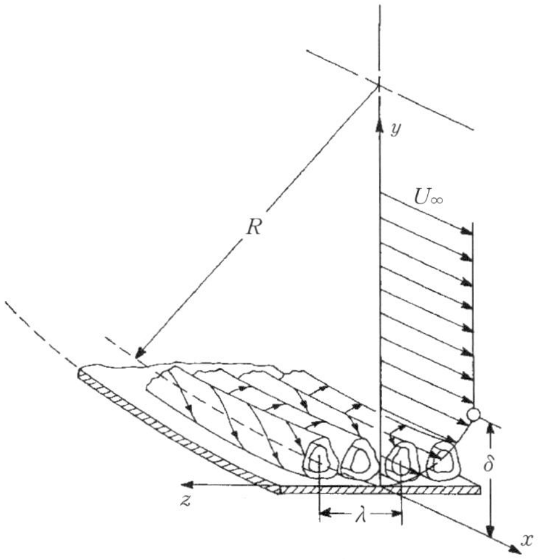

図 5.20　凹面に沿うゲルトラー（Görtler）渦[16)]

の向きを変える定常な縦渦の列，ゲルトラー渦を形成する．境界層の非平行性を無視した線形安定解析によると，ゲルトラー渦を支配する線形方程式の固有値問題を解くと，擾乱の増幅率がゲルトラー数 G（$=R\sqrt{\delta/r}$；δ は，境界層厚さ，r は曲率半径，R は局所レイノルズ数）とスパン方向波数 λ の関数として定まる[17)]．ゲルトラー渦はそれ自身で乱流遷移を引き起こすことはないが，その発達によって流れ場が変形され，他の不安定性が発生しやすくなる．低レイノルズ数で壁面曲率が大きい場合には，ゲルトラー渦の誘起する速度によって壁面近くの低速流体が境界層の上方に持ち上げられるスパン位置と，その逆の運動をする位置で境界層の速度分布に大きな差が現れる．その結果として，低速流体上昇が最も大きい位置で，流れ方向の速度分布に高剪断層が形成され，その変曲点型不安定から周期的な高周波成分が増幅する（varicose モード）．また，主流方向速度のスパン方向変化が最も急激になるところでは，ケルビン-ヘルムホルツ不安定が生じ，ゲルトラー渦が左右に揺れる非定常現象が観測される（sinuous モード）．これらの進行波型擾乱の成長率は縦渦のそれに比べてはるかに大きく，流れは急速に乱流化に向かう．

e.　自由境界をもつ後流，噴流および剝離流の遷移

自由境界をもつ後流，噴流および剝離流は，2 次元的な場合，軸対称の場合，さらには 3 次元的な場合に分類できるが，乱流遷移の初期段階のあらましは似ている．すなわち，三つの流れ場に共通した点は，平均速度分布はいずれも変曲点をもつことで，微小な擾乱に対して流れ場は不安定である．平均速度分布を用いた線形安定解析は微小振幅擾乱の指数的成長を予測し，その周波数や増幅率は実験結果とよく一致する[18)]．この線形領域の下流には，基本波の高調波・低調波成分の成長や成長擾乱どうしの非線形干渉が起こる非線形領域が続く．この非線形干渉がさらに進行すると，これまでなりを潜めていた不規則変動が急激に成長して，流れは一気に乱流状態に達する．この最後の領域は偶然化領域と呼ばれている．これらの流れの遷移過程を実験的に調べる場合，自然に遷移する流れ場でなく，外部から単一ないしは複数の周波数をもつ音響擾乱を流れに導入する手法が用いられている．この音響励起法は，遷移の初期で線形成長した離散周波数をもつ基本波から，どのような機構で不規則変動が生成され，この変動が最終的に流れ場全体を覆いつくすのかを理解するうえで優れているからである．以下では，不規則成分が生まれる機構について 2 次元平板後流を代表例として述べる．

2 次元平板後流の線形領域で最も不安定な周波数で音響励起すれば，基本波は励起周波数と同じ離散周波数で主流からエネルギーを供給されながら指数的に成長する．また，同時に流れに潜んでいた微小な不規則変動は基本波を振幅変調（modulation）するために，スペクトル分析を行うと不規則変動は基本波の側帯波（side lobe）を形成し，下流に搬送されながら成長する．非線形領域の初期段階で，基本波は振幅平衡に達するとともに，非線形干渉の進行とともに基本波の第 2，第 3 といった高調波成分が次々と生成される．この非線形干渉過程で高調波も基本波と同様の側帯波を連行する．このような高調波の生成によって，基本波のエネルギーは第 2 高調波へ，また基本波と第 2 高調波干渉から第 3 高調波へと変動エネルギーが分配されて，基本波からその高調波へのエネルギーのカスケード構造が形成される．その結果，基本波およびその高調波のレベルと側帯波のレベルの差がある値以下になると，離散周波数をもつ波動（基本波とその高調波）と側帯波が直接干渉して，差あるいは差の高調波の周波数をもつ不規則成分が生成される[19)]．とくに，差の成分は基本波より低い周波数帯域の不規則変動であるこ

とから，偶然化領域で乱雑な低周波成分が増大するのである．この現象は，ラジオのAM信号にたとえると，基本波は搬送波，側帯波は音声で，差の成分の発生機構は音声の復調（demodulation）に対応している．このような離散周波数と不規則変動の激しい干渉から，偶然化過程の終盤では基本波と第2高調波，第2高調波と第3高調波などの中間帯域は不規則変動で埋め尽くされ，速度変動のスペクトルは，低周波帯域から高周波帯域に向かって，なだらかに減少する典型的な乱流スペクトルが形成されるのである． ［髙木正平］

文　　献

1) M. Nishioka : Laminar-Turbulent Transition, Springer 1995, 15-26.
2) A. D. D. Craig : J. Fluid Mech., **50**, 1971, 393-413.
3) T. Herbert : AIAA Paper, 1985, 85-1759.
4) W. S. Saric : Phys. Fluids, **29**, 1986, 2770.
5) M. Nishioka *et al.* : Laminar-Turbulent Transition (R. Eppler, H. Fasel eds.), Springaer, 1980, 37-46.
6) M. E. Goldstein : J. Fluid Mech., **127**, 1983, 59-81.
7) P. Luchini : J. Fluid Mech., **327**, 1996, 101-115.
8) S. Takagi, N. Itoh : Fluid Dyn. Res., **22**, 1998, 25-42.
9) W. E. Gray : RAE TM Aero 255, 1952.
10) N. Gregory *et al.* : Phil. Trans. R. Soc. Lond., **A208**, 1955, 155
11) N. Itoh : J. Fluid Mech., **317**, 1996, 129-154.
12) M. R. Malik *et al.* : J. Fluid Mech., **268**, 1994, 1-36.
13) S. Takagi, N. Itoh : JAXA-RR-022E, 2004.
14) H. Bippes : Progr. Aerosp. Sci., **35**, 1999, 363-412.
15) S. Takagi *et al.* : Bull. Am. Phys. Soc., **36**(10), 1991, 2630.
16) D. I.A. Poll : J. Fluid Mech., **150**, 1985, 329-356.
17) W. S. Saric : Ann. Rev. Fluid Mech., **26**, 1994, 379-409.
18) 谷　一郎編：流体力学の進歩 乱流，丸善，1980，58-59.
19) H. Sato, H. Saito : J. Fluid Mech., **67**, 1975, 539-559.

5.3.2 管内流の遷移

主流方向の一方向のみに開いた流れを管内流と呼び，その断面形状によって円管内流れや矩形管内流れなどに分けられる．とくに，円形断面の管路に満たされた流体が一定の圧力勾配により駆動される流れを円管ポアズイユ流（Poiseuille pipe flow, Hagen-Poiseuille flow）と呼び，一般に管内流といえば，これを指すことが多い．ここでも，円管ポアズイユ流について述べる．

管内流は最も簡単な形状の一つであるため，その流れの安定性は古くから調べられており，Reynolds[1]による色素流入実験をはじめとして，数多くの実験，理論的研究が行われてきた．しかし，その遷移の詳細は複雑であり，おそらく十分には理論的な理解が得られていない．層流から乱流への遷移は，他の剪断流（平板境界層など）の場合とは異なり，管内流では実験的にT-S波が観察されず，層流のなかに乱流領域（乱流斑点，turbulent spot）が突発的に発生して，完全乱流へと遷移する．このときのレイノルズ数を臨界レイノルズ数（遷移レイノルズ数）と呼び，その値は初期乱れにより異なってくる．Reynoldsの実験結果によると，円管直径と中心流速を代表長さ・速度としたときのレイノルズ数Reで約13000 以上では管内流は不安定となり，流速が時空間的に振動する乱れた流れへと遷移する．Ekman[2]は同様の実験装置を用いて，円管入口で擾乱が入らないように注意して実験を行った結果，初期乱れの非常に少ない流れではレイノルズ数を大きくしても約40000程度まで流れが層流状態を保ち，それ以上のレイノルズ数では流入する乱れをどんなに小さくしても乱流へと遷移した．逆に，乱流状態にある管内流のレイノルズ数を小さくしていくと，層流への逆遷移が起こり，これは臨界レイノルズ数の下限値を与えるものと解釈される．この臨界レイノルズ数の下限値についても，管路の入口形状に強く依存するが，入口を直角に切った形状では，$Re \approx 2500 \sim 2700$まで完全な乱流を維持し，$Re \approx 2000$程度まで乱れの発生が確認される．この間の遷移域では，層流と乱流が交互に現れる間欠性が観察されることが多く，流れ自体も流路形状などに強く依存するため，摩擦係数を予測することは難しいが，層流と乱流の中間的な値をとると考えてよい[3]．

a. 線形安定性

管内流におけるナビエ-ストークス方程式の定常厳密解は，放物線の速度分布である．これに線形安定性理論を適用すると，非軸対称の擾乱を含むあらゆる無限小擾乱に対して，レイノルズ数の値によらず絶対安定で，乱流遷移は起こらないことになる[4,5]．すなわち，臨界レイノルズ数は無限大であることが示され，実験と異なる結果が得られる．したがって，実験的に得られる管内流の流れの遷移の原因は，円管入口付近の速度助走区間の影響や擾乱の有限振幅性・非線形性のいずれかにあると考えられている．実際，助走流効果を取り入れた線形安定性の数値的解析が軸対称・非軸対称攪乱に対して行われたが[6~8]，実験的に遷移が観察されるような低い臨界レイノルズ数は得られておらず，決定的な結論は出ていない．

他方，平行平板間ポアズイユ流（plane Poiseuille flow, plane channel flow）において2次元攪乱が与える臨界条件は，チャネル半幅と中心速度により無次元化したレイノルズ数で5772.22と求められている[9]．これを越えるレイノルズ数では無限小攪乱に対し不安定で，2次元境界層と同様に線形安定性理論で最も不安定となるT-S波が現れ，流れは乱流となる．しかし，実際には，より低いレイノルズ数でも攪乱が強い場合に乱流となるバイパス遷移（bypass transition）が生じる．安定性解析においても，非線形性を考慮することで臨界レイノルズ数は2935と下がり，さらに有限振幅の3次元攪乱を伴えば約1000程度になり[10,11]，実験[12,13]や直接数値シミュレーション[14,15]においても検証されている．

b.　流入口形状の影響

流入部以降の助走区間における速度分布が放物線分布からずれることで，有限の大きさの擾乱に対して不安定となる領域が存在する．この不安定領域で擾乱が十分に増幅されるために，乱流への遷移が促進される．異なった流入部の形状により助走区間で細部の異なった流れになることで，不安定領域の大きさに影響が及ぶ．そのため，層流が維持されるようなレイノルズ数の最大値を特定することが困難になる．したがって，臨界レイノルズ数の値は実験条件によって大きく変わることに注意する必要がある．管内流の遷移域における摩擦係数 C_f に及ぼす入口形状の影響を図5.21に示す．入口形状No.1では，トリッピングワイヤを設け大きな入口攪乱を与えるようにし，他方，No.4はハニカムやスクリーンを配置し，できるかぎり入口攪乱を抑制したもので，No.2，3では中間的な大きさの入口攪乱を与えている．入口攪乱の大きさにより，臨界レイノルズ数および遷移域のレイノルズ数の幅が変化していることがわかる．遷移域のレイノルズ数においては，速度変動が時間的・空間的に間欠的となり，図5.22に示すように間欠率がレイノルズ数によって変化する．ここで，間欠率 γ は，

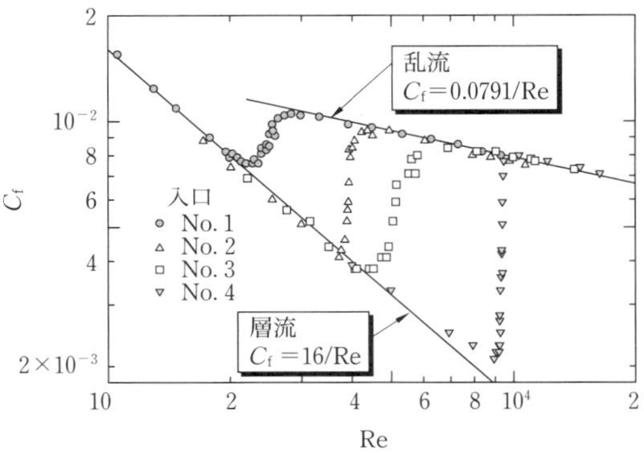

図 5.21　遷移域における管内流の摩擦係数に及ぼす入口形状の影響（文献3の実験結果に基づく）

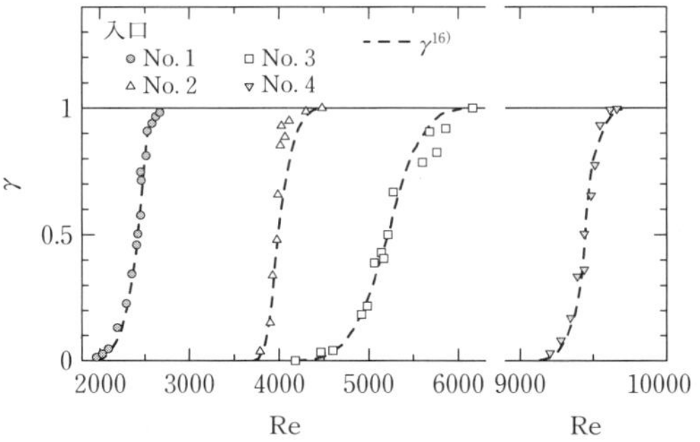

図 5.22　遷移域における管内流の間欠率（文献3，16の実験結果および経験則に基づく）

$$\gamma=\bar{I}=\frac{1}{T}\lim_{T\to\infty}\int_0^T I(t)\,\mathrm{d}t \qquad (5.3.1)$$

$$I(t)=\begin{cases}1：乱流\\0：非乱流\end{cases} \qquad (5.3.2)$$

と定義する．間欠率とレイノルズ数の関係について，Wilson[16)]は，

$$\begin{cases}\gamma=0.5\left[1+\mathrm{erf}\left(3\dfrac{Re-Re_{0.5}}{Re_{0.5}-Re_0}\right)\right] & (Re<Re_{0.5})\\ \gamma=0.5\left[1+\mathrm{erf}\left(3\dfrac{Re-Re_{0.5}}{Re_1-Re_{0.5}}\right)\right] & (Re\geq Re_{0.5})\end{cases} \qquad (5.3.3)$$

の式を提唱している．ここで，erfは誤差関数，Re_0，$Re_{0.5}$，Re_1 は，おのおの，$\gamma=0$（層流），0.5，1（乱流）となるレイノルズ数である．また，非常に低いレイノルズ数で強い攪乱を与えたNo.1の場合，遷移域で観察された間欠流はパフ（puff）に相当し，入口攪乱を抑えたNo.2〜4ではスラグ（slug）に分類される間欠流がみられる[3)]．

c. 遷移の形態

管内流遷移の初期段階には層流状態のなかに突発的に乱流領域部分が生じ，層流塊と乱流塊が交番する間欠性（intermittency）が現れる．Wygnanskiら[17,18]は，遷移域の間欠的な流れについて，初期擾乱の大きな場合に観察される乱流塊をパフ，初期擾乱が十分小さい場合に現れるそれをスラグと分類した．それぞれが観察されるレイノルズ数は，

$$\text{パフ}:2000 \leq \mathrm{Re} \leq 2700 \qquad (5.3.4)$$

$$\text{スラグ}:3200 \leq \mathrm{Re} \qquad (5.3.5)$$

である．パフやスラグの発生は安定性理論からでは説明できないので，現在は管内流遷移のメカニズムを解明するため，これらの構造や成長過程が実験[19~23]または直接数値シミュレーション[24,25]により調べられている．いずれもおおむね軸対称な界面をもった乱流域を形成するが，層流・乱流の界面の明瞭さがパフとスラグで異なる．図5.23は，典型的なパフやスラグにおける管中心速度変化を模式的に表したものである．パフの場合，中心流速 U_C は，乱流塊の下流側の層流塊との界面付近（層流-乱流）で，層流の流速から乱流のそれへと緩やかに変化するが，上流側の境界（乱流-層流）では，乱流の流速から層流のそれへ急激に変化する（図5.23(a) 参照）．スラグの場合，図5.23(b) に示すように乱流塊の上下両境界で，中心流速は急激に変化し，層流-乱流，乱流-層流の界面はいずれも明瞭である．また，パフの乱流塊は，あるレイノルズ数範囲では，成長も収縮もせず，平衡状態のまま下流へ流れることが知られている．一方，スラグの乱流塊は，流れ方向に成長し非乱流域に伝わっていき，間欠率は下流にいくにつれて増加し，すべての非乱流域が完全に乱流の管内流となる．図5.24はパフおよびスラグの先端と後端の移動速度をレイノルズ数の関数として示したものである．スラグ後端の移動速度 U_T はレイノルズ数の増加とともに単調に減少し，スラグ先端の移動速度 U_L はレイノルズ数の増加とともに単調に増加する．およそ Re＝2300 で両者の差がなくなり，これ以下では乱流塊は増加せず，減少もしない平衡パフ（equilibrium puff）となる．平衡パフになるにはパフ発生から管径の百倍以上の距離を要し，Re＞2350 でパフは下流に移動する途中でスラグに転化する[23,25]．

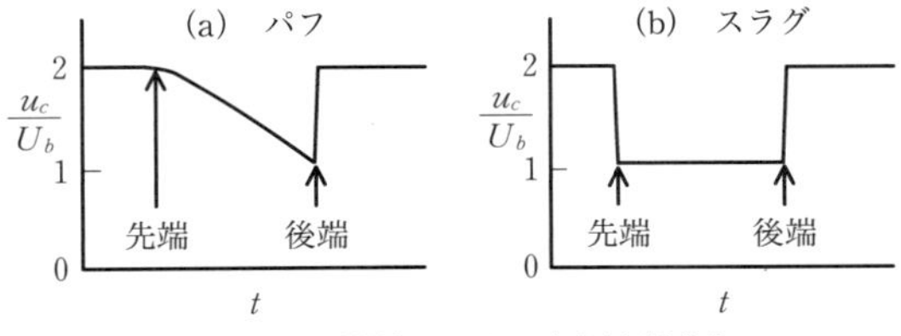

図 5.23 遷移域における中心速度変化

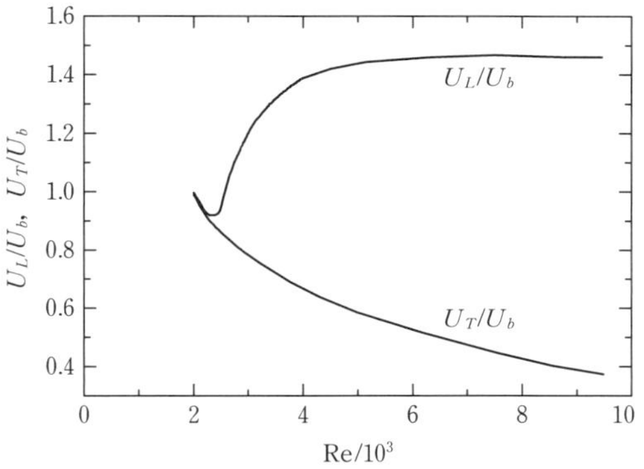

図 5.24 パフ・スラグ前後の移送速度（平均速度 U_b との比）のレイノルズ数変化
先端の移動速度を U_L，後端の移動速度を U_T．文献22，26の実験結果に基づく．

［河村 洋・塚原隆裕］

文 献

1) O. Reynolds : Philos. Trans. Roy. Soc. Lond., **174**, 1883, 935-982.
2) V. W. Ekman : Arkiv. Mat. Astron. Fys., **6**, 1910, 1-16.
3) 小川益郎，河村 洋：日本機械学会論文集（B編），**477**，1986，2164-2169.
4) A. Davey, P. G. Drazin : J. Fluid Mech., **36**, 1969, 209-218.
5) V. K. Garg, W. T. Rouleau : J. Fluid Mech., **54**, 1972, 113-127.
6) T. Tatsumi : J. Phys. Soc. Jpn., **7**, 1952, 495-502.
7) V. K. Garg, S. C. Gupta : J. Appl. Mech., **48**, 1981, 243-248.
8) V. K. Garg : J. Appl. Mech., **50**, 1983, 210-214.
9) S. A. Orszag : J. Fluid Mech., **50**, 1971, 689-703.
10) S. A. Orszag, L. C. Kells : J. Fluid Mech., **96**, 1980, 159-205.
11) U. Ehrenstein, W. Koch : J. Fluid Mech., **228**, 1991, 111-148.
12) D. R. Carlson *et al.* : J. Fluid Mech., **121**, 1982, 487-505.
13) M. Nishioka, M. Asai : J. Fluid Mech., **150**, 1991, 441-450.
14) O. Iida, Y. Nagano : Flow, Turbulence and Combustion, **60**, 1998, 193-213.
15) T. Tsukahara *et al.* : Proc. 4th Int. Symp. on Turbulence and Shear Flow Phenomena, 2005, 935-940.
16) N. W. Wilson, R. S. Azad : J. Appl. Mech., **42**, 1975, 51-54.

17) I. J. Wygnanski, F. H. Champagne : J. Fluid Mech., **59**, 1973, 281-335.
18) I. J. Wygnanski *et al.* : J. Fluid Mech., **69**, 1975, 283-304.
19) P. R. Bandyopadhyay : J. Fluid Mech., **163**, 1986, 439-458.
20) K. Kose : Phys. Rev. A, **44**, 1991, 2495-2504.
21) A. G. Darbyshire, T. Mullin : J. Fluid Mech., **289**, 1995, 83-114.
22) 東　恒雄，荒賀浩一：日本機械学会論文集（B編），**654**，2001，421-429.
23) 荒賀浩一，東　恒雄：日本機械学会論文集（B編），**666**，2002，300-308.
24) H. Shan *et al.* : J. Fluid Mech., **387**, 1999, 39-60.
25) V. G. Priymak, T. Miyazaki : Phys. Fluids, **16**, 2004, 4221-4234.
26) E. R. Lindgren : Phys. Fluids, **12**, 1969, 418-425.

6

乱れの生成と散逸の機構

6.1 乱れの生成と散逸

流体運動中で乱れが生成され，その力学エネルギーが熱として失われる基本的過程を理解するために，本章では密度変化が無視できる流体（非圧縮性流体）を扱う．流体温度や流体に含まれる物質濃度などのスカラー量の生成と散逸を考察する場合も同様とする．個々の流れでの詳細は以下の章で説明されるため，文献も基本事項を補足するためのものにかぎられる．

6.1.1 乱れを考察するための基本方程式

非圧縮性流体の運動は，運動量方程式

$$\frac{\partial u_i}{\partial t}+\frac{\partial}{\partial x_j}u_iu_j=-\frac{1}{\rho}\frac{\partial p}{\partial x_i}+\nu\nabla^2 u_i \tag{6.1.1}$$

と密度一定を表す

$$\nabla\cdot\boldsymbol{u}=0 \tag{6.1.2}$$

で記述される．ここで，$\boldsymbol{u}$ は速度ベクトル，p は圧力，ρ は密度，ν は動粘性率である．また，下付きの繰返し添字に関しては縮約の規則を用いる（1から3までの和をとる）．

層流状態から乱れが発生する過程は第5章で説明されており，ここでは乱れが十分発達した状態のみを考察する．このために，流れの量を平均部分とその周りの変動部分に分けるが，平均としては実験を多数回繰り返して得られるアンサンブル平均を用いる．これにより，速度と圧力を

$$\boldsymbol{u}=\bar{\boldsymbol{u}}+\boldsymbol{u}',\qquad p=\bar{p}+p' \tag{6.1.3}$$

と分解すると，平均部分は

$$\frac{D\bar{u}_i}{Dt}\equiv\left(\frac{\partial}{\partial t}+\bar{\boldsymbol{u}}\cdot\nabla\right)\bar{u}_i$$

$$=-\frac{1}{\rho}\frac{\partial\bar{p}}{\partial x_i}+\frac{\partial}{\partial x_j}(-R_{ij})+\nu\nabla^2\bar{u}_i \tag{6.1.4}$$

によって記述される．ここで，R_{ij} は

$$R_{ij}=\overline{u_i'u_j'} \tag{6.1.5}$$

で定義される変動速度の i 成分と j 成分の相関関数であり，$-R_{ij}$ はレイノルズ応力と呼ばれる（詳細は，2.3節を参照されたい）．

式（6.1.4）からわかるように，平均部分と直接かかわる変動量は R_{ij} のみであり，これを支配する方程式は

$$\frac{DR_{ij}}{Dt}=P_{ij}+\phi_{ij}-\varepsilon_{ij}+\frac{\partial}{\partial x_l}\left(T_{ijl}+\nu\frac{\partial R_{ij}}{\partial x_l}\right) \tag{6.1.6}$$

となる．ここで，右辺の諸量は

$$P_{ij}=-R_{jl}\frac{\partial\bar{u}_i}{\partial x_l}-R_{il}\frac{\partial\bar{u}_j}{\partial x_l}, \tag{6.1.7}$$

$$\phi_{ij}=\overline{\frac{p'}{\rho}\left(\frac{\partial u_j'}{\partial x_i}+\frac{\partial u_i'}{\partial x_j}\right)}, \tag{6.1.8}$$

$$\varepsilon_{ij}=2\nu\overline{\frac{\partial u_i'}{\partial x_l}\frac{\partial u_j'}{\partial x_l}}, \tag{6.1.9}$$

$$T_{ijl}=-\left(\overline{u_i'u_j'u_l'}+\frac{1}{\rho}\overline{p'u_j'}\delta_{il}+\frac{1}{\rho}\overline{p'u_i'}\delta_{jl}\right) \tag{6.1.10}$$

で与えられ，R_{ij} の生成項，圧力-歪み相関（再分配項），散逸項，輸送項と呼ばれている．

圧力の変動成分 p' の影響は ϕ_{ij} と T_{ijl} に現れているが，これは圧力勾配の変動部分に対して

$$-\frac{1}{\rho}\overline{\left(u_j'\frac{\partial p'}{\partial x_i}+u_i'\frac{\partial p'}{\partial x_j}\right)}$$

$$=-\frac{1}{\rho}\left(\frac{\partial}{\partial x_i}\overline{p'u_j'}+\frac{\partial}{\partial x_j}\overline{p'u_i'}\right)+\phi_{ij} \tag{6.1.11}$$

という分解を行ったことに起因している．この分解を行うことには議論があるが，非圧縮の条件より

$$\phi_{ii}=0 \tag{6.1.12}$$

が成り立つこと，また式（6.1.11）の第1項が式

(6.1.6) の最終項のように発散形式に表現できることにその物理的意義がある（後の議論を参照されたい）．

乱れの性質を理解するには，3 成分の強度

$$\overline{u_1'^2},\ \overline{u_2'^2},\ \overline{u_3'^2} \qquad (6.1.13)$$

をそれぞれ知ることが重要となるが，まず乱れ生成の大まかな性質を知るためにそれらの総和に対応する乱流エネルギー

$$k=\frac{1}{2}\overline{\boldsymbol{u}'^2}\left(=\frac{1}{2}R_{ii}\right) \qquad (6.1.14)$$

を考える．式 (6.1.6) より，その支配方程式は

$$\frac{Dk}{Dt}=P-\varepsilon+\nabla\cdot(\boldsymbol{T}+\nu\nabla k) \qquad (6.1.15)$$

となる．ここで，右辺の諸量は

$$P=-R_{ij}\frac{\partial\bar{u}_j}{\partial x_i}, \qquad (6.1.16)$$

$$\varepsilon=\nu\overline{\left(\frac{\partial u_j'}{\partial x_i}\right)^2}, \qquad (6.1.17)$$

$$\boldsymbol{T}=-\overline{\left(\frac{1}{2}\boldsymbol{u}'^2+\frac{p'}{\rho}\right)\boldsymbol{u}'} \qquad (6.1.18)$$

で定義され，式 (6.1.6) に対応して生成項，散逸項，輸送項と呼ばれている．式 (6.1.12) より，非圧縮流体の ϕ_{ij} は乱れ強度 3 成分の総和の変化には直接寄与しない．言い換えると，ϕ_{ij} は 3 成分間のエネルギー授受に関与するため，上述の再分配項という名称が与えられている．

6.1.2　乱流エネルギーの生成

式 (6.1.16) の生成項の物理的意味を理解するために，式 (6.1.15) で

$$\frac{Dk}{Dt}=\frac{\partial k}{\partial t}+\nabla\cdot(k\bar{\boldsymbol{u}}) \qquad (6.1.19)$$

と書き直し，任意の関数 f に対するガウスの積分公式

$$\int_V\frac{\partial f}{\partial x_i}\mathrm{d}V=\int_S fn_i\mathrm{d}S \qquad (6.1.20)$$

を用いて流れの全領域（V）で積分すると，

$$\frac{\partial}{\partial t}\int_V k\mathrm{d}V=\int_V P\mathrm{d}V-\int_V\varepsilon\mathrm{d}V+\int_S(-k\bar{\boldsymbol{u}}+\boldsymbol{T}+\nu\nabla k)\cdot\boldsymbol{n}\mathrm{d}S \qquad (6.1.21)$$

を得る．ここで，S は V の表面であり，$\boldsymbol{n}$ は表面で外向きに立てられた法線ベクトルである．

式 (6.1.21) で，第 2 項は式 (6.1.17) の非負値の量の積分であり，符号を含めると全乱流エネルギーの散逸に寄与している．第 3 項は表面を通してのエネルギー供給あるいは損失を表している．第 1 部分は平均流によって運ばれる流体中の乱流エネルギーである．たとえば，円管内の発達した乱流のように，上流から流入する乱流エネルギーと下流へ流失する乱流エネルギーが等しいときは第 1 部分の寄与はない（円管壁では粘着条件より 0 となる）．

第 2 部分は，式 (6.1.18) より二つの効果からなっている．変動速度 $\boldsymbol{u}'$ の 3 重相関は，乱れのエネルギーが乱れによって運ばれる効果である．これに対して，圧力変動 p' にかかわる部分の解釈は簡単ではない．p' を温度などのスカラー量に置き換えると，乱れによって輸送されるスカラーフラックスを表すことになるが，非圧縮流体での圧力は温度などと異なり，時間発展型の輸送方程式には従わない．$\boldsymbol{u}'$ の方程式に式 (6.1.2) に対応する非圧縮条件を課すと，

$$\frac{1}{\rho}\nabla^2p'=-2\frac{\partial u_j'}{\partial x_i}\frac{\partial\bar{u}_i}{\partial x_j}-\frac{\partial^2}{\partial x_i\partial x_j}(u_i'u_j'-R_{ij})\equiv F(\boldsymbol{x}) \qquad (6.1.22)$$

という楕円形のポアソン方程式を得る．方程式

$$\nabla^2G(\boldsymbol{x}-\boldsymbol{y})=\delta(\boldsymbol{x}-\boldsymbol{y}) \qquad (6.1.23)$$

を満たすグリーン関数

$$G(\boldsymbol{x}-\boldsymbol{y})=-\frac{1}{4\pi r}\quad(r=|\boldsymbol{x}-\boldsymbol{y}|) \qquad (6.1.24)$$

を用いると，式 (6.1.22) の右辺を既知とする解は[1]

$$\frac{1}{\rho}p'(\boldsymbol{x})=\int_V G(\boldsymbol{x}-\boldsymbol{y})F(\boldsymbol{y})\mathrm{d}\boldsymbol{y}+\int_S\left(\frac{p'(\boldsymbol{y})}{\rho}\frac{\partial G(\boldsymbol{x}-\boldsymbol{y})}{\partial n}-\frac{G(\boldsymbol{x}-\boldsymbol{y})}{\rho}\frac{\partial p'(\boldsymbol{y})}{\partial n}\right)\mathrm{d}S\quad(n=|\boldsymbol{n}|) \qquad (6.1.25)$$

で与えられる．この解からわかるように，非圧縮流体での圧力変動は境界を含む領域全体からの影響を受けている，すなわち非局所的である．このため，温度などのスカラーのようにある点での物理量が乱れによって輸送されるという描像が成立せず，ある点とそれを囲む広い領域中での相関を同時に考慮することが必要となる．12 章で説明されるモデリングにおいて p' を含む相関量のモデリングが必要となるが，そのむずかしさは上の性質に起因している．

3重速度相関と圧力・速度相関からなる輸送項 $\boldsymbol{T}$ の式 (6.1.21) での役割を円管流で考えると，管壁からの寄与はなく，上流と下流での寄与の差もないため，全乱流エネルギーの増減とは関係しない．式 (6.1.21) の右辺最終項の第3部分も同様である．このような最終項の性質は，$\boldsymbol{T}$ が式 (6.1.15) で発散形で現れることによる．

以上のことから，非正値の式 (6.1.21) の右辺第2項のもとで乱れた状態が存在し続けるためには，式 (6.1.21) の右辺第1項が非負すなわち

$$\int_V P \mathrm{d} V \geq 0 \qquad (6.1.26)$$

でなければならない．ただし，P は局所的には正負いずれの値もとりうることに注意すべきである．

P が存在するためには，式 (6.1.16) より平均速度勾配が存在することが必要となる．観測や数値シミュレーションから知られているように，滑りなし条件が成り立つ固体壁の近傍では速度自体は壁から離れた領域に比べたいへん小さくなるが，乱れは同近傍で大きくなる．この状況は高レイノルズ数流れではとくに顕著であるが，これは固体壁近傍で速度勾配が大きくなるためである．固体壁は速度勾配を発生させる代表的な要素であるが，速度勾配をつくるという意味では二つの異なる速度の平行流がある地点で合流する場合でも同様であり，混合層と呼ばれる典型的な乱流状態が発生する．

平均速度勾配はテンソル量であるため，これを

$$\frac{\partial \bar{u}_j}{\partial x_i} = \bar{S}_{ij} + \bar{\Omega}_{ij} \qquad (6.1.27)$$

と分解してみよう．ここで，右辺の2量は

$$\bar{S}_{ij} = \frac{1}{2}\left(\frac{\partial \bar{u}_j}{\partial x_i} + \frac{\partial \bar{u}_i}{\partial x_j}\right), \qquad (6.1.28)$$

$$\bar{\Omega}_{ij} = \frac{1}{2}\left(\frac{\partial \bar{u}_j}{\partial x_i} - \frac{\partial \bar{u}_i}{\partial x_j}\right) \qquad (6.1.29)$$

で与えられ，対称な平均歪みテンソルと反対称な平均渦度テンソルに分解される．後者は，交代テンソル ε_{ijl} を用いると平均渦度 $\bar{\boldsymbol{\omega}} (= \nabla \times \bar{\boldsymbol{u}})$ と

$$\bar{\Omega}_{ij} = \frac{1}{2} \varepsilon_{ijl} \bar{\omega}_l, \qquad \bar{\omega}_i = \varepsilon_{ijl} \bar{\Omega}_{jl} \qquad (6.1.30)$$

という関係にある[2]．

式 (6.1.27) を式 (6.1.16) に代入すると，R_{ij} が対称テンソルであるため，

$$P = -R_{ij} \bar{S}_{ij} \qquad (6.1.31)$$

となる．すなわち，生成項 P は平均速度の歪み部分と直結していることになる．このことから，壁面近傍で生じる平均速度勾配のうちで速度歪み部分が P の存在に不可欠であることがわかる．しかし，このことは平均渦度テンソルに代表される流れの回転効果が P に影響しないことを意味するものでないことに注意すべきである．回転効果が相関テンソル R_{ij} を通して P に大きな影響を与えることは珍しくない．たとえば，回転する工学機器における流れの解析では，回転座標系を用いるためコリオリ力が現れる．角速度 $\boldsymbol{\Omega}_0$ で回転する座標系では，慣性系の平均渦度テンソルは

$$\bar{\Omega}_{ij} \to \bar{\Omega}_{ij} + \varepsilon_{ijl} \Omega_{0l} \qquad (6.1.32)$$

という変換を受ける[3]．相関テンソル R_{ij} は回転効果に敏感であり，その結果 P も大きく影響される．この状況に関しては15.2節を参照されたい．

6.1.3 乱流エネルギーの散逸

式 (6.1.17) のように，エネルギー散逸は変動部分 $\boldsymbol{u}'$ の速度勾配に密接している．後にみるように，平均速度 $\bar{\boldsymbol{u}}$ に関しても ε と同様な散逸項が存在するが，平均速度勾配が大きくなる固体壁近傍を除くと無視できる．これは，$\bar{\boldsymbol{u}}$ に比べ $\boldsymbol{u}'$ のもつ空間スケールが一般的に小さいことにほかならない．第7章では $\boldsymbol{u}'$ のフーリエ分解を用いて，k のエネルギースペクトルが議論される．ε のスペクトルはエネルギースペクトルと波数の2乗の積で表現されるが，これは高波数成分（小スケール成分）が散逸過程で重要な役割を演ずることを意味している．

式 (6.1.17) を式 (6.1.31) にならって分解してみよう．式 (6.1.28)，(6.1.29) に対応して

$$S_{ij}' = \frac{1}{2}\left(\frac{\partial u_j'}{\partial x_i} + \frac{\partial u_i'}{\partial x_j}\right), \qquad (6.1.33)$$

$$\Omega_{ij}' = \frac{1}{2}\left(\frac{\partial u_j'}{\partial x_i} - \frac{\partial u_i'}{\partial x_j}\right) \qquad (6.1.34)$$

を定義し，

$$\frac{\partial u_j'}{\partial x_i} = S_{ij}' + \Omega_{ij}' \qquad (6.1.35)$$

と分ける．これより，式 (6.1.17) は

$$\varepsilon = \overline{S_{ij}'^2} + \overline{\Omega_{ij}'^2} \qquad (6.1.36)$$

となり，歪み効果と渦度効果に分解される．

式 (6.1.36) で歪み効果と渦度効果のどちらがエネルギー散逸により多く寄与しているかについては，一様乱流の数値シミュレーションから興味ある

知見が得られている．そこでは，速度 $\boldsymbol{u}$ 自体を用いて速度勾配の第 2 不変量

$$Q=\frac{1}{2}(\Omega_{ij}^2-S_{ij}^2) \qquad (6.1.37)$$

が導入される．散逸に密接する小スケールの運動に着目するとき，Q は散逸において歪み効果と渦度効果のどちらが重要かを示す指標といえる．Q が正であれば，散逸過程で渦度効果がまさることになり，負であればその逆となる．一様乱流の直接数値シミュレーションでは，散逸に寄与するコヒーレントな微細渦構造と正の Q との関連性が強いことが示されている．これらについては，第 9 章を参照されたい．

6.1.4　乱流エネルギーのカスケード

乱れは平均速度勾配，とくに平均速度歪みと密接すると述べた．15.1 節で説明される浮力のような外力効果がないときは，乱れのエネルギー源は平均流を駆動する要素，一般的には圧力勾配であることが多い．この点をみるために，平均流のエネルギーに対する方程式を考える．式 (6.1.4) より，

$$\frac{\partial}{\partial t}\left(\frac{1}{2}\bar{\boldsymbol{u}}^2\right)=-\frac{\bar{u}_i}{\rho}\frac{\partial \bar{p}}{\partial x_i}-P-\nu\left(\frac{\partial \bar{u}_j}{\partial x_i}\right)^2+\frac{\partial}{\partial x_i}\left\{-R_{ij}\bar{u}_j+\nu\frac{\partial}{\partial x_i}\left(\frac{1}{2}\bar{\boldsymbol{u}}^2\right)\right\} \qquad (6.1.38)$$

を得る．まず気がつくことは，右辺第 2 項で式 (6.1.15) 中での生成項が符号を変えて現れ，散逸的役割を果たしていることである．すなわち，乱れによってエネルギーが吸い取られていることになる．第 3 項は式 (6.1.17) の ε と同形式であるが，6.1.3 項で述べたように，固体壁近傍のような大きな速度勾配をもつ領域以外ではその寄与は小さい．その結果，平均流のエネルギーを取り去るという意味では第 2 項が散逸的役割を担っている．右辺最終項には，式 (6.1.21) の最終項と同様にエネルギーを供給するという役割はない．

これらのことから，エネルギー供給を担うものは右辺第 1 項すなわち系に加えられている圧力勾配による．同項は圧力勾配による力とそれによって単位時間に生じる流体変位の積であり，単位時間に圧力勾配によって平均流に供給されるエネルギーを表している．この項は，右辺最終項と同様に

$$-\frac{\bar{u}_i}{\rho}\frac{\partial \bar{p}}{\partial x_i}=\frac{1}{\rho}\frac{\partial}{\partial x_i}(-\bar{p}\,\bar{u}_i) \qquad (6.1.39)$$

と書き直すこともできる．円管流の場合を考えると，式 (6.1.39) の右辺は圧力によってなされる仕事の軸方向 2 断面での和が，その断面で囲まれる円管領域に供給されるエネルギーと解釈できる．

以上をまとめると，

圧力勾配による平均流へのエネルギー供給
→レイノルズ応力と平均速度勾配の作用による平均流エネルギーの抜取りと変動部分へのエネルギー供給
→分子粘性によるエネルギー散逸

となる．散逸によって運動エネルギーは熱エネルギー（正しくは，内部エネルギー）に変換される．密度変化を考慮しない議論ではこの変換効果は無視できるが，衝撃波などが発生する高速流では散逸による熱の発生は重要となりうる．3.4 節を参照されたい．

大きなスケールから小さなスケールへの運動エネルギーの流れは，エネルギーカスケードと呼ばれる．平均流に加えられたエネルギーが変動成分に伝えられ，熱として散逸される過程は，エネルギーカスケードを最も簡単化した見方といえる．一様乱流のように平均流を直接扱わない場合，エネルギーカスケードは波数空間におけるエネルギーの流れを議論する際の重要な概念となる（9.1 節を参照されたい）．

6.1.5　エネルギーの再分配機構

これまでの説明では，式 (6.1.13) の乱れ強度の 3 成分を乱流エネルギー k という総和で考えてきた．しかし，圧力勾配によって流れを発生させる場合には勾配方向の流れがまずつくられるので，この方向の強度成分は残りの成分とは異なる性質をもっているはずである．また，平均速度勾配を生み出す固体壁があるとき，壁に垂直方向の乱れは抑制され，3 成分中で最も小さくなることも知られている．このために，乱れの特性を理解するには 3 成分のそれぞれの発生機構を考察することが必要となる．

a.　再分配項

乱流強度の 3 成分に関して，k に対してなされたのと同様の議論をするために式 (6.1.1) に u_j を乗

じて式（6.1.2）を考慮すれば,

$$\frac{\partial}{\partial t}u_iu_j=-\frac{p}{\rho}\left(\frac{\partial u_j}{\partial x_i}+\frac{\partial u_i}{\partial x_j}\right)-2\nu\frac{\partial u_i}{\partial x_l}\frac{\partial u_j}{\partial x_l}+\frac{\partial}{\partial x_l}\left(-u_iu_ju_l-\frac{1}{\rho}u_ip\delta_{jl}-\frac{1}{\rho}u_jp\delta_{il}+\nu\frac{\partial}{\partial x_k}u_iu_j\right) \quad (6.1.40)$$

を得る．この方程式の対角和に当たるエネルギー方程式

$$\frac{\partial}{\partial t}\left(\frac{1}{2}\boldsymbol{u}^2\right)=-\nu\left(\frac{\partial u_j}{\partial x_i}\right)^2+\nabla\cdot\left\{-\left(\frac{1}{2}\boldsymbol{u}^2+\frac{p}{\rho}\right)\boldsymbol{u}+\nu\nabla\left(\frac{1}{2}\boldsymbol{u}^2\right)\right\} \quad (6.1.41)$$

と比べて決定的に異なるのは，式（6.1.40）の右辺第1項により非粘性流れでも右辺が発散形に表せないことである．このため，u_iu_j に対してはエネルギーカスケード的解釈が成立しない．

すでに述べたように，式（6.1.40）の右辺第1項の乱れ部分，すなわち式（6.1.8）は，式（6.1.12）のため強度3成分を個別に扱うとき重要となる．圧力・歪み相関はその役割から再分配項とも呼ばれるが，これは圧力勾配によって駆動された勾配方向の運動エネルギーが同項によって他の2方向に振り分けられることからきている．

b.　チャネル乱流でのエネルギー再分配機構

式（6.1.8）によるエネルギー再分配過程の基本的事項を理解するために，平行平板間の乱流（チャネル乱流）を考えてみよう．平板間の間隔を $2H$ とし，中心軸を x 方向とし，$y=0$ に選ぶ．発達した乱流では平均流は x 方向のみであり，この方向には平均流や乱流統計量は変化しない．平均速度と変動部分を

$$\bar{\boldsymbol{u}}=(\bar{u}(y),0,0),\qquad \boldsymbol{u}'=(u',v',w') \quad (6.1.42)$$

と書くと，変動部分の2体相関量 R_{ij} は行列形式で

$$\{R_{ij}\}=\begin{pmatrix}\overline{u'^2} & \overline{u'v'} & 0\\ \overline{u'v'} & \overline{v'^2} & 0\\ 0 & 0 & \overline{w'^2}\end{pmatrix} \quad (6.1.43)$$

となる．ここで,

$$\overline{u'w'}=\overline{v'w'}=0 \quad (6.1.44)$$

となるのは，u' あるいは v' を固定したとき対となる w' が正ないし負をとる確率は同じであることから明らかである．

乱流強度の3成分の方程式は，式（6.1.6）より

$$0=-2\,\overline{u'v'}\frac{\mathrm{d}\bar{u}}{\mathrm{d}y}+\phi_{xx}-\varepsilon_{xx}+\frac{\mathrm{d}}{\mathrm{d}y}\left(T_{xxy}+\nu\frac{\mathrm{d}\,\overline{u'^2}}{\mathrm{d}y}\right), \quad (6.1.45)$$

$$0=\phi_{yy}-\varepsilon_{yy}+\frac{\mathrm{d}}{\mathrm{d}y}\left(T_{yyy}+\nu\frac{\mathrm{d}\,\overline{v'^2}}{\mathrm{d}y}\right), \quad (6.1.46)$$

$$0=\phi_{zz}-\varepsilon_{zz}+\frac{\mathrm{d}}{\mathrm{d}y}\left(T_{zzy}+\nu\frac{\mathrm{d}\,\overline{w'^2}}{\mathrm{d}y}\right) \quad (6.1.47)$$

を満たし，剪断応力 $\overline{u'v'}$ に対しては

$$0=-\overline{v'^2}\frac{\mathrm{d}\bar{u}}{\mathrm{d}y}+\phi_{xy}-\varepsilon_{xy}+\frac{\mathrm{d}}{\mathrm{d}y}\left(T_{xyy}+\nu\frac{\mathrm{d}\,\overline{u'v'}}{\mathrm{d}y}\right) \quad (6.1.48)$$

となる．第1に注意すべきことは，平均流と直接結びついているのは x 方向の強度方程式（6.1.45）の右辺第1項のみである．これが実際に生成項の役割を果たしていることを確認するために，平均流方程式（6.1.4）を考えると,

$$0=G-\frac{\mathrm{d}\,\overline{u'v'}}{\mathrm{d}y}+\nu\frac{\mathrm{d}^2\bar{u}}{\mathrm{d}y^2}\quad\left(G=-\frac{1}{\rho}\frac{\mathrm{d}\bar{p}}{\mathrm{d}x}>0\right) \quad (6.1.49)$$

となる．ここで，中心軸（x 軸）に関する対称性を考慮して式（6.1.49）を積分すると，$\overline{u'v'}$ は

$$\overline{u'v'}=Gy+\nu\frac{\mathrm{d}\bar{u}}{\mathrm{d}y} \quad (6.1.50)$$

と書ける．

高レイノルズ数のチャネル乱流では，壁面のごく近傍を除いて式（6.1.50）の粘性項は無視できるので，第1項を式（6.1.45）の右辺第1項に代入すると,

$$-2\,\overline{u'v'}\frac{\mathrm{d}\bar{u}}{\mathrm{d}y}\cong-2Gy\frac{\mathrm{d}\bar{u}}{\mathrm{d}y} \quad (6.1.51)$$

を得る．平均速度勾配については

$$\frac{\mathrm{d}\bar{u}}{\mathrm{d}y}>0\quad(-H<y<0),\qquad \frac{\mathrm{d}\bar{u}}{\mathrm{d}y}<0\quad(0<y<H) \quad (6.1.52)$$

となるので式（6.1.51）が正となり，x 方向の強度の生成に寄与していることがわかる．

平均流と直結する項をもたない他の2方向の乱流強度の生成機構をみるために，式（6.1.8）の再分配項を考える．式（6.1.12）すなわち

$$\phi_{xx}+\phi_{yy}+\phi_{zz}=0 \quad (6.1.53)$$

より，ϕ_{xx} が正であれば少なくとも ϕ_{yy} と ϕ_{zz} のいずれかは負でなければならない．6.1.2項の乱流エネルギー生成に関する議論でみたように，式（6.1.46）および（6.1.47）の右辺第3項は本質的

には乱れの生成に寄与しないため，もし ϕ_{yy} が負であれば y 方向の強度を維持することはできない．同様な事情は z 方向の強度についてもいえる．

この結果，乱れた状態が維持されているということは

$$\phi_{xx}<0, \quad \phi_{yy}>0, \quad \phi_{zz}>0 \qquad (6.1.54)$$

となっていることにほかならない．すなわち，平均流から x 方向の強度に供給されたエネルギーは ϕ_{xx} によって抜き取られ，ϕ_{yy} と ϕ_{zz} によって他の2方向の乱流強度に振り分けられるのである．これがいわゆる再分配機構である．平均流からのエネルギー供給で重要な役割を演じる剪断応力 $\overline{u'v'}$ の生成は，式（6.1.48）の第1項で行われる．そこで注意すべきは，変動成分のうちで壁面に垂直な成分が剪断応力の発生と密接していることである．この役割が主流に垂直な2方向の乱れ強度の特性に差異をもたらしている．ここで概略をみたエネルギー分配機構の詳細については，9.4.2項の直接数値シミュレーションによる結果を参照されたい．

6.2　スカラー変動の生成と散逸

密度変動がある場合の圧力は温度と密接し，流れと強い相互作用を行う．しかし，非圧縮とするかぎり，温度は流体中の物質濃度と同様に扱うことができる．それらの流体運動への影響を考慮する必要がないときは，このような量はパッシブスカラーと呼ばれる．浮力効果を温度変化を通して取り込み，密度変化を考慮しないブジネスク近似による温度効果の考察に関しては，15.1節を参照されたい．

6.2.1　スカラー変動を考察するための基本方程式

速度場 $\boldsymbol{u}$ におけるスカラー θ の支配方程式は分子拡散率 α を用いると，

$$\frac{\partial\theta}{\partial t}+\nabla\cdot(\boldsymbol{u}\theta)=\alpha\nabla^2\theta \qquad (6.2.1)$$

と書かれる．θ を平均とその周りの変動，すなわち

$$\theta=\overline{\theta}+\theta' \qquad (6.2.2)$$

に分解すると，平均部分は

$$\frac{D\overline{\theta}}{Dt}=\nabla\cdot(-\boldsymbol{q}+\alpha\nabla\overline{\theta}) \qquad (6.2.3)$$

で支配され，乱流熱流束 $\boldsymbol{q}$ は平均流方程式（6.1.4）の変動速度相関 R_{ij} に対応して

$$\boldsymbol{q}=\overline{\boldsymbol{u}'\theta'} \qquad (6.2.4)$$

で定義される．

スカラー分散

$$k_\theta=\frac{1}{2}\overline{\theta'^2} \qquad (6.2.5)$$

はスカラー変動の強さの指標であり，その方程式は

$$\frac{Dk_\theta}{Dt}=P_\theta-\varepsilon_\theta+\nabla\cdot(\boldsymbol{T}_\theta+\alpha\nabla k_\theta) \qquad (6.2.6)$$

となる．ここで，右辺各項は

$$P_\theta=-\boldsymbol{q}\cdot\nabla\overline{\theta}, \qquad (6.2.7)$$

$$\varepsilon_\theta=\alpha\overline{\left(\frac{\partial\theta'}{\partial x_i}\right)^2}, \qquad (6.2.8)$$

$$\boldsymbol{T}_\theta=-\overline{\frac{1}{2}\boldsymbol{u}'\theta'^2} \qquad (6.2.9)$$

で定義され，乱流エネルギー方程式（6.1.15）の場合と同様に，生成項，散逸項，輸送項と呼ばれている．

乱流熱流束 $\boldsymbol{q}$ の支配方程式も変動速度相関方程式（6.1.6）にならって，

$$\frac{Dq_i}{Dt}=P_{i\theta}+\phi_{i\theta}-\varepsilon_{i\theta}+\frac{\partial}{\partial x_j}\left(T_{ij\theta}+\nu\overline{\theta'\frac{\partial u_i'}{\partial x_j}}+\alpha\overline{u_i'\frac{\partial\theta'}{\partial x_j}}\right) \qquad (6.2.10)$$

と書くことができる．右辺各項は

$$P_{i\theta}=-R_{ij}\frac{\partial\overline{\theta}}{\partial x_j}-q_j\frac{\partial\overline{u}_i}{\partial x_j}, \qquad (6.2.11)$$

$$\phi_{i\theta}=\overline{\frac{p'}{\rho}\frac{\partial\theta'}{\partial x_i}}, \qquad (6.2.12)$$

$$\varepsilon_{i\theta}=(\nu+\alpha)\overline{\frac{\partial u_i'}{\partial x_j}\frac{\partial\theta'}{\partial x_j}}, \qquad (6.2.13)$$

$$T_{ij\theta}=-\overline{u_i'u_j'\theta'}-\frac{1}{\rho}\overline{p'\theta'}\delta_{ij} \qquad (6.2.14)$$

で与えられ，それぞれ生成項，圧力・温度勾配相関項，散逸項，輸送項と呼ばれる．式（6.2.12）と（6.2.14）の第2項は

$$-\overline{\frac{\theta'}{\rho}\frac{\partial p'}{\partial x_i}}=-\frac{1}{\rho}\frac{\partial}{\partial x_i}\overline{p'\theta'}+\phi_{i\theta} \qquad (6.2.15)$$

という分解からきているが，これも式（6.1.11）と同様にこれを行わない考察方法もありうる．また，圧力・温度勾配相関項も再分配項と同様に非局所的な性質の強い量であり，第12章のモデリングでは注意深く扱われる．

6.2.2　スカラー分散の生成と散逸

式 (6.2.7) より，スカラー分散 k_θ は平均スカラー勾配の急な領域で大きくなりうる．これは，平均速度勾配が大きい壁面近傍で乱流エネルギー k が大きくなるのと同じ理由である．スカラーとして温度を採用するとき，壁面での温度を指定する場合がこれに対応する．逆に，熱流束を許さない断熱条件下では壁面近傍での生成項の役割は小さくなる．

式 (6.2.6) は k の方程式 (6.1.15) ときわめて類似した形式となっている．スカラー方程式 (6.2.1) より，

$$\frac{\partial}{\partial t}\int_V \frac{1}{2}\theta^2 \mathrm{d}V = -\alpha\int_V \left(\frac{\partial\theta}{\partial x_i}\right)^2 \mathrm{d}V + \int_S \left\{-\frac{1}{2}\boldsymbol{u}\theta^2 + \alpha\nabla\left(\frac{1}{2}\theta^2\right)\right\}\cdot\boldsymbol{n}\mathrm{d}S \quad (6.2.16)$$

を得る．分子拡散 α が存在しないとき，表面 S を通してのスカラーの流入と流出がないかぎり，スカラーの 2 乗量の全量は保存される．この性質は 6.1.2 項で説明された運動エネルギーと同じ事情にあり，α が存在する場合平均スカラーの 2 乗量が P_θ によって変動部分に抜き取られ，最終的に α の作用で拡散される．9.1 節で説明されるように，エネルギースペクトルとスカラー分散スペクトルの間に類似性がみられるのは，この性質に起因している．

6.2.3　乱流熱流束の特性

乱流熱流束 $\boldsymbol{q}$ の方程式を概観すると，生成項には平均温度勾配と平均速度勾配の 2 効果がある．これらの意味を理解するために，溝乱流の場合を考えてみよう．平均温度勾配項の壁面方向（y 方向）の成分は，

$$\left(-R_{ij}\frac{\partial\bar{\theta}}{\partial x_j}\right)_y = -\overline{v'^2}\frac{\mathrm{d}\bar{\theta}}{\mathrm{d}y} \quad (6.2.17)$$

となる．q_y の生成項が壁面方向の平均温度勾配に密接していることは自然であるが，注意すべきは y 方向の速度分散に強く依存することである．このことは変動のうちで壁方向の変動が乱れによる熱輸送に関与することを表しており，変動成分のすべてが同等に寄与するものではないことを意味する．12 章の熱輸送のモデリングにおいては，y 方向の速度分散の適切な予測が重要であることが示される．

平均速度勾配項に関連して興味深いことは，平均温度勾配と垂直方向にも乱流熱流束が生じうることである．溝乱流では，同項の x 方向成分は

$$\left(-q_j\frac{\partial\bar{u}_i}{\partial x_j}\right)_x = -q_y\frac{\mathrm{d}\bar{u}}{\mathrm{d}y} \quad (6.2.18)$$

と書かれる．この結果，y 方向に平均温度勾配があると q_y が発生するので，主流の速度勾配より x 方向に熱流が発生することになる．

6.2.4　ヘリシティの生成と散逸

速度場の鏡面対称性の破れを表すスカラー量として，ヘリシティ $\boldsymbol{u}\cdot\boldsymbol{\omega}$ がある[4]．この量は旋回流のように主流と渦度ベクトルが揃う傾向にあるときに興味深い量となる．また，非圧縮性流体の運動エネルギーやスカラーの 2 乗量のように，非粘性流れでは全量が保存されるという重要な性質もある．

ヘリシティの支配方程式は上述の保存性から式 (6.1.15) や (6.2.6) と同型となり，

$$\frac{D}{Dt}\overline{\boldsymbol{u}'\cdot\boldsymbol{\omega}'} = P_H - \varepsilon_H + \nabla\cdot(\boldsymbol{T}_H + \nu\nabla\boldsymbol{u}\cdot\boldsymbol{\omega}) \quad (6.2.19)$$

となる．右辺の生成項，散逸項，輸送項はそれぞれ

$$P_H = \frac{\partial R_{ij}}{\partial x_j}\bar{\omega}_i - R_{ij}\frac{\partial\bar{\omega}_i}{\partial x_j}, \quad (6.2.20)$$

$$\varepsilon_H = 2\nu\overline{\frac{\partial u'_j}{\partial x_i}\frac{\partial\omega'_j}{\partial x_i}}, \quad (6.2.21)$$

$$\boldsymbol{T}_H = -\overline{(\boldsymbol{u}'\cdot\boldsymbol{\omega}')\boldsymbol{u}'} + \overline{\left(\frac{\boldsymbol{u}'^2}{2} - p'\right)\boldsymbol{\omega}'} \quad (6.2.22)$$

となる．生成項が平均渦度に依存性することより，ヘリシティと流れの旋回および座標回転効果（式 (6.1.32) に注意）との強い結びつきが理解できる．

［吉澤　徴］

文　　献

1) 寺沢寛一：数学概論（応用編），岩波書店，2000，66-120．
2) 今井　功：流体力学，裳華房，1973，263-269．
3) C. G. Speziale: Annu. Rev. Fluid Mech., **23**, 1991, 107-157.
4) 吉澤　徴：流体力学，東京大学出版会，2001，65-68，207-209．

7

乱れのスケール

7.1 大きなスケール

7.1.1 積分スケール

流れのなかにはいくつかの孤立した渦運動を見出すことが多い．この渦運動にはその渦回転半径や渦軸の長さなど，その形を特徴づけるいくつかの代表的長さを見出すことができ，この長さのことを長さスケールあるいは単にスケールという．いつも渦運動といった回転運動を見出せるわけではなく，剪断流や対向流，よどみ点付近の流れといったものもあるが，このような場合でも速度勾配が目立って変化する層の厚さといったもので長さスケールというものを考えることができる．また，長さをその長さに付随した速度で割れば渦の回転時間スケールとなる．

乱流の平均流の長さスケールは，乱流がおかれている境界の幾何学形状を特徴づける少数の代表長さによって特徴づけられる．一方，乱流の乱れ成分には，さまざまな形をした流体運動が混在しており，それぞれに対応する長さスケールと時間スケールが存在する．したがって，乱れのスケールを考える場合，すべてのスケールを網羅して議論することは適切ではない．その代わり，いくつかの乱れについての代表的な長さスケールを導入し，それらを用いて乱流を特徴づけたり解析に用いたりするほうが便利である．

乱れ成分を扱う場合，速度場の相関関数を考えその関数の振舞いから導かれる代表的な長さとレイノルズ数とのかかわりを議論するのが有効である．いま速度場を平均流 $\boldsymbol{U}(\boldsymbol{x}, t)$ とその周りのゆらぎ $\boldsymbol{u}'(\boldsymbol{x}, t)$ に分けて考える．

$$\boldsymbol{u}(\boldsymbol{x}, t) = \boldsymbol{U}(\boldsymbol{x}, t) + \boldsymbol{u}'(\boldsymbol{x}, t) \quad (7.1.1)$$

速度場のゆらぎの2次の相関関数は

$$Q_{ij}(\boldsymbol{r}, \boldsymbol{x}, t, t') = \langle u'_i(\boldsymbol{x}+\boldsymbol{r}, t)\, u'_j(\boldsymbol{x}, t')\rangle \quad (7.1.2)$$

と表される．ここで $\langle\cdot\rangle$ は統計平均を表し，一般には時間平均あるいは集団平均（アンサンブル平均）がよく用いられる．以下では時間については便宜上同時刻 $t=t'$ の場合を考え，必要な場合にのみ時間変数をあらわに書くことにする．乱れの成分については，その2点間の距離 $r=|\boldsymbol{x}-\boldsymbol{x}'|$ が十分大きいときには2点における速度は互いに独立に振る舞うことは容易に想像がつく．そしてこのとき相関関数は

$$Q_{ij}(\boldsymbol{x}, \boldsymbol{r}) = \langle u'_i(\boldsymbol{x}+\boldsymbol{r})\, u'_j(\boldsymbol{x})\rangle \longrightarrow \langle u'_i(\boldsymbol{x}+\boldsymbol{r})\rangle\langle u'_j(\boldsymbol{x})\rangle = 0 \quad (7.1.3)$$

となる．最後の等式はゆらぎの定義から $\langle \boldsymbol{u}'\rangle = 0$ であることを用いた．

いま，簡単のために平均流の方向を x_1 軸，$\boldsymbol{e}_1$ を x_1 軸の単位ベクトル，それに垂直な方向を x_2, x_3 軸にとり，対応する速度成分をそれぞれ u_1, u_2, u_3 とする．積分スケールはこのとき，縦速度相関関数 $Q_{11}(r\boldsymbol{e}_1, \boldsymbol{x}) = \langle u'_1(\boldsymbol{x}+r\boldsymbol{e}_1)\, u'_1(\boldsymbol{x})\rangle$ を用いて

$$L_{11}(\boldsymbol{x}) = \frac{1}{\langle u_1^2\rangle}\int_0^\infty Q_{11}(r\boldsymbol{e}_1, \boldsymbol{x})\,\mathrm{d}r \quad (7.1.4)$$

と定義される．もし乱流が統計的に一様であるならば，$L_{11}(\boldsymbol{x})$ は $\boldsymbol{x}$ によらず定数 L_{11} となる．積分スケールは，速度ゆらぎの相関が0になる目安であり，乱流中の2点間の距離 r が積分スケール L よりも大きい場合には流体運動は互いに独立とみなせる．同様にして横速度の相関関数 $Q_{22}(r\boldsymbol{e}_1, \boldsymbol{x}) = \langle u'_2(\boldsymbol{x}+r\boldsymbol{e}_1)\, u'_2(\boldsymbol{x})\rangle$ を用い，一様性を仮定すれば横速度の積分スケール

$$L_{22}=\frac{1}{\langle u_2^2\rangle}\int_0^\infty Q_{22}(r\boldsymbol{e}_1,\boldsymbol{x})\mathrm{d}r \quad (7.1.5)$$

を定義することができる．同様にして L_{33} を得る．

もし，乱流が一様等方的であるならば $Q_{ij}(\boldsymbol{x},\boldsymbol{r})$ は $\boldsymbol{x}$ にはよらず r のみの関数となり，二つの任意関数 $f(r)$ と $g(r)$ を用いて，

$$Q_{ij}(\boldsymbol{r})=\bar{u}^2(f(r)\Pi_{ij}(\boldsymbol{r})+g(r)P_{ij}(\boldsymbol{r})) \quad (7.1.6)$$

と表される．ここで $\bar{u}^2=\langle u_1^2\rangle$ は平均2乗速度であり，$\Pi_{ij}(\boldsymbol{r})=r_ir_j/r^2$, $P_{ij}(\boldsymbol{r})=\delta_{ij}-r_ir_j/r^2$ である．縦および横速度相関関数と f，g の関係は，r を x_1 軸方向にとると

$$Q_{11}(r)=\bar{u}^2f(r),\qquad Q_{22}(r)=\bar{u}^2g(r) \quad (7.1.7)$$

である．非圧縮流体の場合には一様性のもとで相関関数について

$$\frac{\partial Q_{ij}(\boldsymbol{r})}{\partial r_i}=\frac{\partial Q_{ij}(\boldsymbol{r})}{\partial r_j}=0 \quad (7.1.8)$$

の関係が得られるので，これを式 (7.1.6) に適用して f と g の間の関係を得る（ここで繰り返された添字については和をとるものとする）．

$$g(r)=f(r)+\frac{1}{2}\frac{\mathrm{d}f}{\mathrm{d}r}=\frac{1}{2r}\frac{\mathrm{d}}{\mathrm{d}r}(r^2f). \quad (7.1.9)$$

多くの場合 $f(r)$ は r について単調減少関数 ($\mathrm{d}f/\mathrm{d}r\leq 0$) であり，$g(r)\leq f(r)$ である．これを r について積分し，$f(r)$ が r の大きいところで十分速く 0 になるときには，一様等方乱流について

$$L=\int_0^\infty f(r)\mathrm{d}r=2\int_0^\infty g(r)\mathrm{d}r=2L_t,$$

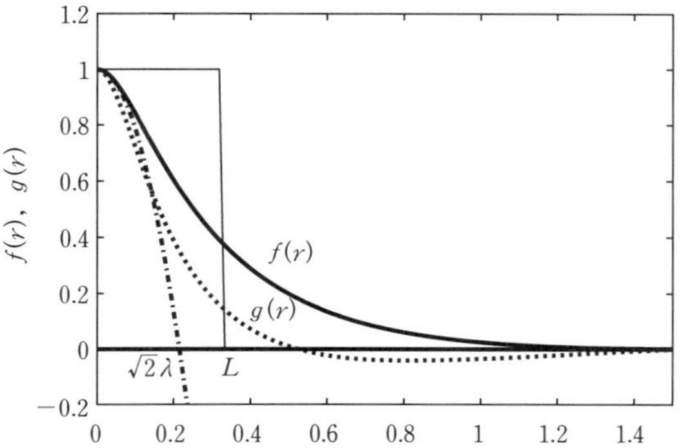

図 7.1 等方乱流の DNS により得られた縦速度相関関数：$f(r)$（実線）と横速度相関関数 $g(r)$（破線）1点鎖線は $1-r^2/2\lambda^2$ ($R_\lambda=71.4$, $L=0.326$, $\lambda=0.152$[1])．

$$L=L_{11}=2L_{22}=2L_{33}=2L_t \quad (7.1.10)$$

の関係式が成り立つ．すなわち横速度の積分スケールは縦のそれよりも短い．図 7.1 は減衰する一様等方性乱流の DNS により計算された $f(r)$ と $g(r)$ である[1]．積分スケール L は，$f(r)$ と r 軸との間の面積と高さ1横幅 L の長方形面積が等しくなる長さで与えられる．横速度相関関数 $g(r)$ は一度負になったあと 0 に収束する．このため L_t は L より短くなる．

7.1.2 ラグランジュ的積分時間スケール

上の議論を時間軸に対して当てはめることもできる．この場合，流体粒子を追跡する視点，すなわちラグランジュ的記述によって議論が行われる．いま，時刻 s に場所 $\boldsymbol{x}$ にいた流体粒子が，時刻 t においてもつ速度を $\boldsymbol{v}(\boldsymbol{x},s|t)$ と表す．$\boldsymbol{x}=\boldsymbol{a}$，$s=0$ にとれば $\boldsymbol{v}$ は通常のラグランジュ速度 $\boldsymbol{v}(\boldsymbol{a},t)$ であり，$\boldsymbol{v}(\boldsymbol{x},s|t)$ はその一般化したものである．1流体粒子のラグランジュ的速度自己相関関数 (Lagrangian velocity autocorrelation) は

$$Q_{ij}^L(\boldsymbol{x},s|t)=\langle v_i(\boldsymbol{x},s|t)v_j(\boldsymbol{x},s|s)\rangle \quad (7.1.11)$$

で定義される．もし，乱流が定常かつ一様であるならば Q_{ij}^L は時間差 $\tau=t-s$ のみの関数となる．そしてさらに等方的であるならばただ一つの関数 $G(\tau)$ のみで表される．

$$Q_{ij}^L(\tau)=\bar{u}^2G(\tau)\delta_{ij} \quad (7.1.12)$$

ラグランジュ的積分時間 T_L は

$$T_L=\int_0^\infty G(\tau)\mathrm{d}\tau \quad (7.1.13)$$

で与えられる．乱流中で流体粒子の運動を T_L より長い時間スケールで粗視化するとブラウン運動と同等となることが示され，乱流拡散を議論することができる．

7.2 小さなスケール

7.2.1 テイラースケール

積分スケール L より小さいスケールをもった乱流運動を特徴づける代表長さは二つある．一つは，速度相関関数の原点近傍の振舞いから得られる長さスケールであり，いま一つは乱流についてコルモゴロフの乱流理論によって得られるものである．

積分スケールよりも十分小さいスケールにおいては乱流運動の統計的性質は等方的であると期待できる．この場合，2 点間の距離 r が十分小さいときには速度相関関数は原点付近で二つの関数 $f(r)$ と $g(r)$ を用いて表され，そのテイラー展開は

$$Q_{11}(r) = \bar{u}^2 f(r) = \bar{u}b^2\left(1+\frac{1}{2}f''(0)\,r^2+O(r^4)\right)$$
$$= \bar{u}^2\left(1-\frac{1}{2}\left(\frac{r}{\lambda}\right)^2+O(r^4)\right) \qquad (7.2.1)$$

$$Q_{22}(r) = \bar{u}^2 g(r) = \bar{u}b^2\left(1+\frac{1}{2}g''(0)\,r^2+O(r^4)\right)$$
$$= \bar{u}^2\left(1-\left(\frac{r}{\lambda}\right)^2+O(r^4)\right) \qquad (7.2.2)$$

となる．式 (7.2.2) では (7.1.9) を用い，$r=0$ での f，g の奇数階の微分が 0 になっているのは，たとえば $\boldsymbol{r}$ を x_1 方向にとると一様性によって，

$$\frac{\partial}{\partial r_1}\langle u_1(\boldsymbol{x})\,u_1(\boldsymbol{x}+\boldsymbol{r})\rangle\Big|_{r_1=0} = \left\langle u_1\frac{\partial u_1}{\partial x_1}\right\rangle$$
$$= \frac{1}{2}\frac{\partial}{\partial x_1}\langle u_1^2\rangle = 0 \qquad (7.2.3)$$

となることによる．ここでテイラースケール λ は

$$\frac{1}{\langle u_1^2\rangle}\left\langle\left(\frac{\partial u_1}{\partial x_1}\right)^2\right\rangle = -f_0'' \equiv \frac{1}{\lambda^2} \qquad (7.2.4)$$

によって定義され，小さな距離 r での相関関数を特徴づける．相関関数を曲率 $1/\lambda^2$ をもった 2 次曲線で近似し，それが r 軸と交差する長さがちょうど $\sqrt{2}\,\lambda$ である（図 7.1 参照）．

7.2.2 コルモゴロフスケール

a. コルモゴロフの理論

Kolmogorov (1941) は境界から十分離れてしかも乱流の小さいスケールについてみるならば，普遍的な統計法則が存在する可能性があることを示した[2~4]．この理論は，十分に高いレイノルズ数における乱流の小さなスケールの統計的状態を二つの仮説に基づいて記述するものであり，その後の乱流理論の基礎となった重要なものである．

大きさが r 程度の流体要素を V_r とすると，この要素は全体としては大きなスケールの流れによって運ばれる一方，局所的な流れ場により時々刻々と変形していく，レイノルズ数が十分大きければ，はじめそのサイズが L 程度であったこの流体要素は，周囲の速度場による引き延ばしやずり変形，あるいは非線形性によるそれ自身の不安定性によって次第に小さな流体要素に分裂していくと考えられる．この一連の過程において，スケール L では乱流の運動エネルギーが単位時間単位質量あたり

$$\varepsilon_{\mathrm{in}} = \frac{1}{2}\frac{\mathrm{d}\boldsymbol{u}^2}{\mathrm{d}t} \approx \frac{\bar{u}^3}{L} \qquad (7.2.5)$$

で注入され，さらに非線形相互作用によりスケール r からより小さいスケール $r'(<r)$ へと割合 $\tilde{\Pi}(r)$ で小さなサイズに分割されていく．そして，最後に粘性によって $\varepsilon_{\mathrm{out}}$ の割合で熱に変換される．もし，乱流が外力を受けて駆動され定常状態にあるならば，三つの量の時間平均は等しい．

$$\langle\varepsilon_{\mathrm{in}}\rangle = \langle\tilde{\Pi}(r)\rangle = \langle\varepsilon_{\mathrm{out}}\rangle \equiv \bar{\varepsilon} \qquad (7.2.6)$$

このプロセスを小さいスケールへのエネルギーカスケードと呼ぶ(図 7.2)．

積分スケール L より小さく，かつ粘性の影響を受けないくらい大きいスケールにおいては，スケール間のエネルギー輸送がナビエ-ストークス方程式の非線形性によってのみ行われ，このような r の領域を慣性領域 (inertial range) と呼ぶ．これに対して，慣性領域より大きい r の領域で乱流エネルギーの大部分をもっている領域をエネルギー保有領域 (energy containing range) と呼び，また慣性領域より小さい r の領域をエネルギー散逸領域あるいは単に散逸領域 (dissipation range) と呼ぶ(図 7.2)．

エネルギーカスケードの過程においては，大から小までさまざまなサイズをもった流体要素が重層構造を構成していくと同時に，十分小さくなった流体要素は初期に自分がもっていた位置や形，運動量などの記憶を次第に失っていく．その結果，乱流の巨視的な性質にはよらない統計的に一様でかつ等方的なある普遍的平衡状態が実現されると期待される．この直感的な考えにより Kolmogorov は二つの仮説を立てた．

● コルモゴロフの第 1 仮説

十分高いレイノルズ数において，局所的に一様かつ等方性が成り立つような十分小さなスケール $r(\ll L)$ についての速度差 $\delta\boldsymbol{u}=\boldsymbol{u}(\boldsymbol{x}+\boldsymbol{r},t)-\boldsymbol{u}(\boldsymbol{x},t)$ の n 点結合確率分布関数 P_n は $\bar{\varepsilon}$ と ν によって一意に決定される．

● コルモゴロフの第 2 仮説

多点間の距離 $|\boldsymbol{r}_\alpha|$，$|\boldsymbol{r}_\alpha-\boldsymbol{r}_\beta|$，$(\alpha\neq\beta)$ が η より十分大きいならば P_n は $\bar{\varepsilon}$ によってのみ決まり ν にはよらない．

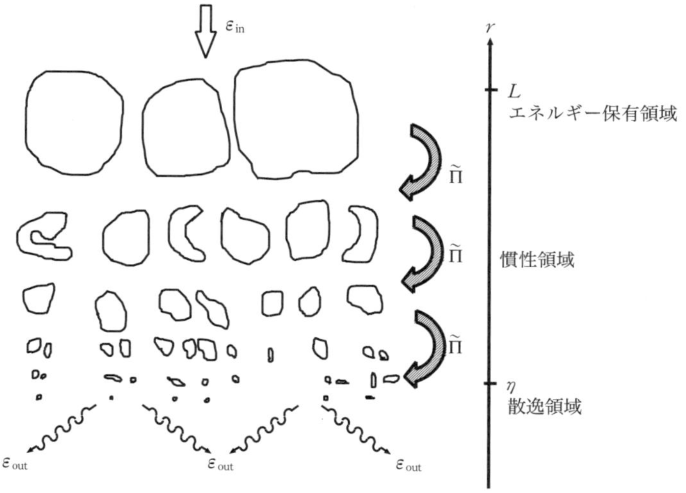

図 7.2　乱流のエネルギーカスケードの概念図

ここで速度そのものではなく，速度差 $\delta\boldsymbol{u}$ を導入したのは，各長さスケールでの乱流運動を考えるためと，小さいスケールの乱流運動成分がそれより十分大きいスケールの乱流運動によって流されていく効果を抜き取るためである．

小さいスケールでのパラメータは $\bar{\varepsilon}$ と ν であり，その次元は $[\bar{\varepsilon}]=L^2/T^3$，$[\nu]=L^2/T$ であるから，これらからつくられる長さ，速度および時間の次元をもつ量は次元解析により

$$\eta=(\nu^3/\bar{\varepsilon})^{1/4},\quad u_\eta=(\bar{\varepsilon}\nu)^{1/4},\quad \tau_\eta=(\nu/\bar{\varepsilon})^{1/2} \tag{7.2.7}$$

となる．それぞれコルモゴロフスケール，コルモゴロフ速度，コルモゴロフ時間と呼ばれる．これらからレイノルズ数をつくってみると

$$R_\eta=\frac{u_\eta\eta}{\nu}=1 \tag{7.2.8}$$

となってコルモゴロフスケールでは粘性力と慣性力性がちょうど釣り合うことがわかる．これより，η，u_η，τ_η はそれぞれ乱流における最も小さい長さ，速度，時間スケールとみることができる．

この二つの仮説に基づいて，乱流の小さなスケールにおける同時刻の速度差のモーメントは，第1仮説より

$$\langle\delta u_{j_1}(\boldsymbol{r}_1)\cdots\delta u_{j_n}(\boldsymbol{r}_n)\rangle=(\bar{\varepsilon}\nu)^{n/4}F_{j_1\cdots j_n}(\boldsymbol{r}_1/\eta,\cdots,\boldsymbol{r}_n/\eta) \tag{7.2.9}$$

と書ける．ここに $F_{j_1\cdots j_n}$ は等方的なある普遍的テンソル関数である．具体的に低次のモーメントについてみると，$n=2$ の場合にはオイラー的速度差の同時刻相関であるから

$$\langle|\delta\boldsymbol{u}(\boldsymbol{r})|^2\rangle=\langle[\boldsymbol{u}(\boldsymbol{x}+\boldsymbol{r})-\boldsymbol{u}(\boldsymbol{x})]^2\rangle=(\bar{\varepsilon}\nu)^{1/2}F_2(r/\eta),\quad r\ll L \tag{7.2.10}$$

となる．そして，r が η よりも十分大きいならば，第2仮説よりこれは ν によらないので，次元解析により

$$\langle|\delta\boldsymbol{u}(\boldsymbol{r})|^2\rangle=C_2(\bar{\varepsilon}r)^{2/3},\quad \eta\ll r\ll L \tag{7.2.11}$$

と求められる．ここに C_2 はある普遍定数である．$n=3$，$\boldsymbol{r}_\alpha=\boldsymbol{r}(\alpha=1,2,3)$ の場合には

$$\langle|\delta\boldsymbol{u}(\boldsymbol{r})|^3\rangle=C_3\bar{\varepsilon}r,\quad \eta\ll r\ll L \tag{7.2.12}$$

となる．慣性領域における長さスケールが r のとき，速度差分 δu_r は $(\bar{\varepsilon}r)^{1/3}$ で変化し，特性時間は $\tau_r=r/\delta u_r\sim\bar{\varepsilon}^{-1/3}r^{2/3}$ となる．そして $r=\eta$ のとき $\tau_\eta=(\nu/\bar{\varepsilon})^{1/2}$ となっている．

b.　乱れのレイノルズ数と長さスケール

積分スケール L，テイラースケール λ，そしてコルモゴロフスケール η を代表長さとするレイノルズ数は

$$R_L=\frac{\bar{u}L}{\nu},\quad R_\lambda=\frac{\bar{u}\lambda}{\nu},\quad R_\eta=\frac{u_\eta\eta}{\nu}=1 \tag{7.2.13}$$

である．いま等方性を仮定すると $\bar{\varepsilon}=\bar{u}^3/L=15\bar{u}^2/\lambda^2$ であるのでこれから，

$$R_L=\frac{1}{15}R_\lambda^2,\quad \frac{L}{\lambda}=\frac{1}{15}R_\lambda,\quad \frac{L}{\eta}\sim R_L^{3/4}\sim R_\lambda^{3/2},$$

$$\frac{\lambda}{\eta} \sim R_\lambda^{1/2}. \tag{7.2.14}$$

R_λ はテイラースケールレイノルズ数と呼ばれ，巨視的な形状にはさほど左右されず乱流ゆらぎ固有のレイノルズ数としてよく用いられる．レイノルズ数が大きいときには $\eta \ll \lambda \ll L$ である．

最近の直接数値計算により得られた渦度場の可視化によると，乱流中には強い渦度をもった領域が存在し，多くの場合渦管の形をしている．この渦管の直径はおおむね 10η 程度であり，その軸方向の長さは約 L の程度であることが知られている．L と η の間のスケール（慣性領域）では速度ゆらぎに特徴的な長さがなく，速度ゆらぎの振幅はその長さの比だけによって決まるというのが Kolmogorov (1941) 理論の意味するところである．

7.3 構造関数

7.3.1 スケーリング指数

コルモゴロフの理論においては，慣性領域における速度ゆらぎは $\bar{\varepsilon}$ と r でスケールされる．簡単のために x_1 軸方向の速度差分の同時刻相関を考えると，コルモゴロフ理論は $U \equiv \delta u_1(r)$ の確率密度関数 $P(U, r)$ がある無次元関数 $Q(x)$ を用いて

$$P(U, r)\,\mathrm{d}U = Q\left(\frac{U}{(\bar{\varepsilon} r)^{1/3}}\right)\left(\frac{\mathrm{d}U}{(\bar{\varepsilon} r)^{1/3}}\right) \tag{7.3.1}$$

と書けることを意味している．このことは，慣性領域において $U/(\bar{\varepsilon}r)^{1/3}$ と規格化した U に対して $(\bar{\varepsilon}r)^{1/3}P(U, r)$ をグラフ上にプロットするならば r が小さくなっても分布関数はその形が変化しないことを意味する．すなわちスケール不変である．この確率密度関数 $P(U, r)$ の形状をより定量的に表すものに構造関数（モーメント）$\langle U^p \rangle$ がある．これはコルモゴロフ理論でも中心的な役割を担う統計量である．構造関数に寄与するのは $U^pP(U, r)$ の極大値近傍の U の領域であり，次数 p が大きくなるとこの領域は次第に分布の裾野の方に移動する．すなわち大きい次数は大きな振幅をもつ事象と関連し，分布関数がどれほど早く 0 に減衰するかの目安になる．コルモゴロフ理論により U の p 次のモーメントを計算すると式 (7.3.1) より

$$S_p(r) \equiv \langle (\delta u_1(r))^p \rangle = \langle U^p \rangle = \int_{-\infty}^{\infty} U^p P(U)\,\mathrm{d}U$$
$$= (\bar{\varepsilon} r)^{p/3} \int_{-\infty}^{\infty} x^p Q(x)\,\mathrm{d}x = C_p^{(1)} (\bar{\varepsilon} r)^{p/3} \tag{7.3.2}$$

となる．ここで $C_p^{(1)}$ は 1 次元の速度構造関数についての無次元定数である（C_p は 3 次元についての無次元定数）．構造関数がべき的 $S_p(r) \propto r^{\theta_p}$ に振る舞うとき，この指数を θ_p をスケーリング指数と呼ぶ．コルモゴロフ理論では $\theta_p = p/3$ であり，p の 1 次関数となっている．

7.3.2 コルモゴロフの理論とナビエ-ストークス方程式

コルモゴロフの理論は次元解析によるものであるから係数 C_p までは決まらず，これを決めるにはナビエ-ストークス方程式に基づいた解析を行わなければならない．2 次モーメントの係数 C_2 は乱流のスペクトル理論によって計算される．式 (7.2.11) に対応するエネルギースペクトルはコルモゴロフスペクトルと呼ばれ，$E(k) = K\bar{\varepsilon}^{2/3}k^{-5/3}$ の形をしている．K は（3 次元）エネルギースペクトルのコルモゴロフ定数であり，実験によると 1.62[5]，スペクトル理論による計算では 1.72 である[6,7]．そして $C_2 = (9/5)\Gamma(1/3)K \approx 4.82K$ の関係にある．ここで $\Gamma(x)$ はガンマ関数である．1 次元の速度成分については

$$\langle (\delta u_1(r))^2 \rangle = C_2^{(1)} \bar{\varepsilon}^{2/3} r^{2/3}, \qquad C_2^{(1)} = \frac{3}{11} C_2 \tag{7.3.3}$$

で結ばれている．また，縦速度差分の 3 次のモーメントについては，一様等方性の場合ナビエ-ストークス方程式より

$$-\frac{2}{3} r^4 \bar{\varepsilon} - \frac{r^4}{2} \frac{\partial}{\partial t} \langle (\delta u_1)^2 \rangle$$
$$= \frac{\partial}{\partial r}\left(\frac{r^4}{6} \langle (\delta u_1)^3 \rangle\right) - \nu \frac{\partial}{\partial r}\left(r^4 \frac{\partial}{\partial r} \langle (\delta u_1)^2 \rangle\right) \tag{7.3.4}$$

という 2 次と 3 次のモーメントに対する方程式が導かれる．慣性領域 $\eta \ll r \ll L$ では乱流が準定常状態にあり（左辺第 2 項が第 1 項に比して無視できる），また粘性項も無視できるので

$$\langle (\delta u_1(r_1))^3 \rangle = -\frac{4}{5} \bar{\varepsilon} r \tag{7.3.5}$$

を得る．これはコルモゴロフの 4/5 法則として知られており，レイノルズ数が十分大きいとき漸近的に

厳密な関係式である．

コルモゴロフ理論によれば，スケール r での乱流運動エネルギーは $(\delta u_r)^2$ であり，これが特性時間 τ_r で $r/2$ のスケールへわたされるとすると，単位時間単位質量あたりのエネルギー輸送率 Π_r は $\Pi_r \sim (\delta u_r)^2/\tau_r = (\delta u_r)^3/r = \bar{\varepsilon}$ となり r によらない．すなわち，慣性領域はカスケードによるエネルギー輸送が r によらない領域と考えることができる．コルモゴロフの 4/5 法則はこのことの数学的表現である．

7.4 間　　欠　　性

2次モーメントに関する限り，コルモゴロフの理論（1941）は実験で得られた結果とよく一致しており大きな成果であった．しかし，コルモゴロフの理論についてはエネルギー散逸率のゆらぎの存在と普遍性に関する問題が Landau により早くから指摘されていた[8]．実際，実験や乱流の直接数値シミュレーションによって，速度場の高次モーメントや確率密度関数のコルモゴロフ理論からのずれが報告されている．図 7.3 は Gagne による風洞実験から得られた縦方向の速度差の構造関数

$$\frac{\langle (\delta u_1(\boldsymbol{r}))^p \rangle}{(\bar{\varepsilon}\eta)^{p/3}} \propto r^{\theta_p}, \qquad (7.4.1)$$

に $r^{-\theta_p}$ をかけたものである[9,10]．たとえば $p=6$ についてみると，もし θ_p がコルモゴロフの理論（1941）に従うならば $r^{\theta_6-6/3}$ のグラフは水平になるはずであるが，実験データは右下がりであるから，θ_p は K 41 から予想される値より小さいことを示している．このことは，小さなスケールほど高次モーメントがコルモゴロフ理論から予想されるものよりも大きくて，強いゆらぎが存在することを示している．

定常乱流の直接数値シミュレーションによる縦速度差分 δu_1 の確率密度関数 $P(\delta u_1, r)$ を図 7.4 に示す[11]．横軸は δu_1 の分散で規格化してある．$P(\delta u_1, r)$ は少し右に傾き，δu_1 の負の部分の裾野が正の部分よりも広がっている．これはコルモゴロフの 4/5 法則（7.3.5）より $\langle (\delta u_1)^3 \rangle$ が負になっていることと対応しており，エネルギーが大きいスケールから小さいスケールへと輸送されていること

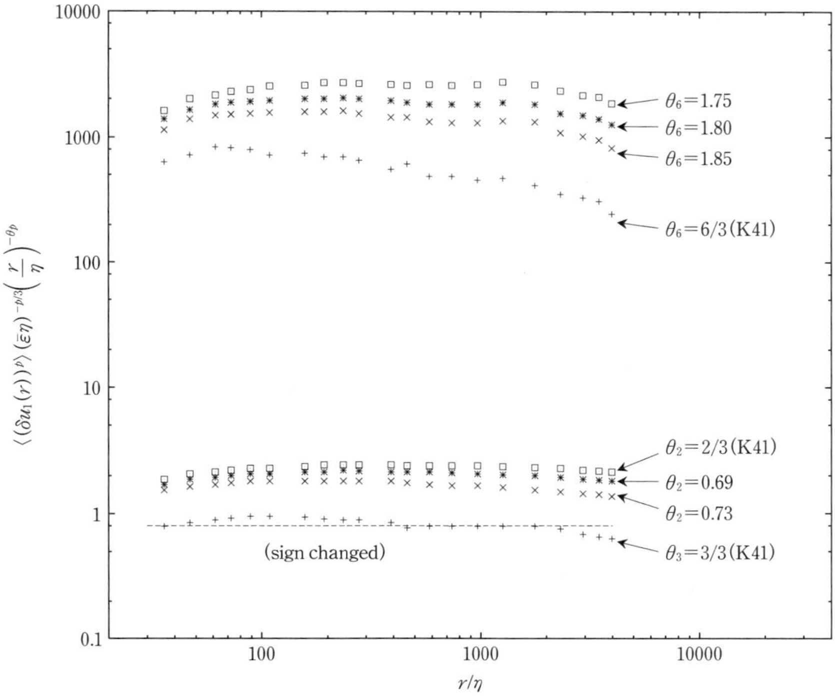

図 7.3　縦方向の速度差の構造関数のスケーリング[10]

$R_\lambda=2700$．$(r/\eta)^{-\theta_p}$ をかけて慣性領域で水平になるようにしてある．θ_p(K41) とあるのは K41 で予想される θ_p(K41)$=p/3$をかけたもの（文献 9 より再生）．

と密接に関連している．また，距離 r が小さくなるにつれて正規分布から次第に裾野が広がっていくのがみてとれる．すなわち，δu_1 の確率密度関数はスケールとともに変化し，小さいスケールへいくほど相対的に大きなゆらぎが生じることを意味しておりコルモゴロフ理論とは異なる．

このように，乱流においては一般に速度場の統計法則がスケールとともに変化し，小さいスケールになるほど確率密度関数は先端部がより尖り裾野がより広くなる．小さいスケールでは，空間の大部分は振幅の小さいゆらぎで満たされているなかに，ところどころきわめて強いゆらぎが正規分布と比べてかなり大きな頻度で存在することを意味しており，間欠性（intermittency）の問題としてとらえられている．

確率分布関数がどの程度正規分布からずれているのかを定量的にみる一つのやり方は規格化された構造関数 $K_p(r)$ を導入することである．

$$K_p(r)=\frac{S_p(r)}{[S_2(r)]^{p/2}} \tag{7.4.2}$$

いま，速度差を U で表し，その分布は平均が 0，分散 $\sigma_r^2=\langle U^2\rangle$ の正規分布

$$P(U)\mathrm{d}U=\frac{1}{\sqrt{2\pi\sigma_r^2}}\exp\left(-\frac{U^2}{2\sigma_r^2}\right)\mathrm{d}U \tag{7.4.3}$$

に従うとすると，U の $2p$ 次モーメントは

$$\langle U^{2p}\rangle=\frac{1}{\sqrt{2\pi\sigma_r^2}}\int_{-\infty}^{\infty}U^{2p}\exp\left(-\frac{U^2}{2\sigma_r^2}\right)\mathrm{d}U=\frac{(2p)!}{p!2^p}\sigma_r^p \tag{7.4.4}$$

となるから

$$K_{2p}(r)=\frac{\langle U^{2p}\rangle}{\langle U^2\rangle^p}=\frac{(2p)!}{p!2^p}\equiv C_p^G \tag{7.4.5}$$

となり，正規分布のときには $K_{2p}(r)$ は次数 p にのみ依存し r によらないことがわかる．$K_3(r)$ は確率密度関数の歪み度（skewness），$K_4(r)$ は確率密度関数の尖り度（kurtosis）と呼ばれ，正規分布のときにはそれぞれ 0 と 3 である．コルモゴロフ理論でも $K_p(r)$ は r によらず一定値となるが，その値は正規分布とは異なる．乱流においては，速度差の確率密度関数は原点付近で尖りかつ裾野が正規分布より広がっているので $K_{2p}(r)$ $(p\geq 2)$ は r の減少とともに正規分布から求められる値 C_p^G よりも大きくなる．

乱流の小さいスケールにおいて間欠性が存在するとき，構造関数のスケーリング指数の次数依存性はコルモゴロフ理論から予測されるものとは異なる振舞いを示す．図 7.5 と図 7.6 は乱流の直接数値計算により得られた縦速度差分の構造関数 $S_p(r)=\langle|\delta u_1(r)|^p\rangle$ とその局所的スケーリング指数 $\mathrm{d}\log S_p(r)/(\mathrm{d}\log r)$ である．慣性領域では局所スケーリング指数は一定値をとる．コルモゴロフ理論では局所的スケーリング指数の曲線の間隔は一定で 1/3 であるが，データは次数の増加とともに曲線の間隔が小さくなっている．実験でも同様な結果が得られており，一般に θ_p は p の増大とともに θ_p

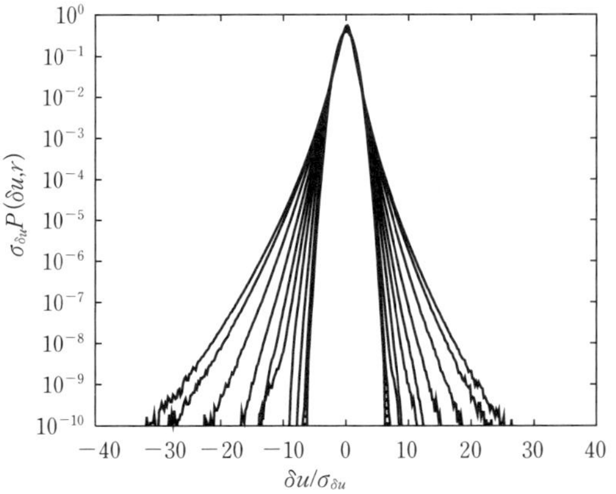

図 7.4　定常乱流の DNS により得られた縦速度差 $\delta u_1(r)$ の確率密度関数[11]
横軸は $\delta u(r)$ の分散で規格化してある．曲線は内側から外に向かって $r_n/\eta=2.38\times 2^{n-1}$，$n=1,\cdots,10$，$R_\lambda=381$．慣性領域は n=6,7,8に相当．点線は正規分布．

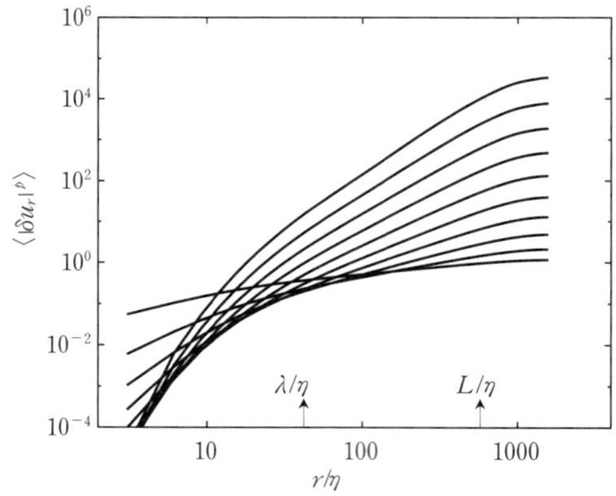

図 7.5　乱流の直接数値シミュレーションによる縦速度差の構造関数 $\langle|\delta u_1(r)|^p\rangle$．$R_\lambda=460$[11]．

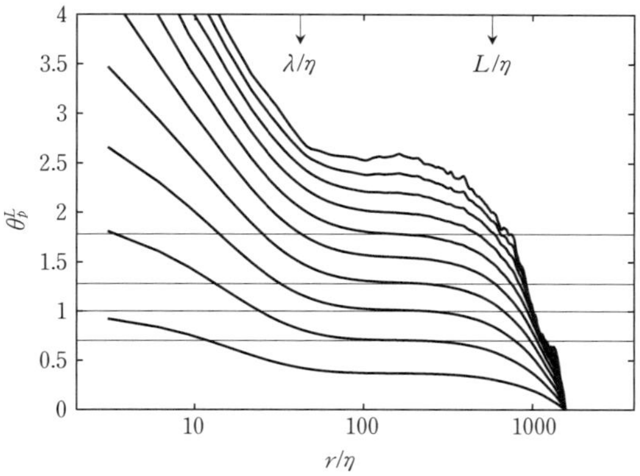

図 7.6　乱流の直接数値シミュレーションによる縦速度差の構造関数の局所スケーリング指数 $d\log S_p(r)/d\log r$[11)]

$R_\lambda=460$．水平線は log Poisson モデルによる値，$\theta_2=0.696$，$\theta_3=1.0$，$\theta_4=1.28$，$\theta_6=1.78$.

表 7.1　DNS により得られた縦速度差分の構造関数$\langle|\delta u(r)|^p\rangle\propto r^{\theta_p^L}$と横速度差分の構造関数$\langle|\delta u(r)|^p\rangle\propto r^{\theta_p^T}$のスケーリング指数 $R_\lambda=460$.

p	θ_p^L	θ_p^T
1	0.366±0.007	0.373±0.013
2	0.701±0.014	1.01±0.01
4	1.29±0.03	1.27±0.02
5	1.54±0.03	1.49±0.003
6	1.77±0.44	1.67±0.04
7	1.98±0.06	1.81±0.06
8	2.17±0.07	1.93±0.09
9	2.35±0.08	2.02±0.13
10	2.53±0.09	2.08±0.18

$(K41)=p/3$ よりも小さくその増加が鈍くなる傾向にある．次数が大きいと，データのサンプル数が不足して正確な値が得にくくなるので，高次のスケーリング指数は十分な精度で求めるのは難しい．表 7.1 は数値計算によるスケーリング指数である[11)].

スケーリング指数の次数についての関数形についてはさまざまな理論がある．乱流の現象論に基づくものは，コルゴロフの修正された理論[12)]，フラクタル理論[13)]，マルチフラクタル理論[14)]，log-Poisson 理論[15)]，Tsallis 統計理論[16)] などである．その多くは，エネルギーのカスケード過程についてモデルを構成しスケーリング指数を計算するものである．一方，ナビエ-ストークス方程式に基づいた解析はいまだ成功していない．数学的にはスケーリング指数は次数 p についての非減少関数 $\mathrm{d}\theta_p/\mathrm{d}p\geq 0$ であることが示されているだけであり，またコルモゴロフの 4/5 法則から $\theta_3=1$ でなければならない．これによると，コルモゴロフの修正された理論によるスケーリング指数は次数 p についての 2 次関数であり理論的には支持されない．しかし，低次のモーメントについてはよい近似を与える．　**［後藤俊幸］**

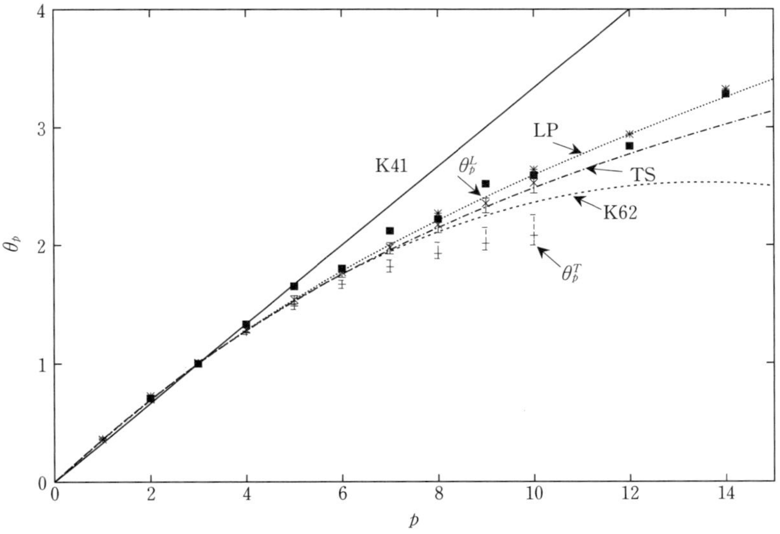

図 7.7　実験と理論によるスケーリング指数の比較

×と■は Anselmet らの実験値 $R_\lambda=515$，852，エラーバーのついた記号は DNS による θ_p^Lと θ_p^T(縦と横速度速のスケーリング指数) K41 はコルモゴルフの理論，K62 は対数正規分布理論，LP は log Poisson モデル，TS は Tsallis 統計による値.

文　　献

1) 後藤俊幸：乱流理論の基礎，朝倉書店，1998.
2) A. N. Kolmogorov : Dokl. Akad. Nauk SSSR, **30**, 1941, 9-13.
3) A. N. Kolmogorov : Dokl. Akad. Nauk SSSR, **31**, 1941, 538-540.
4) A. N. Kolmogorov : Dokl. Akad. Nauk SSSR, **32**, 1941, 16-18.
5) K. R. Sreenivasan : Phys. Fluids, **7**, 1995, 2778-2784.
6) Y. Kaneda : J. Fluid Mech., **107**, 1981, 131-145.
7) Y. Kaneda : Phys. Fluids, **29**, 1986, 701-708.
8) L. D. Landau, E. M. Lifshitz : Fluid Mechanics. 2 nd ed., Pergamon, 1987.
9) U. Frisch : Turbulence, Cambridge Univ. Press, 1995.
10) Y. Gagne : Thèse de Docteur ès-Sciences Physiques, Université de Grenoble, 1987.
11) T. Gotoh *et al.* : Phys. Fluids, **14**, 2002, 1065-1081.
12) A. N. Kolmogorov : J. Fluid Mech., **13**, 1962 82-85.
13) U. Frisch *et al.* : J. Fluid Mech., **87**, 1978, 719-737.
14) G. Parisi, U. Frisch : Turbulence & predictability in geophysical fluid dynamics. Proc. Int. School of Physics 'E.Fermi', 1983, Varenna (M. Ghil *et al.* eds.), Amsterdam North-Holland, 1985, 84.
15) Z.-S. She, E. Leveque : Phys. Rev. Lett., **72**, 1994, 336-339.
16) T. Arimitsu, N. Arimitsu : Phys. Rev. E., **61**, 2000, 3237-3240.

8

スペクトル方程式

8.1 スペクトル関数と相関関数

乱流場の解析においては，しばしば速度場などの物理量を適当な関数系$\{\phi_n(\boldsymbol{x})\}$ あるいは $\{\phi(\boldsymbol{x}, \boldsymbol{k})\}$ を用いて

$$f(\boldsymbol{x})=\sum_n a_n\phi_n(\boldsymbol{x}) \qquad (8.1.1)$$

あるいは

$$f(\boldsymbol{x})=\int a(\boldsymbol{k})\,\phi(\boldsymbol{x}, \boldsymbol{k})\,\mathrm{d}^3\boldsymbol{k} \qquad (8.1.2)$$

のように，その関数系に属する関数の和あるいは積分として表現するのが便利である．このような関数系としては，適当な線形微分演算子の固有関数系がよく用いられる．個々の場合において用いるべき関数系の選択は一般に扱うべき空間領域の形，境界条件によるが，周期境界条件下あるいは無限領域においてはフーリエ級数あるいはフーリエ積分（以下，フーリエ展開と呼ぶ）が便利である．

微分演算 $\mathrm{d}/\mathrm{d}x$ が掛け算に帰着できる，すなわち λ を適当な定数として $(\mathrm{d}/\mathrm{d}x)\,\phi(x)=\lambda\phi(x)$ と書け，しかも $|x|\to\infty$ で有限である関数は $\phi(x)=\exp(\mathrm{i}kx)$，($k$：実数) の形のものしかない．フーリエ展開の最も重要な特徴の一つは，展開の基底としてこのような関数あるいはそれらの積を用いることにある．このことから，フーリエ展開においてはその係数の空間（フーリエ空間）では微分演算が初等的な掛け算として表現される利点をもつ．また，各基底関数は特徴的な長さスケール（$\sim 1/|\boldsymbol{k}|$）をもつので，フーリエ展開を用いると，考えている場を特徴的なスケールをもつ「成分」の和として理解しやすい．一つ一つのフーリエ係数は局所的ではなく，場全体としてあるスケールがどれだけ強いかを示すので，フーリエ展開は場全体としてのスケール分布をよく表現できる利点をもつ．ただし，一方で局所的構造，たとえば組織構造などは表現しにくい欠点をもつ．

3 次元の速度場 $\boldsymbol{u}(\boldsymbol{x}, t)$ をフーリエ展開すると

$$\boldsymbol{u}(\boldsymbol{x}, t)=\int \hat{\boldsymbol{u}}(\boldsymbol{k}, t)\exp(\mathrm{i}\boldsymbol{k}\cdot\boldsymbol{x})\,\mathrm{d}^3\boldsymbol{k} \qquad (8.1.3)$$

と表される．ここでフーリエ係数$\hat{\boldsymbol{u}}$は

$$\hat{\boldsymbol{u}}(\boldsymbol{k}, t)=\left(\frac{1}{2\pi}\right)^3\int \boldsymbol{u}(\boldsymbol{x}, t)\exp(-\mathrm{i}\boldsymbol{k}\cdot\boldsymbol{x})\,\mathrm{d}^3\boldsymbol{x} \qquad (8.1.4)$$

で与えられる．なお，統計的に一様な乱流では，式 (8.1.4) の積分は一般に絶対可積分ではないので式 (8.1.3)，(8.1.4) は普通の関数の積分としての意味を失う．しかし超関数の意味で合理化され，そこに現れる関数は微分，積分などの実用的に必要となる演算において普通の関数として扱ってよいことが示される．このような超関数としては，シュワルツ (Schwartz) の超関数 (distribution)，ライトヒル (Lighthill) の一般関数 (generalized function)，佐藤の超関数 (hyperfunction) が知られている．とくに佐藤の超関数についてのわかりやすい解説が今井[1) にある．

超関数を用いないで，上記の困難を避けるには，まず $\boldsymbol{u}(\boldsymbol{x})$ を周期関数とし，そのあと適当な段階で周期が無限の極限を考えるのが便利である．周期関数に対しては式 (8.1.3) の積分は適当な和に置き換えられる．たとえば $\boldsymbol{u}(\boldsymbol{x})$ が x，y，z 方向それぞれに周期的でその周期を L_{box}，基本周期領域を V とすれば式 (8.1.3)，(8.1.4) はそれぞれ

$$\boldsymbol{u}(\boldsymbol{x}, t)=\left(\frac{2\pi}{L_{\mathrm{box}}}\right)^3\sum_{\boldsymbol{k}}\hat{\boldsymbol{u}}(\boldsymbol{k}, t)\exp(\mathrm{i}\boldsymbol{k}\cdot\boldsymbol{x}), \qquad (8.1.5)$$

$$\hat{\boldsymbol{u}}(\boldsymbol{k},t)=\left(\frac{1}{2\pi}\right)^3\int_V \boldsymbol{u}(\boldsymbol{x},t)\exp(-\mathrm{i}\boldsymbol{k}\cdot\boldsymbol{x})\mathrm{d}^3\boldsymbol{x} \tag{8.1.6}$$

となる．ここで $\boldsymbol{n}$ を各成分が整数であるベクトルとして $\boldsymbol{k}=(2\pi/L_{\mathrm{box}})\boldsymbol{n}$ である．$L_{\mathrm{box}}\to\infty$ の極限において式 (8.1.5)，(8.1.6) はそれぞれ式 (8.1.3)，(8.1.4) に帰着する．以下，簡単のためこのような極限あるいは超関数をとくに区別しないで，式(8.1.3)，(8.1.4) の連続的表記を用いることにする．

式 (8.1.4) で与えられるフーリエ係数 $\hat{\boldsymbol{u}}(\boldsymbol{k},t)$ は $\boldsymbol{u}(\boldsymbol{x},t)$ が実数であることから，

$$\hat{\boldsymbol{u}}^*(\boldsymbol{k},t)=\hat{\boldsymbol{u}}(-\boldsymbol{k},t) \tag{8.1.7}$$

を満たす．ここで * は複素共役を表す．また，非圧縮流体中では $\mathrm{div}\,\boldsymbol{u}(\boldsymbol{x},t)=0$ であるから

$$\boldsymbol{k}\cdot\hat{\boldsymbol{u}}(\boldsymbol{k},t)=k_i\hat{u}_i(\boldsymbol{k},t)=0 \tag{8.1.8}$$

が成り立つ．ただし，以下くり返される添字については和の記号を省くものとする．

フーリエ係数の2次相関 $\hat{Q}_{ij}(\boldsymbol{k},\boldsymbol{p},t)\equiv\overline{\hat{u}_i(\boldsymbol{k},t)\hat{u}_j(\boldsymbol{p},t)}$ は2点速度相関関数 $Q_{ij}(\boldsymbol{x},\boldsymbol{y},t)\equiv\overline{u_i(\boldsymbol{x},t)u_j(\boldsymbol{y},t)}$ を用いて

$$\hat{Q}_{ij}(\boldsymbol{k},\boldsymbol{p},t)=\left(\frac{1}{2\pi}\right)^6\iint Q_{ij}(\boldsymbol{x},\boldsymbol{y},t)\times\exp[-\mathrm{i}(\boldsymbol{k}\cdot\boldsymbol{x}+\boldsymbol{p}\cdot\boldsymbol{y})]\mathrm{d}^3\boldsymbol{x}\mathrm{d}^3\boldsymbol{y} \tag{8.1.9}$$

と表される．$\boldsymbol{r}=\boldsymbol{x}-\boldsymbol{y}$ とすると $\boldsymbol{k}\cdot\boldsymbol{x}+\boldsymbol{p}\cdot\boldsymbol{y}=\boldsymbol{k}\cdot\boldsymbol{r}+(\boldsymbol{k}+\boldsymbol{p})\cdot\boldsymbol{y}$ となること，および

$$\left(\frac{1}{2\pi}\right)^3\int\exp[-\mathrm{i}(\boldsymbol{k}+\boldsymbol{p})\cdot\boldsymbol{y}]\mathrm{d}^3\boldsymbol{y}=\delta(\boldsymbol{k}+\boldsymbol{p}) \tag{8.1.10}$$

であることを用いると，乱流場が統計的に一様で $\boldsymbol{y}$ によらず

$$Q_{ij}(\boldsymbol{y}+\boldsymbol{r},\boldsymbol{y},t)=Q_{ij}(\boldsymbol{r},t) \tag{8.1.11}$$

と書けるとき

$$\hat{Q}_{ij}(\boldsymbol{k},\boldsymbol{p},t)=\hat{Q}_{ij}(\boldsymbol{k},t)\delta(\boldsymbol{k}+\boldsymbol{p}) \tag{8.1.12}$$

となることが示される．ここで δ はディラックのデルタ関数（あるいはクロネッカのデルタ）であり，

$$\hat{Q}_{ij}(\boldsymbol{k},t)\equiv\left(\frac{1}{2\pi}\right)^3\int Q_{ij}(\boldsymbol{r},t)\exp(-\mathrm{i}\boldsymbol{k}\cdot\boldsymbol{r})\mathrm{d}^3\boldsymbol{r} \tag{8.1.13}$$

は一様乱流の速度場のスペクトルテンソル（spectrum tensor）と呼ばれる．以下，とくに必要な場合を除き時間因子は省略することにする．

2次の場合と同様にして，一様乱流中の3次の速度相関関数

$$\hat{Q}_{ijk}(\boldsymbol{k},\boldsymbol{p},\boldsymbol{q})\equiv\overline{\hat{u}_i(\boldsymbol{k})\hat{u}_j(\boldsymbol{p})\hat{u}_k(\boldsymbol{q})} \tag{8.1.14}$$

については

$$\hat{Q}_{ijk}(\boldsymbol{k},\boldsymbol{p},\boldsymbol{q})=\hat{Q}_{ijk}(\boldsymbol{k},\boldsymbol{p})\delta(\boldsymbol{k}+\boldsymbol{p}+\boldsymbol{q}) \tag{8.1.15}$$

と表される．ただし，ここで

$$\hat{Q}_{ijk}(\boldsymbol{k},\boldsymbol{p})\equiv\left(\frac{1}{2\pi}\right)^6\iint\overline{u_i(\boldsymbol{x}+\boldsymbol{r}_1)u_j(\boldsymbol{x}+\boldsymbol{r}_2)u_k(\boldsymbol{x})}\times\exp[-\mathrm{i}(\boldsymbol{k}\cdot\boldsymbol{r}_1+\boldsymbol{p}\cdot\boldsymbol{r}_2)]\mathrm{d}^3\boldsymbol{r}_1\mathrm{d}^3\boldsymbol{r}_2 \tag{8.1.16}$$

である．

なお，実数条件 (8.1.7) と対称性 $Q_{ij}(\boldsymbol{y}+\boldsymbol{r},\boldsymbol{y})=Q_{ji}(\boldsymbol{y},\boldsymbol{y}+\boldsymbol{r})=Q_{ji}(\boldsymbol{y}-\boldsymbol{r},\boldsymbol{y})$ から

$$\hat{Q}_{ij}(\boldsymbol{k})=\hat{Q}^*_{ij}(-\boldsymbol{k})=\hat{Q}_{ji}(-\boldsymbol{k}) \tag{8.1.17}$$

が成り立ち，また非圧縮乱流では式 (8.1.8) から任意の $\boldsymbol{k}$ に対して

$$k_i\hat{Q}_{ij}(\boldsymbol{k})=k_j\hat{Q}_{ij}(\boldsymbol{k})=0 \tag{8.1.18}$$

となる．

乱流のスペクトル的視点からの研究，とくに一様等方性乱流の研究は長い歴史があり，Batchelor[2] をはじめ多くの優れた教科書がある．興味のある方はたとえば章末の文献2～14を参照されたい．なお，本章および次章の9.1節「一様等方性乱流」の記述にはこれらを参考にした．

8.2　一様等方性乱流のスペクトル関数

一様等方性乱流では平均流 $\bar{\boldsymbol{u}}=0$ であり，式 (8.1.13) で定義されるスペクトルテンソルは一般に

$$\hat{Q}_{ij}(\boldsymbol{k})=A(k)k_ik_j+B(k)\delta_{ij} \tag{8.2.1}$$

の形で与えられる．ここで A，B は（時間因子を除いて）$k=|\boldsymbol{k}|$ のみの適当な関数である．非圧縮の乱流場では式 (8.1.8) から $A(k)k^2+B(k)=0$ となるため，式 (8.2.1) は

$$\hat{Q}_{ij}(\boldsymbol{k})=P_{ij}(\boldsymbol{k})B(k) \tag{8.2.2}$$

の形に表すことができる．ただし，$P=\{P_{ij}\}$ は

$$P_{ij}(\boldsymbol{k})=\delta_{ij}-\hat{k}_i\hat{k}_j,\qquad \hat{\boldsymbol{k}}=\boldsymbol{k}/|\boldsymbol{k}| \tag{8.2.3}$$

で与えられる 3×3 の行列である．任意のベクトル $\boldsymbol{a}$ に対して，$P(\boldsymbol{k})\boldsymbol{a}=\boldsymbol{a}-(\boldsymbol{a}\cdot\hat{\boldsymbol{k}})\hat{\boldsymbol{k}}$ であるから，$P(\boldsymbol{k})\,\boldsymbol{a}\perp\boldsymbol{k}$ となる．すなわち，行列 P は任意のベクトルを $\boldsymbol{k}$ に垂直な方向へ射影する演算子である．また射影演算子としての性質 $P(1-P)=0$ を満たしていることは容易に確認できる．

$P_{ii}(\boldsymbol{k})=2$ であるから，式 (8.2.2) は

$$\hat{Q}_{ii}(\boldsymbol{k})=2B(k) \qquad (8.2.4)$$

を与える．すなわち，$\hat{Q}_{ii}(\boldsymbol{k})$ は k のみの関数 ($\hat{Q}(k)$ とする) である．また，式 (8.1.13) のフーリエ逆変換から単位質量あたりの平均運動エネルギー $E(t)=\overline{\boldsymbol{u}(\boldsymbol{x},t)\cdot\boldsymbol{u}(\boldsymbol{x},t)}/2$ に対して

$$\begin{aligned}E(t)&=\frac{1}{2}\overline{\boldsymbol{u}\cdot\boldsymbol{u}}=\frac{1}{2}Q_{ii}(0,t)\\&=\frac{1}{2}\int\hat{Q}_{ii}(\boldsymbol{k},t)\,\mathrm{d}^3\boldsymbol{k}=\int_0^\infty E(k,t)\,\mathrm{d}k\end{aligned} \qquad (8.2.5)$$

を得る．ただし，ここで $E(k)$ はエネルギースペクトル (energy spectrum) と呼ばれ，波数ベクトル空間内の与えられた波数 k をもつ球面上での $\hat{Q}_{ii}(\boldsymbol{k})/2=\hat{Q}(k)/2$ の積分，すなわち，

$$E(k)=2\pi k^2\hat{Q}(k) \qquad (8.2.6)$$

である．この $E(k)$ を用いると式 (8.2.1) は

$$\hat{Q}_{ij}(\boldsymbol{k})=\frac{E(k)}{4\pi k^2}P_{ij}(\boldsymbol{k}) \qquad (8.2.7)$$

と表される．式 (8.2.5) は平均運動エネルギー $E(t)=(1/2)\overline{\boldsymbol{u}\cdot\boldsymbol{u}}$ が $E(k)$ の波数 k についての積分で表されること，すなわち $E(k)$ は波数 k をもつモードのエネルギー密度として解釈できることを示している．また，実数条件 (8.1.7) から

$$\hat{Q}_{ii}(\boldsymbol{k},t)\geq 0, \qquad E(k,t)\geq 0, \qquad E(t)\geq 0 \qquad (8.2.8)$$

が成り立つ．

なお，単位質量単位時間あたりの平均エネルギー散逸率 (mean energy dissipation rate) $\bar{\varepsilon}$ は

$$\bar{\varepsilon}=\nu\overline{\omega^2}=2\nu\int_0^\infty D(k)\,\mathrm{d}k, \qquad D(k)=k^2E(k) \qquad (8.2.9)$$

となるので，粘性によるエネルギー散逸の波数分布はエネルギー散逸スペクトル (energy dissipation spectrum) $D(k)=k^2E(k)$ で与えられることがわかる．

ϕ を $\boldsymbol{r}$ について球対称な関数，すなわち $r=|\boldsymbol{x}|$ のみの関数とするとそのフーリエ変換も波数ベクトル空間で球対称となり，

$$\hat{\phi}(\boldsymbol{k})=\Phi(k)\equiv\frac{1}{2\pi^2}\int r^2\phi(r)\frac{\sin(kr)}{kr}\,\mathrm{d}r, \qquad (8.2.10)$$

$$\phi(r)=4\pi\int k^2\Phi(k)\frac{\sin(kr)}{kr}\,\mathrm{d}k \qquad (8.2.11)$$

となることが示されるので，$\hat{Q}_{ii}(\boldsymbol{k})=\hat{Q}(k)$ と $Q_{ii}(\boldsymbol{r})=Q(r)$ の間には式 (8.2.6) から

$$\hat{Q}(k)=\frac{E(k)}{2\pi k^2}=\frac{1}{2\pi^2}\int_0^\infty r^2Q(r)\frac{\sin(kr)}{kr}\,\mathrm{d}r, \qquad (8.2.12)$$

$$\begin{aligned}Q(r)&=4\pi\int_0^\infty k^2\hat{Q}(k)\frac{\sin(kr)}{kr}\,\mathrm{d}k\\&=2\int_0^\infty E(k)\frac{\sin(kr)}{kr}\,\mathrm{d}k\end{aligned} \qquad (8.2.13)$$

の関係が成り立つ．

実験や観測でエネルギースペクトルを測ろうとする場合 $E(k)$ よりも縦の 1 次元エネルギースペクトル (one-dimensional energy spectrum) と呼ばれる

$$E_{11}(k_1)=\frac{1}{2\pi}\int Q_{11}(r,0,0)\,e^{-ik_1r}\,\mathrm{d}r, \qquad (8.2.14)$$

あるいは横の 1 次元エネルギースペクトル

$$E_{22}(k_1)=\frac{1}{2\pi}\int Q_{22}(r,0,0)\,e^{-ik_1r}\,\mathrm{d}r \qquad (8.2.15)$$

のほうが測定が容易であり，よく用いられる．一様等方性乱流中では，$Q_{11}(r,0,0)$ と $Q_{22}(r,0,0)$ は 7.1.1 項で述べた縦速度相関 $f(r)$ と横速度相関 $g(r)$ を用いれば，それぞれ $U^2f(r)$ と $U^2g(r)$ (ただし，$U^2\equiv 2E(t)/3$) に等しい．これらは r の偶関数であるから，式 (8.2.14) と (8.2.15) は

$$E_{11}(k)=\frac{U^2}{\pi}\int_0^\infty f(r)\cos kr\,\mathrm{d}r, \qquad (8.2.16)$$

$$E_{22}(k)=\frac{U^2}{\pi}\int_0^\infty g(r)\cos kr\,\mathrm{d}r, \qquad (8.2.17)$$

と書くこともでき，その逆変換は

$$U^2f(r)=2\int_0^\infty E_{11}(k)\cos kr\,\mathrm{d}k, \qquad (8.2.18)$$

$$U^2g(r)=2\int_0^\infty E_{22}(k)\cos kr\,\mathrm{d}k, \qquad (8.2.19)$$

となる．

$E_{11}(k)$，$E_{22}(k)$ と $E(k)$ には以下の関係が成り立つ．

$$E_{11}(k_1)=\iint \hat{Q}_{11}(k_1,k_2,k_3)\,\mathrm{d}k_2\mathrm{d}k_3, \qquad (8.2.20)$$

$$=\iint \frac{E(k)}{4\pi k^2}\left(1-\frac{k_1^2}{k^2}\right)\mathrm{d}k_2\mathrm{d}k_3$$

$$=\frac{1}{2}\int_{k_1}^{\infty}\frac{E(k)}{k}\left(1-\frac{k_1^2}{k^2}\right)\mathrm{d}k, \qquad (8.2.21)$$

$$E_{22}(k_1)=\iint \hat{Q}_{22}(k_1,k_2,k_3)\,\mathrm{d}k_2\mathrm{d}k_3 \qquad (8.2.22)$$

$$=\iint \frac{E(k)}{4\pi k^2}\left(1-\frac{k_2^2}{k^2}\right)\mathrm{d}k_2\mathrm{d}k_3$$

$$=\frac{1}{4}\int_{k_1}^{\infty}\frac{E(k)}{k}\left(1+\frac{k_1^2}{k^2}\right)\mathrm{d}k, \qquad (8.2.23)$$

$$E(k)=k^3\frac{\mathrm{d}}{\mathrm{d}k}\frac{1}{k}\frac{\mathrm{d}}{\mathrm{d}k}E_{11}(k,t), \qquad (8.2.24)$$

$$E_{22}(k)=-\frac{k^2}{2}\frac{\mathrm{d}}{\mathrm{d}k}\left[\frac{1}{k}E_{11}(k)\right], \qquad (8.2.25)$$

$$U^2f(r)=2\int_0^{\infty}E(k)\left[\frac{\sin kr-kr\cos kr}{(kr)^3}\right]\mathrm{d}k, \qquad (8.2.26)$$

$$E(k)=\frac{1}{\pi}\int_0^{\infty}U^2f(r)\,kr(\sin kr-kr\cos kr)\,\mathrm{d}r, \qquad (8.2.27)$$

また，積分長（第7章参照）は $E(k)$ を用いて

$$L=\int_0^{\infty}f(r)\,\mathrm{d}r=\frac{\pi}{2U^2}\int_0^{\infty}\frac{E(k)}{k}\mathrm{d}k \qquad (8.2.28)$$

と表される．

発達した乱流では，エネルギースペクトル $E(k)$ は広い範囲の波数領域に連続的に分布する．$E(k)$ の実験やあるいは数値シミュレーションデータを波数 k の関数として図示する際，横軸の座標として，しばしば k の代わりに $\log k$ が用いられる．その場合，縦軸として $E(k)$ そのものより $kE(k)$ を用いるのが便利である．なぜなら

$$E(t)=\int_0^{\infty}[kE(k,t)]\,\mathrm{d}(\log k) \qquad (8.2.29)$$

なので，$kE(k,t)$ の高さが横軸上の微小波数領域 $[\log k, \log k+\Delta\log k]$ からの全エネルギー $E(t)$ への寄与に比例していることが直感的にわかりやすいからである．エネルギー散逸スペクトル $D(k)=k^2E(k)$ についても同様である．このような図の例を図8.1に示す．図8.1は大規模なDNSによって得られたエネルギースペクトルとエネルギー散逸スペクトルを表している[15)]．縦軸の $E(k)$，$D(k)$ は

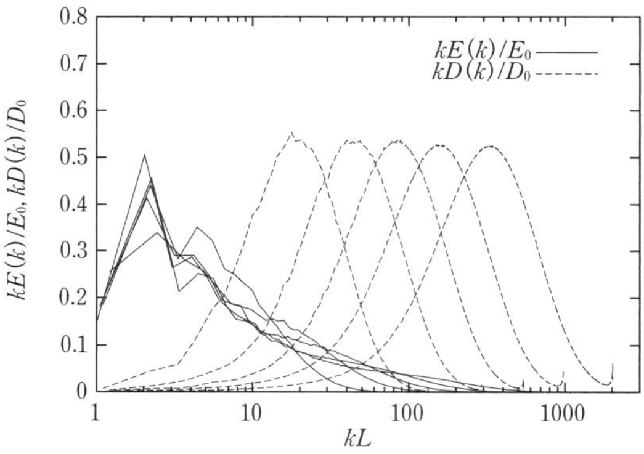

図 8.1　DNSによる，規格化されたエネルギースペクトル $E(k)\times k$ とエネルギー散逸スペクトル $D(k)\times k$
横軸の波数は $1/L$ で規格化されている．$kD(k)/D_0$ の曲線は左から右の順にテイラーマイクロスケールレイノルズ数 R_λ ～94, 173, 268, 429, 675のデータ．文献15から転載．

それぞれ，

$$E_0=E(t),\quad D_0=\int D(k)\,\mathrm{d}k$$

で，一方横軸の波数は $1/L$ で規格化されている．レイノルズ数の増加につれてエネルギーを多く含む波数領域と粘性散逸の多い波数領域がお互い離れていくことがわかる．

コルモゴロフの仮説（Kolmogorov's hypotheses）[16)] によれば，十分高いレイノルズ数における乱流中の十分小さいスケールでは普遍的平衡状態が存在し，$k\gg 1/L$ においてエネルギースペクトルは

$$E(k)=\bar{\varepsilon}^{2/3}k^{-5/3}F\left(\frac{k}{k_d}\right),$$

$$(k_d\equiv 1/\eta,\ \eta\equiv(\nu^3/\bar{\varepsilon})^{1/4}) \qquad (8.2.30)$$

で与えられる．ここで $F(k/k_d)$ は k/k_d のみで決まる適当な関数である．このような領域は普遍平衡領域（universal equilibrium range）と呼ばれる．さらに，慣性小領域（inertial sub-range）と呼ばれる領域 $1/L\ll k\ll k_d$ においては

$$E(k)=K\bar{\varepsilon}^{2/3}k^{-5/3} \qquad (8.2.31)$$

となる（7.2.2項および9.1.1項参照）．

この節ではこれまで，乱流場の統計が座標系の回転だけでなく反転に対しても不変な（強い意味での）等方性乱流を考えたが，もしその統計が座標系の回転には不変であるけれども反転対称ではないとき，式（8.2.7）の代わりに

$$\hat{Q}_{ij}(\boldsymbol{k})=\frac{E(k)}{4\pi k^2}P_{ij}(\boldsymbol{k})-\mathrm{i}\frac{H(k)}{8\pi k^2}\varepsilon_{ijk}k_k \qquad (8.2.32)$$

となる．ここで，$H(k)$ はヘリシティスペクトル

(helicity spectrum) と呼ばれ k のみの関数，ε_{ijk} は3階の基本交代テンソルである．$H(k)$ は対角和 $\hat{Q}_{ii}(\boldsymbol{k})$ には寄与せず，式 (8.2.5) と (8.2.6) はそのまま成り立つけれども，

$$\overline{\boldsymbol{u}(\boldsymbol{x})\cdot\boldsymbol{\omega}(\boldsymbol{x})}=\int_0^\infty H(k)\mathrm{d}k \quad (8.2.33)$$

となり，ヘリシティ $\overline{\boldsymbol{u}\cdot\boldsymbol{\omega}}$ には寄与する．シュワルツの不等式から一般に

$$2kE(k)\geq|H(k)| \quad (8.2.34)$$

が成り立つ．

剪断乱流中の小さなスケールにおけるスペクトルについては，以下の考察が加えられる．$\boldsymbol{k}=0$ を中心とする半径が k の球面上での $\hat{Q}_{ij}(\boldsymbol{k})$ の積分を

$$E_{ij}(k)\equiv\int\mathrm{d}\Omega_{\boldsymbol{k}}\hat{Q}_{ij}(\boldsymbol{k}) \quad (8.2.35)$$

とすると，$i\neq j$ に対して一様等方性乱流では $E_{ij}(k)=0$ である．しかし，非等方性乱流では必ずしも0とならない．たとえば平均流が局所的に $\boldsymbol{U}=(Sy,0,0)$ で与えられる剪断乱流中では高波数領域 $1/L\ll k\ll k_d$ にあり，剪断の影響が無視できるとした慣性小領域における特性時間 $\tau_I=1/(\bar{\varepsilon}k^2)^{1/3}$ が剪断に伴う特性時間 $\tau_S=1/S$ に比べ十分小さい，すなわち $\delta(k)\equiv\tau_I/\tau_S=S/(\bar{\varepsilon}k^2)^{1/3}\ll1$ が成り立つ波数領域に対して，S，$\bar{\varepsilon}$，k に基づくコルモゴロフ的な次元解析によって

$$E_{12}(k)\propto S\bar{\varepsilon}^{1/3}k^{-7/3} \quad (8.2.36)$$

が導かれる[17]．

また，平均流が局所的に $U_i(\boldsymbol{x})=S_{ij}x_j$ で与えられる剪断乱流中の同様な波数領域，$1/L\ll k\ll k_d$，かつ $\delta(k)=S/(\bar{\varepsilon}k^2)^{1/3}\ll1$ が成り立つ領域（ただし，この場合 $S^2=S_{ij}S_{ij}$ とする）に対して，簡単な摂動論的解析を適用するとスペクトルテンソル $\hat{Q}_{ij}(\boldsymbol{k})$ が

$$\hat{Q}_{ij}(\boldsymbol{k})\sim\hat{Q}^0_{ij}(\boldsymbol{k})+\Delta\hat{Q}_{ij}(\boldsymbol{k}) \quad (8.2.37)$$

で与えられることが示される．ここで，$\hat{Q}^0_{ij}(\boldsymbol{k})$ は式 (8.2.7) と (8.2.31) で与えられる慣性小領域における普遍平衡エネルギースペクトルであり，$\Delta\hat{Q}_{ij}(\boldsymbol{k})$ は平均剪断流の影響によるその平衡スペクトルからのずれを表し

$$\Delta\hat{Q}_{ij}(\boldsymbol{k})=C_{ij\alpha\beta}(\boldsymbol{k})S_{\alpha\beta}, \quad (8.2.38)$$

$$C_{ij\alpha\beta}(\boldsymbol{k})/(\bar{\varepsilon}^{1/3}k^{-13/3})$$
$$=\mathrm{A}[P_{i\alpha}(\boldsymbol{k})P_{j\beta}(\boldsymbol{k})+P_{i\beta}(\boldsymbol{k})P_{j\alpha}(\boldsymbol{k})]$$
$$+BP_{ij}(\boldsymbol{k})P_{\alpha\beta}(\boldsymbol{k}) \quad (8.2.39)$$

と与えられる[18]．ただし，A，B は無次元の普遍定数である．式 (8.2.38) はニュートン流体のストレステンソル τ_{ij} と変形速度テンソル e_{ij} との間の関係式

$$\tau_{ij}=C_{ij\alpha\beta}e_{\alpha\beta} \quad (8.2.40)$$

に似ている．ここで $C_{ij\alpha\beta}$ は4階の等方テンソルである．しかし，式 (8.2.38) における4階のテンソル $C_{ij\alpha\beta}(\boldsymbol{k})$ は式 (8.2.40) における $C_{ij\alpha\beta}$ と違い定数ではなく，$\boldsymbol{k}$ の関数である．また平均流の特徴的長さスケールおよび乱流のエネルギーを含む渦の特徴的スケールより十分小さなスケールでのみ成り立つ[18]．

8.3 スペクトルダイナミックス

ここでは非圧縮でナビエ-ストークス (Navier-Stokes) 方程式

$$\frac{\partial}{\partial t}u_i(\boldsymbol{x},t)=-\frac{\partial}{\partial x_i}p(\boldsymbol{x},t)$$
$$-u_j(\boldsymbol{x},t)\frac{\partial}{\partial x_j}u_i(\boldsymbol{x},t)+\nu\nabla^2u_i(\boldsymbol{x},t) \quad (8.3.1)$$

に従い，平均流 $\bar{\boldsymbol{u}}=0$ の乱流を考える．ただし，ここでは，p は密度で除した圧力である．式 (8.3.1) をフーリエ変換すると，

$$\frac{\partial}{\partial t}\hat{u}_i(\boldsymbol{k})=-\nu k^2\hat{u}_i(\boldsymbol{k})-\mathrm{i}k_i\hat{p}(\boldsymbol{k})$$
$$-\mathrm{i}\iint p_j\hat{u}_j(\boldsymbol{q})\hat{u}_i(\boldsymbol{p})\delta(\boldsymbol{k}-\boldsymbol{p}-\boldsymbol{q})\mathrm{d}^3\boldsymbol{p}\mathrm{d}^3\boldsymbol{q} \quad (8.3.2)$$

を得る．

なお，$\boldsymbol{u}(\boldsymbol{x})$ が式 (8.1.5)，(8.1.6) のところで述べたような周期関数の場合には，式 (8.3.2) の積分

$$\iint\delta(\boldsymbol{k}-\boldsymbol{p}-\boldsymbol{q})\mathrm{d}^3\boldsymbol{p}\mathrm{d}^3\boldsymbol{q}$$

は離散的な和 $(2\pi/L_{\mathrm{box}})^3\sum_\Delta$ に置き換えることができる．ここで $\sum_\Delta$ は $\boldsymbol{k}-\boldsymbol{p}-\boldsymbol{q}=0$ を満たす波数ベクトル $\boldsymbol{p}$，$\boldsymbol{q}$ のすべての組合せについての離散和を表す．ただし，$\boldsymbol{n}_k$，$\boldsymbol{n}_p$，$\boldsymbol{n}_q$ をそれぞれ成分が整数であるベクトルとし，$(\boldsymbol{k},\boldsymbol{p},\boldsymbol{q})=(2\pi/L_{\mathrm{box}})(\boldsymbol{n}_k,\boldsymbol{n}_p,\boldsymbol{n}_q)$ である．$L_{\mathrm{box}}\to\infty$ の極限でこの離散和 $(2\pi/L_{\mathrm{box}})^3\sum_\Delta$ は式 (8.3.2) の積分に移行する．

式 (8.3.2) の両辺と $\boldsymbol{k}$ との内積をとると，任意の時刻で $k_i\hat{u}_i(\boldsymbol{k})=0$ であるから

$$k^2\hat{p}(\boldsymbol{k})=-k_i\iint p_j\hat{u}_j(\boldsymbol{q})\,\hat{u}_i(\boldsymbol{p})\,\delta(\boldsymbol{k}-\boldsymbol{p}-\boldsymbol{q})\,\mathrm{d}^3\boldsymbol{p}\mathrm{d}^3\boldsymbol{q} \tag{8.3.3}$$

となり，これから $p(\boldsymbol{k})$ を求め，式 (8.3.2) に代入して

$$\frac{\partial}{\partial t}\hat{u}_i(\boldsymbol{k})=-\nu k^2\hat{u}_i(\boldsymbol{k})-\frac{\mathrm{i}}{2}P_{ijk}(\boldsymbol{k})\iint\hat{u}_j(\boldsymbol{p})\,\hat{u}_k(\boldsymbol{q})\times\delta(\boldsymbol{k}-\boldsymbol{p}-\boldsymbol{q})\,\mathrm{d}^3\boldsymbol{p}\mathrm{d}^3\boldsymbol{q} \tag{8.3.4}$$

を得る．ここで，

$$P_{ijk}(\boldsymbol{k})=k_jP_{ik}(\boldsymbol{k})+k_kP_{ij}(\boldsymbol{k}) \tag{8.3.5}$$

である．式 (8.3.4) は $q_j\hat{u}_j(\boldsymbol{q})=0$ であるので $(p_j+q_j)\,\hat{u}_j(\boldsymbol{q})=p_j\hat{u}_j(\boldsymbol{q})$ となることを考慮し，$\boldsymbol{p}$ と $\boldsymbol{q}$ について式 (8.3.2) を対称化することによって得られる．

式 (8.3.2) の右辺第1項は粘性による減衰を表し，(i) その減衰が速度場 $\hat{u}_i(\boldsymbol{k})$ について線形であること，また (ii) その減数率が νk^2 に比例していることを表している．(ii) は動粘性率 ν がどんなに小さくても，十分大きな波数 k のモードすなわち十分小さなスケールにおいては粘性が無視できないことを示している．

一方，右辺第2項はナビエ-ストークス方程式の慣性項と圧力項に由来し，速度場について2次の非線形であり，波数ベクトルがそれぞれ $\boldsymbol{p}$ と $\boldsymbol{q}$ である二つのモード（フーリエ成分）間の2次の非線形相互作用によって $\boldsymbol{k}=\boldsymbol{p}+\boldsymbol{q}$ を満たす波数ベクトル $\boldsymbol{k}$ のモードが励起されることを示している．その励起の強さは波数ベクトル $\boldsymbol{k}$，$\boldsymbol{p}$，$\boldsymbol{q}$ と方向成分 i，j，k に依存しており，その依存の仕方はナビエ-ストークス方程式によって決まっている．たとえばある時刻にある方向の波数が K のモードがあったとするとこの非線形相互作用によってその方向の波数 $2K$ のモードが励起され，さらにこれらが相互作用し波数 $3K, 4K, \cdots$ のモードが励起される．このようにして次々と高い波数のモードが励起され，それに伴いエネルギーの輸送が起こり，十分高い波数において粘性によって散逸されることが理解される．このような非線形相互作用によるエネルギーの流れはエネルギーカスケード (energy cascade) と呼ばれる．

式 (8.3.1) と速度場の積の平均をとることによって，一様乱流中では2次相関 $Q_{ij}(\boldsymbol{r},t)=\overline{u_i(\boldsymbol{x},t)\,u_j(\boldsymbol{y},t)}$ に対して

$$\frac{\partial}{\partial t}Q_{ij}(\boldsymbol{r},t)=W_{ij}(\boldsymbol{r},t)+W_{ji}(-\boldsymbol{r},t)+\nu\nabla^2[Q_{ij}(\boldsymbol{r},t)+Q_{ji}(-\boldsymbol{r},t)] \tag{8.3.6}$$

を得る．ただし，$\boldsymbol{r}=\boldsymbol{x}-\boldsymbol{y}$，

$$W_{ij}(\boldsymbol{r},t)=\overline{\left[-\frac{\partial}{\partial x_i}p(\boldsymbol{x},t)-u_k(\boldsymbol{x},t)\frac{\partial}{\partial x_k}u_i(\boldsymbol{x},t)\right]u_j(\boldsymbol{y},t)} \tag{8.3.7}$$

である．式 (8.3.6) をフーリエ変換して

$$\left(\frac{\partial}{\partial t}+2\nu k^2\right)\hat{Q}_{ij}(\boldsymbol{k})=\int[\widehat{W}_{ij}(\boldsymbol{k},\boldsymbol{k}')+\widehat{W}_{ji}(-\boldsymbol{k},-\boldsymbol{k}')]\,\mathrm{d}^3\boldsymbol{k}' \tag{8.3.8}$$

を得る．ここで，

$$\widehat{W}_{ij}(\boldsymbol{k},\boldsymbol{k}')=-\mathrm{i}k_i\overline{\hat{p}(\boldsymbol{k})\,\hat{u}_j(\boldsymbol{k}')}-\mathrm{i}\iint p_k\overline{\hat{u}_k(\boldsymbol{q})\,\hat{u}_i(\boldsymbol{p})\,\hat{u}_j(\boldsymbol{k}')}\times\delta(\boldsymbol{k}-\boldsymbol{p}-\boldsymbol{q})\,\mathrm{d}^3\boldsymbol{p}\mathrm{d}^3\boldsymbol{q} \tag{8.3.9}$$

である．非圧縮条件 $k_i\hat{u}_i(-\boldsymbol{k})=0$ と一様乱流中では，$\overline{\hat{p}(\boldsymbol{k})\,\hat{u}_i(\boldsymbol{k}')}\propto\delta(\boldsymbol{k}+\boldsymbol{k}')$ であることから，ij の縮約をとると右辺第1項は0となる．それゆえ式 (8.3.4) を導いたのと同様にして式 (8.3.9) を $\boldsymbol{p}$，$\boldsymbol{q}$ について対称化することによって，式 (8.3.8) から

$$\left(\frac{\partial}{\partial t}+2\nu k^2\right)\hat{Q}_{ii}(\boldsymbol{k})=\iint s(\boldsymbol{k},\boldsymbol{p},\boldsymbol{q})\,\delta(\boldsymbol{k}+\boldsymbol{p}+\boldsymbol{q})\times\mathrm{d}^3\boldsymbol{p}\mathrm{d}^3\boldsymbol{q} \tag{8.3.10}$$

を得る．ここで，

$$s(\boldsymbol{k},\boldsymbol{p},\boldsymbol{q})\,\delta(\boldsymbol{k}+\boldsymbol{p}+\boldsymbol{q})=-\mathrm{Im}[k_k\overline{\hat{u}_k(\boldsymbol{q})\,\hat{u}_i(\boldsymbol{p})\,\hat{u}_i(\boldsymbol{k})}+k_k\overline{\hat{u}_k(\boldsymbol{p})\,\hat{u}_i(\boldsymbol{q})\,\hat{u}_i(\boldsymbol{k})}] \tag{8.3.11}$$

である．ただし記号 Im は虚数部を表す．

8.4 伝 達 関 数

一様等方性乱流では，$\hat{Q}_{ii}(\boldsymbol{k})$ および式 (8.3.10) の右辺はともに k のみの関数であるから，式 (8.3.10) は $E(k,t)=2\pi k^2\hat{Q}(k)=2\pi k^2\hat{Q}_{ii}(\boldsymbol{k})$ に対して

$$\frac{\partial}{\partial t}E(k,t)=T(k,t)-2\nu k^2E(k,t) \tag{8.4.1}$$

を与える．ここで $T(k,t)$ はスペクトルエネルギー伝達関数（spectral energy transfer function）と呼ばれ

$$T(k,t) = 2\pi k^2 \mathrm{Im} \iint s(\boldsymbol{k},\boldsymbol{p},\boldsymbol{q})\,\delta(\boldsymbol{k}+\boldsymbol{p}+\boldsymbol{q})\,\mathrm{d}^3\boldsymbol{p}\,\mathrm{d}^3\boldsymbol{q} \tag{8.4.2}$$

である．なお，ここでは外力を無視しているが，外力がある場合は式（8.4.1）に外力の影響を表す適当な項が付け加わる．

ナビエ-ストークス方程式の非線形項は一般にエネルギーを保存し，とくに一様乱流中では

$$W_{ii}(\boldsymbol{r}=0,t) = \overline{\left[-\frac{\partial}{\partial x_i}p(\boldsymbol{x},t) - u_j(\boldsymbol{x},t)\frac{\partial}{\partial x_j}u_i(\boldsymbol{x},t)\right]u_i(\boldsymbol{x},t)} = 0 \tag{8.4.3}$$

となる．そのフーリエ変換から

$$\int_0^\infty T(k,t)\,\mathrm{d}k = 0 \tag{8.4.4}$$

となり，それゆえ

$$\frac{\partial}{\partial t}E(t) = -\bar{\varepsilon} = -2\nu\int_0^\infty k^2 E(k,t)\,\mathrm{d}k \tag{8.4.5}$$

である．すなわち，全エネルギー $E(t)$ は粘性によって減衰されるのみで，$E(t)$ の時間変化は $T(k)$ には直接的には依存しない．$T(k)$ は単に各波数波数間のエネルギー伝達を表し，その伝達を通して間接的に $E(t)$ の時間変化に寄与する．この伝達関数 $T(k)$ はナビエ-ストークス方程式の非線形項に起因する．式（8.3.10）の導出においてみたように圧力項は，エネルギー密度成分 $\hat{Q}_{ij}(\boldsymbol{k})$ のやりとりには寄与するが，その対角成分和 $\hat{Q}_{ii}(\boldsymbol{k})$ およびエネルギースペクトル $E(k,t)$ の時間変化には直接的な寄与はしない．各（ij）成分間のエネルギー密度の変化を通じて，$E(k,t)$ の変化に間接的に寄与するのみである．

$s(\boldsymbol{k},\boldsymbol{p},\boldsymbol{q})$ は簡単な計算によって，詳細釣合い（detailed balance）

$$[s(\boldsymbol{k},\boldsymbol{p},\boldsymbol{q}) + s(\boldsymbol{p},\boldsymbol{q},\boldsymbol{k}) + s(\boldsymbol{q},\boldsymbol{k},\boldsymbol{p})]\,\delta(\boldsymbol{k}+\boldsymbol{p}+\boldsymbol{q}) = 0 \tag{8.4.6}$$

を満たすことが示される．このことは，式（8.4.3）が任意の速度場について成り立つことと，とくにフーリエ成分が $\boldsymbol{k}+\boldsymbol{p}+\boldsymbol{q}=0$ を満たすある波数ベクトルの組（$(\boldsymbol{k},\boldsymbol{p},\boldsymbol{q})$ 以外のモードがある瞬間に0である場合の運動エネルギー保存を考えることによっても導かれる．

なお，縦方向の速度勾配 $\partial u_1/\partial x_1$ の歪み度 S_0（9.1節参照）は一様等方性乱流では $T(k)$ と $E(k)$ を用いて

$$S_0 = -\left(\frac{135}{98}\right)^{1/2} \frac{\int_0^\infty k^2 T(k,t)\,\mathrm{d}k}{\left[\int_0^\infty k^2 E(k,t)\,\mathrm{d}k\right]^{3/2}} \tag{8.4.7}$$

と表すことができる[2]．

ある波数 k を横切って低波数側から高波数側へのエネルギーの流れ（energy flux）は

$$\Pi(k,t) = \int_k^\infty T(k',t)\,\mathrm{d}k' = -\int_0^k T(k',t)\,\mathrm{d}k' \tag{8.4.8}$$

で与えられ，

$$\frac{\mathrm{d}\Pi(k)}{\mathrm{d}k} = -T(k) \tag{8.4.9}$$

と書くことができる．

$\mathcal{E}(\boldsymbol{r})$ を

$$\mathcal{E}(\boldsymbol{r}) = -\frac{1}{4}\frac{\partial}{r_j}\overline{|\Delta\boldsymbol{u}(\boldsymbol{r})|^2\Delta u_j(\boldsymbol{r})},$$

ただし $\Delta\boldsymbol{u}(\boldsymbol{r}) = \boldsymbol{u}(\boldsymbol{x}+\boldsymbol{r}) - \boldsymbol{u}(\boldsymbol{x})$，と定義すると一様等方性乱流では $\mathcal{E}(\boldsymbol{r})$ は $\boldsymbol{r}$ の関数として球対称なので $\mathcal{E}(\boldsymbol{r}) = \mathcal{E}(r)$ と書くことができ，$T(k)$ と $\Pi(k)$ はそれぞれ

$$T(k) = -\frac{2}{\pi}\int_0^\infty kr\sin(kr)\,\mathcal{E}(r)\,\mathrm{d}r \tag{8.4.10}$$

また

$$\Pi(k) = \frac{1}{2\pi^2}\int \frac{\sin kr}{r}\frac{\partial}{\partial r_l}\left[\mathcal{E}(r)\frac{r_l}{r^2}\right]\mathrm{d}^3\boldsymbol{r} \tag{8.4.11}$$

と表すこともできる[9]．

発達した乱流中では大きなスケール（L とする）で外力や境界条件によるエネルギーが補給され，運動エネルギーの大半はこの大きなスケールに存在する．非線形相互作用によるエネルギーカスケードによってこの大きなスケールにおける運動エネルギーは小さなスケールへ流され，粘性が無視できないスケール（コルモゴロフスケール η 程度）で熱として散逸される（第7章参照）．これら二つのスケール L と η がお互いに十分離れている高レイノルズ数の乱流中（図8.1参照）では $1/L \ll k \ll 1/\eta$ とな

る波数領域（慣性小領域）が存在し，そこでは式(8.4.1)における粘性項は無視でき，また外力項はあったとしても無視できる．また，一般に高レイノルズ数の3次元乱流では大きなスケールでは非定常であっても十分小さなスケール $k \gg 1/L$ では統計的準平衡状態が実現されていると考えられる．その場合，式(8.4.1)において外力によるエネルギー流入も粘性散逸も無視できる慣性小領域では $T(k, t)=0$ であり，それゆえ式(8.4.8)から $\Pi(k)$ は k によらない定数となる．小さなスケールにおける平衡性が保たれるには，この高波数へのエネルギーの流れ $\Pi(k)$ が十分高い波数における粘性による単位時間あたりのエネルギー散逸率 $\bar{\varepsilon}$ と釣り合わなければならない．すなわち

$$\Pi(k)=\bar{\varepsilon} \qquad (8.4.12)$$

でなければならない．

高レイノルズ数乱流において，等式(8.4.12)の成立する慣性小領域が存在すること，およびその領域が十分広いことが多くの乱流理論やモデルの基本的仮定となっている．しかしながら，この仮定は十分高いレイノルズ数においてはじめて実現する．一般にレイノルズ数が十分高くないDNS（テイラーマイクロスケールレイノルズ数 R_λ で200程度まで）では，$\Pi(k)$ が k によらず一定で式(8.4.12)がよく満たされる領域は，仮に存在したとしても広くはない．一方，高いレイノルズ数DNSにおいては，そのような領域がかなり広く実現される[19,20]．

［金田行雄］

文　　献

1) 今井　功：応用超関数論 I & II，サイエンス社，1981.
2) G. K. Batchelor: The Theory of Homogeneous Turbulence, Cambridge Univ. Press, 1953.
3) 巽　友正：乱流，槇書店，1962.
4) H. Tennekes, J. L. Lumley: A First Course in Turbulence, MIT Press, 1972.
5) D. C. Leslie: Developments in the Theory of Turbulence, Clarendon Press, Oxford, 1973.
6) J. O. Hinze: Turbulence, 2nd ed., McGraw-Hill, 1975.
7) A. S. Monin, A. M. Yaglom: Statistical Fluid Mechanics II, MIT Press, 1975.
8) W. D. McComb: The Physics of Fluid Turbulence, Clarendon Press, Oxfors, 1990.
9) U. Frisch: Turbulence, Cambridge Univ. Press, 1995.
10) 後藤俊幸：乱流理論の基礎，朝倉書店，1998.
11) 木田重雄，柳瀬眞一郎：乱流力学，朝倉書店，1999.
12) S. B. Pope: Turbulent Flows, Cambridge Univ. Press, 2000.
13) P. Davidson: Turbulence, Cambridge Univ. Press, 2004.
14) M. Lesieur: Turbulence in Fluids, 4th ed., Spriger, 2008.
15) Y. Kaneda, T. Ishihara: J. Turbulence, **7**, 2006, 1-17.
16) A. N. Kolmogorov: Dokl. Akad. Nauk SSSR, **30**, 1941, 301-305.
17) J. L. Lumley: Phys. Fluids, **10**, 1967, 855-858.
18) T. Ishihara *et al.*: Phys. Rev. Lett., **15**, 2002, 154501, 1-4.
19) T. Ishihara, Y. Kaneda: Proceedings of the International Workshop on Statistical Theories and Computational Approaches to Turbulence (Y. Kaneda, T. Gotoh eds.), Springer, 2002, 177-188.
20) Y. Kaneda *et al.*: Phys. Fluids, **15**, 2003, L 21-L 24.

9

乱流の統計的性質と構造

9.1　一　様　乱　流

9.1.1　一様等方性乱流と慣性小領域

統計的性質が空間的に一様，すなわち座標系の並進に対して不変な乱流を一様乱流（homogeneous turbulence）と呼ぶ．さらに，それが等方的，すなわち座標系の回転に対しても不変な乱流を一様等方性乱流（homogeneous isotropic turbulence）と呼ぶ．一般の乱流では，平均流があり，その平均流および乱流場の統計的性質は場所によって違うので一様ではない．また特別の方向性をもち，等方的でもない．したがって，「一様等方性乱流」は現実的というより，理想化された概念である．しかしこれまで，とくに理論面から，多くの研究が一様等方性乱流についてなされている．それは，

(1) 一様等方性乱流が，実際に格子を過ぎる乱流として近似的に実現されるだけでなく，

(2) 十分小さなスケールでは，外力や境界条件の詳細によらない，普遍的な乱流の状態があり，その状態は少なくとも近似的に一様等方的であると考えられ，また

(3) 一様等方性の仮定によって，理論的な取扱いが著しく簡単化されるからである．

他の一般の物理法則と同じく，流体運動を支配する基礎方程式は任意の空間の並進および回転に対して不変である．このことは，ある時刻に乱流場が一様等方的であれば，外力や境界条件がそれを破らないかぎり，あとの時刻でも乱流場は一様等方的であることを意味している．この意味で，「一様等方性」は流体の基礎方程式と両立する．乱流場のモデル化や理論的定式化において，もしそのモデルや理論が普遍的であるなら，その支配方程式は空間の並進および回転に対して不変でなければならない．

(1) に関連して，実験だけではなく，周期境界条件を用いての直接数値シミュレーション（direct numerical simulation, DNS）によって近似的に一様等方性乱流を実現することができ，近年大規模なDNSとそのデータに基づく (2) の視点からの研究が進んでいる．(3) の簡単化の背後には，普遍的乱流理論が未確立なことがある．すなわち，最も簡単な場合についてさえ未解決なら，より一般の場合にはその解決は期待できない，それゆえまず簡単な場合について理解を試みるのは自然である．

一様乱流においては，速度 $\boldsymbol{u}(\boldsymbol{x},t)$ の多点相関 $\overline{u_i(\boldsymbol{x},t)\,u_j(\boldsymbol{x}',t)\,u_k(\boldsymbol{x}'',t)\cdots}$ は任意の並進に対して不変であるから，任意の $\boldsymbol{h}$ に対して

$$\overline{u_i(\boldsymbol{x},t)\,u_j(\boldsymbol{x}',t)\,u_k(\boldsymbol{x}'',t)\cdots} = \overline{u_i(\boldsymbol{x}+\boldsymbol{h},t)\,u_j(\boldsymbol{x}'+\boldsymbol{h},t)\,u_k(\boldsymbol{x}''+\boldsymbol{h},t)\cdots} \tag{9.1.1}$$

となる．とくに，$\boldsymbol{h}=-\boldsymbol{x}$ とすれば

$$\overline{u_i(\boldsymbol{x},t)\,u_j(\boldsymbol{x}',t)\,u_k(\boldsymbol{x}'',t)\cdots} = \overline{u_i(0,t)\,u_j(\boldsymbol{x}'-\boldsymbol{x},t)\,u_k(\boldsymbol{x}''-\boldsymbol{x},t)\cdots} \tag{9.1.2}$$

となる．すなわち，その相関の位置ベクトル $\boldsymbol{x}$, $\boldsymbol{x}'$, $\boldsymbol{x}''\cdots$ への依存はそれらの相対位置のみによる．たとえば，2 次および 3 次の速度相関について

$$\overline{u_i(\boldsymbol{x})\,u_j(\boldsymbol{x}')} = \overline{u_i(\boldsymbol{r})\,u_j(0)} = \overline{u_i(0)\,u_j(-\boldsymbol{r})} = Q_{ij}(\boldsymbol{x}-\boldsymbol{x}') = Q_{ji}(\boldsymbol{x}'-\boldsymbol{x}), \tag{9.1.3}$$

$$\overline{u_i(\boldsymbol{x})\,u_j(\boldsymbol{x}')\,u_k(\boldsymbol{x}'')} = \overline{u_i(\boldsymbol{x}-\boldsymbol{x}'')\,u_j(\boldsymbol{x}'-\boldsymbol{x}'')\,u_k(0)} = Q_{ijk}(\boldsymbol{x}-\boldsymbol{x}'',\boldsymbol{x}'-\boldsymbol{x}'') \tag{9.1.4}$$

となる．ここで，$\boldsymbol{r}=\boldsymbol{x}-\boldsymbol{x}'$ で，Q_{ij} は $\boldsymbol{r}$ のみの，また Q_{ijk} は $\boldsymbol{x}-\boldsymbol{x}''$ と $\boldsymbol{x}'-\boldsymbol{x}''$ のみの適当な関数である．また，今後とくに断らないかぎり時間因子は省略する．

乱流場が一様かつ等方的な場合，平均速度 $\bar{\boldsymbol{u}}$ は 0 であり，Q_{ij} は以下の形で与えられる．

$$Q_{ij}(\boldsymbol{r})=A(r)r_ir_j+B(r)\delta_{ij}. \qquad (9.1.5)$$

また，3 次相関 $S_{ijk}(\boldsymbol{r})=\overline{u_i(\boldsymbol{x})u_j(\boldsymbol{x})u_k(\boldsymbol{x}+\boldsymbol{r})}$ は

$$S_{ijk}(\boldsymbol{r})=\tilde{A}(r)r_ir_jr_k+\tilde{B}(r)r_i\delta_{jk}+\tilde{C}(r)r_j\delta_{ki}+\tilde{D}(r)r_k\delta_{ij} \qquad (9.1.6)$$

と表すことができる．ただし，$A, B, \tilde{A}, \tilde{B}, \tilde{C}, \tilde{D}$ は $r=|\boldsymbol{r}|$ のみの関数である．以下，本項では一様等方性乱流について考える．なおここで「等方性」という場合，座標系の回転だけでなく，反転についても統計的性質が不変であることを意味することにする．文献によっては座標系の反転に対しては不変ではないものも「等方性」と呼ぶ場合がある．

与えられた $\boldsymbol{x}$ と $\boldsymbol{x}+\boldsymbol{r}$ に対して，$u_{/\!/}$ を $\boldsymbol{r}$ へ平行な方向の速度成分，$u_\perp$ を $\boldsymbol{r}$ に垂直な任意の方向の速度成分とし，2 次の縦速度相関関数（longitudinal velocity correlation function）f，および横速度相関関数（lateral velocity correlation function）g をそれぞれ

$$\overline{u_{/\!/}(\boldsymbol{x}+r\boldsymbol{e})u_{/\!/}(\boldsymbol{x})}=U^2f(r), \qquad (9.1.7)$$

$$\overline{u_\perp(\boldsymbol{x}+r\boldsymbol{e})u_\perp(\boldsymbol{x})}=U^2g(r) \qquad (9.1.8)$$

と定義すると式（9.1.5）から

$$U^2f=Ar^2+B, \qquad U^2g=B,$$

よって，

$$Q_{ij}(\boldsymbol{r})=U^2\left[\frac{f-g}{r^2}r_ir_j+g\delta_{ij}\right] \qquad (9.1.9)$$

を得る．ここで，$\boldsymbol{e}$ は $\boldsymbol{r}$ に平行な単位ベクトル，$3U^2=\overline{\boldsymbol{u}\cdot\boldsymbol{u}}$ である．

乱流場が非圧縮の場合，$\partial Q_{ij}(\boldsymbol{r})/\partial r_i=0$ となることから

$$r^2A'(r)+4rA(r)+B'(r)=0, \qquad (9.1.10)$$

それゆえ

$$Q_{ij}(\boldsymbol{r})=\frac{U^2}{2r}[(r^2f)'\delta_{ij}-f'r_ir_j] \qquad (9.1.11)$$

となる．ここで $'$ は微分 $\mathrm{d}/\mathrm{d}r$ を表す．これから $R\equiv Q_{ii}/2$ で定義される関数 R に対して

$$R(r)\equiv\frac{1}{2}Q_{ii}(\boldsymbol{r})=U^2\left[\frac{f}{2}+g\right]=\frac{U^2}{2r^2}[r^3f]' \qquad (9.1.12)$$

を得る．式（9.1.6）で与えられる 3 次の速度相関 S_{ijk} についても，同様にして一様等方性と非圧縮条件のもとで

$$S_{ijk}(\boldsymbol{r})=U^3\left[\frac{K-rK'}{2r^3}r_ir_jr_k+\frac{2K+rK'}{4r}(r_i\delta_{jk}+r_j\delta_{ik})-\frac{K}{2r}r_k\delta_{ij}\right] \qquad (9.1.13)$$

となる．ここで，K は r のみの適当な関数である．

2 次の縦速度構造関数（second-order velocity structure function）は 2 点の縦速度差 $\Delta u(r)=u_{/\!/}(\boldsymbol{x}+r\boldsymbol{e})-u_{/\!/}(\boldsymbol{x})$ の 2 次のモーメントとして定義され f と以下のように関係づけられる．

$$\overline{[\Delta u(r)]^2}=2U^2[1-f(r)]. \qquad (9.1.14)$$

また，3 次の相関である 3 次の縦速度構造関数は

$$\overline{[\Delta u(r)]^3}=6U^3K(r) \qquad (9.1.15)$$

と表される．

非圧縮一様等方性乱流では，速度勾配の 2 次の相関は一般に

$$\overline{\frac{\partial u_i}{\partial x_m}\frac{\partial u_j}{\partial x_n}}=\frac{2U^2}{\lambda^2}\left[\delta_{ij}\delta_{mn}-\frac{1}{4}(\delta_{im}\delta_{jn}+\delta_{in}\delta_{jm})\right] \qquad (9.1.16)$$

と表される．ただし，ここで $f''(0)=-1/\lambda^2$ である．

また，3 次相関 $\overline{(\partial u_i/\partial x_l)(\partial u_j/\partial x_m)(\partial u_k/\partial x_n)}$ も任意の添字 i, j, k, l, m, n に対して，ある一つの 3 次相関たとえば $\overline{(\partial u_x/\partial x)^3}$ で表現できる[1]．これらの相関は，変形速度テンソル $e_{ij}=(\partial u_i/\partial x_j+\partial u_j/\partial x_i)/2$ の固有値 a, b, c に関連づけることができる[2]．さらに，4 次相関は次の四つの回転不変量で表すことができる[3]．

$$I_1\equiv\overline{(e_{ij}e_{ij})^2}, \quad I_2\equiv\overline{\omega^2e_{ij}e_{ij}}, \quad I_3\equiv\overline{\omega_ie_{ij}e_{jk}\omega_k}, \quad I_4\equiv\overline{(\omega^2)^2}. \qquad (9.1.17)$$

$\partial u_x/\partial x$ の歪み度（skewness）S_0 と尖り度（flatness）F_0 は

$$S_0=\frac{\overline{(\partial u_x/\partial x)^3}}{[\overline{(\partial u_x/\partial x)^2}]^{3/2}}=\frac{12\sqrt{15}}{7\sqrt{2}}\frac{\overline{abc}}{[\overline{(a^2+b^2+c^2)}]^{3/2}}=-\frac{6\sqrt{15}}{7}\frac{\overline{\omega_i\omega_je_{ij}}}{(\overline{\omega^2})^{3/2}}, \qquad (9.1.18)$$

$$F_0=\frac{\overline{(\partial u_x/\partial x)^4}}{[\overline{(\partial u_x/\partial x)^2}]^2}=\frac{15}{7}\frac{\overline{(a^2+b^2+c^2)^2}}{[\overline{(a^2+b^2+c^2)}]^2} \qquad (9.1.19)$$

で与えられる[2]．

コルモゴロフの仮説によれば，十分大きなレイノルズ数の発達した乱流中では，エネルギーの大部分を保有する領域（energy containing range）の特徴的スケール L に比べて十分小さく $r\ll L$ となる

スケール範囲で局所的に一様で等方的な普遍平衡領域（universal equilibrium range）が存在し，そこでは速度差 $\Delta\boldsymbol{u}(\boldsymbol{r})=\boldsymbol{u}(\boldsymbol{x}+\boldsymbol{r},t)-\boldsymbol{u}(\boldsymbol{x},t)$ のモーメントは $\boldsymbol{r}$，ν と単位質量単位時間あたりの平均エネルギー散逸率 $\bar{\varepsilon}$，のみによって表すことができる．このことは，とくに2次の縦速度構造関数について

$$\overline{[\Delta u(r)]^2}=(\nu\bar{\varepsilon})^{1/2}\phi\left(\frac{r}{\eta}\right) \quad (9.1.20)$$

を与える．ここで，ϕ は r/η のみの関数であり，大きなスケールにおける外力や境界条件によらないという意味で普遍的な関数である．$\eta\equiv(\nu^3/\bar{\varepsilon})^{1/4}$ はコルモゴロフ長（Kolmogorov length scale）と呼ばれ，乱流の運動エネルギーが粘性によって散逸される領域（energy dissipation range）の特徴的スケールを表す（7.2.2項参照）．

また，L より十分小さく（$r\ll L$），しかも η より十分大きなスケール領域（慣性小領域，inertial subrange），すなわち，$L\gg r\gg\eta$ においては $\overline{[\Delta u(r)]^2}$ が ν によらないと考えられる．そこで，$r/\eta\to 0$ で式（9.1.20）が ν に依存しないとすると $x\gg 1$ で $\phi(x)\propto x^{2/3}$，それゆえ $L\gg r\gg\eta$ で

$$\overline{[\Delta u(r)]^2}=C(\bar{\varepsilon}r)^{2/3} \quad (9.1.21)$$

が導かれる．ここで C は普遍定数である．

式（9.1.20）はエネルギースペクトルが波数領域 $k\gg 1/L$ において

$$E(k)=\bar{\varepsilon}^{2/3}k^{-5/3}F\left(\frac{k}{k_d}\right), \qquad (k_d\equiv 1/\eta) \quad (9.1.22)$$

で与えられること，また式（9.1.21）は $1/L\ll k\ll k_d$ において

$$E(k)=K\bar{\varepsilon}^{2/3}k^{-5/3} \quad (9.1.23)$$

となることと同等である．ここで，$F(k/k_d)$ は k/k_d のみで決まる適当な関数である．式（9.1.21），（9.1.23）はそれぞれコルモゴロフの2/3乗則（Kolmogorov's two-thirds law），コルモゴロフの−5/3乗則（Kolmogorov's minus five-thirds law）と呼ばれる．C と K とには $C=(27/55)\Gamma(1/3)K$ の関係がある．実験や数値シミュレーションによれば $K=1.62\pm 0.17$ という報告がなされている[4]．

縦および横の1次元エネルギースペクトル（8.2節参照）は式（9.1.23）に対応してそれぞれ

$$E_{11}(k_1)=K_1\bar{\varepsilon}^{2/3}k_1^{-5/3}, \quad (9.1.24)$$

$$E_{22}(k_1)=K_2\bar{\varepsilon}^{2/3}k_1^{-5/3}, \quad (9.1.25)$$

（$k_1>0$），となる．K_0，K_1，K_2 は普遍定数であり，

$$K_1=\frac{9}{55}K, \qquad K_2=\frac{12}{55}K \quad (9.1.26)$$

の関係がある．

図9.1は大気乱流や格子乱流などの実験や観測，さらに直接数値シミュレーションなどのさまざまな乱流における規格化された縦1次元エネルギースペクトルを $k_1\eta=k_1/k_d$ を横軸として示している[5]．図9.1では，以下のことがみられる．

(1) さまざまな流れの違いによらず高波数で多くのデータが重なっている．

(2) レイノルズ数の高い乱流では $k_1^{-5/3}$ の傾きを示す直線的な領域がある．

(3) ただし，$k_1\eta>10^{-1}$ となる高波数領域ではエネルギースペクトルはその直線から大きく外れている．

(4) レイノルズ数の増大とともに，$k_1^{-5/3}$ の傾きを示す直線的な領域が広くなり，さまざまな流れの違いによらずある一つの直線に漸近しているようにみえる（とくに図9.1の挿入図）．

(1) は十分小さなスケール $r\ll L$（普遍平衡領域）において，エネルギースペクトルが普遍的である，具体的には式（9.1.22）における関数 F が k/k_d の関数として，大きなスケール（エネルギー保有領域）における流れの違いの詳細によらないという意味で普遍的な関数である，というコルモゴロフの仮説の主張を支持している．(2) は $L\gg r\gg\eta$ となる慣性小領域におけるコルモゴロフの−5/3乗則がおおむね正しいことを示している．(3) は $k_1\eta>10^{-1}$ となる高波数領域（粘性散逸領域）では粘性の影響が無視できないことを意味している．

(4) はレイノルズ数の増大とともに慣性小領域 $L\gg r\gg\eta$ が広がり，コルモゴロフの定数が普遍的であることを示唆している．なお，図中の C_k と K_1，K とには $C_k=2K_1=18K/55$ の関係がある．

最近のDNSによれば，$k/k_d\sim 1$ となる粘性散逸領域においてレイノルズ数 Re が十分高いとき，式（9.1.22）はおおむね正しく，エネルギースペクトルは

$$E(k)\to C_F\left(\frac{k}{k_d}\right)^{\alpha}\exp\left(-\beta\frac{k}{k_d}\right)$$

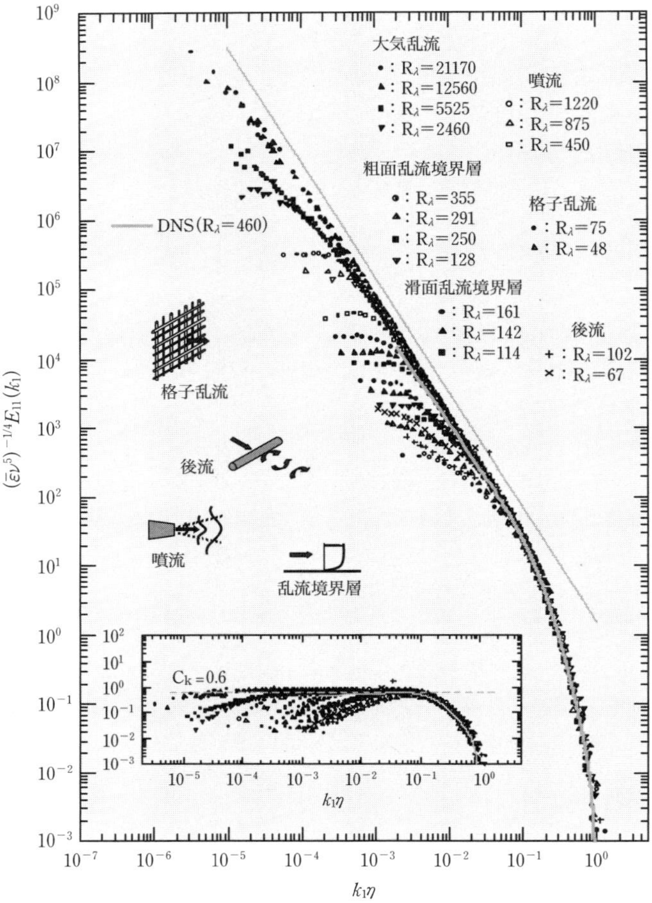

図 9.1　さまざまな実験やDNSによる乱流中の1次元エネルギースペクトル $E_{11}(k_1)\propto k^{-5/3}$ に相当する（この図は辻義之氏の好意による．文献5から転載．図8.1も参照）

の形によく合い，波数 k によらない定数 C_F，α，β は $\mathrm{Re}\to\infty$ である値に漸近することが示唆されている[6]．

非圧縮流体に対するナビエ-ストークス方程式は，一様乱流中の2次相関 Q_{ii} に対して

$$\frac{\partial Q_{ii}(\boldsymbol{r})}{\partial t}=\frac{\partial}{\partial r_k}[S_{iki}(\boldsymbol{r})-S_{iki}(-\boldsymbol{r})]+2\nu\nabla^2 Q_{ii}(\boldsymbol{r}) \tag{9.1.27}$$

を与える．ここで外力はないとし，また非圧縮条件と一様性から圧力項が消えることを用いてある．乱流場が等方的な場合，この式からカルマン-ハワース方程式（Karman-Howarth equation）

$$\frac{\partial}{\partial t}[U^2r^4f(r,t)] =U^3\frac{\partial}{\partial r}[r^4K(r)]+2\nu U^2\frac{\partial}{\partial r}[r^4f'(r)] \tag{9.1.28}$$

が導かれる．式（9.1.14），（9.1.15）と $\mathrm{d}U^2/\mathrm{d}t=-2\bar{\varepsilon}/3$ であることを用いるとこの式は

$$-\frac{2}{3}r^4\bar{\varepsilon}-\frac{r^4}{2}\frac{\partial}{\partial t}\overline{(\Delta u)^2} =\frac{\partial}{\partial r}\left[\frac{r^4}{6}\overline{(\Delta u)^3}\right]-\nu\frac{\partial}{\partial r}\left[r^4\frac{\partial}{\partial r}\overline{(\Delta u)^2}\right] \tag{9.1.29}$$

を与える．L より十分小さなスケール $r\ll L$ では準平衡状態にあり，$\overline{[\Delta u(r)]^2}$ の時間変化が無視できるとすれば，式（9.1.29）の積分によって

$$\overline{[\Delta u(r)]^3}=-\frac{4}{5}\bar{\varepsilon}r+6\nu\frac{\partial}{\partial r}\overline{[\Delta u(r)]^2},\quad (r\ll L), \tag{9.1.30}$$

を得る．さらに，$r \gg \eta$ において粘性が重要ではないとすれば，慣性小領域 $L \gg r \gg \eta$ でコルモゴロフの 4/5 則（Kolmogorov's fourth-fifth law）

$$\overline{[\Delta u(r)]^3} = -\frac{4}{5}\bar{\varepsilon} r \quad (9.1.31)$$

を得る．　**［金田行雄］**

文　　献

1) F. H. Champagne : J. Fluid Mech., **86**, 1978, 67-108.
2) R. Betchov : J. Fluid Mech., **1**, 1956, 497-504.
3) E. G. Siggia : Phys. Fluids, **24**, 1981, 1934-1936.
4) K. R. Sreenivasan : Phys. Fluids, **7**, 1995, 2778-2784.
5) 金田行雄，後藤俊幸：パリティ，**17**(10)，2002，6-12.
6) T. Ishihara *et al.* : J. Phys. Soc. Jpn., **74**(5), 2005, 1464-1471.

9.1.2 スカラースペクトル

大気中をばい煙や微細な粉じんが拡散する場合，あるいは海洋に排出された微量汚染物質が拡散する場合のように，乱流中を熱や物質などのスカラーが拡散する場合，スカラーの変動成分に対してもスペクトルが定義される．ここでは，非圧縮性乱流中をパッシブに（流れ場には影響を与えずに）拡散するスカラーのスペクトルを考える．また，物質拡散については非反応性物質の拡散を対象とするが，反応性物質の拡散に対するスペクトルについては，たとえばCorrsin[1]を参照されたい．

スカラーの変動成分を $\theta(\boldsymbol{x}, t)$ とすると，自己相関関数 $R_\theta(\boldsymbol{r})$ が次式で定義される．

$$R_\theta(\boldsymbol{r}) = \overline{\theta(\boldsymbol{x}, t)\,\theta(\boldsymbol{x}+\boldsymbol{r}, t)} \quad (9.1.32)$$

また，$R_\theta(\boldsymbol{r})$ のフーリエ変換としてスカラー変動のスペクトル関数 $\phi_\theta(\boldsymbol{k})$ が定義される[2]．

$$R_\theta(\boldsymbol{r}) = \iiint_{-\infty}^{\infty} \exp(i\boldsymbol{k}\cdot\boldsymbol{r})\,\phi_\theta(\boldsymbol{k})\,\mathrm{d}\boldsymbol{k} \quad (9.1.33)$$

$$\phi_\theta(\boldsymbol{k}) = \frac{1}{8\pi^3}\iiint_{-\infty}^{\infty} \exp(-i\boldsymbol{k}\cdot\boldsymbol{r})\,R_\theta(\boldsymbol{r})\,\mathrm{d}\boldsymbol{r} \quad (9.1.34)$$

スカラー変動の1次元スペクトル $F_\theta(k_1)$ は，

$$R_\theta(r, 0, 0) = \int_{-\infty}^{\infty} \exp(ik_1 r)\,F_\theta(k_1)\,\mathrm{d}k_1 \quad (9.1.35)$$

で定義され，$\phi_\theta(\boldsymbol{k})$ を k_2 と k_3 で積分したものに等しい．すなわち，

$$F_\theta(k_1) = \int_{-\infty}^{\infty}\int_{-\infty}^{\infty} \phi_\theta(\boldsymbol{k})\,\mathrm{d}k_2\mathrm{d}k_3 \quad (9.1.36)$$

である．スカラー変動の3次元スペクトル $E_\theta(k)$ は，$\phi_\theta(\boldsymbol{k})$ を半径 $k\,(k^2=\boldsymbol{k}\cdot\boldsymbol{k}=k_ik_i)$ の球面上で積分することで得られる．一方，$E_\theta(k)$ はスカラー変動の分散 $\overline{\theta}^2$ と次の関係にある．

$$\overline{\theta}^2 = \int_0^{\infty} E_\theta(k)\,\mathrm{d}k \quad (9.1.37)$$

等方性乱流の場合には，$\phi_\theta(k)$，$F_\theta(k_1)$，$E_\theta(k)$ の間に次の関係が成立する[2,3]．

$$E_\theta(k) = 4\pi k^2 \phi_\theta(k) = -k\frac{\mathrm{d}}{\mathrm{d}k}F_\theta(k) \quad (9.1.38)$$

$$F_\theta(k_1) = \int_{k_1}^{\infty} k^{-1} E_\theta(k)\,\mathrm{d}k \quad (9.1.39)$$

乱流場のレイノルズ数が十分に大きく，速度場のスペクトルが慣性小領域をもつ場合を考える．このときの速度場の最小スケールであるコルモゴロフ長 η_K は，粘性消散率 ε と動粘性係数 ν により決定され，$\eta_\mathrm{K} = (\nu^3/\varepsilon)^{1/4}$ で表される．一方，スカラー場の最小スケール η_S は，さらに，動粘性係数 ν と熱の拡散係数 α との比であるプラントル数 $\mathrm{Pr}(=\nu/\alpha)$，または動粘性係数 ν と物質の拡散係数 γ との比であるシュミット数 $\mathrm{Sc}(=\nu/\gamma)$ に依存し，η_K と次の関係をもつ[2,4]．

$$\eta_S = \mathrm{Pr}^{-1/2}\eta_\mathrm{K} = \mathrm{Sc}^{-1/2}\eta_\mathrm{K} \quad \text{for } \mathrm{Pr}>1,\ \mathrm{Sc}>1$$
（η_S：バチュラー長）　(9.1.40)

$$\eta_S = \mathrm{Pr}^{-3/4}\eta_\mathrm{K} = \mathrm{Sc}^{-3/4}\eta_\mathrm{K} \quad \text{for } \mathrm{Pr}<1,\ \mathrm{Sc}<1$$
（η_S：オブコフ-コアシン長）　(9.1.41)

したがって，図9.2に示すように，スカラースペクトルはPrまたはScに依存して異なる特徴を示す．以降，簡便のため，スカラーの分子拡散係数を D，PrまたはScを σ で統一して表す．なお，工学的には波数 k の代わりに周波数 f が用いられる場合が多い．これは，プローブなどによる一点測定では周波数スペクトルしか測定できないためである．

Taylorの凍結乱流の仮定を用いれば，x_1 方向の波数 k_1 と f との間には次の関係がある．

$$k_1 = \frac{2\pi f}{\overline{U}} \quad (9.1.42)$$

ここで，$\overline{U}$ は測定点における時間平均流速である．一般に，実験や観測で直接計測できるスペクトルは1次元スペクトルであることに注意されたい．また，測定装置の空間分解能が η_S よりも低い場合には空間分解能よりも高（周）波数域でスカラースペクトルが減少し，高周波ノイズがある場合にはスペ

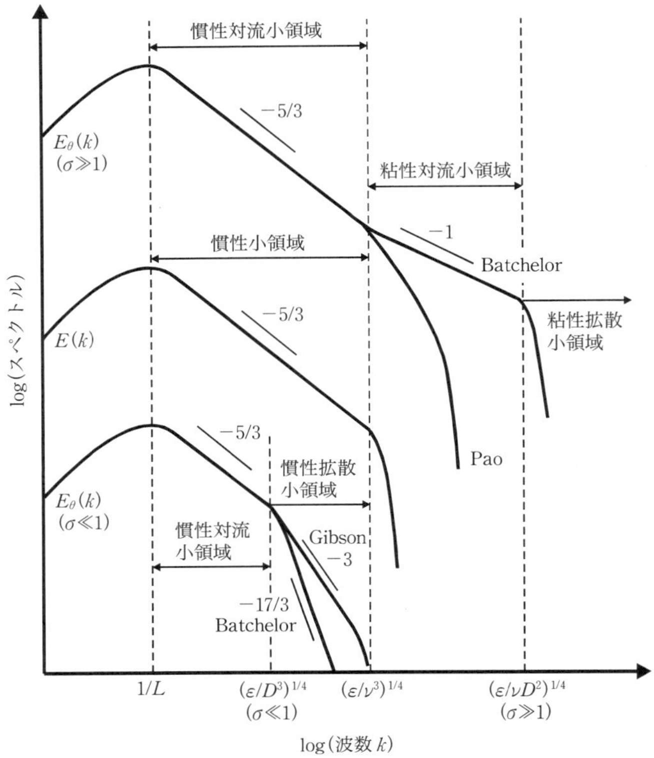

図 9.2　スカラースペクトルの概形

クトルの広がり（broadening）が生じる．とくに，高 Sc を有する液体中での物質拡散の場合（Sc＝$O(10^3)$）には，η_S は η_K の数十分の一程度の非常に小さな値になるので（式（9.1.40）），測定分解能と高周波ノイズには注意が必要である．また，直接数値計算（DNS）を行う際には，計算格子を η_S 程度の大きさに設定する必要がある．しかし，上述のように液相の乱流場での物質拡散の場合には η_S が非常に小さくなるため，スーパコンピュータを利用しても η_S 程度の計算格子を設定することはきわめて困難である．

スカラースペクトルには σ の値によりいくつかの小領域が存在する．以下に，各小領域の特徴を概説する．

a.　慣性対流小領域（inertial-convective subrange）

この領域では，スカラースペクトルは ν，D に依存しない．この領域でのスカラースペクトルは，

$$E_\theta(k)=C_\theta\varepsilon_\theta\varepsilon^{-1/3}k^{-5/3} \qquad (9.1.43)$$

となることが次元解析により示されている[4,5]．すなわち，慣性小領域での速度場のスペクトルと同様に，スカラースペクトルに関しても$-5/3$ 乗則が得られ，実験や数値計算でも実際に確認されている[6~8]．ここで，C_θ はオブコフ-コアシン定数であり，ε_θ はスカラー変動の消散率

$$\varepsilon_\theta=2D\overline{\frac{\partial\theta}{\partial x_i}\frac{\partial\theta}{\partial x_i}}=2D\int_0^\infty k^2E_\theta(k)\,\mathrm{d}k \qquad (9.1.44)$$

である．C_θ は，1 次元スペクトルについて 0.3〜0.6 の値をとることが示されている[6~8]．局所等方性を仮定して 3 次元スペクトルに換算した場合の係数は，$C_\theta'=0.5〜1.0$ となる．

b.　慣性拡散小領域（inertial-diffusive subrange）

$\sigma\ll1$ の場合に存在する小領域であり，たとえば水銀中の熱拡散（Pr〜0.03）の場合にみられる．式（9.1.41）より，$\sigma\ll1$ の場合には $\eta_S\gg\eta_K$ となるので，速度場の慣性小領域内にあっても，$\eta_S^{-1}=(\varepsilon/D^3)^{1/4}<k\ll\eta_K^{-1}=(\varepsilon/\nu^3)^{1/4}$ の領域ではスカラースペクトルは急激に減少する[9]．この領域における

スカラースペクトルは,

$$E_\theta(k)=\frac{1}{3}C_K\varepsilon_\theta\varepsilon^{2/3}D^{-3}k^{-17/3} \quad (9.1.45)$$

となることが解析[9]および数値計算[10]により示されている．ここで，C_K はコルモゴロフ定数であり，1次元スペクトルについて 0.4〜0.6 の値をとることが示されている[11]．一方，$k^{-17/3}$ ではなく k^{-4} や k^{-3} などのスペクトルも報告されているが[8,12]，実験の困難さから精度の高い実験による検証はいまだになされていない．

c. 粘性対流小領域（viscous-convective subrange）

$\sigma\gg1$（主に液相乱流中での物質拡散）の場合に存在する．$\sigma\gg1$ の場合，$\eta_S\ll\eta_K$ となるので，乱流の最小渦スケールよりも小さなスケールでのスカラー変動が存在する．このとき，$\eta_K{}^{-1}=(\varepsilon/\nu^3)^{1/4}<k\ll\eta_S{}^{-1}=(\varepsilon/D^2\nu)^{1/4}$ におけるスカラースペクトルは,

$$E_\theta(k)=C_B\varepsilon_\theta\varepsilon^{-1/2}\nu^{1/2}k^{-1} \quad (9.1.46)$$

となることが解析的に示されている[2]．ここで，C_B はバチュラー定数であり，2〜5 程度の値をとることが報告されている．この−1 乗則は，実験[13,14]や数値計算[8,15]，および観測[16]でも確認されている．しかし，一方で，Pao[17]は，Taylor のマイクロスケールに基づく乱流レイノルズ数 R_λ が非常に大きい場合（$R_\lambda=O(10^3)$）には，スカラースペクトルが次の関数形になることを解析的に導いている．この場合，図 9.2 に示すように，−1 乗則が現れない．

$$E_\theta(k)=C_P\varepsilon_\theta\varepsilon^{-1/3}k^{-5/3}\exp\left(-\frac{3}{2}C_PD\varepsilon^{-1/3}k^{4/3}\right) \quad (9.1.47)$$

ここで，C_P は定数であり，0.59 の値が示されている[17]．ただし，乱流レイノルズ数が高くない場合でも−1 乗則が現れない実験結果が多数報告されており[18]，議論の余地が残されている．

d. 粘性拡散小領域（viscous-diffusive subrange）

$\sigma\gg1$ であっても，スカラー変動の最小スケール程度の小さなスケール（$k\sim\eta_S{}^{-1}$）では分子拡散の影響が顕著になり，スカラースペクトルは急激に減少する[2]．実験および数値計算によるスカラースペクトルの具体例については，文献 8，14，15 を参照されたい． ［長田孝二］

文 献

1) S. Corrsin : The Phys. Fluids, **7**(8), 1964, 1156-1159.
2) G. K. Batchelor : J. Fluid Mech., **5**, 1959, 113-133.
3) J. O. Hinze : Turbulence, McGraw-Hill, 1959.
4) S. Corrsin : J. Applied Phys., **22**(4), 1951, 469-473.
5) A. M. Obukhov : Izv. Akad. Nauk SSSR, Ser. Geogr. Geofiz., **13**, 1949, 58-69.
6) K. R. Sreenivasan : Phys. Fluids, **8**(1), 1996, 189-196.
7) L. Mydlarski, Z. Warhaft : J. Fluid Mech., **358**, 1998, 135-175.
8) V. K. Chakravarthy, S. Menon : Phys. Fluids, **13**(2), 2001, 488-499.
9) G. K. Batchelor *et al.* : J. Fluid Mech., **5**, 1959, 134-139.
10) J. Chasnov *et al.* : Phys. Fluids, **31**(8), 1988, 2065-2067.
11) K. R. Sreenivasan : Phys. Fluids, **7**(11), 1995, 2778-2784.
12) C. H. Gibson : The Phys. Fluids, **11**(11), 1968, 2316-2327.
13) C. H. Gibson, W. H. Schwarz : J. Fluid Mech., **16**, 1963, 365-384.
14) J. O. Nye, R. S. Brodkey : J. Fluid Mech., **29**, 1967, 151-163.
15) P. K. Yeung *et al.* : Phys. Fluids, **14**(12), 2002, 4178-4191.
16) H. L. Grant *et al.* : J. Fluid Mech., **34**, 1968, 423-442.
17) Y.-H., Pao : The Phys. Fluids, **8**(6), 1965, 1063-1075.
18) P. L. Miller, P. E. Dimotakis : J. Fluid Mech., **308**, 1996, 129-146.

9.1.3 一様剪断乱流

図 9.3 に示すように一様剪断乱流は，一定の平均速度勾配（$S=\mathrm{d}U_1/\mathrm{d}x_2$）が十分に広い領域に渡って保たれる乱流場である．平均速度勾配により乱流エネルギーやレイノルズ剪断応力が生成される点で一様等方乱流と異なり，このため工学的に重要な壁面上の剪断乱流と類似している．ただし，壁面乱流

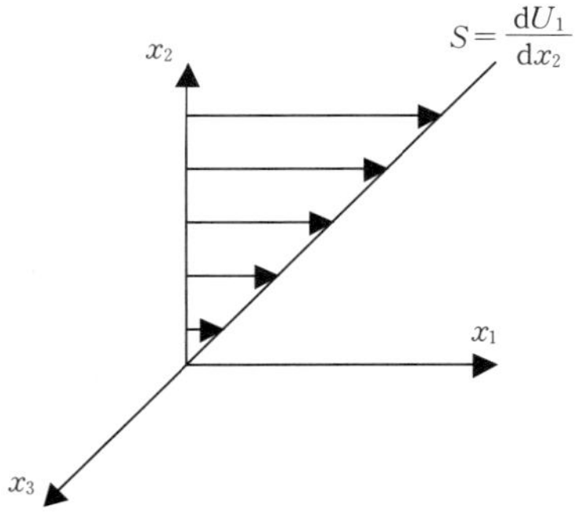

図 9.3 一様剪断乱流の模式図と座標系

に比べて，一様剪断乱流には次のような解析上の利点がある．まず，一様流であることからフーリエスペクトル展開が可能であり，このため理論解析が容易になる．また，壁面乱流ではブロッキング効果，平均速度勾配の効果が重畳して生じるが，一様剪断乱流では，前者はないので，後者の影響のみを検討できる．

a.　レイノルズ応力輸送方程式

レイノルズ応力の輸送方程式から一様剪断乱流の特性を示そう．一様剪断乱流では，アンサンブル平均された非ゼロのレイノルズ応力は $\overline{u_1^2}$，$\overline{u_2^2}$，$\overline{u_3^2}$ および $-\overline{u_1u_2}$ の四つである．ただし，u_j は，各 x_j 方向の変動速度とする．これら四つの応力の輸送方程式は，

$$\frac{\partial\overline{u_1^2}}{\partial t}=-2\,\overline{u_1u_2}S+2\overline{\frac{p}{\rho}\frac{\partial u_1}{\partial x_1}}-2\nu\overline{\frac{\partial u_1}{\partial x_j}\frac{\partial u_1}{\partial x_j}}$$

$$\frac{\partial\overline{u_2^2}}{\partial t}=2\overline{\frac{p}{\rho}\frac{\partial u_2}{\partial x_2}}-2\nu\overline{\frac{\partial u_2}{\partial x_j}\frac{\partial u_2}{\partial x_j}}$$

$$\frac{\partial\overline{u_3^2}}{\partial t}=2\overline{\frac{p}{\rho}\frac{\partial u_3}{\partial x_3}}-2\nu\overline{\frac{\partial u_3}{\partial x_j}\frac{\partial u_3}{\partial x_j}}$$

$$-\partial\frac{\overline{u_1u_2}}{\partial t}=\overline{u_2^2}S-\overline{\frac{p}{\rho}\left(\frac{\partial u_1}{\partial x_2}+\frac{\partial u_2}{\partial x_1}\right)}+\nu\overline{\frac{\partial u_1}{\partial x_j}\frac{\partial u_2}{\partial x_j}}$$

となる．ただし，p，ρ，ν は，それぞれ圧力，密度，動粘性係数とする．これらのうち生成項をもつものは $\overline{u_1^2}$ と $-\overline{u_1u_2}$ であり，残りの応力は圧力歪み相関項を通してエネルギーを授受する．

一様剪断乱流の構造に大きな影響を及ぼすパラメータは，剪断率（$S^*=Sq^2/\varepsilon$）とレイノルズ数（$\mathrm{Re}_t=q^4/\varepsilon\nu$）である．ただし，$q=\sqrt{u_ju_j}$，$\varepsilon$ は乱れエネルギー $q^2/2$ の散逸率．レイノルズ数が小さく，剪断率が大きい場合には，一様剪断乱流は壁面近傍の粘性底層や緩和層と類似の乱流構造（縦渦構造）を有する[1,2]．また，この条件では乱流の統計的性質は線形理論（rapid distorion theory, RDT）で予測できる[3]．一方，レイノルズ数が高く剪断率が小さい場合には一様剪断乱流の構造は壁面から離れた対数域のそれと類似の乱流構造（ヘアピン渦，剪断層）をもつ[4]．

b.　一様剪断乱流の統計的性質

ロガロ法[5]によるスペクトル法を利用した直接数値シミュレーション（DNS）の結果をみよう．この方法では，平均剪断とともに移動する座標系を用いられ，空間3方向に周期境界条件が適用される．以下の結果は，流れ場の条件が，緩和層とほぼ一致する．図9.4は，上述したレイノルズ応力の時間変化を示したものである．流れ方向の成分 $\overline{u_1^2}$ は生成項により時間とともに増大する．また，圧力歪み相関項により流れ方向からスパン方向への再分配があるため，スパン方向成分も $\overline{u_3^2}$ 増大する．一方，剪断方向の圧力歪み項は取得に働かない．このため，剪断方向のレイノルズ応力 $\overline{u_2^2}$ は時間とともに減少する（一様剪断乱流では，圧力は平均剪断に直接依存するものと，変動速度の2次モーメントに依存するものの二つに分類される．前者の圧力に基づく圧力歪み項をラピッド項，後者の圧力に基づくものをスロウ項と呼ぶ．剪断方向に対してラピッド項は負，スロウ項は正として働く．剪断率が大きい場合には，ラピッド項が支配的となる）．また，DNSとRDTの結果は低次元の統計量についてはきわめてよく一致する．

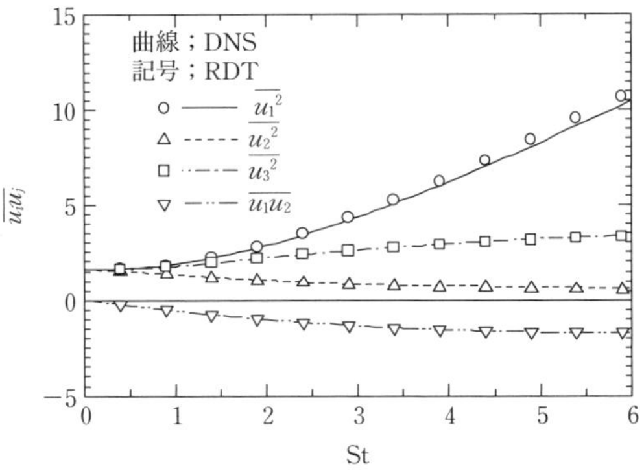

図 9.4　レイノルズ応力の各成分の時間変化（文献2より引用）

c.　一様剪断乱流の縦渦構造

壁面近傍の重要な乱流構造として，ストリーク構造，縦渦構造，イジェクション，スイープ，内部剪断層がある．このうちストリーク構造については，Lee *et al.*[1] により一様剪断乱流のRDTの解析からも類似の構造が生じることが指摘されている．また，イジェクション，スイープ，内部剪断層は，縦渦構造の発生により付属的に発生するものと考えられている．ここでは，レイノルズ応力の生成に大きく貢献する縦渦構造について，一様剪断乱流を例にとり説明しよう．

図9.5は，St＝6での変形テンソルの第2不変量 $-\partial u_i/\partial x_j \partial u_j/\partial x_i$ が正値の等値面を表したものである．これは，渦とよく対応する．図中では，灰色は流れ方向渦度が正のもの，黒は負のものを表し

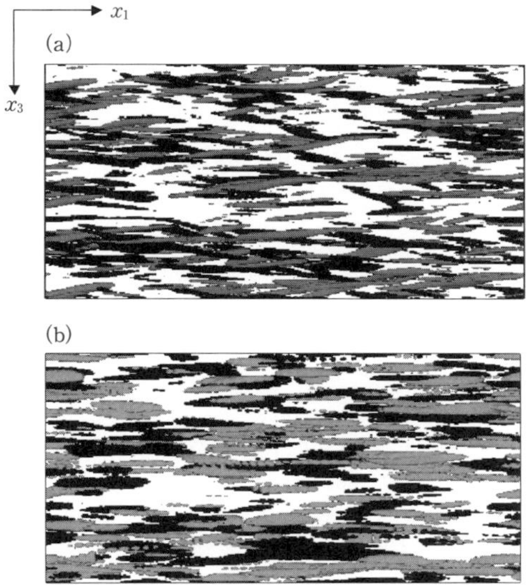

図 9.5　剪断方向からみた縦渦の瞬時構造
(a) DNS, (b) RDT.

ている．渦度が正のものは x_1 軸正方向に対して渦の下流側が左に，負のものは右に傾いている．こうした縦渦の非対称性は壁面剪断乱流の縦渦構造と酷似している．RDT では，縦渦の発生機構は再現されるが，非対称性は現れない．

次に，乱流の瞬時構造は複雑で考察しにくいため，多数発生する渦を足し合わせ平均化する[2]．このためまず，渦の抽出には変形テンソルの第 2 不変量を用いてその極大値を渦の中心とし，それを流れ方向に延長していく．極大値が隣接する八つの格子点上にない場合には延長しない．最後に，渦の全長が，流れ方向縦積分スケールよりも大きいものについてその渦の中心を一致するように足し合わせる．図 9.6 に，条件平均を行った縦渦の空間分布（第 2 不変量の等値面）と，その周りの流線を示す．第 2 不変量の値は瞬時場で計算した後に平均したものである．また，領域の各辺の長さは，動粘性係数と平均速度勾配による長さスケール（粘性長さ）を単位とする．DNS と RDT のいずれの結果についても流線の巻付きから，縦渦が抽出されていることがわかる．ただし，DNS では，流線がらせんを描いていることから渦伸張が生じている．

また，平均化された縦渦は図 9.5 で指摘した瞬時場での性質をよく表す．すなわち，DNS ではスパン方向に傾斜する縦渦が，RDT では傾斜がない縦渦が観察される．縦渦のスパン方向への傾きの変化と摩擦抵抗の低減効果との相関を指摘する報告もある[6]．したがって，乱流制御の観点からも縦渦が傾斜するメカニズムは興味深い非線形効果といえる．

最後に，縦渦の発生機構を流れ方向渦度の輸送方程式から考察してみよう．一様剪断乱流では，ω_1 の輸送方程式は次のように表せる．

$$\underline{\frac{D\omega_1}{Dt}} = \omega_1\frac{\partial u_1}{\partial x_1} + \omega_2\frac{\partial u_1}{\partial x_2} + \omega_3\frac{\partial u_1}{\partial x_3} - \underline{S\frac{\partial u_3}{\partial x_1}} + \underline{\nu\nabla^2\omega_1}$$

ω_2, ω_3 は，x_2, x_3 方向の変動過度成分とする．ここで，右辺第 1 項から 4 項までは ω_1 の生成を表し，縦渦の発生機構と強く関連している．このう

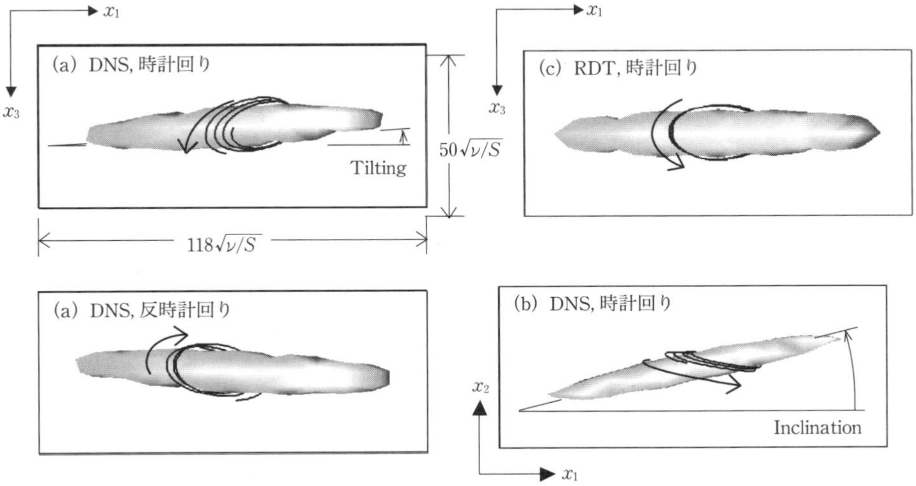

図 9.6　条件つき平均された縦渦構造と流線
(a), (b) DNS, (c) RDT（文献 2 より引用）.

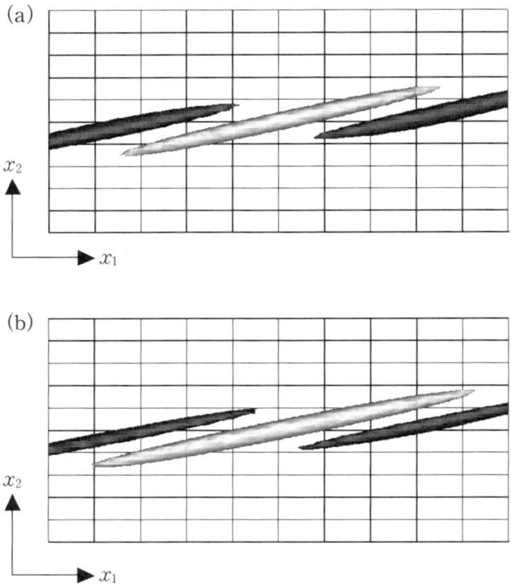

図 9.7 x_1-x_2 断面における RDT の渦度分布と平均渦度の傾斜項の分布（領域は x_1 方向，x_2 方向にそれぞれ $122\sqrt{\nu/S}$，$61\sqrt{\nu/S}$）
(a) 灰色 $\omega_1>0$，黒色 $\omega_1<0$，(b) 灰色 $-S\partial u_3/\partial x_1>0$，黒色 $-S\partial u_3/\partial x_1<0$.

ち，第1項から3項までは，1次の微少量の積を表す非線形項である．非線形項のない線形解析では，下線部のみが存在する．ここで，右辺第4項は，平均速度勾配の傾斜による流れ方向渦度の生成を表している．第5項は粘性散逸を表し，縦渦の発生に貢献することはない．

図 9.7 は，x_1-x_2 断面での流れ方向渦度の分布および，第4項の分布を示したものである．両者の分布はきわめてよく一致し，縦渦の発生は第4項による．さらに，縦渦の上流と下流には，それぞれ渦の上下に逆符号の渦層が発達している．これは，壁面近傍の縦渦構造の再生過程でよく確認される現象であるが，壁面効果でないことは明らかである．また，縦渦の傾斜が上述の逆符号の渦層の効果であることを指摘する研究[7]もあるが，RDT では傾斜は説明できないことから，非線形項の影響についても考慮する必要がある．

縦渦のスパン方向への傾斜，逆符号の渦層の発生のほかにも，一様剪断乱流の縦渦と壁面近傍に生じる縦渦との間には，乱流エネルギー，レイノルズ剪断応力の輸送機構にも高い類似性がある[2,8]．もっとも，両者が類似しているという指摘は，古くから行われていた[9]．ただし，この指摘の根拠は変動速度の2点相関関数を比較するという非常に間接的な手法によるものである．縦渦を抽出し，それが有する特徴を異なる流れ場で比較することができるようになったのは，DNS の寄与がきわめて大きいといえる．〔飯田雄章〕

文 献

1) M. J. Lee *et al.*: J. Fluid Mech., **216**, 1990, 561.
2) O. Iida *et al.*: Phys. Fluids, **12**, 2000, 2895.
3) A. Matsumoto, *et al.*: Trans. JSME, **60B**, 1994, 1653.
4) M. M. Rogers, *et al.*: TF-25, Dept. Mech. Eng., Stanford Univ., 1986.
5) R. S. Rogallo: NASA TM-81315, 1981.
6) A.-T. Le *et al.*: Int. J. Heat Fluid Flow, **21**, 2000, 480.
7) J. Jeong *et al.*: J. Fluid Mech., **332**, 1997, 185.
8) O. Iida, Y. Nagano: Int. J. Heat and Mass Trans., **50**, 2007, 335.
9) A. A. Townsend: The structure of turbulent shear flow, Cambridge Univ. Press, 1976.

9.2 乱流スカラー拡散

9.2.1 拡散方程式

a. スカラー保存則と乱流拡散方程式[1~4)]

速度場が $\boldsymbol{U}(\boldsymbol{x},t)$ で表される流体中で受動的（パッシブ）に運ばれるスカラー（物質の濃度や流体の温度）の場 $\Gamma(\boldsymbol{x},t)$ の時間発展は，スカラー量の保存則により非圧縮性流体の場合，次式で記述される．

$$\frac{D\Gamma}{Dt}=\frac{\partial\Gamma}{\partial t}+\boldsymbol{U}\cdot\nabla\Gamma=D\nabla^2\Gamma \quad (9.2.1)$$

ここで，D は分子拡散係数であり，一般には物質の濃度や温度などに依存するが，ここでは定数とする．通常，式 (9.2.1) はスカラー場 $\Gamma(\boldsymbol{x},t)$ に対する移流拡散方程式と呼ばれている．いま，$\Gamma=\bar{\Gamma}+\gamma'$，$\boldsymbol{U}=\bar{\boldsymbol{U}}+\boldsymbol{u}'$ のように Γ と $\boldsymbol{U}$ をアンサンブル平均 $\bar{\Gamma}$，$\bar{\boldsymbol{U}}$ と変動成分 γ'，$\boldsymbol{u}'$ に分解し，これらを式 (9.2.1) へ代入してアンサンブル平均をとると，次の乱流拡散方程式が得られる．

$$\frac{\partial\bar{\Gamma}}{\partial t}+\bar{\boldsymbol{U}}\cdot\nabla\bar{\Gamma}=D\nabla^2\bar{\Gamma}-\frac{\partial}{\partial x_i}(\overline{\boldsymbol{u}'_i\gamma'}) \quad (9.2.2)$$

速度・スカラー相関 $\overline{\boldsymbol{u}'_i\gamma'}$ は未知量であるため，モデル化が必要である．

最も基本的なモデルは勾配型拡散モデルであり，次のように与えられる[1)]．

$$\overline{u'_i\gamma'} = -K_{ij}\frac{\partial\overline{\Gamma}}{\partial x_j} \qquad (9.2.3)$$

ここで，K_{ij} は乱流拡散係数テンソルあるいは渦拡散係数テンソルと呼ばれ，一般に $\boldsymbol{x}$ と t の関数である．このモデルは記号から K モデルと呼ばれ，これまでに多くの提案がなされている[4~6]．一方，$\overline{u'_i\gamma'}$ を輸送方程式から求めるスカラー流束方程式モデルも研究されている[4]．

b. 乱流拡散の確率的記述[1,7,8]

分子拡散が無視できる場合を考える．この場合トレーサー粒子に付随したスカラー量は保存される．拡散方程式（9.2.1）はスカラー場 Γ に対して線形であるので，境界条件も Γ に対して線形である場合，初期条件 $\Gamma(\boldsymbol{x}_0, 0) = \Gamma_0(\boldsymbol{x}_0)$ のもとで，拡散方程式の解は次のように表すことができる[7,8]．

$$\overline{\Gamma(\boldsymbol{x}, t)} = \int p(\boldsymbol{x}, t \mid \boldsymbol{x}_0)\,\Gamma_0(\boldsymbol{x}_0)\,\mathrm{d}\boldsymbol{x}_0 \qquad (9.2.4)$$

ここで，$p(\boldsymbol{x}, t \mid \boldsymbol{x}_0)$ は $t=0$ で $\boldsymbol{x}_0$ に存在したトレーサ粒子が時刻 t で $\boldsymbol{x}$ に存在する確率密度関数（probability density function, PDF）であり，粒子の推移 PDF と呼ばれる．

c. 伊藤型確率微分方程式とフォッカー-プランク方程式[1,9]

ここでは，平均速度 $\bar{\boldsymbol{U}}$ のある非一様乱流場を考える．乱流中で拡散するトレーサ粒子の位置座標を $\boldsymbol{x}(t)$ として，$\boldsymbol{x}(t)$ を拡散過程と呼ばれる連続マルコフ過程でモデル化すると，$\boldsymbol{x}(t)$ の増分 $\mathrm{d}\boldsymbol{x}(t)$ を支配する方程式は次の伊藤型確率微分方程式で記述される．

$$\mathrm{d}x_i(t) = a_i(\boldsymbol{x}(t), t)\,\mathrm{d}t + B_{ij}(\boldsymbol{x}(t), t)\,\mathrm{d}W_j(t) \qquad (9.2.5)$$

$\mathrm{d}W_j(t)$ は各方向で独立なウィーナー過程（ブラウン運動）の増分，すなわち正規白色ノイズであり，次のような性質をもつ．

$$\overline{\mathrm{d}W_i} = 0, \qquad \overline{\mathrm{d}W_i(t)\,\mathrm{d}W_j(\tau)} = \begin{cases} 0 & (t \neq \tau) \\ \delta_{ij}\mathrm{d}t & (t = \tau) \end{cases},$$
$$\overline{(\mathrm{d}W_i)^n} = O((\mathrm{d}t)^{n/2}) \quad (n \geq 2) \qquad (9.2.6\,\mathrm{a,b,c})$$

式(9.2.5) の平均をとると $\overline{\mathrm{d}x_i(t)} = \overline{a_i(\boldsymbol{x}(t), t)}\,\mathrm{d}t$ となり，$\overline{a_i(\boldsymbol{x}(t), t)}$ はトレーサ粒子のラグランジュ的平均速度となる．式 (9.2.5) に従ってトレーサ粒子が移動する場合，粒子の推移 PDF $p(\boldsymbol{x}, t \mid \boldsymbol{x}_0)$ は次式で支配されることが証明できる[10]．

$$\frac{\partial p(\boldsymbol{x}, t \mid \boldsymbol{x}_0)}{\partial t} + \frac{\partial}{\partial x_i}\{a_i(\boldsymbol{x}, t)\,p(\boldsymbol{x}, t \mid \boldsymbol{x}_0)\}$$
$$= \frac{1}{2}\frac{\partial^2}{\partial x_i \partial x_j}\{B_{ik}B_{jk}\,p(\boldsymbol{x}, t \mid \boldsymbol{x}_0)\} \qquad (9.2.7)$$

これは，コルモゴロフの前向き方程式であり，フォッカー-プランク（Fokker-Planck）方程式とも呼ばれている．ここで，$K_{ij} = (1/2)B_{ik}B_{jk}$ とおき，初期スカラー場 $\Gamma_0(\boldsymbol{x}_0)$ を掛けて $\boldsymbol{x}_0$ について積分すると，式（9.2.4）を利用して次式が得られる．

$$\frac{\partial\overline{\Gamma(\boldsymbol{x}, t)}}{\partial t} + \frac{\partial}{\partial x_i}\left[\left\{a_i(\boldsymbol{x}, t) - \frac{\partial K_{ij}(\boldsymbol{x}, t)}{\partial x_j}\right\}\right.$$
$$\left.\times\overline{\Gamma(\boldsymbol{x}, t)}\right] = \frac{\partial}{\partial x_i}\left\{K_{ij}\frac{\partial\overline{\Gamma(\boldsymbol{x}, t)}}{\partial x_j}\right\} \qquad (9.2.8)$$

ここで，$\overline{U_i(\boldsymbol{x}, t)} = a_i(\boldsymbol{x}, t) - \partial K_{ij}/\partial x_j$ とおけば，式（9.2.8）は式（9.2.2），(9.2.3）で与えられる乱流拡散方程式で分子拡散項を無視したものと一致する．すなわち，K モデルによる乱流拡散場は連続マルコフ確率過程として解釈され，乱流拡散方程式は，連続マルコフ確率過程の推移確率密度に対するフォッカー-プランク方程式から導出されることがわかる．

9.2.2 1粒子拡散

テイラー-バチェラー（Taylor-Batchelor）**の拡散理論**[1,7,11]

定常で一様な乱流中に放出された流体粒子の変位ベクトルを $\boldsymbol{Y}(t)$ とし，そのゆらぎを $\boldsymbol{Y}'(t) = \boldsymbol{Y}(t) - \overline{\boldsymbol{Y}(t)}$ とすると，変位共分散テンソル $D_{ij}(t) = \overline{Y'_iY'_j}$ は次のように表される．

$$D_{ij}(t) = \overline{Y'_iY'_j} = (\overline{V'^2_i}\,\overline{V'^2_j})^{1/2}\int_0^t\left[\int_0^\tau\{R^{(L)}_{ij}(\xi)\right.$$
$$\left.+R^{(L)}_{ji}(\xi)\}\mathrm{d}\xi\right]\mathrm{d}\tau$$
$$= (\overline{V'^2_i}\,\overline{V'^2_j})^{1/2}\int_0^t(t-\tau)\{R^{(L)}_{ij}(\tau)$$
$$+R^{(L)}_{ji}(\tau)\}\mathrm{d}\tau \qquad (9.2.9)$$

ここで，V'_i は流体粒子の i 方向のラグランジュ変動速度成分であり，$R^{(L)}_{ij}(\tau)$ は次式で定義されるラグランジュ速度相関係数テンソルである．

$$R^{(L)}_{ij}(\tau) = \frac{\overline{V'_i(t)\,V'_j(t+\tau)}}{(\overline{V'^2_i}\,\overline{V'^2_j})^{1/2}} \qquad (9.2.10)$$

また，乱流拡散係数テンソル K_{ij} は次のように与えられる．

$$K_{ij} = \frac{1}{2}\frac{\mathrm{d}}{\mathrm{d}t}(\overline{Y'_iY'_j})$$

$$=\frac{1}{2}(\overline{V_i'^2}\,\overline{V_j'^2})^{1/2}\int_0^t\{R_{ij}^{(L)}(\tau)+R_{ji}^{(L)}(\tau)\}\mathrm{d}\tau \tag{9.2.11}$$

D_{ij}，K_{ij} の漸近形は次のようになる．

$$D_{ij}(t)\simeq\begin{cases}(\overline{V_i'^2}\,\overline{V_j'^2})^{1/2}t^2 & (t\approx 0)\\ 2(\overline{V_i'^2}\,\overline{V_j'^2})^{1/2}T_{ij}^{(L)}t & (t\gg T_{ij}^{(L)})\end{cases} \tag{9.2.12}$$

$$K_{ij}(t)\simeq\begin{cases}(\overline{V_i'^2}\,\overline{V_j'^2})^{1/2}t^2 & (t\approx 0)\\ (\overline{V_i'^2}\,\overline{V_j'^2})^{1/2}T_{ij}^{(L)}t & (t\gg T_{ij}^{(L)})\end{cases} \tag{9.2.13}$$

ここで，$T_{ij}^{(L)}$ は次式で定義されるラグランジュ積分時間スケールである．

$$T_{ij}^{(L)}=(1/2)\int_0^\infty\{R_{ij}^{(L)}(\tau)+R_{ji}^{(L)}(\tau)\}\mathrm{d}\tau \tag{9.2.14}$$

なお，拡散とスペクトルの関係については，文献1，2を参照されたい．

9.2.3　2粒子拡散

a.　局所等方的乱流場における2粒子拡散

2つの流体粒子間距離 l が乱流の最大渦の大きさ L より十分小さく，局所等方的領域内にある場合を考える，とくに，2粒子放出後の拡散時間 t が大きく，l がコルモゴロフの長さスケール $\eta=(\nu^3/\varepsilon)^{1/4}$ や初期の2粒子間距離 l_0 に比べ十分大きい，すなわち，$\eta\ll l_0\ll l\ll L$ である場合は相似則の考察より，次式が成立する[12]．

$$\frac{\mathrm{d}\overline{l^2}}{\mathrm{d}t}\propto\varepsilon t^2,\qquad\sqrt{\overline{l^2}}\propto\varepsilon^{1/2}t^{3/2},\qquad K^R\propto\varepsilon^{1/3}(\sqrt{\overline{l^2}})^{4/3} \tag{9.2.15}$$

ここで，ε は運動エネルギーの単位時間単位質量あたりの散逸率である．また，K^R は2粒子乱流拡散係数であり，$K^R=(1/2)\mathrm{d}\,\overline{l^2}/\mathrm{d}t$ で定義される．上の第3式で与えられる K^R の表式をリチャードソン(Richardson）の4/3乗則という[1,8]．

b.　スカラー場の2次モーメントの記述[3,13,14]

2粒子拡散の確率的解析法はスカラー場 $\Gamma(\boldsymbol{x},t)$ の2次モーメントの計算に応用される．スカラー場 $\Gamma(\boldsymbol{x},t)$ の1次，2次のモーメントは次のように表される[13,14]．

$$\overline{\Gamma(\boldsymbol{x},t)}=\int_{s\le t}\int_V p_1(\boldsymbol{y},s\,|\,\boldsymbol{x},t)S(\boldsymbol{y},s)\mathrm{d}\boldsymbol{y}\mathrm{d}s \tag{9.2.16}$$

$$\overline{\Gamma(\boldsymbol{x}^{(1)},t_1)\Gamma(\boldsymbol{x}^{(2)},t_2)}=\int_{s_2\le t_2}\int_{s_1\le t_1}\int_V\int_V p_2(\boldsymbol{y}^{(1)},\boldsymbol{y}^{(2)},s_1,s_2\,|\,\boldsymbol{x}^{(1)},\boldsymbol{x}^{(2)},t_1,t_2)\times S(\boldsymbol{y}^{(1)},s_1)S(\boldsymbol{y}^{(2)},s_2)\mathrm{d}\boldsymbol{y}^{(1)}\mathrm{d}\boldsymbol{y}^{(2)}\mathrm{d}s_1\mathrm{d}s_2 \tag{9.2.17}$$

ここで，$p_1(\boldsymbol{y},s\,|\,\boldsymbol{x},t)$ $(s\le t)$ は一つの粒子が時刻 t で $\boldsymbol{x}$ にいるという条件のもとで，その粒子が過去の時刻 s に $\boldsymbol{y}$ にいる条件付PDFであり，$p_2(\boldsymbol{y}^{(1)},\boldsymbol{y}^{(2)},s_1,s_2)\,|\,\boldsymbol{x}^{(1)},\boldsymbol{x}^{(2)},t_1,t_2)$ $(s_1\le t_1,s_2\le t_2)$ は二つの粒子がそれぞれ時空点 $(\boldsymbol{x}^{(1)},t_1)$，$(\boldsymbol{x}^{(2)},t_2)$ にいるという条件のもとで，それらが過去に $(\boldsymbol{y}^{(1)},s_1)$，$(\boldsymbol{y}^{(2)},s_2)$ にいた条件付PDFである．また，$S(\boldsymbol{y},s)$ は単位時間単位体積あたりの粒子の発生源の強さを表し，空間積分は流体の全体積 V について行われる．

式（9.2.16），（9.2.17）は逆拡散の式[13,14]と呼ばれている．$\boldsymbol{x}^{(1)}=\boldsymbol{x}^{(2)}=\boldsymbol{x}$，$t_1=t_2=t$ とおけば，$(\boldsymbol{x},t)$ における平均値 $\overline{\Gamma(\boldsymbol{x},t)}$ と2乗平均値 $\overline{\Gamma^2(\boldsymbol{x},t)}$ が求められる．スカラー変動rms値 $\sqrt{\overline{\gamma'^2}}$ は $(\overline{(\Gamma-\overline{\Gamma})^2})^{1/2}$ によって計算される．実際に式(9.2.16)，(9.2.17）によってスカラー場のモーメントを計算するには，粒子の速度と位置に関する確率モデルが必要となる．これらのモデルに必要とされる条件については，文献15，16を参照されたい．

以下に，具体例として，格子乱流中の軸対称点源プルームによるスカラー場の実験[17]との比較を示す[18]．この場合，発生源は連続源であるのでその強さ S は時間によらず一定となる．格子乱流は流れ方向に減衰するので，1粒子のラグランジュ変動速度 V_i' は次のような非定常性を考慮した伊藤型確率微分方程式

$$\mathrm{d}V_i'=-\frac{V_i'(t)}{T^{(L)}(t)}\mathrm{d}t+\frac{1}{\sigma_{V'}(t)}\frac{\mathrm{d}\sigma_{V'}}{\mathrm{d}t}V_i'(t)\mathrm{d}t+\sigma_{V'}(t)\sqrt{\frac{2}{T^{(L)}(t)}}\mathrm{d}W_i(t) \tag{9.2.18}$$

によりモデル化される[18]．ここで，$T^{(L)}$ は式(9.2.14）において $T^{(L)}=T_{ii}^{(L)}$（i において総和をとらない）として定義されるラグランジュ積分時間スケールであり，$\sigma_{V'}$ は $V_i'(t)$ の標準偏差を示す．定常乱流の場合は上式の右辺第2項は無視できる．2粒子のラグランジュ速度については互いに相関をもって運動することを考慮して，一様等方性乱流場におけるオイラー（Euler）の2点空間速度相関をもつように構成される[18]．このモデルにより計算されたプルーム中心軸上のスカラー変動rms値 $\sqrt{\overline{\gamma'^2}}$

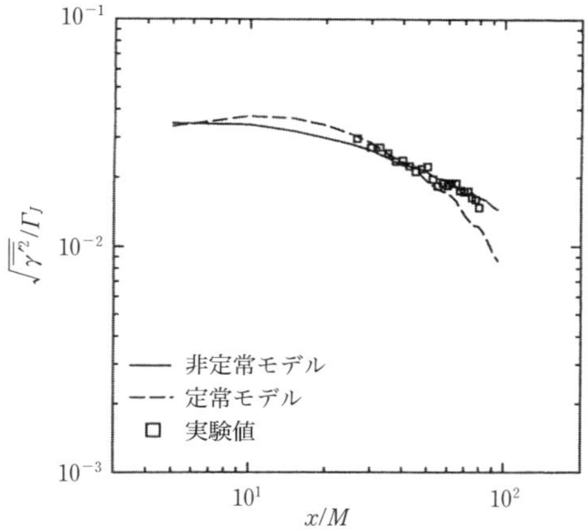

図 9.8　格子乱流中の軸対称プルーム中心軸上のスカラー変動 rms 値に対する 2 粒子モデル計算と実験との比較[18)]
Γ_J：プルーム放出濃度，x：プルーム出口からの下流方向距離，M：格子間隔．

と実験との比較を図 9.8 に示す．図より非定常性を考慮したモデルによる計算結果が下流域まで実験とよく合っていることがわかる．

9.2.4　反応を伴う乱流拡散

化学反応を伴う多成分スカラー拡散[19〜21)]を扱うには，PDF 法が有効である．PDF 法では，乱流拡散項（速度・スカラー相関項）や化学反応項（濃度相関項）のモデル化が不要であるという大きな利点がある[19)]．PDF 法は速度・スカラー結合 PDF $f(\boldsymbol{V},\boldsymbol{\Psi};x,t)$（ここで，$\boldsymbol{V}$ および $\boldsymbol{\Psi}$ はそれぞれ速度ベクトル $\boldsymbol{U}$ に対するサンプル空間および各スカラー成分（通常は濃度）の組をベクトルとする成分ベクトル $\boldsymbol{\Gamma}$ に対応するサンプル空間，$\boldsymbol{x}$ は物理空間の座標，t は時間）の輸送方程式を基礎とする．

非圧縮流体の場合，f の輸送方程式は次式で与えられる[19)]．

$$\frac{\partial f}{\partial t}+V_j\frac{\partial f}{\partial x_j}-\frac{1}{\rho}\frac{\partial\langle p\rangle}{\partial x_j}\frac{\partial f}{\partial V_j}+\frac{\partial}{\partial\Psi_\alpha}(w_\alpha f)$$
$$=\frac{1}{\rho}\frac{\partial}{\partial V_j}\left[\left\langle-\frac{\partial\tau_{ij}}{\partial x_i}+\frac{\partial p'}{\partial x_j}\middle|\boldsymbol{V},\boldsymbol{\Psi}\right\rangle f\right]$$
$$+\frac{\partial}{\partial\Psi_\alpha}\left[\left\langle\frac{\partial J_i^\alpha}{\partial x_i}\middle|\boldsymbol{V},\boldsymbol{\Psi}\right\rangle f\right]\qquad(9.2.19)$$

ここで，ρ は密度，$\langle p\rangle$ は平均圧力（圧力の期待値），p' は変動圧力，w_α は成分 α の化学反応による生成項，τ_{ij} は粘性応力テンソル，J_i^α は分子拡散によるフラックスを表す．また，$\langle Q|\boldsymbol{V},\boldsymbol{\Psi}\rangle$ は $\boldsymbol{U}(\boldsymbol{x},t)=\boldsymbol{V}$，$\boldsymbol{\Gamma}(\boldsymbol{x},t)=\boldsymbol{\Psi}$ のもとでの Q の条件付平均（期待値）を表す．式 (9.2.19) において，条件付平均（期待値）を含む右辺の二つの項についてモデル化する必要がある．

通常，ラグランジュ的な PDF 法[20)]では，計算領域の速度・スカラー結合 PDF $f(\boldsymbol{V},\boldsymbol{\Psi};x,t)$ を $N(t)$ 個の確率粒子の集合で近似する．時刻 t での n 番目の確率粒子の状態を次のように表す．

$$\boldsymbol{U}^{(n)}(t),\quad \boldsymbol{\Gamma}^{(n)}(t),\quad \boldsymbol{x}^{(n)}(t)$$
$$(\boldsymbol{n}=1,2,\cdots,N(t))\qquad(9.2.20)$$

このような N 個の確率粒子からつくられる離散 PDF $f_N(\boldsymbol{V},\boldsymbol{\Psi};x,t)$ を，δ 関数を用いて

$$f_N(\boldsymbol{V},\boldsymbol{\Psi};x,t)=\frac{1}{N}\sum_{n=1}^{N}\delta(\boldsymbol{V}-\boldsymbol{U}^{(n)})\,\delta(\boldsymbol{\Psi}-\boldsymbol{\Gamma})^{(n)}$$
$$\times\delta(\boldsymbol{x}-\boldsymbol{x}^{(n)})\qquad(9.2.21)$$

と定義すると，離散 PDF f_N と真の PDF f の関係は次式で表される．

$$f(\boldsymbol{V},\boldsymbol{\Psi};x,t)=\langle f_N(\boldsymbol{V},\boldsymbol{\Psi};x,t)\rangle\qquad(9.2.22)$$

すなわち，離散 PDF の平均（期待値）が真の PDF である．

ラグランジュ的な PDF 法は，この確率粒子に付随する速度とスカラー量の変化に対してモデリング（式 (9.2.19) の右辺の第 1 項と第 2 項に対するモデリング）を行い，それらを適当な初期条件と境界条件のもとで積分することによって，PDF を計算するモンテカルロ（Monte Carlo）法[19,20)]である．確率粒子の速度場に対するモデルには，単純化ランジュバン（Langevin）モデル[20)]や一般化ランジュバンモデル[22)]が提案されている．スカラー量に対するモデルは通常，分子拡散モデルと呼ばれており，IEM（interaction by exchange with the mean）モデル[23)]，カール（Curl）のモデル[24)]，修正カールモデル[25)]，二項ランジュバン（binomial Langevin）モデル[26)]などが提案されている．PDF 法の最近の速度場モデルや分子拡散モデルの発展については，文献 21，27，28 やそれらのなかで引用されている文献を参照されたい．

以下に，液相格子乱流中に生成された予混合のない 2 物質の 2 次反応を伴う反応性スカラー混合層に対する計算例と実験[29,30)]との比較を示す[31)]．この場合の反応スカラー場の概略を図 9.9 に示す．格子間

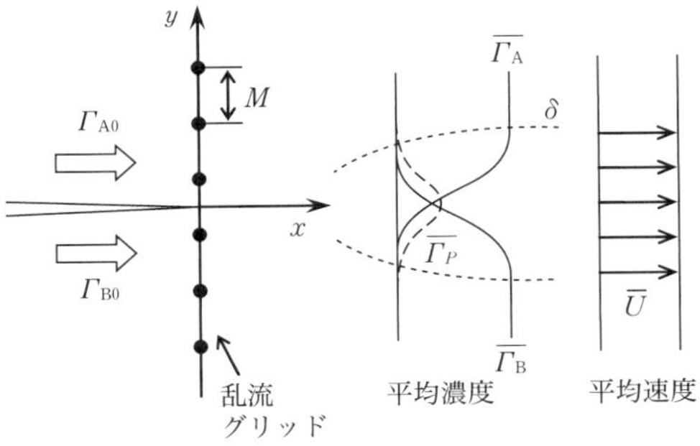

図 9.9　液相格子乱流中の反応スカラー混合層[31]

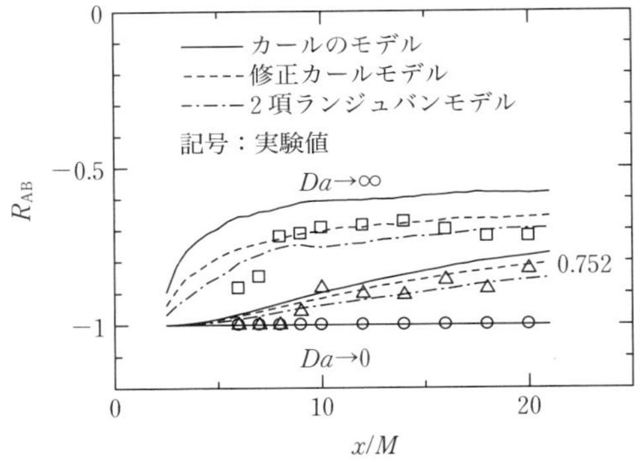

図 9.10　液相格子乱流中の反応スカラー混合層における濃度相関係数 $R_{AB}=\overline{\gamma'_A\gamma'_B}\Big/\left(\sqrt{\overline{\gamma'^2_A}}\sqrt{\overline{\gamma'^2_B}}\right)$ の中心線上の変化[31]

隔 M の乱流格子の上流から，予混合のない状態で反応物質 A および B（初期濃度はそれぞれ Γ_{A0} および Γ_{B0}）を等速度 $\overline{U}$ で流す．そして，下流には物質 A，B および 2 次反応 A+B → P による生成物 P からなるスカラー混合層が形成される．計算対象とした Komori らの実験[29,30]は，$M=2$ cm，$\overline{U}=25$ cm/s，したがって格子レイノルズ数 $\mathrm{Re}_M=5000$ で行われたものである．速度場に対しては単純化ランジュバンモデル[20]を使用し，分子拡散については，カールのモデル[24]と修正カールモデル[25]，さらに二項ランジュバンモデル[26]を使用している．

図 9.10 は物質 A と B の濃度相関係数 $R_{AB}=\overline{\gamma'_A\gamma'_B}/(\sqrt{\overline{\gamma'^2_A}}\sqrt{\overline{\gamma'^2_B}})$ の中心線上変化を示したものである．図中の Da は Damköhler 数であり $Da=Mk_R(\Gamma_{A0}+\Gamma_{B0})/\overline{U}$ で定義される．ここで，k_R は反応速度定数である．$Da\to 0$（無反応の実験に対応）の場合，変動濃度が $\gamma'_A=-\gamma'_B$ となるため $R_{AB}=-1$ となる．濃度相関係数は化学反応の影響により下流に行くにつれて大きな値をとる．カールのモデルは実験に比べて化学反応の影響を大きく見積もっている．修正カールモデルは二項ランジュバンモデルと比べるとわずかに大きな値を示すが，両者とも実験結果とよく一致している[31]．　　　　［酒井康彦］

文　　献

1) A. S. Monin, A. M. Yaglom: Statistical Fluid Mechanics, Vol. 1, Vol. 2, MIT Press, 1971, 527-693 (Vol. 1), 337-651 (Vol. 2).
2) 木田重雄，柳瀬眞一郎：乱流力学，朝倉書店，1999，215-230.
3) 中村育雄，酒井康彦：流体力学ハンドブック（日本流体力学会編），第 2 版，丸善，1998，370-375.
4) 長野靖尚，辻 俊博：数値流体力学シリーズ 3 乱流解析（数値流体力学編集委員会編），東京大学出版会，1995，223-308.
5) A. Yoshizawa: J. Fluid Mech., **195**, 1988, 541-555.
6) K. Horiuti: J. Fluid Mech., **238**, 1992, 405-434.
7) G. K. Batchelor: Austr. J. Sci. Res., **A2** (4), 1949, 437-450.
8) G. K. Batchelor, A. A. Townsend: Serveys in Mechanics (G. K. Batchlor, R. M. Davies eds.), Cambridge Univ. Press, 1956, 352-399.
9) P. A. Durbin: NASA Ref. Pub., **1103**, 1983, 1-69.
10) C. W. Gardiner: Handbook of Stochastic Methods for Physics, Chemistry and the Natural Sciences 2 nd ed., Springer, 1990, 42-79.
11) G. I. Taylor: Proc. London Math. Soc., Ser. 2, **20**, 1921, 196-212.
12) G. K. Batchelor: Quart. J. Roy. Meteor. Soc., **76** (328), 1950, 133-146.
13) P. A. Durbin: J. Fluid Mech., **100**, 1980, 279-302.
14) B. Sawford: Ann. Rev. Fluid Mech., **33**, 2001, 289-317.
15) D. J. Thomson: J. Fluid Mech., **180**, 1987, 529-556.
16) D. J. Thomson: J. Fluid Mech., **210**, 1990, 113-153.
17) I. Nakamura *et al.*: J. Fluid Mech., **178**, 1987, 379-403.
18) Y. Sakai *et al.*: 9 th Symp. Turbulent Shear Flows, **3**, 1993, 110.1-110.4.
19) S. B. Pope: Prog. Energy Combust. Sci., **11**, 1985, 119-192.
20) S. B. Pope: Ann. Rev. Fluid Mech., **26**, 1994, 23-63.
21) 酒井康彦，久保 貴：ながれ，**23** (4)，2004，159-170.
22) D. C. Haworth, S. B. Pope: Phys. Fluids, **29**, 1986, 387-405.
23) C. Dopazo: Phys. Fluids, **18**, 1975, 397-404.
24) R. L. Curl: AIChE J., **9**, 1963, 175-181.
25) C. Dopazo: Phys. Fluids, **22**, 1979, 20-30.
26) L. Valiño, C. Dopazo: Phys. Fluids, **A3**, 1991, 3034-3037.
27) S. Heinz: Statistical Mechanics of Turbulent Flows, Springer, 2003, 1-214.
28) R. O. Fox: Computational Models for Turbulent Reacting Flows, Cambridge Univ. Press, 2003, 1-419.
29) S. Komori *et al.*: AIChE J., **39**, 1993, 1611-1620.
30) S. Komori *et al.*: J. Chem. Eng. Japan, **27**, 1994, 742-748.
31) 酒井康彦ほか：日本機械学会論文集（B 編），**65**，1999，

2081-2088.

9.3 自 由 乱 流

9.3.1 混 合 層

混合層は，自由剪断流のなかで最も基本的な流れであり，速度差のある二つの流れが自由空間で接して流れる場合に形成される．図 9.11 は層流混合層における渦度分布を示している[1]．層流の場合，平均速度分布 $U(y)$ の不安定性（ケルビン-ヘルムホルツ不安定性）により，最も不安定な波長 λ に対応した渦構造が形成される．この波長は，テイラーの仮説を適用し，空間的な発達を時間的な発達に置き換えた完全平行流の線形安定性解析より予測される[2]．ハイパボリックタンジェント型の速度分布に対して最も不安定な無次元波数は，$\alpha=0.4446$ である．図 9.11 に示したように，最も不安定なモードが飽和して渦が形成されると，$\alpha/2$ の第 1 低調波が成長し，渦は合体を引き起こす．さらに第 2 低調波が飽和すると第 3 低調波が成長し，2 回目の合体が生じる．これを繰り返しながら，混合層は下流方向に発達していく．ここで，飽和とは線形成長している擾乱が非線形成長段階に移行し，エネルギーの増加が頭打ちになることを意味している．

混合層を特徴づける長さスケールとして，次のような運動量厚さ θ がある．

$$\theta=\frac{1}{\Delta U^2}\int\{U_1-U(y)\}\{U(y)-U_2\}\mathrm{d}y \tag{9.3.1}$$

ここで，U_1 と U_2 は高速側と低速側の速度であり，$\Delta U=U_1-U_2$ である．運動量厚さは，U_1 と U_2 が不連続に接合された矩形速度分布からの運動量の欠損を表し，これは混合層の発達とともに増加する．同様に，混合層の発達を表す長さスケールとして，次のような渦度厚さ δ_ω がある．

$$\delta_\omega=\frac{\Delta U}{\mathrm{d}U(y)/\mathrm{d}y} \tag{9.3.2}$$

渦度厚さは，混合層中心での平均剪断の強度を表現し，運動厚さと同様に混合層の発達とともに増加する．

混合層を特徴づける速度スケールは高速側と低速側の速度差 ΔU であり，これと流入速度分布の運動量厚さ θ_0，あるいは渦度厚さ $\delta_{\omega,0}$ に基づくレイノルズ数

$$\mathrm{Re}_{\theta_0}=\frac{\Delta U\theta_0}{\nu},\qquad \mathrm{Re}_{\delta_{\omega,0}}=\frac{\Delta U\delta_{\omega,0}}{\nu} \tag{9.3.3}$$

が，混合層を特徴づける無次元量となる．ただし，分離板後流で上流側の境界層の影響が残り，大きな速度欠損が存在する場合，流入速度は高速側と低速側それぞれに境界層型の速度分布をもつ不連続な分布となるため，このような場合は高速側の運動量厚さが用いられる．これらのレイノルズ数に加えて，次のように定義される速度比 R も混合層の発達を決める無次元量である．

$$R=\frac{\Delta U}{2U_\mathrm{m}}=\frac{U_1-U_2}{U_1+U_2} \tag{9.3.4}$$

ここで，$U_\mathrm{m}=(U_1+U_2)/2$ は混合層の平均速度である．一般に，ΔU は不安定波あるいは図 9.11 に示した渦構造の成長速度に，U_m は不安定波あるいは渦構造の対流速度に対応する．$\Delta U\ll U_\mathrm{m}$ すなわち $R\to 0$ の場合，U_m で下流に移動する並進座標系からみれば，混合層は時間的に発達するとみなすことができる．この場合に，空間発展型の混合層を，完全平行流を仮定する時間発展型の混合層で近似することができる[3]．

次に，速度比と不安定波長から定義される無次元座標 x^* を導入する．

$$x^*=\frac{Rx}{\lambda} \tag{9.3.5}$$

ここで，x は流れ方向座標である．図 9.11 にはこ

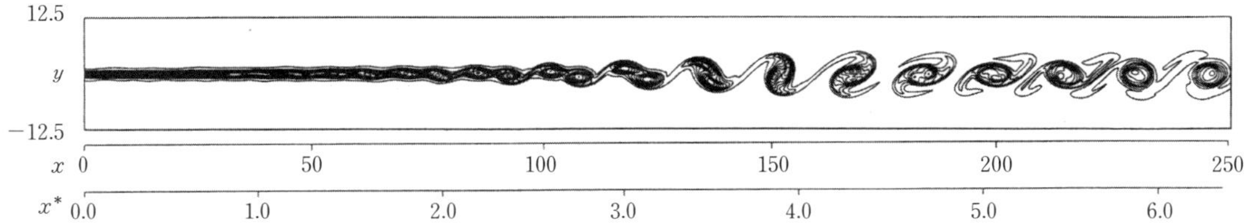

図 9.11　層流混合層の渦構造

の無次元座標も示した．R が異なる場合であっても，x^* を用いることで混合層における渦構造の発達位置を整理することができる．これは低調波発達モデル[4]と呼ばれており，$x^*=2$ で最初の渦が巻き上がり，$x^*=4$ で1回目の合体，$x^*=8$ で2回目の合体，…となる．時間発展型の混合層と空間発展型の混合層は，次のような無次元時間を導入することで対応づけることができる．

$$t^* = \frac{RU_m t}{\lambda} = \frac{\Delta U t}{2\lambda} \tag{9.3.6}$$

ただし，R が大きい場合，時間発展型の混合層では空間的に発達する混合層を近似できないことに注意が必要である．

混合層は，式 (9.3.3) で定義したレイノルズ数が高くなると乱流に遷移する．図 9.12 は Brown と Roshko[5] によって乱流混合層において撮影されたシュリーレン写真を示している．この実験により高レイノルズ数の乱流場にも規則性を有する大規模な流体運動が存在することが明らかにされた．図 9.13 は乱流混合層の直接数値計算によって得られた渦構造と低圧力領域を示している[6]．図 9.13 に示した等値面は，速度勾配テンソルの第 2 不変量が正の値をもつ領域であり，乱流中に存在する微細な渦構造を示している．スパン方向に視点をおいた side view から，Brown と Roshko の実験によって明らかにされた大規模組織構造（あるいは，大規模コヒーレント構造）が存在していることがわかる．すなわち，下流位置では 2 次元的な低圧力領域が存在しており，それらは微細な渦の集合体として存在している．この大規模組織構造の大きさは上述のケルビン-ヘルムホルツ不安定性により発達する渦構造の波長と一致しており，ケルビン-ヘルムホルツ

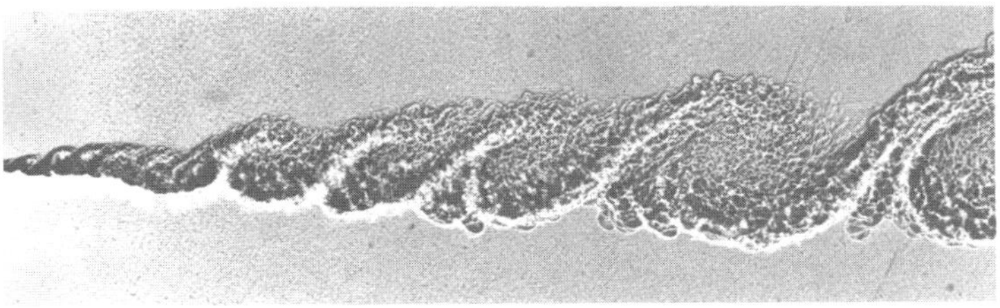

図 9.12　乱流混合層の大規模組織構造[5]

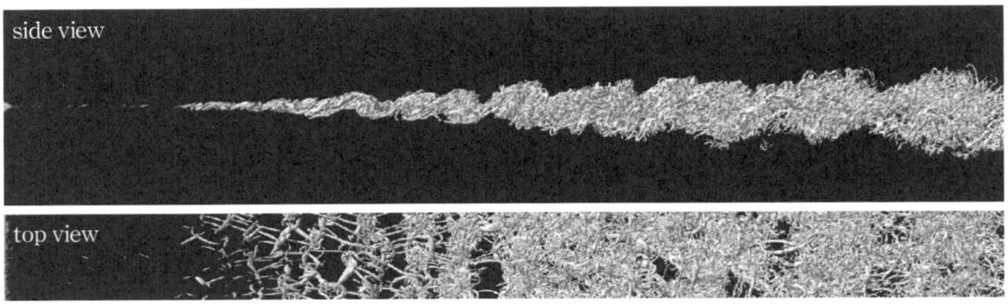

(a)　速度勾配テンソルの第 2 不変量（$Q>0.15$）

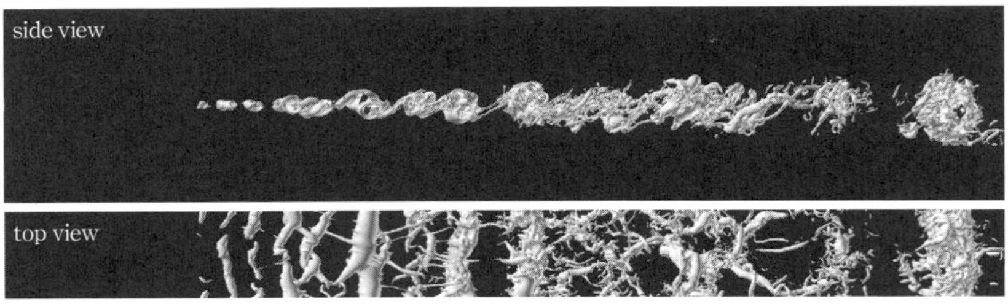

(b)　低圧力領域（$p<-0.05$）

図 9.13　乱流混合層の渦構造と低圧力領域

ローラーあるいはBrown-Roshko[5]構造と呼ばれている．これらの組織構造の発達位置についても式(9.3.5) を用いて予測できる．高レイノルズ数の乱流混合層に観察されるこのような大規模組織構造は，コルモゴロフスケールの約8倍の直径を有する微細渦の集合体として存在している[7]．

図9.13の垂直方向に視点をおいたtop viewから，上流側には流れ方向に回転軸を有する縦渦構造が存在することがわかる．この構造は隣接するケルビン-ヘルムホルツローラーの中間領域に形成され，乱流混合層に存在する第2の組織構造である．これらはその形態からrib構造と呼ばれている[8]．これらの渦の形成についても線形安定性理論により予測することが可能であり[9]，混合層の2次不安定性として知られている．この構造のスパン方向の波長は，ケルビン-ヘルムホルツローラーの間隔の2/3倍である．高レイノルズ数になると，これらの縦渦構造も微細渦の集合体として存在することが時間発展混合層のDNS結果から明らかにされている[7]．

十分発達した乱流混合層は自己相似であることが知られている．図9.14はDNS[6]と実験[10]より得られた乱流混合層の平均速度分布を示している．ここで，垂直方向の座標は平均速度がU_mとなる位置を原点とするように調整されており，平均速度と垂直方向座標はそれぞれ主流速度差ΔUと運動量厚さθを用いて無次元化されている．このような無次元化を行うことにより，異なる流れ方向位置の平均速度分布は非常によく一致し，レイノルズ応力に関するプラントルの第2仮説を用いて誤差関数を用いて予測することもできる[11]．

図中に示した実験結果との比較からもわかるように，これは高レイノルズ数の乱流混合層であれば普遍的に成り立つものであり，乱流混合層の自己相似性と呼ばれる．平均速度分布だけでなく，乱流強度，レイノルズ応力などの乱流統計量についても，この自己相似性が成り立つ．また，高レイノルズ数の場合，運動量厚さと渦度厚さは流れ方向にほぼ線形に増加する．図9.15は乱流エネルギーの輸送方程式の収支を示している．輸送方程式の各項の意味は，第12章を参照のこと．乱流エネルギーの収支についても自己相似であり，各項のバランスは，壁面近傍の乱流の場合とほぼ同様である．

乱流混合層などの自由剪断乱流では，乱流遷移とともに物質の混合が急激に促進されることが知られており，混合遷移[12]と呼ばれている．図9.16はレイノルズ数の異なる時間発展混合層のDNS結果から得られた濃度分布を示している[13]．ここで，黒は高濃度，白は低濃度を表している．$Re_{\omega,0}=1900$の場合，濃度分布はきわめて複雑であり，低レイノルズ数の$Re_{\omega,0}=500$の場合とは明らかに様相が異なっている．剪断層の不安定波長などのバルク量に基づくレイノルズ数が10^4を超えると濃度場が視覚的に複雑になり，混合遷移が起こると考えられている[14]．図9.16に示したDNS結果の初期不安定波長に基づくレイノルズ数（$Re_\lambda=\Delta U\lambda/\nu$）は，それぞれ約4000と12000である．$Re_\lambda=10^4$の前後では，乱流運動の積分長とコルモゴロフスケールの比が急激に増加する．このことから，混合遷移はレイノルズ数の増加に伴う乱流場のスケール分離によるものと解釈される[13]．

［店橋　護］

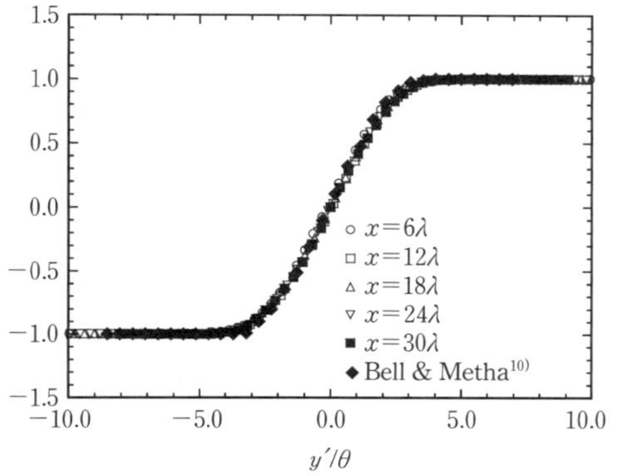

図 9.14　乱流混合層の平均速度分布

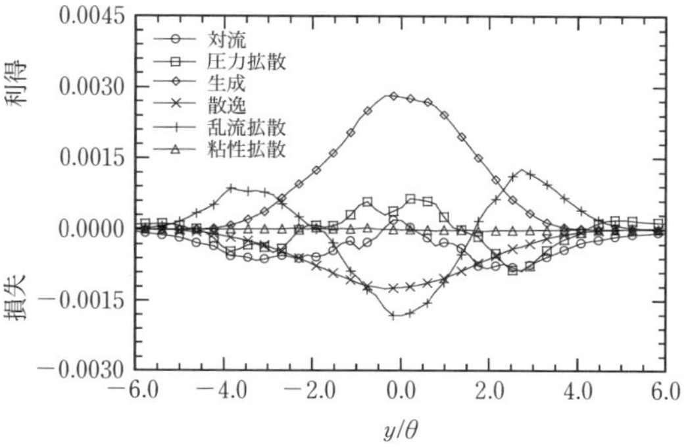

図 9.15　乱流混合層における乱流エネルギーの輸送方程式の収支

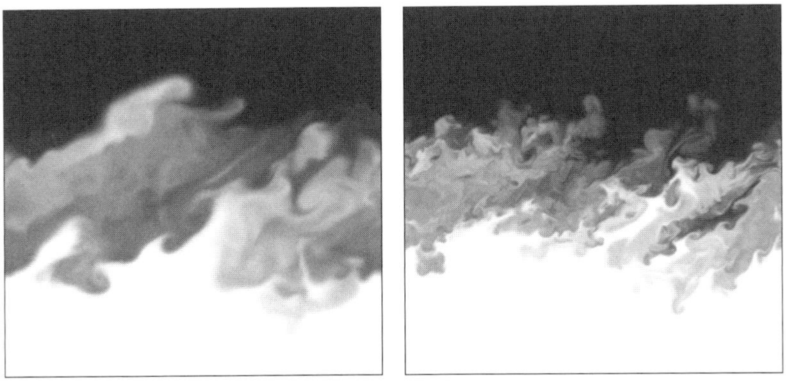

(a)　$Re_{\omega 0}=500$　　(b)　$Re_{\omega 0}=1900$

図 9.16　十分発達した乱流混合層における濃度分布

文　　献

1) 宮内敏雄ほか：日本機械学会論文集（B 編），**62**(601)，1996，3229-3235.
2) A. Michalke : J. Fluid Mech., **109**, 1974, 543.
3) C. M. Ho, P. Huerre : Ann. Rev. Fluid Mech., **16**, 1984, 365.
4) L. S. Huang, C. M. Ho : J. Fluid Mech., **210**, 1990, 475.
5) G. L. Brown, A., J. Roshko : Fluid Mech., **64**, 1974, 775.
6) 宮内敏雄ほか：日本機械学会論文集（B 編），**62**(594)，1996，499-506.
7) M. Tanahashi *et al.* : J. Turbulence, **2**, 2001, 1-17.
8) L. P. Bernal, A. Roshko : J. Fluid Mech., **170**, 1986, 499.
9) R. T. Pierrehumbert, S. E. Widnall : J. Fluid Mech., **114**, 1982, 59.
10) J. H. Bell, R. D. Metha : AIAA J., **28**(12), 1990, 2034-2042.
11) 木田重雄，柳瀬眞一郎：乱流力学，朝倉書店，1999，174-176.
12) M. M. Koochesfani, P. E. Dimotakis : J. Fluid Mech., **170**, 1986, 83.
13) M. Tanahashi *et al.* : Proc. 5 th Int. Symp. Turbulence and Shear Flow Phenomena, **3**, 2007, 1187-1192.
14) P. Dimotakis : J. Fluid Mech., **409**, 2000, 69-98.

9.3.2　噴　　流

噴流は流体力学における基礎流れの一つであり，古くから多くの研究が行われている[1]．噴流の流れ模様を図 9.17 に示す．噴出の初期段階では，速度が一様な噴流中心領域（ポテンシャルコア）と周囲流体の間に自由剪断層が形成され，自由剪断層の発達によりポテンシャルコアが消滅し，十分下流では噴出口の状態に影響されない完全発達乱流領域となる．自由剪断層は，速度分布に変曲点が存在するので，微小擾乱に対して不安定（ケルビン-ヘルムホルツの不安定）で，剪断層の代表的な速度と厚さで定義されるレイノルズ数がきわめて小さい(Re<1～10)場合以外は，微小擾乱が増幅され渦の成長を経て乱流に遷移する．したがって，レイノルズ数の大きい工学分野の噴流では乱流状態となる．本項では乱流噴流の代表例を解説する．

a．統計的性質

噴流は十分下流の完全発達領域で平衡状態となり，平均速度と乱れ強さの分布は相似となる．平衡状態における，最大速度 u_m，半値幅 b（速度が $u_m/2$ となる噴流幅），連行（エントレインメント）率 dQ/dx（Q：流れに直角な噴流断面内の流量）などの特性値を表 9.1 に示す[2]．仮想原点の値 x_0 は噴出条件により異なり，一般性のある値を定めるこ

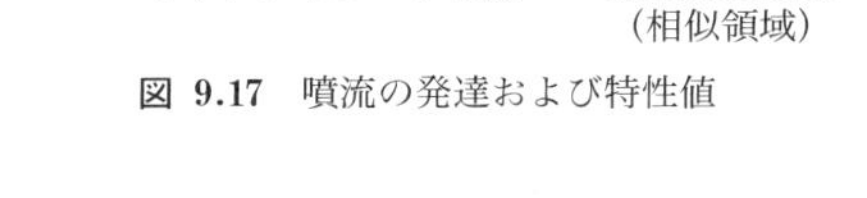

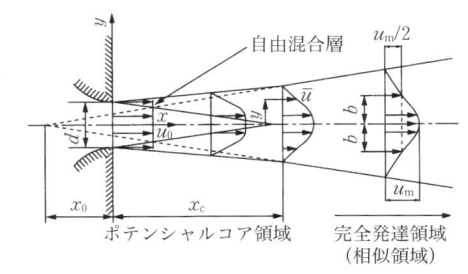

図 9.17　噴流の発達および特性値

表 9.1　乱流噴流の特性値[2,3]

	最大速度 u_m/u_0	半値幅 b	連行率 dQ/dx
2 次元	$2.52\sqrt{\lambda}\,\{(x-x_0)/d\}^{-1/2}$	$0.105(x-x_0)$	$0.11\,u_m$
軸対称	$6.54\sqrt{\lambda}\,\{(x-x_0)/d\}^{-1}$	$0.090(x-x_0)$	$0.41\,bu_m$

λ＝噴流運動量／$\rho u_0^2 A$，A：噴出口断面積．

とができないので，実験により求められる．十分下流の速度分布は，渦粘性係数が噴流幅と噴流中心速度の積に比例するとして，理論的に以下の式で与えられる[3]．

2 次元噴流：$\bar{u}/u_{\mathrm{m}}=1-\tanh^2\zeta$，$\zeta=\sigma y/x$，
$\sigma=7.67$ (9.3.7)

軸対称噴流：$\bar{u}/u_{\mathrm{m}}=(1+0.25\zeta^2)^{-2}$，
$\zeta=\sigma r/x$，$\sigma=18.5$ (9.3.8)

ここで，σ は実験定数である．また，速度分布の測定結果は次式のガウス分布で近似できる．

$\bar{u}/u_{\mathrm{m}}=\exp(-0.693\eta^2)$，$\eta=y/b$ または $\eta=r/b$ (9.3.9)

軸対称噴流の速度分布の測定結果を図 9.18 に示す．

平衡状態における軸対称噴流の乱れ強さ分布を図 9.19 に示す[4]．噴流では，乱流運動を抑制する固体壁がないので，乱れ強さは境界層や管内流に比べて大きな値となる．流れ方向乱れ強さ成分は $r/b=0.5$ 付近で最大となり全体的に他の成分より大きく，半径方向と周方向の成分はほぼ等しい．

軸対称噴流中のレイノルズ応力と間欠係数の分布を図 9.20 に示す[4,5]．レイノルズ応力の分布は平均速度勾配の大きい位置で最大となり，渦粘性係数モデルの妥当性を示している．間欠係数は不規則に変形する噴流境界の内外側の乱流/非乱流の割合を示しており，広い周辺領域に周囲の非乱流流体が取り込まれていることがわかる．

軸対称噴流の乱流エネルギーの収支を図 9.21 に示す[6]．図は乱流エネルギー輸送方程式の対流項，生成項，乱流拡散項，散逸項の噴流断面内の分布を示している．散逸項は噴流中心付近でほぼ一様であり，小さなスケールの乱れは乱流域内で均質であることが推測される．対流項は噴流中心で最大となり，生成項の最大位置の値は散逸項の値とほぼ等しい．なお，2 次元噴流についても同様な傾向がみられる[7]．

噴流中のスカラー量（温度，混入物質の濃度）の乱流拡散は，空調設備における高・低温流体の拡散，各種流体の混合，汚染物質の拡散などに関連して，工学上重要な問題である．流れ中のスカラー量の輸送は，熱輸送ではプラントル数，物質輸送では

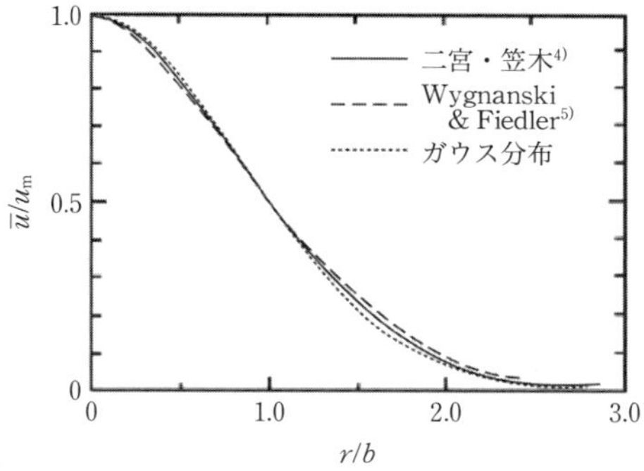

図 9.18 流れ方向平均速度の分布

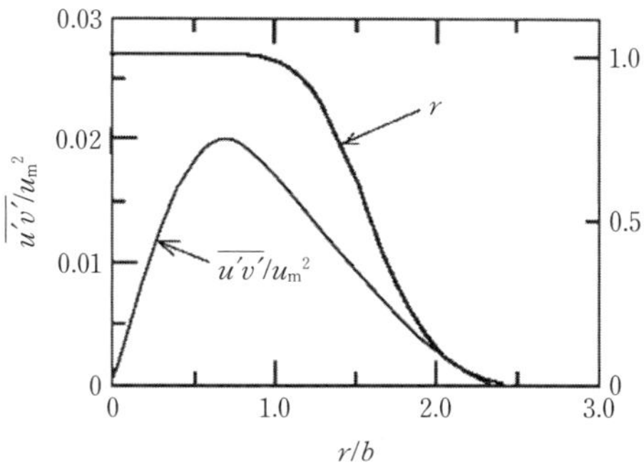

図 9.20 レイノルズ応力と間欠係数の分布[4,5]

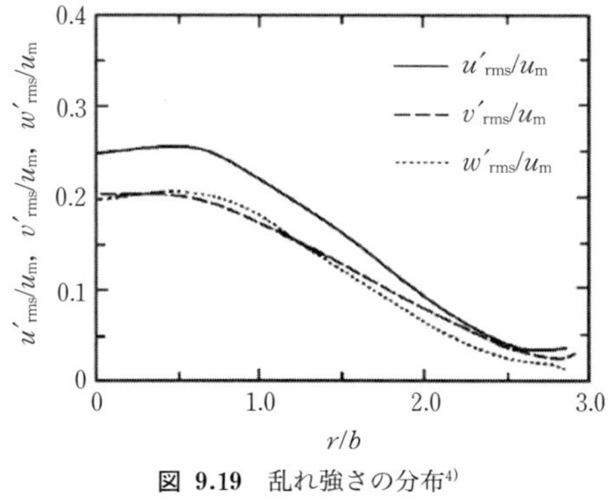

図 9.19 乱れ強さの分布[4]

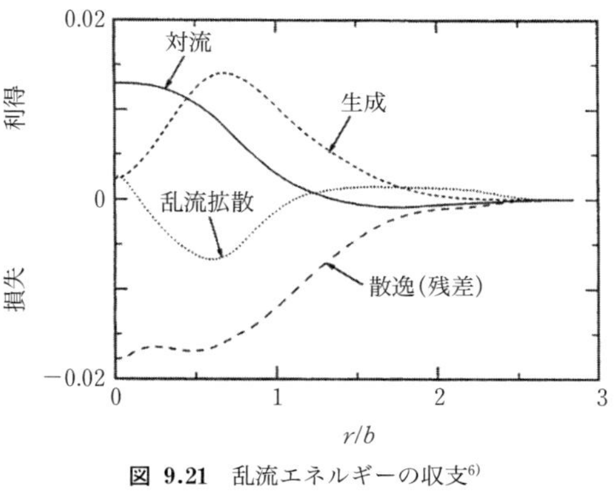

図 9.21 乱流エネルギーの収支[6]

シュミット数に関連している．乱流噴流では，運動量輸送の場合と同様に，スカラー輸送でも乱流拡散が支配的なので，乱流プラントル数 $\mathrm{Pr_t}$ と乱流シュミット数 $\mathrm{Sc_t}$ が問題となる．

周囲流体と温度差あるいは濃度差のある噴流の完全発達領域では，温度と濃度の無次元分布は誤差分布でよく表される．また，浮力の影響が無視できる場合には，$\mathrm{Pr_t}$ と $\mathrm{Sc_t}$ の値，半値幅 b_s の広がりは噴出口の条件に影響を受けず，以下の実験式で表される[8]．

$$2\text{次元噴流：}\mathrm{Pr_t}=\mathrm{Sc_t}=0.56,\quad b_s=0.140(x-x_0) \tag{9.3.10}$$

$$\text{円形噴流：}\mathrm{Pr_t}=\mathrm{Sc_t}=0.67,\quad b_s=0.110(x-x_0) \tag{9.3.11}$$

式（9.3.10），（9.3.11）は，スカラー量の半値幅が速度の半値幅（表 9.1）を上回ることを示している．

なお，温度場の拡散を伴う円形噴流の数値シミュレーション結果[9]は実験結果とよい一致を示している．また，シュミット数が大きい（≒3800）染料を用いた円形噴流の速度と濃度の同時測定によるスカラー拡散の検討結果[10]によると，半値幅はシュミット数が小さい（≒1.0）場合とほぼ一致する．この実験によると，噴流中心の速度 u_m と濃度 c_m の減衰は次式で表される．

$$\frac{u_0}{u_m}=\frac{0.135(x-x_0)}{d} \tag{9.3.12}$$

$$\frac{c_0}{c_m}=\frac{0.162(x-x_0)}{d} \tag{9.3.13}$$

旋回を伴う軸対称噴流は，大きな拡散性を有するので，燃焼などの工業分野で広く利用されている．大きな拡散性能は噴流中に生じる遠心力と強い乱れに起因している．旋回噴流の流れ場の模式図を図 9.22 に示す．噴出口近傍の軸方向速度は噴流中心で極小値をもつ分布となり，旋回が強い場合には噴流内部に逆流が生じる．周方向速度は噴流内部で強制渦，その外側で自由渦の分布となる．軸方向速度が噴流中心で最大となる下流の完全発達領域では，軸方向速度 $\bar{u}$，旋回速度 $\bar{w}$，圧力 p の分布は相似となり，$\lambda=r/x$ として次式で表される[11]．

$$\frac{\bar{u}}{u_m}=\exp(-k_1\lambda^2) \tag{9.3.14}$$

$$\frac{\bar{w}}{\bar{w}_m}=C\lambda+D\lambda^2+E\lambda^3 \tag{9.3.15}$$

$$\frac{p_\infty-p}{p_\infty-p_m}=\exp(-k_2\lambda^2) \tag{9.3.16}$$

ここで，k_1，k_2，C，D，E はスワール数 S（$=T/Mr_0$，T：旋回の角運動量，M：流れ方向の運動量，r_0：噴出口の半径）の関数である．

噴流の幅 b，軸方向と周方向の最大速度 u_m，w_m の減衰は次元解析により次式のようになる．

$$u_m\gg w_m\text{ の場合：}b\sim x,\quad u_m\sim x^{-1},\quad w_m\sim x^{-2} \tag{9.3.17}$$

$$u_m\sim w_m\text{ の場合：}b\sim x,\quad u_m\sim x^{-3/2},\quad w_m\sim x^{-3/2} \tag{9.3.18}$$

噴流半値幅 b と流量 Q は次式で表される[12]．

$$\frac{b}{D}=\eta\left\{\frac{x}{d}+\exp\left(\frac{\mathrm{S}}{0.968}+0.692\right)\right\},\quad \eta=\frac{\mathrm{d}b}{\mathrm{d}x}=0.10+0.121\,\mathrm{S} \tag{9.3.19}$$

$$\frac{Q}{Q_0}=\zeta\left\{\frac{x}{d}+\exp\left(\frac{\mathrm{S}}{0.78}+0.692\right)\right\},\quad \zeta=0.3+0.33\,\mathrm{S} \tag{9.3.20}$$

乱れの強さは，初期旋回強度が大きいほど，ノズル出口付近では大きく，下流では逆に小さくなる．また，ノズル出口付近では軸方向乱れが一番大きく，次いで周方向，半径方向の順に小さくなるが，下流では非旋回噴流の分布に近づき，周方向と半径方向の値は軸方向の半分程度になる．以上の傾向は初期旋回強度が大きいほど顕著になる．

旋回噴流の特性は渦構造に関連している．旋回噴流中では，剪断流不安定（ケルビン-ヘルムホルツの不安定）と遠心力不安定に起因する渦が発生し，それらが複雑に干渉する．この渦挙動が上述のような速度場と乱れ場を発生させている．この現象については，実験[13]と数値シミュレーション[14]により検討され，とくに渦崩壊現象が注目されている．

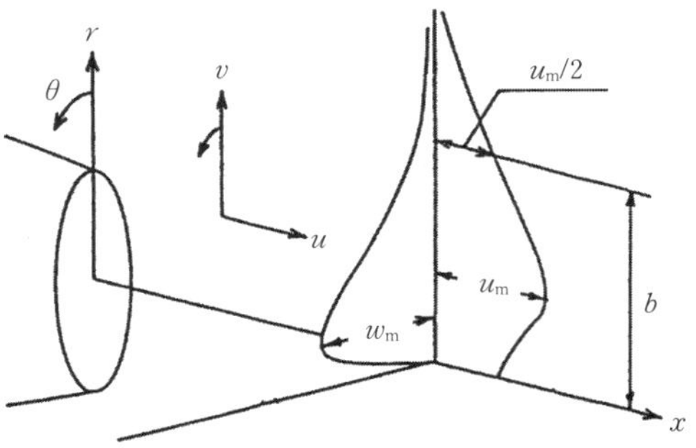

図 9.22　旋回噴流の速度分布

b. 渦構造[15)]

噴流中には顕著な渦構造が存在し，噴流の諸特性(混合，拡散，騒音など）は渦の挙動に支配されている．したがって，噴流現象の解明と制御には，渦構造に注目する必要がある．

2次元噴流では，図9.23に示すように，噴出口から剥がれた二つの剪断層の不安定性の増幅により対称な渦列が発生し，下流では渦相互の誘起速度の影響により渦列は千鳥足状の配列になる．$x/H=4$（Hは噴出口の幅）における渦列のストローハル数 $St=fH/u_0$（fは渦列発生周波数，u_0は噴出速度）は，噴出口の流れ条件およびレイノルズ数に依存し，0.18〜0.24である[16)]．また，剪断層の発達過程で流れ方向に軸をもつ縦渦が発生する[17)]．

軸対称噴流では，噴出口近傍剪断層の不安定性の増幅により小規模な渦輪列が生成され，それらの渦輪列が合体を繰り返して大規模な渦輪列が形成される（図9.24）．$x/D=3$〜4の渦輪列の発生周波数をfとすると，ストローハル数 $St=fd/u_0$ は0.24〜0.51となる．大規模渦輪列の発生周波数は噴流全体の速度分布によるコラム不安定によるもので，上流の剪断層の不安定性により発生する小規模渦輪列の合体過程，実験装置固有の共鳴および噴流外部の暗騒音による励起効果などに影響される．したがって，渦輪列発生周波数の測定結果は広範囲にわたっている．

噴出口境界層が乱流の場合には，噴出口近傍で層流の場合のような剪断層不安定による顕著な周期的渦輪列構造はみられないが，$x/d=2$〜3でコラム不安定により周期的大規模渦輪列構造が発生する．また，直管内に発達した乱流管内流が噴流になる場合にも，コラム不安定性による顕著な大規模渦輪列構造が現れる．この場合のストローハル数は0.38である．

上述のような大規模渦輪列構造はいつまでも持続するものでなく，$x/d=4$〜5のポテンシャル領域末端において周方向変形が拡大し崩壊する．この崩壊過程の詳細については不明な点が多いが，渦輪の周方向変形には流れ方向に軸をもつ図9.25のような縦渦が関連している[18)]．縦渦の発生機構については，渦輪間のブレイド領域の渦度場が渦輪により引き伸ばされて縦渦になるという説[19)]，渦輪による流れ場の不安定性により縦渦が発生するという説[20)]がある．なお，縦渦と渦輪の干渉は渦力学モデルで説明されている[15)]．

軸対称噴流の十分下流の平衡状態についても，PIVなどの実験技術と数値シミュレーション手法の発展により流れの時空間構造を把握することが可能になり，複雑な3次元渦構造が明らかにされつつある[21)]．最近の研究結果は，流れ方向に45度傾いたヘアピン状の渦が噴流外縁部にあることを示している．PIVによる速度場の3次元計測結果にテイラー仮説を適用して得られた渦構造を図9.26に示す[22)]．

非円形噴流は拡散・混合を促進する手法として工学的応用が注目されている[23)]．非円形噴出口からの噴流中に生成される非円形渦輪は，非一様曲率の影響により3次元的に変形する．渦輪の自己誘起速度は曲率半径に反比例するので，非円形渦輪は同一平面内に存在できず移動方向に歪むことになる．可視化実験により詳細に調べられた楕円渦輪の変形を図9.27に示す[24)]．アスペクト比が2の場合には，長

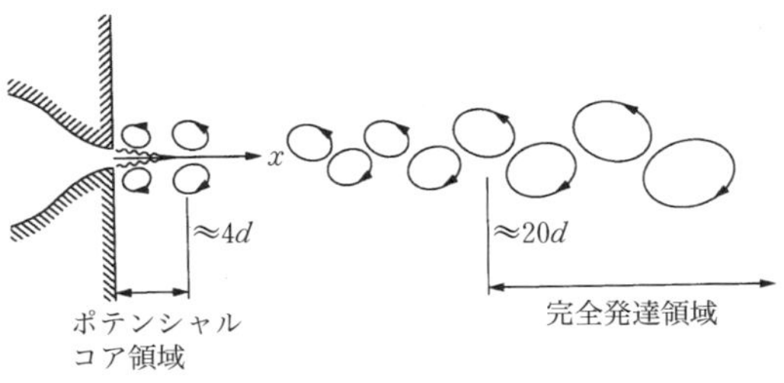

図 9.23 2次元噴流の渦構造

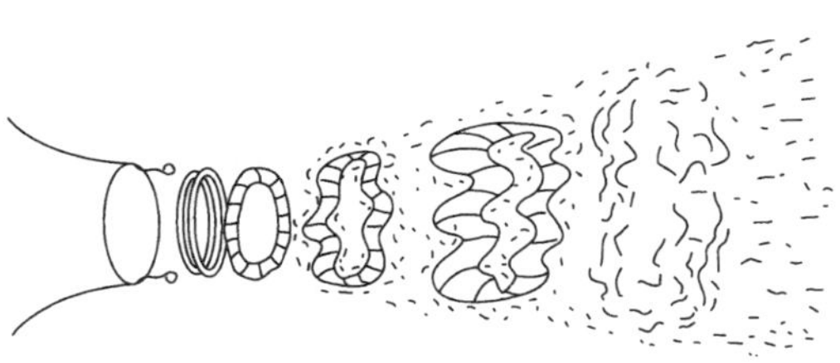

図 9.24 円形噴流の渦構造

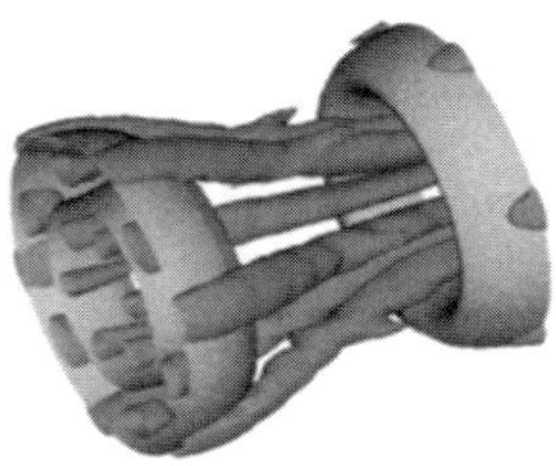

図 9.25 縦渦[18)]

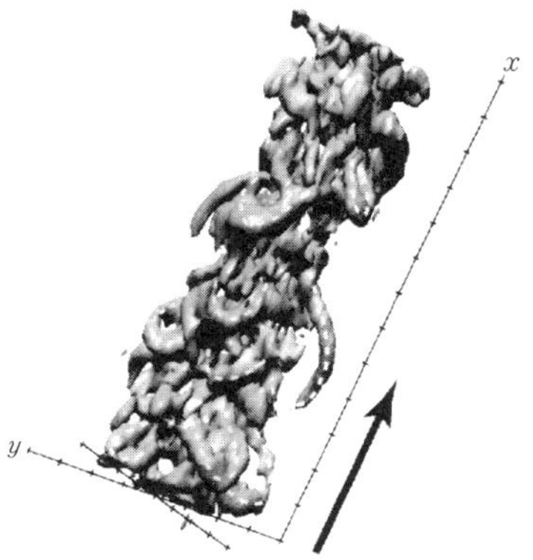

図 9.26　噴流中のヘアピン渦[22)]

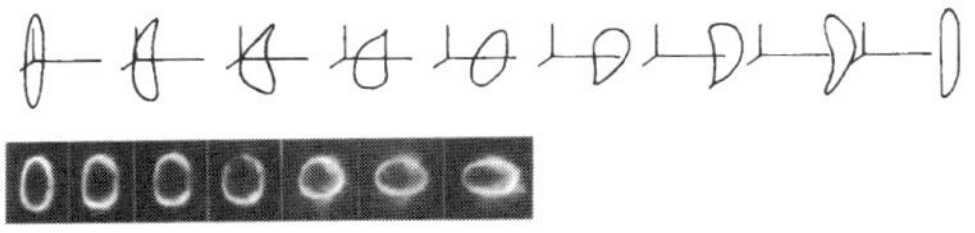

(a)　アスペクト比＝2

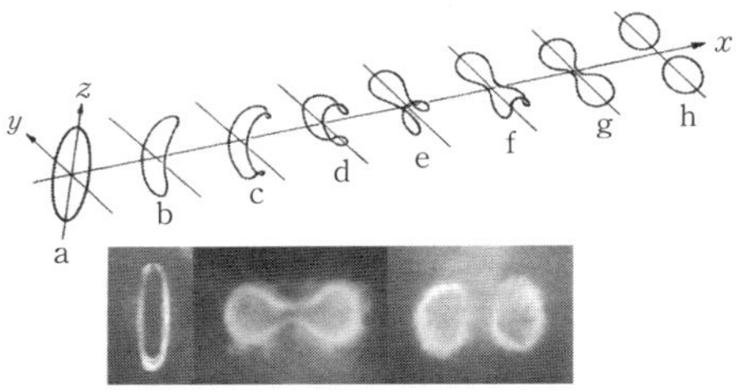

(b)　アスペクト比＝4

図 9.27　楕円渦輪の変形[24)]

軸側では短軸側より大きな曲率をもつので，自己誘起速度の影響により，長軸側渦部は短軸側渦部の前方かつ渦中心方向に移動する．短軸側渦部は，長軸側渦部の変形により生じた曲率の効果により，外側に移動する．その結果，楕円渦輪の長短軸が入れ替わることになる．アスペクト比が4の場合には，長短軸が入れ替わったあとに二つの小渦輪に分裂する．楕円以外の形状の渦輪の場合にも，非一様曲率効果により3次元的に変形する．

非円形噴流中には非円形渦輪列が発生し，個々の渦輪は変形しながら相互に干渉する．この干渉により渦輪の部分的合体，分裂，再結合が生じ，渦輪は著しく変形し流れ方向に軸をもつ渦構造が形成される[15)]．この流れ方向渦構造による誘起速度は噴流内外部の流体輸送を促進するので，噴流の拡散および混合が増大する．　　**[豊田国昭]**

文　　献

1)　社河内敏彦：噴流工学，森北出版，2004.
2)　石垣　博：日本機械学会論文集(B編)，**48**(433)，1982，1692-1700.
3)　H. Schlichting: Boundary Layer Theory, McGraw-Hill, 1979, 745-749.
4)　二宮　尚，笠木伸英：日本機械学会論文集（B編），**59**(561)，1993，1532-1538.
5)　I. Wygnanski, F. F. Fiedler: J. Fluid Mech., **38**, 1969, 577-612.
6)　二宮　尚，笠木伸英：日本機械学会論文集（B編），**60**(570)，1994，388-394.
7)　L. J. S. Bradbury: J. Fluid Mech., **23**, 1965, 31-64.
8)　石垣　博：日本機械学会論文集(B編)，**48**(433)，1982，1701-1708.
9)　須藤　仁ほか：日本機械学会論文集（B編），**69**(681)，2003，1208-1215.
10)　酒井康彦ほか：日本機械学会論文集（B編），**65**(634)，1999，2000-2008.
11)　N. Rajaratnam，野村安正(訳)：噴流，森北出版，1981，124-141.
12)　須藤浩三ほか：日本機械学会論文集（B編），**63**(609)，1997，1620-1627.
13)　T. Leiseleux, J. M. Chomaz: Phys. Fluids, **15**(2), 2003, 511-523.
14)　M. R. Ruith *et al.*: J. Fluid Mech., **486**, 2003, 331-378.
15)　豊田国昭：ながれ，**24**(2)，2005，151-159.
16)　A. K. M. F. Hussain, C. A. Thompson: J. Fuid Mech., **100**, 1980, 397-431.
17)　木田重雄，柳瀬眞一郎：乱流力学，朝倉書店，1999，298-300.
18)　竹内伸太郎ほか：日本機械学会論文集(B編)，**68**(665)，2002，30-37.
19)　F. F. Grinstein *et al.*: Phys. Fluids, **8**, 1996, 1515-1524.
20)　奥出宗男ほか：ながれ，**21**(1)，2002，78-88.
21)　二宮　尚：ながれ，**23**(5)，2004，355-363.
22)　T. Matsuda, J. Sakakibara: Phys. Fluids, **17**, 2005, 025106.
23)　E. J. Gutmark, F. F. Grinstein: Ann. Rev. Fluid Mech., **31**, 1999, 239-272.
24)　F. Hussain, H. S. Husain: J. Fluid Mech., **208**, 1989, 257-320.

9.3.3　伴　　流

a.　伴流乱流構造とその起源

円柱や流線形物体などの固体壁境界流の下流に発達する流れを伴流または後流という．主流速度 V と流体の動粘度 ν および円柱直径 d もしくは翼弦長 l を使ったレイノルズ数（$\mathrm{Re}=Vd/\nu$ または $\mathrm{Re}=Vl/\nu$）に依存して層流伴流および乱流伴流として発達する．円柱のような2次元物体のほか，球や円錐などの3次元物体の伴流がある．円柱の伴流は古くから研究されており，広範なレイノルズ数範囲についての流れ構造が調べられてきた．円柱や角柱などの2次元物体では，固体壁面境界層の剥離を伴い，高いレイノルズ数では剥離した剪断層を巻き込んだ伴流乱流構造が発達する．

一方，翼などの流線形物体の下流で伴流が発達するときは，上下面の境界層は剥離せず合流してそのまま伴流を形成する．レイノルズ数（$\mathrm{Re}=Vl/\nu$）に応じて固体壁面境界層は層流と乱流の場合がある．層流境界層から発達する伴流はケルビン-ヘルムホルツ不安定性によりスパン方向に軸をもつロール渦が並んだカルマン渦列に発達する．その際，初期ロール渦構造に対する2次不安定性によりロール渦の間に縦渦が形成される．構造の発達の様子は，円柱伴流の発達の様子と類似している．ただし，下流ではロール渦は減衰して，代わって，斜め交互構造が観察されるようになる．実験では下流において低周波の擾乱が受容されるため低調波がより支配的になり，一般に上下非対称な斜め構造が形成される．縦渦はさらに発達して，伴流外層の構造として下流における乱流伴流を特徴づける構造になる．

十分発達すると，縦渦対構造により主流より低速な領域が現れるとともに，外層に噴出する弱いジェットのような構造が発達する．これは，Grant (1958) が示した，円柱の下流における構造と特徴が一致する．Grant は速度相関計測より，平均化された流れ場での一対の斜め渦がそのような乱流伴流を特徴づけることを示した．のちに，Payne と Lumley が POD (proper orthogonal decomposition) 法によって調べた重要な乱流場である．注目すべきことは，上流の乱流条件が異なっても，十分下流における伴流乱流場は同様な特徴をもつ乱流構造が現れることである．

一方，固体壁境界層が乱流境界層であれば，その下流では，統計量も乱流境界層の影響を受ける．しかしながら，レイノルズ数が400程度までの比較的低レイノルズ数領域における円柱伴流で見出された組織的構造[1]は，どの程度の高いレイノルズ数までその渦ダイナミクスで3次元乱流構造が説明できるか，十分説明がついているとはいえない．

また，伴流は1980年代後半に絶対不安定性をもつ流れの一つであることが示され，その特徴が研究された[1]．Chomaz や Huerre のグループを中心に WKBJ 近似法などによって理論的に研究が行われた．伴流における絶対不安定性というのは，擾乱群速度が0である特異点が存在し，伴流形成初期に流れ内に存在した時間変動擾乱は絶対不安定領域内では時間経過とともに減衰はしないことをさしている．大きなレイノルズ数であるほど容易に絶対不安定の状態になる．通常，その下流に移流不安定領域と呼ばれる空間的構造をもっているので，伴流の構造は常に移流不安定領域における変動の選択性が働き，大きな変動が導入されても，十分下流に向かうまでに伴流固有の構造へと進展していく．ただし，移流不安定領域の上流にある絶対不安定領域の存在のため，選択される変動のなかに過去にさかのぼって存在した擾乱が影響を残すという興味深い流れとなっている．

絶対不安定領域内では時間経過とともに減衰しないことは，大域的な選別周波数は“共鳴機構”によってもたらされるという Koch が提案した選別性仮説によって説明されている．乱流伴流においては，変動を識別することは難しいため実験的に明らかにされていないが，伴流渦運動再現機構のなかには大域的な不安定性の性質が見出されることが期待されている．乱流伴流においても，その大域的不安定性の性質がどのように乱流伴流大規模構造に結果的に影響を与えているか解明されることによって，最近の大規模 DNS でも調べられた大規模構造と微細構造が与える自己相似を示しながら多様な乱流統計を示すことに対する説明につながるとされている．

以上のような性質をもつ伴流において，乱流統計に関する理論解析が整っている領域が自己相似領域における乱流特性である．次元解析における相似解を用いてさまざまな乱流伴流についての共通的性質を明らかにしている．理論解析は実験乱流や大規模 DNS 乱流の結果を評価するうえで重要な役割を果たしている．そして，相似性に注目することは，乱流伴流の発達を予測することとともに，あとで述べるように，鍵になる渦構造の制御によっていくつかの相似乱流伴流のなかから工学上優位な発達を示す相似状態をつくり出すことを可能にするためである．

b. 自己相似乱流伴流の乱流統計

2次元伴流を例として，上下の乱流境界層が流入する伴流乱流近傍領域（near）と中間領域（intermediate）および遠方（far）または平衡（自己相似）領域伴流乱流に分類することが一般的である．近傍とは物体近傍（円柱伴流では $x/d<4\sim5$）と

中間領域（5～6＜x/d＜50 くらいかそれ以上）は流入した乱流境界層の大規模構造が支配的な役割を果たしていると認識されているが，その役割はいまだよく理解されているとはいえない．一方，遠方（おおよそ 200＜x/d＜600 における実験結果があるが，$x/d\approx400$ の実験結果が多い）における伴流乱流は速度欠損がたいへん小さく自己相似な統計量の分布が得られることが知られており，実験を中心にして研究がなされてきた．

乱流伴流の厚さは距離 x に対して $x^{1/2}$ に比例して成長することが知られている．ただし，伴流乱流においては上流の条件の差異が遠方ではなくなるという伝統的考え方に従ってきたが，伴流を作り出す物体形状や大規模構造を励起するなど上流の影響がどの程度かについては議論が決着している状態とはいいがたい．これまでに，大規模 DNS によって初期条件に依存した構造とその発達は自己相似乱流伴流を形成することが明らかにされている．したがって，自己相似性をもつ乱流伴流は唯一ではないことを示している．

自己相似領域において，2 次元乱流伴流は流れ方向 x とスパン方向 z に統計的に一様であるとして，速度欠損 U_S，半値半幅を δ および主流速度を U_∞ とすると，以下の平均運動方程式が得られる．

$$U_\infty\frac{\mathrm{d}U_x}{\mathrm{d}x}+\frac{\mathrm{d}\,\overline{uv}}{\mathrm{d}y}=\nu\frac{\mathrm{d}^2U_x}{\mathrm{d}y^2}\quad(9.3.21)$$

ただし u，v はそれぞれ x，y 方向速度変動である．ここで，U_x は相似座標 $\eta=y/\delta$ を使って，

$$U_x=U_\infty-U_S(x)f(\eta)\quad(9.3.22)$$

と相似解をもつとする．ただし，$f(\eta)$（$0\leq f\leq1$）は無次元関数である．主流における乱流成分を 0 と仮定し，式（9.3.21）を伴流全体について積分すると，

$$\int_{-\infty}^{\infty}U_Sf(\eta)\,\mathrm{d}y=\dot{m}\quad(9.3.23)$$

と表され，非圧縮流れにおける質量欠損が一定の条件である．また，レイノルズ応力は

$$\overline{uv}=R_Sg(\eta)\quad(9.3.24)$$

と，相似解を仮定する．

式（9.3.22）と式（9.3.24）で表される相似解を式（9.3.21）と式（9.3.23）に代入すると，

$$-\left[U_\infty\frac{\mathrm{d}U_S}{\mathrm{d}x}\right]f(\eta)+\left[U_\infty U_S\frac{1}{\delta}\frac{\mathrm{d}\delta}{\mathrm{d}x}\right]\eta\frac{\mathrm{d}f(\eta)}{\mathrm{d}\eta}+\left[\frac{R_S}{\delta}\right]\frac{\mathrm{d}g(\eta)}{\mathrm{d}\eta}=\nu\left[\frac{U_S}{\delta^2}\right]\frac{\mathrm{d}^2f}{\mathrm{d}\eta^2}\quad(9.3.25)$$

$$[U_S\delta]\int_{-\infty}^{\infty}f(\eta)\,\mathrm{d}\eta=\dot{m}\quad(9.3.26)$$

となる．したがって，上記相似方程式が成り立つ条件は

$$[U_S\delta]\propto\dot{m}\quad(9.3.27)$$

$$\left[U_\infty\frac{\mathrm{d}U_S}{\mathrm{d}x}\right]\propto\left[U_\infty U_S\frac{1}{\delta}\frac{\mathrm{d}\delta}{\mathrm{d}x}\right]\propto\left[\frac{R_S}{\delta}\right]\propto\left[\frac{U_S}{\delta^2}\right]\quad(9.3.28)$$

である．そして，この条件は下記の場合のみ満たされることがわかる．すなわち，式(9.3.27)，(9.3.28)より

$$U_S\propto\frac{1}{\delta}\quad(9.3.29)$$

$$U_\infty\frac{\mathrm{d}\delta^2}{\mathrm{d}x}=\text{一定}\quad(9.3.30)$$

$$R_S\propto U_SU_\infty\frac{\mathrm{d}\delta}{\mathrm{d}x}\quad(9.3.31)$$

の関係が得られる．

したがって，円柱乱流伴流が十分下流で相似則にしたがって発達するときは，円柱径 d を代表長さ，x_0 を仮想原点として，以下のようにまとめることができる．

$$\frac{\delta}{d}\propto\left(\frac{x-x_0}{d}\right)^{1/2}\quad(9.3.32)$$

$$\frac{U_S}{U_\infty}\propto\left(\frac{x-x_0}{d}\right)^{-1/2}\quad(9.3.33)$$

$$\frac{R_S}{U_\infty^2}\propto\left(\frac{x-x_0}{d}\right)^{-1}\quad(9.3.34)$$

ここで，式（9.3.33）を使うと，式（9.3.34）は

$$R_S\propto U_S^2\quad(9.3.35)$$

と書くこともでき，式（9.3.34）は

$$\overline{uv}=U_S^2g(\eta)\quad(9.3.36)$$

であることがわかる．注意すべきことは，式（9.3.30）は粘性項を含めた場合の拘束条件であり，粘性項を無視した場合には伴流の成長はこの段階では決まらない．

時間発展乱流計算の結果でも示されているように，乱流伴流の発達は初期条件あるいは上流条件に依存するが，その依存の大きさを無次元定数で表すことが重要になる．2 種類の特性速度の比，すなわち U_S と $U_\infty\mathrm{d}\delta/\mathrm{d}x$ の比をとると

$$\beta=\frac{U_\infty}{U_S}\frac{\mathrm{d}\delta}{\mathrm{d}x}\quad(9.3.37)$$

は自己相似伴流において，式（9.3.29），（9.3.30）

より一定となる条件であり，伴流の成長を表す無次元量となる．ただし，DNS 計算で用いられる時間発展形式では

$$\beta=\frac{1}{U_S}\frac{\mathrm{d}\delta}{\mathrm{d}t} \qquad (9.3.37)'$$

したがって，伴流の相似分布を表す基礎式は

$$\int_{-\infty}^{\infty}f(\eta)\,\mathrm{d}\eta=\frac{\dot{m}}{[U_S\delta]} \qquad (9.3.38)$$

$$\frac{\mathrm{d}\eta f}{\mathrm{d}\eta}+\frac{\mathrm{d}g}{\mathrm{d}\eta}=\frac{1}{\mathrm{Re}_\delta\beta}\frac{\mathrm{d}^2f}{\mathrm{d}\eta} \qquad (9.3.39)$$

となる．ここで，$\mathrm{Re}_\delta=U_S\delta/\nu$ はレイノルズ数である．

相似則を導く際に述べたように，非粘性として考えることができるわけではないが，たとえば粘性項の寄与が小さいとした場合，式 (9.3.39) は容易に積分でき近似解を与えることができる．そこで，速度欠損や半値半幅は比例係数 A_U，A_δ を使って

$$\frac{U_S}{U_\infty}=A_U\left(\frac{x-x_0}{d}\right)^{-1/2}, \qquad \frac{\delta}{d}=A_\delta\left(\frac{x-x_0}{d}\right)^{1/2} \qquad (9.3.40)$$

とすれば，以下のように近似分布を導出することができる．

$$g(\eta)=\frac{\overline{uv}}{U_S^2}=-\frac{1}{2}\frac{A_\delta}{A_U}\eta f(\eta) \qquad (9.3.41)$$

また，レイノルズ応力成分を，式 (9.3.24) と同様に

$$\overline{u^2}=K_uk_u(\eta), \qquad \overline{v^2}=K_vk_v(\eta), \qquad \overline{w^2}=K_wk_w(\eta) \qquad (9.3.42)$$

と仮定すれば，レイノルズ応力輸送方程式に代入し相似条件を求めると，

$$K_u\propto U_S^2, \qquad K_v\propto U_S^2, \qquad K_w\propto U_S^2 \qquad (9.3.43)$$

である．速度変動を無次元化してこれまでのいくつかの実験結果[2)]を図 9.28 に示す．また，上述のように近似した場合について，$g(\eta)$ の分布と実験結果を比較した結果[2)]を図 9.29 に示す．実験結果と

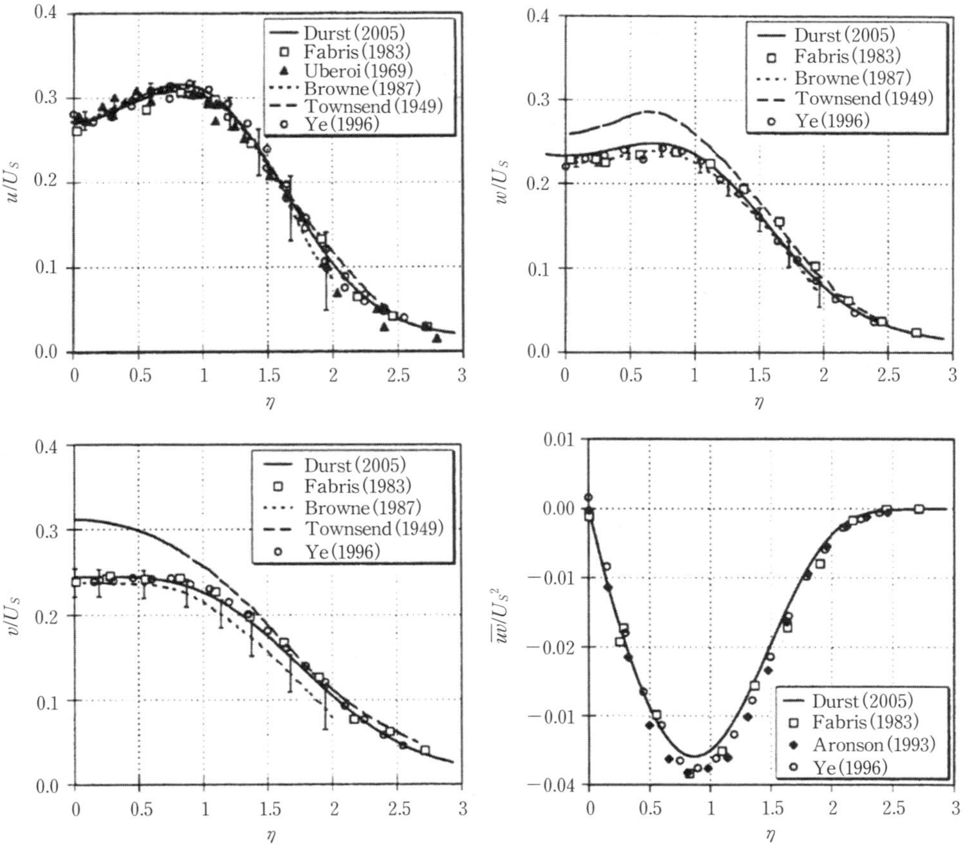

図 9.28　2 次元伴流における速度変動実験結果の比較[2)]

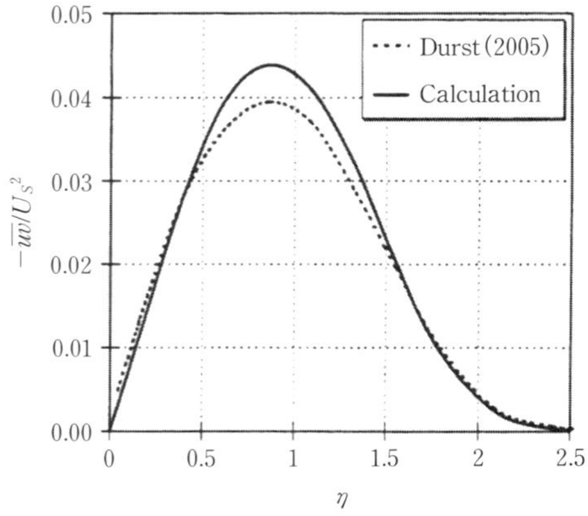

図 9.29　乱流剪断応力の実験値と計算値の比較[2)]

比較してその極値が少し大きいが，分布の特徴はよく一致している．一方，時間発展DNSで与えられた速度変動[3)]は，初期条件に大きく依存する結果が得られているので，式（9.3.37）で表される伴流の無次元成長率 β を導入して比較すると，図9.30に示すように，互いにその大きさが近づいてくることがわかり実験結果とも比較的近い分布を示すことがわかる．ただし，図9.30において，横軸は伴値幅 b_2 で無次元化されており，図9.28，図9.29の伴値半幅を用いた無次元横軸の1/2のスケールである．

乱流変動エネルギー $k(=\overline{u_k u_k}/2=\overline{q^2}/2)$ の収支は以下のように表される．

$$U_S\frac{\mathrm{d}k}{\mathrm{d}x}=-\overline{uv}\frac{\mathrm{d}U_S}{\mathrm{d}y}-\frac{\mathrm{d}\,\overline{kv}}{\mathrm{d}y}-\frac{1}{\rho}\frac{\mathrm{d}\,\overline{pv}}{\mathrm{d}y}-\varepsilon \tag{9.3.44}$$

ここで，粘性拡散項の寄与はたいへん小さいので無視する．左辺の変動エネルギーの移流項（convection）および右辺の乱流拡散項（turbulent-diffusion）においては $k=U_S^2k_q(\eta)$ と相似分布を仮定し，圧力拡散項（pressure-diffusion），散逸項（dissipation）をそれぞれ

$$\frac{1}{\rho}\frac{\mathrm{d}\,\overline{pv}}{\mathrm{d}y}=\Pi(x)\pi(\eta),\qquad \varepsilon=D(x)d(\eta) \tag{9.3.45}$$

と仮定する．相似則を満たす条件は以下のようになる．

$$\left[U_S^2\frac{\mathrm{d}U_S}{\mathrm{d}x}\right]\propto\left[U_S^3\frac{1}{\delta}\frac{\mathrm{d}\delta}{\mathrm{d}x}\right]\propto\left[\frac{R_SU_S}{\delta}\right]\propto[\Pi]\propto[D] \tag{9.3.46}$$

したがって，式（9.3.44）の移流項，生成項（production）および乱流拡散項は U_S^2/δ でスケーリングできることがわかる．図9.31は乱流エネルギー収支方程式の各項の分布を実験結果[2)]と時間発展DNS結果[3)]を U_S^3/δ でスケーリングして比較したものである．計算結果と実験結果の各項の特徴はよく一致するが，計算は実験と異なる時間発展形式でもあり，定量的一致は十分とはいいがたい．

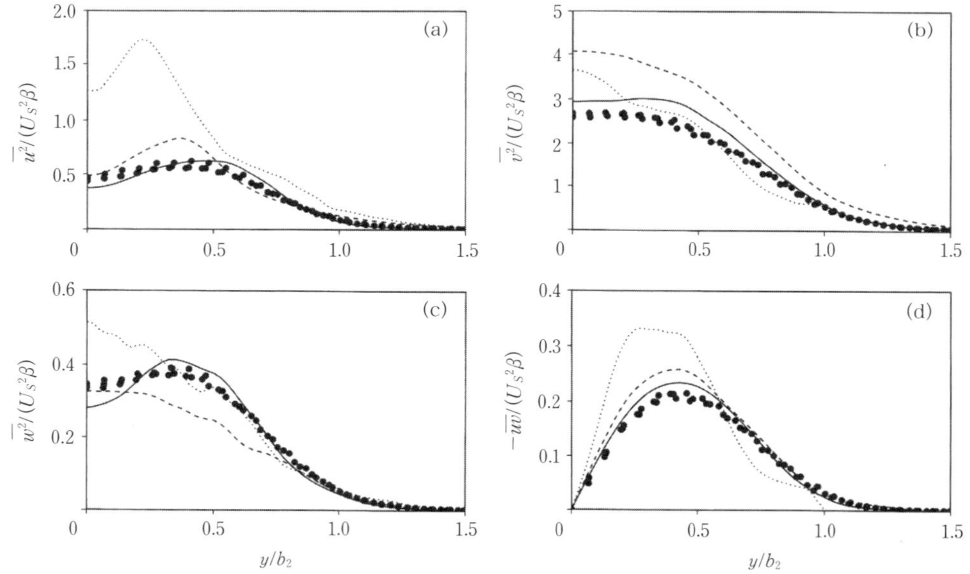

図 9.30　DNSによる時間平均速度変動結果（実線，破線，点線）と実験結果（Weygandt, Mehta[4)]）の比較

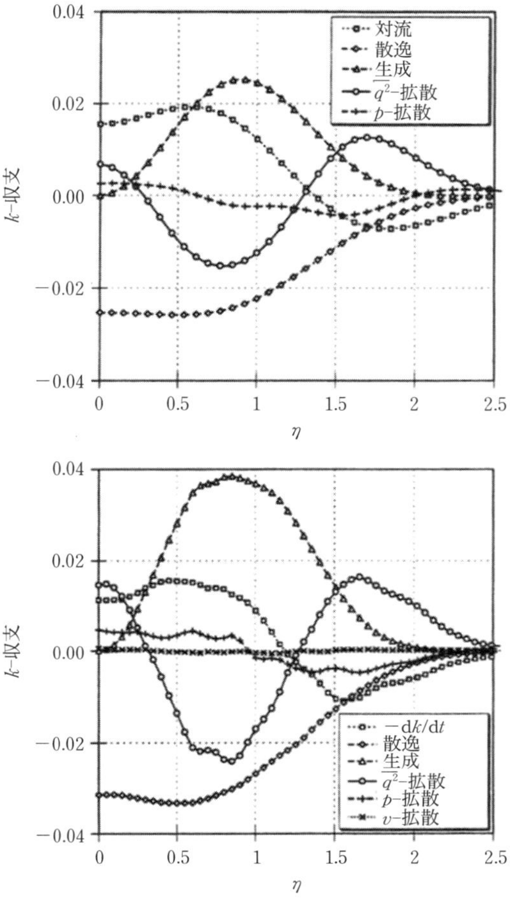

図 9.31 2次元伴流における乱流変動エネルギーの収支；実験結果[2]（上）と DNS 結果[3]（下）

c. パッシブスカラー場に対するスケーリング則

パッシブスカラーの平均値 Θ に対する輸送方程式は以下のように表される．

$$U_\infty \frac{\mathrm{d}(\Theta_\infty - \Theta)}{\mathrm{d}x} = \frac{\mathrm{d}\,\overline{v\theta}}{\mathrm{d}y} + \alpha \frac{\mathrm{d}^2(\Theta_\infty - \Theta)}{\mathrm{d}y^2} \tag{9.3.47}$$

ここで，Θ_∞ は主流におけるスカラー値である．θ はスカラー変動を表し，α はスカラーの分子拡散係数である．主流において乱流や拡散の影響がないと仮定して積分すると，

$$\frac{\mathrm{d}}{\mathrm{d}x}\int_{-\infty}^{\infty}(\Theta - \Theta_\infty)\,\mathrm{d}y = 0 \tag{9.3.48}$$

である．相似解を，相似座標 $\eta = y/\delta_\theta$ を使って

$$\Theta - \Theta_\infty = \mathrm{Sc}(x)\,\mathrm{sc}(\eta) \tag{9.3.49}$$

および

$$\overline{v\theta} = R_{v\theta} r_{v\theta}(\eta) \tag{9.3.50}$$

と仮定すると，相似条件は以下の場合である．

$$\left[U_\infty \frac{\mathrm{dSc}}{\mathrm{d}x}\right] \propto \left[U_\infty \mathrm{Sc} \frac{1}{\delta_\theta}\frac{\mathrm{d}\delta_\theta}{\mathrm{d}x}\right] \propto \left[\frac{R_{v\theta}}{\delta_\theta}\right] \propto \left[\frac{\mathrm{Sc}}{\delta_\theta^2}\right] \tag{9.3.51}$$

したがって，

$$\mathrm{Sc} \propto \frac{1}{\delta_\theta} \tag{9.3.52}$$

$$U_\infty \frac{\mathrm{d}\delta_\theta^2}{\mathrm{d}x} = \text{一定} \tag{9.3.53}$$

である．これは速度場と結果式 (9.3.29)，式 (9.3.30) と類似の結果である．したがって，

$$\delta_\theta \propto (x - x_{0\theta})^{1/2} \tag{9.3.54}$$

と与えられる．ただし，$x_{0\theta}$ はパッシブスカラー仮想原点である．　　　　**［前川　博］**

文　　献

1) C. H. K. Williamson : Ann. Rev. Fluid. Mech., **28**, 1996, 477–539.
2) T. Schenck *et al.* : Proc. of International Conference on Jets, Wake and Separated Flows, 2005, 3–13.
3) R. D. Moser *et al.* : J. Fluid Mech., **367**, 1998, 255–289.
4) J. H. Weygandt, R. D. Metha : J. Fluid Mech., **282**, 1995, 279–311.

9.4 壁　乱　流

9.4.1 壁乱流の基礎と準秩序構造

固体壁に接する乱流は壁乱流（wall turbulence）と呼ばれ，実用的に重要な乱流である．その形態は無数に存在するが，基本的な形態としては，境界層乱流と管内乱流に分けられる．この両者の大きな違いは，境界層乱流がつねに主流（非乱流部分）に接していて流れ方向に発展していくのに対し，管内乱流は，十分下流では（断面形状が一定なら）発達した状態に達する点にある．

a. 壁乱流に関する研究の歴史と現状

壁乱流に関する本格的な研究は，熱線流速計を用いた 1920 年代の実験で始まり，Dönch[1]（1926 年）によってはじめて平均流速分布が測定された．米国の NBS などでの，境界層乱流や管内乱流などの基本的な流れ系での乱れの統計量の測定[2,3]は，それまで未解明であった壁面乱流の基本的性質を明らかにした．とくに，Laufer[4]（1951 年）は，対数則領域から壁面に接するごく薄い粘性底層に至る計測を実施し，それまで未解明であった壁乱流の基本的性

質を明らかにした．1960年代には，Klineら[5]による境界層乱流の可視化実験が報告され，壁近傍にストリーク構造やバースティング現象に代表される秩序立った運動が存在することが示された[6]．また，チャネル乱流にも同様の秩序運動が発見され，従来の無秩序，ランダム性を主にした乱流の概念が大きく塗り替えられた[7]．

1970年代には，さまざまな壁乱流の計測が行われ，統計量分布がより詳細にわたって調べられた[8~11]．とくに，乱流諸量が時空間的に特有な位相関係を保って運動する流体部分を準秩序構造としてとらえることが一般化し，それらに関するさまざまな知見が蓄積された[12~16]．これらは，熱線・熱膜流速計やレーザ流速計，およびそれらの出力信号を大量かつ高速に処理するためのデジタル信号処理技術の進展に支えられた．また，VITA法をはじめとする条件付き抽出法[17,18]などの新しい信号処理法が提案され，バースティング現象の詳細，時空間特性スケールが調べられて，準秩序構造が運動量や熱の輸送に支配的な役割を果たしていることが明らかになっていった[6,19]．

1980年代に入ると，スタンフォード大学とNASA/Ames研究所の研究者を中心としてスーパーコンピュータを用いた乱流の直接数値シミュレーション（DNS）が精力的に推し進められた[20]．壁乱流のDNSは，Kimら[21]（1987年）によって，はじめて報告された．平行平板間乱流を対象とし，レイノルズ数（Reynolds number）は，壁面摩擦速度u_τ，平板間距離の半幅δと動粘性係数νで無次元化された摩擦レイノルズ数（friction Reynolds number）で$Re_\tau = u_\tau\delta/\nu = 180$であった．これは，断面内平均流速$U_b$と$2\delta$で無次元化されたバルクレイノルズ数（$Re_b = U_b(2\delta)/\nu$）で表すと$Re_b \sim 5600$程度である．平行平板間の流れが乱流に遷移するのは$Re_b \sim 3000$であるから，彼らの計算した最初の平行平板間乱流は，層流から遷移したばかりのいわば幼い乱流であるといえる．

DNSは，乱流場の動的な挙動や統計量についての詳細な情報を提供するため，乱流研究の画期的なツールとしての地位を確立していった．準秩序構造についても，コンピュータグラフィックスを用いた境界層乱流やチャネル乱流のDNSデータベースの可視化を通じて，時空間的な姿がはじめて明らかとされ，種々の構造間の位相情報が得られるようになった[22,23]．また，これを機に，壁面乱流の準秩序構造に関する知識について，研究者間のコンセンサスを得ようとする国際的な研究協力[24]も行われた．そして，実験的な観察結果の多くがDNSの計算結果において再確認されるとともに，かぎられたデータに頼らざるを得なかった実験的知見の一部が修正されてきた[25]．現在までに行われてきたDNSの歴史は，この実験とシミュレーションの間の違いを埋めようとする歴史であるといえる．

レイノルズ数が大きくなるほど，乱流渦の多重構造も複雑化し，乱流のDNSもより困難になる．平行平板間（チャネル）乱流はその境界条件の単純さゆえに，壁に接する流れ場における乱流現象の基礎データを得るための手段として，多くの研究者によって研究されている．DNSに必要なメッシュ数Nは，レイノルズ数の約3乗（Re_τ^3）に比例する．これは，微細な渦構造は，壁近傍で最も細かく，この寸法は後述するように壁面量（一般に＋で示される無次元量，後述）によってスケーリングされるためである．最初のDNSが行われて以来，急速に発達を遂げてきた大型計算機の恩恵にあずかりながら，より現実的な，すなわちより高いレイノルズ数の計算が試みられてきた．比較的高いレイノルズ数のDNSは，わが国ではその良好な計算機環境に支えられて，Tanahashiら[26]が$Re_\tau = 800$，Abeら[27]が$Re_\tau = 1020$，SatakeとKunugi[28]が$Re_\tau = 1100$，長田ら[29]が$Re_\tau = 1300$，Iwamotoら[30]が$Re_\tau = 2320$までのDNSをそれぞれ実施している．$Re_\tau = 2320$の場合，$Re_b \approx 103000$となり，約20年間で2桁高いバルクレイノルズ数のDNSを実施できるまでになった．また，ウェブサイト[31~33]にDNSデータベースが公開されており，さまざまなDNSデータを利用して研究に供することが可能となっている．国外ではMoserら[34]が$Re_\tau = 590$，HoyasとJiménez[35]が$Re_\tau = 2000$までの計算をそれぞれ実施している．

一方，実験研究の分野での新しい展開として，デジタル画像処理機器の急速な発展とともに可視化技術によって流れ場の計測を行うことが可能になり[36,37]，2点相関テンソルをはじめ，乱流の空間構造の情報が得られるようになった[38~40]．また，高レイノルズ数乱流場の計測も実施され，乱流統計量のレイノルズ数依存性に関して報告がなされている[41]．近年では，広領域の可視化技術が発展し，チャネルの半幅程度のスケールを有する大規模な秩序構造の存在がわかってきた[42,43]．高レイノルズ数では，壁近傍の秩序構造と大規模構造のスケールが大きく離れるが，これらの構造間の干渉など，詳細な力学メカニズムは依然として不明な点が多い．

b. 壁乱流の基礎

図 9.32 に平均速度分布の模式図を示す．壁面近くの流れは，壁面上で速度が 0 となるため，乱れのスケールが小さくなり，粘性の影響が著しくなる．この層を内層（inner layer）と呼ぶ．一方，壁面遠方では，慣性力が流体運動に支配的役割を果たしており，ここを外層（outer layer）と呼ぶ．次元解析より，それぞれの層での平均速度分布は次式で表現できる．

$$\bar{u}^+ = f(y^+)$$ 壁法則（law of the wall）：内層　(9.4.1)

$$\frac{u_0 - \bar{u}}{u_\tau} = g(y/\delta)$$ 速度欠損則（velocity defect law）：外層　(9.4.2)

ここで，$\bar{u}^+ = \bar{u}/u_\tau$，$y^+ = u_\tau y/\nu$，$u_\tau = \sqrt{\tau_w/\rho}$：摩擦速度（friction velocity），$\tau_w = \mu \partial u/\partial y|_{y=0}$：壁面剪断応力，$\rho$：密度，$\mu$：粘性係数，$y$：壁からの距離，$u_0$：壁面遠方の代表速度，$\delta$：代表長さ，上付＋は壁面量（wall unit，内層パラメータである u_τ と ν で無次元化した量）である．

これらの二つの領域は，一般に乱流が現れる高レイノルズ数で部分的にオーバーラップすると仮定すると，式（9.4.1），(9.4.2) より以下の関係式を得る（それぞれを y で微分し，$\mathrm{d}\bar{u}/\mathrm{d}y$ を等しいとおく）．

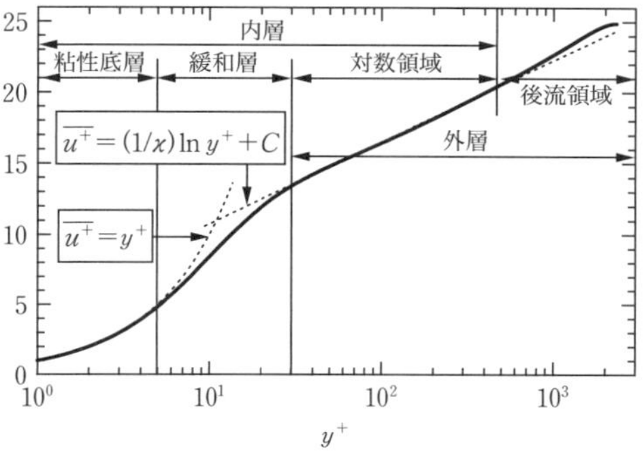

図 9.32　壁乱流の平均速度分布の模式図

$$y^+ \frac{\mathrm{d}f(y^+)}{\mathrm{d}y^+} = -y/\delta \frac{\mathrm{d}g(y/\delta)}{\mathrm{d}y/\delta} \quad (9.4.3)$$

ここで，左辺は y^+ のみの関数であり，一方，右辺は y/δ のみの関数である．これらが等しくなるには，両者が y^+ にも y/δ によらない一定値である必要があり，これを $1/\varkappa$ とおき，y^+ で積分すると以下の速度分布式を得る．

$$\bar{u}^+ = \frac{1}{\varkappa}\ln y^+ + C$$ （壁法則における）対数則 (log law)　(9.4.4)

$$\frac{u_0 - \bar{u}}{u_\tau} = -\frac{1}{\varkappa}\ln(y/\delta) + C'$$
速度欠損則における対数則　(9.4.5)

ここで，$\varkappa$ はカルマン（von Kármán）の普遍定数と呼び，実験結果から $\varkappa = 0.4 \sim 0.41$，また定数は $C = 5.0 \sim 5.5$，$C' \approx 2.5$ が得られている．C の値は円管内乱流，平行平板間乱流，境界層において異なる．対数則は式（9.4.4），(9.4.5）の二つ得られるが，通常式（9.4.4）を対数則と呼ぶ．

一方，壁のごく近傍では，粘性の作用が支配的であり，この層を粘性底層（viscous sublayer）と呼ぶ．このとき，$\tau_w = \mu \partial u/\partial y$ を y で積分することにより，粘性底層内の平均速度分布は，次式の直線分布式となる．

$$\bar{u}^+ = y^+ \quad (9.4.6)$$

粘性底層内の平均速度分布式（9.4.6）は，$0 < y^+ < 5$ でよく成立する．対数則である式（9.4.4）は，$30 < y^+ < (0.1 \sim 0.2)\delta^+$ で成立し，これを対数領域（logarithmic layer）と呼ぶ．この二つの領域の間（$5 < y^+ < 30$）には，緩和層（buffer layer）が存在する．対数領域より壁から離れた領域（$(0.1 \sim 0.2)\delta^+ < y^+ < \delta^+$）では，大きなスケールの渦運動によって流体運動が支配され，速度分布は対数則から外れ，この領域を境界層では伴流領域・後流領域（wake region），管内流では乱流コア領域（turbulent core region）と呼ぶ．これらの領域のうち，粘性底層・緩和層・対数領域を内層，対数領域・後流（伴流，乱流コア）領域を外層と呼んでいる．

次に，レイノルズ応力と壁面摩擦係数の関係について述べる[44]．9.4.3 項の平行平板間乱流について流量が一定の場合を考える．9.4.3 項の式（9.4.44）を $2U_b$ と δ で無次元化（上付＊で表す）し直すと，下記の式を得る．

$$\frac{C_\mathrm{f}}{8}(1-y^*)=-\overline{u'^*v'^*}+\frac{1}{\mathrm{Re_b}}\frac{\mathrm{d}\bar{u}^*}{\mathrm{d}y^*} \tag{9.4.7}$$

ここで，C_f は以下で定義される壁面摩擦係数である．

$$C_\mathrm{f}\equiv\frac{\tau_\mathrm{w}}{(1/2)\rho U_\mathrm{b}}=\frac{8}{\mathrm{Re_b}}\frac{\mathrm{d}\bar{u}^*}{\mathrm{d}y^*}\bigg|_{y^*=0} \tag{9.4.8}$$

式 (9.4.7) をさらに $y^*=0$ から y^* まで積分すると下記の平均流速 $\bar{u}^*$ に関する式を得る．

$$\bar{u}^*=\mathrm{Re_b}\left[\frac{C_\mathrm{f}}{8}\left(y^*-\frac{(y^*)^2}{2}\right)-\int_0^{y^*}(-\overline{u'^*v'^*})\,\mathrm{d}y\right] \tag{9.4.9}$$

式 (9.4.9) を $y^*=0$ から平行平板間中央 ($y^*=1$) まで積分すると流量に関する次式を得る．

$$\frac{1}{2}=\mathrm{Re_b}\left[\frac{C_\mathrm{f}}{24}-\int_0^1\int_0^{y^*}(-\overline{u'^*v'^*})\,\mathrm{d}y\mathrm{d}y^*\right] \tag{9.4.10}$$

ここで，無次元化されたバルク流速の関係式 ($U_\mathrm{b}^*=1/2$) を用いた．右辺第2項の重積分は部分積分を用いることで簡素化される．

$$\begin{aligned}&\int_0^1\int_0^{y^*}(-\overline{u'^*v'^*})\,\mathrm{d}y\mathrm{d}y^*\\&=\left[y^*\int_0^{y^*}(-\overline{u'^*v'^*})\,\mathrm{d}y\right]_0^1\\&\quad-\int_0^1 y^*(-\overline{u'^*v'^*})\,\mathrm{d}y^*\\&=\int_0^1(1-y^*)(-\overline{u'^*v'^*})\,\mathrm{d}y^*\end{aligned} \tag{9.4.11}$$

式 (9.4.11) を式 (9.4.10) に代入し，C_f についてまとめると次式を得る．

$$C_\mathrm{f}=\frac{12}{\mathrm{Re_b}}+12\int_0^1 2(1-y^*)(-\overline{u'^*v'^*})\,\mathrm{d}y^* \tag{9.4.12}$$

この式（著者ら[44]の名前より FIK 恒等式と呼ぶことがある）は壁面摩擦係数が，よく知られた発達した平行平板間層流の摩擦係数と同じ値をもつ層流寄与項 $12/\mathrm{Re_b}$（右辺第1項）と，乱流寄与項（右辺第2項）に分解されることを示す．乱流寄与項はレイノルズ応力の重み付積分で与えられ，その重みは壁面からの距離により線形に減少する．乱流寄与項は，通常のレイノルズ応力の分布より内層においてより大きな値をもち，内層におけるレイノルズ応力が壁面摩擦係数に大きく貢献する．

同様の導出方法により，円管内乱流，乱流境界層についてそれぞれ下記の式を得る[44]．

$$C_\mathrm{f}=\frac{16}{\mathrm{Re_b}}+16\int_0^1 2r^*\overline{u_r'^*v_z'^*}\,r^*\mathrm{d}r^* \tag{9.4.13}$$

$$C_\mathrm{f}=\frac{4(1-\delta_d^*)}{\mathrm{Re}_\delta}+2\int_0^1 2(1-y^*)(-\overline{u'^*v'^*})\,\mathrm{d}y^* \tag{9.4.14}$$

円管内乱流において，r^* は円管中心からの半径方向距離（半径を用いた無次元化），u_r' は半径方向の速度変動，u_z' は主流方向の速度変動である．乱流境界層では，δ_d^* は境界層の排除厚さ（99% 境界層厚さを用いた無次元化）であり，速度の無次元化には主流速度を用いる．式 (9.4.12) と同様に，それぞれの右辺第1項は発達した層流の摩擦係数と同じ値をもつ層流寄与項であり，右辺第2項は乱流寄与項である．円管内乱流の重み (r^2) は他の系と異なり，内層におけるレイノルズ応力の壁面摩擦係数への寄与が大きくなる．

c. 乱流準秩序構造

前述のように，デジタル画像処理器機による可視化技術や DNS データベースを利用した壁乱流の構造解析が進展するとともに，従来プローブ測定などから時系列的に把握されていた壁乱流の挙動に対して，それらをもたらす空間的な構造（トポロジー）の理解に重点が置かれるようになった．Kline と Robinson[24] は，従来の研究と自らの DNS データベースの観察から，境界層乱流の準秩序構造の分類を行った．乱流中の準秩序構造，および構造間の力学的相互作用の解明は，乱流の輸送機構を理解するうえで重要である．

以下，現在までに報告されている壁乱流における準秩序構造について概説する．

1) ストリーク構造　ストリーク構造(streaky structures) は，流れの可視化で最も明瞭に観察できる構造で，境界層乱流の壁面近傍において，低速・高速の流体がスパン方向に並ぶ縞状の構造である（図 9.33）．低速部（低速ストリーク）は壁から離れるにつれて幅が狭く流れ方向に引き伸ばされ，逆に高速ストリークは壁におしつけられ幅が広く流れ方向に短い構造となっている．低速ストリークのスパン方向間隔の分布は対数正規分布に近く，平均間隔は境界層，管内流を問わず $100\,\nu/u_\tau$ 程度[45]，流れ方向の長さは $1000\,\nu/u_\tau$ 以上にも及ぶ．低速ストリークが外層に向かって放出され，強いレイノル

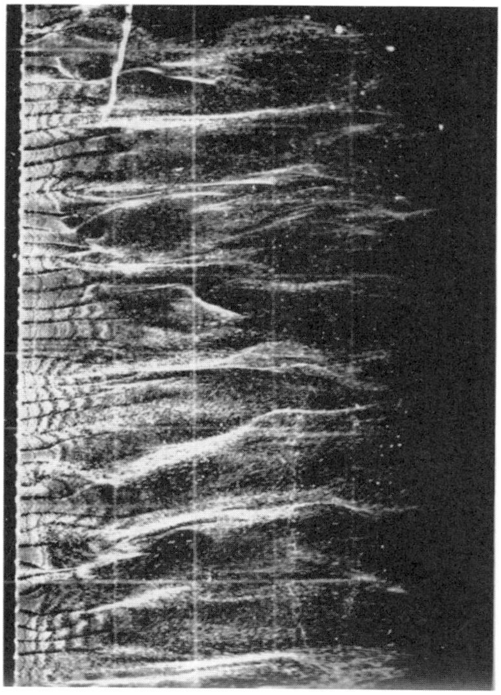

図 9.33　境界層乱流における水素気泡法を用いたストリーク構造の可視化[5]（壁に平行な断面，水素気泡法の電極線は壁近傍 $y^+ \approx 4.5$ に設置）

ズ応力を生成する，いわゆるバースティングの平均的な時間間隔が，内外層のどちらのパラメータによって適切に整理されるかについては長く議論が続いたが[46]，低レイノルズ数の範囲（$Re_\theta = 300 - 1410$，Re_θ は運動量厚さ θ と主流速度に基づくレイノルズ数）では内層パラメータで整理されている[47]．

ストリーク構造は，著しく強い剪断を受けた流体層で生じる運動パターンであり，壁面のない一様剪断流や，気液界面においても，剪断速度が壁面乱流と同程度に大きい場合に現れることが知られている[48,49]．逆に，剪断の弱い壁面乱流では消失する[49,50]．ストリーク構造は，$Re_\theta = 1.5 \times 10^6$ の高レイノルズ数においても確認されている[51]．熱輸送を伴う流れでは，速度場のストリーク構造に対応して，低温，高温の温度ストリークが存在する[52]．

2) 渦構造　渦構造（vortical structures）とは回転運動している構造をさす．Robinson[22] は境界層乱流の DNS のデータベース[53] の可視化をもとに，渦構造を「渦中心の対流速度で移動する座標系からみたときに，中心軸に垂直な平面に投影した瞬時の流線が大まかに円形あるいはらせん状を描く構造」と定性的に定義した．しかし，乱流中には非定常性が強く，また3次元的に複雑な形状で，さまざまの大きさの渦構造が存在するため，一般性をもって定量的に同定することは困難である．多くの研究によって[22,23,54,55]，スカラー量を基準とした定量的な渦の同定が行われ，a) 低圧領域，b) 乱れエネルギー散逸率，c) エンストロフィー，d) 変形速度テンソルの第2不変量などを瞬時の速度ベクトルと比較し，a) や d) は渦運動とよく対応することが報告されている．しかし，低圧領域による同定は，用いる閾値に大きく依存する結果となる．一方，変形速度テンソルの第2不変量 II は圧力のラプラシアンに相当し，局所的に圧力が最小となる領域と一致する[54]．図 9.34 に II を用いて同定した壁近傍の渦構造を示す．この手法で同定された渦構造は，流れ方向に軸をもち，回転する速度ベクトルを有し，縦渦と呼ばれる．縦渦は，壁面近傍で最も発生頻度が高く，その空間スケールは直径 25〜35 ν/u_τ，流れ方向長さは 150〜300 ν/u_τ であり，低速ストリークの長さより短い[23]．これらの渦構造は，壁面から 100 ν/u_τ 程度の高さまで到達するが，寿命は比較的長く，その形状をほぼ保って流れ方向に 1000 ν/u_τ 以上にわたって流下する．

上述の渦同定に用いられるスカラー量の閾値には任意性がある．これを避けるために，Lumley[57] は「流れ場の乱れエネルギーが平均的に最大になる」という条件で変動速度成分を直交分解し，特徴的な渦を定義する正規直交分解（proper orthogonal decomposition, POD，あるいは Karhunen-Loève decomposition, KL 分解）を乱流に適用した．Moin と Moser[58] は壁乱流の DNS に KL 分解を適用させ，渦の特徴的スケールを見積もった．Webber ら[59] も同様の手法により，ストリーク構造と縦渦

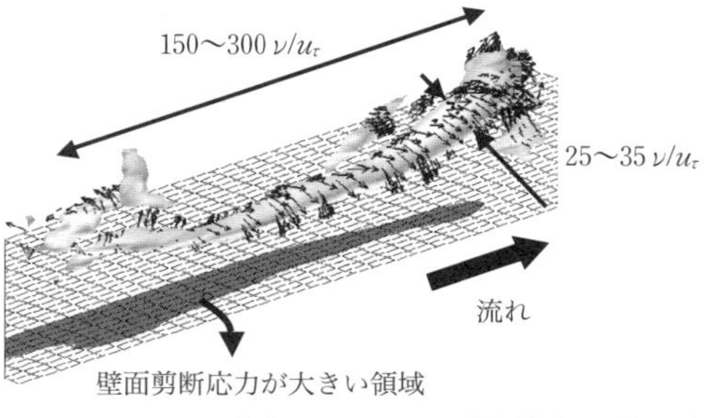

図 9.34　チャネル乱流 DNS における縦渦構造の可視化[56]（縦渦構造は $II^+ = -0.03$ の等値面で定義）

構造の間のエネルギーのやりとりを定量的に示した．近年，Tanahashi ら[60] は「ある点の周りの流体要素の明確な回転運動」を微細な渦構造の定義とした．これにより定義された微細渦は，流れ場やレイノルズ数が異なっても，コルモゴロフスケールと変動速度の rms 値を用いてスケーリングされることを示した[26]．

図 9.35 に壁からの距離によって渦構造がどのように変化するかを概念的に示す[25]．緩和（遷移）層では，流れ方向に軸をもち壁面と浅い角度をなす縦渦が，後流領域ではスパン方向に軸をもつアーチ型の渦がそれぞれ支配的であり，対数領域ではこれらの渦が混在する．従来指摘されていた左右対称のヘアピン渦はきわめて少なく，ほとんどの渦構造はスパン方向に非対称である．また，渦構造の形態はレイノルズ数にも依存する[25,30,61,62]．ストリーク構造は線形力学機構に支配されているが，他方，渦構造は非線形機構によって生成されると報告されている[48]．

渦構造に付随する現象はいくつか存在する．まず，渦構造の回転運動により，壁面近傍の低速流体が壁面より離れる運動（イジェクション，Q2 イベント），逆に壁面より離れた位置の高速流体が壁面に向かう運動（スウィープ，Q4 イベント）があげられる（図 9.36）．これらは，レイノルズ剪断応力を形成する二つの速度変動成分の 4 象限解析によって定義される[17]．スウィープでは，高速流体が壁面に押し付けられるため，壁面摩擦抵抗が局所的に大きくなる．発生頻度は，粘性底層ではイジェクションが多く，逆に緩和層より外側ではスウィープが多い．これに対して，レイノルズ剪断応力に対する寄与は，$y^+=12$ を境に，壁側ではスウィープ，外側ではイジェクションが支配的となる[21]．イジェクションにより低速流体が壁面より離れた位置での高速

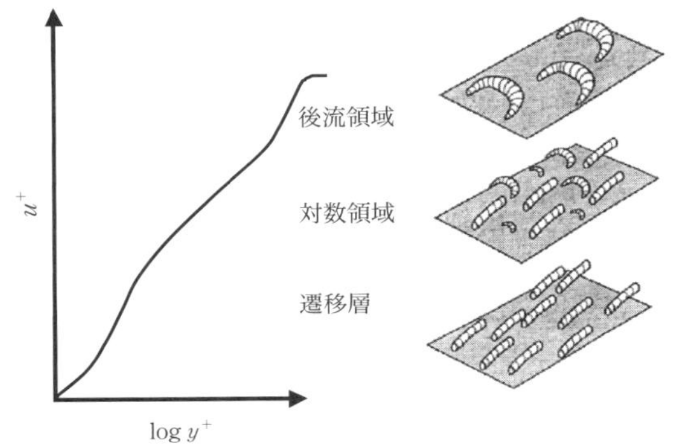

図 9.35　壁乱流の渦構造の概念図[22]

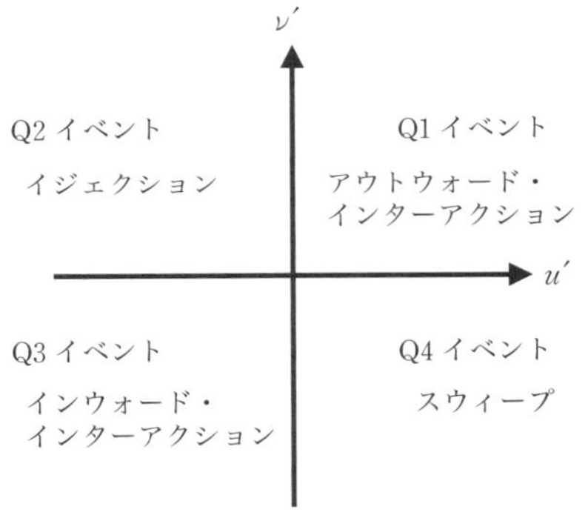

図 9.36　レイノルズ剪断応力の 4 象限解析[17]

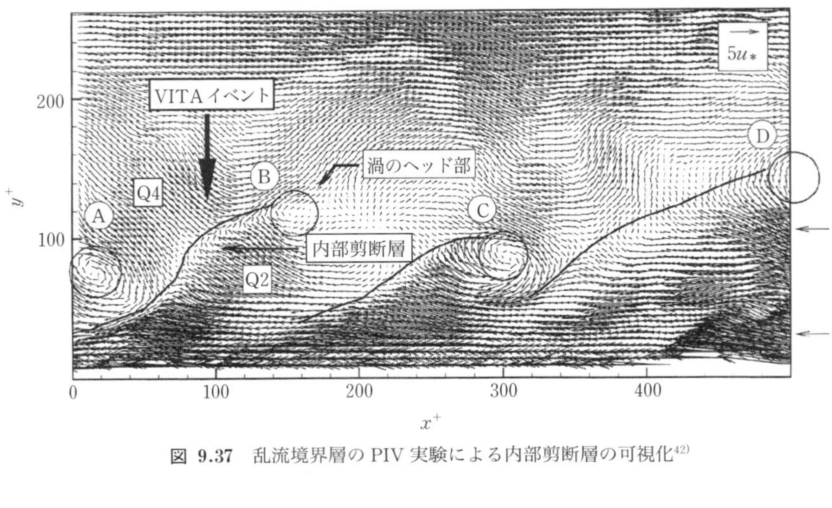

図 9.37　乱流境界層の PIV 実験による内部剪断層の可視化[42]

な流体と衝突することにより，熱・物質の拡散に大きく寄与する[23]．これらの構造は，渦運動に付随して起こる現象であることが示されている[22,23]．

壁面近傍から対数領域の下部にかけては，壁面に浅い角度で延びて形成される強いスパン方向渦度を伴う層（内部剪断層）が形成される[5,6,42,63]．従来，条件付き抽出法の一つであるVITA法でとらえられていた．図9.37に実験結果を示すが，渦構造によるイジェクション運動によって持ち上がる低速流体と，上空の高速流体との境目に存在することが知られており，強いレイノルズ応力と乱れエネルギーの散逸を伴う[22,23,63]．また，内部剪断層の下流側先端には，スパン方向に軸をもつ渦が確認される．

3) 大規模構造　大規模構造（large-scale structures）は，直径が境界層厚さ程度のスパン方向に軸を有するゆっくりとした回転運動を指し，境界層外層に特有の3次元的な構造である[42,43,64,65]．乱流領域と層流領域の間の界面はしばしば深い谷をもち，境界層厚さの25%程度まで壁近くに入り込む（図9.38，第1章での図1.1）．また，外層領域では，流れ方向速度の異なる大スケールの流体塊が時空間的にランダムに生じ，界面で大きなスリップ速度をもつことが報告されている[66]．

管内流においては，乱流コア領域に大スケールの運動が存在している．チャネル乱流DNSにおける流れ方向に垂直な断面の可視化を図9.39に示す．大規模構造が壁近傍からチャネル中央にわたって存在していることがわかる．壁からある程度離れた領域では（$y/\delta>0.2$），スパン方向スケールがほぼ一様な構造が支配的であることがわかる．図9.39(b)に，その一部を拡大した可視化を示す．スパン方向間隔が約$100\,\nu/u_\tau$であるストリーク構造はごく壁近傍（$y^+<30$）にのみ存在するが，大規模構造は$y^+<30$においても存在することが確認される．また，図中央の$y/\delta<0.2$では，さまざまなスパン方向スケールを有する構造が存在し，そのスケールは壁からの距離とともに増加しており，低速・高速の両領域の階層構造が存在している[30,42]．

d. 乱流の準秩序構造間の力学的相互作用

壁近傍の準秩序構造間の力学相互作用に対して多くのモデルが提唱されているが[67~70]，Hamiltonら[71]のモデルが最も広く受け入れられている（図9.40）．彼らは壁近傍の乱流構造の再生サイクルを，三つの状態として定義した．すなわち，ストリーク構造，流れ方向に非一様な構造，縦渦構造である．ストリーク構造はそれ自体の不安定により，崩壊し，流れ方向に非一様な構造となる．その後，非線形相互作用により渦構造の生成が起こり，縦渦構造が形成される[48]．縦渦構造の存在によりスウィープイジェクションモードが誘引され，それに伴いストリーク構造が形成され，サイクルが完了する．彼らは，乱流構造が維持される最小計算領域のチャネル流（ミニマルチャネル流[72]）のDNSを用いてこのようなモデル機構を提案した．ミニマルチャネル流では渦構造が最少数しか存在しないが，壁近傍の乱流統計量が一般的な壁乱流のそれと類似するた

図 9.38　$Re_\theta\approx3500$の境界層実験における大規模構造[65]（流れ方向は左から右）

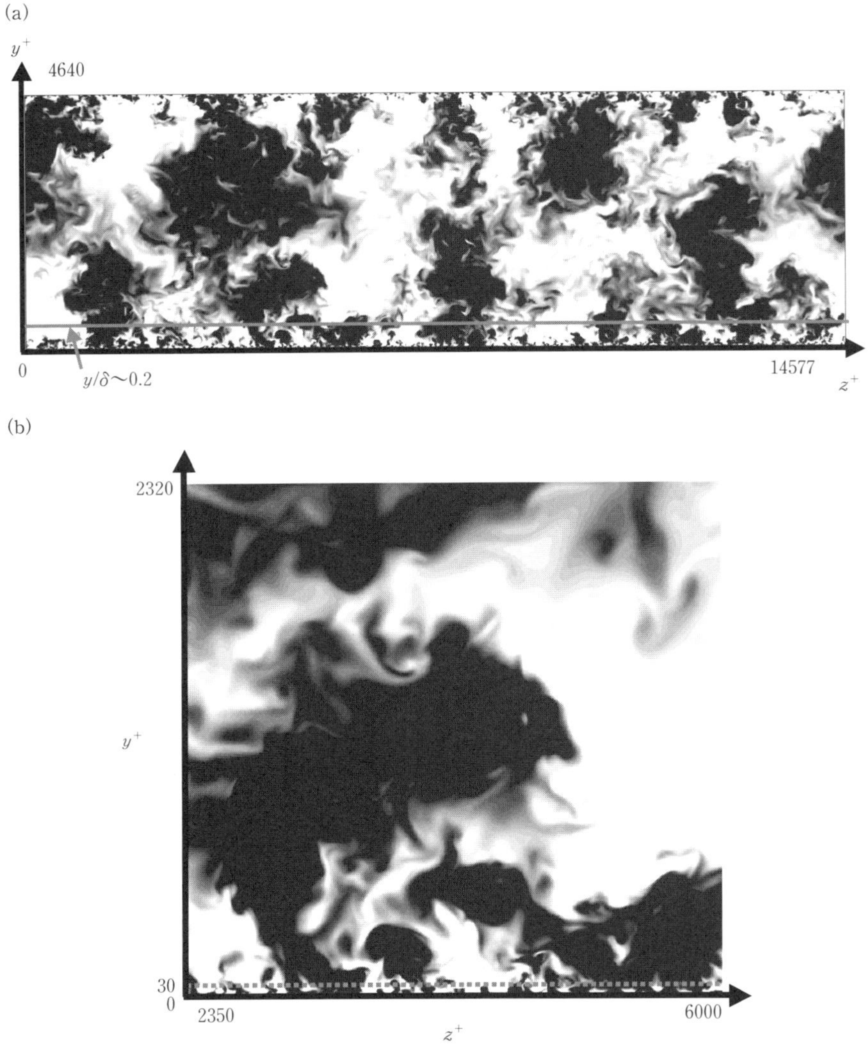

図 9.39　チャネル乱流 DNS（$\mathrm{Re}_\tau=2320$）における流れ方向に垂直な断面での u' の等値線図[30]（白は流速が速い領域（$u'^+>1$），黒は流速が遅い領域（$u'^+<-1$）：(a) 全体図，(b) 拡大図）

め[72]，本質的な乱流機構を呈示していると考えられている．

Jimenez と Pinelli[73] はミニマルチャネル流を用いて壁近傍準秩序構造の自立性を報告している．彼らは，$\mathrm{Re}_\tau=200$ において，$y^+>60$ の乱れを仮想的にダンピングしても壁近傍の乱流構造は維持され，逆に $y^+<60$ の乱れをダンピングすると壁から離れた構造も弱まり，流れ場全体が層流化することを発見した．この研究により，壁近傍の構造は外層構造によらず自立的であることが示される．ただし，彼らの DNS のレイノルズ数は低く，外層の大規模構造が壁近傍の乱流構造がないと維持されないと直ち

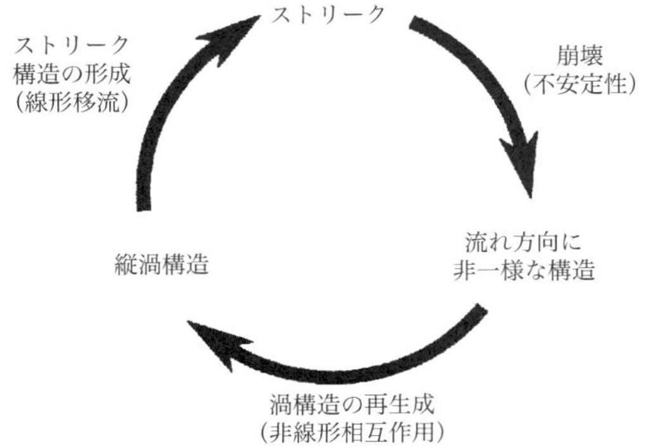

図 9.40　壁近傍の準秩序構造間の力学的相互作用の概念図[17]

に結論できないので注意が必要である.

近年,外層において大規模低速構造に渦構造が集まる現象(渦構造のクラスター化)が報告されている.Adrianら[42]は渦構造は流れ方向に連なって集まっていることからパケット構造と呼んでいる.Zhouら[74]は低レイノルズ数のDNSを用いて,仮想的に壁近傍に一対の渦対を時間発展させると上記と類似の渦のパケット構造が現れることを示している.しかし,高レイノルズ数の低速大規模構造と渦構造のクラスター化の関係については依然として明らかでない. [岩本 薫・笠木伸英]

文 献

1) F. Dönch : Forsch.-Arb. Geb. Ing.-Wes., **282**, 1926.
2) P. S. Klebanoff : National Advisory Committee for Aeronautics, Rep., **1247**, 1954.
3) J. Laufer : National Advisory Committee for Aeronautics, Rep., **1174**, 1954.
4) J. Laufer : National Advisory Committee for Aeronautics, Tech. Note, **2123**, 1951, 1247-1266.
5) S. J. Kline *et al.* : J. Fluid Mech., **30**, 1967, 741-773.
6) H. T. Kim *et al.* : J. Fluid Mech., **50**, 1971, 133-160.
7) G. Comte-Bellot : Publications Scientifiques et Techniques du Ministère de l'Air, **419**, 1965.
8) K. Hanjalić, B. E. Launder : J. Fluid Mech., **51**, 1972, 301-335.
9) H. Eckelmann : J. Fluid Mech., **65**, 1974, 439-459.
10) A. K. M. F. Hussain, W. C. Reynolds : Trans. ASME, J. Fluid Eng., 1975, 568-580.
11) 菱田幹雄ほか:日本機械学会論文集(B編),**44**, 1978, 126-134.
12) S. Rajagopalan, R. A. Antonia : Phys. Fluids, **22**, 1979, 614-622.
13) H. P. Kreplin, H. Eckelmann : J. Fluid Mech., **95**, 1979, 305-322.
14) H. P. Kreplin, H. Eckelmann : Phys. Fluids, **22**, 1979, 1233-1239.
15) B. J. Cantwell : Ann. Rev. Fluid Mech., **13**, 1981, 457-515.
16) D. R. Carlson *et al.* : J. Fluid Mech., **121**, 1982, 487-505.
17) W. W. Willmarth, S. S. Lu : J. Fluid Mech., **55**, 1972, 65-92.
18) R. F. Blackwelder, R. E. Kaplan : J. Fluid Mech., **76**, 1976, 89-112.
19) 長野靖尚ほか:日本機械学会論文集(B編),**53**, 1987, 2167-2173.
20) U. Schumann, R. Friedrich : Advances in Turbulence (G. Comte-Bellot, J. Mathieu eds.), Springer, 1987, 88-104.
21) J. Kim *et al.* : J. Fluid Mech., **177**, 1987, 133-166.
22) S. K. Robinson : NASA TM, **103859**, 1991.
23) N. Kasagi *et al.* : Int. J. Heat Fluid Flow, **16**, 1995, 2-10.
24) S. J. Kline, S. K. Robinson : Near-wall Turbulence (S. J. Kline, N. H. Afgan eds.), Hemisphere, 1990, 200-217.
25) S. K. Robinson : Ann. Rev. Fluid Mech., **23**, 1991, 601-639.
26) M. Tanahashi *et al.* : Proc. 3 rd Int. Symp. on Turbulence and Shear Flow Phenomena, 2003, 9-14.
27) H. Abe *et al.* : Int. J. Heat Fluid Flow, **25**, 2004, 404-419.
28) S. Satake, T. Kunugi : Proc. 3 rd Int. Symp. on Turbulence and Shear Flow Phenomena, 2003, 479-481.
29) 長田將明ほか:第18回数値流体力学シンポジウム, 2004, A 3-2.
30) K. Iwamoto *et al.* : Proc. 6 th Symp. Smart Control of Turbulence, 2005, 327-333.
31) http://murasun.me.noda.tus.ac.jp/db/index.html
32) http://www.thtlab.t.u-tokyo.ac.jp/
33) http://heat.mech.nitech.ac.jp/
34) R. D. Moser *et al.* : Phys. Fluids, **11**, 1999, 943-945.
35) S. Hoyas, J. Jiménez : Phys. Fluids, **18**, 2006, 011702.
36) R. J. Adrian : J. Fluid Mech., **23**, 1991, 261-304.
37) N. Kasagi, K. Nishino : Exp. Therm. Fluid Sci., **4**, 1991, 601-613.
38) A. V. Johansson, P. H. Alfredsson : J. Fluid Mech., **122**, 1982, 295-314.
39) 西野耕一,笠木伸英:日本機械学会論文集(B編), **525**, 1990, 1338-1346.
40) M. A. Niederschulte *et al.* : Exp. Fluids., **9**, 1990, 222-230.
41) T. Wei, W. W. Willmarth : J. Fluid Mech., **204**, 1989, 57-95.
42) R. J. Adrian *et al.* : J. Fluid Mech., **422**, 2000, 1-54.
43) C. D. Tomkins, R. J. Adrian : J. Fluid Mech., **490**, 2003, 37-74.
44) K. Fukagata *et al.* : Phys. Fluids, **14**, 2002, L 73-L 76.
45) C. R. Smith, S. P. Metzler : J. Fluid Mech., **129**, 1983, 27-54.
46) T. S. Luchik, W. G. Tiederman : J. Fluid Mech., **174**, 1987, 529-552.
47) J. Kim, P. R. Spalart : Phys. Fluids, **30**, 1987, 3326-3328.
48) M. J. Lee *et al.* : J. Fluid Mech., **216**, 1990, 561-583.
49) K. Lam, S. Banerjee : Phys. Fluids A, **4**, 1992, 306-320.
50) A. Kuroda *et al.* : Turbulent Shear Flows 9 (F. Durst *et al.* eds.), Springer, 1995, 241-257.
51) J. C. Klewicki : Phys. Fluids, **7**, 1995, 857-863.
52) Y. Iritani *et al.* : Turbulent Shear Flows 4 (L. J. S. Bradbury *et al.* eds.), Springer, 1984, 223-234.
53) P. R. Spalart : J. Fluid Mech., **187**, 1988, 61-98.
54) J. Jeong, F. Hussain : J. Fluid Mech., **285**, 1995, 69-94.
55) H. Miura, S. Kida : J. Phys. Soc. Japan, **66**, 1997, 1331-1334.
56) K. Iwamoto *et al.* : Int. J. Heat Fluid Flow, **23**, 2002, 678-689.
57) J. L. Lumley : Appl. Math. Mech., **12**, 1970, Academic.
58) P. Moin, R. Moser : J. Fluid Mech., **200**, 1989, 471-509.
59) G. A. Webber *et al.* : Phys. Fluids, **9**, 1997, 1054-1066.
60) 店橋 護ほか:日本機械学会論文集(B編), **638**, 1999, 8-15.
61) M. R. Head, Bandyopadhyay : J. Fluid Mech., **107**, 1981, 297-338.
62) H. Abe *et al.* : J. Fluid Eng., Trans. ASME, **126**, 2004,

835-843.
63) A. V. Johansson *et al.*: J. Fluid Mech., **224**, 1991, 597-599.
64) G. L. Brown, S. W. Thomas: Phys. Fluids, **20**, 1977, S 243-S 252.
65) T. Corke *et al.*: An Album of Fluid Motion (M. V. Dyke ed.), The Parabolic Press, Stanford, California, 92.
66) C. D. Meinhart, R. J. Adrian: Phys. Fluids, **7**, 1995, 694-696.
67) J. W. Brooke, T. J. Hanratty: Phys. Fluids, **A 5**, 1993, 1011-1021.
68) A. V. Johansson *et al.*: J. Fluids Mech., **224**, 1994, 579-599.
69) F. Waleffe: Phys. Fluids, **9**, 1997, 883-900.
70) J. Jeong *et al.*: J. Fluid Mech., **332**, 1997, 185-214.
71) J. M. Hamilton *et al.*: J. Fluid Mech., **287**, 1995, 317-348.
72) J. Jimenez, P. Moin: J. Fluid Mech., **225**, 1991, 213-240.
73) J. Jimenez, A. Pinelli: J. Fluid Mech., **389**, 1999, 335-359.
74) J. Zhou *et al.*: J. Fluid Mech., **387**, 1999, 353-396.

9.4.2 円　管　流

a. 円管流の基本的特性

1) 円管流の概要　円管流では，$\mathrm{Re}_d = U_b d/\nu$（$d$：管内径，$U_b$：断面平均速度）で定義されるレイノルズ数がおおよそ2300以下であれば入口条件によらず層流になる．これはO. Reynoldsの有名な実験（1883年）による発見である．円管入口での乱れをきわめて小さくできれば，これより1桁高いレイノルズ数でも層流が維持されることが知られている．つまり，$\mathrm{Re}_d = 2300$は，自然界で通常みられる程度の主流乱れで乱流への遷移が発生する目安を与えている．

円管流は内部流である．このために，入口から十分に下流では速度分布が不変となる完全発達流（fully developed flow）が存在しうる．平板境界層と対比するとき，発達流の存在が円管流の重要な特徴である．図9.41に示すように，円管入口から発達流に至るまでの上流部は速度助走域と呼ばれる．円管流が完全に発達するには，乱流の場合に，少なくとも管内径dの100倍程度の助走域が必要である．ただし，この値は管入口での流入状態などに依存することが知られている．

管壁が加熱または冷却されると，図9.41のように温度境界層が発達する．よく用いられる加熱・冷却条件は，等温壁もしくは等熱流束壁である．温度

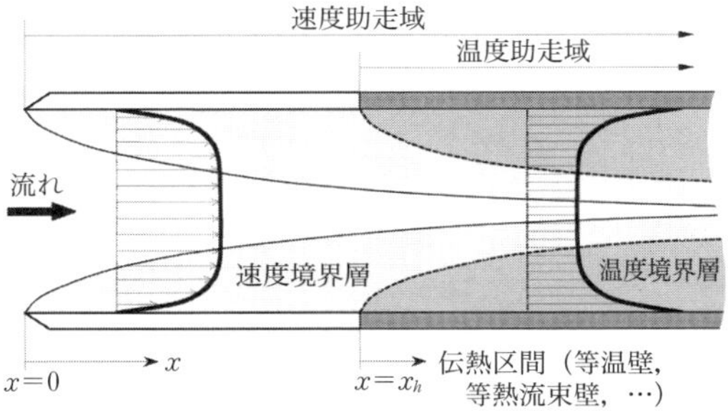

図 9.41　円管流の速度助走域と温度助走域

境界層が管中心で合体したのち，十分発達するまでの加熱・冷却開始点からの全区間が温度助走域である．加熱・冷却開始点x_hが円管入口$x=0$から始まるとき，速度境界層と温度境界層は同時に発達する．一方，x_hが速度助走域より下流に位置するときは，十分発達した速度場のなかを温度境界層が発達する．Hishida-Nagano[1)]の等温壁加熱の実験によれば，後者の条件で温度場が十分発達するには，加熱開始点x_hの下流に約$40d$の温度助走域が必要である．

円管内乱流についてはこれまでに数多くの研究があり，圧力損失と管摩擦の関係，管内速度分布と相似則，熱伝達率の整理式などの重要な成果が多く蓄積されている．しかし，乱流構造と熱および物質輸送の関係，広範囲のプラントル数流体（液体金属から油）の乱流熱伝達とその予測手法の確立は今後の重要な研究課題である．近年，画像処理流速計に代表される計測技術の高度化，計算機の高速大容量化に伴って研究環境は急速に整備されてきている．円管流の研究は大きく進展しつつ，新たな段階に入っている．円管内乱流の速度分布，乱れ強度分布などについては，Laufer[2)]の有名な実験があるが，その後乱れ強度分布，スペクトル分布などについては，より詳細な実験データが出されている．さらに，円管流と類似の乱流構造を有するチャネル乱流について，高精度の直接数値シミュレーション（DNS）が1980年代の後半より集中的に行われ，9.4.3項で最近の成果が詳細に述べられている．そこで，ここでは円管流の乱れ強度分布，スペクトル分布などに言及することは省略する．

本節では，主として円管内乱流の速度分布および温度分布，管摩擦係数，熱伝達率の整理式，組織的構造（準秩序構造）と伝熱機構，流れと熱伝達の数

値解析の重要性などについて述べる．

2）円管内乱流の速度分布および温度分布

i）速度分布： 十分に発達した円管内乱流の壁領域（wall region）には，9.4.1 項に詳述されている壁法則（law of the wall）が存在する．すなわち，滑らかな内壁の円管内流についても平板境界層と同様に次の対数則（logarithmic law）が成り立つ．

$$\bar{u}^+=\frac{1}{\varkappa}\ln y^+ + C \qquad (9.4.15)$$

ここで，定数 $\varkappa$ はカルマン定数（von Kármán's constant），C は切片値である．式（9.4.15）が成立する領域が対数領域（logarithmic region）であり，レイノルズ数が高い流れでは，通常，$40<y^+<0.2R$ がこれに該当する．十分発達した流れでは，カルマン定数は 0.40～0.41 となる．一方，切片値は流れの形態によっていくぶん変化し，円管流では 5.5 となることが多くの実験結果から得られている．

管断面全域の速度分布を単一の式で表す場合には，次の 1/7 乗則がよく用いられる[3]．

$$\frac{\bar{u}}{\bar{u}_c}=\left(\frac{y}{R}\right)^{1/7} \quad (10^4\leq \mathrm{Re}_d\leq 10^5) \qquad (9.4.16)$$

ii）温度分布： 十分発達した温度場の時間平均温度分布についても，上述の速度分布と同様の関係が成立する．加熱（冷却）された壁面のごく近傍では，熱はもっぱら熱伝導により輸送されるので，壁温 $\bar{\theta}_{\mathrm{w}}$ と平均温度 $\bar{\theta}$ の差 $\bar{\theta}_{\mathrm{w}}-\bar{\theta}$ は壁からの距離 y に比例する直線となる．したがって，次の関係が成立する．

$$\frac{\bar{\theta}_{\mathrm{w}}-\bar{\theta}}{\theta_\tau}=\bar{\theta}^+=\mathrm{Pr}\, y^+ \qquad (9.4.17)$$

ここで，$\mathrm{Pr}=\nu/\alpha$（α：温度拡散係数）はプラントル数，θ_τ は摩擦温度（friction temperature）である．摩擦温度は壁面熱流束 $q_{\mathrm{w}}=-\lambda(\partial\bar{\theta}/\partial y)_{\mathrm{w}}$ を用いて $\theta_\tau=q_{\mathrm{w}}/(\rho c_{\mathrm{p}} u_\tau)$ で定義される．式（9.4.17）が成立する領域は伝導底層（conductive sublayer）と呼ばれる．伝導底層の厚さ y_θ は Pr に依存し，Shaw-Hanratty（1977）によれば，$y_\theta{}^+\cong y_{\mathrm{v}}{}^+\mathrm{Pr}^{-1/3}$（$y_{\mathrm{v}}$：粘性底層厚さ）で表される[4]．$\mathrm{Pr}\cong 1$ の場合には速度場と温度場の相似性が高く，伝導底層の厚さは粘性底層のそれとほぼ同じ（$y_\theta{}^+\cong 5$）になる．前述のように，壁領域の平均速度は式（9.4.15）の対数速度分布で記述されるが，これと同様に壁領域の平均温度分布にも次の対数則が成立する．

$$\bar{\theta}^+=\frac{1}{\varkappa_\theta}\ln y^+ + A_\theta(\mathrm{Pr}) \qquad (9.4.18)$$

ここで，$\varkappa_\theta$ は温度分布のカルマン定数である．Hishida-Nagano[1] による円管内空気流の実験では，発達流で $\varkappa_\theta=0.461$，$A_\theta=4.30$ が得られている．なお，物性値は膜温度（film temperature）$\Theta_{\mathrm{f}}=(\bar{\theta}_{\mathrm{w}}+\Theta_b)/2$（$\Theta_b$：混合平均温度，式（9.4.30）参照）で評価されている．

3）円管内乱流のレイノルズ応力分布 第 10 章で詳述するが，乱流ではレイノルズ応力が乱流剪断応力となり，層流に比べると有効粘性は著しく増加する．発達した円管内乱流の無次元レイノルズ応力は，

$$-\frac{\overline{u'v'}}{u_\tau^2}=\left(1-\frac{y}{R}\right)-\frac{\nu}{u_\tau^2}\frac{\mathrm{d}\bar{u}}{\mathrm{d}y} \qquad (9.4.19)$$

で表される[2]が，壁面から離れるに従い式（9.4.19）右辺第 2 項の分子粘性による剪断応力は小さくなり，レイノルズ応力分布は

$$-\overline{u'v'}/u_\tau^2=1-y/R \qquad (9.4.20)$$

の直線分布になる．図 9.42 の実験結果[5]とみると，$y/R>0.1$ では式（9.4.20）の直線にのっている．$y/R<0.1$ の壁領域では式（9.4.20）から外れ，粘性剪断応力が壁面近傍で大きくなることがわかる．

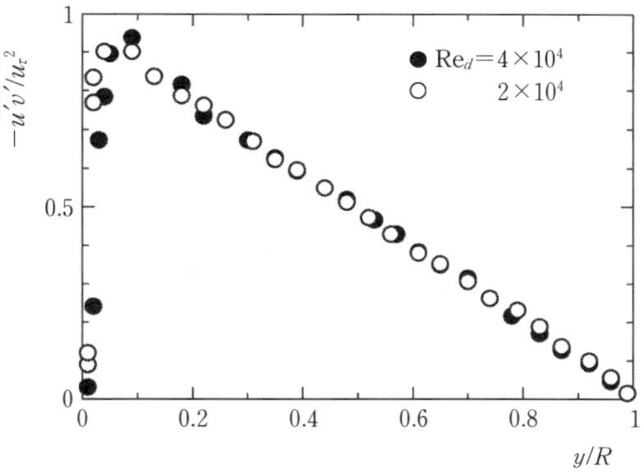

図 9.42 円管内乱流のレイノルズ応力分布[5]

4）円管内乱流の壁面摩擦と熱伝達

i）壁面摩擦： 円管流を駆動するのは圧力勾配である．すなわち，圧力勾配は円管流の支配パラメータである．また，これに伴う圧力損失はポンプ仕事と密接にかかわるので，実際面でも重要な物理量である．以下では，主として内壁が滑らかな円管

内に形成される十分発達した乱流を対象として，壁面摩擦と熱伝達について述べる．

流れ方向（x 方向）に距離 L だけ離れた2点間の圧力降下 $\Delta P(=P_1-P_2)$ は，摩擦損失係数 λ を用いて次のように表される．

$$\Delta P=\lambda\frac{L}{d}\frac{\rho U_b^2}{2} \qquad (9.4.21)$$

ここで，U_b は管断面の平均速度である．層流の場合には摩擦損失係数 λ が理論的に求まり，次式で与えられる．

$$\lambda=\frac{64}{\mathrm{Re}_d} \qquad (9.4.22)$$

一方，乱流の場合には，λ は次の Blasius（ブラジウス）の実験式で推定されることが多い[3]．

$$\lambda=0.3164\,\mathrm{Re}_d^{-1/4} \qquad (9.4.23)$$

摩擦損失係数 λ と壁面摩擦係数 $C_\mathrm{f}=\tau_\mathrm{w}/(\rho U_b^2/2)$ の間には次の関係が成立する（11 章参照）．

$$C_\mathrm{f}=\frac{\lambda}{4} \qquad (9.4.24)$$

式（9.4.24）に Blasius の式（9.4.23）を代入すれば，$C_\mathrm{f}/2$ は

$$\frac{C_\mathrm{f}}{2}=0.03955\left(\frac{U_b d}{\nu}\right)^{-1/4} \qquad (9.4.25)$$

で表される．

円管内乱流の摩擦抵抗を正確に予測することは重要な技術的課題である．Blasius の実験式（9.4.23）はよく利用される有用な式であるが，以下では，それとは異なる壁面摩擦の表現を紹介する．

・Prandtl の式：

$$\frac{1}{\sqrt{4C_\mathrm{f}}}=2.0\log(\mathrm{Re}_d\sqrt{4C_\mathrm{f}})-0.8 \qquad (9.4.26)$$

式（9.4.26）は $\mathrm{Re}_d\leq 3.4\times10^6$ の範囲で実験値とよく合う．また，式（9.4.24）より $\lambda=4C_\mathrm{f}$ の関係があるので，式（9.4.26）から Blasius の式（9.4.23）に対応する管摩擦損失係数の式が得られる．その計算結果を $\lambda(=4C_\mathrm{f})$ と Re_d の関係として図 9.43 に示す．図 9.43 には円管内壁が粗い場合の関係が含まれており，ムーディ線図[6]（Moody chart）と呼ばれている．図 9.43 の k は粗さ要素の平均的な高さであり，線図は円管内径に対する相対値 k/d で整理されている．

・Haaland の式：

$$\frac{1}{\sqrt{4C_\mathrm{f}}}=1.8\log\mathrm{Re}_d-1.51 \qquad (9.4.27)$$

式（9.4.26）とは異なり，式（9.4.27）では C_f が陽的に表現されているので使いやすい．

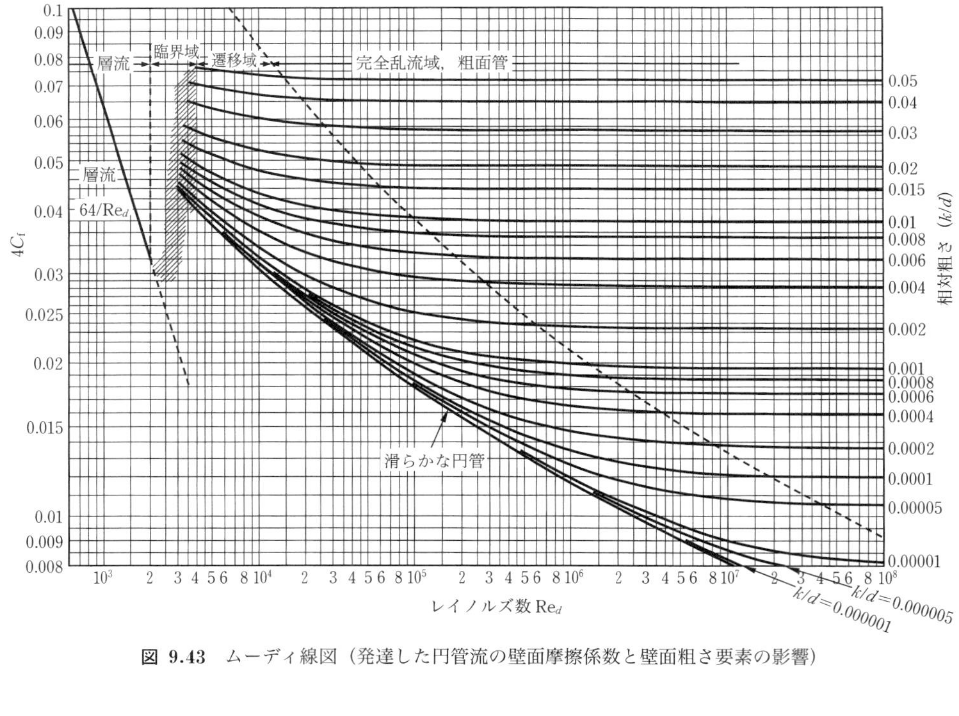

図 9.43　ムーディ線図（発達した円管流の壁面摩擦係数と壁面粗さ要素の影響）

・Petukhov の式[7)]：

$$\frac{1}{\sqrt{4C_f}}=1.82\log \mathrm{Re}_d-1.64 \quad (\mathrm{Re}_d=10^4\sim 5\times 10^6) \tag{9.4.28}$$

Blasius の式（9.4.23）が $\mathrm{Re}_d=4\times 10^3\sim 10^5$ の比較的狭い範囲で成立するのに対して，Petukhov の式はより広い範囲の Re_d に対して有効である．

以上の式から $4C_f(=\lambda)$ を求めて式（9.4.21）に代入すれば，発達した円管内乱流の圧力損失 ΔP を推定できる．

ii）熱伝達： 円管流では壁面熱流束 q_w は局所熱伝達率 h と混合平均温度 Θ_b を用いて次のように表される．

$$q_w=h(\bar{\theta}_w-\Theta_b) \tag{9.4.29}$$

混合平均温度 Θ_b は，流体の密度 ρ と定圧比熱 c_p が一定とみなせる場合には次式で与えられる．

$$\Theta_b=\frac{\int_0^R \bar{\theta}\cdot\bar{u}\cdot 2\pi r\mathrm{d}r}{\int_0^R \bar{u}\cdot 2\pi r\mathrm{d}r} \tag{9.4.30}$$

円管流のヌセルト数 Nu_d とスタントン数 St を次式で定義する．

$$\mathrm{Nu}_d=\frac{hd}{\lambda},\quad \mathrm{St}=\frac{\mathrm{Nu}_d}{\mathrm{Re}_d\mathrm{Pr}}=\frac{h}{\rho c_p U_b} \tag{9.4.31}$$

このとき，円管内乱流の熱伝達率は次の Petukhov の式[7)]により求めることができる．

$$\mathrm{St}=\frac{C_f/2}{1.07+12.7(\mathrm{Pr}^{2/3}-1)(C_f/2)^{1/2}} \tag{9.4.32}$$

式（9.4.32）は $10^4\le \mathrm{Re}_d\le 5\times 10^6$，$0.5\le \mathrm{Pr}\le 2000$ の範囲で実測値とよく合うことが確認されている．図 9.44 に式（9.4.32）と式（9.4.26），（9.4.31）から求まる Nu_d と Re_d の関係を示す．

一方，Gnielinski（1975）は Petukhov の式を次式のように若干修正して，低レイノルズ数域（$2300<\mathrm{Re}_d<10^4$）においても実験結果をより正確に再現できるように改良している[8)]．

$$\mathrm{Nu}=\frac{(\xi/8)(\mathrm{Re}_d-1000)\mathrm{Pr}}{1+12.7\sqrt{(\xi/8)}(\mathrm{Pr}^{2/3}-1)} \tag{9.4.33}$$

ここで，$\xi=1/(1.82\log \mathrm{Re}_d-1.64)^2$ である．式（9.4.33）は $2300\le \mathrm{Re}_d\le 10^6$，$0.7\le \mathrm{Pr}\le 700$ の範囲で有効であることが確認されている．

また，古くから知られている円管内乱流熱伝達率

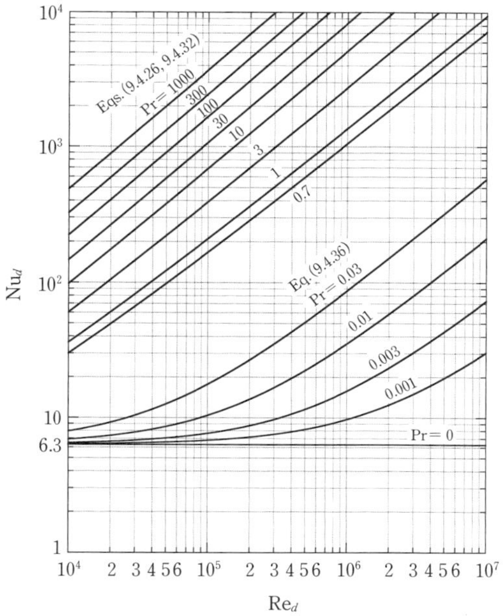

図 9.44　発達した円管流の熱伝達率（プラントル数の影響）

の整理式としては，次の Dittus-Boelter の式と Colburn の式がある．

・Dittus-Boelter の式

$$\mathrm{Nu}_d=0.023\,\mathrm{Re}_d^{0.8}\mathrm{Pr}^{0.4}$$
$$(5000\le \mathrm{Re}_d\le 2\times 10^5,\ 0.7\le \mathrm{Pr}\le 120) \tag{9.4.34}$$

・Colburn の式

$$\mathrm{Nu}_d=0.023\,\mathrm{Re}_d^{0.8}\mathrm{Pr}^{1/3} \tag{9.4.35}$$

式（9.4.34）の定数を，気体では 0.023 → 0.021，油では 0.023 → 0.027 のように変更することで実験値とよく合致する．厳密にいえば，式（9.4.34），（9.4.35）は壁温一定（$\bar{\theta}_w$＝一定）の境界条件下で有効であるが，熱流束一定（q_w＝一定）の条件下でも誤差は 1% 程度に収まる．ただし，層流の場合にはその差が 20% 程度になることに注意を要する．また，流体物性値が温度に依存して大きく変化する場合には，物性値を評価する温度を明確にしておく必要がある．たとえば，Dittus-Boelter の実験式では混合平均温度 Θ_b を，それ以外では膜温度 $\Theta_f=(\bar{\theta}_w+\Theta_b)/2$ で物性値を評価することになっている．

原子炉の冷却などでは，液体金属（ナトリウム，ビスマスなどの低プラントル数流体）が用いられる．液体金属の熱伝達率の実験式は種々提案されているが，次の Sleicher らの式が有名である[9)]．

$$\mathrm{Nu}_d = 6.3 + 0.0167\,\mathrm{Re}_d^{0.85}\mathrm{Pr}^{0.93} \quad (\mathrm{Pr} \leq 0.03) \tag{9.4.36}$$

式 (9.4.36) による Nu_d と Re_d の関係を，図 9.44 に併せて示す．

b.　円管流の乱流構造と輸送現象

1)　準秩序構造の重要性　壁乱流では，乱流エネルギーの大部分が壁面近傍で生成されていることが，実験や直接数値シミュレーション (DNS) により明らかにされている．すなわち，図 9.45 に示すように，内径 $d(=2R)$ の円管流では，壁面から $\delta_{\mathrm{w}}=(0.1\sim0.2)R$ の狭い層内で乱れの 8 割程度がつくられている．円管内乱流では，生成された乱れによる強い混合作用が存在する．このために，乱流の速度分布は層流の場合と比較すると管中心部でかなり平坦になり，逆に，壁近傍では速度勾配が大きくなる．このことは温度場についても同様である．すなわち，乱流では，壁近傍の特性が摩擦抵抗や熱伝達率を支配することから，この領域の乱流構造を調べることには大きな意義がある．

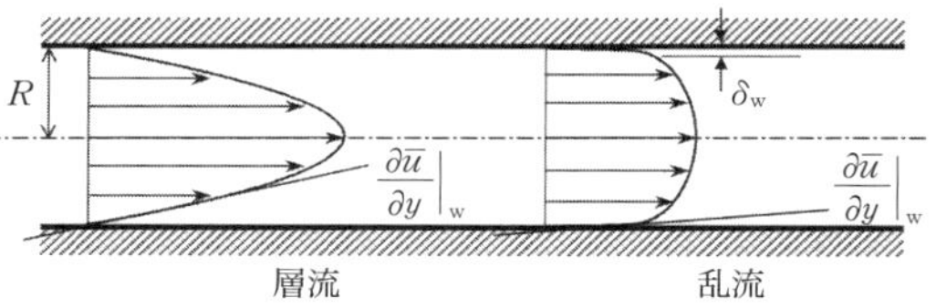

図 9.45　発達した円管流（層流と乱流の速度分布の差異）

2)　変動波形にみる円管流の乱流構造　円管内乱流の速度場および温度場の乱流諸量の波形（時間的変動）を図 9.46 に示す[10]．測定には，熱線流速計とマイクロ温度センサが使用されている．測定対象は，乱流エネルギーの生成が最も活発な緩和層内の $y^+=18.5$ であり，流れ方向 x の速度変動 u'，壁垂直方向 y の速度変動 v'，受動スカラー（温度）変動 θ'，およびそれらの二重相関と三重相関の波形が同時に示されている．図 9.46 の $\hat{u}$，$\hat{v}$，$\hat{\theta}$ は，u'，v'，θ' がそれぞれの rms 値（実効値）で正規化されていることを表す．

乱流による運動量輸送および熱輸送を表す物理量が，レイノルズ応力 $\rho\overline{u'v'}$（以下では $\overline{u'v'}$ と略記）と乱流熱流束 $\rho c_{\mathrm{p}}\overline{v'\theta'}$（同様に $\overline{v'\theta'}$）である．図 9.46 に示したこれらの瞬時値である $u'v'$ と $v'\theta'$ の波形から，時間平均値 $\overline{u'v'}$，$\overline{v'\theta'}$ に大きく寄与する現象は間欠的に発生することがわかる．図

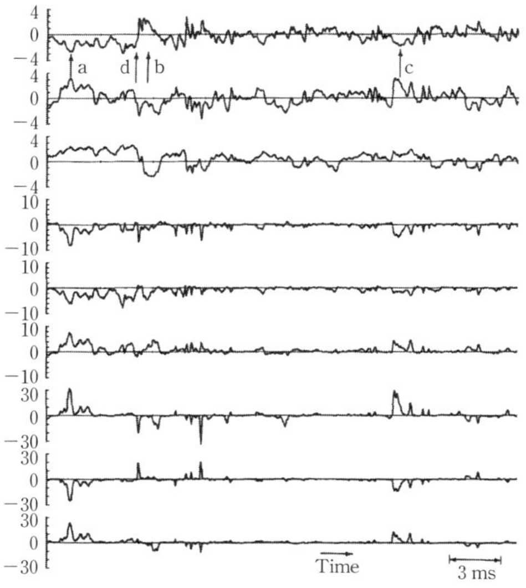

図 9.46　円管内乱流の緩和層（$y^+=18.5$）における乱流諸量の変動波形[20]

9.46 の下部に示す三重相関（レイノルズ応力および乱流熱流束の乱流輸送）の波形はさらに顕著な間欠性を示す．すなわち，図 9.46 の結果は，これらの相関量は乱流変動の一様な寄与で生成されるのではなく，短い時間帯に出現する特定の乱流運動によって実質的に支配されていることを示している．

図 9.46 中の記号 'a' と 'c' が指す時間帯では，低速の流体（$u'<0$）が壁面から離れる（$v'>0$）運動が発生しており，それに伴って運動量と熱が顕著に輸送されている．これに対応する運動がイジェクション (ejection) である．一方，図 9.46 の 'b' は高速流体（$u'>0$）が壁に向かう（$v'<0$）運動を示しており，スイープ (sweep) と呼ばれている．壁領域の構造はもっぱらこの二つの運動により支配されているので，これを組織的構造 (coherent structure) あるいは準秩序運動 (well-ordered motion) と呼ぶ．

準秩序構造の詳細は，9.4.1 項に詳述されているが，円管流特有の現象があるため，ここで再度この構造について述べる．一般に，粘性底層ではスイープが，緩和層から対数領域にかけてはイジェクションが優勢である．ただし，円管流は軸対称流であるから，イジェクションは周囲壁の各部から管中心に均等に到達する focusing 効果[11] が現れる．このために，乱流構造の存在は時間平均値には反映されず，レイノルズ応力 $\overline{u'v'}$ および乱流熱流束 $\overline{v'\theta'}$ は

0になる．

ところで，壁乱流を熱線流速計で測定した波形には，図9.46の'd'が示すような緩やかな減速に続いて急加速する現象が頻繁に観察される．この典型的な波形は，壁近傍に存在するストリーク構造（streaky structure）が揺動するために，隣接するイジェクションとスイープの境界が測定点を通過する結果として現れると解釈されている（このような現象に着目して乱流構造を調べる方法が後述するVITA法である）．また，現在の実験技術では流体圧力変動を乱流構造の解析に利用することはできないが，DNSではこれが可能であることから，圧力変動を組織的構造の抽出に利用する方法も開発されている．このように，現在，乱流構造解析は新たな局面を迎えている．DNSは平行平板間流れで多く行われていて，9.4.3項で詳述する．

3） 乱流構造の代表的な解析法　壁乱流では，組織的構造もしくは準秩序運動が乱流の維持と輸送機構を支配している．すなわち，壁乱流の本質が，バースティング（bursting phenomena）や低速ストリーク（low-speed streak）といった特有の乱流構造にあることが理解されるにつれて，実験データから組織的構造を検出・抽出し，定量的に評価・分析することを目的としたさまざまな解析法が提案されてきた．代表的な解析法は以下の六つに大別される．

1） 4象限分類法[11~14]，スカラー場4象限分類法[10,15]
2） VITA（variable interval time averaging）法[16]，勾配VITA法[17,18]
3） パターン認識法[19,20]
4） 低速域検出法[21,22]
5） 短時間自己相関法[23~25]
6） 帯域通過法[26,27]

これらを互いに独立した解析法として位置づけることには無理がある．むしろ，捕捉しようとする組織的構造や準秩序運動の側面，すなわち着目する構造や運動の特性が異なると考えるべきである．上記解析法の詳細については，それぞれの文献を参照いただくとして，以下では，1）～3）の概要を紹介する．

4象限分類法（quadrant analysis method）では，乱流運動を（u', v'）平面の四つの象限に分類して，第1～第4象限に属する運動をQ1，Q2，Q3，Q4運動と呼ぶ．前述のイジェクションは（$u'<0$，$v'>0$）の運動であるから，Q2運動である．一方，スイープは（$u'>0$，$v'<0$）の運動であり，Q4運動である．Q1，Q3運動はそれぞれ外向きインターアクション（outward interaction），壁向きインターアクション（wallward interaction）と呼ばれる．4象限分類法は，乱流構造と熱あるいは物質の輸送過程の関連を探る際にも非常に有用であり，（u', v', θ'）の8象限分類法[10]や，これを簡略化した（v', θ'）平面の4象限分類法へと展開している．近年では，一点計測のデータだけでなく，画像処理流速計やDNSが出力する膨大なデータから有意な構造を抽出し，その性質を同定するためによく利用されている．このように，4象限解析法は壁乱流の構造と輸送現象の解析で大きな威力を発揮している．これを統計解析法[10]やパターン認識法[20]と組み合わせることも可能であり，後述するように乱流輸送現象の解析の有用なツールとなっている．

VITA法は，熱線流速計で測定された速度変動の時系列データから組織的構造を検出し解析する方法である．乱流構造解析の分野では草分け的な存在であり，標準的手法として多用されてきた．VITA法が検出する典型的な現象は，前述のように，図9.46の'd'が示すような急加速域である．これをさらに的確に捕捉できるように検出基準を改良した手法が勾配VITA法である．VITA法が捕捉する乱流構造の側面を同定するために，DNSデータに基づいて活発な議論が展開された．現在のところ，VITA法は，壁近傍の低速ストリークの揺動に伴って生成される低速域と高速域の境界を検出するとの見解が支配的である．

パターン認識法では，組織的構造や準秩序運動が速度変動の時系列データ（波形）に特有の痕跡を残すことに着目する．たとえば，図9.46の'a'から'b'の領域にみられるように，緩やかな減速につづいて急加速するパターンは壁近傍の波形に普遍的にみられる特徴であるから，このパターンを捕捉できるように検出基準を設定する．パターン認識法と4象限解析法を融合させることで，準秩序運動の同定と熱輸送過程との関連を調べる手法[20]も開発されている．

4） 乱流輸送現象の有用な解析ツール：重み確率密度関数解析法　組織的構造や準秩序運動の特性

が通常の時間平均値である乱流量に明確に現れることはまれである．そのため，種々の条件を課してデータ処理することで構造や秩序を見出し，その特性を調べるというアプローチが一般的に用いられる．ところが，その際に導入される「条件」が過度に人為的（主観的）であると，抽出された乱流構造の客観性に疑義が生じる．極言すれば，期待する構造を浮かびあがらせるための「操作法」に陥ってしまうおそれがある．そこで，本節では，客観性の高い構造解析法として，4 象限分類法に基づく「重み確率密度関数解析法[10,15]」を紹介する．この手法は適用性にも優れるので，運動量，熱，物質の乱流輸送現象の解析に幅広く利用できる強力なツールといえる．

乱流輸送の統計的性質は，一般に，結合確率密度関数 $P(u,v,w,\theta)$ で完全に記述される．以下では，速度とスカラーの変動成分 u'，v'，θ' の確率密度関数 $P(u',v',\theta')$ に基づいて議論する．解析対象が通常の平板境界層や円管流であれば，確率密度関数をこのように簡略化して，(u',v') 平面上で解析するほうが乱流構造の特質を見出しやすい．最初に，変動成分 u'，v'，θ' をそれぞれの rms 値で正規化した量を $\hat{u}$，$\hat{v}$，$\hat{\theta}$ と表す．すなわち，

$$\hat{u}=u'/u_{\mathrm{rms}},\qquad \hat{v}=v'/v_{\mathrm{rms}},\qquad \hat{\theta}=\theta'/\theta_{\mathrm{rms}} \tag{9.4.37}$$

である．このとき，$(\hat{u},\hat{v})$ 平面上の重み結合確率密度関数 $W_x(\hat{u},\hat{v})$ は次式で与えられる．

$$W_x(\hat{u},\hat{v})=\int_{-\infty}^{\infty}xP(\hat{u},\hat{v},\hat{\theta})\,\mathrm{d}\hat{\theta} \tag{9.4.38}$$

ここで，x は変動量のモーメントであり，次式で定義される．

$$x=\hat{u}^l\hat{v}^m\hat{\theta}^n \tag{9.4.39}$$

式 (9.4.39) 中の l，m，n は 0 以上の整数である．たとえば，レイノルズ応力 $\overline{\hat{u}\hat{v}}$ の構造解析では $l=1$，$m=1$，$n=0$ とおき，壁面垂直方向乱流熱流束 $\overline{\hat{v}\hat{\theta}}$ では $l=0$，$m=1$，$n=1$ とする．さらに，三重相関 $\overline{\hat{u}\hat{v}\hat{\theta}}$ の解析なら $l=1$，$m=1$，$n=1$ とおく．重み結合確率密度関数 $W_x(\hat{u},\hat{v})$ は，モーメント x が $(\hat{u},\hat{v})$ 平面上のどの流動でどの程度生成されるかを調べる際に非常に便利であり，モーメント x の生成に寄与する流動を容易に抽出できる．なお，次式に示すように，$W_x(\hat{u},\hat{v})$ を $(\hat{u},\hat{v})$ 平面の全域にわたって積分した値は通常の時間平均値 $\bar{x}$ になることを付言する．

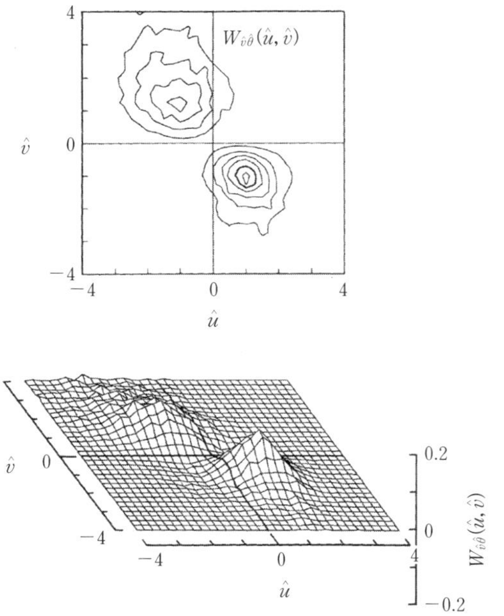

図 9.47　円管内乱流のコア領域（$y^+=377.6$）における熱輸送機構[10]

$$\bar{x}=\int_{-\infty}^{\infty}\int_{-\infty}^{\infty}W_x(\hat{u},\hat{v})\,\mathrm{d}\hat{u}\mathrm{d}\hat{v} \tag{9.4.40}$$

手法の詳細については文献 10 を参照されたい．

重み結合確率密度関数による構造解析の有効性を示す一例として，図 9.47 に，円管内乱流コア領域における乱流スカラー流束 $\overline{\hat{v}\hat{\theta}}$（乱流熱流束）の解析結果を示す．図中の等高線分布は，乱流スカラー流束の生成に $(\hat{u},\hat{v})$ 平面のどの運動がどの程度寄与しているのかを定量的に示す．図 9.47 から，イジェクション（Q 2 運動）とスイープ（Q 4 運動）が $\overline{\hat{v}\hat{\theta}}$ の生成に大きく寄与すること；しかし，その様相はかなり異なることが一目瞭然である．また，寄与は小さいものの，Q 1，Q 3 運動も $\overline{\hat{v}\hat{\theta}}$ の生成に正の寄与をしていることが特徴的である．Q 1，Q 3 運動がレイノルズ応力 $-\overline{\hat{u}\hat{v}}$ の生成にはつねに負に寄与することに注意すれば，乱流コアでは，速度場と温度場の相似性（$\overline{\hat{v}\hat{\theta}}\propto-\overline{\hat{u}\hat{v}}$）の内部構造がわずかながら崩壊していることがわかる．

c．円管流とその輸送現象のモデリングおよび DNS

円管内乱流の摩擦抵抗や熱・物質の輸送過程を正しく予測できる解析手法を確立することは，工学的にはもちろん工業的にも重要な研究課題である．こ

の意味で，温度場2方程式モデルによる温度助走域の解析[28]，発達した円管内乱流のDNS[29,30]は一里塚ともいえる研究成果である．一方，壁乱流の乱流構造に関して蓄積されてきた膨大な研究成果と知見は，残念ながら，乱流モデルや計算手法にほとんど反映されていない．乱流構造に立脚した三重相関構造モデル[31]は数少ない例外である[32]．この現状を打破するブレークスルーが今後の研究に期待される．

［長野靖尚・田川正人］

文献

1) M. Hishida, Y. Nagano : 6 th Int. Heat Transfer Conf., 1978, 531-536.
2) J. Laufer : NACA Report, 1174, 1954.
3) H. Schlichting : Boundary-Layer Theory, 7 th ed., McGraw-Hill, 1979, 596-634.
4) D. A. Shaw, T. J. Hanratty : AIChE J. **23**, 1977, 28-37.
5) 菱田幹雄ほか：日本機械学会論文集，**46**(408)，1980, 1455-1466.
6) L. F. Moody : Trans. ASME, 1944, 671-684.
7) B. S. Petukhov : Adv. Heat Transfer, **6**, 1970, 503-564.
8) V. Gnielinski : Forschung im Ingenieurwesen, **41**, 1975, 8-16.
9) F. M. White : Heat and Mass Transfer, Addison-Wesley, 1988, 315-340.
10) Y. Nagano, M. Tagawa : J. Fluid Mech., **196**, 1988, 157-185.
11) J. Sabot, G. Comte-Bellot : J. Fluid Mech., **74**, 1976, 767-796.
12) S. S. Lu, W. W. Willmarth : J. Fluid Mech., **60**, 1973, 481-511.
13) R. S. Brodkey *et al.* : J. Fluid Mech., **63**, 1974, 209-224.
14) H. Nakagawa, I. Nezu : J. Fluid Mech., **104**, 1981, 1-43.
15) A. E. Perry, P. H. Hoffmann : J. Fluid Mech., **77**, 1976, 355-368.
16) R. F. Blackwelder, R. E. Kaplan : J. Fluid Mech., **76**, 1976, 89-112.
17) C.-H. P. Chen, R. F. Blackwelder : J. Fluid Mech., **89**, 1978, 1-31.
18) A. V. Johansson, P. H. Alfredsson : J. Fluid Mech., **122**, 1982, 295-314.
19) J. M. Wallace *et al.* : J. Fluid Mech., **83**, 1977, 673-693.
20) Y. Nagano, M. Tagawa : J. Fluid Mech., **305**, 1995, 127-157.
21) S. S. Lu, W. W. Willmarth : J. Fluid Mech., **60**, 1973, 481-511.
22) T. S. Luchik, W. G. Tiederman : J. Fluid Mech., **174**, 1987, 529-552.
23) H. T. Kim *et al.* : J. Fluid Mech., **50**, 1971, 133-160.
24) J. H. Strickland, R. L. Simpson : Phys. Fluids, **18**, 1975, 306-308.
25) M. Hishida, Y. Nagano : Trans. ASME : J. Heat Transfer, **101**, 1979, 15-22.
26) K. N. Rao *et al.* : J. Fluid Mech., **48**, 1971, 339-352.
27) H. Ueda, J. O. Hinze : J. Fluid Mech., **67**, 1975, 125-143.
28) Y. Nagano, C. Kim : Trans. ASME : J. Heat Transfer, **110**, 1988, 583-589.
29) J. G. M. Eggels *et al.* : J. Fluid Mech., **268**, 1994, 175-209.
30) C. Wagner, R. Friedrich : Int. J. Heat Fluid Flow, **19**, 1998, 459-469.
31) Y. Nagano, M. Tagawa : J. Fluid Mech., **215**, 1990, 639-657.
32) M. Gad-el-Hak, P. R. Bandyopadhyay : Appl. Mech. Rev., **47**, 1994, 307-365.

9.4.3 平行平板間流

管内流で実用上一般的なのは円管内流れであり，数多くの実験が実施されたが，数値計算上は，円管内流よりも平行平板間流れのほうが扱いやすく，これに関する直接数値シミュレーション（direct numerical simulation, DNS）が広く行われてきた．平行平板間乱流とは，無限に大きな平行平板を仮定し，その間隙内に流れる乱流で，チャネル乱流（turbulent channel flow）とも呼ばれる．なお，平行平板間乱流やチャネル乱流というと，図9.48に示すように，一定の圧力勾配で駆動される乱流（ポアズイユ乱流，turbulent Poiseuille flow），平板が移動することによって駆動される乱流（クエット乱流，turbulent Couette flow）[1,2]，両者の効果が複合された乱流（クエット-ポアズイユ乱流，turbulent Couette-Poiseuille flow）[3~5]があるが，一般にポアズイユ乱流を指すことが多く，本節でもポアズイユ

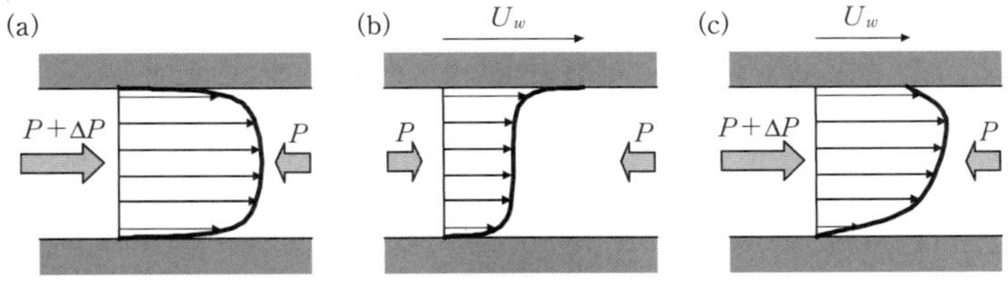

図 9.48 平行平板間乱流の模式図
(a) ポアズイユ乱流，(b) クエット乱流，(c) クエット-ポアズイユ乱流．

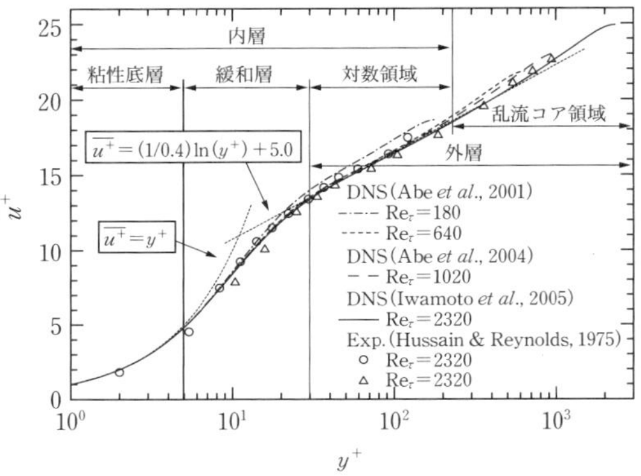

図 9.49　平行平板間乱流の平均速度分布

乱流について述べる．

a．乱流の統計的性質

図 9.49 に，平均速度分布の代表的な実験・DNS の結果を示す．十分発達した流れ場では，対数則（9.4.1 項の式（9.4.4））におけるカルマン（von Kármán）の普遍定数（κ）は，$\kappa=0.4$〜0.41 となり，また定数は $C=5.0$ である．レイノルズ数に対する依存性をみると，しばしば DNS が行われる $Re_\tau=180$ では，たしかに対数速度分布は存在するものの，その領域での流速は実験結果に比べて大きい．しかし，レイノルズ数が増大するにつれ，対数領域での流速は低減し，乱流コア領域が明確に現れるようになる．つまり，$Re_\tau=180$ でみられた対数速度分布は，対数領域と乱流コア領域の合体したものであったことがわかる．それに対し，$Re_\tau\geq 640$ では，はっきりと両者が区別して現れる．このレイノルズ数の範囲では，対数領域は，従来からよく知られた対数式（9.4.1 項の式（9.4.4））と一致し，また実験結果[6]とよく一致している．

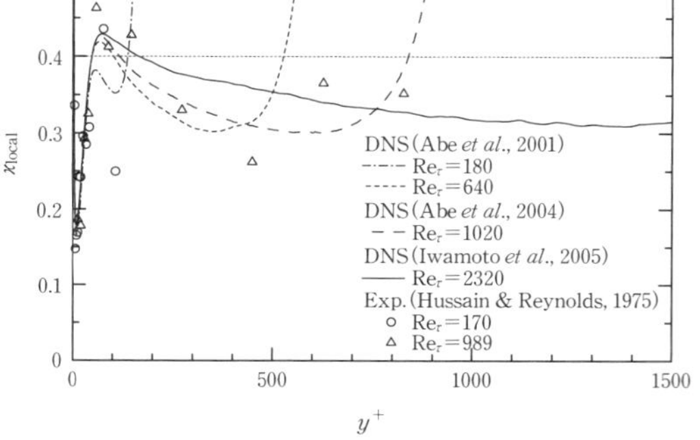

図 9.50　平行平板間乱流におけるカルマン定数の分布

図 9.50 に，$\kappa_{local}=(y^+ d\overline{u}^+/dy^+)^{-1}$ で示される量を示す．9.4.1 項の式（9.4.4）より，対数則が厳密に成立する場合，κ_{local} は一定となり，カルマン（von Kármán）の普遍定数 κ に一致する．DNS データベース[7~10]のレイノルズ数の範囲（$180\leq Re_\tau\leq 2320$）では，$y^+\sim 70$ において，ほぼ一定の領域が存在するが，y^+ が増加するとともに κ_{local} は減少し，厳密に対数則が成り立つ領域は狭い．レイノルズ数が増加すると，この傾きは減少し，広い範囲にわたってカルマン定数が一定値を示す傾向があることがわかる．なお，対数則に関して，成立する範囲，カルマンの普遍定数の値，定数 C の値については，現在もなお議論されており，統一した見解は得られていない．

次に，乱流強度（速度変動の標準偏差，root-mean-square value，rms 値）の流れ方向，壁垂直方向，スパン方向（流れ方向に垂直で壁面に平行な方向）の成分を，図 9.51 に示す．図中では，同程度のレイノルズ数である DNS データ値と実験値[6,11,12]を比較している．それによれば，外層での両者の一致は非常に良好であり，両方法の信頼性を示すものとして注目される．壁近傍では，同レイノルズ数において実験値が DNS よりもやや低いが，これは固体壁近傍における流速測定の困難さによるものである．乱流強度の各成分の大きさは，全領域を通じて $u'_{rms}>w'_{rms}>v'_{rms}$ となり，とくに，壁近傍において乱れの非等方性が顕著である．これは，平均流からの乱流エネルギー供給が流れ方向成分 u'_{rms} に対してだけであることと，壁面近傍では v'_{rms} が最も強い減衰を受けるためである（後述）．また，u'_{rms} のピーク位置 $y^+\approx 15$ は，平均流から u'_{rms} へのエネルギー供給量 P_{11}（式（9.4.46）参照）の最大位置 $y^+\approx 12$ にほぼ等しい（図 9.55 参照）．壁近傍では，各成分とも，壁面量でよく整理できるが，ピークに着目すると，レイノルズ数の増加とともにピーク値もやや増加を続けており，このレイノルズ数の範囲では，飽和することはないことがわかる．その傾向は，とくにスパン方向の速度成分 w'_{rms} に顕著である．他方，速度変動のチャネル中心における値は，レイノルズ数によらずほぼ一定であり，横軸を壁面量でなくチャネル半幅 δ で無次元化すると，各レイノルズ数の速度変動は，よくスケーリングされる．

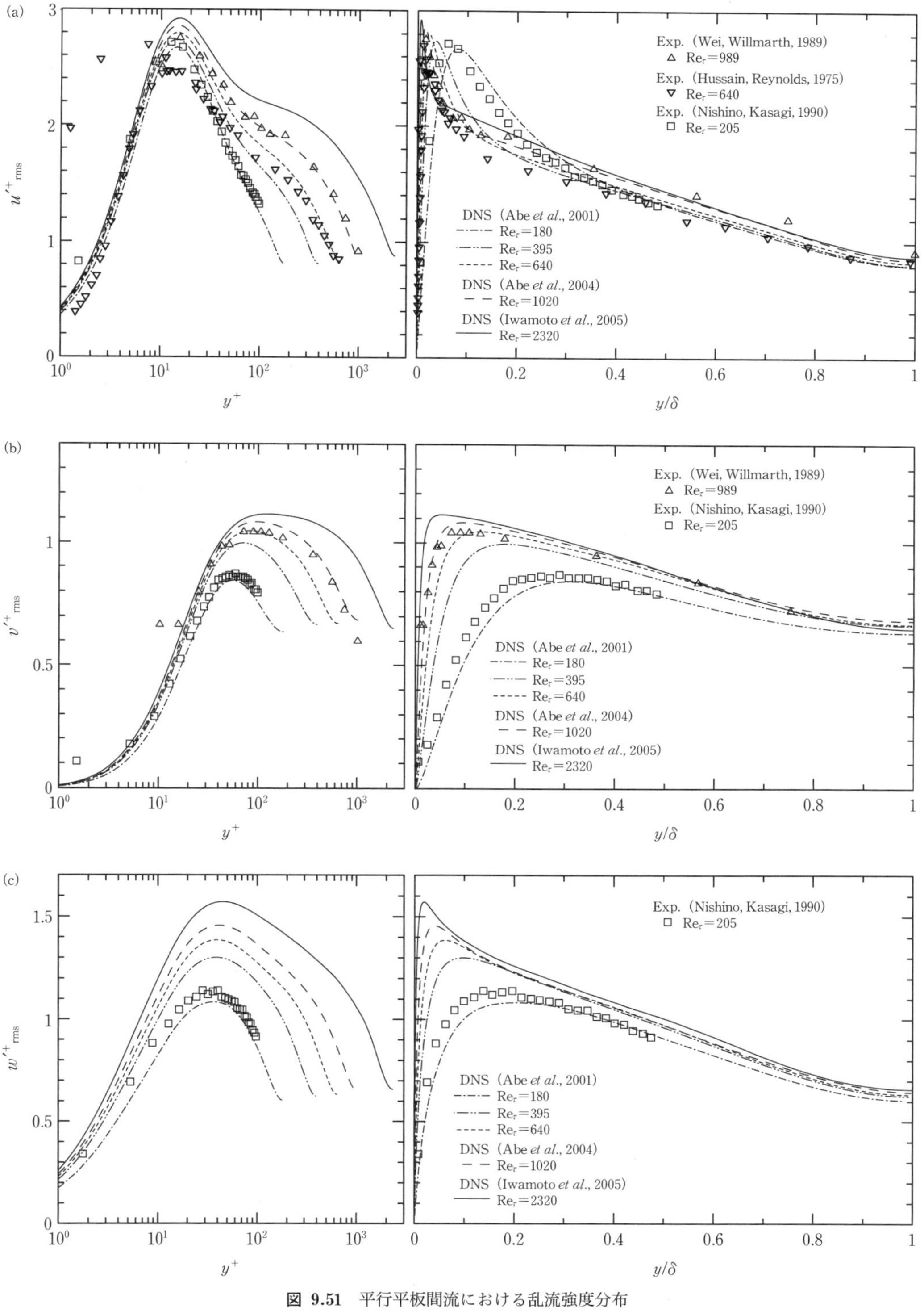

図 9.51　平行平板間流における乱流強度分布
(a) 流れ方向速度成分，(b) 壁垂直方向速度成分，(c) スパン方向速度成分．

応力のバランスについて述べる．平板間の間隔を 2δ とし，平板は静止していて広さは無限であると仮定する．流れは定常で流れ（x）方向および奥行（z）方向（スパン方向）には流れは一様になるため，x と z 方向の微分は 0 とする．x 方向のレイノルズ平均したナビエ-ストークス方程式は次式となる．

$$0=-\frac{\mathrm{d}\,\overline{p^+}}{\mathrm{d}x^*}+\frac{\mathrm{d}}{\mathrm{d}y^*}(-\overline{u'^+v'^+})+\frac{\mathrm{d}}{\mathrm{d}y^*}\left(\frac{1}{\mathrm{Re}_\tau}\frac{\mathrm{d}\bar{u}^+}{\mathrm{d}y^*}\right) \tag{9.4.41}$$

ここで，上付 * は δ で無次元化することを意味する．式（9.4.41）を下壁（$y^*=0$）から y^* まで積分すると

$$0=-y^*\frac{\mathrm{d}\,\overline{p^+}}{\mathrm{d}x^*}+(-\overline{u'^+v'^+})+\frac{1}{\mathrm{Re}_\tau}\left(\frac{\mathrm{d}\bar{u}^+}{\mathrm{d}y^*}-\left.\frac{\mathrm{d}\bar{u}^+}{\mathrm{d}y^*}\right|_{y^*=0}\right) \tag{9.4.42}$$

となる．また，式（9.4.41）を下壁（$y^*=0$）から上壁（$y^*=2$）まで積分すると

$$-\frac{\mathrm{d}\,\overline{p^+}}{\mathrm{d}x^*}=\frac{1}{\mathrm{Re}_\tau}\left.\frac{\mathrm{d}\bar{u}^+}{\mathrm{d}y^*}\right|_{y^*=0}=\left.\frac{\mathrm{d}\bar{u}^+}{\mathrm{d}y^+}\right|_{y^+=0}=1 \tag{9.4.43}$$

を得る．式（9.4.43）を式（9.4.42）に代入し，まとめると以下の式を得る．

$$1-y^*=-\overline{u'^+v'^+}+\frac{\mathrm{d}\bar{u}^+}{\mathrm{d}y^+} \tag{9.4.44}$$

ここで，右辺第 1 項をレイノルズ応力，右辺第 2 項を（分子）粘性応力と呼ぶ．それらの和である左辺を全応力と呼び，壁方向に直線分布となる．これらの応力バランスを図 9.52 に示す．粘性底層では粘性応力が，外層ではレイノルズ応力が卓越し，緩和層では両者が同程度の働きを示す．

レイノルズ応力と壁面摩擦係数の関係について述べる[13]．9.4.1 項の式（9.4.12）で示される重み付レイノルズ応力（壁面摩擦係数の乱流寄与項に比例）の分布を図 9.53 に示す．9.4.1 項の式(9.4.12)より，重み付レイノルズ応力の分布と横軸とで囲まれる面積が乱流寄与項に比例することがわかる．また，通常のレイノルズ応力の分布より内層においてより大きな値をもち，内層におけるレイノルズ応力が壁面摩擦係数に大きく貢献することがわかる．

ナビエ-ストークス運動方程式より，レイノルズ応力テンソルの各成分の輸送方程式は下記のように求められる（6.1 節参照）．

$$\frac{D}{Dt}(\overline{u'_iu'_j})=P_{ij}+\phi_{ij}+d^p_{ij}+d^v_{ij}+d^t_{ij}-\varepsilon_{ij} \tag{9.4.45}$$

ここで，D/Dt は実質微分（$D/Dt=\partial/\partial t+u_j\cdot\partial/\partial x_j$）を表す．また，下つき（$_i$）は $i=1$ が流れ方向 x を，$i=2$ が壁垂直方向 y を，$i=3$ がスパン方向 z をそれぞれ示す．同じ下つき添字が現れる場合は，Einstein の総和規約を適用する．各成分は下記のように定義される．

$P_{ij}=-\overline{u'_iu'_k}\bar{u}_{j,k}-\overline{u'_ju'_k}\bar{u}_{i,k}$：生成項
(production term)　　(9.4.46)

$\phi_{ij}=\dfrac{1}{\rho}(\overline{p'u'_{i,j}}+\overline{p'u'_{j,i}})$：圧力歪み相関項
(pressure strain term)　　(9.4.47)

$d^p_{ij}=-\dfrac{1}{\rho}((\overline{u'_ip'})_{,j}+(\overline{u'_jp'})_{,i})$：圧力拡散項
(pressure diffusion term)　　(9.4.48)

$d^v_{ij}=\nu(\overline{u'_iu'_j})_{,kk}$：粘性拡散項
(viscous diffusion term)　　(9.4.49)

$d^t_{ij}=-(\overline{u'_iu'_ju'_k})_{,k}$：乱流拡散項

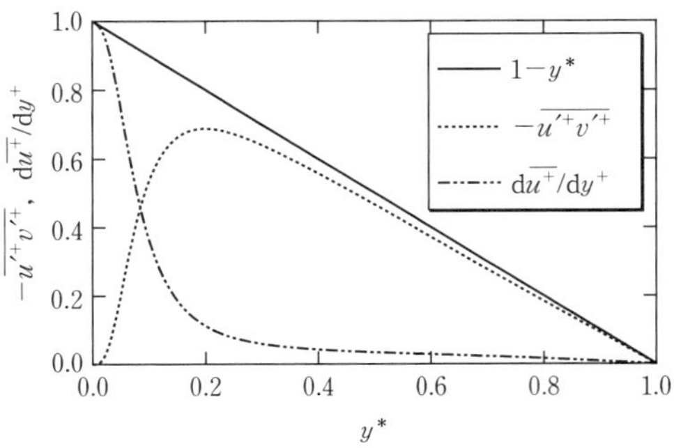

図 9.52　平行平板間乱流における応力バランス（$\mathrm{Re}_\tau=150$ の DNS データ[7]）

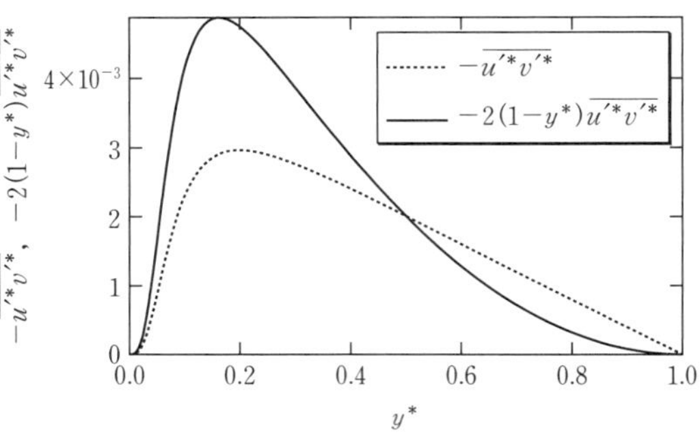

図 9.53　平行平板間乱流におけるレイノルズ応力と壁面摩擦係数の関係（$\mathrm{Re}_\tau=150$ の DNS データ[7]）

(turbulent diffusion term) (9.4.50)

$\varepsilon_{ij}=2\nu\overline{u'_{i,k}u'_{j,k}}$：散逸項 (dissipation term) (9.4.51)

ここで，下つき $(_{,i})$ は i 方向への空間偏微分 $(_{,i}=\partial/\partial x_i)$ を表す．以下に，これらの各項を調べて，レイノルズ応力の消長について考える．

生成項は平均応力とレイノルズ応力の力学的なやり取りを表す．式 (9.4.46) に与えられるように，レイノルズ応力と平均速度勾配の両者が0でない場合のみにレイノルズ応力の生成が生じる．たとえば，平均速度勾配のない一様等方性乱流では，レイノルズ応力は時間的に減衰する．他方，チャネル乱流では継続的にレイノルズ応力が生成する．

圧力歪み相関項は，2種の重要な力学的役割を果たす．一つは乱流強度の成分（応力テンソルの垂直成分）間の乱流エネルギーを再配分する役割である．これは，式 (9.4.47) のトレースを下記のようにとると，連続の式より0となることからわかる．

$$\phi_{ii}=\frac{2}{\rho}\overline{p'u'_{i,i}}=0 \qquad (9.4.52)$$

つまり，乱れがある特定の方向に強く，過剰なエネルギーをもっていると仮定すると，これを他の方向の成分に受け渡す役割をする．第2には，非対角成分，すなわちレイノルズ剪断応力を消滅させる役割である．総じて，乱れを等方化させる役割を果たしている．

拡散項は，乱れの場が一様でない場合のみに生じ，式 (9.4.48)～(9.4.50) に示されるように，圧力と速度の相関，分子粘性，そして乱れ自身による三つの機構による．チャネル乱流の場合，十分広い領域で積分すると拡散項の体積積分はゼロとなる．

$$\int_V d_{ij}^p \mathrm{d}V=\int_V d_{ij}^v \mathrm{d}V=\int_V d_{ij}^t \mathrm{d}V=0 \qquad (9.4.53)$$

上記のうち d_{ij}^p と d_{ij}^t については，壁面上と乱流が減衰している遠距離では速度乱れは0であり，積分境界値が0であることによる．他方，d_{ij}^v については，壁面上で積分境界値が存在するが，両壁面上での積分境界値の和が0となることと，遠方での速度乱れが0であることによって説明される．つまり，拡散項はレイノルズ応力の正味のバランスには寄与せず，流れ場の不均一な分布に基づいて空間的な再配分を行う役割を果たす．

散逸項は粘性仕事，すなわちレイノルズ応力の散逸率を表す．対角成分についてはつねに正であり，レイノルズ応力の消滅の役割を果たす．

図9.54を参照して，十分発達したチャネル乱流におけるレイノルズ応力の輸送機構について述べる．平均速度勾配は，$\mathrm{d}\bar{u}/\mathrm{d}y$ のみである．まず，平均流のエネルギー $\overline{u^2}$ は P_{11} によって $\overline{u'^2}$ に与えられる．その後，圧力歪み相関項 ϕ_{11} $(=-(\phi_{22}+\phi_{33}))$ によって $\overline{v'^2}$ と $\overline{w'^2}$ に分配される．ここで，P_{11} には，レイノルズ剪断応力 $(-\overline{u'v'})$ と平均速度勾配が必要である．また，レイノルズ剪断応力 $(-\overline{u'v'})$ の生成項 P_{12} は，$P_{12}=-\overline{v'^2}\,\mathrm{d}\bar{u}/\mathrm{d}y$ と書けるので，ϕ_{ij} による乱れエネルギーの再配分は乱れを維持するために不可欠であることがわかる．各乱れエネルギー成分は，ε_{11}，ε_{22}，ε_{33} を通じて散逸されるが，散逸を担う小さなスケールの乱れ成分は高レイノルズ数チャネル中央などでは等方的になるので（局所等方性，local isotropy），$\varepsilon_{11}\approx\varepsilon_{22}\approx\varepsilon_{33}$ と近似できる．レイノルズ剪断応力 $(-\overline{u'v'})$ の消滅の機構としては，ε_{12} と ϕ_{12} が存在するが，高レイノルズ数の局所等方性のもとでは ε_{12} は十分小さく，ϕ_{12} が $(-\overline{u'v'})$ の分解を担う．

チャネル乱流における乱流エネルギー $k(=1/2(\overline{u'^2}+\overline{v'^2}+\overline{w'^2}))$ の収支について，DNSデータを図9.55に示す．つまり式 (9.4.45) のトレースをとり1/2をかけた収支である．また，式 (9.4.52) のように，圧力歪み相関項は0となる．まず，粘性

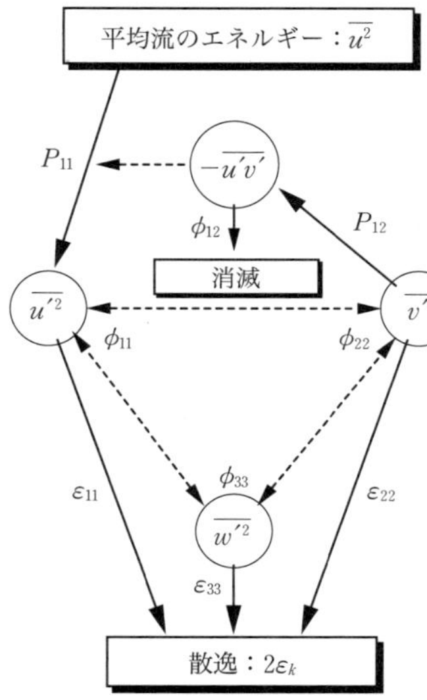

図 9.54 レイノルズ応力の輸送機構の概念図

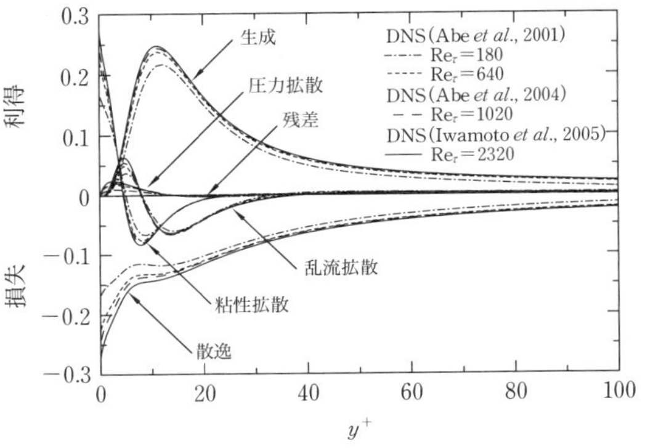

図 9.55　平行平板間乱流の乱流エネルギーの収支

底層（$y^+<5$）では，粘性拡散項と散逸項がほぼつり合い，その他の項はほぼ0であることがわかる．これは，乱流エネルギーが壁から離れた領域から粘性底層内に拡散され，そのまま散逸することを示す．緩和層（$5<y^+<30$）では生成項がピーク値を示す．生成された乱流エネルギーのうち，約6割がその場で散逸され，残りが圧力・粘性・乱流拡散項により他の領域に運ばれることがわかる．生成項（$1/2P_{ii}^+$）のピーク値はレイノルズが無限大のとき理論的に0.25と示される（全応力の関係式：$1-y^+/\mathrm{Re}_\tau=-\overline{u'^+v'^+}+\bar{u}^+/y^+\approx 1$ より，$-\overline{u'^+v'^+}=\bar{u}^+/y^+=0.5$ のときに最大値 $1/2P_{ii}^+=-\overline{u'^+v'^+}\cdot\bar{u}^+/y^+=0.25$）．DNSデータをみると，$\mathrm{Re}_\tau=180$ において最大値は0.22であるが，$\mathrm{Re}_\tau=2320$ において0.249と理論最大値にほぼ等しいことがわかる．これは $\mathrm{Re}_\tau=2320$ を高レイノルズ数とみなすことができる一つの査証である．対数領域（$y^+>30$）では，生成項と散逸項が釣り合い，また拡散項はほぼ0となって，局所平衡状態（local equilibrium）にある．つまり，他の場所にエネルギーを輸送することなく，生成した乱流エネルギーが同じ場所においてすべて散逸されていることを示す．レイノルズ数が増加すると，前述のように生成項のピーク値が増加すること，対数領域において生成項と散逸項が増加すること，粘性底層において粘性拡散項と散逸項が増加することが確認されるが，総じてほぼ同じ傾向を示す．また，各 y の位置におけるすべての項の総和は理論的に0になるが，DNSデータによる総和（図中に残差と表記）は確かにほぼ0になっており，精度のよい統計量が得られていることが確認される．

b.　熱輸送・物質輸送

速度場に影響を及ぼさない程度の熱や物質などのスカラー量をパッシブスカラーと呼び，その輸送機構を熱で代表し本節で取り上げる．チャネル乱流における熱輸送・物質輸送に関する実験的研究は，1950年代に始まった[14,15]．その後，形状の単純さゆえに円管流や境界層において数多くの実験が行われてきた[16~19]．速度場と同様に平均温度分布には，粘性底層に相当する伝導底層（conductive sublayer）や，内外層間に対数領域が存在することなどが確認され，幅広いプラントル数（Prandtl number）で有効な実験式も提案されている[20]．

他方，チャネル乱流熱伝達のDNSは，KimとMoin[21]（1989年）により一様内部発熱条件下においてはじめて行われた．そのときのレイノルズ数は $\mathrm{Re}_\tau=180$，プラントル数は $\mathrm{Pr}=0.2$，0.71，2.0であった．その後，より高いレイノルズ数，プラントル数のDNSが実施されている．高レイノルズ数の計算は，阿部と河村[8]が $\mathrm{Re}_\tau=640$ まで，Abeら[9]が $\mathrm{Re}_\tau=1020$ までのDNSを実施している．高プラントル数のDNSに関しては，Kawamuraら[22]が $\mathrm{Pr}=5$ まで，NaとHanratty[23]とSekiら[24]が $\mathrm{Pr}=10$ までの計算を行っている．より高いPr数の計算は，パッシブスカラーを粒子で模擬したラグランジュ法を用いて $\mathrm{Pr}=50000$ まで実施されている[25]．速度場と同様に，これら一連の計算は現実とシミュレーションの条件差を埋める研究ととらえることができる．また，さまざまな温度境界条件を有するDNSが行われてきた．Lyonsら[26]が上下壁面温度差一定条件のDNSを，Kasagiら[27]が等熱流束加熱条件のDNSを，Kasagiら[28]が固体壁面内の熱伝導を考慮したDNSを，森西ら[29]が片側断熱条件のDNSを，それぞれはじめて実施した．速度場と同様に，ウェブサイト[30~32]に乱流熱伝達に関するDNSデータベースも公開されている．

ポアズイユ乱流の速度場と相似性が成り立つ等熱流束加熱条件について，種々の乱流統計量を説明する．上述の粘性底層における平均速度分布と同様に，平均温度分布についても熱伝導が支配的な伝導底層における直線分布式は下記のように導出される．

$$\bar{\theta}^+=\mathrm{Pr}\,y^+ \qquad (9.4.54)$$

ここで，θ は壁面温度 T_w からの温度偏差（$\theta=$

$T_w - T$)，T は温度である．また，$\theta^+ = \theta / T_\tau$ であり，$T_\tau = q_w/(\rho c_p u_\tau)$ は壁面摩擦温度（friction temperature），q_w は壁面熱流束，c_p は定圧比熱である．伝導底層が支配的な領域は壁近傍にかぎられるが，その厚さ δ_θ は Pr 数に依存する．粘性底層の厚さを $\delta_u (\approx 5\nu/u_\tau)$ と書くとすると，

$$\delta_\theta \approx \mathrm{Pr}^{-1/3} \delta_u \qquad (9.4.55)$$

が成り立つ[33]．また，内外層のオーバーラップ領域で成立する対数則も同様に下記のように記述できる．

$$\overline{\theta}^+ = \frac{1}{\chi_\theta} \ln y^+ + C_\theta \qquad (9.4.56)$$

ここで，χ_θ は温度場における von Kármán の普遍定数 $\chi_\theta = 0.43 \sim 0.47$ であり[9,20]，また定数 C_θ は Pr 数の関数である[20]．平均温度分布について，DNS のデータ[8,24]と，実験式[20]の比較を図 9.56 に示す．すべての Pr 数において，実験式とよく一致している．また，伝導底層の領域は $y^+/\delta_\theta^+ \leq 1$ でよく成立しており，伝導底層の厚さが δ_θ で整理できることがわかる．Pr 数が増加すると，対数領域が広がり，速度場と同様の傾向を示す．Pr＝0.025 の場合は，伝導底層が厚く，かつレイノルズ数が低すぎるなどの理由から，対数領域は存在しないことがわかる．

温度の rms 値の分布を図 9.57 に示す．Pr 数が増加すると，領域全体にわたって温度変動強度が増加していることがわかる．また，ピーク値も大きく増加している．壁面漸近挙動をみると，Pr＝0.025 を除き，$\theta'^+_{\mathrm{rms}} \sim 0.4\,\mathrm{Pr}\,y^+$ で整理できることがわかる[23]．また，壁面漸近挙動が整理できる範囲は $y^+/\delta_\theta \approx 1$ であり，伝導底層厚さにより壁近傍の温度変動強度が整理できる．

エネルギー方程式に対して平均化操作を施すと，

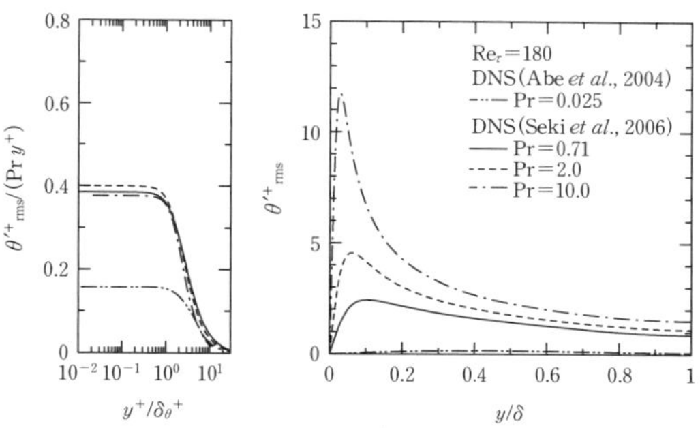

図 9.57　平行平板間乱流の温度変動強度の分布

乱流熱流束項 $-\overline{u'_i\theta'}$ が現れる（6.1 節参照）．流れ場の渦粘性型モデルと同様に，乱流熱流束に対しても分子熱伝導とのアナロジーから，

$$-\overline{u'_i\theta'} = \alpha_t \frac{\mathrm{d}\overline{\theta}^+}{\mathrm{d}x_i^+} \qquad (9.4.57)$$

と仮定するモデルが広く用いられている．ここで，α_t は渦熱拡散係数（thermal eddy diffusivity）と呼ばれている．渦熱拡散係数を与える最も簡便な方法は，渦拡散係数 ν_t が既知であるとして，下記のように乱流プラントル数（turbulent Prandtl number）$\mathrm{Pr_t}$ を導入する方法である．

$$\mathrm{Pr_t} = \frac{\nu_t}{\alpha_t} = \frac{\overline{u'^+v'^+}}{\overline{v'^+\theta'^+}} \cdot \frac{\mathrm{d}\overline{\theta}^+/\mathrm{d}y^+}{\mathrm{d}\overline{u}^+/\mathrm{d}y^+} \qquad (9.4.58)$$

プラントル数が Pr＞0.7 のとき，チャネル乱流などの壁乱流では流れ場全体にわたって $\mathrm{Pr_t} \approx 0.9$ が推奨されている．実験では，固体壁近傍において温度分布や速度変動の測定が難しいため，正確な知見を得ることが困難であった．各プラントル数における $\mathrm{Pr_t}$ の分布について，DNS のデータ[9,24]を図 9.58 に示す．すべてのケースにおいて，$y/\delta \approx 0.25$ において極大値をもち，その後緩やかに減少する．

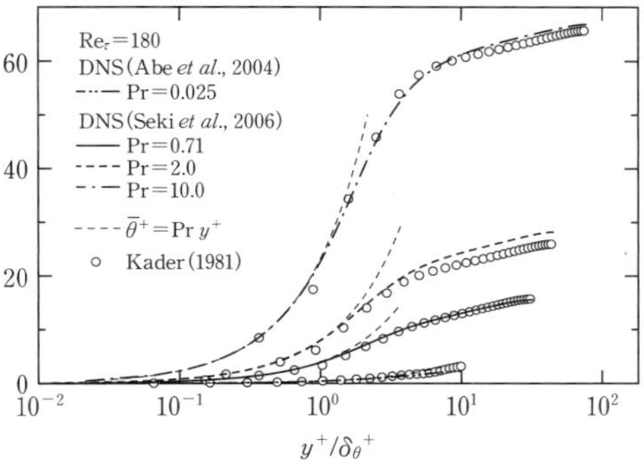

図 9.56　平行平板間乱流の平均温度分布

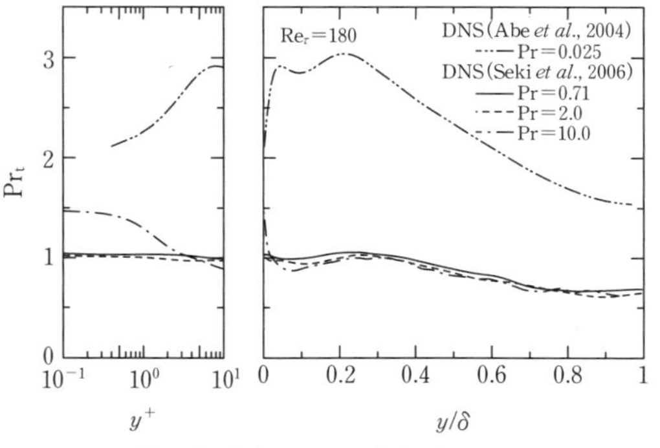

図 9.58　平行平板間流における乱流プラントル数の分布

$Pr \geq 0.71$ ではほぼ同じ傾向を示し，$Pr_t \approx 1$ である．従来から経験的に知られていた $Pr_t \approx 0.9$ が確かによい近似になっている点が興味深い．壁面近傍に注目すると，$Pr=0.71$ と 2.0 の場合は，$Pr_t \approx 1$ であるが，$Pr=10$ の場合，$Pr_t \approx 1.4$ まで上昇する．この原因は，Pr 数の増加ともに，速度変動と温度変動の最小スケールが異なってくるため，相関が低くなることである[24]．

時間スケール比 (time-scale ratio) R は，温度変動が散逸される時間スケール ($\tau_\theta = k_\theta/\varepsilon_\theta$) と速度変動の時間スケール ($\tau = k/\varepsilon$) の比である．また，温度分散の散逸の割合を求めるためによく用いられる乱流統計量であり，下記のように定義される．

$$R = \frac{\tau_\theta}{\tau} = \frac{k_\theta/\varepsilon_\theta}{k/\varepsilon} \qquad (9.4.59)$$

ここで，$k=1/2(\overline{u'^2}+\overline{v'^2}+\overline{w'^2})$，$k_\theta = 1/2\,\overline{\theta'^2}$ であり，ε，ε_θ はそれぞれ速度変動，温度変動の散逸を示す．図 9.59 に時間スケール比の分布を示す．この壁面漸近値は解析的にプラントル数に一致するが，壁近傍では確かに $R \approx Pr$ となっていることが確認できる．$Pr=0.025$ のケース以外では，壁面近傍以外の領域においてほぼ同じ傾向を示す．また，チャネル中央において，実験値（一様等方性乱流）と確かによい一致を得る．他方，乱流モデルにおいては，温度分散の散逸を求めるために，$Pr \sim 1$ の場合，$R=0.5$ がよく用いられてきた[34]．$Pr=0.71$ のチャネル中心において 0.5 に漸近する傾向が確かに見受けられる．Pr 数が増加すると，時間スケール比は増加し，$Pr=10$ では，チャネル全域で $R>1$ となる．この原因は，図 9.57 に示したように，Pr 数が増加するとともに温度変動が大きくなるが，壁近傍以外で温度変動の散逸はほとんど変化しないことによる．

［河村　洋・岩本　薫］

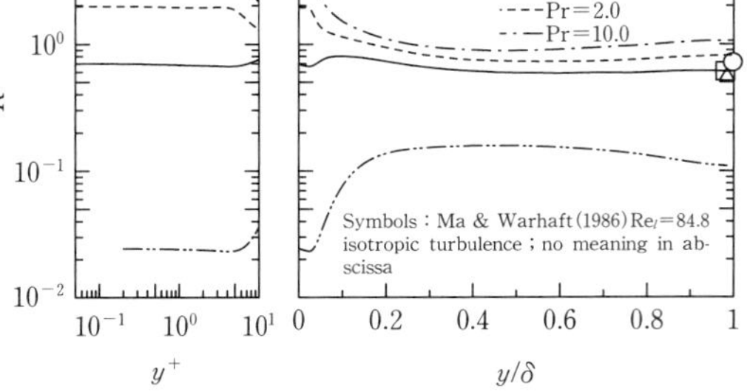

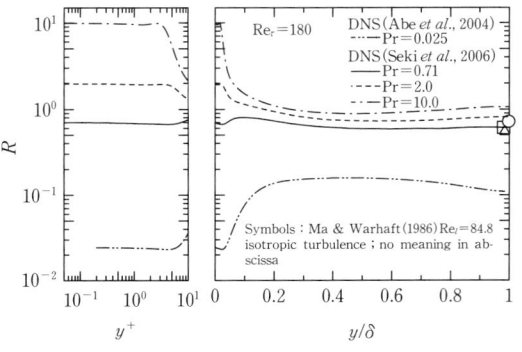

図 9.59　平行平板間乱流における時間スケール比の分布

文　　献

1) J. M. Robertson, H. F. Johnson : ASCE J. Eng. Mech. Div., **96** 1970, 1171-1182.
2) 中林功一ほか：日本機械学会論文集（B 編），**499**, 1988, 547-552.
3) M. M. M. El Telbany, A. J. Reynolds : J. Fluid Mech., **100**, 1980, 1-29.
4) 中林功一ほか：日本機械学会論文集（B 編），**589**, 1995, 24-31.
5) A. Kuroda *et al.* : Turbulent Shear Flows 9 (F. Durst *et al.* eds.), Springer, 1995, 241-257.
6) T. Wei, W. W. Willmarth : J. Fluid Mech., **204**, 1989, 57-95.
7) K. Iwamoto *et al.* : Int. J. Heat Fluid Flow, **23**, 2002, 678-689.
8) 阿部浩幸，河村　洋：日本機械学会論文集（B 編），**686**, 2003, 2291-2298.
9) H. Abe *et al.* : Int. J. Heat Fluid Flow, **25**, 2004, 404-419.
10) K. Iwamoto *et al.* : Proc. 6 th Symp. Smart Control of Turbulence, 2005, 327-333.
11) 西野耕一，笠木伸英：日本機械学会論文集（B 編），**525**, 1990, 1338-1346.
12) A. K. M. F. Hussain, W. C. Reynolds : Trans. ASME, J. Fluid Eng., 1975, 568-580.
13) K. Fukagata *et al.* : Phys. Fluids, **14**, 2002, L 73-L 76.
14) W. H. Corcoran *et al.* : Industrial Engin. Chem., **44**, 1952, 410-419.
15) F. Page Jr. *et al.* : Industrial Engin. Chem., **44**, 1952, 419-424.
16) R. E. Johnk, T. J. Hanratty : Chem. Engng. Sci., **17**, 1962, 867-892.
17) M. Hishida : Bull. JSME, **10**, 1967, 113-123.
18) R. A. Gowen, J. W. Smith : Chem. Engng. Sci., **22**, 1967, 1701-1711.
19) K. Janberg : Int. J. Heat Mass Transfer, **13**, 1970, 1234-1237.
20) B. A. Kader : Int. J. Heat Mass Transfer, **24**, 1981, 1541-1544.
21) J. Kim, P. Moin : Turbulent Shear Flows 6 (J. C. Andre *et al.* eds.), Springer, 1989, 85-96.
22) H. Kawamura *et al.* : Int. J. Heat Fluid Flow, **19**, 1998, 482-491.
23) Y. Na, T. J. Hanratty : Int. J. Heat Mass Transfer, **43**, 2000, 1749-1758.
24) Y. Seki *et al.* : Turbulence, Heat and Mass Transfer 5 (K. Hanjalić *et al.* eds.), Begell House Inc., 2006, 301-304.
25) D. V. Papavassiliou : Int. J. Heat Fluid FLow, **23**, 2002, 161-172.
26) S. L. Lyons *et al.* : Int. J. Heat Mass Transfer, **34**, 1991, 1149-1161.
27) N. Kasagi *et al.* : Trans. ASME, J. Heat Transfer, **114**, 1992, 598-606.
28) N. Kasagi *et al.* : Trans. ASME, J. Heat Transfer, **111**, 1989, 385-392.

29) 森西洋平ほか：日本機械学会論文集（B編），**682**, 2003, 1313-1320.
30) http://murasun.me.noda.tus.ac.jp/db/index.html
31) http://www.thtlab.t.u-tokyo.ac.jp/
32) http://heat.mech.nitech.ac.jp/
33) D. A. Shaw, T. J. Hanratty : AIChE J., **23**, 1977, 28-37.
34) C. Béguier *et al.*: Phys. Fluids, **21**, 1978, 307-310.

9.4.4 乱流境界層

固体壁に沿う流れにおいて，壁面近傍に粘性の無視できない薄い層が形成される．レイノルズ数が大きいと層厚さは物体の代表寸法に比べて十分に薄く，この層を境界層（boundary layer）と呼ぶ．境界層はレイノルズ数が大きくなると層流から乱流へと遷移し，そこではさまざまなスケールをもつ渦塊からなる乱流運動が生起する．一様流中におかれた平板上に発達する境界層の場合，平板前縁から測った距離に基づくレイノルズ数が 10^6 近くに達すると流れは乱流となる．工業上取り扱う境界層は，ほとんどが乱流である．乱流境界層の理解は流体機器の設計や制御に対して定量的指針を与えるほか，熱伝達や物質拡散といったスカラー量の輸送現象の理解にも不可欠である．

境界層の概念はPrandtlが1904年に発表した境界層理論（boundary layer theory）[1]によって明確な定義がなされ，この概念に基づいて実用的な高レイノルズ数流れの解析が可能となった．境界層の外側を渦なし非粘性流として，境界層内側は渦あり粘性流として取り扱う．境界層の内と外は，境界層厚さ（便宜上，主流速度の99.5％または99％の平均速度をとる壁からの距離として定義）を境として分割される．その数学的取扱いとして，レイノルズ数をパラメータとして，連続した流れ場を異なる領域が接続したものとみなす漸近接合展開（matched asymptotic expansion），あるいは特異摂動問題（singular perturbation problem）が知られる[2]．乱流境界層の階層的な構造に対しても，境界層理論は解析手法の基礎を提供している．

楕円型であるナビエ-ストークス方程式は境界層近似により放物型の偏微分方程式となるので，その取扱いが容易となるが，その解析において流れ場の相似性概念が有用であることが多い．運動方程式の常微分方程式への変換のために層流境界層については相似変換（similar transform）が用いられ，一方，乱流境界層については自己保存性（self-preserving）が仮定される．乱流境界層は多層構造をもち，それぞれの層における適切な尺度法則（scaling law）とレイノルズ数相似（Reynolds number similarity）[3]の成立が要求される．厳密な相似性が成立する流れ場は特定の境界条件を必要とするが，相似解は流れの本質を表現し，種々の付加的影響下の流れ場においても標準的な解としての役割を果たす．

主流速度が流れ方向に変化する場合，境界層は慣性力，レイノルズ応力，粘性力に加えて圧力勾配が作用する流れ場となる．流れ方向に圧力が上昇する場合を逆圧力勾配（adverse pressure gradient），下降する場合を順圧力勾配（favorable pressure gradient）と呼ぶ．順圧力勾配下においては圧力勾配が流れ方向速度を加速させるため，レイノルズ応力が相対的に減少して流れ場は安定化する．一方，逆圧力勾配下においては粘性力と圧力勾配とがともに慣性力に抗して作用するため流速の減少をまねき，剥離（separation）に至ることがある．流れの剥離は翼面上やディフューザにおいて生じ，結果として流体機器の性能を著しく低下させるため，剥離の機構解明と防止技術は工学的重要課題の一つである．乱流境界層は層流境界層に比べて混合が活発で，減速を受ける壁近くの流体へより多くの運動量が供給されるため，剥離しにくい性質を有する．

a. 境界層近似

非圧縮性で2次元定常流れにおいて，境界層の発達を表す方程式は式（9.4.60）～(9.4.62）となる．それぞれの式の下には圧力匂配項（右辺第1項）を除く各項のオーダーを記す．ここで，x は流れ方向，y は壁面に垂直方向の座標であり，$\bar{u}$ および $\bar{v}$ はそれぞれの方向の時間平均速度，u' および v' は変動速度成分である．x および y 方向の代表尺度を L および δ，流れ方向平均速度の代表速度を U_e とすると，連続の式から y 方向平均速度の代表速度は $U_e\delta/L$ のオーダーであることがわかる．乱れの代表速度として v を採用し，乱流におけるレイノルズ応力の顕著な作用を考慮して変動速度間の相関係数のオーダーを1と考えると上式の各項の下に記したオーダーが導かれる[4]．圧力匂配項のオーダーは以下に述べる解析から明らかとなる．これらのオーダー評価は境界層近似の重要な成果である．

$$\frac{\partial \bar{u}}{\partial x}+\frac{\partial \bar{v}}{\partial y}=0 \qquad \text{(連続の式)} \tag{9.4.60}$$

$$\bar{u}\frac{\partial \bar{u}}{\partial x}+\bar{v}\frac{\partial \bar{u}}{\partial y}=-\frac{1}{\rho}\frac{\partial \bar{p}}{\partial x}+\frac{\partial}{\partial x}(-\overline{u'^2})+\frac{\partial}{\partial y}(-\overline{u'v'})+\nu\left(\frac{\partial^2 \bar{u}}{\partial x^2}+\frac{\partial^2 \bar{u}}{\partial y^2}\right) \tag{9.4.61}$$

$$\frac{U_e^2}{L} \quad \frac{U_e\delta}{L}\frac{U_e}{\delta} \qquad \frac{U_e^2}{L}\left(\frac{v}{U_e}\right)^2 \quad \frac{U_e^2}{L}\left(\frac{v}{U_e}\right)^2\frac{L}{\delta} \quad \frac{U_e^2}{L}\frac{\nu}{U_eL} \quad \frac{U_e^2}{L}\left(\frac{L}{\delta}\right)^2\frac{\nu}{U_eL}$$

$$\bar{u}\frac{\partial \bar{v}}{\partial x}+\bar{v}\frac{\partial \bar{v}}{\partial y}=-\frac{1}{\rho}\frac{\partial \bar{p}}{\partial y}+\frac{\partial}{\partial x}(-\overline{u'v'})+\frac{\partial}{\partial y}(-\overline{v'^2})+\nu\left(\frac{\partial^2 \bar{v}}{\partial x^2}+\frac{\partial^2 \bar{v}}{\partial y^2}\right) \tag{9.4.62}$$

$$\frac{U_e^2}{L}\frac{\delta}{L} \quad \frac{U_e^2}{L}\frac{\delta}{L} \qquad \frac{U_e^2}{L}\left(\frac{v}{U_e}\right)^2 \quad \frac{U_e^2}{L}\left(\frac{v}{U_e}\right)^2\frac{L}{\delta} \quad \frac{U_e^2}{L}\frac{\delta}{L}\frac{\nu}{U_eL} \quad \frac{U_e^2}{L}\frac{L}{\delta}\frac{\nu}{U_eL}$$

実験事実に基づいて $R_L=U_eL/\nu\sim10^6$，$\delta/L\sim1/20$ および $v/U_e\sim1/20$ と見積もると，流れ方向速度に関する運動方程式の慣性項を基準として以下のように近似できる．

$$\bar{u}\frac{\partial \bar{u}}{\partial x}+\bar{v}\frac{\partial \bar{u}}{\partial y}=-\frac{1}{\rho}\frac{\partial \bar{p}}{\partial x}(-\overline{u'^2})+\frac{\partial}{\partial y}(-\overline{u'v'})+\nu\frac{\partial^2 \bar{u}}{\partial y^2} \tag{9.4.63}$$

$$0=-\frac{1}{\rho}\frac{\partial \bar{p}}{\partial y}+\frac{\partial}{\partial y}(-\overline{v'^2}) \tag{9.4.64}$$

y 方向の運動方程式（9.4.64）から静圧分布に対しては以下の関係が導かれる．

$$P+\rho\overline{v'^2}=P_e \tag{9.4.65}$$

ここで，壁面を一本の流線として考えた場合，粘性項を無視できる主流の運動方程式における静圧が P_e であり，これは $v'=0$ となる壁面上での静圧に等しい．また，無限遠方における流れが一様流であれば $P_e=P_\infty$ とおけるが，実用上は壁面静圧の取得が容易であり，ここでは P_e を主流静圧とする．速度場と P_e との間に次式のベルヌーイの定理が成立し，それらはオイラーの運動方程式に従う．

$$U_e\frac{\mathrm{d}U_e}{\mathrm{d}x}=-\frac{1}{\rho}\frac{\mathrm{d}P_e}{\mathrm{d}x} \tag{9.4.66}$$

（9.4.65），（9.4.66）式を（9.4.63）式の流れ方向静圧勾配項に導入すると，非圧縮性流体の2次元定常乱流境界層に対する運動方程式が，以下のように導かれる．

$$\bar{u}\frac{\partial \bar{u}}{\partial x}+\bar{v}\frac{\partial \bar{u}}{\partial y}=U_e\frac{\mathrm{d}U_e}{\mathrm{d}x}+\frac{\partial}{\partial y}(-\overline{u'v'})+\frac{\partial}{\partial x}(\overline{v'^2}-\overline{u'^2})+\nu\frac{\partial^2 \bar{u}}{\partial y^2} \tag{9.4.67}$$

$$\frac{\partial \bar{u}}{\partial x}+\frac{\partial \bar{v}}{\partial y}=0 \qquad \text{(連続の式)} \tag{9.4.68}$$

境界条件は $y=0$ で $\bar{u}=\bar{v}=0$，$y\to\infty$ で $\bar{u}=U_e$，$\bar{v}=0$ となる．

境界層方程式を $y=0\sim\delta$ の範囲で積分すると運動量積分方程式（momentum integral equation）が得られる．

$$\frac{\mathrm{d}\theta}{\mathrm{d}x}+\frac{\theta}{U_e}\frac{\mathrm{d}U_e}{\mathrm{d}x}(H+2)+\frac{1}{U_e^2}\int_0^\delta(\overline{v'^2}-\overline{u'^2})\mathrm{d}y=\frac{\tau_\mathrm{w}}{\rho U_e^2} \tag{9.4.69}$$

ここで，$H=\dfrac{\delta^*}{\theta}$ は形状係数，$\delta^*=\displaystyle\int_0^\infty\left(1-\frac{\bar{u}}{U_e}\right)\mathrm{d}y$ は排除厚さ，$\theta=\displaystyle\int_0^\infty\frac{\bar{u}}{U_e}\left(1-\frac{\bar{u}}{U_e}\right)\mathrm{d}y$ は運動量厚さである．境界層方程式（9.4.67）の右辺第3項および運動量積分方程式の左辺第3項は剥離に近い領域を除くと無視できる場合が多い．

b.　平均速度分布

境界層は9.4.2～9.4.3項の内部流と同様に，剪断応力の主要な成分と統計量分布に対する尺度法則により領域が分割でき，多層構造と考えられる（9.4.1項の図9.4.1参照）．流れ場は下流方向にはほぼ一様な構造となり，壁領域（wall layer）[5] においては壁法則（law of the wall）が本質的な役割を果たす．図9.60に平均速度分布の代表的な実験・

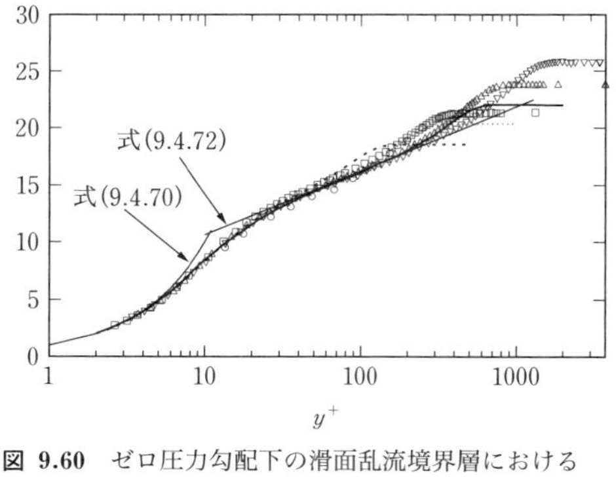

図 9.60　ゼロ圧力勾配下の滑面乱流境界層における対数速度分布[6～8]

DNS[7]

…：$R_\theta=300$，……：$R_\theta=670$，—：$R_\theta=1410$.

Exp.[8]

○：$R_\theta=930$.

Exp.[6]

□：$R_\theta=860$，△：$R_\theta=2100$，▽：$R_\theta=4430$.

DNSの結果を示し，各層について列挙する．

1) 粘性底層 (viscous sublayer) $y^+ \leq 5$ 境界層の各位置での剪断応力は粘性応力とレイノルズ応力の和で与えられる．内部流と同様に，壁面に接する薄い層では，剪断応力は粘性応力のみで与えられると近似できて，平均速度分布は次式となる (9.4.1項の式 (9.4.6))．

$$\bar{u}^+ = y^+ \tag{9.4.70}$$

$y^+=5$ において，レイノルズ応力は全応力の10%程度を占めるので，粘性応力が真に支配的で，直線速度分布が厳密に成立するのは $y^+ \leq 2.4$ の範囲と推定される[5]．

2) 緩和層 (buffer layer) $5 < y^+ \leq 30 \sim 40$ 粘性底層と対数領域に挟まれた領域で，粘性応力とレイノルズ応力がほぼ同じ割合で働く．平均速度分布の式としていくつか提案されているが，一例として，混合距離の壁近傍での減衰効果を，振動平板のストークス解で近似したVan Driestの式を示す．

$$\bar{u}^+ = \int \frac{2}{1+4[1+4(\varkappa y^+)^2\{1-\exp(-y^+/26)\}^2]^{1/2}} dy^+ \tag{9.4.71}$$

3) 対数領域 (logarithmic law region) $30 \sim 40\nu/u_\tau < y < 0.15 \sim 0.2\delta$ レイノルズ応力が支配的となる領域である．また，内部流と同様に内層と外層がオーバーラップする領域であり，次式の対数速度分布が導かれる (9.4.1項の式 (9.4.4))．

$$\bar{u}^+ = \frac{1}{\varkappa} \ln y^+ + C \tag{9.4.72}$$

$\varkappa$ はカルマン定数 (von Kármán constant) と呼ばれる．実験結果から $\varkappa=0.41$，$C=5.0$ の値が推奨されている[9]．この層では壁からの距離 y が代表寸法となり，混合距離仮説をあてはめると，混合距離は $l=\varkappa y$ と表される．また，内外層の速度スケーリングが同時に成立する領域として対数分布が導かれることから，この層をオーバーラップ領域 (overlap region) とも呼ぶ．

近年，詳細な実験結果に基づき，有限なレイノルズ数におけるレイノルズ数依存性が議論されている．Barenblattら[10]はカルマン定数のレイノルズ数への弱い依存を考慮し，べき法則を提案している．

$$\bar{u}^+ = \left(\frac{\sqrt{3}+5\alpha}{2\alpha}\right)(y^+)^\alpha, \qquad \alpha = \frac{3}{2\ln \mathrm{Re}} \tag{9.4.73}$$

ここで，Reは管内乱流の内径に相当する厚さに基づくレイノルズ数として定義されるが，詳細は文献10を参照されたい．

4) 外層 (outer layer) $y/\delta > 0.15 \sim 0.2$ 境界層において，対数領域より外側を外層と呼ぶ．乱流と非乱流の状態が間欠的に混在して現れる領域である．この層において，壁面の摩擦力と同等の剪断力が作用する下で速度欠損を考えると，次式の速度欠損法則 (velocity defect law) が導かれる (9.4.1項の式 (9.4.5))．

$$\frac{U_e - \bar{u}}{u_\tau} = F(\eta) \quad ここで \quad \eta = \frac{y}{\delta} \tag{9.4.74}$$

Rotta[11]は速度欠損分布を規格化する表現として，ゼロ圧力勾配下の乱流境界層に対して次式を与えている (図9.61)．

$$\frac{U_e - \bar{u}}{u_\tau} = -\frac{1}{\varkappa} \ln \frac{y}{\Delta} - 0.9 \quad ここで \quad \Delta = \delta^* \frac{U_e}{u_\tau} \tag{9.4.75}$$

上式は，式 (9.4.72) の対数法則の別表現であり，境界層のより外側の乱れの間欠性が強まる領域で平均速度が対数法則からずれる事実に対して，Coles[12]は内外層を結合した後流法則 (law of the wake，伴流法則ともいう) を提案した．

$$\bar{u}^+ = \frac{1}{\varkappa} \ln y^+ + C + \frac{\Pi}{\varkappa} W(\eta) \tag{9.4.76}$$

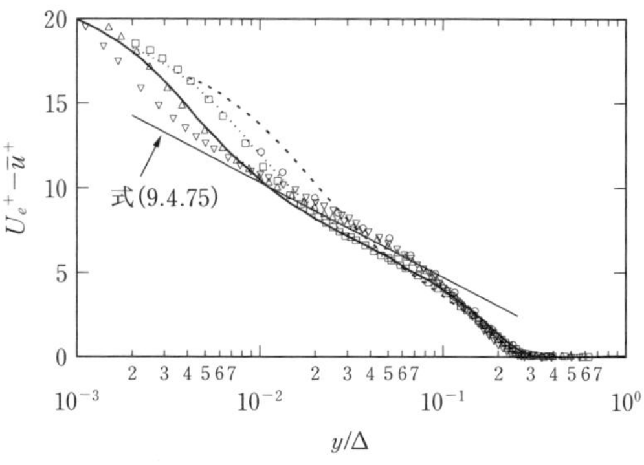

図 9.61 ゼロ圧力勾配下の滑面乱流境界層における速度欠損法則[6~8]

DNS[7]
--- : $R_\theta=300$，…… : $R_\theta=670$，— : $R_\theta=1410$.
Exp.[8]
○ : $R_\theta=930$.
Exp.[6]
□ : $R_\theta=860$，△ : $R_\theta=2100$，▽ : $R_\theta=4430$.

Π は後流パラメータ，$W(\eta)$ は普遍後流関数と呼ばれる．後流関数に対しては，精度のよい分布として Lewkowicz[13] の式 (9.4.77) が使用される．後流パラメータは圧力勾配やレイノルズ数に依存する値であるが，Coles[14] はゼロ圧力勾配下の乱流境界層について式 (9.4.78) を与えている．

$$W(\eta)=2\eta^2(3-2\eta)-\frac{1}{\Pi}\eta^2(1-\eta)(1-2\eta) \tag{9.4.77}$$

$$\Pi=0.62-1.21\exp\left(-\frac{\delta^+}{290}\right) \tag{9.4.78}$$

後流パラメータ Π の値は，R_θ がおよそ6000以上で一定，2000～6000において R_θ への弱い依存性，2000以下において R_θ への強い依存性を示す．このことから，$R_\theta<2000$ を低レイノルズ数，$R_\theta=2000$～6000を中程度 (moderate) のレイノルズ数，$R_\theta\geq 6000$ を高レイノルズ数の流れ[15] と分類することがある．

5）エントレインメント速度　乱流境界層は時間的に変動しているが，その外縁には各時刻で複雑な形状を示す粘性表層 (viscous super-layer) と呼ばれるごく薄い層が形成され，主流との境界となっている．粘性表層では，粘性応力による接線力を通じて，境界層の渦度の拡散と一様流からの運動量のエントレインメント (entrainment) が生じる．境界層全体のエネルギー収支に対して重要となるエントレインメント速度 V_E は，以下のように計算される．

$$\rho V_E=\frac{d}{dx}\int_0^\delta \rho\bar{u}\,dy=\frac{d}{dx}[\rho U_e(\delta-\delta^*)] \tag{9.4.79}$$

Head[16] は積分法に基づく計算に供するため，平均速度分布とエントレインメントとの間に実験に基づく関係を与えている．

6）平衡境界層の速度分布　乱流境界層において外層分布の相似解が得られる場合，それを平衡境界層 (equilibrium boundary layer) と呼ぶ．平衡境界層について最初に理論的に取り組んだのは Rotta[17] で，その後 Clauser[18,19] が試行錯誤による実験でその存在を確認した．Clauser は平衡の指標として以下の形状係数 G および無次元圧力勾配パラメータ β を提案し，

$$G=\frac{\int_0^\infty\left(\frac{U_e-\bar{u}}{U_\tau}\right)^2 dy}{\int_0^\infty\left(\frac{U_e-\bar{u}}{U_\tau}\right)dy}=\frac{H-1}{H}\sqrt{\frac{2}{C_f}} \tag{9.4.80}$$

$$\beta=\left(\frac{\delta^*}{\tau_w}\right)\frac{dP_e}{dx} \tag{9.4.81}$$

形状係数 G，および，β が一定値をとることを平衡の条件とした．その後，改めて Townsend[20]，Mellor-Gibson[21] および Bradshaw[22] らにより運動方程式への適合を考慮した解析がなされた．多層構造をもつ乱流境界層において，厳密な相似変換（層流の Falkner-Skan 変換[1] に相当）は不可能である．しかし，無次元圧力勾配パラメータ β が一定の条件下では，Clauser の実験に疑義のないことが理論的に証明された．また，β を一定に保った場合，G がほぼ一定になることも理論的に明らかにされている[11,21]．

c. 乱れの統計量

レイノルズ応力を含めた乱れのモーメント量分布に関しても壁法則の成立が期待される．図9.62～9.66に乱流強度の流れ方向，壁面垂直方向，スパン方向の成分，レイノルズ応力の分布，乱れエネルギーの収支をそれぞれ示す．内層 ($y/\delta<0.2$) においては，内部流であるチャネル乱流の分布 (9.4.3項の図9.51, 9.52, 9.55) に酷似しており，レイノルズ数が十分大きい場合に相似則が成立する．また，壁面近傍に強い平均速度勾配が存在し，おもにその領域において乱れエネルギーが生成される点など，管内流の力学機構とほぼ同様であることがわかる．ただし，壁近傍の各乱流強度のピーク値

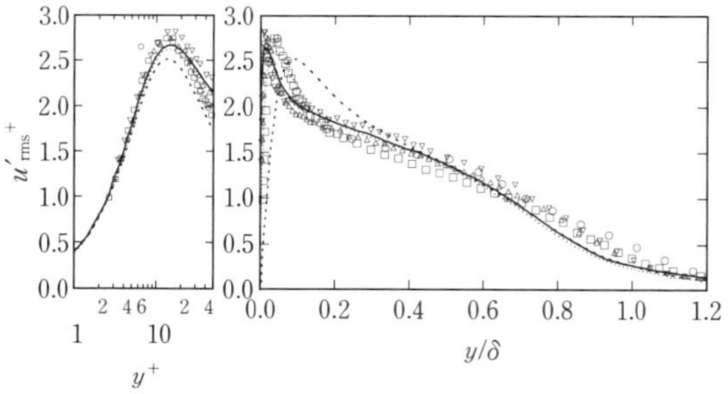

図 9.62　ゼロ圧力勾配下の滑面乱流境界層における流れ方向の乱流強度分布[6～8]

DNS[7]

┈：$R_\theta=300$，┈┈：$R_\theta=670$，―：$R_\theta=1410$.

Exp.[8]

○：$R_\theta=930$.

Exp.[6]

□：$R_\theta=860$，△：$R_\theta=2100$，▽：$R_\theta=4430$.

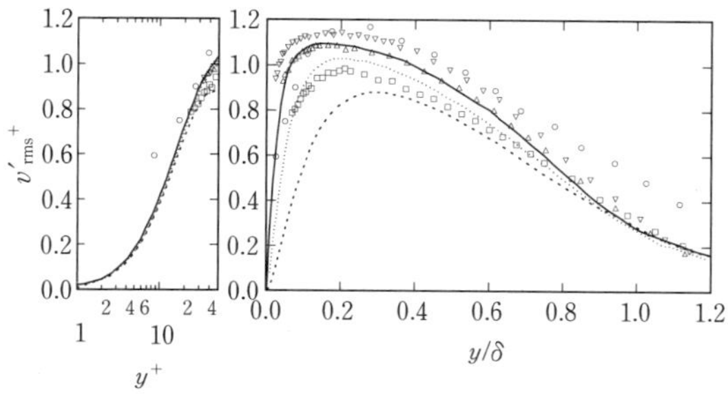

図 9.63 ゼロ圧力勾配下の滑面乱流境界層における v 成分（壁面に垂直方向）の乱流強度分布[6～8]
DNS[7]
┈：$R_\theta=300$，┈：$R_\theta=670$，─：$R_\theta=1410$.
Exp.[8]
○：$R_\theta=930$.
Exp.[6]
□：$R_\theta=840$，△：$R_\theta=2130$，▽：$R_\theta=4430$.

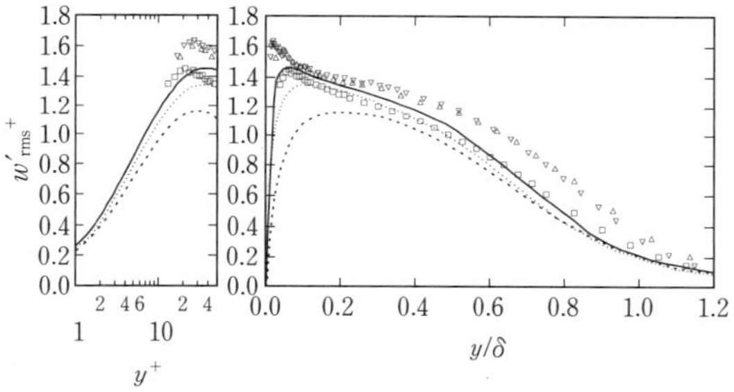

図 9.64 ゼロ圧力勾配下の滑面乱流境界層における w 成分（スパン方向）の乱流強度分布[6,7]
DNS[7]
┈：$R_\theta=300$，┈：$R_\theta=670$，─：$R_\theta=1410$.
Exp.[6]
□：$R_\theta=840$，△：$R_\theta=2130$，▽：$R_\theta=4430$.

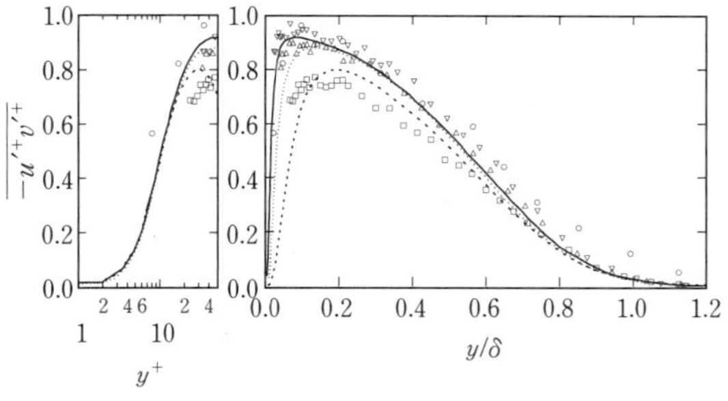

図 9.65 ゼロ圧力勾配下の滑面乱流境界層におけるレイノルズせん断応力分布[6～8]
DNS[7]
┈：$R_\theta=300$，┈：$R_\theta=670$，─：$R_\theta=1410$.
Exp.[8]
○：$R_\theta=930$.
Exp.[6]
□：$R_\theta=840$，△：$R_\theta=2130$，▽：$R_\theta=4430$.

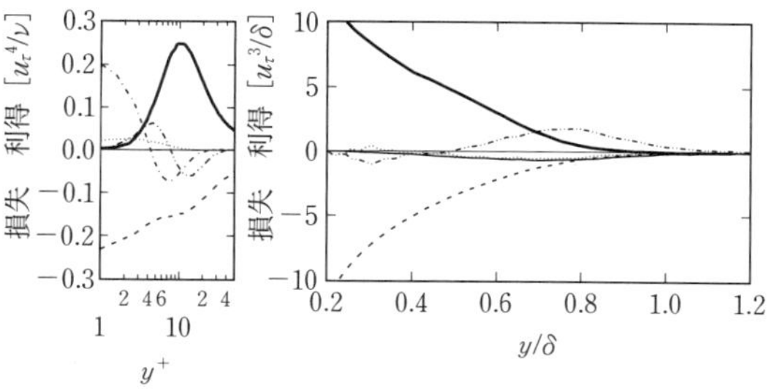

図 9.66 乱れエネルギーの収支[7]
DNS[7] $R_\theta=1410$
━：生成，- - -：散逸，──：成長項，┈：圧力拡散，
-┈-：乱流拡散，-・-：粘性拡散.

は内部流の場合と相違がある．この原因として，9.4.1項で述べた内層スケールで整理されるストリーク構造や渦構造は内・外部流で相違がほとんどないが，巨視的境界条件の影響を大きく受ける大規模構造に違いが存在し，それらが壁面近傍の乱流に与える影響が異なる点が指摘できる[23]．

他方，外層における乱れの統計量は，$y/\delta<0.4$ では内部流とほぼ同様の傾向を示すが，$y/\delta>0.4$ では内部流より小さな値をとり，境界層の外縁（$y/\delta=1$）近くでは急激に減少する．これは，内部流では全領域で乱流状態が維持されるのに対し，境界層の外縁近くでは，乱れの間欠性が強まるためである．

一定時間内に占める乱流状態の時間の割合を，間欠度（intermittency factor）γ と定義する．境界層や噴流の外縁に高い応答性を有する速度センサを挿入すると，乱流と非乱流状態が間欠的に観察される事実による．間欠度は，小スケール乱れが一様な場合[4]，乱れの2次，4次モーメントの比である扁平度（flatness factor）F を用いて以下のように求められる．

$$F=\frac{\overline{u'^4}}{\left(\overline{u'^2}\right)^2} \qquad (9.4.82)$$

$$\gamma=\frac{3}{F} \qquad (9.4.83)$$

扁平度は，正規分布の場合 $F=3$ となり，より強い乱れがより間欠的に現れる高い場合に大きくなる．乱流境界層での間欠度の測定結果[24]を図9.67に示す．γ の分布形は，誤差関数で近似できることが知られる．壁近傍の $y/\delta<0.4$ では $\gamma=1$ であり，流れはほぼ完全に乱流状態にある．このことは，乱流の性質が $y/\delta<0.4$ において内部流とほとんど相違

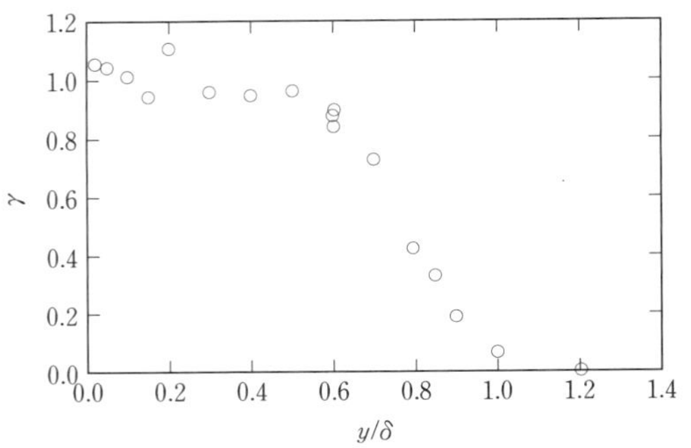

図 9.67　間欠度の分布[24)]
○：Exp.[24)]

がないことと合致する．壁から離れるにつれて γ は小さくなり，一定時間の間に非乱流状態が占める割合が多くなる．乱流部分と非乱流部分の間にはっきりした境界（粘性表層）があり，これが外縁の大きな渦により境界層内に入り込んだりする．この境界面の平均位置はおよそ 0.8δ にあり，そこを中心として内外に $\pm 0.4\delta$ の範囲で変動していることがわかる．また $\gamma<1$ の領域における乱流強度に関して，間欠度により補正して u'_{rms}/γ の値をとると，管内流の値とほぼ同一になる．

d.　種々の影響

乱流境界層の構造に影響を与える因子としては，外力項として作用する圧力勾配，遠心力，浮力など，付加的に作用する歪み，境界条件として作用する壁面粗さ，壁面曲率など，その他主流乱れなどに大別される．それらの影響は，これまでの研究により，平均速度分布の相似則に対する修正として表現されている．以下に主なものを記述する．

1）　壁面粗さの影響　　壁面粗さはその代表高さを k_s とすると，粘性長さとの比である粗さレイノルズ数 $k_s^+=k_s/(\nu/u_\tau)$ により分類される．

$$\begin{cases} k_s^+<5 & \text{流体力学的になめらか} \\ 5\leq k_s^+<70 & \text{遷移粗さ領域} \\ 70\leq k_s^+ & \text{完全粗面領域} \end{cases}$$

粗さの代表長 k_s としては Schlichting の等価砂粒粗さ[1)]が従来採用されている．一様粗さの場合，滑面と同じ尺度法則 $\partial U/\partial y=u_\tau/(\chi y)$ が成立する適当な原点が見出せる．この場合，粗さによる速度の欠損を表す量として粗さ関数 $\Delta U/u_\tau$ が導入される．

$$\bar{u}^+=\frac{1}{\chi}\ln y^+ + C-\frac{\Delta U}{u_\tau} \qquad (9.4.84)$$

完全粗面領域においては，粗さの性質により決定されるレイノルズ数に独立な定数 C_k を用いて，粗さ関数は次式のように与えられる．

$$\frac{\Delta U}{u_\tau}=\frac{1}{\chi}\ln k_s^+ + C_k$$

$$\text{または}\quad \frac{\bar{u}}{u_\tau}=\frac{1}{\chi}\ln\frac{y}{k_s}+C-C_k \qquad (9.4.85)$$

また，次式で表現されるような粗さパラメータ z_0[25)] を導入すると，粗面と滑面とを同一パラメータにより取り扱うことが可能となる．

$$\bar{u}^+=\frac{1}{\chi}\ln\frac{y}{z_0} \qquad (9.4.86)$$

滑面から粗面へと粗度が急変化する流れにおいて，下流側の粗面壁に沿って発達する内部境界層厚さ δ_i の発達割合はこの粗度長を用いて考察され，以下の半経験式が得られている[26)]．

$$\frac{\delta_i}{z_2}=0.18\left(\frac{X_s}{z_2}\right)^{0.92} \qquad (9.4.87)$$

ここで，z_2 は急変化後の粗さパラメータ，X_s は急変化位置から下流に測った距離である．このほかに，Van Driest[27)] は緩和層における速度分布のモデルにおいて壁減衰係数に粗度の影響を考慮したものを用いており，のちに改良されている．

外層の速度分布への粗度の影響は摩擦速度の大きさのみを通じて現れると解釈され，滑面と同じ速度欠損法則が適用される．しかし，この点について近年注意を喚起するいくつかの報告[28)]があり，速度欠損法則の普遍性を仮定して壁面摩擦抵抗係数を求める場合，その精度には注意を要する．

2）　圧力勾配の影響　　圧力勾配の影響としては，工業上は逆圧力勾配の影響が重要視される．圧力勾配下の 2 次元定常境界層の壁領域において，剥離がなく，平行流近似が成立する場合，運動方程式は下式のように近似できる．

$$0=-\frac{1}{\rho}\frac{\mathrm{d}P_e}{\mathrm{d}x}+\frac{\partial}{\partial y}\left(\nu\frac{\partial\bar{u}}{\partial y}-\overline{u'v'}\right) \qquad (9.4.88)$$

これを積分すれば，剪断応力は一定ではなく，勾配をもつことが示される．

$$\tau=\mu\frac{\partial\bar{u}}{\partial y}-\rho\overline{u'v'}=\tau_{\mathrm{w}}+\alpha y, \qquad \alpha=-\frac{\mathrm{d}P_e}{\mathrm{d}x} \qquad (9.4.89)$$

上式を壁変数で表せば，次式となる．

$$\frac{\tau}{\tau_w}=\tau^+=\frac{\partial \bar{u}^+}{\partial y^+}-\overline{u'^+v'^+}=1+P^+y^+ \quad (9.4.90)$$

ここで，$P^+\equiv -(\nu/\rho u_\tau^3)\mathrm{d}P_e/\mathrm{d}x$ は無次元圧力勾配パラメータである．したがって，圧力勾配が存在すると，$\tau\simeq\tau_w$ となる応力一定層はもはや存在せず，図 9.68 に示すように，レイノルズ剪断応力は外層で増大（$-\overline{u'^+v'^+}\gg 1$）する．このことは，内層における壁法則にも影響を及ぼす．

実用上は，前述の平衡乱流境界層の状態（Clauser の無次元圧力勾配パラメータ $\beta=(\tau^*/\tau_w)\mathrm{d}P_e/\mathrm{d}x=$ 一定）が保たれることはまれで，多くは流れ方向に β が変化する非平衡境界層となっている．非平衡の逆圧力勾配流れにおける壁法則は，ゼロ圧力勾配流れのそれと同じとはならず，図 9.69 に示すように，平均速度分布は普遍対数則（式 (9.4.72)，$1/\varkappa=1/0.41=2.44$，$C=5.0$）よりも下方にずれることが実験により示されている[29,30]．また，逆圧力勾配流れ[31]および後ろ向きステップ流れ[32]の直接数値シミュレーション（DNS）が実施され，強い非平衡領域においても同様の結果が得られている．さらに，最近の実験を含む逆圧力勾配流れの複数の研究[29,30,33,34]において同様の結果が確認され，非平衡逆圧力勾配流れにおける特有の壁法則が広く知られるようになった．

最新の平衡および非平衡な逆圧力勾配流れの DNS[35] によれば，非平衡流れの対数速度分布については上述の結果と一致していること，また平衡流れにおいても，図 9.70 に示すようにわずかに下方にずれることが示された．一方，高レイノルズ数の逆圧力勾配平衡乱流境界層の実験では，ゼロ圧力勾配流れと同様の対数則が成立すると報告されている[37,38]．ただし，壁面剪断応力の測定精度が対数速度分布に及ぼす影響は大きいので，注意が必要である．

逆圧力勾配の影響が強くなると，準秩序構造にも違いが現れ，壁近傍のイジェクション運動が弱まり，代わってスイープ運動が顕著になる．この乱流構造の変化に伴い，図 9.71 に示すように，乱流輸送を表す 3 次モーメントは内層で正から負へ転じ，ゼロ圧力勾配流れとは逆向きの輸送が生起する[39]．

ゼロ圧力勾配流れとは異なる逆圧力勾配流れの壁法則に関して，式 (9.4.88) の剪断応力の勾配を粘性底層や対数領域において考慮したモデル[40]が提

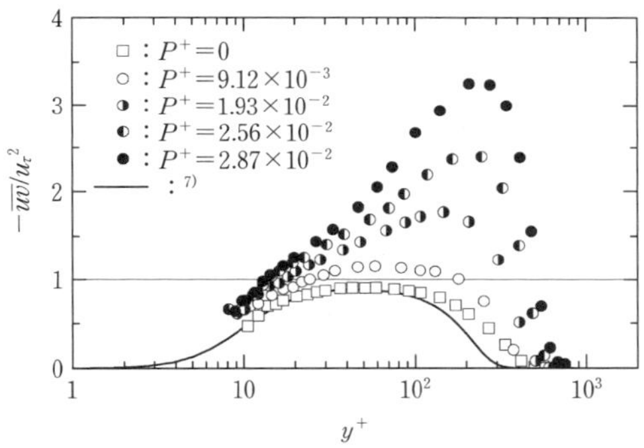

図 9.68 非平衡な逆圧力勾配流れのレイノルズ剪断応力分布[7,30]

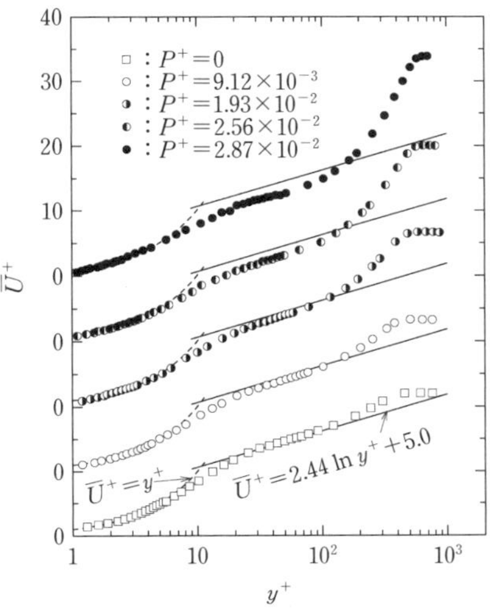

図 9.69 非平衡な逆圧力勾配流れの平均速度分布[30]

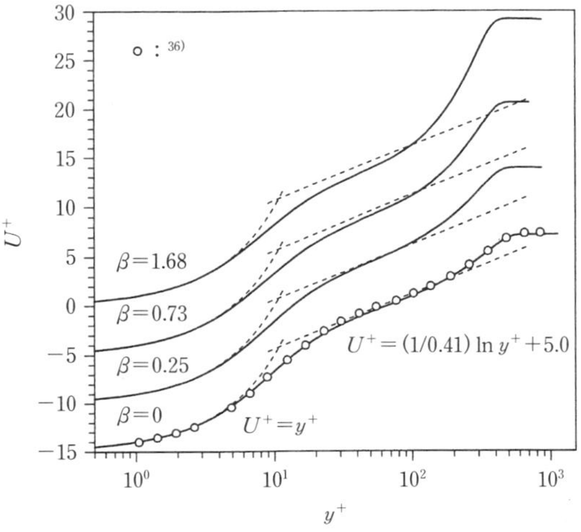

図 9.70 平衡な逆圧力勾配流れの平均速度分布[35,36]

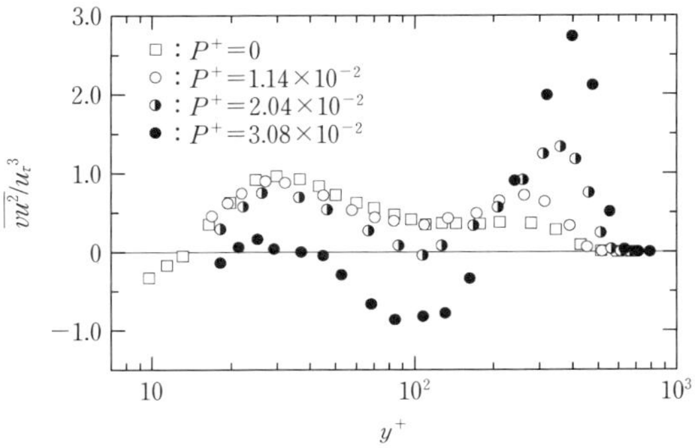

図 9.71　非平衡な逆圧力勾配流れの乱流輸送[39)]

案されている．なかでも，剪断応力の圧力勾配による変化を考慮し，$\partial\bar{u}/\partial y=(\tau/\rho)^{1/2}/\varkappa y$ の関係に基づいて導いた代表的なものは次式の分布である[41)]．

$$\bar{u}^+=\frac{1}{\varkappa}\ln y^++C-\frac{2}{k}\ln\left(\frac{1+\sqrt{1+P^+y^+}}{2}\right)+\frac{2}{\varkappa}(\sqrt{1+P^+y^+}-1)\qquad(9.4.91)$$

一方，外層に対する圧力勾配の影響は図 9.69, 9.70 から明らかであり，それを表すものとしては Coles の後流パラメータ Π があげられる．圧力勾配の程度を表す無次元量としては，前述の $\beta=-(\delta^*/\tau_w)dP_e/dx$ が用いられる．この無次元パラメータに対する境界層への影響は，後流パラメータの他に欠損法則における切片の変化として表現される．対流項の存在が無視できない境界層において，局所相似性の成立に基づいて圧力勾配の影響を示す関係は平衡境界層においてのみ一意に決定できる．Alber[42)] は 1968 年の Stanford 会議において選定された実験結果に基づき Clauser の形状係数に対して下式を与えている．

$$G=-0.4+6.10(\beta+1.81)^{1/2}\qquad(\beta\geq0)$$
$$G=7.8067+0.650\beta\qquad(\beta<0)$$
$$(9.4.92)$$

Perry らは平衡境界層の相似解を求める際，下式を提案している[43)]．

$$\left(\beta+\frac{1}{2}\right)=1.21\Pi^{4/3}\qquad(\beta\geq0)\qquad(9.4.93)$$

3)　主流乱れの影響　主流乱れの乱流境界層に対する影響は，主流の乱れ強さ u'_{rms}/U_e と下式で定義される長さ尺度 L_e により表される[44)]．

$$U_e\frac{d(u'_{rms})_e^2}{dX}=\frac{-(u'_{rms})_e^3}{L_e}\qquad(9.4.94)$$

主流乱れによる局所摩擦抵抗係数の増加率 $\Delta C_f/C_{f0}$ はこの尺度を組み合わせた $u'_{rms}/U_e\times100/(L_e/\delta+2.0)$ と定義されるパラメータに対する依存性として与えられる．その場合 $R_\theta\leq2000$ 程度の低レイノルズ数においてはレイノルズ数の影響を考慮する必要がある[45)]．

4)　壁面における吸込みと吹出しの影響　平行流近似が可能な範囲で壁面からの吹出しと吸込みの影響を考慮した場合，剪断応力に壁面での速度 V_w による運動量流束を加え，下式が成立する[46)]．

$$\tau=\tau_w+\rho\bar{u}V_w\qquad(9.4.95)$$

さらに，$\partial\bar{u}/\partial y=(\tau/\rho)^{1/2}/\varkappa y$ の成立を仮定し，積分すると下式が得られる．

$$\frac{2u_\tau}{V_w}\left[\left(1+\frac{\bar{u}V_w}{u_\tau^2}\right)^{1/2}-1\right]=\frac{1}{\varkappa}\ln y^++C_E\qquad(9.4.96)$$

ここで，積分定数 C_E は，V_E/u_τ に依存して決定される．　**［岩本　薫・長野靖尚・大坂英雄・望月信介］**

文　　献

1) H. Schlichting, K. Gersten : Boundary Layer Theory, 8 th revised and enlarged ed., Springer, 2000.
2) M. Van Dyke : Perturbation Methods in Fluid Mechanics, 2 nd ed., Parabolic Press, Stanford, 1975.
3) A. A. Townsend : The Structure of Turbulent Shear Flow, Cambridge Univ. Press, 1965.
4) J. O. Hinze : Turbulence, McGraw-Hill, 1975.
5) H. Tennekes, J. L. Lumley : A First Course in Turbulence, MIT press, 1972.
6) H. Osaka *et al.*: JSME International J., **41** (1), 1998, 123-129.
7) P. R. Spalart : J. Fluid Mech., **187**, 1988, 61-98.
8) R. J. Adrian *et al.*: J. Fluid Mech., **422**, 2000, 1-54.
9) D. E. Coles : The young person's guide to the data, AFOSR-IFP-Stanford Conference, Vol. 2, 1968.
10) G. I. Barenblatt *et al.*: J. Fluid Mech., **410**, 2000, 263-283.
11) J. C. Rotta : Turbulent Boundary Layer in Incompressible Flow, Prog. Aero. Sci. 2, Pergamon, 1962, 1-221.
12) D. Coles : J. Fluid Mech., **1**, 1956, 191-226.
13) A. K. Z. Lewkowicz : ZFW, **6**, 1982, 261-266.
14) D. E. Coles : Coherent Structures in Turbulent Boundary Layers, Perspectives in Turbulence Studies, Springer, 1987, 93-114.
15) M. Gad-el-Hak, P. Bandyopadhyay : App. Mech. Rev., **47** (8), 1994, 307-365.
16) M. R. Head : Aeronautical Res. Council. R&M 3152, 1958.
17) J. C. Rotta : Mitt. Max-Plank-Inst.,Strom. Forsch., Nr. 1, 1950. または英訳版 NACA TM 1344, 1953.
18) F. H. Clauser : J. Aeronaut. Sci., **21**, 1954, 91-108.
19) F. H. Clauser : Adv. Appl. Mech. 4, Academic Press, 1956, 1-51.

20) A. A. Townsend : J. Fluid Mech., **1**, 1956, 561-573.
21) G. L. Mellor, D. M. Gibson : J. Fluid Mech., **24**, 1966, 225-253.
22) P. Bradshaw : J. Fluid Mech., **29**, 1967, 625-645.
23) K. Iwamoto *et al.* : IUTAM Bookseries, 4, 2008, 53-58.
24) P. S. Klebanoff : NACA Rept. No. 1247, 1955, 1-19.
25) A. S. Monin, A. M. Yaglom : Statistical Fluid Mechanics, MIT Press, 1987.
26) W. H. Schofield : ARL. Mech. Eng. Rep., **150**, 1977.
27) J. A. Schetz : Boundary Layer Analysis, Prentice-Hall, 1993.
28) P. Å. Krogstadt *et al.* : J. Fluid Mech., **245**, 1992, 599-617.
29) Y. Nagano *at al.* : Turbulent Shear Flows 8 (F. Durst *et al.* eds.), Springer, 1993, 7-21.
30) Y. Nagano *et al.* : Int. J. Heat Fluid Flow, **19**, 1998, 563-572.
31) P. R. Spalart, J. H. Watmuff : J. Fluid Mech., **249**, 1993, 337-371.
32) H. Le *et al.* : J. Fluid Mech., **330**, 1997, 349-374.
33) J. R. Debisschop, F. T. M. Nieuwstadt : AIAA J., **34**, 1996, 932-937.
34) T. Indinger *et al.* : AIAA J., **44**, 2006, 2465-2474.
35) J.-H. Lee, H. J. Sung : Int. J. Heat Fluid Flow, **29**, 2008, 568-578.
36) D. B. DeGraaff, J. K. Eaton : J. Fluid Mech, **422.**, 2000, 319-346.
37) P. E. Skåre, P.-Å. Krogstad : J. Fluid Mech., **272**, 1994, 319-348.
38) S. Mochizuki *et al.* : IUTAM Symposium on Reynolds Number Scaling in Turbulent Flow (A. J. Smits ed.), Kluwer Academic Publishers, 2004, 297-300.
39) T. Houra *et al.* : Int. J. Heat Fluid Flow, **21**, 2000, 304-311.
40) P.S. Granville : Trans. ASME, J. Fluids Engin., **111**, 1989, 94-97.
41) たとえば, T. Cebeci, P. Bradshaw : Momentum Transfer in Boundary Layer, Hemisphere Publishing Corporation, 1977.
42) S. J. Kine *et al.* eds. : Proceedings of Computation of Turbulent Boundary Layers 1968, AFOSR-IFP-Stanford Conference, 1968.
43) A. E. Perry *et al.* : J. Fluid Mech., **461**, 2002, 61-91.
44) P. E. Hancock, P. Bradshaw : Trans. ASME, J. Fluids Engin., **105**, 1983, 284-289.
45) I. P. Castro : Trans. ASME, J. Fluids Engineering, **106**, 1984, 298-306.
46) たとえば, H.-H. Ferenholz : Turbulence, Topics in Applied Physics 12 (P. Bradshaw ed.), Springer, 1978.

9.4.5 剝離再付着流

物体表面に沿っていた流れが表面から離れる現象を剝離と呼び，いったん剝離した流れが再び表面に沿って流れる現象を再付着と呼ぶ[1]．また，剝離には，2次元あるいは3次元剝離，そして定常あるいは非定常剝離がある[1,2]．多くの流れにおいて剝離が生じる原因は主として二つある．一つは物体表面形状が急変する角のような場所において，直進しようとする流体が慣性により角を曲がり切れずに表面から離れてしまう場合（図 9.72），二つ目は下流方向に向かって圧力が次第に高くなる，いわゆる逆圧力勾配の影響で，それまで表面に沿っていた流れが表面から剝がれてしまう場合（図 9.73）である．その他，衝撃波や遠心力などの体積力に起因する剝離もある．後ろ向きステップ流は慣性により剝離する例（図 9.74）であり，凸面上の境界層の剝離は2番目の逆圧力勾配による例（図 9.75）である．両者が複合した形で起こる剝離もある．

後ろ向きステップ流（図 9.74）においては，図

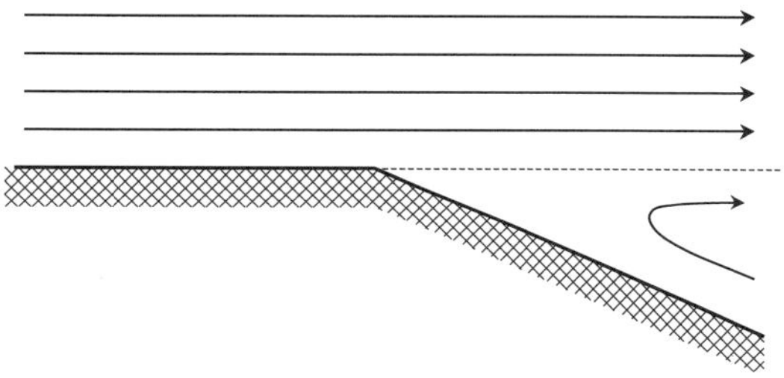

図 9.72 慣性による剝離

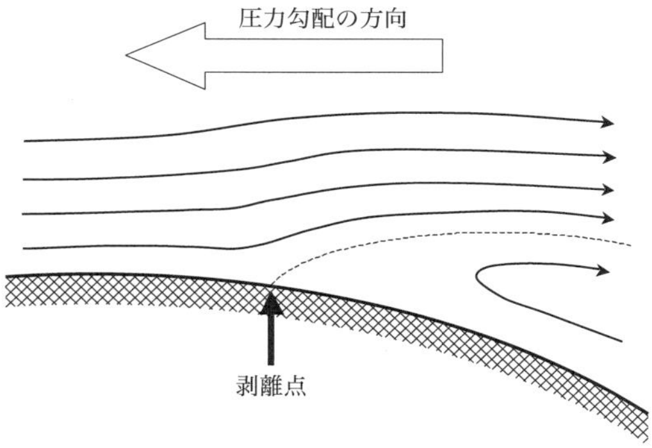

図 9.73 逆圧力勾配による剝離

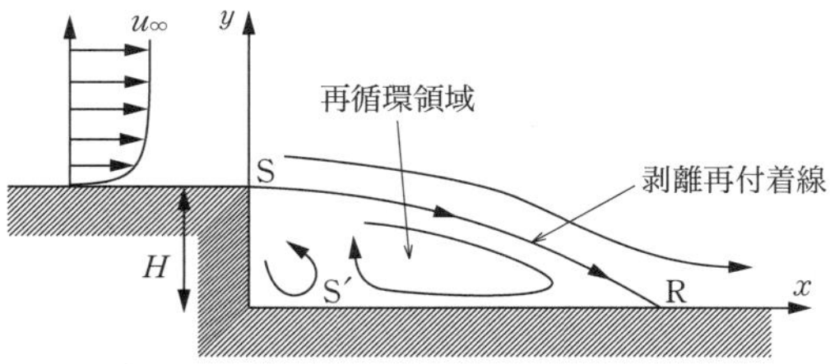

図 9.74 後方ステップ周りの剝離流[3]
S：剝離点，R：再付着点，S′：第2剝離点が存在することもある．

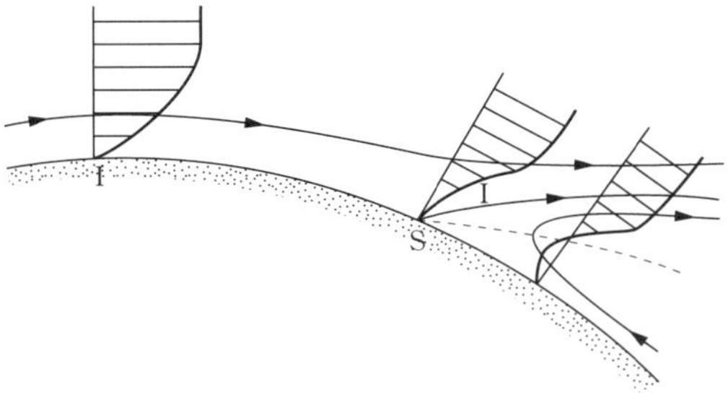

図 9.75　逆圧力勾配境界層の剥離[7)]
S：剥離点，I：速度分布変曲点，点線は速度が 0 の線.

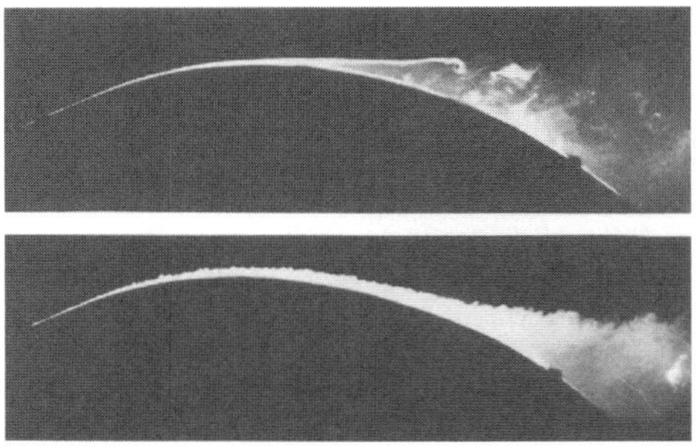

図 9.76　凸面上の層流境界層（a）と乱流境界層（b）の剥離[8)]

中の再循環領域の長さ（x_R）が，上流の境界層が層流の範囲でレイノルズ数とともに長くなる傾向がある．レイノルズ数がさらに高くなり境界層が乱流になってしまうと，再循環領域の長さが層流の場合よりも短くなる[4~6)]．一方，逆圧力勾配による剥離では，剥離前の境界層の速度分布に着目すると理解しやすい（図 9.75）．逆圧力勾配下では主流は下流に進むにしたがって減速し，静圧は上昇する．境界層は一般に薄く，逆圧力勾配の影響は境界層内にも同様に及ぶ．境界層内の流れは，物体表面に近づくほど速度が小さいため，逆圧力勾配の影響による減速効果によって物体表面近傍の流速が 0 となる，すなわち物体表面における速度勾配が 0 となる．この位置が剥離点で，これより下流では物体表面近傍の流れは逆流することになる．

境界層が層流であるか，乱流であるかによって剥離しやすさには大きな差異が生じる．乱流には強い混合作用があるため，物体表面近くの流れに対して境界層外層の高い運動量をもつ流体から運動量が供給される．その結果，逆圧力勾配による減速で失ってしまう運動量を乱流の混合作用が補うことができ，物体表面近傍の流速がなかなか 0 にならず，層流の場合よりも剥離しにくくなる．図 9.76 に示すように，凸面上の層流境界層は剥離しやすく，一方乱流境界層はより下流の位置まで剥離せずに壁面に沿って流れる．

境界層が層流の場合の剥離点（3 次元では剥離線）は明確であるが，乱流の場合には注意が必要である．速度勾配が 0 となる場所は時々刻々変化し，また同時に複数の剥離点が存在する場合もある．瞬時の剥離点の位置をとらえることは難しいので，一般的には時間平均された計測データから平均的な剥離点を見積もる手法がとられる．

再付着点に流れが到達すると，一部は上流へ，一部は下流へ流れる．再付着点付近では，それまで物体表面から離れて流れてきた流体が物体表面に直接衝突することから，一般に熱伝達率が高い．高温の表面を流体で冷却する場合を例にとると，冷たい“新鮮な”流体が物体表面に供給されるため，表面から効率よく熱を奪うのである．とくに，乱流の場合においては乱流運動が活発な混合層の中心部が物体表面に衝突するので，表面に接する流体が盛んに入れ替わり，流れと物体表面との熱授受がさらに活発になる[6,9,10)]．

円柱周りの流れなどにおいて，レイノルズ数が低い条件下で大きく層流剥離を起こしていた流れが，レイノルズ数が高くなると剥離後まもなく流れが乱流化し，物体表面に再付着して剥離泡が形成される場合がある（図 9.77）．再付着後の境界層は乱流となり，剥離しにくくなる．ショートバブルとも呼ばれるこの剥離泡が形成されると，巨大な剥離域の形成が抑制されるため，円柱や球周りの流れにおいては後流が小さくなり，形状抵抗（圧力抵抗）が小さくなる．円柱や球周りの流れの臨海レイノルズ数付近で抵抗が著しく小さくなる現象（ドラッグクライ

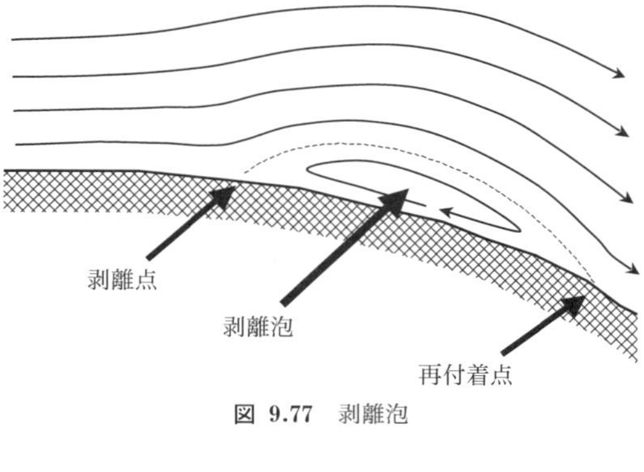

図 9.77　剥離泡

シス）には，この剥離泡の形成が関係している．

［福西　祐］

文　　献

1) F. T. Smith : Ann. Rev. Fluid Mech., **18**, 1986, 197-220.
2) R. L. Simpson : Ann. Rev. Fluid Mech., **21**, 1989, 205-234
3) 笠木伸英ほか：現代工学の基礎 15　計算熱流体力学，岩波書店，2002，136.
4) 山田俊輔ほか：日本機械学会論文集（B 編），**72**(723)，2006，2717-2722.
5) B. F. Armaly *et al.* : J. Fluid Mech., **127**, 1983, 473-496.
6) J. K. Eaton, J. P. Johnson : AIAA J., **19**(9), 1981, 1093-1100.
7) P. K. Kundu : Fluid Mechanics, Academic Press, 1990, 319.
8) Ref. M Van Dyke : AnAlbum of Fluid Motion, Parabolic Press, 1982, 91.
9) J. C. Vogel, J. K. Eaton *et al.* : J. Heat Transfer, **107**(4), 1985, 922-929.
10) N. Kasagi, A. Matsunaga *et al.* : Int. J. Heat Fluid Flow, **16**(6), 1995, 477-485.

9.4.6 旋　回　流

旋回流は，流体機械の下流や空間的に配管された下流で広く現れる流れである．また，ガスタービンやボイラなどの燃焼器において，空気と燃料の混合促進や保炎のために利用されるなど広く工業の分野に現れる．以下では，直円管および急拡大-急縮小管内の旋回流の諸特性について述べる．

a. 直円管内旋回流

1) 旋回強さの減衰　旋回強さを表す量として種々の量が提案されている．最も一般に用いられるのが，断面を通過する角運動量流量 L（式(9.4.97)の分子）を用いた定義である．L を断面平均軸速度 U_b と管半径 R で無次元化した無次元角運動量流量 S_w[1]

$$S_w=\frac{\int_0^R 2\pi\bar{u}_x\bar{u}_\theta r^2\mathrm{d}r}{\pi U_b^2R^3} \qquad (9.4.97)$$

や L と軸方向運動量流量の比をとったスワール数 S'_w[2] がある．

$$S'_w=\frac{\int_0^R 2\pi\bar{u}_x\bar{u}_\theta r^2\mathrm{d}r}{R\int_0^R 2\pi\bar{u}_x^2 r\mathrm{d}r} \qquad (9.4.98)$$

S_w と S'_w は軸方向速度 $\bar{u}_x$ が断面内でほぼ均一であれば同じ値であるが，強い旋回流で管中心部で逆流が生じるような場合には10% 程度の違いが生じる．

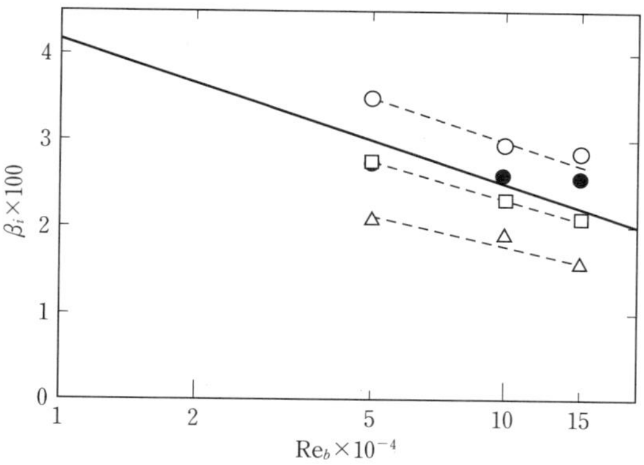

図 9.78　旋回強さ指数減衰係数[1]
○：β_1；S_w 0〜0.04，□：β_2；S_w 0.04〜0.09，△：β_3；S_w 0.09〜0.45，●：β_4；S_w 0.45〜0.8.

このほか，壁面近傍（たとえば，$r/R=0.9$）の管軸に対する流れ角度 Θ_r を用いることもある[2]．これらの量は，いずれも壁面近傍の流れ状態をおもに反映して決まる量である．したがって，管中心部の流れを議論する場合には，これ以外にも流入条件（旋回発生機構）や流路入口からの距離も考慮する必要がある．

直管に沿う旋回強さは，経験的に指数的に減衰することが知られている[1]．指数減衰係数を β とおくと，たとえば，S_w の管軸（x）に沿う減衰は

$$S_w=S_{w0}\exp\left(\frac{-\beta x}{2R}\right) \qquad (9.4.99)$$

と表される．S_{w0} は $x=0$ での S_w の値である．β は定数ではなく，S_w，Re_b（$=2RU_b/\nu$）によって異なる値をもつ．図 9.78 は滑らかな壁面をもつ管の β である．S_w の範囲（4 分割）によって β_i($i=1,4$) が異なるが，これは後述する旋回速度分布 $\bar{u}_\theta$ が S_w の値によって変化することに伴うものである．β_i は Re_b が大きくなるにつれ，いずれも低下する．減衰係数 β は管の管摩擦係数 λ にほぼ比例することが（経験的に）知られ，粗面管の $\beta_{i,r}$ は滑らかな管の $\beta_{i,s}$ からおのおのの管摩擦係数 λ_r，λ_s を用いて次のように求められる．

$$\beta_{i,r}=\beta_{i,s}\cdot\frac{\lambda_r}{\lambda_s} \qquad (9.4.100)$$

2) 平均速度分布　旋回強さ S_w を指定すると，軸速度 $\bar{u}_x$ および旋回速度 $\bar{u}_\theta$ 分布のおよその形状が決まる．図 9.79 は実験結果の一例である．軸速度は管中央部で低速（逆流もある），外周部で高速である．旋回速度は，ランキンの組合せ渦に近

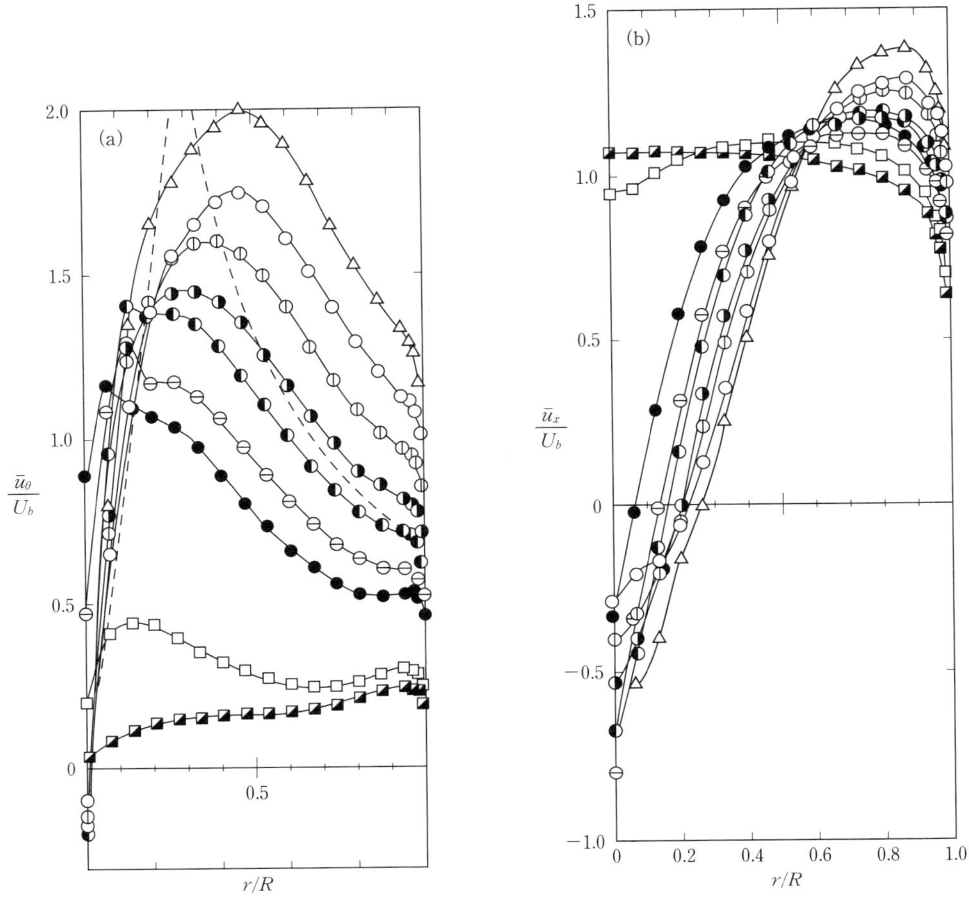

図 9.79　断面内軸方向，周方向速度分布[1)]
S_wの値…△：1.18，○：0.97，⦶：0.83，◑：0.67，◐：0.60，⊖：0.47，●：0.42，□：0.18，◪：0.12.
$Re_b = 5 \times 10^4$.

い分布である．軸速度の中央部での低速が下流に向かって回復する過程により内向き半径速度 $\bar{u}_r(<0)$ が現れ，この $\bar{u}_r$ による角運動量の管中央部への持ち込みにより環状部における自由渦分布が発達する．旋回が弱まり，軸速度分布が均一になるにつれ $\bar{u}_r$ は 0 となり，旋回速度が強制渦分布に近づく．この分布形状は S_w によって一義的に決まるのではなく管入口での流入条件（速度分布形状）によっても変化する[3)]．とくに，管中央部ではその影響が下流まで強く残る．半径方向速度 $\bar{u}_r$ は，U_b のおよそ 1/1000 のオーダーと小さいが，軸方向運動量，角運動量のバランスに重要な役割を果たしている．

断面内流れ場をその特長によって (a) 壁面のごく近傍（$y^+<100$），(b) 旋回渦芯と壁の間の円環領域および (c) 旋回渦中心部の三つの領域に分けることができる．(a) では流れのねじれが生じないため，流れを 2 次元流とみなせる．旋回成分があるため，流線は管壁凹面に沿う流れとなる．凹面の曲率半径 $R_c=R/\sin^2\Theta_r$ は旋回強さにより変化する．乱れへの遠心力の効果を考慮すると，Monin-Oboukhov 公式により勾配リチャードソン数 Ri を用いて混合距離が $l=l_0(1-\beta_m \mathrm{Ri})$ と表されるので，合成速度分布 $u_t=(\bar{u}_x^2+\bar{u}_\theta^2)^{1/2}$ は

$$\frac{u_t}{u_\tau}=\frac{1}{\chi}\ln y^+ + B - \frac{2\beta_m}{R_c}\int_{y_0}^{y}\frac{u_t}{u_\tau}\mathrm{d}y + B' \tag{9.4.101}$$

と表せる[1)]．ここで，u_τ は合成摩擦速度，β_m は定数である．実験結果によると，旋回流では $\beta_m \approx 6$ である．(b) では，流れ角 $\theta=\tan^{-1}(\bar{u}_\theta/\bar{u}_x)$ が半径位置によって変化する捩れ乱流になっている．こ

の流れではθ，速度勾配角 $\theta_g=\tan^{-1}[r\partial(\bar{u}_\theta/r)/\partial r/(\partial\bar{u}_x/\partial r)]$，剪断応力角 $\theta_s=\tan^{-1}(\overline{u'_r u'_\theta}/\overline{u'_r u'_x})$ が一致しないなど複雑な流れになっている．このため，この領域では渦動粘性係数の非等方性が著しい．この環状領域では，$\bar{u}_\theta$ は自由渦と強制渦の和として

$$\bar{u}_\theta=C_1 r+\frac{C_2}{r} \qquad (9.4.102)$$

と表される．C_1 と C_2 はそれぞれ強制渦，自由渦の強さで，S_w に依存して変化する（$S_w>0.15$ では自由渦が卓越する）．(c) では，$\bar{u}_\theta$ は強制渦型分布となっている．回転流に対する Layleigh の安定性基準 $(\mathrm{d}/\mathrm{d}r)(r\bar{u}_\theta)^2>0$ より，この領域では微小攪乱に対して流れは安定であり，小さい乱れ成分は減衰し，大きいスケールの速度変動が支配的となる[1]．

3) 乱れ特性 旋回流中の乱れ強さは，断面全体にわたり旋回のない場合に比べ大きくなるが，とくに $\overline{u_r'^2}$ は他の成分に比べ増加が著しい．これは旋回流中での $\overline{u_r'^2}$ と $\overline{u'_r u'_\theta}$ の生成に原因がある．この成分の生成項は以下のように与えられる．

$$\mathrm{P}(u_r'^2)=2\,\overline{u'_r u'_\theta}\frac{\overline{u_\theta}}{r},$$

$$\mathrm{P}(u'_r u'_\theta)=-\overline{u_r'^2}\frac{\partial\overline{u_\theta}}{\partial r}+\overline{u_\theta'^2}\frac{\overline{u_\theta}}{r} \qquad (9.4.103)$$

環状領域（自由渦型分布）では $\mathrm{P}(u'_r u'_\theta)$ 右辺の2項がいずれも正のため $\overline{u'_r u'_\theta}$ (>0) を生成する．この $\overline{u'_r u'_\theta}$ (>0) は，$\overline{u_r'^2}$ (>0) を生成する．生成された $\overline{u_r'^2}$ は $\mathrm{P}(u'_r u'_\theta)$ を強める．このため，旋回流での乱れの特徴は，ポアズイユ乱流に比べ著しく強い $\overline{u_r'^2}$ である[1]．この強い半径方向乱れ成分のため，旋回流では断面内での物質，熱などの拡散が強く促進されることになる．図 9.80 に乱れ強さ分布の例を示す．管中心部で速度変動が大きいのは，旋回中心が管軸周りに振れまわっているためである．

b. 急拡大-急縮小管内旋回流

断面積が急拡大-急縮小を伴う流路内の旋回流 (confined swirling flow) は燃焼器やサイクロン内旋回流をモデル化したものである．図 9.81(a) は典型的な燃焼器モデル流路内旋回流れを熱線流速計で測定した流線図の例である[4]．旋回流は上部環状流路から流入し，下部の環状流路から流出している．スワール数 S'_w は流路入口での値である．流路入口直後の流路拡大部の中心部では，渦崩壊 (vor-

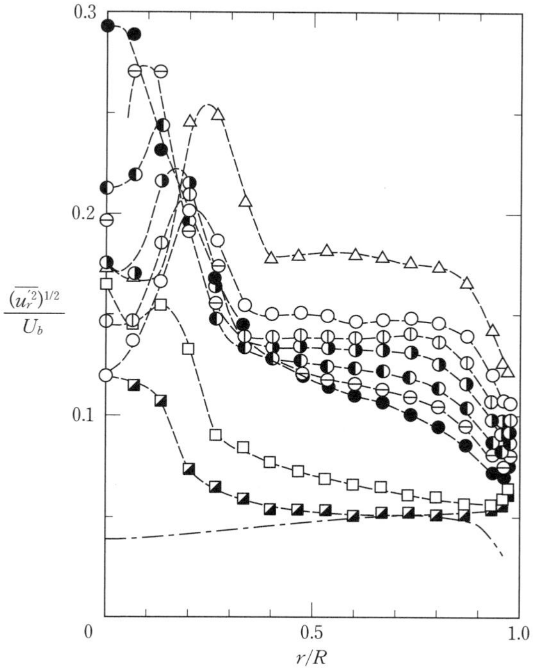

図 9.80 断面内乱れ強さ分布[1]
記号は図 9.77 と同じ，一点鎖線はポアズイユ乱流 (Laufer) の結果．

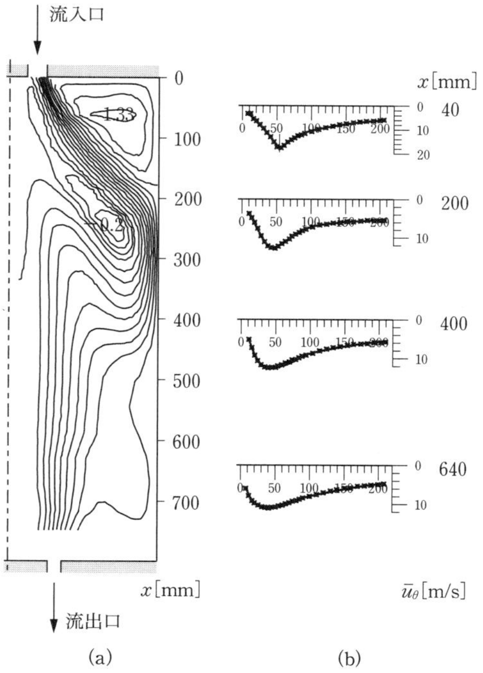

図 9.81 急拡大-急縮小流路内旋回流 $S'_w=0.95$
(a) 流線図，(b) 旋回速度分布（文献 4 より）．

tex breakdown）が発生し，これに伴い内部再循環領域が形成され逆流域が現れる．流路入口下流の流れパターンは旋回強さにより変化し，図 9.82 に示すように安定な内部再循環領域形成が形成されるために必要な旋回強さには下限値 $(S_w')c$ がある[5]．$(S_w')c$ はおよそ 0.6 と報告されているが，その値は流路入口形状にも影響され，たとえば流入部に拡大ノズルを設置すると低下する[5]．流入した流れは，旋回成分の遠心力により急速に外に広がり流路外壁に付着する．広がり角度は旋回が強いほど大きい．付着点より上流側では 2 次流れによる環状渦領域（内部循環領域と逆向きの渦）が現れる．流路下流では，回転系流れで特徴的な Taylor-Proudman の定理（流れが 2 次元的で回転軸方向に変化しない）により流路流出部の形状に依存した流れになる．図 9.81(a) の場合には，環状出口の流れに適合するように管軸に平行な流線になっている．図 9.81(b) に旋回速度分布を示す．半径方向速度成分による角運動量の輸送により自由渦が発達し，流路全体にランキンの組合せ渦となっている．

内部再循環領域周りには順流と逆流に伴う強い剪断層 $(\partial \bar{u}_x/\partial r)$ が現れる．この強い剪断層での乱れ生成により主流方向乱れ強さが増大する．一方，旋回速度が $\partial(r\bar{u}_\theta)/\partial r>0$ のレイリーの安定性基準を満たすため半径方向の乱れ運動は抑制される．このため，この領域は強い非等方性乱流場になる．流れが半径方向に広がるにつれ強い乱れの領域も壁面近傍に運ばれ，そこでの壁面摩擦により乱れ強さは急速に減衰する．面積拡大後の管壁面近傍の平均速度は小さくそこでの乱れ生成が弱いため，乱れ強さは下流方向へ急に減衰する[6]．急拡大直後では渦崩壊による再循環領域の周りを振れまわる渦核 (precessing vortex core) による周期的な非定常運動が現れる．その無次元周波数 $2fR/U_b$（ストローハル数）は旋回強さ S_w が大きくなると増大する．$S_w=1$，1.6 でおよそ $2fR/U_b=1$，1.4 である[5]．

［鬼頭修己］

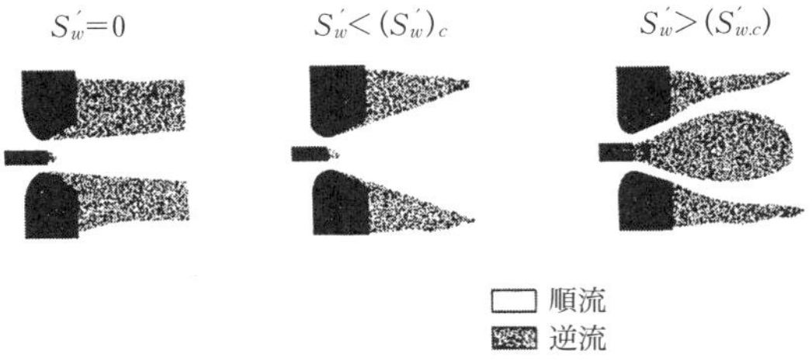

図 9.82　環状拡大流路内旋回流の流れパターンの変化（文献 5 より）

文　　献

1)　O. Kitoh : J. Fluid Mech., **225**, 1991, 445-479.
2)　妹尾泰利，永田徹三：日本機械学会論文集，**38**(308)，1972，759-766.
3)　R. R. Parchen, W. Steenbergen : J. Fluids Eng. Trans. ASME, **120**, 1998, 54-61.
4)　F. Holzapfel *et al.* : J. Fluids Eng. Trans. ASME, **121**, 1999, 517-525.
5)　A. K. Gupta *et al.* : Enegy & Eng. Sci. Series　Swirl Flows, Abacus Press, 1984.
6)　P. Wang *et al.* : Phys. Fluids, **16**(9), 2004, 3306-3324.

9.4.7　非 円 形 管

流路の断面形状が円形でない非円形管内を通過する乱流には，管が直線であっても流路軸に垂直な速度成分，すなわち 2 次流れが発生する．この 2 次流れは，非円形管内の乱流に特有な乱流応力の非等方性に起因して生じるため，Prandtl は曲がり管内で観察される遠心力と圧力勾配の相互作用により生じる第 1 種 2 次流れ（secondary flow of the first kind）と区別して，第 2 種 2 次流れ（secondary flow of the second kind）と呼んだ．第 2 種 2 次流れは，大きさは主流速度の高々1% 程度と小さいにもかかわらず流路内の流れ場を 3 次元化する．そのため，完全に発達した流れであっても，管内の流動特性は円管に比べて複雑になり，熱輸送を伴う場合には伝熱特性にも影響を及ぼす．また，この 2 次流れはコーナー部を流れる乱流境界層にも出現することからコーナー流れとも呼ばれ，実験装置において質の高い 2 次元乱流の実現を困難にしている．本項では，幾何学的に最も単純でありこれまで多くの研究成果が蓄積されている正方形断面管内の乱流を中心に，その流動特性と伝熱特性について述べる．

a.　正方形管内乱流の流動特性

ここではおもに実験結果[1,2]に基づき，正方形管内乱流の流動特性について説明する．なお，ここでは流路断面の幾何学的対称性を考慮して，正方形断面のうち右上 1/4 断面における結果を示す．座標系は x_1 軸を管軸方向，x_2 軸，x_3 軸をそれぞれ水平方向，垂直方向の軸とし，流路断面の中心を原点とする．

図 9.83 は 2 次流れの速度ベクトルである[1]．断面内には，流路中心部 → コーナー → 流路壁 → 壁の 2 等分線 → 流路中心部と流れる 2 次流れのパターンが観察され，1/4 断面内に一対の縦渦が形成される．この 2 次流れによる運動量輸送の影響を受けて，主流速度 $\overline{u}_1$ の等値線は図 9.84 に示すように流路対角線に沿ってコーナー部へ向かい張り出し，壁の 2 等分線付近では逆に中心部へ向かってくぼむ形状を示す[2]．その結果，壁面剪断応力も壁の 2 等分線とコーナーとの中間点で極大値をとる特異な分布を示す．このように，第 2 種 2 次流れは，速度自身は主流の 1% 程度と小さいが，速度場に大きな影響を及ぼす．なお，Gavrilakis[3] により低レイノルズ数において実施された DNS（Re＝4410）では，2 次流れの最大速度は流路断面の対角線近傍ではな

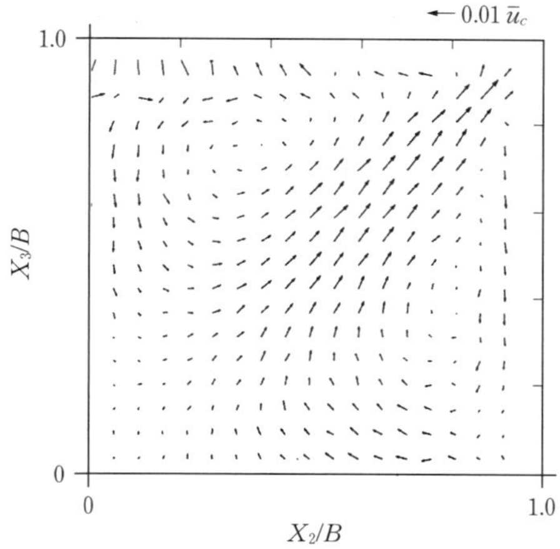

図 9.83 2 次流れの速度ベクトル線図[1]

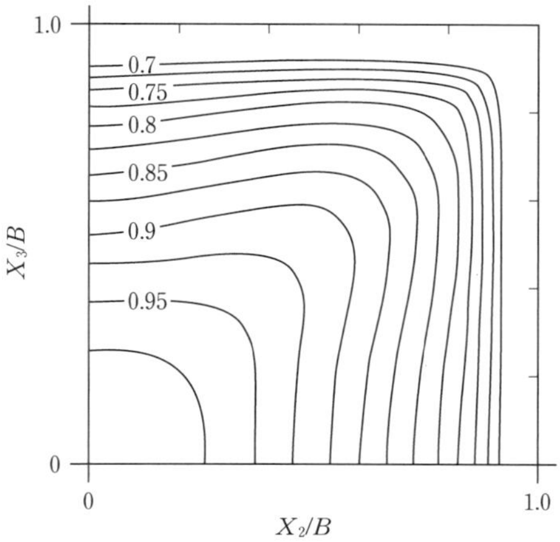

図 9.84 主流速度 $\overline{u_1}/\overline{u_c}$[2]（$\overline{u_c}$：断面中心における主流速度）

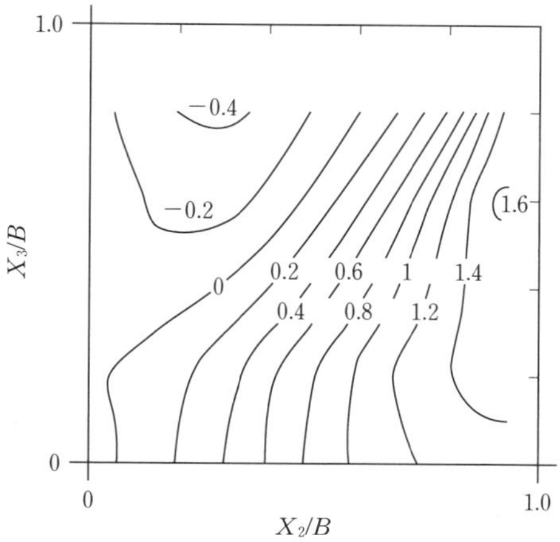

図 9.85 主流に抗する乱流剪断応力 $\overline{u_1'u_2'}/\overline{u_c}^2 \times 10^3$[2]

く壁の極近傍で出現し，また管断面内には図 9.83 に示す縦渦に加えて壁の 2 等分線と壁との交点付近にも小規模な逆向きの縦渦が発生することが報告されている．しかし，この縦渦は非常に弱いため，実験的には確認されていない．

次に，主流に抗する乱流剪断応力の 1 成分である $\overline{u_1'u_2'}$ の等値線図を図 9.85 に示す[2]．上壁と x_3 軸との交点付近に，$\overline{u_1'u_2'}=0$ の等値線で囲まれ側壁近傍とは符号が異なる領域（異符号領域，$\overline{u_1'u_2'}<0$）が認められる．この $\overline{u_1'u_2'}$ における異符号領域の出現は，$\overline{u_1'u_2'}$ と $\partial\overline{u}_1/\partial x_2$ の間に次式を仮定したとき，2 次流れの影響により $\overline{u}_1$ 等値線が歪み x_3 軸近傍で $\partial\overline{u}_1/\partial x_2$ の符号が逆転することと関連づけて説明できる．

$$-\overline{u_1'u_2'}=\nu_t\left(\frac{\partial\overline{u}_1}{\partial x_2}+\frac{\partial\overline{u}_2}{\partial x_1}\right) \qquad (9.4.104)$$

このように，主剪断応力における異符号領域の出現は，第 2 種 2 次流れによる運動量輸送の影響を端的に反映しており，非円形管内の乱流に特徴的な現象の一つといえる．

b. 第 2 種 2 次流れの発生メカニズム

第 2 種 2 次流れの発生メカニズムに関しては古くから研究が行われており，平均渦度の収支[4]，平均エネルギーの収支[5] などに基づく説明がなされている．ここでは，流路軸方向の平均渦度 $\overline{\Omega}_1$ の収支に基づく説明を紹介する．完全に発達した管内乱流における $\overline{\Omega}_1$ の輸送方程式は以下のように表される．

$$\overline{u}\frac{\partial\overline{\Omega}_1}{\partial x_2}+\overline{u}_3\frac{\partial\overline{\Omega}_1}{\partial x_3}+\frac{\partial^2}{\partial x_2\partial x_3}(\overline{u_2'^2}-\overline{u_3'^2})$$

$$+\left(\frac{\partial^2}{\partial x_3^2}-\frac{\partial^2}{\partial x_2^2}\right)\overline{u_2'u_3'}-\nu\left(\frac{\partial^2}{\partial x_2^2}+\frac{\partial^2}{\partial x_3^2}\right)\bar{\Omega}_1=0 \qquad (9.4.105)$$

ただし，

$$\bar{\Omega}_1=\frac{\partial \bar{u}_2}{\partial x_3}-\frac{\partial \bar{u}_3}{\partial x_2} \qquad (9.4.106)$$

第2種2次流れは，流路断面内の乱流垂直応力 $\overline{u_2'^2}$ と $\overline{u_3'^2}$ の非等方性，および乱流剪断応力 $\overline{u_2'u_3'}$ の断面内勾配により生成・維持される．実験的には，Brundrett-Baines[4] は垂直応力項の寄与が卓越し $\bar{\Omega}_1$ の生成を支配することを見出し，一方，Demuren-Rodi[6] は垂直応力項は $\bar{\Omega}_1$ の生成に，また剪断応力項は $\bar{\Omega}_1$ の消滅に寄与するとの見解を示している．

図9.86は，DNSの結果に基づき式（9.4.105）各項の分布を正方形管の右上1/4断面について求めた結果であり，実線が正，破線が負の値を示している[3]．x_1 軸は紙面に対し垂直奥方向を正とするため，図9.83で観察される縦渦は図9.86(a)における負の閉じた $\bar{\Omega}_1$ 分布に対応する．垂直応力項（図(b)）はコーナー部の壁近傍で極大値をとり，正の $\bar{\Omega}_1$ の生成に寄与している．一方，剪断応力項（図(c)）は同領域で逆に極小値に達し $\bar{\Omega}_1$ の消滅項として作用するが，その絶対値は垂直応力項に比べて10%ほど小さい．このような乱流応力による $\bar{\Omega}_1$ の生成・消滅は，壁極近傍の粘性が無視できない領域で顕著となっている．粘性拡散項（図(d)）は負の値をとるが，極小値は生成項に比べて壁からやや離れた位置に現れており，その $\bar{\Omega}_1$ に対する寄与は乱流応力項の寄与と同程度である．また，対流項の

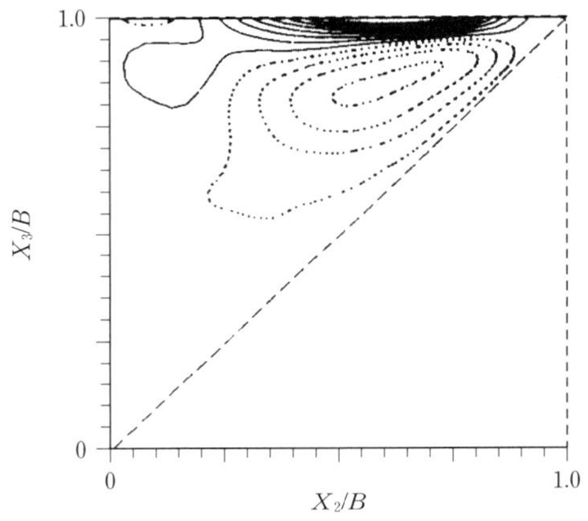

(a) $\bar{\Omega}_1$

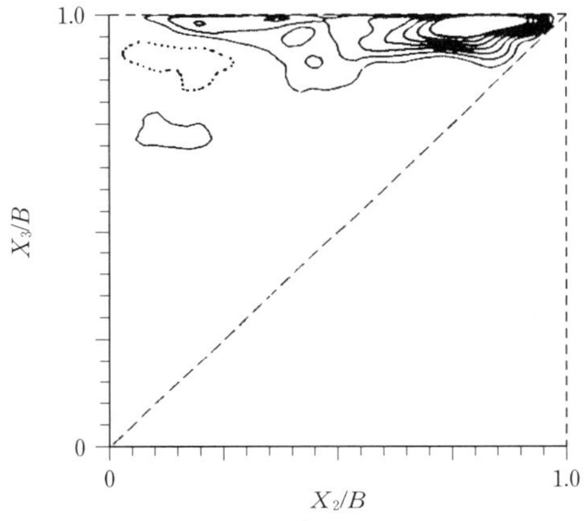

(b) $\frac{\partial^2}{\partial x_2 \partial x_3}(\overline{u_2'^2}-\overline{u_3'^2})$

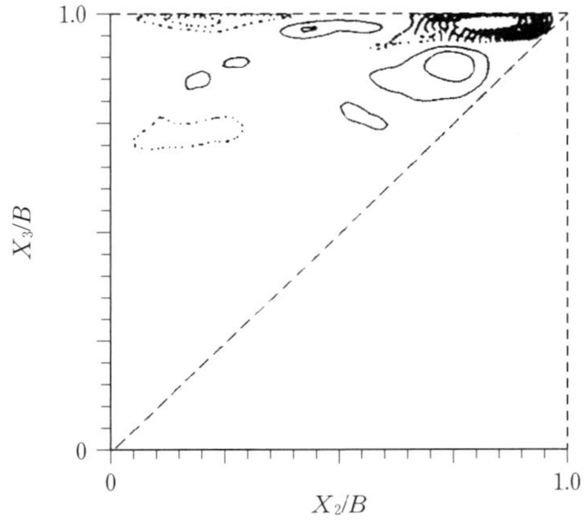

(c) $\left(\frac{\partial^2}{\partial x_3{}^2}-\frac{\partial^2}{\partial x_2{}^2}\right)\overline{u_2'u_3'}$

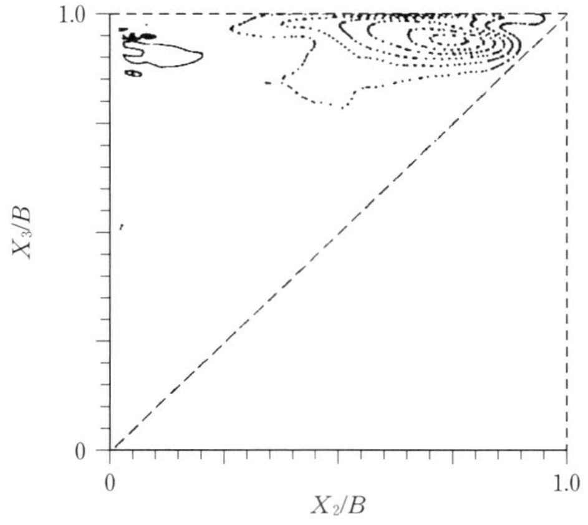

(d) $\nu\left(\frac{\partial^2}{\partial x_2{}^2}-\frac{\partial^2}{\partial x_3{}^2}\right)\bar{\Omega}_1$

図 9.86　x_1 軸方向平均渦度 $\bar{\Omega}_1$ の収支[3]

値は，これらの図示した項に比べると著しく小さいことが報告されている．こうしたDNSに基づく渦度収支の傾向は，梶島ら[7]のLESによる結果ともよく一致している．

c. 正方形管内乱流の数値シミュレーション

第2種2次流れは乱流応力の非等方性により発生するため，標準的な k-ε モデルのように等方渦粘性係数を用いるモデルでは原理的にその発生を予測し得ない．したがって，RANSモデルにより非円形管内の乱流の数値シミュレーションを実施する場合には，乱流応力の非等方性を表現し得る応力方程式モデルや非線形 k-ε モデルを用いる必要がある．

数値解析により正方形管内の乱流を再現する試みは，1970年代に開発されたLaunder-Yingの応力方程式モデルにまでさかのぼり，それ以来，さまざまな改良が施された応力方程式モデルによる解析結果が報告されている[8]．また，非線形 k-ε モデルに関しても開発の初期において正方形管内の乱流が取り上げられた[9,10]．これらのモデルでは，二つの壁がともに影響を及ぼすコーナー部において壁面からの距離の与え方が問題になるが，最近ではDurbinにより開発されたelliptic relaxationの手法を導入し，流路形状に依存したパラメータを排除した計算も試みられている[11]．

また，上にも示したように，近年ではLESやDNSによる大規模シミュレーションも実施されており，主流速度のひずみや第2種2次流れが良好に再現されている[12,13]．こうした大規模計算では，実験では測定困難な壁極近傍の詳細な応力分布を求めることが可能であり，より複雑な形状を有する非円形管内乱流の解析や，新たな乱流モデルの開発・検証に威力を発揮するものと期待される．

d. 熱伝達

正方形管内の流れが熱伝達を伴う場合，第2種2次流れは管内の伝熱特性にも大きな影響を及ぼすと予想されるが，正方形管内の温度場に関するデータは速度場に比べて少ない．図9.87と図9.88は，それぞれ平均温度と x_2 軸方向の乱流熱流束 $-\overline{u_2'\theta'}$ の測定結果[2]である．平均温度の等値線は，主流速度と同様の分布傾向を示すが，歪みの程度は主流速度に比べていくぶん弱くなる．また，$-\overline{u_2'\theta'}$ は図9.85の $\overline{u_1'u_2'}$ と類似な分布を示しており，上壁と x_3 軸との交点近傍に $-\overline{u_2'\theta'}=0$ の等値線で囲まれ

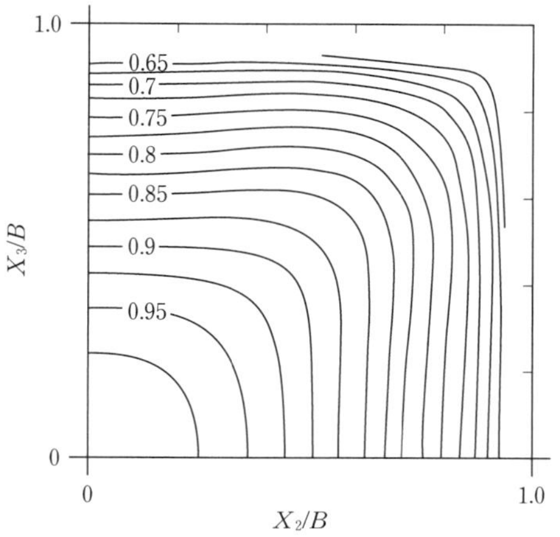

図 9.87 平均温度 $(\overline{\theta_w}-\overline{\theta})/(\overline{\theta_w}-\overline{\theta_c})$[2] ($\overline{\theta_w}$：壁面温度，$\overline{\theta_c}$：断面中心の平均温度)

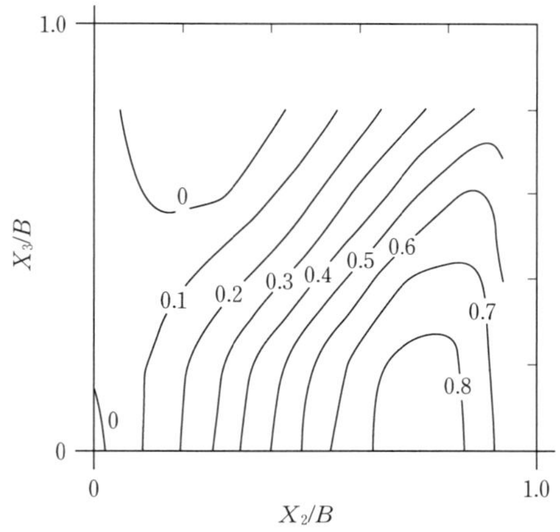

図 9.88 乱流熱流束 $-\overline{u_2'\theta'}/\overline{u_c}(\overline{\theta_w}-\overline{\theta_c})\times10^3$ [2]

た異符号領域が認められる．

図9.89は次式で定義される乱流プラントル数 Pr_{t2} の測定結果である．

$$Pr_{t2}=\frac{-\overline{u_1'u_2'}/(\partial\overline{u}_1/\partial X_2)}{-\overline{u_2'\theta'}/(\partial\overline{\theta}/\partial X_2)} \tag{9.4.107}$$

Pr_{t2} は流路の中心部ではほぼ一定値を示しているが，2壁面が互いに影響を及ぼし合うコーナー付近では値が増大している．このように，数値解析で多く用いられる Pr_t＝一定の仮定は，複数の壁面が温度場に及ぼす影響を合理的に表現しているとはいい難い．この点を踏まえて，近年では乱流熱流束に対してGGDH (generalized gradient diffusion hypothesis) やWETモデル[14]，代数乱流熱流束モ

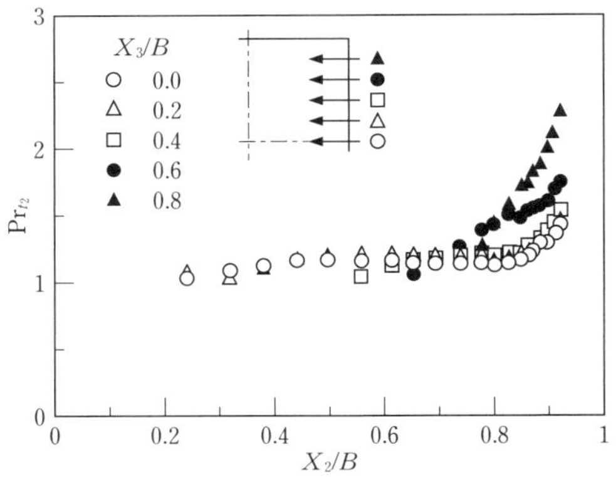

図 9.89　乱流プラントル数 Pr_{t2} [2)]

デル[15)]を用いた温度場の解析も行われている．

e.　その他の非円形管

正方形管以外の非円形管に関しては，三角形，菱形，台形断面をもつ管内の乱流についても研究がなされている[14,16)]．いずれの場合も，流路のコーナー部には正方形管と同様に第２種２次流れによる一対の縦渦が現れるが，鋭角部では粘性の影響によりコーナーの深い位置まで２次流れが到達できないため，速度場や温度場に及ぼす２次流れの影響は鈍角部においてより顕著となる．　　　　**[廣田真史]**

文　　献

1)　佐田　豊ほか：日本機械学会論文集（B 編），**60**(571)，1994，143-149．
2)　M. Hirota *et al.*: Int. J. Heat Fluid Flow, **18**, 1997, 170-180.
3)　S. Gavrilakis: J. Fluid Mech., **244**, 1992, 101-129.
4)　E. Brundrett, W. D. Baines: J. Fluid Mech., **19**, 1964, 375-394.
5)　F. B. Gessner: J. Fluid Mech., **58**, 1973, 1-25.
6)　A. O. Demuren, W. Rodi: J. Fluid Mech., **140**, 1984, 189-222.
7)　梶島岳夫ほか：日本機械学会論文集（B 編），**57**(540)，1991，2530-2537．
8)　たとえば，M. Naimi, F. B. Gessner: J. Fluids Eng., **117**, 1995, 249-258.
9)　C. G. Speziale: J. Fluid Mech., **178**, 1987, 459-475.
10)　H. K. Myong, T. Kobayashi: J. Fluids Eng., **113**, 1991, 608-615.
11)　B. A. Pettersson Reif, H. I. Andersson: Flow, Turbulence & Combustion, **68**, 2002, 41-61.
12)　A. Huser, S. Biringen: J. Fluid Mech., **257**, 1993, 65-95.
13)　福島直哉，笠木伸英：第 14 回数値流体力学シンポジウム Web 講演論文集，B 03-4，2000．
14)　M. Rokni, B. Sunden: Int. J. Numer. Meth. Fluids, **42**, 2003, 147-162.
15)　H. Sugiyama *et al.*: Int. J. Heat Fluid Flow, **23**, 2002, 13-21.
16)　N. Fukushima, N. Kasagi: Proc. 12 th Int. Heat Transfer Conf., **2**, 2002, 207-212 (in CD-ROM).

9.5　渦　の　力　学

渦は一般に流体の組織的な旋回運動を指すが，その運動形態はきわめて多様で，表現のしかたによって異なった姿が現れる．ここでは，流体力学の変数を用いた渦の表現法および，渦の運動力学について，非圧縮流体にかぎって解説する．

9.5.1　渦 の 表 現

流れ場の局所変動は速度勾配テンソル

$$W_{ij}(\boldsymbol{x}, t)=\frac{\partial u_i}{\partial x_j}=S_{ij}+\Omega_{ij}\quad (i=1,2,3\,;\,j=1,2,3) \tag{9.5.1}$$

で特徴づけられる．このテンソルは一般に三つの異なる固有値をもち，すべてが実数である場合と，一つが実数で二つが複素数（互いに共役な）である場合に分かれる．速度勾配テンソルの判別式，

$$\varDelta=\left(\frac{1}{3}Q\right)^3+\left(\frac{1}{2}R\right)^2 \tag{9.5.2}$$

が負の場合が前者，正の場合が後者に対応する．ここに，

$$Q=-\frac{1}{2}W_{ij}W_{ji}\ \text{と}\ R=-\frac{1}{3}W_{ij}W_{jk}W_{ki}$$

はそれぞれ第２不変量と第３不変量である[1)]．

流れに乗って速度場を眺めると，流線のトポロジーは上記の固有値の種類によって定性的に異なる．すなわち，$\varDelta<0$ のところでは固有値はすべて実数で観測点を通過する３本の流線は観測点近傍で直線状になっている．これに対して，$\varDelta>0$ のところでは実数固有値に対応する固有ベクトルの方向に直線状の流線，二つの複素固有値に対応する固有ベクトルのつくる面内でらせん状の流線が観測点を通過する．流線がらせん状を描く領域（$\varDelta>0$）を‘渦’とみなす方法は渦の $\varDelta$ 定義と呼ばれる．

速度勾配テンソル（9.5.1）の対称部分

$$S_{ij}(\boldsymbol{x}, t)=\frac{1}{2}\left(\frac{\partial u_j}{\partial x_i}+\frac{\partial u_i}{\partial x_j}\right) \tag{9.5.3}$$

は変形速度テンソルと呼ばれ，流体要素の変形のし方を表す．この対称テンソルは３つの実数固有値をもつが，非圧縮流の場合はそれらの和はつねにゼロ

である．流体要素は体積を保ったまま，各固有値の正負に従って，対応する固有ベクトルの方向に，伸張または収縮する．一方，式 (9.5.1) の反対称部分

$$\Omega_{ij}(\boldsymbol{x}, t)=\frac{1}{2}\left(\frac{\partial u_j}{\partial x_i}-\frac{\partial u_i}{\partial x_j}\right)=\frac{1}{2}\varepsilon_{ijk}\omega_k \tag{9.5.4}$$

は渦度テンソル呼ばれ，流体要素の自転を表す．ここに，ω_k は渦度

$$\boldsymbol{\omega}=(\omega_1, \omega_2, \omega_3)=\nabla\times\boldsymbol{u} \tag{9.5.5}$$

の x_k 成分を表す．流れ場の各点では一般に S_{ij} と Ω_{ij} の両成分をもっているので，流体要素は自転しつつ変形する．

さて，渦度テンソルと変形速度テンソルの大きさはそれぞれ，$\|\Omega_{ij}^2\|$ および $\|S_{ij}^2\|$ で見積もられるが，式 (9.5.2) に現れる第 2 不変量 Q はそれらの差で，

$$Q=\frac{1}{2}(\|\Omega_{ij}^2\|-\|S_{ij}^2\|)=\frac{1}{2}\nabla^2 p \tag{9.5.6}$$

と表される．ここに，2 番目の等式の導出には，ナビエ-ストークス方程式 (2.2.28) と連続の式 (2.2.2) を用いた．式 (9.5.6) は，流体要素の自転が卓越しているところでは $Q>0$，逆に変形が卓越しているところでは $Q<0$ であることを示している．この性質を利用して，流れ場のなかで $Q>0$ を満たすところを渦領域とみなす方法を渦の Q 定義という．式 (9.5.6) の第 2 の等式より，この条件は $\nabla^2 p>0$ であるが，これは，その点における圧力がその点を中心とする球面上の平均値よりも低くなっていることを意味する．

渦の Δ 定義あるいは Q 定義をさまざまな乱流に適用すると，流れ場の多くの部分（しばしば半分以上の領域）を覆ってしまうので，その空間構造を観察し，時間変化を追跡することは容易ではない．そこで，適当な正のしきい値 Δ_0 および Q_0 を導入して，$\Delta>\Delta_0$ および $Q>Q_0$ のように，それぞれの渦定義の部分領域のみを可視化し，みやすくする方法がよく用いられる．しかし，これらの表現法では，しきい値に依存して領域の大きさも形も変わることに注意しなければならない．これに対して，しきい値など恣意的なパラメータのない渦定義として低圧力渦（圧力の極小線を渦軸としそれを取り囲む圧力の凹領域を渦芯とする）が提案されている[2]．

乱流は時間的にも空間的にもきわめて複雑に変動する流体運動であるが，上記の渦定義を用いると，多くの乱流に共通に，比較的長時間個性を保つ組織構造が観測される．その一つは細長く管状に伸びた旋回運動である．この管状渦構造の断面の形状や大きさは場所ごとに異なるが，平均的には直径がコルモゴロフ長 η_{K} の 10 倍程度の円形をしている．管状渦構造の中心軸はさまざまな形の変動する曲線であり，その長さはテイラー長 λ_u から積分長まで広く分布している．管状渦構造の中心軸付近ではコルモゴロフ時間 τ_{K} の逆数程度の角速度で回転しており，

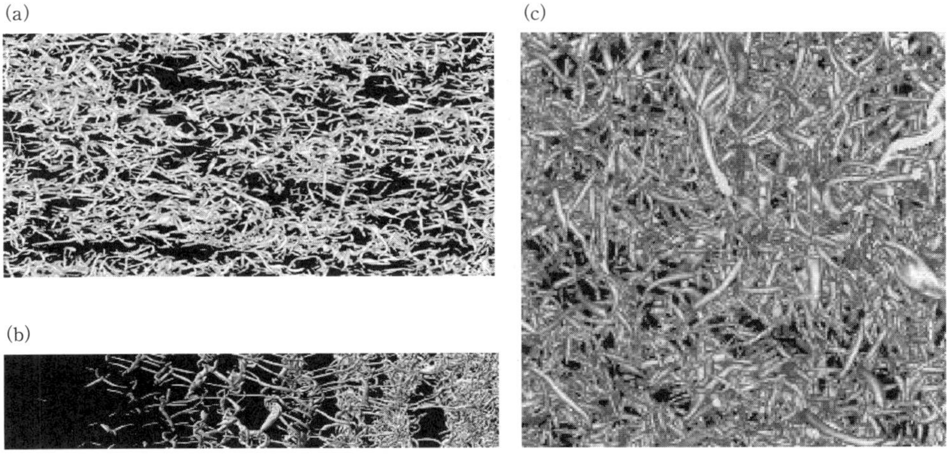

図 9.90 管状渦の可視化
(a) チャネル乱流．$\mathrm{Re}_\tau=800$[4]，(b) 自由剪断流．$\mathrm{Re}_{\omega,0}=700$[5]，(c) 等方乱流．$\mathrm{Re}_\lambda=223$[6]．いずれも，$Q$ の等値面で可視化している．(a) と (b) では，主流は左から右に向かっている．

中心軸周りの旋回速度の最大値はコルモゴロフ速さ v_K の3倍程度である．管状渦構造はしばしばワームと呼ばれる．複数個が集団となり，壁乱流の流れ方向渦（図9.90(a)），自由剪断乱流のロール（横渦）やリブ（縦渦）（図9.90(b)）などのより大きな組織構造を形成する．等方乱流においても空間的に非一様に分布している（図9.90(c)）．

もう一つ別の組織構造として，強剪断流や回転流体でしばしば観察される，扁平な領域に渦度の集中した層状渦構造がある．これは，たとえば，渦度テンソルと変形速度テンソルの大きさが同程度で，かつそれぞれの平均値よりずっと大きい領域として特徴づけられる[3]．乱流のエネルギー散逸は，層状渦構造で活発に起こっている．層状渦構造は不安定（ケルビン-ヘルムホルツ不安定性）で巻き上がり管状渦構造に変形する．また，管状渦構造はその周りに剪断を伴った旋回流を誘導し，らせん状の層状渦構造を作り出す．

9.5.2　渦度方程式

渦の運動力学は，渦度（9.5.5）の時間発展を記述する渦度方程式

$$\frac{\partial \boldsymbol{\omega}}{\partial t}+(\boldsymbol{u}\cdot\nabla)\boldsymbol{\omega}=(\boldsymbol{\omega}\cdot\nabla)\boldsymbol{u}+\nu\nabla^2\boldsymbol{\omega}+\nabla\times\boldsymbol{f} \tag{9.5.7}$$

に基づいて議論される．この方程式は，運動方程式（2.2.36）に回転演算（$\nabla\times$）を施して得られる．右辺の各項は順に，流れによる渦度の強さと向きの変化，粘性による渦度の拡散，および外力のトルクによる渦度の生成を表す．

渦度方程式（9.5.7）は渦度に関して線形であるから，渦度が流れ場の至るところでゼロで，かつ外力にトルクがなければ，流体内部で渦度は決して発生しない（ラグランジュの渦定理）．しかし，流れに固体境界がある場合には，渦度は境界面で摩擦力によるトルクにより発生し，粘性による拡散や境界層の剥離などによって流れのなかにもち込まれる．

完全流体（$\nu=0$）で外力のない（$\boldsymbol{f}=0$）場合の渦度方程式（9.5.7）は，

$$\frac{\partial \boldsymbol{\omega}}{\partial t}+(\boldsymbol{u}\cdot\nabla)\boldsymbol{\omega}=(\boldsymbol{\omega}\cdot\nabla)\boldsymbol{u} \tag{9.5.8}$$

と書ける．これは，流体中に浮かぶ無限小パッシブベクトル $\delta\boldsymbol{l}(\boldsymbol{x},t)$ の時間発展方程式，

$$\frac{\partial \delta\boldsymbol{l}}{\partial t}+(\boldsymbol{u}\cdot\nabla)\delta\boldsymbol{l}=(\delta\boldsymbol{l}\cdot\nabla)\boldsymbol{u} \tag{9.5.9}$$

とまったく同じ形をしている．ゆえに，ある時刻に渦線（線上の各点で渦度ベクトルに平行な曲線）に沿う流体線素（$\delta\boldsymbol{l}\parallel\boldsymbol{\omega}$）は，それ以後，つねに渦線と平行なままである．すなわち，渦線は流体とともに運動するとみなすことができる．これを渦線の凍結運動という．式（9.5.8）と（9.5.9）の等価性はまた，流体線素が引き伸ばされるとその伸長率に比例して渦度が大きくなること（渦の伸張強化）を意味する．

9.5.3　ビオ-サバールの関係式

速度場 $\boldsymbol{u}(\boldsymbol{x},t)$ が与えられれば，それを空間変数で微分することによって渦度場 $\boldsymbol{\omega}(\boldsymbol{x},t)$ が得られるが，逆に，渦度場の式（9.5.5）を積分することによって速度場は一般に，

$$\boldsymbol{u}(\boldsymbol{x},t)=\frac{1}{4\pi}\int\frac{\boldsymbol{\omega}(\boldsymbol{x}',t)\times(\boldsymbol{x}-\boldsymbol{x}')}{|\boldsymbol{x}-\boldsymbol{x}'|^3}\mathrm{d}\boldsymbol{x}'+\nabla\phi(\boldsymbol{x},t) \tag{9.5.10}$$

と表される．ここに，$\phi(\boldsymbol{x},t)$ は調和関数（$\nabla^2\phi=0$）で，速度の境界条件を与えると一意に定まる．とくに，流体が無限に広がっており，かつ無限遠点で静止している場合には，$\phi(\boldsymbol{x},t)\equiv 0$ である．

ビオ-サバールの関係式（9.5.10）の右辺第1項の微分要素，

$$\mathrm{d}\mathbf{u}(\boldsymbol{x},t)=\frac{1}{4\pi}\frac{\boldsymbol{\omega}(\boldsymbol{x}',t)\times(\boldsymbol{x}-\boldsymbol{x}')}{|\boldsymbol{x}-\boldsymbol{x}'|^3}\mathrm{d}\boldsymbol{x}' \tag{9.5.11}$$

は，点 $\boldsymbol{x}'$ にある微小体積 $\mathrm{d}\boldsymbol{x}'$ の流体要素のもつ全渦度 $\boldsymbol{\omega}(\boldsymbol{x},t)\mathrm{d}\boldsymbol{x}'$ が点 $\boldsymbol{x}$ に誘導する速度と解釈することができる．ただし，速度が境界条件を満たすように調和関数の寄与も同時に現れる．渦度が $\boldsymbol{\omega}'$ で断面積が $\mathrm{d}S$，長さが $\mathrm{d}l$ の柱状の流体要素が誘導する速度は，

$$\mathrm{d}\boldsymbol{u}=\frac{\Gamma}{4\pi}\frac{\mathrm{d}\boldsymbol{l}\times(\boldsymbol{x}-\boldsymbol{x}')}{|\boldsymbol{x}-\boldsymbol{x}'|^3} \tag{9.5.12}$$

と表される．ここに，

$$\Gamma=|\boldsymbol{\omega}(\boldsymbol{x}',t)|\mathrm{d}S \tag{9.5.13}$$

はこの柱状の流体要素の断面内における循環で，$\mathrm{d}\boldsymbol{l}$ は渦度 $\boldsymbol{\omega}(\boldsymbol{x}',t)$ の方向を向いた線素ベクトルである．

流れ場のなかのある閉曲線を通るすべての渦線で取り囲まれた領域を渦管という．渦管の各断面の循

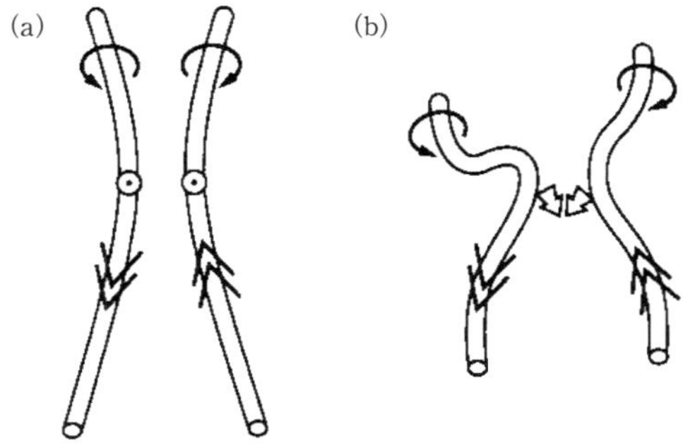

図 9.91 管状渦の反平行接近
図 (a) のように，二つの細い管状渦が反平行に接近していたとする．2重矢印で渦度の方向，丸い矢印で渦の旋回方向，白抜き矢印でそれぞれの渦の誘導する速度の方向を示す．このような配置では，どちらの渦も相手の渦の最近接点を紙面の手前に曲げる．すると，それぞれの渦の自己誘導速度が (b) に示すように互いに接近する方向に働く．

環 Γ は渦管に沿って一定である．閉曲線の長さを短くしていくと渦管は細くなっていく．以下では，細い渦管（断面の径が中心軸の曲率半径に比べて十分小さい）の運動法則について述べる．

渦管の中心軸に沿って測った距離を s とし，渦管の中心軸の形状を位置ベクトル $\boldsymbol{X}(s,t)$ で表す．このとき，式 (9.5.10) より ($\phi\equiv0$ として)，渦管の中心軸の移動速度は，渦管が細い極限で，

$$\boldsymbol{u}(\boldsymbol{X})=\frac{\Gamma\varkappa}{4\pi}\log\frac{1}{\varkappa a}\hat{\boldsymbol{b}} \qquad (9.5.14)$$

となることが導かれる．ここに，$\varkappa$ と $\hat{\boldsymbol{b}}$ はそれぞれ，渦管の中心軸上の点 s における曲率と単位陪法線ベクトルである．これは，任意の形の細い渦管について，渦管の各部分はそこでの曲率に比例した速さで陪法線の方向に移動することを示している．式 (9.5.14) を局所誘導近似という．局所誘導近似では，渦管の中心軸の各点はその点における中心軸の陪法線の方向に移動するので，渦管の伸長は起こらない．

ところで，乱流中には，二つの管状渦が平行に近付き，互いの渦度が逆向きにそろっているのがしばしば観察される．この渦の反平行接近は，二つの管状渦の相互誘導速度 (9.5.12) と自己誘導速度 (9.5.14) で説明される (図 9.91)．

9.5.4 バーガース渦管と渦層

定常で軸対称なよどみ点流 $(-1/2\,Ax_1, -1/2\,Ax_2, Ax_3)$ のなかでは，この対称流の軸に沿う渦度の定常分布が実現する．この定常分布は，渦度方程式 (9.5.7) で時間微分項と外力項を0とおくことによって得られて，

$$\omega_3=\frac{A\Gamma}{4\pi\nu}\exp\left[-\frac{A(x_1^2+x_2^2)}{4\nu}\right] \qquad (9.5.15)$$

となる．これは，渦度のよどみ点における対称軸への移流と粘性による拡散の効果が釣り合ってできた定常状態で，バーガース渦管と呼ばれる．渦管の広がりは $\sqrt{\nu/A}$ の程度である．乱流中では，このように厳密に軸対称な渦は存在しないが，場所ごとに局所的に眺めると，速度勾配 A は平均的にはコルモゴロフ時間の逆数 $\tau_{\mathrm{K}}=(\nu/\varepsilon)^{1/2}$ 程度であるから，渦管の広がりは，コルモゴロフ長 $\eta_{\mathrm{K}}=(\nu^3/\varepsilon)^{1/4}$ の程度と見積もられる (9.5.1項)．

同様に，定常な2次元よどみ点流 $(0, -Ax_2, Ax_3)$ 中には，伸長方向に渦度をもつ層状の渦度分布，

$$\omega_3=\Gamma\sqrt{\frac{A}{2\pi\nu}}\exp\left[-\frac{Ax_2^2}{2\nu}\right] \qquad (9.5.16)$$

が渦度方程式 (9.5.7) の定常解として存在する．これは，渦度の x_2 方向の移流による収縮と粘性拡散が釣り合ってできたもので，バーガース渦層と呼ばれる．

乱流にはさまざまな形態の渦が存在するが，そのなかで代表的なものが管状渦構造と層状渦構造である (9.5.1項)．これらの渦構造はそれぞれ，渦管と渦層によく対応する場合が多いが，厳密な定義は互いに異なることに注意する．前者はおおむね渦度の大きい領域を表し，後者は渦線からなる面で囲まれた領域を指している．このような差異に注意しつつ乱流場を眺めると，バーガース渦管やバーガース渦層のような対称性のよいものはめったになく，複雑に変形した渦構造が観察される． ［木田重雄］

文 献

1) M. Chong *et al.*: Phys. Fluids A, **2**, 1990, 765-777.
2) S. Kida, H. Miura: Eur. J. Mech. B/Fluids, **17**, 1998, 471-488.
3) 木田重雄，柳瀬眞一郎：乱流力学，朝倉書店，1998.
4) M. Tanahashi *et al.*: Int. J. Heat Fluid Flow, **25**, 331-340.
5) Y. Wang *et al.*: Int. J. Heat Fluid Flow, **28**, 2007.
6) M. Tanahashi *et al.*: Proc. IUTAM Symp. Computational Physics and New Perspectives in Turbulence, 65-70 (印刷中).

9.6 圧縮性乱流

圧縮性の影響は，圧力変化により流体要素の体積が変化するもので，成分変化や熱伝達体積変化によるものとは異なる．圧縮性乱流では，密度やエントロピーが変動し，一様平均場からの小さな乱流変動は，渦度，音響，エントロピーモードに分解され，これに基づき，圧縮性乱流が説明できる[1~6]．物体周りポテンシャル流の線形非定常擾乱速度は，渦度成分と音響成分に分解され[7]，剪断流でも非定常擾乱分解が可能で[8]，エントロピー勾配をもつ流れにも拡張できる．プラントルマイヤーファン乱流[7]，非一様流中のエントロピー擾乱乱流[8]，容積圧縮一様乱流[9]，衝撃波・乱流干渉[10,11]における線形急速ひずみ理論（rapid distortion theory, RDT）は，これらの分解を利用している．ちなみに，RDTでは，流れ場のひずみ発生時間が，乱流渦（eddy）の生存時間（k/ε）より小さいと仮定している．

9.6.1 乱流運動エネルギー

密度重み平均（ファーブル平均）における，平均速度を $\tilde{u}_i$，単位質量あたりの内部エネルギーを $\tilde{e}_i$ $(=C_v\tilde{T})$，単位質量あたりのエンタルピーを $\tilde{h}$，それらの変動を u_i''，e_i''，h'' とする．また，アンサンブル（レイノルズ）平均での，平均圧力を $\bar{p}$，平均密度を $\bar{\rho}$，それらの変動を p'，ρ' とする．乱流運動エネルギー k は，ファーブル近似では，以下のようになる．

$$\bar{\rho}k=\frac{\overline{\rho u_i'' u_i''}}{2} \qquad (9.6.1)$$

圧縮性流の場合には，非圧縮性流の場合と異なり，流れ場の決定には，エネルギー式（熱力学）も考慮する必要がある．k と，$\tilde{e}_i$ の時間変化は，以下の四つの項を通して，情報交換される．

項1：$\overline{\tau_{ij}' u_{i,j}''}$，　項2：$-\overline{u_i''}\,\bar{\tau}_{ij,j}$，

項3：$\overline{u_i''}\,\bar{p}_{,i}$，　項4：$-\overline{p' u_{i,i}''}$

項1は，k の散逸率 ε である．

$$\varepsilon=\overline{\tau_{ij}' u_{i,j}''} \qquad (9.6.2)$$

圧縮性流れ全体の粘性散逸率 Φ は，圧縮性により流体要素の体積が変化するため，そのぶん，散逸量が増加する．

$$\Phi=\tau_{ij}S_{ij}=\mu_v\Theta^2+2\mu S_{ij}^d S_{ij}^d \qquad (9.6.3)$$

ここで，S_{ij} は速度歪み率，Θ は体積膨張率，S_{ij}^d は S_{ij} の偏差成分である．

$$S_{ij}=\frac{u_{i,j}+u_{j,i}}{2}, \qquad \Theta=u_{i,i},$$
$$S_{ij}^d=S_{ij}-\frac{\delta_{ij}\Theta}{3} \qquad (9.6.4)$$

さらに，μ_v は体積粘性係数，μ は剪断粘性係数である．式（9.6.3）は，

$$\Phi=(\mu_v+(4/3)\mu)\Theta^2+\mu\omega_k\omega_k+\mu(u_j u_j)_{,ij}$$
$$+\mu(\mu_j u_{i,j})_{,i}-3\mu(u_j\Theta)_{,j} \qquad (9.6.5)$$

と変形できる．ここで，ω_k は渦度で，また，右辺第1項は圧縮性散逸（体積膨張散逸），第2項は非圧縮性（ソレノイダル）散逸である．

圧縮性乱流の場合，ε をソレノイダル成分 ε_s と圧縮性成分 ε_c に分けて考える．

$$\varepsilon=\varepsilon_s+\varepsilon_c=\varepsilon_s(1+\chi_\varepsilon) \qquad (9.6.6)$$

ここで，

$$\varepsilon_s=\bar{\mu}\overline{\omega_k'\omega_k'}, \qquad \varepsilon_c=\left(\overline{\mu_v}+\frac{4}{3}\bar{\mu}\right)\overline{\theta'^2},$$
$$\chi_\varepsilon=\frac{\varepsilon_c}{\varepsilon_s} \qquad (9.6.7)$$

である．χ_ε は，散逸率における圧縮性寄与率で，M_t，$\overline{\rho'^2}/\bar{\rho}^2$，$\chi_c$ などのパラメータに依存する．ここで，M_t は乱流マッハ数である．

$$M_t=\frac{q}{c} \qquad (9.6.8)$$

q は乱流速度スケール，c は代表音速である．また，χ_c は，k における圧縮性（体積膨張）の寄与率である．

項2の $\overline{u_i''}\,\bar{\tau}_{ij,j}$ は，ファーブル近似の結果発生する項で，正負の符号をとる．項3の $\overline{u_i''}\,\bar{p}_{,i}$ は，エンタルピー h との情報交換による，乱流エンタルピー生成で，k を増減させるが，これは純粋な圧縮性効果によるものではない．体積力や平均圧力勾配があると，単位体積あたりの慣性力が小さい流体要素は，これらの力に迅速に反応し，流れの運動エネルギーを増加させ，その一部が k となる．

衝撃波・境界層干渉や，主流方向の加減速など，圧力勾配の大きい外部流では，M_t が小さい場合，$\overline{u_j''}$ は流体要素の体積変動にあまり依存しない．この場合の乱流運動エネルギーエンタルピー生成は，圧縮性効果ではなく，慣性力の変化によるもので，レイリー-テーラー流やリヒトマイヤー-メシュコフ流などの不安定流で重要となる[12,13]．しかし，M_t

が大きくなると，圧縮性効果が現れる．

項4は，圧力と体積膨張の相関である．

$$\Pi_d = \overline{p' u''_{i,i}} = \overline{p' u'_{i,i}} \qquad (9.6.9)$$

これは，体積膨張変動に伴い，圧力変動がなす仕事である．Π_d は正負の値をとり，負の場合，k は減少し，$\tilde{e}_i$ が増加する．このエネルギー交換は，エントロピー $\bar{s}$ が変化しない可逆現象である．平均加速度と体積変化が小さい場合には，Π_d は音響ポテンシャルエネルギーと情報交換を行う．ちなみに，Π_d/P（P は k の生成項）は，圧縮性乱流の尺度となる．

完全ガスの場合，以下の式が得られる．

$$\frac{\partial u_i}{\partial x_i} = -\frac{1}{\gamma p}\frac{Dp}{Dt} + \frac{1}{C_p}\frac{Ds}{Dt} \qquad (9.6.10)$$

ここで，γ は比熱比で，C_p は等圧比熱である．この式に平均値操作を施すと，

$$\overline{p' u'_{i,i}} = -\frac{\bar{p}}{2\gamma}\frac{\bar{D}(\overline{p'^2}/\bar{p}^2)}{\bar{D}t} - \frac{\bar{p}_{,i}\overline{p' u'_i}}{\gamma \bar{p}} - \frac{\gamma - 1}{\gamma}\frac{\overline{p'^2}}{\bar{p}^2}(\varepsilon - \bar{q}_{j,j}) + \cdots \qquad (9.6.11)$$

となる．ここで，$\bar{D}/\bar{D}t$ は平均流の実質微分である[9]．右辺の，ε を含む項は，圧縮性散逸で，エントロピー上昇なしに，k を $\tilde{e}_i$ に変換する．平均歪み時間スケール $1/S$，乱流長さスケール l では，平均歪みにおける圧力変動は，$p_r = \rho Slq$ となり，その結果，

$$\frac{\overline{p'^2}}{\bar{p}^2} \approx \gamma^2 M^2 M_t^2 \qquad (9.6.12)$$

となる．ここで，

$$M = \frac{Sl}{c} \qquad (9.6.13)$$

は，変形速度マッハ数（deformation rate Mach number）である．この付加的散逸は，$M \approx O(1)$ のとき，M_t^2 に比例する．一方，式 (9.6.11) の右辺第1項は，$\bar{D}/\bar{D}t \approx O(S)$ と仮定すれば，P に相対的に $O(M^2)$ となる．このように，Π_d の評価では，M_t に加えて M も重要な圧縮性パラメータとなり，M は，乱流渦横断音響伝播時間/平均変形時間と解釈される．M が大きい場合，乱流渦横断時の音響コミュニケーションの損失が，流れに影響し[3,14]，$M \approx 1$ では，圧力放出の限界により圧力変動が消失し，速度変動は平均流変形による純粋な運動歪みとなる．

大乱流渦圧力変動では，$p_s \approx \rho q^2$ で，式 (9.6.11) の右辺第1項は，$\Pi_d/P \approx M_t^2$ となる．また，$p_r/p_s \approx O(Sl/q)$ で，これは P/ε である．平衡剪断流では，$Sl/q \approx O(1)$ あるいは $M \approx M_t$ のため，急激に変化する流れのような非平衡流でのみ，M と M_t は独立になる．

$\Pi_d/P \approx M^2$ となる圧力変動 $p' \approx \rho Slq$ は，ソレノイダル変動（$M_t \approx 0$）では厳密であるが，音響圧力変動が主となる，M が大きい，あるいは M_t が小さくない場合には，修正が必要である．音響粒子速度 $q_c = \chi_c^{1/2} q$，音響圧力 $p_c \approx \rho c q_c$ では，$\Pi_d/P \approx \chi_c$ となり，M が大きいソレノイダル変形流では，Π_d の重要性が減少する[15]．

M_t は，乱流に圧縮性の影響がなければ，音速を調整して設定が可能であるが，圧縮性の影響がある場合には，M_t は間接的にのみ変化させることができる．ある乱流 Re 数に対して M_t を決定することは，マイクロとマクロな長さスケール比を決定することに相当する．M_t を大きくすると，密度変動も増加するが，温度変動（エントロピー変動）による密度変動とは異なる．後者は乱流燃焼火炎，$M_\infty \leq 5$ の乱流境界層[2]，自然対流などの場合に相当する．M_t は，圧縮性効果が慣性効果と異なることを意味しているが，M_t は圧縮性効果の唯一のパラメータではなく，非平衡流では，M も圧縮性パラメータとなる．

9.6.2 運動量とエネルギーの交換

速度 U_1 と U_2（$\Delta U = U_1 - U_2$）からなる圧縮性混合層で，音速 c，位置 x での混合層の幅 $\delta(x)$，平均速度 $U_c = (U_1 + U_2)/2$，乱流速度変動 q，温度変動 T' のとき，混合層の高速側流体要素は，その運動量を低速側流体要素と交換し，圧縮される，つまり仕事がなされる．一方，低速側流体要素は，逆に運動量を得る，つまり仕事をする．乱流渦は，この運動量とエネルギーとの交換に関係している．運動量とエントロピーの結合式から，$u_{i,i}$ は以下のように表される．

$$u_{i,i} = c^{-2} u_j \left(\frac{u_k u_k}{2}\right)_{,j} + c^{-2}\left[\left(\frac{u_k u_k}{2}\right)_{,t} - \rho^{-1} p_{,t}\right]$$

$$+\frac{\gamma-1}{\gamma p}(\Phi-q_{k,k}) \quad (9.6.14)$$

ここで，q_k は熱流束ベクトルである．この式の平均をとると，定常流では，

$$\bar{c}^2\bar{u}_{i,i}=\frac{\bar{u}_j}{2}(\bar{u}_k\bar{u}_k)_{,i}+\bar{u}_{k,j}\overline{u'_ju'_k}+\frac{\bar{u}_j}{2}(\overline{u'_ku'_k})_{,j}$$
$$+\bar{u}_k\overline{u'_ju'_{k,j}}+\overline{u'_ju'_ku'_{k,j}}$$
$$-\frac{1}{\bar{T}}(\bar{u}_k\bar{u}_{k,j}\overline{u'_jT'}+\bar{u}_j\bar{u}_{k,j}\overline{u'_kT'}$$
$$+\bar{u}_j\bar{u}_k\overline{u'_kT'_{,j}})+(\gamma-1)/\bar{\rho}\cdot(\bar{\Phi}$$
$$-\bar{q}_{j,j})+\cdots \quad (9.6.15)$$

となる．ここで，$\bar{c}^2=\gamma R\bar{T}$ である．高 Re 数の混合層では，

$$\bar{u}_{i,i}/\bar{u}_{,y}\approx O\left(\delta'\frac{U_c^2}{c^2}\right)+O\left(\frac{q^2}{c^2}\right)+O\left(\delta'\frac{q^2}{c^2}\right)$$
$$+O\left(\frac{U_c}{c}\frac{q}{c}\frac{T'}{\bar{T}}\right)+O\left[\delta'\frac{\Delta U}{c}\frac{q}{c}\frac{T'}{\bar{T}}\right.$$
$$\left.+O\left(\frac{q}{\Delta U}\frac{q^2}{c^2}\right)\right] \quad (9.6.16)$$

となる[16]．$\delta'\approx O(q^2/(U_c\Delta U))$ より，式 (9.6.16) の右辺第 1 項は，

$$\frac{\delta' U_c^2}{c^2}\sim O\left(\frac{q^2}{c^2}\frac{U_1+U_2}{U_1-U_2}\right) \quad (9.6.17)$$

となる[17]．また，総温がほぼ等しい（$T_{01}\approx T_{02}$）強レイノルズ類推[18] (strong Reynolds analogy, SRA) では，

$$\frac{T'}{\bar{T}}\approx-(\gamma-1)\frac{\bar{u}^2}{c^2}\frac{u'}{\bar{u}} \quad (9.6.18)$$

となり，式 (9.6.14) の右辺第 4 項は，

$$\frac{U_c}{c}\frac{q}{c}\frac{T'}{\bar{T}}\approx-(\gamma-1)\frac{U_c^2}{V}\frac{q^2}{c^2} \quad (9.6.19)$$

となる．これらの項と，$M_t=q/c$ を考慮すると，式 (9.6.14) は，

$$\frac{\bar{u}_{i,i}}{\bar{u}_{,y}}\approx M_t^2 \quad (9.6.20)$$

となり，M_t が大きくなると圧縮性の影響が現れる．

9.6.3 エントロピー変化と圧力変動

エントロピー $\tilde{s}$ の方程式は，質量，運動量，エネルギー式から，

$$\frac{\partial\bar{\rho}\tilde{s}}{\partial t}+\frac{\partial(\bar{\rho}\tilde{s}\tilde{u}_j+\overline{\bar{\rho}s''u''_j})}{\partial x_j}-\frac{\partial\overline{(kT_j/T)}}{\partial x_j}$$
$$=\Upsilon=\overline{\left(\frac{\Phi}{T}\right)}+k\overline{\left|\frac{\nabla T}{T}\right|^2} \quad (9.6.21)$$

となる．ここで，k は熱伝導係数である．

エントロピー変化 $\Delta\tilde{s}$ は，ファーブル平均流線に沿い，以下のように計算される．

$$\frac{\Delta\tilde{s}}{C_V}=\int_{\xi_a}^{\xi_b}\frac{1}{\bar{\rho}\tilde{u}_sC_V}$$
$$\times\left\{\Upsilon-\frac{\partial[\overline{\bar{\rho}s''u''_j}-\overline{k(\partial T/\partial x_j)/T}]}{\partial x_j}\right\}d\xi \quad (9.6.22)$$

ここで，ξ は流線上の位置，$\tilde{u}_s$ は平均速度である．$\varepsilon\approx\bar{\rho}q^3/\delta$ の場合，

$$\frac{\Delta\tilde{s}}{C_V}\approx\gamma(\gamma-1)\frac{q}{U_s}\frac{L}{\delta}M_t^2 \quad (9.6.23)$$

となる．ここで，L は流れ方向距離である．

混合層では，

$$\frac{q}{U_s}\frac{L}{\delta}\approx\frac{U_1-U_2}{q} \quad (9.6.24)$$

であるため，

$$\frac{\Delta\tilde{s}}{C_V}\approx M_t^2\frac{U_1-U_2}{q} \quad (9.6.25)$$

となる．大規模構造の相対速度を表す対流マッハ数は，

$$M_c=\frac{U_1-U_2}{C_1+C_2} \quad (9.6.26)$$

で定義され，これがある程度以上大きくなると，式 (9.6.25) の $\Delta\tilde{s}$ と，それによる総圧損失

$$\frac{\Delta p_0}{p_0}=\exp\left(-\frac{\Delta\tilde{s}/C_V}{\gamma-1}\right) \quad (9.6.27)$$

が重要になる．

一方，圧力に関しては，$\bar{p}$ に基づくエネルギー式では，圧縮性流の圧力輸送項が重要となり，完全ガスの状態方程式である

$$p=\frac{\rho h(\gamma-1)}{\gamma} \quad (9.6.28)$$

を用いて，エンタルピー式から，$\bar{p}$ に対する方程式が得られる．

$$\frac{\bar{D}\bar{p}}{\bar{D}t}=-\gamma\bar{p}\bar{u}_{j,j}-(\gamma-1)\overline{p'u'_{j,j}}-\overline{(p'u'_j)}_{,j}$$
$$+(\gamma-1)\overline{u'_{j,j}\tau_{ij}}+(\gamma-1)\bar{q}_{j,j} \quad (9.6.29)$$

また，圧力変動 p' の方程式は，

$$\frac{\bar{D}(\overline{p'^2}/2)}{\bar{D}t}=-\bar{p}_{,j}\overline{(p'u'_j)}-\gamma\overline{p'^2}\bar{u}_{j,j}$$
$$-\gamma\bar{p}\overline{(p'u'_{j,j})}+\frac{1}{2}\frac{2\gamma-1}{\overline{p'^2u'_{j,j}}} \quad (9.6.30)$$

となる[15]．式 (9.6.29) から，

$$\frac{\overline{u}_{j,j}}{S}\approx O\frac{M_t^2 q}{\Delta U}+O(M_t^2 M^2)$$
(9.6.31)

となり，この式の右辺第1項は，圧力輸送項に，第2項は圧力・体積膨張項に基づいている．式(9.6.30)には，Π_d が存在し，$\overline{p'^2}/(2\gamma\overline{p})$ は，圧縮性変動ポテンシャルエネルギー（PE）である[19]．衝撃波下流側では，k とPEの和は，k の生成と散逸とが異なるため，平均流線に沿い変化し，k とPEは，Π_d を介して交換される．

9.6.4 音響エネルギー

圧縮性流では，音響放射でエネルギーが損失する[20]．乱流ジェットでは，損失全音響パワーは，M_j^8（M_j はジェットマッハ数）で増加し，平均流からの乱流エネルギー抽出率に対する放射音響パワーの比は，音響効率の尺度となる．M_j が小さいときは，この比は M_j^2 で増加する．$M_j\approx 1$ では，音響効率は約 M_j^5 で増加し，超音速ジェット（$M_j>1$）では，音響効率は M に依存しない[21]．一方，圧縮性混合層では，$M_c<0.6$ では，音響放射は，k の収支に関係しない．

音響放射エネルギー損失は，極超音速乱流境界層で重要となり，$M_\infty=5$ の境界層の音響エネルギー損失は，$\tau_w U_\infty$ の約1%である．超音速境界層の音響放射メカニズムは，音源が自由流に相対的に超音速対流速度で移動するマッハ波放射で，これは，超音速ジェットの主たる放射メカニズムでもある[22,23]．

9.6.5 圧縮性一様等方性乱流

一様乱流では，レイノルズ平均速度とファーブル平均速度は同じになり，また速度変動も同一となる．

速度変動 u_i' は，ヘルムホルツ分解により，ソレノイダル成分 u_i^s と体積膨張成分 u_i^c に分解できる[24]．

$$u_i'=u_i^s+u_i^c \qquad (9.6.32)$$

u_i^s と u_i^c は直交するので，分散 $\overline{u_i'u_i'}$ も両成分に分解できる．

$$\chi_c=\frac{\overline{u_i^c u_i^c}}{\overline{u'_i u'_i}} \qquad (9.6.33)$$

は，エネルギーの大きい領域での圧縮性効果の指標となる[25,26]．レイノルズ応力 $\overline{\rho u_i' u_j'}$ は，u_i^s と u_i^c に基づき，ソレノイダルレイノルズ応力，体積膨張レイノルズ応力，クロスレイノルズ応力に分解できる．

等方性乱流では，k が生成されないので，外部力がない場合は，減衰するのみである．ε によって M_t は減少するが，全エネルギー $\tilde{e}_t$ は保存される．

$$\tilde{e}_t=\overline{\rho}\left(C_V\tilde{T}+\frac{u_k''u_k''}{2}\right)=一定$$
(9.6.34)

ρ' や p' の時間発展は，u_i^s と u_i^c の比率，ρ'，p'，M_t，Pr数などの初期条件に依存し，それは k の時間発展に影響する．M_t が小さく，$\chi_c\approx O(M_t)$ の場合には，ソレノイダル成分と体積膨張成分は，それぞれ独立に発達し，後者は線形音響方程式に従う．χ_c が大きい場合，波の急峻化などの非線形性が u_i^c の発達に影響を及ぼし，$\chi_c\sim O(1)$ になると，衝撃波が形成される[26,27]．

小振幅音響場では，運動エネルギー $\overline{\rho}\,\overline{u_i^c u_i^c}/2$ とポテンシャルエネルギー $\overline{p_c^2}/(2\gamma\overline{p})$ との交換は，Π_d を通して行われる[28]．

$s_{\rm rms}/C_V\approx\gamma\rho_{\rm rms}/\overline{\rho}$ の場合，

$$\Pi_d\approx\overline{\rho' u'_{i,i}}R\overline{T} \qquad (9.6.35)$$

となり，時間減衰乱流では，密度分散式中に $-\overline{\rho' u'_{i,i}}$ 項が存在するため，Π_d は正となる．等方性減衰乱流では，Π_d の平均値は正となり，k の減衰に寄与しないが，剪断流や歪み流では，その寄与は増大する．

χ_ε は，以下のようにモデル化される．

$$\chi_\varepsilon=\alpha M_t^2 \qquad (9.6.36)$$

M_t が大きくなると，乱流渦衝撃波が現れ，それによる散逸を考慮したモデル化が重要となる．乱流渦衝撃波の ε_c への寄与は通常小さいが，マイクロスケールレイノルズ数 R_λ や M_t が大きくなると，増大する．M_t がある程度大きくなると，一様乱流の実現は困難で，圧縮性減衰等方性乱流の実験はできない．

9.6.6 圧縮性一様剪断乱流

圧縮性一様乱流をつくるのは，非圧縮性の場合より困難で，純粋剪断が唯一可能な流れ場である．この実験は困難で，CFDが多用されている[29]．種々の M_t で，あるエネルギースペクトルをもつ等方性変動場に対し，空間一様剪断 $S=\mathrm{d}U/\mathrm{d}y$ を付加した場合，初期変動が平均剪断により乱流にまで発達する時間は，$\mathrm{St}\approx 4\sim 6$ で，この後，指数関数的に成長する[19]．

指数関数成長領域では，$a_1 = -\overline{uv}/q^2$ と $S_* = S\bar{\rho}q^2/\varepsilon$ はほぼ一定で，P の一部 σP（σ は一定）は，k を増加させる．圧縮性が効いてくると，P がより散逸し，$\sigma_* = \sigma/S$ は低下する．この散逸の増加は，Π_d や ε_c が原因で，P 自体も St が大きくなると，圧縮性効果のため減少する[19]．

剪断乱流の特徴である，レイノルズ応力非等方性テンソルや，積分長さスケールの比などの値は，非圧縮性の場合に近いが，速度の圧縮性成分は，ソレノイダル成分とは異なり，剪断流では，

$$\overline{u_s'^2} > \overline{w_s'^2} > \overline{v_s'^2}, \quad \overline{v_c'^2} > \overline{u_c'^2} \approx \overline{w_c'^2} \qquad (9.6.37)$$

となる．$\overline{v_c'^2}$ の $\overline{v'^2}$ への寄与は，M_t とともに重要となる．スカラー混合では，u_i^c の寄与が小さいので，剪断流横断混合は，M_t とともに減少する[19]．u_i^c のこの非等方性は，ε_c の非等方性に反映される．ε_c と Π_d も主流横断方向変動の成長を優先的に妨害し，レイノルズ剪断応力や P も減少する．

M_t は時間とともに成長し，高レイノルズ数の一様剪断乱流では，

$$\frac{\partial M_t^2}{\partial t} = M_t^2 S\left(\sigma_* - \frac{\hat{\gamma} M_t^2}{\hat{S}}\right) \qquad (9.6.38)$$

の方程式に従う．ここで，

$$\hat{\gamma} = \gamma(\gamma - 1), \quad \sigma_* = \frac{\sigma}{S} = \frac{\partial q^2/\partial t}{Sq^2},$$

$$\hat{S} = \frac{S\bar{\rho}q^2}{\varepsilon - \Pi_d} \qquad (9.6.39)$$

である．M_t とともに，σ_* は減少し，$M_t^2/\hat{S}$ は増加する．

典型的な剪断層では，$S_* \approx 5\sim10$ と考えられる．圧縮性流では，$M \approx S_* M_t$ であるので，S_* が大きいと，M も増加し，その場合には，音響コミュニケーションの損失による付加的圧縮性効果が発生する．ちなみに，境界層では密度成層効果が大きく，圧縮性効果の分離が困難である．

9.6.7　衝撃波・乱流干渉

垂直衝撃波と衝撃波横断方向均一乱流との干渉問題は，一番簡単な衝撃波と乱流の干渉問題である．理論解析では，上流乱流を，渦度，音響モード，エントロピーモードに線形化し，線形ランキン-ユゴニオ不連続条件を課し，衝撃波下流側統計量を上流側統計量から予測する．この実験は困難で，CFD により線形解の確認と非線形性の解明がなされている[30,31]．

衝撃波通過後の圧力上昇に比べ，乱流圧力変動が小さい場合，衝撃波面の変形は小さく，ランキン-ユゴニオ条件は線形化できる．一方，強い乱流では衝撃波構造が変形し，平均流線に沿う瞬間圧力上昇は単調ではない．衝撃波下流で渦度変動や散逸率が増加する[30]．線形解析から，衝撃波通過後の渦度や乱流運動エネルギーの増大が予測できる．

M_t が小さい場合には，k は増幅するが[31]，その増幅は M_t とともに減少する[30]．また，その増幅は衝撃波直後ではなく，少し後方で起こる．これは，圧力変動は衝撃波直後に増幅し，その後，下流方向に減衰する．音響エネルギー密度（運動エネルギー＋ポテンシャルエネルギー）は，衝撃波下流側でほぼ一定であるので，その結果，k が下流で増加す

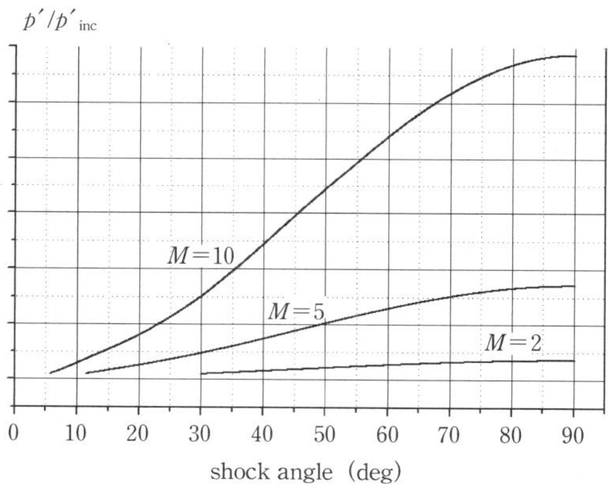

図 9.92　衝撃波通過後の微小圧力変動変化
M：衝撃波流入マッハ数，$p'_{\rm inc}$：流入側圧力変動．

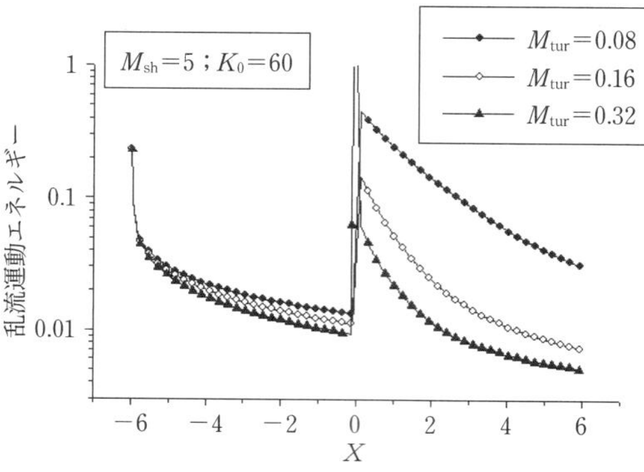

図 9.93　衝撃波通過後の乱流運動エネルギーの変化
$M_{\rm sh}$：衝撃波マッハ数，K_0＝エネルギー最大の波数，$M_{\rm tur}$：乱流マッハ数，$x=0$：衝撃波位置．

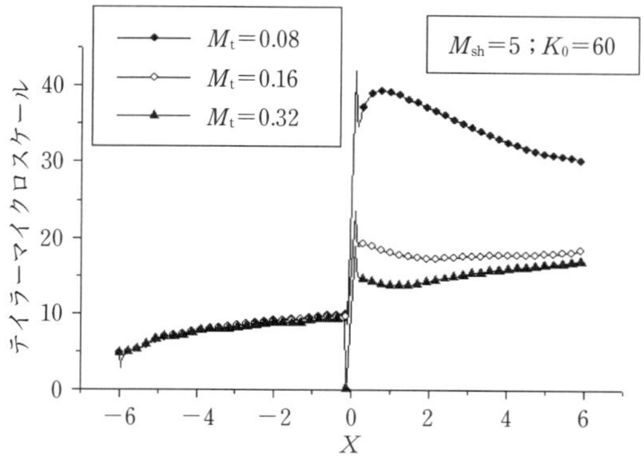

図 9.94 衝撃波通過後のテイラーマイクロスケール変化
M_{sh}：衝撃波マッハ数，K_0＝エネルギー最大の波数，M_t：乱流マッハ数，$x=0$：衝撃波位置.

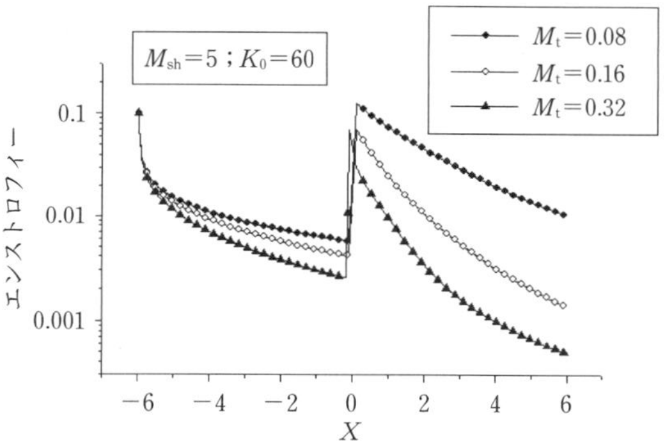

図 9.95 衝撃波通過後の渦度の大きさの変化
M_{sh}：衝撃波マッハ数，K_0：エネルギー最大の波数，M_t：乱流マッハ数，$x=0$：衝撃波位置.

る．このエネルギー交換には，Π_d や圧力輸送項が寄与している．図 9.92 から図 9.95 に 2 次元計算で得られた，衝撃波通過後の乱流の特性量の変化を示す．乱流運動エネルギーは，衝撃波通過後に増大する．

9.6.8 圧縮性混合層

圧縮性乱流混合は，対流マッハ数 M_c で整理すれば[32]，正規化された成長率は 1 本の線になる．圧縮性混合層では，M_c とともに乱流変動（ΔU で正規化）は減少する．相関係数

$$r_{uv}=\frac{\overline{u'v'}}{u'_{\rm rms}v'_{\rm rms}} \tag{9.6.40}$$

は非圧縮性の場合とあまり変わらない．$u'_{\rm rms}/\Delta U$ と $v'_{\rm rms}/\Delta U$ は，M_c とともに減少するが，非等方性 $v'_{\rm rms}/u'_{\rm rms}$ は増大する[33]．

混合層成長率と線形安定性成長率は，M_c とともに減少する[34~37]．M_c が大きい場合，流れの 3 次元性が強く，M_c が小さい場合[38]，準 2 次元的となり，$M_c>0.5$ では，斜め波動不安定がもっとも増幅される[36,37]．M_c とともにスパン方向のコヒーレンスは減少する[39]．2 次元混合層では，$M_c>0.8$ で，乱流渦衝撃波が存在するが[36]，3 次元混合層では，$M_c\geq 1$ となる[37]．

9.6.9 圧縮性境界層

物体表面付近は，散逸加熱により，密度勾配が存在し，断熱境界層では，断熱壁温度 T_{aw} は高温となる．

$$T_{aw}=T_\infty\left\{1+\frac{\gamma-1}{2}\sqrt{{\rm Pr}_t}M_\infty^2\right\} \tag{9.6.41}$$

平均密度が変化することで，摩擦係数や乱流強度の減少，粘性効果，非圧縮壁法則の修正などが発生する．低速解析変換により[2,40]，平均密度変化の受動効果から，断熱平板境界層を予測できる．しかし，さまざまなマッハ数 M_∞ に対し，M_t や M を高精度に評価することは困難である．

高マッハ数境界層の慣性変化効果をみるために，高加熱低速境界層と対比すると，低速流では，境界層横断方向の $\bar{\rho}$ の変化で，レイノルズ応力 $-\overline{\rho u'v'}$ が減少するが，$-\overline{u'v'}$ は等温の場合とあまり変わらない．この場合の平均速度分布は，平均密度荷重変換で予測できる．

SRA の近似は，断熱境界層で導入され[2,41]，乱流のモデリングに使用されている．この近似では，総温変動と圧力変動が無視される．

主流横断方向にエントロピー変化のある剪断平均流に対する非粘性擾乱方程式において，ソレノイダル擾乱速度では，ρ' と s' は，

$$\rho'\approx-\eta\frac{\partial\bar{\rho}}{\partial y},\qquad s'\approx-\eta\frac{\partial\bar{s}}{\partial y} \tag{9.6.42}$$

と表される．ここで，η は移動距離である．密度とエントロピーの平均勾配の関係は，

$$\frac{\partial\bar{s}/\partial y}{C_V}\approx-\frac{\gamma}{\bar{\rho}}\frac{\partial\bar{\rho}}{\partial y}\left[1+O\left(\frac{\overline{\rho'^2}}{\bar{\rho}^2}\right)+O(M_t^2)\right] \tag{9.6.43}$$

となるので，

$$\frac{s'}{C_V}=-\frac{\gamma\rho'}{\bar{\rho}}+O\left(\frac{\overline{\rho'^2}}{\bar{\rho}^2}\right)+O(M_t^2) \tag{9.6.44}$$

となる．状態方程式は

$$\frac{p'}{\bar{p}}=\frac{\gamma\rho'}{\bar{\rho}}+\frac{s'}{C_V}+\cdots \qquad (9.6.45)$$

であるから，

$$\frac{p'}{\bar{p}}\approx\frac{\rho'}{\bar{\rho}} \qquad (9.6.46)$$

となる．この結果，M_t，平均流線曲率，$\rho'_{\mathrm{rms}}/\bar{\rho}$ が小さく，$\mathrm{d}\bar{s}/\mathrm{d}y$ が大きい場合，

$$\overline{s'\rho'}<0, \qquad \overline{T'\rho'}<0 \qquad (9.6.47)$$

となり，これらの相関係数は大きくなる．

総温は，

$$C_p T_0=C_p T+\frac{u_k u_k}{2} \qquad (9.6.48)$$

となるので，

$$\frac{T'_0}{\bar{T}}=\frac{T'}{\bar{T}}+\frac{\bar{U}u'_1}{C_p\bar{T}}+\frac{u'_k u'_k-\overline{u'_k u'_k}}{2C_p\bar{T}} \qquad (9.6.49)$$

となる．主流方向速度変動と温度変動は，

$$u'_1\approx-\eta\frac{\partial\bar{U}}{\partial y}, \qquad T'\approx-\eta\frac{\partial\bar{T}}{\partial y} \qquad (9.6.50)$$

となるので，平均総温が主流横断方向に一定の場合，

$$\frac{T'_0}{\bar{T}}\approx\frac{T'}{\bar{T}} \qquad (9.6.51)$$

となる．厳密な SRA では，

$$\frac{T'}{\bar{T}}\approx-\frac{\bar{U}u'_1}{C_p\bar{T}} \qquad (9.6.52)$$

となる．つまり，T' と u'_1 の相関係数は，

$$R_{uT}=\frac{\overline{T'u'}}{T'_{\mathrm{rms}}u'_{\mathrm{rms}}}\approx-1 \qquad (9.6.53)$$

となる[41]．ちなみに実験では，$R_{uT}\approx-0.8\sim-1.0$ となる．流れ場の変形が大きい場合，あるいは曲率をもつ平均流では，総温変動は無視できない．また，M_t や ρ' が大きい場合には，SRA は成立しない[2]．

［中村佳朗］

文　　献

1) L. S. G. Kovaznay: J. Aeronaut. Sci., **20**, 1953, 657-674.
2) P. Bradshaw: Ann. Rev. Fluid Mech., **9**, 1977, 33-54.
3) M. V. Morkovin: In Studies of Turbulence (T. B. Gatski *et al.* eds.), Springer, 1992, 269-284.
4) A. J. Smits: Phil. Trans. R. Soc. London Ser. A, **336**, 1991, 81-93.
5) E. F. Spina *et al.*: Phys. Fluids, A **3**, 1991, 3124-3127.
6) S. K. Lele: Ann. Rev. Fluid Mech., **26**, 1994, 255-285.
7) M. E. Goldstein: J. Fluid Mech., **89**, 1978, 433-468.
8) M. E. Goldstein: J. Fluid Mech., **84**, 1978, 305-329.
9) P. A. Durbin *et al.*: J. Fluid Mech., **242**, 1992, 349-370.
10) H. S. Ribner: AIAA J., **25**, 1987, 436-442.
11) J. C. Anyiwo *et al.*: AIAA J., **20**, 1982, 893-899.
12) D. C. Besnard *et al.*: Physica, **D 37**, 1989, 227-247.
13) S. Gauthier *et al.*: Phys. Fluids, A **2**, 1990, 1685-1694.
14) D. Papamoschou *et al.*: Phys. Fluids, A **5**, 1993, 1412-1419.
15) S. Sarkar: Phys. Fluids, A **4**, 1992, 2674-2682.
16) H. Tennekes *et al.*: A First Course in Turbulence, MIT Press, 1972, 21-24.
17) G. Brown *et al.*: J. Fluid Mech., **64**, 1974, 775-816.
18) A. J. Smits: AIAA Paper 95-0578, 1995.
19) S. Sarkar *et al.*: Turbulent Shear Flows 8, Springer, 1993, 249-267.
20) M. J. Lighthill: Proc. R. Soc. London, Ser. A, **211**, 1952, 564-587.
21) M. E. Goldstein: Aeroacoustics, McGraw-Hill, 1976, 100.
22) C. K. W. Tam *et al.*: J. Fluid Mech., **138**, 1984, 273-295.
23) J. M. Seiner: In Studies of Turbulence (T. B. Gatski *et al.* eds.), Springer, 1992, 297-323.
24) J. E. Moyal: Proc. Cambriridge Phil. Soc., **48**, 1952, 329-400.
25) S. Kida *et al.*: J. Sci. Comput., **5**, 1990, 85-125.
26) G. Erlebacher *et al.*: Theoret. Comput. Fluid Dyn., **2**, 1990, 73-95.
27) S. Ghosh *et al.*: Phys. Fluids, A **4**, 1992, 148-164.
28) M. J. Lighthill: Waves in Fluids, Cambridge Univ. Press, 1978, 76-85.
29) W. J. Feireisen *et al.*: Turbulent Shear Flows 3, Springer, 1982, 309-319.
30) S. Lee *et al.*: J. Fluid Mech., **251**, 1993, 533-562.
31) D. Rotman: Phys. Fluids, A **3**, 1991, 1792-1806.
32) D. Papamoschou *et al.*: J. Fluid Mech., **197**, 1988, 453-477.
33) G. S.Elliot *et al.*: Phys. Fluids, A **2**, 1990, 1231-1240.
34) S. A. Ragab *et al.*: Phys. Fluids, A **1**, 1989, 957-966.
35) T. L. Jackson *et al.*: J. Fluid Mech., **208**, 1989, 609-637.
36) N. D. Sandham *et al.*: AIAA J., **28**, 1990, 618-624.
37) N. D. Sandham *et al.*: J. Fluid Mech., **224**, 1991, 133-158.
38) G. S. Elliot *et al.*: AIAA J., **30**, 1992, 2567-2568.
39) M. Sammy *et al.*: Phys. Fluids, A **4**, 1992, 1251-1258.
40) E. Spina *et al.*: Ann. Rev. Fluid Mech., **26**, 1994, 287-319.
41) J. Gaviglio: Int. J. Heat Mass Transfer, **30**, 1987, 911-926.

II

乱流の予測法とモデリング

10

乱流の予測法の分類

直接数値シミュレーション（DNS）は精度の高い乱流の数値実験とみなせるが，現在のコンピュータ性能では，高レイノルズ数の地球物理学，気象学，工学における実用的な熱・流体の数値解析に用いるにはまだ限界がある．そのために，計算負荷を低減した乱流モデルが，乱流の数値予測（解析）に広く用いられている．また，工学計算では，乱流統計量の時間平均値（または集合平均値）の分布形の予測が特に重要で，この予測を目標に開発されたのが「レイノルズ平均型モデル」である．

一方，流れに大きなスケールの非定常性がある場合には，大スケールの変動は流路・物体形状，レイノルズ数などにより大きく変化する．しかし，小さなスケールの乱流構造は異方性が小さく，物体形状などの影響が少ない．そこで小スケールの変動（サブグリッドスケールの変動という）はモデル化し，境界条件などで変化する大スケールの変動は非定常3次元ナビエ-ストークス方程式で解くというのが「ラージエディシミュレーション（LES）」である．いずれも工学的乱流予測において重要である．本章では主としてこれらに焦点を合わせ乱流の予測法の分類を行い，関連する最近の進展について解説する．

しかるに，物理現象があまりにも複雑で上記の数値解析自体が難しく，乱流データを求めて理論式などを立てるということが困難な場合も時としてある．そのような場合には，実験データを整理して実験式を求めることが一般的で，乱流の重要な予測手法の一つといえよう．なかでも実験データを整理し，次元解析により無次元数による相関式（相似則）を求めるのが広く用いられている．無次元数による相関式は，11章で詳しく解説されているように，実験室規模の装置で測定されたデータを実規模の機器までスケールアップすることを可能にするので，機器の開発設計では欠かせないものとなっている．

本章では，まず古典的な次元解析による相関式の求め方をまとめて記し，次いで上述の乱流モデルによる予測法に言及する．

10.1 次 元 解 析

自然現象はただ一つの現象であるから，その因果関係はどのような単位系を使っても同一に記述されるはずである．すなわち，自然法則は関係する物理量の組合せからなる，単位系によらない独立な無次元物理量（無次元数）の関係として記述される．

実験データを整理して，無次元数による相関式を次元解析で求めるには，次の π 定理（pi theorem）と呼ばれる方法が通常用いられる．乱流現象は，長さ，質量，時間，力，速度，温度，運動量，エネルギーなどの物理量で表現されるが，基本単位は，長さ L，質量 M，時間 T，温度 Θ である．ただしエネルギーは一括して H で表す．それらを次元（基本単位の指数）とともに表10.1に示した．

関係する物理量の最小必要数が m 個，基本単位の数が n 個のとき，独立な無次元数の個数は $(m-n)$ 個である．これを π 定理という．ただし，いくつかの基本単位が常に同じ組合せで現れるときは，まとめて1個と数える．上記のように，エネルギーを一括して H で表すのもこの規約によるものである．

各 π の形を求める手順を以下に示す．ここで，π は無次元数，y は関係する物理量を表す．

（i）各 π を $\pi_1=\dfrac{y_i}{y_1^{\alpha_1}y_2^{\beta_1}\cdots}$，$\pi_2=\dfrac{y_j}{y_1^{\alpha_2}y_2^{\beta_2}\cdots}$，

表 10.1　物理量の単位

量	次元	量	次元	量	次元
長さ	L	力	MLT^{-2}	粘性係数 μ	$ML^{-1}T^{-1}$
質量	M	エネルギー，熱量	$ML^2T^{-2}=H$	動粘性係数	L^2T^{-1}
時間	T	動力	$ML^2T^{-3}=HT^{-1}$	温度	Θ
面積	L^2	圧力，応力	$ML^{-1}T^{-2}$	熱伝達率 h	$H\Theta^{-1}L^{-2}T^{-1}$
体積	L^3	圧力勾配	$ML^{-2}T^{-2}$	比熱 c_p	$H\Theta^{-1}M^{-1}$
速度	LT^{-1}	密度	ML^{-3}	熱伝導率 λ	$H\Theta^{-1}L^{-1}T^{-1}$

$\pi_3=\dfrac{y_k}{y_1^{\alpha_3}y_2^{\beta_3}\cdots}$ と表す．

(ii) 各 π について，分母と分子の次元を等しくとる．

(iii) 分母の $y_1, y_2, \cdots$ の個数は，基本単位の個数と等しくとる．

伝熱を伴う乱流の基本単位は，M，L，T，Θ，H；速度場のみでは M，L，T の3個（y_1，y_2，y_3）．

分母は，幾何学的相似を比較するため

y_1＝長さ（l または d）

流体運動の相似を比較するため

y_2＝速度 u

力学的相似を比較するため

y_3＝流体の密度 ρ

伝熱的相似を比較するため

y_4＝熱伝導率 λ

(iv) 分子の $y_i, y_j, \cdots$ は，全変数より分母の y_1，y_2，y_3，(y_4) を除いたもの．

例1　壁面摩擦応力　τ_w

$f(\tau_w, x, u_\infty, \rho, \mu)=0$，したがって，$m=5$，$n=3$．$\pi$ 定理により，無次元量の個数$=m-n=5-3=2$ となるから，これらを π_1, π_2 と表す．一方，分母は上述の (iii) より，$y_1=x, y_2=u_\infty, y_3=\rho$ であるから，

$$\pi_1=\frac{\tau_w}{x^{\alpha_1}u_\infty^{\beta_1}\rho^{\gamma_1}},\quad \pi_2=\frac{\mu}{x^{\alpha_2}u_\infty^{\beta_2}\rho^{\gamma_2}}$$

と書ける．すなわち，$\tau_w=\pi_1 x^{\alpha_1}u_\infty^{\beta_1}\rho^{\gamma_1}$．上式を基本単位で表すと（次元方程式ともいう），

$$ML^{-1}T^{-2}=(L)^{\alpha_1}(LT^{-1})^{\beta_1}(ML^{-3})^{\gamma_1}$$
$$=M^{\gamma_1}L^{\alpha_1+\beta_1-3\gamma_1}T^{-\beta_1}$$

指数を比較すると，$\gamma_1=1, \alpha_1+\beta_1-3\gamma_1=-1$，$-\beta_1=-2$．したがって，$\alpha_1=0, \beta_1=2, \gamma_1=1$ となる．これより π_1 は次式となる．

$$\pi_1=\frac{\tau_w}{\rho u_\infty^2}$$

同様に，π_2 については

$$ML^{-1}T^{-1}=M^{\gamma_2}L^{\alpha_2+\beta_2-3\gamma_2}T^{-\beta_2}$$

となり，次の関係式を得る．

$$\gamma_2=1,\quad \alpha_2+\beta_2-3\gamma_2=-1,\quad -\beta_2=-1$$

これより，$\alpha_2=1, \beta_2=1, \gamma_2=1$ となり，$\pi_2=\mu/\rho u_\infty x$ と書ける．π 定理による関数関係は，$F(\pi_1, \pi_2)=0 \Rightarrow \pi_1=f(\pi_2)$ であるから，求まった上記の π_1 および π_2 より

$$\frac{\tau_w}{\rho u_\infty^2}=f\left(\frac{\mu}{\rho u_\infty x}\right)=f_1\left(\frac{u_\infty x}{\mu/\rho}\right)$$

を得る．$f(\ \ )$ はある未定関数を表し，(　) 内の無次元量はレイノルズ数 $\mathrm{Re}=u_\infty x/\nu$ にほかならない．壁面摩擦係数は，一般に $C_f=\tau_w/(\rho u_\infty^2/2)$ で定義される．したがって，上記の結果は，$C_f=f(\mathrm{Re})$ となることを表している．

例2　強制対流熱伝達率　*h*

局所熱伝達率 h_x は，伝熱に関与すると考えられる物理量で表すと，$h_x=f(u_\infty, x, \mu, \rho, c_p, \lambda)$ と書ける．ここで物性値は，速度場：ρ，μ，温度場：c_p, λ である．各物理量の次元は，

$$\underset{[H\Theta^{-1}L^{-2}T^{-1}]}{h_x}\quad \underset{[LT^{-1}]}{u_\infty}\quad \underset{[L]}{x}\quad \underset{[ML^{-1}T^{-1}]}{\mu}$$

$$\underset{[ML^{-3}]}{\rho}\quad \underset{[H\Theta^{-1}M^{-1}]}{c_p}\quad \underset{[H\Theta^{-1}L^{-1}T^{-1}]}{\lambda}$$

となる．また，基本単位は M，L，T，$H\Theta^{-1}=Q$ の4個である．熱量 H，温度 Θ は常に $H\Theta^{-1}$ の形で現れるので $H\Theta^{-1}=Q$ とおいて1個の無次元量とみる．したがって，π 定理により，無次元量の個数$=7-4=3$ となる．これを前述の例1と同様に書くと，

$$\pi_1=\frac{h_x}{x^{\alpha_1}u_\infty^{\beta_1}\rho^{\gamma_1}\lambda^{\delta_1}},\quad \pi_2=\frac{\mu}{x^{\alpha_2}u_\infty^{\beta_2}\rho^{\gamma_2}\lambda^{\delta_2}},$$

$$\pi_3=\frac{c_p}{x^{\alpha_3}u_\infty^{\beta_3}\rho^{\gamma_3}\lambda^{\delta_3}}$$

となる．それぞれの次元方程式より：

$$QL^{-2}T^{-1}=(L)^{\alpha_1}(LT^{-1})^{\beta_1}(ML^{-3})^{\gamma_1}(QL^{-1}T^{-1})^{\delta_1}$$
$$=Q^{\delta_1}L^{\alpha_1+\beta_1-3\gamma_1-\delta_1}T^{-\beta_1-\delta_1}M^{\gamma_1}$$
$$\delta_1=1,\quad \alpha_1+\beta_1-3\gamma_1-\delta_1=-2,$$
$$-\beta_1-\delta_1=-1,\quad \gamma_1=0$$
$$\Rightarrow\ \alpha_1=-1,\ \beta_1=0,\ \gamma_1=0,\ \delta_1=1,$$
$$ML^{-1}T^{-1}=Q^{\delta_2}L^{\alpha_2+\beta_2-3\gamma_2-\delta_2}T^{-\beta_2-\delta_2}M^{\gamma_2}$$
$$\gamma_2=1,\ \delta_2=0,\ \alpha_2+\beta_2-3\gamma_2-\delta_2=-1,$$
$$-\beta_2-\delta_2=-1$$
$$\Rightarrow\ \alpha_2=1,\ \beta_2=1,\ \gamma_2=1,\ \delta_2=0,$$
$$QM^{-1}=Q^{\delta_3}L^{\alpha_3+\beta_3-3\gamma_3-\delta_3}T^{-\beta_3-\delta_3}M^{\gamma_3}$$
$$\delta_3=1,\ \alpha_3+\beta_3-3\gamma_3-\delta_3=0,$$
$$-\beta_3-\delta_3=0,\ \gamma_3=-1$$
$$\Rightarrow\alpha_3=-1,\ \beta_3=-1,\ \gamma_3=-1,\ \delta_3=1,$$

を得る．すなわち，π_1, π_2, π_3 はそれぞれ次式のように書ける．

$$\pi_1=\frac{h_x x}{\lambda},\quad \pi_2=\frac{\mu/\rho}{u_\infty x},\quad \pi_3=\frac{c_p\rho u_\infty x}{\lambda},$$

$$\pi_2^*=\frac{1}{\pi_2}=\frac{u_\infty x}{\mu/\rho},\quad \pi_3=\frac{\mu c_p}{\lambda}\frac{u_\infty x}{\mu/\rho}=\frac{\mu c_p}{\lambda}\pi_2^*$$

これらを π 定理の関係式に代入すると，次式を得る．

$$\frac{h_x x}{\lambda}=f\left(\frac{u_\infty x}{\mu/\rho},\ \frac{\mu c_p}{\lambda}\right)$$

上式に現れる無次元量を，伝熱学で用いられる記号を使うと，$\mathrm{Nu}_x=f(\mathrm{Re}_x,\ \mathrm{Pr})$ を得る．それぞれの無次元量は，前章までにすでに説明されていて，

$\mathrm{Nu}_x=\dfrac{h_x x}{\lambda}$：ヌセルト数，$\mathrm{Re}_x=\dfrac{u_\infty x}{\mu/\rho}=\dfrac{u_\infty x}{\nu}$：レイノルズ数，$\mathrm{Pr}=\dfrac{\mu c_p}{\lambda}=\dfrac{\nu}{\alpha}$：プラントル数

である．物性値も前章までと同様に，$\nu=\mu/\rho$ [m²/s]：流体の動粘性係数，$\alpha=\lambda/\rho c_p$ [m²/s]：流体の温度拡散係数を表している．なお円管内流においては，$\mathrm{Nu}_d=hd/\lambda$，$\mathrm{Re}_d=u_b d/\nu$ とおけばよい．一般に，$\mathrm{Nu}=f(\mathrm{Re},\ \mathrm{Pr})$ となり，$\mathrm{Nu}=C\mathrm{Re}^m\mathrm{Pr}^n$ として実験から C，m，n を求めるのが，これまで広く用いられていた次元解析による相関式を求める手法である．

10.2　レイノルズ平均型モデル

レイノルズ平均を施したナビエ-ストークス方程式（Reynolds-averaged Navier-Stokes, RANS）に現れる未知量をモデル化する乱流モデルは，速度場，温度場を問わずそのモデル化の度合いに応じて，0 方程式モデル，1 方程式モデル，2 方程式モデル，および応力/熱流束方程式モデルの 4 種類に大別される．このうち，0 方程式モデルは，方程式中に現れる未知量を“既知量”に置き換えて扱うものである．したがって，余分な方程式の導入をする必要がなく，計算は簡単に行える．また，一部の流れに対しては得られた予測値は実験結果とのよい一致を示す．しかし，未知量を既知量として扱う以上そこには何らかの経験的要素が導入されるため，普遍的なモデルの構築に対し大きな制約を受ける．

これに対し，1 方程式モデル，2 方程式モデルおよび応力/熱流束方程式モデルは，扱う方程式（偏微分方程式）の増加とともに計算の負荷が増すという問題を内在している．しかし，未知量に対する輸送方程式を直接扱うため，流れ場の状態に左右されることのない普遍性の高いモデルの構築が可能となる．また，最近のコンピュータ性能の急速な進歩に伴い，これら高次の乱流モデルを複雑な乱流場に適用することが可能になり，高次乱流モデルに対する需要は高まってきている．

10.2.1　渦粘性型モデル

乱流がもつ性質のなかで工学的に最も重要なのは，その大きな輸送特性であろう．大きなスケールの非定常渦運動に伴って発生する運動量，熱あるいは物質の乱流輸送（乱流拡散）は，分子のオーダで発生する層流の拡散と比べると一般に格段に大きい．したがって，この特質を積極的に利用することが，熱流体機器ではよく行われている．伝熱管内にタービュレンスプロモータを設け，伝熱促進を図るのはその好例であろう．

渦粘性型乱流モデルは，まさに上述の乱流特性をモデル化したもので，きわめて理に適った実用的乱流モデルといえる．すなわち，このモデルは層流の場合の拡散係数（運動量拡散では動粘性係数 ν）のみならず，乱流の場合には渦拡散係数（運動量拡散では渦動粘性係数 ν_t）が見かけ上余分に付け加わったように基礎方程式を定式化するものである．ただし，乱流拡散は流れの状況に応じて変化するから，渦動粘性係数を記述する輸送方程式が本モデルでは必要となる．

上記の乱流の特徴に着目し，その定式化を最初に試みたのは Prandtl である[1]．東京での国際会議で，乱流について Prandtl は次のように述べている．"Turbulent fluid behaves like a fluid of greatly increased viscosity, with the difference, however, that the increase of the viscosity varies considerably from place to place." 速度場の渦粘性型モデルのなかで，その信頼性が最も広い範囲にわたって吟味されているものは，ν_t を k と ε で表す k-ε2 方程式モデルである．市販のソフトウェアの大半が，このモデルを組み込んでいる．ただし，既存のモデルはかなり経験則に依存するものが多い．一方，直接数値シミュレーション（DNS）データベースの確立により，詳細な乱流統計量に関する情報が得られるようになった．そこで，DNS データベースを用いて乱流モデルの比較評価を行うと，従来の乱流モデルによる乱流諸量の予測値は，定性的にも DNS の傾向に一致しないところがあることがわかってきた．そのため，最近は，DNS データベースを用いたモデルの構築が多くなされるようになっている．第 12 章では，これら最新の速度場と温度場の乱流モデルを中心に述べる．さらに，現実の非等方乱流を解析するために開発された，非線形渦粘性型モデルについても最近の進展を述べる．

a. 熱流体の支配方程式およびモデル化の基礎概念

速度場は，次の連続の式と運動方程式で記述される．

$$\frac{\partial \bar{u}_i}{\partial x_i}=0 \qquad (10.2.1)$$

$$\frac{D\bar{u}_i}{Dt}=-\frac{1}{\rho}\frac{\partial \bar{p}}{\partial x_i}+\frac{\partial}{\partial x_j}\left(\nu\frac{\partial \bar{u}_i}{\partial x_j}-\overline{u'_iu'_j}\right)-g_i\beta(\bar{\theta}-\bar{\theta}_r) \qquad (10.2.2)$$

ここで，D/Dt は実質微分であり，式（10.2.2）はブジネ近似が施されている．

一方，温度場を記述するエネルギー方程式は次式で与えられる．

$$\frac{D\bar{\theta}}{Dt}=\frac{\partial}{\partial x_j}\left(\alpha\frac{\partial \bar{\theta}}{\partial x_j}-\overline{u'_j\theta}\right) \qquad (10.2.3)$$

ここで流体内の内部発熱は無視している．

式（10.2.1），（10.2.2）で $\overline{(\ )}$ は時間平均を表し，$\bar{u}_i$ と u'_i は時間平均速度と速度乱れの x_i 方向成分，$\bar{\theta}$ と θ' は時間平均温度と温度乱れ，g_i は重力加速度の方向成分，ρ は密度，ν は動粘性係数，β は体膨張係数，α は温度拡散係数，添字 r は基準状態を表す．また，繰り返される添字はテンソルの総和規約に従う．

流れが層流の場合には乱れ成分は存在せず，式（10.2.2），（10.2.3）において，$\overline{u'_iu'_j}\equiv 0$，$\overline{u'_j\theta'}\equiv 0$ とおけばよい．しかし，乱流の場合には $\overline{u'_iu'_j}$，$\overline{u'_j\theta'}$ はともに未知量であるために，これらを記述するモデルが必要となる．

運動方程式（10.2.2）中のレイノルズ応力（未知量）$\overline{u'_iu'_j}$ と，エネルギー方程式（10.2.3）中の乱流熱流束（未知量）$\overline{u'_j\theta'}$ をいかに求めるかによって，異なる乱流モデルが考えられる．前述のように，乱流モデルは大別すると，$\overline{u'_iu'_j}$ と $\overline{u'_j\theta'}$ をそれぞれの輸送方程式から求める「応力/熱流束方程式モデル」と，$\overline{u'_iu'_j}$ と $\overline{u'_j\theta'}$ を渦拡散係数を用いて平均速度 $\bar{u}_i$ と平均温度 $\bar{\theta}$ の勾配にそれぞれ結びつける「渦粘性型モデル（渦拡散モデル，勾配拡散型モデルともいう）」に分けられる．後者は流体剪断応力と熱伝導に対するニュートンの法則とフーリエの法則を拡張したもので，渦拡散係数の表し方によりモデルはさらに細分される．

標準的な渦拡散モデルでは，レイノルズ応力（乱流応力）$\overline{u'_iu'_j}$ と乱流熱流束 $\overline{u'_j\theta'}$ は，平均場の勾配と結びつけ次式で表される．

$$-\overline{u'_iu'_i}=\nu_t\left(\frac{\partial \bar{u}_i}{\partial x_j}+\frac{\partial \bar{u}_j}{\partial x_i}\right)-\frac{2}{3}\delta_{ij}k \qquad (10.2.4)$$

$$-\overline{u'_j\theta'}=\alpha_t\frac{\partial \bar{\theta}}{\partial x_j} \qquad (10.2.5)$$

ここで，$k=\overline{u'_iu'_i}/2$ は乱流エネルギー，ν_t は運動量の渦拡散係数（すなわち渦動粘性係数），α_t は渦温度拡散係数，δ_{ij} はクロネッカーのデルタである．したがって，式（10.2.4），（10.2.5）の ν_t と α_t がわかれば，式（10.2.1）～（10.2.3）は層流と同様の式となり［たとえば，式（10.2.3）の右辺は層流では $\partial(\alpha\partial\bar{\theta}/\partial x_j)/\partial x_j$，乱流では $\partial\{(\alpha+\alpha_t)\partial\bar{\theta}/\partial x_j\}/\partial x_j$ となり，温度拡散係数が $\alpha\to\alpha+\alpha_t$ のように乱流では見かけ上増えたものとみなせばよい］，層流の数値シミュレーションに用いられる計算アルゴリズムがそのまま乱流でも適用できる．ただし，ν，α が流体固有の値（物性値）であるのに対し，ν_t と α_t は流れの状態，温度場の状態などにより変化する．したがって，ν_t と α_t を求める方程式が必要となる．ν_t を求めるための微分方程式の数により，0方程式モデル，2方程式モデルなどと呼ばれる乱流モデルがあるように[2]，α_t を記述するための微分方程式の数により温度場0方程式モデル，温度場2方程式モデルなどの乱流伝熱モデルがある[3]．

b. 0方程式モデル

渦動粘性係数 ν_t は流路形状，流速など流れの状態で変化する．ただし，境界層流れなど典型的な流れ場に対しては実験結果も多く，それをもとに ν_t の半経験式を求めることは可能である．その半経験式を用いれば，渦動粘性係数 ν_t を求めるための輸送方程式はいらない．すなわち，解くべき輸送方程式がゼロのため，前でふれたように，このようなモデルを0方程式モデルという．

速度場の0方程式モデルとして最も広く使われてきたのは，12.1節で詳述するPrandtlの混合距離モデルである．このモデルを壁乱流に適用する場合には，壁面近傍の分子粘性の影響を組み込んだVan Driestモデルが有名である（12.1節参照）．この拡張型0方程式モデルとして，航空機の設計などでよく用いられる次式のCebeci-Smithのモデルがある[4]．

● 内層領域：

$$0 \leq y \leq y_c, \qquad \nu_t = l^2 \left| \frac{\partial \bar{u}}{\partial y} \right| \gamma_{tr},$$
$$l = \varkappa y \{1 - \exp(-y/A)\} \qquad (10.2.6)$$

ここで，混合距離は壁面の影響を反映するためにVan Driestの減衰関数が乗じられている．また，減衰定数 A は次式で与えられる．

$$A = A_0^+ \frac{\nu}{N} u_\tau^{-1},$$
$$N = \left[\frac{p^+}{\bar{v}_w} \{1 - \exp(11.8\, \bar{v}_w)\} + \exp(11.8\, \bar{v}_w) \right]^{1/2},$$
$$p^+ = -\frac{\nu}{\rho u_\tau^3} \frac{d\bar{p}}{dx}, \quad A_0^+ = 26 \qquad (10.2.7)$$

$\bar{v}_w$ は壁面からの吹出し速度，p^+ は主流の無次元圧力勾配である．$A_0^+ = 26$ は標準的なVan Driest定数である．吹出し・吸込みのない場合は，N は次式に帰する．

$$N = (1 - 11.8 p^+)^{1/2} \qquad (10.2.8)$$

● 外層領域：

外層領域では渦動粘性係数が一定値をとることが実験で見出されていて[5]，次式で与えられる．

$$y_c \leq y \leq \delta, \quad \nu_t = \alpha \left| \int_0^\infty (u_e - \bar{u}) dy \right| \gamma_{tr} = 0.0168 u_e \delta^* \qquad (10.2.9)$$

α は，上記の最後の式のように，高レイノルズ数の乱流境界層では，$\alpha = 0.0168$ が実験値である．しかし，レイノルズ数が小さくなると伴流成分（wake component）が大きくなり，次式のような伴流強度（strength of wake）Π を含んだ式で与えられる．

$$\alpha = 0.0168 \frac{1.55}{1 + \Pi},$$
$$\Pi = 0.55\{1 - \exp(0.243 z_1^{1/2} - 0.298 z_1)\},$$
$$z_1 = (R_\theta/425 - 1) \qquad (10.2.10)$$

また，γ_{tr} は層流境界層から乱流境界層へ遷移する領域の，いわゆる間欠係数である．

$$\gamma_{tr} = 1 - \exp\left\{ -G(x - x_{tr}) \left(\int_{x_{tr}}^{x} \frac{1}{u_e} dx \right) \right\},$$
$$G = \frac{1}{1200} \frac{u_e^3}{\nu^2} R_{x_{tr}}^{-1.34}, \quad R_{x_{tr}} = \frac{u_e x_{tr}}{\nu} \qquad (10.2.11)$$

ここで，x_{tr} は乱流遷移が始まる場所である．

0方程式モデルは，方程式中に現れる未知量を“既知量”に置き換えて扱うため，余分な方程式の導入をする必要がなく，計算は簡単に行える．しかし最大の問題は，ある流れ場に渦動粘性係数あるいは混合距離の半経験式を非常に精密に求めておいても，流れ場が変わると得られる結果はほとんど役に立たない．したがって，上記のCebeci-Smithのモデルを剥離・再付着を伴うような流れに適用すると，現実とはかなりかけ離れた予測値が得られることになる．

温度場0方程式モデルは，式（10.2.5）中の α_t を場所 x_i，プラントル数Prなどの関数として前もって適当に与えるものである．したがって，α_t を定めるための微分方程式は必要としない．通常は α_t そのものを陽的に記述せず，乱流プラントル数 Pr_t を介して，

$$\alpha_t = \frac{\nu_t}{Pr_t} \qquad (10.2.12)$$

と表し，Pr_t を前もって与えるという方法がとられる．ここで ν_t は速度場の乱流モデルから別途に定める．本方法は，乱流熱伝達の数値シミュレーションとしては最も古典的な方法である．明らかに，この方法では信頼できる Pr_t の値を与えることが鍵となる．普遍的な値（あるいは分布形）は存在しないが[3]，速度場と温度場の相似性がある程度期待でき

る場合には，結果は意外によい．とくに浮力の影響が強くない場合（受動スカラー）によい．ただし，速度場の ν_t が高い精度で求まっていることが大前提である．

c.　1方程式モデル

渦動粘性係数 ν_t を前もって与える0方程式モデルでは，適用範囲は限定される．この難点を克服するには，ν_t を乱流諸量でモデル化し，その乱流諸量を運動方程式と同様な輸送方程式を立て，それぞれの流れの境界条件をもとにその解を求めるしかない．一番単純なものは，渦動粘性係数 ν_t を1個の輸送方程式で求める1方程式モデルである．モデル化の基本は，分子動粘性係数 ν が気体の分子運動論によれば，$\nu\propto$(分子の平均速度)×(平均自由行程）で表せることから，式（10.2.4）の渦動粘性係数 ν_t が，$\nu_t\propto$(乱れの速度)×(乱れの空間スケール）のように表せると仮定することにある．この考えは，Taylor[6] が最初に唱えたといわれている．その後多くの風洞実験により，この仮説は理に適っていることが確認された．そこで，乱れの代表速度を乱流エネルギー $k=(\overline{u_i'u_i'}/2)$ から定まる $\sqrt{k}$ で表し，乱れの空間スケールは乱流エネルギー保有渦の長さスケール Le で代表させるとして，

$$\nu_t=C_\mu\sqrt{k}\,Le \qquad (10.2.13)$$

と与える．

1方程式モデルのレベルで，ν_t を求めるためには，解くべき輸送方程式は k に関するもの，または Le に関するものかのどちらかである．そこで，k の輸送方程式を解き，Le を代数的に与えるモデルが考案されたが，後述する2方程式モデルの開発が進んだことからも，現在ではあまり使用されることはない．しかし，複雑な3次元場において少しでも計算負荷を抑えるために，改めて1方程式モデルが見直されている．最近の1方程式モデルの主流は，渦動粘性係数 ν_t そのものに対する輸送方程式を解くものに変わっている．そこでは，2方程式モデルの知見を積極的に反映させるモデル化手法をとっている．その輸送方程式は一般的に以下のように与えられる．

$$\frac{D\nu_t}{Dt}=\frac{\partial}{\partial x_j}\left\{\left(\nu+\frac{\nu_t}{\sigma_\nu}\right)\frac{\partial\nu_t}{\partial x_j}\right\}+C_1\nu_tS-E \qquad (10.2.14)$$

ここで，σ_ν，C_1 はモデル定数，$S=\sqrt{S_{ij}S_{ij}}$，E は散逸項である．

d.　温度場1方程式モデル

前述の渦動粘性係数の1方程式モデルと同様に，渦温度拡散係数 α_t をその輸送方程式から解く温度場1方程式モデルが開発されている[16,17]．このモデルは，後述の温度場2方程式モデルを基礎として構築され，輸送方程式は次式で与えられる．

$$\frac{D\alpha_t}{Dt}=\frac{\partial}{\partial x_j}\left\{\left(\alpha+\frac{\alpha_t}{\sigma_t}\right)\frac{\partial\alpha_t}{\partial x_j}\right\}+\left(C_{t1}+C_{t2}\frac{\alpha_t}{\nu_t}\right)\nu_tS-E_t+D_t+A_{fu}+A_{ft} \qquad (10.2.15)$$

ここで，右辺第1項は拡散項，第2項は生成項，第3項は散逸項，第4項は付加項，第5，6項は壁面補正項である．このモデルは，1方程式モデルであるが，2方程式モデルの知見が反映されて，高い予測性能が得られることが確認されている（12.2節参照）．

e.　2方程式モデル

1）　k-ε（高，低レイノルズ数，漸近挙動モデル）モデル　　技術計算で用いられる速度場乱流モデルの現在の主流は，k-ε モデルである．先に説明したように，(乱れの速度)×(乱れの空間スケール）で表現される渦動粘性係数 ν_t を，ここでは乱れの代表速度を $\sqrt{k}$ で表し，乱れの空間スケールは乱流エネルギー保有渦のスケール $Le=k^{3/2}/\varepsilon$（すなわち，乱れの寿命を $\tau_u=k/\varepsilon$ とし $Le=\sqrt{k}\,\tau_u$）で代表させ，

$$\nu_t=C_\mu\sqrt{k}\,Le=C_\mu k\tau_u=C_\mu\frac{k^2}{\varepsilon} \qquad (10.2.16)$$

とおくものである．ここで ε は k の散逸率である．明らかに，ν_t を求めるためには，k と ε に対する輸送方程式（合計2）が必要となる．

壁面乱流に適用するために，壁面の影響，低レイノルズ数効果などを式（10.2.16）に組み込んだ低レイノルズ数型モデルと，壁法則から導かれる対数速度分布を利用する高レイノルズ数型モデルが開発されている．低レイノルズ数型モデルをより正しく使用するためには，摩擦速度 u_τ（$=\sqrt{\tau/\rho}$）で無次元化された壁面垂直距離 $y^+(=yu_\tau/\nu)$ が1以下に計算格子点を設定する必要があるため，多くの計算格子を必要とするが，適切なモデルを用いれば計算精度は上がる．一方，高レイノルズ数型モデルは境界条件（第1格子点）を y^+ が50～100の対数速度

分布上に設定するため，より少ない計算格子で計算できる利点があるが，仮想的な境界条件となる対数速度分布はすべての流れに対して普遍的ではないため，使用には注意が必要である．

この k-ε モデルの基礎式は次式で表される．

$$\frac{Dk}{Dt}=\frac{\partial}{\partial x_j}\left(\nu_{ek}\frac{\partial k}{\partial x_j}\right)-\overline{u_i'u_j'}\frac{\partial \bar{u}_i}{\partial x_j}-g_i\beta\overline{u_i'\theta'}-\varepsilon \tag{10.2.17}$$

$$\frac{D\varepsilon}{Dt}=\frac{\partial}{\partial x_j}\left(\nu_{e\varepsilon}\frac{\partial \varepsilon}{\partial x_j}\right)+\frac{\varepsilon}{k}\left(-C_{\varepsilon 1}f_{\varepsilon 1}\overline{u_i'u_j'}\frac{\partial \bar{u}_i}{\partial x_j}-C_{\varepsilon 2}f_{\varepsilon 2}\varepsilon-C_{\varepsilon 3}f_{\varepsilon 3}g_i\beta\overline{u_i'\theta'}\right)+E \tag{10.2.18}$$

ここで，式 (10.2.17)，(10.2.18) 中の右辺第 1 項は拡散項で，ν_{ek}，$\nu_{e\varepsilon}$ は実効拡散係数である．実効拡散係数は，高レイノルズ数型モデルでは渦動粘性係数のみの $\nu_{ek}=\nu_t/\sigma_k$，$\nu_{e\varepsilon}=\nu_t/\sigma_\varepsilon$ で与えられ，低レイノルズ数型モデルでは動粘性係数を合わせた $\nu_{ek}=\nu+\nu_t/\sigma_k$，$\nu_{e\varepsilon}=\nu+\nu_t/\sigma_\varepsilon$ で与えられる（σ_k，σ_ε はモデル定数）．

式 (10.2.18) 中の E は付加項で ε の代わりに $\tilde{\varepsilon}$ [$=\varepsilon-D$ (D：付加項)] を用いるモデルでは，壁近傍の予測性能を上げるために付加項 E を設ける[18,19]．(式 (10.2.17) 中の ε は，$\varepsilon=\tilde{\varepsilon}+D$ で与えられる)．ε そのものを用いるモデルについては，$E=0$ としているモデルが多い[20,21]．ε の代わりに $\tilde{\varepsilon}$ を用いることの最大の利点は，境界条件を壁面で 0 ($\tilde{\varepsilon}=0$) とおくことが可能なことである．これにより，数値計算の安定性が向上し[22]，複雑な流れ場などへの適用が容易になる（ただし，$\tilde{\varepsilon}=0$ そのものは乱流統計量としての物理的な意味はない）．なお，等温流あるいは浮力の影響が無視できる強制対流の速度場を求める場合は，浮力項 $g_i\beta\overline{u_i'\theta'}$ を 0 とおけばよい．

k-ε モデルには有名な Jones-Launder[19,23] モデルをはじめいろいろとあるが，1981 年のスタンフォード会議以前のモデルについてはその優劣が Patel ら[24] によって詳しく調べられている．スタンフォード会議以降に提案された改良 k-ε モデルは数がかぎられていて，技術計算でよく用いられるものは，Nagano-Hishida (NH) モデル[18]，Nagano-Tagawa (NT) モデル[20] および Myong-Kasagi (MK) モデル[21] である．Myong-Kasagi[19] が示したように，壁面で厳密な境界条件（滑りなし条件）を課しても，乱流モデルに乱れの壁面漸近条件が組み込まれていないと，壁近傍で $k\propto y^2$，$-\overline{u'v'}\propto y^3$，$\nu_t\propto y^3$，$\varepsilon\propto y^0$ (y：壁からの距離）となる正しい漸近解は得られない．NT モデルおよび MK モデルではこの厳密な漸近解が得られるが，NH モデルは異なった漸近解を与える．しかし，壁面の正しい漸近解が問題になるのは，たとえば温度境界層が薄くなる高プラントル数流体の伝熱解析の場合であって，通常の乱流解析では数値計算が容易な NH モデルで十分な場合が多い．

MK モデルと NT モデルは，多くの類似点をもっている．最も大きな（唯一の）相違は，壁面近傍の渦動粘性係数を表す乱れの空間スケールにある．すなわち，いずれのモデルも壁面から離れる [R_t $(=k^2/\nu\varepsilon)$ が大になる] と $\nu_t\propto\sqrt{k}\,Le$ となり渦動粘性係数は乱流エネルギーの大半を担う比較的大きなスケールの渦によって支配されるが，壁面に近づくと MK モデルは $\nu_t\propto\sqrt{k}\,\lambda$ [$\lambda=(\nu k/\varepsilon)^{1/2}$：テイラーマイクロスケール] となるのに対し，NT モデルは $\nu_t\propto\sqrt{k}\,\eta$ [$\eta=(\nu^3/\varepsilon)^{1/4}$：コルモゴロフマイクロスケール] となる．ただしここで重要なのは，両モデルともに壁面近傍ではおもに散逸過程を支配しているスケールの渦によって ν_t が定まることである．これは，壁近傍ではエネルギーの新たな生成はほとんどなく，壁から離れた領域から拡散してきたエネルギーはすべて散逸（消散）することによりエネルギー保存則が保たれているという物理法則に密接に対応している．壁面境界条件は，まさにこの数学的表現である．なお，$\varepsilon=2\nu(\partial\sqrt{k}/\partial y)^2_w$ は $\varepsilon=\nu(\partial^2 k/\partial y^2)_w$ と等価な境界条件で，数値計算の安定性がこのほうがよいことから最近好んで使われるようである．

壁近傍のレイノルズ応力分布について，MK モデルおよび NT モデルは $-\overline{u'v'}\propto y^3$ となり正しい壁面漸近挙動を再現するが，1981 年のスタンフォード会議で最良と判定された Lam-Bremhorst (LB) モデル[25] はこれを再現しない．前述したように，温度境界層が薄くなる油などの高プラントル数流体の伝熱計算ではこの壁面漸近解は重要で，温度場の乱流モデルに工夫を施さないと LB モデルは高プラントル数流体の伝熱解析には使えない．

より複雑な流れ場である剥離を伴う流れの解析は，NH，NT，MK のいずれのモデルでも原形のままでは予測精度が悪い．これはモデル関数 f_μ に y^+ を含むためで，摩擦速度 $u_\tau=0$ となる剥離点では明らかに f_μ の物理的意味が失われる：Zhang-Sousa[26] はこれを回避するために，NH モデルの f_μ 中の y^+ を $R_k=\sqrt{k}\,y/\nu$ と置き換え，円管内に邪魔板のある剥離・再付着流の解析を行い，実験と予測値の良好な一致をみた．さらに，Abe ら[15] は NT モデルの y^+ を，局所的なコルモゴロフの速度スケール $u_\varepsilon=(\nu\varepsilon)^{1/4}$ を用いて $y^*=u_\varepsilon y/\nu$ と置き換えモデルを改良した（AKN モデル）．この AKN モデルはバックステップ流れに適用されて再付着点の非常に良好な予測値を与え，今日の低レイノルズ数型モデルのスタンダードとなっている．

2）k-ω モデル　渦動粘性係数 ν_t は，（乱れの速度）×（乱れの空間スケール）で表現されるが，空間スケールは（乱れの速度）×（乱れの時間スケール（乱れの寿命））でも置き換えられるため，（乱れの速度）^{2}×（乱れの時間スケール）と表現してもよい．この場合，k-ε モデルでは，乱れの速度の 2 乗は乱流エネルギー k で，乱れの時間スケール τ_u はエネルギー保有渦の寿命 k/ε で表現されている．これに対し，k-ω モデル[27] では乱れの時間スケール τ_u に $1/\omega$ を用い，渦動粘性係数を次式のようにモデル化している．

$$\nu_t=C_\mu k\tau_u=C_\mu\frac{k}{\omega} \qquad (10.2.19)$$

ω の物理的意味は，$\omega\sim$（乱れの時間スケール）$^{-1}$ となるため，乱れの特性周波数と考えることができるが，散逸率 $\varepsilon=\nu\overline{(\partial u_i'/\partial x_j)^2}$ ほど厳密な定義をもたない．また，式（10.2.17）の k 方程式と組み合わせて用いるため，$\omega=\varepsilon/(\beta k)$（$\beta$ はモデル関数）と関係づけられ，散逸率の置き換え的な意味が強く，その輸送方程式も散逸輸送方程式（10.2.18）で $\varepsilon=\beta\omega k$ と置き換えた形となっている．

k-ω モデルは，剥離を伴う逆圧力勾配乱流境界層の予測精度がよいといわれるが，壁面境界条件が $\omega=\varepsilon/(\beta k)$ の関係より，そのままでは無限大となるため適用には注意を要する．

f．温度場 2 方程式モデル

レイノルズ平均化されたエネルギー方程式（10.2.3）中に現れる乱流熱流束 $\overline{u_j'\theta'}$ を，次式の勾配拡散型モデルで表し，そこで定義される渦温度拡散係数 α_t を乱流プラントル数 $\mathrm{Pr}_t=\nu_t/\alpha_t$ の関係を用いずに，さらにモデル化したのが温度場 2 方程式モデルである．

$$-\overline{u_j'\theta'}=\alpha_t\frac{\partial\bar{\theta}}{\partial x_j} \qquad (10.2.20)$$

このモデルの利点は，温度の壁面境界条件の変化による速度場と温度場の非相似性が強い場に適用できることをはじめ，乱流プラントル数を仮定する 0 方程式モデルと違い，渦温度拡散係数が場の関数として与えられるため，汎用性が高いことがあげられる．また，種々のプラントル数流体にも適用が可能であり，その予測精度の高さが実証されている[28~31]．

渦温度拡散係数 α_t のモデル化は，乱流温度場の特性を考慮し，$\alpha_t\sim$（乱れの速度）^{2}×（特性時間スケール）で表現される．これを式で表すと以下のようになる．

$$\alpha_t=C_\lambda f_\lambda k\tau_m \qquad (10.2.21)$$

ここで，τ_m は乱流熱伝達現象を支配する特性タイムスケールであり，一般的に速度の特性時間スケール $\tau_u=k/\varepsilon$ と，温度の特性時間スケール $\tau_\theta=k_\theta/\varepsilon_\theta$ の混合時間スケールで表現される[28~31]．その最も簡単な形は相乗平均形であり，タイムスケール比 $R=\tau_\theta/\tau_u$ を用いて以下のように与えられる[28]．

$$\tau_m=\sqrt{2\tau_\theta\tau_u}=\tau_u\sqrt{2R}=\frac{k}{\varepsilon}\sqrt{2R} \qquad (10.2.22)$$

この特性時間スケールの与え方により，さまざまなモデルが存在するが，現在では，以下の調和平均形をとるモデルが多く，その予測精度も多くの場で実証されている[30,31]．

$$\frac{1}{\tau_m}=\frac{1}{\tau_u}+\frac{C_m}{\tau_\theta}\ \Rightarrow\ \tau_u\left(\frac{R}{R+C_m}\right)=\frac{k}{\varepsilon}\left(\frac{R}{R+C_m}\right) \qquad (10.2.23)$$

また，$k_\theta=\overline{\theta'^2}/2$ は温度乱れ強度，ε_θ はその散逸率であり，それぞれの輸送方程式は次式で与えられる．

$$\frac{Dk_\theta}{Dt}=\frac{\partial}{\partial x_j}\left\{\left(\alpha+\frac{\alpha_t}{\sigma_h}\right)\frac{\partial k_\theta}{\partial x_j}\right\}-\overline{u_j'\theta'}\frac{\partial\bar{\theta}}{\partial x_j}-\varepsilon_\theta \qquad (10.2.24)$$

$$\frac{D\varepsilon_\theta}{Dt}=\frac{\partial}{\partial x_j}\left\{\left(\alpha+\frac{\alpha_t}{\sigma_\phi}\right)\frac{\partial\varepsilon_\theta}{\partial x_j}\right\}+\frac{\varepsilon_\theta}{k_\theta}\left(-C_{P1}f_{P1}\overline{u_j'\theta'}\frac{\partial\bar{\theta}}{\partial x_j}-C_{D1}f_{D1}\varepsilon_\theta\right)+\frac{\varepsilon_\theta}{k}\left(-C_{P2}f_{P2}\overline{u_i'u_j'}\frac{\partial\bar{u}_i}{\partial x_j}-C_{D2}f_{D2}\varepsilon\right.$$

$$-C_{P3}f_{P3}g_i\beta\overline{u_i'\theta'}\Big)+E_\theta \qquad (10.2.25)$$

温度場2方程式モデルでも，速度場2方程式モデルと同様に，温度乱れ散逸の壁面境界条件が扱いやすい擬似散逸率 $\tilde{\varepsilon}_\theta(=\varepsilon_\theta-D_\theta)$ を採用したモデルが存在する．ここで D_θ は付加項で，$D_\theta=2\alpha(\partial\sqrt{\Delta k_\theta}/\partial y)^2(\Delta k_\theta=k_\theta-k_\theta|_{\mathrm{w}})$ で与えられ，$\tilde{\varepsilon}_\theta$ を式 (10.2.25) で解いた場合には，式 (10.2.24) へは $\varepsilon_\theta=\tilde{\varepsilon}_\theta+D_\theta$ を与える．

温度場の特徴は，壁面の温度変動の有無によって乱流熱流束の壁面漸近挙動が以下のように変化することである．

$$\overline{v'\theta'}\propto\begin{cases} y^2：壁温変動がある場合\ (\theta'|_{\mathrm{w}}\neq 0)\\ y^3：壁温変動がない場合\ (\theta'|_{\mathrm{w}}=0)\end{cases} \qquad (10.2.26)$$

そのため，この変化に対応したモデルも開発され[29,30]，壁面一定加熱条件から断熱条件へなど，壁面境界条件が急激に変化する場合や，バックステップ流のステップ後から加熱が始まる場合などの乱流伝熱場に対して高い予測性能を示すことが確認されている．

10.2.2　応力/乱流熱流束モデル

前項までは，レイノルズ応力，乱流熱流束を勾配拡散型モデルで近似し，そこに現れる渦拡散係数をモデル化した乱流モデルについて解説を行った．ここでは，レイノルズ応力，乱流熱流束を直接輸送方程式で解く応力/乱流熱流束モデルについて述べる．

a.　レイノルズ応力/乱流熱流束の輸送方程式

応力/乱流熱流束モデルの特徴は，勾配拡散型モデルによらないため，たとえば壁面の片側に粗面をもった流れのように，速度勾配が0となる場所とレイノルズ応力が0となる場所が一致しない場に適用できることである[32]．また，回転場や浮力場のように，基本的な勾配拡散型モデルでは原理的に解けない場にも適用可能である．これらの輸送方程式を次式に示す[32,33]．

$$\frac{D\overline{u_i'u_j'}}{Dt}=\nu\frac{\partial^2\overline{u_i'u_j'}}{\partial x_k\partial x_k}+T_{ij}+G_{ij}+P_{ij}+\Phi_{ij}+\varepsilon_{ij} \qquad (10.2.27)$$

$$\frac{D\overline{u_i\theta'}}{Dt}=\frac{\alpha+\nu}{2}\frac{\partial^2\overline{u_i'\theta'}}{\partial x_k\partial x_k}+T_{i\theta}+G_{i\theta}+P_{i\theta}+\Phi_{i\theta}+\varepsilon_{i\theta} \qquad (10.2.28)$$

ここで，式 (10.2.27)，(10.2.28) の右辺は，それぞれ粘性拡散項，乱流拡散項，浮力項，生成項，圧力・歪み/圧力・温度勾配相関項，散逸項で，モデル化の必要がない生成項，浮力項は次式で与えられる．

$$P_{ij}=-\overline{u_i'u_k'}\frac{\partial\bar{u}_j}{\partial x_k}-\overline{u_j'u_k'}\frac{\partial\bar{u}_i}{\partial x_k},$$

$$P_{i\theta}=-\overline{u_i'u_k'}\frac{\partial\bar{\theta}}{\partial x_k}-\overline{u_k'\theta'}\frac{\partial\bar{u}_i}{\partial x_k} \qquad (10.2.29)$$

$$G_{ij}=-(g_i\beta\overline{u_j'\theta'}+g_j\beta\overline{u_i'\theta'}),\quad G_{i\theta}=-g_i\beta\overline{\theta'^2} \qquad (10.2.30)$$

乱流拡散項については，一般的によく用いられるのが以下の一般型勾配拡散モデルを適用したものである[34,35]．

$$T_{ij}=-\frac{\partial}{\partial x_k}\left\{\overline{u_i'u_j'u_k'}+\frac{1}{\rho}\overline{p'(u_j'\delta_{ik}+u_i'\delta_{jk})}\right\}=\frac{\partial}{\partial x_k}\left(C_s\frac{k}{\varepsilon}\overline{u_k'u_l'}\frac{\partial\overline{u_i'u_j'}}{\partial x_l}\right) \qquad (10.2.31)$$

$$T_{i\theta}=-\frac{\partial}{\partial x_k}\left\{\overline{\theta'u_i'u_k'}+\frac{1}{\rho}\overline{p'\theta'}\delta_{ik}\right\}=\frac{\partial}{\partial x_k}\left(C_t\frac{k}{\varepsilon}\overline{u_k'u_l'}\frac{\partial\overline{u_i'\theta'}}{\partial x_l}\right) \qquad (10.2.32)$$

ここで，式 (10.2.31)，(10.2.32) では圧力拡散項を含める，もしくは無視してモデル化されている．散逸項は，最も簡単なモデルは次式のように等方散逸を用いてモデル化される．

$$\varepsilon_{ij}=\frac{2}{3}\delta_{ij}\varepsilon \qquad (10.2.33)$$

この関係を用いれば，散逸項は2方程式モデルと同様の輸送方程式から算出すればよいことになる．また，熱流束モデルの散逸項については，$\varepsilon_{i\theta}\simeq 0$ とおくか，圧力・温度勾配相関項とともにモデル化されるため，解く必要はない．

さて，応力/熱流束モデルは多くの研究者により提案されているが，モデルの大きな違いは主に圧力・歪み/圧力・温度勾配相関項に現れる．速度場の場合，圧力・歪み相関項は再分配項とも呼ばれ，特に壁面剪断乱流を解く場合に，壁面近くの乱れの非等方性が正しく再現されるかは，この項のモデルによるものが大きい．圧力・歪み相関項は，圧力・温度勾配相関項とともに，一般的には次式のように，さらにSlow項，Rapid項，壁面影響項に分けてモデル化される．

$$\Phi_{ij}=\Phi_{ij1}+\Phi_{ij2}+\Phi_{ij3}+\Phi_{ij\mathrm{w}} \qquad (10.2.34)$$

$$\Phi_{i\theta}=\Phi_{i\theta 1}+\Phi_{i\theta 2}+\Phi_{i\theta 3}+\Phi_{i\theta \mathrm{w}} \quad (10.2.35)$$

式 (10.2.34)，(10.2.35) の各項について，最も基本的なモデルを記す[35]．

$$\Phi_{ij1}=-C_1\frac{\varepsilon}{k}\left(\overline{u'_iu'_j}-\frac{2}{3}\delta_{ij}k\right),$$

$$\Phi_{ij2}=-C_2\left(P_{ij}-\frac{2}{3}\delta_{ij}P_k\right),$$

$$\Phi_{ij3}=-C_3\left(G_{ij}-\frac{2}{3}\delta_{ij}G_k\right),$$

$$\Phi_{ij\mathrm{w}}=\left\{C'_1\frac{\varepsilon}{k}\left(\overline{u'_ku'_m}n_kn_m-\frac{3}{2}\overline{u'_ku'_i}n_kn_j-\frac{3}{2}\overline{u'_ku'_j}n_kn_i\right)+C'_2\left(\Phi_{km2}n_kn_m\delta_{ij}-\frac{3}{2}\Phi_{ik2}n_kn_j-\frac{3}{2}\Phi_{jk2}n_kn_i\right)\right\}\frac{k^{3/2}}{C_l\varepsilon x_n}$$

$$\Phi_{i\theta 1}=-C_{t1}\frac{\varepsilon}{k}\overline{u'_i\theta'},\quad \Phi_{i\theta 2}=-C_{t2}P_{i\theta},$$

$$\Phi_{i\theta 3}=-C_{t3}G_{i\theta}$$

$$\Phi_{i\theta\mathrm{w}}=-C'_{t1}\frac{\varepsilon}{k}\overline{u'_k\theta'}n_kn_l\frac{k^{3/2}}{C_l\varepsilon x_n}$$

ここで，x_n は壁面からの垂直方向距離，n_i は x_n 方向の単位ベクトルである．

b. 代数応力/熱流束モデル

a. の応力/熱流束モデルは予測性能が高いが，レイノルズ応力 $\overline{u'_iu'_j}$ について 6 個，乱流熱流束 $\overline{u'_i\theta'}$ について 3 個の輸送方程式を解く必要がある (速度場については，さらに散逸方程式を解く必要がある) ため，計算負荷が高くなる．また，流入条件など，これら応力，熱流束については経験式がないために正確には設定しがたい．そのため，乱流現象の経験的な事実をもとにし，上記の輸送方程式 (微分方程式) を代数式化し，簡単に解けるようにしたものが代数応力/熱流束モデルである．代数応力/熱流束モデルには，両辺に応力/熱流束を含む陰的なモデルと，その陰的な関係を陽的に変換したモデルがある[36]．

式 (10.2.27)，(10.2.28) において，微分を含む拡散項の寄与を無視し，相関パラメータ $\overline{u'_iu'_j}/k$ と $\overline{u'_i\theta'}/\sqrt{kk_\theta}$ がほぼ一定とすると，次式が得られる．

$$\frac{\overline{u'_iu'_j}}{k}(P_k-\varepsilon+G_k)=P_{ij}-\varepsilon_{ij}+\Phi_{ij}+G_{ij} \quad (10.2.36)$$

$$\overline{u'_i\theta'}\left\{\frac{1}{2k}(P_k-\varepsilon+G_k)+\frac{1}{2k_\theta}(P_\theta-\varepsilon_\theta)\right\}=P_{i\theta}-\varepsilon_{i\theta}+\Phi_{i\theta}+G_{i\theta} \quad (10.2.37)$$

ここで，$P_k=-\overline{u'_iu'_j}(\partial\bar{u}_i/\partial x_j)$ は乱流エネルギー輸送方程式 (10.2.17) の生成項，$P_\theta=-\overline{u'_i\theta'}(\partial\bar{\theta}/\partial x_j)$ は温度乱れ輸送方程式 (10.2.24) の生成項，$G_k=-g_i\beta\overline{u'_i\theta'}$ は浮力項である．式 (10.2.36)，(10.2.37) から明らかなように，レイノルズ応力 $\overline{u'_iu'_j}$ と乱流熱流束 $\overline{u'_i\theta'}$ についての代数式となっている．これらの式と速度，温度場 2 方程式モデルの輸送方程式 (k，ε，k_θ，ε_θ) を組み合わせて解けばよい．そのため，応力/熱流束モデルより計算負荷が低く，かつ勾配拡散型モデルでは算出が難しい乱れの非等方性や，流れ方向乱流熱流束が算出できるため，曲がり管流れなどの 2 次流れを伴う流れ場や，浮力を伴う流れ場に適用されるなど，2 方程式モデルの適用範囲を広げるモデルとして用いられる．

上記の応力/熱流束モデルは微分方程式を解くことなく，代数的にレイノルズ応力と乱流熱流束が求められる画期的なモデルであるが，両辺にレイノルズ応力もしく乱流熱流束を含むため代数式が陰的となり，計算の不安定性と収束性に若干の問題があった．そのため，式 (10.2.36) を $\overline{u'_iu'_j}$ について，式 (10.2.37) では $\overline{u'_i\theta'}$ について次式で与えられる陽的な代数応力/熱流束モデルが開発されている[37,38]．

$$\overline{u'_iu'_j}=\frac{2}{3}k\delta_{ij}-2C_1\nu_tS_{ij}+C_2k\tau_R^2(\Omega_{jk}S_{ki}+\Omega_{ik}S_{kj})+C_3k\tau_R^2\left(S_{ik}S_{kj}+\frac{1}{3}S_{mn}S_{mn}\delta_{ij}\right)+C_4k\tau_R^2\left(\Omega_{ik}\Omega_{kj}+\frac{1}{3}\Omega_{mn}\Omega_{mn}\delta_{ij}\right)+C_5k\tau_R^3(\Omega_{ik}S_{kl}S_{lj}-S_{ik}S_{kl}\Omega_{lj})+C_6k\tau_R^3\left(\Omega_{ik}\Omega_{kl}S_{lj}-S_{ik}\Omega_{kl}\Omega_{lj}-\frac{2}{3}S_{lm}\Omega_{mn}\Omega_{nl}\delta_{ij}\right) \quad (10.2.38)$$

$$\overline{u'_j\theta'}=\frac{C_{\theta 1}}{f_\theta}\overline{u'_ju'_k}\tau_m\frac{\partial\bar{\theta}}{\partial x_k}+\frac{C_{\theta 1}}{f_\theta}\overline{u'_lu'_k}\tau_m^2\left(C_{\theta 2}S_{jl}\frac{\partial\bar{\theta}}{\partial x_k}+C_{\theta 3}\Omega_{jl}\frac{\partial\bar{\theta}}{\partial x_k}\right) \quad (10.2.39)$$

ここで，$S_{ij}=(\partial\bar{u}_i/\partial x_j+\partial\bar{u}_j/\partial x_i)/2$ は歪み速度テンソル，$\Omega_{ij}=(\partial\bar{u}_i/\partial x_j-\partial\bar{u}_j/\partial x_i)/2$ は渦度テンソル，$C_1\sim C_6$，$C_{\theta 1}\sim C_{\theta 3}$ はモデル定数，f_θ はモデル関数である．

これらのモデルは，レイノルズ応力と歪み速度テンソル，もしくは乱流熱流束と温度勾配の1次積といった線形関係（勾配拡散型モデル：この関係から線形モデルともいう）に，歪み速度テンソル，渦度テンソル，温度勾配の2次積といった非線形項を含むため，非線形モデルとも呼ばれる．また，組み込まれる非線形項の次数によって，式（10.2.38）の右辺第5項までと，式（10.2.39）を2次非線形モデル，式（10.2.38）全体を3次非線形モデルと呼ぶ．この代数モデルは，モデル係数 $C_1 \sim C_6$，$C_{\theta 1} \sim C_{\theta 3}$ を解析的に導出したものと[37,38]，経験的なモデル化手法によって構築されたモデル[39]が存在し，各モデルにおいて予測性能に差異がある．最近のモデルでは，任意に回転軸を設定した流れ場[40]や，浮力を伴う流れ場の予測性能を高めたモデル[41]も開発されている．

10.3 LES モデル

LES（large eddy simulation）は，その名が示すとおり計算格子でとらえられる大きな渦は直接計算し，それ以下の渦をモデル化して計算する手法である．LES では乱流諸量（u_i, p）を，格子で解像できる GS（grid scale）成分と，その格子解像度以下の成分である SGS（subgrid scale）成分とに分ける．

$$u_i = \bar{u}_i + u'_i \qquad (10.3.1)$$

$$p = \bar{p} + p' \qquad (10.3.2)$$

ここで，GS 成分は次式のフィルタリングによって定義される．

$$\bar{u}_i(x_1, x_2, x_3) = \int \prod_{i=1}^{3} G_i(x_i, x'_i\,;\,\Delta_i)\, u_i(x'_1, x'_2, x'_3)\, \mathrm{d}x'_1 \mathrm{d}x'_2 \mathrm{d}x'_3 \qquad (10.3.3)$$

G_i はフィルタ関数，Δ_i はフィルタ幅である．

一般的には，次式で与えられるガウシアンフィルタもしくは cut-off フィルタが用いられる．

$$G_i(x_i, x'_i) = \left(\frac{6}{\pi \Delta_i^2}\right)^{1/2} \exp\left[-6\frac{(x_i - x'_i)^2}{\Delta_i^2}\right]$$

：ガウシアンフィルタ (10.3.4)

$$G_i(x_i, x'_i) = \frac{2\sin[\pi(x_i - x'_i)/\Delta_i]}{\pi(x_i - x'_i)}$$

：cut-off フィルタ (10.3.5)

これらのフィルタは，統計的に一様な方向に対して使用可能である．工学的な問題に対しては，統計的に一様な方向はほとんどないため，次式の top-hat フィルタ（格子平均）が用いられる．

$$G_i(x_i, x'_i) = \begin{cases} \dfrac{1}{\Delta_i} & |x_i - x'_i| \le \dfrac{\Delta_i}{2} \\ 0 & |x_i - x'_i| > \dfrac{\Delta_i}{2} \end{cases} \qquad (10.3.6)$$

式（10.3.1），(10.3.2）の定義によりフィルタをかけられた LES の基礎方式は次式で与えられる[42]．

$$\frac{\partial \bar{u}_i}{\partial x_i} = 0 \qquad (10.3.7)$$

$$\frac{\partial \bar{u}_i}{\partial t} + \frac{\partial \bar{u}_j \bar{u}_i}{\partial x_j} = -\frac{1}{\rho}\frac{\partial \bar{p}}{\partial x_i} + \nu \frac{\partial^2 \bar{u}_i}{\partial x_j^2} - \frac{\partial \tau_{ij}}{\partial x_j} \qquad (10.3.8)$$

ここで，$\tau_{ij} = \overline{u_i u_j} - \bar{u}_i \bar{u}_j$ は SGS 応力テンソルである．SGS 応力テンソルは，以下のように L_{ij}（レナード項），C_{ij}（クロス項），R_{ij}（SGS レイノルズ応力項）とに分解される．

$$\tau_{ij} = L_{ij} + C_{ij} + R_{ij} \qquad (10.3.9)$$

ここで，各項はそれぞれ次式で与えられる．

$$L_{ij} = \overline{\bar{u}_i \bar{u}_j} - \bar{u}_i \bar{u}_j \qquad (10.3.10)$$

$$C_{ij} = \overline{u'_i \bar{u}_j} + \overline{\bar{u}_i u'_j} \qquad (10.3.11)$$

$$R_{ij} = \overline{u'_i u'_j} \qquad (10.3.12)$$

しかし，この分解ではガリレイ普遍性を満たさないため，Germano[43]により修正が施されている．

$$\tau_{ij} = L_{ij}^{\mathrm{m}} + C_{ij}^{\mathrm{m}} + R_{ij}^{\mathrm{m}} \qquad (10.3.13)$$

$$L_{ij}^{\mathrm{m}} = \overline{\bar{u}_i \bar{u}_j} - \bar{\bar{u}}_i \bar{\bar{u}}_j \qquad (10.3.14)$$

$$C_{ij}^{\mathrm{m}} = \overline{u'_i \bar{u}_j} + \overline{\bar{u}_i u'_j} - \overline{u'_i}\, \bar{\bar{u}}_j + \bar{\bar{u}}_i \overline{u'_j} \qquad (10.3.15)$$

$$R_{ij}^{\mathrm{m}} = \overline{u'_i u'_j} - \overline{u'_i}\ \overline{u'_j} \qquad (10.3.16)$$

ここで，L_{ij}^{m} は修正レナード応力，C_{ij}^{m} は修正クロス応力，R_{ij}^{m} は修正 SGS レイノルズ応力と呼ばれる．

10.3.1 SGS 渦粘性モデル

a. スマゴリンスキーモデル

最も一般的な SGS モデルは，レイノルズ平均型モデルと同様な渦粘性近似を用いたものである．

$$\tau_{ij} = \overline{u_i u_j} - \bar{u}_i \bar{u}_j = \frac{2}{3}\delta_{ij} k_{\mathrm{SGS}} - 2\nu_{\mathrm{t}} \bar{S}_{ij} \qquad (10.3.17)$$

ここで，

$$\bar{S}_{ij} = \frac{1}{2}\left(\frac{\partial \bar{u}_i}{\partial x_j} + \frac{\partial \bar{u}_j}{\partial x_i}\right)$$

であり，k_{SGS} はSGS乱流エネルギー（$\tau_{kk}/2$）である．

スマゴリンスキー（Smagorinsky）モデルでは，式（10.3.17）の渦粘性係数を以下のように与える．

$$\nu_t=(C_s f\bar{\Delta})^2|\bar{S}| \qquad (10.3.18)$$

$$\bar{\Delta}=(\Delta x\Delta y\Delta z)^{1/3}, \quad |\bar{S}|=\sqrt{2(\bar{S}_{ij}\bar{S}_{ij})}$$

ここで，f は壁面修正関数で，レイノルズ平均型モデルで提案されたVan Driest型の減衰関数が用いられる．

$$f=1-\exp(-y^+/25) \qquad (10.3.19)$$

C_s はスマゴリンスキー定数と呼ばれるが，流れの形態によって最適値を選ばなければよい結果が得られないことが知られている（理論値は $C_s=0.173$ であるが[44]，0.10〜0.15がよく用いられる）．そのため，これを流れの形態で自動的に決定するために後述のダイナミックスマゴリンスキーモデルが提案されている．

b. MTSモデル

MTSモデル（mixed-time-scaleモデル）は，スマゴリンスキーモデルの使いやすさと，予測精度を両立させたモデルである[42]．また，スマゴリンスキーモデルで問題となったモデル定数も一定値で与えられ，広く工学的問題に対して予測精度が高いことが検証されている．

MTSモデルでは，渦粘性係数が次式で与えられる．

$$\nu_t=C_{\mathrm{MTS}}k_{es}T_s \qquad (10.3.20)$$

$$T_s^{-1}=\left(\frac{\bar{\Delta}}{\sqrt{k_{es}}}\right)^{-1}+\left(\frac{C_T}{|\bar{S}|}\right)^{-1} \qquad (10.3.21)$$

ここで，$C_{\mathrm{MTS}}=0.05$，$C_T=10$ はモデル定数，$k_{es}=C_{kes}(\bar{u}_k-\hat{\bar{u}}_k)^2$ は，推定SGS乱流エネルギー成分である．$(\hat{\ })$ はテストフィルタを意味し，格子フィルタ幅の2倍の空間フィルタを前提として $C_{kes}=1$ とする．なお，構造格子の場合は次式のシンプソン則の適用と一致する．

$$\hat{\bar{g}}_{i,j,k}=\bar{g}_{i,j,k}+\frac{1}{6}(\bar{g}_{i+1,j,k}-2\bar{g}_{i,j,k}+\bar{g}_{i-1,j,k})$$
$$+\frac{1}{6}(\bar{g}_{i,j+1,k}-2\bar{g}_{i,j,k}+\bar{g}_{i,j-1,k})$$
$$+\frac{1}{6}(\bar{g}_{i,j,k+1}-2\bar{g}_{i,j,k}+\bar{g}_{i,j,k-1})$$

このモデルでは，式（10.3.21）のように，渦粘性係数を構成する特性時間スケールに対し，二つの時間スケールを混合させ，流れ場に対して自動的に最適な時間スケールとなるようにモデル化されている．また，層流-乱流遷移問題に対しても，層流域では k_{es} が0となるため，適切に解けることが特徴である．

10.3.2　スケール相似則モデル

SGSモデルとして提案されているものにスケール相似則モデルがある．代表的なBardinaら[45]のモデルは次式で与えられる．

$$\tau_{ij}^*=(\overline{\bar{u}_i\bar{u}_j}-\bar{\bar{u}}_i\bar{\bar{u}}_j)^* \qquad (10.3.22)$$

これは，上記の修正レナード応力（式（10.3.14））と一致し，式（10.3.13）において C_{ij}^{m} と R_{ij}^{m} を0とおいたものとなる．

上記のモデルは，数値的な不安定性を伴うため，Bardinaら[45]は，スマゴリンスキーモデルを式（10.3.22）に追加したモデルを提案した．

$$\tau_{ij}^*=(\overline{\bar{u}_i\bar{u}_j}-\bar{\bar{u}}_i\bar{\bar{u}}_j)^*-2(C_s f\bar{\Delta})^2|\bar{S}|\bar{S}_{ij} \qquad (10.3.23)$$

これはMixedモデルと呼ばれ，スケール相似則モデルの不安定性を解消するものである．

10.3.3　ダイナミックSGSモデル

スマゴリンスキーモデルにおけるモデル定数 C_s を，流れ場に応じて最適に，かつ自動的に決定するために，ダイナミックSGSモデルが考案された[46]．ダイナミックSGSモデルでは，次式のsub-test-scale応力が定義される．

$$T_{ij}=\widetilde{\bar{u}_i\bar{u}_j}-\tilde{\bar{u}}_i\tilde{\bar{u}}_j \qquad (10.3.24)$$

ここで，$(\widetilde{\ \ })$ はテストフィルタを意味する．テストフィルタを施したナビエ-ストークス方程式は以下のようである．

$$\frac{\partial\tilde{\bar{u}}_i}{\partial t}+\frac{\partial\tilde{\bar{u}}_j\tilde{\bar{u}}_i}{\partial x_j}=-\frac{1}{\rho}\frac{\partial\tilde{\bar{p}}}{\partial x_i}+\frac{\partial^2\tilde{\bar{u}}_i}{\partial x_j^2}-\frac{\partial T_{ij}}{\partial x_j} \qquad (10.3.25)$$

ここで，T_{ij} が解かれれば，式（10.3.25）を連続の式を合わせることで解くことができるが，T_{ij} は解くことができないため，Germano Identityと呼ばれる応力テンソル L_{ij} が新たに定義された．

$$L_{ij}=T_{ij}-\tilde{\tau}_{ij}=\widetilde{\bar{u}_i\bar{u}_j}-\tilde{\bar{u}}_i\tilde{\bar{u}}_j \qquad (10.3.26)$$

これらに，次式のスマゴリンスキーモデルを適用する．

$$\tau_{ij}^* = -2C\bar{\Delta}^2|\bar{S}|\bar{S}_{ij} \qquad (10.3.27)$$

$$T_{ij}^* = -2C\tilde{\bar{\Delta}}^2|\tilde{\bar{S}}|\tilde{\bar{S}}_{ij} \qquad (10.3.28)$$

ここで，$\tau_{ij}^* = \tau_{ij} - \delta_{ij}\tau_{kk}/3$，$C = (C_s f)^2$ である．また，$\tilde{\bar{\Delta}}^2$ は，$\bar{\Delta}^2 + \tilde{\Delta}^2$ で評価される．式 (10.3.27) と (10.3.28) を，式 (10.3.26) に代入すると次式を得る．

$$L_{ij}^* = -2C\bar{\Delta}^2 M_{ij} \qquad (10.3.29)$$

$$M_{ij} = (\tilde{\bar{\Delta}}/\bar{\Delta})^2|\tilde{\bar{S}}|\tilde{\bar{S}}_{ij} - \widetilde{|\bar{S}|\bar{S}_{ij}} \qquad (10.3.30)$$

モデル定数 C は，次式と最小 2 乗法により求められる[47]．

$$C = -\frac{1}{2}\frac{L_{ij}^* M_{ij}}{\bar{\Delta}^2 M_{ij} M_{ij}} \qquad (10.3.31)$$

このモデルの確立により，LES の予測精度が大幅に向上した．ただし，算出される C 値の変動が大きく，負値をとる場合もみられ，計算上の工夫が必要となる．

10.4 RANS/LES ハイブリッドモデル

LES は，計算機の能力の向上も相まって，複雑な流れ場にも適用されるようになってきた．しかしながら，工学的な問題の大多数を占める固体壁上の乱流解析に対しては，壁面近傍での多くの格子点が必要とされる．そのため，航空機の翼周りのような高レイノルズ数流れに対しては，依然として LES の適用は難しい．そこで，壁面近傍は比較的計算負荷の小さい，レイノルズ平均型モデルを用い，壁から離れたところでは LES を用いる DES (detached eddy simulation) モデル[48]，もしくは RANS/LES ハイブリッドモデルが提案されている（詳細は第 14 章参照）．

渦粘性モデルを用いた運動方程式は，変数の定義に違いがあるものの（RANS はレイノルズ平均，LES はフィルタリング），その形は RANS と LES ともに次式で表される．

$$\frac{D\bar{u}_i}{Dt} = -\frac{\partial}{\partial x_i}\left(\frac{\bar{p}}{\rho} + \frac{2}{3}k\right) + \frac{\partial}{\partial x_j}\left[(\nu + \nu_t)\left(\frac{\partial \bar{u}_i}{\partial x_j} + \frac{\partial \bar{u}_j}{\partial x_i}\right)\right] \qquad (10.4.1)$$

ここで，圧力項の乱流エネルギー k は，LES では k_{SGS} である．

式 (10.4.1) において，壁面近くでは渦動粘性係数 ν_t を RANS モデルで与え（たとえば，$\nu_t = C_\mu f_\mu k^2/\varepsilon$ で与えればよいが，よく用いられるモデルは，Spalart ら[48] の ν_t そのものを輸送方程式で解く 1 方程式モデルである），それ以外は LES モデルで与える（たとえば，式 (10.3.18) の $\nu_t = (C_s f\bar{\Delta})^2\sqrt{2(\bar{S}_{ij}\bar{S}_{ij})}$）．このように DES モデル，RANS/LES ハイブリッドモデルは，混合モデルを用いる計算手法といえる．ただし，RANS モデルの渦粘性係数 ν_t と，LES の渦粘性係数 ν_t は算出される値に違いがあるため，RANS と LES の接合点における不整合が出る．それを解消するために，さまざまな工夫が開発されつつあり，今後の研究が期待されるモデルである．　**［長野靖尚・服部博文］**

文　献

1) L. Prandtl : On the Role of Turbulence in Technical Hydrodynamics, Proceedings World Engineering Congress, Tokyo, 5, 1929, 405-419.
2) P. Bradshaw *et al.* : Engineering Calculation Methods for Turbulent Flow, Academic Press, 1981.
3) 長野靖尚：機械の研究，**42**, 1990, 23-31.
4) T. Cebeci, A. M. O. Smith : Analysis of Turbulent Boundary Layers, Academic Press, 1974.
5) J. C. Rotta : Turbulente Stroemungen, Teubner B. G. GmbH, 1972.
6) G. I. Taylor : Phil. Trans., **A215**, 1915, 1-26.
7) たとえば，W. Rodi *et al.* : Trans. ASME, J. Fluids Engng., **115**, 1993, 196-205.
8) V. W. Nee, L. S. G. Kovasznay : Phys. Fluids, **12**, 1969, 473-484.
9) P. R. Spalart, S. R. Allmaras : La Recherche Aerospatiale, **1**, 1994, 5-21.
10) P. A. Durbin *et al.* : Phys. Fluids, **6**, 1994, 1007-1015.
11) B. S. Baldwin, T. J. Barth : NASA TM 102847, 1990.
12) F. R. Menter : Trans. ASME, J. Fluids Engng., **119**, 1997, 876-884.
13) C.-Q. Pei *et al.* : Thermal Science & Engineering, **7** (3), 1999, 41-47.
14) Y. Nagano *et al.* : Flow, Turbulence and Combustion, **63**, 2000, 135-151.
15) K. Abe *et al.* : Int. J. Heat Mass Transfer, **37**, 1994, 139-151.
16) C.-Q. Pei *et al.* : Thermal Science & Engineering, **7** (5), 1999, 31-39.
17) C.-Q. Pei *et al.* : Proceedings of 3rd Internationa Symposium on Heat and Mass Transfer (Y. Nagano *et al.* eds.), 2000, 349-356.
18) Y. Nagano, M. Hishida : Trans. ASME, J. Fluids Eng., **109**, 1987, 156-160.
19) W. P. Jones, B. E. Launder : Int. J. Heat Mass Trans-

fer, **15**, 1972, 301-314.
20) Y. Nagano, M. Tagawa : Trans. ASME, J. Fluids Eng., **112**, 1990, 33-39.
21) H. K. Myong, N. Kasagi : JSME Int. J., Ser. II, **33**, 1990, 63-72.
22) H. Hattori, Y. Nagano : JSME Int. J., Ser. B, **38**(4), 1995, 518-524.
23) W. P. Jones, B. E. Launder : Int. J. Heat Mass Transfer, **16**, 1973, 1119-1130.
24) V. C. Patel *et al.* : AIAA J., **23**, 1985, 1308.
25) C. K. G. Lam, K. Bremhorst : Trans. ASME, J. Fluids Eng., **103**, 1981, 456.
26) C. Zhang, A. C. M. Sousa : Trans. ASME, J. Fluids Eng., **112**, 1990, 48.
27) D. C. Wilcox : AIAA J., **32**, 1994, 247-254.
28) Y. Nagano, C. Kim : Trans. ASME, J. Heat Transfer, **110**, 1988, 583-589.
29) M. S. Youssef *et al.* : Int. J. Heat Mass Transfer, **35**, 1992, 3095-3104.
30) K. Abe *et al.* : Int. J. Heat Mass Transfer, **38**, 1995, 1467-1481.
31) Y. Nagano, M. Shimada : Phys. Fluids, 8(12), 1996, 3379-3402.
32) K. Hanjalic, B. E. Launder : J. Fluid Mech., **52**, 1972, 609-638.
33) M. M. Gibson, B. E. Launder : J. Fluid Mech., **86**, 1978, 491-511.
34) B. J. Daly, F. H. Harlow : Phys. Fluids, **13**(11), 1970, 2634-2649.
35) B. E. Launder : Trans. ASME, J. Heat Transfer, **110**, 1988, 1112-1128.
36) W. Rodi : ZAMM, **56**, 1976, T 219-T 221.
37) T. B. Gatski, C. G. Speziale : J. Fluid Mech., **254**, 1993, 59-78.
38) K. Abe *et al.* : Int. J. Heat Fluid Flow, **17**, 1996, 228-237.
39) T. J. Craft *et al.* : Int. J. Heat Fluid Flow, **17**, 1996, 108-115.
40) H. Hattori *et al.* : Int. J. Heat Fluid Flow, **27**, 2006, 838-851.
41) H. Hattori *et al.* : Int. J. Heat Fluid Flow, **27**, 2006, 671-683.
42) M. Inagaki *et al.* : Trans. ASME, J. Fluids Eng., **127**, 2005, 1-13.
43) M. Germano : Phys. Fluids, **29**, 1986, 2323-2324.
44) D. K. Lilly : IBM Form, No. 320-1951, 1967, 195-210.
45) J. Bardina *et al.* : Report TF-10, Thermosciences Division, Dept. of Mech. Eng., Stanford Univ., 1983.
46) M. Germano *et al.* : Phys. Fluids, **A3-7**, 1991, 1760-1765.
47) D. K. Lilly : Phys. Fluids, **A4**, 633-635.
48) P. R. Spalart, S. R. Allmaras : AIAA Paper, 92-0439, 1992.

11

相関とアナロジー

11.1 摩擦係数

実用的な目的のためには，平板境界層の剪断力や管内の圧力損失を，簡便な相関式の形に表現しておくことが望ましい．この種の相関式は，各種の流れ場について半理論・半経験的に提案されている．

11.1.1 管内流

ある与えられた直径の円管に所望の流量を流そうとするとき，どの程度の圧力損失が生ずるかを予測することは，最も基本的な事項の一つである．図11.1に示すような直径 d の十分長い円管を考える．流れが十分発達しているとすると，壁面の剪断応力 τ_w と圧力損失 ΔP の間には，次の関係がある．

$$\{P-(P+\Delta P)\}\frac{\pi}{4}R^2=\tau_w 2\pi R\Delta x$$

$$\tau_w=-\frac{R}{2}\frac{dP}{dx} \qquad (11.1.1)$$

流れが x 方向であるとすると，図中の ΔP は負となり dP/dx は負（圧力損失）となる．ここで管摩擦係数 C_f を導入して次のように定義する．

$$C_f=\frac{\tau_w}{(1/2)\rho U_b^2} \qquad (11.1.2)$$

ここで，U_b は平均流速である．式（11.1.1）と式（11.1.2）より圧力勾配は次式で与えられる．

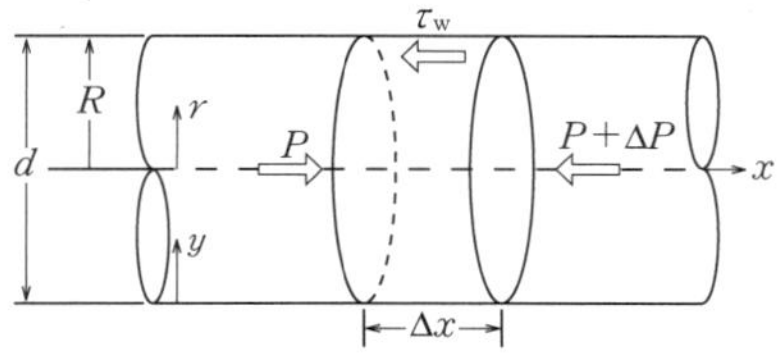

図 11.1 円管内流における圧力勾配と壁面剪断力

$$-\frac{dP}{dx}=C_f\frac{\rho U_b^2}{R} \qquad (11.1.3)$$

なお，管内流では，C_f の4倍を管摩擦係数と定義（通常 λ と表記）する場合もあるので注意を要する．十分発達した層流の場合は，

$$C_f=\frac{16}{Re_d}, \qquad Re_d=\frac{U_b d}{\nu} \qquad (11.1.4)$$

であることが，容易に導かれる．C_f が Re 数に反比例するということは，層流の場合には圧力損失は平均流速 U_b に比例することに他ならない．

乱流に対しては，Blasius が20世紀の初頭に実験的に次の関係を見出した．

$$C_f=0.079\,Re_d^{-1/4} \qquad (4000<Re_d<10^5) \qquad (11.1.5)$$

この式は，ブラジウスの式として現在でも広く用いられている．図11.2には，平滑な円管の摩擦係数を示している．ブラジウスの式は低～中 Re 数の領域で実験値とよく一致することがわかる．管摩擦係数と流速分布との間には，相互に関係がある．乱流の速度分布については，中心流速を U_0 とすると，よく知られた経験則である1/7乗則

$$\frac{u(y)}{U_0}=\left(\frac{y}{R}\right)^{1/7} \qquad (11.1.6)$$

があり，これとブラジウスの式の間には矛盾しない対応関係があることが Schlichting[1] に説明されており，日野[2] の教科書もこれに言及している．

摩擦速度は $u_\tau=\sqrt{\tau_w/\rho}$ であるから式（11.1.2）より

$$\frac{U_b}{u_\tau}=\sqrt{\frac{2}{C_f}} \qquad (11.1.7)$$

の関係がある．他方壁乱流に対する対数速度則，式（9.4.4）を平均流速に関して多少変形した関係式

$$\frac{U_b}{u_\tau}=\frac{1}{\kappa}\ln\left(\frac{Ru_\tau}{\nu}\right)+C$$

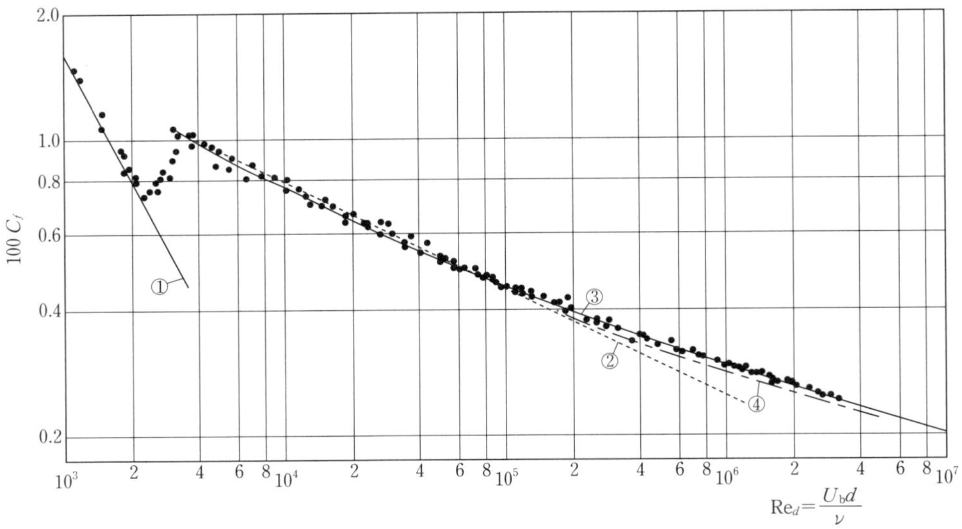

図 11.2　円管内流の管摩擦係数[1]
①：層流の場合，式（11.1.4），②：式（11.1.5），③：式（11.1.8），④：式（11.1.9）．

があり，これと式（11.1.7）より

$$\sqrt{\frac{2}{C_f}}=\frac{1}{\varkappa}\ln\left(\mathrm{Re}_d\sqrt{\frac{C_f}{2}}\right)-\frac{1}{\varkappa}\ln 2+C$$

が得られる．この定数値を，実験値を用いて変更した式

$$\frac{1}{\sqrt{C_f}}=4.0\log(\mathrm{Re}_d\sqrt{C_f})-0.4 \qquad (11.1.8)$$

がプラントル（Prandtl）の摩擦則と呼ばれ，図11.2にみるように，広いRe数範囲に適用できる．しかしながら，式（11.1.8）の形式はC_fを直接に求められる形にはなっていないため，実用的にはPetukhov[3]に紹介されている次式が便利である．

$$C_f=\frac{1}{4(1.82\log \mathrm{Re}_d-1.64)^2} \qquad (11.1.9)$$

図11.2には上式も示しているが（曲線④），実際，高いレイノルズ数まで十分よく実験値と一致する．

非円形の管内流の摩擦損失については，円管におけるような研究の蓄積はない．最も簡便な方法は，等価な円管に帰着させる方法である．そのためには，管の断面積をA_f，流れ方向に垂直方向の管の周長をL_f(円管なら$L_f=\pi d$）とすると，図11.1を参考にして，τ_wが一様であると仮定すると$-\Delta PA_f=\tau_w L_f\Delta x$であることから

$$-\frac{dP}{dx}=\tau_w\frac{L_f}{A_f}=C_f\frac{L_f}{2A_f}\rho U_b^2 \qquad (11.1.10)$$

を得る．これを式（11.1.3）と比較すると，等価な直径d_{eq}は

$$d_{eq}=4A_f/L_f \qquad (11.1.11)$$

と定義できることがわかる．もっともこれは近似的な扱いであるから，精度にある程度の限界があることはいうまでもない．

いくつかの特別な形状については，詳しい実験が行われている．2枚の平行平板間の乱流で，流路幅が流路高さ（H）に比べて十分大きい場合には，$d_{eq}=2H$となるので，これを基準とするRe数$\mathrm{Re}_{2H}=2HU_b/\nu$を用いると

$$C_f=0.0867\,\mathrm{Re}_{2H}^{-1/4} \qquad (11.1.12)$$

であることが知られている．この式は，ブラジウスの式（11.1.5）に対応する形で，係数が約10％増加している．

以上の管摩擦係数は，管路の入口から離れていて十分発達した乱流の場合である．入口近傍では，一般には管摩擦係数は大きくなる．しかし，話を乱流にかぎると，乱流では撹拌作用が激しいため，かなり短距離で発達する．したがって，入口形状が特に滑かではない通常の管路では，入口から5～10d程度より下流では流れはほぼ発達していると考えてよい．

層流から乱流の遷移領域の圧力損失を予測することは容易ではない．層流から乱流の遷移（その逆の

場合も）は，ある Re 数の範囲（$\mathrm{Re}_{\mathrm{cr1}}$～$\mathrm{Re}_{\mathrm{cr2}}$）で連続的に生ずる．入口形状が特別に滑らかでないかぎり，$\mathrm{Re}_{\mathrm{cr1}}$，$\mathrm{Re}_{\mathrm{cr2}}$ ともに 2000～5000 の間にあると考えてよい．この範囲では層流と乱流が時間的に交互に来るので，管摩擦係数も対応する層流値と乱流値を比例配分して加え合わせるようにする．小川ら[4] は，次の実験式を提唱している．

$$C_{\mathrm{f}}=(1-\gamma)\,C_{\mathrm{f,lam}}+\gamma C_{\mathrm{f,tur}} \tag{11.1.13}$$

ここで，γ は遷移域における間欠因子で，一定の時間に占める乱流が占める時間割合，$C_{\mathrm{f,lam}}$ と $C_{\mathrm{f,tur}}$ はそれぞれ層流と乱流における管摩擦係数である．γ についての経験式も上記の文献 4 に引用されている．

11.1.2 平板境界層

一様流に平板がおかれているとき，平板上には前縁から境界層が発達する（図 11.3）．このとき，平板の先端付近では流れは層流であるが，ある程度下流からは乱流境界層となる．遷移の条件は，主流速度 U_∞ と先端からの距離 x に基づく Re 数 $\mathrm{Re}_x=U_\infty x/\nu$ を用いて $\mathrm{Re}_{x\mathrm{cr1}}\fallingdotseq 3\times10^5$～$3\times10^6$ である．以下の記述では，遷移点より十分下流であるか，あるいは乱流境界層の厚みをゼロに外挿した点（x_{cr}）を原点としている．平板境界層においては，壁面摩擦係数を次のように定義する．

$$C_{\mathrm{f}}=\frac{\tau_{\mathrm{w}}}{(1/2)\,\rho U_\infty^2} \tag{11.1.14}$$

まず円管に対するブラジウスの式（11.1.5）において，$d\rightarrow R$，$U_{\mathrm{b}}\rightarrow U_{\max}$（中心速度）と変換し，さらに $R\rightarrow\delta(x)$（x における境界層厚さ），かつ $U_{\max}\rightarrow U_\infty$（$x$ における主流速度）と置き換えると

$$\tau_{\mathrm{w}}(x)=0.0225\left(\frac{U_\infty\delta(x)}{\nu}\right)^{-1/4}\rho U_\infty^2 \tag{11.1.15}$$

が導かれる．この関係式は，平板境界層においても，十分よく成立することが知られている．ただし，この形であると x における境界層厚さは未知であるので，τ_{w} を求めるには不便である．

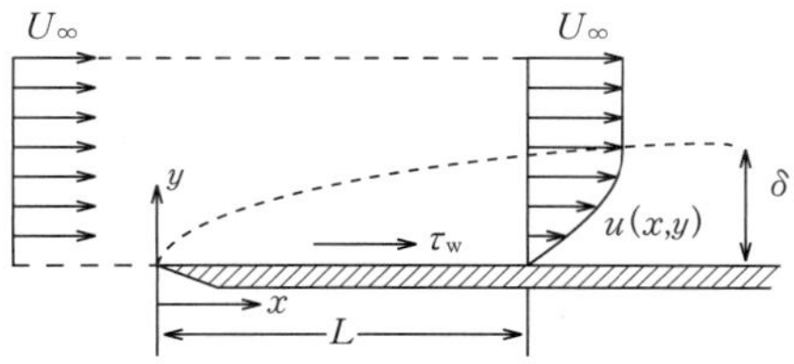

図 11.3 平板境界層における流速分布と壁面剪断力

境界層の場合は，その厚さ $\delta(x)$ が下流に向かって増大する．このとき，$\delta(x)$ の増加分と 0～x までの平板の受ける力の間には，運動量保存の法則に従って

$$\int_0^x \tau_{\mathrm{w}}\mathrm{d}x=\rho\int_0^\infty u\,(U_\infty-u)\,\mathrm{d}y$$

の関係がある．ここで，式（11.1.6）の 1/7 乗則において $R\rightarrow\delta(x)$ とし，$y=0$～δ について積分すると

$$\frac{\tau_\infty(x)}{\rho U_\infty^2}=\frac{7}{72}\,\frac{\mathrm{d}\delta(x)}{\mathrm{d}x} \tag{11.1.16}$$

が得られる．式（11.1.15）と式（11.1.16）より

$$\delta(x)=0.37x\mathrm{Re}_x^{-1/5} \tag{11.1.17}$$

が得られる．すなわち，乱流境界層の厚さは $x^{4/5}$ に比例して増加する．式（11.1.17）を式（11.1.15）に代入し，実験値を使って多少の補正をした形

$$C_{\mathrm{f}}=0.0576\,\mathrm{Re}_x^{-1/5}\qquad(5\times10^5<\mathrm{Re}_x<10^7) \tag{11.1.18}$$

が Re 数の比較的小さい範囲でよい値を与える．

上式は位置 x における壁面剪断力を与えるが，実用的には $x=0$～L の平板が受ける力，すなわち壁面剪断力の積分値を知る必要があることが多い．平板の幅を単位長さ，受ける力を $D(L)$ として，式（11.1.16）を用いると

$$D(L)=\int_0^L\tau_{\mathrm{w}}\mathrm{d}x=\frac{7}{72}\rho U_\infty^2\int_0^L\mathrm{d}\delta=\frac{7}{72}\rho U_\infty^2\delta(L)$$
$$=0.036\rho U_\infty^2 L\,\mathrm{Re}_L^{-1/5}$$

したがって，$x=0$～L の平均的な壁面剪断力に対して

$$C_{\mathrm{f}L}=\frac{D(L)}{(1/2)\,\rho U_\infty^2 L}=0.074\,\mathrm{Re}_L^{-1/5} \tag{11.1.19}$$

を得る（ここで係数は実験値とよく一致するように 0.072 → 0.074 と変更している）．適用範囲は $5\times10^5<\mathrm{Re}_L<10^7$ である．

より広い範囲に適用できる式として，管内流と同じように対数則に基づく方法がある．しかし，やはり C_{f} を直接に計算できる形式とはならないため，それをフィットした次式がよく知られている．

$$C_{\mathrm{f}}=(2\log\mathrm{Re}_x-0.05)^{-2.3} \tag{11.1.20}$$

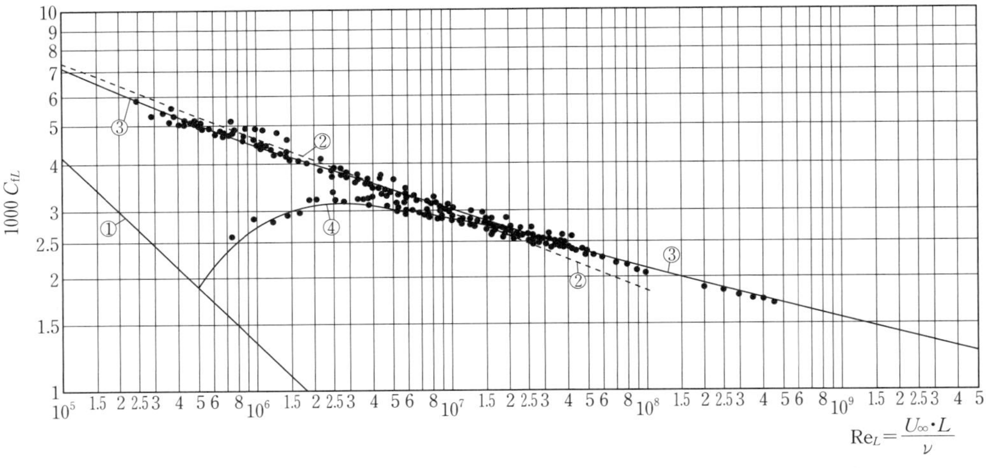

図 11.4　平板上境界層における $x=0\sim L$ 間の平均壁面剪断力に対する壁面摩擦係数[1)]
①：層流境界層の場合，$C_{fL}=1.328/\mathrm{Re}_L^{0.5}$，②：式（11.1.19），③：式（11.1.21），④：式（11.1.22）．

$$C_{fL}=\frac{0.455}{(\log \mathrm{Re}_L)^{2.58}} \qquad (11.1.21)$$

前述のように，平板の前縁には層流境界層が存在する．これを考慮するには，遷移点 x_{cr} までの乱流分を引きその部分の層流分を加える．すなわち，単位長さの幅の平板の受ける力 $D(L)$ を $D(L)=D_{turb}(L)-D_{turb}(x_{cr})+D_{lam}(x_{cr})$ とする．これを摩擦係数の形に書きなおすと

$$C_{fL}=C_{fL,turb}-(x_{cr}/L)\,(C_{fL,turb}-C_{fL,lam})|\,x=x_{cr} \qquad (11.1.22)$$

$C_{fL,turb}$＝式（11.1.19）または式（11.1.21）

$$C_{fL,lam}=1.33\,\mathrm{Re}_L^{-0.5} \qquad (11.1.23)$$

となる．これらの相関式を実験値と比較して図 11.4 に示す．式（11.1.19）は Re_x の低い範囲で，他方式（11.1.21）はより広い範囲で実験結果とよく一致することがわかる．層流境界層の存在を取り入れた曲線④の場合，$\mathrm{Re}_{xcr}=5\times10^5$ としている．

11.2 抗　力　係　数

一様流中に物体がおかれると力を受ける．たとえば，風の中に人が立っている場合や，自動車が路上を走る場合，投手の手を放れた野球のボールなどである．この物体の受ける力のことを一般には，抗力（drag）と呼んでいる．抗力の原因は大きく二つに分けられ，摩擦抗力（friction drag）と圧力抗力（または形状抗力）（pressure drag または form drag）と呼んでいる．図 11.5 は一様流中に円柱が

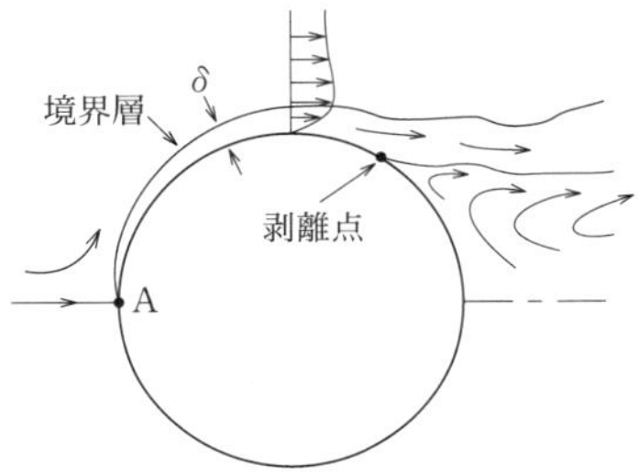

図 11.5　一様流中におかれた円柱周りにおける境界層の発達と剥離

おかれた場合の流れの模式図である．まず，衝突点（よどみ点 A）から境界層が発達する．しかし，物体形状が十分ていねいに設計された流線形でかつ Re 数も低くないかぎり，境界層は剥離して強く乱れた渦を伴う後流が形成される．境界層が発達する部分は摩擦抗力支配であるため，前節の諸式を適用すれば物体の受ける抗力をある程度推算できる．しかし，よどみ点 A の圧力がベルヌーイの定理で与えられるよどみ点圧力 $\Delta P=(1/2)\rho U_\infty^2$ にほぼなるのに対し，円柱の背面側の剥離域では，これよりもかなり低い圧力にとどまる．そのため，円柱の受ける抗力の大部分は圧力抗力となる．

圧力抗力を理論的に推算することは，非常に難しい．それは，後流内の圧力分布の予測が難しいと同様に，剥離点の位置自体を推定することが難しいことによる．そのため，一様流中におかれた物体の抗力は，（Re≪1 を除いて）すべて実験的に求められたものである．物体の受ける抗力を D とするとき，

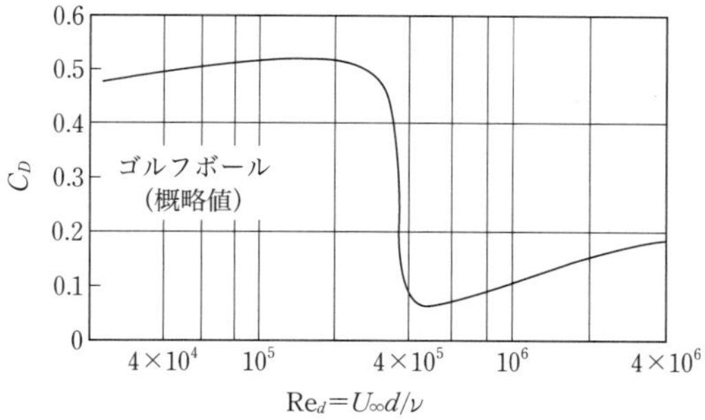

図 11.6　球の抗力係数

抗力係数 C_D を

$$C_D=\frac{D}{(1/2)\rho U_\infty^2 A} \qquad (11.2.1)$$

と定義する．A は流れに垂直方向の物体の断面積である．代表的な物体として球の抗力係数を図 11.6 に示す．Re 数の増大とともに C_D が急激に減少する点のあるのは，球面上の境界層が乱流に遷移するため，剥離点が後方へ移動して後流領域が狭くなるためである．表面の粗度が大きくなるほど，低い Re 数でこの遷移が始まる．ゴルフボールに“デ

表 11.1　各種形状物体に対する抗力係数（とくに記載のない場合，$Re>10^4$）

形状（流れは左から水平）		代表面積 A	C_D
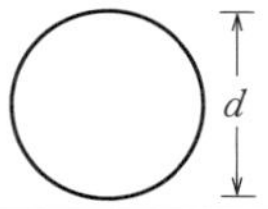	球	$\frac{\pi}{4}d^2$	図 11.5
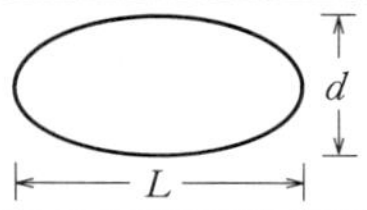	楕円体	$\frac{\pi}{4}d^2$	$0.44\left(\frac{d}{L}\right)+0.016\left(\frac{d}{L}\right)^2+0.016\left(\frac{L}{d}\right)$ $1<L/d<10$，$Re<2\times10^5$
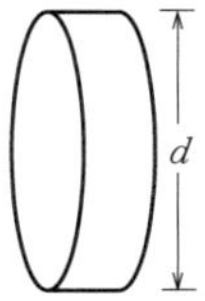	うすい円板	$\frac{\pi}{4}d^2$	Re: 10, 10^2, 10^3, 10^4, 10^5 C_D: 3.6, 1.5, 1.1, 1.1, 1.15
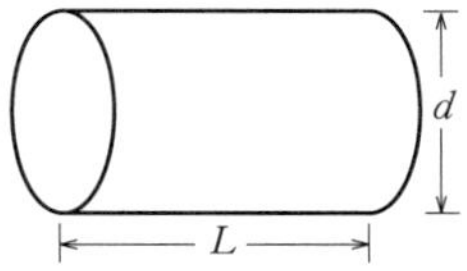	円柱 (流れに平行)	$\frac{\pi}{4}d^2$	L/d: 0, 0.5, 1.0, >1.5 C_D: 1.15, 1.10, 0.93, 0.85
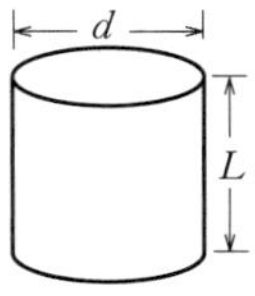	円柱 (流れに垂直)	Ld	$Re=10^5$ L/d: 1.0, 2.0, 3, 10, 20, 40 C_D: 0.64, 0.68, 0.74, 0.82, 0.91, 0.98 $L/d=\infty$ Re: 10^4, 2×10^5, 6×10^5, 2×10^6, 10^7 C_D: 1.05, 1.15, 0.3, 0.4, 0.8
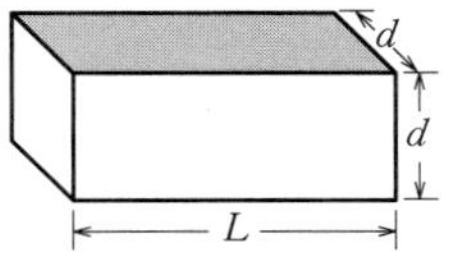	角柱 (流れに平行)	d^2	L/d: 0, 0.5, 1.0, 1.5, 2, >3 C_D: 1.25, 1.25, 1.15, 0.97, 0.87, 0.95 $Re=1.7\times10^5$
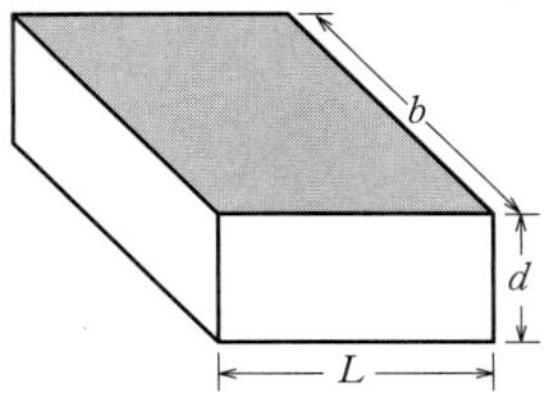	十分長い角柱 (流れに垂直) $b/L\gg1$	db (b は角柱長さ)	L/d: 0.5, 1.5, 2.5, 6.0 C_D: 2.5, 1.8, 1.4, 0.89 $Re=10^5$

ィンプル”がついているのは，ちょうどゴルフボールの飛ぶときのRe数付近で，この効果を取り入れて，C_Dを低くし，飛距離をできるかぎり伸ばそうとするためである．

次に，各種形状の物体についてのC_D値を表11.1に示す．より多種類の物体に対するC_D値は，文献5に掲載されている．

11.3 熱伝達率

熱伝達のある体系においては，流体温度（T_f）と固体壁温度（T_w）の間に，温度差（T_w-T_f）があるときに，どの程度の熱流束q_w（W/m^2）が生ずるか，あるいはその逆の関係（目的の熱流束を輸送するには，どの程度の温度差が必要か）を知ることが重要である．この両者の関係は熱伝達率h（W/m^2 K）を介して，次のように表現される．

$$h=\frac{q_w}{T_w-T_f} \tag{11.3.1}$$

一般に，流体の運動方程式とエネルギー式は，次のように表される（簡単のためにテンソル表記による）．

$$\frac{\partial u_i}{\partial t}+u_j\frac{\partial u_i}{\partial x_j}=-\frac{1}{\rho}\frac{\partial P}{\partial x_i}+\nu\frac{\partial^2 u_i}{\partial x_j^2} \tag{11.3.2 a}$$

$$\frac{\partial T}{\partial t}+u_j\frac{\partial T}{\partial x_j}=\alpha\frac{\partial^2 T}{\partial x_j^2} \tag{11.3.2 b}$$

ここで，これらの式を代表流速u_0，長さL，時間L/u_0，温度差ΔT_0で無次元化すると

$$\frac{\partial u_i^*}{\partial t^*}+u_j\frac{\partial u_i^*}{\partial x_j^*}=-\frac{\partial P^*}{\partial x_i^*}+\frac{1}{\mathrm{Re}}\frac{\partial^2 u_i^*}{\partial x_j^{*2}} \tag{11.3.3 a}$$

$$\frac{\partial T^*}{\partial t^*}+u_j^*\frac{\partial u_i^*}{\partial x_j^*}=-\frac{1}{\mathrm{Re}\cdot\mathrm{Pr}}\frac{\partial^2 T^*}{\partial x_j^{*2}} \tag{11.3.3 b}$$

となる．ここに$\mathrm{Re}=u_0L/\nu$（レイノルズ数），$\mathrm{Pr}=\nu/\alpha$（プラントル数）である．式（11.3.2）と式（11.3.3）を比較すればわかるとおり，圧力勾配がゼロでかつ$\mathrm{Pr}=1$であれば，u^*とT^*の間には相似の関係のあることが予想される．とくに，圧力勾配のない層流境界層では両者は一致するが，乱流境界層では圧力勾配項がつねに変動分をもつので，両者は完全には一致しない（以下では，流速および温度にはアンサンブル平均値のみを扱うので平均値を示す $\overline{\quad}$ を省略する）．

いま，固体表面から垂直方向の座標をyとするとき，固体に接する流体内では$q=-\lambda_f(\partial T/\partial y)$であるが，他方熱伝達率の定義，式（11.3.1）から

$$-\lambda_f\frac{\partial T}{\partial y}=h(T_w-T_f)$$

であるから，代表温度差を$\Delta T_0=T_w-T_f$として無次元化すると（* は無次元数を示す）

$$-\frac{\partial T^*}{\partial y^*}=\frac{hL}{\lambda_f}\equiv\mathrm{Nu} \tag{11.3.4}$$

を得る．ここで，$\mathrm{Nu}=hL/\lambda_f$をヌセルト数と呼び熱伝達率を表現する無次元数である．固体表面から垂直方向の座標をyとし，主たる速度勾配と温度勾配がy方向にかぎられるとするとき，渦動粘性係数（ν_t）と渦温度拡散係数（α_t）を導入すると，流体内の平均剪断力τと平均熱流束qは次のように表現できる．

$$\tau=\rho(\nu+\nu_t)\frac{\mathrm{d}u}{\mathrm{d}y} \tag{11.3.5 a}$$

$$q=-\rho C_p(\alpha+\alpha_t)\frac{\mathrm{d}T}{\mathrm{d}y} \tag{11.3.5 b}$$

ここで，$\nu=\alpha$（つまり$\mathrm{Pr}=1$）および$\nu_t=\alpha_t$(つまり，乱流プラントル数$\mathrm{Pr}_t=1$)として式(11.3.5 a)と（11.3.5 b）の比をとると

$$\mathrm{d}T=-\frac{1}{C_p}\frac{q}{\tau}\mathrm{d}u \tag{11.3.6}$$

を得る．ここで，流れ方向に圧力勾配や温度勾配のない境界層のように，少なくとも近似的にq/τの比がy方向に一定（$=q_w/\tau_w$）であるとみなせる場合には，式（11.3.6）は壁面（$T=T_w$，$u=0$）から境界層外縁（$T=T_\infty$，$u=U_\infty$）まで積分できて

$$T_\infty-T_w=-\frac{1}{C_p}\frac{q_w}{\tau_w}U_\infty \tag{11.3.7}$$

を得る．式（11.3.1）を使うと$h=(C_p/U_\infty)\tau_w$が得られるので，式（11.1.14）の摩擦係数と式（11.3.4）のNu数を用いて書き換えると

$$\frac{\mathrm{Nu}}{\mathrm{Re}\cdot\mathrm{Pr}}=\frac{C_f}{2} \tag{11.3.8}$$

が得られる．これは，熱と運動量輸送に関係を与える基本となる関係で，レイノルズのアナロジーと呼ばれる．この式の左辺のPrは$\mathrm{Pr}^{0.6}$とするほうがよい近似であるといわれており，そのうえで式（11.1.18）を代入すると

$$\mathrm{Nu}_x=0.029\,\mathrm{Re}_x^{0.8}\mathrm{Pr}^{0.6} \tag{11.3.9}$$

が得られる．プラントル数が1でない場合も考慮し

て，コルバーンは

$$\frac{\mathrm{Nu}}{\mathrm{Re}\cdot\mathrm{Pr}^{1/3}}=\frac{C_\mathrm{f}}{2} \qquad (11.3.10)$$

を提唱しており，これをコルバーンのアナロジーという．これは式（11.3.6）の段階で，プラントル数の補正係数 $\mathrm{Pr}^{2/3}$ を右辺に乗ずることと等しい．

乱流境界層におけるプラントル数の影響をさらに詳しく取り入れるために，乱流温度境界層の次の性質を利用する．すなわち，（i）粘性底層においては，渦拡散係数（$\nu_\mathrm{t}, \alpha_\mathrm{t}$）の影響は小さく分子粘性および分子熱伝導が支配的である（すなわち，Pr 数の影響が顕著に現れる）．（ii）対数速度領域およびその外側では，乱流プラントル数（$=\nu_\mathrm{t}/\alpha_\mathrm{t}$）に対する Pr 数の影響は小さい．これらの性質を利用して，式（11.3.6 a，b）において，まず $y^+=5$ までの粘性底層では $v\gg\nu_\mathrm{t}$，$\alpha\gg\alpha_\mathrm{t}$ として $y_1=5\nu/u_\tau$ まで積分すると，$u_1=\tau_\mathrm{w}y_1/\rho\nu$，$T_\mathrm{w}-T_1=q_\mathrm{w}y_1/\rho C_\mathrm{p}\alpha$，すなわち

$$\frac{\rho\nu u_1}{\tau_\mathrm{w}}=\frac{\rho C_\mathrm{p}\alpha}{q_\mathrm{w}}(T_\mathrm{w}-T_1) \qquad (11.3.11)$$

を得る．他方それより外側では $\nu\ll\nu_\mathrm{t}$，$\alpha\ll\alpha_\mathrm{t}$ かつ $\nu_\mathrm{t}\fallingdotseq\alpha_\mathrm{t}$ として式（11.3.6）を $y=y_1\sim\infty$ まで積分すると

$$T_\infty-T_1=-\frac{1}{C_\mathrm{p}}\frac{q_\mathrm{w}}{\tau_\mathrm{w}}(U_\infty-U_1) \qquad (11.3.12)$$

となる．式（11.3.11）と式（11.3.12）から T_1 を消去し $\mathrm{Pr}=\nu/\alpha$ とすると

$$\frac{h}{\rho C_\mathrm{p}U_\infty}=\frac{\tau_\mathrm{w}}{\rho U_\infty\{U_\infty+u_1(\mathrm{Pr}-1)\}}$$

が得られる．ここで，壁面剪断力に式（11.1.13）を用い，かつ u_1 を $y^+=5$ における流速として $u_1=5u_\tau=5\sqrt{C_\mathrm{f}/2}\,U_\infty$ を代入すると

$$\frac{\mathrm{Nu}_x}{\mathrm{Re}_x\cdot\mathrm{Pr}}=\frac{C_\mathrm{f}/2}{1+5\sqrt{C_\mathrm{f}/2}\,(\mathrm{Pr}-1)} \qquad (11.3.13)$$

となる．これをプラントルのアナロジーという．

この形式をさらに実験値ともよく一致するようにした整理式に Kader-Yaglom[6] による次式がある．

$$\frac{\mathrm{Nu}_x}{\mathrm{Re}_x\cdot\mathrm{Pr}}=\frac{\sqrt{C_\mathrm{f}/2}}{2.12\ln(\mathrm{Re}_xC_\mathrm{f})+g(\mathrm{Pr})} \qquad (11.3.14)$$

ここで

$$g(\mathrm{Pr})=12.5\,\mathrm{Pr}^{2/3}+2.12\ln\mathrm{Pr}-7.2 \qquad (\mathrm{Pr}>0.7)$$

であって，$\mathrm{Pr}>0.7$ の広い範囲の Re_x 数と Pr 数に適用できる．

円管内乱流の場合には，代表速度を平均速度 $\bar{u}_\mathrm{m}$ に，代表温度差を壁温（T_w）と混合平均温度 $\bar{T}_\mathrm{b}$ の差（$\bar{T}_\mathrm{w}-\bar{T}_\mathrm{b}$）とするのが通例である．これらの変換を施し，実験値によく一致するように係数を補正すると，式（11.3.10）に対応する式としては，Dittus-Boelter の式

$$\mathrm{Nu}_d=0.023\,\mathrm{Re}_d^{0.8}\mathrm{Pr}^{0.4} \qquad (11.3.15)$$

が簡便であるが，適用範囲は $10^4<\mathrm{Re}_d<10^5$，$1<\mathrm{Pr}<10$ にかぎられる．より広い範囲（$10^4<\mathrm{Re}_d<10^6$，$0.5<\mathrm{Pr}<2000$）に適用可能な式としては，式（11.3.14）に対する Petukov[3] の式

$$\frac{\mathrm{Nu}_d}{\mathrm{Re}_d\cdot\mathrm{Pr}}=\frac{C_\mathrm{f}/2}{1.07+12.7+\sqrt{C_\mathrm{f}/2}\,(\mathrm{Pr}^{2/3}-1)} \qquad (11.3.16)$$

が広い範囲（$10^4<\mathrm{Re}_d<10^6$，$0.5<\mathrm{Pr}<2000$）に適用できる．管摩擦係数 C_f には式（11.1.5）または式（11.1.9）を使用する．なお，各種の形状や加熱条件に対する熱伝達率が必要な場合には，伝熱工学資料[7] を参照することが推奨される．［河村　洋］

文　献

1) H. Schlichting: Boundary-Layer Theory, 6th ed., MacGraw-Hill, 1968, 560-586.
2) 日野幹雄：流体力学，朝倉書店，1992，316.
3) B. S. Petukhov: Heat Transfer and Friction in Turbulent Pipe Flow, Adv. in Heat Transfer, Vol. 6, Academic Press, 1970, 503-564.
4) 小川益郎，河村　洋：日本機械学会論文集（B 編），**477**，1986，2164-2169.
5) R. D. Blevins: Applied Fluid Dynamics Handbook, Van Nostrand, 1984.
6) B. A. Kader, A. M. Yaglom: Int. J. Heat Mass Transfer, **15**, 1972, 2329-2351.
7) 日本機械学会(編)：伝熱工学資料（改訂第 5 版），2009.

12

レイノルズ平均型モデル

12.1 混合長仮説

乱流場では不規則な変動によって流れのなかで混合が促進される．その様子を，気体中の分子運動によって運動量や熱が伝達される分子拡散と類似のメカニズムとして表そうとしたものが，プラントル(Prandtl)の混合長仮説（混合距離モデル）[1]である．また，後節で取り上げられる「1方程式モデル」や「2方程式モデル」に対して，レイノルズ応力を表現するのに付加的な微分方程式を必要としないことから「0方程式モデル」と分類することができる．本節では，混合長仮説の基本的な考え方を紹介したのち，より高次のモデルとの関係を明らかにするためにレイノルズ応力の輸送方程式との関係について述べ，さらに過去に提唱されてきた修正モデルについて概説する．

プラントルの仮説は「単純な剪断乱流において x-ないし y-方向の変動速度成分 u' および v' はそれぞれ $l\mathrm{d}\bar{u}/\mathrm{d}y$ に比例し，l を混合長と呼ぶ」というものである．プラントルによれば，l は「一体となって運動する流体の一塊の直径に相当する長さ」，

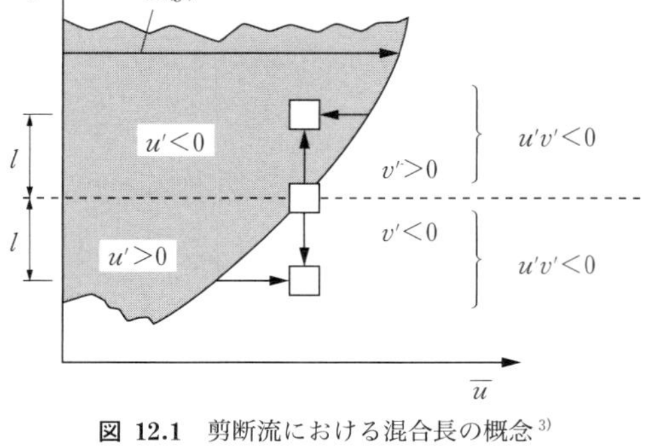

図 12.1 剪断流における混合長の概念[3]

あるいは「このような流体の塊が周囲の流体と混ざり合うまでの間に移動する距離」であり，さらに「気体分子の平均自由行程に相当するような考え方」と解釈されている[2]．流体力学の古典的な文献（たとえば3）では，図12.1に示すように，境界層流れで乱流変動によって流れを横切る方向に流体塊が移動する平均的な距離が混合長であると説明される．

混合長仮説を採用すれば，レイノルズ剪断応力は以下の式で表される．

$$-\overline{u'v'}=l^2\left|\frac{\mathrm{d}\bar{u}}{\mathrm{d}y}\right|\frac{\mathrm{d}\bar{u}}{\mathrm{d}y} \qquad (12.1.1)$$

ここで，式の右辺で平均速度勾配を単純に自乗していないのは，レイノルズ応力と平均速度勾配の符号の対応を考慮した結果である．式（12.1.1）を採用すると，境界層の運動量方程式は以下のように表される．

$$\frac{D\bar{u}}{Dt}=-\frac{1}{\rho}\frac{\mathrm{d}\bar{p}}{\mathrm{d}x}+\frac{\mathrm{d}}{\mathrm{d}y}\left(\nu+l^2\left|\frac{\mathrm{d}\bar{u}}{\mathrm{d}y}\right|\right)\frac{\mathrm{d}\bar{u}}{\mathrm{d}y} \qquad (12.1.2)$$

圧力場は層流の場合と同様に圧力のポアソン方程式や圧力補正方程式から求まるため，混合長 l が与えられれば式（12.1.2）の解から速度分布が求まる．一般に，l を定める際にはレイノルズ応力 $-\overline{u'v'}$ と平均速度勾配 $\mathrm{d}\bar{u}/\partial y$ をあらかじめ計測しておいて，式（12.1.1）の関係を用いる．l の分布は流れによって異なるが，たとえば境界層流れでは壁面付近で壁面からの距離の関数として $l=f(y)$ と表される．

混合長モデルは「渦粘性モデル」に属するモデルである．渦粘性モデルは，レイノルズ応力テンソルを局所速度勾配テンソルの関数とするもので，

$$-\overline{u'_i u'_j}=\nu_\mathrm{t}\left(\frac{\partial\bar{u}_i}{\partial x_j}+\frac{\partial\bar{u}_j}{\partial x_i}\right)-\frac{2}{3}\delta_{ij}k \qquad (12.1.3)$$

と表すが，上式の比例定数 ν_t を渦粘性係数と呼ぶ．混合長モデルとの対応を考えると

$$\nu_t = l^2 \left| \frac{\partial \bar{u}}{\partial y} \right| \qquad (12.1.4)$$

となっていることがわかる．つまり，混合長仮説とは，乱流中の運動量輸送の長さスケールを混合長，速度スケールを混合長と局所平均速度勾配の積によって表す渦粘性モデルということができる．

混合長モデルは，このように直感的な概念に基づいて導かれた簡単なものであるが，乱流混合の本質をよく表しているといえる．しかし，プラントル本人も大雑把な近似にすぎないと述べている[2]ように，乱流の輸送過程のすべてにあてはまるものではない．

次に，混合長モデルが成立するような乱流場に求められる前提条件について述べる．

前提 1：乱流の一様性

乱流エネルギーの輸送方程式は生成項，拡散項，散逸項から構成されるが，空間的に一様な乱流場（homogeneous turbulence）を仮定すると，勾配型の輸送項をすべて無視することができる．すなわち，乱流エネルギーの生成と散逸が釣り合うことを意味し，乱流エネルギーの輸送方程式は以下のように単純化される．

$$-\overline{u'_i u'_j} \frac{\partial \bar{u}_i}{\partial x_j} = \varepsilon \qquad (12.1.5)$$

左辺は乱流エネルギー $k(=\overline{u'_i u'_i}/2)$ の生成率で，右辺の ε は散逸率である．この仮定が厳密に成立するのは一様剪断乱流（homogeneous shear flow）であるが，平板境界層，管内流，チャネル流などをはじめとする，流れ方向への変化率が小さい，うすい剪断流れでもおおむね成立することが知られている．

前提 2：乱流エネルギーの局所平衡

乱流エネルギーの生成と散逸が釣り合う状態のことを局所平衡と呼ぶが，上記の式（12.1.5）はじつはこの局所平衡も満足する．この場合，比較的大きなスケール L（消散長さスケール）で発生する平均流から乱流変動へのエネルギー変換（供給）が，最小スケールで発生する粘性散逸と釣り合うため，散逸率は長さスケール L で表される．

$$\varepsilon = \frac{k^{3/2}}{L} \qquad (12.1.6)$$

この仮定は，レイノルズ数が高い乱流場でのみ成立するため，固体壁ごく近傍の粘性の影響が現れるような領域（輸送方程式の収支バランスで粘性拡散が大きい）は対象外である．

前提 3：乱流エネルギーとレイノルズ応力との間に比例関係が成立する．

$$-\overline{u'_i u'_j} = a_{ij} k \qquad (12.1.7)$$

この仮定は，最初の二つの仮定が成立する領域でおおむね成立するもので，係数 a_{ij} は構造パラメータと呼ばれる．この仮定は，構造パラメータ（レイノルズ応力成分どうしのバランス）が空間的に大きく変化しない場でおおむね成立する．

以上の三つの前提に基づいて，式（12.1.5）～（12.1.7）をまとめると以下の式が得られる．

$$-\overline{u'_i u'_j} \frac{\partial \bar{u}_i}{\partial x_j} = \frac{-\overline{u'_i u'_j}^{3/2}}{a_{ij}^{3/2} L} \qquad (12.1.8)$$

レイノルズ剪断応力について，この式を解けば，

$$-\overline{u'v'} = (aL)^2 \left(\frac{\mathrm{d}\bar{u}}{\mathrm{d}y} \right)^2 \qquad (12.1.9)$$

ただし，定数 a を定義しなおした．式（12.1.9）と式（12.1.1）を比較すると，aL が混合長に相当することがわかる．

以上より，混合長モデルを表す式（12.1.1）（または式（12.1.9））が成立するのは，乱流エネルギーの局所平衡状態にある高レイノルズ数の剪断流にかぎられることが明らかである．しかし，その一方で，モデルの適用範囲を広げるために混合長の分布を修正するさまざまな関数が導入されている．

乱流平板境界層において普遍速度分布が成立する領域では，レイノルズ応力は一定（$\tau \cong \tau_w$）で摩擦速度 u_τ の自乗に等しくなる（応力一定層）．一方，混合長 l は次式のように壁からの距離 y に比例すると仮定する．

$$l = \kappa y \qquad (12.1.10)$$

ここで，κ はカルマン定数である．式（12.1.10）と応力一定層の仮定（$-\overline{u'v'} \cong u_\tau^2$）を式（12.1.1）に代入して積分すると，9.4 節で詳述されている対数速度分布が得られる．

van Driest[4]は，壁面近傍の粘性によるレイノルズ応力の減少を考慮した形式として以下の緩和関数を提唱している．

$$l^+ = \varkappa y^+ \left\{1 - \exp\left(-\frac{y^+}{A^+}\right)\right\} \quad (12.1.11)$$

ただし，式（12.1.10）を摩擦速度に基づく壁面座標で無次元化した形式に対応しており，

$$l^+ = \frac{l u_\tau}{\nu}, \qquad y^+ = \frac{y u_\tau}{\nu}$$

である．ここで，定数 $A^+=26$ を，カルマン係数を $\varkappa=0.41$ とすることで，対数速度分布の定数が $C=5.3$ に相当する分布がもたらされる[5]．この壁面近傍の緩和関数は，その後開発された「低レイノルズ数型モデル」または「壁近傍モデル」の基礎となったが，後年の研究によれば，この関数は van Driest が考えた粘性による減衰効果よりも，むしろ壁面に垂直な方向の速度変動を減衰させる効果を再現すると解釈するほうが合理的である[6]．

実用的な混合長モデルとして広く使われている Baldwin-Lomax[7] モデルでは，混合長の分布に式（12.1.11）の形を採用している．また，Spalart-Allmaras モデル[8] では輸送方程式を用いて混合長を表しているが，圧力勾配のない平衡乱流場では輸送方程式が簡略化される結果，渦粘性係数を直接以下の式で表している．

$$\frac{\nu_t}{\nu} = \frac{(\varkappa y^+)^4}{(\varkappa y^+)^3 + 7.1^3} \quad (12.1.12)$$

このほか，圧力勾配のある境界層では，さまざまな実験により l が広い範囲で $\sqrt{y}$ に比例することも知られている．航空機の設計などでよく用いられる Cebeci-Smith モデル[9] では，境界層の内層領域と外層領域を分けた形式として以下の式を示している．

(1) 内層領域（$0 \leq y \leq y_c$）：標準的な混合長モデルに準じて以下の形で渦粘性係数を求める．

$$\nu_t = l^2 \left|\frac{d\bar{u}}{dy}\right| \gamma_{tr} \quad (12.1.13)$$

ただし，l には式（12.1.11）に相当する減衰関数が乗じられており，

$$l = \varkappa y \left\{1 - \exp\left(-\frac{y}{A}\right)\right\} \quad (12.1.14)$$

であるが，定数 A に壁面からの吹出しや圧力勾配の影響をすべて取り込む形で

$$A = A_0^+ \frac{\nu}{N} u_\tau^{-1} \quad (12.1.15)$$

$$N = \left[\frac{P^+}{\bar{v}_w}\{1 - \exp(11.8\bar{v}_w)\} + \exp(11.8\bar{v}_w)\right]^{1/2} \quad (12.1.16)$$

$$p^+ = -\frac{\nu}{\rho u_\tau^3}\frac{d\bar{p}}{dx} \quad (12.1.17)$$

と表している．ここで，$A_0^+=26$ は標準的な van Driest 定数で，$\bar{v}_w$ は壁面からの吹き出し速度，p^+ は主流の無次元圧力勾配である．吹出し・吸込みがない場合，N は単に

$$N = \sqrt{1 - 11.8p^+} \quad (12.1.18)$$

となる．

(2) 外層領域（$y_c \leq y \leq \delta$）：渦粘性係数が一定値をとることが実験で見出されており，次式で与えられる．

$$\nu_t = \alpha \left|\int_0^\infty (u_e - \bar{u})dy\right| \gamma_{tr} = 0.0168 u_e \delta^* \quad (12.1.19)$$

ここで，u_e は境界層外縁速度である．係数 α は高レイノルズ数の乱流境界層では実験により 0.0168 となるが，レイノルズ数 Re の減少とともに伴流成分（wake component）が大きくなり，次式のような伴流強度（strength of wake）を示すパラメータ Π を含んだ形で表される．

$$\alpha = 0.0168 \frac{1.55}{1+\Pi} \quad (12.1.20)$$

ただし，

$$\Pi = 0.55\{1 - \exp(-0.243\sqrt{z_1} - 0.298z_1)\} \quad (12.1.21)$$

$$z_1 = R_\theta/425 - 1 \quad (12.1.22)$$

また，γ_{tr} は層流境界層から乱流境界層へ遷移する領域の間欠係数で，

$$\gamma_{tr} = 1 - \exp\left\{-G(x - x_{tr})\left(\int_{x_{tr}}^{x}\frac{dx}{u_e}\right)\right\} \quad (12.1.23)$$

$$G = \frac{1}{1200}\frac{u_e^3}{v} R_{x_{tr}}^{-1.34} \quad (12.1.24)$$

$$R_{x_{tr}} = \frac{u_e x_{tr}}{\nu} \quad (12.1.25)$$

である．x_{tr} は乱流遷移が始まる場所である．

いずれのモデルにおいても，結局は運動量式（12.1.2）を解くために混合長の分布をあらかじめ与えておくことが主たる目的であり，その分布が実験に一致している場合には，計算結果として得られ

る速度分布も実験と良好に一致する．しかし，混合長モデルは，乱流エネルギーの輸送方程式の立場からみれば，「空間的な一様性がある」，「生成率と散逸率がほぼ釣合いを保つ」といった前提に基づいているため，これらを越える範囲の流れについて混合長の分布だけを拡張しても原理的に正しい結果が得られる保証はない．航空工学の分野では対象とされる流れ場が翼表面のうすい境界層がほとんどであり，混合長モデルを改良するだけで比較的よい結果が得られるケースが多いことから，実験値を再現するように，上記のような改良形式のモデルが発達してきた経緯がある．一方，機械工学や土木工学などであつかわれる，境界層が厚く，主流の方向も局所的に著しく変化するような複雑乱流では，混合長の空間分布をあらかじめ合理的に与えることが実際上不可能であり，次節以降で紹介される輸送方程式型のモデルを採用する必要がある． ［小尾晋之介］

文　　献

1) L. Prandtl: Zeitschrift für angewandte Mathematik und Mechanik, **5**, 1925, 136-139.
2) P. Bradshaw: Nature, **249**, 1974, 135-136.
3) H. Schlichting, K. Gersten: Boundary Layer Theory, 8 th revised and enlarged edition, Springer, 2000, 537.
4) E. R. van Driest: J. Aerosp. Sci., **23**, 1956, 1007-1011.
5) S. B. Pope: Turbulent Flows, Cambridge University Press, 2000.
6) V. C. Patel *et al.*: AIAA J., **23**, 1985, 1308-1319.
7) B. S. Baldwin, H. Lomax: AIAA Paper, 1978, 78-257.
8) P. R. Spalart, S. R. Allmaras: La Recherche Aerospatiale, **121**, 1994, 5-21.
9) T. Cebeci *et al.*: Computational Fluid Dynamics for Engineers, Springer, 2005.

12.2 1方程式モデル

12.2.1 速度場1方程式モデル

1方程式モデルは，渦粘性係数 ν_t を構成する変数の一つを輸送方程式で解くため，1方程式モデルと呼ばれる．もしくは，渦粘性係数 ν_t そのものを輸送方程式で解くモデルもこの1方程式モデルに分類される．この方法はPrandtl[1]によりはじめて取り入れられた．

第10章でも述べたが，渦粘性係数 ν_t は，$\nu_t \propto V$（乱れの速度）$\times Le$（乱れの空間スケール）のようにモデル化される．最も基礎的なモデルは，乱流エネルギー $k=(\overline{u_i'u_i'}/2)$ をもつエネルギー保有渦を考え，乱れの速度 V をこの平方根 $\sqrt{k}$ で表すことにある．乱れの空間スケール Le は，前節の混合長 l $(=\varkappa y)$ を用いる．そのため，渦粘性係数は以下のように表現される．

$$\nu_t \propto V \times Le = C_\mu \sqrt{k}\, l \qquad (12.2.1)$$

ここで，C_μ はモデル定数である．

式（12.2.1）の乱流エネルギー k は，以下の輸送方程式から与えられる．

$$\frac{Dk}{Dt} = \underbrace{\nu \frac{\partial^2 k}{\partial x_j \partial x_j}}_{\text{粘性項}} \underbrace{- \frac{\partial}{\partial x_j}\left(\overline{u_j'k'} + \overline{u_j'\frac{p'}{\rho}}\right)}_{\text{乱流拡散+圧力拡散項}} \underbrace{- \overline{u_i'u_j'}\frac{\partial \overline{u}_i}{\partial x_j}}_{\text{生成項}} \underbrace{- \varepsilon}_{\text{散逸項}} \qquad (12.2.2)$$

ここで，乱流拡散項と散逸項はモデル化しなければならないが，まず乱流拡散項は圧力拡散項とともに勾配拡散型モデルを用いて以下のようにモデル化される．

$$-\left(\overline{u_j'k'} + \overline{u_j'\frac{p'}{\rho}}\right) = \nu_{tk}\frac{\partial k}{\partial x_j} \qquad (12.2.3)$$

ν_{tk} は，乱流エネルギーに関する渦粘性係数であり，式（12.2.1）同様に，$\nu_{tk} = C_k \sqrt{k}\, l$ と表現される．

散逸項 ε は，乱流エネルギー保有渦の特性時間スケール $\tau_u = k/\varepsilon$ が，渦粘性係数のモデル式（12.2.1）における乱れの時間スケール $l/\sqrt{k}$ と同程度と考え，以下のようにモデル化される．

$$\varepsilon = C_1 \frac{k^{3/2}}{l} \qquad (12.2.4)$$

よって，1方程式モデルにおける乱流エネルギーの輸送方程式は次式で与えられる．

$$\frac{Dk}{Dt} = \frac{\partial}{\partial x_j}\left[(\nu + C_k\sqrt{k}\, l)\frac{\partial k}{\partial x_j}\right] - \overline{u_i'u_j'}\frac{\partial \overline{u}_i}{\partial x_j} - C_1\frac{k^{3/2}}{l} \qquad (12.2.5)$$

ここで，モデル定数 C_k は，$C_k \simeq 0.38$ が一般的である．

モデル定数 C_μ と C_1 については，局所平衡の関係式 $-\overline{u'v'}(\partial \overline{u}/\partial y) = C_1(k^{3/2}/l)$ と，定応力層の関係式 $\tau_w \simeq -\rho\overline{u'v'}$ $(u_\tau^2 = -\overline{u'v'})$ より，以下の関係式が導かれる．

$$C_\mu C_1 = \left(\frac{-\overline{u'v'}}{k}\right)^2 = \left(\frac{u_\tau}{\sqrt{k}}\right)^4 \qquad (12.2.6)$$

また，0方程式モデル式

$$-\overline{u'v'}=\nu_t\frac{\partial\overline{u}}{\partial y}=l^2\left|\frac{\partial\overline{u}}{\partial y}\right|\frac{\partial\overline{u}}{\partial y}=u_\tau^2$$

より，$\partial\overline{u}/\partial y=u_\tau/l$ を得る．よって，最終的に以下のモデル定数の関係式が導かれる．

$$C_1=\frac{-\overline{u'v'}}{(k^{3/2}/l)}\frac{\partial\overline{u}}{\partial y}=\frac{u_\tau^3}{k^{3/2}}=\left(\frac{u_\tau}{\sqrt{k}}\right)^3$$
$$C_\mu=\frac{1}{C_1}\left(\frac{u_\tau}{\sqrt{k}}\right)^4=\frac{u_\tau}{\sqrt{k}}=C_1^{1/3}\qquad(12.2.7)$$

壁乱流における定応力層では，構造パラメーター $-\overline{u'v'}/k$ が $-\overline{u'v'}/k\simeq 0.3$ となることが知られている．これと式（12.2.6）より，$C_\mu C_1=0.09$ となる．よって式（12.2.7）より，$C_\mu=0.55$，$C_1=0.164$ を得るが，一般的には経験的な最適値 $C_\mu\simeq 0.56$，$C_1\simeq 0.18$ が使われる．また，Wolfshtein[2] や Norris-Reynolds[3] らは壁面補正を用いてモデルを精密化している．

ただし，上記のモデルはすでに古典的なモデルであり，LES 手法にこの応用がみられるが，現在では RANS レベルでほぼ使われることはない．しかし，Bradshaw[4] による 1 方程式モデルとともに乱流モデルの黎明期に提案されたことから，乱流モデルを理解するうえで一助となるものである．

ところで，最近の 1 方程式モデルの主流は渦粘性係数 ν_t そのものに対する輸送方程式を解くものに変わってきている．その主たる理由は上記の Le を混合長のように“既知量”として前もって与えると乱流の長さスケールが流れ場によって通常は変化すること（すなわち ν_t もそれに応じて変化する）および上流の影響などがモデル式の解として得られないことにあり，0 方程式モデルと比較して予測精度の大幅な改善につながらなかったためである．

ν_t の輸送方程式の構築においても大別すると二つの方法論に分かれる．一つは ν_t の輸送方程式を現象論的な直感と移動速度論からの類推に基づき 1960 年代後半に発表された Nee-Kovasznay モデルに端を発するものである[5~7]．特に，Spalart-Allmaras モデル[6] は空気流体力学をもとにしていて，航空機の開発・設計に多用されている．他の一つは技術計算の現在の主流である k-ε 2 方程式モデルをもとに ν_t の輸送方程式を導出したものである．2 方程式モデルでは，乱れの代表速度を乱流エネルギー k から定まる $\sqrt{k}$ で表し，乱れの空間スケールは乱流エネルギー保有渦のスケール $Le=k^{3/2}/\varepsilon$（乱れの寿命を $\tau_u=k/\varepsilon$ とし $Le=\sqrt{k}\tau_u$ とする）で代表させ

$$\nu_t=C_\mu\sqrt{k}Le=C_\mu k\tau_u=C_\mu\frac{k^2}{\varepsilon}\qquad(12.2.8)$$

とおき，ν_t を求めるために k とその散逸率 ε に対する輸送方程式を解いている（12.3 節参照）．したがって，ν_t の輸送方程式は，式（12.2.8）の実質微分をとり，右辺の k および ε の実質微分項に k-ε 2 方程式モデルの輸送方程式を代入すれば，高次のモデルをもとにした 1 方程式モデルが構築できる[8~11]．

$$\frac{D\nu_t}{Dt}=C_\mu\frac{D}{Dt}\left(\frac{k^2}{\varepsilon}\right)=C_\mu\left(\frac{2k}{\varepsilon}\frac{Dk}{Dt}-\frac{k^2}{\varepsilon^2}\frac{D\varepsilon}{Dt}\right)\qquad(12.2.9)$$

以下に，二つの方法論から得られた最新のモデルを以下に記す．

・　Spalart-Allmaras（SA）モデル[6]

$$\nu_t=\tilde{\nu}f_{v1}=\tilde{\nu}\frac{\chi^3}{\chi^3+C_{v1}^3}\qquad(12.2.10)$$

$$\frac{D\tilde{\nu}}{Dt}=C_{b1}(1-f_{t2})\tilde{S}\tilde{\nu}+\frac{1}{\sigma}\frac{\partial}{\partial x_k}\left\{(\nu+\tilde{\nu})\frac{\partial\tilde{\nu}}{\partial x_k}\right\}+\frac{C_{b2}}{\sigma}\frac{\partial\tilde{\nu}}{\partial x_k}\frac{\partial\tilde{\nu}}{\partial x_k}-\left(C_{w1}f_{w1}-\frac{C_{b1}}{\chi^2}f_{t2}\right)\left(\frac{\tilde{\nu}}{d}\right)^2+f_{t1}\Delta U^2\qquad(12.2.11)$$

ここで，$\chi=(\tilde{\nu}/\nu)$，d は壁からの距離，ΔU は計算点と乱流遷移点での速度差のノルムである．

Spalart-Allmaras モデル[6] のモデル関数は以下のように与えられる．

$$\left.\begin{aligned}
&\tilde{S}\equiv S+\frac{\tilde{\nu}}{\chi^2 d^2}f_{v2},\quad f_{v2}=1-\frac{\chi}{1+\chi f_{v1}}\\
&f_w=g\left[\frac{1+C_{w3}^6}{g^6+C_{w3}^6}\right]^{1/6},\quad g=r+C_{w2}(r^6-r),\\
&r\equiv\frac{\tilde{\nu}}{\tilde{S}\chi^2 d^2}\\
&f_{t1}=C_{t1}g_t\exp\left\{-C_{t2}\frac{\omega_t^2}{\Delta U^2}(d^2+g_t^2 d_t^2)\right\},\\
&f_{t2}=C_{t3}\exp(-C_{t4}\chi^4)\\
&g_t=\min(0.1,\Delta U/\omega_t\Delta x_t)
\end{aligned}\right\}\qquad(12.2.12)$$

ここで $S=\sqrt{2\Omega_{ij}\Omega_{ij}}$，$\Omega_{ij}=(\partial\overline{u}_i/\partial x_j-\partial\overline{u}_j/\partial x_i)/2$，$d_t$ は入口境界から乱流遷移点までの距離，Δx_t は乱流遷移点における壁と平行な方向の格子間隔，ω_t はそこでの渦度である．

また，モデル定数は以下の通りである．

$$\left.\begin{array}{l} C_{b1}=0.1355,\ C_{b2}=0.622,\ C_{v1}=7.1 \\ C_{t1}=1,\ C_{t2}=2,\ C_{t3}=1.1,\ C_{t4}=1.1 \\ C_{w1}=C_{b1}/\varkappa^2+(1+C_{b2})/\sigma,\ C_{w2}=0.3,\ C_{w3}=2, \\ \varkappa=0.41,\ \sigma=2/3 \end{array}\right\} \tag{12.2.13}$$

Spalart-Allmaras モデル[6] は，関数 f_{t1} を用いて層流-乱流遷移問題が扱えるため，航空機の翼周りなどの計算によく用いられるが，乱流遷移点はあらかじめ与えるため，遷移点が予測できるわけではないことに注意を要する．また，境界層流れを解析する場合には，壁面境界条件は壁面また境界層の外でも 0 とおく．

・ Pei-Hattori-Nagano (PHN) モデル[10,11]

このモデルは，2 方程式モデルの知見を反映させ，伝熱計算を考慮して壁面近くのモデル予測性能を向上させたものである．そのため，基礎となる渦粘性係数 ν_t は低レイノルズ数型のモデル表現を用いることから，低レイノルズ数型 1 方程式モデルといわれる．

$$\nu_t=C_\mu f_\mu \frac{k^2}{\varepsilon} \tag{12.2.14}$$

ここで，f_μ は壁面影響関数と呼ばれ，壁面近くの乱流を支配する時間スケールや長さスケールといったパラメーターを適切に与えるために導入されたものである[12]．

式 (12.2.14) の実質微分をとると次式を得る．

$$\frac{D\nu_t}{Dt}=C_\mu\frac{D}{Dt}\left(f_\mu\frac{k^2}{\varepsilon}\right)=C_\mu\left(\frac{k^2}{\varepsilon}\frac{Df_\mu}{Dt}+f_\mu\frac{2k}{\varepsilon}\frac{Dk}{Dt}-f_\mu\frac{k^2}{\varepsilon^2}\frac{D\varepsilon}{Dt}\right)=\frac{\nu_t}{f_\mu}\frac{Df_\mu}{Dt}+\frac{2\nu_t}{k}\frac{Dk}{Dt}-\frac{\nu_t}{\varepsilon}\frac{D\varepsilon}{Dt} \tag{12.2.15}$$

ここで，壁面影響関数 f_μ の実質微分を 0 と考え，低レイノルズ数型 2 方程式モデルにおける乱流エネルギー k とその散逸率 ε の輸送方程式を代入すると次式を得る．

$$\frac{D\nu_t}{Dt}=\underbrace{\frac{\partial}{\partial x_j}\left\{\left(\nu+\frac{\nu_t}{\sigma_\nu}\right)\frac{\partial\nu_t}{\partial x_j}\right\}}_{\text{拡散項}}\underbrace{+C_1\nu_t S}_{\text{生成項}}\underbrace{-E_1}_{\text{散逸項}}\underbrace{+A_{f_\nu}}_{\text{壁面影響項}} \tag{12.2.16}$$

ここで，$S=\sqrt{2S_{ij}S_{ij}}$ であり，散逸項は，計算時の数値不安定を除くために以下のモデル形が提案されている．

$$E_1=7E_{BB}\tanh\left(\frac{E_0}{7E_{BB}}\right) \tag{12.2.17}$$

ここで，

$$E_0=2\left(\nu+\frac{\nu_t}{1.8}\right)\nu_t\left(\frac{1}{S}\frac{\partial S}{\partial x_j}\right)^2,\quad E_{BB}=\frac{\partial\nu_t}{\partial x_j}\frac{\partial\nu_t}{\partial x_j}$$

である．また，壁面影響項は次式で与えられる．

$$\begin{aligned} A_{f_\nu}=&-(3\Gamma_\nu-\nu)\frac{\partial\nu_t}{\partial x_j}\left\{\frac{\partial\ln f_a}{\partial x_j}+\frac{\partial\ln f_b}{\partial x_j}\right\} \\ &-2\Gamma_\nu\nu_t\frac{1}{S}\frac{\partial S}{\partial x_j}\left\{\frac{\partial\ln f_a}{\partial x_j}+\frac{\partial\ln f_b}{\partial x_j}\right\} \\ &-\Gamma_\nu\nu_t\left\{\frac{\partial^2\ln f_a}{\partial x_j\partial x_j}+\frac{\partial^2\ln f_b}{\partial x_j\partial x_j}\right\} \\ &+\Gamma_\nu\nu_t\left\{\frac{1}{2}\frac{\partial(\ln f_a)^2}{\partial x_j}+\frac{\partial(\ln f_b)^2}{\partial x_j}\right\} \end{aligned} \tag{12.2.18}$$

ここで，$\Gamma_\nu=\nu+\nu_t/\sigma_\nu$ である．

Pei-Hattori-Nagano モデル[10,11] のモデル関数は次式で与えられる[10,11]．

$$\left.\begin{array}{l} f_a=1-\exp\left\{-\left(\dfrac{n_\varepsilon}{26}\right)^2\right\},\quad f_b=\dfrac{f_\mu}{f_a} \\ f_\varepsilon=1-\exp\left\{-\left(\dfrac{\nu_t/\nu}{0.055}\right)^{2/3}\right\} \\ f_\mu=\left[1-\exp\left\{-\left(\dfrac{n_\varepsilon}{24}\right)^2\right\}\right]\left(1+\dfrac{63}{n_\varepsilon^3}\right) \end{array}\right\} \tag{12.2.19}$$

ここで，$n_\varepsilon=u_\varepsilon n/\nu=(\nu\varepsilon^*)^{1/4}n/\nu$ は，壁面近傍の特性を考慮した無次元距離．n は壁面からの垂直距離もしくは計算格子点から壁面への最短距離である．また，散逸関数 ε^* を，次式で与えている．

$$\varepsilon^*=f_b S^2+C_4\frac{f_e}{\nu}\left\{\frac{\sqrt{\overline{u}^2/2}}{1+\nu_t/\nu}\right\}^4 \tag{12.2.20}$$

他のモデル定数とモデル関数は以下で与えられる．

$$\left.\begin{array}{l} C_1=\sqrt{C_\mu f_a}\{(2-C_{\varepsilon1})+(C_{\varepsilon2}f_\varepsilon-2)f_b\},\quad \sigma_\nu=1.8 \\ C_\mu=0.09,\quad C_{\varepsilon1}=1.45,\quad C_{\varepsilon2}=1.9 \\ f_e=\exp\left\{-\left(\dfrac{\nu_t}{35\nu}\right)^3\right\} \end{array}\right\} \tag{12.2.21}$$

上記の低レイノルズ数型 1 方程式モデル[10,11] は，Abe ら[12] による剝離，再付着を伴う流れを予測するための低レイノルズ数型モデル（AKN モデルと呼ぶ）をもとに構築され，1 方程式モデルでははじめて乱れの壁面漸近挙動を議論し，それを満足させるとともに剝離・再付着を伴うバックステップ流れや，壁面噴流の予測においてもその予測性能は高いことが確認されている（図 12.2～12.11 参照）．特に図 12.2 に示した壁面漸近挙動は，翼周りの解析

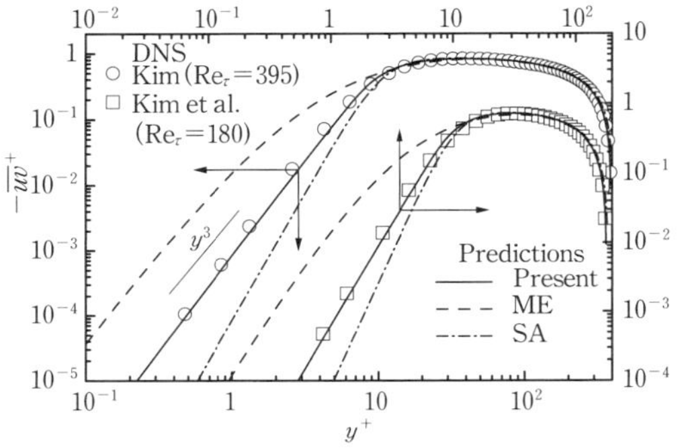

図 12.2　レイノルズ剪断応力の壁面漸近挙動

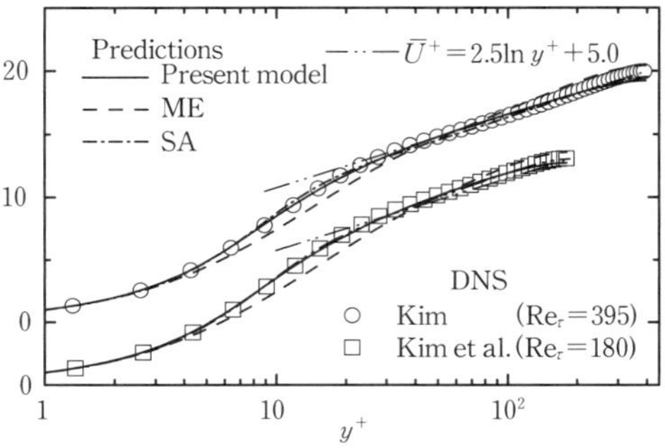

図 12.3　平均速度分布の予測（管内流）

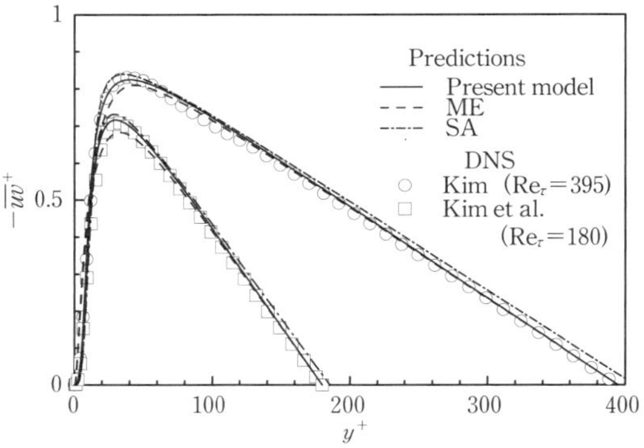

図 12.4　レイノルズ剪断応力分布の予測（管内流）

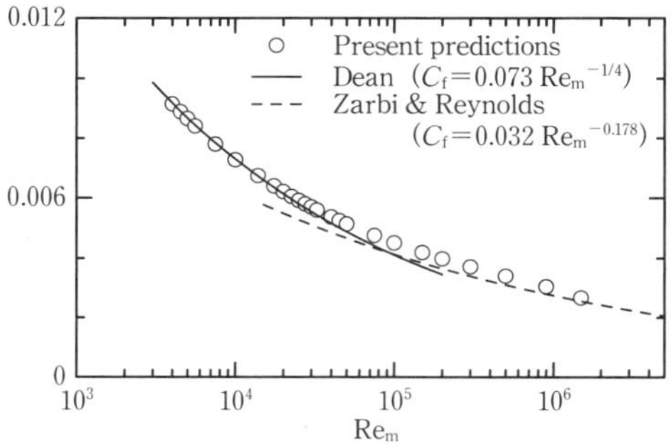

図 12.5　壁面摩擦係数（管内流）

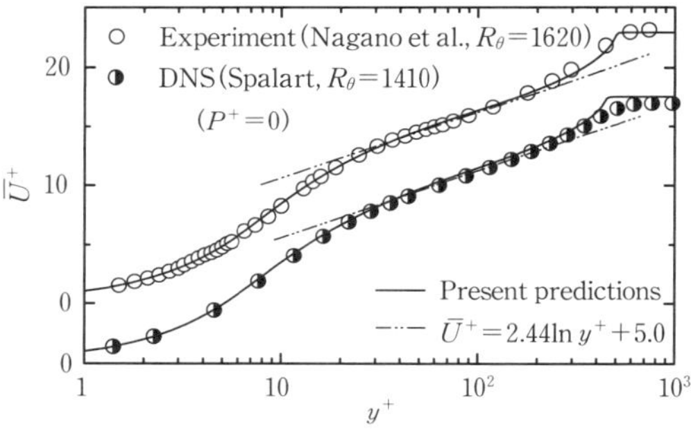

図 12.6　乱流境界層における平均速度分布

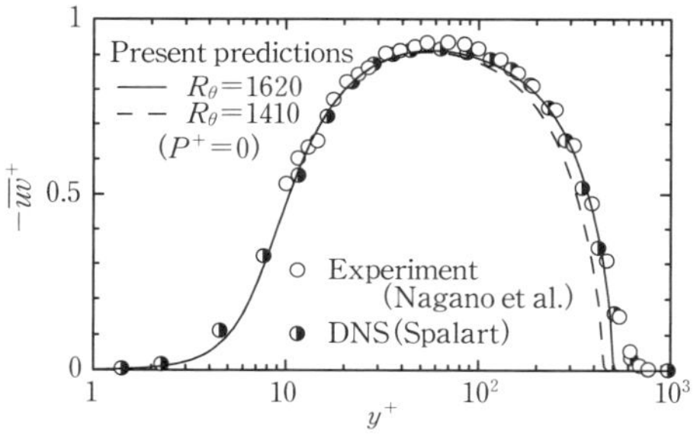

図 12.7　乱流境界層におけるレイノルズ剪断応力

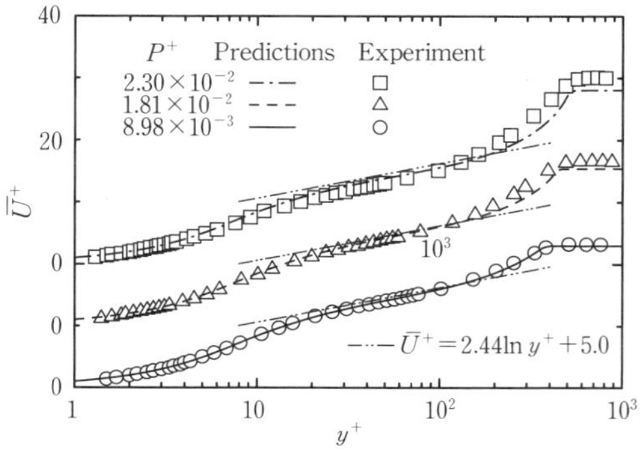

図 12.8　逆圧力乱流境界層における平均速度分布

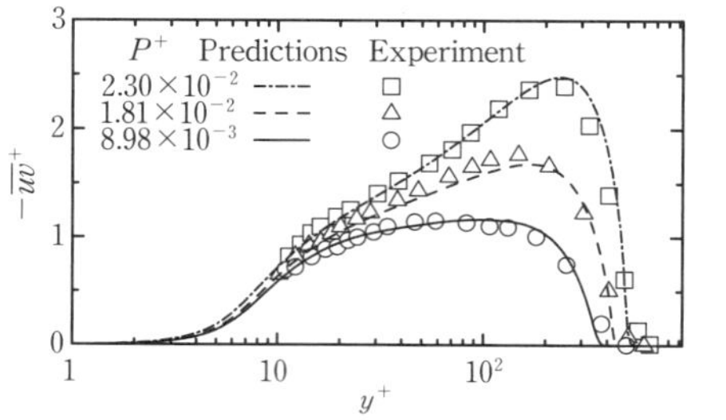

図 12.9　逆圧力乱流境界層におけるレイノルズ剪断応力

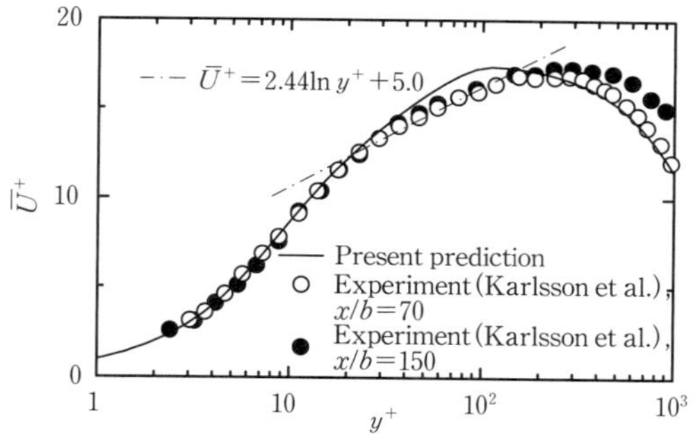

図 12.10　壁面噴流の予測（平均速度分布）

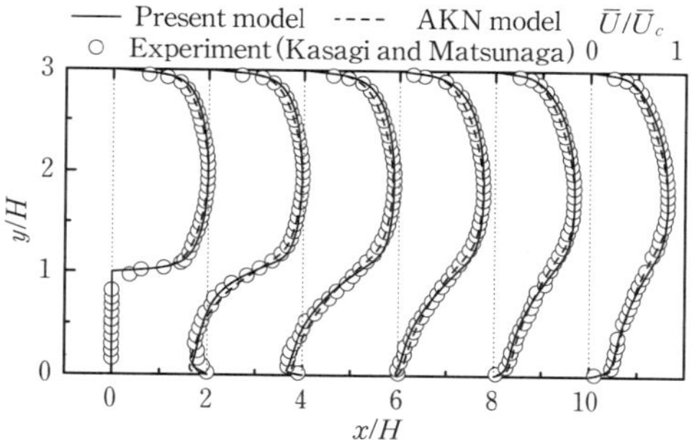

図 12.11　バックステップ乱流の予測（平均速度分布）

でよく用いられる Spalart-Allmaras モデル[6]はこれを満足せず，Menter[9]によるモデルは定量的に満足していない．上述の低レイノルズ数型 1 方程式モデル[10,11]は定量的にも満足し，後述の温度場 1 方程式モデルと組み合わせることにより，乱流熱伝達現象をより精度高く予測することができる．なお，低レイノルズ数型 1 方程式モデルの計算収束性を高め，より工学計算に使いやすいよう改良されたモデルも提案されている[13]．

12.2.2　温度場 1 方程式モデル

温度場 1 方程式モデルは速度場モデルのように 0 方程式→1 方程式という発展を遂げていない．0 方程式モデル（乱流プラントル数を一定したモデル）の予測精度に限界があることは，その定義からたとえば速度場と温度場が非相似な場を考えても明らかとなっていたが，その次に開発されたモデルは温度場 2 方程式モデルであった[14~16]．温度場の予測に影響を与える熱の渦拡散係数 α_t のモデリングは，速度場における運動量の渦拡散係数 ν_t と同様な概念（乱れの速度×乱れの時間スケール）で定義される．乱れの速度は乱流エネルギーより定まる $\sqrt{k}$ を用いるのが妥当であるが，乱れの時間スケールは温度場特有の時間スケールを考える[14]．ここで，温度乱れ強度 $\overline{\theta'^2}$ がある渦のスケールを考えると，この渦のなかでの温度乱れの減衰率は $D\overline{\theta'^2}/Dt=-\varepsilon_\theta$ となる．これより，温度乱れの寿命 τ_θ は $\tau_\theta=\overline{\theta'^2}/\varepsilon_\theta$ と見積もられるが，強制対流場では速度乱れが存在しない限り，温度乱れが存在しないと考えられる．そのため，τ_θ と速度場の特性時間スケール $\tau_u=k/\varepsilon$ との混合時間スケール $\tau_m=\tau_u^l\tau_\theta^m\,(l+m=1)$ が考案された[14]．よって，乱れの特性時間スケールを決めるために解かれる速度場モデルは 2 方程式モデルであったため，温度場モデルは温度乱れ $\overline{\theta'^2}$ と，その散逸率 ε_θ の二つの輸送方程式を解く 2 方程式モデルとなったことは自然であった．

温度場 1 方程式モデルは，長い間その考案すら行われなかったが，前述の渦粘性係数の輸送方程式を解く 1 方程式モデルを参考に，熱の渦拡散係数 α_t をその輸送方程式から解く温度場 1 方程式モデルが開発された[17,18]．

温度場 1 方程式モデルは，2 方程式モデル同様に熱の渦拡散係数 α_t を以下のように与える．

$$\alpha_t=C_\lambda f_\lambda k\tau_m \qquad (12.2.22)$$

ここで，τ_m は混合時間スケールであるが，温度場 1 方程式モデルでは速度場時間スケール $\tau_u=k/\varepsilon$ と，温度場時間スケール $\tau_\theta=k_\theta/\varepsilon_\theta\,(k_\theta=\overline{\theta'^2}/2)$ の調和平均型時間スケールで表されている．

$$\frac{1}{\tau_m}=\frac{1}{\tau_u}+\frac{C_m}{\tau_\theta}\rightarrow\tau_m=\frac{1}{1/\tau_u+C_m/\tau_\theta}=\frac{kk_\theta}{k_\theta\varepsilon+C_m k\varepsilon_\theta} \qquad (12.2.23)$$

式（12.2.23）を式（12.2.22）に代入し，α_t の実質微分をとると次式を得る．

$$\begin{aligned}\frac{D\alpha_t}{Dt}&=\frac{D}{Dt}C_\lambda f_\lambda k\tau_m\\&=C_\lambda\left(k\tau_m\frac{Df_\lambda}{Dt}+f_\lambda\tau_m\frac{Dk}{Dt}+f_\lambda k\frac{D\tau_m}{Dt}\right)\\&=\frac{\alpha_t}{f_\lambda}\frac{Df_\lambda}{Dt}+(l+1)\frac{\alpha_t}{k}\frac{Dk}{Dt}-l\frac{\alpha_t}{\varepsilon}\frac{D\varepsilon}{Dt}\\&\quad+m\frac{\alpha_t}{k_\theta}\frac{Dk_\theta}{Dt}-m\frac{\alpha_t}{\varepsilon_\theta}\frac{D\varepsilon_\theta}{Dt}\end{aligned} \qquad (12.2.24)$$

ここで，$l=\tau_m/\tau_u$，$m=C_m(\tau_m/\tau_\theta)$ である．

式（12.2.24）の右辺各項の実質微分に，低レイノルズ数型 2 方程式モデル（k-ε モデル），温度場 2 方程式モデル（k_θ-ε_θ モデル）の輸送方程式を代入し，まとめると次の温度場 1 方程式に関する輸送方程式が得られる（ただし，壁面影響関数 f_λ の実質微分項は無視している）．

$$\frac{D\alpha_t}{Dt}=\underbrace{\frac{\partial}{\partial x_j}\left\{\left(\alpha+\frac{\alpha_t}{\sigma_t}\right)\frac{\partial\alpha_t}{\partial x_j}\right\}}_{\text{拡散項}}+\underbrace{\left(C_{t1}+C_{t2}\frac{\alpha_t}{\nu_t}\right)\nu_t S}_{\text{生成項}}$$
$$\underbrace{-E_t+D_t}_{\text{付加項}}+\underbrace{A_{fu}+A_{ft}}_{\text{壁面補正項}} \qquad (12.2.25)$$

ここで，生成項中のモデル定数 C_{t1}，C_{t2} と，第4項以下は次式で与えられる．

$$C_{t1}=m(1-C_{P1})\frac{C_t}{\sqrt{C_\mu f_c}} \qquad (12.2.26)$$

$$\begin{aligned}C_{t2}=\Big\{&(l+1)(1-f_b)+l(C_{\varepsilon2}f_\varepsilon f_b-C_{\varepsilon1})\\&+\frac{m^2}{C_m l}(C_{D1}f_{D1}-1)f_b+m(C_{D2}f_{D2}f_b\\&-C_{P2})\Big\}\sqrt{C_\mu f_a}\end{aligned} \qquad (12.2.27)$$

$$E_t=C_{t3}E_{BB}\tanh\left(\frac{E_{t0}}{C_{t3}E_{BB}}\right) \qquad (12.2.28)$$

$$\begin{aligned}E_{t0}=&4m\Gamma_t\alpha_t\left(\frac{1}{S}\frac{\partial S}{\partial x_j}\right)\left(\frac{1}{G}\frac{\partial G}{\partial x_j}\right)\\&+2(l\Gamma_v-m\Gamma_t)\alpha_t\left(\frac{1}{S}\frac{\partial S}{\partial x_j}\right)^2\end{aligned} \qquad (12.2.29)$$

$$\begin{aligned}D_t=&\Gamma_t\alpha_t\left(\frac{1}{\alpha_t}\frac{\partial\alpha_t}{\partial x_j}-\frac{1}{\nu_t}\frac{\partial\nu_t}{\partial x_j}\right)\left\{4\left(\frac{1}{G}\frac{\partial G}{\partial x_j}-\frac{m}{S}\frac{\partial S}{\partial x_j}\right)\right.\\&\left.+2\left(\frac{1}{\alpha_t}\frac{\partial\alpha_t}{\partial x_j}-\frac{1}{\nu_t}\frac{\partial\nu_t}{\partial x_j}\right)\right\}\\&+(\Gamma_v-\Gamma_t)\alpha_t\left\{\left(\frac{2m}{\nu_t}\frac{\partial\nu_t}{\partial x_j}\right)\left(\frac{1}{S}\frac{\partial S}{\partial x_j}\right)\right.\\&\left.+\frac{1}{\nu_t}\frac{\partial^2\nu_t}{\partial x_j\partial x_j}+\frac{m}{S}\frac{\partial^2 S}{\partial x_j\partial x_j}\right\}\\&+\alpha_t\left(\frac{1}{\sigma_\nu}\frac{\partial\nu_t}{\partial x_j}-\frac{1}{\sigma_t}\frac{\partial\alpha_t}{\partial x_j}\right)\left(\frac{m}{S}\frac{\partial S}{\partial x_j}+\frac{1}{\nu_t}\frac{\partial\nu_t}{\partial x_j}\right)\end{aligned} \qquad (12.2.30)$$

$$\begin{aligned}A_{fu}=&-\frac{\alpha_t}{\sigma_\nu}\frac{\partial\nu_t}{\partial x_j}\left\{\frac{1}{2}(l+1)\frac{\partial\ln f_a}{\partial x_j}+l\frac{\partial\ln f_b}{\partial x_j}\right\}\\&-\Gamma_v\alpha_t\left\{\frac{1}{2}(l+1)\frac{\partial^2\ln f_a}{\partial x_j\partial x_j}+l\frac{\partial^2\ln f_b}{\partial x_j\partial x_j}\right\}\\&+\Gamma_v\alpha_t\left\{\frac{1}{4}(l+1)\frac{\partial(\ln f_a)^2}{\partial x_j}-l\frac{\partial(\ln f_b)^2}{\partial x_j}\right\}\\&-\Gamma_v\frac{\alpha_t}{\nu_t}\frac{\partial\nu_t}{\partial x_j}\left\{(l+1)\frac{\partial\ln f_a}{\partial x_j}+l\frac{\partial\ln f_b}{\partial x_j}\right\}\\&-\Gamma_v\alpha_t\frac{1}{S}\frac{\partial S}{\partial x_j}\left\{(l+1)\frac{\partial\ln f_a}{\partial x_j}-4l\frac{\partial\ln f_b}{\partial x_j}\right\}\end{aligned} \qquad (12.2.31)$$

$$\begin{aligned}A_{ft}=&\frac{\alpha_t}{\sigma_t}\frac{\partial\alpha_t}{\partial x_j}\left(m\frac{\partial\ln f_c}{\partial x_j}-\frac{\partial\ln f_d}{\partial x_j}+l\frac{\partial\ln f_g}{\partial x_j}\right)\\&+\Gamma_t\alpha_t\left(m\frac{\partial^2\ln f_c}{\partial x_j\partial x_j}-\frac{\partial^2\ln f_d}{\partial x_j\partial x_j}+l\frac{\partial^2\ln f_g}{\partial x_j\partial x_j}\right)\\&+\Gamma_t\alpha_t\left\{m\frac{\partial(\ln f_c)^2}{\partial x_j}-\frac{\partial(\ln f_d)^2}{\partial x_j}+l\frac{\partial(\ln f_g)^2}{\partial x_j}\right\}\\&+2\Gamma_t\frac{\partial\alpha_t}{\partial x_j}\left(2m\frac{\partial\ln f_c}{\partial x_j}-\frac{\partial\ln f_d}{\partial x_j}+2l\frac{\partial\ln f_g}{\partial x_j}\right)\\&+4\Gamma_t\frac{\alpha_t}{G}\frac{\partial G}{\partial x_j}\left(m\frac{\partial\ln f_c}{\partial x_j}-\frac{\partial\ln f_d}{\partial x_j}+l\frac{\partial\ln f_g}{\partial x_j}\right)\\&-2\Gamma_t\alpha_t\frac{1}{\nu_t}\frac{\partial\nu_t}{\partial x_j}\left(m\frac{\partial\ln f_c}{\partial x_j}+l\frac{\partial\ln f_g}{\partial x_j}\right)\\&-2m\Gamma_t\frac{\alpha_t}{S}\frac{\partial S}{\partial x_j}\frac{\partial\ln f_c}{\partial x_j}\end{aligned} \qquad (12.2.32)$$

ここで，

$$\Gamma_t=\alpha+(\alpha_t/\sigma_t),\quad G=\left(\frac{\partial\overline{\theta}}{\partial x_j}\frac{\partial\overline{\theta}}{\partial x_j}\right)^{1/2}$$
$$f_c=\frac{\sqrt{f_a}}{f_t},\quad f_d=\frac{f_\lambda}{f_t},\quad f_g=\frac{f_\mu}{f_t}$$

であり，前節の速度場1方程式モデル（PHN モデル）[11] と同じ記号はそれらを用いる．また，時間スケール比 l，m は再定義され，以下で与えられる．

$$l+m=1,\quad l=\frac{C_\mu f_\mu\alpha_t}{C_\lambda f_\lambda\nu_t},\quad m=1-\frac{C_\mu f_\mu\alpha_t}{C_\lambda f_\lambda\nu_t} \qquad (12.2.33)$$

モデル関数は，温度場の乱流諸量の漸近挙動とプラントル数効果を考慮した2方程式モデル[19] を参考に，以下のように与えられている[17,18]．

$$\left.\begin{aligned}&f_\lambda=\left[1-\exp\left\{-\left(\frac{n_\varepsilon}{A_\lambda^*}\right)^2\right\}\right]\left[1+\frac{B_\lambda^*}{\alpha_t/\nu}\right]\\&A_\lambda^*=\frac{35}{(1+C_\eta\sqrt{\mathrm{Pr}})^{1/8}}\\&B_\lambda^*=\frac{60}{(1+C_\eta\sqrt{\mathrm{Pr}})^{1/4}\mathrm{Pr}^{1/2}}\end{aligned}\right\} \qquad (12.2.34)$$

$$\left.\begin{aligned}&f_t=1-\exp\left\{-\left(\frac{n_\varepsilon}{A_t^*}\right)^2\right\}\\&A_t^*=\frac{20.5}{1+C_\eta\sqrt{\mathrm{Pr}}}\end{aligned}\right\} \qquad (12.2.35)$$

ここで，$n_\varepsilon=u_\varepsilon n/\nu=(\nu\varepsilon^*)^{1/4}n/\nu$ であり，ε^* は式(12.2.20) で与える．また，他のモデル定数とモデル関数は以下のように与えられる[17,18]．

$$\left.\begin{aligned}&C_\lambda=0.10,\quad C_m=\frac{0.2}{\mathrm{Pr}^{1/4}},\quad C_t=0.14,\\&C_{t3}=7.0,\quad C_{P1}=0.9,\quad C_{P2}=0.8,\quad C_{D1}=1.0,\\&C_{D2}=0.9,\quad C_\eta=1.3,\quad \sigma_t=\sigma_n=\sigma_\phi=1.0,\\&f_{D1}=1.0,\quad f_{D2}=\left(\frac{C_{\varepsilon2}f_\varepsilon-1}{C_{D2}}\right)\left[1-\exp\left\{-\left(\frac{n_\varepsilon}{0.3}\right)^2\right\}\right]\end{aligned}\right\} \qquad (12.2.36)$$

図12.12〜12.17に，上記温度場1方程式による種々のプラントル数流体における解析例を示す．速

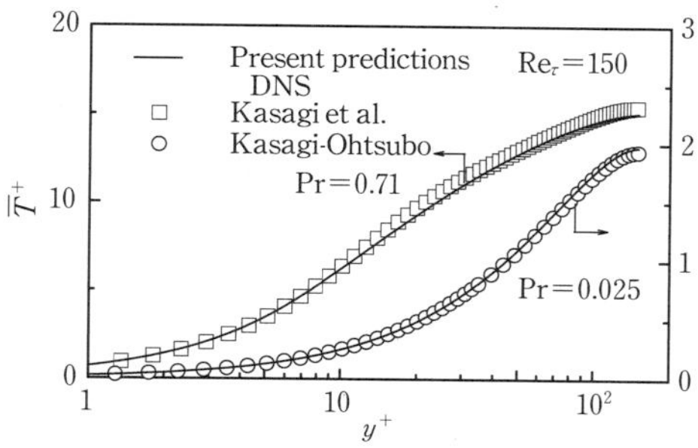

図 12.12　平均温度分布の予測（管内流：熱流束一定加熱）

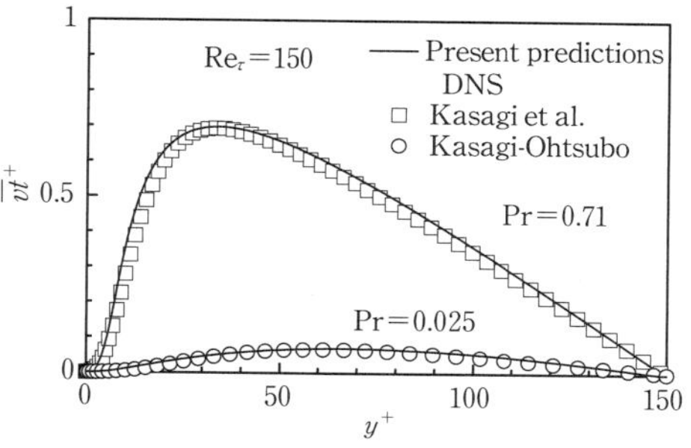

図 12.13　乱流熱流束分布の予測（管内流：熱流束一定加熱）

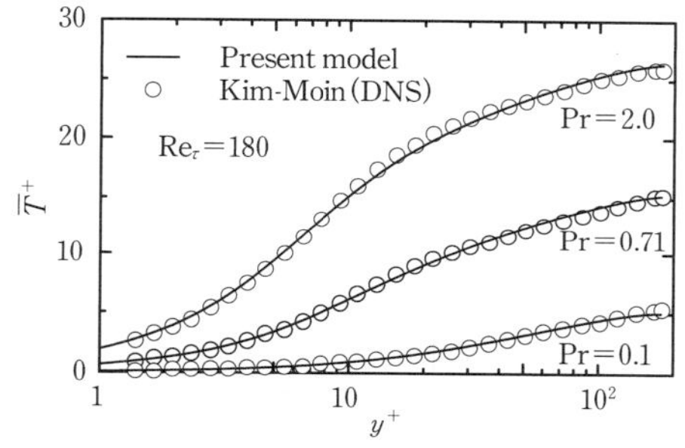

図 12.14　種々のプラントル数流体における平均温度分布の予測（管内流：壁面一定加熱）

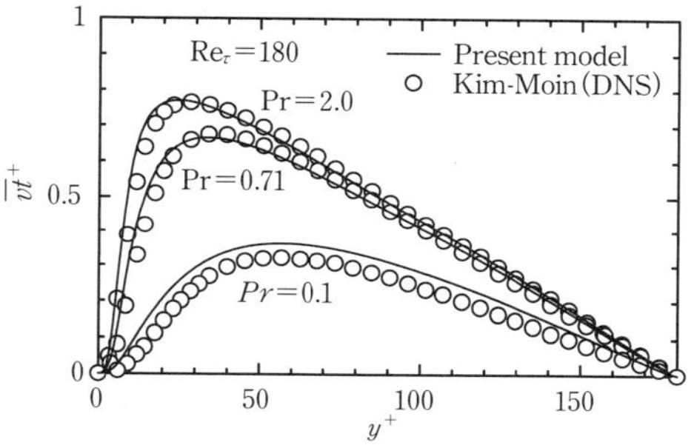

図 12.15　種々のプラントル数流体における乱流熱流束分布の予測（管内流：壁面一定加熱）

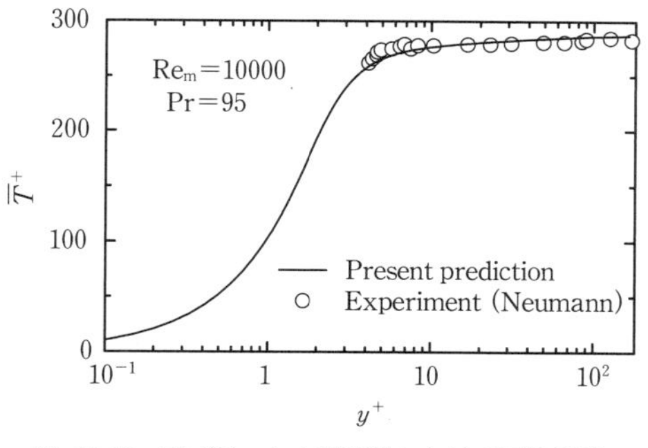

図 12.16　高プラントル数流体における平均温度分布の予測（管内流）

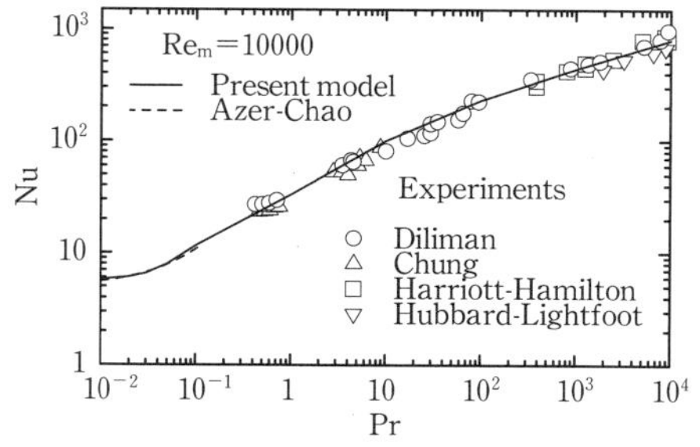

図 12.17　種々のプラントル数流体における平均ヌセルト数の予測（管内流）

度場の計算には，速度場1方程式モデル（PHNモデル）[17,18]を用いている．これらの結果により，温度場1方程式モデルであるが，低プラントル数流体から高プラントル数流体に至るまで，高い予測性能が出ていることが確認できる．

［長野靖尚・服部博文］

文　　献

1) L. Prandtl : Über ein neues Formelsystem für die ausgebildete Turbulenz, Nachr-Asked. Wiss Göttingen., Math. Phys. Klasse, 1945, 6-19.
2) M. Wolfshtein : Int. J. Heat Mass Transfer, **12**, 1969, 301-318.
3) L. H. Norris, W. C. Reynolds : Stanford Univ. Dept. Mech. Engng. Report, 1975, FM-10.
4) P. Bradshaw *et al.* : J. Fluid Mech., **28**, 1967, 593-616.
5) V. W. Nee, L. S. G. Kovasznay : Phys. Fluids, **12**, 1969, 473-484.
6) P. R. Spalart, S. R. Allmaras : La Recherche Aerospatiale, **1**, 1994, 5-21.
7) P. A. Durbin *et al.* : Phys. Fluids, **6**, 1994, 1007-1015.
8) B. S. Baldwin, T. J. Barth : NASA TM 102847, 1990.
9) F. R. Menter : Trans. ASME, J. Fluids Engng., **119**, 1997, 876-884.
10) C. -Q. Pei *et al.* : Thermal Sci. Engng., **7**(3), 1999, 41-47.
11) Y. Nagano *et al.* : Flow, Turbulence Combustion, **63**, 2000, 135-151.
12) K. Abe *et al.* : Int. J. Heat Mass Transfer, **37**, 1994, 139-151.
13) X. Wu *et al.* : Trans. JSME, **72**(719 B), 2006, 1674-1681.
14) Y. Nagano, C. Kim : Trans. ASME, J. Heat Transfer, **110**, 1988, 583-589.
15) M. S. Youssef *et al.* : Int. J. Heat Mass Transfer, **35**, 1992, 3095-3104.
16) K. Abe *et al.* : Int. J. Heat Mass Transfer, **38**, 1995, 1467-1481.
17) C.-Q. Pei *et al.* : Thermal Sci. Engng., **7**(5), 1999, 31-39.
18) C.-Q. Pei *et al.* : Proc. 3rd Int. Sympo. on Turbulence, Heat and Mass Transfer, 2000, 349-356.
19) Y. Nagano, M. Shimada : Phys. Fluids, **8**, 1996, 3379-3402.

12.3　標準型 *k*-ε モデル

12.3.1　標準型 *k*-ε モデルの基本概念

レイノルズ平均型乱流モデルの予測精度は，レイノルズ応力 $\overline{u_i'u_j'}$ をいかに正確に表現することができるかにかかっており，すべての努力は最終的にこの1点に集約される．渦粘性型乱流モデルは，$\overline{u_i'u_j'}$ を既知の平均量を用いて代数的にモデル化しようとする乱流モデルの総称であり，最も単純なモデルは12.1節で述べたように $\overline{u_i'u_j'}$ と平均速度勾配を結びつけて以下のように表現される．

$$\overline{u_i'u_j'}=\frac{2}{3}k\delta_{ij}-\nu_t\left(\frac{\partial\bar{u}_i}{\partial x_j}+\frac{\partial\bar{u}_j}{\partial x_i}\right) \tag{12.3.1}$$

これにより，問題は式（12.3.1）中の渦粘性係数 ν_t を求めることに帰着する．分子粘性係数と同様の考え方に基づけば，乱流現象を代表する速度 q と長さ l を用いることにより，ν_t は

$$\nu_t \propto ql \tag{12.3.2}$$

のように表すことができる．

渦粘性係数 ν_t を先述の0方程式モデルや1方程式モデルよりさらに適切に求めるためには，乱流を特徴づける諸量のうちの二つを選び，それらの輸送方程式を解いて得られた結果から速度 q と長さ l を計算すればよい．二つの乱流諸量の選択には任意性があるが，ほとんどの場合その一つには乱流エネルギー k が選ばれる．もう一つの乱流諸量については，乱流散逸率 ε が選ばれることが多いが，ε 以外の諸量を用いたモデルも提案されている（後述）．ここでは，2方程式モデルの基本的な考え方を理解するために，まず代表的な2方程式モデルである標準的な k-ε モデル[1]について説明する．

乱流エネルギー k の輸送方程式は，一般に以下のように表すことができる．

$$\frac{Dk}{Dt}=P_k-\varepsilon+\frac{\partial}{\partial x_j}\left\{\left(\nu+\frac{\nu_t}{\sigma_k}\right)\frac{\partial k}{\partial x_j}\right\} \tag{12.3.3}$$

ここで，

$$P_k=-\overline{u_i'u_j'}\frac{\partial\bar{u}_i}{\partial x_j}$$

は乱流エネルギーの生成率であり，右辺第3項はモデル化された乱流拡散を表している．一方，ε については，一般に次のようなモデル式が用いられる．

$$\frac{D\varepsilon}{Dt}=C_{\varepsilon1}\frac{\varepsilon}{k}P_k-C_{\varepsilon2}\frac{\varepsilon^2}{k}+\frac{\partial}{\partial x_j}\left\{\left(\nu+\frac{\nu_t}{\sigma_\varepsilon}\right)\frac{\partial\varepsilon}{\partial x_j}\right\} \tag{12.3.4}$$

ここで，$C_{\varepsilon1}$ および $C_{\varepsilon2}$ はモデル定数である．式中の右辺第1項，第2項はそれぞれ ε の生成項，散逸項を表しているが，これらは k の生成項，散逸項に比例するという概念に基づいてモデル化されている．標準的なモデルでは，以下のモデル定数の組合せ[1]が多く用いられているが，その導出について

は次節で説明する．

$$\sigma_k = 1.0,\quad \sigma_\varepsilon = 1.3,\quad C_{\varepsilon 1} = 1.44,\quad C_{\varepsilon 2} = 1.92 \qquad (12.3.5)$$

k-ε モデルを用いる場合には，k と ε から速度 q と長さ l を以下のように表現する．

$$q \propto \sqrt{k},\quad l \propto \frac{k^{3/2}}{\varepsilon} \qquad (12.3.6)$$

これにより，式（12.3.2）は，以下のように書くことができる．

$$\nu_t \propto ql \propto \sqrt{k}\frac{k^{3/2}}{\varepsilon} \propto \frac{k^2}{\varepsilon} \qquad (12.3.7)$$

最終的に，渦粘性係数は以下のようにモデル化される．

$$\nu_t = C_\mu \frac{k^2}{\varepsilon} \qquad (12.3.8)$$

ここで，C_μ はモデル定数であり，通常 $C_\mu = 0.09$ が採用される．

k-ε モデルのような 2 方程式モデルは，渦粘性係数 ν_t を計算するために必要な二つの乱流諸量を輸送方程式を解いて求めるため，先の 0 方程式モデルや 1 方程式モデルと比べてより汎用性がある．また，計算コストについても，二つの方程式を余計に解くだけなのでさほど大きな負担にはならない．それゆえ，とくに実用レベルでの乱流場の予測には現在でもこの k-ε モデルが多用されており，CFD の市販ソフトウェアのほとんどに組み込まれている．計算機や数値解析手法の発展とともに，大規模な非定常 3 次元計算も可能となってきてはいるが，今後もしばらくの間は k-ε モデルのような 2 方程式モデル（またはその発展形）が実用乱流計算の重要な役割を担い続けるものと考えられる．

12.3.2　標準型 k-ε モデルにおけるモデル定数の決め方

ここでは，k-ε モデルのモデル定数の標準的な決定方法について概略を説明する．まず，渦粘性係数 ν_t の表式（12.3.8）に現れる C_μ については，基本的な乱流境界層への適用を考慮して決定されている．過去の実験結果より，壁の極近傍を除き，乱流境界層内では乱流エネルギー k とレイノルズ剪断応力 $\overline{u'v'}$ の間に，以下のような関係が成立することが知られている．

$$\frac{-\overline{u'v'}}{k} \approx 0.3 \qquad (12.3.9)$$

また，この領域では乱れの生成項 P_k と散逸率 ε が釣り合って乱流場を形成している局所平衡状態であることから，以下の関係式が成立する．

$$P_k = -\overline{u'v'}\frac{\partial \bar{u}}{\partial y} \approx \varepsilon \qquad (12.3.10)$$

これと，式（12.3.8）から得られる関係式

$$\overline{u'v'} = -\nu_t \frac{\partial \bar{u}}{\partial y} = -C_\mu \frac{k^2}{\varepsilon}\frac{\partial \bar{u}}{\partial y} \qquad (12.3.11)$$

より，

$$\frac{\overline{u'v'}^2}{C_\mu (k^2/\varepsilon)} \approx \varepsilon \rightarrow C_\mu \approx \left(\frac{\overline{u'v'}}{k}\right)^2 \rightarrow C_\mu \approx 0.09 \qquad (12.3.12)$$

が得られる．

一方，式（12.3.5）中のモデル定数については，以下のように決定されている．まず，乱れの生成・拡散の寄与がない一様減衰乱流において，減衰の初期過程で $k \propto t^{-1}$ の関係があることから $C_{\varepsilon 2} \approx 2$ が得られる．次に，乱流境界層中で式（12.3.9）が成立するような局所平衡領域では，以下のような対数速度分布が成立することが知られている．

$$\bar{u}^+ = \frac{1}{\kappa}\ln y^+ + B \qquad (12.3.13)$$

$\bar{u}^+ = \bar{u}/u_\tau$ は壁面摩擦速度 $u_\tau = \sqrt{\nu \partial \bar{u}/\partial y|_{\text{wall}}}$ で無次元化された壁平行速度であり，$y^+ = u_\tau y/\nu$ は同様に無次元化された壁からの距離である．式（12.3.13）中の κ はカルマン定数と呼ばれ通常 0.4～0.41 が使われており，定数 B については 5.0～5.5 が多く用いられている．局所平衡状態（$P_k = \varepsilon$）の仮定のもとで分子粘性を無視し，さらに式（12.3.13）の対数速度分布の関係式を考慮することにより，式（12.3.4）は以下のように変形できる．

$$C_{\varepsilon 2} - C_{\varepsilon 1} = \frac{\kappa^2}{\sigma_\varepsilon \sqrt{C_\mu}} \qquad (12.3.14)$$

$C_{\varepsilon 1}$ と σ_ε については，この関係式（12.3.14）を考慮して決定される．なお，σ_k については，実験的な知見から 1 近傍であることが知られている．

以上を基本として，各種の流れ場での予測精度を吟味して調整されたものが，式（12.3.5）で示したモデル定数となっている．

12.3.3　標準型 k-ε モデルの境界条件（壁法則）

標準型 k-ε モデルの考え方は，基本的に流れ場

のレイノルズ数が十分高い場合に成立するものであり，壁近傍のように低レイノルズ数効果やさらに壁垂直方向の乱れの抑制効果が現れる領域ではその妥当性を失ってしまう．このような不具合を避けるために，標準型 k-ε モデルを用いる場合には，通常「壁法則」と呼ばれる境界条件を適用する．壁法則は別名「対数則」とも呼ばれ，そこでは先の式 (12.3.13) のような対数速度分布が成立していると仮定し，壁隣接格子を対数則が成立する領域に適切に設定することにより壁近傍の計算を省略する．たとえば，代表的な有限体積法を用いる場合には，運動量式（NS 式）の境界条件としては，壁面隣接セルの速度と壁からの距離の情報を用いて，式 (12.3.13) から壁面上での壁面摩擦速度 u_τ を求め，そこから算出された壁面摩擦力を境界条件として設定する．乱流エネルギー k の境界条件は，壁面漸近挙動が $k \propto y^2$ であることから，壁面上での（k の 1 階微分を含む）流束は 0 である．また，対数速度分布が成立する領域では，剪断応力が一定であると考えられる $(-\overline{u'v'} \approx u_\tau{}^2)$ ので，式 (12.3.10) と式 (12.3.13) より，壁面隣接セルの生成項を

$$P_k = u_\tau{}^2 \frac{\partial \bar{u}}{\partial y} = \frac{u_\tau{}^3}{\kappa y}$$

のように設定することができる．一方，散逸率 ε についても式 (12.3.10) より $\varepsilon = P_k = u_\tau{}^3/\kappa y$ となり，この分布を利用して壁面隣接セルに直接 ε の値を設定する方法が多く採用されている．

このように，壁法則は計算コストを削減するうえで魅力的な境界条件である．しかしながら，そのよりどころとなっている対数速度分布は，境界層乱流をはじめとする比較的単純な流れ場においては妥当なものであるが，k-ε モデルが本来その適用を意図しているより複雑な乱流場では，一般に対数速度分布はもはや十分には成立しない．そこで，複雑乱流場における壁近傍の乱れの特徴をより正確に再現するために，次節以降で説明される「低レイノルズ数型 k-ε モデル」と呼ばれる手法が近年急速な発展を遂げている．

12.4　改良型 2 方程式モデル

12.4.1　低レイノルズ数型 k-ε モデル

標準型 k-ε モデル[1] の考え方は，基本的に流れ場のレイノルズ数が十分高い場合に成立するものであり，壁近傍のように低レイノルズ数効果やさらに壁垂直方向の乱れの抑制効果が現れる領域ではその妥当性を失ってしまう．そこで，複雑乱流場における壁近傍の乱れの特徴をより正確に再現するために，以下の「低レイノルズ数型 k-ε モデル」と呼ばれる手法が近年急速な発展を遂げてきた．

低レイノルズ数型 k-ε モデルを用いる際もレイノルズ応力 $\overline{u_i' u_j'}$ は式 (12.3.1) によりモデル化されるが，壁面近傍の乱流現象をより適切に再現するために，渦粘性係数 ν_t には一般に以下のような修正が施される[2]．

$$\nu_t = C_\mu f_\mu \frac{k^2}{\varepsilon} \qquad (12.4.1)$$

ここで，C_μ については，標準型 k-ε モデルと同様に通常 $C_\mu = 0.09$ が採用される．また，式 (12.4.1) 中の f_μ は，壁近傍の乱流の特徴をより正確に再現するために導入されるモデル関数である．一方，式 (12.4.1) の ν_t と組み合わせて用いる k と ε に対する方程式は，以下のように書くことができる．

$$\frac{Dk}{Dt} = P_k - (\varepsilon + D) + \frac{\partial}{\partial x_j}\left\{\left(\nu + \frac{\nu_t}{\sigma_k}\right)\frac{\partial k}{\partial x_j}\right\} \qquad (12.4.2)$$

$$\frac{D\varepsilon}{Dt} = C_{\varepsilon 1} f_1 \frac{\varepsilon}{k} P_k - C_{\varepsilon 2} f_2 \frac{\varepsilon^2}{k} + E + \frac{\partial}{\partial x_j}\left\{\left(\nu + \frac{\nu_t}{\sigma_\varepsilon}\right)\frac{\partial \varepsilon}{\partial x_j}\right\} \qquad (12.4.3)$$

ここで，式 (12.4.2) 中の D および式 (12.4.3) 中の f_1，f_2，E は，壁近傍領域におけるモデルの挙動を改善するために導入されるモデル関数である．なお，σ_k や σ_ε といった乱流拡散に関するモデル定数についても，最近のモデルによっては壁近傍でより適切な分布を得るために関数化されている場合がある．

表 12.1 は，代表的な低レイノズルズ数型 k-ε モデル[3~10] のモデル関数やモデル定数についてまとめたものである．なお，低レイノズルズ数型 k-ε モデルの壁面境界条件については，粘着条件を適用することから壁上で速度と乱流エネルギーは 0 とする．一方，ε の壁面境界条件については，表 12.1 中で $D=0$ のモデルは ε そのものを用い壁上で

$$\varepsilon_{\mathrm{wall}} = 2\nu \left(\frac{\partial \sqrt{k}}{\partial y}\right)^2 \qquad (12.4.4)$$

表 12.1(a)　代表的な低レイノルズ数型k-εモデルのモデル関数とモデル定数(1)

モデル	C_μ	σ_k	σ_ε	$C_{\varepsilon1}$	$C_{\varepsilon2}$	D	E
標準型k-ε[1)]	0.09	1.0	1.3	1.44	1.92	0	0
Launder-Sharma[3)]	0.09	1.0	1.3	1.44	1.92	$2\nu\left(\dfrac{\partial\sqrt{k}}{\partial y}\right)^2$	$2\nu\nu_t(\overline{U}_{i,jk})^2$
Lam-Bremhorst[4)]	0.09	1.0	1.3	1.44	1.92	0	0
Chien[5)]	0.09	1.0	1.3	1.35	1.8	$\dfrac{2\nu k}{y^2}$	$-2\nu\dfrac{\varepsilon}{y^2}\exp(-0.5y^+)$
Nagano-Hishida[6)]	0.09	1.0	1.3	1.45	1.9	$2\nu\left(\dfrac{\partial\sqrt{k}}{\partial y}\right)^2$	$\nu\nu_t(l-f_\mu)(\overline{U}_{i,jk})^2$
Myong-Kasagi[7)]	0.09	1.4	1.3	1.4	1.8	0	0
Nagano-Tagawa[8)]	0.09	1.4	1.3	1.45	1.9	0	0
Yang-Shih[9)]	0.09	1.0	1.3	1.44	1.92	0.0	$\nu\nu_t(\overline{U}_{i,jk})^2$
Abe-Kondoh-Nagano[10)]	0.09	1.4	1.4	1.5	1.9	0	0

表 12.1(b)　代表的な低レイノルズ数型k-εモデルのモデル関数とモデル定数(2)

モデル	f_μ	f_1	f_2
標準型k-ε[1)]	1	1	1
Launder-Sharma[3)]	$\exp\left\{\dfrac{-3.4}{(1+R_t/50)^2}\right\}$	1	$1-0.3\exp(-R_t^2)$
Lam-Bremhorst[4)]	$\{1-\exp(-0.0165y_k)\}^2 \times\left\{1+\dfrac{20.5}{R_t}\right\}$	$1+\left(\dfrac{0.05}{f_\mu}\right)^3$	$1-\exp(-R_t^2)$
Chien[5)]	$1-\exp(-0.0115y^+)$	1	$1-0.22\exp\left\{-\left(\dfrac{R_t}{6}\right)^2\right\}$
Nagano-Hishida[6)]	$\left\{1-\exp\left(-\dfrac{y^+}{26.5}\right)\right\}^2$	1	$1-0.3\exp(-R_t^2)$
Myong-Kasagi[7)]	$\left\{1-\exp\left(-\dfrac{y^+}{70}\right)\right\} \times\left(1+\dfrac{3.45}{R_t^{1/2}}\right)$	1	$\left\{1-\exp\left(-\dfrac{y^+}{5}\right)\right\}^2 \times\left[1-\dfrac{2}{9}\exp\left\{-\left(\dfrac{R_t}{6}\right)^2\right\}\right]$
Nagano-Tagawa[8)]	$\left\{1-\exp\left(-\dfrac{y^+}{26}\right)\right\}^2 \times\left(1+\dfrac{4.1}{R_t^{3/4}}\right)$	1	$\left\{1-\exp\left(-\dfrac{y^+}{6}\right)\right\}^2 \times\left[1-0.3\exp\left\{-\left(\dfrac{R_t}{6.5}\right)^2\right\}\right]$
Yang-Shih[9)]	$\{1-\exp(-a_1y_k-a_3y_k^3-a_3y_k^5)\}^{1/2} \times\left\{1+\dfrac{1}{R_t^{1/2}}\right\}$	$\dfrac{1}{1+1/R_t^{1/2}}$	$\dfrac{1}{1+1/R_t^{1/2}}$
Abe-Kondoh-Nagano[10)]	$\left\{1-\exp\left(-\dfrac{y^*}{14}\right)\right\}^2 \times\left[1+\dfrac{5}{R_t^{3/4}}\exp\left\{-\left(\dfrac{R_t}{200}\right)^2\right\}\right]$	1	$\left\{1-\exp\left(-\dfrac{y^*}{3.1}\right)\right\}^2 \times\left[1-0.3\exp\left\{-\left(\dfrac{R_t}{6.5}\right)^2\right\}\right]$

注：$y^+=u_\tau y/\nu$，$y_k=k^{1/2}y/\nu$，$y^*=(\nu\varepsilon)^{1/4}y/\nu$，$(a_1, a_3, a_5)=(1.5\times10^{-4}, 5\times10^{-7}, 1\times10^{-10})$

により有限値を与え，D項を導入するモデルは壁上で$\varepsilon_{\mathrm{wall}}=0$とする．なお，$\varepsilon_{\mathrm{wall}}=0$とする後者のモデルについては，$\varepsilon+D$が真の散逸率であり変数$\varepsilon$自身の壁近傍の物理的意味は薄れるが，計算の安定性はよくなると認識されている．なお，この種のモデルについては，オリジナルのモデルと区別するために$\tilde{\varepsilon}=\varepsilon-2\nu(\partial\sqrt{k}/\partial y)^2$の定義に基づく変数$\tilde{\varepsilon}$を導入し，$\tilde{\varepsilon}+2\nu(\partial\sqrt{k}/\partial y)^2(=\tilde{\varepsilon}+D)$を真の散逸率$\varepsilon$と解釈する表現を用いることが多い．この場合，式 (12.4.3) のεは$\tilde{\varepsilon}$に置き換えられ，$\tilde{\varepsilon}$方程式を解くことになる．このようなモデルは$k-\tilde{\varepsilon}$モデルと呼ばれ，壁上の境界条件は$\tilde{\varepsilon}_{\mathrm{wall}}=0$と表現される．

低レイノルズ数型k-εモデルの基本性能を評価する例として，表12.1中のLaunder-Sharma[3)] (LS)，Lam-Bremhorst[4)] (LB)，Chien[5)] (CH)，Abe-

Kondoh-Nagano[10] (AKN) の各モデルを基本的なチャネル乱流に適用した場合の予測結果を，Moserら[11] のDNSの結果と比較して図12.18～図12.21に示す．ここでレイノルズ数は，バルク平均流速とチャネル幅を用いてRe＝13750である．図12.18の平均速度分布からわかるように，いずれのモデルも本テストケースについては十分な予測精度を有している．チャネル乱流のような単純剪断流では，速度分布に影響を及ぼすのはレイノルズ応力中の剪断成分 $\overline{u'v'}$ のみである．図12.16から，いずれのモデルもこの $\overline{u'v'}$ が精度よく予測されていることがわかる．一方，乱流エネルギー k（図12.20）と散逸率 ε（図12.21）の分布には，各モデルの特性が現れている．乱流エネルギーの分布については，どのモデルもおおむね正しい傾向を予測しているが，LSモデルが壁面近傍での k のピークを低めに予測している．また，チャネル中央部ではAKNモデルのみがDNSに近い分布を示しているが，これは表12.2中のモデル定数において $\sigma_k=1.4$ を採用して k の乱流拡散を抑えていることが影響している．

一方，散逸率 ε の分布については，ここに示したいずれのモデルも $y^+>20$ ではおおむね妥当な予測結果を与えているが，壁面近傍でモデルの予測結果とDNSの傾向が異なっている．DNSによると，$y^+\approx 10$ あたりでいったん平坦になった分布は壁面に近づくに従って増加し，壁面上で最大値をとる．ところが，各モデルの予測結果は $y^+\approx 10$ 付近で極大値をもち，その値も過大評価されている．なお，図12.21における LS モデルの結果は，$\tilde{\varepsilon}+2\nu(\partial\sqrt{k}/\partial y)^2$（$=\tilde{\varepsilon}+D$）を散逸率 ε として示して

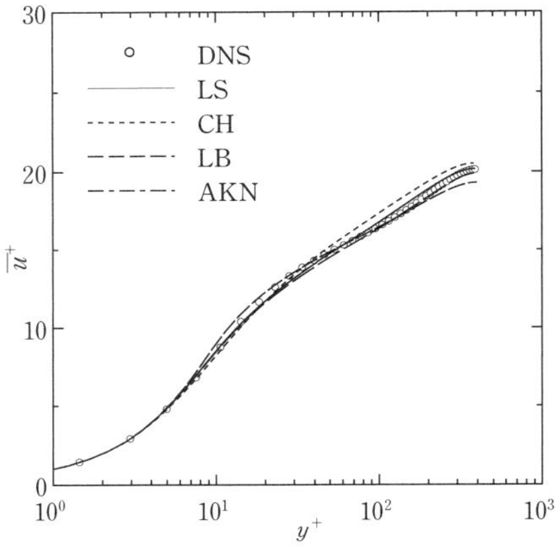

図 12.18　チャネル乱流における平均速度分布の比較（Re＝13750）

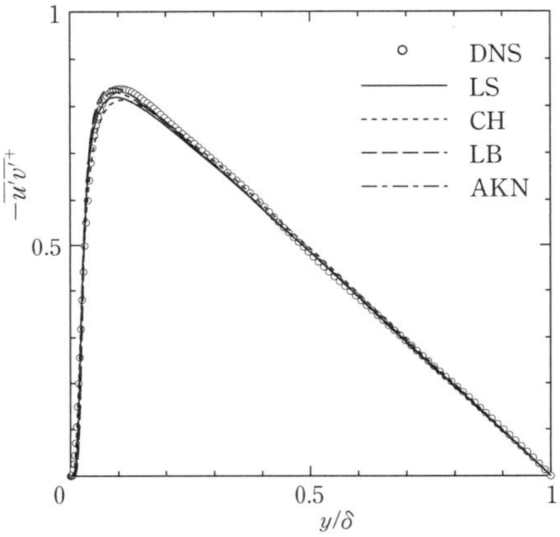

図 12.19　チャネル乱流におけるレイノルズ剪断応力の比較（Re＝13750）

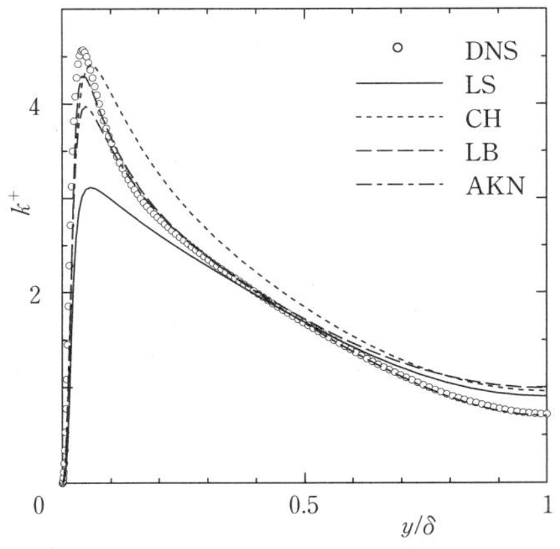

図 12.20　チャネル乱流における乱流エネルギーの比較（Re＝13750）

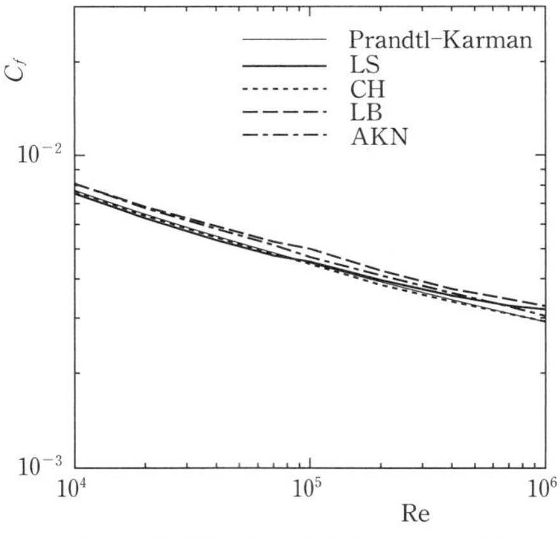

図 12.21　円管内乱流におけるレイノルズ数に対する摩擦係数の予測精度の比較

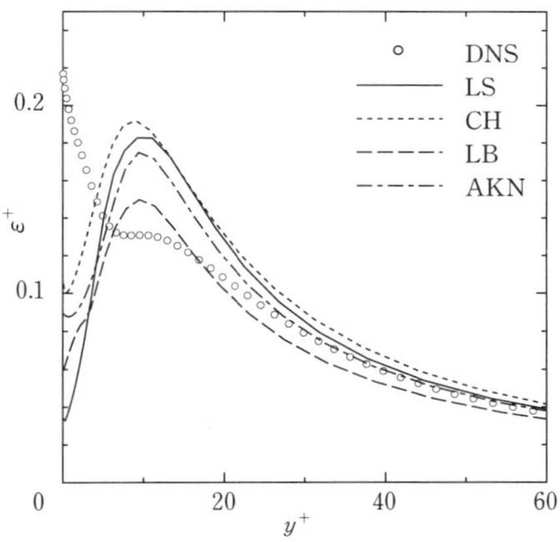

図 12.22　チャネル乱流における散逸率の比較（Re＝13750）

いる．ε 方程式はその定義から厳密な輸送方程式を導くことができるが，そのほとんどの項をモデル化しなければならない．ε 方程式のモデルをより精緻化するためには ε に関する詳細なデータが必要であるが，これまで実験で ε を正確に測定することは非常に困難であった．先述のような ε の壁面近傍の挙動は，DNS データが提供されるようになってはじめて明らかになった事実であり，この意味においてDNS の果たした役割はきわめて大きいといえる．最近では，DNS データから詳細な情報が入手できるようになり，DNS データベースを利用した詳細な議論を通して，ε 方程式についても Nagano-Shimada[12] や河村と川島[13] をはじめとするDNS データを忠実に再現するモデルが提案されている．

最後に，円管内乱流の摩擦係数を広いレイノルズ数範囲で計算した結果を図 12.22 に示す．いずれのモデルもレイノルズ数にかかわらず，おおむね妥当な予測結果を与えており，低レイノルズ数型 k-ε モデルの適用範囲の広さの一端をみてとることができる．

12.4.2　低レイノルズ数型 k-ε モデルの壁面漸近挙動

表 12.1 に示した各種低レイノルズ数型 k-ε モデルは，そのモデル関数に個々の特徴が集約されているといっても過言ではない．とくに渦粘性係数 ν_t に含まれる f_μ については，乱流境界層のような基本的な２次元剪断乱流ではレイノルズ剪断応力 $\overline{u'v'}$ が平均速度場を決定するという事実と考え合わせると，その挙動はきわめて重要である．

モデル関数を議論する際に注目すべきことの一つに「壁面漸近挙動」と呼ばれるものがある．これは，モデル関数やモデル化された乱流諸量が，壁面からの距離 y の何乗に比例するかという議論である．いま，２次元剪断乱流を考え，流れ方向を x，壁垂直方向を y，そしてスパン方向を z とする．各方向の速度変動（u', v', w'）を壁面からの距離 y で展開すると，おのおの以下のように表される．

$$
\begin{aligned}
u' &= a_1 y + a_2 y^2 + a_3 y^3 + \cdots\cdots \\
v' &= \qquad\; b_2 y^2 + b_3 y^3 + \cdots\cdots \qquad (12.4.5) \\
w' &= c_1 y + c_2 y^2 + c_3 y^3 + \cdots\cdots
\end{aligned}
$$

これより，k，ε，$\overline{u'v'}$ について，壁の極近傍で以下のような関係が得られる．

$$
\begin{aligned}
k &= \frac{\overline{a_1^2} + \overline{c_1^2}}{2} y^2 \propto y^2 \\
\varepsilon &= \nu\left(\overline{a_1^2} + \overline{c_1^2}\right) \propto y^0 \qquad (12.4.6) \\
\overline{u'v'} &= \overline{a_1 b_2}\, y^3 \propto y^3
\end{aligned}
$$

ここで，$\partial \bar{u}/\partial y \propto y^0$ であることを考えると，渦粘性係数の壁面漸近挙動は $\nu_t \propto y^3$ となる必要がある．表 12.1 に示したモデルのなかでこの条件を満足するものは，Launder-Sharma[3] (LS), Chien[5] (CH), Myong-Kasagi[7] (MK), Nagano-Tagawa[8] (NT), Yang-Shih[9] (YS), Abe-Kondoh-Nagano[10] (AKN) である．この壁面漸近挙動が非常に強く意識されだしたのは，MK モデルや NT モデルが提案された 1990 年ごろからである．MK モデルや NT モデルは，壁から離れた一般的な高レイノルズ数乱流場と壁近傍領域では乱流現象を支配する長さスケールが異なると考え，MK モデルでは壁近傍でテイラーのマイクロスケール $\sqrt{\nu k/\varepsilon}$ が，一方 NT モデルではコルモゴロフのマイクロスケール $(\nu^3/\varepsilon)^{1/4}$ がそれぞれ式 (12.3.2) の l になるように f_μ がモデル化されている．AKN モデルは，NT モデルを発展させたものであり，NT モデルの f_μ で用いられている y^+ が剥離・再付着点で特異点となる問題点を回避するために，摩擦速度の代わりにコルモゴロフの速度スケール $v_K = (\nu\varepsilon)^{1/4}$ を用いてモデル関数を構成している．

例として，図 12.18～12.21 で示した４種類のモデル（LS, LB, CH, AKN）をチャネル乱流に適用した場合の計算結果から算出した渦粘性係数とレイノルズ剪断応力の壁面近傍の挙動を，Moser ほか[11]の DNS の結果と比較して図 12.23 および図 12.24 に示す．先にも述べたように，LS，CH，AKN の各モデルは $\nu_t \propto y^3$ の壁面漸近挙動を満足しており，その結果 $\overline{u'v'} \propto y^3$ も同時に満足することができる．一方，LB モデルは $\nu_t \propto y^4$ となるため，図からわかるように，壁面極近傍の渦粘性係数やレイノルズ剪断応力の漸近挙動が正しくない．ここで議論した壁面漸近挙動は，速度場のみを計算する際には，多くの場合それほど大きな問題を引き起こさないが，とくに水を含む高プラントル数流れにおける乱流伝熱問題を取り扱う際には非常に重要であり，漸近挙動を満足しないモデルの利用は後述のように温度場の予測結果に致命的な誤差を与える．それゆえ，低レイノルズ数型 k-ε モデルを用いる場合には，最新の知見が反映された壁面漸近挙動が適切に考慮されたものを採用することが強く推奨される．

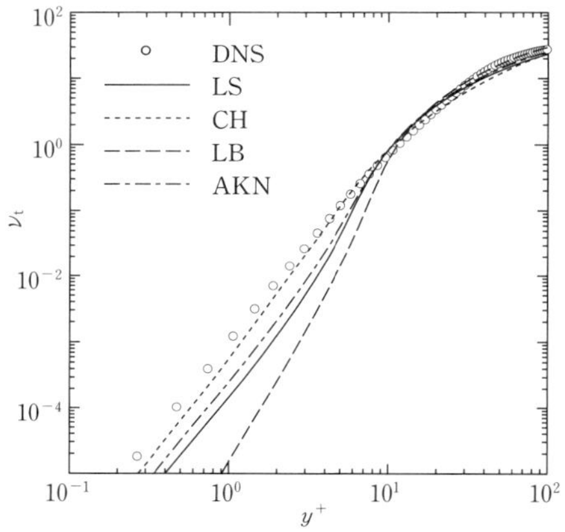

図 12.23　渦粘性係数の壁面漸近挙動の比較（チャネル乱流，Re=13750）

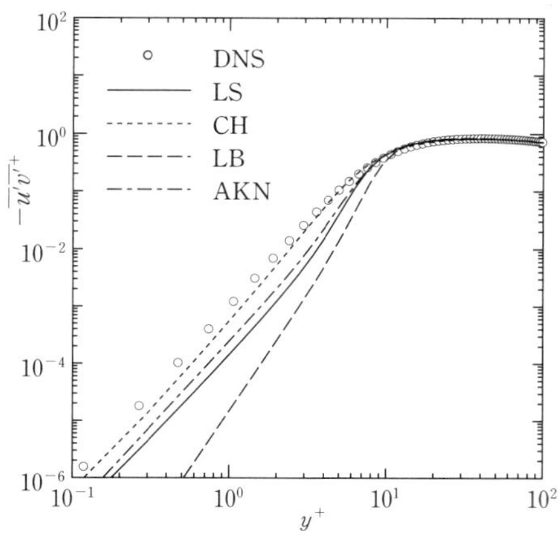

図 12.24　レイノルズ剪断応力の壁面漸近挙動の比較（チャネル乱流，Re=13750）

12.4.3　k-ω モデル

これまで説明してきた k-ε モデルは，長さスケール l を求める際の乱流諸量の一つに ε を採用してきたが，k と組み合わせる諸量は必ずしも ε でなくてもよい．ここで k と組み合わせて用いる変数を ϕ とすると，ϕ は k と ε を用いて一般的に以下のように書くことができる．

$$\phi \propto k^n \varepsilon^m \tag{12.4.7}$$

このとき，長さスケール l と渦粘性係数 ν_t は以下のように求めることができる．

$$l \propto \frac{k^{3/2}}{\varepsilon} \propto \frac{k^{3/2+n/m}}{\phi^{1/m}}$$
$$\nu_t \propto \sqrt{k}\, l = \frac{k^{2+n/m}}{\phi^{1/m}} \tag{12.4.8}$$

式（12.4.7）で考えると，k-ε モデルでは $n=0$，$m=1$ とした変数を用いていると考えることができる．

さて，ここでは k-ε モデル以外に用いられている 2 方程式モデルのうちで，比較的利用例の多い k-ω モデルについて説明する．k-ω モデルでは，式（12.4.7）で $n=-1$，$m=1$ とおいた変数を ω と表し，ε の代わりに用いる．この場合，ω と ε の関係は以下のように表される．

$$\omega = \frac{\varepsilon}{\beta^* k} \tag{12.4.9}$$

ここで，β^* はモデル定数（または関数化されたモデル係数）である．

式（12.4.9）を用いると，渦粘性係数は以下のように表される．

$$\nu_t = \alpha^* \frac{k}{\omega} \tag{12.4.10}$$

ここで，α^* はモデル定数（係数）である．

ω を求めるための輸送方程式については，一般に次のようなモデル式が用いられる．

$$\frac{D\omega}{Dt} = \alpha \frac{\omega}{k} P_k - \beta \omega^2 + \frac{\partial}{\partial x_j}\left\{\left(\nu + \frac{\nu_t}{\sigma_\omega}\right)\frac{\partial \omega}{\partial x_j}\right\} \tag{12.4.11}$$

ここで，α，β および σ_ω はモデル定数（係数）である．

表 12.2 代表的な k-ω モデルのモデル関数とモデル定数

モデル	α^*	β^*	α	β	σ_k	σ_ω
Wilcox[14]	$\dfrac{\dfrac{1}{40}+\dfrac{\mathrm{Re}_{t\omega}}{6}}{1+\dfrac{\mathrm{Re}_{t\omega}}{6}}$	$\dfrac{9}{100}\dfrac{\dfrac{5}{18}+\left(\dfrac{\mathrm{Re}_{t\omega}}{8}\right)^4}{1+\left(\dfrac{\mathrm{Re}_{t\omega}}{8}\right)^4}$	$\dfrac{5}{9}\dfrac{\dfrac{1}{10}+\dfrac{\mathrm{Re}_{t\omega}}{2.7}}{1+\dfrac{\mathrm{Re}_{t\omega}}{2.7}}$	$\dfrac{3}{40}$	2	2

注：$\mathrm{Re}_{t\omega}=k/\nu\omega$

ところで，式 (12.4.11) については，式 (12.4.7) の関係を用いることにより，k と ε の輸送方程式から形式的に導出することができ，もちろん k と ω から ε の輸送方程式を逆に導出することも可能である．ここで「形式的に」と書いたのは，この手続きにより両者の輸送方程式を比較してみると，モデル定数の対応や，乱流拡散の取扱いが必ずしも統一されていないことがわかるからである．完全に互換性があれば同一の解が得られるはずであるが，この両者の不整合性が k-ε モデルと k-ω モデルの予測性能の違いとなって現れる．

代表的な k-ω モデルである Wilcox[14] モデルについて，そのモデル関数やモデル定数を表 12.2 に示す．一般に，k-ω モデルは逆圧力こう配乱流境界層や平板からの剥離現象の予測が得意であるといわれており，そのような乱流場において比較的よく利用されている．また最近では，ω 方程式に対しても，低レイノルズ数型のモデル関数を導入したものや交差拡散項を導入して，精度の改善を図ったものなどが提案されている．なお，k-ω モデルを適用する際に，ω の壁境界条件には注意を要する．すなわち，先述の壁面漸近挙動から $\omega\propto y^{-2}$ であるので，そのまま壁面上（$y=0$）で ω を求めると無限大となってしまい発散する．これを回避するために，壁面漸近挙動の理論的考察から導出される関係式を利用して，壁面隣接点で ω を陽的に設定する手法が一般に利用されている[14]．

12.5 伝 熱 モ デ ル

12.5.1 乱流伝熱モデルの概要

ここでは理解を容易にするために，粘性散逸による発熱や浮力の影響が無視できる強制対流伝熱場を考える．この場合の平均温度場を支配する基礎方程式は，以下のようになる．

$$\frac{D\bar{\theta}}{Dt}=\frac{\partial}{\partial x_i}\left\{\alpha\frac{\partial\bar{\theta}}{\partial x_i}-\overline{u_i'\theta'}\right\} \quad (12.5.1)$$

ここで，$\overline{u_i'\theta'}$ は乱流熱流束である．先述したように，平均速度場を求める際にレイノルズ応力のモデル化が必要であったのと同様に，平均温度場に対して閉じた方程式を得るためには式 (12.5.1) 中の乱流熱流束 $\overline{u_i'\theta'}$ をモデル化することが必要となる．すなわち，$\overline{u_i'\theta'}$ をいかにモデル化するかが伝熱モデルの最も重要な課題となる．

ところが，前出の速度場モデルの議論と比較すると，伝熱モデルは少々込み入った事情を抱えている．というのは，ここで説明するような強制対流伝熱場（またはそれに近い状況）では，熱を運ぶ担い手は流体の流れであり，正しい伝熱予測にはまず正しい速度場の予測が不可欠だからである．言い換えれば，高精度の速度場モデルなしに乱流伝熱場の高精度予測はありえない．つまり，新しい概念の伝熱モデルが提案される際には，必ずその直前に新しい高精度の速度場モデルが提案されており，このいわゆる「速度場モデル待ち」という状況が乱流伝熱モデル発展の足かせとなってきた．

また，乱流伝熱場に対する信頼できる実験データが少ないことも，伝熱モデルの発展の大きな障害の一つであると考えられる．工学的に重要な乱流伝熱場の多くは壁からの加熱・冷却を伴っており，そのような場では壁面近傍の乱流挙動が非常に重要である．しかしながら，壁面近傍の乱流伝熱現象を精度よく計測することは容易ではなく，とくに高プラントル数流れの場合には温度境界層がいっそう薄くなるためにさらなる困難を伴う．これらの理由により，伝熱モデルは，速度場モデルに比べて全体的に開発・実用化が遅れてきた．

しかしながら，最近の状況は大きく変わりつつある．実験手法の発展も著しいが，何といっても大きな影響を与えたのは DNS の出現である．速度場と同様に，乱流伝熱場についても多くの DNS が行われるようになり，DNSデータから詳細な情報が入手できるようになった[15~18]．壁面近傍の乱流伝熱現象に関する詳細なデータがDNSによって提供されたことは，その後の伝熱モデルの発展にきわめて大きな役割を果たしたといえる．また，DNSはその方程式に関する完全なデータを提供してくれることから，必要な統計量をすべて求めることができる．この特長を活かして，最近では速度場にDNSデータを用いることにより伝熱モデル単独のいわゆる「アプリオリテスト」が可能となった．速度場モデルの発展とは独立に，あらかじめ伝熱モデルの「あるべき姿」を議論することが可能になったことは特筆に価する．

12.5.2　熱の渦拡散係数と乱流プラントル数

乱流熱流束 $\overline{u_i'\theta'}$ の最も単純なモデルは，熱伝導に関するフーリエの法則との相似性を仮定して以下のようにモデル化する手法である．

$$\overline{u_i'\theta'} = -\alpha_t \frac{\partial \bar{\theta}}{\partial x_i} \qquad (12.5.2)$$

これは，速度場モデルで渦粘性係数 ν_t を用いて $\overline{u_i'u_j'}$ のモデル化を行うのと同様の考え方に基づいており，渦粘性モデルの範疇に属する．

ここで，α_t は熱の渦拡散係数と呼ばれ，乱流熱流束と平均温度勾配を結びつける係数である．熱の渦拡散係数 α_t の与え方には，大きく分けて以下の二つの方法がある．

①速度場と温度場の相似性を仮定し，熱の渦拡散係数 α_t と渦粘性係数 ν_t の間に簡単な代数関係（定数または比較的簡単な代数式）を設定して α_t を求める．

②乱流を支配する諸量以外に乱流伝熱に関連する諸量の輸送方程式を同時に解き，それらの組合せで α_t を代数的に表現する．

前者の代数関係は，一般に以下のように表現できる．

$$\alpha_t = \frac{\nu_t}{\mathrm{Pr}_t} \qquad (12.5.3)$$

ここで，Pr_t は，分子粘性のプラントル数にならい「乱流プラントル数」と呼ばれる．なお，後者に関する代表的な手法としては，乱流諸量以外に温度乱れとその散逸率の輸送方程式を解く「温度場2方程式モデル」をあげることができる．なお，温度場2方程式モデルについては，12.5.4項で紹介する．以下では，まず乱流プラントル数を用いる手法について説明する．

乱流プラントル数を用いて α_t をモデル化する場合は，式（12.5.3）中の Pr_t をあらかじめ与えることになるが，最も簡単なのは場所にかかわらず一定値を与える方法である．これまでの研究により，一般的な壁乱流では Pr_t は1近傍の値が妥当であるといわれており，代表的な値として $\mathrm{Pr}_t=0.9$ が広く用いられている．基本的な適用例として，空気を想定した $\mathrm{Re}=13750$，$\mathrm{Pr}=0.71$ のチャネル乱流に表12.1中の4種類の低レイノルズ数型 k-ε モデル（LS, LB, CH, AKN）を適用し，$\mathrm{Pr}_t=0.9$ を用いて式（12.5.3）から α_t を求めて温度場の計算を行った結果を，DNSデータ[17,18]と比較して図12.25に示す．モデルによって多少の予測精度の差はあるが，いずれのモデルもおおむね妥当な平均温度分布を与えている．

次に，これら低レイノルズ数型 k-ε モデルを用いて $\mathrm{Pr}=0.71$ の円管内乱流の熱伝達率（ヌッセルト数）を広いレイノルズ数範囲で計算した結果を図12.26に示す．いずれのモデルも，レイノルズ数にかかわらずおおむね妥当な予測結果を与えている．一般に，空気のようにプラントル数が1に近い流体の単純剪断流れでは速度場と温度場の相似性が成立するので，妥当な平均速度分布を与える低レイノルズ数型 k-ε モデルを用いることにより，平均温度場についても妥当な結果を得ることができる．なお，乱流プラントル数を一定値とせずに流れ場の状

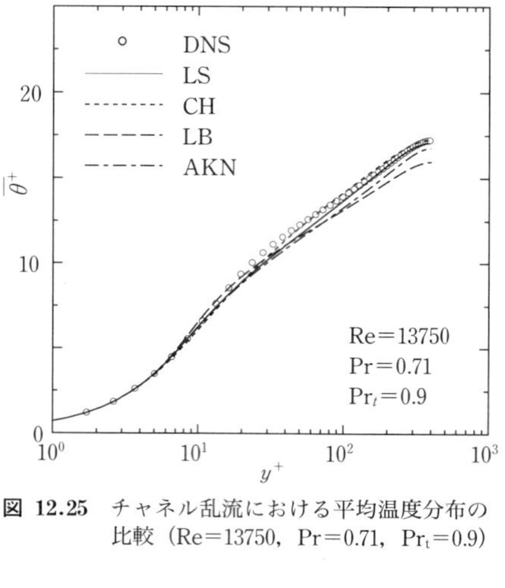

図 12.25　チャネル乱流における平均温度分布の比較（Re＝13750，Pr＝0.71，Pr_t＝0.9）

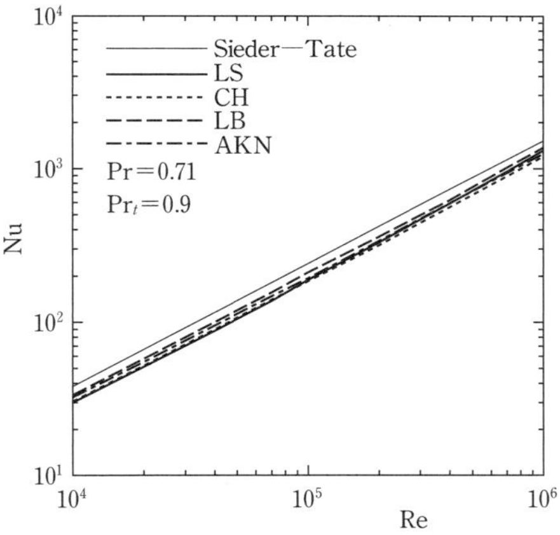

図 12.26 円管内乱流におけるレイノルズ数に対するヌセルト数の予測精度の比較（Pr＝0.71，Pr_t＝0.9）

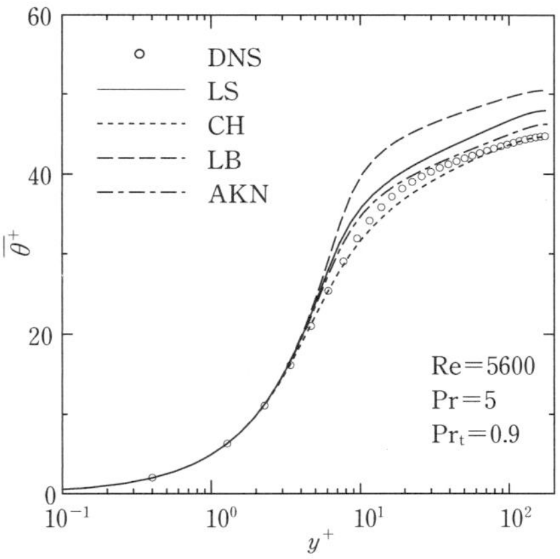

図 12.27 チャネル乱流における平均温度分布の比較（Re＝5600，Pr＝5，Pr_t＝0.9）

態を考慮した関数として表すモデルも提案されており，その代表的なものとして下記のような Kays-Crawford[19] のモデルがある．

$$\mathrm{Pr_t}=\left[\frac{1}{2\,\mathrm{Pr_{t\infty}}}+\frac{CPe_t}{\sqrt{\mathrm{Pr_{t\infty}}}}-(CPe_t)^2\times\left\{1-\exp\left(-\frac{1}{CPe_t\sqrt{\mathrm{Pr_{t\infty}}}}\right)\right\}\right]^{-1} \tag{12.5.4}$$

ここで，$Pe_t=(\nu_t/\nu)\mathrm{Pr}$，$\mathrm{Pr}_{t\infty}=0.86$，$C=0.2$ である．

12.5.3 壁面漸近挙動が予測精度に及ぼす影響

ここでは，速度場モデルの壁面漸近挙動が高プラントル数流体の温度場予測に及ぼす影響を紹介する．図 12.27 は，水を想定した Re＝5600，Pr＝5 のチャネル乱流に表 12.1 中の 4 種類の低レイノルズ数型 k-ε モデル（LS, LB, CH, AKN）を適用し，Pr_t＝0.9 を用いて温度場の計算を行った結果を DNS データ[17,18] と比較したものである．Pr＝5 は必ずしも高いプラントル数ではないが，それでも図 12.25 と比較して各モデル間での予測精度の差が顕在化している．

まず，LS，CH，AKN の各モデルは $\nu_t \propto y^3$ の壁面漸近挙動を満足しており，その結果プラントル数が高い場合でも妥当な α_t を与えることができる．そのため，Pr_t＝0.9 の一定値を用いてもおおむね妥当な平均温度分布が得られている．一方，LB モデルは前述のとおり $\nu_t \propto y^4$ となるために，一定の乱流プラントル数を用いると高プラントル数流体の場合に α_t を過小評価してしまうことになる．図 12.25 の Pr＝0.71 においてチャネル中央の平均温度を最も低く予測していた LB モデルが，図 12.27 において過大予測を与えているのは漸近挙動が正しくないために α_t を過少予測したことが原因である．この傾向は，流体のプラントル数が高くなるにつれてさらに顕著になり，漸近挙動を満足しない速度場モデルの利用は温度場の予測結果に致命的な誤差を与えることになる．

一例として，これら低レイノルズ数型 k-ε モデルを用いて高プラントル数流体の円管内乱流（レイノルズ数は Re＝10000 で固定）における熱伝達率

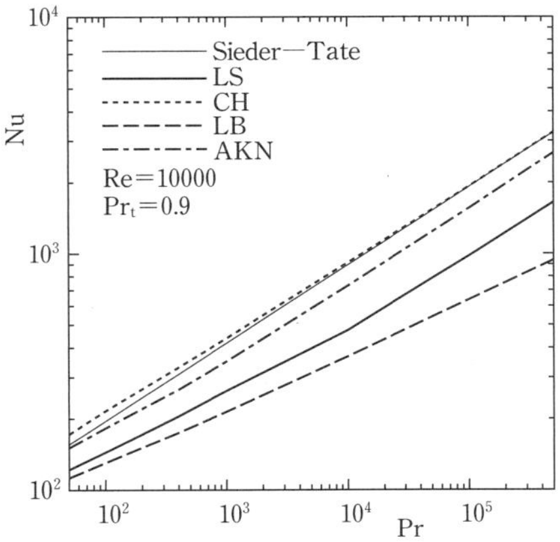

図 12.28 円管内乱流におけるプラントル数に対するヌセルト数の予測精度の比較（Re＝10000，Pr_t＝0.9）

（ヌセルト数）を計算した結果を図 12.28 に示す．正しい漸近挙動を与えるモデルの一つである CH モデルが高プラントル数領域においても高い予測精度を示しており，同様に正しい漸近挙動を与える AKN モデルもおおむね妥当な予測結果を与えている．一方，漸近挙動が正しくない LB モデルは，高プラントル数領域において著しい過小評価を与えており，このようなモデルは高プラントル数流体の乱流伝熱問題には適用できないことがわかる．なお，LS モデルについても高プラントル数領域での過小評価がみられるが，これは壁面漸近挙動は正しいがその絶対値が過小評価されているためであり，LB モデルとは少し事情が異なっていることに注意を要する．

以上の結果からわかるように，高プラントル数流体の温度場予測に低レイノルズ数型 k-ε モデルを用いる場合には，最新の知見が反映された壁面漸近挙動が適切に考慮されたものを採用することが強く推奨される．

12.5.4　温度場 2 方程式モデル

先に紹介した乱流プラントル数をあらかじめ与えて熱の渦拡散係数 α_t を求める方法は，式（12.5.1）以外に新たな方程式を解く必要がないので，低い計算コストで安定に平均温度場を求めることができる．しかしながら，乱流プラントル数一定の仮定が成立するのは，一般に単純剪断流のように速度場と温度場の相似性が認められる場合にかぎられており，剥離・再付着や衝突を含むような複雑乱流伝熱場や，速度場が単純剪断流であっても，途中から加熱が始まるような温度助走区間ではその妥当性は薄れる．このような速度場と温度場の相似性が期待できない領域では，実際には状況に応じて乱流プラントル数が変化していることになる．このように，乱流プラントル数が局所的に変化する様子を効果的に表現するための方法として，速度場のみならず温度場の乱れの特性量も考慮して熱の渦拡散係数 α_t を求めることが考えられる．この考え方に基づいて発展してきたのが，温度場 2 方程式モデルである．

温度場 2 方程式モデルを用いる場合の α_t は，一般に以下のように表現される．

$$\alpha_t = C_\lambda f_\lambda \frac{k^2}{\varepsilon} \qquad (12.5.5)$$

ここで，

$$f_\lambda = f_\lambda(R), \quad R = \frac{\tau_t}{\tau_u} = \frac{\overline{\theta'^2}\varepsilon}{2\varepsilon_\theta k} \qquad (12.5.6)$$

であり，R は速度場と温度場のタイムスケール比である．モデル関数 f_λ については，α_t に用いるタイムスケールの概念によってさまざまな形式が考えられる．Nagano-Kim[20,21]（NK モデル）は，温度場を支配するタイムスケールを速度場と温度場のタイムスケールの相乗平均で表したが，この場合は式（12.5.5）の f_λ に $\sqrt{2R}$ が含まれる形となる．また，Nagano ら[22,23]（NTT モデル）は，f_λ に $(2R)^2$ を含む形のモデルを提案した．一方，Abe ら[24,25]（AKN モデル）は，速度場と温度場のタイムスケールの短いほうがより現象に支配的であると考え，f_λ に $2R/(0.5+R)$（すなわち，両タイムスケールの調和平均）を含むモデル関数を導入して NTT モデルを改良した．

これらの表現を用いるためにはタイムスケール比 R を求める必要があり，そのために以下のような温度乱れとその散逸率に関する二つの方程式を解く．

$$\frac{D\overline{\theta'^2}}{Dt} = 2P_t - 2\varepsilon_t + \frac{\partial}{\partial x_j}\left\{\left(\nu + \frac{\alpha_t}{\sigma_\theta}\right)\frac{\partial \overline{\theta'^2}}{\partial x_j}\right\} \qquad (12.5.7)$$

$$\frac{D\varepsilon_\theta}{Dt} = \frac{\varepsilon_\theta}{\overline{\theta'^2}}(C_{P1}f_{P1}P_k - C_{D1}f_{D1}\varepsilon_\theta) + \frac{\varepsilon_\theta}{k}(C_{P2}f_{P2}P_k - C_{D2}f_{D2}\varepsilon) + E_\theta + \frac{\partial}{\partial x_j}\left\{\left(\nu + \frac{\alpha_t}{\sigma_{\varepsilon\theta}}\right)\frac{\partial \varepsilon_\theta}{\partial x_j}\right\} \qquad (12.5.8)$$

ここで，$P_t = -\overline{u_j'\theta'}(\partial\bar{\theta}/\partial x_j)$ は温度乱れの生成率である．

先述の NK，NTT，AKN の各乱流伝熱モデルのモデル関数およびモデル定数を表 12.3 に示す．一般的に，NK モデルは Nagano-Hishida モデル[6] と，NTT モデルは Nagano-Tagawa モデル[8]（または Myong-Kasagi モデル[8]）と，また AKN モデルは AKN 速度場モデル[10] と組み合わせて用いることが推奨される．温度場の境界条件については，NK モデルの場合は壁温一定の条件に対して $\overline{\theta'^2}$，ε_θ とも壁面で 0 とする．一方，NTT モデルや AKN モデルの場合は，壁面上で $\overline{\theta'^2}=0$ とするが，ε_θ については壁面上で $\varepsilon_\theta = (\alpha/2)(\partial^2\overline{\theta'^2}/\partial y^2)$ とおく．また，NTT モデルや AKN モデルは壁温変動がある熱流束一定の条件にも適用可能であり，

表 12.3(a) 代表的な温度場 2 方程式モデルのモデル関数とモデル定数(1)

モデル	f_λ
Nagano-Kim[20,21]	$(2R)^{1/2}\left\{1-\exp\left(\frac{\sqrt{\mathrm{Pr}}}{30.5}\frac{2\mathrm{St}}{C_f}y^+\right)\right\}^2$
Nagano-Tagawa-Tsuji[22,23]	$\left\{(2R)^2+\frac{3.4(2R)^{1/2}}{R_t^{3/4}}\right\}\left\{1-\exp\left(-\frac{y^+\sqrt{\mathrm{Pr}}}{26}\right)\right\}^2$
Abe-Kondoh-Nagano[24,25]	$\left[\frac{2R}{0.5+R}+\frac{3(2R)^{1/2}}{R_t^{3/4}\mathrm{Pr}}\exp\left\{-\left(\frac{R_t}{200}\right)^2\right\}\right]\left\{1-\exp\left(-\frac{y^*}{14}\right)\right\}\left\{1-\exp\left(-\frac{y^*\sqrt{\mathrm{Pr}}}{14}\right)\right\}$

注：$y^+=\frac{u_\tau y}{\nu}$，$y^*=\frac{(\nu\varepsilon)^{1/4}y}{\nu}$

表 12.3(b) 代表的な温度場 2 方程式モデルのモデル関数とモデル定数(2)

モデル	f_{P1}	f_{P2}	f_{D1}	f_{D2}
Nagano-Kim[20,21]	1.0	1.0	1.0	1.0
Nagano-Tagawa-Tsuji[22,23]	1.0	1.0	$\left\{1-\exp\left(-\frac{y^+}{5.8}\right)\right\}^2$	$\left(\frac{1}{C_{D2}}\right)(C_{\varepsilon2}f_2-1)\times\left\{1-\exp\left(-\frac{y^+}{6}\right)\right\}^2$
Abe-Kondoh-Nagano[24,25]	$\{1-\exp(-y^*)\}^2$	1.0	$\{1-\exp(-y^*)\}^2$	$\left(\frac{1}{C_{D2}}\right)(C_{\varepsilon2}f_2-1)\times\left\{1-\exp\left(-\frac{y^*}{5.7}\right)\right\}^2$

注：$f_2=1-0.3\exp\left\{-\left(\frac{R_t}{0.5}\right)^2\right\}$，Nagano-Kim モデルは $E_\theta=\alpha\alpha_t(1-f_\lambda)\left(\frac{\partial^2\overline{\theta}}{\partial x_j\ \partial x_k}\right)^2$，その他は $E_\theta=0$

表 12.3(c) 代表的な温度場 2 方程式モデルのモデル関数とモデル定数(3)

モデル	C_λ	C_{P1}	C_{P2}	C_{D1}	C_{D2}	$C_{\varepsilon2}$	σ_θ	$\sigma_{\varepsilon\theta}$
Nagano-Kim[20,21]	0.11	1.8	0.72	2.2	0.8	—	1.0	1.0
Nagano-Tagawa-Tsuji[22,23]	0.1	1.7	0.64	2.0	0.9	1.9	1.0	1.0
Abe-Kondoh-Nagano[24,25]	0.1	1.9	0.6	2.0	0.9	1.9	1.6	1.6

その際は壁面上で設定した熱流束になるように平均温度勾配を与えるとともに，温度乱れの勾配を 0 とする．なお，ε_θ についての境界条件は壁温一定の場合と同様である．

実際の適用例として，伝熱管内温度助走域に NK モデルを適用した結果を図 12.29 および図 12.30 に示す[20]．この問題は，完全に発達した乱流速度場に対して温度境界層が下流へと発達していく場であり，速度場と温度場の間に強い非相似性が現れる．速度場は完全に発達しており，平均速度や乱流エネルギー，またそれらから算出される渦粘性係数などの断面内分布は流れ方向に同一であるが，そのなか

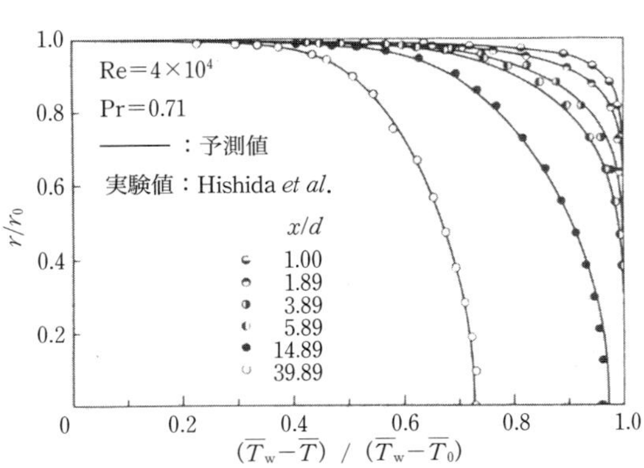

図 12.29 温度助走域における温度分布の発達の様子[20]

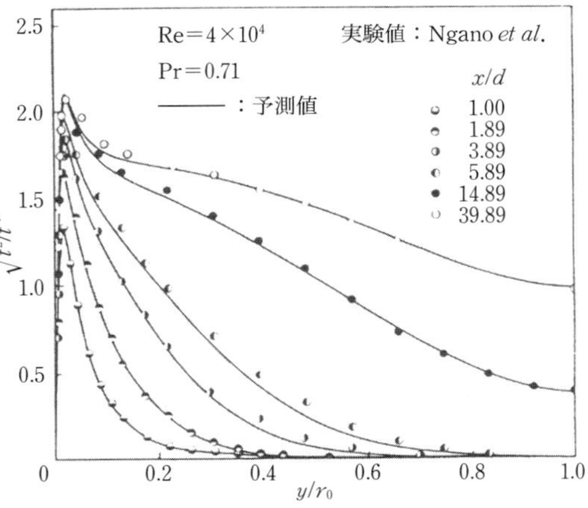

図 12.30 温度助走域における温度乱れ強度の発達の様子[20]

で，温度境界層が徐々に発達していくので乱流プラントル数の分布は流れ方向に大きく変化する．このような場では，前節の乱流プラントル数一定のモデルでは適切な予測ができないことは想像に難くないが，温度場２方程式モデルを導入することで高い予測精度が得られている．また，図 12.30 にみられるような温度乱れを高精度で予測できることも，温度場２方程式モデルの特長の一つである．

剥離・再付着を伴う乱流伝熱問題への適用例として，Vogel-Eaton[26] が行ったバックステップ流れの実験に合わせて AKN モデルを適用して計算を行った結果を図 12.31 および図 12.32 に示す[24,25]．この問題は，ステップ後の下面に対して等熱流束加熱を行っており，先の温度助走域問題と同様に速度場と温度場の間の非相似性が著しい場の代表的な例の一つである．AKN モデルは，速度場モデルと同様に壁面摩擦速度を用いた y^+ の代わりにコルモゴロフの速度スケールを導入することにより，剥離・再付着を伴う複雑乱流伝熱場にも適用できるようにモデル化されている．図 12.31 は速度場の結果を示しているが，図 12.31(a) の流線図から得られた再付着距離 X_R はステップ高さ H の約 6.7 倍であり，これは実験結果[26] の 6.67 に近く高い予測精度を示している．また，図 12.31(b)，(c) の流れ方向平均速度分布や下壁面摩擦係数も，実験結果と十分な対応がとれている．さらに，図 12.32 のスタントン数分布からわかるように，温度場２方程式モデルを適用した予測結果は，実験結果[26] と非常によく合っている．また，図中にあるように，乱流プラントル数一定の計算ではスタントン数を実験値に対して過大予測しており，速度場モデルの予測精度の高さだけでは適切な温度場予測ができていないことを示している．

以上で述べてきたように，温度場２方程式モデルは複雑乱流伝熱場での予測精度向上に有効な手段である．なお，最近では応力モデルの知見を取り入れて予測精度向上を図ったモデル[27] や，DNS データを参考により精緻なモデル化を試みたもの[28]，さらには種々の温度境界条件への適用を考慮したもの[29] などが提案されており，それら以外にも先に紹介したモデルをより発展させる努力が続けられている．

［安倍賢一］

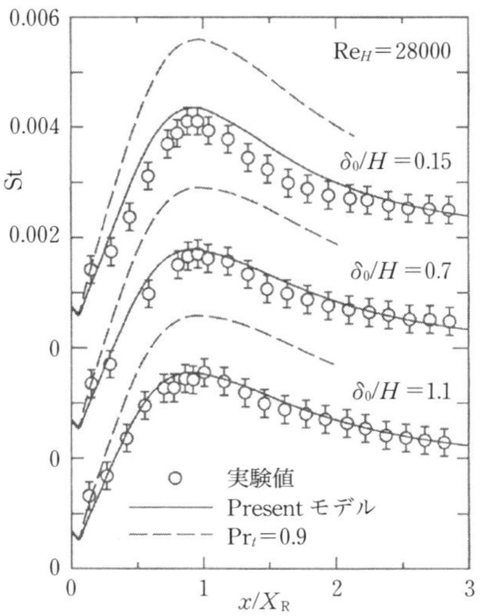

図 12.32　バックステップ乱流における熱伝達率の分布[24]

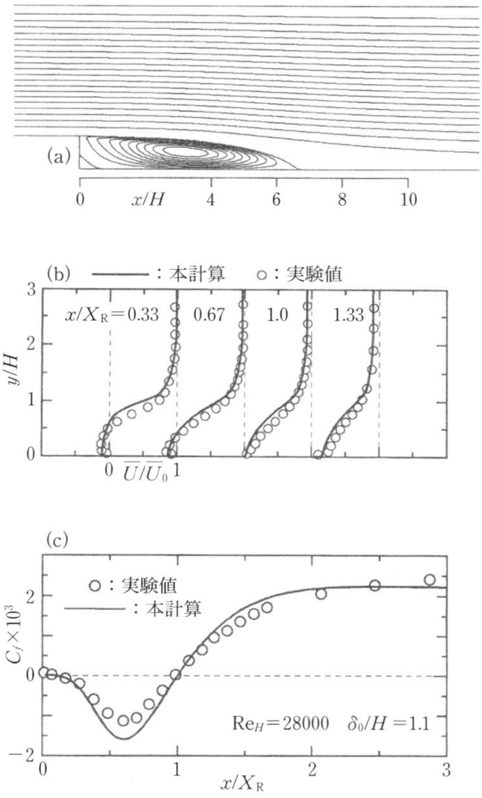

図 12.31　バックステップ乱流における速度場の結果[25]
(a) 流線図，(b) 流れ方向平均速度，(c) 下壁面摩擦係数．

文　　献

1) B. E. Launder, D. B. Spalding : Comp. Meth. Appl. Mech. Eng., **3**, 1974, 269-289.
2) W. P. Jones, B. E. Launder : Int. J. Heat Mass Transfer, **15**, 1972, 301-314.
3) B. E. Launder, B. I. Sharma : Lett. Heat Mass Transfer, **1**, 1974, 131-138.
4) C. K. G. Lam, K. A. Bremhorst : J. Fluids Eng., **103**, 1981, 456-460.
5) K. Y. Chien : AIAA J., **23**, 1982, 1308-1319.
6) Y. Nagano, M. Hishida : J. Fluids Eng., **109**, 1987, 156-160.
7) H. K. Myong, N. Kasagi : Int. J. Japan Soc. Mech. Engin., Ser. II, **33**, 1990, 63-72.
8) Y. Nagano, M. Tagawa : J. Fluids Engin., **112**, 1990, 33-39.
9) Z. Yang, T. H. Shih : AIAA J., **31**, 1993, 1191-1198.
10) K. Abe *et al.* : Int. J. Heat Mass Transfer, **37**, 1994, 139-151.
11) R. D. Moser *et al.* : Phys. Fluids, **11**, 1999, 943-945.
12) Y. Nagano, M. Shimada : JSME Internat. J., Ser. B, **38**, 1995, 51-59.
13) 河村　洋，川島紀英：壁乱流型 k-$\varepsilon 2$ 方程式乱流モデル（続報），数値流体力学シンポジウム講演論文集，1993，315-318.
14) D. C. Wilcox : AIAA J., **32**, 1994, 247-255.
15) J. Kim, P. Mion : Transport of Passive Scalars in a Turbulent Channel Flows, Turbulent Shear Flows, Vol. 6, Springer, Berlin, 1989, 85-96.
16) J. Kasagi *et al.* : J. Heat Transfer, **114**, 1992, 598-606.
17) H. Abe *et al.* : ASME J. Fluids Eng., **123**, 2001, 382-393.
18) H. Kawamura *et al.* : Int. J. Heat Fluid Flow, **19**, 1998, 482-491.
19) W. M. Kays, M. E. Crawford : Convective Heat and Mass Transfer, 2 nd ed., McGraw-Hill, New York, 1980.
20) 長野靖尚，金　哲晃：日本機械学会論文集（B 編），**53**（490），1986，1773-1780.
21) Y. Nagano, C. Kim : J. Heat Transfer, **110**, 1988, 583-589.
22) 長野靖尚ほか：日本機械学会論文集（B 編），**56**(530)，1990，3087-3093.
23) Y. Nagano *et al.* : An Improved Two-equation Heat Transfer Model For Wall Turbulent Shear Flows, Proceedings of ASME/JSME Thermal Engineering Joint Conference (J. R. Lloyd, Y. Kurosaki eds.), 1991, 233-239.
24) 安倍賢一ほか：日本機械学会論文集（B 編），**60**(573)，1743-1750，1994.
25) K. Abe *et al.* : Int. J. Heat Mass Transfer, **38**, 1995, 1467-1481.
26) J. C. Vogel, J. K. Eaton : J. Heat Transfer, **107**, 1985, 922-929.
27) K. Abe *et al.* : Int. J. Heat Fluid Flow, **17**, 1996, 228-237.
28) Y. Nagano, M. Shimada : Phys. Fluids, 8, 1996, 3379-3402.
29) Y. Nagano *et al.* : Fluid Dynamics Res., **20**, 1997, 127-142.

12.6　応力方程式モデル

12.6.1　応力輸送の厳密式

非圧縮性の流れを支配するナビエ-ストークス方程式と連続の式は次のように書くことができる．

$$\frac{\partial u_i}{\partial t}+u_j\frac{\partial u_i}{\partial x_j}=-\frac{1}{\rho}\frac{\partial p}{\partial x_i}+\nu\frac{\partial^2 u_i}{\partial x_j\partial x_j} \tag{12.6.1}$$

$$\frac{\partial u_i}{\partial x_i}=0 \tag{12.6.2}$$

ここで，u_i は速度ベクトル，p は圧力，ρ は密度，ν は動粘度である．速度と圧力を

$$u_i=\bar{u}_i+u'_i \tag{12.6.3}$$

$$p=\bar{p}+p' \tag{12.6.4}$$

によって平均分と変動分の和に分解し，これを式(12.6.1)，(12.6.2) に代入して平均をとれば，平均流に対する支配方程式

$$\frac{\partial \bar{u}_i}{\partial t}+\bar{u}_j\frac{\partial \bar{u}_i}{\partial x_j}=-\frac{1}{\rho}\frac{\partial \bar{p}}{\partial x_i}+\nu\frac{\partial^2 \bar{u}_i}{\partial x_j\partial x_j}-\frac{\partial \overline{u'_i u'_j}}{\partial x_j} \tag{12.6.5}$$

$$\frac{\partial \bar{u}_i}{\partial x_i}=0 \tag{12.6.6}$$

が得られる．ここで，バーは平均を示している．レイノルズ応力 $\overline{u'_i u'_j}$ の出現のためにこの方程式系は閉じていない．

式(12.6.1)，(12.6.2) より式(12.6.5)，(12.6.6) を差し引けば，次の変動分の方程式を得る．

$$\frac{\partial u'_i}{\partial t}+\bar{u}_k\frac{\partial u'_i}{\partial x_k}+u'_k\frac{\partial \bar{u}_i}{\partial x_k}+\frac{\partial}{\partial x_k}(u'_k u'_i-\overline{u'_k u'_i})$$
$$=-\frac{1}{\rho}\frac{\partial p'}{\partial x_i}+\nu\frac{\partial^2 u'_i}{\partial x_k\partial x_k} \tag{12.6.7}$$

$$\frac{\partial u'_i}{\partial x_i}=0 \tag{12.6.8}$$

応力輸送の厳密式は，式 (12.6.7) に u'_j を乗じた式と添字を交換した式とを加え平均をとることによって次のように得られる．

$$\frac{\partial \overline{u'_i u'_j}}{\partial t}+\bar{u}_k\frac{\partial \overline{u'_i u'_j}}{\partial x_k}=P_{ij}-\varepsilon_{ij}+\Pi_{ij}+T_{ij}+V_{ij} \tag{12.6.9}$$

各項は以下のように定義されている．

$$P_{ij}=-\left(\overline{u'_j u'_k}\frac{\partial \bar{u}_i}{\partial x_k}+\overline{u'_i u'_k}\frac{\partial \bar{u}_j}{\partial x_k}\right) \tag{12.6.10}$$

$$\varepsilon_{ij}=2\nu\overline{\frac{\partial u'_i}{\partial x_k}\frac{\partial u'_j}{\partial x_k}} \tag{12.6.11}$$

$$\Pi_{ij}=-\frac{1}{\rho}\overline{\left(u'_i\frac{\partial p'}{\partial x_j}+u'_j\frac{\partial p'}{\partial x_i}\right)} \quad (12.6.12)$$

$$T_{ij}=-\frac{\partial}{\partial x_k}\overline{u'_iu'_ju'_k} \quad (12.6.13)$$

$$V_{ij}=\nu\frac{\partial^2}{\partial x_k\partial x_k}\overline{u'_iu'_j} \quad (12.6.14)$$

P_{ij} はレイノルズ応力の生成を，ε_{ij} はその散逸を表している．T_{ij} は乱流拡散，V_{ij} は粘性拡散である．速度・圧力勾配相関 Π_{ij} は次のように圧力・歪み相関 ϕ_{ij} と圧力拡散に分解できる．

$$\Pi_{ij}=\phi_{ij}-\frac{\partial}{\partial x_k}\left[\frac{1}{\rho}\overline{p'(u'_j\delta_{ik}+u'_i\delta_{jk})}\right] \quad (12.6.15)$$

$$\phi_{ij}=\frac{1}{\rho}\overline{p'\left(\frac{\partial u'_i}{\partial x_j}+\frac{\partial u'_j}{\partial x_i}\right)} \quad (12.6.16)$$

ϕ_{ij} は縮約すればゼロとなるので，乱れエネルギー $k=\overline{u'_iu'_i}/2$ の輸送方程式においてはこの項の寄与はない．圧力・歪み相関項の役割はレイノルズ応力の各成分間のやりとりであり，その意味で再分配項とも呼ばれる．

式 (12.6.9) をこの輸送方程式のレベルでモデル化し，平均流の支配方程式 (12.6.5) (12.6.6) とともに閉じた方程式系を構成しようというのが応力方程式モデルである．モデリングにあたって使用できる量は，レイノルズ応力と平均速度勾配である．ただし，乱れに関しては少なくとも一つの補足的な量が必要である．レイノルズ応力のみでは，乱れを規定する長さスケールや時間スケールが定まらないからである．スケールを決めるための量として通常，乱れエネルギー k の散逸率 $\varepsilon=\nu\overline{(\partial u'_i/\partial x_j)^2}$ が用いられる．これによって時間スケールは k/ε，長さスケールは $k^{3/2}/\varepsilon$ となる．応力輸送方程式において，生成項と粘性拡散項はレイノルズ応力と平均速度勾配のみを含むのでモデル化の必要はない．この生成項の厳密性が，応力方程式モデルの大きな長所になっている．結局，モデル化が必要なのは散逸項，再分配項，圧力拡散項，乱流拡散項である．また，ε についてはそれ自身に対する輸送モデルが構成される．この点は k-ε 2 方程式モデルと同じである．

多くの流れにおいて，モデルの性能を決定的に左右するのは圧力・歪み相関項 ϕ_{ij} である．この項のモデリングにおいては，圧力の変動分 p' の速度場に関する形式的な解が基礎となる．式 (12.6.7) の発散をとれば，圧力に対するポアソン方程式

$$\frac{\partial^2 p'}{\partial x_p\partial x_p}=-\rho\left[\frac{\partial^2}{\partial x_p\partial x_q}(u'_pu'_q-\overline{u'_pu'_q})+2\frac{\partial u'_q}{\partial x_p}\frac{\partial \bar{u}_p}{\partial x_q}\right] \quad (12.6.17)$$

が得られる．これをグリーンの定理によって解き，その解を用いて ϕ_{ij} を表現すれば，固体壁などの境界面がない，あるいは無視できるほど遠い場合に対して次式が得られる[1]．

$$\phi_{ij}=\phi_{(1)ij}+\phi_{(2)ij} \quad (12.6.18)$$

$$\phi_{(1)ij}=\frac{1}{4\pi}\int_V\overline{\left(\frac{\partial^2 u'_pu'_q}{\partial x_p\partial x_q}\right)_{x^*}\left(\frac{\partial u'_i}{\partial x_j}+\frac{\partial u'_j}{\partial x_i}\right)}\frac{\mathrm{d}V(\boldsymbol{x}^*)}{|\boldsymbol{x}^*-\boldsymbol{x}|} \quad (12.6.19)$$

$$\phi_{(2)ij}=\frac{1}{2\pi}\int_V\left(\frac{\partial \bar{u}_p}{\partial x_q}\right)_{x^*}\overline{\left(\frac{\partial u'_q}{\partial x_p}\right)_{x^*}\left(\frac{\partial u'_i}{\partial x_j}+\frac{\partial u'_j}{\partial x_i}\right)}\times\frac{\mathrm{d}V(\boldsymbol{x}^*)}{|\boldsymbol{x}^*-\boldsymbol{x}|} \quad (12.6.20)$$

ここで，$\boldsymbol{x}^*$ は位置ベクトル，$\boldsymbol{x}$ は $\phi_{(1)ij}$，$\phi_{(2)ij}$ および右辺中の $(\partial u'_i/\partial x_j+\partial u'_j/\partial x_i)$ が評価される点の位置ベクトルである．$\phi_{(1)ij}$ はスロー項 (slow term)，$\phi_{(2)ij}$ はラピッド項 (rapid term) と呼ばれる．前者が速度の変動分のみからなるのに対し，後者は平均速度勾配を含んでいるのが特徴である．再分配項のモデリングにおいては，これらの 2 項がそれぞれにモデル化される．

固体壁や自由表面などの境界が存在するときには，さらに 1 項が加わり

$$\phi_{ij}=\phi_{(1)ij}+\phi_{(2)ij}+\phi_{S_{ij}} \quad (12.6.21)$$

$$\phi_{S_{ij}}=\frac{1}{4\pi\rho}\int_S\left[\frac{1}{|\boldsymbol{x}^*-\boldsymbol{x}|}\frac{\partial}{\partial x_p}\overline{p'_{x^*}\left(\frac{\partial u'_i}{\partial x_j}+\frac{\partial u'_j}{\partial x_i}\right)}-\overline{p'_{x^*}\left(\frac{\partial u'_i}{\partial x_j}+\frac{\partial u'_j}{\partial x_i}\right)}\frac{\partial}{\partial x_p}\frac{1}{|\boldsymbol{x}^*-\boldsymbol{x}|}\right]\mathrm{d}S_p(\boldsymbol{x}^*) \quad (12.6.22)$$

となる．$\phi_{S_{ij}}$ は境界における面積分で，$\mathrm{d}S_p$ は面素ベクトルである．境界が再分配プロセスに及ぼす影響のモデリングはきわめて重要な課題である．

散逸項 ε_{ij} は，次のように等方部と非等方部の和に分解することができる．

$$\varepsilon_{ij}=\frac{2}{3}\varepsilon\delta_{ij}+\left(\varepsilon_{ij}-\frac{2}{3}\varepsilon\delta_{ij}\right) \quad (12.6.23)$$

非等方部は縮約すればゼロであり，1 種の再分配項とみなすことができる．また，第 1 近似としては平均速度場に関係しないので，これをスロー再分配項 $\phi_{(1)ij}$ に繰り入れ全体としてモデル化する方法をとる[2]．この場合，散逸項のモデリングの問題は，陽

には現れないことになる．

12.6.2 スロー再分配項

基本的な仮定は，ある点，ある時刻におけるテンソル $\phi_{(1)ij}$ がその点，その時刻におけるテンソル $\overline{u'_i u'_j}$ とスカラー ε，ν によって表現できるということである．レイノルズ応力に代わってその非等方テンソル

$$a_{ij}=\frac{\overline{u'_i u'_j}}{k}-\frac{2}{3}\delta_{ij} \qquad (12.6.24)$$

を用いることにすれば，$\phi_{(1)ij}$ を a_{ij}，k，ε，ν を用いて表すことになる．定義によって，$\phi_{(1)ij}=\phi_{(1)ji}$，$\phi_{(1)ii}=0$ である．a_{ij} についても，同じく $a_{ij}=a_{ji}$，$a_{ii}=0$ である．このような条件のもとでの $\phi_{(1)ij}$ の最も一般的なモデル表現は次式である[2]．

$$\frac{\phi_{(1)ij}}{\varepsilon}=-C_1 a_{ij}-C_1'\left(a_{ik}a_{jk}-\frac{1}{3}A_2\delta_{ij}\right) \qquad (12.6.25)$$

ここで，C_1，C_1' は非等方テンソル a_{ij} の不変量 $A_2=a_{ij}a_{ji}$，$A_3=a_{ij}a_{jk}a_{ki}$ およびレイノルズ数 $R_T=k^2/\nu\varepsilon$ の関数である．テンソル解析のケーリー-ハミルトンの定理によって 3 次以上の項はより低次の項で表現できるので，上式はいまの仮定のもとでは完全な一般性をもっている．

$C_1'=0$，$C_1=$ 定数とすると，Rotta[3] の線形モデル

$$\phi_{(1)ij}=-C_1\frac{\varepsilon}{k}\left(\overline{u'_i u'_j}-\frac{2}{3}k\delta_{ij}\right) \qquad (12.6.26)$$

となる．このモデルは，応力方程式モデルの出発点となった記念碑的なモデルである．係数の値には種々の提案があるが，1 以下であることはない．たとえば，基本応力方程式モデル[4] では $C_1=1.8$ である．

リアライザビリティ (realizability)[5,2] によって，係数の値を検討してみよう．レイノルズ応力テンソルは主軸座標系において 3 個の成分をもつ．当然ながら，これらは負の値をとってはならない．リアライザビリティとはモデルがこれを保証することである．明らかに，一つの必要条件は

$$\frac{\partial\overline{u'_\alpha u'_\alpha}}{\partial t}\to 0,\ \text{if}\ \ \overline{u'_\alpha u'_\alpha}\to 0 \qquad (12.6.27)$$

である．ここで，$\overline{u'_\alpha u'_\alpha}$ は垂直応力の 1 成分である (和の規約を適用しない)．$\overline{u'_\alpha u'_\alpha}\to 0$ は速度変動の 1 成分がゼロとなる極限であり TCL (two-component-limit：2 成分極限) と呼ばれる．平均速度勾配のない一様な乱れ場において $\overline{u'_\alpha u'_\alpha}$ の輸送方程式は

$$\frac{\partial\overline{u'_\alpha u'_\alpha}}{\partial t}=-\frac{2}{3}\varepsilon+\phi_{(1)\alpha\alpha} \qquad (12.6.28)$$

と書けるので，リアライザビリティの条件は

$$\phi_{(1)\alpha\alpha}\to\frac{2}{3}\varepsilon,\ \text{if}\ \ \overline{u'_\alpha u'_\alpha}\to 0 \qquad (12.6.29)$$

となる．線形モデル (12.6.26) は TCL において $\phi_{(1)\alpha\alpha}\to 2C_1\varepsilon/3$ を与えるので，条件 (12.6.29) を満たすためには $C_1=1$ でなければならない．したがって，定数係数の線形モデルはリアライザビリティを満たさない．

C_1' を維持し，リアライザビリティを満足する種々の非線形モデルが提案されている (文献 6 参照)．一方で，実際の数値計算における非線形モデルの硬直性が指摘されている．壁乱流の粘性底層，遷移層を適用範囲外とする，いわゆる高レイノルズ数型の実用モデルとしては定数係数の線形モデルの採用がすすめられる．

12.6.3 ラピッド再分配項

ラピッド項に関しては，一様な平均速度勾配のもとでの一様な乱れ場に対してモデル化が行われる．そして，得られたモデルが，とくに非一様性が強い場を除いて適用できることを期待する．この場合，式 (12.6.20) において平均速度勾配を積分の外に持ち出すことができ

$$\phi_{(2)ij}=4k\frac{\partial\bar{u}_p}{\partial x_q}(M_{iqpj}+M_{jqpi}) \qquad (12.6.30)$$

$$M_{ijpq}=\frac{1}{8\pi k}\int_V\overline{\left(\frac{\partial u'_j}{\partial x_p}\right)_{x^*}\frac{\partial u'_i}{\partial x_q}}\frac{\mathrm{d}V(\boldsymbol{x}^*)}{|\boldsymbol{x}^*-\boldsymbol{x}|} \qquad (12.6.31)$$

と書ける．無次元 4 階のテンソル M_{ijpq} は次のように変形できる[3]．

$$M_{ijpq}=-\frac{1}{8\pi k}\int_V\frac{\partial^2\overline{u'_i u'^*_j}}{\partial r_p\partial r_q}\frac{\mathrm{d}V(\boldsymbol{r})}{|\boldsymbol{r}|} \qquad (12.6.32)$$

ここで，$\boldsymbol{r}=\boldsymbol{x}-\boldsymbol{x}^*$ である．ラピッド項のモデリングの基本的な仮定は，この 4 階のテンソルが応力非等方テンソル a_{ij} を用いて表現できるということである．その際，テンソル M_{ijpq} が有するいくつかの

基本的性質がモデリングの制約条件となる．第1の条件は次の対称性である．

$$M_{ijpq}=M_{ijqp},\quad M_{ijpq}=M_{jipq} \qquad (12.6.33)$$

連続の式からは次の縮約条件が得られる．

$$M_{ijpi}=0 \qquad (12.6.34)$$

さらに，後2個の添字を縮約し積分を実行すると，次の正規化条件（グリーンの条件ともいう）が得られる．

$$M_{ijpp}=\frac{\overline{u'_iu'_j}}{2k}=\frac{1}{2}a_{ij}+\frac{1}{3}\delta_{ij} \qquad (12.6.35)$$

M_{ijpq} を a_{ij} の1次までの項で表すことにすれば，対称条件（12.6.33）を満足する最も一般的な表現は次式である．

$$M_{ijpq}=B_1\delta_{ij}\delta_{pq}+B_2(\delta_{ip}\delta_{jq}+\delta_{iq}\delta_{jp})+B_3\delta_{ij}a_{pq}+B_4a_{ij}\delta_{pq}+B_5(\delta_{ip}a_{jq}+\delta_{iq}a_{jp}+\delta_{jp}a_{iq}+\delta_{jq}a_{ip}) \qquad (12.6.36)$$

連続の条件（12.6.34）と正規化条件（12.6.35）を課すと，係数間に4個の関係式が得られ，M_{ijpq} を式（12.6.30）に代入するとラピッド項は次のようになる．

$$\frac{\phi_{(2)ij}}{k}=\alpha_1S_{ij}+\alpha_2\left(a_{ip}S_{jp}+a_{jp}S_{ip}-\frac{2}{3}a_{pq}S_{pq}\delta_{ij}\right)+\alpha_3(a_{ip}\Omega_{jp}+a_{jp}\Omega_{ip}) \qquad (12.6.37)$$

$$\alpha_1=4/5,\quad \alpha_2=(36B_3+6)/11,\quad \alpha_3=-(28B_3-10)/11 \qquad (12.6.38)$$

ここで，$S_{ij}=(\partial\bar{u}_i/\partial x_j+\partial\bar{u}_j/\partial x_i)/2$ は歪み速度テンソル，$\Omega_{ij}=(\partial\bar{u}_i/\partial x_j-\partial\bar{u}_j/\partial x_i)/2$ は渦度テンソルである．Launder ほか[7] (LRR)，Naot ほか[8] によって導かれたこのモデルは QI (quasi-isotropic：準等方) モデルと呼ばれる．LRR に従って，S_{ij}, Ω_{ij}, a_{ij} に代わって $\partial\bar{u}_i/\partial x_j$, $\overline{u'_iu'_j}$ を用いてこれを書けば次式となる．

$$\phi_{(2)ij}=-C_2\left(P_{ij}-\frac{2}{3}\delta_{ij}P\right)-C_3\left(D_{ij}-\frac{2}{3}\delta_{ij}P\right)-C_4k\left(\frac{\partial\bar{u}_i}{\partial x_j}+\frac{\partial\bar{u}_j}{\partial x_i}\right) \qquad (12.6.39)$$

ここで，$P=-\overline{u'_ku'_l}\,\partial\bar{u}_k/\partial x_l$, $D_{ij}=-\overline{u'_iu'_k}\,\partial\bar{u}_k/\partial x_j-\overline{u'_ju'_k}\,\partial\bar{u}_k/\partial x_i$ である．係数 $C_2\sim C_4$ と式（12.6.37）における係数との関係は $C_2=(\alpha_2+\alpha_3)/2$, $C_3=(\alpha_2-\alpha_3)/2$, $C_4=2\alpha_2/3-\alpha_1/2$ である．QI モデルでは自由に与えることのできるパラメータはただ一つであり，LRR は一様剪断流における各応力成分のレベルの実験データに基づいて $B_3=0.1$ とした．

式（12.6.33），（12.6.34）より $M_{ijjq}=0$ である．これは，式（12.6.31）において位置 $\boldsymbol{x}^*$ で連続条件を要求しているが，Durbin-Pettersson Reif[9] は1点完結モデルでこのような条件を課すべきでないとしている．これを受け入れれば，式（12.6.33）の最初の対称条件をはずすことになる．この場合，$\alpha_1=0.8$ は変わらないが α_2, α_3 に対する拘束はなくなる．式（12.6.39）の表現の場合，C_2, C_3 は自由で，$C_4=2(C_2+C_3)/3-2/5$ となる．現在まで最も広く用いられてきた IP (isotropization-of-production：生成等方化) モデル[10] はこの型に属する．IP モデルでは $C_2=0.6$, $C_3=C_4=0$ ($\alpha_1=0.8$, $\alpha_2=\alpha_3=0.6$) である．Speziale ほか[11] (SSG) は α_1 は等方性の極限でのみ値0.8をとるとし，$\alpha_1=0.8-0.65A_2^{1/2}$ と定めた．SSG モデルでは $\alpha_2=0.625$, $\alpha_3=0.2$ である．α_1 の0.8という数値，あるいは $C_4=2(C_2+C_3)/3-2/5$ という関係は，等方乱れに急激な剪断がかかるときの RDT (rapid distortion theory) の解を正しく再現する．

レイノルズ応力テンソルの主軸座標系においてリアライザビリティを検討しよう．一様な平均速度勾配のもとでの一様な乱れ場において $\overline{u'_\alpha u'_\alpha}$ の輸送方程式は次のように書ける．

$$\frac{\partial\overline{u'_\alpha u'_\alpha}}{\partial t}=P_{\alpha\alpha}-\frac{2}{3}\varepsilon+\phi_{(1)\alpha\alpha}+\phi_{(2)\alpha\alpha} \qquad (12.6.40)$$

平均速度勾配を含まない項にはすでに条件（12.6.29）が課されているので，平均速度勾配を含む項はそれ自身で TCL においてゼロにならなければならない．$\overline{u'_\alpha u'_\alpha}\to 0$ のとき $P_{\alpha\alpha}\to 0$ であるので，リアライザビリティ（12.6.27）の条件は

$$\phi_{(2)\alpha\alpha}\to 0,\quad \text{if}\quad \overline{u'_\alpha u'_\alpha}\to 0 \qquad (12.6.41)$$

となる．$\alpha=2$ として $\overline{u'_2u'_2}=0$ を QI モデル（12.6.39）に代入すると

$$\phi_{(2)22}=-\frac{2}{3}(C_2+C_3)\left(\overline{u'_1u'_1}\frac{\partial\bar{u}_1}{\partial x_1}+\overline{u'_3u'_3}\frac{\partial\bar{u}_3}{\partial x_3}\right)-2C_4k\frac{\partial\bar{u}_2}{\partial x_2} \qquad (12.6.42)$$

となる．したがって，TCL において $C_2+C_3\to 0$, $C_4\to 0$ とならなければならない．すなわち，QI モデルはリアライザビリティを満足しない．IP, SSG モデルもまたそれを満たさない．

式 (12.6.36) は a_{ij} に関して線形である．これに替えて，テンソル M_{ijpq} を a_{ij} の3次積までの項で表すと，リアライザビリティを満たすモデルが得ることができる[12~14]．この場合，式 (12.6.36) に対応する式は係数20個を含むが，これらを連続条件 (12.6.34)，正規化条件 (12.6.35)，リアライザビリティ (12.6.41) を用いて決めていくと，最終的に，自由に値を与えることのできる2個の係数を含むモデルが得られる．Launder のグループはこれを TCL モデルと称し，その検証を展開している．

壁乱流の粘性底層，遷移層を適用範囲外とするモデルとしては，実用的には線形モデルで十分多様な流れに対応できるように思われる．

12.6.4 再分配項のモデル係数

スロー項として Rotta モデル (12.6.26)，ラピッド項としてモデル (12.6.39) を採用し，先に述べた係数間の関係を取り去ってみよう．壁面近傍の対数層において，輸送項を無視すると，応力の相対レベルは次のように係数 $C_1 \sim C_4$ に関係づけられる．

$$\frac{\overline{u^2}}{k}-\frac{2}{3}=\frac{1}{C_1}\left(\frac{4}{3}-\frac{4}{3}C_2+\frac{2}{3}C_3\right) \tag{12.6.43}$$

$$\frac{\overline{v^2}}{k}-\frac{2}{3}=\frac{1}{C_1}\left(-\frac{2}{3}+\frac{2}{3}C_2-\frac{4}{3}C_3\right) \tag{12.6.44}$$

$$\frac{\overline{w^2}}{k}-\frac{2}{3}=\frac{1}{C_1}\left(-\frac{2}{3}+\frac{2}{3}C_2+\frac{2}{3}C_3\right) \tag{12.6.45}$$

$$\left(\frac{\overline{uv}}{k}\right)^2=\frac{1}{C_1}\left[(1-C_2)\frac{\overline{v^2}}{k}-C_3\frac{\overline{u^2}}{k}+C_4\right] \tag{12.6.46}$$

ここで，u，v，w はそれぞれ流れ方向，壁垂直方向，スパン方向の速度の変動分である．発達したチャネル乱流の DNS データ[15]によれば，対数層では $\overline{v^2}$ 輸送方程式中の再分配項におけるラピッド項の寄与は無視できるほど小さい．いまのモデルの枠組みでは，式 (12.6.44) より，これは $C_3 \simeq C_2/2$ を意味している．

チャネル乱流に対する Kim の DNS[16]によれば，応力の相対レベルは対数層において $\overline{u^2}/k=1.02$，$\overline{v^2}/k=0.40$，$\overline{w^2}/k=0.58$，$-\overline{uv}/k=0.29$ である．これらの値を用い，$C_3=C_2/2$ を仮定すると，式 (12.6.43)～(12.6.46) から $C_1=2.5$，$C_2=0.45$，$C_3=0.23$，$C_4=0.22$ となる．表 12.4 に，いま得た値とともにこれまでに取り上げた線形モデルの係数を示す．QI，IP モデルは，壁面反射項と呼ばれる付加項とともに用いられる．この項は面積分 (12.6.22) のモデルであり，壁面距離と壁面単位法線ベクトルを用いて構成されている．QI，IP モデルは壁面反射項なしでは対数層における応力レベルを再現できない[7]．SSG モデルは非線形スロー項を有するが表 12.4 では削除されている．SSG モデルの C_1 は生成・散逸比 P/ε を含んでいる．C_1 中の 1.7 は乱れの生成のない場 ($P=0$) での非等方乱れの等方化 (return-to-isotropy) 過程をとらえるための値である．係数 C_4 中の 1/60 は線形モデルに課せられた制約 $C_4=2(C_2+C_3)/3-2/5$ を適用した数値である．不変量 A_2 を対数層における応力の相対レベルから計算すると，$A_2=0.36$ である．したがって，SSG モデルの係数の対数層 ($P/\varepsilon \simeq 1$) における値は $(C_1, C_2, C_3, C_4)=(2.6, 0.4125, 0.2125, 0.212)$ であり，表 12.4 の最下行の値に近い．SSG モデルにおける係数 C_1，C_4 の関数化は，速度勾配がない場での等方化と等方乱れに対する RDT をとらえるためのものである．高レイノルズ数型の実用計算においては，すべてを定数とし，対数層における値を一般的に用いるのがよいと思われる．

12.6.5 壁面まで適用できる再分配項モデル

これまでにみた再分配モデルは，壁面反射項も含めてすべていわゆる高レイノルズ数型である．これ

表 12.4 再分配項の係数

モデルなど	C_1	C_2	C_3	C_4	注
Rotta+QI	1.8	$(c+8)/11$	$(8c-2)/11$	$(30c-2)/55$	$c=0.4$，(要) 壁面反射項
Rotta+IP	1.8	0.6	0	0	(要) 壁面反射項
SSG	$1.7+0.9P/\varepsilon$	0.4125	0.2125	$1/60+0.325A_2^{1/2}$	非線形スロー項削除
対数層	2.5	0.45	0.23	0.22	仮定 $C_3=C_2/2$

らのモデルを壁乱流に適用するときには粘性底層，遷移層を除外しなければならない．壁面反射項を含み，壁面まで適用可能で，かつ広範に検証されてきたモデルは存在するが（たとえば文献 17，18），ここでは壁面反射項を排除したモデルを考える．

壁まで適用される再分配モデルは，$\phi_{ij}-(\varepsilon_{ij}-2\varepsilon\delta_{ij}/3)$ ではなく $\Pi_{ij}-(\varepsilon_{ij}-2\varepsilon\delta_{ij}/3)$ のモデルとみなすのがよい選択である．一様な乱れ場においては，圧力-歪み相関 ϕ_{ij} と速度-圧力勾配相関 Π_{ij} は同じである．粘性底層，遷移層において Π_{ii} はゼロではないが，それを無視し，そこでも Π_{ij} 自身が分配性を有するかのように扱うのがよいと思われる．これは，乱れエネルギー輸送における圧力拡散を無視するということであり，応力輸送における圧力拡散を無視したということではない．結局，この立場からは，高レイノルズ数型のモデルばかりでなく，低レイノルズ数型モデルにおいても圧力拡散のモデリングは行わないことになる．

壁まで適用するモデルの場合，その壁面漸近挙動がしばしば問題となる．変動速度を壁面近傍において

$$u=a_1y+a_2y^2+\cdots,\quad v=b_2y^2+b_3y^3+\cdots,$$
$$w=c_1y+c_2y^2+\cdots \qquad (12.6.47)$$

のようにテイラー級数展開する．ここで，y は壁からの距離である．この展開を用いて，応力輸送方程式を構成する各項の壁面漸近挙動を調べると，x_1，x_2，x_3 をそれぞれ流れ方向，壁直角方向，スパン方向として，$-\varepsilon_{ij}+\Pi_{ij}$ の漸近表現は次のようになる．

$$-\varepsilon_{11}+\Pi_{11}=-2\nu\overline{a_1^2}+O(y) \qquad (12.6.48)$$
$$-\varepsilon_{22}+\Pi_{22}=-12\nu\overline{b_2^2}y^2+O(y^3) \qquad (12.6.49)$$
$$-\varepsilon_{33}+\Pi_{33}=-2\nu\overline{c_1^2}+O(y) \qquad (12.6.50)$$
$$-\varepsilon_{12}+\Pi_{12}=-6\nu\overline{a_1b_2}y+O(y^2) \qquad (12.6.51)$$

これと釣り合うのは厳密項である粘性拡散項であり，その他の項はより高次である．したがって，各レイノルズ応力成分の漸近挙動を再現するためには，モデルにおいて式（12.6.48）～(12.6.51）が満たされなければならない．また，それを満足させることは先に $\Pi_{ii}=0$ としたこととも矛盾しない．

壁面まで適用できるモデルを得る一つの方法は，高レイノルズ数型モデルの係数を関数化することである．壁面は典型的な TCL であるので，リアライザビリティが満たされるように関数化するのである．

Shima[19] が提案したモデルの骨格は高レイノルズ数型と同じで

$$-\varepsilon_{ij}+\Pi_{ij}=-\frac{2}{3}\varepsilon\delta_{ij}-C_1\frac{\varepsilon}{k}\left(\overline{u_i'u_j'}-\frac{2}{3}k\delta_{ij}\right)+\text{rapid term}(12.6.39) \qquad (12.6.52)$$

であり，壁で 0 となる Lumley[2] の不変量

$$A=1-\frac{9}{8}(A_2-A_3) \qquad (12.6.53)$$

などを用いて，壁に向かって $C_1\to 1$，C_2，C_3，$C_4\to 0$ とされている．言い換えると

$$-\varepsilon_{ij}+\Pi_{ij}=-\frac{\varepsilon}{k}\overline{u_i'u_j'}+\phi_{ij}' \qquad (12.6.54)$$

$$\phi_{ij}'=-(C_1-1)\frac{\varepsilon}{k}\left(\overline{u_i'u_j'}-\frac{2}{3}k\delta_{ij}\right)+\text{rapid term (12.6.39)} \qquad (12.6.55)$$

と書き直して，再分配 ϕ_{ij}' 中のすべての項の係数を壁に向かって 0 に近づけていることになる．

壁面近傍でモデル（12.6.54）は $-\varepsilon_{ij}+\Pi_{ij}\simeq-\varepsilon\overline{u_i'u_j'}/k$ のように振る舞うので，その漸近挙動は式（12.6.48）～(12.6.51）の右辺の数係数をすべて -2 としたものである．したがって，厳密な挙動を再現するためには付加項が必要になる．しかし，多くの場合，遷移層における各応力が実験や DNS のデータに沿うように分離されれば十分であろうと思われる．漸近挙動を再現しないことが遷移層における分布に著しい悪影響を与えるならば，可能なかぎり式（12.6.48）～(12.6.51）を考慮しなければならない．

Durbin は

$$-\varepsilon_{ij}+\Pi_{ij}=-\frac{\varepsilon}{k}\overline{u_i'u_j'}+kf_{ij} \qquad (12.6.56)$$

とし，f_{ij} を次のような楕円型方程式の解として求めるモデルを提案した[9,20]．

$$L^2\frac{\partial^2 f_{ij}}{\partial x_k\partial x_k}-f_{ij}=-\frac{1}{k}\left[\phi_{ij}^h+\frac{\varepsilon}{k}\left(\overline{u_i'u_j'}-\frac{2}{3}k\delta_{ij}\right)\right] \qquad (12.6.57)$$

ここで，L は乱れの長さスケールで

$$L=C_L\max\left[\frac{k^{3/2}}{\varepsilon},\ C_\eta\left(\frac{\nu^3}{\varepsilon}\right)^{1/4}\right] \qquad (12.6.58)$$

と定義されている．$L=0$ になると方程式(12.6.57)は特異となる．これを防ぐために，式（12.6.58）ではコルモゴロフスケールによって下限が設定されている．式（12.6.57）右辺の ϕ_{ij}^h としては，既存の代表的な再分配モデル，たとえばRottaモデルとIPモデルの和がとられる．Rottaモデルとラピッドモデル（12.6.39）を採用した場合は，式(12.6.57) 右辺のカッコ内は式（12.6.55）の右辺で係数を高レイノルズ数型としたものである．

壁面から遠く離れると，式（12.6.57）は

$$kf_{ij}=\phi_{ij}^h+\frac{\varepsilon}{k}\left(\overline{u_i'u_j'}-\frac{2}{3}k\delta_{ij}\right) \tag{12.6.59}$$

となり，式（12.6.56）は

$$-\varepsilon_{ij}+\Pi_{ij}=-\frac{2}{3}\varepsilon\delta_{ij}+\phi_{ij}^h \tag{12.6.60}$$

に帰着する．

このように，式（12.6.55）の ϕ_{ij}' が係数の関数化によって壁に向かってダンピングされるのに対し，Durbinモデルでは，それを高レイノルズ数型のままに保ちソース項とした楕円型方程式を解くことによってダンピングしている．

方程式（12.6.57）に対する境界条件は，f_{22} に対しては漸近挙動（12.6.49）によって与えられる．式（12.6.49）は壁近傍で $-\varepsilon_{22}+\Pi_{22}\simeq-6\varepsilon\overline{v^2}/k$ を意味しているので，式（12.6.56）より壁面境界条件は

$$f_{22}=-5\lim_{y\to 0}\varepsilon\overline{v^2}/k^2 \tag{12.6.61}$$

となる．f_{12} には式（12.6.51）を満たすような境界条件を与えることはできない．f_{11} と f_{33} の境界条件は一意的に定まらないが，適当な条件を課すことによって，式（12.6.48），(12.6.50）の挙動は破られない．一つの選択は次のとおりである[9,21]．

$$f_{22}=-5\lim_{y\to 0}\frac{\varepsilon\overline{v^2}}{k^2},\qquad f_{11}=f_{33}=-\frac{1}{2}f_{22},$$
$$f_{12}=-5\lim_{y\to 0}\frac{\varepsilon\overline{uv}}{k^2} \tag{12.6.62}$$

Durbinモデルの問題は，解くべき方程式の数が多いことと境界条件（12.6.62）の数値計算上の硬直性にある．Manceau-Hanjalić[21] はDurbinモデルのアイデアを生かしながら，一つのスカラーのみに対する楕円型方程式を追加するモデルを提案した．

Shima-Kobayashi[22] はManceau-Hanjalićの方向が有望であるとし，それに沿って新しいモデルを提案した．そのモデルでは，次の楕円型方程式を満たすベクトル N_i が導入される．

$$L^2\frac{\partial^2 N_i}{\partial x_k\partial x_k}-N_i=0 \tag{12.6.63}$$

長さスケール L には式（12.6.58）の形が採用されている．方程式（12.6.63）の壁面境界条件は

$$N_i=n_i \tag{12.6.64}$$

である．ここで，n_i は壁面の単位法線ベクトルである．したがって，N_i は壁で n_i に一致し，壁から遠く離れるとゼロベクトルに近づいていくベクトルである．このベクトルを用いて，散逸と再分配の和が次のようにモデル化される．

$$-\varepsilon_{ij}+\Pi_{ij}=-\frac{\varepsilon}{k}\overline{u_i'u_j'}+(1-N)\phi_{ij}^*+\phi_{W_{ij}} \tag{12.6.65}$$

ここで，N はベクトル N_i の大きさである．二つの再分配項は以下のように設定されている．

$$\phi_{ij}^*=-(C_1-1)\frac{\tilde{\varepsilon}}{k}\left(\overline{u_i'u_j'}-\frac{2}{3}k\delta_{ij}\right)$$
$$-C_2\left(P_{ij}-\frac{2}{3}P\delta_{ij}\right)-C_3\left(D_{ij}-\frac{2}{3}P\delta_{ij}\right)$$
$$-C_4k\left(\frac{\partial\bar{u}_i}{\partial x_j}+\frac{\partial\bar{u}_j}{\partial x_i}\right) \tag{12.6.66}$$

$$\phi_{W_{ij}}=-C_W\frac{\varepsilon}{k}\left(\overline{u_i'u_k'}N_jN_k+\overline{u_j'u_k'}N_iN_k\right.$$
$$\left.-\frac{2}{3}\overline{u_l'u_k'}N_lN_k\delta_{ij}\right) \tag{12.6.67}$$

式（12.6.65）において，$(1-N)\phi_{ij}^*$ は自由乱流における再分配プロセスの壁面による修正であり，$\phi_{W_{ij}}$ は壁乱流にのみ存在する再分配プロセスである．Durbinモデルとの関連でいえば，$(1-N)\phi_{ij}^*$ は同次境界条件 $f_{ij}=0$ のもとでの方程式（12.6.57）の解に対応し，$\phi_{W_{ij}}$ は境界条件（12.6.62）のもとでの同次方程式 $L^2\partial^2 f_{ij}/\partial x_k\partial x_k-f_{ij}=0$ の解に対応する．

壁から遠く離れるとモデルは次のように挙動する．

$$-\varepsilon_{ij}+\Pi_{ij}\to-\frac{2}{3}\varepsilon\delta_{ij}+\phi_{ij} \tag{12.6.68}$$

$$\phi_{ij}=-C_1\frac{\varepsilon}{k}\left(\overline{u_i'u_j'}-\frac{2}{3}k\delta_{ij}\right)-C_2\left(P_{ij}-\frac{2}{3}P\delta_{ij}\right)$$
$$-C_3\left(D_{ij}-\frac{2}{3}P\delta_{ij}\right)-C_4k\left(\frac{\partial\bar{u}_i}{\partial x_j}+\frac{\partial\bar{u}_j}{\partial x_i}\right) \tag{12.6.69}$$

すなわち，等方散逸モデル，Rottaモデル，線形ラ

ピッドモデルの和に近づく．モデル定数の値は表12.4の最下行のとおりである．

壁に近づくと

$$-\varepsilon_{ij}+\Pi_{ij}\rightarrow-\frac{\varepsilon}{k}\overline{u'_iu'_j}+\phi_{W_{ij}} \tag{12.6.70}$$

のように振る舞い，$\phi_{W_{ij}}$ 中のモデル定数は応力の壁面漸近挙動に基づいて $C_W=15/4$ と定められている．

Shima-Kobayashi の提案は，Durbin の楕円緩和法のアイデアを生かしながら，より簡潔で，数値的にはより安定なモデルを構築しようとする試みである．

12.6.6　乱流拡散項

式 (12.6.13) にみるように，3重速度相関 $\overline{u'_iu'_ju'_k}$ のモデリングの問題である．Hanjalić-Launder[23] は $\overline{u'_iu'_ju'_k}$ の輸送方程式を，種々の仮定によって代数化し，次のモデルを提案した．

$$-\overline{u'_iu'_ju'_k}=C_s\frac{k}{\varepsilon}\left(\overline{u'_ku'_m}\frac{\partial\overline{u'_iu'_j}}{\partial x_m}+\overline{u'_iu'_m}\frac{\partial\overline{u'_ju'_k}}{\partial x_m}+\overline{u'_ju'_m}\frac{\partial\overline{u'_ku'_i}}{\partial x_m}\right) \tag{12.6.71}$$

実際に広く用いられているのは Daly-Harlow[24] のモデル

$$-\overline{u'_iu'_ju'_k}=C_s\frac{k}{\varepsilon}\overline{u'_ku'_m}\frac{\partial\overline{u'_iu'_j}}{\partial x_m} \tag{12.6.72}$$

である．これはモデル (12.6.71) の短縮形とみなせるが，3重相関における添字に関する対称性が破られている．3重相関そのものではなく，拡散項 (12.6.13) を全体としてとらえ，i，j に関する対称性のみを考慮して

$$T_{ij}=\frac{\partial}{\partial x_k}\left(C_s\frac{k}{\varepsilon}\overline{u'_ku'_m}\frac{\partial\overline{u'_iu'_j}}{\partial x_m}\right) \tag{12.6.73}$$

としたモデルとみなすべきである[9]．

高レイノルズ数型の実用モデルとしては，最も簡単な

$$T_{ij}=\frac{\partial}{\partial x_k}\left(C_s\frac{k^2}{\varepsilon}\frac{\partial\overline{u'_iu'_j}}{\partial x_k}\right) \tag{12.6.74}$$

を用いることができる．しかし，壁面まで積分するモデルとしては Daly-Harlow モデルを採用することがすすめられる．ただし，$\overline{v^2}/k$ の壁に向かう減衰が正しく再現されることがその前提となる．

12.6.7　散逸輸送モデル

応力方程式モデルにおいて用いられる ε 輸送モデルは k-ε モデルのそれと大差なく，高レイノルズ数における標準形は次式である．

$$\frac{D\varepsilon}{Dt}=C_{\varepsilon1}\frac{\varepsilon}{k}P-C_{\varepsilon2}\frac{\varepsilon^2}{k}+\frac{\partial}{\partial x_k}\left(C_\varepsilon\frac{k}{\varepsilon}\overline{u'_ku'_l}\frac{\partial\varepsilon}{\partial x_l}\right) \tag{12.6.75}$$

右辺第3項の拡散が非等方化されている点を除いて，k-ε モデルの場合と同じである．モデル定数の標準値は $C_{\varepsilon1}=1.44$，$C_{\varepsilon2}=1.92$，$C_\varepsilon=0.15$ であり，ここでも前2者の値は k-ε モデルの場合と同じである．この標準形でとらえることができない現象は数多くあり，それを克服するためにさまざまな項の追加が提案されてきたが，ここではそれに触れない（文献6，25参照）．

壁面近傍の粘性底層，遷移層にも適用できるモデルにしようとするとき，いくつかの修正，拡張が必要になる．まず，当然ながら，厳密項である粘性拡散項 $\nu\partial^2\varepsilon/\partial x_k\partial x_k$ が保持される．また，散逸項 $C_{\varepsilon2}\varepsilon^2/k$ については，壁面での発散を防ぐために ε^2 が $\varepsilon\tilde{\varepsilon}$ で置き換えられる[26]．ここで，$\tilde{\varepsilon}=\varepsilon-2\nu(\partial k^{1/2}/\partial x_l)^2$ である．さらに，厳密な ε 輸送方程式に現れる速度の2階微分項を近似した

$$C_{\varepsilon4}\nu\frac{k}{\varepsilon}\overline{u'_ju'_k}\frac{\partial^2\bar{u}_i}{\partial x_j\partial x_l}\frac{\partial^2\bar{u}_i}{\partial x_k\partial x_l} \tag{12.6.76}$$

がしばしば導入される[26]．

12.6.8　代数応力モデル

応力輸送方程式中の輸送項を

$$\frac{D\overline{u'_iu'_j}}{Dt}=\frac{\overline{u'_iu'_j}}{k}\frac{Dk}{Dt},\quad T_{ij}+V_{ij}=\frac{\overline{u'_iu'_j}}{k}(T+V) \tag{12.6.77}$$

と近似すると

$$\frac{D\overline{u'_iu'_j}}{Dt}-(T_{ij}+V_{ij})=\frac{\overline{u'_iu'_j}}{k}(P-\varepsilon) \tag{12.6.78}$$

となるので，方程式は代数化される．ここで，T，V は k 輸送方程式の拡散項である．この近似は Rodi[27] の提案によるもので，これによって得られ

るモデルを代数応力モデル（algebraic stress model, ASM）と呼ぶ．式（12.6.77）の最初の近似は $Da_{ij}/Dt=0$ を意味しているので，乱れが平衡状態にあると仮定したことになる．

再分配項として，たとえばRottaモデルとIPモデルの和をとれば，これに対するASMは

$$\frac{\overline{u_i'u_j'}}{k}(P-\varepsilon)=P_{ij}-\frac{2}{3}\varepsilon\delta_{ij}-C_1\frac{\varepsilon}{k}\left(\overline{u_i'u_j'}-\frac{2}{3}k\delta_{ij}\right)-C_2\left(P_{ij}-\frac{2}{3}P\delta_{ij}\right) \tag{12.6.79}$$

である．書き直すと

$$-\left(\overline{u_i'u_j'}-\frac{2}{3}k\delta_{ij}\right)=-\frac{1-C_2}{P/\varepsilon-1+C_1}\frac{k}{\varepsilon}\left(P_{ij}-\frac{2}{3}P\delta_{ij}\right) \tag{12.6.80}$$

となる．右辺も $\overline{u_i'u_j'}$ を含むので，この式はレイノルズ応力に関して陰的である．これを数値的に解こうとすると，しばしば不安定に陥ることが知られている．

式（12.6.80）を a_{ij}, S_{ij}, Ω_{ij} を用いて書くと

$$\frac{\varepsilon}{k}\left(\frac{P}{\varepsilon}-1+C_1\right)a_{ij}=-(1-C_2)\left(a_{ik}S_{kj}+S_{ik}a_{kj}-\frac{2}{3}a_{kl}S_{kl}\delta_{ij}\right)+(1-C_2)(a_{ik}\Omega_{kj}-\Omega_{ik}a_{kj})-\frac{4}{3}(1-C_2)S_{ij} \tag{12.6.81}$$

となる．これを a_{ij} について陽に解くと，陽的代数応力モデル（explicit algebraic stress model, EASM）が得られる．テンソル理論によると，対称でトレースフリーなテンソル a_{ij} が対称テンソル S_{ij} と反対称テンソル Ω_{ij} の関数であるならば，a_{ij} は，S_{ij} と Ω_{ij} を組み合わせた有限個のテンソルからなる基底によって書き表すことができる．S_{ij}, Ω_{ij} が2次元（平均流が2次元）の場合は，3個のテンソル

$$T_{ij}^{(1)}=S_{ij},\qquad T_{ij}^{(2)}=S_{ik}\Omega_{kj}-\Omega_{ik}S_{kj},\qquad T_{ij}^{(3)}=S_{ik}S_{jk}-\frac{1}{3}S_{kl}S_{kl}\delta_{ij} \tag{12.6.82}$$

によって，テンソル a_{ij} は

$$a_{ij}=\beta_1T_{ij}^{(1)}+\beta_2T_{ij}^{(2)}+\beta_3T_{ij}^{(3)} \tag{12.6.83}$$

のように表現できる．これを式（12.6.81）に代入し係数 β_1～β_3 を定めれば一つのEASMが得られる．EASMに関する詳しい解説がGatski-Rumsey[28]，Durbin-Pettersson Reif[9] にある．

式（12.6.82），（12.6.83）にみるように，EASMは形のうえでは非線形渦粘性モデルである．EASMは応力輸送モデルを母体としており，選択した母体によって係数が一意的に定まる．この点が非線形渦粘性モデルとの相違である．

12.6.9 計算例

Durbin[20] モデルとShima-Kobayashi[22] のモデルによって3種の基本的な流れの予測を行う．

最初の流れは，スパン方向軸周りに回転するチャネル流である．レイノルズ数と回転パラメータをそれぞれ $Re_\tau=U_\tau\delta/\nu$, $Ro=2\Omega\delta/U_m$ と定義する．δ はチャネル半幅，Ω は系回転の角速度，U_τ はグローバル摩擦速度，U_m はバルク平均流速である．予測の対象はKristoffersen-Andersson[29] のDNSで，$Re_\tau=194$, $Ro=0.2$ である．図12.33に，平均速度分布，レイノルズ応力分布を示す．図12.33(b)，(c) においては，左が圧力側，右が負圧側である．応力方程式モデルの場合，スパン方向回転の効果を再現するメカニズムは厳密な回転生成項に備わっている．しかし，予測性能はもちろん個々のモデルに依存する．図にみるように，両モデルとも当然，系回転に伴う諸分布の非対称性の特徴をとらえているが，Durbinモデルの場合，DNSとの定量的一致は不十分である．Wizmanら[30]，Pettersson-Andersson[31] は修正Durbinモデルを用いて，このケースに対する良好な予測を与えている．

次に取り上げるのは曲がりチャネル内の発達した流れで，予測の対象はMoser-Moin[32] のDNSである．チャネル中心線の曲率半径を r_c として $r_c/\delta=79$ であり，かなり緩やかな曲がりである．レイノルズ数は168である．図12.34に予測結果とDNSの比較を示す．図12.34(b)，(c)においては，$y/\delta=0$ が凸面壁，$y/\delta=2$ が凹面壁である．広く知られているように，凸面壁近傍では流れは安定化し，凹面壁近傍では不安定化する．系回転の場合と同様に，応力方程式モデルは厳密な生成項のうちに，流線の曲がりの効果を再現するメカニズムを備えている．図にみるように，両モデルによる予測はDNSの分布をよくとらえている．

最後に同心環流を取り上げる．円管内に同心の細

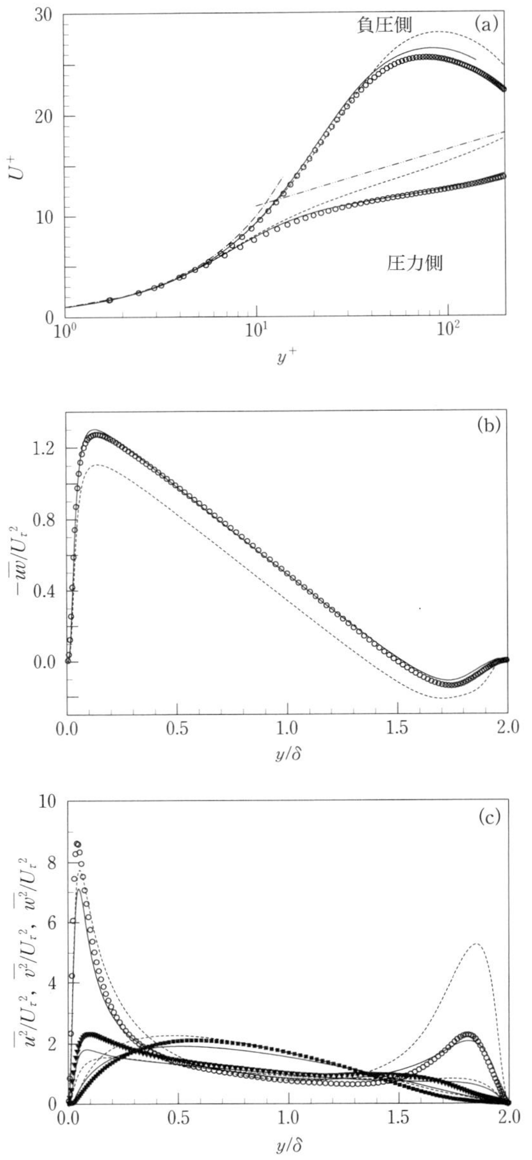

図 12.33 スパン方向回転チャネル流

(a) 平均速度分布, (b) 剪断応力分布, (c) 垂直応力分布. DNS Kristoffersen-Andersson：(a)(b)の○. (c)の○：$\overline{u^2}/U_\tau^2$, ■：$\overline{v^2}/U_\tau^2$, ▼：$\overline{w^2}/U_\tau^2$. ——：Shima-Kobayashi モデル. ……：Durbin モデル, (a)の—・—：$U^+=y^+$, —・・—：$U^+=(1/0.418)\ln y^+ +5.5$.

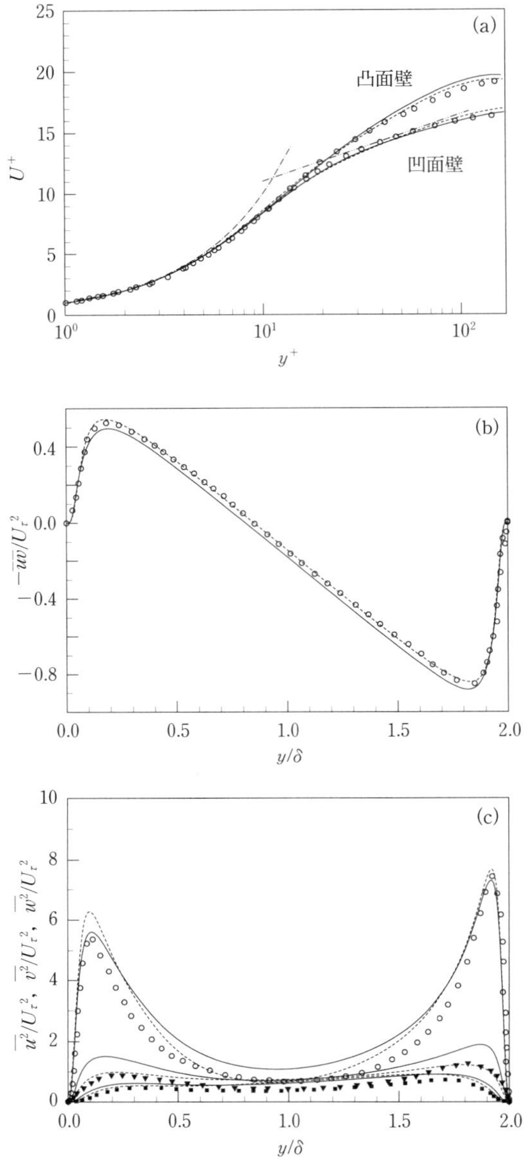

図 12.34 曲がりチャネル流

(a) 平均速度分布, (b) 剪断応力分布, (c) 垂直応力分布. DNS Moser-Moin：(a)(b)の○, (c)の○：$\overline{u^2}/U_\tau^2$, ■：$\overline{v^2}/U_\tau^2$, ▼：$\overline{w^2}/U_\tau^2$. —— Shima-Kobayashi モデル. ……：Durbin モデル；(a)の—・—：$U^+=y^+$, —・・—：$U^+=(1/0.418)\ln y^+ +5.5$.

いロッドが設置され，ロッド壁を内壁，円管壁を外壁として，その間を軸方向圧力勾配によって流体が流れるという形態である．Okamoto-Shima[33] の DNS が予測の対象で，レイノルズ数は 150 である．ロッド径と円管径の比は 0.05 で非常に小さい．図 12.35 に結果を示す．図 12.35(b), (c)では，$y/\delta=0$, 2 がそれぞれ内壁，外壁である．図をみると，外壁近傍の流れはロッド挿入の影響をあまり受けていない．壁座標における内壁近傍の平均速度分布は対数則から大きく下方にシフトしているが，モデルはそれをとらえている．内壁近傍における剪断応力のピークを，Shima-Kobayashi のモデルはやや過

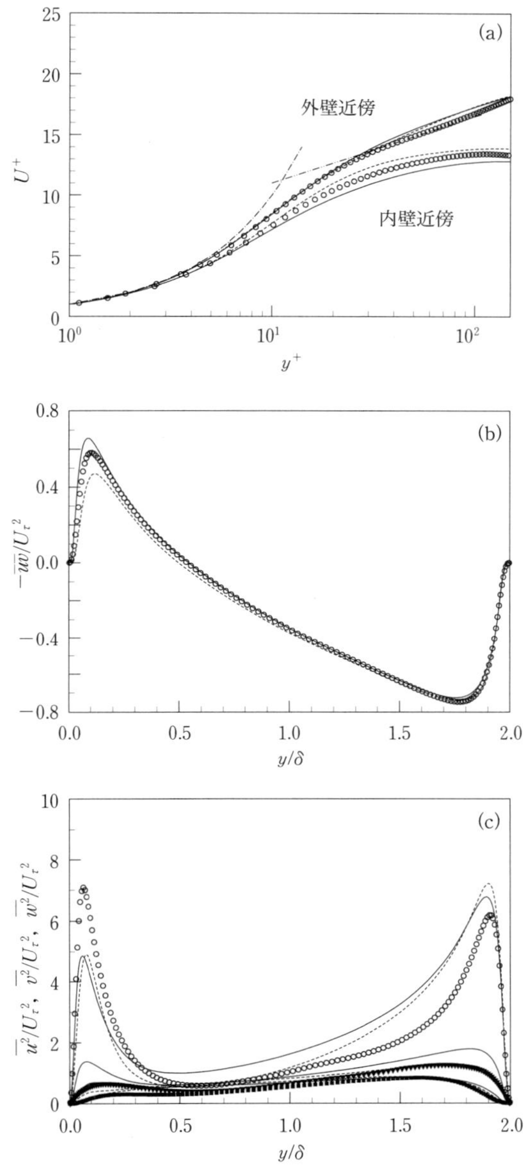

図 12.35　同心環流

(a) 平均速度分布，(b) 剪断応力分布，(c) 垂直応力分布．DNS Okamoto-Shima：(a)(b)の○．(c)の○：$\overline{u^2}/U_\tau^2$，■：$\overline{v^2}/U_\tau^2$，▼：$\overline{w^2}/U_\tau^2$；—— Shima-Kobayashi モデル；……：Durbin モデル．(a)の—・—：$U^+=y^+$，—・・—：$U^+=(1/0.418)\ln y^+ + 5.5$.

大予測し，Durbin モデルはやや過小予測している．DNS では垂直応力 $\overline{u^2}$ のピークは内壁側のほうが外壁側よりも高いが，これをモデルで再現するのは難しい．両モデルとも DNS とは逆の結果を与えている．

数値的側面について付言する．Leschziner-Lien[34] は，応力方程式モデルを用いた計算における数値的硬直性の打開策を詳述している．ここでみたような 1 次元問題においては，それらは不要である．しかし，Durbin モデルの場合，壁面境界条件(12.6.62)のために，収束解を得るためには計算上の工夫と多くの反復計算が必要であった．　　　　［島　信行］

文　　献

1) P.-Y. Chou : Quart. Appl. Math., **3**, 1945, 38-54.
2) J. L. Lumley : Advances in Applied Mech., 18 (C.-S. Yih, ed.), Academic Press, 1978, 123-176.
3) J. C. Rotta : Z. Phys., **129**, 1951, 547-572.
4) B. E. Launder : Whither Turbulence? Turbulence at the Crossroads (J. L. Lumley, ed.), Springer, 1989, 439-485.
5) U. Schumann : Phys. Fluids, **20**, 1977, 721-725.
6) 島　信行：乱流の数値流体力学（大宮　司ほか編），東京大学出版会，1998，330-356.
7) B. E. Launder *et al.* : J. Fluid Mech., **68**, 1975, 537-566.
8) D. Naot *et al.* : Phys. Fluids, **16**, 1973, 738-743.
9) P. A. Durbin, B. A. Pettersson Reif : Statistical Theory and Modeling for Turbulent Flows, John Wiley, 2001.
10) D. Naot *et al.* : Israel J. Tech., **8**, 1970, 259-269.
11) C. G. Speziale *et al.* : J. Fluid Mech., **227**, 1991, 245-272.
12) S. Fu *et al.* : Rep. TFD/87/5, Mech. Eng. Dep., UMIST, 1987.
13) B. E. Launder : Turbulence and Transition Modelling (M. Hallbäck *et al.* eds.), Kluwer Academic, 1996, 193-231.
14) T. J. Craft, B. E. Launder : Closure Strategies for Turbulent and Transitional Flows (B. E. Launder, N. D. Sandham eds.), Cambridge Univ. Press, 2002, 102-126.
15) N. N. Mansour *et al.* : J. Fluid Mech., **194**, 1988, 15-44.
16) CTTM (Collaborative Testing of Turbulence Models) Data Library : Mech. Eng. Dept., Stanford Univ., 1993.
17) B. E. Launder, N. Shima : AIAA J., **27**, 1989, 1319-1325.
18) N. Shima : Trans. ASME, J. Fluids Eng., **115**, 1993, 56-69.
19) N. Shima : Int. J. Heat Fluid Flow, **19**, 1998, 549-555.
20) P. A. Durbin : J. Fluid Mech., **249**, 1993, 465-498.
21) R. Manceau, K. Hanjalić : Phys. Fluids, **14**, 2002, 744-754.
22) N. Shima, H. Kobayashi : Fluid Dynamics Res., **39**, 2007, 320-333.
23) K. Hanjalić, B. E. Launder : J. Fluid Mech., **52**, 1972, 609-638.
24) B. J. Daly, F. H. Harlow : Phys. Fluids, **13**, 1970, 2634-2649.
25) K. Hanjalić, S. Jakirlić : Closure Strategies for Turbulent and Transitional Flows (B. E. Launder, N. D. Sandham eds.), Cambridge Univ. Press, 2002, 47-101.
26) K. Hanjalić, B. E. Launder : J. Fluid Mech., **74**, 1976,

593-610.
27) W. Rodi : ZAMM, **56**, 1976, T 219-221.
28) T. B. Gatski, C. L. Rumsey : Closure Strategies for Turbulent and Transitional Flows (B. E. Launder, N. D. Sandham eds.), Cambridge Univ. Press, 2002, 9-46.
29) R. Kristoffersen, H. I. Andersson : J. Fluid Mech., **256**, 1993, 163-197.
30) V. Wizman *et al.* : Int. J. Heat Fluid Flow, **17**, 1996, 255-266.
31) B. A. Pettersson, H. I. Andersson : Fluid Dynamics Res., **19**, 1997, 251-276.
32) R. D. Moser, P. Moin : J. Fluid Mech., **175**, 1987, 479-510.
33) M. Okamoto, N. Shima : Engineering Turbulence Modelling and Experiments-5 (W. Rodi, N. Fueyo eds.), Elsevier Science, 2002, 219-228.
34) M. A. Leschziner, F.-S. Lien : Closure Strategies for Turbulent and Transitional Flows (B. E. Launder, N. D. Sandham eds.), Cambridge Univ. Press, 2002, 153-187.

12.7　熱流束輸送方程式モデル

レイノルズ平均した乱流のエネルギー方程式を解く際，乱流熱流束 $\overline{u_i'\theta'}$ を平均温度勾配と相関づける伝熱モデル（12.5節参照）では十分に対処できない場合がある．典型的な例として，浮力を伴う乱流（15.1節参照）では，平均温度勾配と乱流熱流束との相関が弱いかまったくない場がある．そういった問題には，輸送方程式をモデル化して解く熱流束輸送方程式モデルが有効である（この場合，速度場はレイノルズ応力方程式モデルを用いて解く必要がある）．

乱流熱流束の厳密な輸送方程式は，体積力を考慮すると

$$\frac{D\overline{u_i'\theta'}}{Dt}=\underbrace{\underbrace{\frac{\partial}{\partial x_k}\left\{\alpha\overline{\frac{\partial\theta'}{\partial x_k}u_i'}+\nu\overline{\theta'\frac{\partial u_i}{\partial x_k}}\right\}}_{D_{i\theta}^{v}}\underbrace{-\frac{\partial}{\partial x_k}\overline{\theta' u_i'u_k'}}_{D_{i\theta}^{t}}}_{D_{i\theta}}$$
$$\underbrace{-\overline{\frac{\theta'}{\rho}\frac{\partial p'}{\partial x_i}}}_{\Pi_{i\theta}}\underbrace{-(\alpha+\nu)\overline{\frac{\partial\theta'}{\partial x_k}\frac{\partial u_i'}{\partial x_k}}}_{\varepsilon_{i\theta}}$$
$$\underbrace{\underbrace{-\overline{u_i'u_k'}\frac{\partial\bar{\theta}}{\partial x_k}}_{P_{i\theta}^{T}}\underbrace{-\overline{u_k'\theta'}\frac{\partial\bar{u}_i}{\partial x_k}}_{P_{i\theta}^{U}}}_{P_{i\theta}}+\underbrace{\overline{F_i'\theta'}}_{G_{i\theta}}\qquad(12.7.1)$$

と表される．ここで，生成項 $P_{i\theta}^{T}$，$P_{i\theta}^{U}$ 以外の粘性拡散項 $D_{i\theta}^{v}$，乱流拡散項 $D_{i\theta}^{t}$，圧力相関項 $\Pi_{i\theta}$，散逸率 $\varepsilon_{i\theta}$，外力生成項 $G_{i\theta}$ はモデル化しなければならない．なお，体積力 F_i は電磁場であればローレンツ力，回転場であればコリオリ力であり，F_i が浮力の場合には

$$G_{i\theta}=-g_i\beta\overline{\theta'^2}\qquad(12.7.2)$$

と表すことができる．以下に各項のモデル化を概説し，最近の主要モデルについてその成果を含めて解説する．

12.7.1　圧力相関項のモデル化

最も基本的な場である一様等方乱流では拡散項や散逸率は消滅し，圧力相関項のみがモデル化の対象となる．したがって，速度場の応力方程式モデルと同様に圧力相関項のモデル化が最重要課題であり，速度場と同じ手続きでモデル化する．圧力相関項 $\Pi_{i\theta}$ は，通常，圧力・温度勾配相関項 $\phi_{i\theta}$ と圧力拡散項 $D_{i\theta}^{p}$ に分解する[1]．

$$\Pi_{i\theta}=\underbrace{\overline{\frac{p'}{\rho}\frac{\partial\theta'}{\partial x_i}}}_{\phi_{i\theta}}\underbrace{-\frac{\partial}{\partial x_k}\overline{\frac{p'\theta'}{\rho}}\delta_{ik}}_{D_{i\theta}^{p}}\qquad(12.7.3)$$

一般に $D_{i\theta}^{p}$ の影響は乱流拡散項のモデルに含まれるとして，独立して考慮しないことが多い．一方，圧力・温度勾配相関項 $\phi_{i\theta}$ は，速度場の圧力・歪み相関項（12.6節参照）と同様に，圧力のポアソン式を積分して得た厳密式を

$$\phi_{i\theta}=\phi_{i\phi,1}+\phi_{i\theta,2}+\phi_{i\theta,3}+\phi_{i\theta}^{w}\qquad(12.7.4)$$

と役割ごとに分割して表し，各項ごとにモデル化を行う．ここで，$\phi_{i\theta,1}$，$\phi_{i\theta,2}$，$\phi_{i\theta,3}$，$\phi_{i\theta}^{w}$ はそれぞれスロー（slow）項，ラピッド（rapid）項，外力(body force contribution)項，壁面反射（wall-reflection）項と呼ぶ．これらの項は，テンソル式の数学的・物理的拘束条件や実験データとの対比をもってモデル化する．なお，圧力相関項を式（12.7.4）のように分解せずにモデル化を試みる例[2]もある．

モデル化の基本条件として，θ についての線形独立条件[3]がある．$\overline{u_i'\theta'}$ の輸送式は温度について線形独立であるので，それを構成する各項のモデルも θ について線形である必要がある（しかし，線形独立性を壊すが，タイムスケールに敢えて温度場のスケール $\overline{\theta'^2}/\varepsilon_\theta$ を導入し，モデルの自由度を増すことで予測性能の向上を図る試みもある[1]）．また，その他の基本条件に実現性（realizability）条件：$(\overline{u_\alpha'\theta'})^2\leq\overline{u_\alpha'^2}\cdot\overline{\theta'^2}$ があるが，$\overline{\theta'^2}$ の情報を用いず

これを満たすことは陽的には困難であり（$\overline{\theta'^2}$ を導入すれば線形独立性が壊れる），線形独立性と両立させるモデル化はいまだ例がない．しかし，$\overline{u'_i\theta'}$，$\overline{\theta'^2}$ などがともに正確に予測できるなら，必然的に実現性条件は満たすと考えてよい．

a.　スロー項のモデル化

2点相関で表された厳密式に現れる $\phi_{i\theta,1}$ は，乱流変動成分のみからなり，また，実験からスロー項は乱れを等方化する働きをもつことがわかっているので，return-to-isotropy 項とも呼ぶ．その基本モデルは，

$$\phi_{i\theta,1}=-c_{1\theta}\frac{\varepsilon}{k}\overline{u'_i\theta'} \qquad (12.7.5)$$

である[1]．標準的な係数は $c_{1\theta}=3.0\sim5.0$ である．しかし，ラピッド項の高次化に伴い，最近はレイノルズ応力について1次または2次までの項を含む非線形モデル

$$\phi_{i\theta,1}=-\frac{\varepsilon}{k}(c_{1\theta}\overline{u'_i\theta'}+c'_{1\theta}a_{ij}\overline{u'_j\theta'}+c''_{1\theta}a_{ij}a_{jk}\overline{u'_k\theta'} \qquad (12.7.6)$$

も提案されている．ここで，$a_{ij}=\overline{u'_iu'_j}/k-2\delta_{ij}/3$ である（Caley-Hamilton の定理によれば3次以上の項は独立ではないことから，式（12.7.6）が a_{ij} を含む定式として最も一般的な表現である）．

なお，$\phi_{i\theta}$ の厳密式は陽に平均温度勾配の項を含まないが，Jones-Musonge[4] は速度場と温度場の相互作用から平均温度勾配の影響があるべきとして，平均温度勾配からなる項を導入し，後続のモデル[5~7] もまたこれに追従している．

b.　ラピッド項のモデル化

変形速度を含むラピッド項 $\phi_{i\theta,2}$ は mean strain 項とも呼び，3階のテンソル b^l_{ki} を導入し，

$$\phi_{i\theta,2}=b^l_{ki}\frac{\partial\bar{u}_k}{\partial x_l} \qquad (12.7.7)$$

と表すことができる．線形モデルの場合，テンソル b^l_{ki} に数学的・物理的拘束条件① テンソルの対称性 (symmetry)：$b^l_{ki}=b^l_{ik}$，② 非圧縮性流れの連続性 (continuity)：$b^k_{ki}=0$，③ テンソルの正規化（normalization)：$b^l_{kk}=2\overline{u'_l\theta'}$ を課すとすべての係数が求まり，Quasi-Isotropic（QI）モデル[1]

$$\phi_{i\theta,2}=0.8\,\overline{u'_k\theta'}\frac{\partial\bar{u}_i}{\partial x_k}-0.2\,\overline{u'_k\theta'}\frac{\partial\bar{u}_k}{\partial x_i} \qquad (12.7.8)$$

が得られる．しかし，現象論的な Isotropizasion of Production（IP）モデル[1]

$$\phi_{i\theta,2}=-c_{2\theta}P^U_{i\theta}=c_{2\theta}\overline{u'_k\theta'}\frac{\partial\bar{u}_i}{\partial x_k} \qquad (12.7.9)$$

を用いる場合もある．係数は $c_{2\theta}=0.3\sim0.5$ が用いられる．

しかしながら，これらのモデルは数学的・物理的拘束条件④ 乱流の2成分境界（two-component-limit, TCL）条件を満たさない[8]．TCL 条件とは，3成分ある変動速度成分のうちの少なくとも一つが減衰するような境界で，乱流量のとるべき漸近条件のことである．つまり，$u_2\to0$ であれば当然 $\overline{u'_2\theta'}\to0$ であるから，$\theta_{2\theta,2}$，$b^l_{k2}\to0$ でなければならない．自由表面や壁面のような境界がこの TCL 境界に相当するため，大変重要な物理的条件である．

条件①～④を満たすモデルを TCL モデルと呼び，Craft ら[5] は QI モデルを高次非線形に拡張し，

$$\begin{aligned}\phi_{i\theta,2}=&0.8\,\overline{u'_k\theta'}\frac{\partial\bar{u}_i}{\partial x_k}-0.2\,\overline{u'_k\theta'}\frac{\partial\bar{u}_k}{\partial x_i}\\&+\frac{\varepsilon}{3k}\overline{u'_i\theta'}\frac{P_{kk}}{2\varepsilon}-0.4\,\overline{u'_k\theta'}a_{il}\left(\frac{\partial\bar{u}_k}{\partial x_l}\right.\\&\left.+\frac{\partial\bar{u}_l}{\partial x_k}\right)+0.1\,\overline{u'_k\theta'}a_{ik}a_{ml}\left(\frac{\partial\bar{u}_m}{\partial x_l}+\frac{\partial\bar{u}_l}{\partial x_m}\right)\\&-0.1\,\overline{u'_k\theta'}(a_{im}P_{mk}+2a_{mk}P_{im})/k\\&+0.15a_{ml}\left(\frac{\partial\bar{u}_k}{\partial x_l}+\frac{\partial\bar{u}_l}{\partial x_k}\right)(a_{mk}\overline{u'_i\theta'}-a_{mi}\overline{u'_k\theta'}\\&-0.05a_{ml}\left\{7a_{mk}\left(\overline{u'_i\theta'}\frac{\partial\bar{u}_k}{\partial x_l}+\overline{u'_k\theta'}\frac{\partial\bar{u}_i}{\partial x_l}\right)\right.\\&\left.-\overline{u'_k\theta'}\left(a_{ml}\frac{\partial\bar{u}_i}{\partial x_k}+a_{mk}\frac{\partial\bar{u}_i}{\partial x_l}\right)\right\}\end{aligned} \qquad (12.7.10)$$

を提案している．

c.　浮力項のモデル化

系に働く体積力が浮力の場合，QI モデル，IP モデルともに

$$\phi_{i\theta,3}=c_{3\theta}g_i\beta\,\overline{\theta'^2} \qquad (12.7.11)$$

とモデル化でき，QI モデルではその拘束条件から $c_{3\theta}=1/3$ と決まるが，IP モデルでは $c_{3\theta}\approx0.5$ を用いる．

d.　壁面反射項のモデル化

壁面近傍の流れ場を対象とする場合には，壁面反射項を導入する必要がある．基本モデルは Gibson と Launder[9] の

$$\phi^w_{i\theta,q}=c^w_{q\theta}\phi_{j\theta,q}f_\mathrm{w}n_in_j \qquad (12.7.12)$$

であり，$\phi_{i\theta,q}$，$q=1,2,3$ に対応させる．ここで，f_w は壁面減衰関数，n_i は壁面単位法線ベクトルで

ある．Lai と So[10] は，モデルの壁面漸近挙動を鑑み

$$\phi_{i\theta}^{w}=\underbrace{\exp[-(\mathrm{Re}_t/80)^2]}_{f_w}\Big(\underbrace{3\frac{\varepsilon}{k}\overline{u_i'\theta'}}_{-\phi_{\theta,1}}-\frac{\varepsilon}{k}\overline{u_k'\theta'}\,n_k n_i\Big) \tag{12.7.13}$$

を提案した．しかし，複雑流路の場合には，壁面法線ベクトルを定義するのが困難であるから，工学的にはこれを別の量に置き換えるモデル[7]が好ましい．

12.7.2 粘性拡散項のモデル化

レイノルズ応力とは異なり，$\overline{u_i'\theta'}$ の粘性拡散項はモデル化の必要がある．$D_{i\theta}^{v}$ は

$$D_{i\theta}^{v}=\frac{1}{2}(\alpha+\nu)\frac{\partial^2\overline{u_i'\theta'}}{\partial x_k^2}-\frac{1}{2}(\alpha-\nu)\overline{\theta'\frac{\partial^2 u_i'}{\partial x_k^2}}+\frac{1}{2}(\alpha-\nu)\overline{u_i'\frac{\partial^2\theta'}{\partial x_k^2}} \tag{12.7.14}$$

と書き直せる．したがって，通常，式 (12.7.14) の右辺第 2，3 項を無視し，

$$D_{i\theta}^{v}=\frac{1}{2}(\alpha+\nu)\frac{\partial^2\overline{u_i'\theta'}}{\partial x_k^2} \tag{12.7.15}$$

とモデル化する．温度拡散係数は $\alpha=\nu/\mathrm{Pr}$ なので，$\mathrm{Pr}=1$ の場合は式 (12.7.14) の右辺第 2，3 項は消滅するため式 (12.7.15) は正しい．しかし，厳密に $\mathrm{Pr}=1$ でない場合の壁面漸近挙動を満たすために

$$D_{i\theta}^{v}=\nu\frac{\partial^2\overline{u_i'\theta'}}{\partial x_k^2}+\frac{\alpha-\nu}{n_i+2}\frac{\partial^2\overline{u_i'\theta'}}{\partial x_k^2} \tag{12.7.16}$$

とするモデル[10]も提案されている．

12.7.3 乱流拡散項のモデル化

乱流拡散項の最も簡便なモデルは，GGDH (generalized gradient diffusion hypothesis)[11] で

$$D_{i\theta}^{t}=\frac{\partial}{\partial x_k}\left\{c_\theta\overline{u_k'u_l'}\frac{k}{\varepsilon}\frac{\partial\overline{u_i'\theta'}}{\partial x_l}\right\} \tag{12.7.17}$$

とする．標準的な係数は $c_\theta=0.22$ とされるが，モデルによっては 0.18，0.20 を用いる例もある．しかし，乱流熱流束の場合には GGDH はガリレイ不変性を満たさないので，

$$D_{i\theta}^{t}=\frac{\partial}{\partial x_k}\left\{c_\theta\frac{k}{\varepsilon}\left(\overline{u_k'u_l'}\frac{\partial\overline{u_i'\theta'}}{\partial x_l}+\overline{u_i'u_l'}\frac{\partial\overline{u_k'\theta'}}{\partial x_l}\right)\right\} \tag{12.7.18}$$

とするモデル[1]が用いられる．係数は $c_\theta\approx0.1$ である．さらに，3 重相関 $\overline{\theta'u_i'u_k'}$ の輸送方程式の簡略化から導かれる

$$D_{i\theta}^{t}=\frac{\partial}{\partial x_k}\left\{c_\theta\frac{k}{\varepsilon}\left(\overline{u_k'u_l'}\frac{\partial\overline{u_i'\theta'}}{\partial x_l}+\overline{u_i'u_l'}\frac{\partial\overline{u_k'\theta'}}{\partial x_l}+\overline{u_l'\theta'}\frac{\partial\overline{u_i'u_k'}}{\partial x_l}\right)\right\} \tag{12.7.19}$$

を用いるモデル[7]もある．この場合，係数は $c_\theta=0.11$ である．

12.7.4 散逸率のモデル化

散逸率 $\varepsilon_{i\theta}$ は高レイノルズ数モデルでは通常無視できるが，壁面近傍乱流では $\varepsilon_{i\theta}$ が唯一粘性拡散項と釣り合う項であるため，Lai と So[10] は

$$\varepsilon_{i\theta}=0.5\exp[-(\mathrm{Re}_t/80)^2]\left(1+\frac{1}{\mathrm{Pr}}\right)\frac{\varepsilon}{k}(\overline{u_i'\theta'}+\overline{u_k'\theta'}\,n_k n_i) \tag{12.7.20}$$

とモデル化した．しかし，壁面反射項の場合と同様に工学的には壁面法線ベクトルを使わないモデルの方が好ましい．そこで Dol ら[7] は

$$\varepsilon_{i\theta}=0.5\exp[-3A^{3/2}/4]\left(1+\frac{1}{\mathrm{Pr}}\right)\frac{\varepsilon}{k}\overline{u_i'\theta'}+\varepsilon_{i\theta}'$$

$$\varepsilon_{i\theta}'=0.5D_{i\theta}^{v}-0.25\left(1+\frac{1}{\mathrm{Pr}}\right)\overline{u_i'\theta'}\frac{1}{k}\frac{\partial}{\partial x_k}\left(\nu\frac{\partial k}{\partial x_k}\right) \tag{12.7.21}$$

を提案している．ここで，レイノルズ応力のフラットネスパラメータ[8] を $A\equiv1-9/8(A_2-A_3)$ と定義する．

12.7.5 温度変動の分散のモデル化

浮力が働く場では，$\phi_{i\theta,3}$ が含まれるため温度変動の分散 $\overline{\theta'^2}$ の輸送方程式

$$\frac{D\overline{\theta'^2}}{Dt}=\underbrace{\frac{\partial}{\partial x_k}\left\{\alpha\frac{\partial^2\overline{\theta'^2}}{\partial x_k^2}\right\}}_{D_{\theta\theta}^{v}}\underbrace{-\frac{\partial}{\partial x_k}\overline{\theta'^2u_k'}}_{D_{\theta\theta}^{t}}\underbrace{-2\overline{u_k'\theta'}\frac{\partial\bar{\theta}}{\partial x_k}}_{P_{\theta\theta}}\underbrace{-2\alpha\overline{\frac{\partial\theta'}{\partial x_k}\frac{\partial\theta'}{\partial x_k}}}_{\varepsilon_{\theta\theta}} \tag{12.7.22}$$

をモデル化して解く．モデル化の必要な項は乱流拡散項 $D_{\theta\theta}^{t}$ と散逸率 $\varepsilon_{\theta\theta}$ である．$D_{\theta\theta}^{t}$ については標準的な GGDH

$$D_{\theta\theta}^{t}=\frac{\partial}{\partial x_k}\left\{c_{\theta\theta}\overline{u_k'u_l'}\frac{k}{\varepsilon}\frac{\partial\overline{\theta'^2}}{\partial x_l}\right\} \tag{12.7.23}$$

を $c_{\theta\theta}=0.22$ として用いるほかに，3 重相関項の生成率を考慮した Dol ら[7] の

$$D^t_{\theta\theta}=\frac{\partial}{\partial x_k}\left\{c_{\theta\theta}\frac{k}{\varepsilon}\left(\overline{u'_k u'_l}\frac{\partial\overline{\theta'^2}}{\partial x_l}+2\,\overline{u'_l\theta'}\frac{\partial\overline{u_k\theta}}{\partial x_l}+2\,\widehat{\overline{\theta' u'_k u'_l}}\frac{\partial\bar{\theta}}{\partial x_l}\right)\right\}$$

$$\widehat{\overline{\theta' u'_k u'_l}}=-c^{(2)}_{\theta}\frac{k}{\varepsilon}\left(\overline{u'_k u'_l}\frac{\partial\overline{u'_i\theta'}}{\partial x_l}+\overline{u'_k u'_l}\frac{\partial\overline{u'_k\theta'}}{\partial x_l}\right) \qquad (12.7.24)$$

が提案されている．ここで，係数は $c_{\theta\theta}=0.05$, $c^{(2)}_{\theta}=0.22$ である．

散逸率 $\varepsilon_{\theta\theta}$ については，その輸送方程式をモデル化して解く場合もあるが，時間スケール比を $R=(\overline{\theta'^2}/\varepsilon_{\theta\theta})/(k/\varepsilon)\approx 0.5$ と仮定して代数的に与えることがよく行われる．

$$\varepsilon_{\theta\theta}=\frac{\varepsilon\overline{\theta'^2}}{Rk} \qquad (12.7.25)$$

なお，局所平衡（$P_{\theta\theta}=\varepsilon_{\theta\theta}$）が仮定できる流れ場であれば，

$$\overline{\theta'^2}=-2R\frac{k}{\varepsilon}\overline{u'_k\theta'}\frac{\partial\bar{\theta}}{\partial x_k} \qquad (12.7.26)$$

と $\overline{\theta'^2}$ についても輸送方程式を解かずにモデル化できる．

12.7.6　代表的なモデルと解析例

以上に概説したように，熱流束輸送方程式モデルは，応力方程式モデルと同様に数多くのモデルが提案されてきたが，実際に複雑な応用計算で試されたモデルは少なく未だ発展途上にある．ここでは，現在のモデル化手法の主流である DNS データを活用して各モデル項を詳細に検討して構築された代表的なモデルのなかで，壁面法線ベクトルなどの幾何形状係数に依存しない工学的応用性の高い Dol, Hanjalić & Versteegh（DHV）モデル[7] を紹介する．

Hanjalić のグループは，鉛直チャネル内の自然対流流れを対象とした DNS[12] のデータを用い，モデル化すべき項ごとにモデル式の挙動を詳細に検討[13] してモデルを組み立てた．以下に提案されたモデル式を紹介する．

$$\frac{D\overline{u'_i\theta'}}{Dt}=\underbrace{\frac{1}{2}(\alpha+\nu)\frac{\partial^2\overline{u'_i\theta'}}{\partial x_k^2}}_{D^{\nu}_{i\theta}}
+\underbrace{\frac{\partial}{\partial x_k}\left\{c_{\theta}\frac{k}{\varepsilon}\left(\overline{u'_k u'_l}\frac{\partial\overline{u'_i\theta'}}{\partial x_l}+\overline{u'_i u'_l}\frac{\partial\overline{u'_k\theta'}}{\partial x_l}+\overline{u'_l\theta'}\frac{\partial\overline{u'_i u'_k}}{\partial x_l}\right)\right\}}_{D^t_{i\theta}}
\underbrace{-\frac{\varepsilon}{k}(c_{1\theta}\overline{u'_i\theta'}+c'_{1\theta}a_{ij}\overline{u'_j\theta'})}_{\Pi_{j\theta,1}}
+\underbrace{c_{2\theta}\overline{u'_k\theta'}\frac{\partial\bar{u}_i}{\partial x_k}+c'_{2\theta}\overline{u'_i u'_k}\frac{\partial\bar{\theta}}{\partial x_k}+c_{3\theta}g_i\beta\overline{\theta'^2}}_{\Pi_{j\theta,2/3}}
+\underbrace{c^w_{\theta}|a_{ij}|(\Pi_{j\theta,1}+\Pi_{j\theta,2/3})}_{\Pi^w_{i\theta}}\underbrace{-\overline{u'_i u'_k}\frac{\partial\bar{\theta}}{\partial x_k}}_{P^T_{i\theta}}
\underbrace{-\overline{u'_k\theta'}\frac{\partial\bar{u}_i}{\partial x_k}}_{P^U_{i\theta}}+\underbrace{-g_i\beta\overline{\theta'^2}}_{G^F_{i\theta}}
\underbrace{-0.5\exp\left[-3A^{3/2}/4\right]\left(1+\frac{1}{\mathrm{Pr}}\right)\frac{\varepsilon}{k}\overline{u'_i\theta'}+0.5D^{\nu}_{i\theta}-0.25\left(1+\frac{1}{\mathrm{Pr}}\right)\overline{u'_i\theta'}\frac{1}{k}\frac{\partial}{\partial x_k}\left(\nu\frac{\partial k}{\partial x_k}\right)}_{\varepsilon_{i\theta}}$$

(12.7.27)

（圧力相関項は式（12.7.3）のような圧力拡散項の分離をしていないが，結果的なモデル化手法は分割を行うものと同等とみなせる）．最適化されたモデル係数は，

$$c_{\theta}=0.11,\quad c_{1\theta}=\frac{6.4[1-\exp(-4A)]}{1+\exp(-20A)},$$

$$c'_{1\theta}=-\frac{8.1[1-\exp(-5.5A)]}{1+4.5\exp(-28A)}$$

$$c_{2\theta}=1.25A^2,\quad c'_{2\theta}=6.15A^2-19.3A^3+15A^4,$$

$$c_{3\theta}=0.45,\quad c^w_{\theta}=\max(0,0.58-0.69A^{1/2})$$

である．温度変動の分散 $\overline{\theta'^2}$ は式（12.7.22），（12.7.24），（12.7.25）を用いて求める．なお，DHV モデルは，係数に TCL 乱流境界でゼロ値をもつレイノルズ応力のフラットネスパラメータ A を含むことによって，12.7.1 b. に解説した TCL 条件を満足するモデルとなっている．

モデルの応用解析例として，図 12.36 に示す壁面を加熱・冷却した鉛直チャネル内の自然対流乱流場での予測結果を図 12.37，12.38 に示す．図中の実線は DNS[11] の速度場データを用いて温度場のみ解析した結果で，破線が速度場に応力方程式モデル[14] を用いた計算結果である．DHV モデルは DNS の

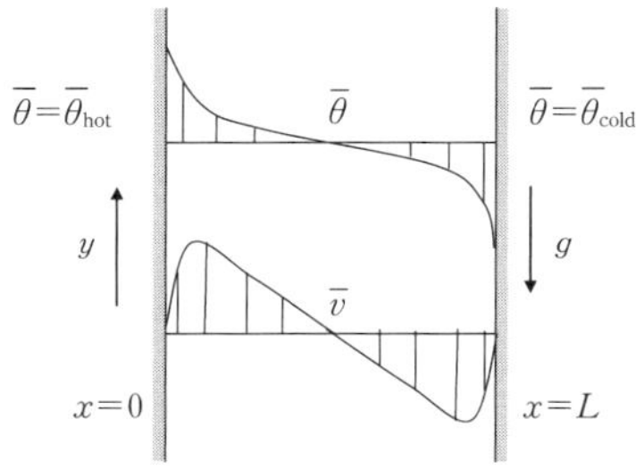

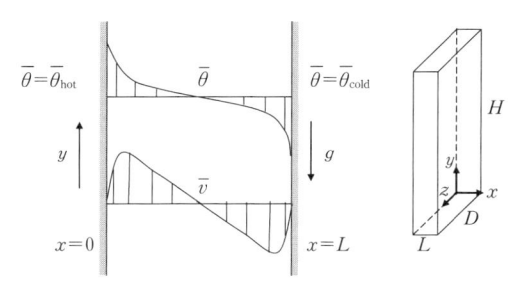

図 12.36 鉛直チャネル内自然対流乱流

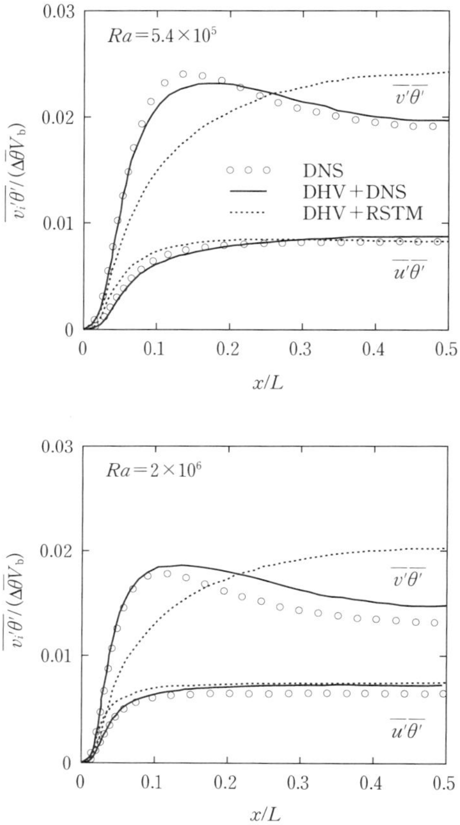

図 12.37 鉛直チャネル自然対流乱流での乱流熱流束分布（V_b：鉛直方向バルク速度）

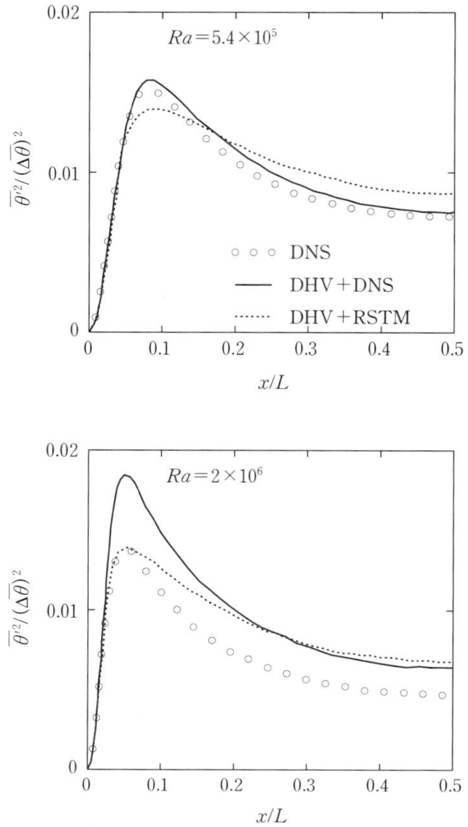

図 12.38 鉛直チャネル自然対流乱流での温度変動分散の分布

速度場データを与えた場合，レイリー数によらずほぼ満足な予測性能を熱流束 $\overline{u'\theta'}$，$\overline{v'\theta'}$ と温度変動の分散 $\overline{\theta'^2}$ の分布において示しているが，応力方程式モデルと組み合わせた場合には，とくに $\overline{v'\theta'}$ においてよい結果を得ているわけではない．これは，速度場のモデルの性能が温度場の予測結果に大きく影響していることを示しており，組み合わせる速度場のモデルの選択が重要であるといえる．

12.7.7 代数熱流束モデル

以上に解説したように輸送方程式を解くモデルは，3 次元場の応用計算では，温度場だけでもエネルギー式，乱流熱流束 3 成分の計 4 個，共存対流であれば，少なくともさらに温度変動の分散の式の合計 5 個の輸送方程式を解かなければならない．したがって，速度場の ASM（12.6 節参照）と同様の手法で輸送方程式を代数近似するモデルを用いることで計算負荷を減らすことができ，輸送方程式モデルほどではないが，渦粘性モデルよりはよい結果が期待できる．代数近似する方法は速度場のモデルと同様な仮定に基づき，

$$\frac{D\overline{u_i'\theta'}}{Dt}-D_{i\theta}=\frac{\overline{u_i'\theta'}}{\sqrt{q^2}\sqrt{\overline{\theta'^2}}}\left[\frac{D}{Dt}\left(\sqrt{q^2}\sqrt{\overline{\theta'^2}}\right)-D_{q\theta}\right] \tag{12.7.28}$$

とするものである[1]．ここで，$D_{q\theta}$ は $\sqrt{q^2}\sqrt{\overline{\theta'^2}}$ の拡散項を意味する．式（12.7.27）は

$$P_{i\theta}+\Pi_{i\theta}+G_{i\theta}-\varepsilon_{i\theta}=\overline{u'_i\theta'}\left(\frac{P_{\theta\theta}-\varepsilon_{\theta\theta}}{2\,\overline{\theta'^2}}+\frac{P_k+G_k-\varepsilon}{2\chi}\right),$$

$$\overline{u'_i\theta'}=\frac{P_{i\theta}+\Pi_{i\theta}+G_{i\theta}-\varepsilon_{i\theta}}{\left(\dfrac{P_{\theta\theta}-\varepsilon_{\theta\theta}}{2\,\overline{\theta'^2}}+\dfrac{P_k+G_k-\varepsilon}{2k}\right)} \quad (12.7.29)$$

と変形でき，$\Pi_{i\theta}$，ε_θ などにモデル式を代入すれば乱流熱流束が代数的に求められる（$G_k=-g_k\beta\overline{u'_k\theta'}$ は k の浮力生成項）. したがって，式(12.7.5)，(12.7.9)，(12.7.11)，(12.7.25) および $\varepsilon_{i\theta}\approx 0$ を代入すると

$$\overline{u'_i\theta'}=\frac{-\overline{u'_iu'_k}\dfrac{\partial\bar{\theta}}{\partial x_k}+(c_{2\theta}-1)\overline{u'_k\theta'}\dfrac{\partial\bar{u}_i}{\partial x_k}+(c_{3\theta}-1)g_i\beta\overline{\theta'^2}}{c_{1\theta}\dfrac{\varepsilon}{\chi}-\dfrac{1}{\overline{\theta'^2}}\overline{u'_k\theta'}\dfrac{\partial\bar{\theta}}{\partial x_k}-\dfrac{\varepsilon}{2Rk}-\dfrac{1}{2k}\left(\overline{u'_ju'_k}\dfrac{\partial\bar{u}_j}{\partial x_k}+g_k\beta\overline{u'_k\theta'}+\varepsilon\right)} \quad (12.7.30)$$

が得られる．これを代数熱流束モデル（algebraic heat flux model, AHFM）と呼ぶ．この代数式と k，ε などの輸送方程式を組み合わせて乱流温度場の解析を行う．

文献

1) B. E. Launder : Turbulence (P. Bradshaw ed.), Springer, 1976, 231-287.
2) N. Shikazono, N. Kasagi : J. Heat Mass Transfer, **39**, 1996, 2977-2987.
3) S. Pope : Phys. Fluids, **26**, 1983, 404-408.
4) W. P. Jones, P. Musonge : Phys. Fluids, **31**, 1988, 3589-3604.
5) T. J. Craft *et al.* : Int. J. Heat Mass Transfer, **36**, 1993, 2685-2697.
6) H. Kawamura, Y. Kurihara : Int. J. Heat Mass Transfer, **43**, 2000, 1935-1945.
7) S. Dol *et al.* : J. Fluid Mech., **391**, 1999, 211-247.
8) J. L. Lumley : Adv. in Appl. Mech., 18 (C.-S. Yih ed.), Academic Press, 1978, 123-176.
9) M. M. Gibson, B. E. Launder : J. Fluid Mech., **86**, 1978, 491-511.
10) Y. G. Lai, R. M. C. So : Int. J. Heat Mass Transfer, **33**, 1990,1429-1440.
11) B. J. Daly, F. H. Harlow : Phys. Fluids, **13**, 1970, 2634-2649.
12) T. A. M. Versteegh, F. T. M. Nieuwstadt : Int. J. Heat Fluid Flow, **19**, 1998, 135-149.
13) S. Dol *et al.* : Int. J. Heat Fluid Flow, **18**, 1997, 4-14.
14) K. Hanjalić *et al.* : Fluid Dyn. Res., **20**, 1997, 25-41.

12.8 非線形モデル

本節で解説する非線形モデルとは，レイノルズ応力と変形（歪み）速度との相関式（応力-歪み相関式，12.1，12.3節参照）を高次に拡張した速度場の非線形渦粘性（または，非等方渦粘性）モデル，および乱流熱流束の勾配拡散式（12.5節参照）をやはり高次に拡張した温度場の高次勾配拡散モデルである．それらに関連してモデル化プロセスは異なるが，数学的には等価な陽的代数応力/熱流束モデルにも触れる．なお，本節で紹介するモデルは基本的に低レイノルズ数モデル（12.4節参照）と連成することを前提にしているが，壁関数と連結する高レイノルズ数モデル（12.3節参照）に連成してもよい．その場合，非線形モデルの使用効果は壁から離れた領域で期待できるが，壁面近傍乱流の予測精度は壁モデルに大きく影響されることに留意する必要がある．

12.8.1 非線形渦粘性モデル

レイノルズ応力の輸送方程式を解くモデル（12.6節参照）は，潜在能力は高いが，数多くの輸送方程式を解く必要があるため，計算の負荷と安定性に難点がある．したがって，工学的応用の実際では精度を犠牲にしても，応力-歪み相関式を仮定する渦粘性モデル（12.3，12.4節参照）を用いるのが現在でも主流である．

$$\overline{u'_iu'_j}=\frac{2}{3}k\delta_{ij}-\nu_t\left(\frac{\partial\bar{u}_i}{\partial x_j}+\frac{\partial\bar{u}_j}{\partial x_i}\right) \quad (12.8.1)$$

ここで，渦粘性は $\nu_t=c_\mu k\tau_u$ である．しかし，この標準“線形渦粘性モデル”ではレイノルズ応力の非等方性を表せないばかりではなく，旋回流れや流線の曲がりが乱れに与える影響を満足にとらえることができない．また，流れが物体に衝突してできる岐点で過大な乱れエネルギーの生成を促すといった，実用上看過できない欠陥がある．そこで，式(12.8.1)に高次非線形項を追加して，渦粘性モデルの欠点を改善するのが非線形渦粘性モデルである．

a. 2次非線形渦粘性モデル

応力-歪み相関式に速度勾配の2次積まで加えた

2次非線形渦粘性モデルは，一般的に

$$\overline{u_i'u_j'}=\frac{2}{3}k\delta_{ij}-2\nu_t S_{ij}$$
$$+4c_1\nu_t\tau_u\left(S_{ik}S_{kj}-\frac{1}{3}S_{kl}S_{kl}\delta_{ij}\right)$$
$$+4c_2\nu_t\tau_u(\Omega_{ik}S_{kj}-S_{ik}\Omega_{kj})$$
$$+4c_3\nu_t\tau_u\left(\Omega_{ik}\Omega_{jk}-\frac{1}{3}\Omega_{kl}\Omega_{kl}\delta_{ij}\right) \tag{12.8.2}$$

と表すことができる．ここで，変形速度テンソル $S_{ij}\equiv(\partial\bar{u}_i/\partial x_j+\partial\bar{u}_j/\partial x_i)/2$，渦度テンソル $\Omega_{ij}\equiv(\partial\bar{u}_i/\partial x_j-\partial\bar{u}_j/\partial x_i)/2$ である（圧縮性流れに対しては，S_{ij} の代わりに $S^*_{ij}=S_{ij}-1/3\delta_{ij}S_{kk}$ を使い，系が Ω_k で回転する場合は，Ω_{ij} を $\Omega^*_{ij}=\Omega_{ij}-\varepsilon_{ijk}\Omega_k$ に置き換える）．従来，多くの2次非線形渦粘性モデルが提案されてきたが，対象とした検証問題がそれぞれ異なるため，係数 $c_1\sim c_3$ に共通性は見出せなかった．たとえば，Nisizima と Yoshizawa[1] は $c_1=-0.76$，$c_2=0.18$，$c_3=1.04$ を用いて，矩形管内の第2種2次流れを解析したが，Myong と Kasagi[2] はチャネル乱流や乱流境界層流れに $c_1=0.28$，$c_2=0.24$，$c_3=0.05$ を用いている．この一因として，係数を定数として固定するため，応用対象によって異なった値が要求されるためである．したがって，近年に提案されたモデルは係数に関数形を用いている．

Shih ら[3] は実現性条件を満たす2次非線形モデルを検討し，

$$\overline{u_i'u_j'}=\frac{2}{3}k\delta_{ij}-2c_\mu\frac{k^2}{\varepsilon}S_{ij}+2c_2\frac{k^3}{\varepsilon^2}(\Omega_{ik}S_{kj}-S_{ik}\Omega_{kj}) \tag{12.8.3}$$

とした．モデル係数は

$$c_\mu=\frac{1}{6.5+\sqrt{6}\cos\left\{\frac{1}{3}\cos^{-1}(\sqrt{3}\,\Omega)\right\}\tau_u\sqrt{\frac{1}{2}(S^2+\Omega^2)}},$$

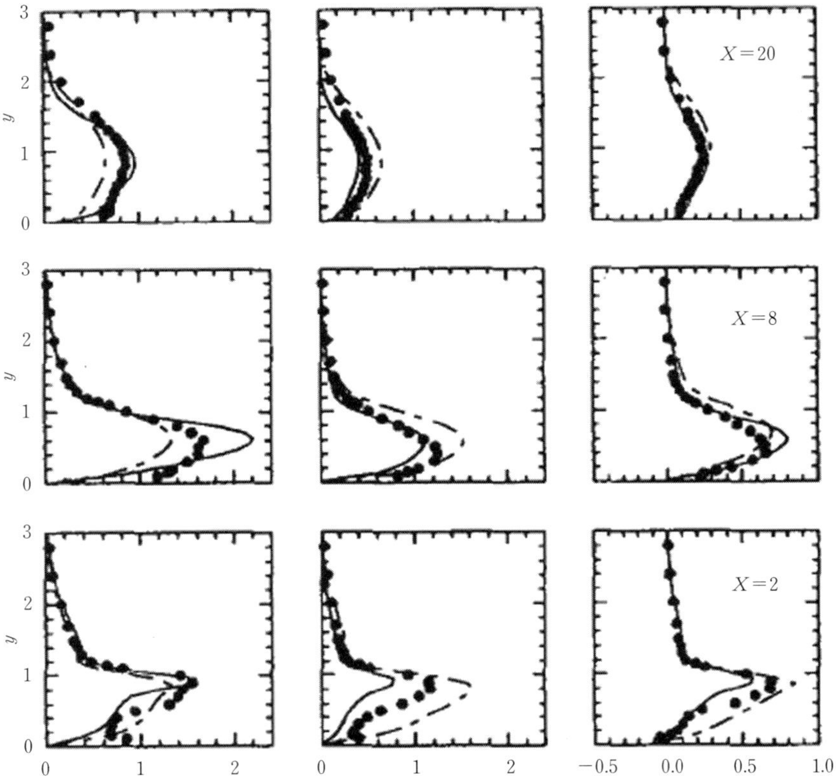

図 12.39　線形 k-ε モデルと2次非線形 k-ε モデル（SZL）の比較；バックステップ流れ
●：実験値，——：SZL，—・—：線形[3]

$$c_2=\frac{\sqrt{1-4.5c_\mu^2S^2}}{1+3S\Omega} \qquad (12.8.4)$$

である．上式および以下，$S\equiv\tau_u\sqrt{2S_{ij}S_{ij}}$，$\Omega\equiv\tau_u\sqrt{2\Omega_{ij}\Omega_{ij}}$ と定義する（2次の項のうち，c_3 を伴う項は座標軸の回転（solid body rotation）に伴い不要な非等方性を導くので，係数 c_3 にそれを回避する関数形が用いられないかぎりはモデルから除かれることが多い．逆に，c_3 項を含むモデルを座標軸が回転する系に適用するときは注意を要する）．Shih らは，この2次非線形渦粘性モデルを標準型の k-ε 2方程式モデル（12.3節参照）に組み込み，2次非線形 SZL（Shih, Zhu & Lumley）k-ε モデル[3]を構成した．図12.39は，バックステップ流れのステップ後方の位置におけるレイノルズ応力分布を比較したものである．SZL モデルは，$\overline{u'u'}$ が $\overline{v'v'}$ より大きくなるレイノルズ応力の非等方性を標準線形 k-ε に比べてよりよく再現し，実験値との対応も改善していることがわかる．

b. 3次非線形渦粘性モデル

旋回乱流や曲面に沿う乱流場への感度をもたせるためには，渦粘性モデルに少なくとも3次項まで含める必要がある[4]．応力-歪み相関式を拡張し，S_{ij}，Ω_{ij} の3次積まで含めた非線形渦粘性モデルは，一般に

$$\begin{aligned}\overline{u'_iu'_j}=&\frac{2}{3}k\delta_{ij}-2\nu_tS_{ij}\\&+4c_1\nu_t\tau_u\left(S_{ik}S_{kj}-\frac{1}{3}S_{kl}S_{kl}\delta_{ij}\right)\\&+4c_2\nu_t\tau_u(\Omega_{ik}S_{kj}-S_{ik}\Omega_{kj})\\&+4c_3\nu_t\tau_u\left(\Omega_{ik}\Omega_{jk}-\frac{1}{3}\Omega_{kl}\Omega_{kl}\delta_{ij}\right)\\&+8c_4\nu_t\tau_u^2)\,S_{ki}\Omega_{lj}+S_{kj}\Omega_{li})\,S_{kl}\\&+8c_5\nu_t\tau_u^2\left(\Omega_{il}\Omega_{lm}S_{mj}+S_{il}\Omega_{lm}\Omega_{mj}\right.\\&\left.-\frac{2}{3}S_{lm}\Omega_{mn}\Omega_{nl}\delta_{ij}\right)\\&+8c_6\nu_t\tau_u{}^2S_{kl}S_{kl}S_{ij}+8c_7\nu_t\tau_u{}^2\Omega_{kl}\Omega_{kl}S_{ij}\end{aligned} \qquad (12.8.5)$$

と記述できる．これを各種の基礎的な流れ場に適用して最適化した係数[4]を表12.5に示す．この3次非線形渦粘性モデルを Launder と Sharma[5]（LS）の低レイノルズ数型 $k-\varepsilon$ モデルに組み込んだ3次非線形 CLS（Craft-Launder-Suga）k-ε モデル[6]は，乱流エネルギー k と等方散逸率 $\tilde{\varepsilon}$ の輸送方程式

$$\frac{Dk}{Dt}=\frac{\partial}{\partial x_k}\left\{\left(\nu+\frac{\nu_t}{\sigma_k}\right)\frac{\partial k}{\partial x_k}\right\}\underbrace{-\overline{u'_iu'_j}\frac{\partial U_i}{\partial x_j}}_{P_k}-\underbrace{\left(\tilde{\varepsilon}+2\nu\frac{\partial\sqrt{k}}{\partial x_k}\frac{\partial\sqrt{k}}{\partial x_k}\right)}_{\varepsilon} \qquad (12.8.6)$$

$$\frac{D\tilde{\varepsilon}}{Dt}=\frac{\partial}{\partial x_k}\left\{\left(\nu+\frac{\nu_t}{\sigma_\varepsilon}\right)\frac{\partial\tilde{\varepsilon}}{\partial x_k}\right\}+c_{\varepsilon1}f_1\frac{P_k}{\tau_u}-c_{\varepsilon2}f_2\frac{\tilde{\varepsilon}}{\tau_u}+P_{\varepsilon3}+Y_E \qquad (12.8.7)$$

を解く（等方散逸率 $\tilde{\varepsilon}$ は壁面境界条件を0と与えることができるため，計算が安定化する．なお，$\tilde{\varepsilon}$ を使うモデルの場合，式中の時間スケール，乱流レイノルズ数はそれぞれ $\tau_u=k/\tilde{\varepsilon}$，$\mathrm{Re_t}=k^2/(\nu\tilde{\varepsilon})$ である）．渦粘性 ν_t は LS モデルから減衰関数 f_μ を修正して

$$\nu_t=c_\mu f_\mu\frac{k^2}{\tilde{\varepsilon}},\quad f_\mu=1-\exp\left\{-\left(\frac{\mathrm{Re_t}}{90}\right)^{1/2}-\left(\frac{\mathrm{Re_t}}{400}\right)^2\right\} \qquad (12.8.8)$$

とし，勾配生成（gradient production）項 $P_{\varepsilon3}$ は $S\equiv\tau_u\sqrt{2S_{ij}S_{ij}}$ の影響を加え

$$P_{\varepsilon3}=0.0022\nu_tSk\tau_u\left(\frac{\partial^2U_i}{\partial x_k\partial x_l}\right)^2,\qquad \mathrm{Re_t}\leq250 \qquad (12.8.9)$$

とモデル化する．さらに長さスケール修正項 Y_E は

$$Y_E=c_{\varepsilon l}\frac{\tilde{\varepsilon}}{\tau_u}\max\{F(F+1)^2,0\},$$

表 12.5 3次非線形渦粘性モデル係数

C_μ	C_1	C_2	C_3	C_4	C_5	C_6	C_7
$\dfrac{0.3[1-\exp\{-0.36\exp(0.75\max(S,\Omega))\}]}{1+0.35[\max(S,\Omega)]^{1.5}}$	-0.1	0.1	0.26	$-10c_\mu{}^2$	0	$-5c_\mu{}^2$	$5c_\mu{}^2$

表 12.6 Craft, Lander & Suga の3次非線形渦 k-ε モデル係数

σ_k	σ_ε	$c_{\varepsilon1}$	$c_{\varepsilon2}$	f_1	f_2	$c_{\varepsilon l}$	c_l	B_ε
1	1.3	1.44	1.92	1	$1-0.3\exp(-\mathrm{Re_t}^2)$	0.83	2.55	0.1069

$$F=\frac{1}{c_l}\sqrt{\frac{\partial l}{\partial x_k}\frac{\partial l}{\partial x_k}}$$
$$-\{1+(B_\varepsilon \mathrm{Re_t}-1)\exp(-B_\varepsilon \mathrm{Re_t})\} \tag{12.8.10}$$

とする[7]．ここで，$l=k^{3/2}/\varepsilon$ であり，モデル係数を表 12.6 に示す．

図 12.40，12.41 に線形（LS）k-ε モデルと 3 次非線形(CLS) k-ε モデルの比較例を示す．図 12.40 (a) はその軸を中心に回転する回転円管内の旋回速度分布を比較したものである．実験結果が示す非線形な分布は，3 次非線形モデルはよく再現するが線形モデルでは直線的な分布しか予測できない．図 12.40(b) は曲がりチャネル内の摩擦係数の分布を比較するものである．図からわかるように，凸面と凹面では異なる摩擦係数の分布は 3 次非線形モデルを用いることで改善できる．図 12.41 からわかるように，3 次非線形モデルは衝突噴流の岐点での乱れの過剰予測を押さえるため，ヌセルト数の予測も大きく改善する．

なお，3 次非線形渦粘性モデルの発展形には，レイノルズ応力の非等方テンソルの第 2 不変量 $A_2\equiv a_{ij}a_{ij}$ の輸送方程式を追加した k-ε-A_2 モデル[8] がある．そこでは，乱流の非等方性を示すパラメータ A_2 を用いているので，複雑形状の場合に定義が困難な壁面からの距離をモデルに導入しなくても，壁面非等方乱流の特徴をよく現すことができる．さらに，A_2 の輸送方程式を解くことで，応力方程式モデルのように非等方乱流の輸送効果も考慮したモデルである．k-ε-A_2 は多くの 3 次元応用計算で優れた結果を予測している[9]．一例として，図 12.42 は矩形断面をもつ U 字管内の 90° 断面における平均速度およびレイノルズ垂直応力の分布を比較したものである．3 次非線形 k-ε モデルも LS モデルの結果をかなり改善するが，k-ε-A_2 モデルが最もよく実験値を再現している．

c.　陽的代数応力モデル（EASM）

非線形渦粘性モデルの係数は，経験的に与える手法のほかに代数応力モデル（algebraic stress model, ASM）(12.6 節参照）と関連づける手法があり，とくにこの手法を陽的代数応力モデル(explicit algebraic stress model, EASM)と呼ぶ．ASM は，右辺にも求めるべき未知量をもつ陰的な形式であるため，繰り返し収束計算が必要となる．したがって，EASM は ASM を陽的に書き直すことでこの計算手順を簡略化・安定化したものである．Pope[10] が示した応力-歪み相関式の一般展開形は Cayley-Hamilton の定理により，

$$\overline{u_i'u_j'}=\frac{2}{3}k\delta_{ij}+\sum_{\lambda=1}^{10}G^{(\lambda)}T_{ij}{}^{(\lambda)} \tag{12.8.11 a}$$

$$\left.\begin{aligned}
&T_{ij}{}^{(1)}=S_{ij}\\
&T_{ij}{}^{(2)}=S_{ik}\Omega_{kj}-\Omega_{ik}S_{kj}\\
&T_{ij}{}^{(3)}=S_{ik}S_{kj}-\frac{1}{3}S_{kl}S_{kl}\delta_{ij}\\
&T_{ij}{}^{(4)}=\Omega_{ik}\Omega_{kj}-\frac{1}{3}\Omega_{kl}\Omega_{kl}\delta_{ij}\\
&T_{ij}{}^{(5)}=\Omega_{il}S_{lm}S_{mj}-S_{il}S_{lm}\Omega_{mj}\\
&T_{ij}{}^{(6)}=\Omega_{il}\Omega_{lm}S_{mj}+S_{il}\Omega_{lm}\Omega_{mj}-\frac{2}{3}S_{lm}\Omega_{mn}\Omega_{nl}\delta_{ij}\\
&T_{ij}{}^{(7)}=\Omega_{ik}S_{kl}\Omega_{lm}\Omega_{mj}-\Omega_{ik}\Omega_{kl}S_{lm}\Omega_{mj}\\
&T_{ij}{}^{(8)}=S_{ik}\Omega_{kl}S_{lm}S_{mj}-S_{ik}S_{kl}\Omega_{lm}S_{mj}\\
&T_{ij}{}^{(9)}=\Omega_{ik}\Omega_{kl}S_{lm}S_{mj}-S_{ik}S_{kl}\Omega_{lm}\Omega_{mj}\\
&\qquad-\frac{2}{3}S_{kl}S_{lm}\Omega_{mn}\Omega_{nk}\delta_{ij}\\
&T_{ij}{}^{(10)}=\Omega_{ik}S_{kl}S_{lm}\Omega_{mn}\Omega_{nj}-\Omega_{ik}\Omega_{kl}S_{lm}S_{mn}\Omega_{nj}
\end{aligned}\right\} \tag{12.8.11 b}$$

と表すことができる．ここで，係数 $G^{(\lambda)}$ はタイムスケール τ_u や $S_{ij}S_{ji}$，$\Omega_{ij}\Omega_{ji}$，$S_{ij}S_{jk}S_{ki}$，$S_{ij}\Omega_{jk}\Omega_{ki}$，$S_{ij}S_{jk}\Omega_{kl}\Omega_{li}$ などの不変量からなる関数である．式 (12.8.11) を ASM の式に代入して得られるマトリクスを解くことで係数 $G^{(\lambda)}$ をすべて決定することができる．しかし，得られる係数は分母に不変量の多項式を含む複雑な形であり，流れ場によっては分母がゼロに漸近し解が発散する．したがって，安定に計算できるようにするために，係数をモデル近似する必要がある．そこで，議論を簡略化するために 2 次元流れ場を対象として，$T_{ij}{}^{(1)}\sim T_{ij}{}^{(3)}$ までの項を含む構成にし，2 次の圧力歪み相関モデル[11] をもとにして得られた係数式を Padé 近似する GS (Gatski & Speziale) モデル[12] が提案された．後年それを改良した GR（Gatski & Rumsey）モデル[13] は，

$$\overline{u_i'u_j'}=\frac{2}{3}k\delta_{ij}+2\alpha_1 k\Big[S_{ij}+a_2a_4(S_{ik}\Omega_{kj}+S_{jk}\Omega_{ki})-2a_3a_4\Big(S_{ik}S_{kj}-\frac{1}{3}S_{kl}S_{kl}\delta_{ij}\Big)\Big] \tag{12.8.12}$$

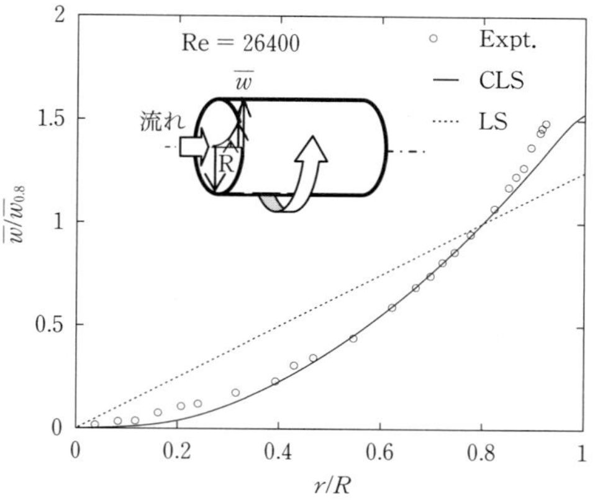

(a)

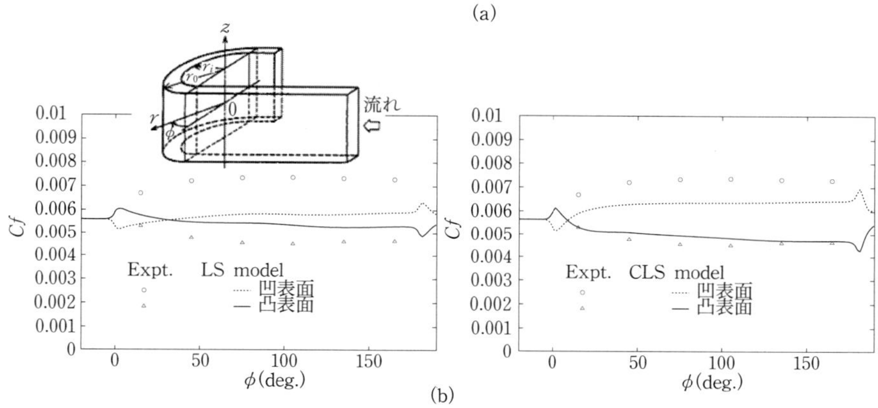

(b)

図 12.40 線形k-εモデル（LS）と3次非線形k-εモデル（CLS）の比較
(a) 回転円管流れ旋回速度分布，(b) 曲がりチャネル流れ内摩擦係数分布（R_c/D =12，Re = 20000）．

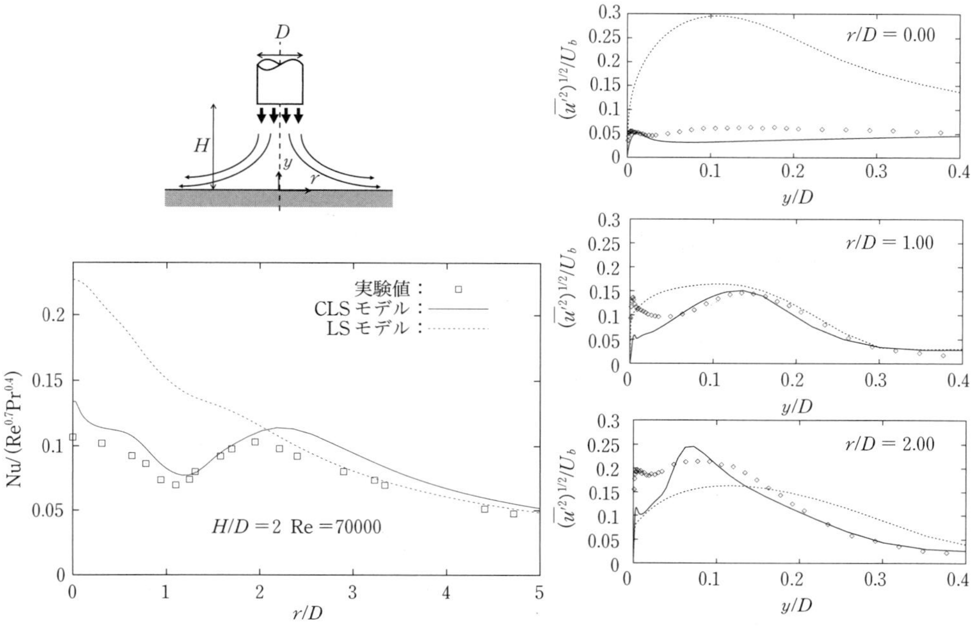

図 12.41 線形k-εモデル（LS）と3次非線形k-εモデル（CLS）の比較（衝突噴流）

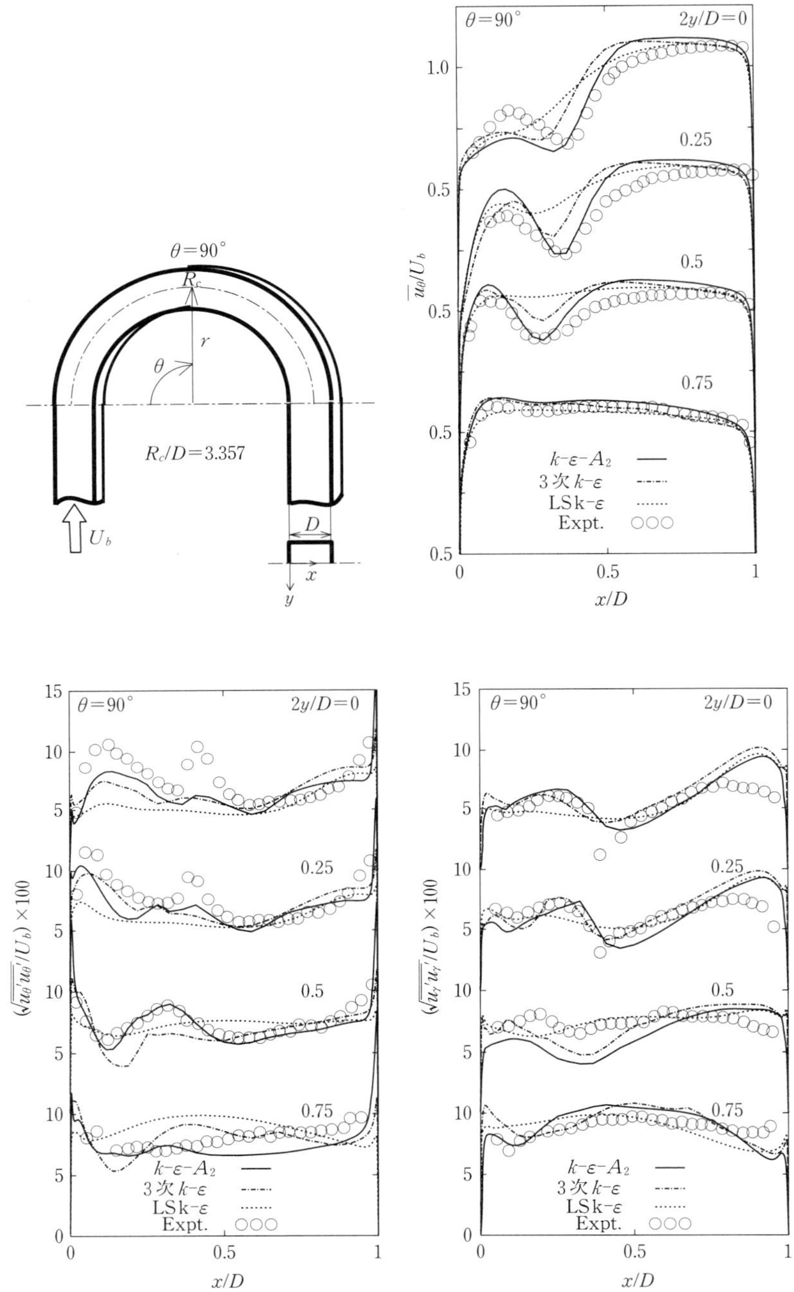

図 12.42　3次非線形渦粘性モデルの比較
矩形U字管90°断面内平均流速およびレイノルズ垂直応力分布（Re=56700）．

表 12.7　Gatski と Rumsey の EASM 係数

c_μ	σ_k	σ_ε	$c_{\varepsilon 1}$	$c_{\varepsilon 2}$	f_1	f_2	χ	y^*
0.096	1	$\dfrac{\chi^2}{\sqrt{c_\mu}(c_{\varepsilon 2}-c_{\varepsilon 1})}$	1.44	1.83	1	$1-\exp(-y^*/10.8)$	0.41	$yk^{1/2}/\nu$

$$\alpha_1=\frac{-3a_1a_4}{3-2a_3^2a_4^2\eta^2+6a_2^2a_4^2\eta^2\mathcal{R}^2},\qquad \eta=(S_{ij}S_{ij})^{1/2},$$

$$\mathcal{R}^2=\frac{\Omega_{ij}\Omega_{ij}}{S_{ij}S_{ij}} \tag{12.8.13 a}$$

$$a_1=\frac{1}{2}\left(\frac{4}{3}-c_2\right),\qquad a_2=\frac{1}{2}(2-c_4),$$

$$a_3=\frac{1}{2}(2-c_3),\qquad a_4=g\tau_u \tag{12.8.13 b}$$

$$g=\left[0.9\frac{P_k}{\varepsilon}+1.7+\frac{c_{\varepsilon2}-c_{\varepsilon1}}{c_{\varepsilon1}-1}\right]^{-1} \tag{12.8.13 c}$$

$$c_2=0.36,\qquad c_3=1.25,\qquad c_4=0.4 \tag{12.8.13 d}$$

である．これを以下の k-ε モデルと組み合わせて解析する．

$$\frac{Dk}{Dt}=\frac{\partial}{\partial x_k}\left\{\left(\nu+\frac{\nu_t}{\sigma_k}\right)\frac{\partial k}{\partial x_k}\right\}+P_k-\varepsilon \tag{12.8.14}$$

$$\frac{D\varepsilon}{Dt}=\frac{\partial}{\partial x_k}\left\{\left(\nu+\frac{\nu_t}{\sigma_\varepsilon}\right)\frac{\partial \varepsilon}{\partial x_k}\right\}+c_{\varepsilon1}f_1\frac{P_k}{\tau_u}-c_{\varepsilon2}f_2\frac{\varepsilon}{\tau_u} \tag{12.8.15}$$

ただし，$\nu_t=c_\mu k\tau_u$ であり，モデル係数を表 12.7 に示す．

そのほかにも，GS モデルをもとにした EASM は多く研究されている．EASM は数学的には非線形渦粘性モデルと等価であるが，経験的に係数を決めるのではなく，その導出に ASM を用いるためより合理的である．しかし，もとにした ASM の性能に依存しているため，原理的にそれを超えることはできない．また，3 次元流れ場を対象に 3 次以上の項まで含めた EASM[14] は議論されているが，その応用研究はなされていない．

図 12.43 は 2 次元 U 字管内流れの 90° 断面における平均速度とレイノルズ剪断応力を EASM（GR モデル）とその他の線形モデルと比較したものである．GR モデルによる平均流速の予測結果は全体的に線形モデルと変わらないが，外壁近傍で少し良好である．レイノルズ剪断応力についてもやはり外壁近傍にかけて改善がみられるが，実験との対応は依然不十分である．曲がり管内で大きく改善できないのは，非線形項を 2 次積で打ち切っていることにも原因がある[4]．また，旋回流での解析例はないが，3 次元流れ場を対象に導出された EASM でないかぎり多くは期待できないと考えられる．

12.8.2 高次勾配拡散熱流束モデル

a. HOGGDH 熱流束モデル

乱流熱流束は，乱流プラントル数を仮定するモデル（12.5 節参照），熱流束輸送方程式モデル，代数熱流束モデル（12.7 節参照）のほかにも，乱流拡散項のモデルとして標準的な一般化した勾配拡散仮定（generalized gradient diffusion hypothesis, GGDH）[15]

$$\overline{u'_i\theta'}=-c_\theta\underbrace{\overline{u'_iu'_j}\frac{k}{\varepsilon}}_{\Gamma_{ij}}\frac{\partial\bar{\theta}}{\partial x_j} \tag{12.8.16}$$

を用いてモデル化できる．係数は $c_\theta=0.3$ が標準である．GGDH は，レイノルズ応力テンソルが妥当に予測されている状況であればよい結果をもたらす．しかし，熱流束の流れ方向成分の予測はまだ不十分であり，ベクトル量としての熱流束を正しく表現できない．勾配拡散モデルで乱流熱流束をベクトル量として正しく表現するためには，渦拡散テンソル Γ_{ij} を高次に展開したモデルが有効であり[16]，

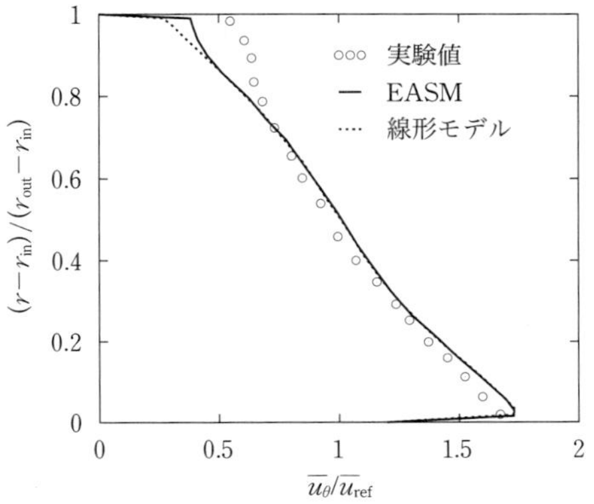

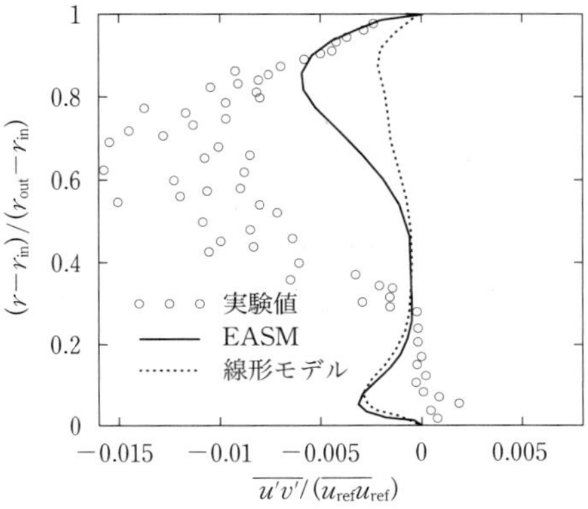

図 12.43 EASM と線形渦粘性モデルの比較
2 次元 U 字管 90° 断面内平均流速およびレイノルズ剪断応力分布（$R_c/D=1$, $\mathrm{Re}=10^6$）．

GGDH を高次展開することによって構成された HOGGDH (higher order GGDH) 熱流束モデル[17] は,

$$\overline{u_i'\theta'} = -c_\theta k \frac{k}{\varepsilon}\underbrace{\Gamma_{ij}}_{\sigma_{ij}+\alpha_{ij}}\frac{\partial\bar{\theta}}{\partial x_j}, \qquad (12.8.17)$$

$$\sigma_{ij} = c_{\sigma1}\frac{\overline{u_i'u_j'}}{k} + c_{\sigma2}\frac{\overline{u_i'u_l'}\,\overline{u_l'u_j'}}{k^2},$$

$$\alpha_{ij} = 2c_{\alpha1}\left(\Omega_{il}\frac{\overline{u_l'u_j'}}{k} + \Omega_{li}\frac{\overline{u_j'u_l'}}{k}\right) \qquad (12.8.18)$$

である．渦拡散テンソル Γ_{ij} は，必ずしも対称テンソルである必要はなく，対称テンソル σ_{ij} と非対称テンソル α_{ij} の和で表される．一般に対称テンソル σ_{ij} は，レイノルズ応力テンソル $\overline{u_i'u_j'}$ と変形速度テンソル S_{ij} からなるが，S_{ij} を応力-歪み相関式によってレイノルズ応力に書き換えれば，レイノルズ応力テンソルのみの高次展開式の形に近似できる (Cayley-Hamilton の定理によれば，レイノルズ応力テンソルについて高次展開した σ_{ij} は 2 次積までで十分であり，3 次以上の項は必要ない)．表 12.8 に最適化された係数を示す．表 12.8 の中で $\tilde{S} \equiv (k/\tilde{\varepsilon})\sqrt{2S_{ij}S_{ij}}$，$A \equiv 1-(9/8)(A_2-A_3)$ である．

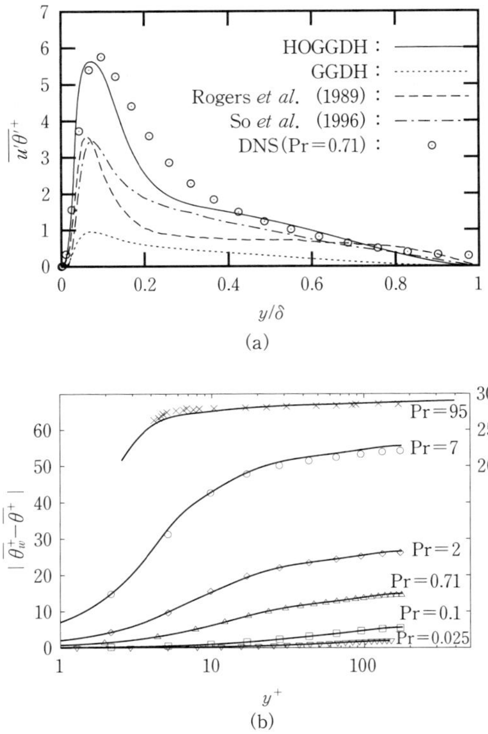

図 12.44　HOGGDH 熱流束モデルの予測性能
(a) チャネル乱流内流れ方向乱流熱流束分布 (Re =5600)，(b) チャネル乱流内温度分布．実線：HOGGDH，記号：データ (Re=5000〜7000)．

図 12.44 にチャネル乱流の予測性能を示すように，HOGGDH 熱流束モデルは (表示していないが) 壁面垂直方向のみならず，流れ方向の熱流束成分も妥当に予測でき，ベクトル量としての熱流束を正確に予測できる．また，プラントル数を大きく変えても正しく温度分布を予測できる．また，図 12.45 に示すように矩形断面 U 字管内のヌッセルト数分布を HOGGDH 熱流束モデルは GGDH より妥当に予測できる．これは，複雑な 3 次元熱流れ場においてはベクトル量として熱流束を正確に予測す

表 12.8　HOGGDH 熱流束モデル係数

(a)　非線形渦粘性モデル連成用

c_θ	$c_{\sigma1}$	$c_{\sigma2}$	$c_{\alpha1}$
$\dfrac{0.38f_\tau}{\{1-\exp(-Re_t/100)\}^{1/4}}$	$0.2f_b+0.1f_{Pr}$	$1-f_b-f_{Pr}$	$(1-f_{Pr})\left[\dfrac{-0.5g_Af_\tau S}{1+5(f_\tau S)^2}-\dfrac{0.02\exp\{-(f_\tau S/2.2)^2\}}{g_A+(f_\tau S+0.2)^2}\right]$

f_b	f_{Pr}	g_A	f_τ
$(1-f_{Pr})^2\exp\{-(f_\tau S/2.2)^2-(g_A/0.3)^2\}$	$\dfrac{1}{1+(Pr/0.085)^{3/2}}$	$0.3[1-\exp\{(-Re_t/70)^2\}]$	$[1-\exp\{(-Re_t/70)^{1/2}\}]^{-1}$

(b)　レイノルズ応力方程式モデル連成用

c_θ	$c_{\sigma1}$	$c_{\sigma2}$
$\dfrac{\varepsilon[0.4+0.2\exp\{(-Re_t/175)^3\}]}{\varepsilon[1-\exp\{-(A/0.05)^2\}]^{1/4}}$	$0.15f_b+0.1f_{Pr}$	$1-f_b-f_{Pr}$

$c_{\alpha1}$	f_b	f_{Pr}
$(1-f_{Pr})\left[\dfrac{-0.5A\tilde{S}}{1+\tilde{S}^2}-\dfrac{0.02\exp\{-(\tilde{S}/2.2)^2\}}{A+(\tilde{S}+0.2)^2}\right]$	$(1-f_{Pr})\exp\{-\tilde{S}-(A/0.6)^2\}$	$\dfrac{1}{1+(Pr/0.085)^{3/2}}$

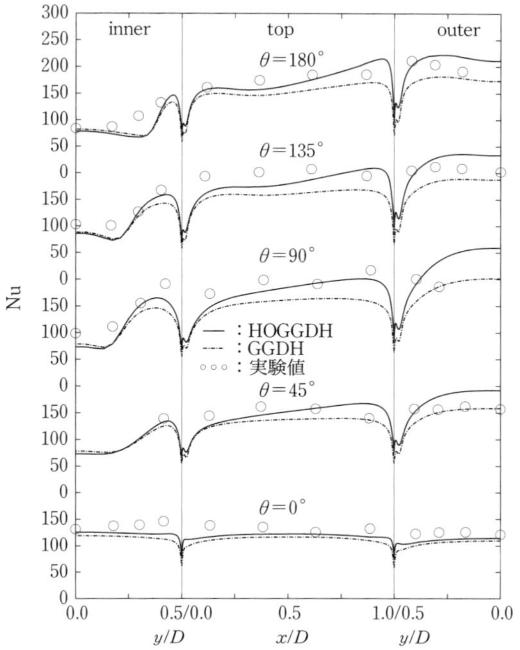

図 12.45 HOGGDH 熱流束モデルの予測性能
矩形U字管内ヌセルト数分布 ($R_c/D=3.36$, Re=56700).

る必要があるためである.

b. 陽的代数熱流束モデル（EAHFM）

代数熱流束モデル (algebraic heat flux model, AHFM, 12.7節参照) のモデル式も速度場の ASM 同様に陰的な形式であるため, 陽的な形式に変換したモデルを陽的代数熱流束モデル (explicit algebraic heat flux model, EAHFM) という. 外力の働かない場合, 速度, 温度ともに局所平衡 ($P_k=\varepsilon, P_{\theta\theta}=\varepsilon_{\theta\theta}$) が仮定できる場では, 式 (12.7.29) は,

$$P_{i\theta}+\Pi_{i\theta}-\varepsilon_{i\theta}=\overline{u_i'\theta'}\left(\frac{P_{\theta\theta}-\varepsilon_{\theta\theta}}{2\,\overline{\theta'^2}}+\frac{P_k-\varepsilon}{2k}\right)=0, \tag{12.8.19}$$

$$\overline{u_i'\theta'}=-\frac{\tau_u}{c_{1\theta}}\left\{\overline{u_i'u_k'}\frac{\partial\bar{\theta}}{\partial x_k}+(1-c_{2\theta})\overline{u_k'\theta'}\frac{\partial\bar{u}_i}{\partial x_k}\right\} \tag{12.8.20}$$

と変形でき, AHFM を導出できる. 式 (12.8.20) は下式のように変形して陽的に表すことができる[18].

$$\underbrace{\left(\frac{c_{1\theta}}{\tau_u}\delta_{ij}+(1-c_{2\theta})\frac{\partial\bar{u}_i}{\partial x_j}\right)}_{O_{ij}}\overline{u_j'\theta'}=-\overline{u_i'u_j'}\frac{\partial\bar{\theta}}{\partial x_j}, \tag{12.8.21 a}$$

$$\overline{u_i'\theta'}=-O_{ik}^{-1}\overline{u_k'u_j'}\frac{\partial\bar{\theta}}{\partial x_j} \tag{12.8.21 b}$$

So & Sommer モデル[19] は, 式 (12.8.20) に線形の応力-歪み相関式 (12.8.1) と線形の勾配拡散式 $-\overline{u_i'\theta'}=\alpha_t\partial\bar{\theta}/\partial x_i$ を代入し,

$$\overline{u_i'\theta'}=\frac{2k\tau}{3c_{1\theta}}\frac{\partial\bar{\theta}}{\partial x_i}-\frac{\tau}{c_{1\theta}}[\{2\nu_t+(1-c_{2\theta})\alpha_1\}S_{ik}+(1-c_{2\theta})\alpha_1\Omega_{ik}]\frac{\partial\bar{\theta}}{\partial x_k} \tag{12.8.22}$$

を得, さらに

$$\overline{u_i'\theta'}=\alpha_t\frac{\partial\bar{\theta}}{\partial x_i}-\frac{\tau}{c_{1\theta}}[\{2\nu_t+(1-c_{2\theta})\alpha_1\}S_{ik}+(1-c_{2\theta})\alpha_1\Omega_{ik}]\frac{\partial\bar{\theta}}{\partial x_k} \tag{12.8.23}$$

とモデル化する. なお, 時間スケールには混合時間スケール $\tau=\sqrt{2\tau_\theta\tau_u}$ を用い (したがって, 線形独立条件 (12.7節参照) を満たしていないことに留意),

$$\nu_t=c_\mu f_\mu\frac{k^2}{\varepsilon},\quad f_\mu=\left(1+\frac{3.45}{\sqrt{\mathrm{Re}_t}}\right)\tanh\left(\frac{y^+}{115}\right) \tag{12.8.24 a}$$

$$\alpha_t=c_\lambda\pi_\lambda k\tau,\qquad f_\lambda=c_{\lambda1}(1-f_{\lambda1})\mathrm{Re}_t^{-1/4}+f_{\lambda1},$$
$$f_{\lambda1}=\left\{1-\exp\left(-\frac{y^+}{A^+}\right)\right\}^2 \tag{12.8.24 b}$$

とする. ここで係数はそれぞれ

$$c_{1\theta}=3.28,\qquad c_{2\theta}=0.4,$$
$$c_{\lambda1}=\begin{cases}0.4\,\mathrm{Pr}^{-1/4} & (\mathrm{Pr}<0.1)\\ 0.7/\mathrm{Pr} & (\mathrm{Pr}\geq 0.1)\end{cases}$$
$$A^+=\begin{cases}10/\mathrm{Pr} & (\mathrm{Pr}<0.25)\\ 39\,\mathrm{Pr}^{-1/16} & (\mathrm{Pr}\geq 0.25)\end{cases} \tag{12.8.24 c}$$

とする. ただし, 混合時間スケール $\sqrt{2\pi_\theta\tau_u}$ を得るために, モデル化した $\overline{\theta'^2}$ と ε_θ の輸送方程式も解く必要がある (12.5節参照).

最近では EAHFM の導出に速度場の EASM[14] とリンクさせ, テンソルの表現論 (tensor representation theory) により係数を決定する研究がなされている[20]. しかし, 工学的に重要な複雑流れ場において, 簡便な勾配拡散モデルより優れた有用性を示す EAHFM の解析例はあまりない. 前述の図 12.44 (a) は Rogers ら[18] と So と Sommer[19] の EAHFM によるチャネル乱流における乱流熱流束の流れ方向成分の結果も比較している. EAHFM は DNS の結果よりまだ過小ではあるが, GGDH モデルより DNS に近い分布を得ているので, 複雑

な場における精度向上は期待できる．［須賀一彦］

文　献

1) S. Nisizima, A. Yoshizawa : AIAA J., **25**, 1987, 414-420.
2) H. K. Myong, N. Kasagi : ASME J. Fluids Engrg., **112**, 1990, 521-524.
3) T. H. Shih *et al.*: Comput. Methods Appl. Mech. Engrg., **125**, 1995, 287-302.
4) K. Suga, Ph. D. Thesis : Faculty of Technology, Univ. Manchester, U. K., 1995.
5) B. E. Launder, B. I Sharma : Lett. Heat Mass Transfer, **1**, 1974, 131-138.
6) T. J. Craft *et al.*: Int. J. Heat Fluid Flow, **17**, 1996, 108-115.
7) H. Iacovides, M. Raisee : Int. J. Heat Fluid Flow, **20**, 1999, 320-328.
8) T. J. Craft *et al.*: Int. J. Heat Fluid Flow, **18**, 1997, 15-28.
9) K. Suga *et al.*: Int. J. Heat Fluid Flow, **22**, 2001, 259-271.
10) S. Pope : J. Fluid Mech., **72**, 1975, 331-340.
11) C. G. Speziale *et al.*: J. Fluid Mech., **227**, 1991, 245-272.
12) T. B. Gatski, C. G. Speziale : J. Fluid Mech., **254**, 1993, 59-78.
13) T. B. Gatski, C. L. Rumsey : Closure Strategies for Turbulent and Transitional Flows (B. E. Launder, N. D. Sandham eds.), Cambridge Univ. Press, 2001, 9-46.
14) T. Jongen, T. B. Gatski : Int. J. Eng. Sci., **36**, 1998, 739-763.
15) B. J. Daly, F. H. Harlow : Phys. Fluids, **13**, 1970, 2634-2649.
16) K. Abe, K. Suga : Int. J. Heat Fluid Flow, **22**, 2001, 19-29.
17) K. Suga, K. Abe : Int. J. Heat Fluid Flow, **21**, 2000, 37-48.
18) M. M. Rogers *et al.*: J. Fluid Mech., **203**, 1989, 77-101.
19) R. M. C. So, T. P. Sommer : Int. J. Heat Mass Transfer, **39**, 1996, 455-465.
20) R. M. C. So *et al.*: Theoret. Comput. Fluid Dynamics, **17**, 2004, 351-376.

12.9　確率密度関数（PDF）法

乱流現象は特性量（速度，濃度など）の多点，多時刻結合確率密度関数で表現できる．このため，確率密度関数法では確率密度関数の輸送方程式を解析し，確率密度関数から必要な乱流情報を得る．しかし，乱流現象を厳密に確率密度関数で表現しようとすると，無限の情報を必要とする．このため，一般に確率密度関数法で使用される確率密度関数は一点一時刻もしくは二点一時刻の結合確率密度関数である．確率密度関数法の最大の利点は，乱流相関量（レイノルズ応力，速度・成分共分散など）と反応項が厳密に扱えることである．ただし，乱流現象を低次元の確率密度関数輸送方程式で表現すると，その輸送方程式には必ず1次高次の確率密度関数が含まれ，輸送方程式を閉じる必要が生ずる．したがって，確率密度関数輸送方程式において高次元確率密度関数を含む項については，低次元確率密度関数で近似する必要がある（完結問題）．ここでは，一点一時刻の結合確率密度関数（以下，単に確率密度関数（probability density function, PDF）と呼ぶ）の輸送方程式の導出とモデリングについて説明する．なお，二点一時刻確率密度関数輸送方程式の導出とそのモデリングについては，ここでは省略する．興味のある読者は参考文献[1~4]を参照していただきたい．

12.9.1　乱流場の一点一時刻PDF

まず，一点一時刻確率密度関数（PDF）について説明する．ある時刻，ある位置で乱流場の特性量（速度，濃度など）を繰り返し得ることを考える．ここで，時刻 t は実験を繰り返し行うときのある特定の時刻からの経過時間である．こうして得られたデータの集合がPDFを構成する．個々のデータを $\boldsymbol{q}^{(n)}(\boldsymbol{x},t)=\{\boldsymbol{v}^{(n)}(\boldsymbol{x},t),\boldsymbol{Y}^{(n)}(\boldsymbol{x},t),h^{(n)}(\boldsymbol{x},t)\}$ で表す．ここで，$\boldsymbol{v}$，$\boldsymbol{Y}$，h はそれぞれ速度，質量分率，エンタルピーである．このデータはランダム変数（確率変数）$\boldsymbol{q}(\boldsymbol{x},t)$ となる．いま，点密度分布関数（fine-grained distribution function）Π を導入すると，特性量 $\boldsymbol{q}^{(n)}(\boldsymbol{x},t)$ の実現（realization）は以下のように表現される．

$$\Pi^{(n)}(\boldsymbol{Q};\boldsymbol{x},t)=H[\boldsymbol{Q}-\boldsymbol{q}^{(n)}(\boldsymbol{x},t)] \tag{12.9.1}$$

ここで，H はヘビサイド関数である．$\boldsymbol{Q}$ は $\boldsymbol{q}$ に対応する確率空間変数を示す．N 個の実現に対するアンサンブル平均 F_N は離散表示の分布関数を与える．

$$F_N(\boldsymbol{Q};\boldsymbol{x},t)=\frac{1}{N}\sum_{n=1}^{N}H[\boldsymbol{Q}-\boldsymbol{q}^{(n)}(\boldsymbol{x},t)] \tag{12.9.2}$$

式（12.9.2）の右辺の総和は $\boldsymbol{q}^{(n)}(\boldsymbol{x},t)<\boldsymbol{Q}$ の実現総数を表している．データ個数を無限大としたときの F_N の期待値は分布関数 F を与える．すなわち，

$$F=\langle F_N\rangle \tag{12.9.3}$$

となる．ここで,〈　〉は期待値を示す．式(12.9.1)，(12.9.2) を微分すると，実現値 $\boldsymbol{q}^{(n)}(\boldsymbol{x}, t)$ に対する点密度（fine-grained density）$\pi^{(n)}(\boldsymbol{Q}\,;\boldsymbol{x}, t)$ と離散表示の PDF $P_N(\boldsymbol{Q}\,;\boldsymbol{x}, t)$ を以下のように得る．

$$\pi^{(n)}(\boldsymbol{Q}\,;\boldsymbol{x}, t)=\delta[\boldsymbol{Q}-\boldsymbol{q}^{(n)}(\boldsymbol{x}, t)] \tag{12.9.4}$$

$$P_N(\boldsymbol{Q}\,;\boldsymbol{x}, t)=\frac{1}{N}\sum_{n=1}^{N}\delta[\boldsymbol{Q}-\boldsymbol{q}^{(n)}(\boldsymbol{x}, t)] \tag{12.9.5}$$

ここで，δ はデルタ関数である．点密度は確率空間において，標本 $\boldsymbol{q}^{(n)}(\boldsymbol{x}, t)$ に対応する座標位置に 1 個の度数をおくことを意味する．したがって，N 個の標本に対応する点密度関数のアンサンブル平均が $P_N(\boldsymbol{Q}\,;\boldsymbol{x}, t)$ を与える．また，式 (12.9.4) において，$\boldsymbol{q}^{(n)}(\boldsymbol{x}, t)$ を連続関数 $\boldsymbol{q}(\boldsymbol{x}, t)$ で置き換えると点密度関数（fine-grained PDF）$\pi=\delta[\boldsymbol{Q}-\boldsymbol{q}(\boldsymbol{x}, t)]$ となり，粒子数無限大で式 (12.9.5) の $P_N(\boldsymbol{Q}\,;\boldsymbol{x}, t)$ は PDF $P(\boldsymbol{Q}\,;\boldsymbol{x}, t)$ となる．すなわち，点密度関数と PDF の間には，次の関係が成立する．

$$P(\boldsymbol{Q}\,;\boldsymbol{x}, t)=\langle\pi\rangle \tag{12.9.6}$$

速度・成分結合 PDF $P(\boldsymbol{V}, \boldsymbol{\Psi})$ は次の特性をもつ．

$$P(\boldsymbol{V})=\int P(\boldsymbol{V}, \boldsymbol{\Psi})\,\mathrm{d}\boldsymbol{\Psi} \tag{12.9.7}$$

$$P(\boldsymbol{\Psi})=\int P(\boldsymbol{V}, \boldsymbol{\Psi})\,\mathrm{d}\boldsymbol{V} \tag{12.9.8}$$

$$1=\iint P(\boldsymbol{V}, \boldsymbol{\Psi})\,\mathrm{d}\boldsymbol{V}\mathrm{d}\boldsymbol{\Psi} \tag{12.9.9}$$

ここで，$\boldsymbol{V}$ は速度空間変数である．また，$\boldsymbol{\Psi}$ は濃度とエンタルピーを示し，以下まとめて成分空間変数と呼ぶ．また，$\boldsymbol{V}$ と $\boldsymbol{\Psi}$ の任意関数 $f(\boldsymbol{V}, \boldsymbol{\Psi})$ の平均（期待値）は次式で与えられる．

$$\langle f(\boldsymbol{v}, \boldsymbol{\phi})\rangle=\iint f(\boldsymbol{V}, \boldsymbol{\Psi})P(\boldsymbol{V}, \boldsymbol{\Psi})\,\mathrm{d}\boldsymbol{V}\mathrm{d}\boldsymbol{\Psi} \tag{12.9.10}$$

ここで，$\boldsymbol{v}$ と $\boldsymbol{\phi}$ は速度と成分のランダム変数である．乱流場では平均，分散，共分散は重要である．以下に，速度 PDF $P(\boldsymbol{V})$ から得られる平均，分散，レイノルズ応力を示す．

$$\langle v_i\rangle=\int V_i P(\boldsymbol{V})\,\mathrm{d}\boldsymbol{V} \tag{12.9.11}$$

$$\langle v_i'^2\rangle=\int (V_i-\langle v_i\rangle)^2 P(\boldsymbol{V})\,\mathrm{d}\boldsymbol{V} \tag{12.9.12}$$

$$\langle v_1'v_2'\rangle=\int (V_1-\langle v_1\rangle)(V_2-\langle v_2\rangle)P(\boldsymbol{V})\,\mathrm{d}\boldsymbol{V} \tag{12.9.13}$$

一方，離散的データからの関数 f のアンサンブル平均は次式で表される．

$$\langle f_N(\boldsymbol{v}, \boldsymbol{\phi})\rangle=\frac{1}{N}\sum_{n=1}^{N}f(\boldsymbol{v}^{(n)}, \boldsymbol{\phi}^{(n)}) \tag{12.9.14}$$

データを無限大としたときの期待値は

$$\lim_{N\to\infty}\langle f_N(\boldsymbol{v}, \boldsymbol{\phi})\rangle=\langle f(\boldsymbol{v}, \boldsymbol{\phi})\rangle \tag{12.9.15}$$

となり，式 (12.9.10) と一致する．

12.9.2　PDF 輸送方程式の導出

PDF 輸送方程式の導出方法にはいくつかの方法がある．点密度関数の輸送方程式の期待値として求める方法[1,5]，PDF もしくは点密度関数の特性関数から求める方法[5,6]，特性量の実質微分の期待値から求める方法[7] である．ここでは，PDF 輸送方程式の解法であるモンテカルロ法（12.9.4 項）とその理論的概念が同等である点密度関数輸送方程式の期待値から求める方法について説明する．

ある時刻，ある位置で乱流場の特性量を得たということは，ラグランジュ的な見方をすると特性量をもつ流体粒子（PDF の定義より，点密度関数 π）が輸送され，ある時刻，ある位置で検出されたとみることができる．いま，考慮すべき特性量を密度 ρ，速度 v_i，成分濃度（質量分率）Y_α，エンタルピー h とすると（取り扱う特性量はモデリング手法に基づき変わる），そのラグランジュ表記の支配方程式は以下で示される．

$$\frac{D\rho}{Dt}=-\rho\frac{\partial v_i}{\partial x_i} \tag{12.9.16}$$

$$\rho\frac{Dv_j}{Dt}=\rho A_j \tag{12.9.17}$$

$$\rho\frac{DY_\alpha}{Dt}=\rho C_\alpha \tag{12.9.18}$$

$$\rho\frac{Dh}{Dt}=\rho C_h \tag{12.9.19}$$

ここで, D/Dt は実質微分である．また, 式(12.9.17)～(12.9.19) の右辺は次式で与えられる．

$$\rho A_j(\boldsymbol{x}, t)=-\frac{\partial p}{\partial x_j}+\frac{\partial \tau_{ji}}{\partial x_i}+\rho g_j \tag{12.9.20}$$

$$\rho C_\alpha(\boldsymbol{x}, t)=-\frac{\partial J_{\alpha i}}{\partial x_i}+\dot{w}_\alpha \tag{12.9.21}$$

$$\rho C_h(\boldsymbol{x}, t)=\frac{\partial p}{\partial t}-\frac{\partial J_{hi}}{\partial x_i} \qquad (12.9.22)$$

ここで，τ_{ji} は粘性応力テンソルであり，$\dot{w}_\alpha$ は化学種 α の反応生成速度である．また，$J_{\alpha i}$ と J_{hi} は化学種およびエンタルピーの i 方向拡散流束である．式 (12.9.17)～(12.9.19) から理解されるように，A_j は流体粒子の速度を変化させる加速度であり，C_α と C_h はそれぞれ流体粒子の濃度とエンタルピーの変化をもたらす外的な変化速度である．

一方，点密度関数 π の実質微分を行うと，次の関係を得る．

$$\rho\frac{D\pi}{Dt}=\frac{\partial \pi}{\partial q_j}\rho\frac{Dq_j}{Dt}=-\frac{\partial}{\partial Q_j}\left[\left(\rho\frac{Dq_j}{Dt}\right)_{\boldsymbol{q}=\boldsymbol{Q}}\pi\right] \qquad (12.9.23)$$

式 (12.9.23) の最初と最後の関係より，点密度関数の輸送方程式が得られる．

$$\rho\left(\frac{\partial \pi}{\partial t}+V_j\frac{\partial \pi}{\partial x_j}\right)+\frac{\partial}{\partial Q_j}\left[\left(\rho\frac{Dq_j}{Dt}\right)_{\boldsymbol{q}=\boldsymbol{Q}}\pi\right]=0 \qquad (12.9.24)$$

この式は点密度関数 π の時間変化と対流輸送の和が位相空間 $\boldsymbol{Q}$ における π の輸送と釣り合うことを示している．この式は Liouvill 型方程式であり，以下に示すラグランジュ方程式と等価である[8]．

$$\frac{\mathrm{d}t}{\rho}=\frac{\mathrm{d}x_j}{\rho V_j}=\frac{\mathrm{d}Q_j}{\left(\rho\dfrac{Dq_j}{Dt}\right)_{\boldsymbol{q}=\boldsymbol{Q}}} \qquad (12.9.25)$$

この式は位相空間における点密度関数の軌跡を示す．はじめの等号は物理空間における流線を示す．すなわち，点密度関数は物理空間において $\mathrm{d}x_j/\mathrm{d}t=V_j$ に基づき輸送され，また他の特性量は変化速度 $(Dq_j/Dt)_{\boldsymbol{q}=\boldsymbol{Q}}$ によって輸送されることを示す．

PDF 輸送方程式は式 (12.9.6) に基づき，式 (12.9.24) の期待値として導かれる．

$$\rho(\boldsymbol{Q})\left(\frac{\partial P}{\partial t}+V_j\frac{\partial P}{\partial x_j}\right)+\frac{\partial}{\partial Q_j}\left(\left\langle\rho\frac{Dq_j}{Dt}\,\middle|\,\boldsymbol{q}=\boldsymbol{Q}\right\rangle P\right)=0 \qquad (12.9.26)$$

ここで，$\langle A|B\rangle$ は B で条件づけられた A の期待値である．また，式 (12.9.26) の左辺最終項は次式を意味する．

$$\frac{\partial}{\partial Q_j}\left(\left\langle\rho\frac{Dq_j}{Dt}\,\middle|\,\boldsymbol{q}=\boldsymbol{Q}\right\rangle P\right)=\frac{\partial}{\partial Q_j}\lim_{x'\to x}\int\left(\rho\frac{Dq_j}{Dt}\right)P_{x'x}(\boldsymbol{Q}',\boldsymbol{Q})\,\mathrm{d}\boldsymbol{Q}' \qquad (12.9.27)$$

ここで，$\boldsymbol{Q}'$ は位置 $\boldsymbol{x}'$ のランダム変数 $\boldsymbol{q}'$ に対応する確率空間を示す．また，$P_{x'x}$ は二点 PDF である．したがって，式 (12.9.26) を一点 PDF のレベルで輸送方程式を閉じるためには，この条件付期待値が含まれる項をモデル化する必要がある (12.9.3 項参照)．なお，式 (12.9.26) を二点 PDF のレベルで閉じようとすると，$P_{x'x}$ の輸送方程式のなかに三点 PDF が現れる（完結問題における階層構造）．

式 (12.9.24)，(12.9.26) は π と P の一般的な輸送方程式である．これらの式に物理的意味を加えるためには，式 (12.9.16)～(12.9.19) を代入すればよい．ただし，低マッハ数流れを解析対象とする場合には，密度 ρ は $\rho(\boldsymbol{Y}, h, p_0)$ と近似できるため，解析すべき変数から除外できる[7]．したがって，π の輸送方程式は以下となる．

$$\rho\left(\frac{\partial \pi}{\partial t}+V_j\frac{\partial \pi}{\partial x_j}\right)=-\left\{\frac{\partial}{\partial V_j}(\rho A_j\pi)+\frac{\partial}{\partial \Psi_\alpha}(\rho C_\alpha\pi)+\frac{\partial}{\partial H}(\rho C_h\pi)\right\} \qquad (12.9.28)$$

また，式 (12.9.22) の C_h に含まれる $\partial p/\partial t$ は低マッハ数流れの条件下で省略される．位相空間における点密度関数の軌跡は式 (12.9.25) に基づき次式で与えられる．

$$\frac{\mathrm{d}x_j}{\mathrm{d}t}=V_j \qquad (12.9.29)$$

$$\frac{\mathrm{d}V_j}{\mathrm{d}t}=A_j \qquad (12.9.30)$$

$$\frac{\mathrm{d}\Psi_\alpha}{\mathrm{d}t}=C_\alpha \qquad (12.9.31)$$

$$\frac{\mathrm{d}H}{\mathrm{d}t}=C_h \qquad (12.9.32)$$

ここで，変数は式 (12.9.25) に基づき空間変数となる．これは，空間のすべての点が式 (12.9.29)～(12.9.32) に支配されることを示している．

PDF 輸送方程式は次式となる（第 1 の表現）．

$$\rho\left(\frac{\partial P}{\partial t}+V_j\frac{\partial P}{\partial x_j}\right)=-\left\{\frac{\partial}{\partial V_j}[\rho\langle A_j(\boldsymbol{x},t)|C\rangle P]+\frac{\partial}{\partial \Psi_\alpha}[\rho\langle C_\alpha(\boldsymbol{x},t)|C\rangle P]+\frac{\partial}{\partial H}[\rho\langle C_h(\boldsymbol{x},t)|C\rangle P]\right\} \qquad (12.9.33)$$

ここで，条件付期待値の条件 C は以下を意味する．

$$C=\{\boldsymbol{v}(\boldsymbol{x},t)=\boldsymbol{V},\ \boldsymbol{Y}(\boldsymbol{x},t)=\boldsymbol{\Psi},\ h(\boldsymbol{x},t)=H\} \qquad (12.9.34)$$

また，式（12.9.33）の条件付期待値は以下のように書き直すことができる．

$$\rho\langle A_j \mid C\rangle = -\frac{\partial\langle p\rangle}{\partial x_j} - \left\langle \frac{\partial p'}{\partial x_j} \middle| C \right\rangle + \left\langle \frac{\partial \tau_{ji}}{\partial x_i} \middle| C \right\rangle + \rho g_j \tag{12.9.35}$$

ここで，圧力 p を平均値と変動値に分解した．平均圧力 $\langle p\rangle$ はポアソン方程式から与えられるため既知量となる．また，

$$\rho\langle C_\alpha \mid C\rangle = -\left\langle \frac{\partial J_{\alpha i}}{\partial x_i} \middle| C \right\rangle + \dot{w}_\alpha \tag{12.9.36}$$

$$\rho\langle C_h \mid C\rangle = -\left\langle \frac{\partial J_{hi}}{\partial x_i} \middle| C \right\rangle \tag{12.9.37}$$

である．以上の関係を式（12.9.33）に代入すると，速度・成分結合 PDF$P(\boldsymbol{V},\boldsymbol{\Psi})$ の輸送方程式を得る（第 2 の表現）．

$$\rho\frac{\partial P}{\partial t} + \rho V_j\frac{\partial P}{\partial x_j} + \left[\rho g_j - \frac{\partial\langle p\rangle}{\partial x_j}\right]\frac{\partial P}{\partial V_j} + \frac{\partial}{\partial \Psi_\alpha}[\dot{w}_\alpha P]$$
$$= \frac{\partial}{\partial V_j}\left[\left\langle -\frac{\partial \tau_{ji}}{\partial x_i} + \frac{\partial p'}{\partial x_j} \middle| C \right\rangle P\right] + \frac{\partial}{\partial \Psi_\alpha}\left[\left\langle \frac{\partial J_{\alpha i}}{\partial x_i} \middle| C \right\rangle P\right] \tag{12.9.38}$$

なお，成分濃度とエンタルピーはまとめて成分 $\boldsymbol{\Psi}$ とした．左辺の項は既知である．しかし，右辺の項は未知であり，モデル化されなければならない．左辺の第 1 項は非定常項，第 2 項は物理空間における対流による PDF 輸送，第 3 項は速度空間における重力と平均圧力こう配による PDF 輸送，第 4 項は成分空間における反応による PDF 輸送を示している．また，右辺の第 1 項は速度空間における粘性応力と圧力変動勾配による PDF 輸送，第 2 項は成分空間における分子混合による PDF 輸送を示している．式（12.9.38）から平均，分散，レイノルズ応力のようなモーメント式を得るには対応する変数を式（12.9.38）の左からかけ，確率空間で積分すると容易に得られる[9]．

なお，式（12.9.38）を成分空間で積分すると，次式で示す速度 PDF$P(\boldsymbol{V})$ の輸送方程式を得る．

$$\rho\frac{\partial P}{\partial t} + \rho V_j\frac{\partial P}{\partial x_j} + \left[\rho g_j - \frac{\partial\langle p\rangle}{\partial x_j}\right]\frac{\partial P}{\partial V_j}$$
$$= \frac{\partial}{\partial V_j}\left[\left\langle -\frac{\partial \tau_{ji}}{\partial x_i} + \frac{\partial p'}{\partial x_j} \middle| C \right\rangle P\right] \tag{12.9.39}$$

12.9.3 速度・成分結合 PDF 輸送方程式のモデリング

速度・成分結合 PDF$P(\boldsymbol{V},\boldsymbol{\Psi})$ 法のモデリングについて述べる．ただし，速度 PDF$P(\boldsymbol{V})$ の輸送のみを考慮する場合には，$P(\boldsymbol{V})$ 輸送方程式（12.9.39）を扱えばよく，本項で述べる速度確率モデルのみを考慮すればよい．PDF 輸送方程式（12.9.38）の左辺は厳密に扱うことができる．一方，右辺の条件付期待値を含む項は未知の関数であり，モデル化されなければならない．

式（12.9.38）は高レイノルズ/ペクレ数流れおよび $Le=1$ の仮定のもとで，さらに次のように変形される（PDF 輸送方程式の第 3 の表現）[10]．

$$\rho\frac{\partial P}{\partial t} + \rho V_j\frac{\partial P}{\partial x_j} + \left[\rho g_j - \frac{\partial\langle p\rangle}{\partial x_j}\right]\frac{\partial P}{\partial V_j} + \frac{\partial}{\partial \Psi_\alpha}[\dot{w}_\alpha P]$$
$$= -\frac{\partial^2}{\partial V_j \partial V_k}\left[\left\langle \mu\frac{\partial v_j \partial v_k}{\partial x_i \partial x_i} \middle| C \right\rangle P\right]$$
$$-\sum_{\alpha=1}^{N+1}\sum_{\beta=1}^{N+1}\frac{\partial^2}{\partial \Psi_\alpha \partial \Psi_\beta}\left[\left\langle \frac{\mu}{\mathrm{Sc}}\frac{\partial \psi_\alpha \partial \psi_\beta}{\partial x_j \partial x_j} \middle| C \right\rangle P\right]$$
$$+\frac{\partial}{\partial V_j}\left[\left\langle \frac{\partial p'}{\partial x_j} \middle| C \right\rangle P\right] \tag{12.9.40}$$

PDF 輸送方程式の解法として有限差分法とモンテカルロ法がある．しかし，有限差分法による解析は限定された場でのみ可能となる[11~13]．このため，一般にモンテカルロ法による解析が行われる[7,14]．以下に示すモデリングは，モンテカルロ法と関連している．

a. 速度確率モデル

乱流現象の解析においては，個々の実現の起源が異なっていても統計量（PDF といえる）は同じとなることが前提である．したがって，PDF の進展を式（12.9.38）に基づき，解析すれば一点一時刻 PDF レベルの乱流現象が解析可能となる．一方，12.9.2 項で説明したように，式（12.9.38）が点密度関数輸送方程式の期待値として得られていることを考慮すれば，その点密度関数の位相空間における軌跡を解析し，その期待値として PDF を求めることが可能であることは容易に理解できる．点密度関数の位相空間での軌跡は，式(12.9.29)～(12.9.32) で与えられる．しかしながら，これらの式に含まれる拡散項は多点情報を必要としており，一点 PDF では表現不可能である．このため，拡散過程はマルコフ過程に基づき，確率過程としてモデリングされる．いま，速度の確率モデルの導出を試みる．この

モデルは式（12.9.38）の左辺と右辺の速度空間における PDF 輸送を同時にモデル化する（式(12.9.39)の左辺第3項と右辺，あるいは式（12.9.40）の左辺第3項，右辺第1項，第3項に対応する）．

流体粒子の速度 $v^*(t)$ の拡散過程はマルコフ過程に基づき，以下のフォッカー-プランク（Fokker-Planck）方程式によって表現できる[8]．なお，理解を容易にするために，速度空間を1次元とする．

$$\frac{\partial P^*(V;t)}{\partial t}=-\frac{\partial}{\partial V}[P^*(V;t)H_1(V,t)]+\frac{1}{2}\frac{\partial^2}{\partial V^2}[P^*(V;t)H_2(V,t)] \tag{12.9.41}$$

ここで，$H_1(V,t)/2$ と $H_2(V,t)/2$ は速度空間における漂速（drift velocity）と拡散係数（diffusion coefficient）である[15]．この式の解は，以下のガウス分布となることが知られている．

$$P^*(V,t;V_1,t_1)=\frac{1}{\sqrt{2\pi H_2(V;t)\Delta t}}\times\exp\left\{-\frac{1}{2}\frac{[V-V_1-H_1(V;t)\Delta t]^2}{H_2(V;t)\Delta t}\right\} \tag{12.9.42}$$

このガウス分布を満足する確率過程は Ito 方程式の一種である次のランジュバン（Langevin）確率微分方程式で表現される．

$$\Delta v^*=H_1(v^*(t);t)\Delta t+[H_2(v^*(t),t)]^{1/2}\Delta W_t \tag{12.9.43}$$

ここで，ΔW_t は以下を満足する Wiener 過程である．

$$\langle W_i(t+\Delta t)-W_i(t)\rangle=0 \tag{12.9.44}$$

$$\langle[W_i(t+\Delta t)-W_i(t)][W_j(t+\Delta t)-W_j(t)]\rangle=\Delta t\delta_{ij} \tag{12.9.45}$$

H_1 と H_2 は式（12.9.40）と式（12.9.41）との比較から与えられる．また，式（12.9.40）の最終項の圧力変動勾配は非圧縮流れに対し，以下のように変形される[10]．

$$\frac{\partial p'}{\partial x_j}=-\frac{\rho}{4\pi}\int d\boldsymbol{y}\frac{\partial}{\partial x_j}\left(\frac{1}{|\boldsymbol{x}-\boldsymbol{y}|}\right)\frac{\partial v'_l}{\partial y_m}\frac{\partial v'_m}{\partial y_l}-\frac{\rho}{2\pi}\int d\boldsymbol{y}\frac{\partial}{\partial x_j}\left(\frac{1}{|\boldsymbol{x}-\boldsymbol{y}|}\right)\frac{\partial\langle v_l\rangle}{\partial y_m}\frac{\partial v'_m}{\partial y_l}+\frac{\partial}{\partial x_j}H(\boldsymbol{x}) \tag{12.9.46}$$

ここで，右辺は2次モーメント（レイノルズ応力）式に照らし合わせると，第1項は緩再配分（slow redistribution）項であり，第2項は急再配分（rapid redistribution）項である．第3項は境界項である．Haworth と Pope は変動圧力勾配項と変動粘性項を同時に考慮するランジュバン型のモデルを提案した[16]．このモデルをとくに一般化ランジュバンモデル（generalized Langevin model）と呼び，次式で与えられる．

$$\Delta v_i^*=\left(g_i-\frac{1}{\rho}\frac{\partial\langle p\rangle}{\partial x_i}\right)\Delta t+G_{ij}(v_j^*-\langle v_j\rangle)\Delta t+(C_0\varepsilon)^{1/2}\Delta W_i \tag{12.9.47}$$

ここで，右辺第1項が重力と平均圧力勾配に基づく漂動項であり，第2項が変動圧力勾配項である．また，第3項が粘性に基づく拡散項である．C_0 と G_{ij} はモデル定数である．C_0 は無次元であるが，G_{ij} は s^{-1} の次元をもつ．ε は乱流運動エネルギーの散逸率である．なお，このモデルでは乱流スケールの情報が含まれないために，ε は何らかの方法で他から与えられる必要がある．

変動圧力勾配項にかかる G_{ij} は従来の2次モーメント（レイノルズ応力）モデル式とどのレベルで合致させるかによって異なる．単純化ランジュバンモデル（simplified Langevin model）では以下の関係が与えられる．

$$G_{ij}=-\left(\frac{1}{2}+\frac{3}{4}C_0\right)\frac{\varepsilon}{k}\delta_{ij} \tag{12.9.48}$$

ここで，C_0 は2.1が使用される．また，k は乱流運動エネルギーである．δ_{ij} はクロネッカーのデルタ関数である．この式はレイノルズ応力モデル式におけるロッタモデルを再現する（ロッタのモデル定数 $C_R=1+(3/2)C_0$）．また，LRR-IP モデルを再現する場合には以下の関係が与えられる．

$$G_{ij}=-\frac{1}{2}C_R\frac{\varepsilon}{k}\delta_{ij}+C_2\frac{\partial\langle v_i\rangle}{\partial x_j} \tag{12.9.49}$$

ここで，C_R は以下である．

$$C_R=1+\frac{3}{2}C_0+\frac{C_2}{\varepsilon}\langle v'_l v'_m\rangle\frac{\partial\langle v_l\rangle}{\partial x_m} \tag{12.9.50}$$

また，$C_0=2.1$，$C_2=0.6$ である．

このほかにも Haworth-Pope モデルなどが提案されている[9]．また，ここで説明した確率モデルは ε を外的に与える必要があるが，乱流スケール情報を確率モデルでモデル化する手法も開発されている[9]．

b.　分子混合モデル

PDF法において，分子混合過程のモデリングはもっとも困難な問題である．スカラー量の実現範囲は境界［0,1］によって限定されるために（有界性），その統計的ふるまいは速度に比べて複雑となる．これまで多くの分子混合モデルが提案されているが，ここでは代表的なモデルについて紹介する．

式（12.9.38）の右辺第2項が成分 $\boldsymbol{\Psi}$ の分子混合過程を示している．分子混合過程の重要な特性は平均値を変えずに，分散値が減少することである．分散値の消散速度はSpaldingのモデルに従うと以下となる[17]．

$$\frac{\mathrm{d}\langle\phi'^2\rangle}{\mathrm{d}t}=-C_\phi\frac{\varepsilon}{k}\langle\phi'^2\rangle \qquad (12.9.51)$$

ここで，C_ϕ はモデル定数であり，2が使用される．

一方，分子混合過程によるPDFの進展は，式（12.9.51）に対応して1成分のみ考慮すると，式（12.9.38）より，次式となる．

$$\rho\frac{\partial P}{\partial t}=\frac{\partial}{\partial \Psi}\left[\left\langle\frac{\partial J_i}{\partial x_i}\middle|\Psi\right\rangle P\right]=-\frac{\partial}{\partial \Psi}[\langle D\nabla^2\phi\mid\Psi\rangle P] \qquad (12.9.52)$$

最も基本的なモデルはSpaldingのモデル式（12.9.51）を再現するようにモデル化される．

1)　平均値との交換干渉（interaction by exchange with mean, IEM）モデル[18]

IEMモデルは式（12.9.52）の条件付期待値を次式で置き換える．

$$\left\langle\frac{1}{\rho}\frac{\partial J_i}{\partial x_i}\middle|\Psi\right\rangle=\frac{1}{2}C_\phi\frac{\varepsilon}{k}(\Psi-\langle\phi\rangle) \qquad (12.9.53)$$

このモデルに対応するラグランジ方程式は以下となる．

$$\frac{\mathrm{d}\phi^*}{\mathrm{d}t}=-\frac{1}{2}C_\phi\frac{\varepsilon}{k}(\phi^*-\langle\phi\rangle) \qquad (12.9.54)$$

ここで，＊印は流体粒子を示す．このモデルは平均値からの距離に比例する速度で分子混合が進行するモデルであり，このことがモデル名の由来である．式（12.9.53）を式（12.9.52）に代入し，左から $(\Psi-\langle\phi\rangle)^2$ をかけて，Ψ 空間で積分すると，式（12.9.51）を得る．したがって，IEMモデルはSpaldingの成分分散のモデル式を再現するようにモデル化されている．このため，このモデルは式（12.9.51）の物理的意味に基づき，線形平均2乗評価（linear mean square estimation, LMSE）モデルとも呼ばれる．また，このモデルは分子混合を一意的に決定するため決定論的（deterministic）モデルとも呼ばれる．このモデルの欠点は，分子混合過程におけるPDF形状の変化を予測できないことである．たとえば，2成分の乱流混合において，初期に双峰状のPDFをもつ成分場の混合が時間経過とともに正規分布となることを考慮すれば，このモデルの欠点は明らかである（図12.46）．

2)　カール（Curl）モデル[19~21]

カールモデルは，噴霧液滴の混合過程を模擬するために開発されたモデルである．このモデルは衝突確率の下で抽出された液滴対の特性が瞬間的に完全混合し，その特性値が平均値となり，再び分裂すると仮定する．このため，合体/分散（coalescence/dispersal）モデルあるいは確率混合（stochastic mixing）モデルとも呼ばれる．

いま，N 個の仮想的な流体粒子が存在し，i 粒子が ϕ_i の特性をもつとする．時間間隔 Δt における粒子の衝突確率は $\beta\Delta tC_\phi\varepsilon/k$ で与えられる．ここで，β は定数である．$(\beta\Delta tC_\phi\varepsilon/k)N$ 個の粒子がランダムに抽出され，この粒子から衝突粒子対がランダムに選ばれる．粒子対の特性を，

$$\phi^{(n)}(t)=\phi_a,\qquad \phi^{(m)}(t)=\phi_b \qquad (12.9.55)$$

とすると，Δt 後の特性は

$$\phi^{(n)}(t+\Delta t)=\phi^{(m)}(t+\Delta t)=\frac{\phi_a+\phi_b}{2} \qquad (12.9.56)$$

となる．

以上の衝突過程によるPDFの時間的変化は次式で表すことができる．

$$\frac{\partial P}{\partial t}=-2\beta C_\phi\left(\frac{\varepsilon}{k}\right)P+2\beta C_\phi\left(\frac{\varepsilon}{k}\right)\int_{-\infty}^{\infty}\int_{-\infty}^{\infty}P(\Psi_a)$$

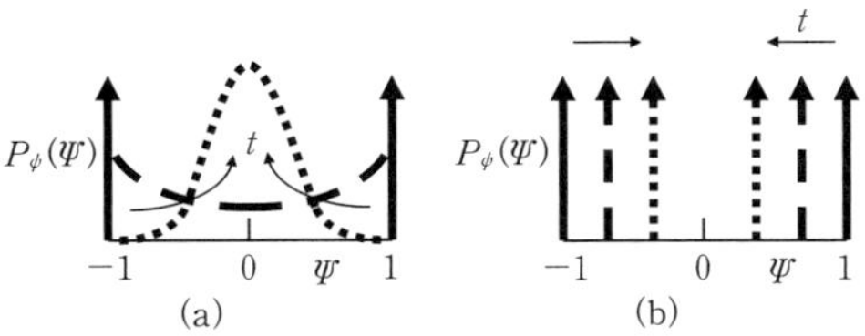

図 12.46　二成分混合過程のPDFの時間変化(a)とIEMモデルによるPDF(b)の概念図

$$\times P(\Psi_b)\,\delta\left(\Psi-\frac{1}{2}(\Psi_a+\Psi_b)\right)\mathrm{d}\Psi_a\mathrm{d}\Psi_b \tag{12.9.57}$$

右辺第1項は衝突粒子の引抜きを示しており，第2項は抜き出した粒子に平均特性値を与え，もとに戻すことを示している．この式に左から $(\Psi-\langle\phi\rangle)^2$ をかけて，Ψ 空間について積分すると，以下の式を得る．

$$\frac{\mathrm{d}\langle\phi'^2\rangle}{\mathrm{d}t}=-\frac{1}{2}\beta C_\phi\frac{\varepsilon}{k}\langle\phi'^2\rangle \tag{12.9.58}$$

結局，Spalding のモデル式（12.9.51）を満たすために，$\beta=2$ となる．このモデルは混合特性値を平均値で置き換えるために，PDF が必ず不連続となる欠点がある．

3)　修正カール（modified Curl）モデル[12,20,21]

修正カールモデルはカールモデルの欠点である不連続な PDF の発生を避けるために改良されたモデルである．このモデルでは，カールモデル同様の方法で流体粒子の特性が混合される．ただし，カールモデルでは混合する粒子対のもつ特性値の平均値がもとの粒子に割り当てられるが，修正カールモデルでは両特性値の中間に一様確率をもってランダムに割り当てられる．すなわち，Δt 後の粒子の特性値は

$$\left.\begin{aligned}\phi^{(n)}(t+\Delta t)&=(1-\vartheta)\phi_a+\frac{1}{2}\vartheta(\phi_a+\phi_b)\\ \phi^{(m)}(t+\Delta t)&=(1-\vartheta)\phi_b+\frac{1}{2}\vartheta(\phi_a+\phi_b)\end{aligned}\right\} \tag{12.9.59}$$

となる．ここで，ϑ は混合を制御する確率変数であり，一様 PDF

$$A(\vartheta)=1,\quad 0<\vartheta<1 \tag{12.9.60}$$

をもつ．このモデルによる PDF$P(\Psi)$ の時間変化は次式で表現される．

$$\frac{\partial P}{\partial t}=-2\beta C_\phi\left(\frac{\varepsilon}{k}\right)P+2\beta C_\phi\left(\frac{\varepsilon}{k}\right)\int_{-\infty}^{\infty}\int_{-\infty}^{\infty}P(\Psi_a)\times P(\Psi_b)K(\Psi,\Psi_a,\Psi_b)\,\mathrm{d}\Psi_a\mathrm{d}\Psi_b \tag{12.9.61}$$

ここで，

$$K(\Psi,\Psi_a,\Psi_b)=\int_0^1 A(\vartheta)\,\delta\left(\Psi-(1-\vartheta)\Psi_a-\frac{1}{2}\vartheta(\Psi_a+\Psi_b)\right)\mathrm{d}\vartheta \tag{12.9.62}$$

である．式（12.9.61）から成分分散式を導くと以下となる．

$$\frac{\mathrm{d}\langle\phi'^2\rangle}{\mathrm{d}t}=-\beta C_\phi\frac{\varepsilon}{k}\left(a_1-\frac{1}{2}a_2\right)\langle\phi'^2\rangle \tag{12.9.63}$$

ここで，a_1 と a_2 は $A(\vartheta)$ のモーメントであり，次式で与えられる．

$$a_m=\int_0^1\vartheta^m A(\vartheta)\,d\vartheta \tag{12.9.64}$$

いま，$A(\vartheta)$ は1であるので，$a_1-(1/2)a_2=1/3$ となる．式（12.9.51）との比較から $\beta=3$ となる．このモデルは理論上，連続な PDF を与えると解釈される．このモデルは PDF の形状の変化を予測できるが，IEM モデルの説明の中で述べた双峰状の PDF をもつ乱流スカラー混合に対し，十分時間が経過した後の PDF はガウス分布からずれることが指摘されている[21]．カールモデルと修正カールモデルの模式図を図 12.47 に示す．

以上のモデル 1)，2)，3) はいずれも欠点をもつが，解析負荷が低く，実用的であることから広く使用されている．

4)　二項ランジュバン（binominal Langevin）モデル[22]

分子混合モデルの重要な点は従来のモデル式と矛盾がなく，また分子混合過程における PDF の形状の変化を精度よく予測できることである．また，スカラー量の有界性が維持されなければならない．この問題を解決する確率モデルとして，Valiño と Dopazo は IEM モデルと二項確率分布を組み合わせた二項ランジュバンモデルを提案した．このモデルはスカラー量の有界性を維持しながら，混合過程におけるガウス分布への漸近を模擬できる．

二項ランジュバンモデルは次式で与えられる．

$$\mathrm{d}\phi^{(n)}=-\frac{1}{2}\left[1+K\left(1-\frac{\langle\phi'^2\rangle}{\phi_*'^2}\right)\right]\frac{C_\phi\varepsilon}{k}(\phi^{(n)}-\langle\phi\rangle)\Delta t+\left[K\left(1-\frac{(\phi'^{(n)})^2}{\phi_*'^2}\right)\frac{C_\phi\varepsilon}{k}\langle\phi'^2\rangle\Delta t\right]^{1/2}\xi$$

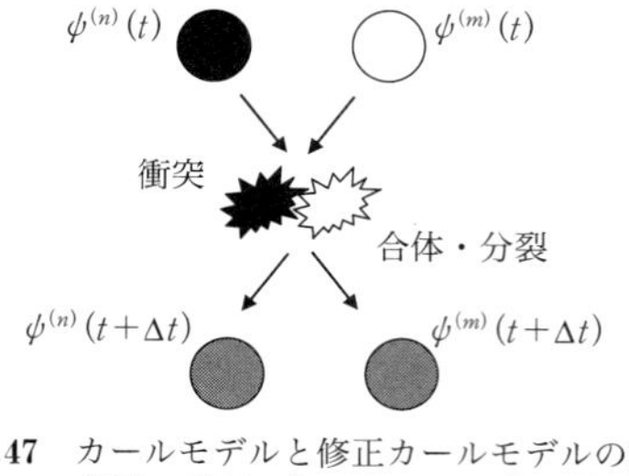

図 12.47　カールモデルと修正カールモデルの模式図（図中の粒子の色はカールモデルに対応する）

(12.9.65)

ここで，K は定数であり，2.1が用いられる．プライム記号（′）は変動値を示す．ψ'_* は $\psi'^{(n)}$ が正の場合は取り得る最大変動値であり，負の場合は取り得る最小変動値である．また，ξ は正規化された二項分布ランダム変数を示す．

このモデルはDNSによって解析された二成分乱流混合のPDFの時間的変化[23]を非常によく再現する．

分子混合モデルとして，このほかに写像完結モデル（mapping closure model）[24]，ユークリッド最短系譜モデル（Euclidean minimum spanning trees model）[25]などがある．

12.9.4 PDF輸送方程式の解法

PDF輸送方程式は，点密度関数輸送方程式の期待値として得られる．したがって，点密度関数の軌跡を解析し，その期待値を得ることでPDFの進展が解析できる．このことは，仮想粒子の輸送を解析するモンテカルロ法の概念と完全に一致する．したがって，限定された問題以外，PDF輸送方程式はモンテカルロ法で解析される[7,14]．以下に，PDF輸送方程式の解法であるモンテカルロ法について説明する．

いま，流れ場を単純化ランジュバンモデルで，また分子混合過程をIEMモデルでモデル化すると，モデルPDF輸送方程式は次式となる．

$$\frac{\partial F}{\partial t}+V_i\frac{\partial F}{\partial x_i}+\left(g_i-\frac{1}{\rho(\boldsymbol{\Psi})}\frac{\partial\langle p\rangle}{\partial x_i}\right)\frac{\partial F}{\partial V_i}+\frac{\partial}{\partial\boldsymbol{\Psi}}[F\boldsymbol{S}(\boldsymbol{\Psi})]=\left(\frac{1}{2}+\frac{3}{4}C_0\right)\frac{\varepsilon}{k}\frac{\partial}{\partial V_i}[F(V_i-\tilde{v}_i)]+\frac{1}{2}C_0\varepsilon\frac{\partial^2 F}{\partial V_i\partial V_i}+\frac{C_\phi}{2}\frac{\varepsilon}{k}\frac{\partial}{\partial\boldsymbol{\Psi}}[F(\boldsymbol{\Psi}-\tilde{\boldsymbol{\phi}})] \tag{12.9.66}$$

ここで，$\boldsymbol{S}$ は $S=\dot{w}_\alpha/\rho$ のベクトル表示である．また，波記号は密度加重平均（$\tilde{\phi}=\langle\rho\phi\rangle/\langle\rho\rangle$）を示す．$F$ は質量密度関数（mass density function）であり，次式で定義される．

$$F(\boldsymbol{V},\boldsymbol{\Psi},\boldsymbol{x}{:}t)\equiv\rho(\boldsymbol{x},t)P(\boldsymbol{V},\boldsymbol{\Psi};\boldsymbol{x},t)=\langle\rho\rangle\tilde{P}(\boldsymbol{V},\boldsymbol{\Psi};\boldsymbol{x},t) \tag{12.9.67}$$

式（12.9.67）の第2の等号は密度加重PDF $\tilde{P}\equiv\rho P/\langle\rho\rangle$ の定義に基づく．なお，$\boldsymbol{V}$ と $\boldsymbol{\Psi}$ の任意の関数を $f(\boldsymbol{V},\boldsymbol{\Psi})$ とすると，その密度加重平均値 $\tilde{f}$ は次式で与えられる．

$$\tilde{f}=\iint f(\boldsymbol{V},\boldsymbol{\Psi})\tilde{P}(\boldsymbol{V},\boldsymbol{\Psi})\,\mathrm{d}\boldsymbol{V}\mathrm{d}\boldsymbol{\Psi}=\frac{\langle\rho f\rangle}{\langle\rho\rangle} \tag{12.9.68}$$

また，その変動値 f'' は次式で与えられる．

$$f''=f-\tilde{f} \tag{12.9.69}$$

式（12.9.66）の解析では ε は別の方法で与えられなければならない．また，解析次元は成分の数を s とすると，$6+s$ 次元となる．

モンテカルロ法では，仮想粒子（モンテカルロ粒子）の軌跡を解析する．位相空間における仮想粒子（＊記号で示す）の軌跡は次式で与えられる．

$$\Delta x_i^*\equiv x_i^*(t+\Delta t)-x_i^*(t)=v_i^*\Delta t \tag{12.9.70}$$

$$\Delta v_i^*\equiv v_i^*(t+\Delta t)-v_i^*(t)=\left(g_i-\frac{1}{\rho(\boldsymbol{\phi}^*)}\frac{\partial\langle p\rangle}{\partial x_i}\right)\Delta t-\left(\frac{1}{2}+\frac{3}{4}C_0\right)\times(v_i^*-\tilde{v}_i)\frac{\varepsilon}{k}\Delta t+(C_0\varepsilon\Delta t)^{1/2}\xi_i \tag{12.9.71}$$

$$\Delta\phi_\alpha^*\equiv\phi_\alpha^*(t+\Delta t)-\phi_\alpha^*(t)=S_\alpha(\boldsymbol{\phi}^*)\Delta t-\frac{1}{2}C_\phi(\phi_\alpha^*-\tilde{\phi}_\alpha)\frac{\varepsilon}{k}\Delta t \tag{12.9.72}$$

ここで，右辺のすべての量は時刻 t において評価される．また，ξ_i は次式で与えられる．

$$\langle\xi_i\rangle=0,\quad \langle\xi_i\xi_j\rangle=\delta_{ij} \tag{12.9.73}$$

この演算によるPDF輸送の解析誤差は $O(\Delta t^2)$ である[7]．

ここで，仮想粒子の特性 $\{\boldsymbol{x}^*,\boldsymbol{v}^*,\boldsymbol{\phi}^*\}$ と質量密度関数 $F(\boldsymbol{V},\boldsymbol{\Psi},\boldsymbol{x};t)$ の関係を明確にしておく必要がある．微小体積 δV の質量を δm とすると，密度 $\rho=\delta m/\delta V$ である．微小体積 δV 中に存在する仮想粒子数を N とし，個々の粒子の質量を $\Delta m=\delta m/N$ とする．いま，離散質量密度関数 $F^*(\boldsymbol{V},\boldsymbol{\Psi},\boldsymbol{x};t)$ を次式で定義する．

$$F^*(\boldsymbol{V},\boldsymbol{\Psi},\boldsymbol{x};t)\equiv\frac{\delta m}{N}\sum_{n=1}^{N}\delta(\boldsymbol{V}-\boldsymbol{v}^{(n)}(t))\,\delta(\boldsymbol{\Psi}-\boldsymbol{\phi}^{(n)}(t))\,\delta(\boldsymbol{x}-\boldsymbol{x}^{(n)}(t))=\Delta m\sum_{n=1}^{N}\delta(\boldsymbol{V}-\boldsymbol{v}^{(n)}(t))\,\delta(\boldsymbol{\Psi}-\boldsymbol{\phi}^{(n)}(t))\,\delta(\boldsymbol{x}-\boldsymbol{x}^{(n)}(t)) \tag{12.9.74}$$

ここで注意すべきことは，仮想粒子1個に質量 Δm を割り当てるために，$F^* \equiv \delta m \cdot P$ と定義している点である．右辺のデルタ関数は簡単化のためにベクトル表示している．すなわち，成分を例に示すと，

$$\delta(\boldsymbol{\Psi}-\boldsymbol{\phi}^{(n)}(t)) \equiv \prod_{\alpha=1}^{s+1} \delta(\Psi_\alpha - \phi_\alpha^{(n)}(t)) \quad (12.9.75)$$

である．式（12.9.74）の期待値をとると次式を得る．

$$\langle F^*(\boldsymbol{V}, \boldsymbol{\Psi}, \boldsymbol{x}\,;\,t)\rangle = \delta m \langle \delta(\boldsymbol{V}-\boldsymbol{v}^*(t))\,\delta(\boldsymbol{\Psi}-\boldsymbol{\phi}^*(t))\,\delta(\boldsymbol{x}-\boldsymbol{x}^*(t))\rangle \quad (12.9.76)$$

いま，粒子の物理空間の PDF を $l(\boldsymbol{x})$ とする．すなわち，

$$l(\boldsymbol{x}) \equiv \langle \delta(\boldsymbol{x}-\boldsymbol{x}^*(t))\rangle \quad (12.9.77)$$

と定義する．さらに，式（12.9.76）を速度と成分の空間で積分すると，次式を得る．

$$\iint \langle F^*\rangle \mathrm{d}\boldsymbol{V}\mathrm{d}\boldsymbol{\Psi} = \delta m \langle \delta(\boldsymbol{x}-\boldsymbol{x}^*(t))\rangle = \delta m \cdot l(\boldsymbol{x}) \quad (12.9.78)$$

一方，質量密度関数 F の定義より，次の関係が存在する．

$$\iint F \mathrm{d}\boldsymbol{V}\mathrm{d}\boldsymbol{\Psi} = \langle \rho \rangle \quad (12.9.79)$$

結局，$\langle F^*(\boldsymbol{V}, \boldsymbol{\Psi}, \boldsymbol{x}\,;\,t)\rangle = F(\boldsymbol{V}, \boldsymbol{\Psi}, \boldsymbol{x}\,;\,t)$ を満足させるためには，

$$\delta m = \langle \rho(\boldsymbol{x}, t)\rangle / l(\boldsymbol{x}) \quad (12.9.80)$$

が必要条件となる．したがって，式（12.9.76），(12.9.77)，(12.9.80) より，次式を得る．

$$\langle F^*(\boldsymbol{V}, \boldsymbol{\Psi}, \boldsymbol{x}\,;\,t)\rangle = \langle \rho(\boldsymbol{x}, t)\rangle \times \frac{\langle \delta(\boldsymbol{V}-\boldsymbol{v}^*(t))\,\delta(\boldsymbol{\Psi}-\boldsymbol{\phi}^*(t))\,\delta(\boldsymbol{x}-\boldsymbol{x}^*(t))\rangle}{\langle \delta(\boldsymbol{x}-\boldsymbol{x}^*(t))\rangle} = F(\boldsymbol{V}, \boldsymbol{\Psi}, \boldsymbol{x}\,;\,t) \quad (12.9.81)$$

さらに，F の定義（式（12.9.67））より，

$$\tilde{P}(\boldsymbol{V}, \boldsymbol{\Psi}\,;\,\boldsymbol{x}, t) = \frac{\langle \delta(\boldsymbol{V}-\boldsymbol{v}^*(t))\,\delta(\boldsymbol{\Psi}-\boldsymbol{\phi}^*(t))\,\delta(\boldsymbol{x}-\boldsymbol{x}^*(t))\rangle}{\langle \delta(\boldsymbol{x}-\boldsymbol{x}^*(t))\rangle} \quad (12.9.82)$$

を得る．

以上の議論を整理する．仮想粒子は一定の質量をもつ粒子であり，位相空間（速度，成分，物理空間）において輸送される多数の仮想粒子について，物理空間位置を固定したときに得られる粒子の集合は密度加重結合 PDF $\tilde{P}(\boldsymbol{V}, \boldsymbol{\Psi}\,;\,\boldsymbol{x}, t)$ を与える（式（12.9.82））．

モンテカルロ法では仮想粒子に初期条件の特性を与え，式（12.9.70）～(12.9.72）に従い，境界条件下でその特性を変化させる．物理空間の微小体積内に存在する仮想粒子の特性量（$\boldsymbol{v}^*$ と $\boldsymbol{\phi}^*$）からなる集合は $\tilde{P}_N$ を与える．したがって，その集合のアンサンブル平均は密度加重平均特性量を与える．なお，モンテカルロ法によって予測される $\langle F^*\rangle$ の正当性に対する必要十分条件は次の平均連続の式が満足されることである．

$$\frac{\partial\langle\rho\rangle}{\partial t} + \frac{\partial\langle\rho v_i\rangle}{\partial x_i} = \frac{\partial\langle\rho\rangle}{\partial t} + \frac{\partial[\langle\rho\rangle\tilde{v}_i]}{\partial x_i} = 0 \quad (12.9.83)$$

式（12.9.83）は式（12.9.66）を速度・成分空間で積分することで得られる．

前述のように，速度・成分結合 PDF の次元（$6+s$ 次元）は高い．このため，乱流燃焼場では流れ場を従来の方法（たとえば，k-ε2 方程式モデル）で解析し，スカラー場のみを PDF 法で解析するスカラー PDF 法がしばしば用いられる．この場合，流れ場は有限差分法で解析される．また，スカラー PDF 法における仮想粒子の輸送も流れ場の解析に対応づけて，格子間で輸送される[14]．以下にスカラー PDF 法のモンテカルロ法について説明する．分子混合過程については，式（12.9.66）同様に IEM モデルを採用するものとする．また，流れ場は k-ε 2 方程式モデルで解析されるとする．したがって，この場合には乱流スケールは既知量となる．

式（12.9.66）を速度空間で積分すると，次の成分 PDF 輸送方程式を得る．

$$\frac{\partial F_\phi(\boldsymbol{\Psi}, \boldsymbol{x}\,;\,t)}{\partial t} + \frac{\partial\langle v_i | \boldsymbol{\Psi}\rangle F_\phi(\boldsymbol{\Psi}, \boldsymbol{x}\,;\,t)}{\partial x_i} + \frac{\partial}{\partial\boldsymbol{\Psi}}[F_\phi(\boldsymbol{\Psi}, \boldsymbol{x}\,;\,t)\boldsymbol{S}(\boldsymbol{\Psi})] = \frac{C_\phi}{2}\frac{\varepsilon}{k}\frac{\partial}{\partial\boldsymbol{\Psi}}[F_\phi(\boldsymbol{\Psi}, \boldsymbol{x}\,;\,t)(\boldsymbol{\Psi}-\tilde{\boldsymbol{\phi}})] \quad (12.9.84)$$

ここで，$F_\phi(\boldsymbol{\Psi}, \boldsymbol{x}\,;\,t)$ は成分質量密度関数であり，次式で定義される．

$$F_\phi(\boldsymbol{\Psi}, \boldsymbol{x}\,;\,t) \equiv \rho(\boldsymbol{\Psi}) P_\phi(\boldsymbol{\Psi}\,;\,\boldsymbol{x}, t) = \langle\rho\rangle \tilde{P}_\phi(\boldsymbol{\Psi}, \boldsymbol{x}, t) \quad (12.9.85)$$

式（12.9.84）の左辺第2項の対流項は，密度加重平均速度とその変動速度に分解される．すなわち，

$$\rho(\boldsymbol{\Psi})\langle v_i \mid \boldsymbol{\Psi}\rangle P_\psi = [\tilde{v}_i + \langle v'' \mid \boldsymbol{\Psi}\rangle]\langle\rho\rangle\tilde{P}_\psi$$
$$= [\tilde{v}_i + \langle v'' \mid \boldsymbol{\Psi}\rangle]F_\psi \tag{12.9.86}$$

となる．式（12.9.86）に含まれる速度変動項は乱流輸送項であり，以下の勾配拡散モデルでモデル化される．

$$\langle\rho\rangle\langle v_i'' \mid \boldsymbol{\Psi}\rangle\tilde{P}_\psi = -\Gamma_{\mathrm{T}}\frac{\partial\tilde{P}_\psi}{\partial x_i} \quad \text{もしくは,}$$

$$\langle v_i'' \mid \boldsymbol{\Psi}\rangle F_\psi = -\Gamma_{\mathrm{T}}\frac{\partial(F_\psi/\langle\rho\rangle)}{\partial x_i} \tag{12.9.87}$$

ここで，Γ_{T} は乱流輸送係数であり，次式で与えられる．

$$\Gamma_{\mathrm{T}} = \mu_{\mathrm{T}}/\sigma_\psi \tag{12.9.88}$$

μ_{T} は乱流粘性係数である．また，σ_ψ はシュミット数もしくはプラントル数であり，0.7 が広く使用される．このモデルは，従来のモデルモーメント式の乱流輸送項を再現する．

式（12.9.87）を式（12.9.84）に代入すると，解くべきモデル成分密度加重 PDF 輸送方程式を得る．

$$\frac{\partial\tilde{P}_\psi(\boldsymbol{\Psi};\boldsymbol{x},t)}{\partial t} + \tilde{v}_i\frac{\partial\tilde{P}_\psi(\boldsymbol{\Psi};\boldsymbol{x},t)}{\partial x_i}$$
$$+\frac{\partial}{\partial\boldsymbol{\Psi}}[\tilde{P}_\psi(\boldsymbol{\Psi};\boldsymbol{x},t)\boldsymbol{S}(\boldsymbol{\Psi})]$$
$$= \frac{1}{\langle\rho\rangle}\frac{\partial}{\partial x_i}\left[\frac{\mu_{\mathrm{T}}}{\sigma_\psi}\frac{\partial\tilde{P}_\psi(\boldsymbol{\Psi},\boldsymbol{x};t)}{\partial x_i}\right]$$
$$+\frac{C_\psi}{2}\frac{\varepsilon}{k}\frac{\partial}{\partial\boldsymbol{\Psi}}[\tilde{P}_\psi(\boldsymbol{\Psi},\boldsymbol{x};t)(\boldsymbol{\Psi}-\tilde{\boldsymbol{\phi}})] \tag{12.9.89}$$

いま，以下の演算子を定義する．

$$\left.\begin{aligned}
&\boldsymbol{C}_{(i)} \equiv \tilde{v}_i\frac{\partial}{\partial x_i}\\
&\boldsymbol{S} \equiv S_\alpha(\boldsymbol{\Psi})\frac{\partial}{\partial\Psi_\alpha} + \left(\frac{\partial S_\alpha}{\partial\Psi_\alpha}\right)\boldsymbol{I}\\
&\boldsymbol{D}_{(i)} \equiv \frac{1}{\langle\rho\rangle}\frac{\partial}{\partial x_i}\Gamma_{\mathrm{T}}\frac{\partial}{\partial x_i}\\
&\boldsymbol{E} \equiv \frac{C_\psi}{2}\frac{\varepsilon}{k}\left[(\Psi_\alpha - \tilde{\phi}_\alpha)\frac{\partial}{\partial\Psi_\alpha} + \boldsymbol{I}\right]
\end{aligned}\right\} \tag{12.9.90}$$

式（12.9.89）の非定常項を前進差分，対流項を 1 次精度風上差分，乱流拡散項を 2 次精度中心差分で差分化すると，次の関係を得る．

$$\tilde{P}(\boldsymbol{\Psi};\boldsymbol{x},t+\Delta t)$$
$$= (\boldsymbol{I}+\Delta t\boldsymbol{E})(\boldsymbol{I}-\Delta t\boldsymbol{S})\prod_{i=1}^{m}(\boldsymbol{I}-\Delta t\hat{\boldsymbol{C}}_{(i)})$$
$$\times\prod_{j=1}^{m}(\boldsymbol{I}+\Delta t\hat{\boldsymbol{D}}_{(i)})\tilde{P}(\boldsymbol{\Psi};\boldsymbol{x},t)$$
$$+\Delta t\cdot O(\Delta x,\Delta t) \tag{12.9.91}$$

ここで，山記号（$\hat{}$）は有限差分演算子を示す．m は流れ場の次元である．この式は PDF の輸送において，乱流拡散，対流，反応，分子混合の各過程を独立して演算できることを示している．また，その演算誤差は $\Delta t\cdot O(\Delta x,\Delta t)$ となる．

N 個のモンテカルロ粒子が各格子におかれる．また，個々の粒子には初期条件，境界条件を満たすように，成分が割り当てられる．いま，乱流拡散，対流，反応，分子混合の各過程の演算後の PDF に対し，添字をつけて順に $\tilde{P}_{\mathrm{D}}$，$\tilde{P}_{\mathrm{C}}$，$\tilde{P}_{\mathrm{R}}$，$\tilde{P}_{\mathrm{M}}$ と表す．

乱流拡散過程は以下に示すフーリエ数 γ によって表現される．

$$\tilde{P}_{\mathrm{D}}(x_i) = (I+\Delta t\hat{D}_{(i)})\tilde{P}(x_i,t)$$
$$= (1-\gamma_{i+}-\gamma_{i-})\tilde{P}(x_i,t) + \gamma_{i+}\tilde{P}(x_{i+1},t)$$
$$+\gamma_{i-}\tilde{P}(x_{i-1},t) \tag{12.9.92}$$

ここで，フーリエ数 γ は

$$\gamma_{i\pm} = \frac{\Delta t}{\Delta x^2}\frac{1}{\langle\rho\rangle}\Gamma_{\mathrm{T}}(x_{i\pm(1/2)},t) \tag{12.9.93}$$

式（12.9.92）は格子 i と隣り合う格子（$i-1$），また格子 i と格子（$i+1$）の間で，それぞれ $\gamma_{i-}N$ 個と $\gamma_{i+}N$ 個のモンテカルロ粒子を交換することを示している．ただし，片側の交換粒子の総数は $N/2$ 以下でなければならない（$\gamma<1/2$）．

対流過程はクーラン数 c によって表現される．

$$\tilde{P}_{\mathrm{C}}(x_i) = (I-\Delta t\hat{C}_{(i)})\tilde{P}_{\mathrm{D}}(x_i)$$
$$= (1-c_i)\tilde{P}_{\mathrm{D}}(x_i) + c_i\tilde{P}_{\mathrm{D}}(x_{i-1}^{\mathrm{u}}) \tag{12.9.94}$$

ここで，上添字 u 記号は風上位置を示す．また，クーラン数 c_i は次式で与えられる．

$$c_i = \frac{\Delta t}{\Delta x}|\tilde{v}_i(x_i,t)| \tag{12.9.95}$$

式（12.9.94）は乱流拡散過程の演算後の格子 i からランダムに c_iN 個の粒子を抜き出し，その粒子の代わりに風上の格子でランダムに抜き出された同数の粒子によって置き換えることを示す．ただし，$c_i<1$ でなければならない．

反応過程は厳密に扱うことができる．各粒子には反応計算に必要な情報がすべて含まれるため，次の反応速度式に基づき化学種濃度変化を直接求めることができる．

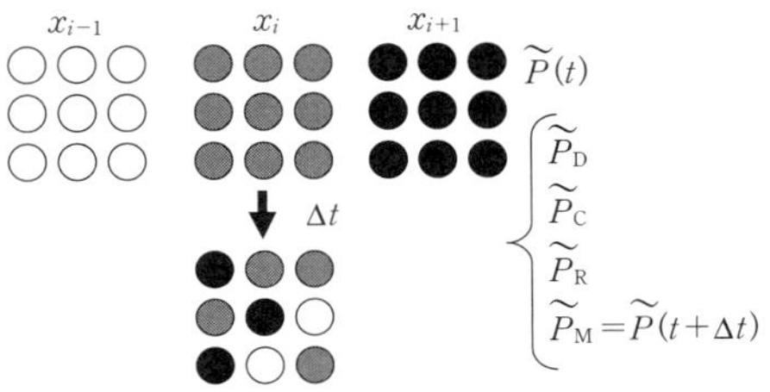

図 12.48　スカラー PDF 法におけるモンテカルロ法の概念図

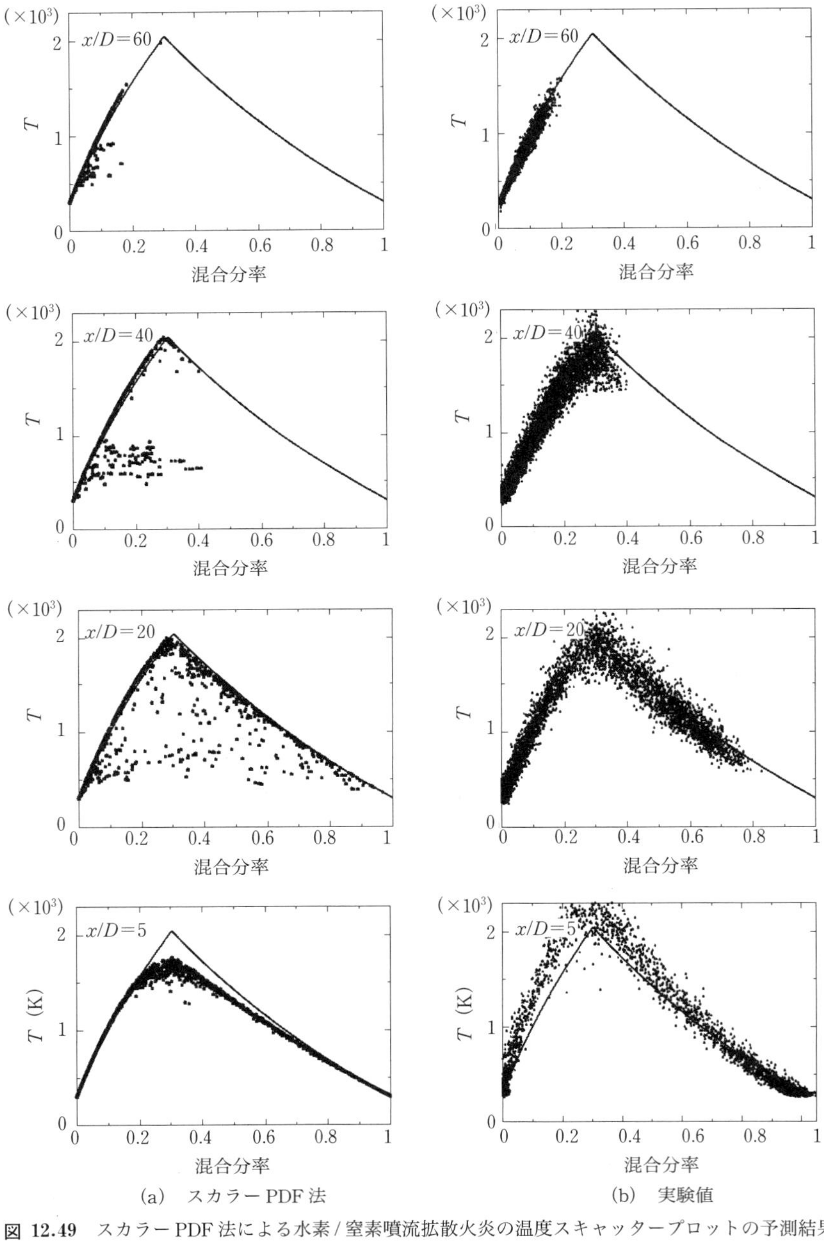

図 12.49　スカラー PDF 法による水素 / 窒素噴流拡散火炎の温度スキャッタープロットの予測結果

$$\frac{d\psi_\alpha^{(n)}}{dt} = S_\alpha(\boldsymbol{\psi}^{(n)}) \qquad (12.9.96)$$

この結果，$\tilde{P}_R$ が求まる．

分子混合過程は IEM モデルの場合，式(12.9.54)に従って一意的に決定される．この結果得られる PDF $\tilde{P}_M$ が $\tilde{P}(\boldsymbol{\Psi};\boldsymbol{x}_i, t+\Delta t)$ を与える．図 12.48 にスカラー PDF 法におけるモンテカルロ法の概念図を示す．

図 12.49 に，スカラー PDF 法によって解析された噴流拡散火炎の温度スキャッタープロットを示す[26]．対象火炎は乱流非予混合火炎の計測と解析に関する国際ワークショップで公開されている H 3 火炎である[27]．燃料は水素/窒素混合燃料（体積比 1：1）である．内径 D=8 mm の燃料管から 34.8 m/s の燃料流を，またその周囲に 0.2 m/s の空気流を流している．本火炎はバーナリム保炎火炎である．反応機構には 9 化学種(H_2, H, H_2O, H_2O_2, HO_2, O_2, O, OH, N_2)，20 段素反応機構が使用されている．流れ場は k-ε 2 方程式モデルに基づき解析された．スカラー PDF 法で使用したモンテカルロ粒子数は各格子に対して 100 個である．図中の実線は反応速度無限大を仮定して得られる温度である．また，実験値はレーザラマン散乱法によって得られたものである．x は軸上距離である．計算結果は実験値をよく予測している．ただし，解析では着火のためにパイロット火炎が使用されており，x/D=20 から 60 において着火の影響と思われる消炎と再着火がみられる．

［野田 進］

文 献

1) T. S. Lundgren : Phys. Fluids, **10**(5), 1967, 969-976.
2) R. L. Fox : Phys. Fluids, **16**(7), 1973, 977-979.
3) E. E. O'Brien : Turbulent Reacting Flows (P. A. Libby, F. A. Williams eds.), Springer, 1980, 185-218.
4) 巽　友正，吉村卓弘：日本流体力学会年会講演論文集，2003，230-231.
5) C. Dopazo : Turbulent Reacting Flows (P. A. Libby, F. A. Williams eds.), Academic Press, 1994, 375-474.
6) M. J. Beran : Statistical Continuum Theories, 1968.
7) S. B. Pope : Prog. Energy Combust. Sci., **11**, 1985, 119-192.
8) C. W. Gardiner : Handbook of Stochastic Methods, Springer, 1985.
9) S. B. Pope : Turbulent Flows, Cambridge Univ. Press, 2000.
10) W. Kollmann : Theoret. Comput. Fluid Dynamics, **1**, 1990, 249-285.
11) C. Dopazo, E. E. O'Brien : Acta Astronautica, **1**, 1974, 1239-1266.
12) J. Janicka *et al.* : J. Non-Equilib. Thermodyn., **4**, 1979, 47-66.
13) V. R. Kuznetsov, V. A. Sabel'nikov : Turbulence and Combustion (English-Edition Editor P. A. Libby), Hemisphere Publishing Corporation, 1990, 117-122.
14) S. B. Pope : Combust. Sci. Tech., **25**, 1981, 159-174.
15) 堀　淳一：ランジュバン方程式，岩波書店，1977.
16) D. C. Haworth, S. B. Pope : Stochastic Anal. Appl., **4**(2), 1986, 151-186.
17) D. B. Spalding : Chem. Eng. Sci., **26**, 1971, 95-107.
18) C. Dopazo : Phys. Fluids, **18**, 1975, 397-404.
19) R. L. Curl : A. I. Ch. E. Journal, **9**(2), 1963, 175-181.
20) C. Dopazo : Phys. Fluids, **22**, 1979, 20-30.
21) S. B. Pope : Combust. Sci. Tech., **28**, 1982, 131-135.
22) L. Valiño, C. Dopazo : Phys. Fluids, **A3**, 1991, 3034-3037.
23) V. Eswaran, S. B. Pope : Phys. Fluids, **31**, 1988, 506-520.
24) S. B. Pope : Theoret. Comput. Fluid Dynamics, **2**, 1991, 255-270.
25) S. Subramaniam, S. B. Pope : Combust. Flame, **115**, 1998, 487-514.
26) 野田　進，山室国彦：日本機械学会論文集，**73**(725)，2007，365-371.
27) A. Dreizler, : International Workshop on Measurement and Computation of Turbulent Nonpremixed Flames. http://www.ekt.tu-darmstadt.de/flamebase/Welcome.html

13 ラージエディシミュレーション

工学的な用途で乱流予測を行う場合，平均場の情報で十分な場合には前章で詳説されたレイノルズ平均型モデルを用いた予測が経済的である．しかし，剥離流れにみられるような比較的長周期の変動が生じる場合にはアンサンブル平均値による流れの理解には限界があり，さらに非定常性が本質的な乱流場の予測に関しては流れの3次元非定常数値計算が避けられない．乱流の3次元非定常数値計算手法としては，乱流モデルを使用せずに流れの支配方程式をそのまま解く直接数値計算（direct numerical simulation, DNS）がまず考えられる．DNSでは乱流場の最小スケールと最大スケールを同時に解像する必要があるが，それに必要な格子数 N を見積もると $N \propto O(\mathrm{Re}^{9/4})$ となり，発達した現在の計算機でも工学的応用問題に対する適用はかなり限られている（レイノルズ数 $\mathrm{Re} \equiv UL/\nu$ は流れ場の代表速度 U，代表長さ L および流体の動粘度 ν で定義されている）．工学的な用途で3次元非定常乱流の数値予測を行うには，以下に述べるラージエディシミュレーション（large eddy simulation, LES）が用いられる．

LESでは，まず粗視化により流れ場を小スケール（subgrid scale, SGS）とそれ以上のスケール（grid scale, GS）に分解する．そして，SGS場がGS場に及ぼす影響についてのみ乱流モデルを導入し，GS場についてはその支配方程式を解き粗視化された流れ場（GS速度場）の3次元非定常数値解によって流れ場を離散的に表現する．上述のように，LESではまず流れ場の粗視化によりGS場とSGS場を分離する必要がある．この手順には空間的なフィルタリングが用いられる．流れ場の支配方程式にフィルタリングを行うとGS速度場の支配方程式が得られるが，運動方程式の非線形項の存在により，GS速度の運動方程式にはサブグリッド応力（SGS応力）が現れる．このSGS応力はGS速度のみでは表現できない未知量となるので，物理的な考察に基づくモデル，つまりサブグリッドモデル（SGSモデル）を導入する必要が生じる．さらに，LESは比較的粗い格子でGS速度場の数値計算を実施することになるので，LESの出力結果であるGS速度の信頼性はSGSモデルの信頼性に加え，GS速度の支配方程式の離散化の影響も強く受ける．以下の13.1節ではLESで用いられるフィルタリングと数値技法，13.2節ではサブグリッドモデルについて解説する．

13.1 フィルタリングと数値技法

ここでは非圧縮性流体を考え，以下の連続の式とナビエ-ストークス方程式（NS式）を用いる．

$$\frac{\partial u_j}{\partial x_j}=0 \tag{13.1.1}$$

$$\frac{\partial u_i}{\partial t}+\frac{\partial u_i u_j}{\partial x_j}=-\frac{1}{\rho}\frac{\partial p}{\partial x_i}+\nu\frac{\partial^2 u_i}{\partial x_j \partial x_j}+f_i \tag{13.1.2}$$

ここで，密度 ρ と動粘度 ν は一定とし，外力ベクトルの成分 f_i も与えられているとする．乱流中には大スケールから小スケールまでの渦が連続的に分布しており，すべてのスケールの渦を同時にとらえることは困難である．そこで，数値計算に使用する格子によって，乱流場を図13.1のようにふるい分けしてみる．格子の網の目よりも大きな渦（GS渦）に対応する速度の勾配は，格子点上の離散値を用いて近似できる．しかし，格子の網の目よりも小さな渦（SGS渦）は格子幅よりも小さいので，格子点上の離散値では表現できない．そこでLESで

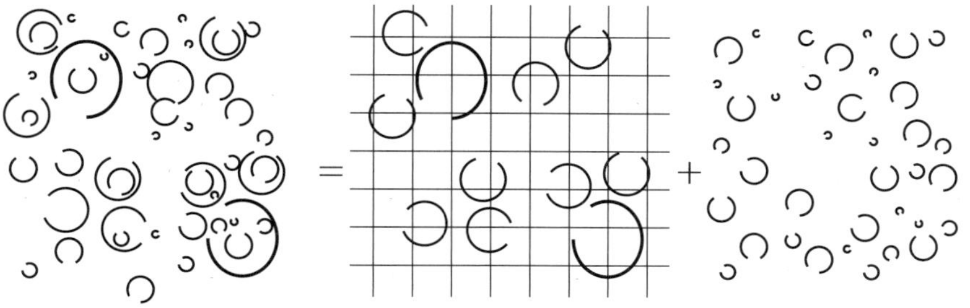

図 13.1　フィルタによる流れ場分解のイメージ

は，格子点上の離散値で表現できる GS 場についてはその支配方程式を数値的に解き，その際に現れる SGS 場から GS 場への影響については数理モデルを導入して近似する．

場の変数 $\phi(\boldsymbol{x})$ に対するフィルタ化量を $\bar{\phi}(\boldsymbol{x})$ として上付き $^{-}$ を用いて表現すると，$\bar{\phi}(\boldsymbol{x})$ は次式で定義される．

$$\bar{\phi}(\boldsymbol{x})=\int_{-\infty}^{\infty}G(\boldsymbol{x}')\cdot\phi(\boldsymbol{x}-\boldsymbol{x}')\,\mathrm{d}\boldsymbol{x}'^{3} \tag{13.1.3}$$

この定義から理解されるとおり，フィルタリングは流れ場の変数とフィルタ関数の畳み込み積分であり，形式的に $\bar{\phi}=G*\phi$ とも表現される．$G(\boldsymbol{x})$ は 3 次元のフィルタ関数で，通常は 1 次元フィルタ関数の積として $G(\boldsymbol{x})=G_1(x_1)\,G_2(x_2)\,G_3(x_3)$ として定義される．壁乱流の LES では壁面に平行な方向（ここでは，x_1, x_3 の 2 方向）のみにフィルタリングを実施するいわゆる面フィルタが定義される場合があるが，その場合の面フィルタは $G(\boldsymbol{x})=G_1(x_1)\,\delta(x_2)\,G_3(x_3)$ となる．$\delta(x_2)$ はディラックのデルタ関数である．

ここでまず，代表的な理論的 1 次元フィルタ関数 $G(x)$ を紹介する．フィルタ関数 $G(x)$ に求められる条件として，$x\to\pm\infty$ で急速に $G(x)\to 0$ となること，および

$$\int_{-\infty}^{\infty}G(x)\,\mathrm{d}x=1 \tag{13.1.4}$$

であることが必須である．また必須ではないが，フィルタ関数はできれば偶関数であることが望ましい．フィルタ関数が偶関数である場合には，微分操作とフィルタリングが互換（操作の順番が入替え可能）となり，より厳密な議論が展開可能となる．以上の条件を満足するフィルタ関数として，ガウシアンフィルタ，トップハットフィルタ，およびシャープフィルタがある[1]．これらはそれぞれ次式で定義される．

$$G(x)=\left(\frac{6}{\pi\cdot\bar{\Delta}^2}\right)^{1/2}\exp\left(-\frac{6x^2}{\bar{\Delta}^2}\right) \tag{13.1.5}$$

$$G(x)=\begin{cases}\dfrac{1}{\bar{\Delta}} & (|x|\le\bar{\Delta}/2)\\ 0 & (|x|>\bar{\Delta}/2\end{cases} \tag{13.1.6}$$

$$G(x)=\frac{1}{\bar{\Delta}}\frac{\sin(\pi\cdot x/\bar{\Delta})}{(\pi\cdot x/\bar{\Delta})} \tag{13.1.7}$$

ここで，$\bar{\Delta}$ はフィルタ幅である．これらをフーリエ変換すると，波数空間におけるガウシアンフィルタ，トップハットフィルタ，およびシャープフィルタは，それぞれ次式で与えられる．

$$\hat{G}(k)=\exp\left(-\frac{\bar{\Delta}^2k^2}{24}\right) \tag{13.1.8}$$

$$\hat{G}(k)=\frac{\sin(k\bar{\Delta}/2)}{(k\bar{\Delta}/2)} \tag{13.1.9}$$

$$\hat{G}(k)=\begin{cases}1 & (|k|\le\pi/\bar{\Delta})\\ 0 & (|k|>\pi/\bar{\Delta})\end{cases} \tag{13.1.10}$$

図 13.2 および図 13.3 それぞれに，実空間（物理空間）および波数空間でのこれらフィルタ関数を示す．ガウシアンフィルタは実空間および波数空間の双方で関数形（正規分布）が変化せず $|x|\to\infty$ および $|k|\to\infty$ で負値をもたずに急速に 0 に漸近する理想的なフィルタ関数である．またトップハットフィルタとシャープフィルタは実空間と波数空間の関数形が逆になっていることがわかる．なお，2 次精度中心差分によって微分に陰的にかけられる 1 次元フィルタはトップハット型のフィルタである．また，フーリエスペクトル法による高波数打切りの効

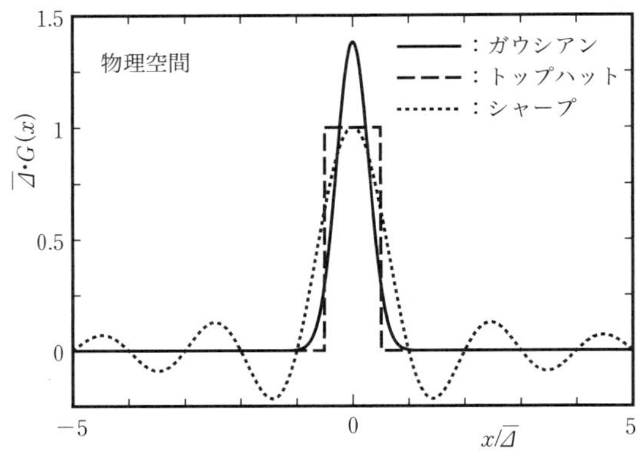

図 13.2　フィルタ関数（物理空間）

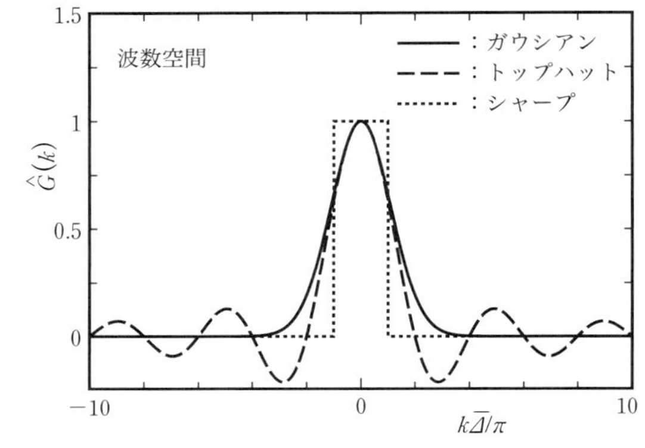

図 13.3　フィルタ関数（波数空間）

果はシャープフィルタそのものである．

ここで，フィルタリングによる流れ場の粗視化の一例を図 13.4 に示す．図 13.4 中の○印は平板チャネル乱流の主流方向速度 u の DNS データ[2]で，あるスパン方向位置における壁面垂直方向 y に対する瞬時速度分布を示したものである．実線はその DNS データにフィルタリング（DNS 格子の 8 倍のフィルタ幅をもつガウシアンフィルタによる面フィルタ）操作を施して求めたフィルタ化速度 $\bar{u}$ で，これが LES の GS 速度に対応する．1 点鎖線は壁面に平行な面についてのアンサンブル平均値 $\langle u\rangle$ で，RANS による計算結果に対応する．この図から，RANS では速度場の時空間変動の平滑化された結果が出力されるが，LES では速度場の時空間変動の低波数挙動は表現されることがわかる．また，u と $\bar{u}$ の差の効果は LES の SGS モデルで近似すべき部分，u と $\langle u\rangle$ の差の効果は RANS の乱流モデルで近似すべき部分であるが，図から明らかなとおり RANS よりも LES のほうが近似すべき部分が少なく，また乱流において小スケール渦は大スケール渦よりも普遍的な性質をもつことが知られており，LES のほうが RANS よりも原理的に優れた流れ場の予測結果を与えることが期待される．

次に LES の数値計算で離散的に解かれる GS 場の支配方程式を導出する．連続の式（13.1.1）とナ

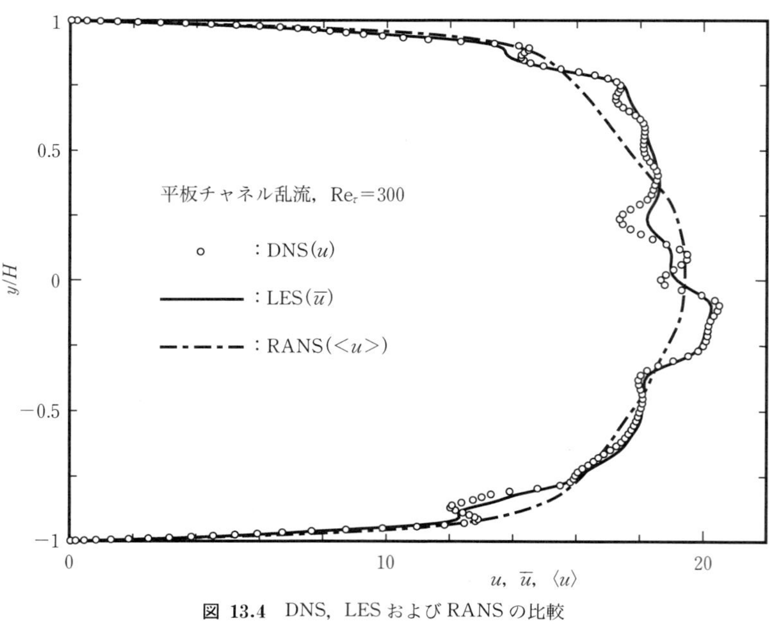

図 13.4　DNS，LES および RANS の比較

ビエ-ストークス方程式（13.1.2）に式（13.1.3）のフィルタリングを実施するとGS場の支配方程式が得られる.

$$\frac{\partial \bar{u}_j}{\partial x_j}=0 \qquad (13.1.11)$$

$$\frac{\partial \bar{u}_i}{\partial t}+\frac{\partial \bar{u}_i\bar{u}_j}{\partial x_j}=-\frac{1}{\rho}\frac{\partial \bar{p}}{\partial x_i}+\nu\frac{\partial^2 \bar{u}_i}{\partial x_j\partial x_j}-\frac{\partial \tau_{ij}}{\partial x_j}+\bar{f}_i \qquad (13.1.12)$$

これらの式はもとの変数にフィルタ化量であることを示す上付き $\bar{}$ が付いたこと以外に，式（13.1.12）の右辺第3項に未知量であるサブグリッド応力（SGS応力）$\tau_{ij}=\overline{u_iu_j}-\bar{u}_i\bar{u}_j$ の勾配項が付加項として現れている．このためGS場の支配方程式は閉じておらず，これらの式を解いてGS場を得るためにはSGS応力に対する物理モデル，つまりサブグリッドモデル（SGSモデル）の導入が必要になる.

SGS応力 τ_{ij} については，以下のようにこれをさらに分解して考える場合もある．まず，速度成分を $u_i=\bar{u}_i+u'_i$ としてGS成分 $\bar{u}_i$ とSGS成分 u'_i に分解したあとにSGS応力の定義に代入すると，SGS応力は次式のように分解される[1].

$$\begin{aligned}\tau_{ij}&=\overline{u_iu_j}-\bar{u}_i\bar{u}_j=L_{ij}+C_{ij}+R_{ij},\\ L_{ij}&=\overline{\bar{u}_i\bar{u}_j}-\bar{u}_i\bar{u}_j,\\ C_{ij}&=\overline{\bar{u}_iu'_j}+\overline{u'_i\bar{u}_j},\\ R_{ij}&=\overline{u'_iu'_j}\end{aligned} \qquad (13.1.13)$$

ここで，L_{ij} はレナード項，C_{ij} はクロス項，R_{ij} はレイノルズ項と呼ばれる．このように分解されたSGS応力は，レナード項とクロス項をまとめて適切にモデル化しないとSGS応力のガリレイ不変性を破る可能性があり注意が必要である[3].

これに対して，先天的にガリレイ不変性を満足する形でSGS応力を分解する，ガリレイ不変分解が提案されている[4]．ガリレイ不変分解では，まず一般化中心モーメントを $\tau(a,b)=\overline{a\cdot b}-\bar{a}\cdot\bar{b}$ で定義してSGS応力を表現したあとに $u_i=\bar{u}_i+u'_i$ を代入しSGS応力を分解する.

$$\begin{aligned}\tau_{ij}&=\overline{u_iu_j}-\bar{u}_i\bar{u}_j=\tau(u_i,u_j)=L^{\rm m}_{ij}+C^{\rm m}_{ij}+R^{\rm m}_{ij},\\ L^{\rm m}_{ij}&=\tau(\bar{u}_i,\bar{u}_j)=\overline{\bar{u}_i\bar{u}_j}-\bar{\bar{u}}_i\bar{\bar{u}}_j,\\ C^{\rm m}_{ij}&=\tau(\bar{u}_i,u'_j)+\tau(u'_i,\bar{u}_j)\\ &=(\overline{\bar{u}_iu'_j}-\bar{\bar{u}}_i\overline{u'_j})+(\overline{u'_i\bar{u}_j}-\overline{u'_i}\bar{\bar{u}}_j),\\ R^{\rm m}_{ij}&=\tau(u'_i,u'_j)=\overline{u'_iu'_j}-\overline{u'_i}\cdot\overline{u'_j}\end{aligned} \qquad (13.1.14)$$

ここで，$L^{\rm m}_{ij}$ は修正レナード項，$C^{\rm m}_{ij}$ は修正クロス項，$R^{\rm m}_{ij}$ は修正レイノルズ項と呼ばれ，それぞれ単独でガリレイ不変性を満足する.

LESの数値計算は，式（13.1.11）および式（13.1.12）を基礎式としてSGSモデルを与えて実施され，フィルタ化速度 $\bar{u}_i$ とフィルタ化圧力 $\bar{p}$ が得られる．SGS応力 τ_{ij} に対して最も基本的なSGSモデルであるスマゴリンスキーモデル[5]を導入する場合には，式（13.1.12）は

$$\frac{\partial \bar{u}_i}{\partial t}+\frac{\partial \bar{u}_i\bar{u}_j}{\partial x_j}=-\frac{1}{\rho}\frac{\partial \bar{p}^*}{\partial x_i}+\frac{\partial}{\partial x_j}\left[(\nu+\nu_t)\left(\frac{\partial \bar{u}_i}{\partial x_j}+\frac{\partial \bar{u}_j}{\partial x_i}\right)\right]+\bar{f}_i \qquad (13.1.12')$$

となる．ここで $\nu_t=(C_Sf_W\bar{\Delta})^2|\bar{S}|$ はSGS渦粘性係数で，$\bar{\Delta}=(\bar{\Delta}_1\bar{\Delta}_2\bar{\Delta}_3)^{1/3}$，$|\bar{S}|=(2\bar{S}_{ij}\bar{S}_{ij})^{1/2}$，$\bar{S}_{ij}=(\partial\bar{u}_i/\partial x_j+\partial\bar{u}_i/\partial x_j)/2$ およびスマゴリンスキー定数 C_S（壁乱流では $C_S=0.1$）と壁面減衰関数 f_W（たとえば $f_W=1-\exp(-y^+/25)$，y^+ は壁座標）を与えて計算される．$\bar{p}^*=\bar{p}+2\rho\cdot k_{\rm sgs}/3$ は修正圧力である．式（13.1.11）と式（13.1.12′）を非圧縮性流体の計算アルゴリズム（MAC法など）を用いて解くと $\bar{u}_i$ および $\bar{p}^*$ が出力として得られるが，工学的応用問題においては $\bar{p}^*\approx\bar{p}$ と考える場合が多い．正確なフィルタ化圧力 $\bar{p}$ の値を知りたい場合にはSGSエネルギー $k_{\rm sgs}=\tau_{jj}/2$ の値を評価する必要がある.

ところで，スマゴリンスキーモデルを用いたLESは，渦粘性モデルによる流れの3次元非定常数値計算と理解することができ，フィルタ関数を使用することもまた特に意識する必要もない．したがって初学者にはスマゴリンスキーモデルを使用してLESを実施することが勧められる．スマゴリンスキーモデルによるLESの計算結果に不満がある場合には，まずは格子解像度の向上（格子数の増加）を試み，その後空間離散化精度の向上やさらに進んだSGSモデルの導入を検討するとよい．次節で紹介するとおり高精度なSGSモデルがこれまでに多数提案されている．しかし，多くのSGSモデルはフィルタリングを実際に実施する必要があり，その理解が欠かせない.

先に示した理論的フィルタによるフィルタリングを実空間で式（13.1.3）を用いて厳密に課すのは一般に困難であるが，フーリエ変換の適用が可能な場

合には，厳密かつ経済的にフィルタリングを行うことが可能である．フィルタリングが畳み込み積分であることから，フィルタ化量のフーリエ係数は，$\hat{\bar{\phi}}(\boldsymbol{k})=\hat{G}(\boldsymbol{k})\hat{\phi}(\boldsymbol{k})$ で計算される．つまり，変数のフーリエ係数 $\hat{\phi}(\boldsymbol{k})$ を計算し，それにフィルタ関数のフーリエ係数 $\hat{G}(\boldsymbol{k})$ を乗じて $\hat{\bar{\phi}}(\boldsymbol{k})$ をつくり，さらにその逆変換を行えばフィルタ化量 $\bar{\phi}(\boldsymbol{x})$ が厳密に計算される．実際の数値計算では，フーリエ変換およびその逆変換は高速フーリエ変換（FFT）を用いて実施される．なお，フィルタリングの実施を必要とするSGSモデルでは，既知量であるGS場の変数に対してのフィルタ化量（二重フィルタ化量など）が必要になる．

フーリエ変換が適用できない一般的な流れ場の場合，差分によるガウシアンあるいはトップハットフィルタの近似フィルタがしばしば使用される．まず，近似の指標となるフィルタの n 次モーメント $\gamma^{(n)}$ を次式で定義する．

$$\gamma^{(n)}=\int_{-\infty}^{\infty}x^n G(x)\,\mathrm{d}x \qquad (13.1.15)$$

フィルタ関数が偶関数の場合に奇数次のモーメントは0で偶数次のモーメントは $\gamma^{(n)}\propto O(\bar{\Delta}^n)$ となる．特にガウシアンフィルタの2次および4次のモーメントはそれぞれ $\gamma^{(2)}=\bar{\Delta}^2/12$ および $\gamma^{(4)}=\bar{\Delta}^4/48$ で与えられる．またトップハットフィルタに対してはそれぞれ $\gamma^{(2)}=\bar{\Delta}^2/12$ および $\gamma^{(4)}=\bar{\Delta}^4/80$ となる．2次モーメントまでに関してはこれらフィルタに違いはない．

変数 $\phi(x-x')$ を x 周りにテイラー展開し，1次元フィルタの定義（式（13.1.3）の1次元版）に代入して偶関数のフィルタ関数を仮定すると，フィルタリングのテイラー展開表現が次式のように得られる．

$$\begin{aligned}\bar{\phi}(x)&=\int_{-\infty}^{\infty}G(x')\cdot\phi(x-x')\,\mathrm{d}x'\\&=\phi(x)+\frac{\gamma^{(2)}}{2!}\left.\frac{\partial^2\phi}{\partial x^2}\right|_x+\frac{\gamma^{(4)}}{4!}\left.\frac{\partial^4\phi}{\partial x^4}\right|_x+O(\bar{\Delta}^6)\end{aligned} \qquad (13.1.16)$$

式（13.1.16）の右辺第2項までを残して変数の2階微分を2次精度差分で近似すると，ガウシアンあるいはトップハットフィルタによる1次元フィルタリングの $O(\bar{\Delta}^2)$ の差分近似式が得られる．

$$\bar{\phi}(x)=\phi(x)+\frac{\bar{\Delta}^2}{24}\frac{\phi(x-h)-2\phi(x)+\phi(x+h)}{h^2} \qquad (13.1.17)$$

ここで，h は差分格子幅である．差分近似によってガウシアンおよびトップハットフィルタの違いを表現するには4次モーメントの項までを4次精度差分を用いて近似する必要があるが，工学的応用問題においてそのような表現が必要になることはあまりない．なお，式（13.1.17）で $\bar{\Delta}=2h$ とすればシンプソンの積分公式に対応したフィルタリング，$\bar{\Delta}=\sqrt{6}\,h$ とすれば台形積分則に対応したフィルタリングになる．なお，不等間隔格子に対するフィルタリングやフィルタリングと微分の互換性を高次精度で満足するフィルタに関しては文献6，7に詳しい解説がある．

LESでは，式（13.1.12）のフィルタ化ナビエ-ストークス方程式を離散化してGS速度場を求める必要がある．

$$\frac{\delta\bar{u}_i}{\delta t}+\frac{\delta\bar{u}_i\bar{u}_j}{\delta x_j}=-\frac{1}{\rho}\frac{\delta\bar{p}}{\delta x_i}+\nu\frac{\delta^2\bar{u}_i}{\delta x_j\delta x_j}-\frac{\delta\tau_{ij}}{\delta x_j}+\bar{f}_i \qquad (13.1.18)$$

ここで，$\delta/\delta t$ および $\delta/\delta x_j$ は時間微分および空間微分に対する離散近似オペレータである．乱流の数値計算で重要な移流項について2次精度中心差分による離散化を考えると，

$$\frac{\delta\bar{u}_i\bar{u}_j}{\delta x_j}=\frac{\partial\bar{u}_i\bar{u}_j}{\partial x_j}+\sum_{\alpha=1}^{3}\frac{h_\alpha{}^2}{2}\frac{\partial^2\bar{u}_i\bar{u}_\alpha}{\partial x_\alpha{}^2}+O(h^4) \qquad (13.1.19)$$

となり（実際の移流項差分スキームは補間も必要になるのでもう少し複雑になるが），右辺第2項の打ち切り誤差の主要項は差分格子幅 h の2次のオーダーをもつことがわかる．一方，ガウシアンあるいはトップハットフィルタを仮定した場合のSGS応力のテイラー展開表現は

$$\tau_{ij}=\sum_{\alpha=1}^{3}\frac{\bar{\Delta}_\alpha{}^2}{12}\frac{\partial u_i}{\partial x_\alpha}\frac{\partial u_j}{\partial x_\alpha}+O(\bar{\Delta}^4) \qquad (13.1.20)$$

となり，フィルタ幅 $\bar{\Delta}$ の2次のオーダーをもち，またその微分をとると2次精度差分の打ち切り誤差項の一部と同様の関数形になることがわかる．

一般にLESのフィルタ幅が差分格子幅程度に設定されることを考えると，SGS応力は移流項の打ち切り誤差項に埋もれてしまうことがわかる．これは，信頼性の高いSGSモデルを使用しても移流項の離散化精度が2次精度以下であれば，LESは信

頼できる結果を与えないことを意味する．このため，LESではSGS応力のモデリングと同程度あるいはそれ以上に移流項の離散化の精度が重要である．この問題の解決方法としては，移流項差分の高次精度化による方法[8,9]，および移流項の離散化誤差をSGS応力に含めてモデル化してしまう方法[10]が考えられる．

次に，移流項差分の高次精度化の効果について，計算例をあげて説明する[11]．移流項の差分精度の効果を調べるため，比較的粗い格子（$h_x{}^+=77.6$, $h_z{}^+=25.9$）でSGSモデルを使用せずに平板チャネル乱流の数値計算を実行した結果として，図13.5および図13.6それぞれに主流方向平均速度および乱流強度分布を示す．図中の2 nd〜16 th FDMは移流項に2次精度〜16次精度中心差分を使用した計算結果であることを示し，また同様の条件でのスペクトル法による計算結果を○印でそれぞれの図中に示す．スペクトル法は与えられた格子数では最高

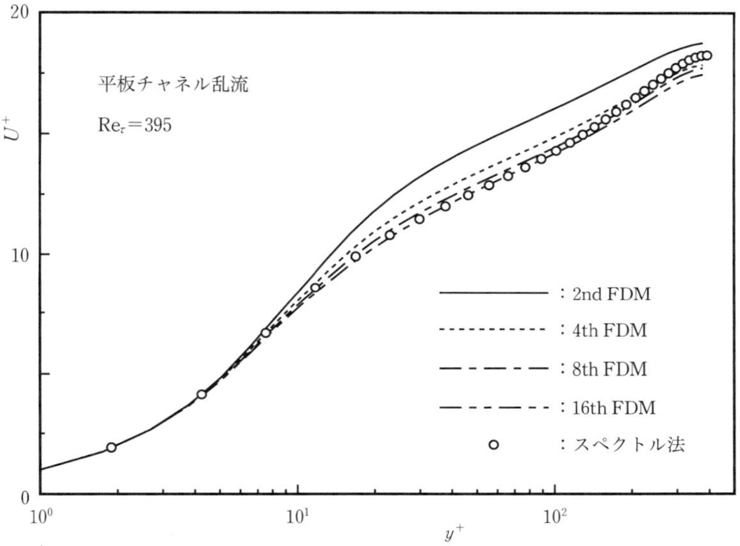

図 13.5 平板チャネル乱流の平均速度分布での差分精度向上の効果

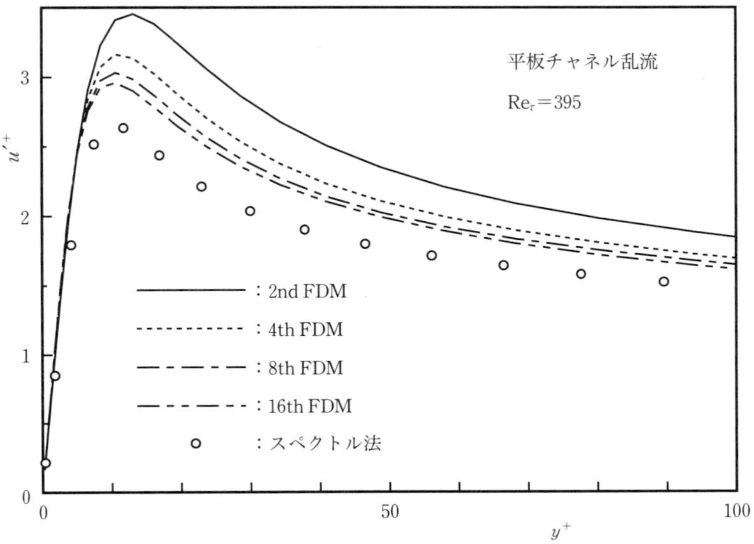

図 13.6 平板チャネル乱流の乱流強度分布での差分精度向上の効果

の精度を与える計算手法で，高波数打ち切り以外のフィルタ効果を与えない理想的な計算手法であるので参照データとしている．図より移流項の差分精度を向上させると，平均速度および乱流強度ともに差分法の計算結果がスペクトル法の結果に近づくことがわかる．特に，2 次精度差分（2 nd FDM）から 4 次精度差分（4 th FDM）への計算結果の改善の度合いが大きい．これは，先に説明したとおり 2 次精度差分による打ち切り誤差項の影響が大きいことを意味し，LES では 4 次精度以上の移流項差分の使用が望ましいことが理解される．

工学的応用問題に対する流れの数値計算では数値安定性を確保するため移流項の上流差分がしばしば使用されるが，上流化による付加項（数値粘性）はたとえ高次精度であっても運動エネルギーを散逸する方向に働くため，LES の数値計算結果を劣化させる．このため，LES に対しては，空間的な数値振動を抑制する目的で局所的に使用する以外には上流差分の使用は勧められない．中心差分を用いて LES の非定常数値計算を安定に実行するためには，エネルギー（自乗量）保存形の移流項差分スキームの導入が有効である．図 13.5 および図 13.6 で使用された中心差分スキームは，エネルギー保存形の移流項差分スキームである．エネルギー保存形の移流項差分スキームは，連続の式成立の条件下で移流項がもつ解析的な自乗量保存特性，つまり，

$$\phi\left(\frac{\partial \phi}{\partial t}+\frac{\partial \phi\cdot\bar{u}_j}{\partial x_j}\right)=\left(\frac{\partial \phi^2/2}{\partial t}+\frac{\partial \phi^2/2\cdot\bar{u}_j}{\partial x_j}\right)+\frac{\phi^2}{2}\underbrace{\left(\frac{\partial \bar{u}_j}{\partial x_j}\right)}_{=0}$$

を離散的に模擬する移流項の中心差分スキームで，この関係が離散的に保たれれば非粘性の極限でも長時間の数値積分が安定に実行可能となる．エネルギー保存形の高次精度差分スキームについては，文献 8 あるいは 12 を参照されたい．　　　　**［森西洋平］**

文　　献

1)　A. Leonard : Adv. In. Geophys., **A 18**, 1974, 237-248.
2)　森西洋平ほか：日本機械学会論文集（B 編），**69**(682)，2003，1313-1320.
3)　C. G. Speziale : J. Fluid Mech., **156**, 1985, 55-62.
4)　M. Germano : J. Fluid Mech., **238**, 1992, 325-336.
5)　J. Smagorinsky : Month. Weath. Rev., **91**, 1963, 99-165.
6)　S. Ghosal, P. Moin : J. Comput. Phys., **118**, 1995, 24-37.
7)　O. V. Vasilyev *et al.* : J. Comput. Phys., **146**, 1998, 82-104.
8)　Y. Morinishi *et al.* : J. Comput. Phys., **143**, 1998, 90-124.
9)　S. K. Lele : J. Comput. Phys., **103**, 1992, 16-42.
10)　Y. Morinishi, O. V. Vasilyev : Phys. Fluids, **14**, 2002, 3616-3623.
11)　Y. Morinishi, O. V. Vasilyev : Phys. Fluids, **13**, 2001, 3400-3410.
12)　森西洋平：日本機械学会論文集（B 編），**62**(604)，1996，4090-4112.

13.2　サブグリッドスケールモデル

13.2.1　LES の基礎方程式とサブグリッドスケール応力

LES では小スケールの粗視化を，フィルタ操作により行う．このフィルタ操作は LES 計算に用いる格子間隔のスケールで施され，2 通りの方法がある．一つは，式（13.1.3）に示された，フィルタ関数 $G(\boldsymbol{x})$ との畳み込み積分による方法である[1]．フィルタ関数 $\overline{G}(\boldsymbol{x})$ として代表的なものに，ガウシアンフィルタ，トップハットフィルタ，シャープフィルタなどがある（13.1 節参照）．

ガウシアンおよびシャープフィルタは，通常一様な空間方向に施されるが，フーリエ空間で計算されることが多い．このフィルタ操作により，全スケールを含む速度 u_i および圧力 p は，GS 成分 $\bar{u}$，$\bar{p}$，と SGS 成分 $u_i'=u_i-\bar{u}_i$，p'，に分離される．これらのフィルタ操作によって得られる GS 速度成分とフィルタを施さない全スケールを含む速度の空間分布は，図 13.7(a) に示されている模式図のように

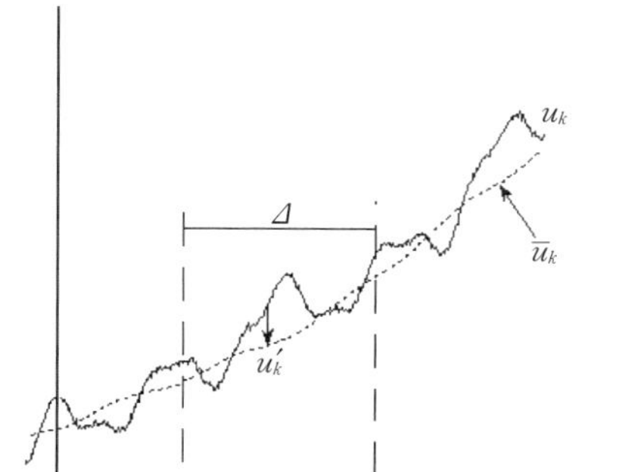

図 13.7　フィルタ関数 $G(\boldsymbol{x})$ との畳み込み積分によって得られる速度の空間分布
実線はフィルタを施さない速度，点線は施した速度を示す．

なり，格子間隔のスケールで平滑化がなされる．

もう一つのフィルタ操作は，体積平均法であり，GS 成分を

$$\bar{f}(\boldsymbol{x}) = \frac{1}{\Delta x_1 \Delta x_2 \Delta x_3}\int_{\Delta x_1}\int_{\Delta x_2}\int_{\Delta x_3} f(x_1, x_2, x_3)\,\mathrm{d}x_1\mathrm{d}x_2\mathrm{d}x_3 \tag{13.2.1}$$

で定義し，積分は i 方向に Δx_i の長さをもつ計算セルで行われる．速度の空間分布は，図 13.8 に示されているように，GS 成分は格子内での平均となる．この方法では，実際上の計算は，各計算セルの面応力の差分に置き換えられ，粗視化変数としては，セル内での体積平均と各面内での平均応力が用いられる[2)]．今日では，前者のフィルタ関数との畳み込み積分によるフィルタ操作が汎用されており，ここでは，おもにこのフィルタ操作を用いる．

LES の運動方程式は，ナビエ-ストークス（N-S）方程式と連続の方程式にフィルタ操作を施すことにより得られ，本節で取り上げる非圧縮性流体においては，filtered 連続方程式（式（13.1.13）），および，filtered N-S 方程式（式（13.1.14））となる．式（13.1.14）中には，格子以下のスケールの変動の粗視化の帰結として，SGS 応力，$\tau_{ij}(=\overline{u_i u_j}-\bar{u}_i\bar{u}_j)$，$(i, j=1, 2, 3)$，が生じ，この応力を粗視化変数（GS 変数）と相関づけて完結させる SGS モデルが必要となる．

ここで，式（13.1.13），（13.1.14）の導出に際して，空間微分のオペレータがフィルタ操作と互換であることを仮定した．この仮定は，計算に用いる格子の間隔が一定な場合には正しいが，不等間隔な格子の場合は一般には正しくない[3)]．不等間隔な格子におけるトップハットフィルタは以下のようになる．

$$\bar{f}(\boldsymbol{x}) = \frac{1}{(\varDelta_+ + \varDelta_-)}\int_{x-\varDelta_-}^{x+\varDelta_+} f(x')\,\mathrm{d}x' \tag{13.2.2}$$

このトップハットフィルタを，関数 f の微分係数，$\partial f/\partial x$ に施すと，

$$\overline{\frac{\partial f}{\partial x}} = \frac{1}{(\varDelta_+ + \varDelta_-)}[\bar{f}(x+\varDelta_+) - \bar{f}(x-\varDelta_-)] \tag{13.2.3}$$

を得る一方，式（13.2.2）の両辺の x 微分を直接計算すると，

$$\begin{aligned}\frac{\partial \bar{f}}{\partial x} &= \frac{1}{(\varDelta_+ + \varDelta_-)}[\bar{f}(x+\varDelta_+) - \bar{f}(x-\varDelta_-)] \\ &\quad - \frac{\mathrm{d}(\varDelta_+ + \varDelta_-)/\mathrm{d}x}{(\varDelta_+ + \varDelta_-)}\bar{f} + \frac{1}{(\varDelta_+ + \varDelta_-)} \\ &\quad \times\left[\bar{f}(x+\varDelta_+)\frac{\mathrm{d}\varDelta_+}{\mathrm{d}x} - \bar{f}(x-\varDelta_-)\frac{\mathrm{d}\varDelta_-}{\mathrm{d}x}\right]\end{aligned} \tag{13.2.4}$$

となり，式（13.2.3）との比較から，フィルタ操作と微分操作は互換しないことが示される．簡略化のため，ここでは，この非互換による誤差は考慮しない．

SGS 応力 τ_{ij} は，式（13.1.15）のように，レナード項 L_{ij}，クロス項 C_{ij}，SGS レイノルズ項 R_{ij} に分解される．レナード項はフィルタを定義すれば厳密に計算できるのでモデル化は不要であるが，クロス項と SGS レイノルズ項は SGS 成分を含むため，モデル化が必要となる．

GS エネルギー $\bar{q}^2=\bar{u}_i\bar{u}_i$ と SGS エネルギー $q_{\mathrm{sgs}}^2=\tau_{ii}$ の支配方程式を構成すると，それぞれ，式（13.2.5），（13.2.6）となる．

$$\begin{aligned}&\frac{\partial \bar{q}^2}{\partial t} + \frac{\partial}{\partial x_j}(\bar{q}^2\bar{u}_j) \\ &\quad = -2\frac{\partial}{\partial x_j}(\bar{p}\bar{u}_j) + 2\frac{\partial}{\partial x_j}\left(\nu\frac{\partial \bar{q}^2}{\partial x_j}\right) - \frac{\partial}{\partial x_i}(\tau_{ij}\bar{u}_i) \\ &\qquad -2\nu\frac{\partial \bar{u}_i}{\partial x_j}\frac{\partial \bar{u}_i}{\partial x_j} + \tau_{ij}\bar{S}_{ij}, \\ &\bar{S}_{ij} = \frac{1}{2}\left(\frac{\partial \bar{u}_i}{\partial x_j} + \frac{\partial \bar{u}_j}{\partial x_i}\right)\end{aligned} \tag{13.2.5}$$

$$\frac{\partial q_{\mathrm{sgs}}^2}{\partial t} + \frac{\partial}{\partial x_j}(q_{\mathrm{sgs}}^2\bar{u}_j)$$

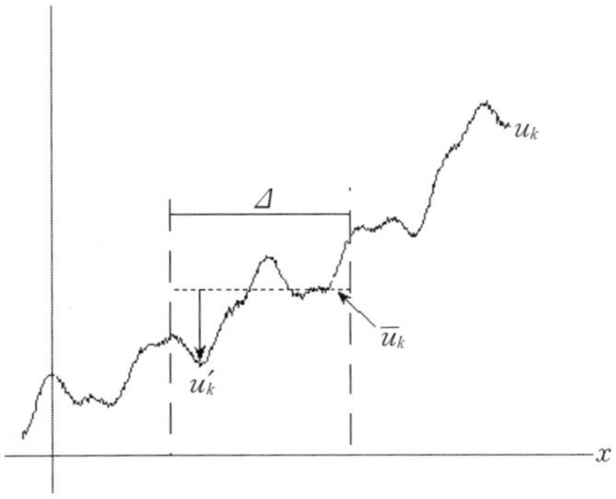

図 13.8 体積積分法によって得られる速度の空間分布
実線はフィルタを施さない速度，点線は施した速度を示す．

$$= -\frac{\partial}{\partial x_j}(\overline{q^2 u_j} - \bar{q}^2 \bar{u}_j) - 2\frac{\partial}{\partial x_j}(\overline{p u_j} - \bar{p}\bar{u}_j) - 2\frac{\partial}{\partial x_j}\left(\nu \frac{\partial q^2_{\mathrm{sgs}}}{\partial x_j}\right) + \frac{\partial}{\partial x_i}(\tau_{ij}\bar{u}_i) - 2\nu\left(\overline{\frac{\partial u_i}{\partial x_j}\frac{\partial u_i}{\partial x_j}} - \frac{\partial \bar{u}_i}{\partial x_j}\frac{\partial \bar{u}_i}{\partial x_j}\right) - \tau_{ij}\bar{S}_{ij} \tag{13.2.6}$$

ここに，$q^2 = u_i u_i$ である．式（13.2.6）の左辺第2項は，SGS輸送項，右辺の各項は，順に，SGS乱流輸送項，SGS圧力拡散項，SGS粘性拡散項，SGS拡散項，SGS散逸項，SGS生成項と呼ばれる．式（13.2.5）にはSGS生成項と反対符号の項があり，GSとSGSのエネルギー伝達は，SGS生成項，$P = -\tau_{ij}\bar{S}_{ij}$，を介して行われることがわかる．ここで，式（13.2.5），（13.2.6）中のすべての項が，一般化中心モーメント（$\overline{fg} - \bar{f}\bar{g}$）[4] に沿う形で表現されている点に留意されたい（13.1節参照）．この表現の利点の一つは，ガリレイ不変性が常に保存される点にある．また，こうした表現を用いることにより，SGSエネルギーの支配方程式（13.2.6）が，変数の2重フィルタといった煩雑な項を含まずに，簡明に記述される．

ここで，SGS応力 τ_{ij} に一般化中心モーメントに沿った形の項による分解を施すと，式（13.1.16）のように，修正レナード項 L^{m}_{ij}，修正クロス項 C^{m}_{ij}，修正SGSレイノルズ項 R^{m}_{ij} に分解される．この分解法においては，各項が独立にガリレイ不変性を満足する．このため，ここでは，主に式（13.1.16）の分解法を採用する[5]．

現在，汎用されている代表的なSGSモデルは，大まかに二つのグループに分けられる．一つは，SGS渦粘性モデルと呼ばれるモデルであり，もう一つは，スケール相似則モデルと呼ばれるモデルである．

13.2.2　SGS渦粘性モデル

このモデルはレイノルズ平均のモデルで汎用されている渦粘性モデルのLESへの拡張であり，SGS応力 τ_{ij} をGS成分速度からなる変形速度テンソル $\bar{S}_{ij}$ と直接関係づける．すなわち，両者の比例関係を仮定して，

$$\tau_{ij} \simeq \frac{1}{3}\tau_{kk}\delta_{ij} - 2\nu_t \bar{S}_{ij} \tag{13.2.7}$$

と近似する．ここで，ν_t はSGS渦粘性係数と呼ばれ，また，こうしたモデルは，SGS渦粘性モデルと呼ばれる．

SGS渦粘性モデルの代表的なモデルに，スマゴリンスキー（Smagorinsky）モデル[6] がある．このモデルにおいては，ν_t は次のように求められる．SGSエネルギーの支配方程式（式（13.2.6））のエネルギーの釣り合いを算出した場合，多くの乱流場において，平均としてはSGS生成項とSGS散逸項が均衡している場合が多いことに基づいて，両項が空間局所的にも平衡状態にあると仮定し（局所平衡仮説），式（13.2.7）の渦粘性表現を用いる．渦粘性係数は，時間スケール τ と速度スケール E の積として書けるが，次元解析を併用して，

$$\nu_t = C_\nu C_\varepsilon \tau E,\quad \tau = \frac{1}{C_\varepsilon}\frac{\bar{\Delta}}{K_G^{1/2}},\quad E = K_G = \frac{1}{2}\tau_{kk} \tag{13.2.8}$$

とすると，以下のスマゴリンスキーモデルが得られる．ここに，C_ν と C_ε はモデルパラメータであり，K_G はSGSエネルギーを表す．

$$\nu_t = C_S^2 \bar{\Delta}^2 |\bar{S}|,\quad |\bar{S}| = [2\bar{S}_{ij}\bar{S}_{ij}]^{1/2} \tag{13.2.9}$$

このモデルは，一つのパラメータ C_S を有し，スマゴリンスキー定数と呼ばれている．スマゴリンスキーモデルは，乱流のエネルギースペクトルに対するコルモゴロフ（Kolmogorov）の−5/3乗則と整合することが示されている[7]（1.5節参照）．

しかしながら，このモデルのさまざまな乱流場への適用において，いくつかの欠点が明らかになった．それは，①スマゴリンスキー定数の流れ場による修正，②壁面近傍での減衰関数の導入，を施さないと，適切な結果が得られないというものである．

①コルモゴロフ定数を1.41とすると，C_S の理論的見積りは約0.0324となる．一様等方性乱流のLES[8] では，この値で実験とよく一致する結果が得られたが，乱流混合層[9]，チャネル流[10] ではこの値は大きすぎ，それぞれ，約0.0225，0.01が最適値となった．このことは，スマゴリンスキー定数の普遍性に疑問を呈する．

②壁面で粘着条件を課す場合，壁面上でSGSレイノルズ応力が0，すなわち $\nu_t = 0$ でなくてはならない．このためには，$\bar{\Delta}$ が壁に近づくにつれて急激に0に漸近する，または，SGSエネルギーが壁面上で0にならなければならない．しかし，前者

は，指数関数的な座標の引き延ばしを必要とし，チャネル中央部で格子間隔が粗になりすぎるため実用的でない．後者についても，壁面上での SGS エネルギーの値を評価すると $K_G \simeq C_S^4 \bar{\varDelta}^2 \mathrm{Re}_\tau^2 / C_\nu^2$ となり 0 とならない．ここに，Re_τ は壁面摩擦速度に基づくレイノルズ数を示す．このため，通常は $\bar{\varDelta}$ にバン・ドリースト（Van Driest）型減衰関数[11]を乗じている．この関数は，レイノルズ平均モデルで用いられてきたもので，LES で利用することの理論的根拠は乏しい．また，壁から一定の壁座標距離 y_+ を離れた平面上では一様な減衰を与え，LES で重要な空間局所性が表現されない．

渦粘性モデルの特徴は，SGS 応力テンソルと変形速度テンソルの固有ベクトルが完全な平行関係にあることを仮定している点にあるが，最近の PIV ならびに DNS のデータを用いたこの仮定の検証では，両固有ベクトルが必ずしも平行関係にはないという報告[12,13]もある．スマゴリンスキーモデルでは，SGS 生成項を評価すると，

$$P = -\tau_{ij}\bar{S}_{ij} = 2\nu_t \bar{S}_{ij}\bar{S}_{ij} \qquad (13.2.10)$$

となる．その物理的な意味づけから渦粘性係数は正符号でなくてはならないので，P は常に正値をとり，エネルギーの伝達方向は GS から SGS の一方向のみとなる．これは，上記の仮定の帰結の一つである．以上の欠点にもかかわらず，スマゴリンスキーモデルおよびその派生モデルは LES における主流を占めているが，これは，スマゴリンスキーモデルが GS エネルギーの散逸として良好に機能するためである．

上記の渦粘性モデルは実空間で定義されていたが，フーリエ空間上で渦粘性係数を定義するという考え方もある．この方法では，すべての方程式はフーリエ空間で表現され，運動方程式中の SGS 項，$\partial\tau_{ij}/\partial x_j$ をフーリエ空間で，

$$\frac{\partial \tau_{ij}}{\partial x_j}(k) \simeq -\nu_t(k)k^2\bar{u}_i(k) \qquad (13.2.11)$$

と近似する．ここに，その変数が (k) となっている関数はフーリエ空間に変換した関数を示す．スペクトル渦粘性係数 $\nu_t(k)$ は波数に依存するが，いくつかのモデルが提案されており，テストフィールドモデルを用いて導出されたモデル[17]，EDQNM (Eddy-damped quasi-normal Markovian) 理論に基づくモデル[18]などがある．また，GS と SGS の境界の波数（カットオフ波数，$k_c(=\pi/\bar{\varDelta})$）が慣性小領域にあると仮定し，スペクトル渦粘性係数を 2 次の構造関数を用いて実空間で，

$$\nu_t = 0.063\varDelta[\bar{F}_2(\bar{\varDelta})]^{1/2} \qquad (13.2.12)$$

$$\bar{F}_2(r) = \langle\{\bar{u}_i(x+r) - \bar{u}_i(x)\}\{\bar{u}_i(x+r) - \bar{u}_i(x-r)\}\rangle$$

と近似するモデルも提案されている[19]．ここに，〈・〉は適当な空間平均を表す．ただし，これらのモデルは，一般に一様性の強い流れ場のみに適用が可能である．

13.2.3 多方程式モデル

スマゴリンスキーモデルにおいては，渦粘性係数 ν_t の導出に際して，ν_t を $\nu_t = C_\nu \bar{\varDelta} K_G^{1/2}$ と分解し，局所平衡を仮定することにより K_G を導出して ν_t を決定した．別の方法として，局所平衡仮説を用いずに SGS エネルギーの支配方程式を近似することによって K_G のモデル方程式を導出し，この方程式を解くことにより K_G を得，ν_t を算出する方法もある（SGS 1 方程式モデル）．これは，レイノルズ平均モデルの一つである k-ε 型 2 方程式モデルの考え方に近いが，k-ε モデルでは k と ε から長さスケールを算出するのに対し，LES では長さスケールが格子間隔 $\varDelta$ により与えられてしまうため，方程式系が 1 方程式で閉じてしまう点に留意されたい．

K_G のモデル方程式を導出するためには，式 (13.2.6) 中の SGS 拡散項を近似する必要があるが，通常は k-ε モデルで用いられている勾配拡散型の仮定を用いて，

$$\frac{1}{2}(\overline{q^2u_j} - \bar{q}^2\bar{u}_j) + (\overline{pu_j} - \bar{p}\bar{u}_j) \simeq C_{KK}\bar{\varDelta}K_G^{1/2}\frac{\partial K_G}{\partial x_j} \qquad (13.2.13)$$

と近似される．ここに，C_{KK} は定数である．また，散逸項は，

$$\nu\left(\overline{\frac{\partial u_i}{\partial x_j}\frac{\partial u_i}{\partial x_j}} - \frac{\partial \bar{u}_i}{\partial x_j}\frac{\partial \bar{u}_i}{\partial x_j}\right) \simeq \frac{C_\varepsilon K_G^{3/2}}{\bar{\varDelta}} \qquad (13.2.14)$$

と近似される．以上の近似から，下記の 1 方程式モデルを得る[2,20]．

$$\frac{\partial K_G}{\partial t} + \bar{u}_j\frac{\partial K_G}{\partial x_j} = C_\nu\bar{\varDelta}K_G^{1/2}\bar{S}_{ij}^2 + \frac{\partial}{\partial x_j}\left(C_{KK}\bar{\varDelta}K_G^{1/2}\frac{\partial K_G}{\partial x_j}\right) + \nu\frac{\partial^2 K_G}{\partial x_j \partial x_j} - \frac{C_\varepsilon K_G^{3/2}}{\bar{\varDelta}} \qquad (13.2.15)$$

1方程式モデルは，スマゴリンスキーモデルに比べ，次の二つの利点を有する．一つは，SGSエネルギーの輸送および拡散の効果を取り入れることができるという点であり，一つは，スマゴリンスキーモデルでは圧力が真の圧力とSGSエネルギーの総和（$\bar{p}+2K_G/3$，圧力ヘッド）として算出され両者の分離が困難なのに対し，1方程式モデルでは分離が可能な点である．

13.2.4　スケール相似則モデル

SGS応力のモデルのもう一つのながれは，一般に，スケール相似則モデルと呼ばれるものであり，その代表的なものは，バルディナ（Bardina）モデル[21]である．これは，スケール相似則仮説に基づいている．GSの全成分のうち，カットオフ波数の近傍の成分は，2回フィルタを施して小スケールの変動を消去した成分 $\bar{\bar{u}}_i$ とGS成分との差 $\bar{u}_i-\bar{\bar{u}}_i$ により抽出することができる．これに対し，SGSの全成分のうち，カットオフ波数に最も近い成分は，SGS成分中でもより大スケールの変動からなる成分 $\overline{u'_i}=\bar{u}_i-\bar{\bar{u}}_i$ で与えられる．すなわち，最小スケールのGS成分と最大スケールのSGS成分とは同一であり，両者が相似であることがわかる．そのため，$\bar{u}_i-\bar{\bar{u}}_i$ 項で表される領域は伝達領域（transfer field）と呼ばれるが，バルディナモデルでは，式（13.1.15）の分解中の各項をこの伝達領域を利用して，

$$C_{ij}\simeq\{\bar{\bar{u}}_i(\bar{u}_j-\bar{\bar{u}}_j)+(\bar{u}_i-\bar{\bar{u}}_i)\bar{\bar{u}}_j\} \tag{13.2.16}$$

$$R_{ij}\simeq(\bar{u}_i-\bar{\bar{u}}_i)(\bar{u}_j-\bar{\bar{u}}_j) \tag{13.2.17}$$

と近似する．このモデルで，C_{ij} と R_{ij} の和をつくると，

$$C_{ij}+R_{ij}\simeq\bar{u}_i\bar{u}_j-\bar{\bar{u}}_i\bar{\bar{u}}_j \tag{13.2.18}$$

となる．オリジナルのバルディナモデルでは，SGS応力 τ_{ij} を L_{ij} と $C_{ij}+R_{ij}$ の線形結合により近似し，

$$L_{ij}+C_{ij}+R_{ij}\simeq\overline{\bar{u}_i\bar{u}_j}-\bar{u}_i\bar{u}_j+C_r(\bar{u}_i\bar{u}_j-\bar{\bar{u}}_i\bar{\bar{u}}_j) \tag{13.2.19}$$

と近似した．

近年のスケール相似則モデルでは，上述のように，全SGS成分のうちカットオフ波数近傍の成分がGS成分から近似可能なことをふまえ，SGS応力中の速度を，GS成分で表される代表的な速度成分により直接置換する，すなわち，τ_{ij} 中の速度 u_i を適当な代表速度 $\hat{u}_i$ で置換し，

$$\tau_{ij}=\overline{u_iu_j}-\bar{u}_i\bar{u}_j\simeq(\overline{\hat{u}_i\hat{u}_j}-\bar{\hat{u}}_i\bar{\hat{u}}_j) \tag{13.2.20}$$

と近似される[22]．ここに，$\hat{u}_i$ は以下の項から形成される．

$$\hat{u}_i=[\boldsymbol{I}-(\boldsymbol{I}-\bar{\boldsymbol{G}})^n]u_i \tag{13.2.21}$$

ここに，$\boldsymbol{I}$ は恒等オペレータ，$\bar{\boldsymbol{G}}$はフィルタのオペレータであり，$\bar{\boldsymbol{G}}^nu_i$ は u_i にフィルタを n 回施したものを示す．

$n=1$ とすると $\hat{u}_i=\bar{u}_i$ となり

$$\tau_{ij}\simeq L^{\mathrm{m}}_{ij} \tag{13.2.22}$$

と近似され，SGS応力は修正レナード項により近似される．$n=2$，3とすると，それぞれ，

$$\hat{u}_i=\bar{u}_i+(\bar{u}_i-\bar{\bar{u}}_i),$$
$$\hat{u}_i=\bar{u}_i+2(\bar{u}_i-\bar{\bar{u}}_i)-(\bar{\bar{u}}_i-\bar{\bar{\bar{u}}}_i) \tag{13.2.23}$$

となり，$\hat{u}_i$ は上述の伝達領域の速度成分とより高次の伝達領域の速度成分の線形結合となる．テイラー展開を用いて式（13.2.23）の右辺の打切り誤差を評価すると，$\varDelta$ に関し，それぞれ，2次，3次となる．n を上げるにつれ，より高次な近似が得られる．$n=2$ とした場合については，下式のモデルを得る[23]．

$$\tau_{ij}\simeq C_LL^{\mathrm{m}}_{ij}+C_CL^C_{ij}+C_BL^R_{ij} \tag{13.2.24}$$

$$L^C_{ij}=L^{\mathrm{m}}_{ij}-(\overline{\bar{\bar{u}}_i\bar{\bar{u}}_j}-\bar{\bar{\bar{u}}}_i\bar{\bar{\bar{u}}}_j), \tag{13.2.25}$$

$$L^R_{ij}=\overline{\overline{u'_i}\,\overline{u'_j}}-\bar{\overline{u'_i}}\,\bar{\overline{u'_j}}=\overline{(\bar{u}_i-\bar{\bar{u}}_i)(\bar{u}_j-\bar{\bar{u}}_j)}-\overline{(\bar{u}_i-\bar{\bar{u}}_i)}\;\overline{(\bar{u}_j-\bar{\bar{u}}_j)} \tag{13.2.26}$$

このモデルでは，C^{m}_{ij} 項は L^C_{ij} 項および L^R_{ij} 項で，また，R^{m}_{ij} 項は，L^R_{ij} 項で近似されている．

式（13.2.21）において，$n\to\infty$ の極限での漸近

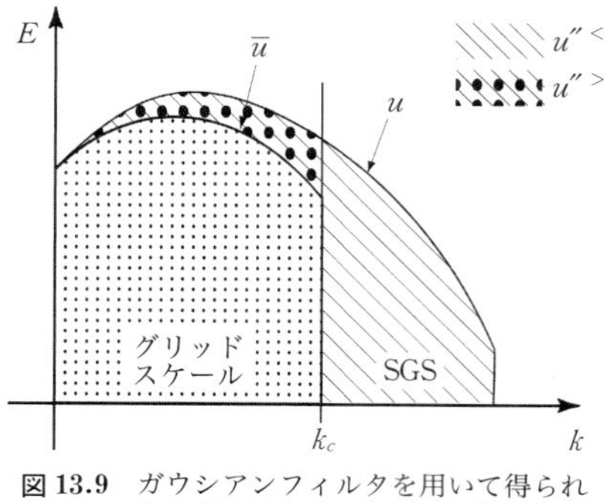

図 13.9　ガウシアンフィルタを用いて得られたエネルギースペクトルの模式図

挙動をみると，$|\bar{\boldsymbol{G}}|<1$ なので，

$$\hat{u}_i=[\boldsymbol{I}-(\boldsymbol{I}-\bar{\boldsymbol{G}})^n]u_i \to \boldsymbol{I} \qquad (13.2.27)$$

となる．すなわち，スケール相似則モデルは，その高精度化の極限でフィルタ反転（defiltered または unconvoluted）モデル，

$$\hat{u}_i \simeq \bar{\boldsymbol{G}}^{-1}\bar{u}_i=\boldsymbol{I}(u_i)=u_i^{<} \quad (13.2.28)$$

$$u_i^{<}: u_i(k) \quad \text{for} \quad |k| \leq \pi/\varDelta$$

に収束する[24]．ここに，$u_i^{<}$ は u_i のフーリエ成分が格子で解像されたスケールに属す成分を示す．

図 13.9 に，ガウシアンあるいはトップハットフィルタを用いて GS と SGS に分離されたエネルギースペクトルの模式図を示した．横軸は波数を，縦軸はエネルギースペクトルを示す．格子で解像されたスケール（$|k|<k_c(=\pi/\bar{\varDelta})$ の領域）に，GS 成分と SGS 成分の双方が混在する．フィルタ反転モデルでは，このスケールの全成分が回復される[22]．したがって，フィルタ反転モデルでは，$|k|<k_c$ の領域に属する SGS 成分，$u_i''^{<}$ については回復されているのに対し，$|k|>k_c$ の領域に属する真の SGS 成分，$u_i''^{>}$ については，まったく近似がなされていない．したがって，フィルタ反転モデルを実際の LES 計算に用いた場合，GS エネルギーの SGS への十分な散逸が与えられず，乱流状態が維持されない場合がある．

そこで，この真の SGS 成分を積極的に評価するモデルとして，SGS 見積り（estimation）モデルがある[25]．このモデルでは，以下の操作を行う．まず，$\bar{u}_i$ にフィルタの反転を施して $u_i^{<}$ を得る．次に，$u_i^{<}$ を格子幅 $\varDelta$ の半分の幅をもつ格子への補間により，2 倍の格子点数（$2N$）上での速度 $u_i^{<(2N)}$ を得，$u_i^{<(2N)}$ をナビエ-ストークス方程式中の非線形項に代入して高波数成分を生成し，最後に $u_i^{<}$ との総和から u_i^{2N} を計算し，SGS 応力項を算出する．したがって，このモデルでは，LES で解像されるスケールの 2 倍のスケールまで SGS を拡張している．Domaradzki ら[26] は波数空間でのエネルギー伝達の解析を行い，GS から SGS への主要なエネルギー伝達は，$k<2k_c$ の波数領域における相互作用から生じるという結果を得たが，SGS 見積りモデルで 2 倍のスケールまで拡張したことは，この結果に基づいている．ただし，この最後の速度場は必ずしも連続の方程式を満足しないので，$u_i^{(2N)}$ の非圧縮な空間への射影を施す必要がある．

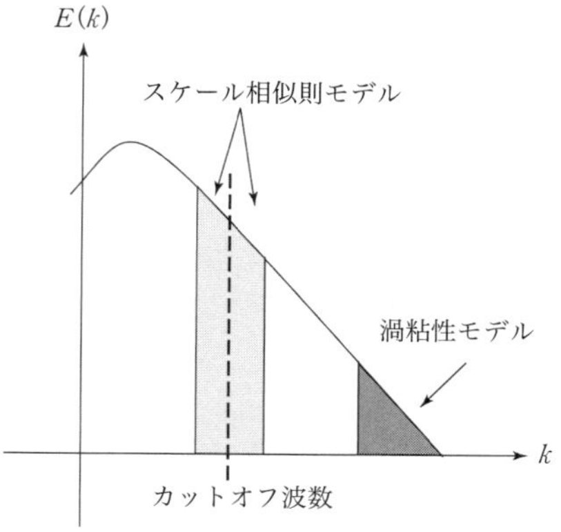

図 13.10　フーリエ空間における SGS 渦粘性係数モデルとスケール相似則モデルの近似精度が高い領域の模式図

以上の SGS 渦粘性モデルとスケール相似則モデルは，それぞれ，異なる波数領域における GS と SGS の相互作用を近似しているものと考えられる．図 13.10 に，二つのモデルが相互作用に対し主として効果的な領域を示した．横軸は波数を，縦軸はエネルギースペクトルを示す．渦粘性モデルの導出に際しては，GS に対し明確に分離したスケールをもつ SGS の存在が仮定され，このスケールは，GS に対し，ほとんど粘性的に振る舞うという仮定がなされている．したがって，渦粘性モデルは，SGS の小さなスケールと GS の相互作用を近似しているものと考えられる．前項で述べたスペクトラル渦粘性モデルにおいても同様な仮定がされており，式（13.2.12）のモデルはカットオフ波数の近傍では近似精度が低い．これに対し，スケール相似則モデルは，前述の伝達領域のような SGS の比較的大きなスケールと GS の相互作用を近似するものと考えられる．LES では両方の相互作用が同等に重要であり，高精度の SGS モデルには，両者の相互作用が取り扱えることが要請される．したがって，近年の SGS モデルにおいては，互いに相補的なこれら 2 モデルの混合型が主流となりつつある．

渦粘性モデルの枠組みのなかで，SGS 応力と変形速度テンソルの固有ベクトルの非平行関係を取り入れるモデルとして，下式のテンソル型渦粘性係数を採用する非等方渦粘性モデルが考えられる[14,15]．

$$\overline{u_i'u_j'}=\delta_{ij}\left(\frac{2}{3}\bar{E}_G+\frac{2}{3}P\right)-\nu_{til}\frac{\partial \bar{u}_j}{\partial x_l}-\nu_{tjl}\frac{\partial \bar{u}_i}{\partial x_l}$$

(13.2.29)

ここに，2 次のテンソル渦粘性係数 $\nu_{\mathrm{t}ij}$ と P は

$$\nu_{\mathrm{t}ij}=C_\nu\varDelta^2\frac{(\bar{u}_i-\bar{\bar{u}}_i)(\bar{u}_j-\bar{\bar{u}}_j)}{2(\bar{u}_i-\bar{\bar{u}}_i)^2}|\bar{S}|,\qquad P=\nu_{\mathrm{t}ml}\frac{\partial\bar{u}_m}{\partial x_l}\tag{13.2.30}$$

である．このモデルでは，渦粘性係数中の実効的な速度スケールは平均のシア平面に垂直な成分となる．このモデルにおいては，SGS 生成項は正値とともに負値もとりうる．

式 (13.2.30) のモデルでは，スケール相似則モデルと変形速度テンソル $|\bar{S}|$ を併用して時間スケール τ と速度スケール E を決定したが，ν_{t} 中の τ を両者の線形結合として決定するモデル

$$\tau=\left(\frac{\bar{\varDelta}}{2(\bar{u}_i-\bar{\bar{u}}_i)^2}\right)^{-1}+\left(\frac{C_T}{|\bar{S}|}\right)^{-1}\tag{13.2.31}$$

が提案されている[16]．このモデルは，実用的な LES のために提案され，工業機器の開発・設計において用いられている．

13.2.5　モデル定数の設定法

前項で述べたとおり，近年の SGS モデルにおいては，渦粘性モデルとスケール相似則モデルの混合型が主流となりつつあるが，その一つとして両モデルの線形結合型モデルがある．このモデル化においては，両項の比例係数（モデルパラメータ）の値を設定する必要がある．代表的な設定法として，ここでは，以下の三つの方法についてふれる．

a.　理論的な設定法

一つの方法は，統計理論に基づく方法である．例として，スマゴリンスキーモデルのスマゴリンスキー定数 C_{S} を，コルモゴロフの $-5/3$ 乗則，$E(k)=C_{\mathrm{K}}\varepsilon^{2/3}k^{-5/3}$，を用いて決定することが可能である[7]．まず，局所平衡仮説から，下式を得る．

$$\bar{\varDelta}^2C_{\mathrm{S}}(\bar{S}_{ij}\bar{S}_{ij})^{3/2}=\varepsilon\tag{13.2.32}$$

次に，歪み率の近似式

$$\bar{S}_{ij}\bar{S}_{ij}\simeq2\int_0^{\pi/\varDelta}k^2E(k)\,\mathrm{d}k=2C_{\mathrm{K}}\varepsilon^{2/3}\int_0^{\pi/\varDelta}k^{1/3}\mathrm{d}k=\frac{3}{2}C_{\mathrm{K}}\varepsilon^{2/3}\left(\frac{\pi}{\bar{\varDelta}}\right)^{4/3}\tag{13.2.33}$$

を得る．ここに，ε はエネルギー散逸率，C_{K} はコルモゴロフ定数を示す．式 (38)，(39) から，$C_{\mathrm{K}}=1.41$ として C_{S} の見積

$$C_{\mathrm{S}}=\left\{\frac{1}{\pi}\left(\frac{2}{3C_{\mathrm{K}}}\right)^{3/4}\right\}^2=0.0324\tag{13.2.34}$$

を得る．

b.　制約条件を用いた決定法

乱流のモデリングにおいては，保存則，あるいは，ナビエ-ストークス方程式が満足すべき物理的あるいは数学的な制約条件，たとえば，座標系の変換に関する不変性（座標の横断的変換（ガリレイ不変性），座標の回転など）から，モデルのパラメータの値を決定することが旧来行われてきた．LES においても，パラメータ値の一部はこうした原理に基づいて決定することが可能である．

たとえば，式 (13.2.19) のバルディナモデルではパラメータ C_r の値を設定する必要があるが，この値は，SGS 応力がガリレイ不変性を満たすという条件を課すことにより $C_r=1$ と決定される[28]．この場合，式 (13.2.19) は修正レナード項となり，実際，ガリレイ不変性が回復されることが確認される．$C_r=1$ の結果から，式 (13.1.15) の分解においては，レナード項とクロス項のそれぞれはガリレイ不変性を満足しないが，総和では不変性が回復されることがわかるが，別の方法として，この結果はテイラー展開を用いても得られる．ガウシアンフィルタを用いた場合，

$$\bar{f}=f+\frac{\bar{\varDelta}^2}{24}\frac{\partial^2f}{\partial x_k\partial x_k}+O(\bar{\varDelta}^4)\tag{13.2.35}$$

と展開できる（13.1 節参照）．したがって，レナード項とクロス項は，それぞれ，

$$L_{ij}=\left(\frac{\bar{\varDelta}^2}{24}\bar{u}_i\frac{\partial^2\bar{u}_j}{\partial x_k\partial x_k}+\frac{\bar{\varDelta}^2}{24}\bar{u}_j\frac{\partial^2\bar{u}_i}{\partial x_k\partial x_k}\right)+\frac{\bar{\varDelta}^2}{24}\frac{\partial\bar{u}_i}{\partial x_k}\frac{\partial\bar{u}_j}{\partial x_k}+O(\bar{\varDelta}^4),\tag{13.2.36}$$

$$C_{ij}=-\left(\frac{\bar{\varDelta}^2}{24}\bar{u}_i\frac{\partial^2\bar{u}_j}{\partial x_k\partial x_k}+\frac{\bar{\varDelta}^2}{24}\bar{u}_j\frac{\partial^2\bar{u}_i}{\partial x_k\partial x_k}\right)+O(\bar{\varDelta}^4)\tag{13.2.37}$$

と近似できる[8]．SGS 成分は空間的に大きく変動しその解析性は明らかでないので，テイラー展開を用いることは適切ではないかもしれない．ここでは，カットオフ波数に近い緩やかに変動する成分を対象として，テイラー展開を用いることとする．式 (13.2.36) および (13.2.37) 中には，速度そのものに比例する項がありガリレイ不変性が破られる

が，この項は，両項の総和をとることにより消去される．

ところで，式 (13.2.36) と (13.2.37) の総和を用いると，

$$L_{ij}+C_{ij}\simeq\frac{1}{12}\varDelta^2\frac{\partial\bar{u}_i}{\partial x_k}\frac{\partial\bar{u}_j}{\partial x_k} \qquad (13.2.38)$$

という SGS 応力のモデルが得られる．このモデルは，レイノルズ平均のモデルで用いられている非線形モデルに相当する．

ただし，式 (13.2.24) のようなモデルにおいては，ガリレイ不変性のみを用いては，モデル中のパラメータ C_L，C_C，C_B の値は決定できない．より汎用的な設定法として，ダイナミックな決定法（ダイナミック法）がある．

なお，回転座標系において SGS モデルが満足すべき変換則については，文献 29 を参照されたい．

c. ダイナミック法

係数決定法として一つの標準的な方法になりつつある方法が，Germano ら[4,30] によるダイナミック法である．この方法の特徴は，通常の GS のフィルタと，それより広いフィルタ幅をもつフィルタ（テストフィルタ）を併用して，異なるスケールでの粗視化を行う点にある．この併用により，通常の GS フィルタによる SGS 応力 τ_{ij} に加えてテストフィルタによる SGS 応力

$$T_{ij}=\widetilde{\overline{u_iu_j}}-\tilde{\bar{u}}_i\tilde{\bar{u}}_j \qquad (13.2.39)$$

が定義される．ここに，$(\tilde{\ })$ はテストフィルタを表す．ここで，τ_{ij} を，パラメータ C_S を含むモデル F_{ij} により下式のように近似し，

$$\tau_{ij}\simeq F_{ij}(\bar{u}\,;\bar{\varDelta},C_S) \qquad (13.2.40)$$

T_{ij} を次式のように近似する．

$$T_{ij}\simeq F_{ij}(\tilde{\bar{u}}\,;\tilde{\bar{\varDelta}},C_S). \qquad (13.2.41)$$

$\tilde{\bar{\varDelta}}$ はテストフィルタの特性的なフィルタ幅である．ここでは，τ_{ij} と T_{ij} がスケールに依存せずに同一の関数 F_{ij} と同一のパラメータ C_S の値で近似できると仮定している（スケール不変性）．

式 (13.2.46) にテストフィルタを施した式と式 (13.2.47) との差をつくることにより，下式が得られる．

$$(T_{ij}-\tilde{\tau}_{ij})=F_{ij}(\tilde{\bar{u}}\,;\tilde{\bar{\varDelta}},C_S)-\widetilde{F_{ij}(\bar{u}\,;\bar{\varDelta},C_S)} \qquad (13.2.42)$$

ここに，式 (13.2.42) の左辺は，下記の式となる．

$$\mathscr{L}_{ij}\equiv\widetilde{\bar{u}_i\bar{u}_j}-\tilde{\bar{u}}_i\tilde{\bar{u}}_j \qquad (13.2.43)$$

したがって，パラメータ C_S に関する閉じた方程式が得られ，完結することができた．式 (13.2.43) は，Germano の恒等式と呼ばれるが，修正レナード項と類似な項となっており，結果として，ダイナミック法ではスケール相似則モデルにより τ_{ij} の見積りを得たうえでモデルパラメータの値をその見積りに合致させる仕組みとなっている．

このモデルの利点は，あらかじめ設定が必要なパラメータが $\tilde{\bar{\varDelta}}$ と $\bar{\varDelta}$ の比のみで，モデル定数が自己完結的に決定される点にある．その比は，通常 $\tilde{\bar{\varDelta}}/\bar{\varDelta}=2$ と選択されているが，この値は，前述の SGS 見積りモデルにおいて，SGS をカットオフ波数の 2 倍のスケールまで拡張したことに対応している．なお，式 (13.2.40) と (13.2.41) における C_S のスケール不変性の仮説は必ずしも正しくなく，C_S はスケールに依存するという報告[31] もあることを付記しておく．

式 (13.2.42) から，パラメータ C_S の値の決定には，対称性を考慮して方程式が 6 個あるのに対し，求めるパラメータが 1 個という過剰決定系を形成していることを考慮する必要がある．このため，通常は，① 式 (13.2.42) の GS の変形速度テンソルとの縮約をつくって C_S を決定する[30]，② 式 (13.2.42) の余剰誤差の自乗が最小になるよう C_S を決定する[32] といった方法が用いられている．特に，F_{ij} としてスマゴリンスキーモデルを用い，C_S の値を決定するモデル（dynamic Smagorinsky-model：DSM）を例にとると，以下のようになる．

τ_{ij} を

$$\tau_{ij}\simeq\frac{1}{3}\tau_{kk}\delta_{ij}-2C_S\bar{\varDelta}^2|\bar{S}|\bar{S}_{ij}, \qquad (13.2.44)$$

と近似し，T_{ij} を，

$$T_{ij}\simeq\frac{1}{3}T_{kk}\delta_{ij}-2C_S\tilde{\bar{\varDelta}}^2|\tilde{\bar{S}}|\tilde{\bar{S}}_{ij}, \qquad (13.2.45)$$

と近似する．両式の差をとると，

$$\mathscr{L}_{ij}=\frac{1}{3}\mathscr{L}_{kk}\delta_{ij}-2C_S\mathscr{E}_{ij},$$

$$\mathscr{E}_{ij}=2\{\widetilde{\bar{\varDelta}^2|\bar{S}|\bar{S}_{ij}}-\tilde{\bar{\varDelta}}^2|\tilde{\bar{S}}|\tilde{\bar{S}}_{ij}\} \qquad (13.2.46)$$

を得る．上式から最小 2 乗法を用いて C_S を算出すると，

$$C_S=\frac{\mathscr{L}_{ij}\mathscr{E}_{ij}}{\mathscr{E}_{kl}\mathscr{E}_{kl}} \qquad (13.2.47)$$

となる．

上記の方法で C_S を決定した場合，一般に負値の C_S がしばしば発生するが，負の粘性係数は渦粘性モデルがその基礎とする勾配拡散の仮定に反し，物理的に正しくない．実際，計算の指数関数的な不安定性を生じる．この不安定性を除去するため，① 空間的[30]，時間的，あるいは，ラグランジュ的な追跡の道筋に沿った平均[33] を施す，② C_S が負値をとった場合，強制的に 0 とするといった処置（クリッピング）がとられている．

DSM は，一様等方性乱流をはじめとするさまざまな流れ場の LES に適用され成功を収めたが，特に，チャネル流においては，前述のスマゴリンスキーモデルのもつ欠点 ① と ② が解消され，特別な関数などを用いずに適切な C_S の値と壁近傍でのその減衰が得られた[30]．このため，ダイナミック法による SGS モデルは，工学的な乱流解析の汎用的・標準的なツールの一つとなっている．

ただし，回転を伴う乱流にダイナミック法を適用する際には，注意が必要なことを付記しておく[34]．

なお，ダイナミック法を多変数のパラメータをもつモデルに適用することは，同様に可能である[35]．式（13.2.24）の混合型モデル中の定数値の決定にダイナミック法を適用したモデルの部分集合として，DSM（$C_L=C_C=C_B=0$），dynamic mixed model（DMM）（$C_L=1, C_C=C_B=0$）[36]，dynamic two-parameter mixed model（CL-CS モデル）（$C_C=C_B=0$[37]，および，CB-CS モデル（$C_L=1$, $C_C=0$[23]）が得られる．

前項で述べた 1 方程式モデルに対しても，モデル中のパラメータの値をダイナミック法を用いて決定する方法も提案されている．このためには，式 (13.2.43) の Germano の恒等式が SGS 応力のテンソルのレベルで得られたのに対し，発散をとったベクターのレベルにおけるダイナミック法を考慮する必要があるが，ベクターのレベルにおいてもテンソルレベルと同様に恒等式を導出することが可能である[36]．ここでは，スマゴリンスキーモデルを例にとる．τ_{ij} と T_{ij} を，式（13.2.44）と（13.2.45）と同様に近似して，式（13.2.44）と（13.2.45）の発散をとり，さらに両式の差をつくることにより，下式のベクターレベルにおける Germano の恒等式を得る．

$$\frac{\partial \mathcal{L}_{ij}}{\partial x_j}=\frac{1}{3}\frac{\partial \mathcal{L}_{kk}}{\partial x_i}+2\frac{\partial}{\partial x_j}(C_S\mathcal{E}_{ij}) \tag{13.2.48}$$

テンソルレベルの場合と同様に，上式を用いてスマゴリンスキー定数を決定することができる．この方法による計算結果は格子解像度に対する依存性が小さいという報告[39] がある．

13.2.6　モデルの検証法

どのような LES の SGS モデルに対しても，その有効性を検証することは必須であるが，その方法としては，‘a priori’ および ‘a posteriori’ と呼ばれる二つの方法がある．

a.　‘a priori’ な検証

DNS データの登場は，SGS モデルがナビエ-ストークス方程式の厳密解にどの程度近いかという検証，すなわち，SGS モデルの直接的な検証（‘a priori’ テスト）を可能とした．ここでは，例として，チャネル流 DNS データを用いた検証例を示す．DNS データは，壁面摩擦速度とチャネル半幅に基づいたレイノルズ数が 180，x，y，z 方向に，それぞれ，128，129，128 の格子点を用いて生成された．ここに，x は下流方向，y は壁面に垂直な方向，z は横断方向を示す．DNS データの x と z の 2 方向にガウシアンフィルタを施し，さらに，格子点数を 32×129×32 に削減することにより速度を GS 成分と SGS 成分に分離して LES データを生成し，SGS 応力の厳密値を算出した．

LES における GS と SGS 間のエネルギー伝達において，時間あるいは空間のアンサンブル平均を施した場合，一般にエネルギーの伝達方向は，GS から SGS への順方向となり，レイノルズ平均のモデルの場合は，順方向の伝達のみを考慮すれば十分であるのに対し，LES においては，時間・空間的な変動を伴うため非平衡な状態にあり，局所的には SGS から GS への逆方向の伝達も起こりうる．DNS データを用いてエネルギー伝達の厳密な振舞いを解析することにより，この逆方向伝達の発生の頻度を，検証してみる．

図 13.11 は，SGS 生成項 P を順方向伝達成分（P_+）と逆方向伝達成分（P_-）の両成分に分解し，x と z の 2 方向の平均をとった場合の各項の y 分布を示す．ここに，P_+ と P_- は以下のように定義

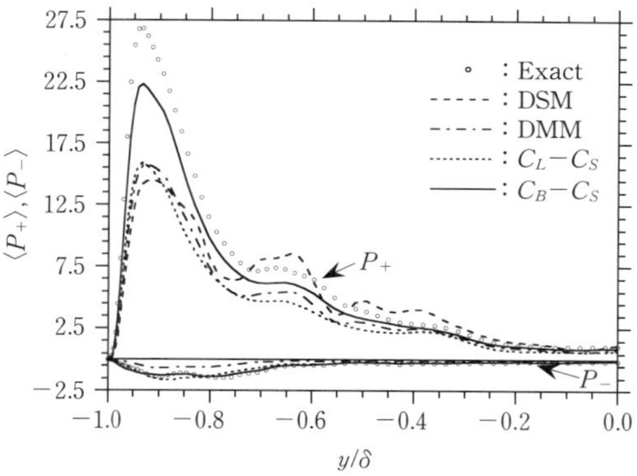

図 13.11 チャネル流の‘a priori’テストにおける SGS 生成項の分解，P_+, P_- の平均値 y 分布
DNS による厳密値とモデルによる予測値を示す．

される．

$$P_+=\frac{P+|P|}{2},\quad P_-=\frac{P-|P|}{2} \tag{13.2.49}$$

図から，無視できない強度の逆方向伝達が生成されていることがわかる．なお，図には，P 項の平均値のみを示したが，その rms 値は平均値と同程度もしくはそれ以上の強度を有していた．また，すべての流れ場において，P 項が負となる格子点数の全格子点数に対する比は，約 40% であった．

この頻度は格子の解像度にも依存するが，自由乱流，あるいは，一様等方性乱流といった他の流れ場においてもおおむね同様な結果が得られたため，乱流場中においては，顕著な逆方向伝達が生じており，LES においてはエネルギー伝達の局所的な強い非平衡性が存在することが示される．したがって，LES の SGS モデルの開発にあたっては，逆方向伝達の表現可能性を考慮する必要がある．渦粘性モデル，たとえばスマゴリンスキーモデルにおいては，逆方向伝達は表現されない．より高次なモデルとして，前述の dynamic な混合型モデルにより得られた，この SGS 生成項の分布の予測精度を検証するため，図 13.12 には各種モデル（DSM, DMM, CL-CS モデル，および，CB-CS モデル）による SGS 生成項の予測値も含めたが，スケール相似則モデルの精度を $n=0$ から 1，2 と上げるにつれ，予測精度も改善される．

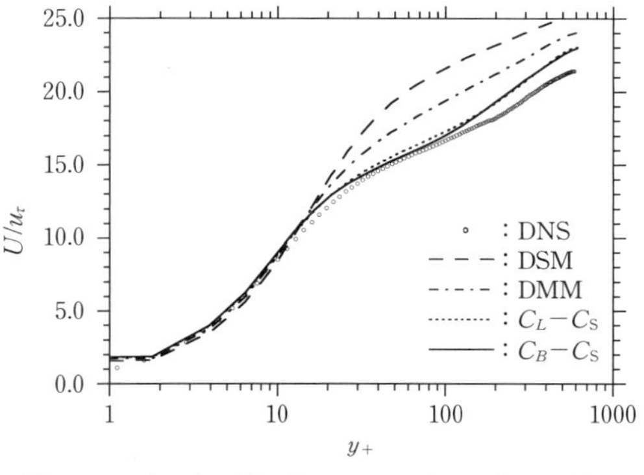

図 13.12 チャネル流の‘a posteriori’テストにおける平均速度の y 分布

b. ‘a posteriori’ な検証

前項では，DNS データとモデルによる予測値の相関という視点からみた SGS モデルの直接的な検証（‘a priori’ テスト）の結果を示したが，モデルの正当な評価のためには，モデルを LES 計算へ実際に適用してその妥当性を計る検証（‘a posteriori’ テスト）も同時に行われなければならない．それは，厳密値との相関の高いモデルが，必ずしも実際の計算においても，良好な結果を与えるとは限らないからである．

この ‘a posteriori’ テストの結果の例として，図 13.12 にチャネル流の LES 計算にモデルを適用した場合の平均速度の予測結果を示すが，‘a priori’ テストと同様に，モデルの予測精度は，DSM, DMM, CL-CS, CB-CS モデルの順に改善されており，‘a priori’ テストと ‘a posteriori’ テストの結果は整合性がとれていることがわかる[23]．

ただし，本節で取り上げた検証は，あくまで比較的低いレイノルズ数において行われたことに留意されたい．高レイノルズ数においては，GS と SGS の相互作用のうち，カットオフ波数近傍の相互作用とともに，GS と小さなスケールの SGS との相互作用もより重要となるものと考えられる．実際，スケール相似則モデルの高精度化の極限として得られるフィルタ反転モデルでは，SGS 生成項を過小に，逆方向伝達を過剰に見積もるという欠点があり，渦粘性係数モデルとの併用が必須である．したがって，スケール相似則モデルと渦粘性モデルとの混合型モデルが，今後の SGS モデルの一つの方向となるものと思われる．

本節で取り上げた内容を補う参考文献として 40 を参照されたい．

［堀内　潔］

文　献

1) A. Leonard : Advances in Geophys., **18A**, 1973, 237.
2) U. Schumann : J. Comp. Phys., **18**, 1975, 376.
3) S. Ghosal, P. Moin : J. Comp. Phys., **118**, 1998, 24.
4) M. Germano : J. Fluid Mech., **238**, 1992, 325.
5) M. Germano : Phys. Fluids, **29**, 1986, 2323.
6) J. Smagorinsky : Mon. Weath. Rev., **91**, 1963, 99.
7) D. K. Lilly : NCAR Manuscript, 1966, 123.
8) R. A. Clark *et al.* : J. Fluid Mech., **91**, 1979, 1.
9) N. N. Mansour : Ph. D. dissertation, Stanford University, Stanford, California, 1978.
10) K. Horiuti : J. Comp. Phys., **71**, 1987, 343.
11) E. R. Van Driest : J. Aero. Sci., **23**, 1956, 1007.
12) B. Tao *et al.* : J. Fluid Mech., **457**, 2002, 35.
13) K. Horiuti : J. Fluid Mech., **491**, 2003, 65.
14) P. A. Durbin : J. Fluid Mech., **249**, 1993, 465.
15) K. Horiuti : Phys. Fluids, **A5**, 1993, 146.
16) M. Inagaki *et al.* : Trans. ASME J. Fluid Eng., **127** (1), 1.
17) R. H. Kraichnan : J. Atmos. Sci., **33**, 1976, 1521.
18) J.-P. Chollet, M. Lesieur : J. Atoms. Sci., **38**, 1981, 2747.
19) O. Metais, M. Lesieur : J. Fluid Mech., **239**, 1992, 157.
20) A. Yoshizawa, K. Horiuti : J. Phys. Soc. Japan, **54**, 1985, 2834.
21) J. Bardina : Ph. D. dissertation, Stanford University, Stanford, California, 1983.
22) B. J. Geurts : Phys. Fluids, **9**, 1997, 3585.
23) K. Horiuti : Phys. Fluids, **9**, 1997, 3443.
24) S. Stoltz, N.A. Adams : Phys. Fluids, **11**, 1999, 1699.
25) J. A. Domaradzki, K. C. Loh : Phys. Fluids, **11**, 1999, 2330.
26) J. A. Domaradzki, W. Liu : Phys. Fluids, **A7**, 1995, 2025.
27) K. Horiuti : J. Phys. Soc. Japan, **66**, 1997, 91.
28) C. G. Speziale : J. Fluid Mech., **156**, 1985, 55.
29) C. G. Speziale : Geophys. Astrophys. Fluid Dynamics, **33**, 1985, 55.
30) M. Germano *et al.* : Phys. Fluids, **A3**, 1991, 1760.
31) C. Meneveau, T. S. Lund : Phys. Fluids, **9**, 1997, 3932.
32) D. K. Lilly : Phys. Fluids, **A4**, 1992, 633.
33) C. Meneveau *et al.* : J. Fluid Mech., **319**, 1996, 353.
34) K. Horiuti : J. Turbulence, **7**, 2006, N-17-1-27.
35) V. C. Wong : Phys. Fluids, **A4**, 1992, 1080.
36) Y. Zang *et al.* : Phys. Fluids, **A5**, 1993, 3186.
37) M. V. Salvetti, S. Banerjee : Phys. Fluids, **7**, 1995, 2831.
38) S. Ghosal *et al.* : J. Fluid Mech., **286**, 1998, 229.
39) Y. Morinishi, O. V. Vasilev : Phys. Fluids, **14**, 2002, 3616.
40) C. Meneveau, Katz : Annu. Rev. Fluid Mech., **32**, 2000, 1.

14

RANS/LES ハイブリッドシミュレーション

計算機の発達によりラージエディシミュレーション（LES）は複雑な流れ場にも適用できるようになり，実用的な乱流場の計算方法となることが期待されている．しかし，航空機の翼周りの流れのような固体壁を含む高レイノルズ数の流れ場を滑りなし境界条件を用いて計算することは依然として難しい．壁近くの流れの構造を解像するには，非常に多くの格子点が必要だからである．たとえば，翼周りのLESを行うには10^{11}の格子点が必要であるとの評価がある[1]．そのような高レイノルズ数のLESにおいては，以前から人工的な壁面境界条件が試されてきた．対数則などの壁関数を使い，壁面最近傍格子の速度から壁面応力を求める方法である．しかし，精度や汎用性の点で必ずしも十分でない．そこで最近，壁近くでレイノルズ平均モデル（RANS）を用い壁から離れたところでLESを行うというRANS/LESハイブリッド計算が試みられている．すなわち，LESの壁面モデルとしてRANSモデルを用いるという方法である．その代表的なものがSpalartら[1]が提案したデタッチドエディシミュレーション（detached eddy simulation, DES）である．

DESは航空分野の流れの計算法として，もともと上述の説明とは別の観点から提案された．すなわち，翼に沿った境界層はRANSで計算できるが，翼から大きく剥離した流れをRANSで精度よく解くことは難しい．そこで，物体周りの境界層はRANSで，物体から離れた（detached）流れをLESで解くというRANSの拡張として提案された．動機が異なるとはいえRANSとLESの長所を生かして高レイノルズ数乱流の予測をするという意味では他のハイブリッド計算と同じである．DESではおもにSpalart-Allmaras（S-A）[2,3]モデルを用いる．これは，航空分野の高速流のための1方程式モデルである．DES以外にも，その他のRANSモデルとLESを組み合わせたハイブリッド計算が提案されている．

14.1 デタッチドエディシミュレーションのモデル方程式

DESではRANSとしてS-Aモデルを用い，LESではS-Aモデルを拡張したモデルを用いる．S-Aモデルは速度場などの基礎方程式に加えもう一つのモデル変数の輸送方程式を解く1方程式モデルである[2,3]．渦粘性率ν_tは

$$\nu_t=\tilde{\nu}f_{v1},\quad f_{v1}=\frac{\chi^3}{\chi^3+C_{v1}^3},\quad \chi\equiv\frac{\tilde{\nu}}{\nu} \qquad (14.1.1)$$

と与えられる．ここで，νは分子粘性率である．また，$\tilde{\nu}$は渦粘性に相当する作業変数であり，十分発達した乱流（$\chi\gg1$）の場合は$f_{v1}=1$すなわち$\nu_t=\tilde{\nu}$となる．$\tilde{\nu}$は輸送方程式

$$\frac{D\tilde{\nu}}{Dt}=C_{b1}[1-f_{t2}]\tilde{S}\tilde{\nu}+\frac{1}{\sigma}[\nabla\cdot((\nu+\tilde{\nu})\nabla\tilde{\nu})+C_{b2}(\nabla\tilde{\nu})^2]-\left[C_{w1}f_w-\frac{C_{b1}}{\chi^2}f_{t2}\right]\left[\frac{\tilde{\nu}}{d}\right]^2+f_{t1}\Delta U^2 \qquad (14.1.2)$$

に従う．ここで右辺第1項は生成項，第2項は拡散項，第3項は崩壊項であり，第4項は乱流遷移を表すためのトリップ項である．生成項に含まれる$\tilde{S}$は

$$\tilde{S}\equiv S+\frac{\tilde{\nu}}{\chi^2d^2}f_{v2},\quad f_{v2}=1-\frac{\chi}{1+\chi f_{v1}} \qquad (14.1.3)$$

である．ただし，Sは渦度の大きさ$|\omega|$または速度歪みテンソルの大きさ$\sqrt{2S_{ij}S_{ij}}$［$S_{ij}=(\partial U_i/\partial x_j+\partial U_j/\partial x_i)/2$］を表し，$d$は計算点から最も近い壁までの距離で，$\chi$はカルマン定数である．崩壊項に含まれる関数$f_w$は

$$f_{\mathrm{w}}=g\left[\frac{1+C_{\mathrm{w3}}^6}{g^6+C_{\mathrm{w3}}^6}\right]^{1/6},\quad g=r+C_{\mathrm{w2}}(r^6-r),$$

$$r\equiv\frac{\tilde{\nu}}{\tilde{S}\varkappa^2d^2} \tag{14.1.4}$$

となる．$\tilde{\nu}$ の壁面での境界条件は $\tilde{\nu}=0$ である．また，境界層外側の自由流では $\tilde{\nu}=0$ であるが，数値誤差により境界層端近くで負になるのを防ぐため $\nu/10$ 以下の小さい値を課してもかまわない．初期条件についても同様である．関数 f_{t2} は

$$f_{\mathrm{t2}}=C_{\mathrm{t3}}\exp(-C_{\mathrm{t4}}\chi^2) \tag{14.1.5}$$

である．遷移のためのトリップ関数 f_{t1} は

$$f_{\mathrm{t1}}=C_{\mathrm{t1}}g_{\mathrm{t}}\exp\left(-C_{\mathrm{t2}}\frac{\omega_{\mathrm{t}}^2}{\Delta U^2}(d^2+g_{\mathrm{t}}^2d_{\mathrm{t}}^2)\right) \tag{14.1.6}$$

と与える．ここで，d_{t} は計算点から壁面上のトリップ点への距離，ω_{t} はトリップ点での渦度，ΔU は計算点とトリップ点の速度差の大きさである．また g_{t} は

$$g_{\mathrm{t}}\equiv\min(0.1,\Delta U/\omega_{\mathrm{t}}\Delta x_{\mathrm{t}}) \tag{14.1.7}$$

であり，Δx_{t} はトリップ点での壁に沿った方向の格子間隔である．トリップ点の位置はユーザーがあらかじめ設定する必要がある．以上の式に含まれるモデル定数は

$$C_{\mathrm{b1}}=0.1355,\ \sigma=2/3,\ C_{\mathrm{b2}}=0.622,\ \varkappa=0.41,$$
$$C_{\mathrm{w1}}=C_{\mathrm{b1}}/\varkappa^2+(1+C_{\mathrm{b2}})/\sigma,\ C_{\mathrm{w2}}=0.3,\ C_{\mathrm{w3}}=2,$$
$$C_{\mathrm{v1}}=7.1,\ C_{\mathrm{t1}}=1,\ C_{\mathrm{t2}}=2,\ C_{\mathrm{t3}}=1.1,\ C_{\mathrm{t4}}=2 \tag{14.1.8}$$

である[2]．Spalart と Allmaras[3] では $C_{\mathrm{t3}}=1.2$, $C_{\mathrm{t4}}=0.5$ と修正されているが，DES では式 (14.1.8) の値が用いられることが多い．

f_{t1} と f_{t2} は乱流への遷移を適切に表すために導入された関数であり，対象とする流れ場によってはむしろ f_{t1} を含むトリップ項は用いない例が多く，また f_{t2} についても生成項と崩壊項の両方であるいは生成項でのみ省略する例がある．最近の DES では，上式のうち生成項の $\tilde{S}$ を次のように修正する場合もある[4]．

$$\tilde{S}\equiv f_{\mathrm{v3}}S+\frac{\tilde{\nu}}{\varkappa^2d^2}f_{\mathrm{v2}} \tag{14.1.9}$$

$$f_{\mathrm{v2}}=\left(1+\frac{\chi}{C_{\mathrm{v2}}}\right)^{-3},\quad f_{\mathrm{v3}}=\frac{(1+\chi f_{\mathrm{v1}})(1-f_{\mathrm{v2}})}{\chi} \tag{14.1.10}$$

ただし，$C_{\mathrm{v2}}=5$ である．もとの式 (14.1.3) に対して f_{v3} が新たに導入され f_{v2} が再定義されている．

以上は RANS としての S-A モデルの説明である．次に，S-A モデルを LES に拡張しさらに RANS と LES をつなぐ必要がある．それは，S-A モデルに含まれる最も近い壁までの距離 d を $\tilde{d}$ に置き換えることで実現する．新しい長さスケール $\tilde{d}$ は

$$\tilde{d}\equiv\min(d,C_{\mathrm{DES}}\varDelta),\quad \varDelta=\max(\Delta x,\Delta y,\Delta z) \tag{14.1.11}$$

で定義される．ここで，$\Delta x,\Delta y,\Delta z$ は各方向の格子間隔であり，$C_{\mathrm{DES}}=0.65$ である．$d<C_{\mathrm{DES}}\varDelta$ となる壁に近い領域では $\tilde{d}=d$ となり RANS を用い，$d>C_{\mathrm{DES}}\varDelta$ となる壁から離れた領域では $\tilde{d}=C_{\mathrm{DES}}\varDelta$ となり LES を行う．図 14.1 にバックステップ流れにおける $\tilde{d}/d$ の等高線を示す[1]．一番壁に近い $\tilde{d}/d=1$ の領域が RANS，壁から離れた $\tilde{d}/d<1$ の領域が LES に対応する．バックステップ後面の近くで $\varDelta$ が小さいため RANS の領域が薄くなっている．また，航空機の翼周りなど一般的な流れの DES における格子の考え方や実例について Spalart による解説がある[5]．それによると，たとえば定数 C_{DES} は 0.65 がおもに用いられるが，0.25 や 0.1 という値が使われる場合もある．この違いは用いるスキームの数値粘性と関係があり，高次の中心差分を使う場合は 0.65 であるが風上差分を用いる場合は C_{DES} の最適値が低くなる傾向にある．また，壁に垂直な方向の格子間隔は壁近くの RANS 領域では十分小さくとり，壁から離れた LES 領域では大きくとる必要がある．壁面最近傍格子では $\Delta y^+\leq 2$，格子の伸長率は $\Delta y_{j+1}/\Delta y_j\leq 1.25$ が推奨されている．

RANS として S-A モデルの代わりに Shear Stress Transport (SST) モデル[6] を用いた DES も試されている[7]．SST モデルでは変数として乱流エネルギー k と渦度の大きさ ω を用いるが，RANS の長さスケールは

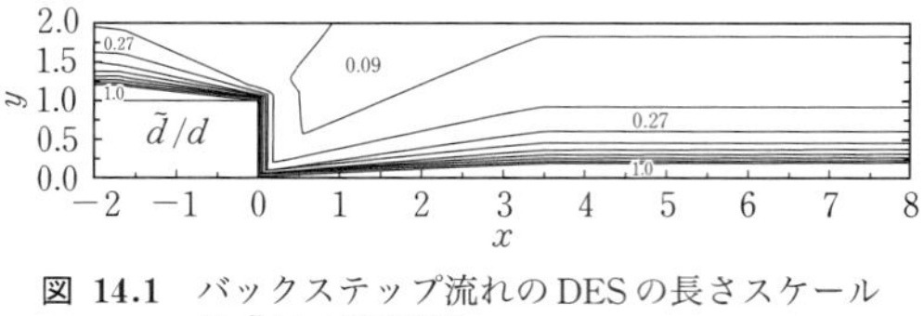

図 14.1　バックステップ流れの DES の長さスケール比 $\tilde{d}/d$ の等高線[1]
壁に近い $\tilde{d}/d=1$ の部分が RANS 領域，壁から離れた $\tilde{d}/d<1$ の部分が LES 領域を示す．

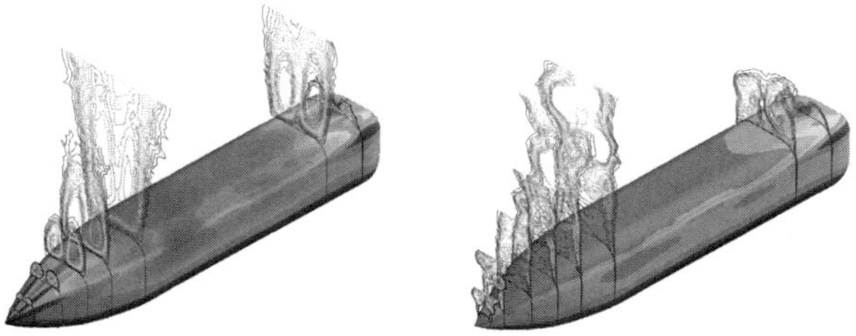

図 14.2　航空機前部周りの流れの RANS と DES 計算[8)]
左側が RANS，右側が DES の結果で，それぞれ 8 カ所の断面で渦粘性と分子粘性の比の等高線を示す．物体表面の濃淡は圧力分布を表す．

$$l_{k-\omega}=\frac{k^{1/2}}{\beta^*\omega} \qquad (14.1.12)$$

と表せる．ここで $\beta^*=0.09$ である．そして，DES のために新しい長さスケール

$$\tilde{l}=\min(l_{k-\omega}, C_{\mathrm{DES}}\varDelta) \qquad (14.1.13)$$

を導入する．RANS の k の輸送方程式に含まれる散逸項 $\rho\beta^*k\omega$ を

$$\rho\beta^*k\omega=\frac{\rho k^{3/2}}{\tilde{l}} \qquad (14.1.14)$$

と修正し DES を行う．ただし，ρ は密度である．

S-A モデルを用いた DES の長所は，RANS と LES を同じ変数を用いた 1 方程式モデルで解く点と，RANS モデルには長さスケール d が含まれ LES の格子間隔 $\varDelta$ と自然に切り替えることができる点である．また，RANS と LES の領域の境界をあらかじめ決める必要がなく，計算格子を設定すれば自動的に二つの領域が定まる．DES は単純な流れ場から複雑な問題まで適用されている．たとえば，円柱や球周りの流れ，デルタ翼上の渦の崩壊，超音速 Base 流れ，F-15 E ジェット機の流れなどの計算がある[4)]．10^6 を超える高レイノルズ数流れに対しても，適度な格子点数によって計算可能であることが示されている．図 14.2 に，航空機前部周りの流れの RANS と DES の結果を示す[8)]．渦粘性と分子粘性の比の等高線が 8 カ所の断面に表示されている．左の RANS では左右対称の大きな渦対の構造がみられるのに対し，右の DES ではより乱れた構造を示しており，非定常な流れのふるまいを再現していることがわかる．

14.2　他の RANS/LES ハイブリッドシミュレーション

DES で用いられる S-A モデルは，航空分野の流れに最適化された RANS モデルであり汎用のモデルではない．また，LES のモデルとしては広くスマゴリンスキー (Smagorinsky) モデルが用いられているが，S-A モデルを拡張した LES モデルがスマゴリンスキーモデルと同等の精度をもつかどうかはまだ検証が必要と思われる．したがって，DES 以外のハイブリッド計算もいくつか提案されている．ハイブリッド計算を行う際に考慮する点として三つがあげられる．まず，RANS と LES にどんなモデルを採用するか．次に，そのモデル方程式をどのようにつなげるか．最後に RANS と LES の計算領域をどのように指定するかである．

最初に，表 14.1 にいくつかのハイブリッド計算で用いられた RANS と LES のモデルを示す[1,7,9~13)]．(　) 内は，輸送方程式を解くモデル変数の数を表す．DES では変数の数が RANS と LES で変わらず，とくに S-A モデルでは長さスケール d を使っているので，LES の格子間隔 $\varDelta$ と自然につなぐことができる．Georgiadis ら[9)] と Kawai と Fujii[10)] は RANS として S-A モデルよりも単純なモデルを用いた．いずれも速度場などの基礎方程式以外には輸送方程式を解かない 0 方程式モデルなので，LES のスマゴリンスキーモデルと自然につながる．RANS としてそれらのモデルで精度が十分であれば，LES として広く用いられるスマゴリンスキーモデルを使えるメリットがある．また，航空分野だけでなく一般の流れに適用するために RANS として k-ε モデルなどの 2 方程式モデルを用いる計算もある．その場合，LES としてサブグリッドスケール (SGS) 乱流エネルギー k_{SGS} の輸送方程式を解く 1 方程式モデル[14)] が用いられている．この 1 方程式モデルは，スマゴリンスキーモデルとほぼ同じ精度をもつことが知られている．

表 14.1　ハイブリッド計算で用いられた RANS と LES のモデル

計算例	RANS モデル	LES モデル
DES：Spalart *et al.*[1]	Spalart–Allmaras（1）	Spalart–Allmaras の拡張（1）
DES：Strelets[7]	SST（2）	SST の拡張（2）
Georgiadis *et al.*[9]	Cebeci–Smith（0）	Smagorinsky（0）
Kawai and Fujii[10]	Baldwin–Lomax（0）	Smagorinsky（0）
Davidson and Peng[11]	k–ω（2）	k_{SGS}（1）
Tucker and Davidson[12]	k–l（2）	k_{SGS}（1）
Hamba[13]	k–ε（2）	k_{SGS}（1）

（　）内は輸送方程式を解くモデル変数の数を表す．

次に，選んだ RANS と LES の方程式をつなげる方法について触れる．RANS と LES がともに 0 方程式の場合は比較的簡単である．たとえば，Kawai と Fujii [10] は RANS と LES の方程式を blending 関数 $\Gamma(\eta)$ を用いて RANS から LES へなめらかにスイッチしている．

$$[\text{LES/RANS hybrid eqs.}] = \Gamma(\eta)[\text{LES eqs.}] + (1-\Gamma(\eta))[\text{RANS eqs.}] \tag{14.2.1}$$

$$\Gamma(\eta) = \frac{1}{2} + \tanh\left[\frac{\alpha(0.2\eta-\beta)}{0.2(1-2\beta)\eta+\beta}\right] \Big/ (2\tanh(\alpha)) \tag{14.2.2}$$

ここで，$\eta = \Delta_{\text{wall}}/\Delta_{\text{blend}}$，$\alpha=4$，$\beta=0.2$ であり，Δ_{wall} と Δ_{blend} はそれぞれ壁面からの距離および RANS から LES へスイッチさせる位置の壁面からの距離を表す．実質的には，渦粘性が blending 関数で式（14.2.1）のように切り替わっている．

一方，RANS として 2 方程式モデルを用いる場合は，LES の 1 方程式モデルとつなげるために，k 以外のモデル変数の取扱いが必要となる．Davidson と Peng [11] は RANS から LES へ切り替える位置で ω に

$$\frac{\partial\omega}{\partial y} = 0 \tag{14.2.3}$$

の境界条件を課している．また，Hamba[13] はバッファ領域 $y_A < y < y_B$ を設けて ε を

$$\tilde{\varepsilon} = \frac{y_B - y}{y_B - y_A}\varepsilon + \frac{y - y_A}{y_B - y_A}\frac{k^{3/2}}{C_\Delta \Delta} \tag{14.2.4}$$

と置き換えて切り替えている．ここで，C_Δ はモデル定数で，$k^{3/2}/C_\Delta\Delta$ は SGS 乱流エネルギーの散逸率である．このように，2 番目のモデル変数は領域をかぎって境界条件を設定するか，LES で用いる変数に変換してつなげる必要がある．前者の場合は，RANS と LES の領域を一つの面ではっきりと分けるが，後者の場合は blending 関数を用いてなめらかにつなげることができる．このように，方程式をつなげる方法はさまざまあり，さらなる検証と改良が必要である．また，よい方法が確立すれば 2 方程式 RANS モデルとスマゴリンスキーモデルをつなげることもできると考えられる．

最後に問題となるのは，流れ場の RANS と LES の領域をどのように設定するかである．DES 以外の場合では，流れの特徴を考えてあらかじめ領域を設定しなくてはならない．いまのところ一般的な決定法はない．また，DES では一見自動的に決まるようにみえるが，RANS が LES に切り替わる位置は格子間隔に依存する．すなわち，計算格子を設定することで間接的に RANS と LES の領域を決めていることになる．したがって，壁に平行な方向の格子間隔が小さいと切替えの位置が壁に近すぎることもありうる．いずれにせよ一般的な流れ場において，RANS と LES の領域をどう設定すべきかは今後の大きな課題である．

この問題を避ける方法として，Menter ら[15] は RANS と LES を領域で分けずに速度場の情報から自動的に RANS と LES を切り替えるという Scale-Adaptive Simulation を提案している．渦粘性 ν_t の 1 方程式モデルに含まれる長さスケールとして，平均速度の変化の長さスケール

$$L = \left[\left(\frac{\partial U_i}{\partial x_j}\frac{\partial U_i}{\partial x_j}\right) \Big/ \left(\frac{\partial^2 U_l}{\partial x_m^2}\frac{\partial^2 U_l}{\partial x_m^2}\right)\right]^{1/2} \tag{14.2.5}$$

を導入し，これが格子間隔よりもずっと大きい場合は RANS のモードに，格子間隔と同じスケールの場合には LES のモードに切り替わるとしている．

14.3 RANS/LES ハイブリッドシミュレーションの改良

DES では，壁に沿った境界層すべてを RANS で解き，壁から離れた流れを LES で計算する．しかし，RANS と LES の境界を境界層の内側に設定してしまうと，速度分布の不整合が生じることが知られている．チャネル流のような内部流れにおいて流入口から十分離れた下流では境界層が断面全体に広がり，上述の設定が起こりうる．図 14.3 はチャネル乱流の DES を 3 種類のコードで計算した場合の平均速度の分布である[16]．レイノルズ数が一番小さいケース A 1 を除いて，RANS が LES に切り替わる領域で速度勾配が過大評価され，RANS と LES の速度分布に不整合が生じていることがわかる．DES だけでなく k-ω モデルや k-ε モデルを用いたハイブリッド計算でもチャネル乱流において同様の不整合が生じており，ハイブリッド計算の共通の欠点であると考えられる．物体周りの流れで境界層すべてを RANS で解けば不整合は現れないが，ハイブリッド計算を広く一般的な流れに適用させるためには改良の必要がある．

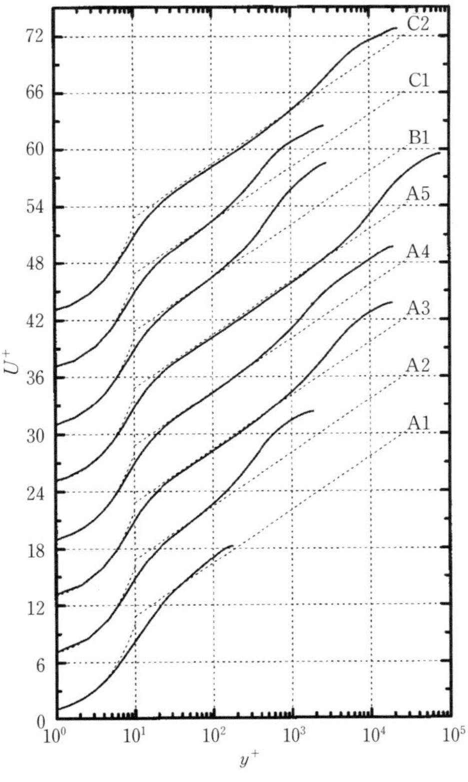

図 14.3 チャネル乱流のDESの平均速度分布[16]
A, B, C は計算コードの種類を示す．破線は $U^+=\log(y^+)/0.41+5.2$.

この不整合が起こる原因は，完全には解明されていない．ここでは，チャネル乱流のレイノルズ剪断応力の分布をみることで原因を探ってみる．図 14.4 は RANS と LES にスマゴリンスキーモデルを用いたハイブリッド計算の例である[13]．GS（グリッドスケール）は $\langle \bar{u}''\bar{v}'' \rangle$，SGS は $\langle \overline{u'v'} \rangle$，Visc.（粘性項）は $-\nu\partial\langle\bar{u}\rangle/\partial y$ を示す．ただし，$\bar{u}$ は GS 速度成分，u' は SGS 速度成分，〈 〉はレイノルズ平均，″はそれからのずれを表す．$y=0.36$ の縦の実線は，RANS と LES を切り替える境界を表す．左側の RANS の領域では SGS 成分が卓越し，右側の LES の領域では GS 成分が卓越している．この傾向は，ハイブリッド計算として自然な結果であるが，詳しくみると境界近くの LES の領域（$y=0.4$）で GS 成分が十分大きくなっていないことがわかる．渦粘性の大きい隣の RANS 領域の影響を受けて，GS 成分が過小評価されていると推測される．このため，SGS 成分の剪断応力が過大評価され平均速度勾配が大きくなったものと思われる．また，この領域では GS 速度成分の相関長も過大評価されているという報告もある[17]．

この不整合をなくすため Piomelli ら[17] は DES の速度の発展方程式に確率的なバックスキャッタモデルを導入した．このモデルには乱数を用いて相関長の小さい速度変動を加える効果があり，不整合のない速度分布を得ることができた．また，Hamba[13]

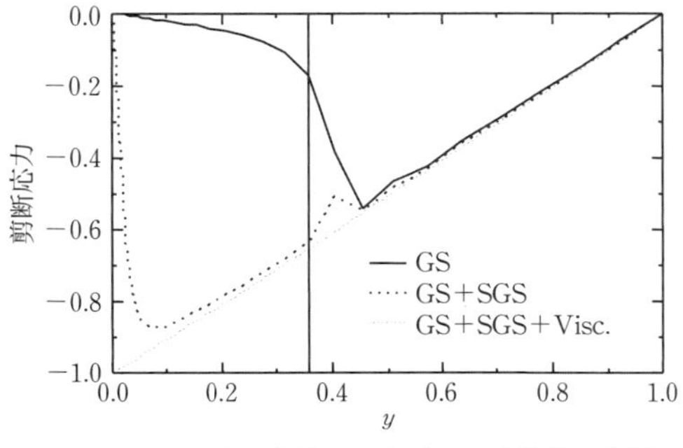

図 14.4 チャネル乱流のハイブリッド計算の剪断応力の分布
GSは $\langle \bar{u}''\bar{v}'' \rangle$，SGSは $\langle \overline{u'v'} \rangle$，Visc. は $-\nu\partial\langle\bar{u}\rangle/\partial y$ を示す．$y=0.36$ の縦の実線は RANS と LES の境界を表す．

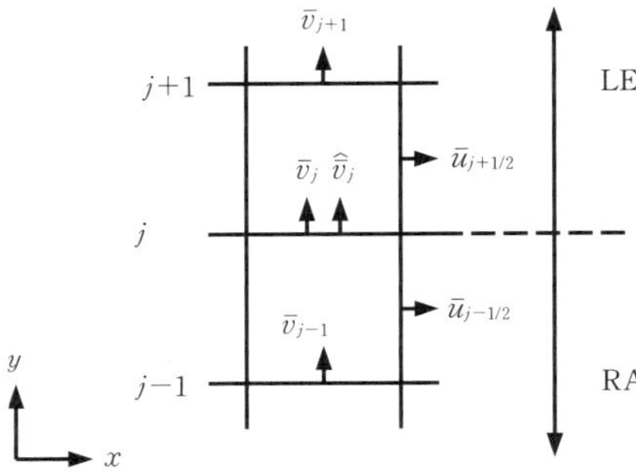

図 14.5　RANSとLESの境界近くの計算格子と新たに導入したフィルタリング

x-y 面のみを示す．上のセルから $\bar{v}_j$ が，下のセルから $\hat{\bar{v}}_j$ が参照される．速度の下付き添字は y 方向の格子の位置を表す。

はRANSとLESの領域の境界に新たなフィルタリングを導入することで速度分布を改善した．

ここでは後者の方法を簡単に解説する．図14.5はRANSとLESの境界近くの格子であり，上側がLES領域，下側がRANS領域とする．仮にそれぞれの y 座標で速度の長さスケール $\tilde{l}$ が $\tilde{l}_{j-1}=5\Delta$，$\tilde{l}_j=3\Delta$，$\tilde{l}_{j+1}=\Delta$ と与えられているとする．2次の中心差分を用いると通常の連続の式は

$$\left.\frac{\partial \bar{u}}{\partial x}\right|_{j+1/2}+\frac{\bar{v}_{j+1}-\bar{v}_j}{\Delta y}+\left.\frac{\partial \bar{w}}{\partial z}\right|_{j+1/2}=0 \qquad (14.3.1)$$

$$\left.\frac{\partial \bar{u}}{\partial x}\right|_{j-1/2}+\frac{\bar{v}_j-\bar{v}_{j-1}}{\Delta y}+\left.\frac{\partial \bar{w}}{\partial z}\right|_{j-1/2}=0 \qquad (14.3.2)$$

となる．ただし，第2項だけ差分式を表した．ここで問題になるのは，たとえば式（14.3.1）で $\bar{v}_{j+1}$ と $\bar{v}_j$ はそれぞれ異なる長さスケール $\tilde{l}_{j+1}=\Delta$ と $\tilde{l}_j=3\Delta$ に付随する速度成分であることである．$\bar{v}_j$ のほうが長さスケール，すなわちフィルタ幅が広いので速度揺らぎの強度が比較的小さい．それにひきずられて $\bar{v}_{j+1}$ の揺らぎも小さくなってしまい，その結果図14.4の $y=0.4$ でGS成分が小さくなると考えられる．

そこで，境界の x-z 面に幅 $\hat{\Delta}$ の新たなフィルタリング $\hat{}$ を導入し，式（14.3.2）を

$$\left.\frac{\partial \bar{u}}{\partial x}\right|_{j-1/2}+\frac{\hat{\bar{v}}_j-\bar{v}_{j-1}}{\Delta y}+\left.\frac{\partial \bar{w}}{\partial z}\right|_{j-1/2}=0 \qquad (14.3.3)$$

と修正する．式（14.3.1）はそのまま用いる．すなわち，連続の式の計算で上のセルから $\bar{v}_j$ が，下のセルからは $\hat{\bar{v}}_j$ が参照される．そして $\bar{v}_j$ には $\tilde{l}=\Delta$，$\hat{\bar{v}}_j$ には $\tilde{l}=5\Delta$ が対応すると仮定すると，式（14.3.1）で $\bar{v}_{j+1}$ と $\bar{v}_j$ は同じ長さスケール $\tilde{l}=\Delta$ に対応し整合性がとれる．その結果 $\bar{v}_{j+1}$ の揺らぎの過小評価が改善される．同様なフィルタリングを速度の発展方程式の移流項 $\partial(\bar{u}_i\bar{u}_j)/\partial x_j$ にも適用する．さらに，境界近くの何層かにこのフィルタリングを課すことによって速度分布の不整合をなくすことができる．

上述の方法とPiomelliら[17]の方法は，境界近くのLES領域で短いスケールのGS速度成分を補強するという意味で共通点がある．ただし，両者の欠点はいずれもフィルタリングまたはモデル項の大きさと位置を流れ場に応じて，そのつど最適化しなくてはならないことである．流れ場を計算する前にあらかじめ処方することはまだできず，これらの方法の一般化は今後の課題である．

チャネル乱流の速度分布の不整合を経験的な方法で修正するだけでなく，一般の流れでRANSとLESを適切に融合するためにはハイブリッド計算を理論的に考察することが必要である．理論的な研究としてGermano[18]のハイブリッドフィルタの定式化がある．まずハイブリッドフィルタ $\langle\ \rangle_{\mathrm{H}}$ を次のように定義する．

$$\langle f\rangle_{\mathrm{H}}=k\langle f\rangle_{\mathrm{F}}+(1-k)\langle f\rangle_{\mathrm{E}} \qquad (14.3.4)$$

ここで，$\langle\ \rangle_{\mathrm{F}}$ はLESのフィルタリング，$\langle\ \rangle_{\mathrm{E}}$ はレイノルズ平均を表し，k はblending係数（$0\leq k\leq 1$）である．k が0から1へ変化することによって，RANSからLESへ切り替わる．したがって，k は空間座標に依存するのでフィルタリング $\langle\ \rangle_{\mathrm{H}}$ と空間微分は可換でない．そのため，たとえば連続の式は

$$\frac{\partial\langle u_i\rangle_{\mathrm{H}}}{\partial x_i}+\frac{\partial k}{\partial x_i}(\langle u_i\rangle_{\mathrm{E}}-\langle u_i\rangle_{\mathrm{F}})=0 \qquad (14.3.5)$$

と変形される．速度の発展方程式にも同様に $\partial k/\partial x_i$ を含む項がいくつか付加される．

通常のLESの場合も，厳密な定式化ではフィルタリングと空間微分の非可換性から同様な付加項が現れる．しかし，一般にLESではフィルタ幅の空間変化は小さく，付加項の大きさは無視できるといわれている．一方，ハイブリッド計算ではRANSからLESへ切り替わるところでblending係数 k は急激に変化し，付加項の大きさが無視できないと考えられる．付加項を含んだ連続の式とナビエ-ストークス方程式は複雑であり，そのまま離散化して解くことは実用上容易でない．しかしこのような定

式化はハイブリッド計算の改良に示唆を与えると期待される．たとえば式（14.3.5）はkがy座標にのみ依存する場合

$$\frac{\partial \langle u_i \rangle_{\mathrm{H}}}{\partial x_i}+\frac{\partial k}{\partial y}(\langle v \rangle_{\mathrm{E}}-\langle v \rangle_{\mathrm{F}})=0 \qquad (14.3.6)$$

と表されるが，前述の Hamba[13] の方法で式（14.3.3）と式（14.3.2）の差は（$\hat{\bar{v}}_j-\bar{v}_j)/\Delta y$ であり，式（14.3.6）の第2項との何らかの対応があると考えられる．　　　　　　［半場藤弘］

文　　献

1) P. R. Spalart *et al.*: Advances in DNS/LES, 1 st AFOSR Int. Conf. DNS/LES, 1997, 137-147.
2) P. R. Spalart, S. R. Allmaras: AIAA Paper, 92-0439, 1992.
3) P. R. Spalart, S. R. Allmaras: La Recherche Aerospatiale, **1**, 1994, 5-21.
4) K. D. Squires *et al.*: AIAA Paper, 2002-1021, 2002.
5) P. R. Spalart: NASA CR-2001-211032, 2001.
6) F. R. Menter: Trans ASME, J. Fluids Engineering, **118**, 1996, 514-519.
7) M. Strelets: AIAA Paper, 2001-0879, 2001.
8) A. K. Viswanathan *et al.*: AIAA Paper, 2003-0263, 2003.
9) N. J. Georgiadis *et al.*: AIAA J., **41**, 2003, 218-229.
10) S. Kawai, K. Fujii: AIAA J., **43**, 2005, 1265-1275.
11) L. Davidson, S. H. Peng: Int. J. Numer. Meth. Fluids, **43**, 2003, 1003-1018.
12) P. G. Tucker, L. Davidson: Comput. Fluids, **33**, 2004, 267-287.
13) F. Hamba: Theoret. Comput. Fluid Dynamics, **16**, 2003, 387-403.
14) A. Yoshizawa, K. Horiuti: J. Phys. Soc. Jpn., **54**, 1985, 2834-2839.
15) F. R. Menter *et al.*: AIAA Paper, 2003-0767, 2003.
16) N. V. Nikitin *et al.*: Phys. Fluids, **12**, 2000, 1629-1632.
17) U. Piomelli *et al.*: Int. J. Heat Fluid Flow, **24**, 2003, 538-550.
18) M. Germano: Theoret. Comput. Fluid Dynamics, **17**, 2004, 225-231.

III

実用乱流と
乱流制御

15

体積力の効果

15.1　浮力を伴う乱流

15.1.1　自然対流乱流

a.　自然対流乱流境界層

加熱された鉛直平板上に生じる自然対流境界層(natural-convection boundary layer) については，一般に平板前縁からの鉛直距離 x を代表長さとして定義される局所グラスホフ数 Gr_x ($=g\beta\Delta T_\mathrm{w}x^3/\nu^2$, ΔT_w は壁面と周囲の温度差 $T_\mathrm{w}-T_\infty$) とプラントル数 Pr の積である局所レイリー数 Ra_x ($=\mathrm{Gr}_x\mathrm{Pr}$) の値が 10^9 を超えると，境界層内に速度と温度の乱れが生じ，層流から乱流への遷移が始まる．このとき，層流の速度分布から，境界層厚さが急増し，境界層内の最大速度がいったん低下するとともに，壁近傍の温度勾配が増加し，熱伝達率は増加する．その後，レイリー数 Ra_x が 10^{10} 以上になると，乱流境界層が発達する．

図 15.1 は，空気 ($\mathrm{Pr}\cong 0.71$) について，壁温一定の条件で熱電対および熱線と冷線を用いて測定した，層流境界層から乱流境界層に至る局所ヌセルト数 Nu_x ($=hx/\lambda$) と壁面剪断応力 τ_w の変化を局所グラスホフ数 Gr_x に対して示したものである[1]．自然対流乱流境界層 ($\mathrm{Gr}_x>10^{10}$) におけるこれらの実験値は，以下のように整理される．

$$\mathrm{Nu}_x=0.110\,\mathrm{Gr}_x^{1/3} \qquad (15.1.1)$$

$$\frac{\tau_\mathrm{w}}{\rho(g\beta\Delta T_\mathrm{w}\nu)^{2/3}}=0.684\,\mathrm{Gr}_x^{1/11.9} \qquad (15.1.2)$$

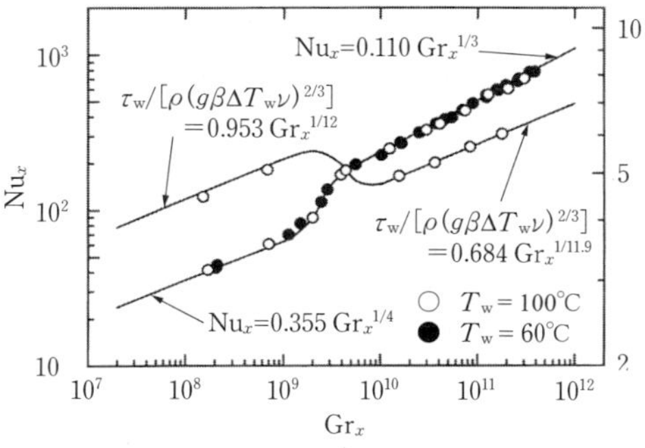

図 15.1　局所ヌセルト数と壁面剪断応力

上式について，体膨張係数 β ($=1/T_\infty$) 以外の物性値は膜温度 $T_\mathrm{f}=(T_\mathrm{w}+T_\infty)/2$ で評価する．式(15.1.1) は，$\mathrm{Nu}_x\propto\mathrm{Gr}_x^{1/3}$ の関係になっているため，結果的に熱伝達率が，鉛直方向の位置 x に依存せず，ほぼ一定となることを表している．すなわち，乱流境界層については，壁温一定の条件が熱流束一定の条件にもなっている．この関係は，水などの Pr 数の異なる流体についても観察される[2]．壁面剪断応力は，層流から乱流へ遷移するとき，その値がいったん減少し，乱流境界層で再び増加する挙動を示す．そして，壁面剪断応力の局所グラスホフ数に対する変化割合は，層流でも乱流でもほとんど同じになる．また，層流および乱流境界層ではその発達とともに，壁面剪断応力は増加するが，それにもかかわらず局所熱伝達率は，層流境界層では減少し，乱流境界層では先に記したようにほぼ一定のままである．したがって，熱と流れのアナロジーが成立しないのがこの境界層の特徴である．

自然対流乱流境界層については，種々のプラントル流体に対する熱伝達率はよく調べられているものの，乱流統計量や乱流構造に関する実験データの蓄積はきわめて少ない．そこで，実験データが比較的整っている空気流[1]について，以下にその乱流特性を示す．

図 15.2 は，V 形熱線と冷線を用いて測定した流れ方向と壁面垂直方向の平均速度 U^+, V^+, 平均温度 T^+, 流れ方向，壁面垂直方向の変動速度成分

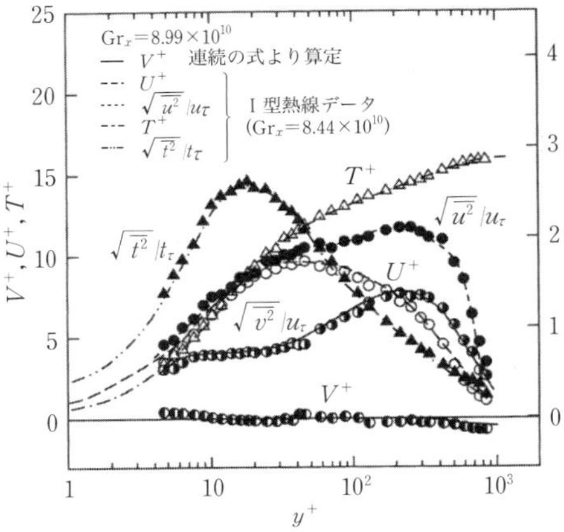

図 15.2　平均速度，平均温度および変動速度成分と変動温度の乱れ強さ

u，v の乱れ強さおよび変動温度 t の乱れ強さを示したものである．図にはI形熱線と冷線による測定値も併記したが，いずれの分布についても両者は境界層全域でよく一致する．平均速度 U^+ については，伝熱面のごく近傍の $y^+\approx1$ でも $U^+=y^+$ の関係が成立せず，通常の強制対流乱流境界層の乱流域 $y^+>30$ で観察される対数速度分布も現れない．一方，平均温度 T^+ については，壁面近傍で $T^+=\mathrm{Pr}\,y^+$ が成立し，乱流域では対数温度分布が現れる．流れ方向の変動速度成分 u の乱れ強さは，最大速度位置より外側の領域（$y^+\approx250$）で最大となり，壁面垂直方向の変動速度成分 v は，境界層全域で u よりも小さく，u が最大となる位置に一致して最大となる．

図 15.3 は，異なるグラスホフ数 Gr_x に対して，時間平均速度分布 U/U_m と時間平均温度分布 θ $[=(T-T_\infty)/\Delta T_\mathrm{w}]$ を整理したものである．ここで U_m は境界層内の最大速度，$\delta_U[=\int_0^\infty(U/U_\mathrm{m})\mathrm{d}y]$ と δ_T $[=\int_0^\infty\theta\mathrm{d}y]$ は速度境界層と温度境界層の積分厚さであり，このような物理量を用いて無次元化すると，グラスホフ数に依存せず，最大速度位置から外側の領域の分布をよく整理できる．同様に，流れ方向の変動速度と変動温度の乱れ強さもよくまとまる．ただし，境界層の積分厚さを用いた整理は，壁面から最大速度位置までの領域の平均速度と流れ方向の変動速度成分の乱れ強さについては不十分である．代わりに層流境界層における相似変数 $\eta=(y/x)\mathrm{Gr}_x^{1/4}$ を用いると，それらの分布がよく整理される．また，壁面近くの平均温度と変動温度の乱れ強さの整理には，無次元座標 $\zeta=-y(\partial\theta/\partial y)_{y=0}$ が有効である．

一般に，レイノルズ応力 $\overline{uv}$ と壁面垂直方向の乱流熱流束 $\overline{vt}$ は，乱流境界層の性格を支配する重要な因子であるが，この境界層については通常の強制対流とは異なる挙動が見出されている．その一例として，V 形熱線と冷線を用いて直接測定した，レイノルズ応力 $\overline{uv}$，壁面垂直方向の乱流熱流束 $\overline{vt}$ および流れ方向の乱流熱流束 $\overline{ut}$ を図 15.4 に示した．また，図には，平均速度と平均温度の流れ方向の変化を調べて運動量およびエネルギー式から算定した $\overline{uv}$ と $\overline{vt}$ の間接測定値を示した．直接測定値と間接測定値は，境界層のほぼ全域にわたってよく一致し，測定結果の信頼性を高めている．ここで注目すべきことは，時間平均速度の勾配が最も大きい伝熱面近傍で，レイノルズ応力 $\overline{uv}$ と流れ方向の乱流熱流束 $\overline{ut}$ がほぼ 0 になることである．通常の強制対流乱流境界層であれば，正の平均速度勾配に対してレイノルズ応力 $\overline{uv}$ は負の値となり，流体が加熱さ

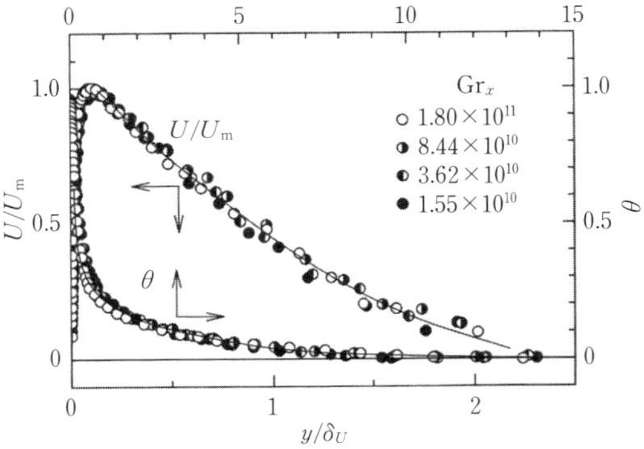

図 15.3　平均速度と平均温度の相似性

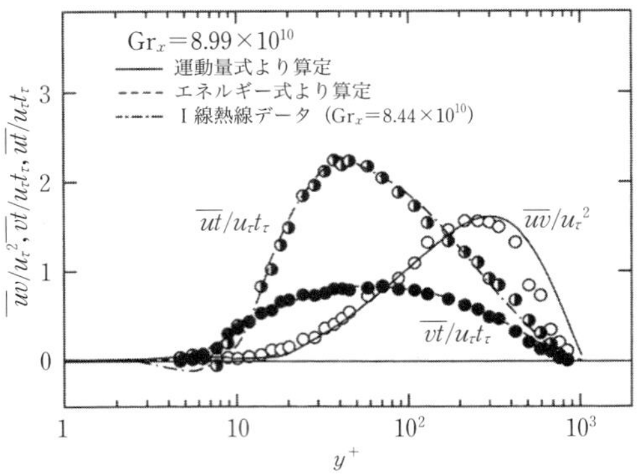

図 15.4　レイノルズ応力と乱流熱流束

れる状況では流れ方向の乱流熱流束 $\overline{ut}$ も負の値をとる．そして，最大速度位置近くになると，レイノルズ応力 $\overline{uv}$ は正の値で増加し，変動速度成分の乱れ強さが最大となる境界層の外層の位置で最も大きくなる．すなわち，平均速度勾配が 0 となる位置と $\overline{uv}$ が 0 になる位置が一致しない．壁面垂直方向の乱流熱流束 $\overline{vt}$ は，強制対流で観察されるものと比較的よく似た分布になるが，境界層の大部分の領域で，流れ方向の乱流熱流束 $\overline{ut}$ に比べてかなり小さくなる．また，温度変動の生成に寄与する統計量 $-2\,\overline{vt}(\partial T/\partial y)$ が最大となる位置（$y^+\approx 20$）で，図 15.2 に示したように変動温度 t の乱れ強さは最大となる．

自然対流境界層の乱流構造については，上述のように定量的なデータさえ不足しているために，研究例は非常に少なく，水と空気の乱流境界層の可視化実験[2)] や空気の乱流境界層の温度場と速度の時空間相関を調べた研究[3)] などがあげられる程度である．そのなかで，多数本の熱電対を用いた温度場の多点同時測定および熱線と冷線を用いた速度場の 2 点同時測定を行った研究[3)] について言及すると，瞬時温度分布の時間変化は，最大速度位置より外側の領域が支配的であること，強制対流のようなバースト現象およびストリーク構造の存在は，自然対流乱流境界層では不明確であることなどの結果が得られている．

また，V 形熱線と冷線を用いた測定結果に基づいて，乱流エネルギー生成のメカニズムを考察した研究[4)] では，乱流エネルギーの大部分が最大速度位置より外側の領域（レイノルズ応力および変動速度成分の乱れ強さが最大となる領域）で生成され，そのエネルギーが壁面側へ輸送されるとともに，壁近傍ではさらに速度・圧力勾配相関による熱エネルギーの乱流エネルギーへの直接転換が生じていることが示唆されている．

このように，自然対流乱流境界層については特異な乱流特性が観察されるが，これまでの理論解析は，強制対流からの類推に基づくものがほとんどで，実験で得られている知見を反映した解析はきわめて少ないのが現状である．現象を再現できる直接数値シミュレーションの遂行や浮力の効果を正確に記述できる乱流モデルの構築が望まれている．

b. 自然・強制共存対流境界層

自然対流と強制対流が重畳する流れを共存対流と呼び，一般に加熱面が比較的低速の流れ場のなかに置かれた場合に生じる．自然・強制共存対流の一例[5)] として，鉛直加熱平板周りの空気の自然対流境界層に対して，流れ方向に主流を付加したときに観察される共存対流境界層（combined-convection boundary layer）の流動様式を図 15.5 に示した．Gr_x と Re_x は平板の下端からの距離 x を代表長さとする局所グラスホフ数および局所レイノルズ数で，色づけされた部分が層流域であり，長い破線と短い破線で囲まれる部分が乱流への遷移域を表している．層流域については，熱伝達率が強制対流および自然対流のそれぞれの値から 5% の差異を生じる条件を 2 本の鎖線で示し，その間の領域を層流共存対流とみなしている（局所リチャードソン数 $Ri_x = Gr_x/Re_x^2 = 0.3 \sim 6$ の範囲に相当）．また，局所グラスホフ数 Gr_x の増加とともに，流れ場は破線で囲まれた遷移域を経て乱流になるが，付加する主流の速度の増加（Re_x の増加）によって遷移域は Gr_x の大きい領域に移行する．主流を付加しない自然対流では，$Gr_x \cong 3\times 10^9$ で乱流遷移が始まるが，主流をある程度付加した場合には，$Gr_x > 10^{11}$ になっても乱流遷移が起こらない．すなわち，純粋な自然対流境界層における遷移開始位置が下流へ約 5 倍も後退することを示しており，ある局所グラスホフに対して乱流状態にある自然対流が，わずかな主流の付加で層流化し，熱伝達率が約 50% も低下することが観察される．付加する主流の速度をさらに増大させ，Re_x が強制対流の遷移レイノルズ数を超えるようになると，再び乱流遷移が生じる．先に記したよ

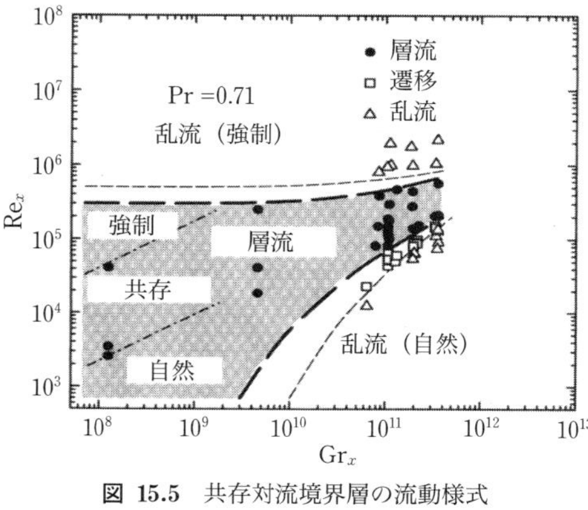

図 15.5 共存対流境界層の流動様式

うに，加熱平板に沿う自然対流乱流境界層では，外層における乱流挙動が境界層全体の乱流特性を支配するが，主流を付加した共存対流境界層ではそれが抑制され，乱流遷移が極端に遅れるものと考えられる．　［辻　俊博］

文　献

1) T. Tsuji, Y. Nagano: Exp. Thermal Fluid Sci., **2**, 1989, 208-215.
2) K. Kitamura *et al.*: Int. J. Heat Mass Transf., **28**, 1985, 837-850.
3) T. Tsuji *et al.*: Trans. ASME, J. Heat Transf., **114**, 1992, 901-908.
4) T. Tsuji *et al.*: 8th Symp. Turbulent Shear Flows, **1**, 1991, 24.3.1-24.3.6.
5) Y. Hattori *et al.*: Int. J. Heat Fluid Flow, **21**, 2000, 520-525.

15.1.2　密度成層乱流

密度成層乱流とは，鉛直方向に流体の密度差があることで，浮力の影響を受ける乱流を指す．密度成層乱流についての基礎的な現象，理論については優れた入門書が発刊されている（文献 1，2 など）．

鉛直方向上向きを y として，y 方向に密度変化（$S_\rho=\mathrm{d}\rho/\mathrm{d}y$）のある流体を考えよう．軽い流体が重い流体より上にあり S_ρ が負となる場合は安定な密度成層，逆に S_ρ が正となるものは不安定な密度成層である．安定密度成層下において，重力加速度を g，流体の標準密度を ρ_0 としたとき，$\sqrt{-gS_\rho/\rho_0}$ を浮力振動数 N と呼ぶ．流体が周期運動する場合，その振動数を f とすると $f \leqq N$ が振動が伝播する条件となる（内部重力波の発生条件）．たとえば，$\sin\theta=f/N$ としたとき，振動源を頂点に水平方向に対して θ の角度をなす円錐面が同位相であり，その面と直角な方向に内部重力波の位相が進んでいく．一方，運動量は円錐面に沿って輸送される．

N を流体の代表長さ L と速度 U で無次元化したものの逆数 U/LN はフルード数（Froude number, Fr）と呼ばれる．Fr の 2 乗の逆数 $1/\mathrm{Fr}^2$ はリチャードソン数（Richardson number, Ri）であり，慣性力に対する浮力の比を表す．ただし，安定な密度成層では Ri>0，不安定な密度成層では Ri<0 として区別される．

大きな速度勾配（$\sim U/L$）を有する海水面，地表面の境界層を除き，大気，海洋の流れのほとんどは Ri 数が 1 より十分大きい．この場合，レイノルズ応力の生成は浮力により抑えられるため，乱流は減衰する．ただし，内部重力波により加振されると乱流が再び生成される．したがって，境界層の外側では乱流は時空間的に間欠的な構造となる．

また，乱れエネルギーの散逸率を ε としたとき Ozmidov スケール $L_o=\varepsilon^{1/2}N^{-3/2}$ 以下の長さスケールでは浮力に逆らった鉛直方向の運動量および熱輸送が可能となる．したがって，強い成層乱流においては L_o とコルモゴロフスケールの比 $(\varepsilon/\nu N^2)^{3/4}$ が運動量・熱輸送特性を決める無次元数となる（ただし，ν は動粘性係数）．すなわち，$\varepsilon/\nu N^2$ が 1 より大きい場合には，強い成層下にあっても渦による鉛直方向の運動量・熱輸送が可能となり，1 より小さい場合には水平方向のみに輸送される．以下では，強い安定密度成層下の乱流と壁面乱流に働く浮力の効果を分けて概説したい．

a.　強い安定密度成層下の乱流（以下，成層乱流と呼ぶ）

Ri が大きい成層乱流は，鉛直方向速度 v が水平方向速度 u，w に比べ小さくなる特徴をもつ．ここで，水平方向速度成分の支配方程式を示そう．ただし，密度変化の影響は重力項のみに働くと仮定するため，水平方向速度の方程式は密度成層の影響のないナビエ-ストークス方程式と同一である．

$$\frac{\partial u}{\partial t}+u\frac{\partial u}{\partial x}+\underline{v\frac{\partial u}{\partial y}}+w\frac{\partial u}{\partial z}=-\frac{1}{\rho_0}\frac{\partial \tilde{p}}{\partial x}+\nu\nabla^2 u \tag{15.1.3}$$

$$\frac{\partial w}{\partial t}+u\frac{\partial w}{\partial x}+\underline{v\frac{\partial w}{\partial y}}+w\frac{\partial w}{\partial z}=-\frac{1}{\rho_0}\frac{\partial \tilde{p}}{\partial z}+\nu\nabla^2 w \tag{15.1.4}$$

$$\frac{\partial u}{\partial x}+\underline{\frac{\partial v}{\partial y}}+\frac{\partial w}{\partial z}=0 \tag{15.1.5}$$

ただし，$\tilde{p}$ は，静圧に y での流体の位置エネルギーを足した修正圧力とする．鉛直成分が無視できる場合には，下線部は方程式から除去される．この結果，u，w は流れ関数 φ（$u=\partial\varphi/\partial z$，$w=-\partial\varphi/\partial x$）で表されるばかりでなく，拡散項の影響を除けば異なる水平面の流速の影響も受けなくなる．このため，成層乱流には，渦構造やエネルギースペクトルにおいて 2 次元乱流と類似の性質がみられると推測されてきた[3]．

一方で，成層乱流には，局所的に強い速度勾配

$\partial u/\partial y$, $\partial w/\partial y$ が出現することが大気と海洋の観測からよく知られ（文献1，10章，文献4，8章），最近のDNSや実験の結果でも確認されている．このため散逸が大きくなり，2次元乱流の特徴が現れにくくなると同時に，ケルビン-ヘルムホルツ不安定の原因となる[(5)]．

速度勾配の増加は，内部重力波の共鳴や砕波から論じる研究（たとえば文献4，8章）と，乱流混合が平均場に与える影響に注目する研究がある（文献6や文献1，10章）．ここで，一様な乱流場に重畳した平均速度が，安定密度成層下で変化していくメカニズムについて，以下に示す平均速度の支配方程式から説明する．

$$\frac{\partial \bar{u}}{\partial t} = \underline{-\frac{\partial}{\partial y}\overline{u'v'}} + \nu\frac{\partial^2 \bar{u}}{\partial y^2} \quad (15.1.6)$$

式（15.1.6）より，2次元乱流とすれば下線部は無視できるため平均速度は平坦化し，そのエネルギーは摩擦により一方的に失われていく．強い平均速度勾配が生じるには，レイノルズ応力 $-\overline{u'v'}$ に鉛直方向の分布が必要である．たとえば，$\partial\bar{u}/\partial y>0$ が増幅される場合，$-\overline{u'v'}$ の曲率は下に凸，$\partial^2-\overline{u'v'}/\partial y^2>0$ となる必要がある．これは，内部重力波による運動量輸送によっても可能であるが[4)]，むしろ，乱流混合の過程で自立的に生じるメカニズムに着目する考察もある[1)]．いずれの場合にも，$-\overline{u'v'}<0$ となる逆勾配拡散が局所的に生じるときには，そこで $-\overline{u'v'}$ の曲率が大きくなり，速度勾配 $\partial\bar{u}/\partial y>0$ の増大に大きく貢献する[7)]．

これについて，一様減衰成層乱流のDNSと線形理論による解析が行われ，余弦波の分布をもつ初期平均速度について，その時間変化が調べられた[8)]．この結果，逆勾配拡散に関連した速度勾配の時間的な増大が確認されている．ただし，振動現象として逆勾配拡散をとらえる線形理論では平均速度への持続的なエネルギーの輸送は説明できない[9)]．

逆勾配拡散の発生は必ずしも平均値に寄与する必要はなく，$-\overline{u'v'}$ の曲率への影響が重要であることに注意すべきである．また，乱流の混合過程において持続的に生じる逆勾配拡散について組織構造との関連が明らかにされている[10,11)]．

b. 壁面乱流に働く浮力の効果

Ri<1では，平均剪断により発生したレイノルズ応力は，浮力の影響は受けるものの維持される（Riが負の場合には増幅される）．この場合，壁法則も含めて壁面剪断乱流のさまざまな特徴が，浮力によりどのように修正されるかが関心となる．たとえば，レイノルズ数が十分大きい場合の対数領域では，平均速度勾配は壁面からの距離の逆数に比例する．

$$\frac{\partial \bar{u}}{\partial y} = \frac{u_\tau}{\varkappa}\frac{1}{y} \quad (15.1.7)$$

ただし，u_τ は摩擦速度，$\varkappa$ はカルマン定数とする．密度成層下では，モーニン-オブコフ長さ L で無次元化した壁面からの距離（y/L）の関数で対数則が修正される．

$$L = -\frac{\rho_0 u_\tau^3}{B_0 \varkappa} \quad (15.1.8)$$

$$\frac{y}{u_\tau}\frac{\partial \bar{u}}{\partial y} = \frac{1}{\varkappa}\varphi\left(\frac{y}{L}\right) \quad (15.1.9)$$

式中の L には，Riがほぼ1となる壁面からの距離という物理的意味がある．ただし，B_0 は単位時間，単位体積当たりの浮力による運動エネルギーの生成率（不安定では正値，安定では負値）となる．修正壁法則は，大気境界層で行われた観測結果において大まかに検証されている（文献1，5章）が観測結果には大きなばらつきがあることも注意すべきである．

近年，平行平板内乱流のDNSが活発に行われ，その一環として水平流に対する密度成層の効果についても議論された（たとえば文献12，13）．DNSでは，低レイノルズ数の条件のために修正壁法則を十分に検証することはできないが，壁面乱流に対する浮力の基本的な影響が明らかにされている．

ここで，密度成層下にあるポアズイユ乱流の基本的な特性についてDNSの結果も加えて説明しよう．流れは一定の圧力勾配で駆動し，浮力は距離 d の壁面間に温度差 ΔT があるため生じる．また，壁垂直方向が鉛直方向である．バルク平均速度 U_b，d および ΔT で無次元化された鉛直速度 v の支配方程式は以下で与えられる（簡単のため線形化する）．

$$\frac{\partial v}{\partial t} = -\frac{\partial \tilde{p}}{\partial y} + \frac{1}{\mathrm{Re_b}}\nabla^2 v + \frac{\mathrm{Gr}}{\mathrm{Re_b}^2}\theta \quad (15.1.10)$$

$$\mathrm{Gr} = \frac{g\beta(\Delta T)d^3}{\nu^2}$$

$$\mathrm{Re_b} = \frac{U_b d}{\nu}$$

ここで，Gr>0 はグラスホフ数と呼ばれ浮力の大きさを示している．Gr/Re_b^2 は，対流項に対する浮力項の比を表すと同時に，N^2 を $g\beta(\Delta T)/d$ と近似したリチャードソン数である．また，式 (15.1.10) に現れる温度変動 θ は，平均温度勾配 S_θ を横切る運動によって生じると考えれば以下の近似が成り立つ．

$$\frac{\partial\theta}{\partial t}=-vS_\theta \qquad (15.1.11)$$

式 (15.1.11) より，初期温度変動の影響を無視すれば，不安定な密度成層 ($S_\theta<0$) では，温度変動と速度変動は正の相関をもち，安定な密度成層 ($S_\theta>0$) では負の相関をもつ．このため，式 (15.1.10) の浮力項は，不安定な密度成層では鉛直速度を加速し，安定な密度成層では減速する方向に寄与する．これらは，浮力が乱流場に直接及ぼす影響である．

上述の効果が，摩擦係数 C_f とヌセルト数 Nu に及ぼす影響を図 15.6 に示す．安定密度成層下では Ri 数とともに C_f と Nu は単調に減少する．これは，鉛直速度の減速のため，レイノルズ応力，乱流

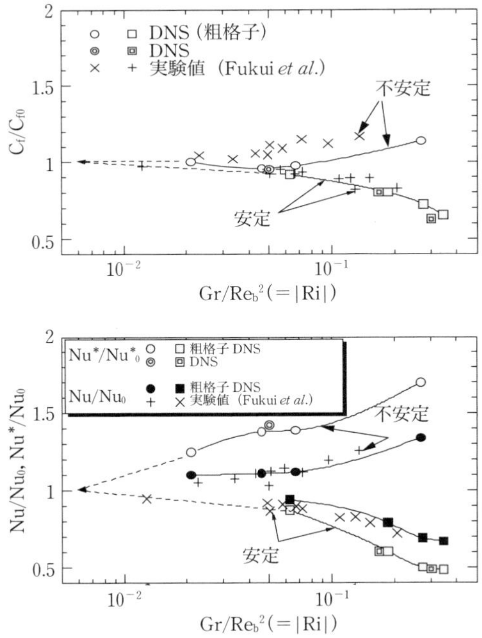

図 15.6　摩擦係数およびヌセルト数のリチャードソン数依存性

Nu と Nu* はそれぞれ壁面温度差，バルク平均温度により無次元化したもの（文献13より引用）．

熱流束が減少するためである．一方，不安定密度成層では，Ri 数が上がれば最終的に C_f と Nu は増大する．ただし，詳細にみると，不安定密度成層では C_f はいったん減少したのちに増大する．実験値では C_f の減少はみられないが，鉛直方向速度の rms 値の減少が報告されている．また，この領域では Nu の停滞もみられる．

簡単にこのメカニズムを説明しよう．不安定な密度成層下ではサーマルプルームが生じ，縦渦は掃かれて減衰する．縦渦は壁面摩擦に強い影響を与えているため，C_f は Ri 数の増大に伴いいったん減少することになる[12]．大スケールの運動による縦渦の減衰は，乱流の制御に利用することも可能であろう．

このように，密度成層下の壁面乱流では浮力が乱流に直接及ぼす効果のほかに，体積力によって生じる 2 次流れが乱流に及ぼす影響，平均速度勾配の変化が乱れの生成率を介して及ぼす影響もあり，壁法則の修正は容易ではないといえよう．［飯田雄章］

文　　献

1) J. S. Turner : Buoyancy Effects in Fluids, Cambridge Univ. Press, New York, 1973.
2) R. B. Stull : An Introduction to Boundary Layer Meteorology, Kluwer Academic Publishers, The Netherlands, 1988.
3) J. J. Riley, M.-P. Lelong : Annu. Rev. Fluid Mech., **32**, 2000, 613.
4) A. E. Gill : Atmosphere-Ocean Dynamics, Academic Press, London, 1982.
5) C. Cambon : Eur. J. Mech. B/Fluids, **20**, 2001, 489.
6) O. M. Phillips : Deep-Sea Res., **19**, 1972, 79.
7) R. R. Long : J. Fluid Mech., **42**, 1970, 349.
8) M. Galmiche *et al.* : J. Fluid Mech., **455**, 2002, 213.
9) M. Galmiche, J. C.R. Hunt : J. Fluid Mech., **455**, 2002, 243.
10) S. E. Holt *et al.* : J. Fluid Mech., **237**, 1992, 499.
11) A. K. M. F. Hussain : J. Fluid Mech., **173**, 1986, 303.
12) O. Iida, N. Kasagi : ASME J. Heat Trans., **119**, 1997, 53.
13) O. Iida *et al.* : Int. J. Heat Mass Trans., **45**, 2002, 1693.
14) K. Fukui *et al.* : Quart. J. R. Met. Soc., **109**, 1983, 661.

15.2 回 転 乱 流

タービンやプロペラなどの回転機械では，乱流場の境界が回転する．そのような乱流の記述は，境界に固定した回転座標系を用いると簡単になる．また，旋回流など，剛体回転に近い平均流を有する乱流に対しても，回転座標系は有効である．本節で

は，回転系における密度一定の非圧縮乱流について概説する．なお，座標系の回転角速度は時間によらず一定とする．

15.2.1 乱流に対する回転効果

a. 回転系におけるナビエ-ストークス方程式

回転系におけるナビエ-ストークス（N-S）方程式は，慣性系（非回転系）におけるN-S方程式から回転座標変換によって得られる．その結果，回転系では慣性力としてコリオリ力（転向力）と遠心力が現れる．回転座標系の原点を慣性系の原点と一致させる場合，一定の角速度 Ω_i で回転する座標系における非圧縮N-S方程式は

$$\left(\frac{\partial}{\partial t}+u_\alpha\frac{\partial}{\partial x_\alpha}\right)u_i=-\frac{\partial}{\partial x_i}p_{\mathrm{m}}+\nu\frac{\partial^2}{\partial x_\alpha\partial x_\alpha}u_i+2\varepsilon_{i\alpha\beta}u_\alpha\Omega_\beta \quad (15.2.1)$$

$$\frac{\partial u_\alpha}{\partial x_\alpha}=0 \quad (15.2.2)$$

と表される．式（15.1.1）右辺第1項にある p_{m} は修正圧力で，通常の圧力を p，流体密度を ρ とすると

$$p_{\mathrm{m}}=\frac{p}{\rho}+\frac{1}{2}\Omega_\alpha x_\beta(\Omega_\beta x_\alpha-\Omega_\alpha x_\beta) \quad (15.2.3)$$

で定義される．式（15.2.1）右辺第3項がコリオリ力（転向力）で，u_i と $2\Omega_i$ の外積で表され，速度と垂直な方向に働く体積力である．遠心力は保存力であるために，その効果は式（15.2.3）の右辺第2項で表されるポテンシャルによって圧力に組み込める．したがって，境界条件が与えられた回転系の流体運動はコリオリ力によって特徴づけられることになる．

しかし，慣性系同様，エネルギー（$=1/2u_\alpha u_\alpha$）とヘリシティー（$=u_\alpha\omega_\alpha$）は，回転系においても非粘性の場合保存量となる．また，気象や海洋分野では，渦位（ポテンシャル渦度）[1] の保存則も多用される．

b. レイノルズ分解

速度と修正圧力をレイノルズ分解

$$u_i=\overline{u_i}+u_i',\qquad p_{\mathrm{m}}=\overline{p_{\mathrm{m}}}+p_{\mathrm{m}}' \quad (15.2.4)$$

してN-S方程式（15.2.1）と（15.2.2）を用いると，速度の平均成分と変動成分に対する輸送方程式を得る．慣性系と陽に異なる点はコリオリ力からの寄与のみであり，コリオリ力は速度に対して線形なので，慣性系における輸送方程式右辺（ラグランジュ微分の表式）に

$$2\varepsilon_{i\alpha\beta}\overline{u_\alpha}\Omega_\beta,\qquad 2\varepsilon_{i\alpha\beta}u_\alpha'\Omega_\beta \quad (15.2.5)$$

という項がそれぞれ付加される．同様に，回転系におけるレイノルズ応力 $R_{ij}=-\overline{u_i'u_j'}$ の輸送方程式右辺には，

$$2(\varepsilon_{i\alpha\beta}R_{\alpha i}+\varepsilon_{j\alpha\beta}R_{\alpha i})\Omega_\beta \quad (15.2.6)$$

という項が現れる．

この2階のテンソルはトレースレス（対角和が0）なので，乱流エネルギー k（$=1/2\,\overline{u_\alpha'u_\alpha'}=-1/2R_{\alpha\alpha}$）の輸送方程式は，慣性系のものと同形である．しかし，レイノルズ応力 R_{ij} やエネルギー散逸率 ε に対する回転効果のために，乱流エネルギー k も間接的に回転の影響を受ける．回転の乱流に対する効果はさまざまであるが，乱流輸送に関しては，渦粘性の非等方化やパッシブスカラーに対する斜め移流効果[2] などが指摘されている．

c. 無次元パラメータ

レイノルズ平均された流れの代表的な時間 T，長さ L，速さ U，そして $\Omega=\sqrt{\Omega_\alpha\Omega_\alpha}$ を用いて無次元変数

$$x=Lx^*,\quad t=Tt^*,\quad \overline{u_i}=U\overline{u_i^*},\quad \overline{p}_{\mathrm{m}}=\Omega LU\overline{p_{\mathrm{m}}^*},$$
$$R_{ij}=U^2R_{ij}^*,\quad e_i^*=\frac{\Omega_i}{\Omega} \quad (15.2.7)$$

を導入する．その結果，N-S方程式（15.2.1）と（15.2.2）はコリオリ力（の半分）を $O(1)$ として無次元化され，

$$\gamma\frac{\partial\overline{u_i^*}}{\partial t^*}+\mathrm{R_B}\overline{u_\alpha^*}\frac{\partial\overline{u_i^*}}{\partial x_\alpha^*}=-\frac{\partial}{\partial x_i^*}\overline{p_{\mathrm{m}}^*}+\mathrm{E}\frac{\partial^2\overline{u_i^*}}{\partial x_\alpha^*\partial x_\alpha^*}+\mathrm{R_B}\frac{\partial R_{i\alpha}^*}{\partial x_\alpha^*}+2\varepsilon_{i\alpha\beta}\overline{u_\alpha^*}e_\beta^* \quad (15.2.8)$$

$$\frac{\partial\overline{u_\alpha^*}}{\partial x_\alpha}=0 \quad (15.2.9)$$

$$\gamma=\frac{1}{\Omega T},\quad \mathrm{R_B}=\frac{1}{\mathrm{R_O}}=\frac{U}{L\Omega},$$
$$\mathrm{E}=\frac{\nu}{L^2\Omega}=\frac{\nu}{UL}\mathrm{R_B}=\frac{\mathrm{R_B}}{\mathrm{R_e}} \quad (15.2.10)$$

と書ける．ここで，無次元パラメータ γ，$\mathrm{R_B}$，E は，それぞれコリオリ力（の半分）に対する非定常項，移流項，粘性項の比を表している．γ を振動数比，$\mathrm{R_B}$ をロスビー（Rossby）数，そしてEをエクマン（Ekman）数と呼ぶ．工学分野では，ロスビー数 $\mathrm{R_B}$ の代わりにその逆数であるローテーション

(rotation) 数 Ro を用いることが多い．乱流の代表スケールとして，τ_u，k，ε を用いることによって，変動成分に対する無次元パラメータも同様に定義される．すなわち，

$$\gamma_T = \frac{1}{\Omega\tau_u},\ R_{BT} = \frac{1}{R_{OT}} = \frac{\varepsilon}{k\Omega},$$
$$E_T = \frac{\varepsilon^2\nu}{k^3\Omega} = \frac{\varepsilon\nu}{k^2} R_{BT} = \frac{R_{BT}}{R_{eT}} \quad (15.2.11)$$

である．

d. テイラー-プラウドマンの定理

レイノルズ平均した N-S 方程式 (15.2.8) と (15.2.9) から，無次元平均渦度 $\overline{\omega_i^*}$ に対する方程式

$$\gamma\frac{\partial\overline{\omega_i^*}}{\partial t^*} + R_B\overline{u_\alpha^*}\frac{\partial\overline{\omega_i^*}}{\partial x_\alpha^*}$$
$$= (R_B\overline{\omega_\alpha^*} + 2e_\alpha^*)\frac{\partial\overline{u_i^*}}{\partial x_\alpha^*}$$
$$+ E\frac{\partial^2\overline{\omega_i^*}}{\partial x_\alpha^*\partial x_\alpha^*}$$
$$+ R_B\varepsilon_{i\alpha\beta}\frac{\partial^2 R_{\beta\gamma}^*}{\partial x_\alpha^*\partial x_\gamma^*} \quad (15.2.12)$$

が得られる（慣性系での渦度 $\overline{\omega_i}$ を絶対渦度 $\overline{\omega_i}+2\Omega_i$ で置き換え，無次元化することによっても導出できる）．したがって，無次元パラメータが条件 γ，R_B，$E \ll 1$ を満足する場合，

$$e_\alpha\frac{\partial\overline{u_i^*}}{\partial x_\alpha^*} = 0 \quad (15.2.13)$$

が成り立つ．これは，回転軸方向に平均速度場が一様となる 2 次元化を意味し，テイラー(Taylor)-プラウドマン (Proudman) の定理と呼ばれる．

乱流の変動成分についても，条件 γ_T，R_{BT}，$E_T \ll 1$ が成立すれば，この定理が成り立つはずである．しかし，回転流体中に励起される慣性波[3] の存在領域では，条件 $\gamma_T \ll 1$ が必ずしも満足されない．一方，τ_u が比較的大きい領域では，条件 γ_T，R_{BT}，$E_T \ll 1$ が成立し得るので，回転軸方向の柱状構造[3] を伴った準 2 次元化が実現する．そのような変動成分の 2 次元極限において，コリオリ力は保存力となり，圧力項に組み込めるので，変動速度はコリオリ力の影響を受けない．すなわち，変動速度に対する方程式はどんな回転座標系でも同型となり，座標に依存しないのである．この事実を，連続体力学における構成方程式不変性とのアナロジーで，乱流の 2 次元極限における MFI (material frame indifference)[4] と呼ぶ．この数学的要請を基準として，乱流モデルの妥当性を議論する場合がある．

15.2.2 基本的な回転乱流

回転乱流は，回転軸方向が特別な意味を有するので，非等方乱流である．工学上さまざまな形態の回転乱流が現れるが，以下では一様と非一様の場合に分けて，代表的な回転乱流の特徴を説明する．

a. 回転系における一様乱流

1) 回転一様減衰乱流 回転系において，剪断のない一様な減衰乱流は，最も基本的な回転乱流である．この場合，乱流エネルギー k に対する輸送方程式は厳密に，$\dot{k} = -\varepsilon$ と書ける．座標系が回転すると，乱流エネルギーの高波数成分が減少するために，エネルギー散逸率 ε が慣性系と比べて小さくなる．その結果，慣性系の場合と比較して，乱流エネルギーの減衰が遅くなることが知られている．図 15.7 は，この事実を例証する実験結果[5] である（ただし，図中の記号は $q^2=2k$，$x=Ut$，$U=10$ m/s，$M=0.015$ m を意味している）．

標準的な 2 方程式モデルや応力モデルは，定性的にもこの観測事実を説明できない．標準的な ε のモデル方程式に回転の効果が入っていないからである．このような基本的現象を予測するモデルの確立

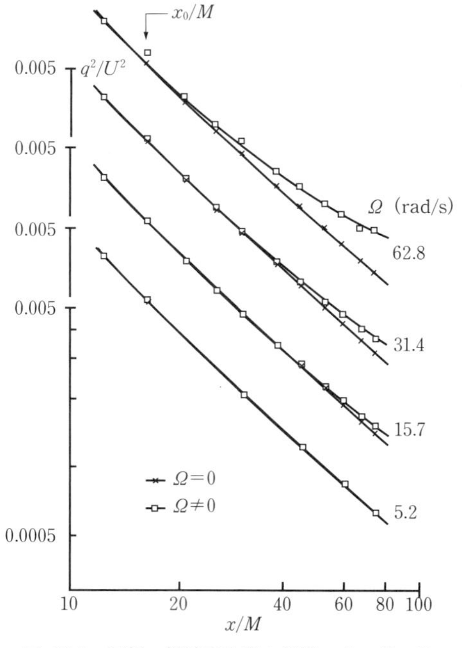

図 15.7 回転一様減衰乱流の乱流エネルギー空間（時間）発展（実験）[5]．

が重要である[6]．

2) 回転一様剪断乱流 z 軸周りに角速度 Ω で回転する座標系において，一方向の層流 $u(y)$ を考える．この場合，z 方向のバックグラウンド渦度 2Ω(惑星渦度) の，剪断による渦度 $-\mathrm{d}u/\mathrm{d}y$ に対する比 S を定義する．

$$S=-\frac{2\Omega}{\mathrm{d}u/\mathrm{d}y} \tag{15.2.14}$$

この層流が不安定になる条件は

$$-1<S<0 \tag{15.2.15}$$

である[7]．つまり，z 方向のバックグラウンド渦度 2Ω と剪断による渦度 $-\mathrm{d}u/\mathrm{d}y$ が異なる向きであり，かつ絶対値において前者が後者より小さい場合に，不安定となる（この不安定条件は，ブラッドショー（Bradshaw）数 $B=S(S+1)$ を導入すると，$B<0$ と表される）．

乱流の場合，同様の回転系において平均流が一方向流 $\bar{u}(y)=\zeta y$（ζ は定数）である一様剪断乱流を考えることができる（図 15.8 参照）．その場合，上記の渦度比 $S=-2\Omega/\zeta$ が式（15.2.15）に近い範囲にあると，やはり流れが不安定になる．ただし，この場合の不安定は乱流エネルギーの時間的増加を意味している．

乱流エネルギー時間発展の渦度比 S に対する依存性は，標準 2 方程式モデルでは表現できない．しかし，応力モデルでは，近似的に再現できるものが提案されている[4]．

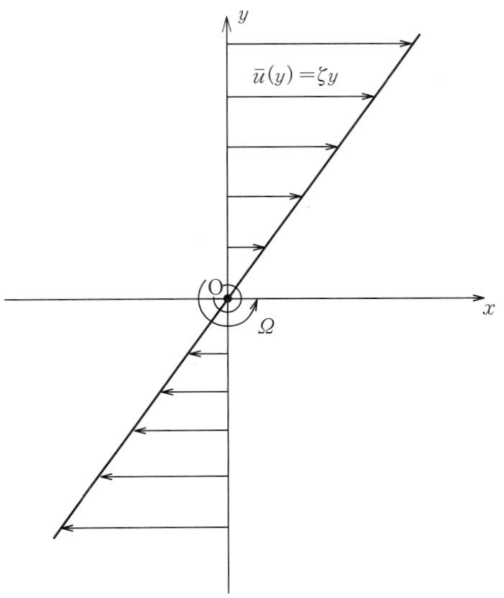

図 15.8 回転一様剪断流の模式図

b. 回転系における非一様乱流

1) 回転チャネル乱流 平均圧力勾配によって駆動される回転チャネル（無限平行平板間溝）乱流を考える．回転軸の方向として，スパン方向，流れ方向，そして壁垂直方向が考えられるが，これまではスパン方向軸周りの回転の場合[8,9]が多く研究されてきた．しかし近年，流れ方向軸周り[10]や壁垂直方向軸周りの回転[10]の場合も，さらにはそれらを組み合わせた任意方向軸周りの回転[11]の場合も研究されている．以下に，スパン方向軸周り，流れ方向軸周り，壁垂直方向軸周りの回転の場合について，これまでの知見を概説する．

i）スパン方向軸周りの回転： 図 15.9[8]のように，スパン（z）方向軸周りに回転する座標系では，平均流が x 方向のみの一方向流となり，その流速分布 $\bar{u}(y)$（$=\bar{U}_t(y)$）はチャネル中心線に対し非対称である．これは，回転一様乱流の安定性と同様のメカニズムによって，チャネル内に安定化領域と不安定化領域ができるからである．図 15.9 では，渦度比 $S=-2\Omega/(\mathrm{d}\bar{u}/\mathrm{d}y)$ が条件（15.2.15）をほぼ満足するチャネル領域が不安定となり，その他の領域が逆に安定となるのである．主流に働くコリオリ力のために，不安定領域の修正圧力は安定側より大きくなる．

また，$\mathrm{d}\bar{u}/\mathrm{d}y=0$ となる y 座標点は安定領域側にずれ，また $\mathrm{d}\bar{u}/\mathrm{d}y=2\Omega$ となる y 座標点は不安定側にずれる（回転のない慣性系では，どちらもチャネル中央に縮退する）．後者は安定領域と不安定領域の近似境界点であり，ローテーション数が増大するにつれ，平均流速分布が傾き 2Ω の直線で近似できる領域がその点を中心として拡大してゆく．図 15.10[9]はこの事実を示す直接数値シミュレーション（DNS）の結果である（平均速度を U_m，チャネ

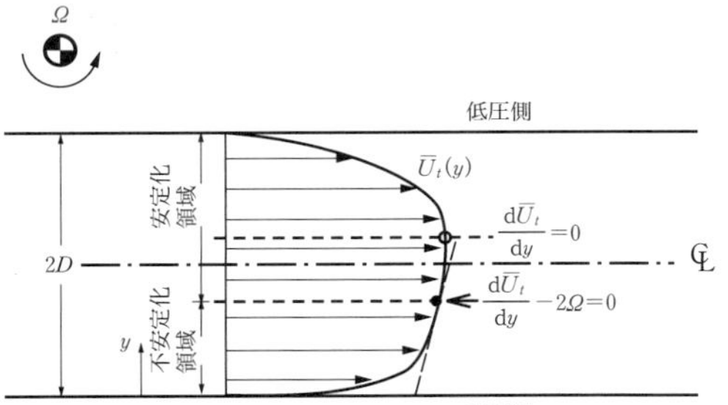

図 15.9 スパン方向軸周りの回転チャネル乱流の模式図[8]

ル半幅を h，動粘性率を ν とすると，非回転時のレイノルズ数が $\mathrm{Re}\equiv U_m h/\nu=2900$ の計算結果で，ローテーション数の定義が $\mathrm{Ro}\equiv 2\Omega h/U_m$ であることに注意）．

主流の非対称性は標準2方程式モデルでは説明できない．しかし，2方程式モデルでも，回転効果が陽に入った ε 方程式を導入すれば，少なくとも定性的に説明可能である．ただし，流量などの定量的予測は応力モデルも含めて十分ではない．

ii） 流れ方向軸周りの回転： 流れ方向の平均速度 $\bar{u}(y)$ はチャネル中心線に対し対称であるが，回転効果によってスパン方向にも平均2次流 $\bar{w}(y)$ が生じる．スパン方向平均速度 $\bar{w}(y)$ とレイノルズ応力 $R_{13}=-\overline{u'w'}$ は符号の反転を伴う分布を示す．

ローテーション数が大きい（U_τ を非回転時の摩擦速度として $\mathrm{Re}_\tau\equiv U_\tau h/\nu=150$，$\mathrm{Ro}_\tau\equiv 2\Omega h/U_\tau\geq 10$）場合，これらの量に対する応力モデルの予測は定性的にも合致しない[10]．

iii） 壁垂直方向軸周りの回転： スパン方向軸周りや流れ方向軸周りの回転の場合，回転の平均流に対する影響は間接的（陰的）であった．一方，壁垂直方向軸周りの回転の場合は，回転が平均流の分布に直接的（陽的）な影響を与える．そして，平均流は流れ方向とスパン方向に生じ，どちらもチャネル中心線に対し対称な分布を示す．また，ローテーション数が大きい場合（$\mathrm{Re}_\tau=180$，$\mathrm{Ro}_\tau=0.2$），流れは層流化することがDNSの結果として報告されている[12]．

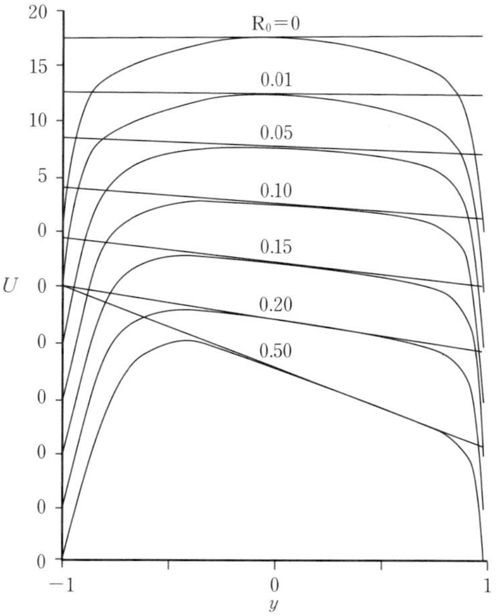

図 15.10 スパン方向軸周りの回転チャネル乱流における平均流速分布のローテーション数による変化（DNS）[9]

壁垂直方向軸周りの回転の乱流統計量をよく予測する応力モデルがあるが，層流化過程については一致しない部分がある[10]．

2） 回転円管内乱流 円管壁を回転させ，一定の圧力勾配によって円管内に発生する乱流である．管軸方向の平均流のみならず，回転壁によって周方向の平均流が発生する．十分に発達した乱流状態では，管軸方向の平均流速分布が層流に近いものとなる．つまり，静止円管内で観測される，乱流拡散に起因した平坦な流速分布と比べると，円管中央の領域で流速が加速されるのである．また，周方向の平均流は円管の回転角速度による剛体回転速度よりは遅くなることが観測されている．これを円管に固定された回転系で観測すると，周方向の平均速度は円管の回転速度と逆向きの旋回として現れる．その結果，周方向の平均流が管軸に向くコリオリ力を発生させることがわかる．

管軸中心での流速が静止円管の場合に比べて加速する事実は，変分法と平均流のヘリシティ効果によって定性的に説明されている[13]．　　　［下村　裕］

文　　献

1） 山形俊男：流体力学ハンドブック，第2版（日本流体力学会編），丸善，1998，750-751．
2） Y. Shimomura : J. Phys. Soc. Jpn., **55**, 1986, 3388-3401.
3） P. A. Davidson : Turbulence, Oxford Univ. Press, 2004, 497-511.
4） C. G. Speziale : Ann. Rev. Fluid Mech., **23**, 1991, 107-157.
5） L. Jacquin *et al.* : J. Fluid Mech., **220**, 1990, 1-52.
6） Y. Shimomura : Near-Wall Turbulent Flows (R. M. C. So *et al.* eds.), Elsevier, 1993, 115-123.
7） D. J. Tritton : J. Fluid Mech., **241**, 1992, 503-523.
8） D. K. Lezius, J. P. Johnston : J. Fluid Mech., **77**, 1976, 153-175.
9） R. Kristoffersen, H. I. Andersson : J. Fluid Mech., **256**, 1993, 163-197.
10） 島　信行ほか：日本機械学会論文集（B編），**69**(678)，2003，385-392．
11） H. Wu, N. Kasagi : Phys. Fluids, **16**, 2004, 979-990.
12） 岡本正芳，島　信行：機講論，No. 023-1，2002，15-16．
13） 吉澤　徴：流体力学，東京大学出版会，2001，269-281．

15.3 電磁場下の乱流

電気伝導性を有する流体（電磁流体と略記）の運動では，電磁場はローレンツ力を通して流体運動に影響を及ぼす．これを利用することによって乱流状態を層流化させることができ，有力な流れ制御法の一つとなる．他方，電気伝導性の高い媒質の乱流運動によって磁場が発生するが，その機構はダイナモという学問領域を形成している．

本節では電磁流体運動における乱流効果の説明を行うが，上述の2種類の現象ではまったく異なる取扱いが必要である．このため，それぞれの支配方程式の導出経過を明示し，その基本事項と関連文献をあげる．

15.3.1 電磁流体運動を記述する基本方程式

a. 2流体方程式

正電荷のイオンと負電荷の電子のそれぞれの連続媒質に対する2流体方程式系から始める[1]．下付きの大文字添字IとEはイオンと電子を意味し，そのどちらかを表すときはSを用いて，

n_S：個数密度，m_S：粒子質量，e_S：粒子電荷 ($e_I=-e$)，v_S：媒質速度，p_S：媒質圧力，E：電場，B：磁場（磁束密度）

と書き，Sに関しては縮約の規則（1から3まで和をとる）を適用しない．

イオンと電子の連続媒質の運動は，非電導性流体の場合と同様に質量方程式（連続の方程式）と運動量方程式で支配され，

$$\frac{\partial}{\partial t}n_S m_S+\nabla\cdot(n_S m_S \boldsymbol{v}_S)=0, \tag{15.3.1}$$

$$\frac{\partial}{\partial t}n_S m_S v_{Si}+\frac{\partial}{\partial x_j}n_S m_S v_{Sj} v_{Si} =-\frac{\partial p_S}{\partial x_i}+n_S e_S(\boldsymbol{E}+\boldsymbol{v}_S\times\boldsymbol{B})_i+C_{Si} \tag{15.3.2}$$

で与えられる．式（15.3.2）の右辺第2項は，荷電媒質に働くローレンツ力である．第3項はイオン媒質と電子媒質との衝突による力であり，衝突周波数 ν_C を用いて

$$\boldsymbol{C}_E=-\boldsymbol{C}_I=-n_E m_E(\boldsymbol{v}_E-\boldsymbol{v}_I)\nu_C \tag{15.3.3}$$

と書かれる．式（15.3.2）の右辺では，各媒質での粒子どうしの衝突からくる力（非電導性流体における粘性応力に対応）を加える必要がある．さらに p_S と関連して各媒質の熱力学的量に対する方程式が用いられるが，以下では必要としないため省略する．

電磁場を記述するマックスウェル方程式は

$$\frac{\partial \boldsymbol{B}}{\partial t}=-\nabla\times\boldsymbol{E}, \tag{15.3.4}$$

$$\nabla\cdot\boldsymbol{B}=0, \tag{15.3.5}$$

$$\mu_0\boldsymbol{j}=\nabla\times\boldsymbol{B}-\varepsilon_0\mu_0\frac{\partial \boldsymbol{E}}{\partial t}, \tag{15.3.6}$$

$$\varepsilon_0\nabla\cdot\boldsymbol{E}=\delta \tag{15.3.7}$$

で与えられる．ここで，μ_0 は透磁率，ε_0 は誘電率であり，電流密度 $\boldsymbol{j}$ と電荷密度 δ は

$$\boldsymbol{j}=-n_E e\boldsymbol{v}_E+n_I e_I \boldsymbol{v}_I, \tag{15.3.8}$$

$$\delta=-n_E e+n_I e_I \tag{15.3.9}$$

と書ける．真空中での μ_0 と ε_0 を用いると，真空中の光速は

$$c=\frac{1}{\sqrt{\varepsilon_0\mu_0}} \tag{15.3.10}$$

となる．通常の電磁流体現象では電磁場の伝播速度に比べずっと遅い流れを問題とするため，式（15.3.6）で伝播速度効果を無視して，アンペールの法則

$$\mu_0\boldsymbol{j}=\nabla\times\boldsymbol{B} \tag{15.3.11}$$

が用いられる．

b. 1流体方程式

電磁流体の取扱いにおいては，両媒質を単一の流体として扱う電磁流体近似を採用することが多い．この近似では，1流体としての密度，流速，圧力，すなわち

$$\rho=n_I m_I+n_E m_E,\quad \boldsymbol{u}=\frac{n_E m_E\boldsymbol{v}_E+n_I m_I\boldsymbol{v}_I}{\rho},$$

$$p=p_E+p_I \tag{15.3.12}$$

を導入する．電磁流体近似では電荷分離を無視して電気的中性すなわち $\delta=0$ を仮定するため，式（15.3.8）の電流密度は

$$\boldsymbol{j}=-n_E e(\boldsymbol{v}_E-\boldsymbol{v}_I) \tag{15.3.13}$$

となり，イオンと電子の各媒質の速度差に比例する．

電子とイオンとの質量比は

$$\frac{m_E}{m_I}=O(10^{-3}) \tag{15.3.14}$$

とたいへん小さいため，密度や流速は実質上はイオンの密度と速度，すなわち

$$\rho\cong n_{\mathrm{I}}m_{\mathrm{I}},\quad \boldsymbol{u}\cong\boldsymbol{v}_{\mathrm{I}} \tag{15.3.15}$$

となる．この結果を用いると，式（15.3.1）と（15.3.2）より

$$\frac{\partial\rho}{\partial t}+\nabla\cdot(\rho\boldsymbol{u})=0, \tag{15.3.16}$$

$$\frac{\partial}{\partial t}\rho u_i+\frac{\partial}{\partial x_j}\rho u_j u_i =-\frac{\partial p}{\partial x_i}+(\boldsymbol{j}\times\boldsymbol{B})_i +\frac{\partial}{\partial x_j}\left\{\mu\left(\frac{\partial u_j}{\partial x_i}+\frac{\partial u_i}{\partial x_j}-\frac{2}{3}\nabla\cdot\boldsymbol{u}\delta_{ij}\right)\right\} \tag{15.3.17}$$

を得る．ここで，右辺第2項は式（15.3.2）中のローレンツ力に由来しているが，電気的中性条件を採用したため，電場 $\boldsymbol{E}$ の効果が陽には現れず，同項が唯一の電磁効果となる．式（15.3.2）で省略されたイオンどうしの衝突効果は，第3項で粘性率 μ による分子粘性によって補われている．しかし，磁場が非常に強いときは，磁場に平行方向と垂直方向では媒質の受ける力が大きく異なるため，等方的粘性表現は十分ではなくなる．

密度の変化を考慮する必要のないときは，

$$\nabla\cdot\boldsymbol{u}=0, \tag{15.3.18}$$

$$\frac{\partial u_i}{\partial t}+\frac{\partial}{\partial x_j}u_j u_i=\frac{1}{\rho}\frac{\partial p}{\partial x_i}+\frac{1}{\rho}(\boldsymbol{j}\times\boldsymbol{B})_i+\nu\nabla^2\boldsymbol{u} \tag{15.3.19}$$

となる．ここで，ν は動粘性率である．

上の導出では，式（15.3.2）の電子媒質に関する方程式はほとんど使用していない．電子媒質はイオン媒質に比べ密度が小さいため，慣性力を無視してローレンツ力と衝突項を残すと，

$$\boldsymbol{E}+\boldsymbol{v}_{\mathrm{E}}\times\boldsymbol{B}+\frac{m_{\mathrm{E}}\nu_{\mathrm{C}}}{e}(\boldsymbol{v}_{\mathrm{E}}-\boldsymbol{v}_{\mathrm{I}})=0 \tag{15.3.20}$$

を得る．電気的中性条件に基づく式（15.3.13）を用いて $\boldsymbol{j}$ と $\boldsymbol{B}$ に関する線形項のみを残すと，オームの法則

$$\boldsymbol{j}=\sigma(\boldsymbol{E}+\boldsymbol{u}\times\boldsymbol{B}) \tag{15.3.21}$$

を得る．ここで，電気伝導度 σ は

$$\sigma=\frac{n_{\mathrm{E}}e^2}{m_{\mathrm{E}}\nu_{\mathrm{C}}} \tag{15.3.22}$$

で定義される．

式（15.3.4）と（15.3.21）より電場 $\boldsymbol{E}$ を消去すると，磁場の誘導方程式

$$\frac{\partial\boldsymbol{B}}{\partial t}=\nabla\times(\boldsymbol{u}\times\boldsymbol{B})+\lambda_{\mathrm{m}}\nabla^2\boldsymbol{B} \tag{15.3.23}$$

を得るが，磁気拡散率 λ_{m} は

$$\lambda_{\mathrm{m}}=\frac{1}{\sigma\mu_0} \tag{15.3.24}$$

となる．

c. 磁気レイノルズ数

電磁流体力学は磁場の誘導方程式（15.3.23）の取扱いによって二つに大別される．非電導性流体の流れにならって，式（15.3.23）の慣性効果と拡散効果の比，すなわち磁気レイノルズ数

$$\mathrm{R_m}=\frac{UL}{\lambda_{\mathrm{m}}} \tag{15.3.25}$$

を導入する．ここで，U は系の基準速度，L は基準長である．工業的研究で使用される液体金属では，λ_{m} は $1\ \mathrm{m^2\,s^{-1}}$ 程度であり，水の $10^{-6}\ \mathrm{m^2\,s^{-1}}$ や空気の $10^{-5}\ \mathrm{m^2\,s^{-1}}$ に比べると格段に大きい．また，L も 1 m 以下となることが多い．この結果，$\mathrm{R_m}$ は高々1程度となり，式（15.3.23）の右辺第1項を無視できる．低磁気レイノルズ数近似では，磁場による流れへの影響が重要な解析対象となり，流れとの相互作用は無視される．

これに対して，$\mathrm{R_m}\gg 1$ となる場合は2通りあり，λ_{m} が小さい場合と L が大きい場合である．高温電離ガス（高温プラズマ）の場合が前者に該当し，熱核融合がその代表例である（熱核融合では電磁流体近似では記述できない現象が多々あることに注意されたい）．星のダイナモでは，L が大きいため高磁気レイノルズ数状態となっている．一例として地磁気をあげると，地球は表層からケイ素を主成分とするマントル，溶融鉄の外核，固体鉄の内核に大別されるが，地磁気は外核での流動から発生している．外核では，λ_{m} が $1\ \mathrm{m^2\,s^{-1}}$ で U が $10^{-4}\ \mathrm{ms^{-1}}$ であるが，L が数千 km の大きさのため，$\mathrm{R_m}$ が 100 程度になる．太陽をはじめとする多くの天体では λ_{m} が小さくかつ L が大きいため，$\mathrm{R_m}$ はきわめて大きくなる．このような場合は，流れと磁場の相互作用が本質的となる．

15.3.2 低磁気レイノルズ数の流れ

a. 基本方程式と主たる無次元数

工業目的で液体金属を利用する場合は密度変化を無視できることが多く，流体運動は式（15.3.18）と（15.3.19）によって記述される．磁場が定常であるときは，電場 $\boldsymbol{E}$ は式（15.3.4）より静電ポテ

ンシャル ϕ を用いて，$\boldsymbol{E}=-\nabla\phi$ で与えられる．その結果，式（15.3.21）は

$$\boldsymbol{j}=\sigma(-\nabla\phi+\boldsymbol{u}\times\boldsymbol{B}) \qquad (15.3.26)$$

となる[2]．電流密度の保存則すなわち $\nabla\cdot\boldsymbol{j}=0$ より，ϕ は

$$\nabla^2\phi=\nabla\cdot(\boldsymbol{u}\times\boldsymbol{B}) \qquad (15.3.27)$$

を満たすことが必要となる．この ϕ と式（15.3.7）より電荷密度が発生するが，無視できるほど小さい．

次に，磁場の誘導方程式（15.3.23）の無次元数すなわち（15.3.25）に対応して，運動量方程式（15.3.19）における代表的な無次元数をあげよう．第1は非電導性流体でも現れるレイノルズ数

$$\mathrm{Re}=\frac{UL}{\nu} \qquad (15.3.28)$$

である．第2はローレンツ力と慣性項との比であり，$\boldsymbol{j}$ として式（15.3.26）で $\boldsymbol{B}$ からの寄与を用いる．磁場の基準値を B_0 とすると，この比は

$$\mathrm{N}=\frac{\sigma B_0{}^2 L}{\rho U} \qquad (15.3.29)$$

で与えられ，インタラクションパラメータと呼ばれている（この名称の適切さには疑問もある）．式（15.3.28）と（15.3.29）の積はローレンツ力と粘性項の比となるが，慣例としてその平方根

$$\mathrm{Ha}=\sqrt{\mathrm{ReN}}=B_0 L\sqrt{\frac{\sigma}{\rho\nu}} \qquad (15.3.30)$$

を第3の無次元量として導入し，ハルトマン数と呼ぶ．以下で述べる平行平板間流れのように慣性項が重要でないときは，Ha が主たる無次元数となる．

b. 磁場効果

運動に対する磁場の影響を端的にみるために，間隔 $2H$ の平行平板間流れで壁面に垂直に強さ B_0 の磁場をかけた場合を考える（壁面を $y=\pm H$ で指定する）．座標原点を中心軸におくと，軸方向の流速は u_C を中心軸での流速として[2]

$$u=u_\mathrm{C}\left(1-\frac{\cosh(\mathrm{Ha}\,y/H)}{\cosh\mathrm{Ha}}\right) \qquad (15.3.31)$$

で与えられ，ハルトマン流れといわれる．磁場を強めると，壁面近傍を除いて一様な速度分布が得られ，非電導性溝乱流での速度分布と類似したものとなる．後者では，壁面近傍の低速部分と中央の高速部分が混合効果の促進により均一化するためである．ハルトマン流れでは，圧力によって駆動される流れと印加磁場とによって式（15.3.26）のカッコ内第2項より電流が発生する．これによるローレンツ力は圧力勾配と逆向きとなり，中央の高速領域が減速を受けて平坦な速度分布となる．この結果，磁場の印加は電導性流体を制御する有力な方法となる．他方，壁面に平行に磁場をかけたときはローレンツ力が発生せず，流体は力を受けない．

c. 乱流と磁場効果

式（15.3.19）のアンサンブル平均（レイノルズ平均）をとり，速度 $\boldsymbol{u}$ の平均を $\bar{\boldsymbol{u}}$ とすると，非電導性流体と同様に

$$R_{ij}=\overline{u_i' u_j'} \qquad (15.3.32)$$

が現れる（2.3節および6.2節を参照されたい）．この場合は，磁場と電流の揺らぎを考慮しないため，R_{ij} は陽には磁場効果をもたない．このことは，R_{ij} を通して磁場の効果が現れないことを意味するものではない．実際，変動速度 $\boldsymbol{u}'$ の方程式を式（15.3.19）よりつくれば，ローレンツ力の項から $(\sigma\rho)(\boldsymbol{u}'\times\boldsymbol{B})\times\boldsymbol{B}$ が生じ，レイノルズ応力に寄与することが理解できる．

印加磁場に垂直な流れは減速されることを上に述べた．このことは，乱れにおいても磁場に垂直方向の成分が抑制されることを意味する．電磁流体溝乱流の磁場による層流化機構は，乱流の磁場制御の基本過程を理解するための代表例となっている．この研究は，非電導性流体の場合と同様に，(i) レイノルズ平均モデル，(ii) ラージエディシミュレーション（LES），(iii) 直接数値シミュレーション（DNS）の3方法で研究されている．しかし，乱流効果の解明という点では，非電導性流体に比べ未知の点が多い．磁場によって生じる強い非等方性は，レイノルズ平均モデルの構成を難しいものとしている．各方法における代表的あるいは最近の研究として，(i) 文献3（応力モデル），(ii) 文献4，5（LES），(iii) 文献6，7がある．

乱流に対する磁場効果が端的に現れる例として，平行平板間流れにおける抵抗係数 C_f（動圧で無次元化された壁面に働く応力）とハルトマン数 Ha［式（15.3.30）］およびレイノルズ数 Re［式（15.3.28）］との関係をみてみよう．図15.11では，二つの実験値[8,9]とLES計算結果[5]が層流解［式（15.3.31）に対応］とともに示されている．Re と Ha における L と U としては，平板間距離とバルク速度（断面平均速度）がそれぞれ用いられてい

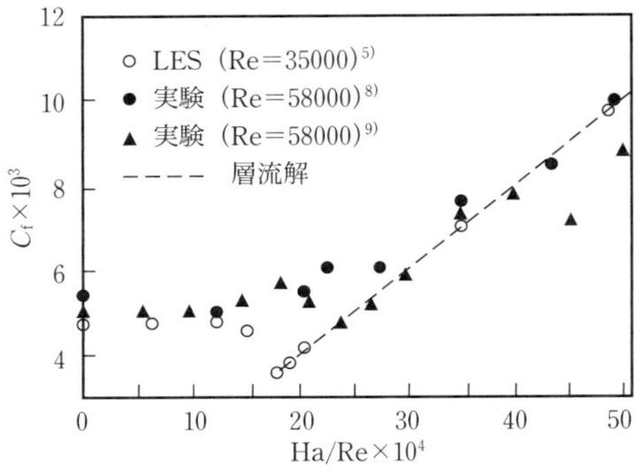

図 15.11

る．Ha/Re が増加すると，磁場に垂直方向の流れが抑制され，層流化が生じる．しかし，現在の LES を含むモデル計算では層流化の発生する Ha/Re の近辺での C_f の挙動が十分再現されておらず，今後の課題となっている．

乱流に対する磁場効果の詳細に関しては，文献 3～9 とそのなかで引用されている文献を参照されたい．

15.3.3 高磁気レイノルズ数の流れ

この場合には流体運動方程式 (15.3.16) と (15.3.17) を磁場誘導方程式 (15.3.23) と連結させることが必要となる．高温プラズマでは密度変化が大きい場合が少なくないが，ダイナモの研究では密度変化を無視して磁場の発生機構自体に関心を絞ることも多い．星のダイナモでは対象が回転していることや電導性流体の運動の主たる駆動力が浮力作用であることから，式 (15.3.19) の右辺にコリオリ力やブジネスク近似による浮力，すなわち

$$2(\boldsymbol{u}\times\boldsymbol{\Omega}_0)_i-\beta(\theta-\theta_0)g_i \qquad (15.3.33)$$

を付加する．ここで，$\boldsymbol{\Omega}_0$ は座標系の回転角速度ベクトル，β は熱膨張係数，$\boldsymbol{g}$ は重力加速度ベクトル，θ_0 は温度の基準値である．

上の場合，重要な無次元数としてコリオリ力項と粘性項の比の 2 乗であるテイラー数，浮力によって生じる速度に準拠した慣性項と粘性項の比の 2 乗に相当するレイリー数があり，それぞれ

$$\mathrm{Ta}=\left(\frac{2L^2\Omega_0}{\nu}\right)^2,\quad \mathrm{Ra}=\frac{\beta g L^3\Delta\theta_0}{\nu\alpha} \qquad (15.3.34)$$

で定義される ($\Delta\theta_0$ は温度差の基準値，α は温度拡散率である)．

ダイナモ研究では，星の場合に代表されるように磁気レイノルズ数，レイリー数 (レイノルズ数と同等)，テイラー数などが大きく，流れは乱れた状態になっている．このため低磁気レイノルズ数乱流におけるのと同様の研究手法をとりうるが，現状は平均場理論 (レイノルズ平均モデルに対応) と DNS が主たるものとなっている．

平均場理論では $\bar{\boldsymbol{u}}$ および $\bar{\boldsymbol{B}}$ の支配方程式，とくに後者に関心が向けられるが，それらの方程式には $\boldsymbol{b}'$ を磁場の揺らぎ成分として

$$R_{ij}=\overline{u_i'u_j'}-\overline{b_i'b_j'}, \qquad (15.3.35)$$

$$\boldsymbol{E}_T=\overline{\boldsymbol{u}'\times\boldsymbol{B}'} \qquad (15.3.36)$$

が乱流効果として現れる．式 (15.3.36) は乱流起電力と呼ばれている．これらの 2 量がいかなる数学的表現をもつかを明らかにすることがダイナモ研究の本質となるため，R_{ij} や $\boldsymbol{E}_T$ に対する輸送方程式を直接用いる応力モデル的方法はあまり採用されていない[10]．

すでに述べたように，ダイナモでは無次元数がきわめて大きいので分子粘性や分子抵抗効果まで考慮する意味での DNS を行うことは不可能である．このため，現実の無次元数よりはずっと小さな無次元数を用いて DNS を行い，磁場の生成機構を推測することになる．星などに関するダイナモでは観測から得られる情報はきわめてかぎられているので，無次元数の違いはあっても計算から得られる情報は有意義なものとなる．

ダイナモ研究の進展の詳細は，文献 11 で述べられている．　［吉澤　徴］

文　献

1) 宮本健郎：プラズマ物理入門，岩波書店，1991，50-57.
2) P. A. Davidson: An Introduction to Magnetohydrodynamics, Cambridge Univ. Press, 2001, 117-119.
3) S. Kenjeres *et al.*: Phys. Fluids, **16**, 2004, 1229-1241.
4) Y. Shimomura: Phys. Fluids, **A3**, 1991, 3098-3106.
5) H. Kobayashi: Phys. Fluids, **18**, 2006, 045107-1～11.
6) D. Lee, H. Choi: J. Fluid Mech., **439**, 2001, 367-394.
7) S. Satake *et al.*: J. Turbulence, **4**, 2002, 020.
8) E. C. Brouillette, P. S. Lykoudis: J. Fluid Mech., **10**, 1967, 995-1002.
9) C. B. Reeds, P. S. Lykoudis: J. Fluid Mech., **89**, 1978, 147-171.
10) A. Yoshizawa *et al.*: Plasma and Fluid Turbulence, Institute of Physics, 2003, 143-186.
11) A. Yoshizawa *et al.*: Plasma Phys. Controlled Fusion, **46**, 2004, R 25-R 94.

16

表　面　効　果

16.1　粗　　さ

壁面の粗さが流動に及ぼす影響については，Nikuradseの砂粒を用いた円管内乱流の研究に始まり，これまで非常に多くの研究が成されている．また，壁面粗さは壁近傍の流れを攪乱し，壁と流体との間の熱輸送を強化するため，伝熱促進の代表的方法として伝熱工学の面からも広く研究されている．ここでは，壁面粗さが流れ場と温度場に及ぼす影響について説明する．

16.1.1　粗さと壁面摩擦

壁面粗さが平均速度分布に及ぼす影響については9.4.4項で詳しく述べられているため，ここでは壁面摩擦に関して説明する．Nikuradseは，直径のそろった砂粒を円管内壁に稠密に分布させて粗面を作成し，広い条件にわたって管摩擦係数を求めた．それ以来，工学的問題で取り扱われるさまざまな形状をもった粗さ要素は，それと同等の圧力損失を与える砂粒の直径に置き換えて表すのが一般的である．この考え方を等価砂粒粗さと呼び砂粒の直径（高さ）を k_s で表す．ただし，管摩擦係数 λ は次式で定義される．

$$\lambda = -\frac{\mathrm{d}P}{\mathrm{d}x}\frac{2d}{\rho U^2} \tag{16.1.1}$$

図16.1は，円管の管摩擦係数 λ に及ぼす壁面粗度の影響を示した図であり，λ のReに対する変化を相対粗度 k_s/R（R：円管の半径）をパラメータにとり示してある[1]．

粗さが十分小さくて粘性低層に埋没する場合，流れはその影響を受けず壁は流体力学的になめらかな面とみなすことができる．一方，粗さの高さが対数層にまで及ぶ完全粗面流では，圧力損失は粗さ要素にかかる形状抗力が支配的となるため λ はReに対し独立となる．このときの λ は次式で整理できる．

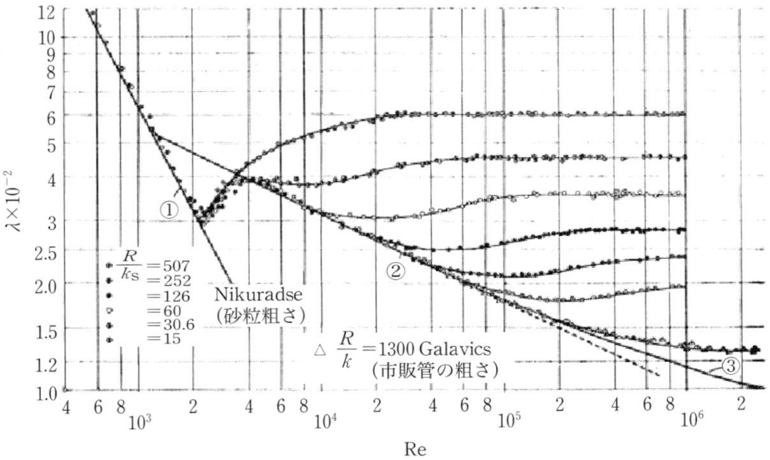

図 16.1　粗面をもつ円管内の管摩擦係数[1]

$$\frac{1}{\sqrt{\lambda}}=2.0\log\left(\frac{2R}{k_s}\right)+1.14 \quad (16.1.2)$$

16.1.2　変動速度場の特性

粗面上の変動速度場の特性については，これまでに多くの実験結果が蓄積されている．また近年では，DNSなどの大規模計算により粗面上の速度場の詳細を明らかにした研究も報告されている[2,3]．壁面粗さにはさまざまな形態のものがあるが，本項では工業装置に多く用いられる2次元リブを流路の1壁面に設置した場合（図16.2）について実施されたNaganoらのDNSの結果[3]を中心に，粗面上の変動速度場の特性について説明する．なお，このDNSではxおよびz方向に周期境界条件が課されているため，完全発達した2次元チャネル内の熱流動を再現していることになる．

図16.3は乱れエネルギーkの分布であり，3種類のリブ高さ$H=0.05\delta$，0.1δ，0.2δにおける結果が平滑流路の分布と比較して示されている．yは壁垂直方向の距離であり，$y/\delta=0$と$y/\delta=2$は粗面壁（底面）とそれに対向する滑面壁に対応する．kはリブが高くなるほど増大し，その影響は流路中央部にまで及んでいる．図16.4はkの輸送方程式における各項の寄与である．粗面に近い領域では，壁に垂直方向の平均速度が増大するため，平滑流路に比べて対流項の影響が大きくなるとともに，乱流拡散項と圧力拡散項の寄与も増加する．とくに，リブ項部より下の溝部では平均剪断によるkの生成は小さいため，この領域のkは拡散項の寄与により維持されている．

図16.5(a)と(b)は，粗面壁上の摩擦速度で無次元化された主流，および壁垂直方向の変動速度強度$u'^{+}_{\rm rms}$と$v'^{+}_{\rm rms}$の分布である．粗面から離れた領域では，$u'^{+}_{\rm rms}$と$v'^{+}_{\rm rms}$ともに，異なるHに対する結果がほぼ同一の分布をとる相似性が認められる．このような変動速度強度の相似性はKrogstadら[4]により境界層においても調べられており，図16.6にさまざまな粗さをもつ平板上の乱流境界層で測定された結果を示す．$\overline{u'^{+2}}$は粗さの種類によらずほぼ相似な分布を示し，またこの分布は壁近傍を除き平滑面上の乱流境界層における$\overline{u'^{+2}}$とも一致することが報告されている[5]．一方，$\overline{v'^{+2}}$の分布は粗さの種類により異なっており，$\overline{u'^{+2}}$のような相似性は認められない．この点について，砂粒粗面の場合には砂粒の大きさにかかわらず$\overline{v'^{+2}}$は相似な分布を示すとの報告もあり[5]，$\overline{v'^{+2}}$の分布は$\overline{u'^{+2}}$と比べて粗さの形状の影響を強く受けるようである．なお，乱流剪断応力$\overline{u'^{+}v'^{+}}$に関しても$\overline{v'^{2}}$と同様の結果が報告されている[4,5]．

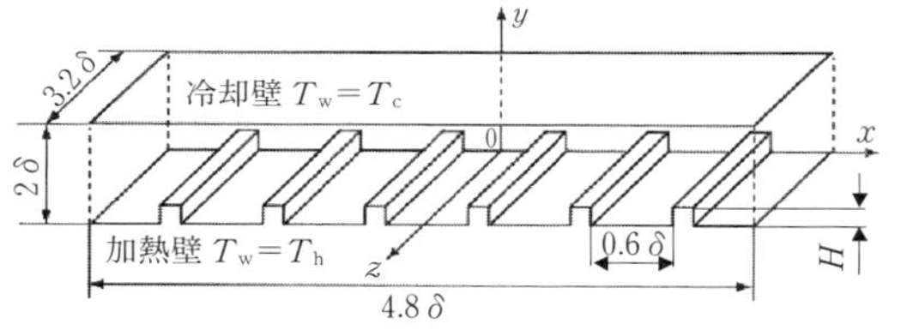

図 16.2　2次元リブ付きチャンネル[3]

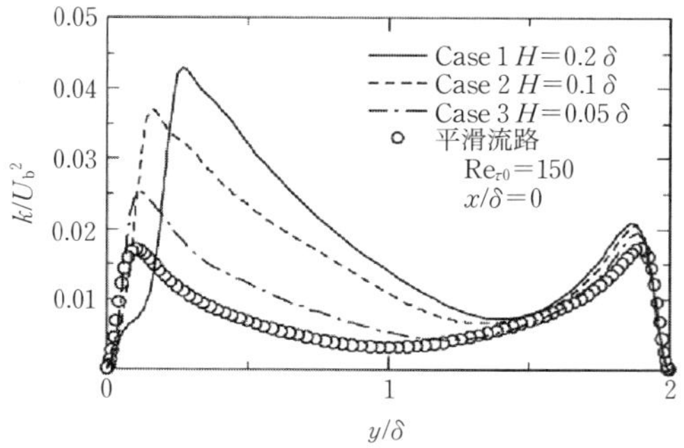

図 16.3　乱れエネルギー[3] $k/U_b{}^2$

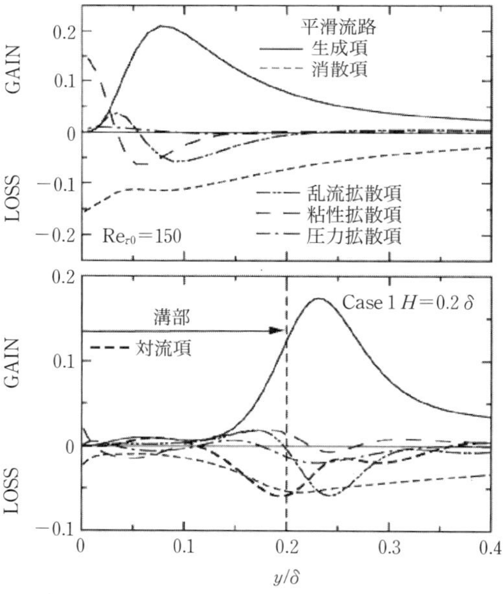

図 16.4　乱れエネルギーの収支（上：平滑流路，下：$H=0.2\delta$）[3]

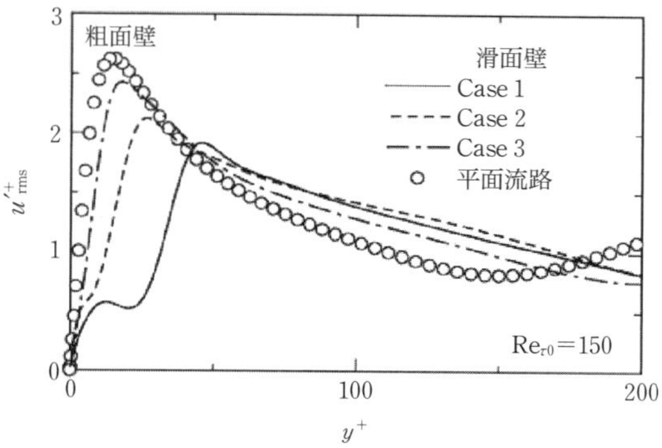

(a) 主流方向変動速度成分の RMS u'^{+}_{rms}

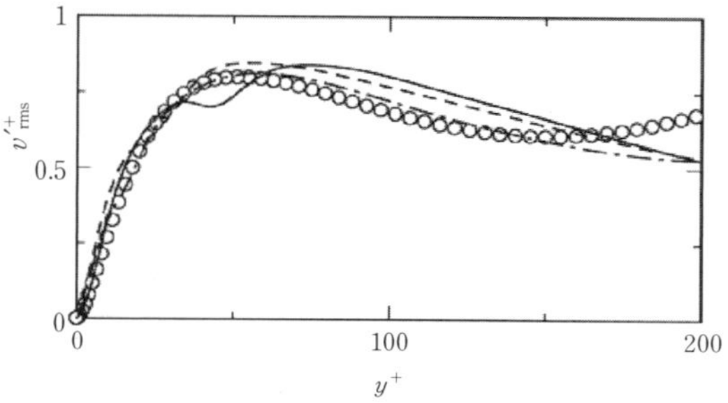

(b) 壁垂直方向変動速度成分の RMS v'^{+}_{rms}

図 16.5 摩擦速度で無次元化した変動速度強度の分布[3)]

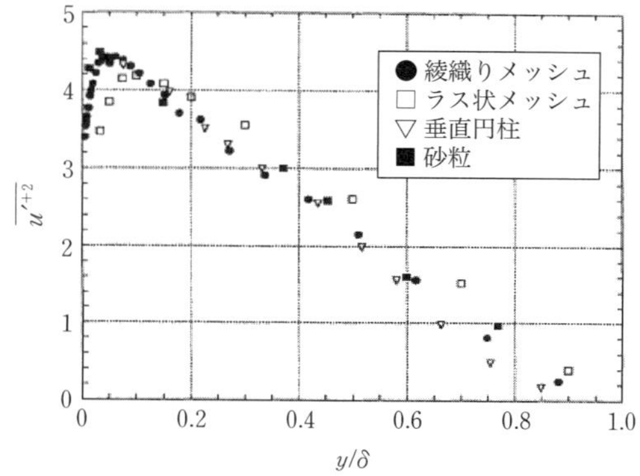

(a) 主流方向の乱流垂直応力成分 $\overline{u'^{+2}}$

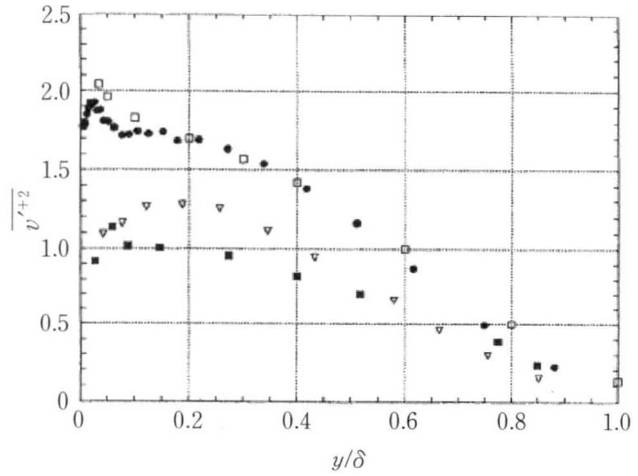

(b) 壁垂直方向の乱流垂直応力成分 $\overline{v'^{+2}}$

図 16.6 粗面上の乱流境界層における変動速度強度分布[4)]

16.1.3 熱伝達と温度場

壁面の粗面化は代表的な伝熱促進法の一つであり，とくに工業的には上述のような 2 次元リブが多く利用される．Webb らは直径 D の円管内に高さ H のリブを間隔 p で設けた場合の乱流熱伝達について，以下のような予測式を提案した[6)]．

$$Ar=\sqrt{\frac{2}{C_f}}+2.5\ln\frac{2H}{D}+3.75 \qquad (16.1.3)$$

$$Br=\frac{C_f/(2\,\mathrm{St})-1}{\sqrt{C_f/2}}+Ar \qquad (16.1.4)$$

$$H^{+}=\frac{u_{\tau}H}{\nu}=\frac{H}{D}\mathrm{Re}\sqrt{\frac{C_f}{2}} \qquad (16.1.5)$$

$$\mathrm{St}=\frac{Nu}{\mathrm{RePr}} \qquad (16.1.6)$$

Ar と Br は運動量およびエネルギー輸送に関する粗さ関数，H^{+} は摩擦速度 u_{τ} を用いて無次元化したリブ高さであり，C_f と St は管の壁面摩擦係数と平均スタントン数である（$C_f=\lambda/4$）．Ar はリブが粘性底層よりも十分に高い $H^{+}>20$ の場合に次式で表される．なお，伝熱促進を目的としたリブではこの条件が満たされている場合が多い．

$$Ar=0.95(p/H)^{0.53} \quad ただし，10<p/H<40 \qquad (16.1.7)$$

図 16.7 は Br と H^{+} の関係を表しており，$H^{+}>25$ の場合 Br は次式で整理できる．

$$Br=4.50(H^{+})^{0.28}\mathrm{Pr}^{0.57} \qquad (16.1.8)$$

平均熱伝達率の計算手順としては，まずリブの仕様（p/H，H/D）に基づき式（16.1.7）で Ar を求めそこから式（16.1.3）と（16.1.5）より C_f と H^{+}

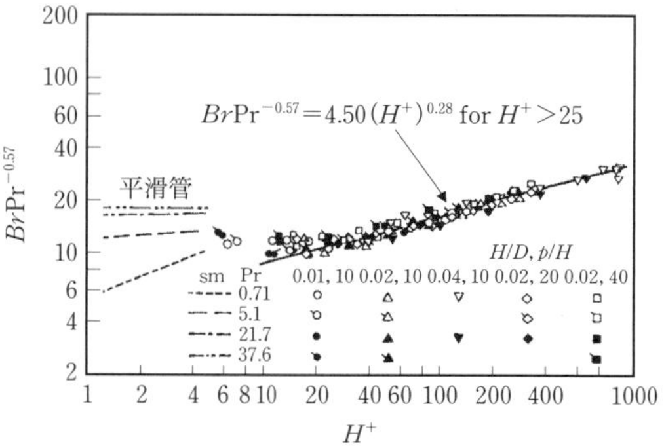

図 16.7 Br の H^{+} に対する変化[6)]

を求める．次に，Ar と C_f，および式（16.1.8）で算出される Br を式（16.1.4）に代入することで，St を求めることができる．この式によると，たとえば $H/D=0.05$ のリブを $p/H=10$ の間隔で設置した円管において，$Re=3\times10^4$ の条件で空気を流した場合，平滑管の 2.6 倍程度の熱伝達率が期待できる．なお，同様の予測方法が，矩形管の内壁の一部に 2 次元リブを設けた場合についても提案されている[7]．

次に，温度場の特性について示す．図 16.8 は上記の DNS により得られた 2 次元チャネル内の平均温度分布[3] であり，粗面と滑面の温度をそれぞれ T_h と T_c とした場合の結果である（$\bar{\theta}/\Delta\bar{\theta}=(T_h-T)/(T_h-T_c)$）．リブが高くなるにつれて滑面側と粗面側での温度差が変わり，温度分布は非対称性になっていく．図 16.9 は，粗面に垂直方向の乱流熱流束 $-\overline{v'\vartheta'}$ の分布である．$-\overline{v'\vartheta'}$ は滑面の近傍に至るまで増大しており，リブの乱流促進効果により粗面からの熱伝達が増大し，その結果チャネル内の平均温度分布が非対称になったことが理解される．

図 16.10 は乱流プラントル数 Pr_t の分布である．

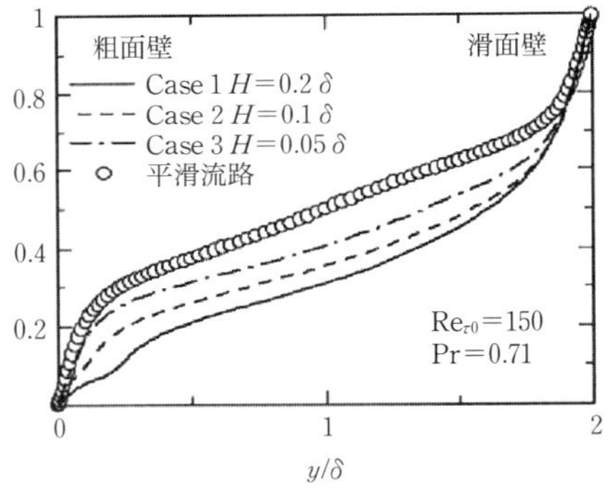

図 16.8　平均温度分布[3] $\bar{\theta}/\Delta\bar{\theta}=(T_h-T)/(T_h-T_c)$

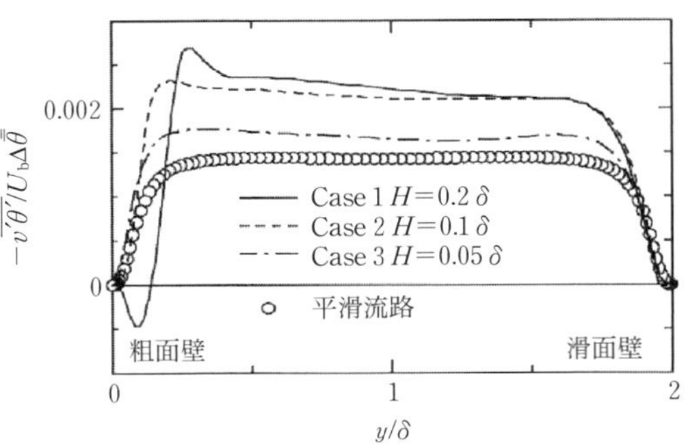

図 16.9　乱流熱流束[3] $-\overline{v'\theta'}/U_b\Delta\bar{\theta}$

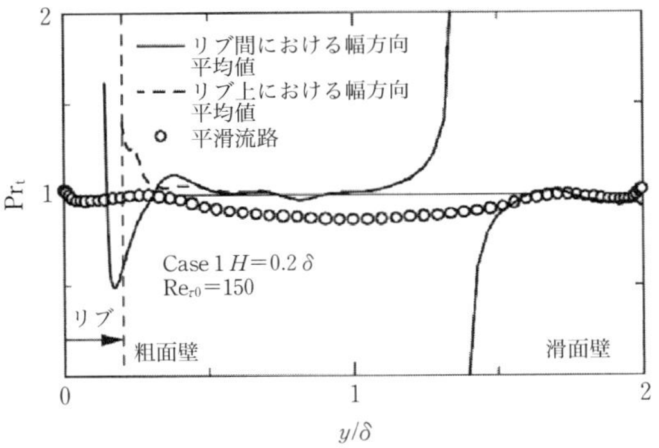

図 16.10　乱流プラントル数[3] Pr_t

記号○で示された平滑流路の Pr_t は流路全域でほぼ一定値をとるが，粗面近傍の Pr_t は複雑に変化しており，この領域では速度場と温度場の非相似性が強くなることが予想される．このことは，乱流モデルにより粗面流路の伝熱解析を行う場合，乱流プラントル数を一定と仮定した計算結果には誤差が生じることを意味しており注意が必要である．

16.1.4　粗面をもつ矩形管内の熱流動

前節までは，2 次元チャネルや円管など幾何学的に単純な流路を粗面化した場合について示してきたが，実際の熱機器では，たとえば矩形管などのように壁面が平滑であっても複雑な熱流動が現れる流路に粗面を設ける場合が多い[7]．そこで，正方形管の 1 壁面（底面）を 2 次元リブで粗面化した流路について，実験で得られた熱流動特性を中心に概説する[8,9]．

9.4.7 項で述べたように，正方形管では乱流応力の非等方性により断面内に第 2 種 2 次流れが発生する．壁面を粗面化することにより，乱流応力の特性は大きく変化するため，乱流応力に起因するこの 2 次流れの分布も粗面の影響を強く受ける．図 16.11 と図 16.12 は，管断面内の 2 次流れ速度ベクトルおよび主流速度の等値線図であり，各図の左半分が平滑流路，右半分が粗面流路の結果である．リブは流路底面に設置されている．平滑流路では各 1/4 断面に一対の縦渦が生じるが，粗面流路では半断面に大規模な縦渦が一つだけ現れ 2 次流れの速度も増加している．こうした 2 次流れの変化を受けて，主流速度等値線も上壁側で管中心部へ向かう歪みが大きくなるとともに，側壁近傍では平滑流路とは逆に壁に

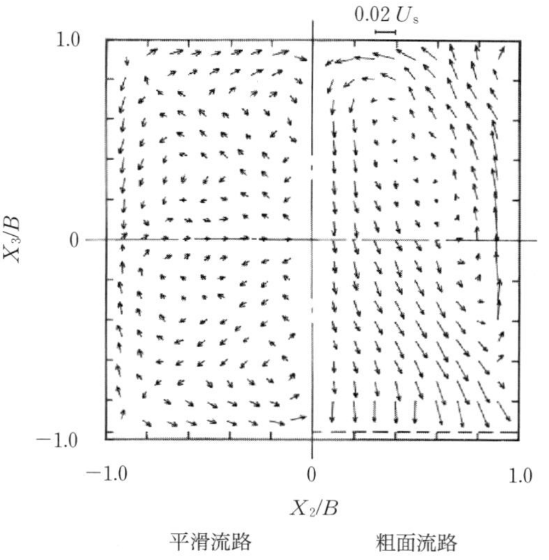

図 16.11　2 次流れ速度ベクトル[8)]

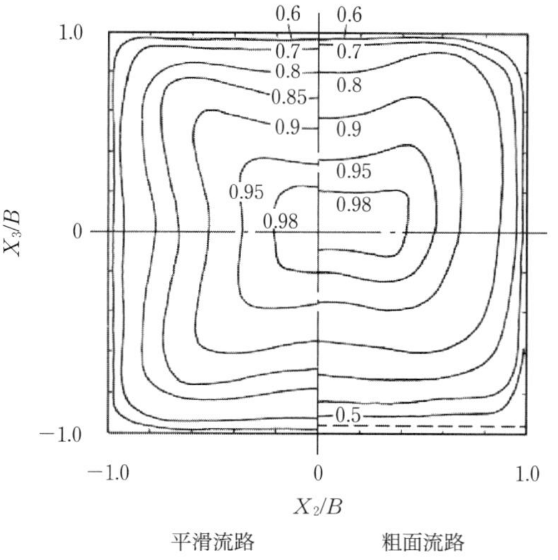

図 16.12　主流速度等値線[8)]

向かって膨らむ傾向が認められる．その結果，平滑面上の壁面剪断応力や局所熱伝達率も平滑流路とは異なった分布特性を示すようになる[8)]．

また，この流路系の実験結果から，先述の乱流プラントル数分布より予想された粗面近傍における速度場と温度場の非相似性が確認できる．図 16.13 は流路の粗面側 1/4 断面において得られた主流速度と平均温度（いずれも無次元値）の相関を示しており，両分布が完全に相似な場合，測定結果は図の対角線上に分布する．しかし，粗面流路の結果はすべて対角線の上側に分布しており，このことは粗面に

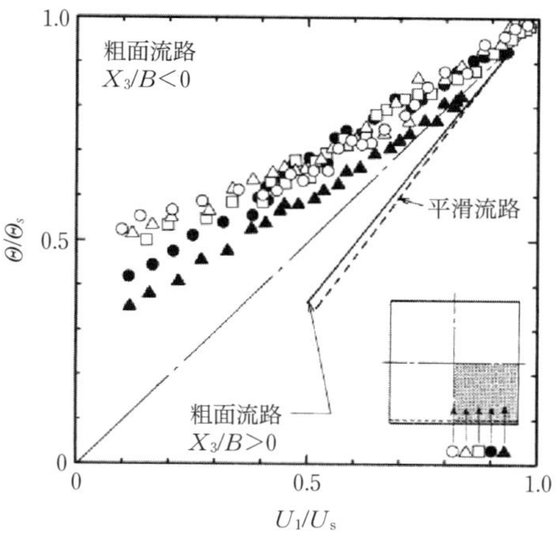

図 16.13　主流速度と平均温度の相関（粗面流路）[8)]

よる運動量輸送の増大に比べ熱輸送の増大は小さいことを意味している．この結果は，粗面流路における Area goodness factor[10)] $StPr^{2/3}/C_f$ が平滑流路よりも小さくなることを示唆しており，粗面による伝熱促進では，より大きな圧力損失増加を伴うものと考えられる．　　　　　　　　　　　　**［廣田真史］**

文　　献

1) H. Schlichting: Boundary Layer Theory, 7 th ed., McGraw Hill, New York, 1978, 615-626.
2) Y. Miyake *et al.*: Int. J. Heat Fluid Flow, **22,** 2001, 237-244.
3) Y. Nagano *et al.*: Int. J. Heat Fluid Flow, **25**, 2004, 393-403.
4) P. A. Krogstad, R. A. Antonia: Exp. Fluids, **27**, 1999, 450-460.
5) M. P. Schultz, K. A. Flack: J. Fluids Eng., **125**, 2003, 863-870.
6) R. L. Webb *et al.*: Int. J. Heat Mass Transfer, **14**, 1971, 601-617.
7) J. C. Han: J. Heat Transfer, **110**, 1988, 321-328.
8) M. Hirota *et al.*: J. Heat Transfer, **116**, 1994, 332-340.
9) 廣田真史ほか：日本機械学会論文集（B 編），**67**(653)，2001，154-161.
10) N. Sahiti *et al.*: Int. J. Heat Mass Transfer, **49**, 2006, 3392-3400.

16.2　植　　生

図 16.14 は植物が周囲の環境に与えるさまざまな効果を示したものである[1)]．植物の周辺への影響としては，

①風速低下，乱れの増加などの流体力学的作用．

②日射遮蔽・日陰による気温低減．

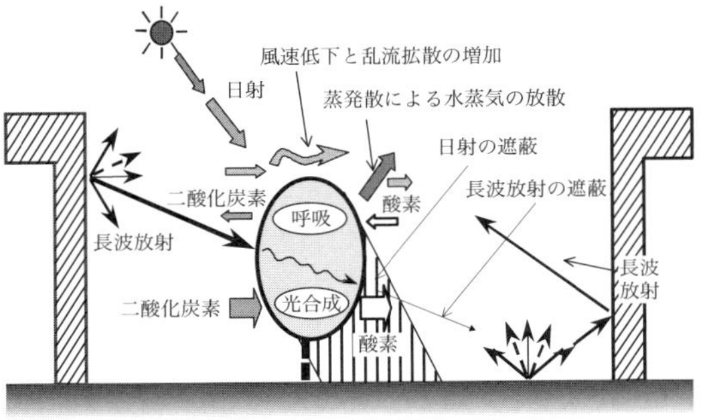

図 16.14　樹木の多様な効果

③蒸散に伴う潜熱放出.

④光合成による CO_2 の吸収と O_2 の放出.

などがあげられる．植物の存在によりその気温低下，湿度上昇などの環境変化が生じ，その影響は大気の移流，拡散作用により周辺に広がる．したがって，①の流体力学的作用は防風林による風速低減などのような直接的な効果だけでなく，植物周辺の微気候の形成にも深くかかわっている．以下では，植物の風速分布への影響を説明する．

16.2.1　植生面上の風速の鉛直分布

大気境界層のなかで，地表から高度 50～100 m までのとくに地表の影響を強く受けている層を接地境界層と呼ぶ．植物群落の存在は，この接地境界層内の環境にさまざまな影響を与える．

図 16.15 は，草地と森林の風速の鉛直分布を模式的に示したものである．風が吹くと大気と地表面との間で摩擦力が生じるが，植生が存在することにより，裸地に比べて摩擦力も当然大きくなり，風速に与える影響も大きくなる．地表付近の摩擦力は，当然，植物群落が密なほど，群落の高さが高いほど，そして群落の面積が広いほど大きくなる[2]．とくに

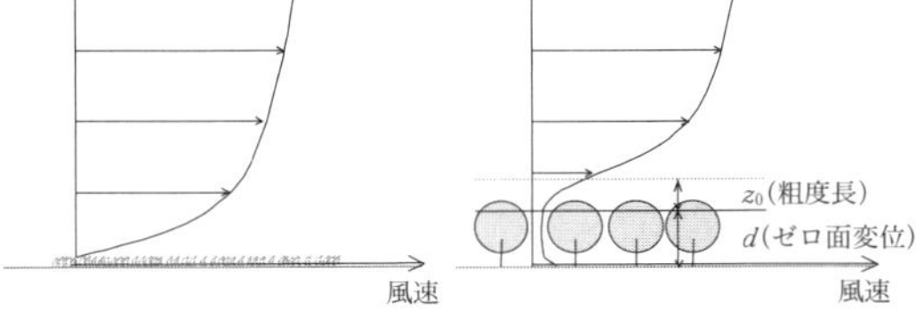

(1)　草地　　　(2)　森林

図 16.15　植生上空の風速鉛直分布

密集した植物群落の内部では風速は非常に低くなる．

植物群落上空の風速分布は，次式に示す対数法則により表現されることが多い[2,6,7]．

$$\frac{U(z)}{u^*}=\frac{1}{\varkappa}\log\frac{(z-d)}{z_0} \quad (16.2.1)$$

ここで，z は地表面からの高さ (m)，$U(z)$：高さ z の風速 (m/s)，u^*：摩擦速度 (m/s) ($u^*=(\tau_0/\rho)^{1/2}$，τ_0 は地表面摩擦応力，ρ は空気密度)，$\varkappa$ はカルマン定数 (＝0.4)，d はゼロ面変位 (zero plane displacement) (m)，z_0 は粗度長 (roughness length) (m) である．

粗度長 z_0 (roughness length) は，地表の凸凹の程度を表す定数で長さの次元をもち，水面で 0.001～0.01 mm，農地では 4～20 cm，森林では 1～6 m 程度の値となるといわれている[2]．また，密な植物群落上空の風速分布を，実際の地表面を鉛直座標の原点として対数則で近似すると，観測された風速分布との間に差が生じる．そこで，図 16.15(2) に示すように植物群落の効果により地表が持ち上がったと考えて，鉛直座標の原点を上方にシフトさせると，対数則により実際の風速分布をよく近似することができる．式 (16.2.1) 中の d はゼロ面変位 (zero plane displacement) と呼ばれ，この程度を表すパラメータである (図 16.15(2))．群落境界層の特性パラメータである粗度長 z_0 やゼロ面変位 d は植生の密度や高さにより異なり，境界層内の物質の輸送 (混合) や植生と大気との交換過程に影響を及ぼす．

16.2.2　樹木周りの気流分布

図 16.16 は樹木周辺の風の流れを示したものである[3]．風上から吹いてきた風が樹木に衝突することにより，風速値が大幅に低下するとともに，風上側の接地境界層流中に含まれる大スケールの渦が小スケールの渦に分解されていく．また，樹木により塞き止められた風は，上下，左右に流れていく．このため，樹木群落内部やその後方では，非常に風速の低い弱風領域が生じる．このような弱風領域の高さ方向の風速の変化を図 16.16(2) に示す．

このような樹木の風速低減効果を利用した防風林や防風垣が，古くから造成されてきた[4,5]．防風林や防風垣には，強い風を防ぐばかりではなく，潮風

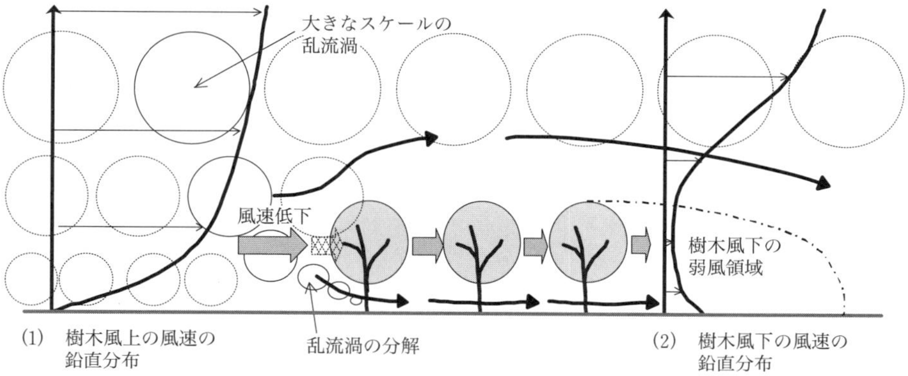

図 16.16 樹木周りの風の流れ

を防いだり，吹雪を防ぐなどの効果もある．さらに，農業の分野でもさまざまな役割を果たしてきた．防風林は通風を完全に遮断してしまう人工的な壁よりも，葉や枝，幹の適当なすきまにより防風・保温，あるいは田畑表土の飛散防止などに優れた効果をあげるといわれている．

文献

1) 吉田伸治ほか：日本建築学会計画系論文集，**536**，2000，87-94.
2) 荒木真之：森林気象，川島書店，1995.
3) 佐藤隆光：北海道大学大学院農学研究科邦文紀要，**24**(2)，2002.
4) 吉野正敏：風の世界，東京大学出版会，1989.
5) 真木太一：風害と防風施設，文永堂出版，1987.
6) 竹内清秀：風の気象学，東京大学出版会，1997.
7) 近藤純正(編)：水環境の気象学，朝倉書店，1994.

16.3 キャノピー

キャノピー流とは図 16.17 に示すような抵抗物体と流体の混在する流れ（多孔性物体内の流れ）の総称である[1]．このようなキャノピー流内の乱流のモデル化に関して，従来より多くの研究がなされている．以下ではその概要を説明する．

16.3.1 キャノピーモデルの必要性

たとえば，16.2 節で示した植物群落内の流れを CFD を利用して解く場合を考える．最新のメッシュ生成技術を用いれば，木の枝や葉の 1 枚 1 枚の幾何学的形状を逐一正確に再現したメッシュ分割を用いた解析を行うことも不可能ではないかもしれない．しかし，要求される計算量は膨大なものとなり，通常の解析では枝や葉の 1 枚 1 枚のサイズに比べると，粗いメッシュ分割にならざるを得ない．このような場合，個々の葉の境界を明確にして計算をすることは不可能である．同様に，都市境界層全体を比較的大きなメッシュで解析する場合，個々の建物の幾何学的形状をすべて再現して解くことは不可能である．

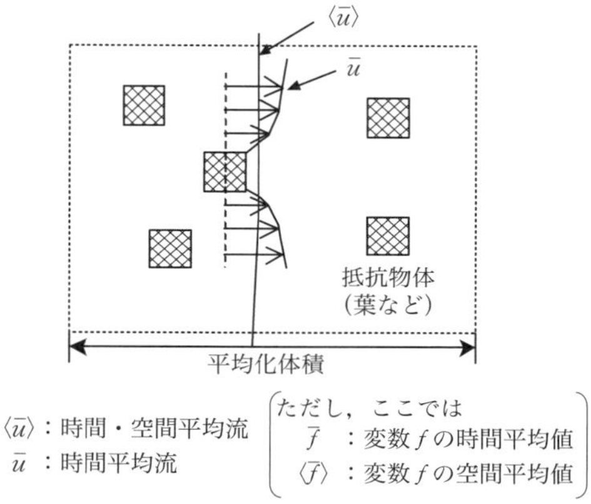

図 16.17 モデル化のための概念図[2]

このようなメッシュサイズよりも小さい微細な気流障害物の影響を考慮する際，固体境界の形状を逐一解析で再現するのではなく，解析グリッド内で固体と流体が混在する状態を考え，これらをセル体積内の抵抗物体とみなし，その流体力学的効果を表す項を基礎方程式に対して付加して，その効果を再現する形式のモデル化が種々考案されている．このような考えに基づくモデルをキャノピーモデルと呼ぶ．

16.3.2　平均化操作

解析に用いるメッシュ内に抵抗物体がある場合，このような流れの場を数値的に解くには何らかの平均化操作が必要となってくる．その方法としては，①空間平均のみを行うケース，②空間平均を施し，次に時間平均（あるいはアンサンブル平均）を行うケース，③時間平均（あるいはアンサンブル平均）を施したあとに空間平均を施すケースなどが考えられるが，平岡は実験データとの比較が可能であるという観点から第3の平均化の方法を推奨している[1]．

時間平均（あるいはアンサンブル平均）された流れに空間平均操作を施すと，図16.17のように平均化体積内部で平均流に空間分布が残る．この分布は，内部の抵抗物体と平均化体積以上のスケールの剪断成分によって生じ，乱れはこのような平均流の局所的な分布からおもにつくられる．平均流から受けとったエネルギーは，乱れのエネルギーカスケード過程によって，より小さいスケールの乱れに分解され，熱エネルギーに変換される（図16.18）[2]．

平岡らはナビエ-ストークスの方程式を時間平均し，さらに粗度要素の体積変化を考慮した空間平均操作を行うことにより，植物および都市キャノピー内の乱流現象を記述する乱流モデルを導出している[1]．まず，有効体積率 G を，体積 V_0 内の流体体積 $V_a(x)$ を用いて式（16.3.1）のように定義する．

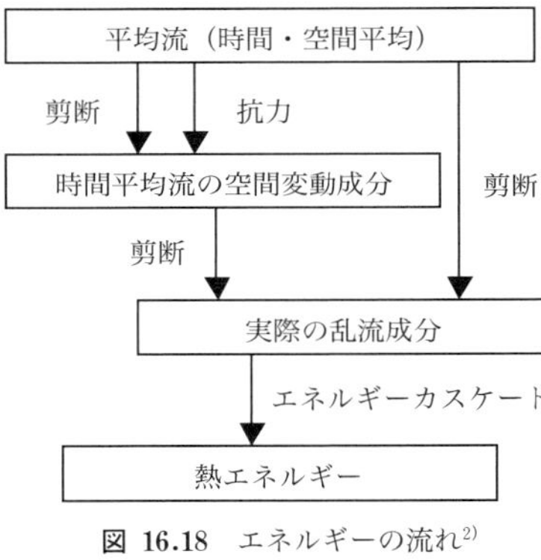

図 16.18　エネルギーの流れ[2]

$$G(x)=\frac{V_a(x)}{V_0} \qquad (16.3.1)$$

有効体積率 G を用い，時間平均（あるいはアンサンブル平均）した連続式に空間平均を施すと式（16.3.2）のようになる．

$$\frac{\partial G\langle \bar{u}_i\rangle}{\partial x_i}=0 \qquad (16.3.2)$$

16.3.3　キャノピーモデルの付加項の分類

ナビエ-ストークス方程式に対し，時間平均（あるいはアンサンブル平均）操作を施したあとに空間平均をすると，表16.1の式（16.3.3）のような平均流の式が得られる．ここで，F_i は空間平均操作を施す際に現れる項であり，物体の抵抗によって流体が受ける力である．時間変動成分による乱れのエネルギーと空間変動成分による乱れのエネルギーの合計を乱流エネルギー k と定義し，その輸送方程式を導出すると，F_i に対して平均風速 $\langle \bar{u}_i\rangle$ を掛け合わせた項が現れる（表16.1の式（16.3.4）中の F_k）．また，ε の輸送方程式中にこれに対応する項が現れる（(表16.1の式（16.3.5）中の F_ε）．

既往の研究で採用されているこれら付加項（F_i, F_k, F_ε）の形式およびモデル係数の値を表16.2にまとめて示す．ここでは，既往の研究における代表的なモデルをType A～Dの四つに大別している．運動方程式に現れる付加項 F_i に関しては研究者間で差はみられないが，k の輸送方程式中の付加項 F_k は二つのタイプに分けられる．一つ目のモデルは表16.2中のType AとType Bで用いられている形式であり，F_i に平均風速 $\langle \bar{u}_i\rangle$ を掛け合わせる

表 16.1　キャノピー流のための k-ε 型乱流モデル

［平均流の式］

$$G\frac{\partial\langle\overline{u_i}\rangle}{\partial_t}+\frac{\partial G\langle\overline{u_i}\rangle\langle\overline{u_j}\rangle}{\partial x_j}=-\frac{\partial}{\partial x_l}\left\{G\left(\frac{\langle\overline{p}\rangle}{\rho}+\frac{2}{3}k\right)\right\}+\frac{\partial}{\partial x_j}\left\{\nu_t\left(\frac{\partial G\langle\overline{u_i}\rangle}{\partial x_j}+\frac{\partial G\langle\overline{u_j}\rangle}{\partial x_i}\right)\right\}-F_i \qquad (16.3.3)$$

［k の輸送方程式］

$$G\frac{\partial k}{\partial t}+\frac{\partial G\langle\overline{u_j}\rangle k}{\partial x_j}=\frac{\partial}{\partial x_j}\left(\frac{\nu_t}{\sigma_k}\frac{\partial Gk}{\partial x_j}\right)+GS-G\varepsilon+F_k \qquad (16.3.4)$$

［ε の輸送方程式］

$$G\frac{\partial\varepsilon}{\partial t}+\frac{\partial G\langle\overline{u_j}\rangle\varepsilon}{\partial x_j}=\frac{\partial}{\partial x_j}\left(\frac{\nu_t}{\sigma_k}\frac{\partial G\varepsilon}{\partial x_j}\right)+G\frac{\varepsilon}{k}(C_{1\varepsilon}S-C_{2\varepsilon})+F_\varepsilon \qquad (16.3.5)$$

表 16.2 樹木の影響を表す付加項の形式とモデル係数の値

Type	F_i	F_k	F_ε	備考
A	$C_f a \langle \overline{u_i} \rangle \sqrt{\langle \overline{u_j} \rangle^2}$	$\langle \overline{u_i} \rangle F_i$	$\frac{\varepsilon}{k} \cdot C_{p\varepsilon 1} \frac{k^{3/2}}{L} \quad \left(L = \frac{1}{a}\right)$	平岡ら[1]：$C_{p\varepsilon 1}=0.8 \sim 1.2$
B		$\langle \overline{u_i} \rangle F_i$	$\frac{\varepsilon}{k} \cdot C_{p\varepsilon 1} F_k$	I. Uno *et al.*[4]：$C_{p\varepsilon 1}=1.5$ Svensson[5]：$C_{p\varepsilon 1}=1.95$ 岩田ら[6]：$C_{p\varepsilon 1}=1.8$
C		$\langle \overline{u_i} \rangle F_i - 4C_f a \sqrt{\langle \overline{u_j} \rangle^2}\, k$	$\frac{\varepsilon}{k}[C_{p\varepsilon 1}(\langle \overline{u_i} \rangle F_i) - C_{p\varepsilon 2}(4C_f a \sqrt{\langle \overline{u_j} \rangle^2})k]$	S. R. Green[7]：$C_{p\varepsilon 1}=C_{p\varepsilon 2}=1.5$ J. Liu *et al.*[8]：$C_{p\varepsilon 1}=1.5$, $C_{p\varepsilon 2}=0.6$
D		$\langle \overline{u_i} \rangle F_i - 4C_f a \sqrt{\langle \overline{u_j} \rangle^2}\, k$	$\frac{\varepsilon}{k} \cdot C_{p\varepsilon 1} \frac{k^{3/2}}{L} \quad \left(L = \frac{1}{a}\right)$	大橋[9]：$C_{p\varepsilon 1}=2.5$

a：葉面積密度，C_f：抗力係数，$C_{p\varepsilon 1}$, $C_{p\varepsilon 2}$：モデル係数，F_i：平均流の輸送方程式中の付加項，F_k：k の輸送方程式中の付加項，F_ε：ε の輸送方程式中の付加項.

形で表現している[1,3~6]．この形式のモデルは，基礎方程式に空間平均操作を施すことにより導出される[1]．もう一つのモデルは，表 16.2 中の Type C と Type D で用いられているモデルで，ここでは葉などの抵抗体が乱れの生成のほかに消散にも作用すると考え，前述のタイプに対してシンク項が加えられている[8,9]．一方，ε の輸送方程式の付加項は三つのタイプに分けられる．すなわち，キャノピー層の特徴的長さスケール L を導入し，これを葉面積密度 a から与えるタイプ（表 16.2 中の TypeA と D で採用されているモデル[1]），k の輸送方程式中の付加項 F_k を乱れのタイムスケール（$=k/\varepsilon$）で除し，さらにモデル係数 $C_{p\varepsilon 1}$ を導入したタイプ（表 16.2 中の TypeB で採用されているモデル[1,3~6]），さらにシンク項の加わった形式の F_k のモデルを基礎とし，この F_k を乱れのタイムスケール（$=k/\varepsilon$）で除して，生成項，シンク項のおのおのに対してモデル係数 $C_{p\varepsilon 1}$，$C_{p\varepsilon 2}$ を導入したタイプ（表 16.2 中の TypeC で採用されているモデル[7,8]）に分けられる．

表 16.2 の備考欄に示したように，実験や実測との比較などにより，それぞれのタイプに関してモデル係数の最適化が行われている．　　　　［持田　灯］

文　献

1) 平岡久司ほか：日本建築学会計画系論文報告集，**406**, 1989，1-9.
2) 平岡久司：数値流体力学（保原　充，大宮司久明編），東京大学出版会，1992，568-569.
3) 平岡久司ほか：日本建築学会計画系論文報告集，**416**, 1990，1-8.
4) I. Uno *et al.*: Boundary-Layer Meteorol., **49**, 1989, 77-98.
5) U. Svensson, K. Haggkvist: J. Wind Engin. Industrial Aerodynamics, **35**, 1990, 201-211.
6) 岩田達明ほか：第 18 回風工学シンポジウム論文集，2004，69-74.
7) S. R. Green: PHOENICS J. Comput. Fluid Dynamics Appl., **5**, 1992, 294-312.
8) J. Liu *et al.*: Boundary-Layer Meteorol., **77**, 1996, 21-44.
9) 大橋征幹：日本建築学会環境系論文報告集，No. 578, 2004，91-96.

17 乱 流 燃 焼

化学反応を伴う乱流は，発熱の影響が比較的軽微な反応性乱流と発熱の影響が顕著な乱流燃焼に大別できる．発熱の影響が比較的軽微な反応性乱流は反応槽などで観察され，密度変化を考慮に入れる必要はないが，液相を対象とする場合には高シュミット数となるため，濃度変動が高波数領域まで生じ，その取扱いは難しいものとなる．

発熱の影響が顕著な乱流燃焼は，乱流予混合火炎と乱流拡散火炎に大別される．乱流予混合火炎は，火花点火内燃機関，希薄燃焼ガスタービン，家庭用燃焼機器などで用いられており，燃料と空気は燃焼器に入る前に混合されている．乱流拡散火炎は，火炉，ディーゼルエンジン，航空用ガスタービンなどにおいて用いられており，燃料と空気は別々に燃焼器に入る．

航空用ガスタービン，直接噴射ガソリンエンジン，ディーゼルエンジンなどにおいて，燃料と空気の一部が乱流などにより混合され，層状の当量比分布のなかに火炎が形成されることがある．このような火炎は，部分予混合拡散火炎と呼ばれる．浮き上がり噴流拡散火炎の基底部付近で観察される希薄予混合火炎，過濃予混合火炎，拡散火炎からなる三重火炎は部分予混合拡散火炎の一例である．部分予混合拡散火炎と拡散火炎を非予混合火炎と呼ぶこともある．

ここでは，発熱の影響が顕著な乱流予混合火炎と乱流拡散火炎を対象として，基礎方程式，乱流燃焼モデル，直接数値計算などについて説明する．

17.1 基 礎 方 程 式

燃焼場では，燃焼反応による発熱のために大きな温度・密度変化が生じ，さらに熱，物質，エネルギーの対流・拡散が複雑に影響するため，燃焼場を支配する基礎方程式として以下に示す圧縮性の質量保存式，運動量保存式，エネルギー保存式，化学種保存式を用いる必要がある[1]．

質量保存式は

$$\frac{\partial \rho}{\partial t}+\nabla\cdot(\rho \boldsymbol{u})=0 \qquad (17.1.1)$$

と表される．また，運動量保存式は

$$\rho\frac{\partial \boldsymbol{u}}{\partial t}+\rho\boldsymbol{u}\cdot\nabla\boldsymbol{u}=-\nabla\cdot\boldsymbol{P}+\rho\sum_{i=1}^{N}Y_i\boldsymbol{f}_i \qquad (17.1.2)$$

と表される．ここで，$\boldsymbol{f}_i$ は化学種 i に作用する外力，$\boldsymbol{P}$ は次のような応力テンソルである．

$$\boldsymbol{P}=\left[p+\left(\frac{2}{3}\mu-\varkappa\right)(\nabla\cdot\boldsymbol{u})\right]\boldsymbol{U}-\mu[(\nabla\boldsymbol{u})+(\nabla\boldsymbol{u})^{\mathrm{T}}] \qquad (17.1.3)$$

また，$\varkappa$ は体積粘性係数を示している．さらに，$\boldsymbol{U}$ と上付き添字 T は単位テンソルおよびテンソルの転置を表している．

化学種 i のエンタルピー

$$h_i=h_i^0+\int_{T_0}^{T}c_{\mathrm{p},i}\mathrm{d}T, \qquad i=1,2,\cdots,N \qquad (17.1.4)$$

を用いると，内部エネルギーは

$$e_t=\sum_{i=1}^{N}h_iY_i-\frac{p}{\rho} \qquad (17.1.5)$$

と表すことができる．この内部エネルギーを用いてエネルギー保存式を表現すると，

$$\rho\frac{\partial e_t}{\partial t}+\rho\boldsymbol{u}\cdot\nabla e_t =-\nabla\cdot\boldsymbol{q}-\boldsymbol{P}:(\nabla\boldsymbol{u})+\rho\sum_{i=1}^{N}Y_i\boldsymbol{f}_i\cdot\boldsymbol{V}_i \qquad (17.1.6)$$

となる．ここで $\boldsymbol{V}_i$ はあとに示す化学種 i の拡散速度である．また，熱流束は

$$\boldsymbol{q}=-\lambda\nabla T+\rho\sum_{i=1}^{N}h_iY_i\boldsymbol{V}_i+R^0T\sum_{i=1}^{N}\sum_{j=1}^{N}\left(\frac{X_jD_{T,i}}{W_iD_{ij}}\right)(\boldsymbol{V}_i-\boldsymbol{V}_j)+\boldsymbol{q}_R \tag{17.1.7}$$

で表され，右辺第1項は熱伝導，第2項は分子拡散によるエンタルピー流束，第3項は濃度勾配による熱拡散を表すデュフォ（Dufour）効果，第4項は放射熱流束を表している．ここで，D_{ij} は2成分拡散係数，$D_{T,i}$ は化学種 i の熱拡散係数である．また W_i，R^0 は化学種 i の分子量および一般気体定数を示している．

化学種保存式は

$$\frac{\partial Y_i}{\partial t}+\boldsymbol{u}\cdot\nabla Y_i=-\frac{1}{\rho}\nabla\cdot(\rho Y_i\boldsymbol{V}_i)+\frac{w_i}{\rho},\quad i=1,2,\cdots,N \tag{17.1.8}$$

と表される．方程式中の w_i は化学種 i の反応速度であり，次のように表される．

$$w_i=W_i\sum_{k=1}^{M}(\nu''_{i,k}-\nu'_{i,k})B_kT^{\alpha_k}\times\exp\left(-\frac{E_k}{R^0T}\right)\prod_{j=1}^{N}\left(\frac{X_jp}{R^0T}\right)^{\nu'_{i,k}} \tag{17.1.9}$$

ここで，$\nu'_{i,k}$ と $\nu''_{i,k}$ は素反応 k における化学種 i の反応物および生成物としての化学量論係数であり，B_k，α_k および E_k はそれぞれ素反応 k の頻度因子中の定数，頻度因子中の温度の次数および活性化エネルギーである．また，化学種保存式中の $\boldsymbol{V}_i$ は化学種 i の拡散速度であり，次の関係式から求めることができる．

$$\nabla X_i=\sum_{j=1}^{N}\left(\frac{X_iX_j}{D_{ij}}\right)(\boldsymbol{V}_j-\boldsymbol{V}_i)+(Y_i-X_i)\frac{\nabla p}{p}+\frac{\rho}{p}\sum_{j=1}^{N}Y_iY_j(\boldsymbol{f}_i-\boldsymbol{f}_j)+\sum_{j=1}^{N}\left[\left(\frac{X_iX_j}{\rho D_{ij}}\right)\left(\frac{D_{T,j}}{Y_j}-\frac{D_{T,i}}{Y_i}\right)\right]\frac{\nabla T}{T} \tag{17.1.10}$$

ここで，右辺の第1項は通常の分子拡散，第2項は圧力勾配による物質拡散，第3項は外力による拡散，第4項は温度勾配による物質拡散いわゆるソレ（Soret）効果を示している．また，モル分率と質量分率の関係は

$$X_i=\frac{Y_i/W_i}{\sum_{j=1}^{N}(Y_j/W_j)},\qquad i=1,2,\cdots,N \tag{17.1.11}$$

である．上述の基礎方程式に加えて，補助方程式として次のような状態方程式を用いる．

$$p=\rho R^0T\sum_{i=1}^{N}\left(\frac{Y_i}{W_i}\right) \tag{17.1.12}$$

燃焼反応を支配する反応機構は非常に複雑であり[2]，水素のような単純な燃料の場合でも，10種類程度の化学種と30組程度の素反応を考慮に入れる必要がある．メタンやプロパンなどでは50化学種300素反応が必要とされ，ガソリンなどでは数百化学種，数千素反応が必要とされると考えられている．また，燃焼場では，温度が常温から2000 K程度まで急激に変化するため，熱化学定数と輸送係数の温度依存性を考慮に入れる必要があるが[3]，一般にはJANAFの熱化学表[4,5]やChemkinのデータベース[6,7]を用いることができる．

17.2　乱流燃焼の数値計算

乱流予混合火炎の構造がいまだ明確にされていない理由は，実験的にも数値的にも乱流燃焼を詳細に観察することが非常に困難なためである．通常の乱流の場合と同様に，数値的な研究では直接数値計算（DNS）が有望な方法であるが[8,9]，乱流燃焼のDNSでは，前述のように数多くの化学種が燃焼反応に関与するため，数十もの化学種保存方程式を同時に解く必要がある．また，燃焼反応を構成する素反応のなかにはきわめて速い反応速度を有するものが含まれており，時間積分間隔はナノ秒のオーダーに設定しなければならない．さらに，きわめて薄い火炎内で温度・密度・化学種組成が急激に変化し，これに伴い輸送係数・物性値も大きく変化するため，これらについても考慮に入れる必要がある．このようなことから，乱流場のみのDNSに比べて，乱流燃焼のDNSはきわめて莫大な計算資源を必要とし，このため，現在でも3次元DNSの報告例[10~12]は非常に少ない．このようなことから，モデルを用いた乱流燃焼の数値計算を行う必要がある．

乱流燃焼の数値予測法は，レイノルズ平均に基づくモデルによる方法とラージエディシミュレーションに大別され，ラージエディシミュレーションではフレーム・トラッキング法，PDFモデル，肥厚火炎モデルなどが用いられている．以下これらの説明を行う．

17.2.1　レイノルズ平均モデル[13)]

レイノルズ平均に基づく乱流燃焼のモデル化を行う場合，ファーブル平均（質量荷重平均）[14)]を施された基礎方程式を対象とする．レイノルズ応力項や乱流拡散流束項などのモデル化には，非反応性乱流に対して開発された k-ε モデルや乱流プラントル数，乱流シュミット数を用いた勾配拡散型のモデルが用いられる場合が多い．乱流燃焼場の場合，これらのモデルに加えて化学反応項のモデル化が必要である．渦崩壊モデル[15)]では，乱流エネルギーの減衰率が反応速度を決定すると考え，燃料の反応速度を次のように与える．

$$\bar{R}_{\mathrm{fuel}} = -C\bar{\rho}\frac{k}{\varepsilon}g^{1/2} \qquad (17.2.1)$$

ここで，g は混合分率や反応進行度変数の変動強度である．

また，燃料，酸化剤，燃焼ガスの渦塊が崩壊する過程のうち最も遅いものが反応速度を律速すると考えるマグヌッセンモデル（あるいは渦消散モデル）[16)]を用いる場合もある．その他，BML モデル[17~19)]や局所ダムケラー数モデル[20)]，化学種の輸送方程式を解く代わりに化学種の確率密度関数の輸送を解析する PDF 法[21,22)]などがあり，解析の対象となる乱流燃焼場の特性によって使い分けられている．

17.2.2　ラージエディシミュレーション

ラージエディシミュレーション（large eddy simulation, LES）を乱流燃焼場に適用する場合，最も重要となるのは化学反応項のモデル化であり，通常の非反応性乱流の LES に必要なサブグリッドスケール（subgrid scale, SGS）応力モデルに加えて，SGS での燃焼反応を表現する SGS 燃焼モデルが必要となる．乱流燃焼場の LES は，燃焼場の取扱いから三つの手法に大別される．

a.　フレームトラッキング法

この種の方法では，乱流中での火炎面の運動を G 変数や反応進行変数などを用いて解析する．G 方程式モデルの場合，乱流中での火炎面を無限に薄い伝播する面と仮定する．火炎面は G 一定の等値面として表され，その位置が解析の対象である．フィルタを施された G 方程式は以下のように与えられる[23)]．

$$\frac{\partial\bar{G}}{\partial t} + \boldsymbol{u}\cdot\nabla\bar{G} = \bar{S}_{\mathrm{T}}|\nabla\bar{G}| \qquad (17.2.2)$$

ここで，$\bar{S}_{\mathrm{T}}$ は SGS での乱流火炎伝播速度であり，モデル化する必要がある．一般的に $\bar{S}_{\mathrm{T}}$ は

$$\frac{\bar{S}_{\mathrm{T}}}{S_{\mathrm{L}}} = 1 + \alpha\left(\frac{\bar{u}'_{\mathrm{rms}}}{S_{\mathrm{L}}}\right)^n \qquad (17.2.3)$$

と表現される．ここで，$\bar{u}'_{\mathrm{rms}}$ は SGS での乱流強度である．また，α と n は定数であり，SGS 応力項のモデル化と同様に試験フィルタを導入することにより，これらの定数を時間・空間的に動的に決定する場合もある[24)]．G 方程式モデルでは，火炎面の前後で G の値が 0 から 1 に不連続に変化するため，数値粘性を導入して解を安定化させなければならない．

燃焼反応が一段階反応でルイス数が 1 の場合，反応物の質量分率と温度の間には線形の関係が成立する．この場合，反応進行変数 c を用いて反応物の質量分率と温度を表現することが可能であり，それらの輸送方程式は次のようになる[25)]．

$$\frac{\partial\rho c}{\partial t} + \nabla\cdot(\rho\boldsymbol{u}c) = \nabla\cdot(\rho D\nabla c) + \dot{\omega}_c = \rho w|\nabla c| \qquad (17.2.4)$$

ここで，D は拡散係数，$\dot{\omega}_c$ は反応進行変数 c の生成項，w は c 一定の等値面の移動速度である．この方程式にファーブル平均の空間フィルタ操作を施すと，グリッドスケール（grid scale, GS）の反応進行変数の輸送方程式は次のようになる．

$$\frac{\partial\bar{\rho}\tilde{c}}{\partial t} + \nabla\cdot(\bar{\rho}\tilde{\boldsymbol{u}}\tilde{c}) = \nabla\cdot(\bar{\rho}\tilde{\boldsymbol{u}}\tilde{c} - \overline{\rho\boldsymbol{u}c}) + \overline{\rho w|\nabla c|} \qquad (17.2.5)$$

ここで，右辺の第 1 項は SGS スカラー流束項であり，非反応性乱流におけるスカラー流束と同様なモデル化が行われている．第 2 項は火炎面密度 $\bar{\Sigma}$（flame surface density）を用いて，次のように表される．

$$\overline{\rho w|\nabla c|} = \langle\rho w\rangle_s\bar{\Sigma} \qquad (17.2.6)$$

ここで，$\langle\rho w\rangle_s$ は火炎面の移動速度の火炎面に沿った方向の平均値である．この方法において重要となるのは，火炎面密度 $\bar{\Sigma}$ のモデル化である[25)]．

b.　PDF モデル

レイノルズ平均モデル用に開発された確率密度関数（PDF）に基づく乱流燃焼モデルが，LES に拡張されている．PDF モデルを用いた LES では，化学種の輸送方程式を対象とする代わりに，各化学種

の質量分率に関する結合確率密度関数の輸送方程式を対象とする．温度や各化学種の質量分率を含むスカラー配列を $\boldsymbol{\phi}(\boldsymbol{x}, t)$ とする．次のように，フィルタ操作を施した質量密度関数（filtered mass density function）あるいはファーブル平均を施した結合確率密度関数を定義する[26]．

$$\widetilde{F}(\boldsymbol{\Psi}\,;\boldsymbol{x},t) = \int_{-\infty}^{+\infty}\rho(\boldsymbol{x}',t)\,\zeta[\boldsymbol{\Psi},\boldsymbol{\phi}(\boldsymbol{x}',t)]\,G(\boldsymbol{x}'-\boldsymbol{x})\,\mathrm{d}\boldsymbol{x}' \tag{17.2.7}$$

$$\zeta[\boldsymbol{\Psi},\boldsymbol{\phi}(\boldsymbol{x}',t)] = \delta[\boldsymbol{\Psi}-\boldsymbol{\phi}(\boldsymbol{x}',t)] \equiv \prod_{\alpha=1}^{\sigma}\delta[\boldsymbol{\Psi}_\alpha-\boldsymbol{\phi}_\alpha(\boldsymbol{x}',t)] \tag{17.2.8}$$

ここで，δ はデルタ関数であり，$\boldsymbol{\Psi}$ は対象となるスカラー配列から構成される組成空間を示している．また，ζ は結合確率密度関数である．フィルタ操作を施した質量密度関数に対する輸送方程式は

$$\frac{\partial\widetilde{F}(\boldsymbol{\Psi}\,;\boldsymbol{x},t)}{\partial t}+\frac{\partial\left[\overline{u_i(x,t)\,|\,\boldsymbol{\Psi}}\right]\widetilde{F}(\boldsymbol{\Psi}\,;\boldsymbol{x},t)}{\partial x_i} = \frac{\partial}{\partial\boldsymbol{\Psi}_\alpha}\left[\overline{\frac{1}{\bar\rho(\boldsymbol{\phi})}\frac{\partial\boldsymbol{J}_i^\alpha}{\partial x_i}\middle|\,\boldsymbol{\Psi}}\right]\widetilde{F}(\boldsymbol{\Psi};\boldsymbol{x},t) - \frac{\partial\widehat{S}_\alpha(\boldsymbol{\Psi})\widetilde{F}(\boldsymbol{\Psi}\,;\boldsymbol{x},t)}{\partial\Psi_\alpha} \tag{17.2.9}$$

となる．ここで，右辺の第2項は質量分率の保存方程式における化学反応項に対応するが，PDF 法ではこの項に関するモデル化を必要としない．しかし，左辺第2項と右辺第1項に関しては，通常の非反応性乱流の LES と同様な SGS スカラー流束モデルや RANS 用の PDF 法と同様な混合モデルを必要とする．さらに，式 (17.2.8) はモンテカルロ法を用いて解く場合もある．

c.　肥厚火炎モデル

LES の格子幅に比べて火炎厚さはきわめて薄いため，数値計算が困難になるという問題点がある．このような問題を解決するために，変数変換により火炎厚さを擬似的に厚くして数値計算を行う肥厚火炎モデル（thickened flame model）がある[27]．まず，層流燃焼速度 S_L と層流火炎厚さ δ_L は，次のように表現されるとする．

$$S_\mathrm{L}\propto\sqrt{D\varpi},\quad \delta_\mathrm{L}\propto\frac{D}{S_\mathrm{L}} \tag{17.2.10}$$

ここで，D は拡散係数，ϖ は平均反応速度である．燃焼速度を一定として火炎厚さを擬似的に厚くするには，拡散係数を FD とすればよい．この場合，F は定数であり，ルイス数は1と仮定している．F を十分大きく設定すれば，LES の格子幅で火炎面を擬似的に表現できる．このような変換を施すと，燃料種の質量分率の輸送方程式は

$$\frac{\partial\rho Y_F}{\partial t}+\nabla\cdot(\rho\boldsymbol{u}Y_F) = \nabla\cdot(\rho DF\nabla Y_F)+\frac{A}{F}Y_FY_O\exp\left(-\frac{T_\mathrm{a}}{T}\right) \tag{17.2.11}$$

となる．ここで，燃焼反応はアレニウス型の1段階総括反応に従う仮定されており，A は頻度因子，T_a は活性化温度を示している．この手法では F の選択方法が重要となる．

17.3　乱流予混合火炎

17.3.1　乱流燃焼ダイアグラム

乱流予混合火炎の構造は，層流燃焼速度（S_L）に対する乱流強度（u'_rms）の比と層流火炎厚さ（$l_F=\nu/S_\mathrm{L}$：ν は動粘性係数）に対する乱流場の積分長（l）の比を用いて分類できると考えられている．図 17.1 は Peters[28] によって提案されている乱流燃焼ダイアグラムを示している．一般に，火炎の伝播速度よりも乱流強度が弱い場合，火炎は乱流場の影響をほとんど受けず伝播する．そのため，$u'_\mathrm{rms}/S_\mathrm{L}<1$ では火炎面はわずかに変形するだけであると考えられ，wrinkled flamelets に分類される．$u'_\mathrm{rms}/S_\mathrm{L}>1$ となると，火炎は乱流の影響を強く受ける．図中の $\mathrm{Ka}=(l_F/\eta)^2$ はカルロビッツ数と呼ばれる無次元数であり，層流火炎厚さに対する乱流の最小スケールであるコルモゴロフ長の比の2乗である．Ka＝1 となると，乱流場が火炎の内部

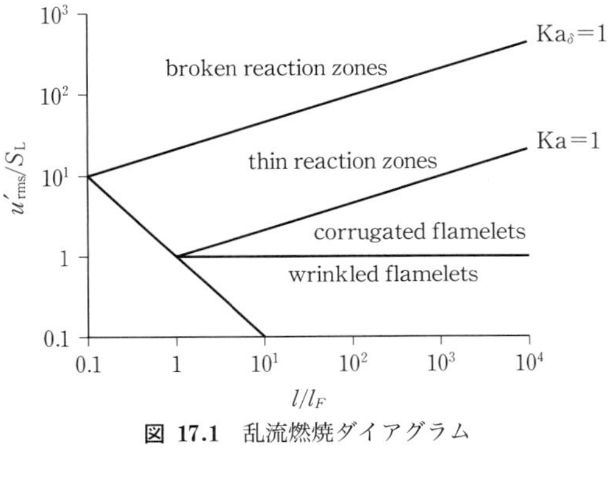

図 17.1　乱流燃焼ダイアグラム

構造に影響を与えると考えられている．

$u'_{rms}/S_L>1$ の場合の乱流予混合火炎の構造を議論する前に，火炎の構造について考える必要がある．通常層流火炎厚さは1 mm以下であり，最も簡単な近似は火炎面を無限に薄いシートと仮定することである．しかし，乱流のスケールと火炎厚さのスケールが近い場合，このような近似は成立しない．燃焼反応が完結するまでにはさまざまな中間生成物が形成され，素反応と呼ばれる数多くの反応が関与している．火炎はこのような数多くの素反応が関与することで形成されており，乱流中の渦構造のスケールが化学反応のスケールと同程度になると，素反応のバランスが崩れ，火炎の内部構造が変化すると考えられている．図17.1中のKa＝1は，乱流中にコルモゴロフスケール（η）の大きさの渦（コルモゴロフ速度 u_k の回転速度）があると仮定し，それらの時間スケールが火炎の時間スケール（l_F/S_L）と一致する条件を示している．Ka＜1の条件では火炎の内部構造は変化しないと仮定され，多くの皺を有する火炎であるcorrugated flameletsとして分類される．Ka＞1になると，火炎構造の一部が乱流運動によって乱され，個々の火炎片は層流火炎と異なる構造をもつようになると考えられている．Peters[28]によるダイアグラムでは，この領域をthin reaction zonesと呼んでいる．

火炎において内部エネルギーが熱として放出される領域はさらに薄い（数十から数百μm）．$Ka_\delta>1$ は，熱発生に関連する化学反応にまで乱流運動の影響が現れる領域であり，この領域ではもはや面としての通常の火炎は存在しないと考えられている．Peters[28]はこの領域をbroken reaction zonesと定義しているが，実際の燃焼器においてもこの領域に分類される火炎を実現することは非常に困難であるため，thin reaction zonesと同様に研究者によってこの領域の存在に関し意見が分かれる．また，乱流を議論する際に重要なレイノルズ数が陽に現れていないが，この点は火炎厚さなどの定義を変更することにより考慮に入れられており，Petersの乱流燃焼ダイアグラムでは，u'_{rms}/S_L と l/l_F の積が積分長に基づくレイノルズ数となるように層流火炎厚さ l_F が定義されている．

17.3.2　乱流予混合火炎の直接数値計算

乱流燃焼のDNSでは，燃焼場の支配方程式に一切のモデルを導入せず，高精度の離散化方法を用いて厳密解にきわめて近い解を数値的に得ることができる．この場合，DNS結果の利用方法，たとえば一段階反応を仮定して乱流燃焼モデルの基礎的特性の検証を目的としたり，詳細化学反応機構を用いて乱流と火炎の干渉機構の解明を行うなどの用途に応じて物理的な仮定がおかれている．1980年代までの反応性乱流のDNSに関する研究はGivi[29]によってまとめられているが，この頃のDNSは非圧縮性の仮定や一段不可逆反応などの簡単化が行われており，流体力学的な構造による物質混合と反応過程の解明に主眼がおかれていた[30]．1990年代に入ると，より実際の燃焼に近い条件でDNSが実行できるようになった[31,32]．水素を燃料とした場合には，詳細化学反応機構を用いた2次元および3次元のDNSが行われており[33~35]，それらはメタンやプロパンなど炭化水素を燃料とした場合にも拡張されている[36~38]．乱流燃焼のDNSにより制限された条件下ではあるが，乱流燃焼場のすべての物理量に関する詳細な情報を得ることができる．このようなことから，洗練された数値実験として従来の乱流燃焼の理論やモデルの検証と改良，さらには理論や実験では解明することが困難な多くの現象を解明するために盛んに用いられている．

以下に，乱流予混合火炎の直接数値計算から得られた結果のうち，乱流予混合火炎の微細構造に関連するものについて説明する．

近年の乱流の微細構造に関する研究から[39,40]，乱流中には普遍的な特性を有する微細渦（コヒーレント微細渦）が存在することが明らかにされている．これらの微細渦の最頻直径は約 8η であり，最大周方向速度の最頻値は約 $1.2\,u_k$ であることが明らかにされている．この微細渦の特性は，一様等方性乱流，自由剪断乱流，壁面剪断乱流などの流れ場の種類やレイノルズ数に依存しない．この微細渦のなかには，一定の確率で3～4 u'_{rms} の最大周方向速度を有するものが存在する．これらの渦の直径は 10η 程度であり，きわめて強い旋回運動を行っており，乱流エネルギー散逸の間欠性などと密接に関連している．乱流予混合火炎では，このような渦構造と火炎の干渉が重要である[41]．図17.2は，乱流中の微

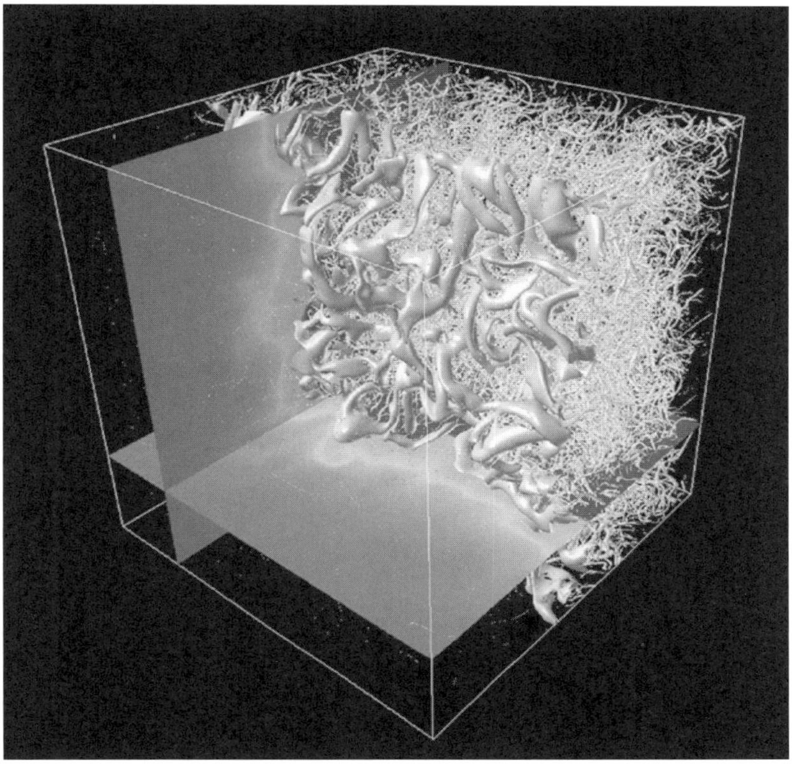

図 17.2 乱流中の微細渦の回転軸分布と熱発生率の等値面

細渦の回転軸分布と熱発生率の等値面を示している．熱発生率は層流火炎の最大熱発生率（ΔH_L）以上の領域が可視化されている．乱流運動により火炎面は大きく湾曲しており，熱発生率も比較的大きな変動を示している．このDNSの条件は，corrugated flameletsに分類されるため，火炎の内部構造は大きく変化しないと予測されていたが，DNS結果の解析から乱流中の微細渦の影響により予想以上に変化することが明らかにされた．局所熱発生率は層流火炎に対して約30％前後変動し，それらは未燃予混合気中の微細渦と火炎の相互作用によって引き起こされている．

17.4 乱流拡散火炎

乱流噴流火炎

円形バーナーから空気中に気体燃料を噴出すると，噴流拡散火炎が形成される．噴出速度が遅い場合には，層流拡散火炎が形成されるが，噴出速度が十分速くなると乱流に遷移し乱流拡散火炎が形成される．さらに，噴出速度を増加させると，火炎はバーナーから離れて浮き上がり，浮き上がり乱流拡散火炎が形成される．

Mizobuchi ら[42,43]は水素を燃料とした浮き上がり乱流拡散火炎の直接数値計算を行い，浮き上がり乱流拡散火炎の火炎基底部は，①安定な層流前縁火炎，②円錐状の活発な内部乱流予混合火炎，③数多くの遊離した拡散火炎群，から成り立っていることを明らかにした．円環状の安定な層流前縁火炎は乱流噴流の外側で安定化され，希薄予混合火炎，過濃予混合火炎，拡散火炎からなる三重火炎構造を有している．遊離した拡散火炎群は，乱流運動と内部乱流予混合火炎の局所消炎によって生じる．内部の過濃予混合火炎は強く乱れており，層流前縁火炎によって強く安定化されている．このように，乱流噴流拡散火炎の詳細な構造が直接数値計算により明らかにされている．［宮内敏雄］

文　献

1) 日本機械学会：燃焼の数値計算，丸善，2000，33.

2) J. A. Miller, G. T. Bowman : Prog. Energy Combust. Sci., **15**, 1989, 287-338.
3) 日本機械学会：燃焼工学ハンドブック，丸善，1996，286.
4) JANAF Thermochemical Tables, 3 rd ed., 1985.
5) W. C. Gardiner Jr. : Table of Coefficient Sets for NASA Polynomials, Combustion Chemistry, 1984.
6) R. J. Kee *et al.* : Sandia Report, SAND 86-8246, 1986.
7) R. J. Kee *et al.* : Sandia Report, SAND 89-8009 B, 1989.
8) 店橋　護，宮内敏雄：ながれ，**16**(5)，1997，391-397.
9) R. Hilbert *et al.* : Prog. Energy Combust. Sci., **30**, 2004, 61-117.
10) M. Tanahashi *et al.* : Proc. Combust. Inst., **28**, 2000, 529-535.
11) M. Tanahashi *et al.* : Proc. Combust. Inst., **29**, 2002, 2041-2049.
12) Y. Nada *et al.* : J. Turbulence, **5**, 2004, 16.
13) 日本機械学会：燃焼の数値計算，丸善，2000，143.
14) A. Favre : Soc. Indust. Appl. Mech., 1969, 231.
15) D. B. Spalding : Proc. Combust. Inst., **13**, 1970, 649-657.
16) B. F. Magnussen, H. Hjertager : Proc. Combust. Inst., **16**, 1976, 719-729.
17) P. A. Libby *et al.* : Combust. Flame, **34**, 1979, 285.
18) P. A. Libby, K. N. C. Bray : Combust. Flame, **39**, 1980, 33.
19) K. N. C Bray *et al.* : Combust. Sci. Tech., **25**, 1981, 127-140.
20) 香月正司ほか：日本機械学会論文集，**58**(551)，1992，2261-2267.
21) S. B. Pope : Prog. Energy Combust. Sci., **11**, 1985, 119-192.
22) S. B. Pope : Proc. Combust. Inst., **23**, 1990, 591-612.
23) A. R. Kerstein *et al.* : Phys. Rev. A, **37**, 1988, 2728-2731.
24) H. G. Im *et al.* : Phys. Fluids, **A9**, 1997, 3826-3833.
25) M. Boger *et al.* : Proc. Combust. Inst., **27**, 1998, 917-926.
26) F. A. Jaberi *et al.* : J. Fluid Mech., **401**, 1999, 85-122.
27) O. Colin *et al.* : Phys. Fluid, **12**, 2000, 1843-1863.
28) N. Peters : J. Fluid Mech., **384**, 1999, 107-132.
29) P. Givi : Prog. Energy Combust. Sci., **15**, 1989, 1-107.
30) D. C. Haworth, T. J. Poinsot : J. Fluid Mech., **244**, 1992, 405-436.
31) T. J. Poinsot *et al.* : Prog. Energy Combust. Sci., **21**, 1995, 531-576.
32) 日本機械学会：燃焼の数値計算，丸善，2000，87.
33) M. Baum *et al.* : J. Fluid Mech., **281**, 1994, 1-32.
34) 店橋　護ほか：日本機械学会論文集，**64**(624)，1998，2662-2668.
35) M. Tanahashi *et al.* : Proc. Combust. Inst., **28**, 2000, 529-535.
36) T. Echekki, J. H. Chen : Combust. Flame, **106**, 1996, 184-202.
37) D. Haworth *et al.* : Bulletin of APS, **43**(9), 1998, 2062.
38) 斎藤敏彦ほか：日本燃焼学会誌，**44**(130)，2002，243-252.
39) M. Tanahashi *et al.* : J. Turbulence, **2**, 2001, 6.
40) M. Tanahashi *et al.* : Int. J. Heat and Fluid Flow, **25**, 2004, 331-340.
41) M. Tanahashi *et al.* : Proc. Combust. Inst., **28**, 2000, 529-535.
42) Y. Mizobuchi *et al.* : Proc. Combust. Inst., **29**, 2002, 2009-2015.
43) Y. Mizobuchi *et al.* : Proc. Combust. Inst., **30**, 2005, 611-619.

18

混相乱流

18.1 自由表面を有する乱流

自由表面（気液界面）を有する乱流は，河川，海洋，湖沼などの環境中の流れやガス吸収・蒸発・凝縮装置などの気液接触型の工業装置内の流れに数多くみられる．本節では，これら環境中や工業装置内の流れのすべてについて触れることはできないので，図 18.1 に示す最も単純なケースである剪断力が作用しない（あるいは無風に近い状態での）自由表面をもつ液乱流の場合，および自由表面上を乱流状態で流れる気体が自由表面に剪断力を与えることにより，波状界面下の液流側に乱流を発生させる風波乱流の場合の二つの自由表面を有する乱流場にかぎってそれらの基本的な乱流構造について記述する．また，この自由表面をもつ流れの研究の応用目的が環境上の問題においても工業上の問題においても，気液間の物質などの交換量評価にある場合が多いので，自由表面を通しての物質の輸送に関しても付記する．

18.1.1 剪断力が作用しない自由表面を有する乱流

剪断力が作用しない，つまり，気流と液流の相対

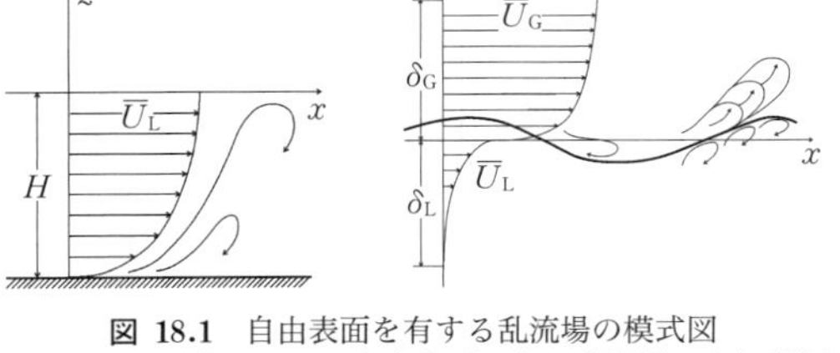

図 18.1 自由表面を有する乱流場の模式図
(a) 剪断力が作用しない自由表面をもつ乱流場，(b) 剪断力が作用する自由表面をもつ乱流場．

速度が小さく剪断力が無視できる気液界面を有する乱流のなかで，最も単純なものはフラットに近い自由表面を有する開水路乱流である．この場合，図 18.1(a) に示すように，乱流渦は底壁面でバースト現象により生成され，自由表面に到達する．このバースト現象によりつくられた渦の大半が自由表面に到達して表面更新渦となることが，開水路を用いた実験により明らかにされている[1]．この自由表面が固体面と根本的に違うのは，境界面がスリップ条件を満たすことである．つまり，鉛直方向の流速成分はゼロ（正確には微小な自由表面振動値）にまで減衰するものの水平方向成分は減衰しない．実際，水深 H に対して水路幅の大きな高アスペクト比を有する 2 次元開水路内では，図 18.2 に示すように底壁面での摩擦速度 u^* で無次元化した鉛直方向の流速変動強度 w'（流速変動 w の rms 値）は急速に減衰するが，主流およびスパン方向の変動強度 u'，v' は自由表面近くで逆に増大傾向を示す[2]．また，レイノルズ応力 $\overline{uw}$ は自由表面に近づくにつれて自由表面のダンピング効果により減少する．

これら流速変動強度の自由表面近傍での挙動は，

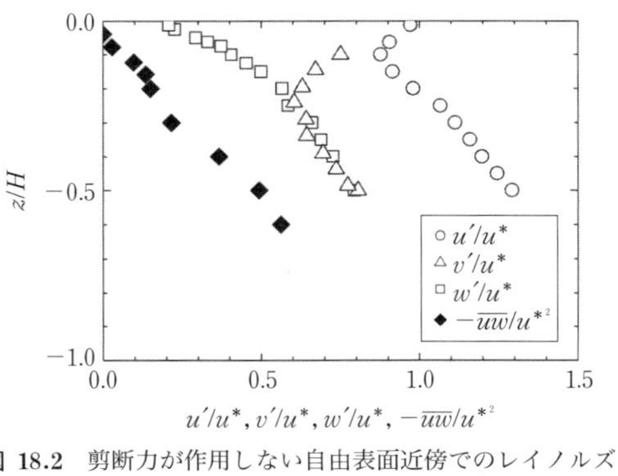

図 18.2 剪断力が作用しない自由表面近傍でのレイノルズ応力および乱流強度の鉛直方向分布[2]

3 方向の流速変動の自乗平均値 $\overline{u^2}$，$\overline{v^2}$，$\overline{w^2}$ の輸送方程式にそれぞれ含まれる圧力歪み相関項

$$\frac{2}{\rho}\overline{p\frac{\partial u}{\partial x}},\ \frac{2}{\rho}\overline{p\frac{\partial v}{\partial y}},\ \frac{2}{\rho}\overline{p\frac{\partial w}{\partial z}} \quad (18.1.1)$$

を通して自由表面で抑えられた鉛直方向乱れのエネルギーが水平方向の乱れのエネルギーに分配されることにより引き起こされる．このことは，自由表面にスリップ条件を与えてナビエ-ストークス（N-S）方程式を直接解く直接数値計算（direct numerical simulation, DNS）によっても確認されている[3,4]．

自由表面を有する流れに対する DNS は，非圧縮性流体に対する連続の式

$$\frac{\partial u_i}{\partial x_i}=0 \quad (18.1.2)$$

と N-S 方程式

$$\frac{\partial u_i}{\partial t}+u_j\frac{\partial u_i}{\partial x_j}=-\frac{1}{\rho}\frac{\partial p}{\partial x_i}+\nu\frac{\partial^2 u_i}{\partial x_j \partial x_j}+g\delta_{i3} \quad (18.1.3)$$

を自由表面での法線方向および接線方向の応力の気側［G］と液側［L］での釣合いを示す境界条件

$$[p+\sigma_{\rm n}+p_{\rm s}]_{\rm L}=[p+\sigma_{\rm n}]_{\rm G},\quad \sigma_{\rm n}=\mu e_{ij}n_j n_i,$$
$$p_{\rm s}=\gamma\chi_{\rm m} \quad (18.1.4)$$

$$[\sigma_{\rm t}]_{\rm L}=[\sigma_{\rm t}]_{\rm G},\quad \sigma_{\rm t}=\mu e_{ij}n_j t_i \quad (18.1.5)$$

のもとで数値的に解くことにより計算される．ここで，$\sigma_{\rm n}$，$\sigma_{\rm t}$ は粘性応力の法線および接線方向成分，$p_{\rm s}$ は表面張力 γ と表面の平均曲率 $\chi_{\rm m}$ の積からなる表面張力による圧力変化，n_i，t_i は法線および接線方向単位ベクトル，e_{ij} は歪み速度テンソルを表す．

自由表面に剪断力が作用せず界面が完全にフラットな場合には，式(18.1.5) の $\sigma_{\rm t}$ はゼロとなり表面張力も関係しなくなる（$p_{\rm s}=0$）が，自由表面の変形を許す場合には，自由表面を決定する方法を与えなければならない．崩壊しない自由表面に対して適用可能で最も簡便な方法は，自由表面を通しての流体の移動がないとする動力学的条件

$$\frac{\partial\zeta}{\partial t}+u_i\frac{\partial\zeta}{\partial x_i}=0 \quad (18.1.6)$$

を用いて自由表面を決定する方法である[3]．ここで，ζ は界面の鉛直方向位置である．この場合には，自由表面の変形に応じた座標系の変換が必要となる[3]．

この DNS 以外にも，k-ε モデル[5,6] やレイノルズ応力モデル[7] などのクロージャモデルが剪断力の働かないフラットな自由表面をもつ開水路乱流場に適用され，実験値[2] や DNS による計算値[3,4] と良好な一致を示す結果が得られている．最近では，高レイノルズ数に対して適用可能なラージエディシミュレーション（large eddy simulation, LES）も開水路乱流の計算に使用され[8]，実験値[2] や DNS による計算値[3,4] と良好な一致が得られている．

自由表面での物質輸送に関する研究のほとんどは実験的研究[1,2,9] であり，数値的研究[10] は数少ない．これは，物質輸送を考える場合，液流側での物質のシュミット数が大きく自由表面近傍で大きな濃度勾配が形成されるため DNS などを適用する場合，最新のスーパコンピュータをもってしても濃度場の最小スケールに匹敵する計算分解能を確保することができないためである．最近では，ラグランジュ法を用いてこの問題を克服する方法も提案されている[11]．この物質輸送の研究の最大の目的は，液側から評価した自由表面（$z=0$）での物質フラックス

$$q=D_{\rm L}\frac{\partial C}{\partial z}\bigg|_{z=0}$$

を気液接触面積 A に対して積分することにより得られる物質輸送量

$$Q=\int D_{\rm L}\frac{\partial C}{\partial z}\bigg|_{z=0}{\rm d}A=k_{\rm L}A(C_{\rm B}-C_{\rm i}) \quad (18.1.7)$$

を求めることであるが，DNS では $z=0$ での濃度勾配を正確に計算することができないため，バルク法に基づき速度の次元を有する物質伝達（移動）係数 $k_{\rm L}$ を実験で求めることになる．ここで，$D_{\rm L}$ は液側の物質の分子拡散係数，$\partial C/\partial z$ は液側の濃度勾配，$C_{\rm B}$ は液側の物質のバルク濃度，$C_{\rm i}$ は界面での物質の濃度である．

開水路乱流の自由表面に対する二酸化炭素 (CO_2) の吸収実験においては，自由表面に到達するエネルギー保有渦（energy-containing eddy），つまり表面更新渦の発生周波数を $f_{\rm S}$ とすると $k_{\rm L}$ は図 18.3 に実線で示すように

$$k_{\rm L}=0.34\sqrt{D_{\rm L}f_{\rm S}} \quad (18.1.8)$$

で相関されることが報告されている[1]．なお，$f_{\rm S}$ は液流側の流速変動に VITA 法と呼ばれる条件付き抽出法などを適用することにより決定される[1]．上式中の係数 0.34 は液表面の清浄度に依存し，この係数値は水道水に対するものであるが，完全に清浄な界面に対しては 1.3 になるとされている[12]．自由表面を通しての物質移動がエネルギー保有渦のよう

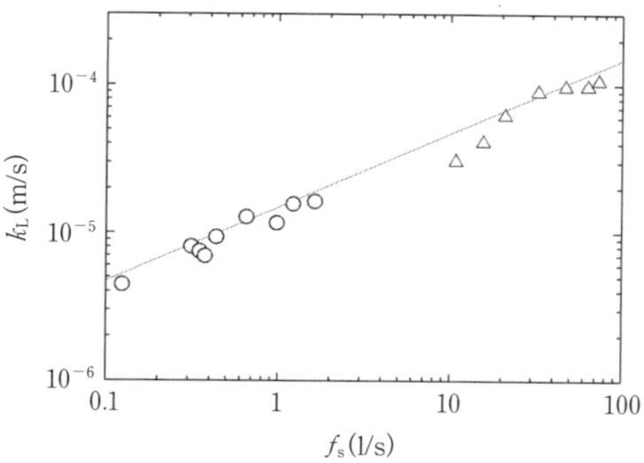

図 18.3　自由表面での CO_2 に対する物質伝達係数[18]
○：非剪断伝達，△：剪断伝達．

な大スケール渦に依存するのか[13]，小スケール渦に依存する[14]のかについての議論は，レイノルズ数にも依存するので見解が分かれているところである．最近では，高シュミット数や高プラントル数に対しても適用可能なLESを熱移動を伴う開水路流れに適用することにより，表面更新渦による式(18.1.8)の妥当性が確認されている[15]．

18.1.2　剪断力が作用する自由表面を有する乱流

剪断力が作用する自由表面を有する乱流としては，海洋や湖沼などの環境流れや高速の液膜流などの工業装置内流れがある．代表的な流れは，大きな液深を有する水槽の自由表面上に風を吹かすことにより得られる風波乱流場であり，図 18.1(b) に示すように自由表面上を吹く風による剪断力（ウインドシアー）により液流側に乱流がつくられる．この風波乱流場の構造は，自由表面が風に接し始めてからの距離，つまり吹走距離 F（fetch）や風速に大きく依存し，剪断力の働かない自由表面をもつ開水路流れとは異なり，波高が一定となる完全発達状態は風速が数 m/s の場合でも km オーダの距離に達しないと得られない．また，吹走距離の異なる位置での乱流諸量をまとめるためのパラメータもほとんど提案されていないのが現状である[16]．そこで，ここでは，吹走距離が数 m 程度における風波乱流場の定性的な乱流構造について記述する．

一様風速が比較的小さく自由表面の変位が大きくない場合には，自由表面近傍の乱流構造は平滑壁面上のそれに近く，界面の上下でバースト現象に似たメカニズムにより縦渦的な乱流渦が生成されることがDNS[17]と風波水槽を用いた実験[18,19]により明らかにされている．ウインドシアーが増加し，自由表面が波立つと乱流構造はフラットに近い界面とは異なり，図 18.1(b) に示すように，風波の峰の後方で流れが剥離し，それに伴う循環流が間欠的に発生するとともに，流れが再付着する風波の峰の前方側では強い剪断力が自由表面に与えられる．この強い剪断力により自由表面上の気流側に組織的な上昇渦が間欠的につくられるとともに，風波の峰の前方側から後方側にかけての界面下でも小さな砕波を伴う乱流渦が形成される[18,19]．

組織的な乱流渦の気流側と液流側での発生頻度は，一様風速が数 m/s 程度の領域ではほぼ同じであることが風波水槽を用いた実験から得られている[18]．この自由表面近傍の気液両相の平均流速の鉛直方向分布はフラットな界面の場合と同様，対数分布を示す．図 18.4 に，気流側と液流側で計測された流速変動強度とレイノルズ応力の鉛直方向分布を各側の摩擦速度 u^* で無次元化したものを示す[19,20]．自由表面に作用する剪断力により乱流がつくられるため，気液両側の流速変動強度は界面に近づくにつれて大きくなりレイノルズ応力も増大する．剪断応力が作用しない界面とは異なり，流速変動強度の三方向成分の間に大きな差はなく，界面近傍で摩擦速度の 2.5〜3.0 倍程度の値をとる．フラットな界面の場合は，自由表面に働く応力は界面の接線方向に作用する剪断応力のみであるが，風波界面の場合には，風速の増加に伴い風波の振幅が大きくなるにつれてこの剪断応力は減少し，界面の法線方向に働く圧力抗力が増加する[21]．さらに，一様風速が大きくなり 10 m/s 程度を越えると風波は多数のリップルを伴う複雑な砕波となる．また，波の崩壊により液流側には気泡が巻き込まれ，気流側には液滴が飛散する．

この風波乱流場をDNSにより明らかにすることも可能になりつつある[17]．崩れのない風波のみに適用可能な式（18.1.6）を使用する簡単な方法[3,17]以外にも，より高度なラグランジュ記述のマーカー法などや，オイラー記述のVOF（volume of fluid）法，Level Set 法などがあるが，ある程度発達した風波乱流場を得るためには莫大な計算時間を要するため，現状ではDNSの適用は風速 2〜3 m/s 以下の低風速域にかぎられている．これに対し，最近で

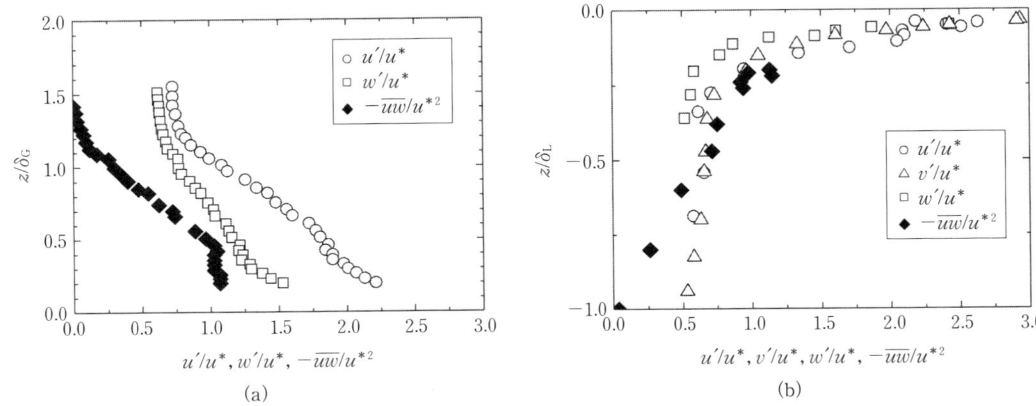

図 18.4　剪断力が作用する自由表面近傍でのレイノルズ応力および乱流強度の鉛直方向分布
(a) 気流側[19]，(b) 液流側[20]．

は，高風速域での計算も考えLESの適用が試みられているが，自由表面近傍でのサブグリッドスケールのモデリングなどの問題が残されている．また，クロージャモデルの場合も界面での境界条件を与えるのが難しく，風波乱流場の乱流構造を正確に表現できていないのが現状である[22]．

剪断力が作用する自由界面を通しての物質輸送に関しては，大気海洋間の CO_2 の交換量の評価の問題と関連して，実験的研究が積極的に行われている．図18.3に示すように，自由表面に剪断力が働く風波乱流場では，界面での乱流が強いため物質伝達（移動）係数 k_L は界面に剪断力が作用しない場合のそれよりも1オーダ程度大きな値をとり，気泡や液滴が発生しない砕波以前の低風速域では，式(18.1.8) にやや近い値を示す[18]．なお，風波乱流場の f_S は液流側の流速信号に数値フィルタを用いて，波の成分を除去した乱流成分にVITA法などを適用することにより決定される[18]．また，物質伝達係数 k_L を気流側の一様風速 U_∞ に対して整理すると，k_L は図18.5に示すように $U_\infty < 7$ m/s のさざ波が成長する低風速域では U_∞ に比例して増加する．7 m/s $< U_\infty <$ 9 m/s の中風速域では，風波の急激な成長により圧力抗力は増加するが，平均的な剪断応力は波の後方に現れる流れの剥離によりほとんど変化しなくなるため k_L はいったん横ばい状態になる．風波の崩壊が顕著になる $U_\infty > 9$ m/s の高風速域では，k_L は剪断力に加えてリップルや巻き込み気泡の影響を受けて再び増加する．この k_L の U_∞ に対する分布形状は，吹走距離 F に依存しない

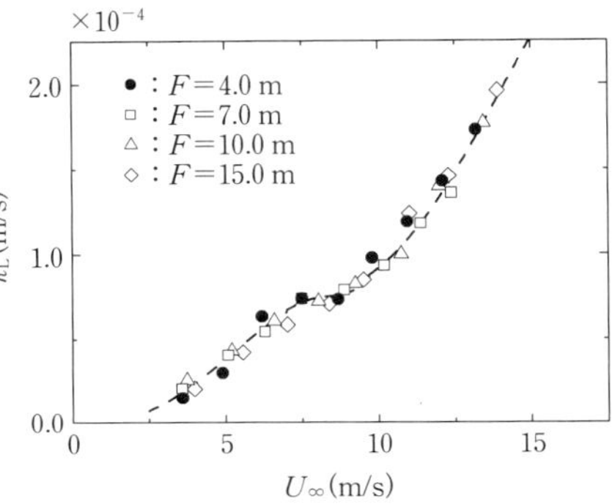

図 18.5　風波乱流場での物質伝達係数と気流側一様流速の関係[23]

ことが大型風波水槽を用いた最近の研究で明らかにされている[23]．グローバルな物質循環を予測するモデルでは，物質伝達係数 k_L を海水面上10 mの位置での風速に対する単調な増加関数で与える方法がとられているが，風波乱流場での乱流構造と関連づけたモデルは提案されていない．式（18.1.8）中の表面更新渦の発生周波数 f_S や界面発散（surface-divergence）[24] などが有望なパラメータであるが，これらのパラメータを衛星観測などで得られる観測量を用いていかに評価するかが今後の大きな課題である．　　　　　　　　　　　　　　　　［小森　悟］

文　　献

1) S. Komori *et al.*: J. Fluid Mech., **203**, 1989, 103–123.
2) S. Komori *et al.*: Int. J. Heat Mass Transfer, **25**, 1982, 513–521.
3) S. Komori *et al.*: Phys. Fluids, **5**, 1993, 115–125.
4) P. Lombardi *et al.*: Phys. Fluids, **8**, 1996, 1643–1665.
5) A. Nakayama, S. Yokojima : Environ. Fluid Mech., **3**,

2003, 1-21.
6) D. Naot, W. Rodi : J. Hydraul. Eng., ASCE, **108**, 1982, 948-968.
7) M. M. Gibson, W. Rodi : J. Hydraul. Res., **27**, 1989, 233-244.
8) I. Calmet, J. Magnaudet : J. Fluid Mech., **474**, 2003, 355-378.
9) Rashidi *et al.* : Int. J. Heat Mass Transfer, **34**, 1991, 1799-1810.
10) T. Kunugi *et al.* : Int. J. Heat Fluid Flow, **22**, 2001, 245-251.
11) 長谷川洋介，笠木伸英：日本機械学会論文集(B 編)，**69**，2003，824-832.
12) 嶋田隆司ほか：日本機械学会論文集(B 編)，**64**，1998，1470-1477.
13) S. Komori *et al.* : AIChE J., **36**, 1990, 957-960.
14) D. B. Moog, G. H. Jirka : J. Hydraul. Eng., ASCE, **125**, 1999, 3-10.
15) L. Wang *et al.* : Computers & Fluids, **34**, 2005, 23-47.
16) D. Zhao *et al.* : Tellus, **55B**, 2003, 478-487.
17) M. Fulgosi *et al.* : J. Fluid Mech., **482**, 2003, 319-345.
18) S. Komori *et al.* : J. Fluid Mech., **249**, 1993, 161-183.
19) H. Kawamura, Y. Toba : J. Fluid Mech., **197**, 1988, 105-138.
20) J. Magnaudet, L. Thais : J. Geophys. Res., **100**, 1995, C 1, 757-771.
21) M. L. Banner *et al.* : J. Fluid Mech., **364**, 1998, 115-145.
22) J. A. Harris *et al.* : J. Fluid Mech., **308**, 1996, 219-254.
23) 丹野賢二ほか：日本機械学会論文集(B 編)，**73**，2007，1510-1517
24) D. Turney *et al.* : Geophys. Res. Letters, **32**, 2005, L 04607.

18.2 固体粒子を含む乱流

18.2.1 粒子を含む乱流の解析方法

固体粒子を含む乱流は，自然界においては，火山噴出物，雪氷の流動，流砂・漂砂など，工業装置においては，スラリー輸送や空気輸送，各種の流動層型の反応装置などで広範に観察される．粒子群は運動量や熱および物質の乱流輸送に大きな影響を与える．混相乱流（multiphase turbulent flow）の研究は，上述のような各分野で行われ，さまざまな手法が用いられている[1,2]．

粒子と乱流の間には，粒子径，粒子間距離だけでなく，粒子の疎密分布に応じて多様なスケールにおいて相互作用がある．乱流のカスケード過程を考慮すれば，大規模なスケールからのエネルギー注入が重要である．したがって，粒子による乱流変調の解明とモデリングに対しては，個々の粒子のふるまいとともに，粒子の分布にも注目しなければならない．

さて，固体粒子の流体運動に対する追随性，粒子間衝突の影響に関係のある因子として，密度比 ρ_p/ρ_f，粒子径 d_p，粒子体積率 α_p がある（添字 p は粒子，f は流体を表すものとする）．より一般的な指標としては，ストークス数（Stokes number）$St=\tau_p/\tau_f$ とクヌーセン数（Knudsen number）$Kn=\lambda/L_f$ が用いられる[1,3]．τ_p は粒子の緩和時間（粒子が流れの変化に応答する時間）であり，ストークス抵抗を目安に $\tau_p=\rho_p d_p^2/(18\mu)$ で与えられることが多い．τ_f に流体運動の時間スケールを選べば，$St\ll1$ では粒子は流体運動にほぼ追随し，$St\gg1$ では粒子運動は流体の影響をほとんど受けないことを意味する．

クヌーセン数は気体分子運動論を参考にしたもので，粒子の平均自由行程は $\lambda=d_p/(6\sqrt{2}\alpha_p)$ で見積もられ，L_f は流れ場の特性長さである．$Kn\gg1$ では，長さスケール L_f で代表される物理的要因に対して，粒子間衝突の効果が小さくなる．しかし，τ_f に衝突の平均時間間隔（λ/v_r，v_r は粒子間相対速度の大きさ）を用いて定義されるストークス数 St が小さいときには，流体力の影響により衝突が起こりにくくなることも考慮する必要がある[3]．τ_f や L_f の定義には任意性があったり，予測が困難であったりするため，St と Kn は現象を記述したり，用いた解析方法の妥当性を検討したりするための指標となるものである．

粒子と乱流の相互作用や，それを解析するために必要な手法に関する分類についてはいくつかの提案がある．図 18.6 はその一例[4]であり，ここではこの図に基づいて説明する．粒子体積率 $\alpha_p\leq10^{-6}$ で

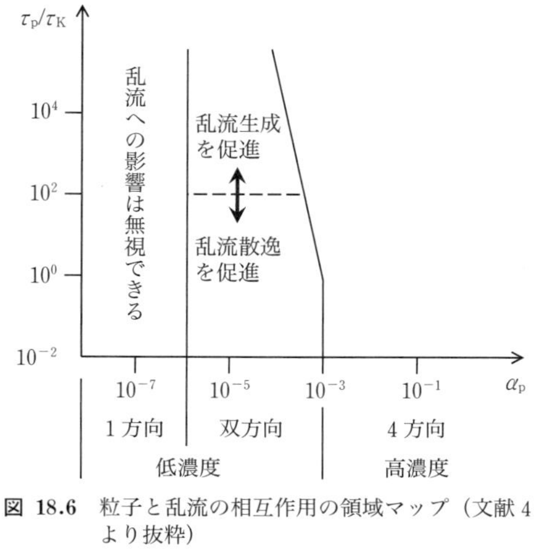

図 18.6 粒子と乱流の相互作用の領域マップ（文献 4 より抜粋）

は，粒子運動は乱流に従属的であり，その場合，粒子は周囲の流れの影響によって運動するが，流れは粒子の影響を受けないという一方向結合（one-way coupling）を採用してよいと考えられている．同じく低濃度ではあるが，$10^{-6}<\alpha_{\rm p}\leq 10^{-3}$ では，粒子と流体の運動量交換が重要になり，双方向結合（two-way coupling）が必要となる．この領域では，粒子緩和時間 $\tau_{\rm p}$ とコルモゴロフの時間スケール $\tau_{\rm K}(=\sqrt{\nu/\varepsilon})$（$\nu$ は動粘度，ε はエネルギー散逸度）の比が 100 以上であれば乱れは増加し，100 以下であれば乱れは減少するというのがおおまかな目安となる．さらに，$\alpha_{\rm p}>10^{-3}$ は高濃度と位置づけられ，粒子間の衝突が重要となるので，これも取り入れた 4 方向結合（four-way coupling）が採用される．さらに，$\alpha_{\rm p}$ が 1 に近づくと，粒子間の接触が流れを支配する粒子流（granular flow）に分類され，介在する流体の影響は接触に対する効果に限定されるようになる．高濃度粒子の流れに関しては，本書の範囲を超えるので，別の解説[1~3]を参照していただきたい．

固体粒子と流体との運動量や熱および物質の交換は，個々の粒子の周りの流れを解き，流束（フラックス）を表面積分することにより，原理的には求められる．これが，物理モデルに依存する必要のない直接数値シミュレーション(DNS)である．この方法で扱うことのできる粒子の数は，条件や方法にもよるが，数千ないし数万であり，今後も年々増加するであろう．しかし，現実には，粒子の数は膨大であり，DNS の適用は困難である．そこで，実用的には，粒子に対しては質点モデル，流体に対しては乱流モデルがよく用いられる．その際に用いられる物理モデルを図 18.7 にまとめた．ただし，粒子群と乱流の相互作用は十分に解明されていないため，普遍的な物理モデルは確立されていない．

18.2.2 質点モデルを用いた解析

固体粒子のふるまいを求める方法の一つに，粒子を質点で近似してラグランジュ（Lagrange）的に追跡する方法がある[5,6]．また，個々の粒子を追跡せず，粒子群の体積分率や数密度をオイラー（Euler）的に計算する方法でも，質点モデル（point-force model）を基礎として平均化されたモデルが用いられる．

a. 並進運動モデル

質点近似された粒子の運動方程式の基盤となっているのは，球形粒子に対する Basset-Boussinesq-Oseen（BBO）方程式[7]

$$m_{\rm p}\frac{{\rm d}\boldsymbol{v}_{\rm p}}{{\rm d}t}=-\frac{1}{2}\rho_{\rm f}C_{\rm D}A_{\rm p}|\boldsymbol{v}_{\rm r}|\boldsymbol{v}_{\rm r}+\rho_{\rm f}V_{\rm p}\frac{{\rm d}\boldsymbol{u}_{\rm f}}{{\rm d}t}-\frac{1}{2}\rho_{\rm f}V_{\rm p}\frac{{\rm d}\boldsymbol{v}_{\rm r}}{{\rm d}t}-6\rho_{\rm f}A_{\rm p}\sqrt{\frac{\rho_{\rm f}\mu}{\pi}}\int_{t_0}^{t}\frac{{\rm d}\boldsymbol{v}_r/{\rm d}t'}{\sqrt{t-t'}}{\rm d}t'+\sum_i \boldsymbol{f}_i \tag{18.2.1}$$

である．$V_{\rm p}=\pi d_{\rm p}^3/6$，$A_{\rm p}=\pi d_{\rm p}^2/4$，$m_{\rm p}=\rho_{\rm p}V_{\rm p}$ であり，$\boldsymbol{v}_{\rm p}$ は粒子速度，$\boldsymbol{u}_{\rm f}$ は質点周囲の流体速度，$\boldsymbol{v}_{\rm r}=\boldsymbol{v}_{\rm p}-\boldsymbol{u}_{\rm f}$ は相対速度である．右辺第 1 項は流体抵抗を表し，文献 7 ではストークス抵抗に対応する抗力係数 $C_{\rm D}=24/{\rm Re}$ が与えられている．${\rm Re}=d_{\rm p}|\boldsymbol{v}_{\rm r}|/\nu$ は相対速度に対するレイノルズ数である．

現在では ${\rm Re}\leq 1000$ に対して Schiller-Naumann の式 $C_{\rm D}=24(1+0.15\,{\rm Re}^{0.687})/{\rm Re}$ が広く用いられている．$1000<{\rm Re}<3\times10^5$ に対しては $C_{\rm D}=0.43$ が与えられるが，高レイノルズ数領域には質点モデルの妥当性そのものが疑わしいことに注意すべきである．また，粒子群が高濃度状態にあるときには修正

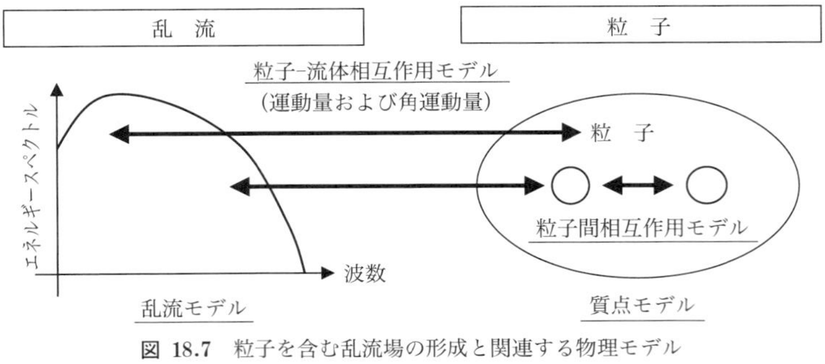

図 18.7　粒子を含む乱流場の形成と関連する物理モデル

が必要となる[2,8]が，単独粒子から高濃度域まで場合分けした式は十分に確立されていない．

式（18.2.1）右辺の第2項は周囲流体の加速により粒子に作用する力，第3項は付加質量（added mass）の加速に要する力である．第4項は非定常な相対速度の履歴に関連するバセット項（Basset term）であるが，計算が煩雑になるため省略されることが多い．さらに，密度比 ρ_p/ρ_f の大きな固気二相流では，式（18.2.1）右辺第2，3項も省略されることがある．

式（18.2.1）最終項の $\boldsymbol{f}_i$ には，多くの場合，重力と浮力 $\boldsymbol{f}_g=(\rho_f-\rho_p)V_p\boldsymbol{g}$ および揚力が考慮される．揚力には，主として回転に起因する $\boldsymbol{f}_r$ と速度勾配に起因する $\boldsymbol{f}_s$ が考えられる．粒子の回転角速度と周囲流体の回転の差は $\boldsymbol{\omega}_r=\boldsymbol{\omega}_p-\nabla\times\boldsymbol{u}_f/2$ で表される．Re が1のオーダではオセーン近似（Oseen approximation）に基づいた $\boldsymbol{f}_r=(3/4)\times\rho_f V_p\boldsymbol{v}_r\times\boldsymbol{\omega}_r$ があるが，高レイノルズ数ではマグナス力（Magnus force）$\boldsymbol{f}_r=(1/2)\rho_f C_L A_p|\boldsymbol{v}_r|\boldsymbol{v}_r\times\boldsymbol{\omega}_r/|\boldsymbol{\omega}_r|$ が用いられる．ここで，揚力係数 C_L のモデルには，周速比 $\Omega=d_p|\boldsymbol{\omega}_r|/(2|v_r|)$ をパラメーターとし，実験データに基づいた $C_L=0.5\min[1,\ \Omega]$ などがある[2)]．また，マグナス力は粒子角速度 $\boldsymbol{\omega}_p$ を求める際の次項に述べるモデルの問題も内包していることに注意する必要がある．一方，速度勾配の回転部分に起因する揚力としては，サフマン力（Saffman force）$\boldsymbol{f}_s=1.6d_p^2\sqrt{\rho_f\mu/|\nabla\times\boldsymbol{v}_f|}\boldsymbol{v}_r\times(\nabla\times\boldsymbol{v}_f)$ が知られている．これは，粒子と流体の速度差に基づくレイノルズ数 Re の値が低く，かつ，それが剪断速度勾配に基づく $\mathrm{Re}_s=d_p^2|\nabla\times\boldsymbol{u}_f|/\nu$ に対しても十分に小さい場合に有効である[1,8)]．しかし，その条件の外では不明な点が多い．

b.　回転運動モデル

粒子の回転運動については，並進運動に比べて方程式の完成度はさらに低い．一般には，粒子と流体の回転運動の差を考慮した次式が用いられる．

$$\frac{\mathrm{d}(\boldsymbol{I}_p\cdot\boldsymbol{\omega}_p)}{\mathrm{d}t}=-\frac{1}{2}\rho_f C_M(d_p/2)^5|\boldsymbol{\omega}_r|\boldsymbol{\omega}_r+\sum_i\boldsymbol{t}_i \tag{18.2.2}$$

$\boldsymbol{t}_i$ はさまざまな外モーメントである．球形粒子の場合には，慣性テンソルは $\boldsymbol{I}_p=(\pi/60)\rho_p d_p^5\boldsymbol{I}$ である．係数 C_M は実験結果により，$C_M=C_{m1}\mathrm{Re}_\omega^{-0.5}+C_{m2}\mathrm{Re}_\omega^{-1}+C_{m3}$ の形に整理され，相対回転レイノルズ数 $\mathrm{Re}_\omega=|\boldsymbol{\omega}_r|(d_p/2)^2/\nu$ に応じて

$\mathrm{Re}_\omega<1$：$C_{m1}=0$，$C_{m2}=16\pi$，$C_{m3}=0$

$1\leq\mathrm{Re}_\omega<10$：$C_{m1}=0$，$C_{m2}=16\pi$，$C_{m3}=0.0418$

$10\leq\mathrm{Re}_\omega<20$：$C_{m1}=5.32$，$C_{m2}=37.2$，$C_{m3}=0$

$20\leq\mathrm{Re}_\omega<50$：$C_{m1}=6.44$，$C_{m2}=32.2$，$C_{m3}=0$

$50\leq\mathrm{Re}_\omega<100$：$C_{m1}=6.45$，$C_{m2}=32.1$，$C_{m3}=0$

のような値をとる[8)]．

粒子と乱流の関係を考えるとき，粒子周りの流れや粒子から放出される渦だけでなく，前述のように粒子濃度の分布や変動が重要と考えられる．これらを正確に求めるには，粒子速度に直交する流体力の成分（揚力）を無視することはできない．そのとき，固体粒子の場合には回転のほかにも，弾性体においては変形，非球形粒子については方向，また，粒子サイズの分布などが問題となるが，これらの因子を記述した普遍的な質点モデル方程式は確立されていない．さらに，並進運動，回転運動は粒子どうしあるいは粒子と境界壁の衝突や接触によって大きな影響を受けることにも注意しなければならない[1,3)]．

以上のことから，質点モデルが有効となるのは，流体抵抗と既知の外力だけが支配的となる微小な球形粒子に対して，十分な精度で周囲の流れが得られている場合である．なお，粒子濃度がきわめて低いときには，粒子は流体力を受けながら運動するが，粒子の影響は流体には及ばないと仮定する one-way の解析方法の適用範囲となる．

18.2.3　直接数値シミュレーション

質点モデルが適用できない場合，あるいは質点モデルや混相乱流モデルを検証する目的の場合には，数値実験法としての DNS が用いられる．DNS とは，（解析しようとする現象に影響を及ぼさない範囲で）物理的な仮定を含まずに基礎方程式を数値計算することと理解されている．ただし，DNS では，すべての物理的要因をありのままに取り入れるだけではなく，現象の本質を抽出するために，さまざまな因子の影響を個別に解析することも行われる．たとえば，重力，流体の粘性や圧縮性，固体の摩擦などのオン・オフは実験では困難な設定であり，モデルの各構成要素を検証する目的に対しては数値実験が有利になる．

数値実験の手段としての DNS であることを考慮

すれば，モデルや計算誤差によるさまざまな汚染を徹底的に削減しなければならない．すなわち，乱流渦を高解像度で直接計算するだけでなく，粒子に対しても質点モデルではなく，個々の粒子の周りの流れを十分な解像度で直接計算する必要がある．そのような固体-流体二相乱流のDNSは，粒子数，レイノルズ数，さらに境界形状は著しく限定されるものの，その範囲内では物理モデルの影響がきわめて小さい計算と解釈してよい．

流れの数値計算においては，物体形状に沿って一般曲線座標を設定する境界適合格子（body-fitted grid），任意の多面体で場を埋め尽くす非構造格子（unstructured grid）などが発達してきた．しかし，多数の物体の境界に適合する格子を生成するのは容易ではない．さらに，相対運動する場合には時間ステップごとに格子を生成し，座標変換メトリックを再計算しなければならないため，計算時間は著しく増大する．また，乱流のDNSにおいては，固体境界近傍だけでなく全領域で高い解像度を保ちたいという要求もある．これらの背景から，主としてデカルト座標における直交格子を用いる方法を説明する．

a. 非等間隔差分とカットセル法

直交格子で格子分割数の増加を最小限に抑制して精度を高める最も簡単な方法は局所的な細分化であろう．差分法の場合には，格子線と物体境界の交点を一つの差分ステンシルとして，図18.8(a)のように，境界近傍で不等間隔差分や片側差分をする方法がある．一方，有限体積法では，図18.8(b)のようなカットセル法が提案されている．2次元であれば境界と格子線の交点を結ぶ直線により，3次元であれば境界と格子点の交点を通る面により，境界を含むセルを分割する．

以上の方法は原理的には簡便ではあるが，移動境界問題では差分ステンシルを動的に変化させる必要があり，プログラミングは煩雑化する．また，片側差分による精度低下，局所的に格子幅が狭くなることによる数値的不安定の問題もある．

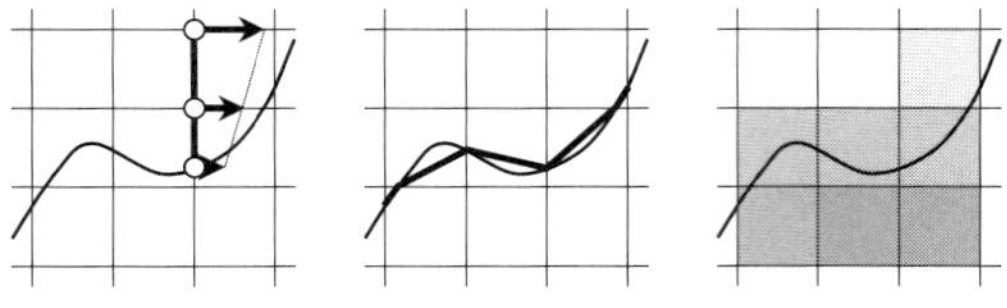

(a) 非等間隔配置　(b) カットセル法　(c) 体積率平均法

図 18.8 直交格子による任意形状境界の扱いの例

b. 埋込み格子法

直交格子で任意形状の境界を扱う代表的な方法として，埋込み境界法（immersed boundary method）がある．この方法の特徴は，ナビエ-ストークスの運動方程式（時間発展以外のすべての項をR.H.S.と略記）に

$$\frac{\partial \boldsymbol{u}}{\partial t}=\mathrm{R.H.S.}+\boldsymbol{f} \tag{18.2.3}$$

のような強制力 $\boldsymbol{f}$ を与えることにある．左辺を $\partial \boldsymbol{u}/\partial t=(\boldsymbol{u}^{n+1}-\boldsymbol{u}^{n})/\Delta t$ と近似するとき

$$\boldsymbol{f}=-\mathrm{R.H.S.}+\frac{\boldsymbol{v}-\boldsymbol{u}^{n}}{\Delta t} \tag{18.2.4}$$

（Δt は時間刻み，n は時間ステップ数であり，$t_n=n\Delta t$）とおけば $\boldsymbol{u}^{n+1}=\boldsymbol{v}$ となり，時間進行の結果を指定された速度 $\boldsymbol{v}$ に強制できる．

Goldsteinら[9]は，減衰振動しながら指定された速度 $\boldsymbol{v}$ に移行することを表すモデルを外力として導入した．この方法では時間刻みを非常に小さくする必要があるといわれている．これに比べて，直接強制法[10]は計算が簡略であり安定性もよい．図18.8(a)を使って概略を説明する．まず，流体側にある格子点において，ナビエ-ストークス式で時間進行を行う．ここで，非等間隔差分を使用せず，ステンシルが固体内部に入っても，その点の固体速度を使った差分を計算すればよい．次に，物体境界に最も近い点（図では中の点）では，境界点（図では下の点）と流体側の点（図では上の点）から補間される速度に更新されるよう，強制力を作用させる．

c. 体積平均型埋込み格子法

境界が格子を横切る位置を特定するのではなく，図18.8(c)のような固体と流体の体積割合をパラメーターとすれば，次のような簡便な相互作用計算法が可能となる[11]．

固体表面を含むセルにおいて体積平均速度 $\boldsymbol{u}=(1-\alpha)\boldsymbol{u}_{\mathrm{f}}+\alpha\boldsymbol{u}_{\mathrm{p}}$ を定義する．α は界面を含むセルでの固体の体積割合，$\boldsymbol{u}_{\mathrm{f}}$ は流体の速度，$\boldsymbol{u}_{\mathrm{p}}(=\boldsymbol{v}_{\mathrm{p}}+\boldsymbol{\omega}_{\mathrm{p}}\times\boldsymbol{r})$ は剛体運動する固体内部の速度であり，$\boldsymbol{r}$ は回転中心からの相対位置ベクトルを表す．$\boldsymbol{u}$ に対しては，次の方程式を与える．

$$\frac{\partial \boldsymbol{u}}{\partial t}=-\nabla\frac{p}{\rho_{\mathrm{f}}}-\boldsymbol{u}\cdot\nabla\boldsymbol{u}+\nu\nabla^{2}\boldsymbol{u}+\boldsymbol{f}_{\mathrm{p}} \tag{18.2.5}$$

$\boldsymbol{f}_\mathrm{p}$ は界面を含むセルだけで意味をもち，これを除外すればナビエ-ストークス式となる．まず，場の全域が流体で満たされているものとして，流れの計算スキームによって次の時間ステップの速度場を予測し，これを $\hat{\boldsymbol{u}}_\mathrm{f}$ とおく．$\boldsymbol{u}=\hat{\boldsymbol{u}}_\mathrm{f}+\Delta t\boldsymbol{f}_\mathrm{p}$ によって $\hat{\boldsymbol{u}}_\mathrm{f}$ が $\boldsymbol{u}$ に修正されるためには，$\boldsymbol{f}_\mathrm{p}=\alpha(\boldsymbol{u}_\mathrm{p}-\hat{\boldsymbol{u}}_\mathrm{f})/\Delta t$ とすればよい．$\boldsymbol{f}_\mathrm{p}$ は界面を含むをセルにおける相間の相互作用力と解釈できる．したがって，粒子の運動方程式および角運動方程式における流体応力 $\boldsymbol{\tau}$ の表面積分は $\boldsymbol{f}_\mathrm{p}$ の体積積分

$$m_\mathrm{p}\frac{\mathrm{d}\boldsymbol{v}_\mathrm{p}}{\mathrm{d}t}=\int_{S_\mathrm{p}}\tau\cdot n\mathrm{d}S+\sum_i\boldsymbol{f}_i=-\int_V\boldsymbol{f}_\mathrm{p}\mathrm{d}V+\sum_i\boldsymbol{f}_i \tag{18.2.6}$$

$$\frac{\mathrm{d}(\boldsymbol{I}_\mathrm{p}\cdot\boldsymbol{\omega}_\mathrm{p})}{\mathrm{d}t}=\int_{S_\mathrm{p}}\boldsymbol{r}\times(\tau\cdot\boldsymbol{n})\mathrm{d}S+\sum_i\boldsymbol{t}_i$$
$$=-\int_V\boldsymbol{r}\times\boldsymbol{f}_\mathrm{p}\mathrm{d}V+\sum_i\boldsymbol{t}_i \tag{18.2.7}$$

に置き換えることができる．ここで，S_p は粒子表面，$\boldsymbol{n}$ は表面での外向き法線ベクトルである．積分領域 V は粒子と一致していなくても，これを含むものであればよい．ただし，他の粒子を含んではならない．式 (18.2.6)，(18.2.7) で流体方程式を計算する格子と同じものを使って数値積分をするため，相互作用において数値的な漏れがない．

上述の方法により，粒子径と格子幅の比が 10 程度の解像度でも，500 程度までのレイノルズ数に対して球の周りの多様なパターン[12]を再現することができる．

18.2.4　DNS の計算例

レイノルズ数 300 程度までの粒子を多数含む一様流れ場の DNS の例を示す[13,14]．粒子については，サイズのそろった剛体球とする．有限な計算領域を設定して，各方向には周期境界条件を仮定する．計算格子は立方体であり，格子分割数は水平方向に 512^2，鉛直方向に 1024 である．粒子径と計算格子幅の比を 10，混入する格子の数は 256 から 2048 までとする．体積率は最大 0.4% である．まれに粒子間の衝突が生じるが，現象に支配的ではないので，すべて弾性反発を仮定する．密度比をガラスまたは銅と水の組合せに対応する $\rho_\mathrm{p}/\rho_\mathrm{f}=2.5$，8.8 とする．粒子は重力により落下するものとし，式 (18.2.6)，(18.2.7) において外力は重力のみ，外

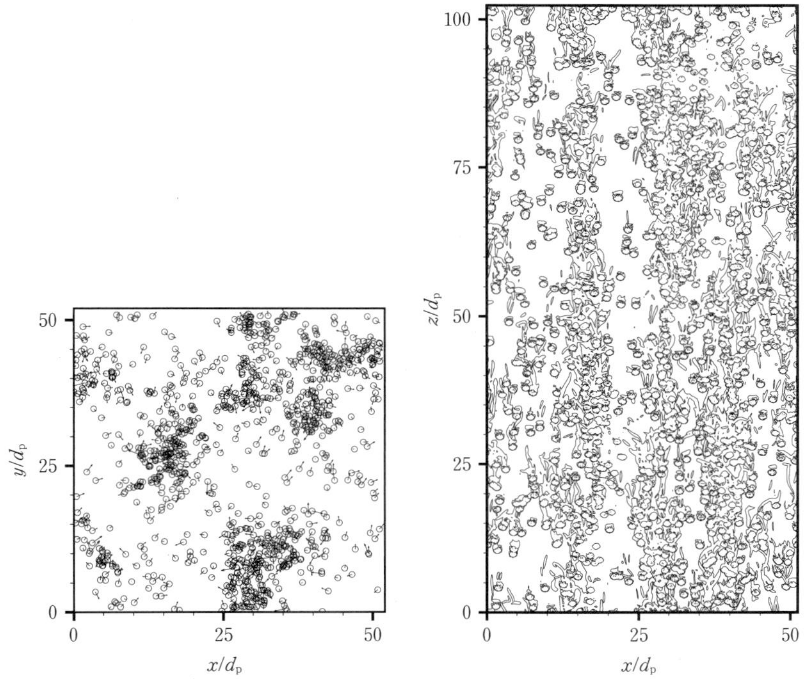

(a)　粒子分布と回転角速度　　(b)　粒子群の後流（$\nabla^2{}_\mathrm{p}$ で表示）

図 18.9　固体粒子 1024 個を含む一様乱流の DNS 結果の一例
粒子分布（水平面投影）と粒子群から発生する後流渦（垂直面投影）．

モーメントはゼロとする．球形粒子が静止流体中を単独で落下するときのレイノルズ数が設定値になるように流体の粘性係数を調整する．

まず，単独では静止流体中をレイノルズ数 200 で落下するガラス球を多数含んだ水流の実験[15]に対応する DNS の結果の一部を図 18.9 に示す．鉛直方向に長く延びたコラム状の高濃度領域（クラスター）が，実験で観察されたように再現されている．粒子の平均体積率と乱れの強度の関係についても，実験と DNS の定性的一致は良好である．

さまざまなパラメーターで数値実験した結果は次のように要約できる．低レイノルズ数粒子で，後流が個々の粒子に付着した軸対称な渦輪になっている場合，粒子間の相互作用は少なく，設定された濃度の範囲内では粒子群は特別な構造を形成しない．一方，高レイノルズ数粒子では，粒子の後流を介した相互作用によってクラスターを形成する[13]．また，粒子の回転運動を考慮した場合と考慮しない（仮想的な）場合の比較を行った．その結果，粒子の回転はクラスターを不安定にする効果があり，現実の粒子と非回転粒子とは集団としてのふるまいが著しく異なった[14]．また，平均スリップ速度に 20% ほどの差が生じることもわかった．これらのことは，質点モデルにおいて不十分なモデルが与えられることの多い粒子の回転が重要な因子であることを示唆している．

18.2.5　その他の解析方法

以上，流体運動を連続体としてオイラー的に記述し，離散粒子をラグランジュ的に追跡する方法を述べてきた．その他にも，固体と流体の両相ともオイラー法またはラグランジュ法で扱う組合せもある．

非常に多くの粒子を扱う場合，粒子を離散要素ではなく，粒子群を流体のように表し，二相の体積割合を考慮した混合流体としてオイラー的に記述する方法がある．これは，固体粒子にかぎらず，気泡流や液滴流などの分散性二相流で従来から用いられている．連続体としての扱い方としては，均質流モデル（homogeneous fluid model）と二流体モデル（two-fluid model）が代表的である．均質流モデルは，二相の速度差を無視して存在割合だけを表すものである．これは，ストークス数が非常に小さく，粒子がほとんど流体に追従する場合に有効であると考えられる．二流体モデルは，二相の速度差とそれに伴う運動量交換を考慮するものである．二流体モデルの適用範囲は均質流モデルに比べて大幅に拡大される．しかし，連続体を仮定してオイラー的に扱う方法は，混相流モデルと乱流モデルも加えた総合的な解析システムとしてはモデルへの依存性が非常に高い．

一方，粒子だけでなく流体もラグランジュ的に扱う方法としては，粒子法[16]や渦法[17]がある[18]．また，DNS の手法としては，先に紹介した境界埋込みによる差分法のほかにも，CIP 法[19]や格子ボルツマン法[20]の適用例も増えている．　**［梶島岳夫］**

文　　献

1) C. Crowe *et al.*: Multiphase Flows with Droplets and Particles, CRC Press, 1998.
2) 辻　　裕：混相流ハンドブック，朝倉書店，2004，33-52.
3) 田中敏嗣：混相流，8(1)，41-47；8(2)，140-146；8(4)，315-323，1994.
4) S. Elghobashi: Appl. Sci. Res., **52**, 1994, 309-329.
5) M. R. Maxey, J. J. Riley: Phys. Fluids, **26**(4), 1983, 883-889.
6) E. E. Michaelides: Trans. ASME, J. Fluids Eng., **119**, 1997, 233-247.
7) J. O. Hinze: Turbulence, 2nd ed., McGraw-Hill, 1975.
8) 田中敏嗣：数値流体力学ハンドブック，丸善，2003，375-384.
9) D. Goldstein *et al.*: J. Comput. Phys., **105**, 1993, 354-366.
10) E. A. Fadlun *et al.*: J. Comput. Phys., **161**, 2000, 35-60.
11) T. Kajishima *et al.*: JSME Int. J., Ser.B, **44**(4), 2001, 526-535.
12) T. A. Johnson, V. C. Patel: J. Fluid Mech., **378**, 1999, 19-70.
13) T. Kajishima, S. Takiguchi: Int. J. Heat Fluid Flow, **23**(5), 2002, 639-646.
14) T. Kajishima: Int. J. Heat Fluid Flow, **25**(5), 2004, 721-728.
15) K. Nishino, H. Matsushita: Proc. 5th Int. Conf. on Multiphase Flow, Yokohama, Paper **248** (CD-ROM), 2004.
16) 越塚誠一：粒子法，丸善，2005.
17) 亀本喬司：乱流解析，第 6 章，東京大学出版会，1995.
18) 後藤仁志：数値流砂水理学，森北出版，2004.
19) 矢部　孝ほか：CIP 法，森北出版，2003.
20) 蔦原道久ほか：格子気体法・格子ボルツマン法，コロナ社，1999.

18.3　気 泡 の 運 動

混相乱流という視点で気泡の運動を考えた場合，

乱流場における気泡の挙動と，気泡がもたらす乱流場の二つに分けて考えることができる．以下，この二つに関して説明を行う．

18.3.1 乱流場における気泡の挙動

層流中において球形の分散相に働く力は，これまで多くのことが調べられており，その挙動は以下の式で近似できる．

$$\rho_B \frac{\pi d^3}{6} \frac{d(\boldsymbol{V}_B - \boldsymbol{V}_0)}{dt} = -\boldsymbol{F}_D + \boldsymbol{F}_L - \boldsymbol{F}_{AM} - \boldsymbol{F}_H + \boldsymbol{F}_{AF} + (\rho - \rho_B)\frac{\pi d^3}{6}\boldsymbol{g} \qquad (18.3.1)$$

ここで，ρ_B は分散相の密度，ρ は周囲流体の密度，d は分散相の直径，$\boldsymbol{V}_B$ は分散相の速度，$\boldsymbol{V}_0$ は分散相の中心における周囲流体の速度である．$\boldsymbol{V}_0$ を評価する位置は，分散相の中心であり周囲流体中ではないため，実際には何らかの方法で $\boldsymbol{V}_0$ を推定する必要がある．

右辺にある項については，$\boldsymbol{F}_D$ は抗力，$\boldsymbol{F}_L$ は揚力，$\boldsymbol{F}_{AM}$ は付加質量力，$\boldsymbol{F}_H$ は履歴力，$\boldsymbol{F}_{AF}$ は周囲流体の加速による力であり，最後の項は分散相に働く浮力に相当する．気泡の場合には，気泡の密度 ρ_B が周囲液体の密度 ρ に比べて十分に小さいため，気泡自身の慣性による左辺の項は無視することができる．また，右辺の履歴力 $\boldsymbol{F}_H$ の項は，気泡表面で生成される渦度の拡散過程と関連があり，気泡挙動の時間履歴に依存するため履歴項と呼ばれるが，時間積分の形式を含んだ複雑な表記となるため多くの場合に無視される．実際，気泡直径 d と液相の粘性係数 μ，密度 ρ，気泡と液相の相対速度 $\boldsymbol{V}_B - \boldsymbol{V}_0$ を用いて求めた気泡レイノルズ数

$$\mathrm{Re}_B = \frac{\rho \| \boldsymbol{V}_B - \boldsymbol{V}_0 \| d}{\mu}$$

が 50 より大きい場合には，履歴力の項の影響は急な加減速がないかぎりは無視できることも報告されている[1]．

以上の知見より，層流場中を移動する球形気泡に関しては，$\mathrm{Re}_B > 50$ の場合には，その挙動は次式で近似することができる[2]．

$$C_M \frac{\pi d^3}{6} \rho \frac{d\boldsymbol{V}_B}{dt} = C_D \frac{\pi d^2}{8} \rho \| \boldsymbol{V}_B - \boldsymbol{V}_0 \| (\boldsymbol{V}_B - \boldsymbol{V}_0) - \frac{\pi d^3}{6}\rho \boldsymbol{g} + (1 + C_M)\frac{\pi d^3}{6}\rho\left(\frac{\partial \boldsymbol{V}}{\partial t} + \boldsymbol{V}\cdot\nabla \boldsymbol{V}\right)_0 + C_L \frac{\pi d^3}{6}\rho(\boldsymbol{V}_0 - \boldsymbol{V}_B) \times \boldsymbol{\Omega}_0 \qquad (18.3.2)$$

上述のように，気泡の場合には気泡自身の慣性が無視できるので，気泡が加速運動する場合には，周囲の流体を引きずる効果に起因する付加質量力が重要となる．この項が式（18.3.2）の左辺第 1 項であり，式中 C_M は付加質量係数と呼ばれ，球形物体の場合には $C_M = 1/2$ となる．

液体中に存在する界面活性剤のような不純物の影響が無視できる場合には，気泡の表面は剪断応力ゼロの状態を仮定することができ，気泡レイノルズ数 $\mathrm{Re}_B > 50$ の条件では，気泡に働く抗力はポテンシャル理論を用いて導出される Moore[3] の抗力係数，

$$C_D = \frac{48}{\mathrm{Re}_B}\left(1 - \frac{2.211}{\sqrt{\mathrm{Re}_B}}\right)$$

によって精度よく近似できる．また，同条件において揚力係数 C_L は，Auton[4] の理論解 $C_L = 1/2$，気泡レイノルズ数 $\mathrm{Re}_B > 5$ のより広い条件においては，Legendre と Magnaudet[5] が数値計算結果を用いて与えた式，

$$C_L = \frac{11 + 16\,\mathrm{Re}_B^{-1}}{21 + 29\,\mathrm{Re}_B^{-1}}$$

により精度よく揚力を見積もることができる．

上記の表記は，乱流場においても気泡径がコルモゴルフのマイクロスケールよりも十分小さく，また気泡運動の時間スケール

$$\frac{d}{\| \boldsymbol{V}_B - \boldsymbol{V}_0 \|}$$

が，乱流場中の微細渦の時間スケールよりも十分小さい場合には，精度よく気泡挙動を予測することができる．しかし，実際の現象では，乱流場のもつ時空間スケールに対して，気泡のもつ時空間スケールが十分小さくなることはきわめてまれであり，多くの場合に気泡のもつ時空間スケールは，乱流のもつ幅広い時空間スケールのなかに存在することになる．このような条件においては，式（18.3.2）によりどの程度，気泡挙動を近似できるかは定かでない．

これに対し，Merle ら[6] は，円管内乱流中において対称軸上に固定された単一気泡に働く力について調べている．計算はコルモゴロフのマイクロスケールより 10 倍程度大きな気泡が流れ場に存在する場

合を解析の対象とし，円管内乱流のバルクレイノルズ数 Re＝6000，軸上に固定された気泡の平均気泡レイノルズ数 Re_B＝500 の条件で計算を行っている．そして，気泡表面で剪断応力なしの条件が課される，きれいな水中における気泡（以下，クリーンバブルと呼ぶ）と，気泡表面ですべり速度なしの条件が課される，汚れた水中における気泡（ノンスリップ気泡）に働く力の違いについて調べている．その結果，クリーンバブルの場合には，乱流場における乱れの影響により，揚力は抗力に比べてはるかに大きく変動し，円管の対称軸上では揚力の平均値が 0 になるにもかかわらず，瞬時値としては抗力以上の力が働くこともあることを示した．さらに，抗力と揚力に対する圧力と粘性応力の寄与について調べ，抗力に対しては圧力と粘性応力が同程度の大きさで寄与するが揚力に対しては粘性応力はほとんど寄与せず，圧力が支配的な因子になることも示した．一方，ノンスリップ気泡の場合には揚力の変動はずっと小さな値に抑えられ，界面における境界条件の違いにより，乱流の変動速度場のなかで発生する揚力が大きく異なることになる．

彼らはさらに，乱流場における式（18.3.2）の有効性を調べるため，テイラー（Taylor）仮説により見積もった気泡中心における液相の瞬時速度 V_0 を用いて，Moore の抗力

$$C_D=\frac{48}{Re_B}\left(1-\frac{2.211}{\sqrt{Re_B}}\right)$$

と Auton の揚力 $C_L=1/2$，さらに付加質量力を考慮に入れた式と数値計算結果との比較を行い非常によい一致を得ている．この結果は，気泡の大きさがコルモゴルフのマイクロスケールの 10 倍もあることを考えると，式（18.3.2）が成り立つ仮定の範囲を越えて式（18.3.2）が有効であることを示している．同様の結果を Spelt と Biesheuvel[7], Poorte と Biesheuvel[8] も，一様等方性乱流中の気泡挙動に関する実験と理論の比較により得ている．

一様等方性乱流中の気泡のふるまいに関しては，杉山ら[9] が数値計算により周囲流体より大きな密度をもつ重い粒子の場合との比較を行っている．その結果，①渦の中心に集まりやすい気泡の場合には，高ひずみ領域に集まりやすい重い粒子よりも，同じストークス数ではより選択的集積（preferencial concentration）の傾向が強い．②重い粒子の場合と比較して，気泡の場合には Tchen の理論とのずれが大きくなる．③選択的集積が強い条件においては，重い粒子の拡散係数は媒質流体の乱流拡散係数よりも高くなる傾向があるのに対して，気泡の場合には乱流混合の弱い渦中心に集まりやすいため拡散係数が低くなる．④ St 数が大きい場合には，逆に重い粒子の拡散係数は媒質流体の乱流拡散係数よりも低くなるのに対して，気泡の拡散係数は高くなる，などの知見を得ている．

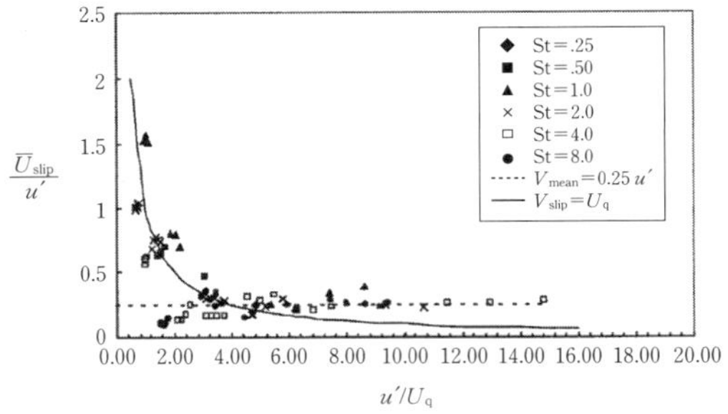

図 18.10　軽い液滴の上昇速度（U_{slip}）と媒質流体の乱れの関係（u' は乱れ速度，U_q は静止流体中での終端速度）（文献 10 より抜粋）

Friedman と Katz[10] は，気泡ではないが密度の軽い液滴に対して，一様等方性乱流の乱れの強さが液滴の上昇速度に与える影響について実験的に調べている．そして図 18.10 に示すように，乱れが小さい場合には上昇速度は，静止流体中の終端速度と等しくなるが，乱れの増加とともに，ストークス数には依存せず乱れ速度の 1/4 の上昇速度で上昇するという非常に興味深い結果を得ている．この効果は，軌跡偏向（trajectory bias）と呼ばれる．気泡の場合にも同様の効果をもつと考えられ，媒質流体の乱流強度の増加とともに上昇速度に対する乱れの影響が現れてくると考えられる．

以上は，乱流中に存在する気泡に働く力とそれに伴う並進運動に関する最近の知見であるが，乱流場における気泡の挙動として応用上重要となる現象として気泡の分裂現象があげられる．気泡の微細化は単位体積あたりの表面積（比表面積）の増加をもたらすため，化学反応器や水処理のための曝気槽において気液間の物質輸送を促進するために重要となる．1 mm 以下の気泡を大量に作り出すには，通常は流体力学的な不安定現象が利用される．そのなかで最も標準的なものは乱流の乱れを利用するものであり，乱流場における気液界面の不安定現象を利用

した微細気泡発生装置も多い．ここでは，これらの技術とも関連して乱流場における気泡の分裂に関連した基礎的研究について簡単に紹介する．

乱流場における速度変動により気泡や液滴が分裂する現象は，古くはKolmogorovやHinzeにより調べられており，Kolmogorov-Hinzeの理論と呼ばれるものがある[11]．この理論では，気泡が不安定になる条件を調べる指標として，次式で定義されるウェーバー（Weber）数が定義されている．

$$\mathrm{We}=\frac{\rho\overline{\delta u^2(d)}\,d}{\sigma} \qquad (18.3.3)$$

ここで，ρ 液相の密度，σ は表面張力，d は気泡の有効直径（体積の等しい球の直径）であり，$\overline{\delta u^2(d)}$ は気泡の直径（d）分だけ距離が離れたところでの平均2乗速度の差である．この値がある臨界値を越えると気泡や液滴は分裂するとされ，多くの研究者により種々の実験により調べられているが，実験ごとのばらつきが大きく臨界値の存在そのものもはっきりせず，議論の余地がある．

RissoとFabre[9]は，平均流のない強い乱流場において分裂する気泡について実験を行い，気泡が分裂するための条件について調べた．図18.11に彼らの実験結果を示す．気泡径や乱流場の強さはほぼ同程度であるにもかかわらず，Run 1やRun 2では分裂は起きず，Run 3，Run 5では二つの同じ程度の大きさの気泡に分裂しており，Run 2，Run 4ではさまざまな大きさの多数の気泡に瞬時に分裂している．これらの現象について彼らはさらに調べ，その結果，気泡の分裂形態には大きく分けて2種類があり，一つは共振タイプの現象で周期的に衝突する渦の影響で気泡の変形が時間とともに増大し分裂するタイプ，もう一つは強度の強い乱流場によって初期の気泡の状態がどのような形であるかによらず，瞬時に分裂が起きるタイプがあることを示した．さらに，上式（18.3.3）で定義されるウェーバー数に加えて，気泡の最大変形の平均値と最大ウェーバー数の平均値の比として定義される平均効率係数と呼ばれるものを導入して，ウェーバー数と平均効率係数の積により，分裂が起きないための条件および上記の2種類の分裂が起きるための条件について整理している．

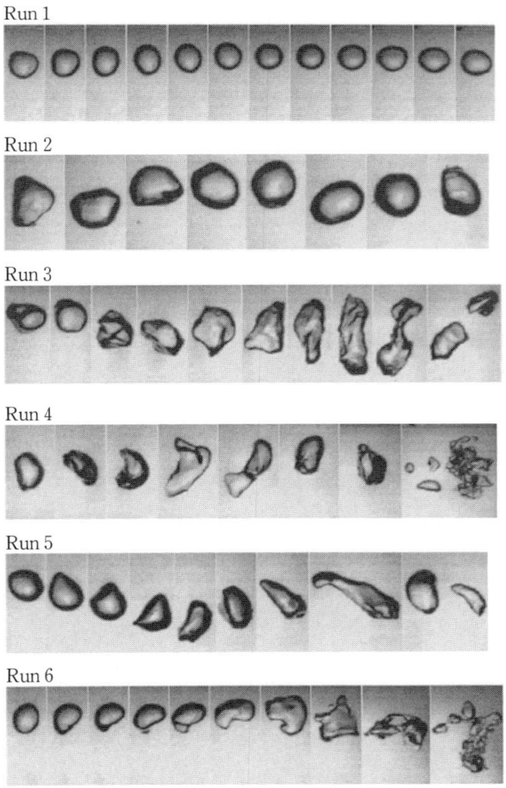

図 18.11 乱流場中にて分裂する気泡（文献11より抜粋）

Martinez-Bazanら[12]は，二重円管を用いて，内側の管より空気を，外側より水を噴き出し，液体側の水のもたらす乱れにより微細化される気泡について詳細に調べている．そして，気泡の分裂頻度 g が，乱れエネルギーの散逸率 ε，初期気泡径 D_0 の関数として，

$$g(\varepsilon, D_0)=K_g\frac{\sqrt{8.2(\varepsilon D_0)^{2/3}-12\sigma/(\rho D_0)}}{D_0}$$

と与えられるとしている．ここで，σ は表面張力，ρ は液相の密度であり，定数 K_g は実験結果より0.25と与えられている．

18.3.2 気泡のもたらす乱流場

気泡径が十分大きくなるにつれ気泡の上昇速度は大きくなり，さらに気泡変形も非定常に複雑に変化するようになる．これに伴い，気泡の背後にある渦構造も複雑な様相を呈し，後流中にさまざまなスケールの乱れを作り出すことになる．これら気泡後部の複雑な渦構造に関しては，FanとTsuchiya[13]により詳細に調べられており，わかりやすくまとめられている．ここでは，その内容を参照しながら，気泡の後流のもたらす乱流場について簡単にまとめ

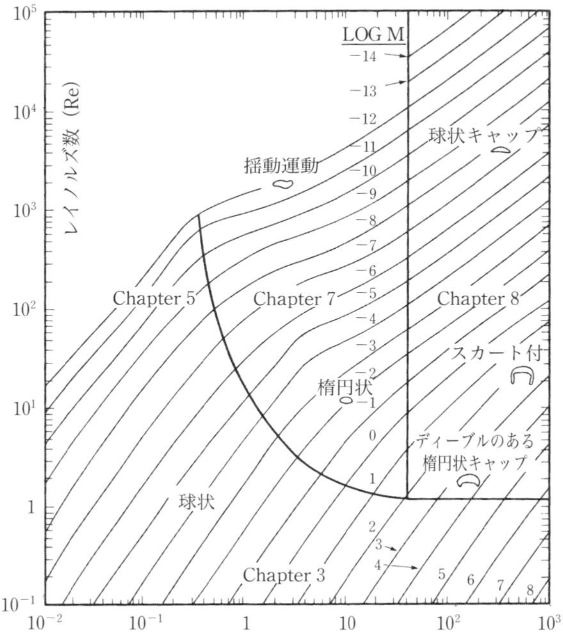

図 18.12　気泡と液滴の形状と無次元数の関係（文献 14, p. 27 より抜粋）

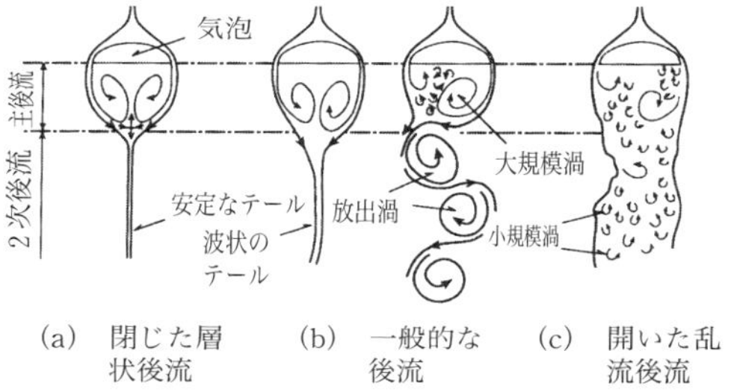

図 18.13　Spherical-Cap 気泡の後流の様子（文献 13, p. 74 より抜粋）

る．

表面ですべり速度なしの条件をもつ粒子とは異なり，剪断応力なしの条件をもつ気泡の場合には，球形を保っているかぎり気泡の後ろに剥離渦が生成されない．しかし，水中の気泡の場合には，気泡レイノルズ数 Re＝100 を越えた程度から徐々に変形が現れ始め，Re が 200 程度を越えると変形の効果により剥離した定在渦が見え始める．さらに気泡径が大きくなると，Re＝550 を越えたころから後流の非軸対称性によりジグザグ運動やらせん運動が現れ始める．さらに，Re 数が高くなると 5000 程度ぐらいから球状キャップ（Spherical-Cap）と呼ばれる状態になる（図 18.12 参照）．球状キャップの状態においては，比較的低いレイノルズ数では軸対称な形状を保ちながら，気泡の後方では安定した閉じた定在渦の状態で後流域を形成する．さらに気泡径が大きくなると，気泡後方の定在渦が不安定になり，開いた後流状態すなわち渦の放出が起きる．この状態において，気泡から十分下流の領域では放出渦の構造が壊れ乱流状態となる．Fan と Tsuchiya に与えられている後流域の構造の違いについての図を図 18.13 に示す．

［高木　周］

文　　献

1) 高木　周，松本洋一郎：日本混相流学会誌，**10**，1996，264-273.
2) J. Magnaudet, I. Eames : Ann. Rev. Fluid Mech., **32**, 2000, 659-708.
3) D. W. Moore : J. Fluid Mech., **16**, 1963, 161-176.
4) T. R. Auton : J. Fluid Mech., **183**, 1987, 199-218.
5) D. Legendre, J. Magnaudet : J. Fluid Mech., **368**, 1998, 81-126.
6) A. Merle *et al.* : J. Fluid Mech., **532**, 2005, 53-62.
7) R. E. G.. Poorte, A. Biesheuvel : J. Fluid Mech., **461**, 2002, 127-154.
8) P. D. M. Spelt, A. Bieseuvel : J. Fluid Mech., **336**, 1997, 221-244.
9) 杉山和靖ほか：日本機械学会論文集（B 編），**68**(669)，2002，1431-1439.
10) P. D. Friedman, J. Katz : Phys. Fluids, **14**, 2002, 3059-3073.
11) F. Risso, J. Fabre : J. Fluid Mech., **372**, 1998, 323-355.
12) C. Martinez-Bazan *et al.* : J. Fluid Mech., **372**, 1999, 157-182 (Part.1), 183-207 (Part 2).
13) L.-S. Fan, K. Tsuchiya : Bubble Wake Dynamics in Liquids and Liquid-Solid Suspensions, Butterworth-Heinemann Series in Chemical Engineering, 1990.
14) R. Clift *et al.* : Bubbles, Drops, and Particles, Academic Press, 1978.

18.4　気　泡　乱　流

18.4.1　気泡誘起乱れ

a.　単一気泡運動が誘起する液相速度

気泡誘起乱れの主因は液相流れに相対的な気泡の運動である．したがって，その理解には気泡相対速度 u_R と相対運動が誘起する液相流れ場に関する知見が不可欠である．気泡の球体積等価直径を d，気液の密度を ρ_G，ρ_L，表面張力を σ，液相粘性係数を μ_L，重力加速度を g とすると，気泡に作用する粘性力 F_μ，慣性力 F_i，表面張力 F_s，浮力 F_b の大きさは

$$F_\mu = \mu_L u_R d,\quad F_i = \rho_L u_R^2 d^2,\quad F_s = \sigma d,$$
$$F_b = (\rho_L - \rho_G) g d^3 \qquad (18.4.1)$$

と表せる[1]．球形小気泡の場合は慣性力・表面張力は無視でき（粘性力支配条件），粘性力と浮力の釣合いから気泡相対速度は次式で与えられる[2]．

$$u_R = C\frac{(\rho_L - \rho_G) g d^2}{\mu_L} \qquad (18.4.2)$$

ここで，定数 C は気泡レイノルズ数 $Re_b = F_i/F_\mu = \rho_L u_R d/\mu_L$ に依存し，$Re_b < 2$ では 1/12，$50 < Re_b < 100$ では 1/36 程度の値をとる．粘性力支配条件における気泡運動は直線的である．

気泡径がやや大きくなると気泡形状は回転楕円形となり，ジグザグないしはらせんなどの揺動運動を呈するようになる．この条件では，慣性力・表面張力に比べ粘性力は無視でき（表面張力支配条件），慣性力・表面張力・浮力の釣合いから相対速度を

$$u_R = \sqrt{C_1\frac{\sigma}{\rho_L d} + C_2\frac{(\rho_L - \rho_G) g d}{\rho_L}}$$
$$\left(C_1 \sim 2,\quad C_2 \sim \frac{1}{2}\right) \qquad (18.4.3)$$

と表示できる[3]．

気泡径がさらに大きくなると気泡形状は冠球形となり，再びほぼ直線的に上昇する（ロッキングと呼ばれるわずかな揺動を伴う）．この場合，粘性力・表面張力は無視でき，慣性力と浮力の釣合いから相対速度が決まる（慣性力支配条件）[4]．

$$u_R = C\sqrt{\frac{(\rho_L - \rho_G) g d}{\rho_L}} \quad (C \sim 1/\sqrt{2}) \qquad (18.4.4)$$

図 18.14 に表面張力支配および慣性力支配条件に対応する単一気泡の後流流れ可視化例[5]を示す．色素による可視化写真上の実線は，気泡重心の軌跡である．本図より，表面張力・慣性力支配条件では気泡下方広範囲に液相速度が誘起されていること，および気泡径と同程度の渦が形成されていることがわかる．また，図 18.15(a) に示す固定点 A を通過する静止液中単一気泡を対象として固定点 A における液相速度 u_L を計測すると，気泡通過前後の u_L は図 18.15(b) に示すように変化することも，PIV による速度計測例から理解できる．粘性力支配条件では気泡通過直前に u_R まで u_L が急上し，通過後は単調減衰する．表面張力および慣性力支配条件では，気泡直下部に強い渦（トロイダル渦）が存在するため，気泡通過直後に u_R 以上に u_L が増加し，

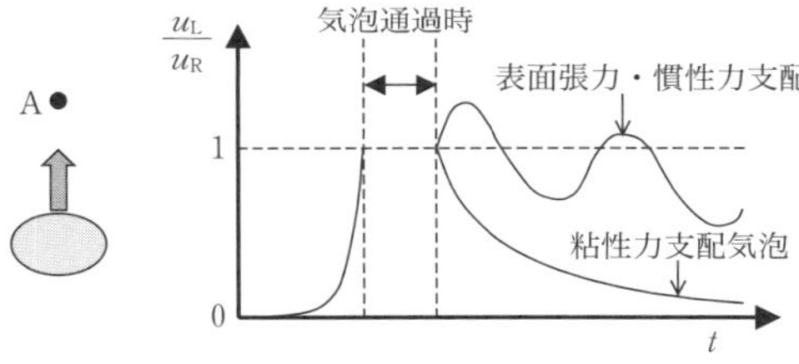

(a) 速度計測点 (b) 気泡誘起液相速度の時間変化

図 18.15 静止液中単一気泡により誘起される液相速度

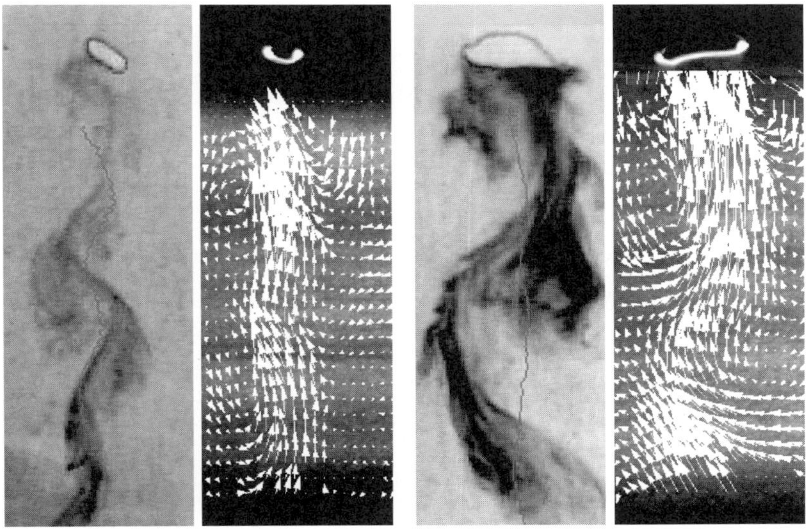
(a) d=8 mm（表面張力支配） (b) d=13 mm（慣性力支配）

図 18.14 水・空気系 2 次元気泡後流の色素および PIV による可視化例[5]

その後減衰振動する．気泡乱流は，単相乱流にこのような気泡誘起速度が非線形重畳したものと理解すればよい．また，気泡誘起乱れの代表長さ（混合長 l_{BI}：下付添字 BI は bubble induced を意味する）は気泡径 d，代表速度は相対速度 u_R と考えてよいので，気泡誘起乱れの渦動粘性係数 ν_{BI} は次式で見積もれる[6]．

$$\nu_{BI} \sim u_R d \tag{18.4.5}$$

b. 鉛直管内層流気泡流における気泡誘起乱れ

鉛直管内層流中に気泡を流動させると，気泡誘起液相速度により液相速度変動が流れに付加される．この乱れのエネルギー供給源は気泡の相対運動（浮力）であり，平均流の速度勾配をエネルギー供給源とする通常の乱流とは本質的に異なる．このため，気泡誘起乱れは擬似乱流（pseudo turbulence）とも呼ばれるが，図 18.16 に示すように，気泡誘起擬似乱流エネルギースペクトルは通常の管内単相乱流と同様の特性を示す[7]．

Sato ら[6] は，気相体積率（ボイド率）α_G の鉛直管内気泡流における ν_{BI} を次式で与えている．

$$\nu_{BI} = 0.6\alpha_G u_R d \tag{18.4.6}$$

また，Lopez de Bertodano ら[8] は気泡誘起乱れのレイノルズ応力 τ_{BI} を，

$$\frac{1}{\rho_L}\tau_{BI} = \nu_{BI}[\nabla \bar{\boldsymbol{u}}_L + (\nabla \bar{\boldsymbol{u}}_L)^T] + \frac{2}{3}a_{BI}k_{BI} \tag{18.4.7}$$

と表示し，ν_{BI} には式（18.4.6），気泡誘起乱れエネルギー k_{BI} および非等方テンソル a_{BI} には

$$k_{BI} = \alpha_G u_R^2 \tag{18.4.8}$$

$$a_{BI} = \frac{3}{10}\begin{pmatrix} 4 & 0 & 0 \\ 0 & 3 & 0 \\ 0 & 0 & 3 \end{pmatrix} \tag{18.4.9}$$

を提示している．なお，式 (18.4.9) は主流方向レイノルズ応力 $\overline{u_1'u_1'}$ と主流に直交する方向のレイノルズ応力 $\overline{u_2'u_2'}$，$\overline{u_3'u_3'}$ の比が 4：3 であることを意味している．これらの気泡誘起乱流モデルでは，管内乱流気泡流における実験結果をもとにその係数値が定められている．このため，管内乱流気泡流を良好に予測できることは確認されているが，気泡誘起乱れ自体の特性を正しく反映しているか否かは定かではない．たとえば，Hosokawa ら[7] は管内層流気泡流におけるレイノルズ応力測定を行い式 (18.4.6)，(18.4.8)，(18.4.9) の妥当性を検討しているが，ν_{BI} 測定値は式（18.4.6）の 5 倍程度，$\overline{u_1'u_1'}$：$\overline{u_2'u_2'}$：$\overline{u_3'u_3'}$ は 2：1：1 と報告している．このほかにも，Fujiwara ら[9] による気泡流内速度分布の高空間分解能 PIV 測定，Bunner[10] による front tracking 法に基づく気泡誘起乱流計算などの興味深い研究がなされているので適宜参照されたい．

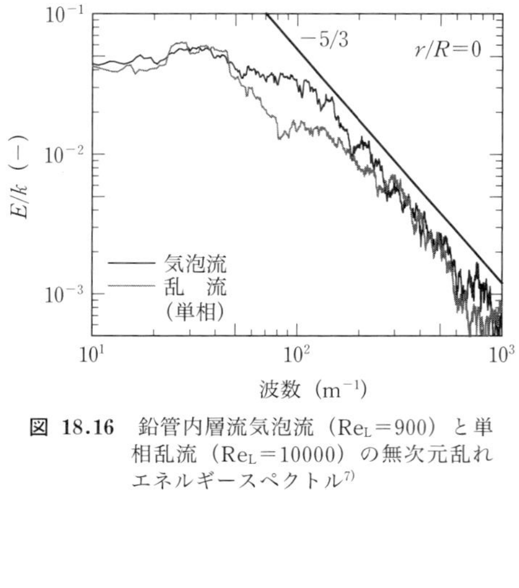

図 18.16　鉛管内層流気泡流（$Re_L=900$）と単相乱流（$Re_L=10000$）の無次元乱れエネルギースペクトル[7]

18.4.2 乱流変調

Serizawa と Kataoka[11] は鉛直管内乱流気泡流における乱れ強度 $u'=\sqrt{\overline{u_1'u_1'}}$ の測定を行い，同一液流量の単相流に比べ乱れが増加する場合と抑制される場合があることを指摘した．抑制が生じるのは管壁付近を除く領域（コア部）であり，管壁近傍ではつねに単相流に比べて乱れは増加する．また，図 18.17 に示すように液相体積流束 J_L（単位面積を単

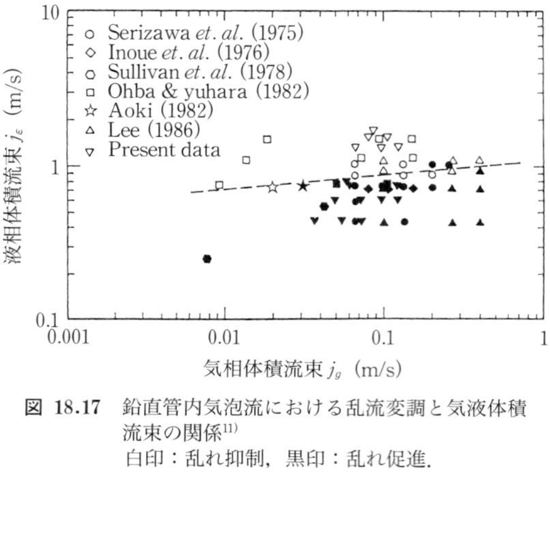

図 18.17　鉛直管内気泡流における乱流変調と気液体積流束の関係[11]
白印：乱れ抑制，黒印：乱れ促進．

位時間に通過する液相体積）が大きいと乱流抑制，小さいと乱流促進の傾向がある．一方，Gore と Crowe[12,13] は分散性二相流における乱流変調量 C_{TI}

$$C_{\mathrm{TI}}=\frac{u'/\bar{u}-u'_t/\bar{u}_t}{u'_t/\bar{u}_t} \qquad (18.4.10)$$

を分散粒子径 d と混合長 l の比，d/l で整理し，図 18.18 に示す相関を得ている．上式において u' は二相流における連続相乱れ強度，u'_t は同一体積流束の単相流における乱れ強度，$\bar{u}$ は二相流における連続相平均速度，$\bar{u}_t$ は単相流の平均速度であり，$C_{\mathrm{TI}}>0$ ならば促進，$C_{\mathrm{TI}}<0$ ならば抑制を意味する．図より $d/l<0.1$ では抑制，$d/l>0.1$ では促進の傾向が認められるが，d/l のみで乱流変調（turbulence modification）は把握できないことも明らかである．

Hosokawa と Tomiyama[14] は，気泡誘起乱れの主因が u_{R} であること，および乱流変調が液相速度・分散粒子サイズ・混合長に依存することを考慮し，次式で定義される渦粘性比 ϕ,

$$\phi=\frac{\nu_{\mathrm{BI}}}{\nu_{\mathrm{t}}}=\frac{u_{\mathrm{R}}d}{u'_t l} \qquad (18.4.11)$$

により乱流変調を整理している．図 18.19 に示すように，d/l に比べ気泡流・固液二相流の単位分散粒子当たりの乱流変調をよりよく相関できることが示されている（図中の N_{d} は分散粒子の数密度）．

このような乱流変調が生じる理由は，いまだ十分には理解されていないが，Hosokawa ら[15] による興味深い測定結果を紹介しておく．図 18.20(a) は

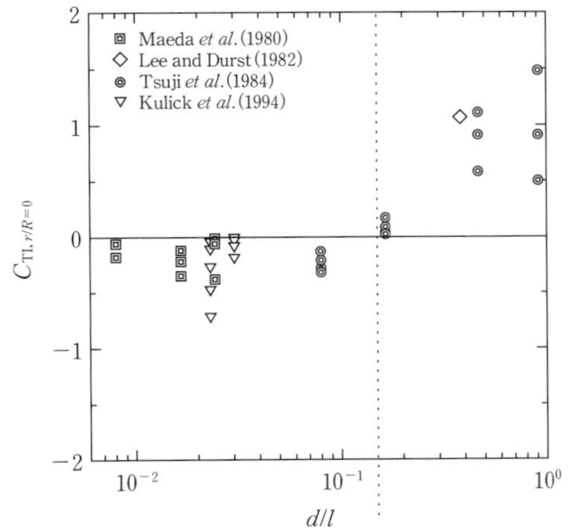

図 18.18　分散性二相流における乱流変調量と d/l の相関[12,13]

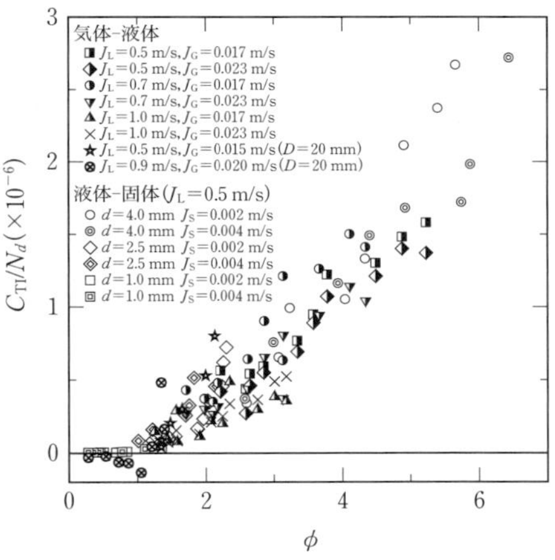

図 18.19　渦粘性比による乱流変調の整理例[14]

乱れが管断面全域で増加する場合（Case 1：液相体積流束 J_{L}＝0.63 m/s）とコア部で抑制される場合（Case 2：J_{L}＝0.93 m/s）の管半径方向位置 r/R＝0.7（R は管半径）における液相速度測定値である．液相流束 J_{L} が低い場合，同一流量の液単相流の乱れ u'_t に比べ気泡の相対運動によって重畳する液相速度変動が大きく，乱れが増加している．逆に，J_{L} が高い Case 2 では，u'_t の振幅は気泡相対速度（0.23 m/s 程度）以上になっており，この状態に気泡誘起速度が重畳すると振幅が減少し変動周波数が高くなっている．これは気泡による大渦の崩壊，すなわち乱れエネルギーの低周波領域から高周波領域へのカスケード輸送を意味している．この特徴は，図 18.20(b) に示す乱れエネルギースペクトルからも理解できる．Case 1 では全周波数領域で乱れエネルギーが単相流に比べ増加しているが，Case 2 では，低周波数領域で減少，高周波数領域で増加している．以上の結果は，速度比 u_{R}/u'_t の値が乱流変調特性と密接に関連しており，u_{R}/u'_t が小さい場合は乱流抑制，大きい場合は乱流促進となることを示唆しており，渦粘性比が乱流変調相関変数として適正である根拠の一つといえる．

18.4.3　気泡乱流予測モデル

相変化がなく等温非圧縮性流体の場合，瞬時局所的二相流場の方程式を平均化して得られる一圧力二流体モデルの質量・運動量保存式は以下の諸式で与えられる．

気相質量保存：

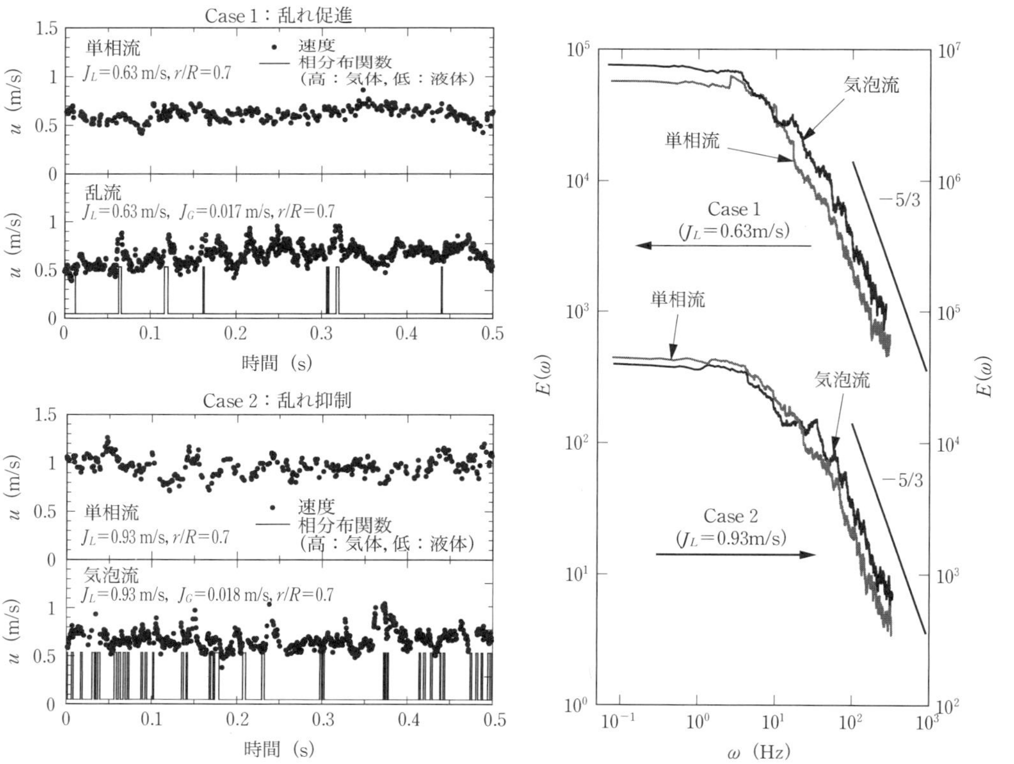

(a)　液相速度　　　(b)　エネルギースペクトル

図 18.20　鉛直管内気泡流の液相速度変動・エネルギースペクトル測定例[15)]

$$\frac{\partial \alpha_G}{\partial t}+\nabla\cdot\alpha_G \boldsymbol{u}_G=0 \qquad (18.4.12)$$

液相質量保存：

$$\frac{\partial \alpha_L}{\partial t}+\nabla\cdot\alpha_L \boldsymbol{u}_L=0 \qquad (18.4.13)$$

気相運動量保存：

$$\rho_G\alpha_G\left[\frac{\partial \boldsymbol{u}_G}{\partial t}+\boldsymbol{u}_G\cdot\nabla\boldsymbol{u}_G\right]=-\alpha_G\nabla P-\boldsymbol{M}_{GL}+\rho_G\alpha_G\boldsymbol{g}+\nabla\cdot\alpha_G(\tau_G+\tau_{\mathrm{Re}_G}) \qquad (18.4.14)$$

液相運動量保存：

$$\rho_L\alpha_L\left[\frac{\partial \boldsymbol{u}_L}{\partial t}+\boldsymbol{u}_L\cdot\nabla\boldsymbol{u}_L\right]=-\alpha_L\nabla P+\boldsymbol{M}_{GL}+\rho_L\alpha_L\boldsymbol{g}+\nabla\cdot\alpha_L(\tau_L+\tau_{\mathrm{Re}_L}) \qquad (18.4.15)$$

体積率関係式：

$$\alpha_G+\alpha_L=1 \qquad (18.4.16)$$

ここで，下付添字のG，Lはおのおの気相，液相，αは体積率，$\boldsymbol{M}_{GL}$は界面を通しての運動量輸送（相間相互作用力），$\boldsymbol{g}$は重力加速度ベクトル，τは粘性応力テンソル，τ_{Re}はレイノルズ応力テンソルである．相間運動量輸送項のモデル化に関しては他書に譲り，乱流のモデル化についてのみ以下に整理しておく．

気相の応力テンソル$\tau_G+\tau_{\mathrm{Re}_G}$は無視できる．液相の応力テンソルは

$$\tau_L+\tau_{\mathrm{Re}_L}=(\mu+\mu_t)[\nabla\boldsymbol{u}+(\nabla\boldsymbol{u})^T] \qquad (18.4.17)$$

と表せる．ここで，μは液相のみかけ粘性，μ_tは乱流粘性，上付添字Tは転置を意味する．粘性係数μには気泡群の効果，μ_tには気泡誘起擬似乱れと剪断誘起乱れの効果を加味する必要がある．このため，式（18.4.17）における$\mu+\mu_t$をまとめて実効粘性係数μ_{eff}と書くことにすると，

$$\mu_{\mathrm{eff}}=\mu_L\varphi(\alpha_G)+\mu_{BI}+\mu_{SI} \qquad (18.4.18)$$

の形のモデルが使用されている．上式中のμ_Lは液相の分子粘性係数，$\varphi(\alpha_G)$は気泡群のみかけ粘性に対する寄与，μ_{BI}は気泡誘起擬似乱れの寄与，μ_{SI}は剪断誘起乱れの寄与を意味する．

$\varphi(\alpha_G)$には，以下の形のモデルが使用されるこ

とが多い．

$$\phi(\alpha_G)=1+C\alpha_G \qquad (18.4.19)$$

係数 C には1～2.5程度の値が使用されている．このモデルは浮遊微粒子によって懸濁した液体のみかけ粘性に対する統計理論を拡張使用したものである．

気泡誘起擬似乱れの粘性係数 μ_{BI} にはSatoのモデル[6]が利用されることが多い．

$$\mu_{BI}=C_{BI}\rho_L\alpha_G d|\boldsymbol{u}_G-\boldsymbol{u}_L| \qquad (18.4.20)$$

係数 C_{BI} は0.6程度の値である．

剪断誘起乱れの粘性係数 μ_{SI} は二相 k-ε モデルなどを用いて計算した剪断乱流強度 k_{SI} を用いて

$$\mu_{SI}=C_\mu\rho_L\frac{k_{SI}^2}{\varepsilon} \qquad (18.4.21)$$

として求められる（C_μ～0.09）．

実験との比較検証が丁寧に行われた気泡乱流モデルは数少ない．以下にLopez de Bertodanoら[8]が管内流実験データとの検証によりその妥当性を十分に検証した二相 k-ε モデルを紹介しておく．まず，τ_{Re_L} を気泡誘起成分と剪断誘起成分の和で表す．

$$\tau_L+\tau_{Re_L}=\{\tau_L+\tau_{SI}\}+\tau_{BI}$$
$$=\left\{\mu_{eff}[\nabla\boldsymbol{u}_L+(\nabla\boldsymbol{u}_L)^T]+\frac{2}{3}\rho_L a_{SI}k_{SI}\right\}$$
$$+\frac{2}{3}\rho_L a_{BI}k_{BI} \qquad (18.4.22)$$

行列 a_{SI} には非等方性乱流を考慮する場合には代数応力モデルから得られる行列を，等方性乱流を仮定する場合には単位行列を用いる．行列 a_{BI} には式(18.4.9) を用いる．

剪断誘起乱流エネルギー k_{SI} は以下の k-ε モデルを解いて算出する．

$$\alpha_L\frac{Dk_{SI}}{Dt}=\nabla\cdot\alpha_L\left(\frac{\mu_{eff}}{\rho_L\sigma_k}\nabla k_{SI}\right)+\alpha_L(p_k-\varepsilon) \qquad (18.4.23)$$

$$\alpha_L\frac{D\varepsilon}{Dt}=\nabla\cdot\alpha_L\left(\frac{\mu_{eff}}{\rho_L\sigma_\varepsilon}\nabla\varepsilon\right)+\alpha_L\left(C_{\varepsilon 1}\frac{\varepsilon p_k}{k_{SI}}-C_{\varepsilon 2}\frac{\varepsilon^2}{k_{SI}}\right) \qquad (18.4.24)$$

ここで乱流エネルギー生成項 p_k は次式で与える．

$$p_k=\rho_L\mu_{eff}(\nabla\boldsymbol{V}_L+(\nabla\boldsymbol{V}_L)^T):\nabla\boldsymbol{V}_L \qquad (18.4.25)$$

式（18.4.20）～(18.4.24) に含まれる各種係数には，$C_\mu=0.09$，$C_{BI}=0.6$，$\sigma_k=1.0$，$\sigma_\varepsilon=1.3$，$C_{\varepsilon 1}=1.44$，$C_{\varepsilon 2}=1.92$ を使用する．気泡誘起乱流エネルギー k_{BI} には式（18.4.8）を使用する．

上記乱流モデルは，基本的に単相乱流モデルを拡張し実験結果と計算結果が一致するように各種係数を操作したものといえる．これに対し，杉山ら[16]は気泡誘起乱れのより厳密なモデル化を試みている．彼らは，τ_{Re_L} のモデル化がLESにおけるSub-Grid Scale（SGS）応力のモデル化と同様に行える点に着眼し，球形気泡からなる気泡流のDNSデータに局所体積平均操作し，τ_{Re_L} を評価した．その結果，気泡近傍の速度分布，すなわち気泡誘起液相速度場内の速度勾配が気泡流のSGS応力に重要な役割を果たすことを確認している．　**［冨山明男］**

文　　献

1) A. Tomiyama : Proc. 3rd Int. Symp. Two-Phase Flow Modelling and Experimentation, 2004, on CD-ROM.
2) R. Clift *et al.*: Bubbles, Drops, and Particles, Academic Press, 1978, 22.
3) A. Tomiyama *et al.*: Int. J. Multiphase Flow, **28**, 2002, 1497-1519.
4) R. M. Davies, G. I. Taylor : Proc. Roy. Soc., Ser. A, **200**, 1950, 375-390.
5) S. Hosokawa *et al.*: Proc. ASME FEDSM 11274, 2000, on CD-ROM.
6) Y. Sato, K. Sekoguchi : Int. J. Multiphase Flow, **2**, 1975, 79-95.
7) S. Hosokawa *et al.*: Proc. 5th JSME-KSME Fluid Engineering Conference, 2002, on CD-ROM.
8) M. Lopez de Bertodano *et al.*: Int. J. Multiphase Flow, **20**, 1994, 805-818.
9) A. Fujiwara *et al.*: Int. J. Heat Fluid Flow, **25**, 2004, 481-488.
10) B. Bunner : Numerical Simulation of Gas-Liquid Bubbly Flows, Ph. D. Thesis, Univ. Michigan, 2000.
11) A. Serizawa, I. Kataoka : Nuclear Eng. Design, **122**, 1990, 1-6.
12) R. A. Gore, C. T. Crowe : Tans. ASME, **113**, 1991, 304-307.
13) R. A. Gore, C. T. Crowe : Int. J. Multiphase Flow, **15**, 1989, 279-285.
14) S. Hosokawa, A. Tomiyama : Int. J. Heat Fluid Flow, **25**, 2004, 489-498.
15) S. Hosokawa *et al.*: Proc. 2nd Japan-Korea Symp. Nuclear Thermal Hydraulics and Safety, 2000, 247-252.
16) 杉山和靖ほか：日本混相流学会誌，**15**，2001，31-38.

19

乱流および伝熱の制御

19.1　乱流制御法の分類

乱流および付随する伝熱，拡散，音，燃焼などのさまざまな乱流現象を，自在に制御することは，省エネルギー，環境保全，機器の高性能化，生産プロセスの高度化など，人類社会にとって多彩な便益を生み出す．そのため，これまでに多くの研究が進められ，すでに実用技術として定着しているものも多い．

一般に，乱流現象の制御の目的は，人為的な作用量（コスト）を最小にしつつ，制御によってもたらされる特性量の変化（制御効果）を最大にすることである．このことを評価関数 $J(\phi)$ を使って数学的に表現すれば，たとえば，

$$J(\phi)=\ell\int_0^T \mathrm{d}t\int_V C(\phi)\,\mathrm{d}V+m\int_0^T \mathrm{d}t\int_V \Psi_1\mathrm{d}V+n\int_0^T \mathrm{d}t\int_V \Psi_2\mathrm{d}V+\cdots \qquad (19.1.1)$$

となる．ここで，ϕ は系に対する制御入力，$C(\phi)$ は制御に要するコスト，Ψ_i は直接制御対象となる特性量である．上式中，重み関数 ℓ，m，n は，制御の狙いが特性量の増減のどちらかによって正負の値となり，制御の目標は評価関数 $J(\phi)$ を最小化することである．なお，Ψ_i は，制御入力 ϕ によって系の支配方程式を通じて変化する．固体面を加工して乱流抵抗を低減する制御を考えれば，上式第 1 項はそのような加工のために消費するエネルギーの総量，第 2 項は固体面に作用する粘性力 Ψ_1 の時空間積分値と解釈できる．各項の係数の大小によって，制御の上でどちらにより重みをおくかを表すことができる．伝熱面にフィンを付けて圧力損失を増加させずに伝熱増進を図ろうとする場合，第 1 項に材料と加工のコストを，第 2 項の係数を負として Ψ_1 に局所伝熱量を，第 3 項 Ψ_2 を壁面応力と考えればよい．なお，制御のコストとしては，投入エネルギー，加工や材料のコスト，製作時間，そして機器の使用期間を通じての環境負荷など，目的に応じて定義を変える必要がある．そして当然のことながら，たとえば，エネルギー消費量で制御の価値が計られる場合には，制御によって得られるエネルギー消費削減量が，制御に要する投入エネルギーを上回る場合にのみ，制御効果とその経済的価値が認められることになる．

乱流制御の方法は，いくつかの異なる観点から分類が可能である．ここでは，制御法をその物理的手法から表 19.1 に，制御アルゴリズムから図 19.1 に大別して示す[1]．表 19.1 では，まず，乱流抵抗，層流-乱流遷移，剥離，熱伝達などを制御するために，流体に接する固体面の性質を変える（力学的境界条件を変更する）方法がある．物体の表面に粗さを施して，乱れを生成して剥離を防ぎ，翼の揚力を保ったり，ゴルフボールの抵抗を減らすことができ

表 19.1　乱流制御法の種類

境界条件の変更	物体の設置	添加物	体積力
粗さ，リブレット，羽毛面，粘弾性皮膜，超撥水加工，加熱・冷却，吹出し・吸込み，壁面変形・振動	小円柱，ウィングレット，LEBU，スワーラ，ツイストテープ，渦発生体	ポリマー，界面活性剤，微小粒子，マイクロ気泡，繊維	遠心力，浮力，電磁力（EHD 力，MHD 流体，磁性粒子混入），音波，圧力波

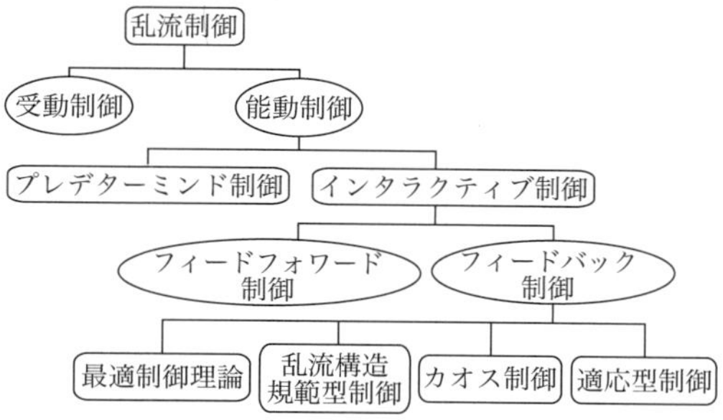

図 19.1　制御アルゴリズムによる分類（文献11，12による）

る[2]．また，2次空気を吹き出して高温燃焼ガスからガスタービン翼を保護するフィルムクーリング[3]などが知られている．流れ制御用の物体を設置する方法として，鈍頭物体近くに小円柱[4]を設置する，あるいは乱流境界層中に有限長の平板や小翼(large eddy breakup device)[5]を導入して，抗力や熱伝達を制御する方法もある．スワーラやツイストテープ[6]は，流路内に旋回流を生成して，混合や熱伝達を増進する方法である．流体に添加物を加える方法としては，ポリマー[7]や界面活性剤[8]による乱流摩擦抵抗や熱伝達の低減，マイクロバブル[9]による抵抗低減が知られている．電磁力などの体積力や音波などの外力を利用して，抵抗低減，伝熱促進，燃焼安定化を行う方法もある．これらについては，次節以降で解説する．

乱流制御を，その制御アルゴリズムの観点から分類すると，図19.1のようになる[10,11]．まず，乱流制御法は，能動的あるいは受動的な方法に分類される．受動制御法（passive control）とは，系に対するある種の初期的な加工や設定のみを必要とする方法を指し，対照的に系の作動中に系と外界との間でエネルギーや物質の授受を必要とする方法を能動制御法（active control）と称している．

受動制御法の具体的な例としては，上述の壁面粗さのほかに，乱流摩擦抵抗低減や乱流遷移遅延を図る粘弾性皮膜（compliant surface）[12]，羽毛面，リブレットなどがあげられる[13]．鮫肌を模擬して考案されたリブレットは，流れ方向に細かい山型を数多く形成した表面で，鋭い頂点を有する山型のスパン方向の間隔は，粘性底層の低速ストリークの平均間隔より小さく，ストリーク構造のスパン方向の揺動運動を抑制する[14]．受動制御はエネルギーや物質の継続的な投入を必要としない点で優れている．

能動制御法には，乱流場の応答とは無関係にあらかじめ決められたモードで制御作用を加えるプレディターミンド制御（predetermined control）と乱流場の時々刻々の状況に応じて（状態フィードバックによって）制御作用を与えるインタラクティブ制御（interactive control）とがある[10,11,15]．前者の例としては，噴流やブラッフボディの伴流の自由剪断層に特定の振動数の攪乱や音波を投入して，拡散や混合を促進したり，燃焼状態の制御を達成する手法が知られている．このほか，マイクロバブル，ポリマー希薄溶液，あるいは界面活性剤の混入による乱流抵抗低減効果もある*1．

インタラクティブ制御では，センサによって乱流場の状態情報を取り込み，それらをもとにコントローラによって最適な制御入力を求め，アクチュエータを作動させて所定の制御を達成する（このような高度に知的な制御をスマートコントロールと呼ぶことがある[15]）．このような流体力学と現代制御理論の融合は，近年，ナビエ-ストークス方程式に対する最適制御理論（optimal control）の定式化[16]，そしてそのような手法をDNSにおいて可能とする準最適制御理論（suboptimal control）のバーガース方程式への適用[17]，さらにチャネル乱流制御での壁面吹出し吸込み流量分布の最適化[18]によって本格化した．一般に，式（19.1.1）の形式で定義される評価関数を，運動方程式などの状態方程式を満足しつつ停留化する，制御入力の最適な時空間分布を求めることが命題となる．最適制御は原理的に優れているが，状態方程式（運動方程式）の時間積分の繰返しが必要となるため，多大のメモリとCPU時間が必須となる．そこで，計算負荷の小さい実用的方法として提案された準最適制御[17]では，現時刻での乱流場の状態から，次時刻において評価関数を最小化へ向かわせるための制御入力の最適な空間分布を決定する．

以上の制御理論を応用した方法とは対照的に，剪断乱流の準秩序構造に関する知見をもととして，制御則を決定する乱流構造規範型制御（physical argument based control）が提案されている．たと

*1　バブルの発生や添加剤の混入が連続的に行われるという観点から，本書ではこれらを能動制御に分類したが，閉ループで添加剤が初期に混入されて使用される場合は能動制御に分類することもできる．

えば，壁面剪断乱流では，壁近くに生成される縦渦構造が運動量輸送に支配的な役割を果たしていることが知られている．そこで，壁面近くの壁垂直方向の速度成分をセンシングし，その逆位相の吹出し（あるいは吸込み）速度を壁面上の制御入力として与えるアクティブキャンセレーション法[19]が提案されている．これによって，壁近傍の縦渦運動が弱められ，その結果乱れによる運動量輸送が減少する．このような剪断乱流特有の乱流構造の知識に基づいたアルゴリズムにも大きな制御効果が達成される場合があり，計算負荷も小さいので，ハードウェアの構成上も有利となる．

無限大の自由度を有するナビエ-ストークス方程式系を，自由度のより低い力学系によってモデル化し，乱流を解析する手法として，低次元力学理論（dynamical systems theory）[20]がある．これは，剪断乱流の力学機構が秩序構造のような限られたモードの低次元運動に主として担われている事実を背景にしている．これを基礎として，乱流を決定論的なカオス力学系として扱うことによって制御理論との融合を図ることが提案されている．すなわち，系がとりうるさまざまな軌道のうち望ましい状態になる（たとえば，摩擦抵抗が減少する）軌道上に安定化させる方法である．一般にカオス制御[21]と呼ばれ，OGY 法[22]が代表的であり，チャネル乱流の DNS において摩擦抵抗の低減に成功した例がある[23]．

適応型制御（adaptive control）とは，制御入力に対するプラントの応答をニューラルネットワーク（NN），遺伝的アルゴリズム（GA）などに学習させ，訓練を通じて成績のよいコントローラを構築しようとする方法である．壁面の速度勾配を入力とする NN コントローラに壁面吹出し・吸込み制御を学習させ，チャネル乱流に対して 20% の摩擦抵抗低減を達成した例がある[24]．壁面摩擦抵抗低減制御の実証システムで，GA を応用して成功した例も最近報告されている[25]．適応型制御では，系をブラックボックスとして扱うので，予備知識が少ない乱流に対しても学習を通じて優れた制御効果を達成できる可能性があることが利点である．

乱流中のスカラー輸送，とくに熱輸送の制御について触れておく．一般に，乱流中の運動量と熱の輸送機構には強い相似性があることが知られている．乱流境界層の運動方程式とエネルギー方程式の形式は類似しており，アナロジー理論が知られている[26]．したがって，乱流摩擦抵抗と熱伝達の低減や増進は同時に達成することは，原理的に容易といえる．しかし，摩擦抵抗を減らしながら熱伝達を増やす，あるいはその逆を行うことは，原理的に難しい．熱交換器設計で，伝熱増進に効果的な対策が，大きな圧力損失を招いてしまうことはよくあることである．しかし，この運動量・熱輸送の相似性は，剝離や旋回のある場合や，プラントル数が 1 から大きく異なる場合に崩れることがある．境界層中に円柱を設置すると，少なくとも円柱付近では抵抗は低減し，熱伝達は増加する[27]．円管内表面にグルーブを螺旋状に加工すると，旋回の安定効果により圧力損失が下がる一方，表面積の増加で熱伝達が増加する[28]．表面粗さやリブレットも，速度と温度の境界層厚さの相対的な差異から，それぞれに対して異なる効果を及ぼし，非相似な輸送機構の制御が可能となる場合がある[29]．

以上の乱流制御，とくに先進的なインタラクティブ制御を現実のシステムとするには，ハードウェアの開発が不可欠である．ところで，剪断乱流やその中で生じる諸現象を制御するときに，乱流場の状態情報を得るためのセンサや制御入力を発生するアクチュエータに要求される時空間スケールは，応用機器において図 19.2 に示すようになる[30]．それらは，航空機をはじめとする現実の機器やシステムでは，多くの場合きわめて小さく，数～数百ミクロン，数 k～数 MHz のオーダーである．そのようなサイズ

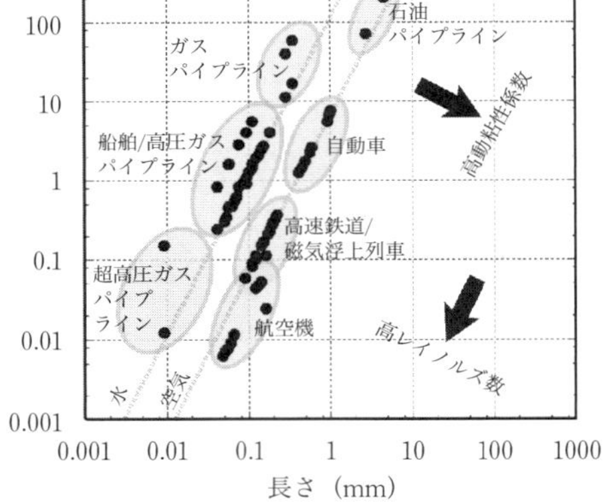

図 19.2　乱流制御用のセンサおよびアクチュエータの時間・長さスケール[30]

と動特性を有するセンサやアクチュエータを製作することは従来ほとんど不可能であったが，近年半導体製造技術などを利用したマイクロマシン技術 (MEMS)[31] が急速に発展しており，微小なセンサやアクチュエータの開発が試みられている．たとえば，乱流構造の把握に必要なマイクロ剪断応力センサでは，優れた周波数特性が確認されている[32]．乱流噴流制御を目的として，電磁型のマイクロアクチュエータを多数ノズルの内側に設置し，これらをPC上のプログラムによって駆動し，さまざまな流動パターンを実現した例もある[33]．さらに，センサ／コントローラ／アクチュエータの一体型制御デバイスが将来安価に製作できる可能性が示唆されている[34]． ［笠木伸英］

文 献

1) 笠木伸英ほか：パリティ，**18**(2)，2003，20-26.
2) 青木克巳：可視化情報，**24**(93)，2004，109-115.
3) R. S. Bunker : J. Heat Transfer, Trans. ASME, **127**, 2005, 441-453.
4) 五十嵐 保，筒井敬之：日本機械学会論文集（B 編），**55**(511)，1989，701-707.
5) T. B. Lynn *et al.*: Exp. Fluids, **19**(6), 1995, 405-416.
6) A. Dewan *et al.*: Proc. IMechE J. Power and Energy, **218**, 2004, 509-527.
7) P. S. Virk : AIChE J., **21**(4), 1975, 625-656.
8) J. L. Zakin, H. W. Bewersdorff : Reviews in Chemical Engineering, **14**(4-5), 1998. 253-320.
9) 児玉良明ほか：マリンエンジニアリング，**39**(3)，2004，32-36.
10) P. Moin, T. Bewley : Appl. Mech. Rev., **47**(6), 1994, S 3-S 13.
11) M. Gad-el-Hak : Appl. Mech. Rev., **49**(7), 1996, 365-379.
12) M. Gad-el-Hak : Appl. Mech. Rev., **49**(10), 1996, S 147-S 157.
13) M. J. Walsh : Progress in Astro. Aeron., AIAA, **123**, 1990, 203-261.
14) Y. Suzuki, N. Kasagi : AIAA J., **32**(9), 1994, 1781-1790.
15) 笠木伸英：日本航空宇宙学会誌，**48**(554)，2000，155-161.
16) F. Abergel, R. Temam : Theor. Comput. Fluid Dyn., **1**, 1990, 303-325.
17) H. Choi *et al.*: J. Fluid Mech., **253**, 1993, 509-543.
18) T. Bewley *et al.*: CTR Annual Research Briefs-1993, Stanford Univ., 1993, 3-14.
19) H. Choi *et al.*: J. Fluid Mech., **262**, 1994, 75-110.
20) N. Aubry *et al.*: J. Fluid Mech., **192**, 1988, 115-173.
21) 平井一正，潮 俊光：カオスと制御，計測と制御，**32**(11)，1993，944-951.
22) E. Ott *et al.*: Phys. Rev. Lett., **64**(11), 1990, 1196-1199.
23) L. N. Keefe : AIAA Paper, 93-3279, 1993.
24) C. Lee *et al.*: Phys. Fluids, **9**(6), 1997, 1740-1747.
25) Y. Suzuki *et al.*: 6th Int. Symp. Turbulence and Shear Flow Phenomena, 2005, 301-306.
26) W. M. Kays, M. E. Crawford : Convective Heat and Mass Transfer, McGraw-Hill, 1966, 255-310.
27) E. Marumo *et al.*: Int. J. Heat and Fluid Flow, **6**(4), 1985, 241-248.
28) A. Barba *et al.*: Comp. Meth. In Appl. Mech. Eng., **44**(1), 1984, 49-65.
29) M. Benhalilou, N. Kasagi : Int. J. Heat Mass Transfer, **42**(14), 1999, 2525-2541.
30) N. Kasagi *et al.*: 2nd Int. Symp. Seawater Drag Reduction, 2005, 17-32.
31) H. Fujita : Proc. IEEE, **86**(8), 1998, 1721-1732.
32) 吉野 崇ほか：日本機械学会論文集（B 編），**70**(689)，2004，38-45.
33) H. Suzuki *et al.*: Exp. Fluids, **36**, 2004, 498-509.
34) N. Kasagi *et al.*: Ann. Rev. Fluid Mech., **41**, 2009, 231-251.

19.2 受動制御

19.2.1 乱流促進体による抗力低減

物体に働く抗力の低減は工学的に重要な問題である．ここでは，外部動力を必要としない乱流促進体 (turbulence promoter) による受動制御 (passive control) の方法を扱う．円柱や球においては臨界レイノルズ数 (critical Reynolds number) 以上で境界層は乱流に遷移するが，人為的に乱流遷移を起こさせても抗力係数 (drag coefficient) は激減する．

図 19.3 に示す Wieselsberger[1] によるトリッピングワイヤを用いた球の乱流遷移の実験はよく知られ，典型的な例がゴルフボールのディンプルにみられる．以下，流れ場は一様流，対称物体は 2 次元物体の円柱，正方形柱，矩形柱，3 次元物体の球，円板，軸流円柱とする．次の三つの流れの制御法，すなわち，壁面上に粗さを設置する方法，乱流促進体を物体から発生する剥離剪断層，あるいは物体の上流側に設置する方法，物体の一部をカットする方法について述べる．

a. 粗さを設置する方法

球や円柱の上流側にトリッピングワイヤやボルテックスジェネレータなどの粗さを設けると，図 19.4，図 19.5 のように，臨界レイノルズ数 $Re=Ud/\nu\sim3\times10^5$ 以下でも乱流遷移が起こる．球の抗力係数[2] は 1/5 以下に，円柱の抗力係数[3] は 2/5 以下に減少する．抗力係数は $C_D=D/0.5\rho U^2A$ で定義され，U：流体の速度，d：物体の代表長さ，

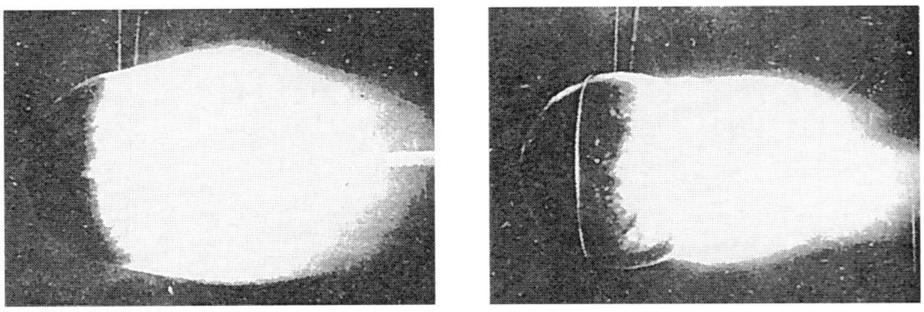

(a)　滑面　　　　(b)　トリッピングワイヤ付き

図 19.3　球周りの流れ[1)]

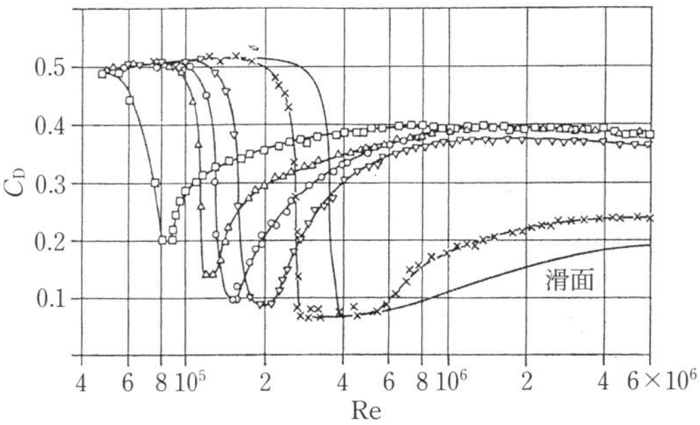

表面粗さ　×：$k/d_s=25\times10^{-5}$，　▽：$k/d_s=150\times10^{-5}$，
○：$k/d_s=250\times10^{-5}$，　△：$k/d_s=500\times10^{-5}$，
□：$k/d_s=1250\times10^{-5}$．

図 19.4　臨界レイノルズ数付近における球の抗力係数に及ぼす表面粗さの影響[2)]

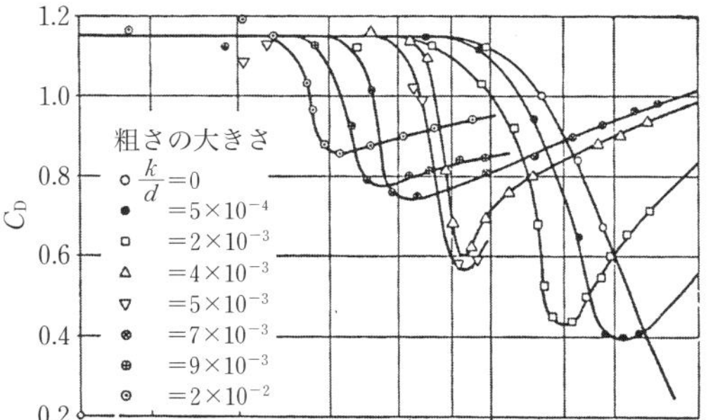

図 19.5　臨界レイノルズ数付近における円柱の抗力係数に及ぼす表面粗さの影響[3)]

D：物体に働く抗力，A：代表面積（物体の流れに垂直な面に対する投影面積）である．円柱周りの流れに及ぼすトリッピングワイヤの効果と乱流遷移の条件[4)]が明らかにされている．円柱直径に対する粗さ高さ k/d，粗さ位置の角度 β，粗さレイノルズ数（roughness Reynolds number）$Re_k=U_\infty k/\nu$ が適切な値のとき，$Re=(2.6\sim6.5)\times10^4$ の範囲でも乱流遷移が起こり，後流幅（wake width）が著しく減少し，ストローハル数（Strouhal number）$S=fd/U$ は 0.20 から 0.3 前後に増大する．U_∞ は粗さ位置の境界層外縁の速度である．粗さとして直径 d_0 のトリッピングワイヤを設置した円柱の抗力係数は図 19.6 のように $C_D=0.4\sim0.6$ まで低減される．

b.　物体から離して乱流促進体を設置する方法

小さな制御用ロッド（直径 d_0）を円柱から発生する剥離剪断層の分割線上，またはやや内側（2 円柱の中心線の流れ方向に対する傾き角 $\alpha=120°$ 前後）にすき間 G で設置する．図 19.7(a) に示すように，コアンダ効果による剪断層の再付着（reattachment），あるいは剪断層の伸張が起こり，図 19.7(b) のように円柱の抗力係数 C_D は 30% 軽減され，有意な揚力係数（lift coefficient）$C_L=1.0$

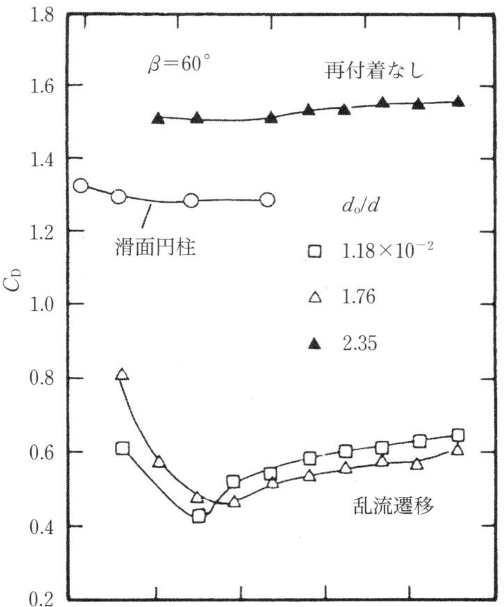

図 19.6　亜臨界レイノルズ数における円柱の抗力係数に及ぼす表面粗さの影響[4)]

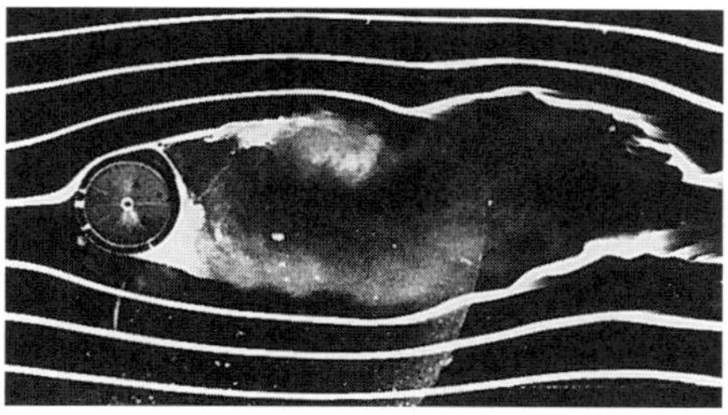

(a)　コアンダ効果：$\alpha=119°$，$Re=10^4$

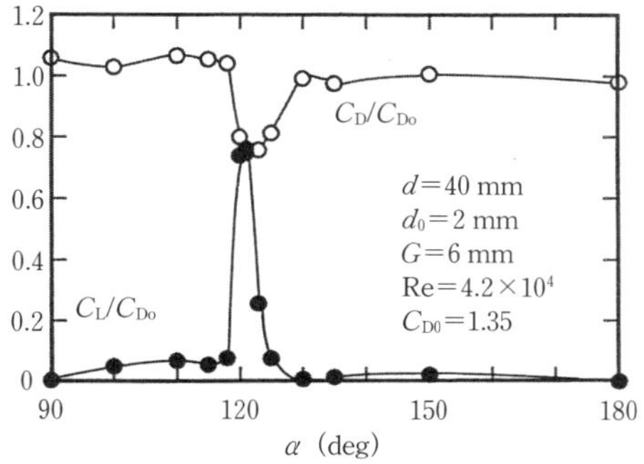

(b)　抗力と揚力

図 19.7　剥離剪断層の制御による円柱の抗力低減[5)]

が発生する[5)]．なお，C_{Do} はロッドのないときの円柱の抗力係数である．この場合，大幅な変動流体力の抑制[6)] が得られる．

物体の上流側に制御用ロッドを設置する方法もある．正方形柱[7)] の場合，図 19.8(a) に示すように流れ場は一変する．このときの抗力低減を図 19.8(b) に示す．ロッドからの渦放出のあるパターン A の場合は，ロッドの抗力係数を含んだ正方形柱の総抗力係数（total drag coefficient）は 50% に減る．渦放出が停止し再循環領域が形成されるパターン B の場合（両物体の軸間距離 $L/D=2.5$，ロッドの径 $d/D=0.3$）は，70% も低減される．ここで，D は正方形の辺長である．この場合，40 % の伝熱促進（heat transfer enhancement）[8)] が同時に達成される．

ロッドの代わりに小平板を用いても正方形柱に働く変動流体力は大幅に抑制[9)] される．また，円柱の抗力係数[10,11)] は，ロッド径/円柱直径の比 $d/D=0.15\sim0.25$，ロッド位置 $L/D=1.75\sim2.0$ のとき最も低減され，レイノルズ数が高いほど効果的である．$Re=6.2\times10^4$ では，図 19.9 に破線で示した単独円柱の抗力係数[12)] と比較して総抗力係数でも 36 % に低減される．図中の記号 A，B はロッドからの渦放出の有無に対応し，B → A はパターンの変化，遷移点を矢印で表す．この場合，伝熱促進[11)] は 30～40% である．また，前方にロッドを設置した直交平板の場合，その抗力係数は 30% の低減[13)]，そして 40% の伝熱促進[14)] が得られる．

c.　物体の一部をカットする方法

図 19.10 のように円柱の前面側をカットした D 形断面柱（D-shape cylinder）では，カット角度 θ_f が増加すると，抗力が低下する．$\theta_f=53°$，$Re=2.3\times10^4$（遷移レイノルズ数）のときその抗力係数は円柱の値の 1/2 まで減少する[15,16)]．なお，$\theta_f=53°$ のとき前面端部から発生する剥離剪断層が円弧面と一致し，円弧面に再付着し乱流剥離する[17)]．ただし，$\theta_f>54°$ では剥離剪断層の再付着は起こらない．前面側および背面側をカットした I 形断面柱（I-shape cylinder）[15,16)] でも同様の現象が起こり，図 19.11 に示すように乱流剥離し後流幅が著しく減少する[16)]．I 形断面柱は抗力係数 $C_D=2.0\sim2.9$ を有する矩形柱（辺長比 $c/d<1$）の抗力軽減[18)] に応用できる．ここで，c，d は矩形柱の流れ方向の長さ，およびそれと直角方向の長さである．たとえば，$c/d>0.6$ の矩形柱を I 形断面柱に加工すれば，抗力係数は 1/4 に低減される．

矩形柱の四隅に正方形もしくは長方形の切欠きを施すと，抗力低減のみならず空力振動に対しても制振効果を発揮する[19)] ことが知られている．長方形の隅欠きを有する正方形断面柱の抗力係数[20)] は $C_D=0.80$ まで低減する．辺長比 $c/d<1$ の矩形柱に長方形の最適隅欠きを施した場合[21)]，$Re>7.4\times10^3$（遷移レイノルズ数）のとき，前縁端部から剥離する剪断層が矩形柱側面に再付着する．後流幅が著しく狭くなりストローハル数は 0.15 前後から 0.25 前後に増大する．隅欠き矩形柱の抗力係数[21)] を切欠きのない場合の抗力係数 C_{D0} とともに図 19.12 に示す．隅欠き矩形柱は，I 形断面柱と同様の抗力低減効果を示す．

球の前面側を $\theta_f=53°$ でカットすると抗力は球の値の 1/4 に減少する[22)]．この現象は，円板の抗力低減に応用できる．Hoerner[23)] によれば，円板（circular disk）の抗力係数は $Re=10^4\sim10^6$ においてほぼ一定の $C_D=1.17$ である．また，軸流円柱（axial circular cylinder）では軸長比（円柱長さ/直径比）c/d が増加すると抗力は減少する．軸長

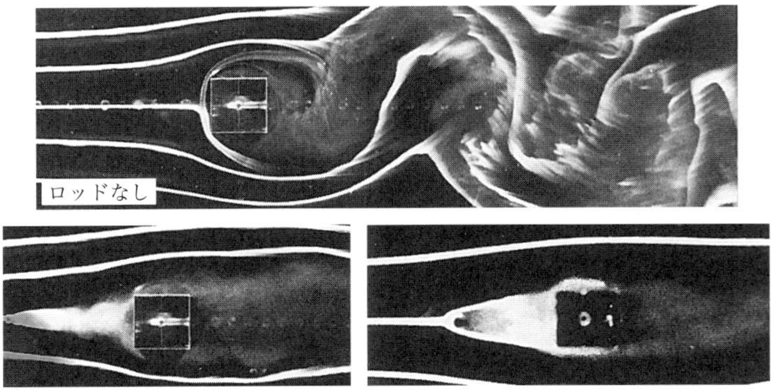

パターンA：ロッドからの渦放出
$L/D=2.67$，$d=4$ mm

パターンB：剪断層の再付着
$L/D=2.0$，$d=4$ mm

(a)　ロッドによる流れの制御：$D=30$ mm，$Re=1.2\times10^4$

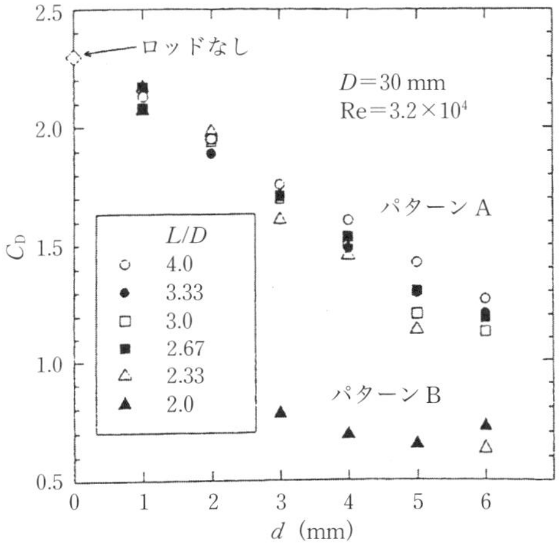

(b)　抗力低減

図 19.8　前方ロッドによる正方形柱の抗力低減[7)]

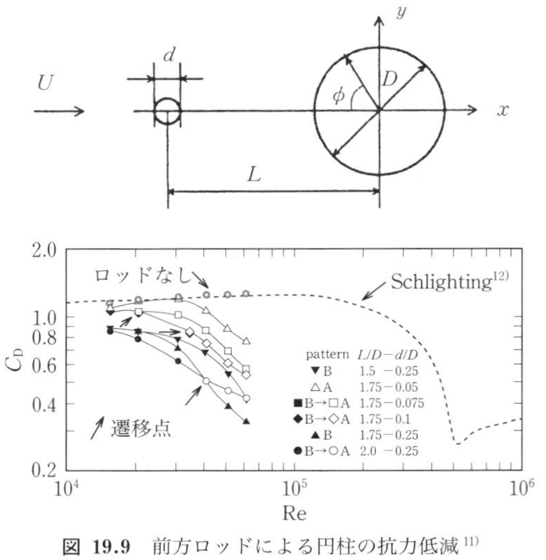

図 19.9　前方ロッドによる円柱の抗力低減[11)]

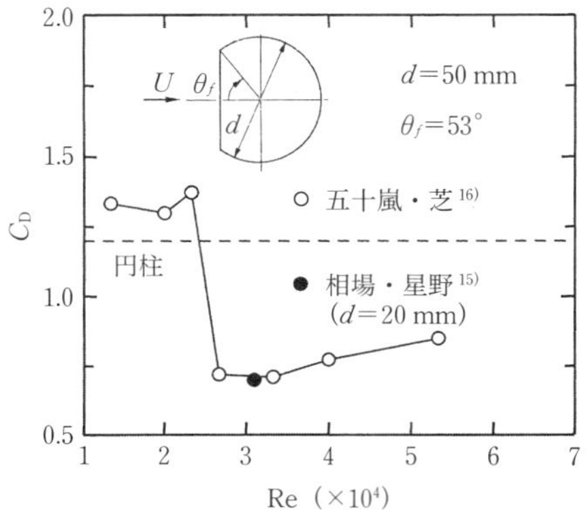

図 19.10　円柱前面を$\theta_f=53°$でカットしたD形断面柱の抗力係数[16)]

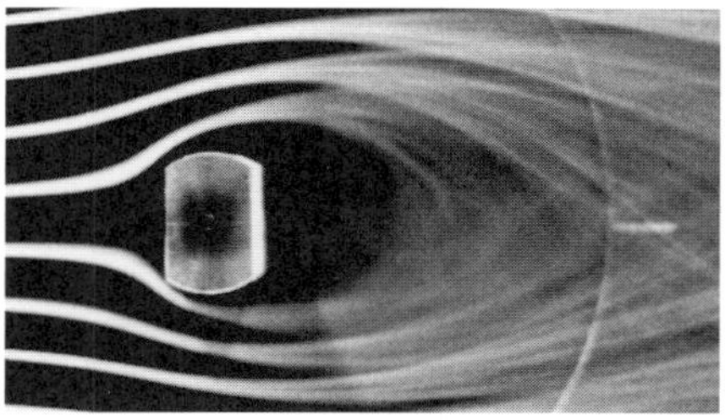

(a) Re=1.3×10⁴

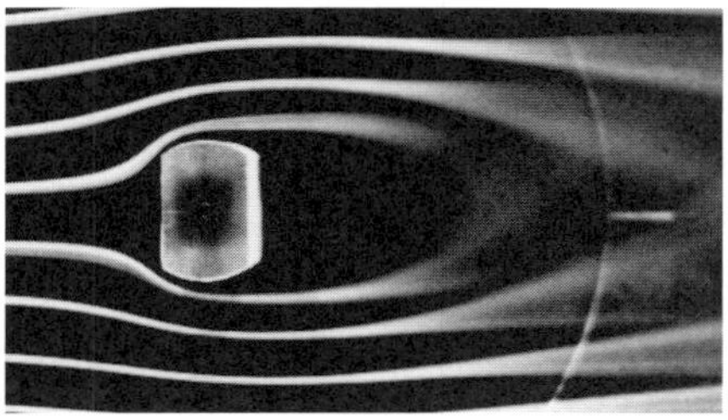

(b) Re=2.3×10⁴

図 19.11 側面を円弧状にカットしたI形断面柱周りの流れ[16)]
d=50 mm，c/d=0.6，θ_f=53°，θ_r=127°.

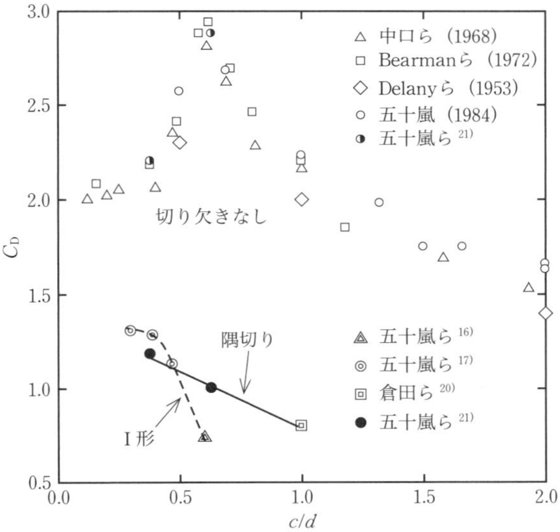

図 19.12 矩形柱の抗力低減[21)]

比 c/d=0.5 では C_D=1.15，c/d=1.0 では C_D=0.91，c/d>2.0 では C_D=0.82 である．

c/d=0.30〜0.55 の円板の側面を θ_f=53° で球面状にカットした円板[24)]周りの油膜模様（oil-flow pattern）を図 19.13 に示す．前面端部から剥離した剪断層が直後の R に再付着し，その下流で乱流遷移し S_1 で乱流剥離する．S_2 は剥離泡内の剥離位置である．球面を有する円板の抗力係数は Re=(2〜8)×10⁴ でもとの円板の 1/6 以下に減少する．

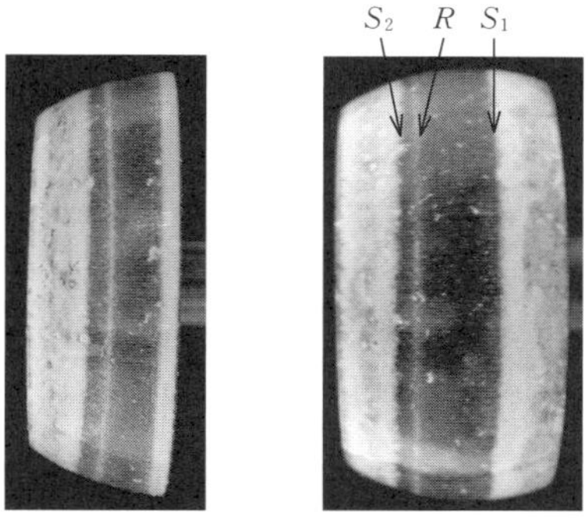

(a) c/d=0.30　　(b) c/d=0.47

図 19.13 側面を球面状にカットした円板球面部の油膜模様[24)]
d=50 mm，θ_f=53°，Re=5.0×10⁴.

図 19.14 に示すように，前縁端部に切欠きを有する c/d=0.30〜0.50 の段付き円板[25)]では，切欠き部が a/d=0.10，b/d=0.20 前後で，前縁端部から剥離した剪断層が円板側面に再付着し，後流幅が著しく狭くなっている．切欠き部 a/d，b/d の段付き円板の抗力係数[25)]は図 19.15 に示すように C_D=0.34 前後まで低下し，もとの円板の 1/4 に減少する．なお，前縁端部に切欠きを有する c/d=1.77 の段付き軸流円柱[26)]では，切欠き部が a/d=0.0575，b/d=0.08〜0.10 のとき，抗力係数は最小値 C_D=0.22 となり軸流円柱の 1/4 に減少する．

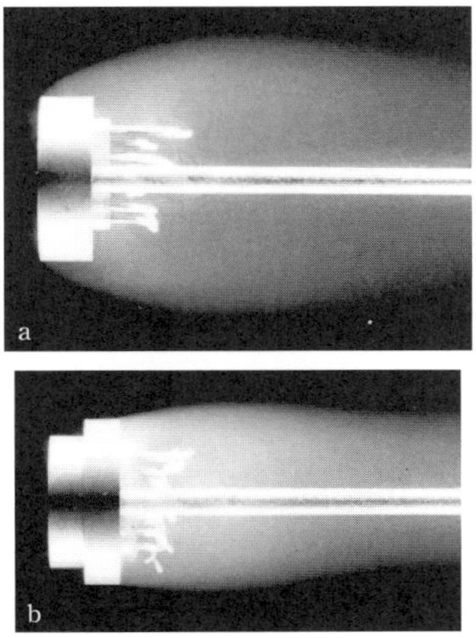

図 19.14 段付き円板後流の可視化[25)]
d=50 mm，c/d=0.38，a/d=0.10，b/d=0.20，Re=10⁴.

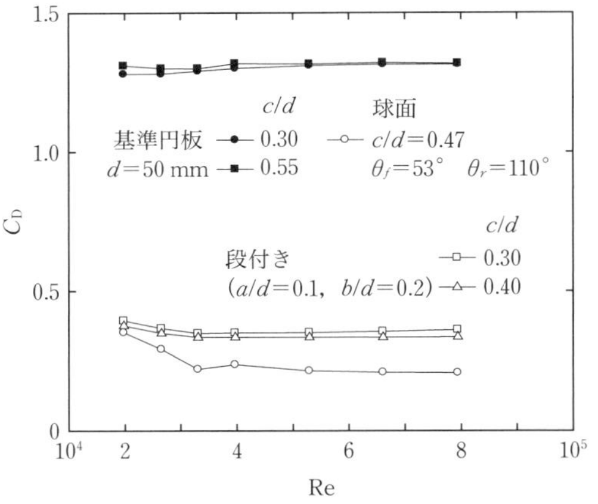

図 19.15　円板の抗力低減[24,25]

なお，直列2物体の系について，前方円板（直径d_1）による後方の軸流円柱前面側の抗力低減[27]がある．両者の直径比d_1/d=0.625，ギャップg/d=0.25～0.50の範囲で軸流円柱の前面側の抗力係数はC_D=0.75から0.04に激減している．その他，トラクタ・トレイラの抗力低減[28]もある．トラクタ前面のサイズと両者のギャップが適当な場合，トラクタから剝離する剪断層がトレイラの前縁に再付着し，トレイラの屋根に形成されていた前縁剝離泡が消滅する．このとき，抗力係数はC_D=0.92から0.62に減少する．この手法はフェアリング（fairing）と呼ばれ，実車に応用されている．

［五十嵐　保］

文　　献

1) C. Wieselberger: ZFM., **5**, 1914, 140-144.
H. Schlichting, K. Gersten: Boundary Layer Theory, 8th Revised ed., Springer, 1999, 46.
2) E. Achenbach: J. Fluid Mech., **65**(1), 1974, 113-125.
3) A. Fage, J. H. Warsap: ARC RM, 1283, 1930.
H. Schlichting: Boundary Layer Theory, 7th ed., McGaw-Hill, 1978, 664.
4) 五十嵐　保：日本機械学会論文集（B編），**52**(473)，1986，358-366.
5) 五十嵐　保，筒井敬之：日本機械学会論文集（B編），**55**(511)，1989，701-707.
6) 坂本弘志ほか：日本機械学会論文集（B編），**57**(535)，1991，882-890.
7) 五十嵐　保，伊藤慎一郎：日本機械学会論文集（B編），**59**(568)，1993，3701-3707．および五十嵐　保：日本機械学会文集（B編），**60**(573)，1994，1561-1567.
8) T. Igarashi: 10th Int. Heat Transfer Conf., **6**, 1994, 49-54.
9) 坂本弘志ほか：日本機械学会論文集（B編），**61**(588)，1995，2938-2946.
10) 五十嵐　保ほか：日本機械学会論文集（B編），**60**(573)，1994，1554-1560.
11) T. Tsutsui, T. Igarashi: J. Wind Eng. Ind. Aerodyn., **90**, 2002, 527-541.
12) H. Schlichting, K. Gersten: Boundary Layer Theory, 8th revised ed., Springer, 1999, 19.
13) 五十嵐　保，寺地宣明：日本機械学会論文集（B編），**61**(589)，1995，3114-3121.
14) 五十嵐　保，寺地宣明：日本機械学会論文集（B編），**62**(597)，1996，1945-1952.
15) 相場眞也，星野勇人：日本機械学会論文集（B編），**63**(615)，1997，3521-3526.
16) 五十嵐　保，芝　慶彦：日本機械学会論文集（B編），**68**(673)，2002，2527-2533.
17) 五十嵐　保，芝　慶彦：日本機械学会論文集（B編），**70**(689)，2004，117-125.
18) 五十嵐　保ほか：日本流体力学会年会，2005，AM 05-04-015.
19) N. Shiraishi *et al.*: Advances in Wind Eng., Part 1, Elsevier, 1988.
20) 倉田光雄ほか：日本機械学会論文集（B編），**64**(618)，1998，397-404.
21) 五十嵐　保ほか：日本流体力学会年会，2005，AM 05-04-016.
22) S. Aiba: J. Fluid Engin., **120**(3), 1998, 851-853.
23) S. F. Hoerner: Fluid Dynamic Drag, published by the author, 1965,
24) 五十嵐　保ほか：日本機械学会論文集（B編），**72**(719)，2006，1727-1734.
25) 五十嵐　保ほか：日本機械学会論文集（B編），**73**(725)，2007，147-153.
26) 渡邊京司：日本機械学会論文集（B編），**62**(598)，1996，2130-2135.
27) W. T. Mason, Jr., P. S. Beebe: Aerodynamic Drag Mechanism of Bluff Bodies and Road Vehicles, Plenum Press, 1978, 45-93.
28) A. Roshko, K. Koenig: Aerodynamic Drag Mechanism of Bluff Bodies and Road Vehicles, Plenum Press, 1978.

19.2.2　乱流促進体による伝熱増進

a.　壁面粗さと乱流

壁面あるいは伝熱（heat transfer）面上には，大なり小なりの凹凸がある．工学問題で扱う壁面は流体力学的に滑らかといえる場合が多いように考えられがちであるが，9.4節で述べたように，乱流境界層では壁面極近傍（粘性底層の外側のバッファ層付近）での渦構造が支配的な因子となるので，壁の粗さ（roughness）が粘性底層の厚さを越えるようになると，乱流境界層全体の構造が大きく影響される．もともと摩擦抵抗や伝熱は，まさしく壁面での現象であるので粗さは無視できない因子であったうえに，このような乱流特有の現象が絡んでくるので，乱流研究では粗さの影響は重要な柱の一つとして展開してきた[1,2]．その粗さを，より大きなスケールで意図的に導入したものが乱流促進体である．

b. 乱流促進体による伝熱増進の原理

ここでの伝熱としては，単相の作動流体と物体壁面との間の強制対流に対象を限定する．また，壁面は一般に熱容量が大きく熱伝導性も高いことが多いので，壁面の温度変動はないとして議論を単純化する．流れ方向を x，壁に垂直方向を y，スパン方向を z とする2次元的な流れにおいて，壁面（$y=0$）に注目すると，流れが層流か乱流かにかかわらず，対流伝熱の増進は，壁面上での時間平均の熱流束（heat flux）

$$q_{\mathrm{w}}=\lambda\left(\frac{\partial\theta}{\partial y}\right)_{\mathrm{w}}=\rho c_{\mathrm{p}}\alpha\left(\frac{\partial\theta}{\partial y}\right)_{\mathrm{w}} \qquad (19.2.1)$$

を大きくすることといえる．すなわち，乱流伝熱といえども壁面では分子拡散により熱が伝えられるので，壁面に接する流体内にできるだけ急峻な温度勾配を形成することと伝熱増進とが等価である．上記は壁表面での極限的な表現であるが，壁面からわずかに離れた流体内でかつ対流輸送の寄与も小さい領域なら，その領域での熱流束 q は壁面における値 q_{w} と大差ないので次式のように近似することもできる．

$$q_{\mathrm{w}}\cong q=\rho c_{\mathrm{p}}(\alpha+\alpha_t)\left(\frac{\partial\theta}{\partial y}\right) \qquad (19.2.2)$$

ここで，α_t は渦温度拡散係数（eddy thermal diffusivity）である．

流れのなかに乱れを積極的に生成する，いわゆる乱流促進体（turbulence promoter）を用いて混合を強めれば伝熱増進がなされることは直感的にも予想され，その効果は式（19.2.2）中の α_t を大きくすることとも言い換えることができる．その結果として，乱れの強い場所では温度分布（温度勾配）はほとんどなくなって，壁の極近傍だけに強い温度勾配が形成されることになる．ここで，乱れの方向も考慮すると，伝熱を増進するために流体を混合するのであれば，主要な温度勾配がある y 方向に混合することが効果的であるから，z 方向あるいは x 方向に回転軸を有する渦は，y 軸方向に回転軸を有する渦よりも伝熱増進に適していると考えられる．

このような乱流促進を行うための容易かつ一般的な方法は，流れを剥離（separation）させるような物体を挿入することである．これに関連する現象を理解するための最も基礎的な形状として，図19.16に示すような壁面に突然段差を設ける後ろ向きステップ（backward-facing step）下流の流動と熱伝達につき，まず説明する．このような急拡大流路では，流れの剥離は避けられず，下流に剥離泡（separation bubble）が形成される．主流の圧力勾配がない場合，時間平均した流れはステップ高さ H の6.5倍程度下流で下壁面に再付着（reattachment）することが知られており，この点より上流の再循環領域（recirculating region）には，時間平均的には z 方向の回転軸を有する渦が形成される（図19.17，19.18）．なお，再循環領域といっても，実際の流れは3次元非定常であるので流体は入れ替わる．分離流線（dividing streamline）の近傍の強い剪断 $\partial U/\partial y$ により生成されたレイノルズ応力 $-\overline{uv}$（ここでは大文字で時間平均成分を，小文字で変動成分を表すことにする）や乱流エネルギーは下流に流される（図19.19）．ステップ下流の下壁面に沿うスタントン（Stanton）数 $\mathrm{St}=h/(\rho c_{\mathrm{p}}U_c)$（ここで h は熱伝達率）の一例は図19.20のようになり，(X_{R}) を再付着点（reattaching point）の x 座標とすると，ほぼその点を中心に高い値となる．再付着

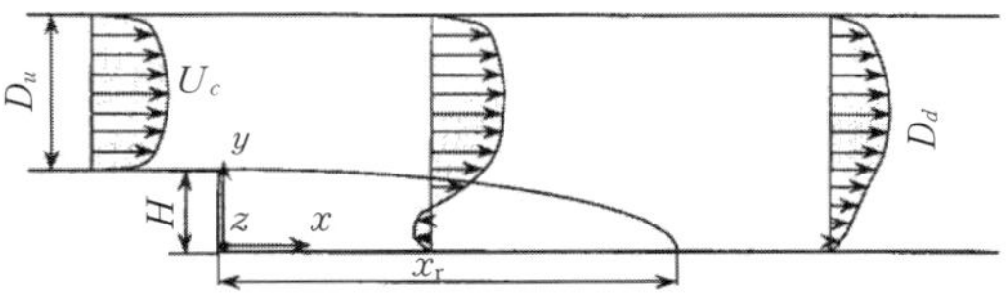

図 19.16 後ろ向きステップにより剥離した流れ[3)]

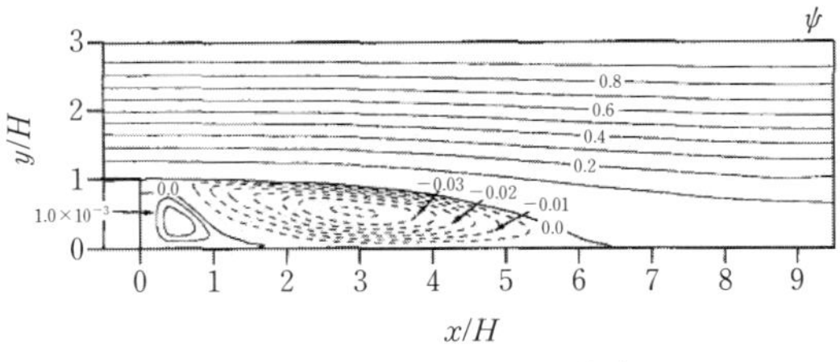

図 19.17 時間平均した流線[3)]

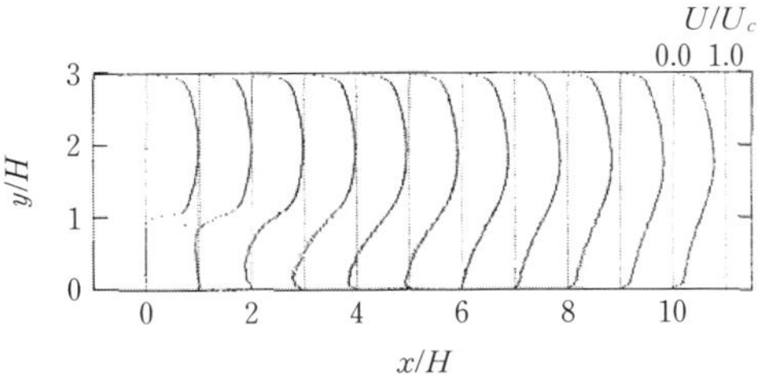

図 19.18 平均速度の分布[3)]

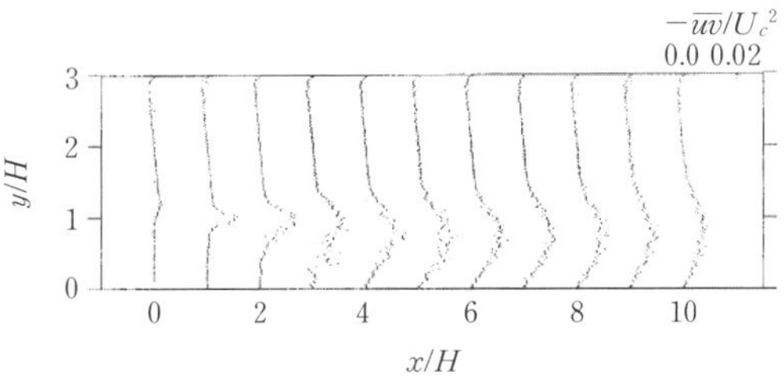

図 19.19　レイノルズ応力の分布[3)]

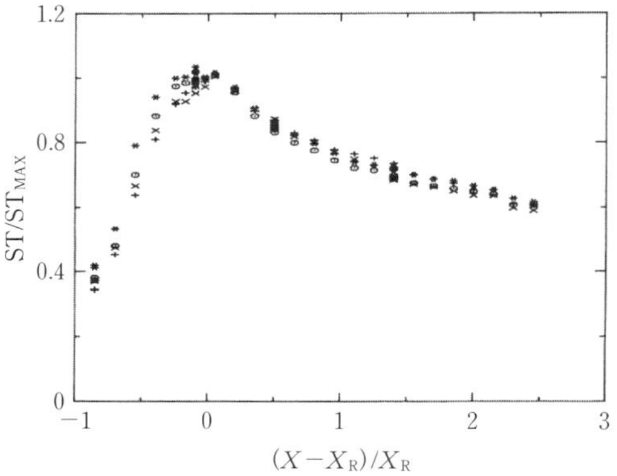

図 19.20　ステップ下流の壁面上の熱伝達率分布[4)]

点近傍を局所的に眺めると，2 次元の衝突噴流（impinging jet）と共通するよどみ点流れ（stagnation-point flow）になっているうえに，強い乱れの作用も重畳されて，高い熱伝達率が得られる．これに対し，再循環領域内の上流側，とくにステップ付近では，再付着点から温度境界層が発達するうえに速度も低く乱れも小さいことから，熱伝達率はあまり高くない．

c.　乱流促進体の実際的な応用

伝熱面への実際的な応用に際しては，後ろ向きステップではなく，伝熱面に垂直方向にフェンスを立てたり，リブを壁面に配置したりすることが多いが，それらの下流側での伝熱機構は上述した内容と同様であると考えてよい．もちろん，3 次元形状の凹凸を挿入することにより，伝熱面近傍を 3 次元的に複雑に撹乱することもある．

いずれにせよ，このような乱流促進体では再付着点近傍の高い熱伝達率が重要であるが，下流に向かうにつれその効果は薄れて一様な流れに戻っていく．したがって，実際的な応用上は適度な空間周期で乱流促進体を配置する必要がある．この場合，上流と下流の乱流促進体間の距離が短いと剝離した流れの再付着が生ぜず，キャビティ内流れのようにただ循環を繰り返すだけになるので，熱伝達率を最大にする乱流促進体間隔は，再付着点までの距離（ステップ高さ H の 6～7 倍程度）よりも長めにとるのが一般的である．

また，このような伝熱増進に不可避の問題として，圧力損失あるいはポンプ動力の増加がある．すなわち，一般に，運動量輸送と熱輸送はおおむね相似性を有することが多く，熱輸送だけを選択的に促進するのは容易ではない（換言すれば，渦拡散係数と渦温度拡散係数の比，いわゆる乱流プラントル数 $\sigma_t \equiv \nu_t/\alpha_t$ は，多くの場合 1 に近い値をとる）．したがって，乱流促進体による伝熱増進は，ヌセルト数 Nu（Nusselt number）に対する実験相関式と摩擦係数 f に対する実験相関式を同時に考慮して最適化を図るべきである．実験相関式に関する詳細はいくつかの充実したレビュー[5~7)]があるので参照していただきたい．

乱流促進体による伝熱増進の主要な応用先は，熱交換器（heat exchanger）であることはいうまでもないが，とくに厳しい熱負荷の下で運転されるガスタービン翼内側の冷却において重要な役割を果たしてきた．図 19.21 に示すガスタービン 1 段動翼冷却流路では，リブが斜めに配置され（リブピッチ/リブ高さ＝10 程度），高速で回転する動翼流路内を空気で効果的に冷却している．なお，この冷却空気

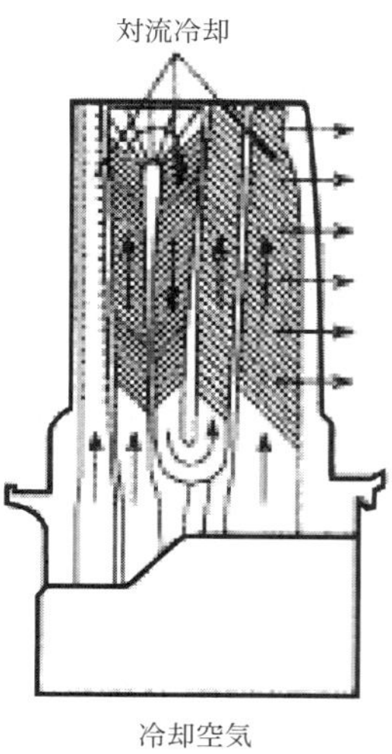

図 19.21　乱流促進体を設置したガスタービン 1 段動翼冷却流路[8)]

は翼表面に貫通した数多くの穴から翼外部に噴出して，翼表面を覆ういわゆる膜冷却（film cooling）に用いられる．

d. 乱流促進体に準じる他の方法

b項とc項では，乱流促進体による伝熱促進を基礎的な原理から説明するため，あえて除外したが，広義の乱流促進による伝熱増進としては，流れに旋回（場合によっては規則立った渦ともみなせる）を加える方法がある．たとえば，前では主にz方向の回転軸を有する渦を生成するものとして乱流促進体を位置づけたが，おもにx方向の回転軸を有するいわゆる縦渦を用いることも考えられる．そのためには，流れを主流方向にひねるような物体を挿入する必要があり，これは形状が複雑であることもあって，前者に比べると応用事例は多くない．むしろ，流れの主流方向へのひねりは，局所的なものよりも管内にねじりテープ（twisted tape）を挿入して全体の流れを旋回させるといった伝熱増進法の1分野として確立しており，乱流というよりは層流の伝熱増進法として位置づけられるともいえる[9,10]．また，壁面での現象ではないが，燃料と酸化剤の混合促進が重要な燃焼器などでは周方向に作動流体を旋回させる，いわゆるスワーラが用いられる．

さらに，必ずしも物体を挿入しなくても，主流に交差するように壁面に設けたノズルから2次流体を吹き出すことによって，流れの干渉で渦を生じさせることは直感的にも理解でき，多くの研究がある．

［吉田英生］

文　献

1) H. Schlichting, K. Gersten: Boundary-Layer Theory, 8th revised and enlarged ed., Springer, 1999, 529.
2) W. M. Kays, M. E. Crawford: Convective Heat and Mass Transfer, 2nd ed., McGraw-Hill, 1980, 230.
3) N. Kasagi, A. Matsunaga: Int. J. Heat Fluid Flow, **16**, 1995, 477-485.
4) J. C. Vogel, J. K. Eaton: J. Heat Transfer, **107**, 1985, 922-929.
5) A. E. Bergles: Handbook of Heat Transfer 3rd ed. (W. M. Rohsenow *et al.*, eds.), McGraw-Hill, 1998, Chap. 11.
6) R. M. Manglik: Heat Transfer Handbook (A. Bejan, A. D. Kraus eds.), John Wiley, 2003, Chap. 14.
7) A. Dewan *et al.*: Proc. Instn Mech. Engrs. 218 Part A: J. Power and Energy, 2004, 509-527.
8) 武石賢一郎：伝熱，**39**，2000，2-12.
9) 棚澤一郎：伝熱学特論（甲藤好郎他編），養賢堂，1984，208-216.
10) 棚澤一郎：環境と省エネルギーのためのエネルギー新技術体系（日本伝熱学会編），エヌ・ティー・エス，1996，212-222.

19.2.3 噴流の受動制御

噴流は流量や噴出方向の調整が容易であるために，流体の混合や攪拌だけでなく，高温伝熱面の冷却，食品加工や製膜・製紙時の乾燥，炉内燃焼，ジェット推進，材料の切削加工など，多くの熱・物質移動現象を伴う熱流体機器や工業プロセスで利用されており，工学的にきわめて重要な流れの一つと考えられる．そのなかでも加熱，冷却，乾燥などを行う必要のある物体表面や壁面に対して衝突する噴流はとくに，衝突噴流（impinging jet）と呼ばれ，流れが面の拘束を受けない，いわゆる自由噴流（free jet）と区別して取り扱われる．面に沿って噴出する噴流や管路内流れのなかに噴出する噴流も区別して，それぞれ，壁面噴流（wall jet），管内噴流（confined jet）と呼称される．このようなさまざまな噴流の流動・混合特性，熱輸送・衝突伝熱特性は古くから研究され，流れが層流，乱流の場合を問わず文献的蓄積も多い[1,2]．

ここでは，ノズル噴孔からの噴出後は壁面に拘束されることなく自由に周囲に広がることのできる自由噴流と，壁面の強い拘束を受ける衝突噴流・壁面噴流・管内噴流とに大別し，そのそれぞれを受動的に制御する場合について概説する．なお，噴流を能動的に制御する場合については19.3.4項に譲る．

a. 自由噴流の場合について

自由噴流は物体をよぎる流れに伴う後流および剥離流とともに自由剪断流の一種とみなされ，周囲流体の巻き込み（エントレインメント，entrainment）を伴いながら発達する．したがって，自由噴流の運動量は保存されるものの，その質量流量は保存されない．噴流ノズル出口から一様速度で噴出する場合の噴流については，実験および解析の両面から詳しく調べられており，ノズル出口直後から下流に向かって噴出速度を維持するポテンシャルコア（potential core）と呼ばれる領域の存在や，その領域以降に広がる噴流の発達領域において距離によらず，噴流の速度分布を噴流軸中心速度と速度半値幅のみで整理できる自己保存（self-preserving）領域の存在が知られている．ポテンシャルコアの長さは，平面状の2次元乱流噴流でノズルスリット幅の6倍程度とされ，円形状の乱流噴流でノズル直径の10倍程度とされる[1]．また，自己保存領域はノズル直径のおよそ20倍より下流域で現れるが，乱れ強さに関しても自己保存が実現するには，主流方向成分に対してノズル直径の40倍程度，それと直交する方向の成分に対して70倍程度の距離が必要とされる[3]．

ポテンシャルコアの存在するノズル近傍では，噴流流体と周囲流体の間に明確な速度差があるため，剪断層が発達するが，それが何らかの原因で不安定化して変形すると，渦列が発生する．この渦列の発生は流れが層流の場合，速度分布の不連続な境界面の微小変化に基づくケルビン-ヘルムホルツ不安定(Kelvin-Helmholtz instability）によるとされる．渦は流れをすぐに乱流化させずに，渦どうしが干渉，合体を繰り返して大規模な組織的構造（coherent structure）を形成する．流れが乱流の場合にも噴流自体のコラム不安定により，類似の渦構造が出現する[4]．

このような大規模なスケールの渦は持続せず，下流域でやがて崩壊を始める．しかし，その崩壊過程については未だ十分な解明がなされていない．図19.22に円形噴流を可視化した写真の一例[5]を，また，図19.23に円形噴流からの渦発生から崩壊に至る様子を模式的に描いた一例[6]を示す．後者の図はノズル近傍で発生する渦の環状（toroidal）構造がポテンシャルコア終端部付近で崩壊する様子を表している．これらの図にみられるような崩壊過程を経て，噴流下流域（far-field）では複雑な乱れの3次元的構造が形成されることになる[7]．

環状の渦と渦の間には，主流方向に回転軸をもつ縦渦が肋骨（rib）状に並んで結び付き，環状渦と縦渦の両方の渦が縦横に布地を織るように組み紐(braid）構造を形成するという概念も，図19.23の典拠とした文献6に描かれている．図19.24にそれを示す．同図（a）は縦渦の直接数値シミュレーション結果，（b）および（c）は両渦の関係を模式的に表した図，（d）は（b）に描いた環状渦が縦渦との相互干渉によって捩じ曲がる様子である．このような渦の挙動が噴流の流動特性に大きな影響を及ぼしていると考えられるため，噴流の制御には渦挙動の特性を理解することが重要であるとともに，ノズル出口近傍（near-field）における渦の形成～成長～崩壊のプロセスと大規模な組織的渦構造に何らかの巧みな変化を与える必要のあることがわかる．

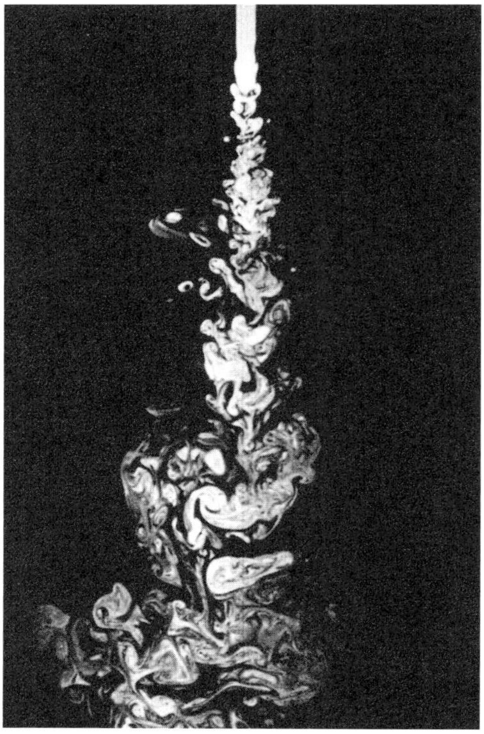

図 19.22　円形噴流の可視化写真（Re～2300）[5]

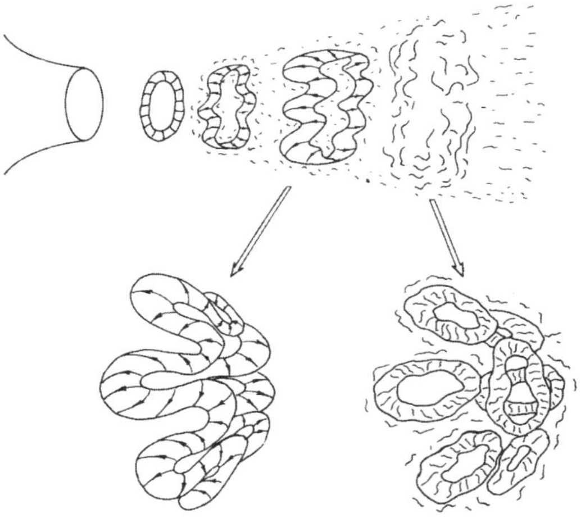

図 19.23　円形噴流からの渦の形成～崩壊過程[6]

CrowとChampagne[8]は軸対称円形噴流をノズル上流部に設置したスピーカで強制的に加振し，加振の有無によらず，最も卓越した速度変動を示す噴流のストローハル数（Strouhal number）が約0.3であることを明らかにした．ストローハル数はSt

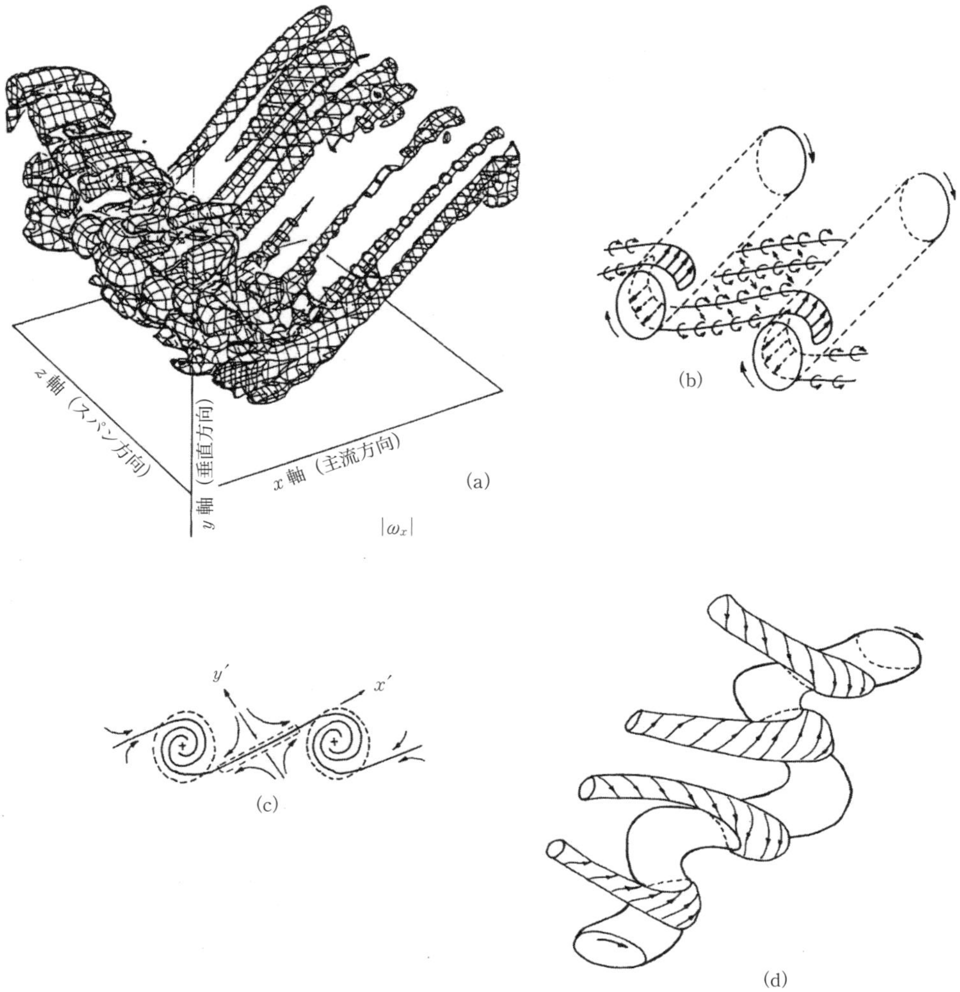

図 19.24　環状の渦とリブ状の縦渦に関するDNS結果および概念図[6)]

$\equiv fD/U_0$で定義され，式中のDおよびU_0はそれぞれ，ノズル直径および噴流噴出平均流速である．また，fは加振周波数または軸方向速度の変動周波数であり，St＝0.3に相当する周波数f_pは優先周波数（preferred frequency）と呼ばれて，上述の組織的な大規模渦の発生周期と対応する．GutmarkとHo[9)]はその後の関連研究をレヴューし，さまざまな噴流の軸方向距離x/D＝3～6におけるf_pが実験的な差異を含むものの，St＝0.24～0.64に相当する範囲にあることを示した．また，HussainとZaman[10)]は噴流レイノルズ数をRe＝3.2×10^4に固定し，噴流出口での境界層を層流状態に保った場合の円形噴流について，安定した状態で渦の合体が実験的に観察されるSt数はおよそ0.85であるとした．彼らは噴流を外部から特定の周波数で加振することにより，噴流の広がりや軸方向速度の減衰を早めたり，乱れ強さを増強したりできることも報告[11)]している．このほかにも，噴流の拡散・混合の促進などを目的として，フィードバックを掛けずに噴流を加振する研究がかなり行われているが，これらは広義の能動的な噴流制御であるとみなし，本項ではその詳細を割愛する．

噴流自身が発する騒音の制御に関する検討も以前から行われ，前述の大規模な組織的構造の騒音への寄与が指摘されており[12,13)]，騒音低減を目的とした外部からの強制加振が提案されている[14)]．一方，噴流自らが音響発振するような共鳴洞を設けて，噴流の拡散や混合を促進する研究も行われており，とくに，Hill と Greene[15] は直管ノズル先端にステップ状の急拡大カラー（collar）を取り付けて噴流を噴くと，オルガンパイプのような音響発振が生じ，外部からの強制的振動を付加せずして噴流の混合促進を可能にすることを示した．この特殊なノズルはホイッスルノズル（whistler nozzle）と呼ばれている．また，音響発振の有無は Re 数だけでなく，直管の長さ，カラーの長さ，ステップの高さに大きく依存する．Hasan と Hussain[16] も同種のノズルを用いて，噴流軸方向速度の早い減衰，高い乱れ強さ，大きな拡散とエントレインメントが，音響発振しない場合に比べて，ノズル出口により近い領域で起こることを明らかにした．また，音の周波数が先に述べた噴流の優先周波数と一致する場合に，発振強度が最も強まることを示した．

ホイッスルノズルにみられるようなノズル先端部のステップは燃焼用バーナのリセス（recess），すなわち予混合噴流火炎を安定化させる一種の保炎器としても利用されており，図 19.25 にその一例[17] を示す．図中右側のバーナはリセス部にパイロット火炎を組み込んだ保炎性能のきわめて高いバーナである．また，混合や拡散を促進することを目的に流動抵抗とはなるものの，噴孔上流部のノズル内壁に旋回羽根（swirler）や渦発生体（vortex generator）を付設し，噴流に旋回を誘起することも試みられている．その他にも，混合促進や騒音低減を図

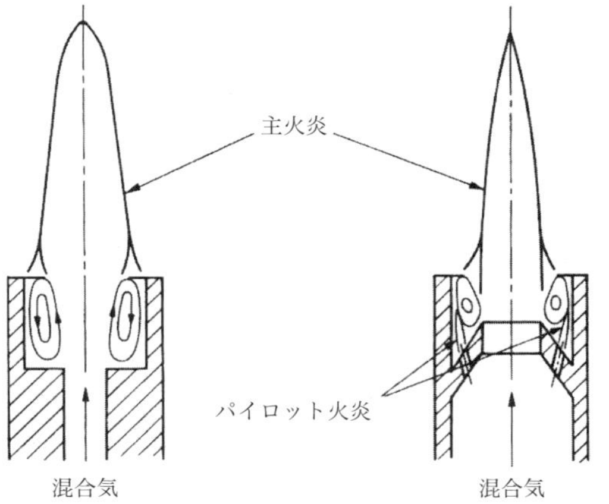

図 19.25　リセス付きバーナ[17]

るために噴流ノズル先端部形状を工夫した例として，図 19.26 に示すような各種ノズルがある．同図 (a) および (b) はそれぞれ，先端部に 1 個とはかぎらないが矩形およびデルタ形状のタブを付設したノズル[18,19]，(c) は先端部に数箇所あるいは全周にわたって V 型溝を有するノズル（ノッチノズル[20,21] あるいはクラウンノズル[22]），(d) は先端部を段差状あるいは斜めに切り欠いたノズル[23,24] である．図 19.27 には V 型切り欠きノズルから噴出する流れによって生成される渦の模式的なパターン[20] を示す．また，ジェットエンジンの騒音低減と推進効率向上を図るために採用されている，排出口周囲に図 19.28 のローブミキサー[25,26] を備えたノズル形状な

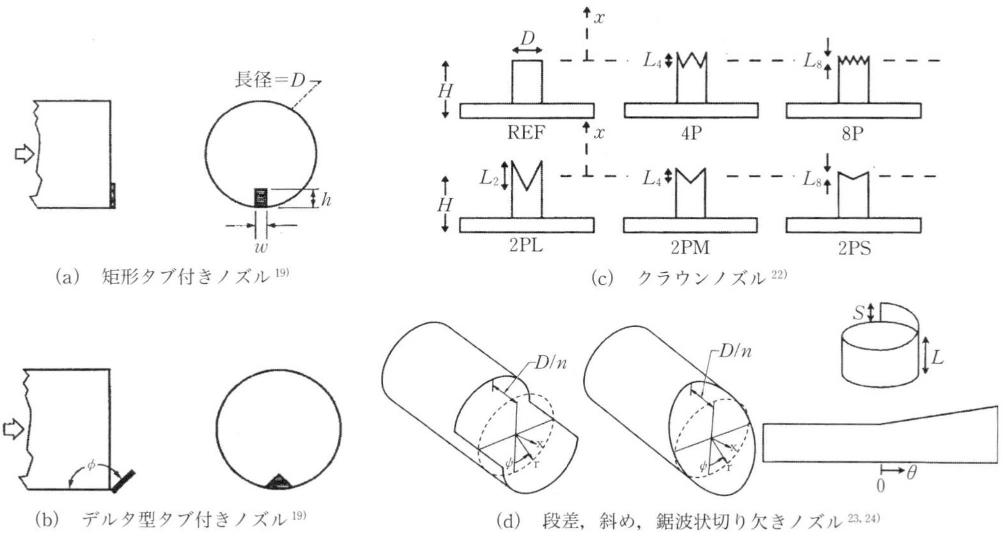

(a)　矩形タブ付きノズル[19]

(c)　クラウンノズル[22]

(b)　デルタ型タブ付きノズル[19]

(d)　段差，斜め，鋸波状切り欠きノズル[23,24]

図 19.26　噴流ノズル先端部の形状

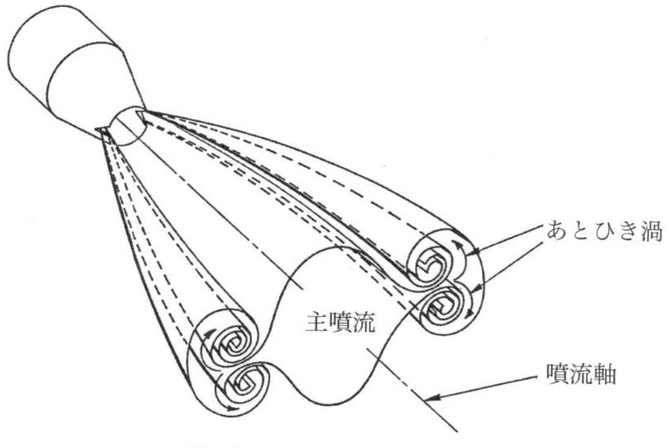

図 19.27 V型切り欠きノズルからの噴流パターン[20)]

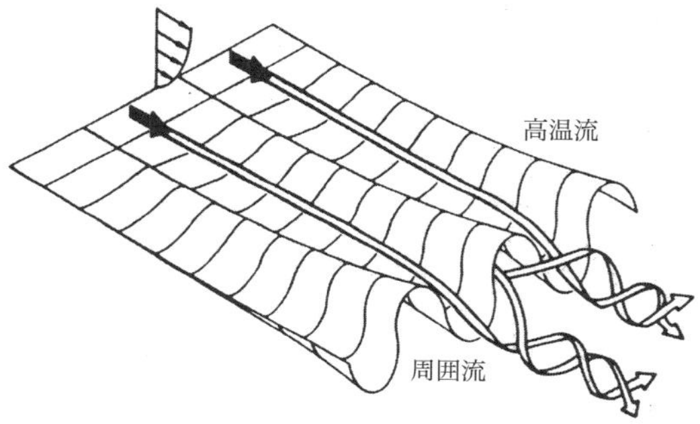

図 19.28 ローブミキサーの概念図[25)]

どもある.

噴流ノズルそのものの断面形状を楕円形[27)]や,角をもつ矩形[28)],三角形[29)]にした場合には円形噴流にみられない流動特性として,axis-switching 現象,すなわち噴流軸に直交する断面の軸方向速度等高線分布パターンの対称軸が交互に入れ替わる現象が顕れる.これは,たとえば楕円噴孔からの渦の場合,長径軸側の渦部分のほうが短径軸側のそれに比べてより下流側中央部に移動するためと考えられている.しかし,乱れ強さや初期に形成される剪断層厚さなどに依存して渦の変形が弱いと axis-switching 現象が起こらない場合もあるとされる[30)].

b. 壁の拘束を受ける衝突噴流などの場合について

ここでは,ノズルからの噴出後,自由に広がることのできない噴流である壁面噴流・管内噴流・衝突噴流について順に述べる.Reynolds ら[31)]は円形噴孔に工夫を凝らし,図 19.29 上側に示すような,噴孔周囲に付着して半径方向に広がる噴流を発生させた.狭い環状の溝から補助的な噴流を主噴流の約 2 倍の流速で噴くと,同図中央の 2 枚の可視化写真が示すように,噴孔から下流方向に噴き出す主噴流がその方向を反転させつつ半径方向に大きく広がる.これは,流体が壁面に沿って流れようとするコアンダ (Coanda) 効果を利用した好例であり,Reynolds はこの噴流をコアンダ噴流と名づけた.このように壁面や物体表面に沿う噴流は付着噴流 (reattached jet) とも呼ばれ,壁面側に沿って境界層を発達させるとともに,それ以外の領域では周囲流体を巻き込みながら自由境界を形成する.

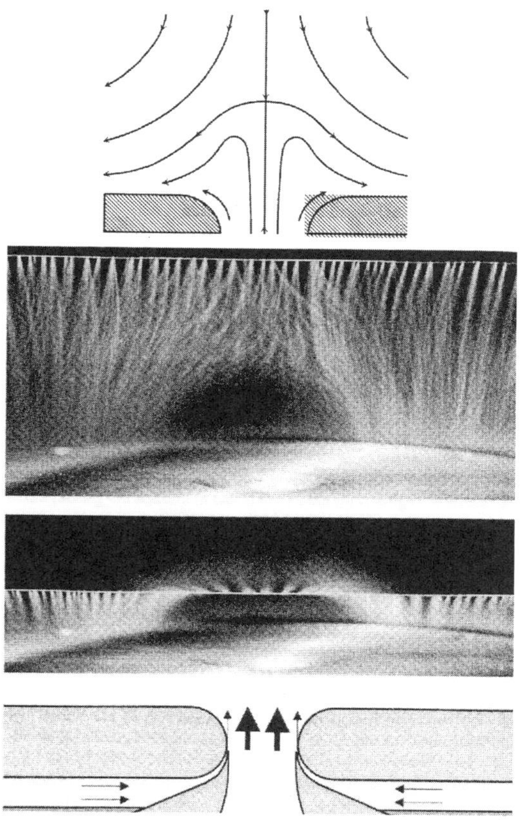

図 19.29 コアンダ噴流[31)]

2 次元ノズル (slot) や矩形,三角形,円形,楕円形のノズルを壁面上に設置し,壁面に沿って噴き出す壁面噴流についての時間平均的な流動特性は文献 1 に詳しい.また,平板面に設けた噴孔から噴き出す噴流に横風 (crossflow) が伴うような場合の研究も行われており,噴流の下流側には,噴流の代わりに円柱を設置した場合には見られない後流渦 (wake vortex) の発生が報告されている[32)].その様子を図 19.30 に示す.後流渦は横風が平板面上に形成する境界層流れの剥離に起因すると考えられており，その渦の規模は噴流と横風との速度比に依存する．一方，物体表面に沿う噴流として，楔形などの小物体を自由噴流の噴き出す前方に設ける例がある．この場合，楔先端とノズル出口の間の距離に依存して前述のホイッスルノズルと類似の音響発振が生じ，噴流が噴流中心軸に直交する方向に自励振動する．この現象はエッジトーン（edge tone）振動[2]と呼ばれ，騒音低減対策に関する研究にも応用されている．

管内噴流は，噴流とその周りを平行に流れる周囲流から構成される複合噴流（compound jet）が管路壁に囲まれて流れる場合の噴流であり，噴流と周囲流の速度差によって流動様式が大きく変わる．すなわち，噴流流速が相対的に大きい場合には噴流自らを巻き込むことによる大規模な循環流が管路壁近傍に形成される．循環流発生の有無を表すパラメータには，噴流と周囲流の運動量を考慮した下式で示される Craya-Curtet 数[33]が用いられる．

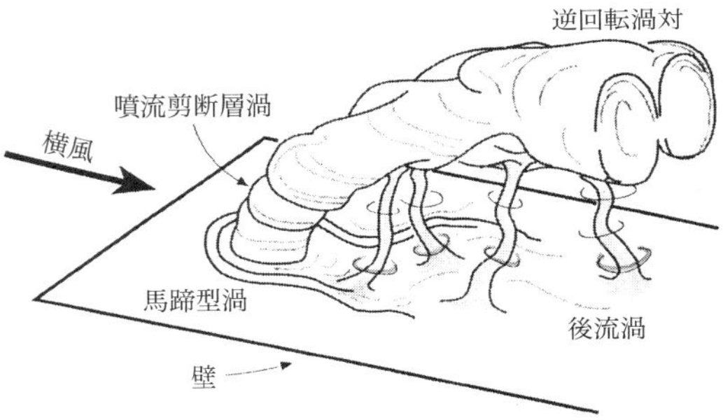

図 19.30　横風を伴う噴流によって発生するさまざまな渦[32]

$$\mathrm{Ct} \equiv \frac{u_\mathrm{k}}{\sqrt{(u_\mathrm{s}^2 - u_{\mathrm{f},0}^2)(r_\mathrm{s}/r_\mathrm{w})^2 + (1/2)(u_{\mathrm{f},0}^2 - u_\mathrm{k}^2)}} \tag{19.2.3}$$

$$u_\mathrm{k} \equiv u_{\mathrm{f},0} + (u_\mathrm{s} - u_{\mathrm{f},0})(r_\mathrm{s}/r_\mathrm{w})^2$$

$$\begin{cases} u_\mathrm{s} & ：中心噴流流速\ (0 \leq r \leq r_\mathrm{s}) \\ u_{\mathrm{f},0} & ：周囲流流速\ (r_\mathrm{s} \leq r \leq r_\mathrm{w}) \end{cases}$$

式中の r_s，r_w はそれぞれ，中心噴流ノズルの半径，管路内半径である．Ct 数の臨界値は実験者によって異なるが，0.75〜0.976 以上で循環流が消失するとされる[1,33]．

衝突噴流はノズル出口近傍で自由噴流と同じような挙動を示し，ポテンシャルコアの存在も確認できる．しかし，衝突噴流は衝突面に近づくと，よどみ領域において噴き出し方向に減速するとともに壁面に沿って周囲方向に大きく向きを変えて加速し，壁面噴流を発達させる．また，衝突壁面近傍には時間平均的なよどみ点を含む境界層を形成する．図 19.31(a) にその様子を示す．また，同図 (b) には自由噴流の場合と同様にして形成される 1 次渦に対し，よどみ領域から壁面噴流に移行する過程で壁面近傍に，剥離に伴う 2 次渦[34,35]形成が行われる様子を示す．

衝突噴流のおもな利用目的としての壁面熱伝達率・物質伝達率制御には，衝突噴流のこのような流れ場の特性が大きな影響を及ぼす．衝突熱伝達率を表す無次元数であるヌセルト（Nusselt）数の分布形状は図 19.32 に示すように，噴流ノズルと壁面との距離（衝突距離，図中の z/D）によって大きく変化する[36]．とくに，衝突距離の小さい $z/D=2$ および 4 の場合には Re 数にもよるが，Nu 数分布に

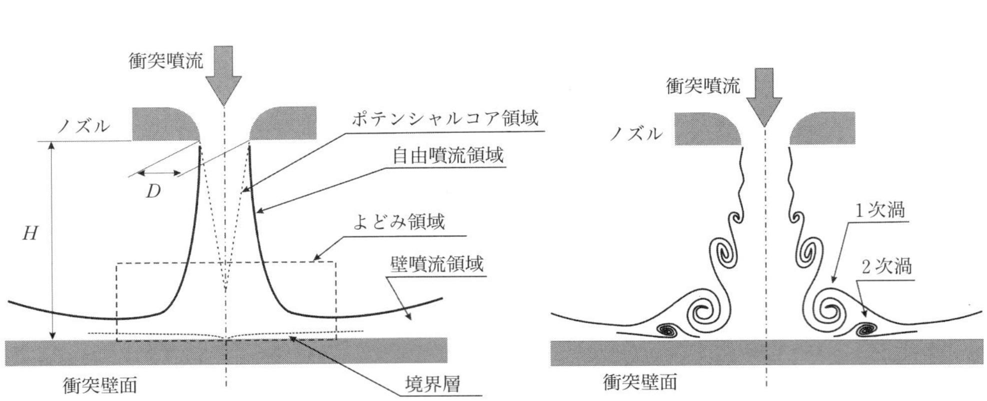

(a)　時間平均的な衝突噴流の境界線　　　(b)　瞬間的な衝突噴流の境界線

図 19.31　衝突噴流の概念図

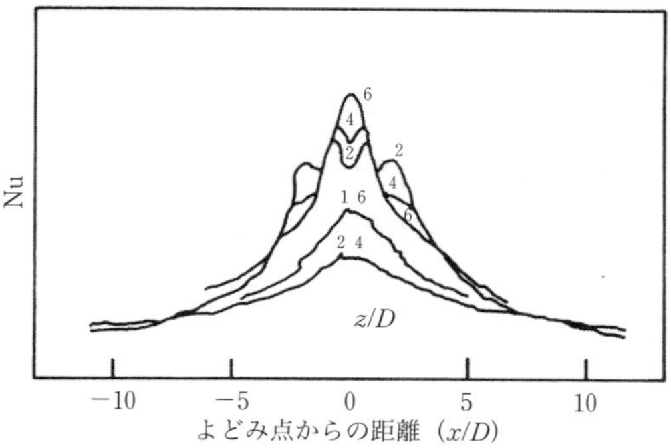

図 19.32 噴流の衝突熱伝達率分布 (Re=28000)[36]

中心部のくぼみや第2ピークのみられることが特徴的である．これについては，前述の境界層の乱流遷移や2次渦の挙動との関連が指摘されている．Martin[37]はノズル直径 D，衝突距離 H として，円形噴流を使った半径 R 以内の衝突面平均 Nu 数を次式で表した．2次元ノズルや複数の噴流群を配置した場合についての平均 Nu 数も同様に求められている[37]．

$$\overline{\mathrm{Nu}_D}=2(D/R)\frac{1-(1.1D/R)}{1+0.1\{(H/D)-6\}(D/R)}\times\left\{\mathrm{Re}_D\left(1+\frac{\mathrm{Re}_D^{0.55}}{200}\right)\right\}^{1/2}\mathrm{Pr}^{0.42} \qquad (19.2.4)$$

なお，上式中の Pr は流体のプラントル数であり，平均 Nu 数およびレイノルズ数 Re_D の定義および適用範囲は以下に示すとおりである．

$$\overline{\mathrm{Nu}_D}\equiv\frac{\bar{h}D}{\lambda},\quad \mathrm{Re}_D\equiv\frac{U_0D}{\nu}=\frac{1}{\nu}\left(\frac{4\dot{m}}{\rho\pi D^2}\right)D=\frac{4\dot{m}}{\pi D\mu},$$

$$\dot{m}\equiv\rho\pi D^2U_0/4$$

$$2\times10^3\leq\mathrm{Re}_D\leq4\times10^5$$

$$2.5\leq R/D\leq7.5,\qquad 2\leq H/D\leq12$$

式中の $\bar{h}$，U_0，λ，ν および μ はそれぞれ，伝熱面の平均熱伝達率，噴流の平均噴出し流速，流体の熱伝導率，動粘度および粘性係数を表す．

液体噴流の衝突伝熱特性については，Webb と Ma のレヴュー[38]に詳しい．このほかにも伝熱面に対して法線方向からではなく，斜めに衝突する噴流[39,40]や横風の影響を受ける衝突噴流[41~43]についても検討されている．また，ノズル先端部の形状を前述のように変更して噴流衝突熱伝達を制御することも試みられており，ホイッスルノズルを衝突噴流に適用した例[44]では，音響発振する場合にはしない場合に比べて，同じ局所 Nu 数の分布パターンを衝突距離の短い位置で実現できることが報告されている．

［中部主敬］

文献

1) N. Rajaratnam: Turbulent Jets (Developments in Water Science 5, V. T. Chow, eds.), Elsevier, 1976.
2) 社河内敏彦：噴流工学—基礎と応用—，森北出版，2004.
3) I. Wygnanski, H. Fiedler: J. Fluid Mech., **38**, 1969, 577-612.
4) 豊田国昭：ながれ，**24**(2)，2005，151-160.
5) M. Van Dyke: An Album of Fluid Motion, Parabolic Press, 1982.
6) A. K. M. F. Hussain: J. Fluid Mech., **173**, 1986, 303-356.
7) 二宮　尚：ながれ，**23**(5)，2004，355-363.
8) S. C. Crow, F. H. Champagne: J. Fluid Mech., **48**, 1971, 547-591.
9) E. Gutmark, C.-H. Ho: Phys. Fluids, **26**(10), 1983, 2932-2938.
10) K. B. M. Q. Zaman, A. K. M. F. Hussain: J. Fluid Mech., **101**, 1980, 449-491; 493-544.
11) A. K. M. F. Hussain, K. B. M. Q. Zaman: J. Fluid Mech., **110**, 1981, 39-71.
12) C. J. Moore: J. Fluid Mech., **80**, 1977, 321-367.
13) J. Laufer, T.-C. Yen: J. Fluid Mech., **134**, 1983, 1-31.
14) K. B. M. Q. Zaman, A. K. M. F. Hussain: J Fluid Mech., **103**, 1981, 133-159; A. K. M. F. Hussain, M. A. Z. Hasan: J. Fluid Mech., **150**, 1985, 159-168.
15) W. G. Hill, P. R. Greene: J. Fluid Engin., **99**, 1977, 520-525.
16) M. A. Z. Hasan, A. K. M. F. Hussain: J. Fluid Mech., **115**, 1982, 59-89; A. K. M. F. Hussain, M. A. Z. Hasan: J. Fluid Mech., **134**, 1983, 431-458.
17) 水谷幸夫：燃焼工学（第3版），森北出版，2002.
18) L. J. S. Bradbury, A. H. Khadem: J. Fluid Mech., **70**, 1975, 801-813.
19) K. B. M. Q. Zaman *et al.*: Phys. Fluids, **6**, 1994, 778-793; M. F. Reeder, M. Samimy: J. Fluid Mech., **311**, 1996, 73-118.
20) S. S. Pannu, N. H. Johannesen: J. Fluid Mech., **74**, 1976, 515-528.
21) D. J. Smith, T. Hughes: Aeronautical J., **88**, 1984, 77-85.
22) E. K. Longmire *et al.*: AIAA J., **30**, 1992, 505-500.
23) R. W. Wlezien, V. Kibens: AIAA J., **24**, 1986, 1263-1270.
24) E. K. Longmire, L. H. Duong: Phys. Fluids, **8**, 1996, 978-992.
25) R. W. Paterson: J. Engin. Gas Turbines and Power, **106**(3), 1984, 692-698; T. G. Tillman, R. W. Paterson: J. Propulsion Power, **8**(2), 1992, 513-519.
26) 山本　誠ほか：日本機械学会論文集（B編），**56**(521)，1990，40-43；山本　誠ほか：日本機械学会論文集（B編），**56**(522)，1990，460-465.
27) C.-M. Ho, E. Gutmark: J. Fluid Mech., **179**, 1987, 383-405.
28) Y. Tsuchiya *et al.*: Exp. in Fluids, **4**, 1986, 197-204.
29) S. Koshigoe *et al.*: Phys. Fluids, **3**, 1988, 1410-1419.

30) E. J. Gutmark, F. F. Grinstein : Ann. Rev. Fluid Mech., **31**, 1999, 239-272.
31) W. C. Reynolds *et al.* : Ann. Rev. Fluid Mech., **35**, 2003, 295-315.
32) T. F. Fric, A. Roshko : J. Fluid Mech., **279**, 1994, 1-47.
33) H. A. Becker : Proc. 9 th Int. Symp. Combustion, 1963, 7-20.
34) M. D. Fox *et al.* : J. Fluid Mech., **255**, 1993, 447-472.
35) Y. M. Chung, K. H. Luo : J. Heat Transfer, **124**, 2002, 1039-1048.
36) K. Jambunathan *et al.* : Int. J. Heat Fluid Flow, **13** (2), 1992, 106-115.
37) H. Martin : Advances in Heat Transfer, **13**, 1977, 1-60, Academic Press ; H. Martin : Handbook of Heat Exchanger Design, Hemisphere Publishing Corp., 1983.
38) B. W. Webb, C.-F. Ma : Advances Heat Transfer, **26**, 1995, 105-217.
39) E. M. Sparrow, B. J. Lovell : J. Heat Transfer, **102**, 1980, 202-209.
40) R. J. Goldstein, M. E. Franchett : J. Heat Transfer, **110**, 1988, 84-90.
41) J.-P. Bouchez, R. J. Goldstein : Int. J. Heat Mass Transfer, **18**, 1975, 719-730.
42) R. J. Goldstein, A. I. Behbahani : Int. J. Heat Mass Transfer, **25**, 1982, 1377-1382.
43) K. Nakabe *et al.* : Int. J. Heat Fluid Flow, **19**, 1998, 573-581 ; **22**, 2001, 287-292.
44) D. B. Cvetinovic *et al.* : Proc. 9th Int. Symp. Flow Visualization, 2000, 70-1-70-7.

19.2.4　リブレット

1960年代，スタンフォード大学の研究者らが，境界層乱流はランダムに乱れた流れではなく，壁面近くに低速・高速の流体が流れの横断方向に隣りあう縞状の構造（ストリーク構造）が存在することを発表した[1]．この事実は，その後の多くの精力的な研究のきっかけとなり，流れ方向に軸をもつ縦渦，ストリーク構造など，時空間的に間欠的に生じる準秩序的な構造が存在し，それらが乱れエネルギーの生成や，壁面摩擦，熱輸送に深くかかわっていることがしだいに明らかになっていった[2,3]．

リブレットは，元来，壁面乱流の壁近傍に存在するストリーク構造の運動を抑制する目的で考案され，流れ方向に細長いリブをストリークの平均間隔（およそ100 ν/u_τ）程度の周期で壁面上に形成したものである．その後，NASA Langley研究所のWalshら[4~6]は，さまざまな形状のリブレットに対して，リブ間隔 s や高さ h について系統だった実験を行った．その結果，図19.33に示すようなV字形，U字形のリブが最も効果があり，レイノルズ数によらず，s^+ $(=s\,u_\tau/\nu)$，h^+ $(=h\,u_\tau/\nu)$）が15程度で最大8%の抵抗低減が得られることが明らかになった．

図19.34にリブレットによる壁面摩擦抵抗低減率と s^+ の関係を示す．$3<s^+<30$ のときに，平滑面よりも摩擦抵抗が小さいことがわかる．この間隔はストリークの平均間隔よりもかなり小さいが，最大の低減率をもたらすリブ間隔がレイノルズ数によらず粘性長さで整理されることは，リブレットがストリークなどの乱れの準秩序構造に何らかの影響を与えていることを示唆するものである．また，h^+ が4～15の範囲であれば，抵抗低減への影響は小さく，リブの高さよりも間隔のほうが重要な役割を果たすことが示されている．平滑面に対してほぼ2倍のぬれ面積をもつにもかかわらず，リブレット壁面が乱流摩擦抵抗を低減させるのは，流体工学的に非常に興味深い事実である．なお，流れが層流状態では逆に抵抗が増加することが数値計算[7]により示されている．

サメの鱗が細かい溝をもっていることは生物学の分野では古くから知られていたが，Burdak[8]は最初に流体工学的な見地から鮫肌について検討してい

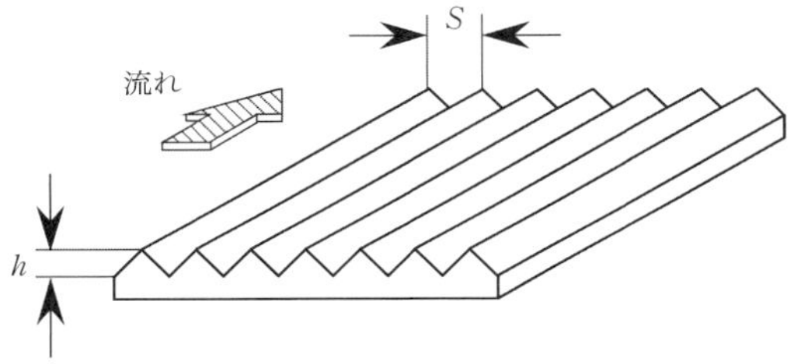

図 19.33　リブレットの概念図

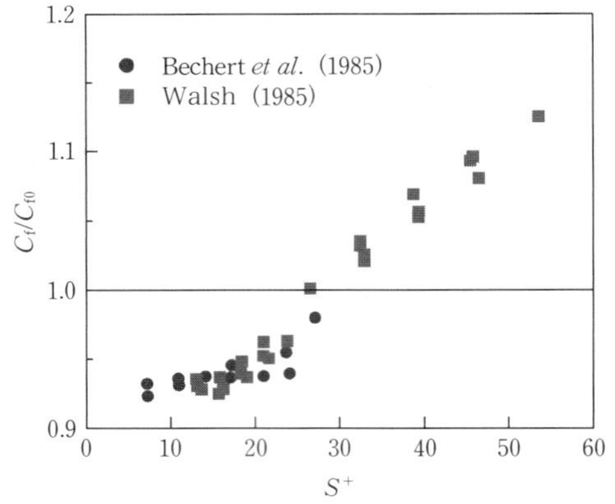

図 19.34　リブレットの抵抗低減率と溝間隔の関係

る．Bechert ら[9,10]は，速く泳ぐ種類のサメの鱗には，リブレット状の突起があり，その突起の間隔数 10～100 μm はリブレットとして抵抗低減を引き起こす領域であることを報告している．また，彼らは，サメの鱗の断面を模擬した U 字形のリブレット壁面の摩擦抵抗を測定し，Walsh の実験結果[5]とよく一致したデータを得ている．

機器における乱流では，リブレットの設計寸法は微小となるため，機械加工により広い面積にわたってリブレットを形成することは難しい．3 M 社は，1983 年にビニールシート製のリブレットフィルム（リブ間隔 33～152 μm）を開発した（図 19.35）．このフィルムは，厚さも薄く，接着により容易に取り付けられるため，航空機などへの応用が可能と考えられ，リブレットの実用化への大きな足掛かりとなった．そして，このフィルムの開発をきっかけとして，迎え角，圧力勾配，マッハ数，乱流遷移など，種々の条件下にリブレット壁面が適用され，性能が評価された[11]．

また，スポーツ分野では，1984 年にロサンゼルス五輪のボート競技に米チームが用いて銀メダルを獲得し，1986 年にはヨットレースのアメリカズ・カップで Stars and Stripes 号に用いられて優勝に貢献している．その後，実際の翼形や航空機での試験[12]も行われ，全抵抗のうち 3～4% が低減するという見積りも報告されている．これらの研究は主として境界層乱流に対して行われてきたが，内部流についても同程度の抵抗低減が起こることが報告されている[13,14]．このように，リブレット壁面によって摩擦抵抗が低減することは広く認められた事実であり，現在では，補助動力をまったく用いない数少ない手法の一つと考えられている．また，リブレットは剪断応力だけでなく，熱伝達や乱流音の発生にも影響を与えることが報告されている．

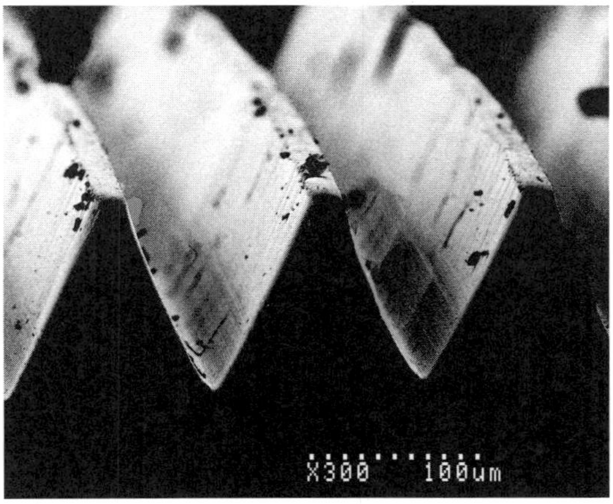

図 19.35　3M 社のリブレットフィルムの SEM 写真

リブレット面上の乱流場に関する実験的研究としては，熱線流速計[15,16]，LDV[17]，粒子画像流速計[18]を用いた測定が行われている．これらの計測結果からあげられる共通点の一つは，リブレット壁面上の乱流場に劇的な変化は生じていない，ということである．平均速度に対するリブの影響が，バッファ領域より壁面側に限定されることは多くの実験結果が示しており，平滑面とほぼ同様のストリーク構造が可視化により観察されている．

Suzuki-Kasagi[18]は，3 次元粒子追跡流速計（3-D PTV）を用いて，熱線やレーザビームのアクセスが難しいリブレットの谷内部も含む詳細な乱流統計量の計測を行った．図 19.36 に実験に用いたリブレットの断面形状を示す．チャネル乱流回流水槽（断面 80×800 mm^2）のテスト部の片側壁面にリブレットプレート（840×700 mm^2）を設置することにより，十分発達したチャネル乱流を入口条件とするリブレット壁面上の乱流場が形成されている．最大速度 U_0 と流路幅 H に基づくレイノルズ数 Re_0＝6000，14000 において計測が行われた．Re_0＝6000 ではリブレットの間隔，高さは s^+～15，h^+～9 に相当し，ほぼ最大の摩擦抵抗低減率をもたらす条件である．このとき，レイノルズ応力のピーク値がリブレット壁面上で 15% 減少し，一方，Re_0＝14000 では平滑面とほぼ同じ値を示している．また，乱れ強さについては，Re_0＝6000 ではリブレット面側において各方向の乱れ強さが一様に減少し，ピーク値に対する減少率は 9～10% である．とくに，w_{rms} については，リブレット壁ごく近傍（U/U_0＜0.4）

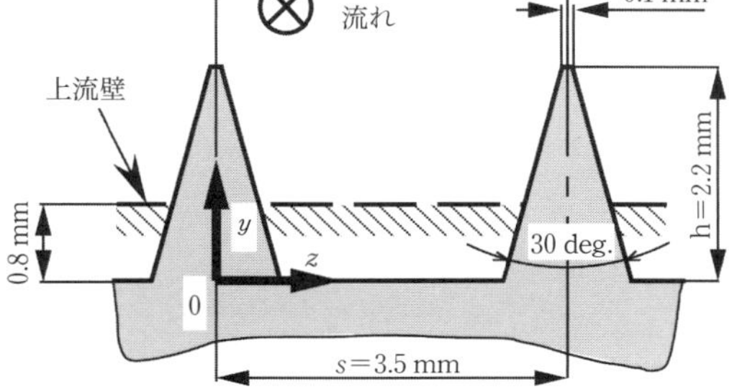

図 19.36　リブレット断面形状[18]

で減少率が大きいことが明らかになった．一方，$S^+=31$ に相当する $Re_0=14000$ では，u_{rms} が減少するのに対し，v_{rms}，w_{rms} は逆に平滑面よりも大きく，乱流場がやや等方的になることが示された．図 19.37 に，流れと直交する断面内の平均速度ベクトル分布を示す．リブの近傍に一対の回転運動と，谷上で下降して頂点上で上昇する 2 次流れをみることができる．これは，垂直応力の不釣り合いから発生するプラントルの第 2 種 2 次流れと考えられる．$Re_0=14000$ においては，2 次流れの大きさは U_0 の 0.8% 程度と大きく，回転運動の中心もリブにより近く，谷の内部の流体運動が活発であることがわかる．

リブレットが摩擦抵抗を低減するメカニズムとしては，①リブレットの谷部で剪断応力が減少する効果，②リブと壁近傍の渦構造との干渉効果，③スパン方向速度の抑制効果が考えられている．

①は，粘性の効果を重要視したものであり，リブレットの頂点で摩擦応力が大きいもの，谷部で小さいために積分平均した値としては平滑面の値を下回るという説明である．しかし，数値計算から，層流域で摩擦抵抗の低減が得られないことが明らかになっており[7]，また，粘性長さによって乱流摩擦抵抗低減が発生するリブ間隔が整理されることは，粘性の効果のみでは説明できない．

②は，壁面近傍にみられる渦構造がリブレットと直接干渉するという考え方に基づくものであり，壁面近傍の縦渦がリブレット内部に 2 次的な渦を発生させ，この渦がリブレットと干渉することによって縦渦が減衰するというモデルが提案されている[19]．

③について，Bechert-Bartenwerfer[10] は，壁面近傍の渦構造が誘起するスパン方向速度がリブレットによって抑制され，ストリークの形成が妨げられるとしている．彼らは，リブレット近傍の速度分布の層流解を解析的に求め，局所の壁面摩擦応力の重心で定義される壁垂直方向座標の仮想原点について検討した．そして，仮想原点からみたリブレット頂点の突出し高さ h_p には極限値が存在し，リブの形状によらず，突出し高さとリブ間隔の比 h_p/s が $\ln 2/\pi$（$=0.221$）以下であることを示した．また，リブレットと直交する流れの壁垂直方向の仮想原点は，リブレットに平行な流れの場合よりも上方にあり，この 2 方向の流れに対する突出し高さの差がリブレットによるスパン方向速度の抑制効果を表すことが予想されている[20]．

Suzuki-Kasagi[18] は，詳細な計測データからレイノルズ応力の輸送方程式の各項を算出した．その結果，w^2 の輸送方程式中の速度圧力歪相関項がリ

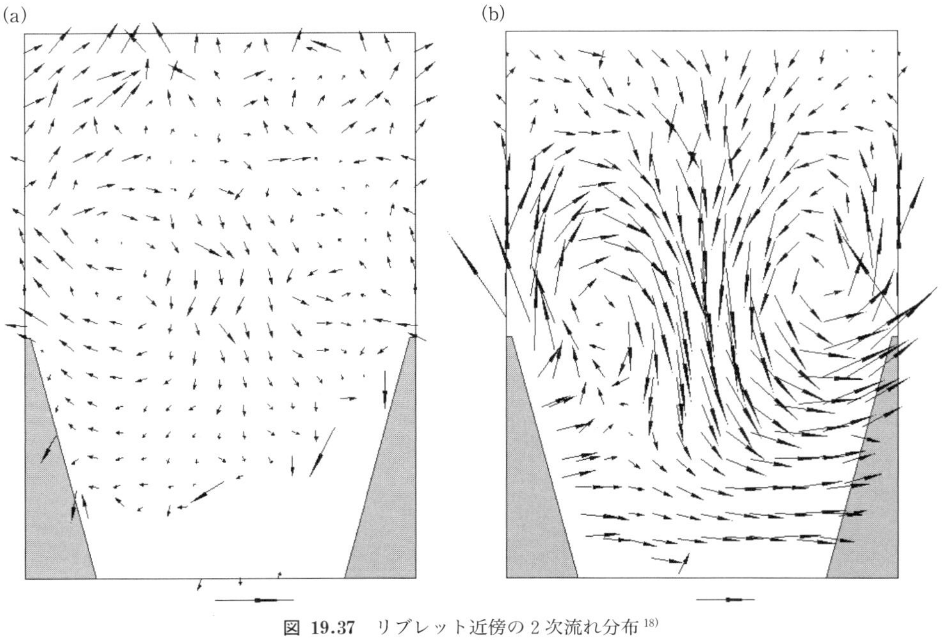

図 19.37　リブレット近傍の 2 次流れ分布[18]
(a)　$Re_0=6000$，(b)　$Re_0=14000$.

ブレットの谷近傍で減少しており，リブの谷近傍において流れ方向からスパン方向への乱れエネルギーの再分配が抑制されていることが明らかになり，スパン方向速度の抑制効果が定量的に示されている．

また，Choi ら[21]は，直接数値計算結果を可視化した結果より，リブレット間隔が大きいときに抵抗が増大する理由を説明している．すなわち，リブレットの間隔が小さいときには，壁近傍の縦渦が谷に入り込まないために壁面剪断応力の高い領域がリブの頂点付近のみに存在するのに対し，リブ間隔がある程度以上大きくなると，縦渦が谷のなかに入り壁面剪断応力の大きい領域が谷内部まで拡大して抵抗低減効果が失われる．［鈴木雄二］

文　献

1) S. J. Kline *et al.*: J. Fluid Mech., **30**, 1967, 741-773.
2) S. K. Robinson: Annu. Rev. Fluid Mech., **23**, 1991, 601-639.
3) N. Kasagi *et al.*: Int. J. Heat Fluid Flow, **16**(1), 1995, 2-10.
4) M. J. Walsh, L. M. Weinstein: AIAA Paper, 1978, 78-1161.
5) M. J. Walsh: AIAA Paper, 1982, 82-0169.
6) M. J. Walsh, A. M. Liindemann: AIAA Paper, 1984, 84-0347.
7) H. Choi *et al.*: Phys. Fluids A, **3**, 1991, 1892-1896.
8) V. D. Burdak: Zoologichevskiy Zhurnal, **48**, 1969, 1053-1055.
9) D. W. Bechert *et al.*: AIAA Paper, 1985, 85-0546.
10) D. W. Bechert, M. Bartenwerfer: J. Fluid Mech., **206**, 1989, 105-129.
11) M. J. Walsh: Riblets, Viscous Drag Reduction in Boundary Layers (D. M. Bushnell *et al.* eds.), Prog. Astronautics and Aeronautics, 123, AIAA, 1990, 203-261.
12) J. D. McLean *et al.*: Flight-test of turbulent skin-friction reduction by riblets, Proc. Turbulent Drag Reduction by Passive Means, the Royal Aeronautical Soc., London, 408-424.
13) K. N. Liu *et al.*: AIAA J., **28**, 1990, 1697-1698.
14) S. Nakao: Trans. ASME J. Fluid Eng., **113**, 1990, 587-590.
15) K. S. Choi: J. Fluid Mech., **208**, 1989, 417-458.
16) P. Vukoslavcevic *et al.*: AIAA J., **30**, 1991, 1119-1122.
17) M. Benhalilou *et al.*: Proc. 8th Symp. Turbulent Shear Flows, Munich, 1991, 18.5.1-18.5.6.
18) Y. Suzuki, N. Kasagi: AIAA J., **32**, 1994, 1781-1790.
19) E. V. Bacher, C. R. Smith: AIAA J., **24**, 1986, 1382-1385.
20) P. Luchini *et al.*: J. Fluid Mech., **228**, 1991, 87-100.
21) H. Choi *et al.*: J. Fluid Mech., **255**, 1993, 503-539.

19.2.5　コンプライアント表面

イルカは時速 70 km の高速で泳ぐことが可能であるが，見積もられる筋肉の量はそれに対して十分ではない．これは Gray のパラドックスといわれている[1]．そこでイルカの柔軟な肌（コンプライアント表面，粘弾性被膜）が周囲流体を制御して，抵抗を減らしていると考えられている．Kramer[2]はコンプライアント表面を貼り付けた回転体を水中で曳航し，乱流摩擦抵抗が減少することを示した．この結果はやや信頼性に欠けるが，コンプライアント表面を用いて抵抗低減を報告した最初の例である．以後，図 19.38 に示すようなさまざまな表面構造が考案され[3]，流体運動への応答性が検討されている[4]．

コンプライアント表面を抵抗低減デバイスに応用した場合，制御時のエネルギー投入を必要とせず，また，図 19.39 に示す[5]ように周囲流体の状況に応じて変形を示すため，剛構造のデバイスに比較して，より効果的な制御が可能であると期待されている．Chu と Blick[6]は，コンプライアント表面を空気の乱流境界層内に設置し，最大 38% の摩擦抵抗低減率を得たが，表面形状の変化による剪断応力測定の大きな誤差が指摘されている[7]．このように，変形する表面近傍の実験的計測が困難であること，さらに弾性率，減衰率，張力など多くのパラメータがあり，それらが実験室環境や経過時間の影響を受けやすいことなどから，再現性の高い実験を行うことは難しい．そのため，Kramer が示した乱流域での抵抗低減を裏づける実験結果は現在まで得られていない[8]．

最近，時々刻々変形する壁面境界を乱流場の直接数値計算と連成させる試みがなされている．Endo と Himeno[9]は，コンプライアント表面を壁面境界とするチャネル乱流の直接数値計算を行い，表面変形速度が壁面圧力と同位相となるように物性値を選ぶことによって，平均 3%，最大 7% 程度の摩擦抵抗低減を得ている．しかしながら，抵抗低減のための最適な物性値の組合せを見積もる手段は未だ得られていない．

一方，コンプライアント表面が層流境界層を安定化することは解析的に示されており[3]，乱流遷移遅延による抵抗低減が可能と考えられる．Carpenter と Garrad[10]はバネ群に支持された薄い弾性膜にモデル化された表面のうえで，2 次元線形攪乱方程式

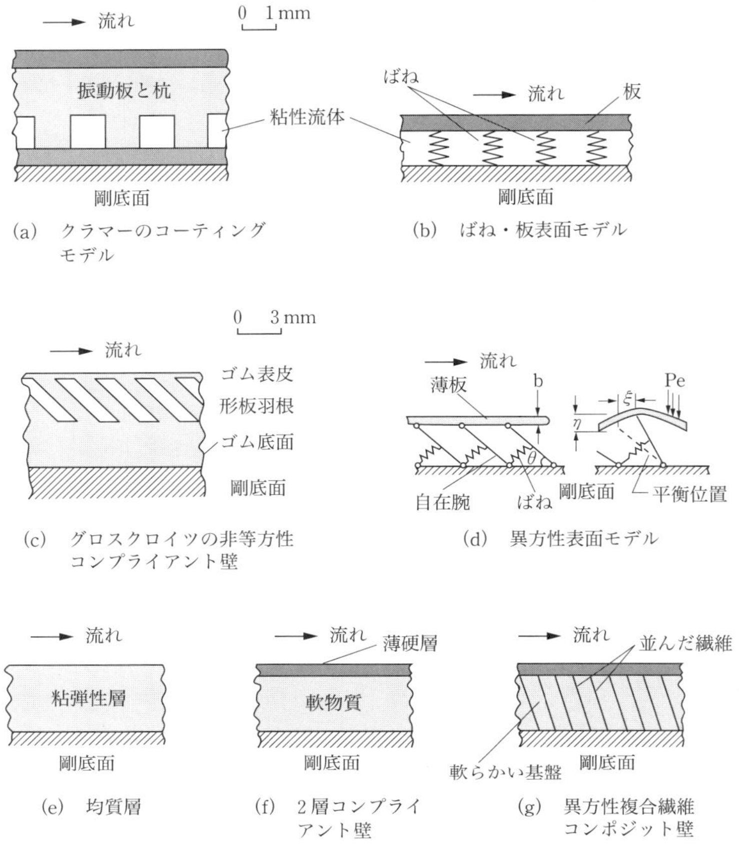

図 19.38　コンプライアント表面のさまざまなモデル[3)]

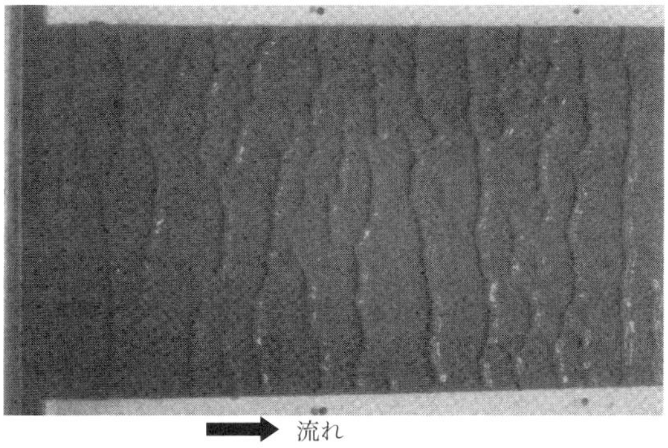

図 19.39　境界層下におけるコンプライアント表面の変形の様子[5)]

(Orr-Sommerfeld 方程式）を解き，臨界レイノルズ数が高くなることを示した．壁面は非変形時の垂直方向にのみ変形が可能と仮定し，変形量 η は以下の式に従う．

$$\frac{\partial^2\eta}{\partial t^2}=\frac{T}{m}\frac{\partial^2\eta}{\partial t}-d\frac{\partial\eta}{\partial t}-\frac{B}{m}\frac{\partial^4\eta}{\partial x^4}-\frac{k}{m}\eta+f \qquad (19.2.5)$$

ここで，T は張力，B は曲げ剛性を，m は単位面積当たりの質量，d は減衰率，k はバネ定数を，f は外力を表す．外力は一般に壁面圧力と剪断応力が与えられる．

Benjamin[11)] は攪乱の不安定モードを，コンプライアント表面と流体間の非可逆的エネルギー伝達の方向によって，三つのクラスに分類した．クラスAは表面変形によって変化する Tollmien-Schlichting (TS) 波であり，流体から表面へのエネルギー伝達によって安定化されるが，系に表面による減衰が加わることによって不安定化する．クラスBは逆に，表面変形の減衰によって安定化し，圧力効果により不安定化する．クラスCは Kelvin-Helmholtz (KH) 不安定性と同種であるが，これによる攪乱の成長・減衰は可逆的であり，流体と表面の非可逆的なエネルギー伝達においては，その効果は小さい[12)]．また，表面によって変化させられる不安定

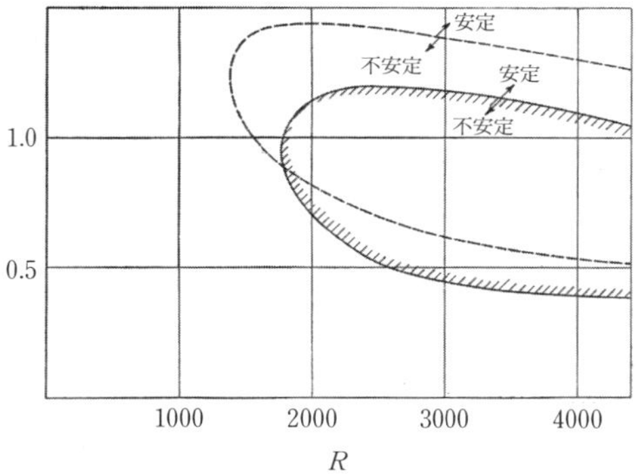

図 19.40　コンプライアント表面（実線）と剛体壁面（破線）上の攪乱の中立曲線[12)]

性を，流体ベースのもの（Tollmien-Schlichting instability, TSI）と固体ベースのもの（flow-induced surface instability, FISI）の二つに分ける方法[10)]もある．また，コンプライアント表面物性の非等方性が効率よくTSIを抑制し，遷移を遅らせるという報告もある[13)]．

図19.40は，剛体壁面とコンプライアント表面上の線形攪乱方程式における中立曲線の一例であり，横軸はレイノルズ数，縦軸は攪乱の波数を表す．攪乱が増幅を受ける領域に至る最小のレイノルズ数（臨界レイノルズ数）が高くなり，遷移が遅れるため抵抗が少なくなると考えられる．以上のように，コンプライアント表面による乱流遷移遅延効果は理論的な研究が盛んに進められているが，未だ数値計算や実験による検証例はわずか[14)]であり，工学的な応用に向けた系統的研究が必要である．

［遠藤誉英］

文　献

1) J. Gray : J. Exp. Biology, **13**, 1936, 192-199.
2) M. O. Kramer : J. Am. Soc. Nav. Eng., **74**, 1962, 341-348.
3) P. W. Carpenter : Viscous Drag Reduction in Boundary Layers (D. M. Bushnell, J. N. Hefner eds.), Progr. Astronautics Aeronautics, 123, and, 1990, 79-113.
4) R. L. Ash *et al.*: Turbulence in Liquids, Science Press, 1975, 220-243.
5) M. Gad-el-Hak *et al.*: J. Fluid Mech., **140**, 1984, 257-280.
6) H. H. Chu, E. F. Blick : J. Spacecraft Rockets, **6**, 1969, 763-764.
7) J. N. Hefner, L. M. Weinstein : J. Spacecraft Rockets, **13**, 1976, 502-503.
8) D. M. Bushnell *et al.*: Phys. Fluids, **20**, 1977, S 31-S 48.
9) T. Endo, R. Himeno : 2nd Int. Symp. Turbulence Shear Flow Phenomena, Stockholm, **1**, 2001, 395-400.
10) P. W. Carpenter, A. D. Garrad : J. Fluid Mech., **155**, 1985, 465-510.
11) T. B. Benjamin : J. Fluid Mech., **9**, 1960, 513-532.
12) M. T. Landahl : J. Fluid Mech., **13**, 1962, 609-632.
13) P. W. Carpenter, P. J. Morris : J. Fluid Mech., **218**, 1990, 171-223.
14) A. D. Lucey, P. W. Carpenter : Phys Fluids, **7**, 1995, 2355-2363.

19.2.6　超撥水面

通常，実在流体の固体表面での境界条件は滑りなしが仮定され，高分子溶液や希薄気体などを除いてそれは実験結果と一致する．しかし，ある種の超撥水表面を液体が流動すると滑りが発生し，流体摩擦が減少する抵抗減少効果を生ずる．この抵抗減少効果は，水やグリセリン水溶液などのニュートン流体に対する円管[1,2)]，回転円板[3)]，回転二重円筒[4,5)]あるいは球[6)]などの抵抗について報告されている．

図19.41は超撥水壁を有する円管の管摩擦係数λとレイノルズ数Reに対する実験結果の一例である．図から明らかなように，層流域でその管摩擦係数はハーゲン-ポアズイユの流れから得られる$\lambda=64/\mathrm{Re}$，の直線と比較してほぼ平行に減少する．この減少量は直径，粘度さらに表面の物理的性質に依存し，一般に直径の減少および粘度の増加に伴い減少量は大きくなる．また，乱流への遷移もわずかに

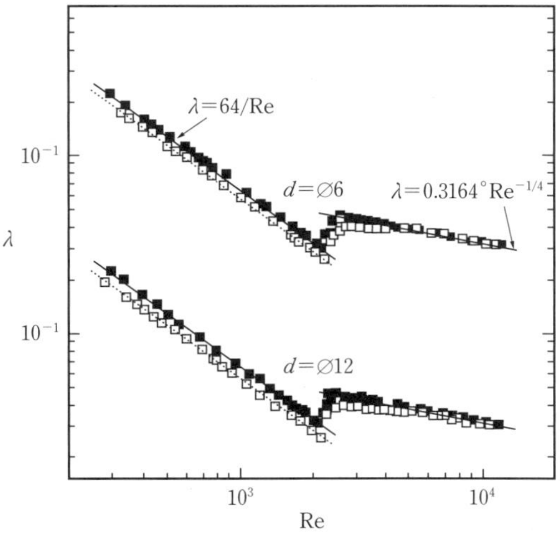

図 19.41　超撥水面を有する円管における水道水の管摩擦係数[2)]

■：アクリル樹脂製円管，□：超撥水壁面円管．

通常の滑面円管のそれと比較して遅れることがわかる．しかしながら，その低減は乱流域において生じない．上述したように，この効果は壁面における液体の滑りに起因し，滑り速度はその流れ場のスケールに応じて，壁面近傍のマイクロバブルや壁面の微細な割れ目に介在すると考えられる気体と液体との界面の存在によって生じることが実験によって明らかにされている．また，ナノ・マイクロバブルに関しては，撥水性および親水性表面における溶存気体の壁面核生成について分子動力学法を用いた解析がなされ，撥水性表面ではその表面近傍で気泡核生成が起こりやすいことを明らかにした数値シミュレーション結果[7]も報告されている．

滑り速度のオーダーが比較的大きい超撥水面の水滴形状と壁面の顕微鏡写真を図19.42に示す．PTFE材を基材とする超撥水塗料を表面に塗布して，約8時間自然乾燥させたものである．その表面には約10 μmの幅をもつ微細な溝の存在が認められる．

一方，この壁面上の流れのモデル化や滑りの境界条件は，解析や数値シミュレーションを行うとき重要となる．壁面での滑り速度 u_s を与える最も簡便な式として，ナビエの仮説[8]に基づく次式がある．

$$u_s=\frac{\tau_w}{\beta}=\frac{1}{\beta}\left(\frac{\partial u}{\partial y}\right)_{y=0} \qquad (19.2.6)$$

ここで，u は壁面からの距離 y における流体の速度であり，τ_w は壁面における剪断応力で，β は滑り係数（sliding coefficient）と呼ばれる物性値である．β は液体と固体表面との摩擦にかかわるゆえ，流体の粘度や密度そして壁面の性状などに依存するものと考えられるが，現時点でその値の測定や決定が難しい．式（19.2.6）から $\beta\to\infty$ が滑りなしの境界条件と一致する．

図19.41中の破線は式（19.2.6）を用いて解析された管摩擦係数の解析解[2]である．本実験結果の場合，滑り係数は $\beta=1\sim10$ Pa・s/m のオーダーとなる．

式（19.2.6）は現象論的に明らかにされた超撥水壁面の滑りのメカニズムに基づいていない．それゆえ，このような流れの解析には現象のモデル化や濡れ性境界条件が必要になる．それらは流体と固体表面との境界にそれぞれの物理的特性を与える手法が考えられる．管壁に周期的に滑りを与える円管内流れのモデル[9]や壁面のフラクタルな構造を考慮して気体との界面についてVOF法を適用し，球周りの流れ[10]を解析した結果も報告されている．

［渡辺敬三］

(a) 超撥水表面上の水滴

(b) 超撥水表面[2]

図 19.42　超撥水表面と水滴形状

文　　献

1) E. Schnell : J. Appl. Phys., **27**, 1956, 1149-1152.
2) K. Watanabe *et al.* : J. Fluid Mech., **381**, 1999, 225-238.
3) 小方　聡，渡辺敬三：日本機械学会論文集（B編），**65**(635)，1999，2391-2397.
4) K. Watanabe, T. Akino : Trans. ASME, J. Fluid Eng., **121**, 1999, 541-546.
5) K. Watanabe *et al.* : AICh E J., **49**, 2003, 1956-1963.
6) 藤田貴男，渡辺敬三：日本機械学会論文集（B編），**70**(692)，2005，146-152.
7) 井上剛良：日本機械学会研究分科会報告書，P-SC 329，2004，63-68.
8) C. L. M. H. Navier. : Memoires de L'Academie Royale Des Sciences de L'Institut de France, **1**, 1923, 235-256.
9) E. Lauga, H. A. Stone : J. Fluid Mech., **489**, 2003, 55-77.
10) 藤田貴男，渡辺敬三：日本機械学会論文集（B編），**72**(714)，2006，299-306.

19.2.7 羽毛・柔毛

a. 柔毛による渦度操作

鳥の羽毛・綿毛，ミンクの毛のように細く柔らかい繊維を柔毛と呼ぶ．流れにさらされる物体の表面がこのような柔毛で覆われていると，当然，流体が出入りする．繊維の林のなかを動き，その抗力で運動量とエネルギーを失った流体が外に出てくるので，柔毛壁近傍は低速流体に包まれることになり，時々刻々生成される渦度も滑面に比べて弱くなる．つまり，渦度は時間平均値も変動も抑制される．このように，渦度を緩和・抑制する柔毛壁は流体が出入りできる無数の微細空孔からなる壁とみることができ，物体壁境界条件としてユニークで，乱流制御における渦操作の手法として重要である．

b. 柔毛壁乱流境界層の特性

柔毛壁のこのような渦度緩和・抑制効果を実験的に調べた研究としては，空力騒音（渦音）抑制技術の開発研究の一環として行われた文献 1〜3 が最初である．文献 1 は柔毛壁に沿う乱流境界層を扱っている．この一連の研究で用いられた柔毛繊維材の断面の様子を図 19.43 に示す．これは直径約 10 μm，長さ約 10 mm の繊維が約 50000 本/cm^2 の面密度でベース生地にほぼ垂直に植毛されたもの（ユニ・ファイブ製，ボア c/#21）で，柔毛材の典型的な例である．繊維は真っ直ぐではない．隣の繊維とからみあい，実質的な直径は 10 μm より大である．また，繊維長さは非一様であり，その面密度は上方に徐々に減る．

この柔毛材を平板に貼付すると，平面的な柔毛壁が得られる．そこで，この平面的な柔毛壁に沿うゼロ圧力勾配下の乱流境界層が主流速度 U_∞=5.0〜49.4 m/s，運動量厚さレイノルズ数 R_θ=600〜8800 の条件下で熱線計測され，平均速度場に関し，壁近く（$y/\delta \leq 0.2$）で（R_θ の値によらず）次式のなりたつことが示されている：

$$\frac{U}{U_\infty}=0.365\log\left(\frac{y}{\delta}\right)+0.79$$

ここで，y は壁からの距離，δ は境界層厚さ（99.5%）を表す．また，y の原点として，柔毛壁近傍の直線的な速度分布を延長して速度 0 の点を定めている．この対数則分布の右辺第 1 項から $\varkappa U_\infty/u_\tau$=6.31 の関係式が与えられ，これにカルマン定数 $\varkappa$=0.41 を代入して，摩擦速度 u_τ に対し U_∞/u_τ=15.4 を得る．この値は実験の範囲内でレイノルズ数に無関係である．これらの結果が示すように，柔毛壁乱流境界層は（繊維の抗力ゆえに）滑面よりも摩擦係数の大きい完全粗面タイプに属している．

次に，柔毛壁が渦度場に及ぼす影響をみるために，主流速度 U_∞=8.5〜8.7 m/s の柔毛壁乱流境界層と U_∞=4.7〜5.0 m/s の滑面乱流境界層の特性が比較されている．流速の違いは境界層厚さを等しくするように調整されたことによる．互いに平行な 3 本の I 形熱線を組み合わせたプローブ（直径は 5 μm，受感部長は約 0.7 mm，隣り合う熱線の間の距離：0.4 mm あるいは 0.7 mm）で速度勾配の時間平均値 $\partial U/\partial y$ と変動分 $\partial u/\partial y$ が測定され，その結果が図 19.44 に示されている．これらの速度勾配は，隣り合う熱線の直線化出力の差をその距離で割った値である．$\partial U/\partial y$ の最大値を比較すると，柔毛壁境界層の値は滑面境界層の高々40% 程度であり，さらに壁近くでは 20% 以下に抑制されている．変動分の実効値 $(\partial u/\partial y)'$ を摩擦速度と動粘性係数で無次元化して比較すると，柔毛壁境界層の最大値は滑面境界層のそれの高々30% 程度である．境界層の $\partial U/\partial y$，$\partial u/\partial y$ はスパン方向の渦度を表すと考えてよい．図 19.44 はこの意味で柔毛が渦度を効果的に抑制することを示す．

u 変動のスパン方向の相関測定の結果は，壁近傍で乱れエネルギーの生成に寄与する縦渦のスパン方向スケールが柔毛壁境界層の場合には滑面境界層の約 2 倍になることを示唆し，渦度変動の実効値 $(\partial u/\partial y)'$ が柔毛壁の場合に抑制される事実と符合する．なお，柔毛壁境界層の速度変動 u の最大実

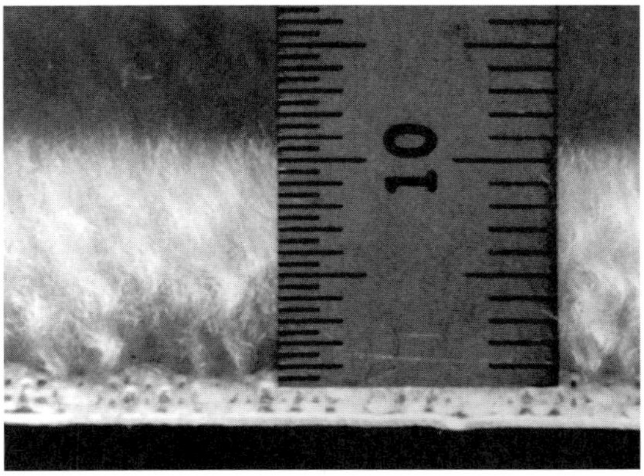

図 19.43　柔毛繊維材の例

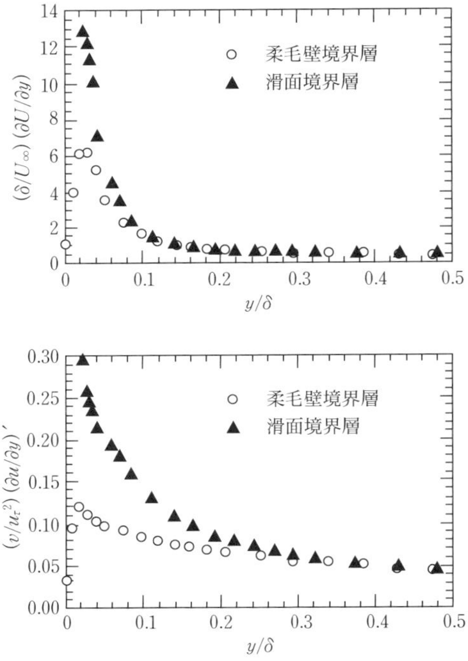

図 19.44　柔毛の渦度抑制効果：乱流境界層における $\partial U/\partial y$ と $\partial u/\partial y$

効値を主流速度で無次元化した値はレイノルズ数にほぼ無関係で 11.5〜12% であるが，これは滑面乱流境界層の値よりわずかに小さい．ただし，変動 u 実効値の y 分布は滑面境界層とは異なる．それは，$y/\delta=0.4$ 付近から壁に向かってほぼ一定値（最大値の 96% 程度）を維持し，$y/\delta=0.05$ 付近で最大値に達したあとは壁に向かって比較的緩やかに減少するという特徴を示し，滑面境界層のように壁近傍で鋭いピークをみせる分布ではない，

c. 柔毛による渦音の抑制

このように，渦度を緩和・抑制する柔毛材は空力騒音抑制の観点から魅力的である．とくに渦が音源となる渦音を効果的に抑制する技術を提供する．亜音速・非燃焼の低速流における空力騒音は，そのほとんどが渦音である．渦音の音源については，渦度と速度のベクトル積の発散（divergence）という具体的な表現式が知られている[4]．この式が示すように，渦度（時間平均値と変動）の強弱は渦音の強弱に直結する．それゆえ，渦度を緩和・抑制する柔毛材を用い，渦に由来する空力騒音をその音源において直接的に抑制することができる．

文献 2，3，7，9 では，このような渦音を音源で断つことを狙った実験の結果が報告されている．渦音の典型は円柱のカルマン渦列の渦放出に伴うエオルス音[5]である．直径 38 mm の滑面円柱と直径 18 mm の円柱に先述の柔毛を貼付して直径を 38 mm とした柔毛円柱のエオルス音を風洞で測った結果によると，主流速度 $U_\infty=50$ m/s のとき，渦放出周波数における騒音のピークレベルは，柔毛円柱では滑面円柱に比べて，約 10 dB 減少する．主流速度 $U_\infty=5.1$ m/s で同じ円柱の近傍後流を熱線計測した結果によると，滑面円柱の場合，渦度変動の実効値 $(\partial u/\partial y)'$ は円柱の肩（前縁から角度 90° の位置）の近傍で最大となり，その最大値（主流速度と円柱直径で無次元化）は 12 に達する．一方，柔毛円柱の場合，渦度は著しく抑制され，肩の近傍で変動実効値が 2 を超すことはない．渦度変動が最大となるのは滑面円柱では境界層が剥離する肩の近傍であるのに対し，柔毛円柱では円柱中心軸から直径分以上も下流の渦形成領域に移り，その最大実効値は高々4 程度である．

さらに，滑面円柱と柔毛円柱の渦形成領域における u 変動の実効値分布を図 19.45 に比較する．実効値は主流速度 U_∞ で無次元化され，等値線表示されている．滑面円柱の結果をみると，実効値は剥離剪断層内 $x/d=0.4$ 付近で最大値 0.45 に達し，円柱背後 $x/d=0.5$ の表面近傍でも 0.1 の大きさをもち，$x/d=1.0$ では 0.25 を超えるというように渦形成に伴う変動の激しさがわかる．一方，柔毛円柱の場合，円柱近傍の u 変動は実効値が 0.02 程度にとどまり，きわめて静かである．剥離剪断層内でも $x/d=0.4$ の位置に至るまでは 0.1 の値に達することはなく，また $x/d=2.5$ 付近でとる最大値も 0.3 の程度である．これらの結果は，柔毛円柱においてエオルス音が抑制された結果とよく対応し，次のように解釈される．

渦度場は誘導速度場をもつ．滑面円柱における激しい渦形成は，一つの孤立渦が巻き上がる過程で誘導される速度場がフィードバックの機能をもつことによる．すなわち，次の周期の渦形成を促す刺激（渦度変動）がこのフィードックによって境界層剥離点の近傍に与えられる．一方，柔毛円柱の場合は，繊維の抗力ゆえに，誘導速度は柔毛繊維の林のなかやその近傍の流体には（滑面円柱の場合のようには）及ばない．つまり，平均流の渦度の抑制に加

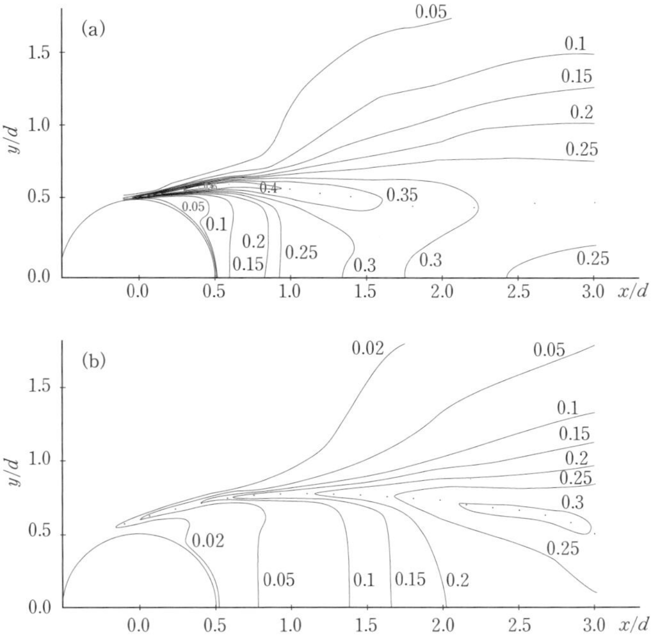

図 19.45　滑面円柱（a）と柔毛円柱（b）の渦形成領域における u 変動実効値の分布（等値線表示）
数値は主流速度で無次元化された実効値を示す．

え，フィードバックによる渦度変動も抑制され，その振幅・位相の2次元性も崩されることになる．渦形成を促す刺激が弱くなれば，渦形成位置が後方にずれるので，円柱近傍は静かな流れになる．なお，周囲から伝播してきた音波が壁でつくる渦度についても，柔毛壁は同様に抑制し，音波に対する受容性[8]を低下させる．

柔毛はこのように渦度，フィードバック，受容性が支配する現象の抑制手法として有用である．その渦音抑制機能は，鉄道総合技術研究所の大型低騒音風洞の建造に際し，開放型測定部暗騒音の主原因となるノズルやコレクタの渦音を低減させるために適用され，風洞主流速度 83.3 m/s（300 km/h）における測定部暗騒音が 75 dB(A) という低騒音性能の達成に寄与している[6,9]．　**［西岡通男］**

文　献

1) 西岡通男，平井　誠：日本流体力学会誌，**15** 別冊，1996，117-118.
2) 西岡通男，久米　司：日本流体力学会誌，**16** 別冊，1997，225-226.
3) M. Nishioka: Proc. 8th Asian Congress of Fluid Mechanics, International AcademicPublisher, Beijing, 1999, 973-983.
4) M. S. Howe: J. Fluid Mech., **71**, 1975, 625-763.
5) 西岡通男，坂上昇史：日本流体力学会誌，**24**，2005，105-113.
6) M. Nishimura *et al*: Inter-Noise, **97**, 1997, 379-382.
7) M. Nishimura *et al*.: AIAA paper, 1999, 99-1847.
8) M. Nishioka, M. V. Morkovin: J. Fluid Mech., **171**, 1986, 219-261.
9) 西岡通男：日本航空宇宙学会誌，**48**，2000，175-179.

19.3 能 動 制 御

19.3.1 バ ブ ル

バブルすなわち気泡は，日常生活を支えるさまざまな場面で広く利用されている．たとえば，水中の空気含有率増加作用を利用して下水処理施設で好気性微生物を活性化させることによる水質浄化，気泡表面への汚れの吸着作用を利用して養殖で出荷前の貝類の内部汚れ除去，比重の違いを利用してコンクリートの軽量性・断熱性・遮音性・不燃性を高めた気泡コンクリート（ALC）などである．またバブルは，乱流中の乱流構造を変化させる力学的な効果ももっている．たとえば，水流中の固体壁に沿って発達する乱流境界層中に注入すると，壁面剪断応力すなわち摩擦が大幅に低減することが知られており，船舶にとって有望な摩擦抵抗低減デバイスとして実用化のための研究が進められている．以下に，壁乱流の能動制御の一手法である，摩擦抵抗低減デバイスとしてのバブルについて説明する．

a．バブルによる摩擦抵抗低減効果の大きさ

水を媒体とする乱流境界層中にバブルを注入すると，摩擦抵抗は大幅に低減する．Madavan ら[1]は，閉流路の平らな上面に設けた多孔質板から気泡を注入し，そのすぐ下流で壁面剪断応力を計測した．さまざまな流速におけるその結果を図 19.46 に示す．図の横軸の吹出し空気層厚さ $t_a(=Q_a/BU_\infty)$ は，単位時間あたりの吹出し空気量 Q_a を吹出し幅と一様流速 U_∞ で割ったもの，すなわち吹出し空気が幅を保ちながら一様流と同じ速度で流れるとしたときの厚さを表し，縦軸の C_f/C_{f0} はバブルなしの状態を 1 とした壁面剪断応力を表す．流速によらず壁面剪断応力は最大で 80% 低減している．

バブルの抵抗低減デバイスとしての性能は，バブルを注入した位置から下流に至るまでの摩擦抵抗低減効果の積分値によって決まる．図 19.47 に，曳航水槽において長さ 40〜50 m の平板を速度 7 m/s で曳引し，その上流端近くからバブルを注入した状態で計測した壁面剪断応力分布を示す[2]．横軸 X_a は吹出し位置から下流方向の距離を表す．PP は多孔質板を，AHP は直径 1 mm の孔を多数開けた板を表す．摩擦抵抗低減効果は吹出し板の種類によってやや異なり，下流方向に減少するが，数十 m にわたり持続している．

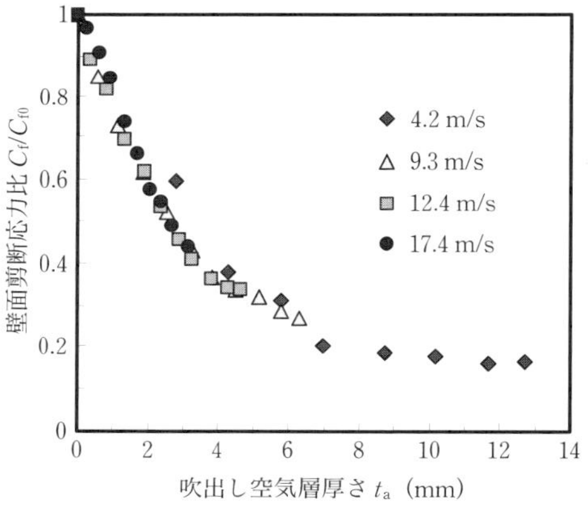

図 19.46　バブルによる摩擦抵抗低減効果[1]

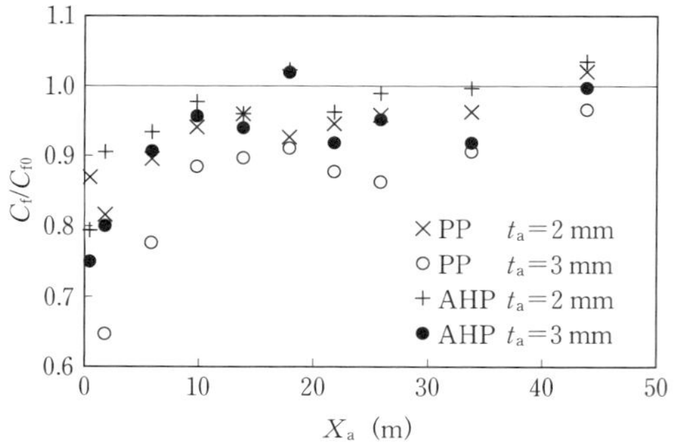

図 19.47　摩擦抵抗低減効果の下流方向分布（U_∞=7 m/s）[2]

b．バブルによる摩擦抵抗低減メカニズム

バブルによる摩擦抵抗低減メカニズムについてはさまざまな説があるが，ここでは実験的に確認されている二つの説だけを紹介する．まず，準備として流れのなかの剪断応力 τ の式を示す．平らな固体壁に沿って速度成分 u の流れが壁に直角な y 方向に勾配をもつ状態で，

$$\tau = \mu\frac{\partial u}{\partial y} - \rho\overline{u'v'} \qquad (19.3.1)$$

ただし，μ は分子粘性係数，ρ は流体の密度，$\overline{u'v'}$ は壁方向および直角方向の速度変動成分の時間平均値であり，右辺第 1 項は分子粘性による応力項，第 2 項はレイノルズ応力項すなわち乱流変動による応力項を表す．

1）密度効果　壁近傍に気泡が集中して存在すると，平均的な密度と分子粘性が減少し，式 (19.3.1) により剪断応力 τ も減少する．実験的にも，壁から数 mm の範囲のボイド率と摩擦抵抗低減効果の間に強い正の相関があることが知られている．この説によれば，低減効果は気泡径に依存しないことになる．

2）乱流変調効果　壁近傍気泡流の光学的な計測[3]により，次のことがわかっている．すなわち，バブルが存在すると，速度変動 u' と v' の相関が低下し，レイノルズ応力が減少する．また，その効果はバブルが扁平であるほど大きい．バブルの大きさが直径 0.1〜0.2 mm 以下になると表面張力のためにほぼ球形を保つため，このメカニズムによればバブルは，摩擦抵抗低減効果をもつためには，それ以上の大きさをもつ必要があることになる．ただし，最近，数十 μm のバブルによって顕著な摩擦抵抗低減効果を得たとの実験結果も複数報告されており[4]，バブルが乱流に及ぼす影響は 1 種類だけでは

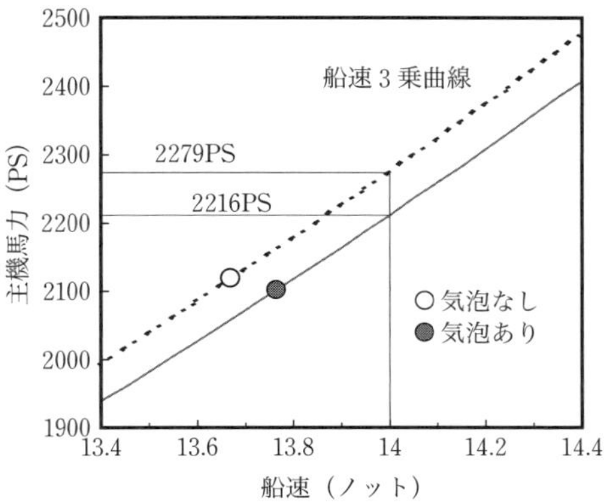

図 19.48　実船におけるバブルによる抵抗低減効果

ないかもしれない．

c.　大型船におけるバブルの摩擦抵抗低減効果

長さ 116 m の練習船を用いた実験[5]では，船首近傍からバブルを注入することによって，船底部分をほぼ全長にわたってバブルで覆い，大型タンカーの巡航速度に相当する 14 ノット（7.2 m/s）において 44 m^3/分の空気を吹き出すことにより，図 19.48 に示すように，船速が増加し主機馬力が低減した．これは船体抵抗が 3% したことに相当し，大型船においてもバブルが摩擦抵抗低減効果をもつことが確認された．　　　　［児玉良明］

文　　献

1)　N. K. Madavan *et al.*: J. F. M., **156**, 1985, 237-256.
2)　児玉良明ほか：日本マリンエンジニアリング学会誌，3 月号，2004，32-36.
3)　北川ほか：日本機械学会論文集（B 編），**69**(681)，2003，1140-1147.
4)　A. Serizawa *et al.*: 3rd European-Japanese Two-Phase Flow Group Meeting, 2003.
5)　永松ほか：日本造船学会論文集，**192**，2002，14-27.

19.3.2　ポリマー・界面活性剤による抵抗低減

流れにポリマーや界面活性剤を添加する乱流制御方法は，物質添加によって流れに働きかけることから能動的手段に分類される．特定の化学物質が液体の乱流の摩擦抵抗を著しく減少させることが 1950 年頃に報告され[1]，それ以後ポリマーや界面活性剤，ファイバーを添加した乱流に対して精力的な研究が行われている[2]．また，抵抗低減の程度は数十% と大きいので，実用化への試みも多方面にわたってなされている[3]．

抵抗低減の起きた流れに対して平均速度分布の報告があり，かぎられた範囲で乱れ変動強度分布の測定例があるものの，乱流組織構造に関する研究は緒についたばかりである．乱流摩擦抵抗を発生あるいは抑制する要因は，通常のニュートン流体における場合と同様に乱流組織構造の挙動に求められるので，レーザ計測による空間的詳細な構造解析や DNS を併用した乱れエネルギー収支の解析を行うことが有効であると考えられる．本項では抵抗低減界面活性剤を微量含む水溶液の水路流れの PIV（粒子画像速度測定法）による実験的解析に DNS（乱流の直接計算）法による数値シミュレーションを援用した解析結果について述べる．

a.　ポリマー，界面活性剤添加による摩擦抵抗の変化

乱流摩擦抵抗低減のために用いられるポリマーは，ポリエチレンオキシドとポリアクリルアミドが代表的なものである．これらは水溶性であり，柔軟な構造をもつことが特徴である．界面活性剤は親水基と疎水基の両方をもつ分子であり，水のように極性のある溶媒中では親水基を外に向けて寄り集まり，ミセルと呼ばれる構造を形づくる．界面活性剤の濃度，共存するイオン，温度などの条件によりミセルの形態は球状，棒状，板状と変化するが，棒状ミセルがネットワーク構造を形成する場合，溶液には顕著な粘弾性が現れ，摩擦抵抗低減が生じる．こうした機能を発揮する界面活性剤は数多いが，Akzo-Nobel 社の Ethoquad に代表される陽イオン性界面活性剤には強い抵抗低減効果があることが知られている．抵抗低減効果をもつポリマーまたは界面活性剤水溶液は粘弾性をもつ非ニュートン流体になる．また，ニュートン流体では剪断粘性率の 3 倍という値をとる伸張粘性率が剪断粘性率に比べてきわめて大きな値になるとの報告がある．

乱流摩擦抵抗の低減率は，レイノルズ数に応じて変化する．図 19.49 に管摩擦係数 λ の挙動を概念的に示す．図中の番号は順に，1.管内層流，2.管内乱流，3.ポリマー溶液，4.界面活性剤溶液，5.ファイバー混入液，6.Virk の最大抵抗低減漸近線を示す．3，4，5，は抵抗低減挙動の典型例を表している．

ポリマーを添加した場合には，摩擦係数はあるレイノルズ数以上で通常の乱流摩擦係数より小さくな

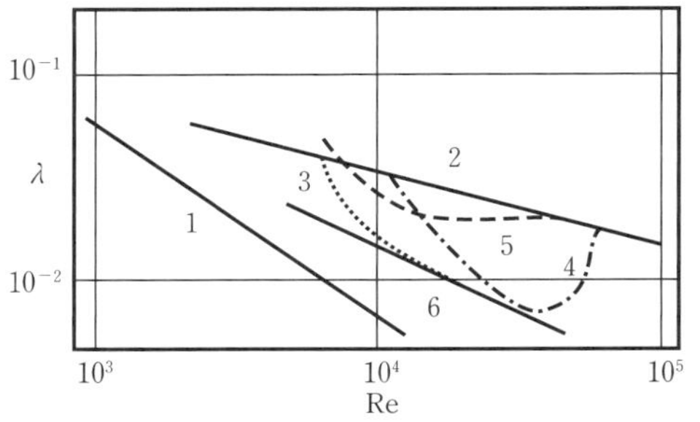

図 19.49 レイノルズ数に対する摩擦係数の関係（概念図）

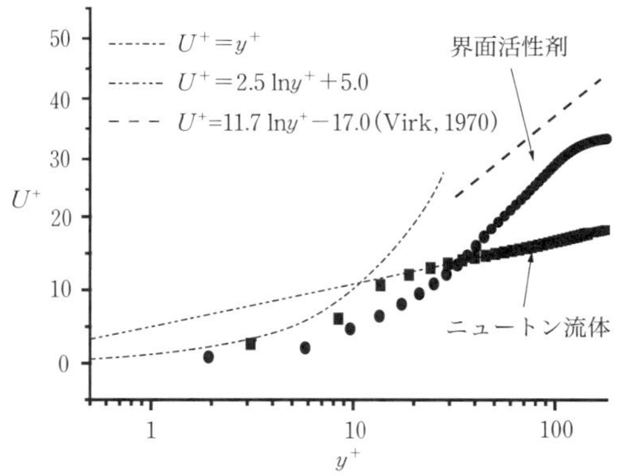

図 19.50 PIV 計測による2次元水路内平均速度分布[6]

り，レイノルズ数が増加するほど低下する．界面活性剤を添加すると摩擦係数はレイノルズ数の増加に伴って減少するが，あるレイノルズ数を境に増加に転ずる．両者ともに最大抵抗低減漸近線（ポリマーの場合 Virk ら[4]，界面活性剤の場合，Zakin ら[5]によって提唱されたものがある）と呼ばれる経験的な値を下回ることはない．

このように抵抗低減が起こる理由は，添加物によって溶液のレオロジー特性が変化し，レイノルズ剪断応力が減少するためである．したがって，摩擦抵抗が主要部分を占める流体要素（たとえば直管，流線型の物体）には顕著な抵抗低減効果があるものの，圧力抵抗が主要な部分を占める要素（たとえば曲がり管，鈍頭物体）には効果がない．また，層流では添加物による粘性率の上昇に伴って摩擦が増大することがある．

ポリマーと界面活性剤とは溶媒中で柔軟な巨大構造をつくる点では共通しているが，前者は炭素の共有結合による長大な分子，後者は分子間力で結合したミセルであることが異なる．ポリマーの分子はポンプなどで強く攪拌されると不可逆的に破壊されるが，界面活性剤ミセルはいったん破壊されても条件が整えば再び結合して抵抗低減効果を発揮する．そのため，ポリマーは一過性の用途，たとえば原油輸送や下水の流量増加に，界面活性剤は循環システム，たとえば地域冷暖房やビル空調に使用される．

b. 添加剤の乱れ統計量への影響

図 19.50 は平板間乱流の測定結果であり，平均速度分布に及ぼす界面活性剤添加の影響を PIV によって調べたものである[6]．記号 U は平均速度，y は壁からの距離（いずれも摩擦速度 u_τ と動粘性係数 ν で無次元化して示す）である．図中の「界面活性剤」とあるデータは水道水に CTAC を 75 ppm 添加した溶液で測定されたもので，抵抗低減率は 51% であった．平均速度分布は，界面活性剤の添加によって通常の対数法則から離れることがわかる．ここでは，添加剤として cetyltrimethyl ammonium chloride（CTAC）を使用している．分子構造を図 19.51 に示す．この活性剤は陽イオン性に分類され，適当な比率で対イオン物質（たとえばサリチル酸ナトリウム）と混合した水溶液とすると棒状ミセルを形成し，強い抵抗低減効果を発揮することがわかっている．

抵抗低減添加剤を加えた乱流においては，乱れが完全に消失するわけではなく，ニュートン流体のそれとは異なった形態の乱れが存在する．添加剤を加えない乱流と壁面剪断率が同じ（同一壁面レイノルズ数）条件下で比較すると，抵抗低減状態は平均速度の増大として観測されることになるが，乱れ変動強度の x 方向成分 u' の極大値も増加する．一方 y 方向成分 v'，z 方向成分 w' は減少する．乱れ強度が極大を示す位置は壁から離れた位置に移動する．特異な現象はレイノルズ剪断応力 $-\overline{uv}$ が消失またはごく小さな値となることで，これは u，v の間の相関が消失することによる[7]．図 19.52 は，抵抗低減流れの種々のレイノルズ数における乱れ強度分布を比較したものである[7]．図中の記号は表 19.2 に示す通りである．図 19.52(a) は主流方向乱れ強度の rms 値，図 19.52(b) は壁に垂直方向の乱れ強度

$$\begin{bmatrix} & CH_3 & \\ & | & \\ C_{16}H_{33}-N^+-HC_3- \\ & | & \\ & CH_3 & \end{bmatrix} Cl^-$$

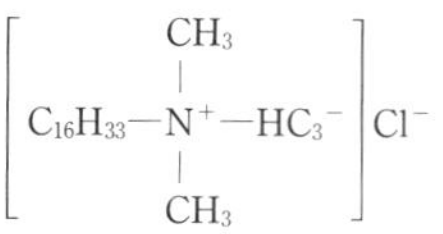

図 19.51 界面活性剤 CTAC の分子構造

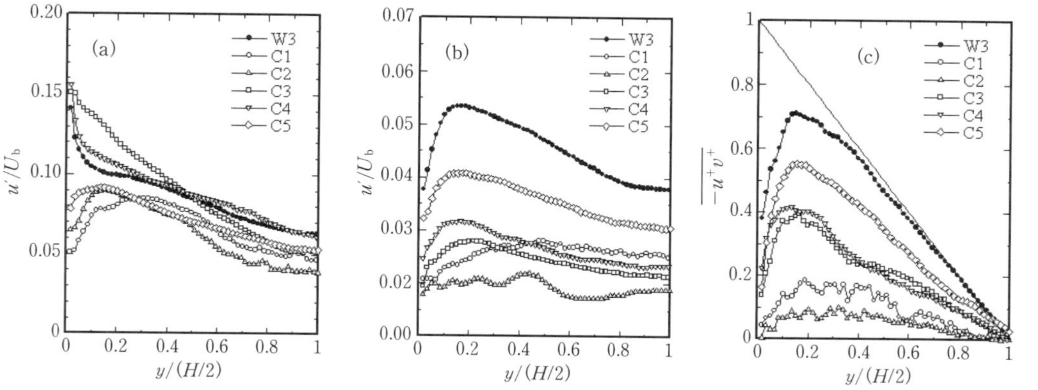

図 19.52 PIV計測による2次元水路内乱れ強度分布[7)]

表 19.2　図19.51に示した実験のパラメータ

Cases		Re ($\times 10^4$)	U_b (m/s)	u_τ (m/s)	DR (%)
水	W3	2.01	0.405	0.00224	—
CTAC	C1	0.65	0.131	0.00581	49
	C2	1.43	0.289	0.0105	60
	C3	1.82	0.366	0.0153	43
	C4	2.58	0.519	0.0264	12
	C5	3.32	0.668	0.0353	0

のrms値（これらはバルク平均速度U_bで無次元化），図19.52(c)はレイノルズ剪断応力（摩擦速度で無次元化），横軸は共通して壁からの距離yをチャネル半幅で無次元化したものである．図中の記号は表19.2を参照されたい．表19.2のなかでW3とは水の流れ（比較用），CTACは界面活性剤CTACを25 ppm添加した流れを意味する．Reはバルク速度U_b，チャネル幅Hに基づくレイノルズ数，u_τは摩擦速度，DRは同じReの水流と比較した摩擦抵抗低減率である．

高い抵抗低減率を示すC2，C3の場合を水の場合W3と比較すると，前述の説明が成り立っていることがわかる．すなわち，抵抗低減状態での乱れは変動強度は0にはならず，方向成分間の異方性が強く，相互相関が小さく，乱流を特徴づけている高い拡散性が存在しなくなる特徴をもつ．拡散性の低下は熱についても同様であり，乱流熱流束の低下が著しいこと，乱流プラントル数は1程度になることが実験的に確かめられている[8)]．

抵抗低減流れにおける組織的構造は乱れエネルギーの生成，消散に及ぼす粘弾性の効果によって変化する．壁近傍のヘアピン渦の成長はエネルギー生成に大きな役割を果たすが，伸張粘性率の大きな流体は伸張変形に抵抗しようとするので，エネルギー生成過程は制約されることになる．また，エネルギー消散の過程では圧力・速度歪み相関項が重要であるが，大きな伸張粘性率はここにも制約を与えるのでエネルギーの再配分は阻害され，乱れ変動方向成分間の異方性が大きくなると考えられる．

c.　添加剤の乱れ構造への影響

図19.53はステレオPIVによって測定した壁近傍の低速ストリーク構造の瞬時画像である．ステレオPIVを用いると3方向速度成分の瞬時値の特定の平面における分布が得られる．この図でベクトルはy方向成分，等高線はx-z平面内の速度の絶対

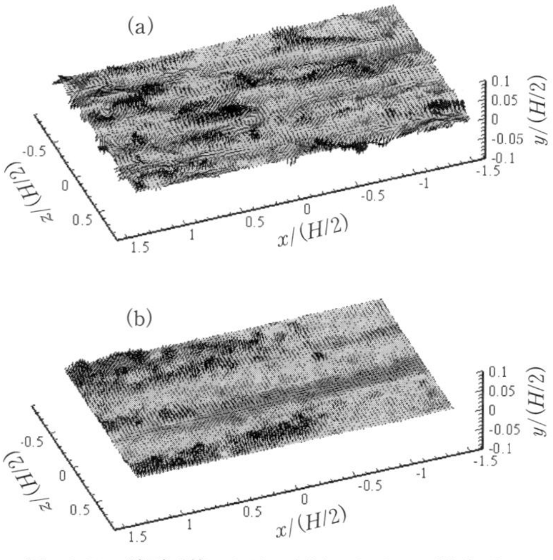

図 19.53　壁面近傍における低速ストリーク構造（ステレオPIV計測[5)]による）

値に対応する．図 19.53(a)は水の流れ，図 19.53(b)は界面活性剤 CTAC を 30 ppm 添加した流れを示す．後者では抵抗低減率 54% であった．

図 19.53(a)に示すニュートン流体流れでは壁近傍の低速ストリークは比較的密に存在し，不規則な形状をしており，ストリークの屈曲した部分から壁に垂直方向の速度が生じていることがみてとれる．この運動は ejection 運動により活発な乱流エネルギーの生成が行われていることに対応している．一方，界面活性剤を添加した流れ（図 19.53(b)）においては，低速ストリークの間隔は広がり，屈曲は少なく，激しい ejection 運動は抑えられている[9]．DNS による計算結果をみても実験と同様の情報が得られる．ニュートン流体流れでは低速ストリークの間隔は狭く，さまざまな大きさ，強度の不規則渦が存在する計算結果が得られる．界面活性剤を添加した溶液流れに対して計算を行うとストリーク間隔は広くなり，不規則な渦運動は抑制されることが確認できている．

PIV を用いると x-y 平面における瞬時の速度分布を得ることができる．平面内の速度分布の中で循環を伴う渦度（swirling strength）に着目すると，壁面から一定の角度をなす線上にこの量の大きいポイントが並ぶことがわかった．この線上にはヘアピン渦のパケットが形成されており，この構造はニュートン流体の壁乱流ではよくみられるものであるが，流れに界面活性剤を加えても多くの場合同様の傾斜構造が認められる．傾斜構造の角度・発生頻度は摩擦抵抗と一定の関係があることが確認されており[10]，添加剤の有無にかかわらず乱流摩擦を発生する機構は共通であることは興味深い．

d.　添加剤による抵抗低減流れの DNS による解析

抵抗低減が観測される溶液の構成方程式を仮定して，乱流の直接計算を行う試みがなされている[11~13]．希薄溶液では溶媒に比べて溶液の剪断粘性率の変化はごくわずかであり，法線応力差の定量的評価も在来のレオメータではきわめて難しいため，構成方程式の選定にはいまだに議論がある．粘性率と剪断率との関係は，粘弾性流体によく用いられる Gieskus モデルと矛盾しないことが示されている[6]ので，本項ではこのモデルを用いた解析例を紹介する．計算方法の詳細は文献 14，15 を参照されたい．

適当な無次元化を施した連続の式と運動方程式は以下のような形をとり，式 (19.3.2) で示される運動方程式右辺第 3 項には粘弾性に起因する項が含まれる．

$$\frac{\partial u_i^+}{\partial x_i^*}=0 \tag{19.3.2}$$

$$\frac{\partial u_i^+}{\partial t^*}+u_j^+\frac{\partial u_i^+}{\partial x_j^*}=-\frac{\partial p^+}{\partial x_i^*}+\frac{\beta}{\mathrm{Re}_\tau}\frac{\partial}{\partial x_j^*}\left(\frac{\partial u_i^+}{\partial x_j^*}\right)+\frac{1-\beta}{\mathrm{We}_\tau}\frac{\partial c_{ij}^+}{\partial x_j^*}+\delta_{1i} \tag{19.3.3}$$

さらに，Gieskus モデルを用いると構成方程式は以下のように書ける．

$$\frac{\partial c_{ij}^+}{\partial t^*}+\frac{\partial u_m^+c_{ij}^+}{\partial x_m^*}-\frac{\partial u_i^+}{\partial x_m^*}c_{mj}^+-\frac{\partial u_j^+}{\partial x_m^*}c_{mi}^++\frac{\mathrm{Re}_\tau}{\mathrm{We}_\tau}[c_{ij}^+-\delta_{ij}+\alpha(c_{im}^+-\delta_{im})(c_{mj}^+-\delta_{mj})]=0 \tag{19.3.4}$$

式 (19.3.4) で c_{ij}^+ は添加剤が溶液内で形成する構造の変形に伴う conformation テンソルである．

溶液のゼロ剪断粘性率 η_0 を

$$\eta_0=\eta_\mathrm{a}+\eta_\mathrm{s}$$

と表現する．η_s は溶媒の粘性率，η_a は添加剤による粘性率の増加量である．$\beta(\beta=\eta_\mathrm{a}/\eta_\mathrm{s})$ は粘性率増加量の η_s に対する比を表す．レイノルズ数 Re_τ とワイセンベルグ数 We_τ は，$\mathrm{Re}_\tau=\rho u_\tau h/\eta_\mathrm{s}$，$\mathrm{We}_\tau=\rho\lambda u_\tau{}^2$ とする．ここで ρ，λ，u_τ，h は流体の密度，緩和時間，摩擦速度，水路幅の半値である．レイノルズ数とワイセンベルグ数は溶媒の粘性率 η_s をもとにしている．$\beta=0$ とおくと，式 (19.3.3) はナビエ-ストークスの式に一致する．

この方程式を高いレイノルズ数の条件下で解くと，抵抗低減流れを予測することができる．平均速度，乱れ変動量の計算結果は PIV によって測定した該当する溶液の水路流れの実験結果とよく一致することがわかった[6]．図 19.54 は DNS による数値解析の結果であり，界面活性剤添加による速度分布の変化は図 19.50 に示す PIV による実験結果とよく一致している．このとき，抵抗低減率は 29% であった．この計算をもとに，乱れエネルギーの収支，壁面摩擦力に及ぼす弾性の効果が検討された[6]．

以上述べたように，添加剤による抵抗低減現象は近年の乱流の数値解析とレーザ計測技術の進展により，乱流の組織的構造に立脚して抵抗低減機構が説

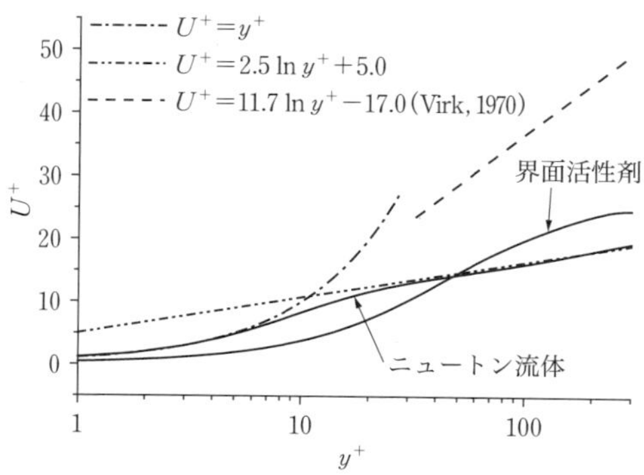

図 19.54 DNS計算による2次元水路内平均速度分布[6)]

明づけられる段階となってきた．今後添加剤による抵抗低減現象のより実用的な側面，たとえば溶液のレオロジーデータをもとにした抵抗低減用添加剤のスクリーニング，ミセル破壊とそれによる乱流回復現象，複雑流路における抵抗低減流れの予測，熱伝達機構の詳細解明など複雑かつ重要な問題に光が当たる日は間近であると期待している．［**川口靖夫**］

文　　献

1) B. A. Toms: Proc. 1 st Int. Congr. on Rheology, **2**, 1948, 135-141.
2) J. L. Zakin, H. W. Bewersdorff: Reviews in Chemical Engineering, **14** (4-5), 1998, 253-320.
3) A. Gyr, H.-W. Bewersdorff: Drag Reduction of Turbulent Flows by Additives, Kluwer Academic Publishers, 1995, 191-217.
4) P. S. Virk *et al.*: ASME J. Appl. Mech., **37**, 1970, 480-493.
5) J. L. Zakin *et al.*: AIChE. J., **42** (12), 1996, 3554-3546.
6) B. Yu *et al.*: Int. J. Heat Fluid Flow, **25** (6), 2004, 961-974.
7) F-Ch. Li *et al.*: Phys. Fluids, **17**, 075104, 2005, 1-13.
8) F-Ch. Li *et al.*: Phys. Fluids, **16** (9), 2004, 3281-3295.
9) F-Ch. Li *et al.*: Exp. in Fluids, **40** (2), 2006, 218-230.
10) F-Ch. Li *et al.*: Int. J. Heat and Mass Transter, **51**, 2008, 835-843.
11) P. Orlandi.: J. Non-Newtonian Fluid Mechanics, **60**, 1995, 277-301.
12) J. M. J. DenToonder *et al.*: J. Fluid Mechanics, **337**, 1997, 193-231.
13) R. Sureshkumar *et al.*: Phys. Fluids, **9**, 1997, 743-755.
14) B. Yu *et al.*: Int. J. Heat Fluid Flow, **24**, 2003, 491-499.
15) B. Yu, Y. Kawaguchi: J. Non-Newtonian Fluid Mech., **116**, 2004, 431-446.

19.3.3 ポリマー・界面活性剤による伝熱制御

a. 流動抵抗低減用ポリマーや界面活性剤利用の現状

地域熱供給システムなどにおいては，温水や冷水のような熱輸送媒体により熱エネルギーの輸送を行っているが，これらの熱輸送媒体に，ある種のポリマーや界面活性剤などを添加することにより起こる流動抵抗低減効果（乱流の層流化：トムズ効果）を利用した省エネルギー対策が注目されている[1)]．このような乱流の層流化による流動抵抗低減効果によって得られる熱輸送媒体輸送用ポンプ動力の低減効果，さらに熱輸送配管からの熱損失低減効果によって熱エネルギーを効率的に輸送できることが可能であり，エクセルギ効率が70％も改善されるという試算[2)]もある．一般に，ポリマーの分子量が5000程度以上の鎖状高分子化合物であるポリエチレングリコール（分子量約200万）などにおいてトムズ効果が観察されている．しかしながら，繰返しの循環利用では流れの剪断力により鎖状高分子構造の切断分裂による劣化やその凝集作用による高分子の絡み合いなどで，本来の鎖状構造が変化し，トムズ効果を喪失することになる．したがって，この種のポリマーは，繰り返し使用しない原油のパイプライン輸送やセメントスラリー管搬送などの1回のみの使用に向いている．

一方，流動抵抗低減剤としてのある種の界面活性剤は，高流速に伴う高剪断応力に曝されて，その界面活性剤の高次ミセル構造（棒状ミセルや紐状ミセルの絡み合い構造）が破壊される．しかしながら，その流動抵抗低減効果が喪失しても，低剪断応力状態のもとで，熱化学的機能でミセル構造が修復し，流動低減機能が回復する．それゆえ，熱媒体輸送システムへの流動抵抗低減用界面活性剤の利用は，有望な省エネルギー技術に位置づけられている．一方，このような乱流の抑制による流動抵抗低減効果は，逆に熱交換器内での熱伝達の低減をもたらす問題が起こる．一般に，界面活性剤添加水溶液の流動抵抗低減率は，約70〜80％も得られるが，さらに熱伝達はそれ以上の低減率（90％を超える場合もある）となることが報告されている．熱エネルギー輸送利用システムの総合効率の観点からは，得られた流動抵抗低減効果のメリットが喪失する状況が起こることになる．

この熱伝達低減の問題の解決には，熱媒体への界面活性剤添加による乱流抑制機能から，逆に熱交換器では界面活性剤添加水溶液の乱流促進機能を付与することが必要となる．この乱流促進法としては，熱交換器流入前の界面活性剤添加水溶液の高次ミセル構造を破壊する方法，熱交換器伝熱面をリブレット構造などの乱流促進体を設置する方法などがあるが，いずれも流動抵抗の増大を伴うもので，熱伝達促進と流動抵抗の増大を抑制する方法を工夫する必要がある．一方，界面活性剤のミセル構造形成の温度依存性に着目して，その流動抵抗を発揮する高次のミセル形成温度帯を外した温度領域で熱交換器の運転ができれば，界面活性剤を添加しない状態と同じ乱流状態での熱交換性能が得られる方法も考えられる．流動抵抗低減剤添加水溶液の運動量輸送には弾性応力の機構が働くことから，この機構が直接関与しない熱輸送の間には，非相似性の存在が報告されている（一般のニュートン流体では相似性が成り立つようである）．このように，両者の非相似性を利用するシステムの構築が可能であれば，熱交換器において熱伝達の促進割合以下に流動抵抗の増大を抑えることが可能となる．

b.　流動抵抗低減用界面活性剤添加水の管内熱伝達機構

図 19.55 は，流動抵抗低減剤としての臭化セチルトリメチルアンモニウムの濃度 C_c を種々に変化させた場合の直円管の管摩擦係数 λ_c（$=4C_f$）と修正レイノルズ数 Re′（非ニュートン粘性使用）の関係を示したものである．なお，管内直径は $d=16$ mm である．ここで，修正レイノルズ数 Re′ は，次のように定義され，U_m は管内平均流速，n は粘性のべき乗則による構造粘度指数，K は擬塑性粘度である．

$$\mathrm{Re}'=8^{1-n}\left\{\frac{3n+1}{4n}\right\}^{-n}\left\{\frac{\rho U_m^{2-n}d^n}{K}\right\}$$

水の場合乱流管摩擦係数を示す領域（$\lambda_w=0.3164/\mathrm{Re}^{1/4}$）においても，層流の関係式（$\lambda_w=64/\mathrm{Re}$）の延長線上に界面活性剤添加水溶液の管摩擦係数 λ_c が存在する．さらに修正レイノルズ数 Re′ の増大とともに管摩擦係数の減少割合が小さくなり，最終的にある限界レイノルズ数より急速に管摩擦係数は増大し，実線で示すニュートン流体（$n=1$）の乱流式（$\lambda_w=0.3164/\mathrm{Re}^{1/4}$）に漸近する．この急激な管摩擦係数 λ_c の増加は，棒状ミセル構造が流れの高剪断力により分断され，トムズ効果が喪失したものである．しかしながら，この分断した棒状ミセル構造は，低流速の状態で再び結合し，復元再生する．それゆえ，界面活性剤を添加した温水や冷水は熱エネルギーの循環輸送に適している．

図 19.56 は，図 19.55 と同じ条件で管内の熱伝達率を示すヌセルト数 Nu/Pr′$^{1/3}$（Pr′：修正プラントル数）と修正レイノルズ数 Re′ の関係を示したものである．修正レイノルズ数 Re′ の増加とともに水の乱流域でも層流状態の熱伝達率に近くなり，さ

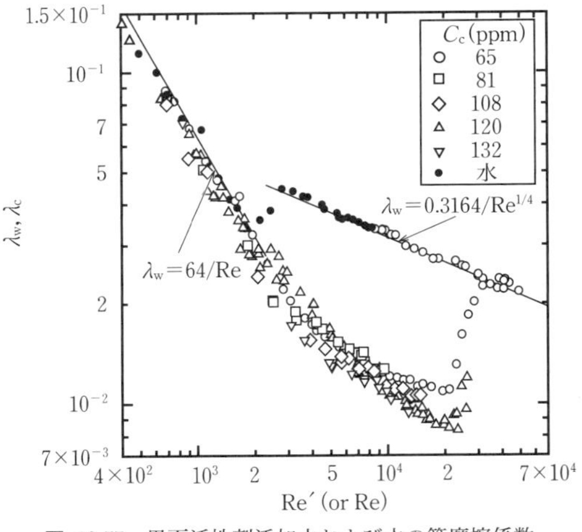

図 19.55　界面活性剤添加水および水の管摩擦係数（λ_w, λ_c）の修正レイノルズ数 Re′（水の場合レイノルズ数）の関係

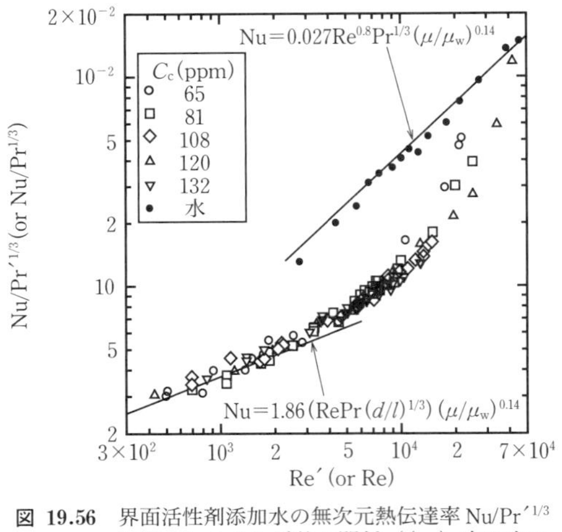

図 19.56　界面活性剤添加水の無次元熱伝達率 Nu/Pr′$^{1/3}$ と修正レイノルズ数の関係（（　）内は水の場合の無次元数）

らに修正レイノルズ数の増加につれ水の乱流状態の熱伝達率へと漸近する．このように，熱伝達率の測定結果からも界面活性剤添加水溶液の流れ状態がわかり，図 19.55 で示した管内流動抵抗の変化と対応するものである．さらに，界面活性剤の利用は，管内顕熱（温熱および冷熱）エネルギー輸送の動力の減少そして熱伝達率の減少は熱損失の減少にも寄与する[1]．

c. シェル・チューブ型熱交換器およびプレート型熱交換器での界面活性剤添加水の伝熱特性

以下に，市販の小型シェル・チューブ型熱交換器およびプレート型熱交換器に非イオン性界面活性剤であるオレイルジヒドロキシエチルアミンオキシド（ODEAO）2000 ppm 添加水溶液を用いた場合の熱伝達特性を紹介する[4]．

界面活性剤添加水（添字 d）の，水（添字 w）に対する熱伝達率の低減率（ヌセルト数 $Nu=hd/\lambda$，h：熱伝達率，λ：熱伝導率）HTR を，以下のように定義する．

$$\mathrm{HTR}=\frac{\mathrm{Nu_w}-\mathrm{Nu_d}}{\mathrm{Nu_w}}\times 100 \quad (\%)$$

対象としたシェル・チューブ型熱交換器は，シェル内径 $D_s=56.5$ mm，全長 $L=2.1$ m のシェル部（8 枚のバッフル板を含む）内に，伝熱管として管内径 $d_i=8.0$ mm，管外径 $d_o=10$ mm，そして長さ $l=2.0$ m のステンレス製平滑管が 14 本設置されている．図 19.57 は，HTR と修正レイノルズ数 Re′ の関係を示したものである．HTR の値は 80% に

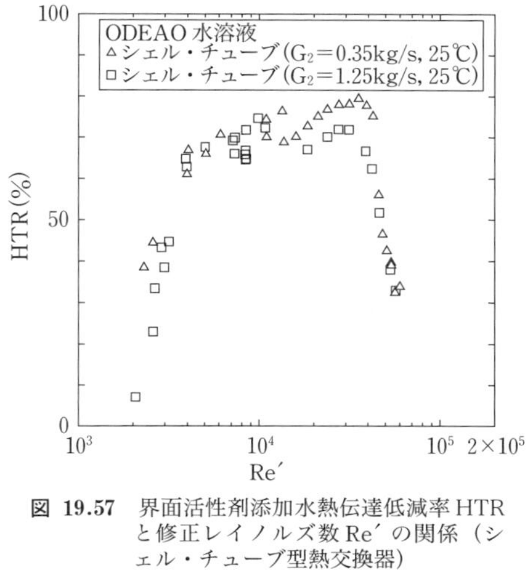

図 19.57 界面活性剤添加水熱伝達低減率 HTR と修正レイノルズ数 Re′ の関係（シェル・チューブ型熱交換器）

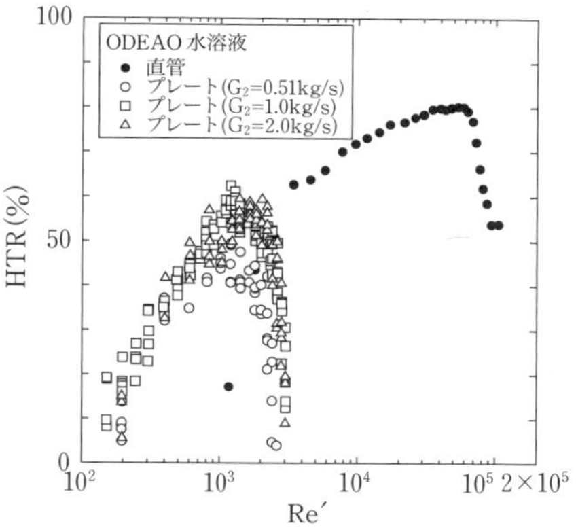

図 19.58 界面活性剤添加水の熱伝達低減率 HTR と修正レイノルズ数 Re′ の関係（プレート型熱交換器）

及び，シェル・チェーブ型熱交換器内でも乱流の層流化が生じ，熱伝達促進が期待できないことがわかる．

一方，対象としたプレート型熱交換器は，高さ 623 mm×幅 196 mm×奥行き 67 mm のステンレス製フレーム部に，表面を波面処理した SUS 製プレートが 20 枚設置されており，1 次および 2 次側の各熱媒体が通過する片側内容積は 2.5 l（=縦 519 mm×横 190 mm×通路幅 2.82 mm×9 通路），全体の伝熱面積は 1.71 m^2 である．図 19.58 の，HTR と Re′ の関係をみると，プレート型熱交換器では最大 HTR は 55% にとどまり，流動抵抗低減率 DR=25% よりも大きくなる傾向になる．しかし，シェル・チューブ型熱交換器における最大 HTR 値 80% に比較して，プレート型熱交換器の場合には，大きな熱伝達の促進効果があることにある．なお，両熱交換器における流動低減用界面活性剤添加水の総合的なシステム効率を検討するには，熱伝達促進に費やした投入エネルギー（ポンプ動力）を加味した評価も必要となる．

d. 流動抵抗低減用界面活性剤添加水の熱伝達促進

1）界面活性剤の高次のミセル構造による流動抵抗低減機構　界面活性剤による流動抵抗低減は，棒状ミセルまたは紐状ミセルが分子間力などに基づく会合作用により形成する高次のネットワークミセル構造が乱流の生成抑制や減衰効果から起こるものである．この流動抵抗低減機構は次のように説明される．

まず，伝熱面などの壁近傍での乱流は，主流の高速流体のエネルギーが壁近傍の境界層流れに持ち込まれて，ヘアピン渦などにみられるバースティング現象を伴う大きな乱流渦塊（異方性）のエネルギーが，等方性のある小さな渦の形成に再配分されて，多数の小さな渦流れである遷移境界層流れやさらにその外側に微細な乱流コアを伴う乱流域流れの生成となる．このような乱流流れの状態に界面活性剤を添加することで，界面活性剤の高次ミセル構造による伸張粘度が大きな乱流渦塊の小さな乱流渦へのエネルギーの再配分を阻害して，大きな乱流渦の抑制と小さな渦の形成を減衰する現象が起こり，乱流による流動抵抗を低減する．すなわち，この界面活性剤の伸張粘度の効果により，壁近傍の粘性低層の外側に存在する遷移層厚さの増大をもたらすことになる．さらに，乱流コアの伴う乱流域の微細乱流渦も界面活性剤の伸張作用により減衰することになり，乱流の流動抵抗の低減に寄与することになる．この界面活性剤の作用による乱流渦の減衰は，当然伝熱面からの熱伝達の低減に繋がる．とくに，流動抵抗低減には，界面活性水溶液の弾性応力の影響力が寄与する．この弾性応力の機構が伴わないと予想される熱伝達と運動量輸送の間には非相似性があり，流動抵抗減衰率と熱伝達減衰率の差をもたらすことになる．

一方，伝熱面に熱流束を与えて壁近傍の温度境界層から熱伝達の低減効果を説明した報告がある[5]．それによると，壁近傍の界面活性剤水溶液の温度上昇に伴う高拡散層の形成，さらにその外側には低温の乱流抑制作用の大きな低拡散層の形成による二つの拡散層の存在を見出し，それらの拡散速度と厚さの相互作用で決まる温度境界層の熱抵抗の関係から，界面活性剤水溶液の熱伝達の低減効果を説明している．

2)　具体的な流動抵抗低減界面活性剤水溶液の熱伝達促進法　以上述べたように，熱エネルギー利用システムおいては，熱交換器において界面活性剤水溶液の乱流抑制や減衰の効果を逆に乱流生成を促進して熱伝達率を増大させる必要がある．その熱伝達促進法には，①従来から行われているような熱交換器伝熱面を凸凹の溝などによる乱流促進体を設けて流れの縦渦を形成して乱流熱伝達の促進を図る方法（たとえば，リブ付き面など），②とくに円管型熱交換器内にコイルなどにより大きな旋回流を発生させて，主流のエネルギーを伝熱面近傍へ強制的に輸送し，伝熱面近傍に大きな温度勾配を形成させて熱伝達の促進を図る方法（たとえば，スプリングコイル，捻れテープなど），③熱交換器の入口に，高剪断力を与えて高次のミセル構造を破壊するミセル破壊デバイスによる熱伝達の促進法（たとえば，2次元フェンス，ミセルスクィーザなど），そして④界面活性剤ミセルの構造が破壊される臨界温度以上での熱媒体の乱流化による伝熱促進法（たとえば，伝熱面温度を臨界温度以上での利用や熱交換器入口界面活性剤水溶液温度を臨界温度以上に保つ）などがある．

以下に，界面活性剤水溶液の熱伝達促進に関する実用的な知見を概説する．

i）　伝熱円管外表面にスパイラル状溝付き加工をした場合：　二重円管式熱交換器の内側の伝熱円管外表面を溝付きスパイラル（らせん）状に加工すると，二重管間を流れる熱媒体は剪断応力を受けて，伝熱面近くの粘性低層に連続的な乱れを与えると同時に旋回流れを起こす．この溝付き管の剪断応力が流動抵抗低減界面活性剤の臨界剪断応力を越えた場合に，界面活性剤水溶液の高次のミクロ構造が破壊されて，熱伝達能力が増加する．中間的な圧力損失では，界面活性剤水溶液を流したスパイラル型溝付き管の熱交換器では，直管での水を流した場合に比較して，1.4 倍の熱伝達促進を報告している[5]．熱交換器への溝付き伝熱管の採用にあたっては，熱伝達率の増加に比して流動抵抗の増加を押さえるような溝の深さや溝ピッチそして溝の角度などを検討する必要がある[6]．

ii）　伝熱円管内表面に溝付き加工をした場合：　伝熱円管内表面に微細な溝を設けて，前述の i）と同じ機構で乱流の促進を図るものである．伝熱円管内面に溝ピッチ 2.8〜1.45 mm，溝幅 0.7〜2.5 mm，溝深さ 0.2〜0.5 mm の範囲での溝加工を行った場合，カチオン系界面活性剤添加水で流動抵抗低減率が滑らかな円管の 70% から 35% に減少し，熱伝達率低減率は 90% から 45% の低減する結果を得ている[7,8]．

iii）　ワイヤーコイルの挿入：　伝熱円管内に比較的直径の大きな（2〜4 mm）のワイヤーコイルを挿入し，ワイヤーコイルのもつ大きな剪断力による高次のミセル構造の破壊，大きな旋回流による熱媒体流れの混合促進や流れの剝離・伝熱面への再付着効果などから伝熱促進を図る．界面活性添加水溶液において，ワイヤーコイルピッチ比 P/e（e：ワイヤーコイル素線直径）=5～25 の範囲で，ワイヤーコイル素線直径/円管直径 d の比が $e/d=0.192$ で極大の熱伝達率を得ている[9]．

ワイヤーコイル挿入の場合は，他の乱流促進体よりも乱流促進効果が大きいが，逆に流動抵抗の増加も大きくなる．流動抵抗低減策として，伝熱円管全長にわたってワイヤーコイルを入れずに適当な長さのワイヤーコイルを伝熱管の入口側に挿入し，ワイヤーコイル後の乱流や旋回流の効果を利用して熱伝達促進と流動抵抗低減を提案している．

iv）デルタ翼の設置： 伝熱面入口部にデルタ翼列を設けて，発生する大きな縦渦による乱流促進効果からの熱伝達を図ろうとするもので，その流動抵抗が小さい長所がある．界面活性剤添加水溶液で，その搬送動力を加味した総合性能を水のみの50% から 80% まで回復できることを報告している[10]．

v）メッシュプラグの設置： メッシュプラグを熱交換器入口部に設けて，その大きな剪断応力により一時的に界面活性剤の高次のミセル構造を破壊し，乱流状態を回復して熱伝達を促進する．これを達成するには，臨界レイノルズ数に近い流れが必要である．下面加熱の矩形流路で，破壊された高次なミセル構造の回復の緩和時間の関係から，流路高さの 20 倍の下流まで界面活性剤を添加しない水のみの熱伝達率を得ている．文献 6 によれば，メッシュプラグの場合には流動抵抗が大きく，その搬送動力を加味した総合評価では，デルタ翼の場合よりも性能が落ちると報告している[11]．

vi）ミセルスクィーザの設置： 伝熱円管に入口部に直径の小さな細管を設けた，その大きな剪断応力で高次のミセル構造を破壊して，乱流の促進を図るものである．破壊した高次のミセル構造が回復する緩和時間の間に伝熱管を通過する必要があり，伝熱管の長さや運転条件などが設計因子となる．ミセルスクィーザの直径が 8 mm そして流速 1.5 m の条件での運転で，ミセルスクィーザを設置しない場合の熱伝達率低減率（HTR）が 80% から 25% へと大幅に回復すると報告されている[12]．

vii）配管寸法の縮小： 回転粘度計のロータと円筒容器のギャップの変更に伴って，同じ界面活性剤添加水溶液の粘度は変化する．高次のミセル構造の大きさと熱交換器の寸法には相関関係がある．たとえば，同じレイノルズ数でも寸法の小さいものほど壁面での剪断応力が大きくなり，高次のミセル構造が破壊されやすくなる．矩形流路で，その高さを 40 mm から 30 mm に縮小した流路では，ミセル構造が破壊される臨界レイノルズ数以上の領域で，数倍の熱伝達の増大となることが報告されている[13]．

viii）界面活性剤添加水溶液の温度依存性： 前述のように，界面活性剤のミセル構造の形成は温度依存性があり，臨界ミセル温度以上では，棒状または紐状ミセルは形成されずに通常のニュートン流体と同様の乱流特性となることから，熱交換器の作動温度が臨界温度となる場合には大幅な熱伝達の回復となる．加熱伝熱面近傍には，熱移動に関しての高拡散層とその外側に低拡散層の 2 層の存在が報告されている[14]．この場合，界面活性剤水溶液の温度を 7°C 上昇させることで，2.5 倍の熱伝達率の増加を得ている．

e. 今後の展開

流動抵抗界面活性剤の利用は，乱流を抑制して流動抵抗を低減させる反面，熱伝達の低下を招くことになる．熱エネルギーの輸送においては，その搬送動力や熱損失の低減に寄与するが，最終的に熱交換器内では熱伝達率の低下となり，総合的な熱エネルギー利用システム効率は低下することになる．システム解析により，熱伝達率の低減率が 20～45% の範囲であれば，界面活性剤の導入効果はあるとの報告[2]もあり，既存の乱流促進体の適切な選定や界面活性剤の最適設計，そして熱エネルギー利用システムの最適運転条件の設定など総合的見地からの検討が必要であろう．とくに，界面活性剤添加水の運動量輸送と熱輸送との非相似性の活用などは，今後この種の界面活性剤の展開に大きな因子となるであろう．また，非イオン系界面活性剤水溶液などおいては，剪断誘起状態による粘弾性を示さない流動低減効果の発現は，今後の研究開発の方向性に重要な視点を与えるものといえる．　**［稲葉英男］**

文　献

1）稲葉英男ほか：日本機械学会論文集（B 編），**63**(608),

1997, 1336-1343.
2) 薄井洋基ほか：日本機械学会論文集（B 編），**67**(658)，2001，1305-1312.
3) 川口靖夫：機械技術研究所報，**49**(4)，1995，172-183.
4) 春木直人ほか：空調・衛生工学会論，**89**，2003，1-11.
5) Y. Qi *et al.*: Int. J. Heat Mass Transfer, **44**, 2001, 1495-1504.
6) D. Ohlendorf *et al.*: Rheol. Acta, **25**, 1986, 468-478.
7) M. R. Guzman *et al.*: J. Chem. Engin. Japan, **32**(4), 1999, 402-411.
8) J. L. Zakin, R. N. Christensen: Final Report, Dept. of Energy Project, 1994, 1-31.
9) 稲葉英男ほか：日本機械学会論文集（B 編），**68**(666)，2002，481-488.
10) 佐藤公俊ほか：Thermal Sci. Engin., **7**(1), 1999, 41-49.
11) P. W. Li *et al.*: Proc. 5th ASME/JSME Joint Thermal Conference, 1999, 1-6.
12) A. Kishimoto *et al.*: Proc. 4th JSME-KSME Thermal Engineering Conf., **3**, 2000, 499-505.
13) P. W. Li *et al.*: Proc. 1st Int. Sym. On Turbulence and Shear Flow Phenomena, 1999, 1339.
14) Y. Kawaguchi *et al.*: Proc. 2nd Int. Sym. Turbulence, Heat Mass Transfer, 1997, 157-163.

19.3.4　噴流の能動制御

噴流の諸特性と混合・拡散，騒音などは，噴流中の渦の挙動に支配されるので，渦の操作により噴流を制御することができる．渦を効果的に操作するためには，噴流中に生成される渦の特性を理解することが必要なので，まず渦の生成・成長機構を述べる[1]．

噴出口近傍では，剝離剪断層の不安定性の増幅に伴い渦度が集中して渦列が生成される．この初期渦列発生のストローハル数 $St_\theta=f_n\theta/U$（f_n は周波数，θ は噴出口境界層の運動量厚さ，U は噴出速度）は 0.012～0.016 で[2]，渦列中の渦は互いの誘起速度の効果により合体を繰り返して大規模渦列に発展する．以上の渦挙動を考慮した能動的な渦操作法を以下に述べる．

音波，振動板などにより噴出口近傍剪断層に攪乱を与え，流れの不安定性により生じる渦の発達を操作し[3]，噴流初期領域での混合・拡散を制御することができる[4]．剪断層の不安定周波数が f_n のときに $f_{ex}=f_n/N$（N は整数）の周波数で剪断層を励起すると，N 個の渦の合体が促進され大規模渦が生成される[5]．$N=2$ の場合の可視化画像を図 15.59 に示す．励起のない場合と比べて，励起のある場合には二つの渦の合体が促進されている．ただし，f_n の周波数で励起した場合には，初期渦が早期に成長し飽和状態となり崩壊するので，下流の合体による大規模渦の発達が抑制される[6]．周波数が異なる複数の信号の合成波による励起も大規模渦の生成に有

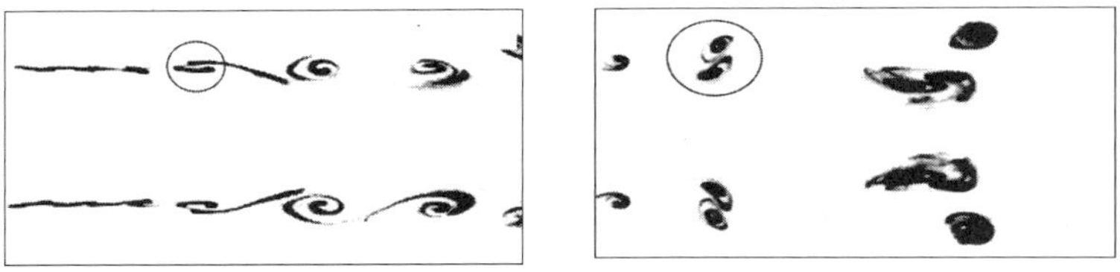

(a)　励起なし　　　(b)　$f_{ex}=f_n/2$

図 19.59　剪断層の励起効果

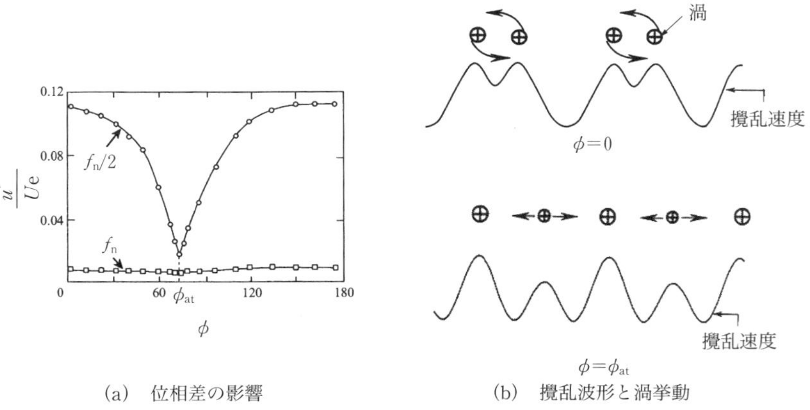

(a)　位相差の影響　　　(b)　攪乱波形と渦挙動

図 19.60　合成波攪乱（$u_0'=a_{f_n}\cos(2\pi f_n t)+a_{f_n/2}\cos\pi(f_n t+\phi)$）による励起効果[8]

効である[7]．また，f_n と $f_n/2$ の周波数をもつ二つの信号の合成波により励起すると，渦の合体は信号間の位相差に依存する[8]．剪断層の乱れ強さ u'/U_e（U_e は主流速度）と位相 ϕ の関係および対応する渦挙動モデルの関係を図 19.60 に示す．周波数が $f_n/2$ の乱れ強さは，$\phi=0$ では大きく，$\phi=\phi_{at}$ では著しく減少する．これは，渦の合体が $\phi=0$ で促進され，$\phi=\phi_{at}$ で抑制されるためである．

噴流の初期剪断層が発達しポテンシャルコアが消滅する領域では，噴流全体の速度分布によるコラム不安定により大規模渦列が発達する（9.3.2 項参照）．この渦列の発生周波数 f は，円形噴流では $St_D=fD/U\fallingdotseq 0.4$（$D$ は噴出口直径），2 次元噴流では $St_H=fH/U\fallingdotseq 0.18$（$H$ は噴出口幅）である．したがって，これらのストローハル数で噴流を励起すると，大規模渦の発達が促進される．また，円形噴流の場合には，$St_D=0.85$ で噴流を励起すると，図 19.61 のように安定な渦合体により大規模渦輪列が生成され，噴流の混合・拡散が増大する[9]．

円形噴流中の大規模渦輪列はいつまでも持続するものでなく，ポテンシャルコア末端付近で崩壊する．この崩壊過程では，流れ方向に軸をもつ縦渦が渦輪列と干渉し，噴流内外部の流体輸送が活発になり，噴流の混合・拡散が増大する．したがって，縦渦と渦輪列の発生を強めると，混合が著しく増大する[10]．円形ノズル噴出口に縦渦発生突起（ボルテックスジェネレータ VG）を取り付け，さらに軸対称渦輪列の発生を励起した場合のエントレインメント（連行量）の増大特性を図 19.62 に示す．

非円形噴流は混合を促進する有効な手法として注目されているが[11]，これは噴流中に生成される非円形渦輪の 3 次元変形挙動によるものである（9.3.2 b 項参照）．したがって，噴流を励起して非円形渦輪を強めて 3 次元変形挙動を著しくすると，混合が促進される．また，噴流中に周期的に発生する非円形渦輪が干渉するように励起すると，噴流内外部の流体輸送が著しく促進される[1]．

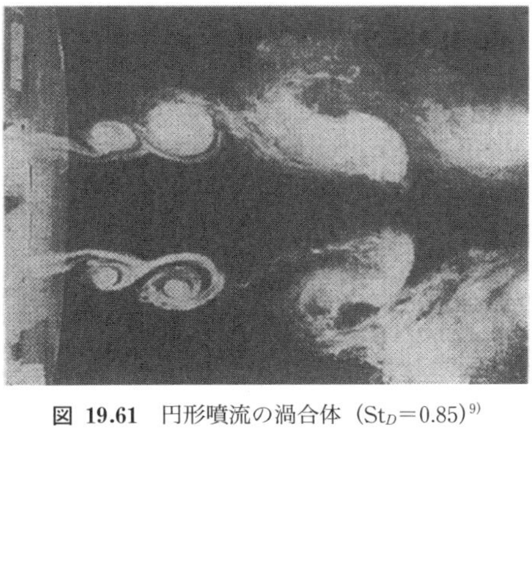

図 19.61　円形噴流の渦合体（$St_D=0.85$）[9]

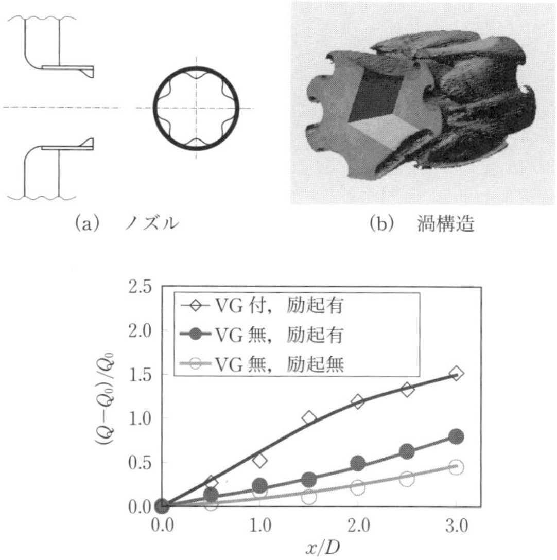

(c)　連行量

図 19.62　縦渦と軸対称渦輪の励起効果[10]

円形噴出口の周方向に位相差をもった攪乱により剪断層を励起して，噴出口近傍にヘリカルな渦を発生させて混合を促進する方法もある[12~14]．この場合には，渦軸が流れ方向に傾くので，渦による誘起速度が噴流内外部の流体輸送を活発にすることになる．この手法については，MEMS（micro electro mechanical system）を利用した実験も行われ，その有効性が確認されている[15]．噴出口周辺の複数のマイクロジェットアクチュエータにより初期混合層を攪乱して，渦の生成・成長を操作し，混合を促進[16]または騒音を抑制[17]することも有効である．この手法は噴流の方向制御にも利用されている[18]．また，噴流外側に薄い環状流れ（2 次フィルム流）を付加し，さらに 2 次フィルム流を音波により励起して噴流の渦挙動を操作すると，混合を促進または抑制することができる[19]．ノズルの歳差運動と軸方向攪乱を組み合わせて渦輪の発生と進行方向を操作し，噴流の拡散を著しく増大させる方法（図 19.63）も注目される[20]．

噴出口で放物線型速度分布をもつ 2 次元噴流を励

起した場合には，自然噴流と比べて，乱流強度および噴流の広がりは，対称モード励起では抑制され，逆対称モードでは促進される[21]．また，噴出口速度分布が矩形の場合の噴流と異なり，両モードとも渦の合体現象はみられない[22]．2次元噴流噴出口でスパン方向に位相差のある攪乱を与えて渦の発生を3次元的に操作すると，さまざまな渦構造を構築して噴流の混合・拡散を制御することができる[23]．その一例の鎖状格子渦構造を図19.64に示す．2次元噴出口の上下にピエゾフィルムを用いた振動板を図19.65のように取り付け，気流全体を変動させて長方形噴流の広がりを大きくすることに成功した研究がある[24]．また，正方形噴出口の四辺に取り付けたピエゾ振動板からの攪乱を噴流に与えて，各種振動モードを発生させ，渦挙動と噴流特性の関連性が検討されている[25]．

空気と燃料を混合する燃焼器で利用される同軸噴流では混合促進が重要な課題であるが，内外部の噴流をスピーカからの音波で励起し渦合体を促進すると混合が増大する[26]．また，外側噴流の噴出口に取り付けたフラップ型マイクロ電磁アクチュエータを作動させて，噴流中の大規模渦構造を操作すると，内外流体の混合を柔軟に制御することができる[27]．

最新の噴流制御法として，噴出口でプラズマを発生させて剪断層に攪乱を与え，噴流中の大規模組織構造を操作する方法があり，今後の発展が期待される[28]．

衝突噴流は物体の加熱・冷却，乾燥，汚れ・水分の除去などで利用されているが，その流動および伝熱の特性は渦の挙動に強く影響される．したがって，噴流を励起して渦の挙動を操作することにより伝熱効果を高めることができる[29]．

以上の方法は，外部から何らかのエネルギーを付加して，あらかじめ知られた流れの不安定性を増幅または抑制して噴流を制御する方法（predetermined, open-loop control）であるが，不安定性が知られていない場合には不安定性を知ることが必要になる．この方法として，不安定性を予知する計測量を基にアクチュエータを作動させる方法（feed-forward, open-loop control），不安定性を検知する信号を戻してアクチュエータを作動させる方法（feedback, closed-loop control）がある．たとえば，噴流中の速度信号を噴流励起スピーカ信号へフィードバックして噴流を励起することにより，噴流

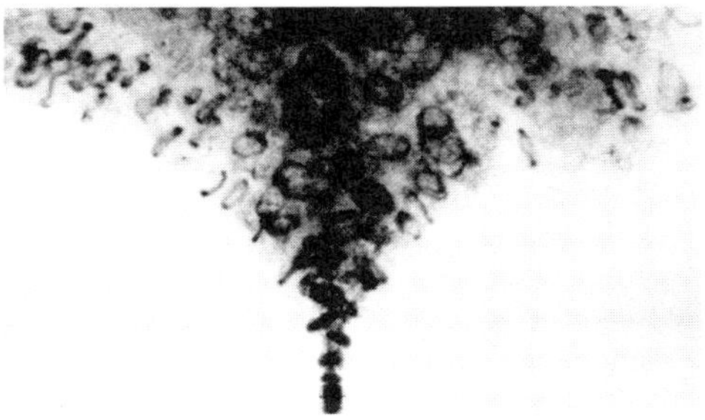

図 19.63　ブルーミング（開花）噴流[20]

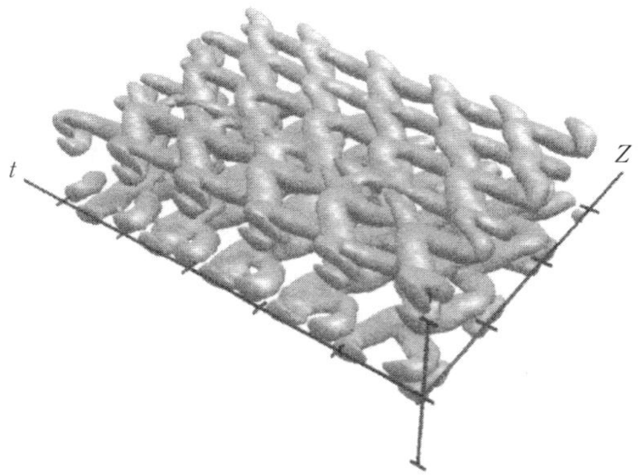

図 19.64　2次元噴流の鎖状格子構造[23]

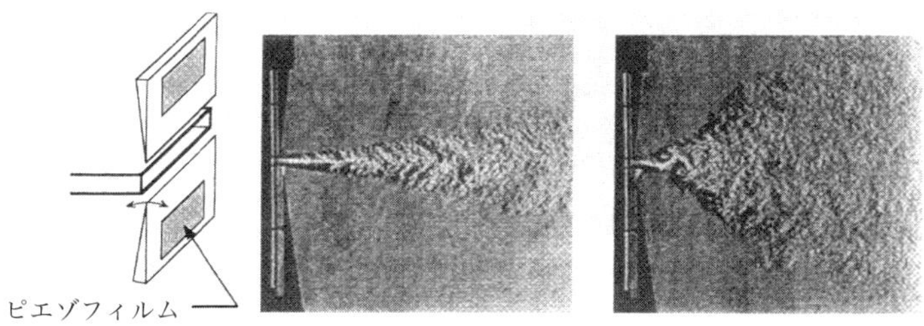

(a)　励起なし　　(b)　励起あり

図 19.65　ピエゾアクチュエータによる励起効果[24]

中の渦を効率よく操作することができる[30]．この際，フィードバック信号の位相を変化させると，渦の発生・成長が促進または抑制される．2次元平行3噴流群による流動場のフィードバック制御も実験により試みられている[31]．噴流の流速を3本の熱線流速計プローブで計測し，フィードバック制御により噴出口の風速を操作して，速度最大位置における変動成分を抑制している．この制御系ではニューラルネットワークを用いてその有効性を確認している．

以上のように，噴流を制御するためには，噴流中の渦を操作することが有効である．そのためには，まず渦挙動の特徴を把握することが重要である．すなわち，渦の発生・成長・崩壊機構，渦挙動と流れ特性の関連性を考慮して，渦を操作することにより噴流を効率よく制御することができる．

［豊田国昭］

文　　献

1) 豊田国昭：ながれ，**24**(2)，2005，151-160.
2) Z. D. Husain, A. K. M. F. Hussain : AIAA J., **21**, 1983, 1512-1517.
3) 栗間諄二ほか：日本機械学会論文集（B 編），**60**(574)，1994，2007-2013.
4) M. Dad-el-Hak : Flow Control, Springer, 1998, 368-369.
5) C. M. Ho, S. S. Huang : J. Fluid Mech., **119**, 1982, 443-473.
6) A. K. M. F. Hussain, M. A. Z Hasan : J. Fluid Mech., **150**, 1985, 159-168.
7) O. Inoue : J. Fluid Mech., **234**, 1992, 553-581.
8) H. Husain, F. Hussain : J. Fluid Mech., **304**, 1995, 343-372.
9) A. K. M. F. Hussain, K. B. M. Q. Zaman : J. Fluid Mech., **101**, 1980, 493-544.
10) 森　隼人ほか：日本機械学会論文集（B 編），**70**(697)，2004，2265-2271.
11) E. J. Gutmark, F. F. Grinstein : Annu. Rev. Fluid Mech., **31**, 1999, 239-272.
12) S. K. Cho *et al.* : AIAA J., **38**(3), 2000, 434-441.
13) 伊澤精一郎，木谷　勝：日本機械学会論文集（B 編），**65**(630)，1999，581-589.
14) A. Hilgers, B. J. Boersma : Fluid Dynamic Research, **29**, 2001, 345-368.
15) 鈴木宏明ほか：日本機械学会論文集（B 編），**65**(639)，1999，3644-3651.
16) H. Wang, S. Menson : AIAA J., **39**(12), 2001, 2308-2319.
17) V. A. Arakeri *et al.* : J. Fluid Mech., **400**, 2003, 75-98.
18) B. L. Smith, A. Glezer : J. Fluid Mech., **458**, 2002, 1-34.
19) 宮城徳誠ほか：日本機械学会論文集（B 編），**71**(712)，2005，2870-2877.
20) W. C. Reynolds *et al.* : Ann. Rev. Fluid Mech., **35**, 2003, 295-315.
21) 蒔田秀治ほか：日本機械学会論文集（B 編），**54**(504)，1988，1938-1945.
22) 蒔田秀治ほか：日本機械学会論文集（B 編），**54**(504)，1988，1946-1952.
23) J. Sakakibara, T. Anzai : Phys. Fluids, **13**(6), 2001, 1541-1544.
24) D. E. Parekh *et al.* : AIAA paper, 96-0308, 1996.
25) J. M. Wiltse, A. Glezer : J. Fluid Mech., **249**, 1993, 261-285.
26) T. Kiwata *et al.* : Proc. 5th JSME-KSME Fluids Engineering Conference (CD-ROM), 2002, 1-6.
27) 栗本直規ほか：日本機械学会論文集（B 編），**70**(694)，2004，1417-1424.
28) M. Samimy *et al.* : J. Fluid Mech., **578**, 2007, 305-330.
29) 榊原　潤，菱田公一：日本機械学会論文集（B 編），**62**(597)，1996，1962-1969.
30) 白濱芳朗，長山敏文：日本機械学会論文集（B 編），**71**(709)，2005，2233-2239.
31) 山本和之ほか：日本機械学会論文集（B 編），**70**(696)，2004，2005-2011.

19.3.5 状態フィードバック制御

1990年代初頭の流体力学と現代制御理論の融合[1]以後，とくに乱流の壁面摩擦抵抗の低減を目的にさまざまなフィードバック制御則が提案され，DNSを用いて検証されてきた．本項では観測器を用いた制御も広義の状態フィードバック制御とみなしたうえで，種々の制御理論について概説する．

a. 最適制御

現代制御理論における線形2次形式の最適化問題に対応した定式化が流動系の最適制御[1]である．速度・圧力場（u_i, p）が状態変数ベクトルに，線形化ナビエ-ストークス方程式が状態方程式に対応する．具体的な例として，チャネル乱流における摩擦抵抗低減を目的とした評価関数を次のように設定することを考える．

$$J=\frac{l}{2}\int_0^T\int_w \phi^2 \mathrm{d}A\mathrm{d}t+\frac{1}{4}\int_0^T\int_w\left(\left.\frac{\partial U}{\partial y}\right|_w\right)^2\mathrm{d}A\mathrm{d}t \tag{19.3.5}$$

ここに，Aは壁wの面積，Tは最適化を行う時間幅であり，右辺第2項が低減すべき摩擦抵抗に対応する．また，lは制御効果に対して制御入力ϕ（以下，ϕは壁面における局所吹出し・吸込み速度：$\phi(x, z, t)=v(x, 0, z, t)$）の相対コストの比を表すパラメータである．この評価関数を停留させる最適な制御入力は，線形2次問題におけるリカッチ方程式に対応する随伴方程式

$$\begin{cases} \dfrac{\partial q_i^*}{\partial x_i}=0 \\ -\dfrac{\partial q_i^*}{\partial t}-u_j\dfrac{\partial q_i^*}{\partial x_j}+q_j^*\dfrac{\partial u_j}{\partial x_i}=-\dfrac{\partial \rho^*}{\partial x_i}+\dfrac{1}{\mathrm{Re}}\dfrac{\partial^2 q_i^*}{\partial {x_j}^2} \end{cases} \quad (19.3.6)$$

を境界条件

$$q_1{}^*=\frac{1}{2}\frac{\partial U}{\partial y}\bigg|_{\mathrm{w}}, \qquad q_2{}^*=q_3{}^*=0 \quad (19.3.7)$$

および終端条件 $q_i^*|_{t=T}=0$ のもとに解くことにより得られる随伴場 (q_i^*, ρ^*) を用いて

$$\phi=\frac{1}{l}\mathrm{Re}\,\rho^*|_{\mathrm{w}} \quad (19.3.8)$$

と表される．なお，式 (19.3.7) および式 (19.3.8) は，それぞれ式 (19.3.5) の評価関数に対する境界条件および最適解であるが，評価関数を異なる形に設定しても同様の手順で定式化でき，式 (19.3.8) に対応する最適解が求まる．

もう少し厳密には，q_i と ρ は，ε を微小量，$\tilde{\phi}$ を任意の関数として

$$\frac{\mathfrak{D}f}{\mathfrak{D}\phi}\tilde{\phi}=\lim_{\varepsilon\to 0}\frac{f(\phi+\varepsilon\tilde{\phi})-f(\phi)}{\varepsilon} \quad (19.3.9)$$

と定義されるフレッシェ微分 $(\mathfrak{D}/\mathfrak{D}\phi)\tilde{\phi}$ を用いて $q_i=(\mathfrak{D}u_i/\mathfrak{D}\phi)\tilde{\phi}$ および $\rho=(\mathfrak{D}p/\mathfrak{D}\phi)\tilde{\phi}$ と表される．さらに $\boldsymbol{q}^*=(q_i{}^*,\ \rho^*)$ は，最適化を行う時空間における内積を $\langle\cdot,\cdot\rangle$，線形化ナビエ-ストークス方程式の微分作用素 $\mathfrak{L}(\cdot)$ を用いて略記したときに

$$\langle \boldsymbol{q}^*, \mathfrak{L}(\boldsymbol{q})\rangle=\langle \boldsymbol{q}, \mathfrak{L}^*(\boldsymbol{q})\rangle+B(\boldsymbol{q}, \boldsymbol{q}^*) \quad (19.3.10)$$

(ただし，$B(\boldsymbol{q}, \boldsymbol{q}^*)=0$) という関係を満たす，$\boldsymbol{q}=(q_i, \rho)$ の随伴変数である．境界項 B を 0 とし，かつ評価関数に含まれる物理量がうまく残るように随伴方程式系の終端条件および境界条件を選ぶことが定式化のポイントとなっている．

上記の方法は原理的に優れており，低レイノルズ数チャネル乱流を再層流化できることが DNS によって示されているように[2]，制御効果もきわめて高い．しかし式 (19.3.8) で表されるような最適制御入力の具体的な数値を求めるには，まずナビエ-ストークス方程式を $t=0$ における状態および仮の制御入力 ϕ によって与えられる境界条件のもとに積分し，得られた速度・圧力場 (u_i, p) を用いて随伴方程式を $t=T$ から $t=0$ の方向へ積分し，さらに得られた随伴場 $(q_i{}^*, \rho^*)$ と式 (19.3.8) より仮の制御入力 ϕ を更新し，というように膨大な収束計算が必要となる．

最適制御理論をもとに計算負荷の低減を図る方法として提案された準最適制御[3]では，評価関数はたとえば

$$J=\frac{l}{2}\int_t^{t+\Delta t}\int_{\mathrm{w}}\phi^2\mathrm{d}A\mathrm{d}t+\frac{1}{4}\int_t^{t+\Delta t}\int_{\mathrm{w}}\left(\frac{\partial U}{\partial y}\bigg|_{\mathrm{w}}\right)^2\mathrm{d}A\mathrm{d}t \quad (19.3.11)$$

といったように，短い時間幅 Δt での応答に着目した形になっている．後述するように，準最適制御による方法では評価関数を停留させる制御入力を解析的に求めることが可能な場合もあり，実用的な制御則を構築するための手法として注目されている．

b. 乱流構造規範型制御

上記の制御理論に忠実な方法は，実際のフィードバック制御システムへの適用を考えると計算負荷が過大である．また，式 (19.3.6) からわかるように流れ場全体の情報が必要となるが，実際にセンシングできるのは壁面上の情報のみであり，その情報をもとに推定できる物理量も壁面近傍のものにかぎられる．そこで，壁面近傍の準秩序構造に関する知見をもとに，壁面上あるいは壁面近傍の情報を用いて制御則を決定する方法が提案されている．

1) 縦渦構造に基づく制御　壁乱流において同じレイノルズ数の層流に比べて摩擦抵抗が増大する要因は，壁面近傍のいわゆる縦渦によって，主流方向運動量の交換が活発になることである．そこで，この縦渦構造を抑制すべく，壁面から距離 y_{d} に仮想検知面を想定し，そこにおける壁垂直方向速度 v の逆位相の吹出し・吸込み速度を壁面上の制御入力として与える v 制御（図 19.66）が提案されている[4]．すなわち，制御入力 ϕ は

$$\phi(x, z, t)=-v(x, y_{\mathrm{d}}, z, t) \quad (19.3.12)$$

と書ける．低レイノルズ数のチャネル乱流および円管内乱流の DNS では，仮想検知面を $y_{\mathrm{d}}^*=15$ とした場合に最も制御効果が大きく[5,6]，摩擦抵抗が約 25% 低減する．このとき，壁面と仮想検知面のほぼ中間の位置には，壁垂直方向速度変動がほぼ 0 となる仮想壁面が形成される[5]．

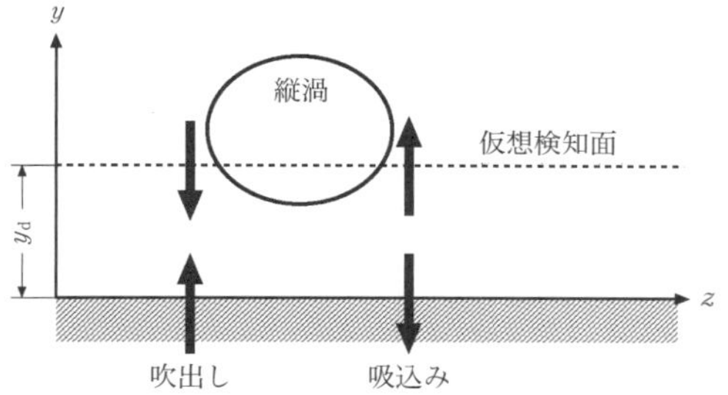

図 19.66　v 制御[4] の模式図

また，v 制御と同様，縦渦の抑制を意図した w 制御[4] では，仮想検知面におけるスパン方向速度の逆位相のスパン方向速度を壁面上の制御入力として与える．すなわち，

$$w(x, 0, z, t) = -w(x, y_d, z, t) \tag{19.3.13}$$

である．制御効果は v 制御よりも若干よく，低レイノルズ数チャネル乱流の DNS では $y_d^+=10$ としたときに約 30% の摩擦抵抗低減が得られている[4]．

2) 乱流ダイナミクスに基づく制御　乱流の瞬間的構造に加え，ダイナミクスを考慮することでより効果的な制御が可能であると考えられる．そのような制御則の構築に向けた研究がいくつか報告されている．

Kim と Lim[7] は移流項のうち線形カップリング項が乱流の発達に欠かせないことを示し，これを人為的に消去した DNS では再層流化が得られた．また，特異値分解を用いた解析[8] によって，乱流の成長モードが著しく抑制されることが示されている．

チャネル乱流の DNS において，粘性底層にスパン方向速度変動を抑制するような体積力を加えると，顕著な摩擦抵抗低減が得られる[9,10]．また，壁面上の渦度フラックスを打ち消すような，壁面圧力変動 p'_w の情報を用いた吹出し・吸込み制御も提案されている[11]．これら一連の結果は，壁面ごく近傍の領域における渦度生成の抑制が摩擦抵抗低減に効果的であることを示唆している．

また，Endo ら[12] は壁面近傍準秩序構造の再生メカニズムにおいて低速ストリークの揺動が重要な役割を果たしていることに着目し，これを抑制する制御則を提案した．壁面剪断応力変動の主流方向成分 $(\partial u'/\partial y)_w$ およびスパン方向成分 $(\partial w'/\partial y)_w$ の情報を用いるこの制御則は，有限の面積をもつ変形膜型アクチュエータを配置した壁面をもつ，現実のフィードバック制御システムを模した系の DNS によって検証された．図 19.67 に示すように，この DNS では顕著な低速ストリークの安定化がみられ，約 10% の抵抗低減が得られた．

(a)

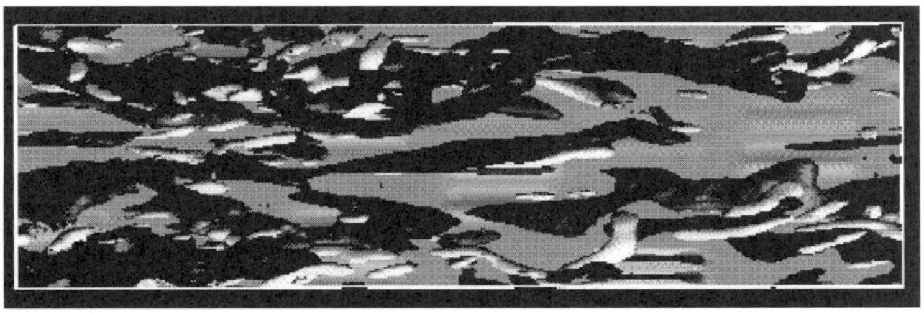

(b)

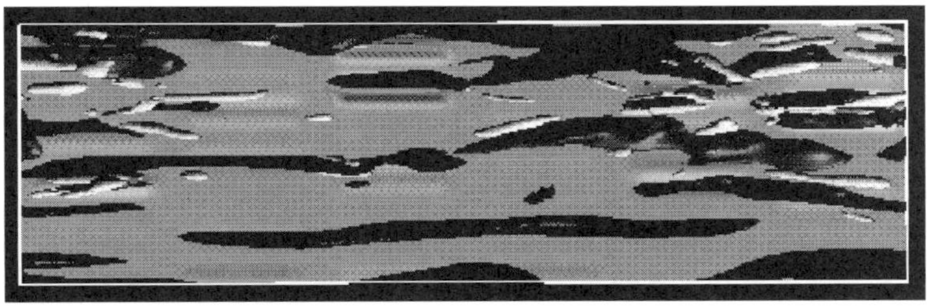

図 19.67　フィードバック制御の DNS における壁面近傍構造の変化[12]（白色：渦核，濃い灰色：低速領域，薄い灰色：高速領域）
(a) 制御なし，(b) 制御あり．

c. 乱流構造規範の準最適制御

実際のフィードバック制御システムでは，壁面上の情報のみを必要とし，計算量が少なく，かつ効果的な制御則が必要とされる．そこで，評価関数の選定に乱流構造の知見を用い，その停留化に際して準最適制御理論を用いる方法が提案されている．

1) 縦渦構造に基づく準最適制御 上述の v 制御[4]では，制御の結果として壁面剪断応力変動のスパン方向成分 $(\partial w'/\partial y)_{\mathrm{w}}$ が増加することが観察された．そこで，Lee ら[13]は v 制御と同様の乱流構造変化を作り出すべく，評価関数を

$$J=\frac{l}{2A\Delta t}\int_t^{t+\Delta t}\int_{\mathrm{w}}\phi^2\mathrm{d}A\mathrm{d}t-\frac{1}{A\Delta t}\int_t^{t+\Delta t}\int_{\mathrm{w}}\left(\frac{\partial w}{\partial y}\bigg|_{\mathrm{w}}\right)^2\mathrm{d}A\mathrm{d}t \tag{19.3.14}$$

と設定し，2 次元フーリエ変換を用いて準最適制御則

$$\hat{\phi}=\alpha\frac{ik_z}{k}\frac{\partial\hat{w}}{\partial y}\bigg|_{\mathrm{w}} \tag{19.3.15}$$

を解析的に求めた．ここで $\hat{\phi}$，$\hat{w}$ はそれぞれ ϕ，w の 2 次元フーリエ変換を表し，k_x，k_z はそれぞれ主流方向，スパン方向の波数，および $k=\sqrt{k_x{}^2+k_z{}^2}$ である．また，同様に p'_{w} を用いた定式化も行っている．これらの制御則を用いた DNS では，16〜22% の摩擦抵抗低減が得られている．なお，評価関数を壁面剪断応力の主流方向変動を減少させるべく

$$J=\frac{l}{2A\Delta t}\int_t^{t+\Delta t}\int_{\mathrm{w}}\phi^2\mathrm{d}A\mathrm{d}t+\frac{1}{A\Delta t}\int_t^{t+\Delta t}\int_{\mathrm{w}}\left(\frac{\partial u}{\partial y}\bigg|_{\mathrm{w}}\right)^2\mathrm{d}A\mathrm{d}t \tag{19.3.16}$$

の形とした場合の制御則は

$$\hat{\phi}=-\alpha\frac{ik_x}{k}\frac{\partial\hat{u}}{\partial y}\bigg|_{\mathrm{w}} \tag{19.3.17}$$

と求まる．この制御則は $(\partial w'/\partial y)_{\mathrm{w}}$ ではなく，実際の制御システムにおいてマイクロ壁面応力センサ群[14]を用いて精度よく測定可能な物理量である $(\partial u'/\partial y)_{\mathrm{w}}$ のみを用いる点で魅力的であるが，この制御則を DNS に適用した検証計算では抵抗低減効果がまったく得られなかった[13]．

2) FIK 恒等式に基づく準最適制御 壁面摩擦係数 C_{f} とレイノルズ剪断応力分布の間の厳密な関係式である FIK 恒等式[15]は，たとえば完全発達チャネル乱流では

$$C_{\mathrm{f}}=\frac{12}{\mathrm{Re_b}}+12\int_0^1 2(1-y)(-\overline{u'v'})\mathrm{d}y \tag{19.3.18}$$

と書ける．ここに，すべての量はバルク平均流速の 2 倍（$2U_{\mathrm{b}}$）およびチャネル半幅（δ）を用いて無次元化されている．式（19.3.18）の右辺第 1 項は層流摩擦抵抗，第 2 項は乱流寄与分である．乱流寄与分はレイノルズ剪断応力の重み付き積分で表され，その重み係数は壁面（$y=0$）で最大であり，壁面から遠ざかるにつれ小さくなる．すなわち，壁面近傍レイノルズ剪断応力の低減が摩擦抵抗低減に直接結び付くことが示唆されている．そこで，壁面近傍のレイノルズ剪断応力を減少させるべく，評価関数を

$$J=\frac{l}{2A\Delta t}\int_t^{t+\Delta t}\int_{\mathrm{w}}\phi^2\mathrm{d}A\mathrm{d}t+\frac{1}{A\Delta t}\int_t^{t+\Delta t}\int_{\mathrm{w}}(-u'v')_{y=Y}\mathrm{d}A\mathrm{d}t \tag{19.3.19}$$

とすると，テイラー展開および上述の Lee ら[16]の方法を用いて，解析的に準最適制御則

$$\hat{\phi}=\frac{\alpha}{1-i\alpha\gamma k_x/k}\frac{\partial\hat{u}}{\partial y}\bigg|_{\mathrm{w}} \tag{19.3.20}$$

（γ は定数）が求まる[16]．式（19.3.17）と同様に $(\partial u'/\partial y)_{\mathrm{w}}$ のみを用いる制御則でありながら，DNS で約 11% の抵抗低減が得られている[16]．

d. 適応型制御

適応型制御は，ニューラルネットワーク（NN），遺伝的アルゴリズム（GA）などを用いて，自動的に最適な制御則を構築する方法である．Lee ら[17]は $(\partial w'/\partial y)_{\mathrm{w}}$ の情報を入力とする NN コントローラに v 制御を学習させ，チャネル乱流の DNS で約 20% の摩擦抵抗低減を得ている．興味深いことに，この NN で得られた制御則は式（19.3.15）と実質的に同じである．また，Morimoto ら[18]は GA を DNS に適用し，$(\partial u'/\partial y)_{\mathrm{w}}$ のみ計測可能な場合に適用可能な制御則を発見している．同様の GA による最適化手法はフィードバック制御システムの風洞実験にも適用され，実験的にも約 7% の抵抗低減効果が得られている[14]．

e. フィードバック制御のレイノルズ数効果

一般に，フィードバック制御の DNS で用いられ

ているレイノルズ数は $Re_\tau=100-180$ ときわめて低い．DNS や LES を用いた研究では $Re_\tau=650$ 程度までの制御効果の予測が報告されている[19,20]が，$Re_\tau=10^4-10^5$ となりうる実用場面での制御効果の予測は困難である．ごく最近，理想化された制御としてチャネル乱流の壁面近傍領域を完全にダンピングできると仮定した場合の，摩擦抵抗低減効果のレイノルズ数依存性が解析的に求められている[21]．これによると，流量一定のチャネル乱流において，ある一定の抵抗低減率を得るのに必要なダンピング層厚さは $\ln Re_\tau$ に比例し，たとえば $y^+<10$ の領域を完全にダンピングすることができれば $Re_\tau=10^5$ においても 35% の抵抗低減が得られる．すなわち，本項で取り上げてきた，壁面近傍の乱流構造を操作する種々の制御則は，実用場面での高レイノルズ数壁乱流においてもその効果を発揮すると予想されている．　　　　　　　　　　　　　　　　　［深潟康二］

文　　献

1) F. Abergel, R. Temam : Theor. Comput. Fluid Dyn., **1**, 1990, 303-325.
2) T. R. Bewley *et al.* : J. Fluid Mech., **447**, 2001, 179-225.
3) H. Choi *et al.* : J. Fluid Mech., **253**, 1993, 509-543.
4) H. Choi *et al.* : J. Fluid Mech., **262**, 1994, 75-110.
5) E. P. Hammond *et al.* : Phys. Fluids, **10**, 1998, 2421-2423.
6) K. Fukagata, N. Kasagi : Int. J. Heat Fluid Flow, **24**, 2003, 480-490.
7) J. Kim, J. Lim : Phys. Fluids, **12**, 2000, 1885-1888.
8) J. Lim, J. Kim : Phys. Fluids, **16**, 2004, 1980-1988.
9) S. Satake, N. Kasagi : Int. J. Heat Fluid Flow, **17**, 1996, 343-352.
10) C. Lee, J. Kim : Phys. Fluids, **14**, 2002, 2523-2529.
11) P. Koumoutsakos : Phys. Fluids, **11**, 1999, 248-250.
12) T. Endo *et al.* : Int. J. Heat Fluid Flow, **21**, 2000, 568-575.
13) C. Lee *et al.* : J. Fluid Mech., **358**, 1998, 245-258.
14) Y. Suzuki *et al.* : 6th Symp. Smart Control of Turbulence, 2005, 31-40.
15) K. Fukagata *et al.* : Phys. Fluids, **14**, 2002, L 73-L 76.
16) K. Fukagata, N. Kasagi : Int. J. Heat Fluid Flow, **25**, 2004, 341-350.
17) C. Lee *et al.* : Phys. Fluids, **9**, 1997, 1740-1747.
18) K. Morimoto *et al.* : 3rd. Symp. Smart Control of Turbulence, 2002, 107-113.
19) K. Iwamoto *et al.* : Int. J. Heat Fluid Flow, **23**, 2002, 678-689.
20) Y. Chung *et al.* : Phys. Fluids, **14**, 2002, 4069-4080.
21) K. Iwamoto *et al.* : Phys. Fluids, **17**, 2005, 011702.

19.3.6 制御デバイス

乱流，とくに剪断乱流では，準秩序構造が力学的に重要な役割を果たし，摩擦，伝熱，物質輸送などに大きな影響を与えていることが知られている．効率のよい能動的制御を達成するには，乱流の準秩序構造をいかに選択的に操作して，少ない動力で全体の現象を望ましい方向に操作するかが重要な観点となる．したがって，センサやアクチュエータは，これらの準秩序構造と干渉できるような時空間スケールをもたなければならない．図 19.68 に，実際の応用分野における縦渦の時空間スケール，すなわちセンサおよびアクチュエータに要求される寸法・動作周波数を示す．例として，大型航空機やリニア新幹線では寸法は 0.1 mm，動作周波数は 10 kHz のオーダーとなる．従来，このように微細かつ高い応答性を有するデバイスは実現不可能と考えられてきたが，MEMS 技術の著しい発展により可能性がみえてきている[1,2]．

流体計測用のマイクロセンサは，MEMS 技術の重要な応用分野の一つとして，比較的早くから開発が進められてきた[3,4]．壁乱流の制御では，壁面上で流れの情報を検知する必要があり，測定可能な物理量としては，壁面圧力，壁面剪断応力，壁面温度などに限られる．いままでに，薄膜の変形量から圧力を測定するダイアフラム型センサ[5,6]，流れにより壁面に加わる剪断応力を直接機械的に測定するフローティングエレメント型センサ[7~9]，壁面上の熱膜から流体中に奪われる熱量から剪断応力を測定する熱膜センサ[10~15]，壁面ごく近傍に設置した熱線セ

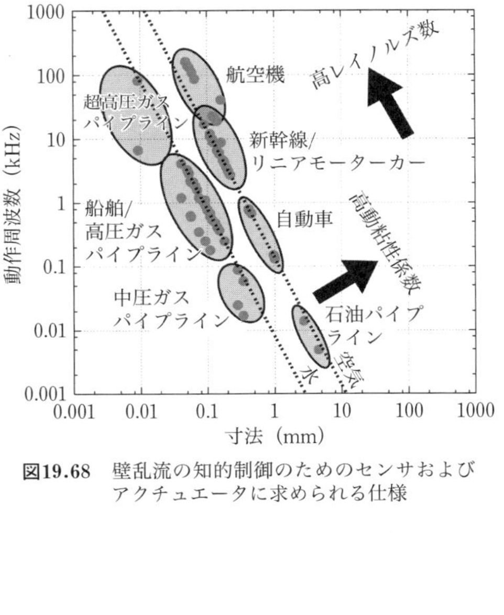

図19.68　壁乱流の知的制御のためのセンサおよびアクチュエータに求められる仕様

ンサ[16,17]，壁面から突き出した柱に加わる流体力から剪断応力を測定するセンサ[18]などが開発されている．

Padmanabhan ら[8]は，壁面剪断応力を計測するため，一辺が 500 μm の正方形板に加わる粘性力を直接測定するフローティングエレメント型のセンサを開発した．彼らは，正方形エレメントを四つの梁で支え，下部に設けた1対のフォトダイオードの電流出力差から光学的にエレメントの移動量を算出することによって，電気的ノイズの影響を低減させ，0.01 Pa の高感度を実現している．

UCLA とカルフォルニア工科大学の研究グループでは，長さ 200 μm のポリシリコン薄膜を熱膜とする壁面剪断応力センサ群の試作を行った[11~13]．彼らは，厚さ 2 μm の真空キャビティを下部にもつ窒化ケイ素ダイアフラム上に熱膜を蒸着することによって，基板への熱伝導の影響を抑えて応答周波数を向上させている．また，彼らは，ポリイミド基板上に島状のシリコンチップを形成することにより，曲率をもつ壁面に設置できる剪断応力センサ群およびセンサ駆動のための電気回路も作り込んだセンサ群の試作も行っている[12,13]．図 19.69 に，吉野ら[2,14,15]によって製作されたマイクロ熱膜剪断応力センサ群を示す．シリコンウェハ上に形成した厚さ 1 μm の窒化ケイ素のダイアフラム上に，長さ 250 μm の白金熱膜が蒸着されている．熱膜周囲の詳細な熱解析を用いてダイアフラムの寸法，ダイアフラム上の断熱スリットの配置を最適化することにより，従来 70 Hz にとどまっていた応答周波数を 400 Hz まで向上させている．また，このセンサは 1 mm 間隔で 36 個の熱膜センサが並ぶ群センサであり，実装を容易にし，また流れ場を乱さないため，シリコン基板の表側パターンから裏側に電気的接続をとるための貫通電極を有している．

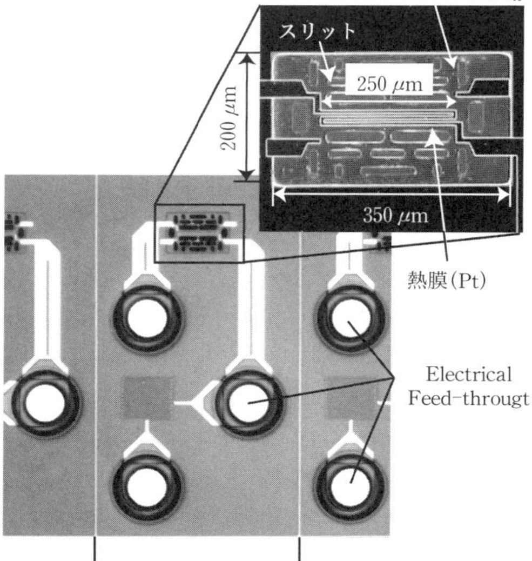

図 16.69　裏側配線用貫通電極を有するマイクロ・熱膜剪断応力センサ[2, 14, 15]

乱流制御に用いるアクチュエータとしては，前述の寸法，動作周波数に加え，動作量が大きいこと，使用環境において耐久性のあること，消費エネルギーが小さいことなどが必要である．マイクロマシンの分野で最も多く用いられるアクチュエータは静電気力を用いたものであるが，一般には変位が小さく，清浄な動作環境が必要なことから，必ずしも乱流制御には適しているとはいえない．また，マイクロマシン技術で製作されるデバイスは本質的に基板上の 2 次元構造であるので，流体に対して制御量を加えるために，壁面垂直方向に動作する構造として何らかの工夫が必要となる．

アクチュエータの動作原理としては，大きな変位や高い動特性が得られる電磁式，発生応力および動特性に優れる圧電素子式，生体の筋肉に近い特性をもつ電歪式などが検討されている．

Huang ら[19]は，噴流の騒音を抑制させる目的で櫛形静電アクチュエータを試作し，円形噴流ノズル出口に設置して制御を試みた．共振周波数は 5 kHz と高く，70 μm の大きな変位が得られたが，寿命が短いのが欠点であった．Yasuda ら[20]は，多段階に折れ曲がるカンチレバー型の静電アクチュエータ（長さ 1 mm）を試作し，11.8 V の低電圧駆動で壁垂直方向に 245 μm の大変位を実現している．

一方，電磁アクチュエータは，消費電力は大きいが，大きな変位と高い動特性が得られる可能性がある．UCLA とカリフォルニア工科大学の研究グループでは，フラップ型電磁アクチュエータを製作している[21]．彼らは，Cr/Au コイルを形成した一辺 420 μm のポリシリコン膜を幅 20 μm，長さ 280 μm の 2 本の梁で支えたフラップを試作し，100 μm の変位，1 mN の発生力，1 kHz の共振周波数を得ている．しかし，消費電力が 70 mW と大きいこと，ジュール発熱によって大きな熱変形が生じる問題があった．そこで，彼らは，フラップ上にコイルを設けず，強磁性体の薄膜を蒸着することにより特性の向上を図り，100 mN 程度の発生力，60 度以上の傾き角を得ている[22]．また，Judy-Muller[23] はヒンジ部にトーションバーを用いたアクチュエータを試作した．フラップ周囲の基板上に 10 巻きの銅コイルを形成し，500 mA（1.6 W）の電流を流すことによって，フラップを 45 度傾けることができ，400 Hz 程度の共振周波数が得られるとしている．

ピエゾ圧電素子は大きな応力を取り出せる特長があるが，歪みが 0.1% 以下と小さいのが欠点である．Jacobson-Reynolds[24] は，ピエゾ素子を接着したカンチレバー型アクチュエータを製作した．カンチレバーをキャビティとの隙間が左右非対称になるように配置し，キャビティの上部で振動させることによって，境界層内に渦状の制御入力が与えられることを示し，風洞実験において乱流遷移の抑制の可能性を示した．Kumar ら[25] は，8 mm の長さのカンチレバーを 1.5 kHz の共振周波数で動作させることによって振幅を増大させ，63 μm の先端振幅を得ている．消費電力は非常に小さく，0.5 mW である．

James ら[26] は，ピエゾ素子を貼り付けたダイアフラムを水中で振動させ，ダイアフラム上に周期的に生じるキャビテーションによって，Synthetic Jet と呼ばれる大スケールの噴流が生成されることを示した．Glezer-Amitay[27] は，圧力源をもたずに運動量を吹き出すことのできる Synthetic Jet アクチュエータを製作した．これは，キャビティ内部でダイアフラムを振動させることで空洞上部の小孔を通じて流体の吹出し・吸込みが繰り返され，結果的に小孔から流体を噴出するのと同様の噴流を発生させるものである．現在までに，噴流の方向制御，円柱や翼周りの剝離制御に用いられて，大きな効果が得られることが示されている．また，Diez と Dahm[28] は，電気浸透流によって液面を高速振動させ同様の噴流を生成するアクチュエータ群を試作している．彼らは，直径 250 μm の円孔中に 1 μm 細孔を有する多孔質ポリマーを導入することにより，表面力の効果を増大させて動特性を向上させ，10 kHz までほぼフラットな応答が得られるとしている．

相変化や形状記憶合金を用いる熱的なアクチュエータは原理的に時間応答性が低いが，マイクロ化することによって熱容量を下げ，周波数応答を向上できる可能性がある．Gill ら[29] は，NiTi の形状記憶合金薄膜を用いた壁面変形型アクチュエータを試作した．直径 3 mm の円形ダイアフラムで 0.5 mm 程度の壁面変形量，300 Hz 程度の高い応答性が得られることを示している．また，Carlen-Mastrangelo[30] は，パラフィンの相変化を用いたマイクロバルブ用アクチュエータを試作し，変位 3～5 μm，応答速度 30 ms が得られることを示した．

Pelrine ら[31,32] は，生体の筋肉に近い特性をもつアクチュエータとして，ポリマー膜を柔軟性の高い電極で挟んだコンデンサ型の電歪ポリマーアクチュエータを開発した．彼らは，膜厚 1 mm あたり数十 V の高電圧が必要であるものの，シリコーンゴムを用いたアクチュエータで数十% 以上の歪みと 1 kHz 以上の高い動特性を，アクリル樹脂を用いた場合では 100% 以上の歪みが得られることを報告している．図 19.70 は，電歪ポリマーを用いて MEMS 技術により試作された Synthetic Jet アクチュエータである[33]．垂直方向にダイアフラム直径の約 5.6% の変位が得られ，ピエゾ素子よりも一桁以上大きな変形量が達成されている．

一方，乱流能動制御について，センサ，アクチュエータ，コントローラをシステムとして構築した研究例はきわめて少ない．ブラウン大学のグループでは，3 組の熱膜剪断応力センサ，圧電素子を用いた片持ち梁型アクチュエータ，DSP コントローラを組み合わせた制御システムを構築した[34]．彼らは下流で乱れ強さが減少することを報告しているが，抵抗低減を実現するシステムの構築には至っていな

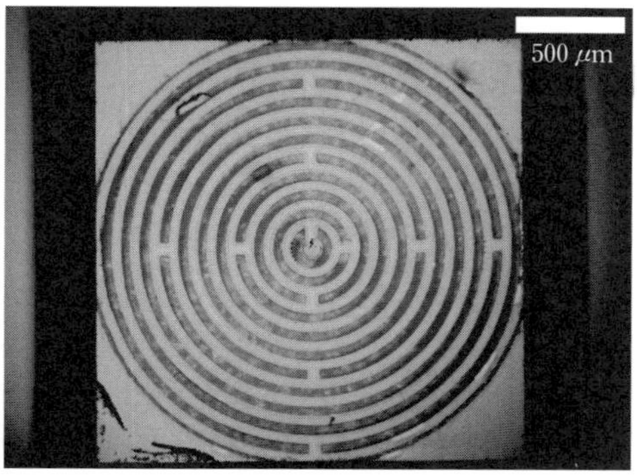

図 19.70 電歪型ダイアフラムアクチュエータ[33]

い．Tsao ら[35]は，熱膜剪断応力センサ，フラップ型電磁アクチュエータ，駆動回路を CMOS 技術，MEMS 技術により統合した高度な制御チップを試作した．しかし，保護マスクも含めて 22 のマスクが必要であるために製作の歩留まりが低く，多数のデバイスを風洞実験に用いることが困難であった．

Yoshino ら[36]は，マイクロ・センサ/アクチュエータを分散配置した乱流制御パネルを設計・開発した．プロトタイプ制御システムは，図 19.71 に示すように，192 個のマイクロ剪断センサと 48 個の電磁式アクチュエータ，DSP コントローラからなる．アクチュエータは，シリコーンゴム膜を電磁力によって壁垂直方向に変形させる壁面変形型であり，寸法は 2.5 mm×14 mm である．変形量は 0.1 mm であり，300 Hz まで動作させることができる．フィードバック制御には，遺伝的アルゴリズム（GA）を用い，摩擦抵抗が最小となるように制御パラメータが最適化される．一つのアクチュエータは，上流側の三つのセンサからの剪断応力の情報をもとに DSP でリアルタイムで演算が行われ，DA 出力により駆動される．センサ出力電圧のデジタル化，制御量の算出，アクチュエータ駆動電圧の出力，壁面の変形，という一連の制御ループの繰返し周波数は 10 kHz であり，システム応答の時間遅れは 0.1 ms と評価されている．彼らは，風洞中に形成したチャネル乱流場において，はじめて実験室実験において 6% の抵抗低減を実現している．また，より大規模なシステムも構築されており，マルチユーザーサービスを用いたアナログ VLSI コントローラ（図 19.72）の試作[37,38]も行われている．この VLSI コントローラには，GA の学習機能は搭載されていないが，センサの駆動回路，信号前処理アンプ，線形化器，制御量演算器，アクチュエータ用パワーアンプが組み込まれている．

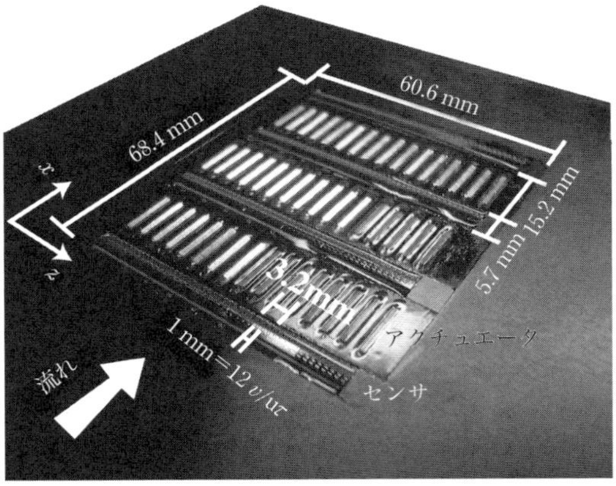

図 19.71　壁乱流のフィードバック制御ユニット[36]

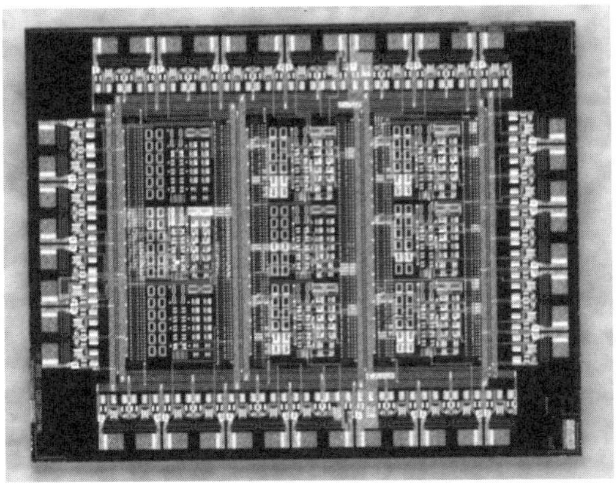

図 19.72　マルチユーザーサービスによるアナログ VLSI コントローラ[5]
チップサイズ 3.1mm×3.8mm.

世界的にみても，マイクロデバイスを用いた乱流能動制御のためのシステム評価はまだ始まったばかりであり，摩擦抵抗減少などの制御効果について本格的な実験による実証が待たれる．　**［鈴木雄二］**

文　　献

1) C.-M. Ho, Y.-C. Tai : Annu. Rev. Fluid Mech., **30**, 1998, 579-612.
2) N. Kasagi *et al.* : Annu. Rev. Fluid Mech., **41**, 2009, 231-251.
3) L. Löfdahl *et al.* : J. Phys. E : Sci. Instrum., **22**, 1989, 391-393.
4) K. S. Udell *et al.* : Exp. Therm. Fluid Sci., **3**, 1990, 52-59.
5) M. F. Miller *et al.* : Int. Conf. Solid-state Sensors Actuators (Transducers '97), Chicago, 1997, 1469-1472.
6) L. Löfdahl, M. Gad-el-hak *et al.* : Meas. Sci. Technol., **10**, 1999, 665-686.
7) M. A. Schmidt *et al.* : IEEE Trans., **ED-35**, 1988, 750-757.
8) A. Padmanabhan *et al.* : J. Microelectromech. Syst., **5**, 1996, 307-315.
9) D. Hyman *et al.* : AIAA J., **37**, 1999, 73-78.
10) E. Kälvesten *et al.* : Sensors Actuators A, **52**, 1996, 51-58.
11) J. B. *et al.* : IEEE Trans., **IM-45**, 1996, 570-574.
12) F. Jiang *et al.* : Sensors Actuators A, **79**, 2000, 194-203.
13) Y. Xu *et al.* : J. Microelectromech. Syst., **12**, 2003, 740-747.
14) T. Yoshino *et al.* : IEEE Int. Conf. MEMS'03, Kyoto,

2003, 193-196.
15) 吉野 崇ほか：日本機械学会論文集（B編），**70**(689)，2004，38-45.
16) L. Löfdahl *et al.*: Exp. Fluids, **35**, 2003, 240-251.
17) J. Chen *et al.*: J. Aerospace Eng., **16**, 2003, 85-97.
18) Z. Fan *et al.*: J. Micromech. Microeng., **12**, 2002, 655-661.
19) C. Huang *et al.*: J. Microelectromech. Syst., **11**, 2002, 222-235..
20) T. Yasuda *et al.*: 10th Int. Workshop MEMS, IEEE, Nagoya, 1997, 90-95.
21) C. Liu *et al.*: 7th Int. Workshop MEMS, IEEE, Oiso, 1994, 57-62.
22) C. Liu *et al.*: Sensors Actuators, A, **78**, 1999, 190-197.
23) J. W. Judy, R. S. Muller: J. Microelectromech. Syst., **6**, 1997, 249-256.
24) S. A. Jacobson, W. C. Reynolds: J. Fluid Mech., **360**, 1998, 179-211.
25) S. M. Kumar *et al.*: 12th Int. Conf. MEMS, IEEE, Orlando, 1999, 135-140.
26) R. D. James *et al.*: Phys. Fluids, **8**, 1996, 2484-2495.
27) A. Glezer, M. Amitay: Annu. Rev. Fluid Mech., **35**, 2002, 503-529.
28) F. J. Diez, W. J. A. Dahm: AIAA J., **41**, 2003, 1906-1915.
29) J. Gill, G. P. Carman: J. Microelectromech. Syst., **11**, 2002, 68-78.
30) E. T. Carlen, C. H. Mastrangelo: J. Microelectromech. Syst., **11**, 2002, 408-420.
31) R. Pelrine *et al.*: Sensors Actuators A, **64**, 1998, 77-85.
32) R. Pelrine *et al.*: Science, **287**, 2000, 836-839.
33) A. Pimpin *et al.*: J. Microelectromech. Syst., **16**, 2007, 753-764.
34) R. Rathnasingham, K. S. Breuer *et al.*: Phys. Fluids, **9**, 1997, 1867-1869.
35) T. Tsao *et al.*: Tech. Digest, Int. Conf. on Solid-State Sensors and Actuators (Transducers '97), Chicago, **1**, 1997, 315-317.
36) T. Yoshino *et al.*: J. Fluid Sci. Tech., **3**, 2008, 137-148.
37) J. Park *et al.*: Proc. 5th Symp. Smart Control of Turbulence, Tokyo, 2004, 111-118.
38) T. Yamagami *et al.*: Proc. 6th Symp. on Smart Control of Turbulence, Tokyo, 2005, 135-141.

20

乱流音の予測と制御

20.1 乱流音の予測

流れから発生する音，すなわち，流体音の予測や低減は，航空工学，機械工学，土木・建築工学など多くの工学分野において設計上必須の課題となっている[1,2]．この理由は，「2.5節　音の発生」でも述べたとおり，流体音の強度が流れの代表速度の5乗から8乗というきわめて高い指数に従い，流速の増大に伴い急激に増大するからである[3,4]．工学的に主要な流れは少なくとも部分的には乱流であるため，流体音のなかでも乱流音の予測と低減が重要となる場合が多い．乱流音は流れのなかに存在する渦の非定常運動に起因して発生するため[3]，渦の運動が正確に予測できれば乱流音を予測することができる[1,5]．そのため，昨今の計算機性能の向上や数値解析技術の進歩と相まって，数値解析による乱流音の予測に大きな期待が集まっている．本節では数値解析による乱流音の予測手法を概説する．

20.1.1 乱流音の直接計算

流れの基礎方程式であるナビエ-ストークス方程式は音波の伝播も表すため，圧縮性も考慮したナビエ-ストークス方程式を連続の式およびエネルギー方程式と連立して解くことにより，音源の変動も含めて乱流音の伝播まで予測することができる[5,6]．このような方法は，乱流音の直接計算と呼ばれている．直接計算の最大の特徴は，流れと音との相互干渉を厳密に考慮できることであり，ジェットノイズなどの高速気流から発生する乱流音の予測以外にも，基本的な流れから乱流音が発生するメカニズムの解明やフィードバックを伴う乱流音の予測などに適用されている．音源の変動と音の伝播とを同時に解析する直接計算においては，乱流中を伝播する波である音を正確に計算するために，数値的な散逸や位相誤差の小さい数値解法[7,8]を用いる必要があり，また，人為的に設置する外部境界における非物理的な音の反射を防止する必要がある[9)など]．乱流音の直接計算に適した数値解析手法に関しては，欧米を中心として1990年代から盛んな研究が行われてきたが[10,11]，現在では空間6次精度のコンパクトスキームを無反射境界条件と組み合わせて使用することがほぼ標準的な手法として定着しつつある．

乱流音の直接計算の本質は「流れの渦運動による音の発生を計算格子によりとらえる」ことにある．このため，直接計算には，渦と音波の空間スケールの違いに起因する数値計算上の困難が伴う．これらのスケールの比はマッハ数が小さいほど大きくなるため，低速の流れから発生する乱流音を直接計算することはとくに困難である．たとえば，低マッハ数の乱流境界層から発生する乱流音を直接計算する場合，境界層内の微小な渦をとらえるための細かい計算格子上を音速で伝播する音波も同時に計算するため，計算の時間刻み幅を極端に小さくする必要がある．このため，音波の伝播を正確には考慮しない通常の圧縮性流れの計算に比較して時間ステップ数も長大化する．しかしながら，音から流れへのフィードバックがある場合は後述する分離解法は適用することができず，直接計算を用いる必要がある．

一例として，低圧のタービン翼列（T 106）内の遷移境界層と発生する音波とを直接計算した例を図20.1に示す[12,13]．計算には600万点程度の格子を用い，数値解析方法としては6次精度のコンパクトスキームにLES解析のサブグリッドスケールモデルとして10次精度の高次フィルタリングを組み合わせて使用している[14]．このような計算により，低圧

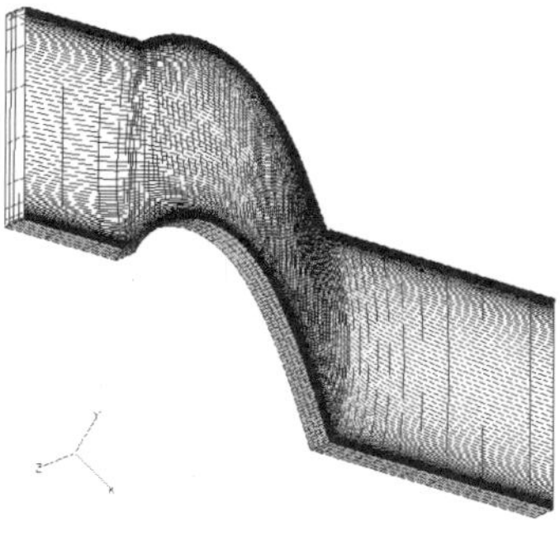

(a) 計算に用いた差分格子

(b) 後縁近傍の渦構造と後縁から発生する音波

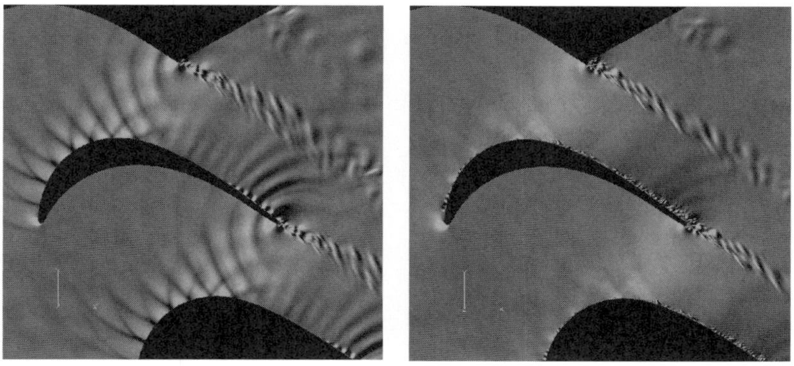

(c) 上流乱れが渦構造や音波に与える影響（左：上流乱れがない場合，右：5%の乱れを含む場合）

図 20.1 低圧タービン翼列内の境界層遷移と音波の直接計算[12,13]

タービン翼列内では2次元性を有した渦が翼の後縁を通過する際に強い音波が発生し，発生した音波が境界層内の渦の不安定性成長に大きな影響を与えていることがわかった．下段には翼列に流入する主流が乱れを含まない場合（左）と5%の乱れを含む場合（右）とを比較した結果を示すが，乱れを含む流れが翼列に流入した場合には，前述のような2次元的な渦は生成されず，乱流斑点が生成される遷移過程をとる．このように，乱流音の直接計算は音から流れへのフィードバック効果を無視できない場合に対する，強力な現象解明ツールとして活用されることが期待される．直接計算はオープンキャビティ流れ，エッジトーンなど流体音響フィードバック現象（fluid-acoustics interaction）を伴った流れの解析やジェットノイズなどの高速気流から発生する乱流音の解析などに適用されている．

20.1.2 乱流音の分離計算

ファン，自動車周りの流れなど比較的低速の流れから発生する乱流音の予測には，音源となる流れの非定常変動と音の伝播とを別々に計算する分離計算を用いるのが一般的である．分離計算では発生した音が音源に与える影響は考慮することはできないが，低速の流れから発生する音の変動は流れの変動に比べて桁違いに小さいため[3]，音から流れへのフィードバック効果は特殊な場合を除いて無視することができる．流れ場と音場とを別々に計算することにより，音源と音波の空間スケールや変動強度の違いに起因する数値解析上の困難を排除することができる．以下，分離解法に用いる基礎式を概説する．

a. 音響学的類推

「2.5節 音の発生」でも述べたとおり，圧縮性ナビエ-ストークス方程式（20.1.2）および連続の式（20.1.1）から，分離計算の基礎となるLighthill方程式（20.1.3）を導くことができる[3]．

$$\frac{\partial \rho}{\partial t}+\frac{\partial (\rho u_i)}{x_i}=0 \qquad (20.1.1)$$

$$\frac{\partial(\rho u_i)}{\partial t}+\frac{\partial(\rho u_j u_i+p_{ij})}{\partial x_j}=\rho f_i \qquad (20.1.2)$$

$$\frac{\partial^2\rho}{\partial t^2}-c_0^2\frac{\partial^2\rho}{\partial x_i^2}=\frac{\partial^2 T_{ij}}{\partial x_i\partial x_j} \qquad (20.1.3)$$

ここに，式（20.1.2）右辺の f_i は，単位体積の流体に作用する x_i 方向の外力（の成分）を表す．

前掲のように，式（20.1.3）の右辺に現れる T_{ij} は Lighthill の応力テンソル（Lighthill stress tensor）と呼ばれ，次式のとおりである．

$$T_{ij}\equiv\rho u_j u_i+p_{ij}-c_0^2\rho\delta_{ij} \qquad (20.1.4)$$

$$p_{ij}=p\delta_{ij}-\sigma_{ij},\qquad \sigma_{ij}=2\mu\left(S_{ij}-\frac{1}{3}\frac{\partial u_k}{\partial x_k}\delta_{ij}\right),$$

$$S_{ij}=\frac{1}{2}\left(\frac{\partial u_i}{\partial x_j}+\frac{\partial u_j}{\partial x_i}\right) \qquad (20.1.5)$$

Lighthill 方程式は，T_{ij} を強制項とする非斉次の波動方程式であり，定数 c_0 として音速を考える場合，流れ中の音源 T_{ij} により発生する音波の伝播を表す．Lighthill 方程式(20.1.3)は，圧縮性ナビエ-ストークス方程式と同等の厳密さを有し，したがって，式（20.1.3）を直接解くことは，圧縮性ナビエ-ストークス方程式の直接計算と等価であり，とくに低マッハ数流れにおいては，依然として困難である．

Lighthill の提唱した音響学的類推（acoustic analogy）という考え方に基づく分離計算では，「音による密度・圧力の変動は，流れの変動と比較して微小であり，発生した音によって流れ場が変化することはない」という仮定を導入することによって，音響解析では T_{ij} を既知であるとみなし，流れ（音源）の解析と音響解析とを分離して音の解析を行う．このことにより，低マッハ数流れにおける流れと音のスケールの違いに起因する計算の困難さを緩和することができる．

T_{ij} が与えられれば，式（20.1.3）を数値的に解くことにより，発生する音を計算することができるが，流れのなかに物体がある，対象が遠方場音であるなどの仮定が成り立つ場合には，後述するように，式（20.1.3）をより簡便な形に変形し，分離計算を行うことができる．また，分離計算の本質は上述のように，発生した音が流れに与える影響は無視できるとして，音場の計算を音源の計算とは分離して実施することにあるが，実験的，経験的な手法により音場計算の入力条件を与えることも可能である．

b.　Curle の式

観測点の位置ベクトルを $\boldsymbol{x}$，音源点の位置ベクトルを $\boldsymbol{y}$，観測点と音源点の距離を $r\equiv|\boldsymbol{x}-\boldsymbol{y}|$ とする．流れ中に固体面がなく，音源が自由空間に存在する場合は式（20.1.3）は密度 ρ に対して解くことができ，その一般解は次式のようになる[3]．ただし，前述のとおり，T_{ij} は既知と仮定している．

$$(\rho-\rho_0)(\boldsymbol{x},t)=\frac{1}{4\pi c_0^2}\frac{\partial^2}{\partial x_i\partial x_j}\int_V\frac{T_{ij}(\boldsymbol{y},t-r/c_0)}{r}\mathrm{d}\boldsymbol{y} \qquad (20.1.6)$$

ここで，$\boldsymbol{V}$ は領域全体での体積分を表す．

流れのなかに物体，すなわち，固体面 S が存在する場合は固体面における音の散乱を考慮する必要があるが，Curle は Lighthill 方程式を物体内部でも成立するように数学（便宜）的に拡張したうえで，音場を表す自由空間のグリーン関数を用いて，物体が存在する場合の一般解を導出した．すなわち，観測点が遠方場にあり，かつ，高レイノルズ数流れで粘性による音の発生を無視できる場合は，式（20.1.3）の解は以下のように与えられている[4]．

$$p_{\mathrm{a}}(\boldsymbol{x},t)=\frac{1}{4\pi}\frac{\partial^2}{\partial x_i\partial x_j}\int_V\frac{T_{ij}(\boldsymbol{y},t-r/c_0)}{r}\mathrm{d}\boldsymbol{y}-\frac{1}{4\pi}\frac{\partial}{\partial x_i}\int_S\frac{n_j p'_{ij}(\boldsymbol{y},t-r/c_0)}{r}\mathrm{d}S(\boldsymbol{y}) \qquad (20.1.7)$$

ここで観測点における，p_{a} は音圧を表す．式（20.1.3）は密度 ρ に関する波動方程式であるが，式（20.1.7）では伝播する音に対して成り立つ関係式：$p_{\mathrm{a}}\equiv p-p_{\mathrm{a}}=c_0^2(\rho-\rho_0)$ を用いて，音圧 p_{a} により音場を表している．n_j は固体面 S 上の外向き単位法線ベクトルであり，p'_{ij} は p_0 を物体から離れた点における圧力（基準となる一定圧力）として，$p'_{ij}=(p-p_0)\delta_{ij}$ と定義される．Curle の式（20.1.7）において，右辺第 1 項は空間中の四重極音源からの直接音を表し，第 2 項は固体面で散乱される二重極音を表しているが，比較的マッハ数の低い流れでは，遠方場への放射効率の違いにより，二重極音が支配的となることから，第 1 項を無視して，第 2 項のみを扱うことが多い（「2.5 節 音の発生」参照）．さらに，音の波長が長く，音源領域が音の波長に比べて十分に小さい（コンパクト：acoustically compact）ことを仮定すると，音源を点音源とみなすことができ，次式のように式を簡略化することができる．

$$p_{\mathrm{a}}(\boldsymbol{x},t)$$
$$=\frac{x_j}{4\pi c_0|\boldsymbol{x}|^2}\frac{\partial}{\partial t}\int_S(p-p_0)\left(\boldsymbol{y},t-\frac{|\boldsymbol{x}|}{c_0}\right)n_j\mathrm{d}S(\boldsymbol{y})$$
$$=\frac{x_j}{4\pi c_0|\boldsymbol{x}|^2}\frac{\mathrm{d}F_j(t-|\boldsymbol{x}|/c_0)}{\mathrm{d}t} \qquad (20.1.8)$$

コンパクト音源の仮定のもとでは，必要な音源データは物体に働く非定常流体力のみとなる．したがって，解析対象の音が低周波数の音である場合には，流れの解析において，流体力の変動を正確に予測することができれば，遠方場での空力音を比較的容易に予測することができる．

コンパクトな音源から発生する乱流音の予測の一例として，平板上におかれたドアミラーモデル周りの流れから発生する流体音をCurleの式に基づき予測し[15,16]，低騒音風洞における実測値[17]と比較した結果を図20.2に示す．音源の解析方法としては，ラージエディシミュレーション（large eddy simulation, LES）が最も適している．レイノルズ平均モデルによっても非定常解析は可能であるが，全スケールの乱流渦の運動をモデル化しているため，乱流のエネルギーカスケードを予測することは不可能である[18]．本研究ではダイナミックスマゴリンスキーモデル（Dynamic Smagorinsky Model, DSM）[19~21]によるLESにより音源の変動を計算した．層流剝離するブラフボディ周りの流れから発生する流体音を高精度に予測するためには，剝離点の位置ならびに剝離直後の乱流遷移をできるかぎり正確に予測する必要があるが，図20.2(b)に示すように，細かいメッシュによる計算結果は10 kHz（無次元周波数で14.4）までのすべての周波数領域において実測値ときわめてよく一致しており，このような手法により乱流音が定量的に予測できることがわかる．

(a) 境界層の剝離の様子とミラー背後の渦構造

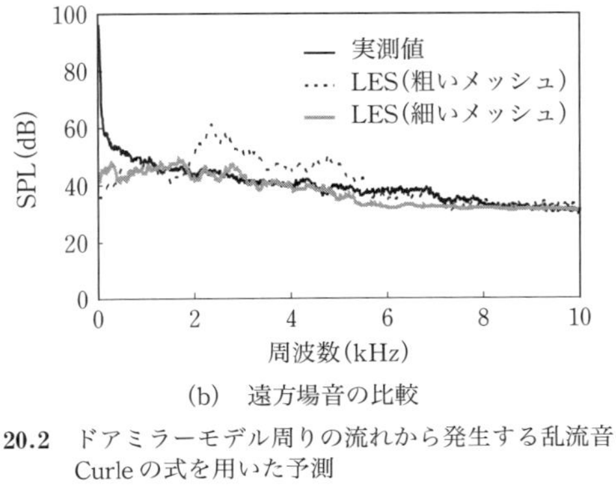

(b) 遠方場音の比較

図 20.2 ドアミラーモデル周りの流れから発生する乱流音のCurleの式を用いた予測

c. Ffowcs Williams と Hawkings の式

ファンの動翼など，観測点に対して運動をしている音源から発生する乱流音を予測する場合，流れの非定常変動のほかに，音源が相対運動をしている効果も考慮する必要がある．Ffowcs Williams と Hawkingsは，境界面が任意の運動をしている場合のLighthill方程式の一般解（FW-H式）を示したが[22]，この式はターボ機械などの回転翼面から発生する流体音予測の基礎式として多用されている．音源がコンパクトとみなせる場合には，FW-H式は次の形で与えられる．

$$p_{\mathrm{a}}(x_i,t)=\frac{1}{4\pi c_0}\int_S\frac{r_i}{r^2(1-M_r)^2}\left\{\frac{\partial}{\partial\tau}n_ip(y,\tau)+\frac{n_ip(y,\tau)}{1-M_{\mathrm{r}}}\frac{\partial M_r}{\partial\tau}\right\}\mathrm{d}y \qquad (20.1.9)$$

ここで，$\tau\equiv t-r/c_0$ は音源から観測点に音が到達するまでの時間を考慮した遅延時刻であり，また，M_{r} は相対マッハ数と呼ばれ，音源の移動速度 V_i を用いて以下のように表される．

$$M_{\mathrm{r}}=\frac{r_iV_i}{rc_0}=M\cos\theta \qquad (20.1.10)$$

式（20.1.9）の右辺第1項は流れの非定常変動により生じる音源を表し，第2項は表面力が観測点に対して相対運動をしている効果を表す．ただし，プロペラファンのように低速のターボ機械から発生する乱流音の場合，一般に，音源が回転している効果は無視できることを付記する．

d. Howe の式

Curleの式（20.1.8），Ffowcs Williams と Hawkingsの式（20.1.9）はいずれも物体表面の圧力変動を音源として遠方場音を表したものであり，比較的取扱いが容易であるが，これらの式は音源領域の大きさが波長に対して無視できなくなる，高周波数の音の予測には用いることはできない．また，真の音源は流れの渦の非定常運動にある．そこで，Howe は Powell の Vortex Sound 理論[23]に基づき，低マッハ数・高レイノルズ数の仮定のもと，Lighthill 方程式（20.1.3）から，流れの渦を音源とする以下の式を導いた[24,25]．

$$\left(\frac{1}{c_0^2}\frac{\partial^2}{\partial t^2}-\nabla^2\right)p_{\mathrm{a}}(\boldsymbol{x},t)=-q(\boldsymbol{x},t) \tag{20.1.11}$$

ここで，式(20.1.11)の右辺の $q(\boldsymbol{x},t)$ は空間中の音源項 $q(\boldsymbol{x},t)=-\mathrm{div}(\boldsymbol{\omega}\times\boldsymbol{u})$ である．式(20.1.11)をフーリエ変換し，周波数空間で表すと，

$$\left(\nabla^2+\frac{\omega^2}{c_0^2}\right)\hat{p}(\boldsymbol{x},\omega)=\hat{q}(\boldsymbol{x},\omega) \tag{20.1.12}$$

$$q(\boldsymbol{x},t)=\int_{-\infty}^{\infty}\hat{q}(\boldsymbol{x},\omega)e^{-i\omega t}\mathrm{d}\omega \tag{20.1.13}$$

となる．上付きの ^ は周波数領域における値であることを表す．遠方場における音圧は，音源項（$\boldsymbol{\omega}\times\boldsymbol{u}$）が与えられれば，音響場を表すグリーン（Green）関数を $\hat{G}(\boldsymbol{x},\boldsymbol{y},\omega)$ 用いて，次式により計算できる．

$$p_{\mathrm{a}}(\boldsymbol{x},\omega)=\rho_0\int_V(\boldsymbol{\omega}\times\boldsymbol{u})(\boldsymbol{y},\omega)\cdot\nabla_y\hat{G}(\boldsymbol{x},\boldsymbol{y},\omega)\mathrm{d}\boldsymbol{y} \tag{20.1.14}$$

ここに，$\hat{G}(\boldsymbol{x},\boldsymbol{y},\omega)$ は，

$$\left(\nabla^2+\frac{\omega^2}{c_0^2}\right)\hat{G}(\boldsymbol{x},\boldsymbol{y},\omega)=\delta(\boldsymbol{x}-\boldsymbol{y}) \tag{20.1.15}$$

を満たし，かつ固体面 S 上で，

$$\frac{\partial\hat{G}}{\partial\boldsymbol{n}}=0 \quad \text{on} \quad S \tag{20.1.16}$$

を満たすグリーン関数である．音響場の線形性から，固体面 S が存在する場合のグリーン関数 $\hat{G}$ は，固体面が存在しない場合のヘルムホルツ（Helmholtz）方程式(20.1.11)の基本解である自由空間のグリーン関数

$$\hat{G}_0(\boldsymbol{x},\boldsymbol{y},\omega)=\frac{-e^{i\varkappa_0|\boldsymbol{x}-\boldsymbol{y}|}}{4\pi|\boldsymbol{x}-\boldsymbol{y}|},\qquad \varkappa_0=\frac{\omega}{c_0} \tag{20.1.17}$$

と，物体（固体面）が存在することによる影響を表す修成項 $\hat{G}'(\boldsymbol{x},\boldsymbol{y},\omega)$ の合成（和）として，

$$\hat{G}(\boldsymbol{x},\boldsymbol{y},\omega)=\hat{G}(\boldsymbol{x},\boldsymbol{y},\omega)+\hat{G}(\boldsymbol{x},\boldsymbol{y},\omega) \tag{20.1.18}$$

と表すことができる．上式（20.1.18）の右辺第1項は直接音場（incident sound field）を，第2項は散乱音場（scattered sound field）を表している．これらの式は，その導出の仮定においてとくに音源がコンパクトであるということは仮定していない．したがって，流れの計算により音源項（$\boldsymbol{\omega}\times\boldsymbol{u}$）が求まれば非コンパクトな音でも解析することができる．この際，音源の変動に与える流れの圧縮性の影響が無視できるかぎり，非圧縮性流れの解析により求まった音源を使用することができる．なお，音源がコンパクトであると仮定できる場合には，音の位相差を考慮する必要がなくなり，より簡便な低周波数近似のコンパクトグリーン関数[24,25]を使って音響場を表すことができるが，頁数の制約により説明は割愛する．コンパクトグリーン関数に基づいた Howe の式は前掲の Curle の式（20.1.8）と等価であり，有限の解析領域における空間音源を用いることを考慮すれば Curle の式と同一の結果を与える[26]．

最後に，非コンパクト音の予測例として，翼面に発達する遷移境界層から発生する音の予測結果[27]を図 20.3 に示す．計算対象は断面形状が NACA 0012 翼型の2次元翼であり，別途実施した風洞実験値[28]と比較することにより，翼面静圧分布ならびにその変動の周波数スペクトルや遠方場音の周波数スペクトルの予測精度を検証した．翼弦長（＝150 mm）と一様流速（＝20 m/s）に基づくレイノルズ数は 2×10^5 であり，翼の迎え角はこのレイノルズ数に対する最大揚力点に近い9度である．図 20.3(a) に示すように，翼負圧面に発達する境界層は前縁から1% 翼弦長付近で層流剥離し，10% 翼弦長付近で翼面に再付着し，その後，乱流境界層に遷移する．翼面と直交する方向に1m 離れた点における流体音を計算し，実測値と比較した結果を図 20.3(b) に示す．図中“Compact”と“Curle's Eqn.”はともに音波の位相差を無視した低周波数近似を用いた解析結果である．前者は Howe が提案したコンパクトグリーン関数[24,25]を用いて，流れ場（境界層）中の渦を音源として遠方場音を計算した結果であり，後者は Curle の式[4]に基づき翼面の圧力変動を用いた音圧の計算結果であり，両者の結果は 1 kHz（波長/2π×翼弦長＝0.36）までの低周波数領域ではともに実験値とほぼ一致しているが，それよりも高周波数領域では音圧レベルが過大評価されている．一方，“Non-Compact”は音波の位相差を考慮したグリーン関数を境界要素法により計

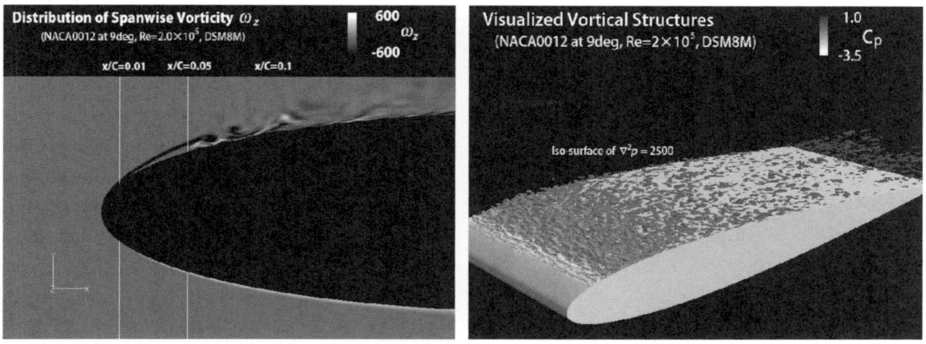

(a) 前縁近傍の剥離と境界層の構造

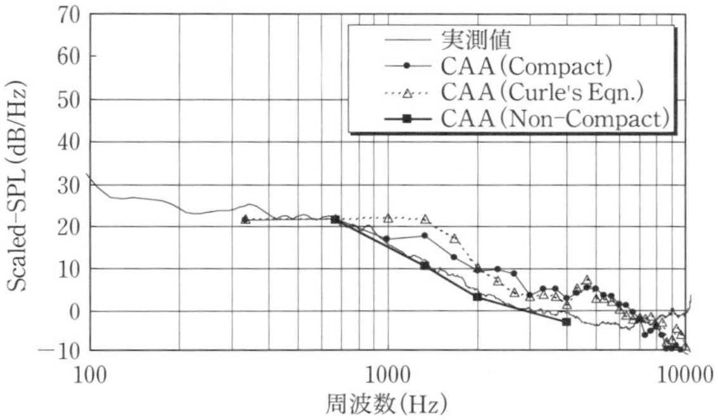

(b) 遠方場音の比較

図 20.3 2次元翼周りの遷移境界層から発生する乱流音の予測

算し，流れ場中の渦音源を用いて遠方場音を計算した結果であるが，すべての周波数領域において定量的な予測が実現されている． **[加藤千幸]**

文献

1) 加藤千幸：ターボ機械，**31**(5)，2003，258-265.
2) 加藤千幸：鉄道車両と技術，**70**，2001，2-8.
3) M. J. Lighthill : Proc. R. Soc. London, A **211**, 1951, 564-87.
4) N. Curle : Proc. R. Soc. London, A **231**, 1955, 505-14.
5) 加藤千幸：計算工学，**110**(2)，2005，1127-1130.
6) 加藤千幸：数値流体力学ハンドブック（小林敏雄編），丸善，2003，12.3.1節.
7) S. K. J. Lele : J. Comp. Phys., **103**(1), 1992, 16-42.
8) C. K. W. Tam, J. C. Webb : J. Comp. Phys., **107**, 1993, 262-281.
9) T. Colonius : AIAA Journal, **35**(7), 1997, 1126.
10) C. K. W. Tam : AIAA Journal, **33**(10), 1995, 1788-1796.
11) S. K. Lele : 35 th Aerospace Sciences Meeting, Reno, 1997, AIAA Paper 97-0018.
12) 松浦一雄，加藤千幸：機械学会論文集(B編)，**70**(700)，2004，42-49.
13) 松浦一雄：東京大学学位論文，2005.
14) M. R. Visbal, D. V. Caitonde : J. Comput. Acoust., **9**(4), 2001, 1259-1286.
15) 加藤千幸ほか：機械学会論文集（B編），**60**(569)，1994，126-132.
16) 王　宏，加藤千幸：第18回数値流体シンポジウム講演論文集，東京，2004，B3-2.
17) 村田　収ほか：機械学会論文集（B編），**71**(710)，2005，2471-2479.
18) 加藤千幸：ターボ機械，**32**(5)，2004，267-273.
19) J. Smagorinsky : J. Mon. Weather Rev., **91**(3), 1963, 99-164.
20) M. Germano *et al.* : Phys. Fluids, A **3**(7), 1991, 1760-65.
21) D. K. Lilly : Phys. Fluids, A **4**(3), 1992, 633-35.
22) J. E. Ffowcs Williams, D. L. Hawkings : Philosophical Transactions of the Royal Society, Series A, **264**(1151), 1969, 321-342.
23) A. Powell : J. Acoust. Soc. Am., **33**, 1964, 177-195.
24) M. S. Howe : Theory of Vortex Sound, Cambridge University Press.
25) M. S. Howe : Q. J. Mech. Appl. Math., **54**(1), 2001, 139-155.
26) T. Takaishi *et al.* : J. Acoust. Soc. Am., **116**(3), 2004, 1427-1435.
27) 宮澤真史：東京大学学位論文，2005.
28) 鈴木康方：東京大学学位論文，2006.

20.2　乱流騒音の制御

自動車や新幹線などでは空力騒音を低減し，騒音の小さな製品を開発することが求められている．このため，空力騒音低減技術の開発が必須であるが，製品開発では経験則に基づく対策が中心であり，系統的な騒音対策・制御手法が確立されているとはいえない状況である．これは，空力騒音で対象とする圧力変動が流れ場の圧力変動（動圧）の1000分の1から1万分の1程度の小さな値であることに起因する．たとえば，時速144 km/hで走行する自動車の動圧は1000 Paであるのに対して，発生する空力騒音の圧力レベルは0.065 Pa程度である．この値は動圧の1.5×10^{-4}のオーダーである．したがって，流れ場のわずかな変化が空力騒音レベルを左右する場合がある．

一般論としては空気抵抗の小さな形状は，空力騒音が小さいと考えられるが，騒音のエネルギーは空気抵抗に対して非常に小さい．したがって，“空気抵抗が小さい”＝“空力騒音が小さい”という図式が成り立たない場合がある．このため，空力騒音の低減手法には系統だった手法が確立されておらず，製品ごとの個別対応がとられているのが現状である．一方，より積極的な空力騒音低減手法として，空力騒音の制御技術についてもさまざまな研究が進められている．この節では，空力騒音の制御手法について解説する．

20.2.1　空力騒音の制御に関する基本的な考え方

Howeは，低マッハ数流れの中に物体がおかれた場合の空力騒音は渦度と速度場の外積とコンパクトグリーン関数[1)]を用いて，式（20.2.1）のように表すことができることを示した．

$$P_{\mathrm{a}}(\boldsymbol{x},t)\approx\frac{-\rho_0 x_i}{4\pi a|\boldsymbol{x}|^2}\frac{\partial}{\partial t}\int_V(\boldsymbol{\omega}\times\boldsymbol{u})(y,t-|\boldsymbol{x}|/c)\cdot\nabla\boldsymbol{Y}_i\mathrm{d}\boldsymbol{y}\qquad(20.2.1)$$

この式から，空力騒音が渦度の非定常運動と物体の形状に起因した音響放射特性に依存することがわかる．したがって，空力騒音を低減するには渦の非定常運動を小さくし，かつ物体による音の放射を小さくする必要がある．

コンパクトグリーン関数は物体形状の変化が急激な部分，すなわち角部などで大きくなることから，形状が急激に変化する部位が空力騒音の発生に寄与することを示している．図20.4はバックステップのエッジ部の形状を変えた場合に，空力音の放射がどのように変化するかを計算した例である．この計算ではエッジ部に与えたLighthill音響テンソルの値は同じものであり，音源である渦度の非定常運動が同じであっても，エッジの形状が異なると空力音の放射強度が変化することがわかる．物体による音の放射効率が同じ場合は，空力音の強さは音響テンソルの強さに依存する．このことから，空力音の制御を考える場合，流れ場の制御と同時に音響放射効率の制御についても考える必要があることがわかる．

20.2.2　制御事例

円柱から放射される空力騒音は

$$\overline{p_{\mathrm{a}}{}^2(r)}=\frac{\alpha C_{\mathrm{LR}}{}^2}{16}\frac{\rho^2}{a^2}\frac{D^2\mathrm{St}^2U^6}{r^2}\qquad(20.2.2)$$

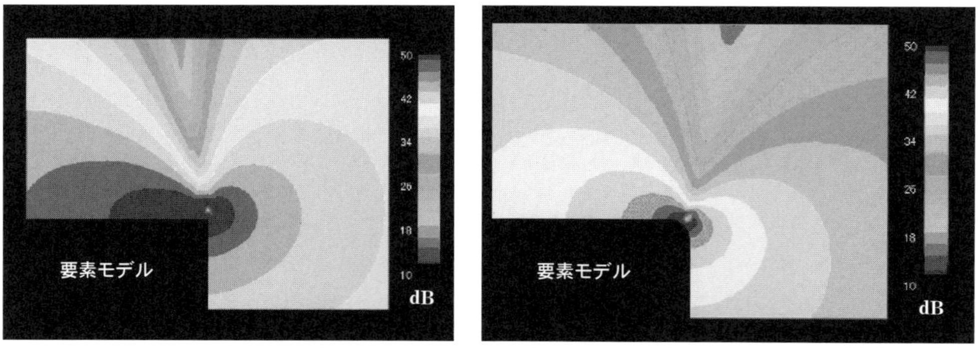

図 20.4　物体形状による音響放射特性の比較

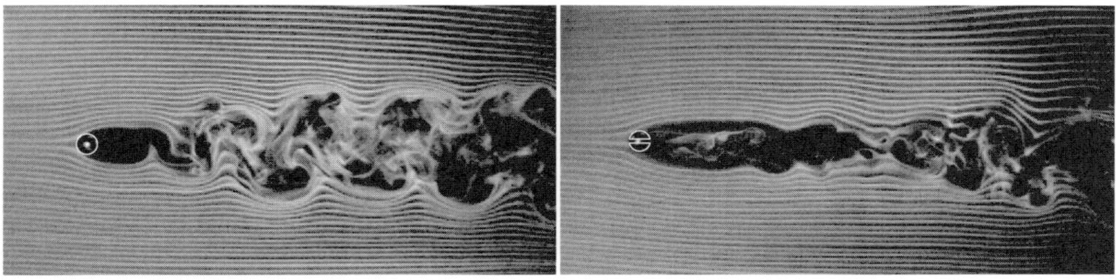

図 20.5　円柱周りの流れ

と記述することができる．ここで，α は物体後流の渦の相関長さ，U は平均速度，r は物体と観測点までの距離，D は円柱直径，St はストローハル数，C_{LR} は揚力係数の実行値である．

したがって，空力騒音を制御するには，音速や密度などの物性値を変える，主流速度を低減する，揚力変動係数，ストローハル数を小さくする，相関長を小さくする方法が考えられる．一般に，物性値や主流速度などは変更できない場合が多いので，ここでは揚力変動と相関長に着目した制御例を示す．

円柱の下流にできるカルマン渦は円柱のスパン方向に位相のそろった柱状の形状をしている．この位相のそろった渦が強い空力音を発生させる．そこで，円柱の表面に小さな孔をあけ，小孔からジェットを噴出することで，カルマン渦の構造を壊すことを試みた．図 20.5 に流れ場の可視化写真，図 20.6 に空力音の測定結果を示す．小孔からのジェットによってカルマン渦が抑制されていることがわかる．その結果，カルマン渦による強い空力音も抑制されていることがわかる．この制御の場合，流体力変動とスパン方向の相関長の二つが制御されているが，円柱に細いピアノ線などを巻きつけた場合や円柱をテーパ状にした場合も空力音が抑制される．この場合はおもに相関長の制御による効果が大きい．

a.　剪断層の制御による空力音の制御

式 (20.2.1) から空力音の発生には速度勾配と渦度がかかわっていることがわかる．このことから剪断層から発生する空力音は，速度勾配を弱めること

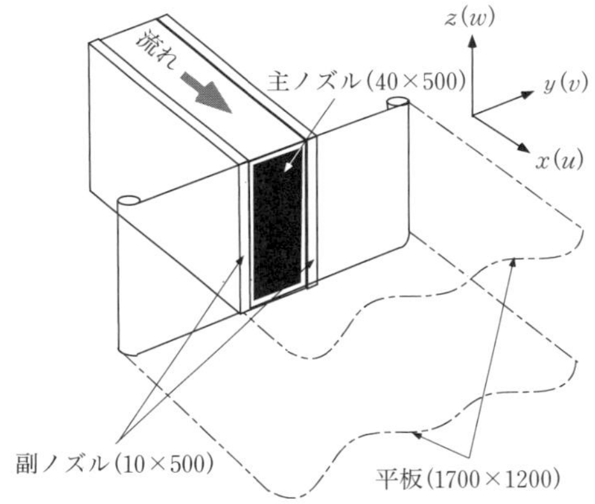

図 20.7　側面に 2 次噴流をもつ噴流風洞

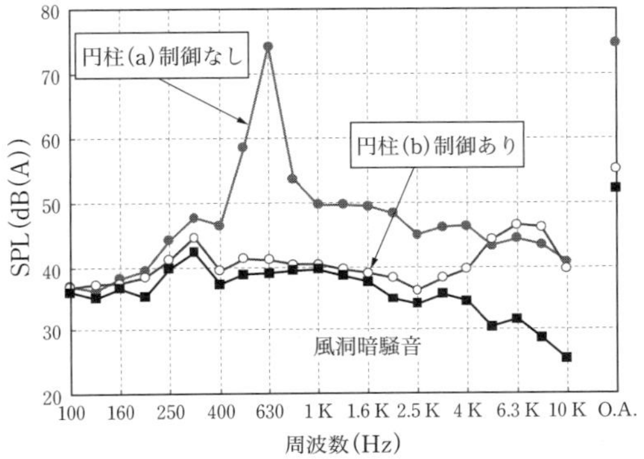

図 20.6　円柱および小孔付円柱から放射される空力騒音

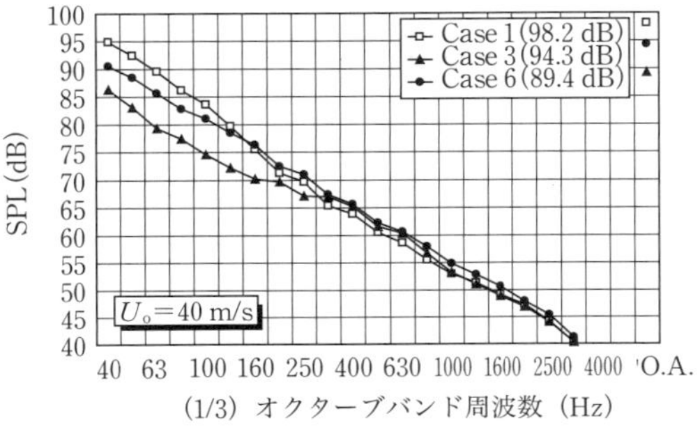

図 20.8　2 次噴流による騒音低減効果
Case 1：制御なし，Case 3：$U_j/U_0=0.1$，Case 6：$U_j/U_0=0.25$.

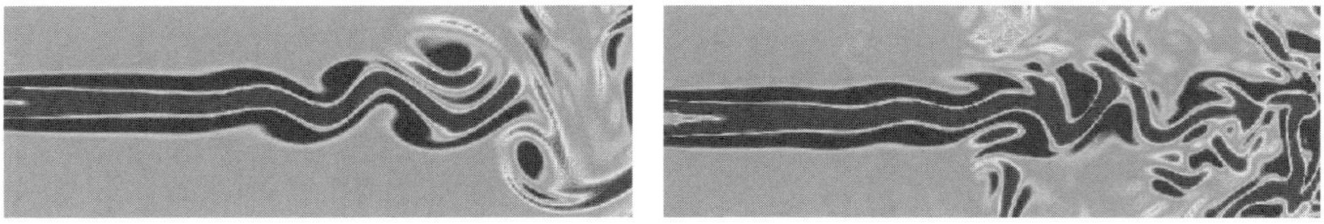

(a)　Case 1：制御なし　　　(b)　Case 6：$U_j/U_0=0.20$

図 20.9　2 次噴流による Powell 音源の抑制効果（U_0＝40 m/s，U_j＝8 m/s）

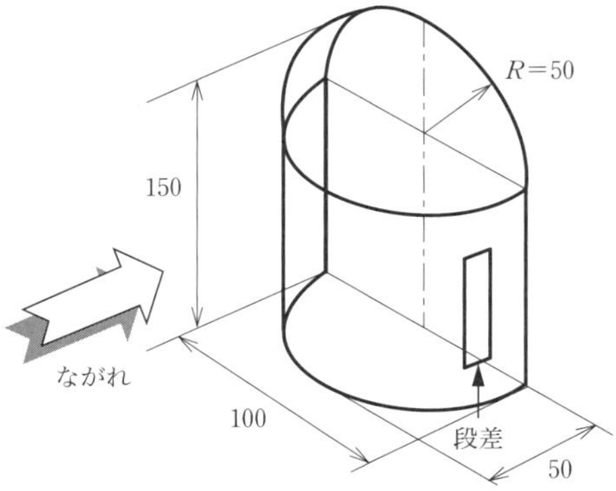

図 20.10　ドアミラーモデル

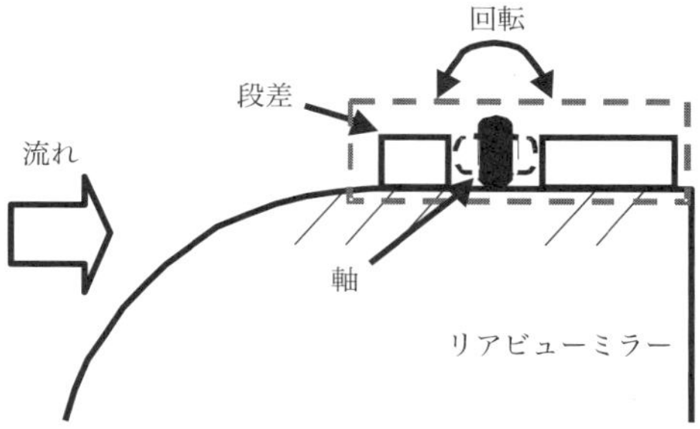

図 20.12　回転アクチュエータによるドアミラー騒音の制御

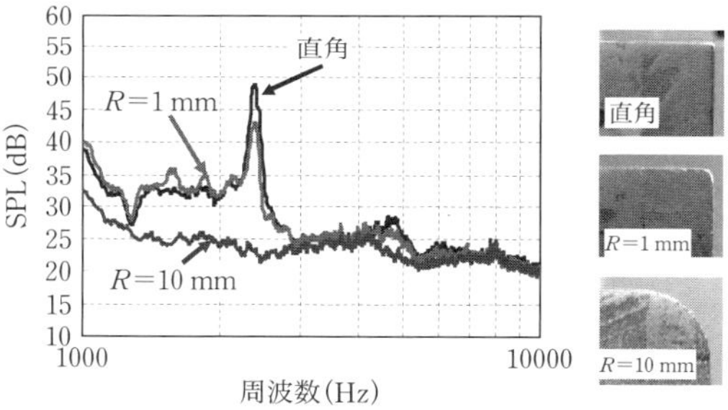

図 20.11　空力音の発生に及ぼすドアミラー端部形状の影響

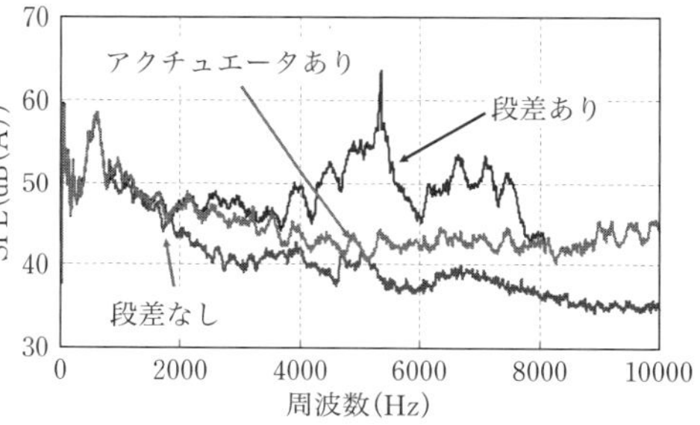

図 20.13　回転アクチュエータによるドアミラー騒音の制御

により抑制できると考えられる．

図 20.7 に実験に使用した 2 次元噴流を示す．主噴流の両側面に主流より遅い噴流を流すための副ノズルを設けた．側面の噴流によって主噴流の剪断層が弱められた結果，図 20.8 に示すように副ノズルの流速 U_j が主噴流の流速 U_0 の 10～25% 程度になると空力音が小さくなることがわかる．図 20.9 に Powell 音源項の分布を示す．側面の噴流によって音源項の強さが弱められていることがわかる．

図 20.10 に示すようにドアミラーの表面に小さな段差があると段差によって小さな渦ができる．この渦がドアミラー端部に到達すると，角部の音響放射特性によって強い空力音が発生する．発生した音波は上流部に伝播し，段差部の渦放出を強めるため，段差部の流れと端部の音による空力・音響フィードバック機構が形成される．このような音の発生を制御するため，端部の形状を変えて，渦による音を弱めることを試みた．図 20.11 に実験結果を示す．端部を丸めるとフィードバック音が小さくなることがわかる．

次に，段差部の渦の放出を制御することによるフィードバック音の制御事例を示す．図 20.12 に示すように，段差部に楕円形状の回転アクチュエータを埋め込み，段差部における渦の発生を制御することを試みた．図 20.13 に示すように，アクチュエータを回転させると異音が発生しなくなることがわかる．このような空力・音響フィードバック音の制御事例としては他にも，噴出しを利用した制御[2)]，ピエゾアクチュエータによる渦の位相を制御した事例[3,4]などがある．

b. ポーラス材による空力音の制御

低マッハ数流れに物体がおかれた場合，空力音は物体表面の圧力変動に起因するため，物体表面をポーラス材やぬいぐるみの毛のようなもので覆うことにより空力音を抑制すること可能である．図 20.14 に示すようにコード長 $C=100$ mm，翼厚 10 mm，スパン方向長さ 500 mm の 2 次元平板翼の前縁と後縁を除く平板部分（コード長 60 mm）にコード方向長さ 50 mm，幅 450 mm の開口部を設置し，この部分の材質を代えた場合に流れと空力音がどのように変化するか調べた．表 20.1 に材質と翼壁面における性質を示す．

固体壁（アクリル板）は最も一般的なケースであり，表面が平滑でかつ音響的な吸音率は 0 に近い．翼表面を通過する速度成分の効果を調べるため，厚さ 0.4 mm のステンレス板に直径 0.1 mm の小孔を 1 cm^2 あたり 4096 個設けた表面がなめらかなスクリーンを空洞部の表面に貼り付けた．翼内部はアクリル板で仕切られており，吸音率はほぼ 0 である．このスクリーンの内面(空洞部)にポーラス材を貼り付けた場合，翼表面を通過する流れは抑制されるが，翼表面の吸音率は 300 Hz で 0.05，1 kHz で 0.3 となり，翼面での吸音率の効果を調べることができる．柔毛（pile fabrics）を用いた場合は，翼表面を通過する流れの効果と吸音効果の組み合わさった場合と考えられる．

風洞ノズル（高さ d）から，L だけ下流の位置に 2 次元翼をおいた場合，ノズルと翼が干渉し，エッジトーンが発生し，その周波数は以下の式から求めることができる[5]．

$$\frac{f_n L}{U_0}=0.92\sqrt{\frac{d}{L}}(n+0.54)^{1.5} \tag{20.2.3}$$

ここで，d は風洞高さ，U_0 は主流流速，f_n はエッジトーンの周波数，n はエッジトーンのモード数である．図 20.15 に示すように，固体壁の場合，モード数 3，5 のエッジトーンが発生している．風速が大きくなると 5 次以降の高次モードはほとんどみられなくなる．一方，ポーラス材の場合はモード数 1 が卓越している．柔毛材の場合は明確なピークが観察されない．

音の波数 k_0，音響ライニングの厚さを l_B とすると，音響インピーダンスは以下の式で表すことができる．ここで，定数 a，b は実験定数である．垂直入射吸音率を α とすると，音響インピーダンスと垂直入射吸音率との間に以下の式が成り立つことから，実験により垂直入射吸音率を測定すれば，音響インピーダンスを求めることができる．ただし，ここで θ は物体に平行な面と観測点のなす角度である．

$$\zeta=1-i\left(\frac{a}{k_0 l_B}-b+0.1k_0 l_B\right) \tag{20.2.4}$$

$$\alpha=\frac{-4\,\mathrm{Re}\{\zeta\}}{(1-\mathrm{Re}\{\zeta\}\sin\theta)^2+(\mathrm{Im}\{\zeta\}\sin\theta)^2} \tag{20.2.5}$$

実験によりポーラス材や柔毛の吸音率を測定し，翼面における散乱効果について調べた結果を図 20.16 に示す．翼表面が剛壁の場合，音響インピー

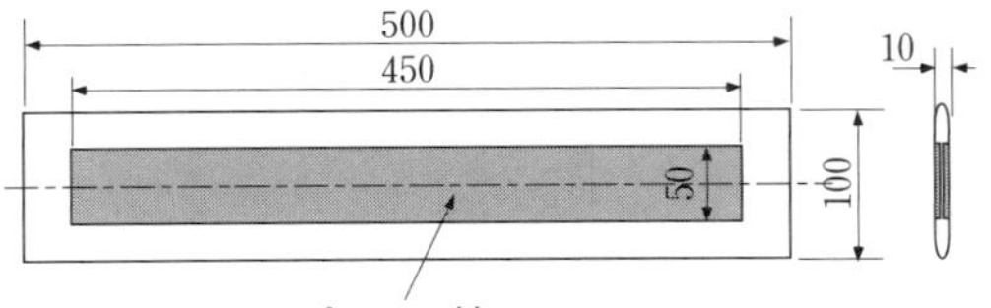

図 20.14 実験に用いた 2 次元翼（単位 mm）

表 20.1 物体表面性状の変更による空力音の制御

	表 面	吸音率	透過性
剛壁	滑らか	低	低
網＋ポーラス材	滑らか	高	中
網	滑らか	低	低
柔毛	凹凸	高	高

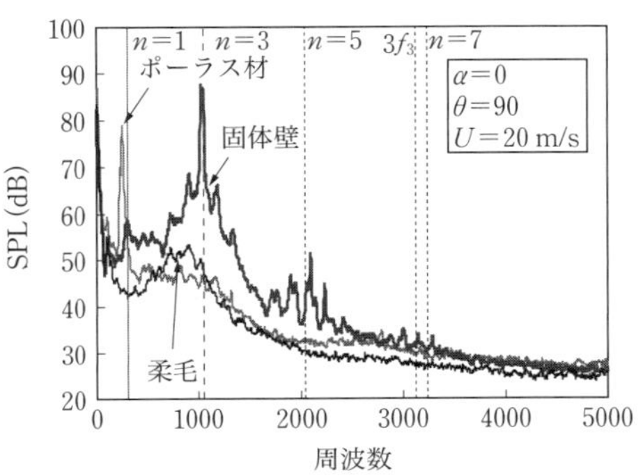

図 20.15 風洞中に 2 次元翼を設置した場合に発生するエッジトーンの測定結果（$U_0=30$ m/s，$\alpha=0$ 度．破線はエッジトーン周波数）

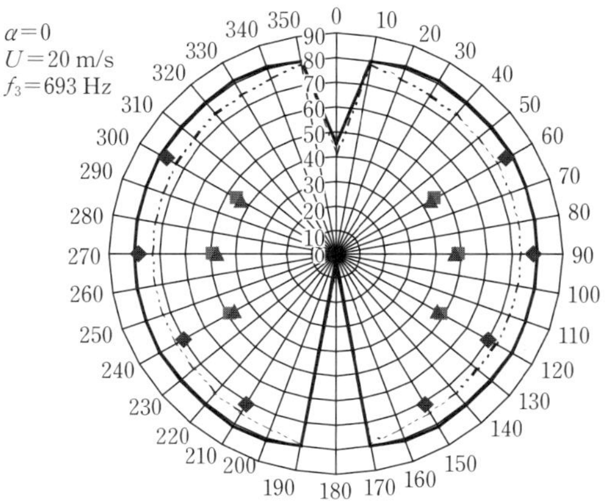

図 20.16　2次元翼から放射される音の指向特性
◆：固体壁，■：ポーラス材，▲：柔毛，
——：理論値(固体壁)，
-··-··：理論値(ポーラス材)．

ダンスから求められる音の放射特性は音の反射や気流の影響などから測定が難しい風洞後方のデータをのぞき，実験と理論値はよく一致する．

ポーラス材と柔毛を付けた場合の音の志向特性はほぼ剛壁の場合と同じである．音響インピーダンスの理論値から予想される音のレベルに比べ，実験によって得られた音のレベルは非常に小さいことがわかる．したがって，ポーラス材や柔毛による音の低減効果はおもに流れ場の変化に伴うものであり，音響的な影響は小さいものと思われる．**［飯田明由］**

参 考 文 献

1) M. S. Howe: Theory of Vortex Sound, Cambridge Univ. Press, 2002, 41-81.
2) D. R. Williams *et al.*: Closed loop control in cavities with unsteady bleed forcing, 38 th Aerospace Science Meeting, AIAA 2000-0470, 2000.
3) Y. Yokogawa *et al.*: Suppression of aero-acoustic noise by separation control using piezo-actuators, 6 th AIAA/CEAS Aeroacoustics Conference, AIAA 2000-1931, 2000.
4) G. Raman *et al.*: Advanced acoustics concepts for active aeroacoustics control, 6 th AIAA/CEAS Aeroacoustics Conference, AIAA 2000-1930, 2000.
5) M. S. Howe: Acoustics of Fluid-Structure Interactions, Cambridge Univ. Press, 1998, 473-480.

21

工学・環境分野での応用

21.1 人 間 ・ 生 体

21.1.1 人 体 周 辺

熱機関である人間は体内で熱を生成し，常に体温を36～37℃程度に維持するために生成した熱を周辺環境に放散している．主として，体芯部で生成された熱は熱伝導や血流により皮膚表面に運ばれ，そこから対流・放射や発汗・呼吸などに伴う蒸発の形で放散される．この熱放散の経路の一つである対流熱伝達が人体周辺の流れを形成する．この人体周辺の流れの解明には，従来実人体や実験用マネキンを用いた実験による測定に頼っていたが，最近ではCFD（計算流体力学，computational fluid dynamics）と放射解析を連成した数値解析で解明することが可能となってきた．人間のような複雑形状物体の場合にも，人体表面近傍に十分細かくメッシュ分割を行い，さらに低レイノルズ数型の k-ε モデルに基づいた解析を行うことで，人体表面での対流熱伝達をある程度の精度で解析することが可能となる．

ここでは，人間からの熱放散に伴う人間周りの流れ，および呼吸している人間周りの流れを取り上げ，その解析事例および実験事例について紹介する．

a. 人間周りの流れ場

静穏環境における立位の人体の周りには，対流熱伝達により明確な上昇流が生じている．これを図21.1に示す．この上昇流の形成は，人体下部の脚部から始まる．この上昇流は脚部から人体に沿って上方へと発達していく．最も強い上昇流は人体の頭上約30 cmの位置に現れ，数値解析では0.23 m/sに達している（図21.2）．これは，人体前面に沿う上昇流と背面に沿う上昇流がこの位置で合流するためである．温度境界層も徐々に発達し，人体は薄く暖かい上昇流の膜で覆われていることがよく観察される．このように，静穏環境の室内では人体は自らの周囲に特有の環境を形成し，この上昇流が室内の大きな空気駆動力となっていることがわかる．

図21.2に，人体頭上風速に関する数値解析と実験の比較を示す．最大風速が出現する高さは若干異なるが，両者はおおむねよい対応を示す．実人体の場合，実験時間中，完全に体を静止させることが困難なため，上昇流がやや乱れ，ピーク風速も小さめとなっている．ただし，これらは静穏環境下での上昇流の性状を示しており，室内に強い流れがあれば上昇流の性状は当然異なってくる．

図21.3に接近風速0.25 m/sの条件下での人間周りの流れを示す．接近流は人体風上側側面に衝突し，腰の高さで人体に沿って上方に向かう流れと下

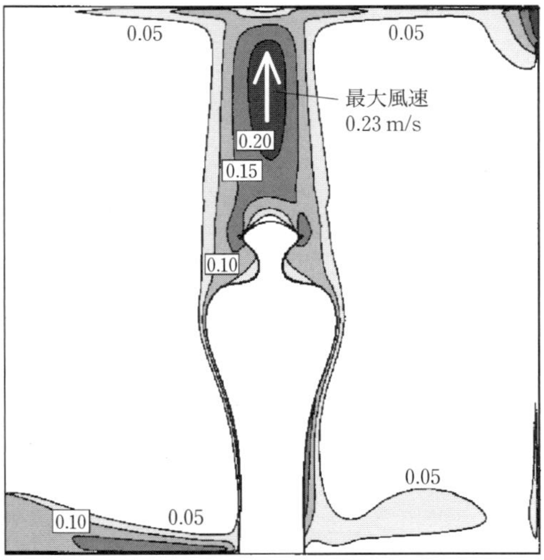

図 21.1 立っている人間周りの風速分布（静穏環境下）[1)]

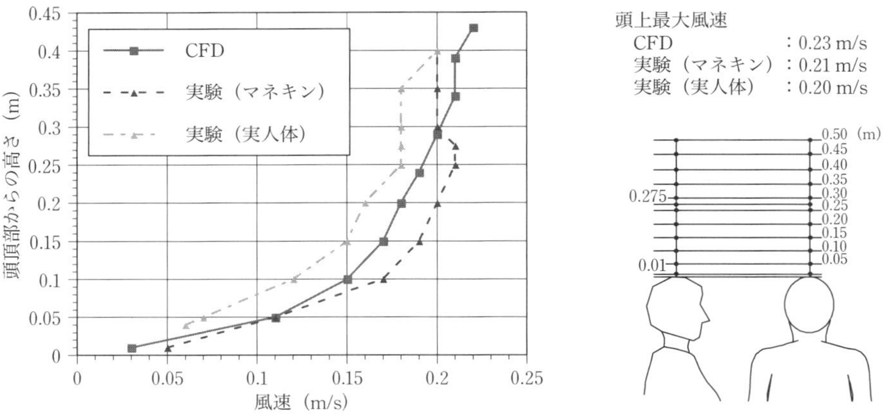

図 21.2　頭上風速の数値解析と実験の比較[1)]

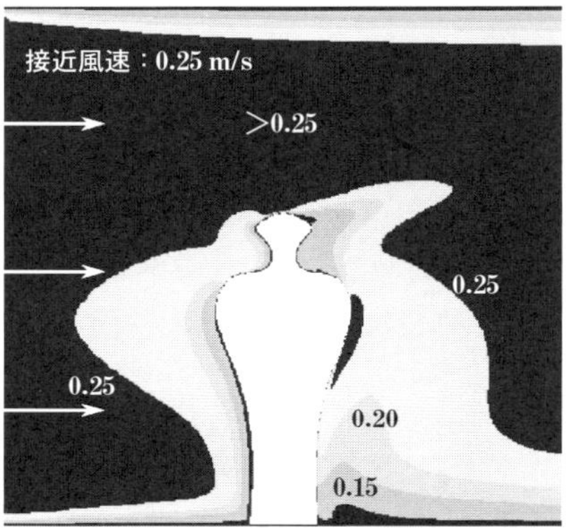

図 21.3　接近流がある環境下の人間周りの流れ（CFD）[1)]

方へ向かう流れとに分かれる．風は人体の側面に向かって吹きつけるため抵抗は小さく，風下側で接近流の剥離に伴うウエイクは明確には観察されない．人体の発熱による弱い上昇流が観察され，この上昇流は人間頭部で接近流と合流し，右上方へ向かう流れとなる．

図 21.4 に実人体および実験用マネキンの肩部での可視化写真と数値解析による人体モデル肩部でのスカラー風速分布の CG 画像を示す．3 者はよく似た結果を示す．いずれのケースにおいても，肩部に至った上昇流がそのまま肩に沿いながら首のほうへ流れていく流れと肩部から剥離し空間上部へと上昇する流れに分離していく様子が観察される．

立っている人間同様，寝ている人間も熱放散を行っているので，その周辺には上昇流が生じる．きわめて静穏な環境における解析例を図 21.5 に示す．人体各部の発熱による小さな上昇流が，結果的に首の位置の上部に収束し大きな上昇流が生じる．それに伴い，室内全体に弱い循環流が生じる．風速の値は最大でも 0.07 m/s ときわめて小さい．このような流れ場は実験によっても確認されている．

b.　呼吸をしている人間の顔の周りの流れ場

人体と周辺環境のかかわりにおける最も基本的な物理現象の一つは呼吸である．呼気時，吸気時の気流性状の解析結果を以下に示す．図 21.1 に示した

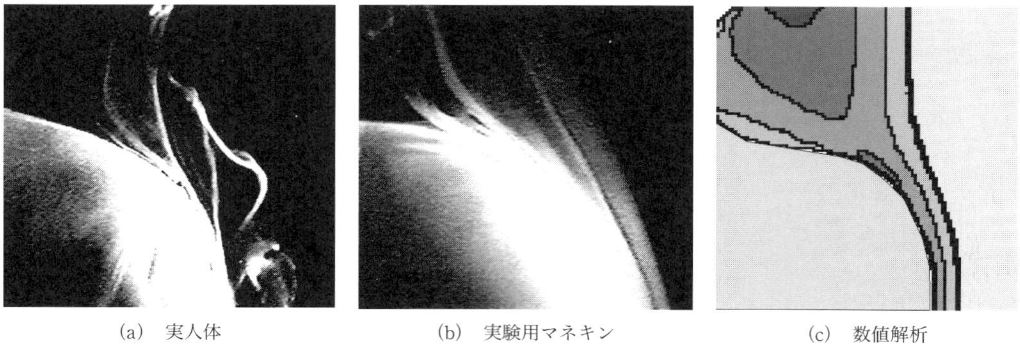

(a)　実人体　　(b)　実験用マネキン　　(c)　数値解析

図 21.4　人間の肩付近の流れの可視化[1)]

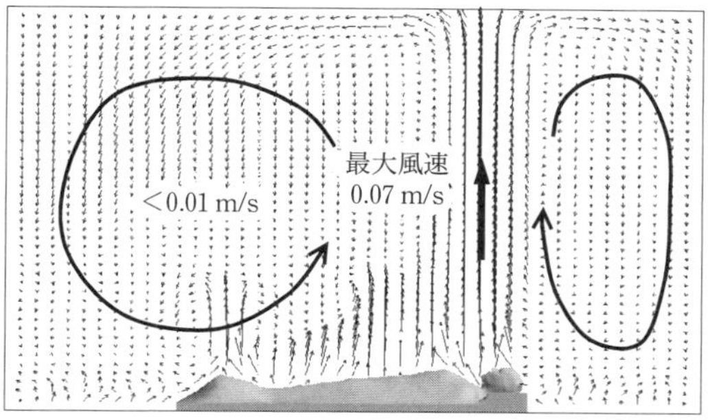

図 21.5　寝ている人間周りの風速分布（CFD）[2]

ような静穏な室内環境においては，上昇流が人間の実際に吸引する空気に大きな影響を与える．CFD を用いた解析によれば，人間の吸引する空気のうち，約 1/3 が口の周辺，2/3 が下から運ばれた空気である．図 21.6 に静穏環境において呼吸している人間が空気を吹き出す様子（図 21.6(a)）と吸い込む様子（図 21.6(b)）の口周辺の気流性状を，レーザを用いて可視化した結果と PIV（粒子画像流速計，particle image velocimetry）により測定した結果を示す．これは，実験用マネキンを用いた定常状態の結果である．吹出し時には口から吹き出した空気の影響により，口位置より上部では斜め上方へ向かう流れ場がみられる．口元では，下部から人間に沿って上昇してきた流れが，吹出し流の影響で急激に水平方向へ拡散されていく様子が観察される．一方，吸い込むときは口位置より下部の人間周辺の上昇流が首，顎に沿って呼吸域へと流れ込んでいく様子が観察される．

図 21.7 に人間の呼吸サイクル（吹出し → 吸込み）における流れ場の変化を示す．呼気時の流れ場

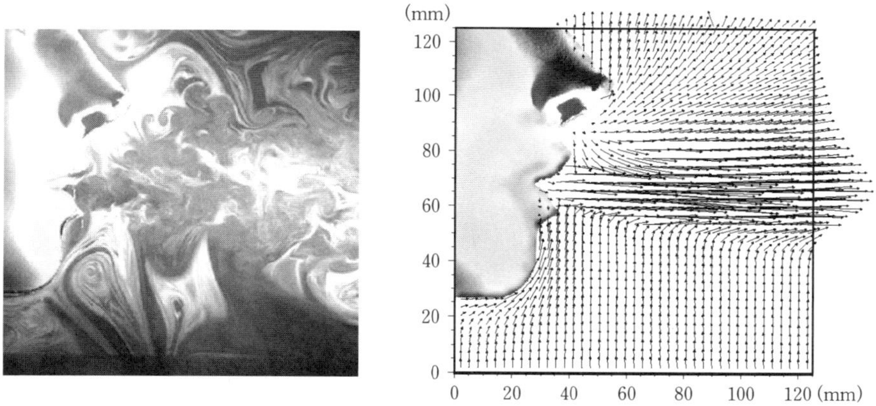

可視化（LLS による瞬時値）　風速ベクトル（PIV による平均値）

(a)　吹出し時

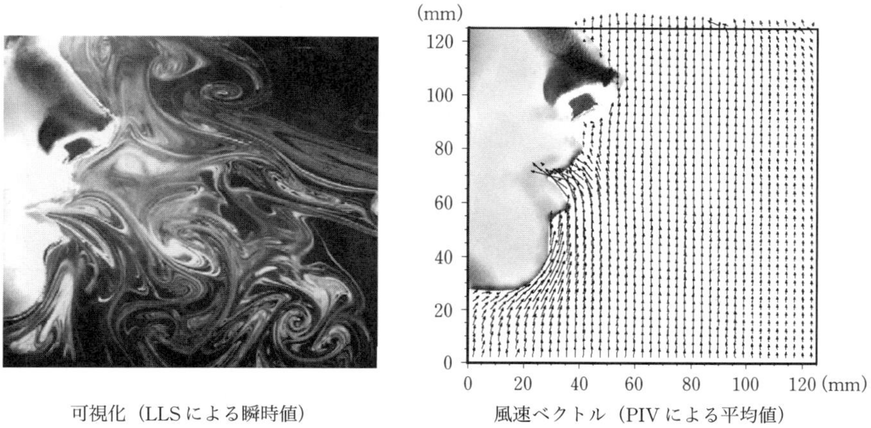

可視化（LLS による瞬時値）　風速ベクトル（PIV による平均値）

(b)　吸込み時

図 21.6　気流性状の可視化と測定[1]

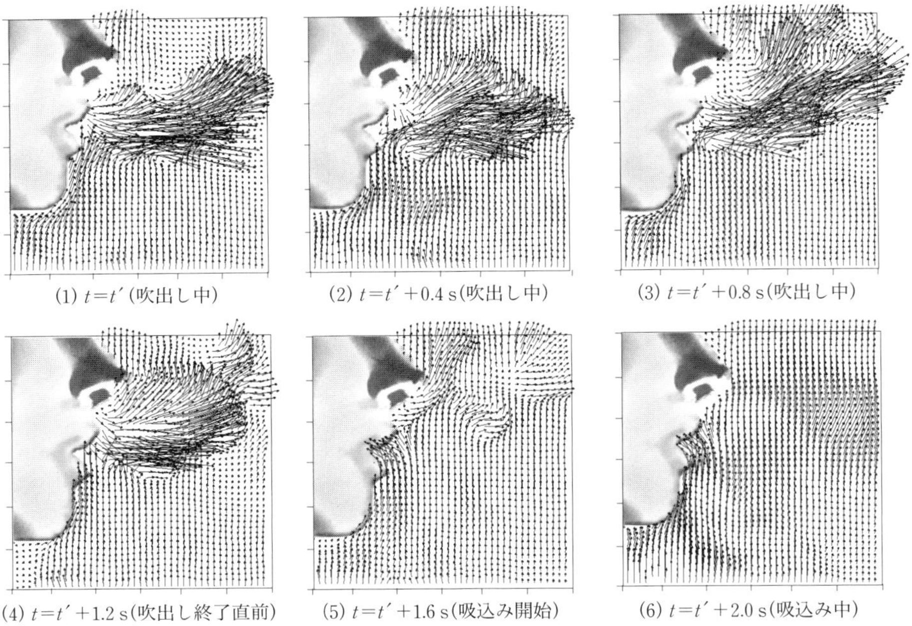

図 21.7　人間の呼吸サイクルにおける風速ベクトル分布（実験）[2)]

は吹出し流により激しく乱れているのに対し，吸気時は比較的安定した流れ性状となっている．図 21.8 に呼吸サイクル（吹出し → 吸込み）を再現した非定常解析（CFD）の結果（鼻呼吸で吹出し方向は下向き）を示す．人間の吹出し流と下部からの上昇流が衝突し，顎の直下，首近傍において渦が形成される．時間の進行に伴い，首付近の渦は徐々に弱くなり，呼気の開始とともに人間はおもに首近傍の渦に巻き込まれた空気を吸引する．このとき，人間は直前に吹き出した空気のある部分を再吸引していると予想される．渦が消失したのち，人間は上昇流による下部からの空気を再び吸引する．

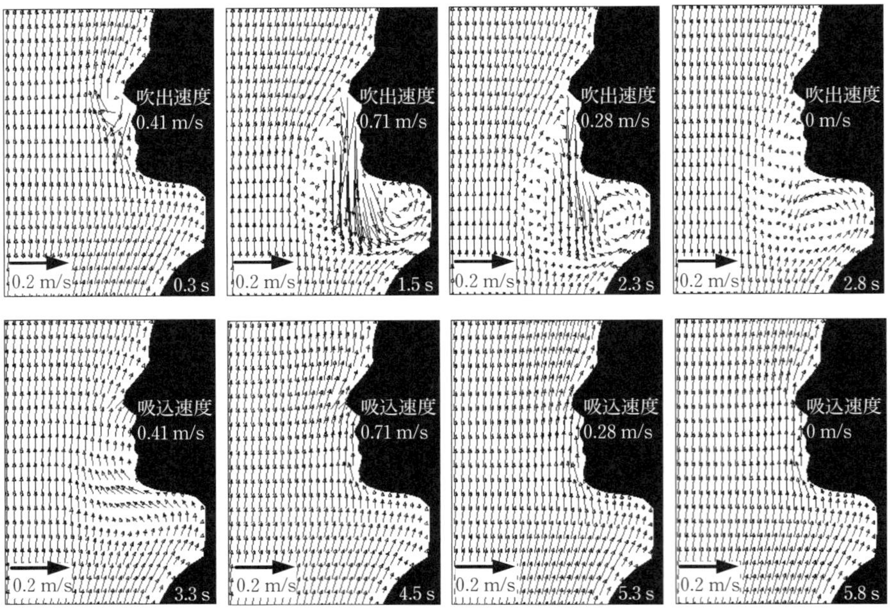

図 21.8　人間の呼吸サイクルにおける風速ベクトル分布（CFD）[2)]

CFDを用いた解析によれば，一度口から吹き出された空気のうち約12～15%は再び吸引されていることがわかっている．　［村上周三］

文　　献

1) 村上周三：CFDによる建築・都市の環境設計工学，東京大学出版会，2000，117-145.
2) S. Murakami : CFD Study on Micro-Climate around Human Body with Inhalation and Exhalation, ROOMVENT 2002, 2002.

21.1.2 血　　流

a. イヌの循環系における血流の流体力学的特徴[1)]

心臓の収縮，弛緩によって血液が全身に送られるが，その血液循環各部での血流の状態を流体力学的なパラメータによって表すと，イヌの場合表21.1のようになる[2)]．表より，心臓血管系の流れの全体的な特徴が把握できる．まず，心臓から血液が送り込まれる上行大動脈の内径は1.5 cmであるが，心臓から遠ざかるにつれて次第に細くなり，最も細い毛細血管では，内径が6 μmとなる．同時に，大動脈から末梢に向かって血管が分岐，分枝していくため，全断面積が増加し，そのため血流の平均速度が減少していく．

血流のレイノルズ数 $\mathrm{Re}=ud/\nu$（uは断面平均流速，dは管内径，νは動粘性係数）は，上行大動脈でその最大値が4500程度であるが，血液が末梢に向かうとともに低下し，毛細血管では10^{-3}という典型的な粘性流となる．流れの非定常性を表すWomersleyのパラメータ $\alpha=(d/2)(\omega/\nu)^{1/2}$（$\omega$は角周波数）は，上行大動脈では，13.2と比較的非定常性が強いが，末梢に向かうとともに低下して粘性の影響が大きくなってくる．これらのパラメータの大きさから，心臓血管系の流れの流体力学的な特色を以下のようにまとめることができる．

①レイノルズ数の範囲が広い　大動脈では，レイノルズ数が高く流れが乱流に遷移する可能性がある一方で，毛細血管レベルでは粘性力が支配的なストークス流となる．そして，大動脈と毛細血管との間では，慣性力と粘性力とがともに影響する解析の困難な領域が存在する．

②特異な血管形状（分岐や曲がり）　特異な形態をもつ分岐部（大動脈，腎動脈，総頸動脈，腸骨動脈）や曲がり部（大動脈弓，内頸動脈など）が多いため，複雑な3次元的な流れとなる．とくに大動脈弓は，大きな曲率をもつU字管であり，大きな遠心力と粘性のために断面内に強い渦（2次流れ）が生ずる．

③太い動脈内の流れは，助走区間における流れになっている　大動脈では心臓からの距離が短く，さらに分岐と次の分岐との距離も短いため，流れは助走区間の流れとなる．

④血管壁の伸展性　血管壁の力学的性質を決めるのは，おもに弾性的性質を示すエラスチン，伸びにくいコラーゲンおよび平滑筋である．これらの3種の線維の構成する比率が血管の部位によって異な

表 21.1 イヌの循環系各部の力学的パラメータ

部　位	上行大動脈	下行大動脈	腹部大動脈	大腿動脈	頸動脈	細動脈	毛細血管	細静脈	下行大静脈	主要肺動脈
内径 d_i (cm)	1.5	1.3	0.9	0.4	0.5	0.005	0.0006	0.004	1	1.7
血管壁の厚み h（cm）	0.065		0.05	0.04	0.03	0.002	0.0001	0.0002	0.015	0.02
h/d_i	0.07		0.06	0.07	0.08	0.4	0.17	0.05	0.015	0.01
長さ（cm）	5	20	15	10	15	0.15	0.06	0.15	30	3.5
断面積近似値（cm^2）	2	1.3	0.6	0.2	0.2	2×10^{-5}	3×10^{-7}	2×10^{-5}	0.8	2.3
血管総面積（cm^2）	2	2	2	3	3	125	600	570	3	2.3
最大血流速度（cm/s）	120	105	55	100		0.75	0.07	0.35	25	70
平均血流速度（cm/s）	20	20	15	10						15
最大レイノルズ数	4500	3400	1250	1000		0.09	0.001	0.035	700	3000
周波数パラメータ（心拍数＝2 Hz）	13.2	11.5	8	3.5	4.4	0.04	0.005	0.035	8.8	15
脈波伝播速度（計算値 cm/s）	580		770	840	850				100	350
脈波伝播速度（測定値 cm/s）	500		700	900	800				400	250
ヤング率（$Nm^{-2}\times10^5$）	4.8		10	10	9				0.7	6
壁面剪断応力（dyn/cm^2）	8.3	4.5	9			55.3	45.5	13.6	0.8	

る．たとえば，胸部大動脈では，エラスチンとコラーゲンの比率は約1.5であるが，他の動脈では0.5，静脈では0.3である．伸びにくいコラーゲンが大動脈以外で多くなるので，大動脈は弾性管とみなすこともでき，圧力波の伝播が重要となる．それに対して静脈は，厚みが薄くエラスチンが少ないので，静脈内の流れはつぶれやすい管（collapsible tube）内の流れとして特徴づけられる．ヒトの動脈圧は上腕にカフを巻き，加圧して計測するが，カフ圧の増減には動脈の閉塞や開口のプロセスもつぶれやすい管として解釈できる．伸びやすいエラスチンと伸びにくいコラーゲンとが混ざりあっているため，内圧と断面の拡張とは比例せず，みかけの弾性係数は，ある程度内圧を高めると急激に増加する．このような血管壁の非線形的性質のため，独特な圧力波の伝播や，流れのパターンが現れてくる．

⑤非定常性　　心臓からの血液の拍出により，流れは周期的な非定常流であるが，大動脈では，心臓の大動脈弁が閉じている間，流れはほとんど静止しているため，スタート流とストップ流の繰返しとなる間欠流に近い．図21.9はモデル大動脈弓内の間欠流の速度分布の1周期内の変化で[3]，注目すべきは，弛緩期の始まりでいったん2次流れが加速され，渦構造が弛緩期の最後まで残存する点である．残存した渦が次の周期の初期条件となるため，流れは弛緩期の長さによって大きく影響を受ける．しかし，大動脈は，エラスチンを豊富に含む弾性管であるため，大動脈圧のため拡張し，その復元力のため，大動脈弁が閉まっている間でも，血液を末梢側に押し流そうとするので，大動脈から離れるに従って流れが静止することなく，周期的な非定常流として末梢側に向かう．

⑥血液の流動性状　　流れの剪断速度が低くなる血管内では，血液の非ニュートン性が現れてくる．

b.　大動脈に生ずる乱流の現象論

前述のように，大動脈における最大レイノルズ数は，4000以上で，とくに運動時では10000以上になるといわれている．そのような高いレイノルズ数の血流においては，乱流に遷移する可能性があり，臨床医学的にも重要な課題となっている．とくに，心室内に生ずる乱流，大動脈弁の機能不全の際に生ずる乱流，大動脈内に生ずる乱流，動脈硬化病変に

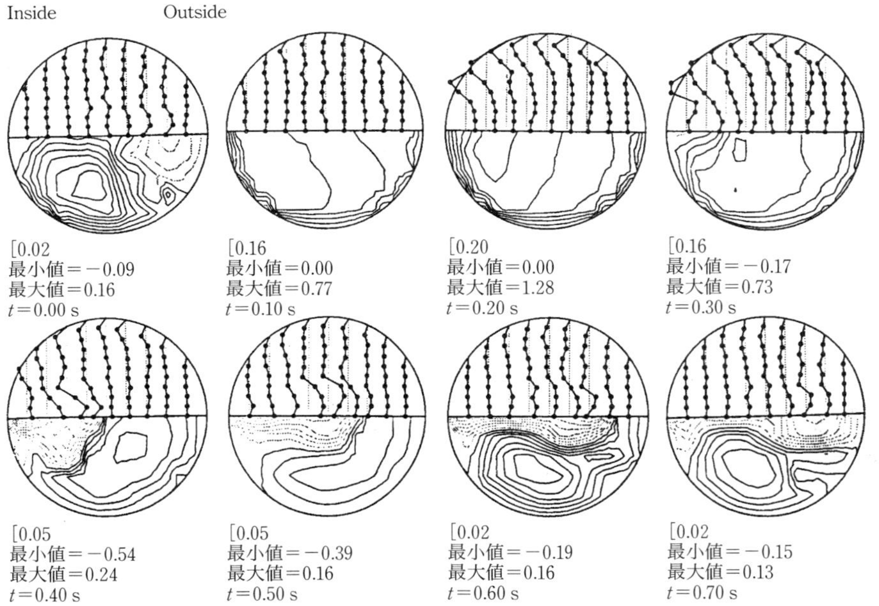

図 21.9　モデル大動脈弓内の間欠流の1周期の流速分布の変化
曲がり部入口から60度の断面内の速度分布で，上半分が2次流れの対称面に平行な成分，下半分は軸方向速度の等高線で，破線は逆流を表している．図中示されている最大値と最小値は軸方向速度の値（最大ディーン数＝791，管内半径/曲率半径＝1/3，1周期＝0.8秒，弛緩期はt＝0.4〜0.8秒）．

$$\left(\text{ディーン数}=\frac{(\text{管内径}\times\text{平均流速})}{\text{動粘性係数}}\cdot\sqrt{\frac{\text{管内半径}}{\text{曲率半径}}}\right)$$

よる狭窄部に生じる乱流などは，造影剤による可視化や超音波パルスドップラ血流計のような非侵襲計測法によって把握され，診断の重要な指標となっている[4]．しかしながら，患者の血流に生じた乱流を精度高く計測することは困難で，定性的な指標の範囲を超えていない．

一方，動物を用いて，血流計を直接血管内に挿入して，乱流を計測するという研究が行われた．イヌの大動脈内にホットフィルム流速計を挿入して得られた流速波形には，最大流速が現れる位相の直後に高い周波数成分の乱れが生じている[5]．さらに，迷走神経の刺激や薬剤を投与して心拍数や心拍出量を変え，乱れの発生する状態を観測した結果，乱流への遷移は最大レイノルズ数と Womersley のパラメータ α に依存することがわかり，流れの状態をこれらの二つのパラメータによって整理して，図 21.10 のような状態安定図を得た[5]．同図の結果によると，乱れが発生するときの臨界レイノルズ数は，250 α と近似される．

図 21.11 は，ホットフィルム流速計によりイヌの大動脈に生ずる乱流を計測した結果で，速度，アンサンブル平均，変動速度および乱流強度の 1 周期中の変化を示す[6]．乱れは血液を駆出する左心室から運ばれてくるのか，または大動脈の不安定性によるのか，大動脈の伸展性が乱流遷移とどう関連するかなどの基本的な問題についての検討が行われている．大動脈内流れが間欠的であるという点に着目して，パルスモータでピストンを駆動して間欠流をつくり，そのときの速度波形を測定したところ，大動脈に現れる乱れに類似した波形が得られた例もある（図 21.12）[7]．

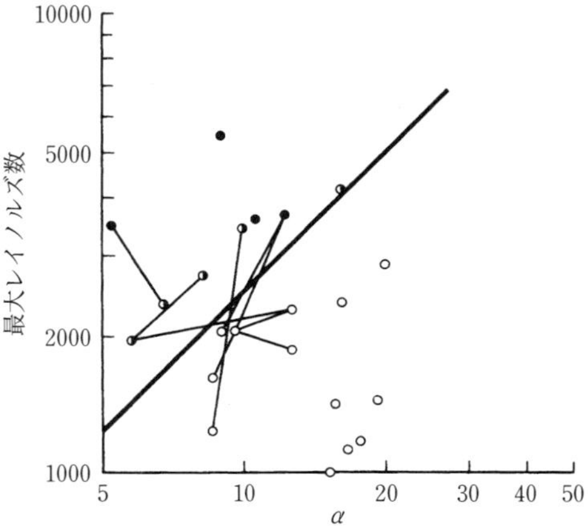

図 21.10　イヌの大動脈内血流に生じた乱流の状態安定図
○：乱れのない流れ，◐：乱れが現れている流れ，●：強い乱れが現れている流れ．実線は Re＝250 α を示す．

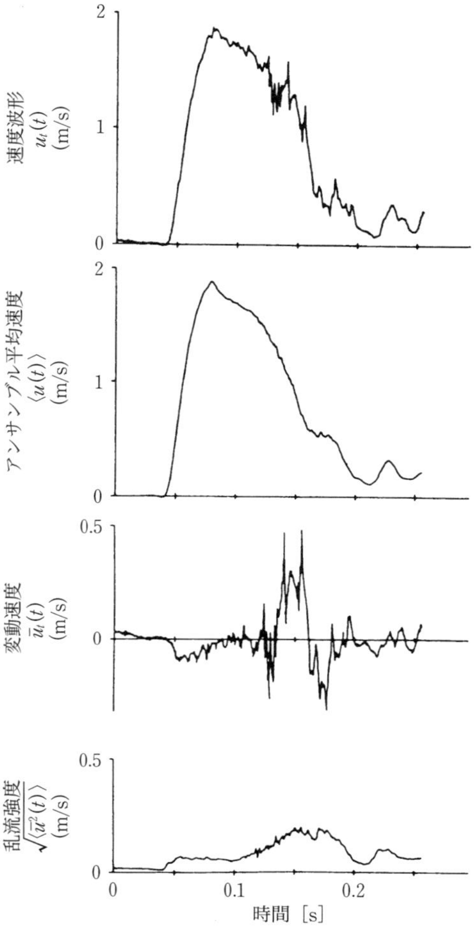

図 21.11　イヌ大動脈内で測定された速度波形をもとに得られたアンサンブル平均速度，変動速度，乱流強度

c.　非定常乱流

大動脈に生じる乱流は，減速期に特徴的に現れていることを考慮すると，大動脈の乱流に影響を与える最も重要な因子は非定常性である．非定常流に生じる乱流に関して，これまで相当の研究の蓄積があり，詳細な検討が行われてきている[8]．たとえば，Hino ら[9] は，交番振動流において乱流遷移を詳細に計測し，減速期に生じる乱流を 3 種類（weakly, conditionally, fully）に分類している．さらに，振動流に生じた乱流構造を詳細に検討している．この

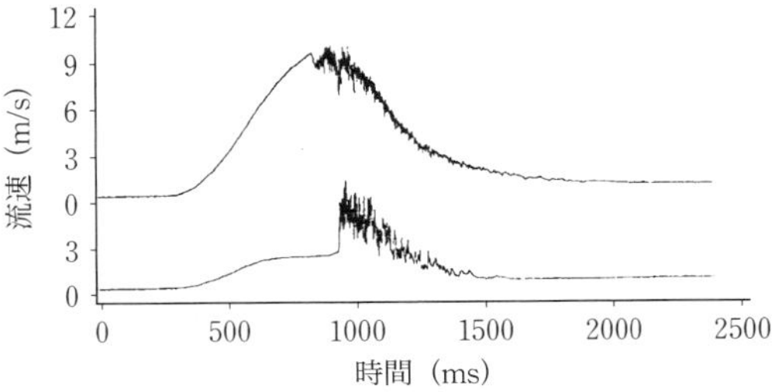

図 21.12　静止時間 4 秒のときの間欠流において，管中心(上）と管壁付近（下）に現れる乱れ（Re＝23000）

ような非定常乱流の基盤的研究成果は，太い血管系に生じる乱流のメカニズムを把握するうえで有用であり，今後乱流と循環器系疾患との関係を定量的に把握することができるようになれば，医療への応用が広がると思われる．

d．乱流と細胞

血管内面に分布している血管内皮細胞は，血流の剪断応力を受容することが知られており，剪断応力の方向に細胞は配向したり，機能を変えたりして，さまざまな生物学的な応答を示すデータが得られている．血管内皮細胞は，血流の時間的変動に対してもきわめて敏感で，定常流と拍動流では細胞の形態が異なってくる．さらに注目すべきは，回転粘度計に用いるコーンプレートによって培養内皮細胞に乱流の剪断応力を負荷させると，細胞の代謝回転を促し，細胞の DNA 合成が増加する[10]．この生物学的な応答は，比較的低い乱流の剪断応力（0.15 Pa）で生じ，層流での大きな剪断応力（1.4 Pa）では生じない．図 21.13 は，剪断応力負荷による内皮細胞内の DNA 合成（細胞増殖時に，親細胞の DNA を斜型として，娘細胞に伝達する過程）の度合いを示す．剪断応力負荷によって細胞内の DNA 合成（縦軸）が増加しているが，とくに乱流の剪断応力を負荷した場合，DNA 合成が顕著に増加している．同図で，低剪断応力とは，0.1 Pa（層流），0.15 Pa（乱流）で，高剪断応力とは 1.5 Pa（層流），1.4 Pa（乱流）である．一方，動脈硬化病変は，血管の曲がりの内側や分岐管の分岐部など，流れの時空間的変動の大きい場所に局在することが経験的に知られているが，このような乱流に対する内皮細胞の応答の知見は，動脈硬化病変の発生メカニズムの解明に有用な情報を与える．　　　　**［谷下一夫］**

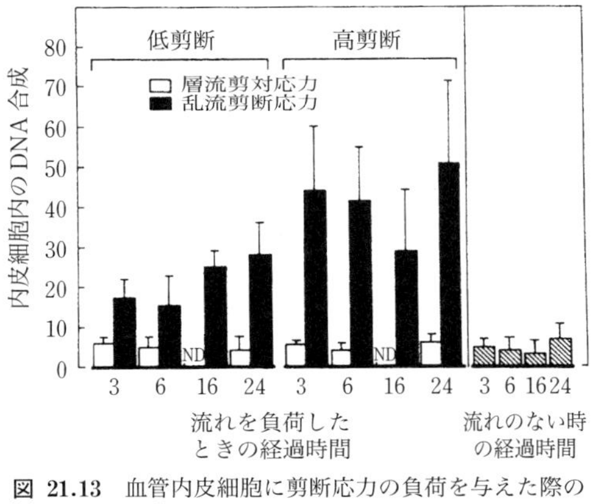

図 21.13　血管内皮細胞に剪断応力の負荷を与えた際の DNA 合成の度合い
乱流の場合は，層流よりも DNA 合成が高く，変動する剪断応力を内皮細胞が敏感に受容している．

文　　献

1) 谷下一夫：生体機械工学（日本機械学会編），日本機械学会，1997，70–77.
2) C. G. Caro *et al.*: The Mechanics of the Circulation, Oxford Univ. Press. 1978.
3) T. Konno *et al.*: JSME Int. J., Series C, **42**, 1999, 648–655.
4) 菅原基晃ほか（編）：血流，講談社サイエンテイフィク，1985.
5) R. M. Nerem, W. A. Seed: Cardiovascular Research, **6**, 1972, 1–14.
6) T. Yamaguchi *et al.*: J. Biomech. Eng., **105**, 1983, 177–187.
7) 中野厚史ほか：日本機械学会論文集（B 編），**57**(534)，1991，3707–3714.
8) 林　泰造，日野幹雄：乱流現象の科学（巽　友正編），東京大学出版会，1986，507–559.
9) M. Hino *et al.*: J. Fluid Mech., **75**, 1976, 193–207.
10) P. F. Davies *et al.*: Proc. Nat. Acad. Sci., **83**, 1986, 2114–2117.

21.2　ス　ポ　ー　ツ

流れと密接に絡んだスポーツは多くある．水泳，ヨットやボート，スキーのジャンプ，ハンググライダーなどでは，流れが直接的に競技に影響を与えている．それだけでなく，野球やゴルフなど，多くの球技や投擲競技にもボールなどに流体力が働き，間接的に強く影響している．表 21.2 は代表的なスポーツの種類と世界的に一流の選手が出す速度，代表長，レイノルズ数をまとめたものである．

この表にまとめている速度は，オリンピックの世界記録や記録されている最高速度をもとにしてい

表 21.2 各種スポーツの速度，代表長レイノルズ数[1~6]

	速度（m/s）	代表長（m）	レイノルズ数（×100000）
水泳（自由形）	2	1.8	3.6
スキージャンプ	28	1.8	3.5
硬式野球	46	0.073	2.2
テニス	70	0.067	3.1
ゴルフ	71	0.043	2
サッカー	36	0.22	5.2
バレーボール	33	0.21	4.5

図 21.14 ゴルフボールのディンプル

る．一般の競技者は，この速度の6～8割の範囲であろう．代表長は水泳とスキージャンプは身長を用い，球技にはボールの直径を使った．これらのレイノルズ数をみると，興味深いことにいずれも球の臨界レイノルズ数，約 3×10^5 付近にある．一般の競技者の出す速度を考えると，ほとんどの競技では，滑面球であれば臨界レイノルズ数よりも低く，抵抗の大きな領域を使っている．このため，層流から乱流に遷移させると抵抗が減り，有利に働くこととなる．その代表的なものがゴルフボールのディンプル（図 21.14）で，表面にすきまなくくぼみを設け，乱流への遷移を早め，結果的に空気抵抗を低減し，遠くまでボールを飛ばすことができるように工夫されている．球技の場合は卓球以外，皮を貼り合わせてボールをつくる関係上，何らかのでこぼこが表面にでき，抵抗の低減に役立っているのは興味深い．

21.2.1 各種のスポーツにおける乱流

それぞれのスポーツにより，競技を有利に進めるうえで工夫されている流体力学的アプローチが異なるので，ここではそれぞれについて簡単に紹介する．

a. 水 泳

水泳の自由形であれば十分にレイノルズ数が高く，自然に乱流に遷移している．そこで，抵抗低減の主眼は摩擦抵抗の低減にある．オーストラリアのイアン・ソープが世界記録を次々に更新したとき，水着がその助けになったといわれている．彼の全身を覆う水着には，次のような工夫がされている[7]．

①体長方向のV字型の微細な溝

②全身を覆うデザイン

つまり，リブレットによる摩擦抵抗の低減をねらい，その効果を大きくするために体全身を覆うようにしたのである．造波抵抗が主体の平泳ぎでは効果が期待できないが，クロールや自由形では速度が速く，効果があるようである．その他にも撥水加工や胸部での剥離を抑えるためのボルテックスジェネレータなどの工夫が試みられている[7]．

リブレットは，サメの鱗の抵抗低減効果の研究から生まれたもので，流れ方向に細長い溝を乱流のストリークの平均間隔（約 $100\,\nu/U$）程度の周期で形成すると効果的であり，その溝はU字形あるいはV字形でその深さは y^+ で15程度が最適といわれている[8,9]．

b. スキー

これまでは，おもにジャンプ競技を主体に研究が行われてきた．研究では，風洞実験を行い，滑降の姿勢や飛行姿勢（体だけでなく板の向きも）を最適化することが行われてきた[10]．

c. スケート

1998年の長野オリンピック，スピードスケートでオランダのジャンニ・ロメがそれまでの5000 m世界記録を8秒以上も上回る6分22秒20を出して優勝した．このとき，ロメは空気抵抗を低減する特殊な突起をレーシングスーツに貼っていたため，日本とドイツがルール違反だと抗議した．この突起はオランダ国内の大学チームで空気力学を研究するチームが開発したもので，おそらく剥離を遅らせて空気抵抗を下げる効果を果たしたものと思われる．このテープの詳しいことは公表されていないが，幅5 mmほどのこのギザギザテープを両ふくらはぎ両サイドに縦に張っていたようである[11]．

d. ヨット

アメリカズカップのように，大きな費用をかけて船艇を開発するような大型のヨットの場合には，計算流体力学（CFD）を使って船艇を設計しており，とくにヨット底部のキールに改良が施されている．また，リブレットを付けたフィルム（3 M 社の開発した 100 μm 間隔の V 字形の溝をつけたもの）を貼ることで，摩擦抵抗を下げる試みも行われている．

e. 球　技

球技ではボールは審判員が供給し，競技者自身が独自のものを使うことは，ゴルフ以外ありえない．これは，競技の公平を期すためであり，競技者がボール自体に工夫を凝らすことはできない．そこで，競技者の工夫はそのボールの投げ方やけり方，打ち方となるわけである．それでも，それぞれに工夫を凝らすことでいろいろなバリエーションがある．バレーボールやテニスのサービス，サッカーのシュートなど，数種類のバリエーションがある．このなかでもとくに野球の投球では，非常に多くの球種が開発され，使われている．そこで，野球の投球における流体力学的な工夫については項を改めて詳細に示すことにする．

ゴルフの場合は球技のなかでは例外的に，一定の条件を満たすボールを競技者が選び，独自のものを使うことが許されている．ボールの反発係数は一定値以下に制限されているため，ボールの供給者はより空気抵抗の小さいボールを開発している．現在は表面に設けたディンプルの大きさや形状，くぼみの深さやくぼみ具合を変えて，より遠くまで飛ぶボールを開発している．従来は試作し，ロボットによって打つことで距離を計測していたが，現在は CFD が試みられているようである．

21.2.2　野球の投球における乱流

野球の勝敗は投手の出来不出来で決まることが多い．現在は変化球を投げない投手はいないことから，投球のなかでも変化球の重要性が際だっている．変化球は周りの空気から流体力学的な力を受けて変化している．

さて，野球の硬式ボールには 2 枚の皮を縫い合わせるときに皮が盛り上がってできる突起があり，ボール表面を独特の曲線を描いて取り巻いている（図 21.15）．この盛り上がりは図からわかるようにわずかなものであり，直径 73 mm に対して 1 mm 程度である．しかし，この突起は大きな効果をもつ．図

図 21.15　硬式野球ボールの縫い目

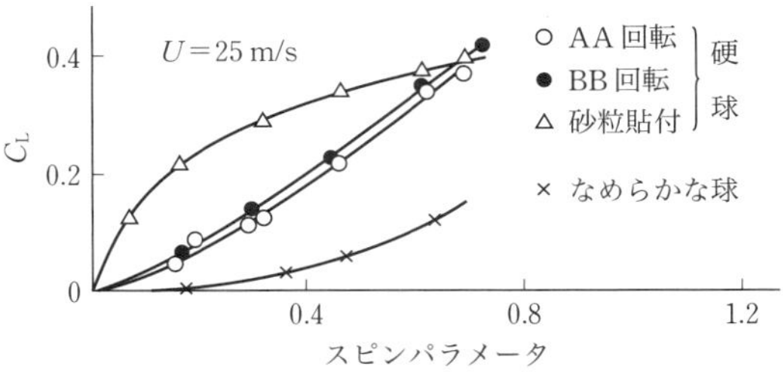

図 21.16　滑らかな球と野球ボール，砂粒を塗布した野球ボールのマグナス力の差

21.16 は谷らによる風洞実験でのなめらかな木球と野球ボール，砂粒を塗布した野球ボールによるマグナス力の違いを調べた結果[12]である．横軸はスピンパラメータで回転による表面速度と流速との比である．このグラフからわかるように，縫い目があることでなめらかな球に比べ，スピンパラメータ 0.3 の場合で 4.7 倍，0.6 の場合で 3.1 倍の力が働いていることがわかる．

a.　変化球の変化の原理

野球で使われる変化球は直球を含めて，ほとんどが回転によるマグナス力によって変化する空気力を得ている．球種の違いは回転軸の向きで決まる．図 21.17 は代表的な球種それぞれの回転の様子を表したものである．これらの図はすべて右投手が投げた場合の回転とそのとき働く力の向きを，投手側からみて示している．確かに多様な球種も単に回転の仕方の違いにすぎないことがわかる．しかしながら，意図的に回転を落とすことで変化球をつくっている場合もある．現在よく使われるこの代表的なものはフォークボールとスプリット・フィンガード・ファーストボール（SFFB）である．フォークボールは中指と人差し指の間に球を挟んで投げる．これによって直球と同じように腕を振っていながら，バックスピンがかからないために揚力が働かず，落ちる球

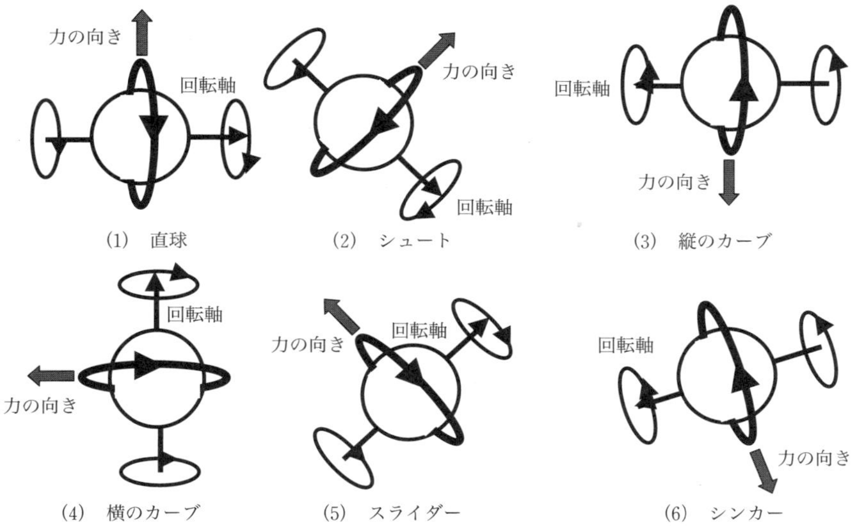

図 21.17　球種と回転の関係

になる．一方のSFFBは，球を指の間に挟むほどは広く指の間を開けないが，直球に比べれば大きく間を開いて投げる．これによって，バックスピンの回転数が直球に比べて少なく，マグナス力による揚力が小さくなり，直球に比べると落ちる球になる．

b.　マグナス力によらない変化球

野球ボールの縫い目には回転によるマグナス力を大きくする効果だけでなく，縫い目と流れとの位置関係から後流を大きく偏らせる効果もあることがわかっている[13,14]．図 21.18 は姫野らにより CFD を使って解析をした例で，ボール上の縫い目と一様流との位置関係がわずかにずれることで，大きな後流の偏りをもたらすことがわかる．この効果は，トリッピングワイヤによるものと似ているが，トリッピングワイヤは流れに対して 2 次元的に設置するが，この場合は球面上であるため，単純に想像したとおりにならないので注意を要する．

ところで，このように後流が偏るとボールには空気力が作用する．このため，投手・捕手間で 1/4 回転とか 1/2 回転とかしかしない，非常に回転数が遅いボールではこのような空気力によってボールが変化する．これがナックルボールやパームボールと呼ばれる球種である．なお，中日ドラゴンズにかつていた杉下投手のフォークボールはほとんど無回転で，ナックルボールと同じような変化をしたと思われる．

スポーツにかかわる流体力学的な改良や工夫が行われていることを種々示した．ここに示したように，各種のスポーツで乱流への取組みには随分差がある．今後はさらに多くのスポーツで乱流の研究が応用され，用具や技術が進むことを期待している．

［姫野龍太郎］

文　　献

1)　http://www.d4.dion.ne.jp~/warapon/archives/sports/swimming_record. htm
2)　http://www.sankei.co.jp/databox/Wcup/html/0206/13soc022.htm

(1)　ほぼ対称な流れとなる場合　　(2)　非対称となる場合

図 21.18　縫い目位置による総圧の違い[14]

3) http://speed.s41.xrea.com/speed1.html
4) http://www.titleist.co.jp/htm/technology/launch.shtml
5) http://www.mainichi.co.jp/hanbai/nie/news_manabu27.html
6) http://www.volleyballnewsletter.com/news-let/swnb-108.htm
7) 高木英樹，清水幸丸：競泳用水着開発の流れ．http://www.jsme.or.jp/fed/newsletters/2002_11/0211-5.html#takagi
8) 児玉良明：流体摩擦の抵減，日本機械学会誌，2005，227-280．
9) M. J. Walsh：AIAA，**72**，1980，168-184．
10) 瀬尾和哉：スキージャンプ飛行の最適化．http://www.jsme.or.jp/fed/newsletters/2002_11/0211-4.html#seo
11) http://www.yomiuri.co.jp/hochi/nagano/gorin/2-8speedm5000.htm
12) 谷　一郎：科学，**20**(9)，1950，21-25．
13) 溝田武人ほか：日本風工学会誌，62号，1995，3-13．
14) 姫野龍太郎ほか：第12回数値流体力学シンポジウム講演論文集，1998．

21.3 材料製造

われわれの手にする材料の多くは，天然にある原料を加熱し，液体や気体の状態で化学反応などによる精製によって所要の成分を選択しつつ，それを上手に固化させることで得られている．このため，材料製造技術においても，流体現象の取扱いは重要な位置を占める．

とくに，商用の材料の製造においては，つねに低コストで生産性の高いプロセスが指向されるため，そこでは，大型の容器に高速で原料を流すことになる．この結果，取り扱う流体に働く慣性力は大きくなり，流動が不安定化し，さらには乱流となる場合が多い．一方で，ユーザーから要求される品質は，材料の流動が層流か乱流であるかにかかわりなく，確実に保障されなくてはならない．このため，材料の製造プロセスにおいては，力学的な問題や熱伝達の観点のみならず，物質の輸送，混合，さらには相変態や化学反応を考慮した視点から，乱流を考える必要がある．これらの複雑な要因が材料の製造プロセスを難しくしているが，逆に，これらのプロセスに特有な条件を活用することで，その困難が克服されているケースも多くみられる．材料の種類は無限にあり，そのおのおののプロセスでは，一般の者が目にすることのない独特の装置が用いられ，独特の仕組みによって，さまざまな形態の乱流が発生していると考えられる．これらを網羅することは困難であるが，この章では具体例として，半導体用のシリコンの結晶の製造プロセスを紹介することで，材料製造における乱流工学の役割をみていく．

21.3.1 半導体シリコン結晶の製造プロセス

今日大量に生産されている，パソコンのCPUやメモリ，デジタルカメラの画像素子などの半導体素子は，シリコン単結晶の基板（シリコンウエハ）の上に作成されているが，このシリコン単結晶のほとんどが，チョクラルスキー（CZ, Czochralski）法によって製造されている．この方法では，図21.19に示すように，回転している石英るつぼ内に溶解したシリコン原料の中心に種結晶を浸し，この結晶をるつぼと逆方向に回転させながら徐々に上方へ移動させ，冷却することで結晶を育成する．結晶の成長に応じて，るつぼや結晶の回転数や，ヒータによるるつぼの加熱条件などの操業パラメータを精密に制御することで，図21.20のような重量200 kgを超えるような円筒形の結晶が得られる（シリコンウエハはこの結晶を薄く輪切りにしてつくられる）．

この結晶の主要な品質として，①無転位の単結晶であること，②ドーパント（ホウ素やリン）および酸素などの必要微量元素の濃度分布が均一であること，③半導体素子の微細構造スケールより大きな欠陥の数がきわめて少ないことが要求される[1]．これらの条件は，以下に記述するように，るつぼ内の融液流動に密接に関係している．

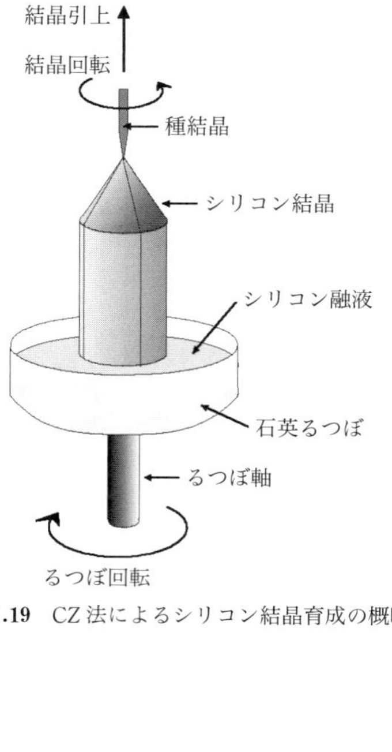

図 21.19 CZ法によるシリコン結晶育成の概略図

図 21.20 CZ 法により育成した直径 300 mm サイズのシリコン単結晶（シルトロニック・ジャパン社提供）

21.3.2 るつぼ内の融液流動

CZ 法では，結晶が融液表面の中心で育成されるため，融液の温度は液面の中心で最も低くるつぼの内面で最も高い．したがって，融液は，位置エネルギー的に安定ではなく，浮力によりるつぼの外周から結晶に向かうトロイダル型の熱対流を起こそうとする．また，融液にはるつぼと結晶の両方から角運動量が与えられるが，るつぼの内表面積と回転半径の大きさから，融液の大部分はるつぼとほぼ同速度で回転し，結晶回転の影響は結晶成長界面直下のかぎられた流域にとどまる．つまり，融液の流動は，融液の大部分を占める剛体回転域と結晶直下のコクラン境界層と呼ばれる領域によく分離されており，結晶成長に伴う融液量の減少などに対する融液全体の環境変化に対し，結晶の品質が影響を受けにくいシステムとなっている[2]．

また，るつぼと結晶の回転によって分離されたそれぞれの領域では，角運動量の保存によりるつぼや結晶の回転と異なる回転軸をもつ運動は強く抑制される[3]．たとえば，剛体回転域においては，トロイダル型の熱対流が生成しにくく，流れはレイリー数やグラスホフ数から想定されるよりはるかに安定である．同様に，コクラン境界層内の流れもきわめて安定であり，形状のみならず内部品質まできれいな回転軸対称性をもった結晶をつくることが可能である．もちろん，このシステムは絶対的に安定なものではなく，あとに述べるように，最先端の品質が要求される厳しい操業条件によってはさまざまな不安定現象が起きる可能性がある[4]．

また，シリコンの融液は水銀のような液体金属と同様に十分な電気伝導性をもつため，外部から磁場を印加することでローレンツ力を働かせることが可能である[5]．このため，磁場によって，回転に伴うコリオリ力や粘性のみでは期待できない流動の制御効果をもたせることができ，操業条件の拡大や，意外な安定操業条件を得ることが可能となる．実際に MCZ（magnetic Czochralski）法として数千ガウスの静磁場を融液に印加する手法が確立しており，大容量（>100 kg）の融液からの大型結晶の育成に用いられている[6]．

なお，このプロセスでの結晶の育成速度は 1 mm/min 程度であり，融液の流動速度に対して無視できるほど遅く，結晶成長による融液量の変化は流動に対してほとんど影響を与えない．

21.3.3 剛体回転域の乱れと無転位育成

CZ 法で最も融液が不安定となるのは，種結晶を浸漬させ，結晶育成を開始する段階である．半導体用シリコン単結晶の育成では，種結晶中の転位を除去するために結晶径をいったん約 3 mm まで絞るダッシネッキングと呼ばれる工程[1,7]が必須であるが，熱対流の不安定化により融液の温度変動が激しい場合には，結晶が溶断して結晶育成を進められなくなる．大きなるつぼに多くの融液が入っているほど慣性力の働きが大きく，流動不安定を起こしやすいため，この過程の成功可否が製造可能な結晶の大きさを決めることになる．

この結晶成長初期の融液は，結晶の影響をほとんど受けず，ほぼるつぼと一緒に回転しているため，そこでの現象は，回転系上の熱対流としてとらえることができる．すなわち，「浮力」と「コリオリ力」と，乱流の源である「慣性力」のバランスによってその流動形態が決まる．したがって，惑星大気や海洋の分野でよく用いられるロスビー数（Ro＝慣性力/コリオリ力）とテイラー数（Ta＝(コリオリ力/粘性)^2 の二つの無次元数でこのプロセスの操業条件を整理すると興味深い．回転する二重円筒容器での熱対流においてはテイラー数とロスビー数の関係により，流動形態は，「軸対称流」，「3次元乱流」，「傾圧波動」（地球大気の高低気圧パターンとして知られる），「地衡流乱流」（木星大気の渦として知られる）などになることが知られており[8]，図21.21のような相図が得られている[9]．

図21.21には，これまでに報告されたCZ法でのシリコン結晶の製造条件を合わせて示しており，実験室レベルの小型結晶の製造条件は「3次元乱流」の領域に当てはまり，商用の直径150 mmや200 mmサイズの結晶育成では，使用するるつぼの大径化によるテイラー数の増大から「傾圧波動」の領域に，最近の直径300 mmサイズの結晶用大径るつぼでは「地衡流乱流」の領域に対応していることがわかる．なお，シリコン融液は粘性がきわめて小さいため，図21.21の左斜め下側にある軸対称流の領域に位置することはない．また，各サイズの結晶の育成条件が右下がりの直線上に並んでいることがわるが，これは，この製造プロセスのスケールアップにおいて，テイラー数とロスビー数から定義したレイノルズ数（$Re=\sqrt{Ta}/Ro$）がほぼ一定に保たれてきたことを示している．この相図で想定された二重円筒容器の条件とCZ法のるつぼの条件はまったく同一ではないが，実際の融液で観測されたデータは，以下に示すようにこの相図から予想されるものによくあてはまっている．

図21.22は，商用の直径150 mm結晶の製造に用いられる口径16インチ（450 mm）るつぼの融液表面でとらえた温度変動の周波数スペクトルの一例であり，条件は図21.21の「傾圧波動」が発生するところに位置している．スペクトル中にはいくつかの顕著なピークが出ているが，基本波よりも高調波の強度が強いことや，基本波がるつぼの回転周期より数%ずれているなど，傾圧波動特有の特徴がみられる[10]．一方，図21.23は，直径300 mm結晶製造用の口径28インチ（710 mm）るつぼの融液表面でとらえた温度変動の周波数スペクトルであり，条件は図21.21で地衡流乱流が発生するところに位置している．この場合スペクトルには，図21.22にみられたような顕著なピークはみられないが，その傾きが周波数の-4乗のラインに沿っており，2次元乱流である地衡流乱流の統計的な特性が現れていることがわかる[11]．

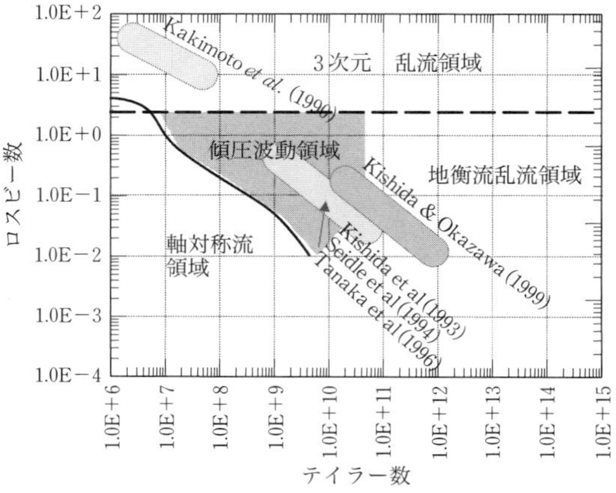

図 21.21　回転系における熱対流の形態相図とCZシリコン結晶の育成条件

図21.24は，テイラー数の増加による上記の融液流動の変化を，融液表面の温度分布の熱画像装置による可視化像と，これに対応する数値シミュレーシ

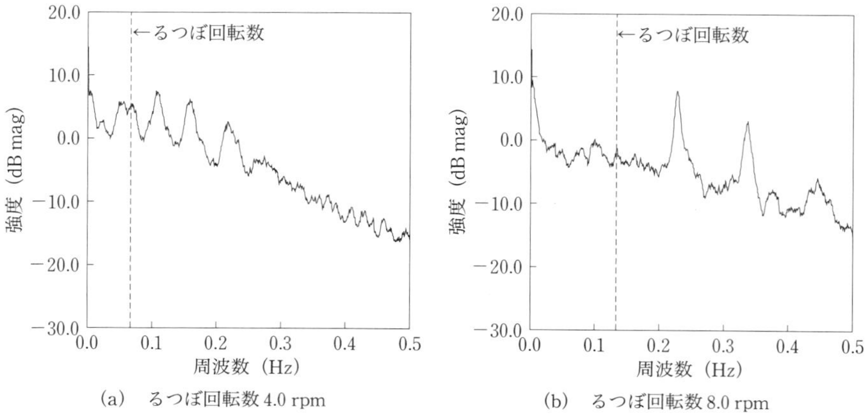

(a)　るつぼ回転数 4.0 rpm　　(b)　るつぼ回転数 8.0 rpm

図 21.22　CZシリコン溶融液中の傾圧波動による温度変動の周波数特性[10]

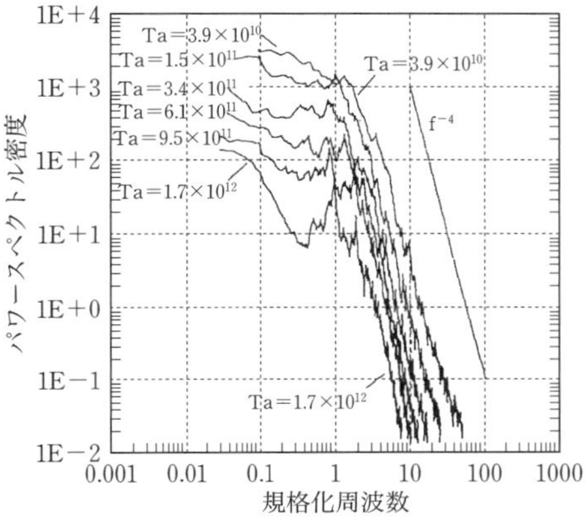

図 21.23 CZ シリコン溶融液中の地衡流乱流による温度変動の周波数特性[11)]（スペクトルの傾きは，2 次元乱流の統計的な特性を示す f^{-4} の直線に沿っている）

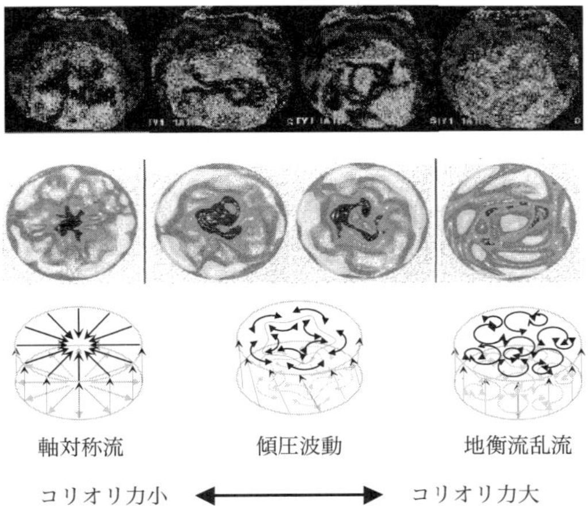

図 21.24 CZ シリコン溶融液のテイラー数増加による流動形態の変化
溶融液表面の熱画像（上段），数値シミュレーション（中段）と流動構造の概略図（下段）[12)]．

ョンの結果，および流動形態の模式図によってまとめたものである[12)]．テイラー数の増加により，融液流動の軸対称性が，傾圧波動を経て崩れていき，最終的には地衡流乱流となり，融液一面に渦柱に対応する水玉模様状の温度分布が構成されていく様子を示している．実際の結晶育成は，傾圧波動中の周期的な温度変動よりも，地衡流乱流中での均質な乱れのほうが安定である．大きなるつぼを回転させることによって生じる地衡流乱流が，近年の大型るつぼを用いた大型結晶の育成を可能にしたといえる．

また，融液を安定化させるために，静磁場を印加する MCZ 法も用いられているが，磁場の強度が中途半端な場合には電磁流体特有のカオス的な状態が発生してしまう[13)]．これを避けるためには，ローレンツ力を浮力と釣り合う程度まで大きくし，融液流動を層流化することになる．このためには，数千ガウスもの強磁場がるつぼ全域にわたって必要であることから，実際の大型結晶の育成においては超伝導磁石が多く使用されている[6)]．

21.3.4 結晶回転による流動と結晶品質

図 21.25(a) は，一般的な結晶育成条件における結晶直下の流動を，回転軸対称を仮定した解析解に基づいて構成した模式図である．通常，結晶の回転数はるつぼ回転数より大きく，逆方向に設定されていることと，粘性の低さから，結晶直下に生成するコクラン境界層はきわめて薄く（1 mm 以下と見積もられる[20)]），そのなかでは結晶界面に沿って外向きに循環する渦（コクラン渦）が生成される．一方で，融液の残りの部分は，るつぼと一緒に回転しているため，この境界層の外周は大きな剪断力が働く場所となっており，このプロセスで最も大きい流動不安定の発生源となっている．図 21.25(b) は数値シミュレーションで示された融液表面の渦度の分布図[14)]であるが，結晶に張り付いた形で周方向に波数 2 の渦が生成した状況を示している．

このような結晶成長界面近傍の流動は，以下の二つの点から結晶品質への影響を与える．一つは，結晶に取り込まれる酸素およびドーパントの濃度分布であり，もう一つは，結晶界面に導入される点欠陥の量である．前者は主として結晶成長界面内での流動の均一性が直接品質に結びつく問題であるが，後者は，流動の均一性に加えて，結晶の成長速度 V を成長界面結晶側での結晶成長方向の温度勾配 G で除した値「V/G」がその制御の重要な指標となることが近年明らかにされている[15)]．また，これらを制御するのに，結晶成長界面の形状変化が大きく関係することもわかってきている[14)]（実際の成長界面の変位は，結晶径の 10% にもなり境界層厚みよりはるかに大きい）．

成長界面の形状を決める要因は主として，①炉内全体の熱バランスから決まる成長界面を通過する熱フラックスの分布，②結晶成長速度に比例するシリコン特有の大きな凝固潜熱，③上記のコクラン渦による熱と物質の径方向への輸送である．もちろん，

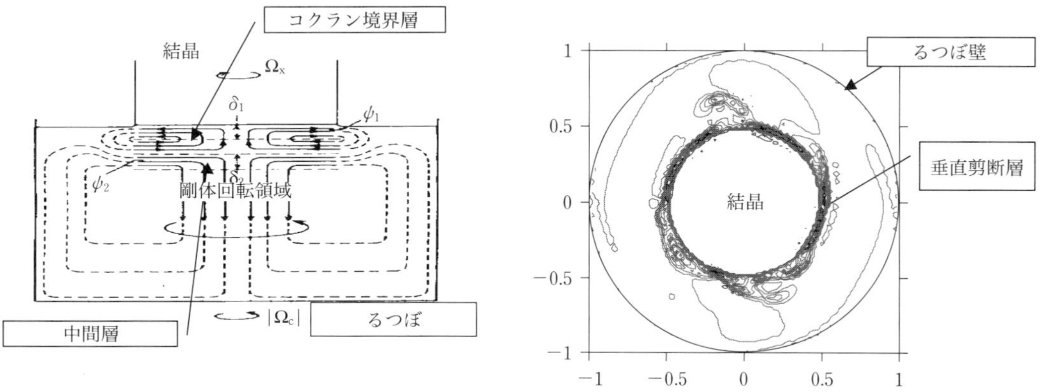

(a)　　(b)

図 21.25　CZ 法での結晶回転とるつぼ回転による流動
(a) Jones による解析解[2)]，(b) 数値シミュレーションによる結晶周りの渦[14)].

これらの要因は相互に関係しており，①によって大半が決まる結晶内の温度分布に対し，②による成長界面の上昇は，より結晶の中心側で結晶界面近傍での等温線の間隔を狭め G を大きくし，③のコクラン渦による径方向への熱輸送が G や濃度の径方向分布を緩和させる．さらに，この熱バランスの変化により成長界面の形状も変化し，これによりコクラン渦自体も変化を受け，①の熱フラックス分布の変化を引き起こす．また，先に述べた静磁場の印加も，流動の安定だけではなく，磁力線による凍結効果[5)]を通して，熱および物質の方位選択的な輸送を起こし，成長界面形状の形成に影響を与えるものと考えられる[16)].

以上のことから，現在の CZ 結晶育成の数値シミュレータには，炉内の固体部材や結晶の温度分布ばかりでなく，融液流動による成長界面の形状変化までを含めた解析を行い，結晶品質を予測するに十分なデータを導出することが要求されている[17)]（最新のシミュレータでは，るつぼ内融液の 3 次元非定常の流動解析が可能であり，乱流モデルの使用においても先に述べた回転や磁場による乱流の 2 次元化の影響を取り込むことができる).

また，上記とは別の現象として，結晶成長界面の形状は決して安定ではなく，結晶を高速で育成したときなどに結晶形状の捻れ（円筒形で成長していた結晶が突如捻り飴のような形で成長を始める）を起こすことが知られている[18)]．この問題は，結晶の形状歩留まり落ちばかりでなく，近年の直径 300 mm を超えるような大型結晶の育成において「V/G」による欠陥制御の足かせとなるが，そのメカニズムは未だ解明されていない．仮説として，境界層周辺で発生する図 21.25(b) のような渦の生成に伴う温度分布の歪みが結晶形状として直接転写されることや，径方向の温度勾配の減少による成長界面変位の自由度の増加が考えられる[14)]．しかしながら，結晶成長界面自身も Mullins-Sekerka 理論[19)]で示されるような形状の不安定をもっている．この問題の解決のためには，流体力学のみでなく結晶成長のカイネティクスまで踏み込んだアプローチが必要になると考えられる．

21.3.5　融液全体の流動と酸素輸送

結晶中の酸素濃度制御の問題は，成長界面近傍の境界層だけではなく，融液全体の流動にかかわっている．これは，結晶への酸素の供給源が石英 (SiO_2) 製るつぼの溶解であり，かつ，融液に溶けた酸素のほとんどが融液表面に到達すると同時に，SiO のガスとなって蒸発してしまうことに起因する．したがって，このプロセスでは，るつぼ表面から溶け出し，結晶成長界面直下のコクラン渦にまぎれこむごく一部の酸素を狙った，非常に精密な取扱いが要求されると考えられる．ところが幸いなことに，結晶成長のゆっくりとした時間スケール（1 mm/min 程度）でみれば，融液流動は地衡流乱流や傾圧波動のような変則的な揺らぎであっても，よく乱れており，そのなかの物質の濃度はカオス的な混合により均一になっていると考えられる．

以上から，この系での酸素の輸送を考えるうえで，1次元の拡散層モデルがよい近似で成り立っていると考えられる[20]．すなわち，結晶直下の境界層中の酸素濃度は，地衡流乱流などにより均一化していると思われる剛体回転領域の平均的酸素濃度に比例し，この酸素濃度を決める主なパラメータが，①るつぼ内面での拡散境界層の厚み，②溶解速度を決めるるつぼ温度，③酸素の溶解する面積と蒸発する面積，④融液自由表面での平衡濃度を決めるパージガスの流量と圧力，となる．

流体制御の観点からみると，①の境界層については，るつぼ回転数や磁場の印加によるエクマン境界層やハルトマン境界層の変化を期待しての厚み制御ができる．②については，先に示した剛体回転域の流動形態の変化に依存する融液全体の熱伝達率の変化，すなわちコリオリ力の働きを決めるるつぼ回転数の影響が大きい．さらには，主ヒータ/サブヒータ間の電力配分や，炉内部材構成による融液の加熱や結晶の冷却条件，結晶育成速度に比例する凝固潜熱の発生量，結晶成長に伴う結晶長の増大と融液減少による炉内の熱バランス変化もかかわってくる．③は，結晶育成に伴い減少する融液量と使用するるつぼの形状，および結晶径によって幾何学的に決まる量である（実際に，この条件から使用するるつぼの大きさが決められている）．④については，結晶成長界面近傍でのガスの流れの影響が大きいことが報告されている[21]．また，磁場印加による層流化を狙った条件（MCZ）では，融液中の均質な混合を仮定する上記の拡散境界層モデルの適用には限界があると考えられ，乱流前提の従来の制御から層流制御への方針転換が必要となる．

材料の製造分野においては，製造コスト，生産性，品質の両立させせるため，すべての製造工程において細心の注意が払わる．このなかで，原料の流体状態での取扱いはその材料の品質を決める根本的な問題であり，プロセスの開発，最適化，スケールアップにおいて重要な役割を果たす．本章で取り上げた半導体用シリコン単結晶育成の製造においては，結晶育成時に生ずる原料融液の乱流を，回転によって制御する方法が効果をあげている．すなわち，スケールアップによる不安定化に対する地衡流乱流の利用，微小欠陥の導入抑制や微量元素の均質化に対するコクラン境界層の制御，酸素濃度についてはるつぼ内の熱伝達と境界層厚みの制御が有効である．また，磁場を印加して電磁流体力学的に融液流動を制御する方法も活用されている．乱流工学は，このような形で，近年急速に進展している半導体素子の高集積化と低価格化に貢献している．［岸田　豊］

文　　献

1) 志村史夫：半導体シリコン結晶工学，丸善，1993，44-76，1-11.
2) A. D. W. Jones : J. Crystal Growth, **88**, 1988, 465.
3) H. P. Greenspan : The Theory of Rotating Fluid, Cambridge Univ. press, 1968.
4) J. R. Ristorcelli, J. L. Lumley : J. Crystal Growth, **116**, 1992, 447.
5) R. Moreau : Magnetohydrodynamics, Kluwer Academic Publishers, 1990, 252-304.
6) 高須新一郎：応用物理，**65**，8，1996，832.
7) K. M. Kim, P. Smetana : J. Crystal Growth, **100**, 1990, 527.
8) P. G. Drazin, W. H. Reid : Hydrodynamic Stability, Cambridge Univ. Press, 1981.
9) S. Fein, R. L. Pfeffer : J. Fluid Mech., **75**, 1, 1982, 81.
10) Y. Kishida *et al.* : J. Crystal Growth, **130**, 1993, 75.
11) Y. Kishida, K. Okazawa : J. Crystal Growth, **198/199**, 1999, 135.
12) M. Tanaka *et al.* : J. Crystal Growth, **180**, 1997, 487.
13) Y. Kishida *et al.* : J. Crystal Growth, **273**, 2005, 329.
14) 岸田　豊，玉木輝幸：第52回応用物理学関係連合講演会，2005.
15) E. Dornberger *et al.* : J. Electrochem. Soc., **194**, 1998, 76.
16) Y. Shiraishi *et al.* : J. Crystal Growth, **266**, 2004, 28.
17) D. P. Lukanin *et al.* : J. Crystal Growth, **266**, 2004, 20.
18) 宮澤信太郎：メルト成長のダイナミクス，共立出版，2002，166-171.
19) 西永　頌：結晶成長の基礎，培風館，1997，132-155.
20) 干川圭吾：バルク結晶成長技術，培風館，1994，71-93.
21) Machida *et al.* : J. Crystal Growth, **186**, 1998, 362.

21.4 機　　　械

21.4.1 自　動　車

1885年に最初のガソリンエンジン車が発明されて以来，自動車は急速な発展を遂げてきた[1]．近年では，地球規模の環境問題対応や快適性向上の必要性もますます高まってきている．自動車の流体力学はこれらに密接に関係しており，車体周り流れの制御や空力特性の向上は重要な課題となってきている．ここでは，自動車と流体力学との関係および開発における取組みを紹介し，そのなかでもとくに「空力」と分類される項目について詳細に述べる．

a. 自動車における流れ場

車にかかわる流れ現象としては，エンジンの燃焼流れ，アブソーバなどの部品内オイル流れ，ラジエータや駆動系の冷却風流れ，車内の空調流れ，車体周り流れがある．車体周り流れの取組みとしては，環境・燃費に関係する空気抵抗，走行安定性に関係する揚力，横力，ヨーイングモーメントなど，快適性に関係する空力騒音，20 Hz 前後の車室内圧力変動であるウインドスロップ，風巻き込みなど，安全に関係するウインドウ視界の水流れによる防害，バックウィンドウへの雪付着などがあり，いずれも自動車にとって重要な項目である．

一般的に，代表長が小さく流速が低い内部流れでは，レイノルズ数が小さく層流の場合が多い．これに対し，車体周り流れのレイノルズ数は 10^6 のオーダーであり，流れ場としてはほぼ乱流である．しかし局所的にみると，小さな部品，たとえばポールアンテナや小型のドアミラー，グリルの格子などにおける局所レイノルズ数は 2×10^5 以下であり，この場合，層流の流れ場も想定した対応が必要である．

このように，自動車における流れ場は複雑であり，シミュレーションや実験解析においても流れ場や狙いに応じた適切な手法をとる必要がある．

以下，いわゆる「空力」と呼ばれる車体周り流れに注目し，技術の進化と開発の現状について述べる．

b.　空力特性

1）　空力六分力　車両に加わる空気力は，車両の前後，左右，上下の各軸方向の力と各軸周りのモーメントで表され，これらを総称して空力六分力と呼ぶ（図 21.26）．

通常，空気力は無次元化して表され，式(21.4.1)に示す前後方向の抗力係数（C_D），同様に左右方向の横力係数（C_S），上下方向の揚力係数（C_L）で表す．ここで，抗力係数については，空気抵抗係数と称する場合が多く，以降「抗力」を「空気抵抗」と表記する．

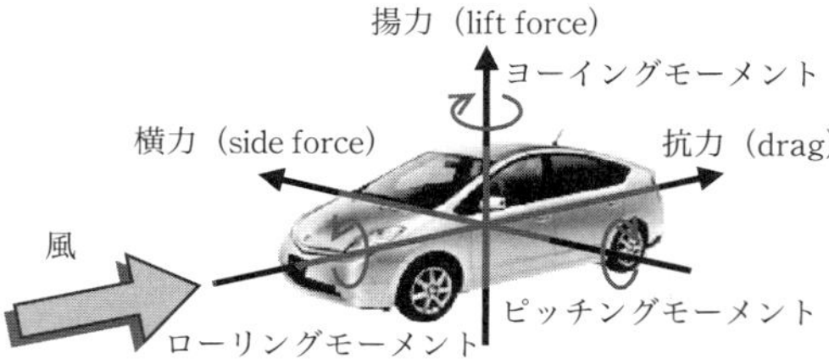

図 21.26　空力六分力

表 21.3　空力六分力の影響

空力六分力	関係する項目
空気抵抗係数 C_D	燃費，最高速度，加速性能
揚力係数 C_L	直進安定性，横風安定性
横力係数 C_S	横風安定性
ローリングモーメント係数 C_{RM}	横風安定性，操舵時の安定性
ヨーリングモーメント係数 C_{YM}	横風安定性
ピッチングモーメント係数 C_{PM}	直進安定性，横風安定性

モーメントに関しても無次元化した表記を行い，式（21.4.2）に示す前後軸周りのローリングモーメント係数（C_{RM}），同様に左右軸周りのピッチングモーメント係数（C_{PM}），上下軸周りのヨーイングモーメント係数（C_{YM}）で表す．

$$C_D=\frac{F_D}{(1/2)\rho V^2\cdot A} \qquad (21.4.1)$$

$$C_{RM}=\frac{M_{RM}}{(1/2)\rho V^2\cdot A\cdot WB} \qquad (21.4.2)$$

ここで，F は各軸方向の力（N），M は各軸周りのモーメント（Nm），ρ は空気密度（kg/m³），V は相対風速（m/s），A は前面投影面積（m²），WB はホイールベース（m）である．

これらの空力特性は車両の運動に関係しており，その項目はおおむね表 21.3 に示す通りである．

2）　空気抵抗低減の取組み　最も重要な特性の一つである C_D 値は，燃費や最高速度，加速性能に大きな影響を及ぼす．平均的な乗用車において，空気抵抗を 10% 低減すると，日欧それぞれのモード走行において約 1%，2% の燃費低減が可能となる．空気抵抗は速度の 2 乗に比例して大きくなるため，高速走行時の影響は大きく，100 km/h 定常走行時の燃費は，空気抵抗 10% 改善により 4～5% も改善される．また，最高速度に与える影響も非常に大きい．

自動車における空気抵抗は，圧力抵抗が 90% 以上を占めており，そのうち，ラジエータやコンデンサ冷却のためにエンジンルームに風を導き入れることにより生じる抵抗，すなわち通気抵抗は 3～10% である．また，摩擦抵抗は 10% 以下であるため，改善のためにはまず圧力抵抗の大きな部位に注目するのが効果的である．

乗用車の空力開発の歴史をみると，C_D 値は図 21.27 に示すように年々低減されてきた．このような C_D 低減に用いられた技術を，具体的な車両を例

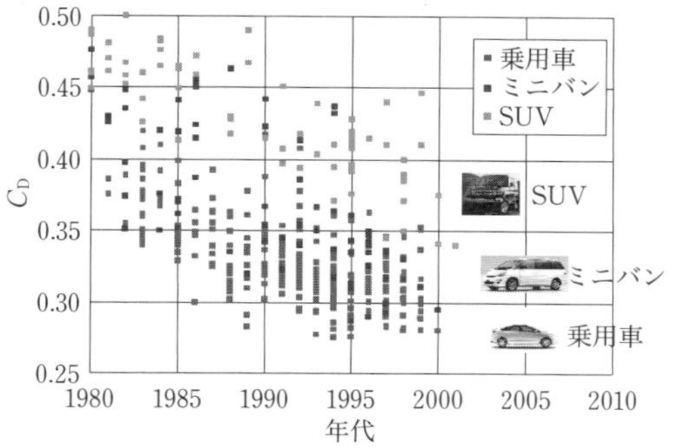

図 21.27　自動車 C_D の年代推移

にとり解説する．

自動車のような鈍い物体においては，基本的には前部で剥離させず，後部では流れを収束させるように形状を絞り込み，圧力抵抗を低減するのがよい．しかし，自動車としてのパッケージやデザインとの成立性の課題があるため，さまざまな空力技術を部位に応じて使い分け，改善検討を行っていく必要がある．

低 C_D セダンを例にとると，ルーフからトランクにかけての形状変化を緩やかにして流れの大規模剥離を抑制し，徹底したボデー表面の段差を小さくするフラッシュサーフェス化により局所剥離を抑え，ラジエータ周りではダクト化による通気抵抗低減などを行っている．さらに，図 21.28 に示すように，床下にまで平滑構造とアンダーカバーを徹底して織り込み，床下後部を切り上げること（ディフューザ形状）により C_D と C_L を低減している．

2 ボックス車のように，形状的に後流の圧力回復が困難であり，背面受圧面積が大きいなどのハンデを背負った車型もある．この場合，徹底した床下平滑化やフラッシュサーフェス化，ルーフ後端部のテーパ形状などに加え，床下後部の切上げ構造や車両後端部の最適化により気流を収束させて圧力回復を行う手法が必要である．近年の低 C_D 車では積極的にその技術が織り込まれている．

これら低 C_D 車の開発においては，乱流モデルや LES を用いた CFD による車体周り全体の流れ場解析や，風洞実験における PIV を用いた空間場の物理量解析（図 21.29）などを十分行い，基本からよい特性を得るよう開発を進めることが重要である．また，それらの空力技術をもって，デザイナーとの協業を早期より行い，意匠との最適化を図ることも大切である．

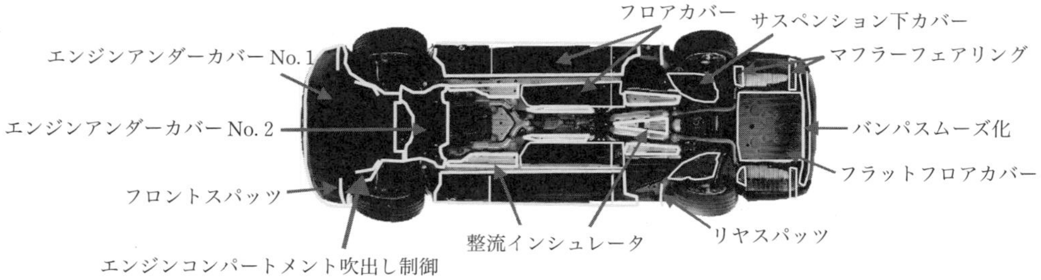

図 21.28　床下流れの整流

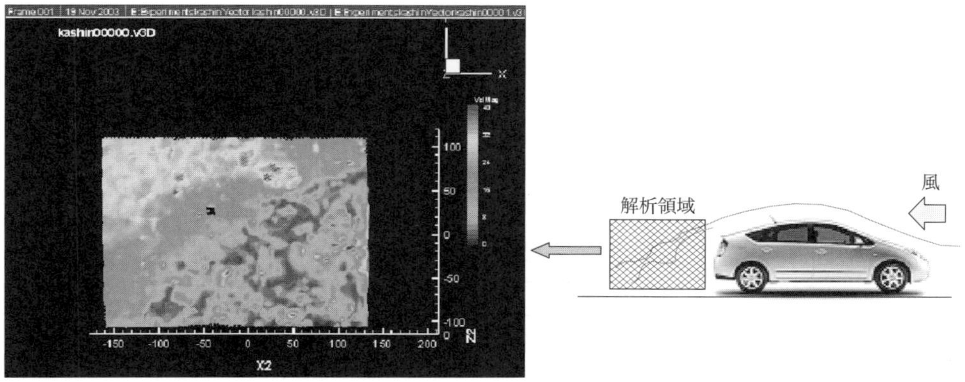

図 21.29　車両後流における PIV 解析例

3)　走行安定性向上への取組み　高速での直進安定性や横風安定性には，C_L や C_S，C_{YM} などが大きく関係する（表 21.3）．また，フロント軸とリヤ軸における各空力係数のバランスも重要である．

C_L 改善のためには，フロント下部へのスポイラ形状の織り込みや，後部の圧力回復のために側面視でウェッジシェイプを織り込むことが有効である．また，床下流れについては，床下平滑構造の織り込みや，床下後部にて切上げ構造を織り込むことが有効である．通常の場合，床下の平滑化は車両上下面の流速差を小さくし，後流の改善も行えるため C_D と C_L の両立に有効である．マイナス揚力を求めるレベルになると外形形状のみでは困難を極めるため，リヤウイングなどの別付け部品により C_{Lr} の改善を行う場合が多いが，C_D との背反は大きい．

横風安定性については C_{YM} や C_S が影響するが，1 ボックス車やミニバンなどは乗用車に比べて横面積が大きいため，とくに重要である．通常，横風を受風すると車体周りの圧力分布は対称性を欠き，フロント風上側では正圧，フロント風下側では負圧となる．この圧力と着力点から車両回転中心までの距離との積によりヨーイングモーメントが発生する．

この対応技術としては，フロントウインドー傾斜角や角部丸み形状の最適化，車体後部におけるキック形状などがある．図 21.30 はフロントウインドー傾斜角の影響を調べた事例である．これによると，フロントウインドーを寝かせた形状のほうが車体フロント部の下流側に発生する負圧が小さく，その結果横風安定性が向上することを示している．このほか，角部の丸みは小さく角張っているほうがよく，車体後部は張り出し形状のほうがよい．しかしながら，これらの対策も C_D と背反しやすい傾向にあるため，両者の性能に十分注意しながら開発を行う必要がある．

4)　空力騒音　自動車の走行中，車体周りのいろいろな部位から空力騒音が発生する[2]．自動車で扱う空力騒音は，広帯域音と狭帯域音とに大別され，いわゆる風切音は前者，笛吹音や共鳴音などは後者に属する．風切音が発生する流れ場は，幅広いスケールの渦挙動に起因しており乱流の場合がほとんどであるが，笛吹音のそれは層流の場合が多く，特定スケールの渦の規則的挙動に起因している．

自動車の風切音では，マッハ数が低いために二重極音源の影響が大きく，音のパワーは車速の 6 乗に比例する[3,4]．したがって，車速が 2 倍になると風切音は 18 dB も大きくなるため，高速走行ではとくに重要となる．

風切音でとくに重要な部位は，ドアミラーを含むフロントピラー周りやウインドシールドガラス上部などであり，形状開発には注意を要する．低騒音風洞での，実車を用いた車内音の検討例を図 21.31 に示す．ここでは，フロントピラー部の段差形状に注目して検討を行っており，これによると，フロントピラー部段差は小さく，その平面位置は内側にあるほうが風切音は小さい結果となっている．しかしながら，ウォッシャ液のサイドウインドーへの回り込

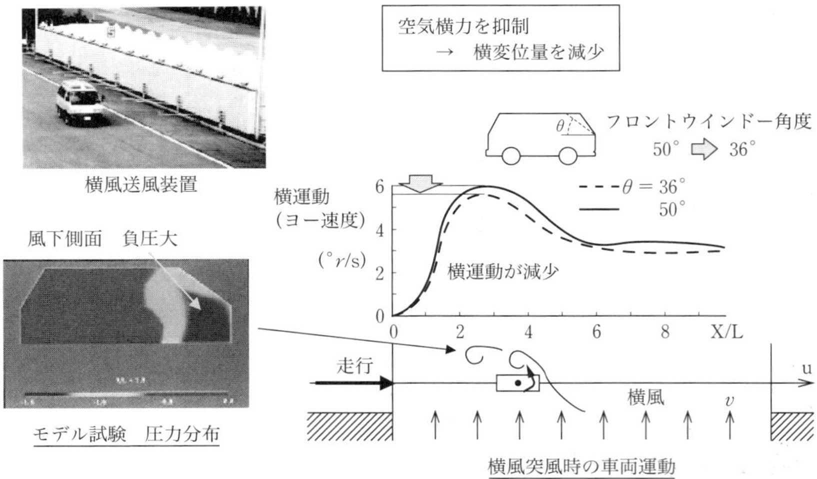

図 21.30　横風安定性検討事例

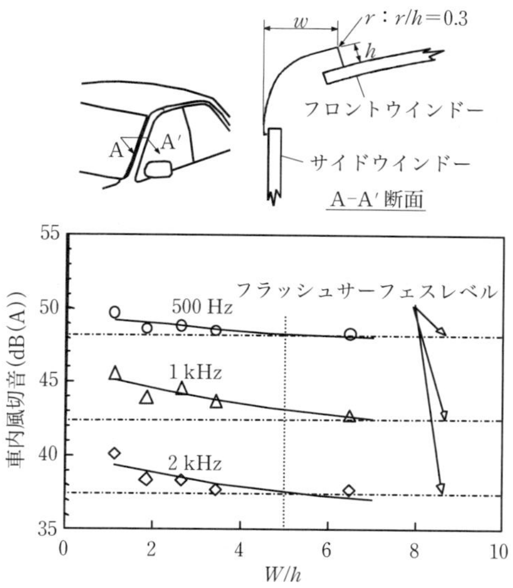

図 21.31　フロントピラー部段差による風切音の変化

みやフロントピラーの視界妨害なども関係するため，これらを考慮して開発する必要がある．

近年では，定常風下の風切音のみでなく，自然風の変動に起因する変動風切音，通称ばさばさ音も大きな課題となっており，この10年で現象解明や対策手段の検討が行われてきた．従来，風の強い日に走行中，横風を受けたときにばさばさ音が発生するといわれていたが，炭谷ら[5)]や片桐ら[6)]の検討により，常識的なフロントピラー形状および段差であれば，進行方向の風速変動がばさばさ音発生に支配的であることが明らかとなった．

狭帯域音には，ポール状のアンテナで発生するカルマン渦音や，ヘッドランプ周り・ウインドー周りで発生するキャビティトーン，サンルーフを開けたときに発生するウインドスロップなどがある．

ポールアンテナや電話アンテナなどで課題となるカルマン渦音低減には，よく知られているように表面にらせん状の小突起をつけたり，長手方向に溝をつける，あるいはディンプル状のくぼみをつけるなどの対処がなされている．

キャビティトーンは下流側からの圧力の帰還擾乱機構を壊すことが有効であるため，キャビティ前端と後端に段差をつけたり，角部に丸みをつける，あるいは上流側にディンプル状のこぶをつけることが有効であり[2)]，ヘッドランプ周りのすき間やドアミラーのレインガタ部などに適用されている．

ウインドスロップはサンルーフ開口部のキャビティトーンと車室内空間のヘルムホルツ共鳴との連成であり，車速 40〜80 km/h 程度の車速域で発生することが多い．一般的な対策として，サンルーフ開口部前端に設置されるデフレクタにより流れを飛ばし，開口部後端での渦の剪断が行われないようにして帰還擾乱の影響を弱める手法がとられている．図21.32は，デフレクタ高さがウインドスロップと風切音に与える影響を示したものである．これによると，ある高さ以上になるとウインドスロップは低減するが，デフレクタから発生する風切音は大きくなる．このため，開発においては両者のバランスに留意して進めることが重要である．

5)　快適性向上および視界確保　空力特性や空力騒音以外にも，快適性の観点からオープンカーにおける風の巻き込み制御，安全性の観点からドアミラー鏡面への水滴付着抑制，ウォッシャ液や雨水のサイドウインドーへの回り込み抑制，雪上路におけるストップランプやターンシグナルランプへの雪付

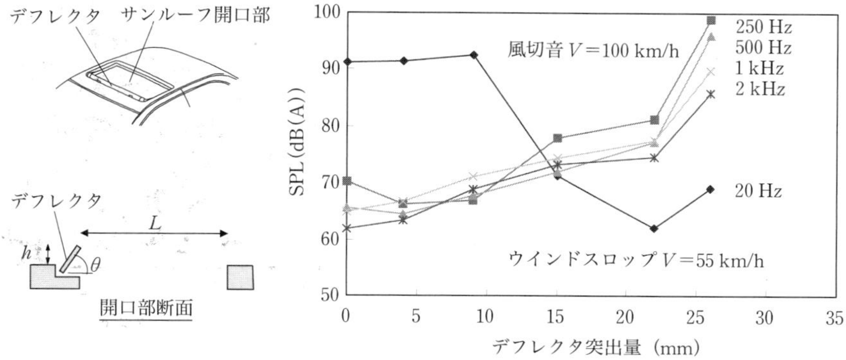

図 21.32　デフレクタ高さによるウインドスロップと風切音の変化

着抑制なども，空力が関係する項目として検討が行われている．　　　　　　　　　　　　［炭谷圭二］

文　　献

1)　小林敏雄，鬼頭幸三：自動車技術シリーズ 10　自動車のデザインと空力技術，第 1 章，朝倉書店，1998，1-10.
2)　炭谷圭二：自動車技術シリーズ 10　自動車のデザインと空力技術，第 6 章第 3 節，朝倉書店，127-140，1998.
3)　M. J. Lighthill : Proc. Roy. Soc., **A211**, 1952, 564-587.
4)　N. Curle : Proc. Roy. Soc., **A231**, 1955, 505-514.
5)　炭谷圭二，篠原豊喜：自動車周りの空力騒音に関する研究，自動車技術会論文集 9630769，1996.
6)　片桐昭浩ほか：自然風による空力騒音変動現象の解析，自動車技術会論文集 9830659，1998.

21.4.2　レシプロエンジン

a.　内燃機関における乱流の役割

内燃機関は空気や燃料を作動流体とするという意味で，エネルギー変換機であるとともに流体機械でもある．その内部ではさまざまな乱流現象が存在するが，本項では性能やエミッションといった内燃機関の本質に関係する乱流と乱流燃焼について述べる．

内燃機関において乱流ないしは乱流燃焼が果たす役割の大きなものには，①高速回転の実現，②熱効率の向上，③混合気の均質化　の三つがある．以下に，それぞれについて詳述する．

1)　高速回転の実現　一般的に，層流火炎伝播速度は流体の物性値に依存した値なので与えられた温度と圧力条件の下では一定値である．ちなみに，通常のハイドロカーボン燃料については，標準条件のもとでは 45 cm/s 程度の値でそれほど高くはないが，圧縮時の高温高圧場では 250 cm/s 程度になる．一方，4 サイクルガソリンエンジンでは，クランク角で 40 度程度の期間に燃焼が終了する必要があるので，それは 1200 rpm の低速回転の場合でも，実時間で 5.6 ms に相当する．その間に燃焼室の半径 50 mm を火炎が伝播するためには 900 cm/s の火炎伝播速度が必要である．この要求燃焼速度と層流燃焼速度とのギャップを埋めているのが乱流である．さらに，普通の内燃機関では最高回転数は 6000 rpm，レース用のエンジンでは 20000 rpm にもなり回転数が上がればそれだけ実時間での燃焼期間はどんどん短くなるが，それでもクランク角での燃焼期間がほぼ一定であり得るのは回転数が上がるのに伴って乱流強度が増し，その結果化学反応が進行する火炎面積が拡大してみかけの燃焼速度が増加するためである．

2)　熱効率の向上　内燃機関の熱効率は熱力学サイクルに依存しているが，実際のエンジンサイクルが理想的な熱力学サイクルになるためには，熱発生期間は無限小でなければならない．その意味で，燃焼期間は短いほうが熱効率は高いので，乱流をうまく使って，あるいは作り出して燃焼期間を短縮することがエンジンの燃焼研究の重要課題の一つである．乱流を強化していくと，燃焼室壁面からの冷却損失が増加して熱効率はかえって下がってしまうので，実際上の燃焼期間はクランク角で 25 度程度で最高効率が実現する[1]．

3)　混合気の均質化　乱流には流体の混合作用があることは周知のことだが，エンジンの燃焼においてそれは燃料と空気の混合を意味している．吸気管へ燃料噴射を行うガソリンエンジンでは気化した燃料ガスと空気との気体同士の混合が主体であるが，ディーゼルエンジンや直噴ガソリンエンジンでは気液混合が高温高圧場で急速に行われる．

燃料と空気の混合が進行すれば，最終的に予混合状態に近づくことになるが，それに至る過程では混合気のなかに当量比分布が存在することになる．当量比は燃焼速度に影響すると同時に，燃焼後のエミッションに大きく影響するため，乱流は間接的にエンジンのエミッションに大きな影響を与えることに

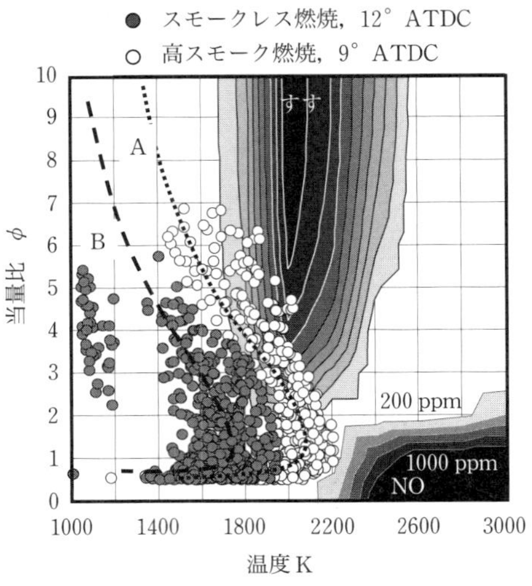

図 21.33　温度と当量比に対するすすと NO_x の生成条件[2)]

なる．その典型的な例として，図 21.33 に温度と当量比に対する NO_x とすすの生成マップを示す[2]．NO_x は当量比が小さい高温領域で生成し，すすは当量比が大きい 1800～2200 K の温度帯で生成するので，点線で示した燃焼プロセスがどこを通るかでエミッションが著しく違ってくる．

b.　内燃機関の乱流

図 21.34 に内燃機関の乱流の特徴を示す．内燃機関ではサイクルごとに新気を吸入するので，筒内の流れのなかにはサイクル変動 $\bar{u}'$ と時間平均からのずれとしての乱流成分 u' が含まれている[3]．通常，信号のフィルタリングを行ってこの二つの成分を分解し，高周波成分が通常の乱流に相当すると考えるが，カットオフ周波数によってサイクル変動と乱流成分に若干の違いが生じることになり，その境界は不明確にならざるをえない[4]．

吸気時に作り出された乱流は吸気，圧縮行程で粘性によって減衰して行くが，同時にピストンの上昇によって新たな乱流が作り出される[5]．乱流を生み出す機構には，筒内壁近傍の掻揚げ渦によるものと，吸気時にできたスワールやタンブルが乱流に変換されるものとがある．後者については，圧縮行程による燃焼室の容積減少と扁平化が，大きなスケールの渦から小さな渦構造を経て乱流へと変換される乱れのカスケード過程を促進している，と考えられている[6]（図 21.35）．

図 21.36 に，筒内乱流燃焼ダイアグラムとエンジン内の乱流燃焼特性を示す[7,8]．通常のエンジン筒内の乱流燃焼はしわ状層流火炎（wrinkled laminar flame）から波状反応面（corrugated flamelets）の領域に在るといわれており，Flamelets モデルで大略理解が可能であると考えられている．レース用のエンジンのような高速回転のエンジンでは，一部分散反応（distributed reactions）の領域に入る場合もありうるが，ほとんどの運転条件で反応面（flamelets）機構が成り立つと考えられる．

c.　乱流の制御

エンジン筒内に存在する乱流ははじめに吸気行程で作り出されるが，それはおもに吸気ポートの形状（図 21.37）とその配置（図 21.38）に依存している．吸気ポートの形状は，筒内に縦渦を作り出すストレートポートと横渦を作り出すスワールポートに大別される．

圧縮行程の末期には，ピストンとシリンダヘッドに挟まれた空間（スキッシュ領域）から押し出されるスキッシュが乱流を強化するが，その程度はスキッシュ領域の幅とピストンクリアランスに依存する．また，このスキッシュ領域では，ピストンの膨

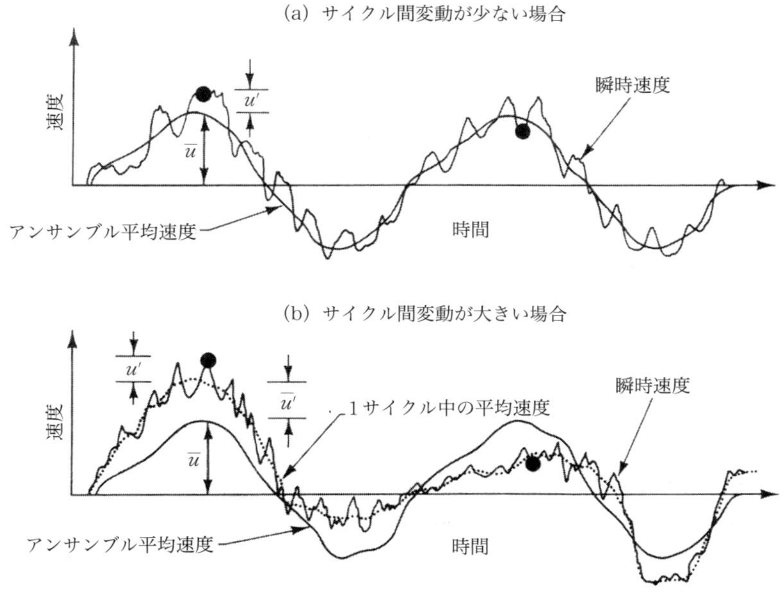

図 21.34　エンジン筒内空気速度のクランク角に対する変化（アンサンブル平均，サイクル変動，乱流の関係）[3]

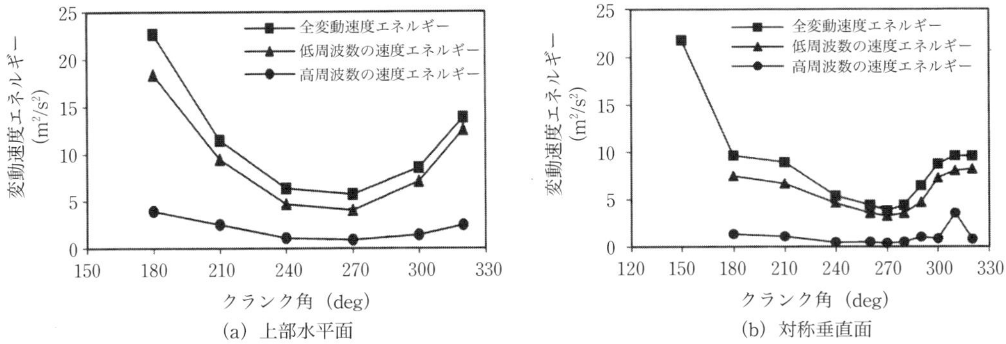

図 21.35　クランク角に対する乱流エネルギーの変化（1200 rpm）[4)]

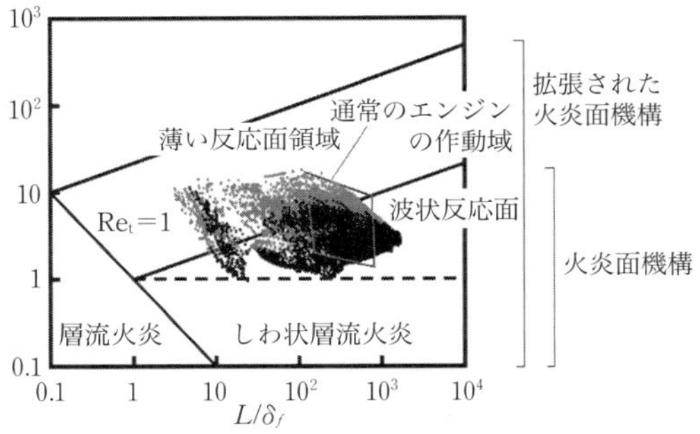

図 21.36　乱流燃焼機構の分類とエンジン燃焼[7)]

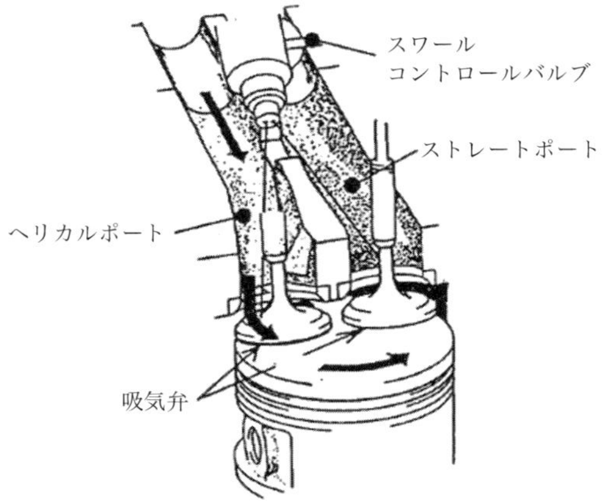

図 21.38　吸気ポートの形状と燃焼室への配置の例

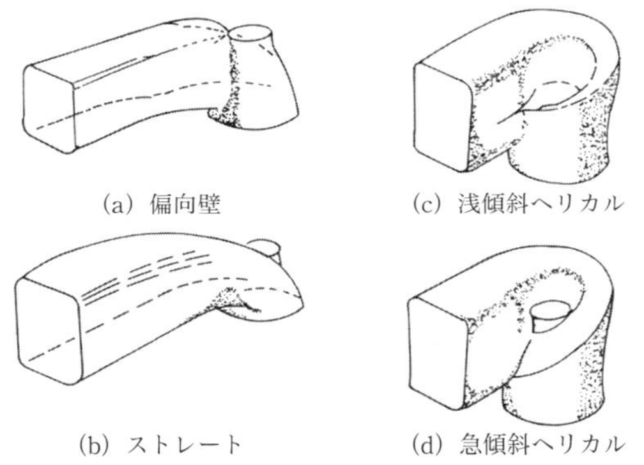

図 21.37　吸気ポート形状の例[3)]

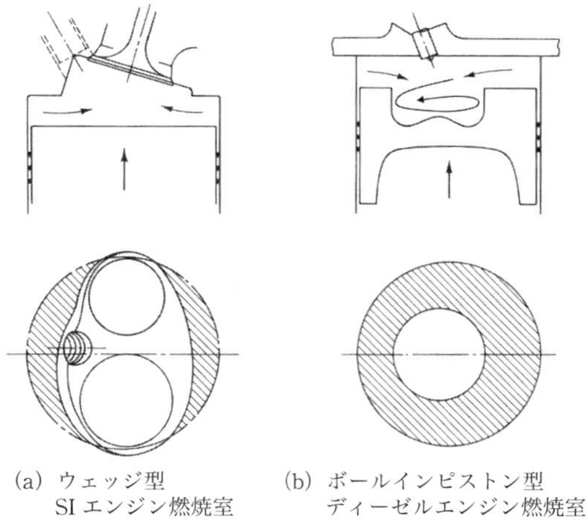

図 21.39　スキッシュとキャビティーによる空気流動と乱流の生成[3)]

張行程で逆向きの流れ（逆スキッシュ）によって，さらに強い乱流を形成させることができる（図 21.39）．

ディーゼルエンジンではとくにスキッシュ領域の幅が広く，クリアランスが小さいために，スキッシュと逆スキッシュが強力であることと，上死点前後でピストン頂面に形成されているキャビティ内に流れが出入りすることで，スワールの加減速が行われ乱流のいっそうの強化が図られる．このことは，最近のガソリンエンジンでも使われており，逆スキッシュをうまく使うことによってノッキングに強いエンジンが開発されている[9)]．

このほかに，噴射された燃料と周囲空気との速度差から生じる剪断流が作り出す乱流もかなり大きなものになる．噴射される燃料は空気に対して質量で1/20，速度で10倍程度であるから，燃料のもつエネルギーが乱流にすべて変換されるとすれば相当に強い乱流が形成されることになる．

以上筒内に乱流を形成するおもな因子を述べたが，エンジンの場合にはそれらのすべてはほぼ設計段階で与えられたものであって，行程中に能動的に乱流を制御する機能は研究レベル以外にはない．

d.　筒内乱流の予測[13]

乱流を含めた筒内流動の予測には，いまのところRANS (Reynolds average Navier Stokes) が最も一般的に用いられている[10]．RANSに基づくシミュレーションによって，engineering的な意味での筒内流動はおおむね予測可能になってきたため，実験的にとらえにくい筒内の現象を数値実験的に検討することが日常化している（図21.40）．しかし，学術的にみればRANSで筒内流動を扱うことは次の2点で限界がある．

①圧力と温度変動項：　RANSの定式化は，本来時間平均または空間平均と各種変動項のモデルから成り立っている．しかしいまのところ，変動項の取扱いに関する信頼性のあるモデルは標準状態でのものしかなく，エンジン筒内のように圧力と温度が変化する場での温度と圧力変動項に関係するモデルはきわめて乏しい．その結果，現在のRANSによるエンジン筒内流動の解析は近似的であって，十分な精度をもっていない．

②サイクル変動：　サイクル変動は，エンジン筒内流動の本質である．サイクル変動の原因にはいろいろあるが，吸気時に発生する吸気バルブ背後の流れの変動などの例を考えれば，RANSでCPUの時間をかけて吸気管を含めた多サイクルの計算を行ったとしても，それはサイクル変動の本質をとらえたことにならないことは明らかである．

以上のことから，RANSに代わってLES[11]またはDNS[12]によってエンジン筒内の流れを解析しようとする試みが行われている．将来，LESによってサイクル変動を含めた筒内流動の予測が一般化すると思われるが，それはひとえに計算機資源に依存している．一方，この状況はDNSではさらに深刻なので，DNSは当分の間はRANSまたはLESに使われるモデルの開発や検証の手段として位置づけられるべきものと考えられる．乱流または乱流燃焼のモデル開発におけるDNSの役割の重要性はいうまでもないが，筒内現象の計測の困難さを考えると，エンジン筒内乱流と乱流燃焼にかかわるモデル化においてDNSが果たす役割は他の分野以上に重要だと考えられる．　　　　**［大澤克幸］**

文　　献

1)　自動車技術ハンドブック，1基礎・理論編，自動車技術会，2004.16.

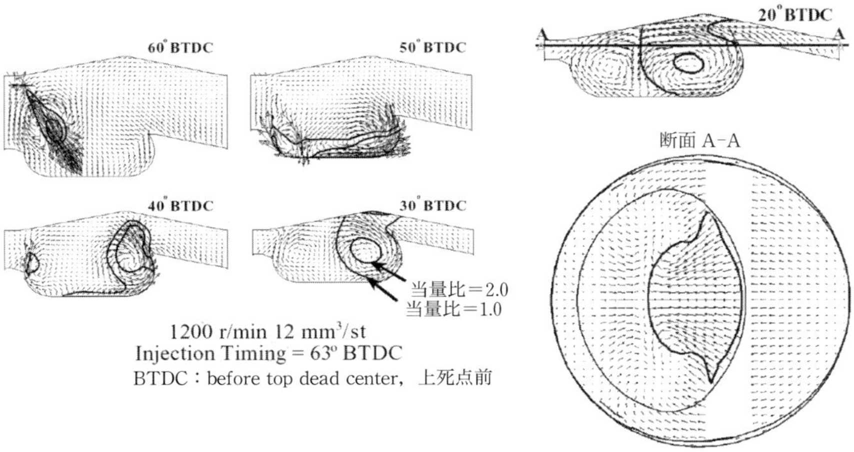

図 21.40　RANSによる筒内空気流動と混合気分布の予測[10]

2) K. Akihama *et al.*: SAE Paper 2001-01-0655
3) J. B. Heywood: Internal Combustion Engine Fundamentals, McGraw-Hill, 1988, 332-346.
4) S. H. Joo *et al.*: Int. J. Engine Res., **5**(4), 2004, 317-328.
5) Y. Li *et al.*: Int. J. Engine Res., **5**(5), 2004, 375-400.
6) 谷 一郎：流体力学の進歩，乱流，丸善，1980，24.
7) 宮川 浩ほか：機械学会論文集（B 編），**67**(661)，2382-2388.
8) N. Peters: J. Fluid Mech., **384**, 1999, 107-132.
9) 小島晋爾ほか：機械学会論文集（B 編），**65**(638)，287-293.
10) T. Tomoda *et al.*: Proceedings of COMODIA 2001, 170-177.
11) V. Moureau *et al.*: SAE Paper 2004-01-1995.
12) S. Nishiki *et al*,: Proceedings of Combustion Institute, **29**, 2002, 2017-2022.
13) 宮内敏雄：乱流工学ハンドブック，第 17 章，朝倉書店，2009.

21.4.3 流体機械

流体機械（fluid machinery）とは，作動流体を介してエネルギー授受を行う機械類の総称であり，水車，風車，ガスタービン，ポンプ，送風機，圧縮機，トルクコンバータなど，さまざまな機械がこれに含まれる[1]．これら流体機械における流れのほとんどは，レイノルズ数が十分大きいため乱流であり，乱流現象の特性を理解することが流体機械を設計するうえでの鍵となっている．また，乱流を制御することによって流体機械の効率向上や環境負荷低減を達成することは，近い将来の流体機械開発における重要な課題であると考えられている．

紙面の都合上，すべての流体機械における乱流現象を網羅的に取り上げることは不可能であるため，ここでは，非圧縮性流体を作動流体とした流体機械，とくに，回転翼を有するターボ機械（turbo machinery）に関連する乱流現象と性能予測の現状に限定して解説することとする．なお，圧縮性流体が関与する流体機械であるガスタービンとジェットエンジンについては 21.4.5 項と 21.5.2 項が，乱流による騒音発生については第 20 章を参照されたい．

a. 流体機械の分類と典型的な流れパターン

ターボ機械は，作動流体の種類に基づいて水力/空気機械，エネルギー授受の方向に基づいて原動機/被動機，比速度あるいは形式数に基づいて遠心/斜流/軸流機械などに分類されるのが一般的である[1]．表 21.4 にターボ機械の分類と例を，図 21.41 に代表的なターボ機械として遠心式と軸流式の断面図を示す．図中の矢印は圧縮機の場合の流れ方向を表し，タービンの場合はこの逆に流れる．これらの図から明らかなように，ターボ機械では多数の翼（静翼および動翼）から構成される翼列（blade row）が重要な機械要素となっており，基本的に流れは翼表面に沿って流れることとなる．

ターボ機械の流れパターンは，翼に沿った主流（main flow），主流に直交する断面内における 2 次流れ（secondary flow），ハブ，ケーシング，翼面上に発達する境界層流からなっている．2 次流れには，翼や羽根の前縁で生じる馬蹄渦（horseshoe vortex），流路断面内の圧力分布から生じる流路渦（passage vortex），さまざまなすきまの圧力差から生じる漏れ流れ（leakage flow）などがある．図 21.42 に軸流ターボ機械の動翼における流れパターンの模式図を示す．ターボ機械内の流れ場が 3 次元的で非常に複雑な流れを呈することがわかるであろ

表 21.4 ターボ機械の分類と代表的な例

原動機	水力機械	水車（遠心/斜流/軸流）
	空気機械	ガスタービン（遠心/斜流/軸流），風車
被動機	水力機械	ポンプ（遠心/斜流/軸流）
	空気機械	送風機，圧縮機（遠心/斜流/軸流）

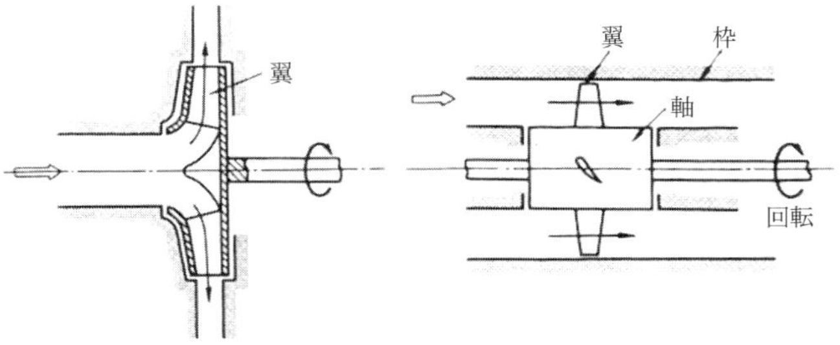

(a) 遠心式 (b) 軸流式

図 21.41 代表的なターボ機械の形式（矢印は圧縮機の流れ方向）

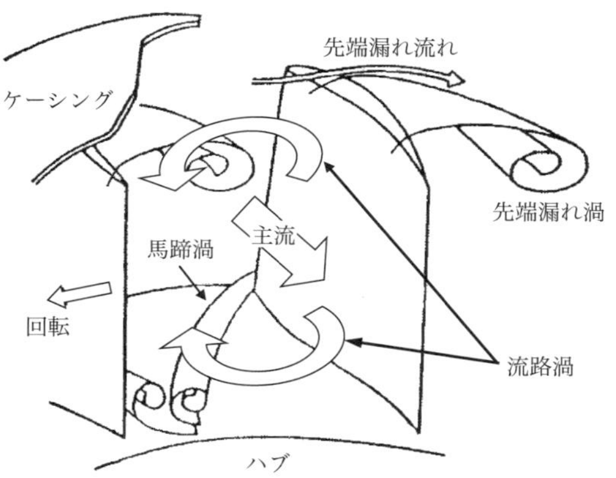

図 21.42　軸流ターボ機械の動翼列間に生じる流れパターン

う．なお，このような基本的な流れパターンは原動機/被動機，遠心/軸流などターボ機械の形式によらず同じであるが，どの成分が支配的となるかはターボ機械の分類・形式によっていることを注記しておく．

b.　流体機械における乱流に影響する因子

流体機械における乱流に影響を及ぼす因子として，遷移，境界層剥離，圧力勾配，回転，壁面粗さ，縦渦，流線曲率，主流乱れ，前置翼の後流，壁面の加熱・冷却，キャビテーション，音響的フィードバック，分散媒質などによる効果があげられる．以下では，これらのなかから代表的な5項目について簡単に説明することとする．

1)　遷移　流体中におかれた物体では，よどみ点から下流方向へ物体表面に沿って層流境界層が発達する．この層流境界層が乱流境界層へと変化する現象を遷移(transition)もしくは境界層遷移(boundary layer transition)と呼ぶ．境界層が層流か乱流かにより境界層厚さが著しく異なるため，流路の有効断面積が大きく変わり，圧力分布が顕著に影響を受ける．したがって，遷移位置，遷移領域を正確に予測することは流体機械の設計上重要な問題である．とくに，翼面上の境界層における遷移は，翼(翼列)の性能を左右する重要なパラメータとなっている．流体機械の翼面上で遷移が現れる形態としては，層流境界層内の微小擾乱が成長・乱雑化して乱流境界層となる自然遷移（natural transition）と，境界層外の主流に含まれている乱れが乱流拡散により境界層内を急激に乱流化するバイパス遷移(bypass transition) が代表的である．現状，遷移位置を正確に予測できる手法は確立されていないが，自然遷移に対しては e^N 法[2]，バイパス遷移に対しては乱流モデルの便宜的な性能[3]に依存して予測を行っている．また，最近は，間欠係数（intermittency factor）γ のモデル輸送方程式を用いる方法[4]も提案，検証が行われている．

2)　境界層剥離　境界層が剥離（separation）を起こすと大きな損失となるため，流体機械の設計点（design point）付近では，境界層が剥離を起こさないよう配慮される．しかし，非設計点（off-design point）で運転を行うときには，翼面上や流路壁面における境界層の剥離が避けられない．逆にいえば，作動範囲の広い流体機械を開発するためには，境界層剥離が起きにくい翼や流路を設計したり，境界層制御などの対策により能動的・受動的に剥離を抑制したりする必要がある．境界層剥離は境界層内の流れおよび乱れ状態に強く依存し，主流の乱流強度，逆圧力勾配の強さ，壁面の曲率，壁面粗さなどの因子により影響を受け，その予測を難しくしている．一般に，境界層内の乱れを強く維持したほうが，乱流拡散により壁面付近へ運動量が活発に輸送されるため，境界層の剥離は起きにくい．

3)　圧力勾配　流れ方向に圧力が上昇する逆圧力勾配（adverse pressure gradient）状態では流れは乱れやすく，逆に，流れ方向に圧力が低下する順圧力勾配（favorable pressure gradient）状態では乱れは抑制され，順圧力勾配が強いと層流になってしまう（これを再層流化 relaminalization と呼ぶ)．したがって，減速翼列を用いる圧縮機では比較的強い乱れが発生し，増速翼列であるタービンでは乱れが抑制されることになる．乱れの効果が全体の流れ場に影響しやすいという意味で，乱れの効果が強く現れ，逆圧力勾配のために剥離しやすい圧縮機翼列のほうが流れ場の予測が難しく，設計も容易ではないといえる．また，翼面上の境界層を考えると，よどみ点から最大翼厚点までは流れが加速して順圧力勾配となるため乱れは抑制され，最大翼厚点以降では流れが減速して逆圧力勾配となるため乱れが促進される傾向にある．

4)　回転　系に回転（rotation）が加わると，回転方向に応じて乱れの増幅あるいは抑制作用の起きることが知られている．ターボ機械の場合，動翼周りの流れ場に回転の効果が現れ，翼の正圧面

(pressure side) 上の乱れが増幅され，負圧面(suction side) 上の乱れが抑制される．回転の効果が強い場合には，翼負圧面上の乱流は再層流化する．乱れが増幅・抑制されることは，翼面上の境界層の特性を大きく変化させる．すなわち，乱流輸送の強弱により，乱れが増幅される正圧面側では境界層が薄く，抑制された負圧面側では厚くなるため，翼間流路全体の流れパターンや翼周りの圧力分布が変化し，翼性能が影響を受けることになる．

回転乱流に関しては多くの研究が報告されているが，一例として，服部，長野[5] が行った回転チャネル乱流に対するDNSと修正 k-ε モデル (RANS) との比較を図21.43に示す．図中の Ro_τ は，系の回転角速度 Ω，チャネル半幅 δ，摩擦速度 u_τ により $Ro_\tau=2\Omega\delta/u_\tau$ と定義されるロスビー数 (Rossby number) である．この図から，回転効果が乱流場に及ぼす影響が回転とともに顕著になること，回転効果に関する修正を適切に施せば k-ε モデルでも十分予測が可能であることがわかるであろう．

5) 縦渦 流体機械には，流れ方向に渦軸をもつ縦渦 (longitudinal vortex) が数多く発生する (前述の図21.42参照)．馬蹄渦，翼端漏れ渦，流路渦などがその代表例である．これらの縦渦はそれ自身が損失であるが，さらに渦崩壊や境界層との干渉を通じて非常に大きな損失源となりうるため，設計上十分な配慮が必要である．一般に，縦渦の存在は強い乱れの非等方性を誘起し，また壁面境界層と干渉して流れ場を複雑化するため，流れ場の予測を難しくする．とくに，強い縦渦が発生した場合，等方的な渦粘性モデル (たとえば，標準 k-ε モデル) を用いたレイノルズ平均ナビエ-ストークス計算 (RANS) では，一般に，十分な予測精度が望めないことが知られている．

c. 流体機械の性能予測と設計の現状

現在，流体機械の性能予測・設計には，CFD (computational fluid dynamics) と呼ばれる数値シミュレーションが広く用いられている．コンピュータ性能の向上に伴って，流線曲率計算，2次元オイラー計算 (2D-Euler)，準3次元オイラー計算 (Q3D-Euler)，3次元オイラー計算 (3D-Euler)，3次元レイノルズ平均・定常ナビエ-ストークス計算 (3D-RANS)，3次元レイノルズ平均・非定常ナビエ-ストークス計算 (3D-URANS)，LES (large eddy simulation) と計算負荷の高い計算手法へと移行してきている．

3次元オイラー計算までのレベルでは粘性効果が含まれていなかったため，損失を経験則や実験データから与える必要があり，普遍的な設計ツールとは成り得なかったが，レイノルズ平均計算のレベルからは損失が計算結果として得られるようになり，設計の適用性が大いに広がった．とくに，フローパターンだけでなく，単独の翼や翼列の定常状態における性能は実用上十分な精度で予測が可能となっている．このため，現在の設計 (とくに，詳細設計のレベル) においては，3次元レイノルズ平均ナビエ-ストークス方程式に乱流モデルとして k-ε モデルや k-ω モデルを組み合わせた計算手法 (3D-RANS) が主流となっている．

一例として，ブラウンシュバイク工科大学 (ドイツ) において行われた軸流送風機の性能に対する実

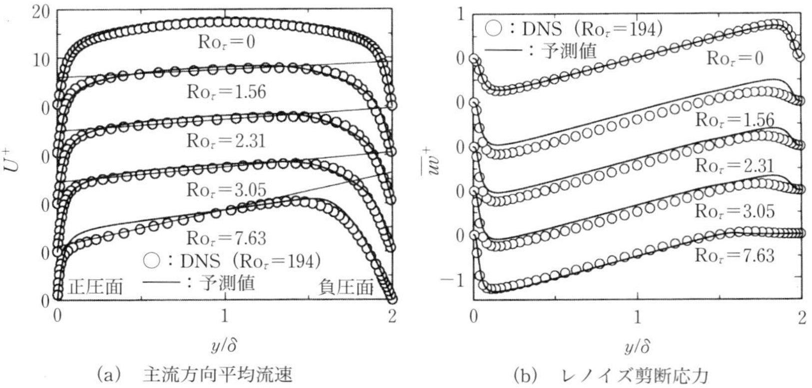

(a) 主流方向平均流速 (b) レノイズ剪断応力

図 21.43 回転チャネル乱流に対するDNSとRANSの比較[4]

験と数値計算との比較を図 21.44 に示す[6]．図中の φ は流量係数，Ψ はヘッドを意味し，シンボルは実験データを，線は計算結果を表している．この図から，送風機の性能が幅広い流量に対して良好に予測されていることがわかるであろう．

ただし，すべての流体機械に対してこのように良好な予測が得られるわけではないことに注意を要する．とくに，多段の流体機械の性能予測は現在でも難しい．しかし，形状や運転（流れ）条件を変更したパラメータスタディを行えば，その変更が流体機械の性能にどのような効果をもたらすかについて定性的な情報を得ることができ，したがって，改良設計の指針を得ることができる．最近頻繁に行われるようになった逆設計（inverse design）や最適化（optimization）[7] は，このような CFD の定性的特性を積極的に利用したものであるといえる．図 21.45 にピッツバーグ大学の Burgreen ら[8] が血液ポンプの形状最適化を施した例を示す．血液の破壊を最少化するように形状を最適化したことにより，軸流速度が一様化し，血液の付着が生じる低速領域も解消していることがみてとれる．

最近では，流体機械に関連した複数の物理を含む現象に対する数値シミュレーション，いわゆるマルチフィジックスシミュレーション（multi-physics simulation）も行われるようになっている．流体/構造（翼）および流体/熱連成問題が代表的であるが，キャビテーション，サンドエロージョン，コロージョンなどといった複雑な現象についても計算例が報告されている．一例として，塗師ら[9] が行った

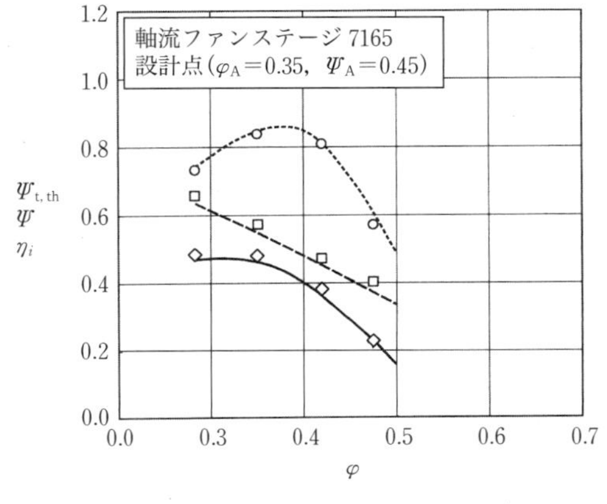

図 21.44 軸流送風機の性能予測の例[6]
3 種の線は計算値．記号はブラウンシュバイク工科大学による実測値．

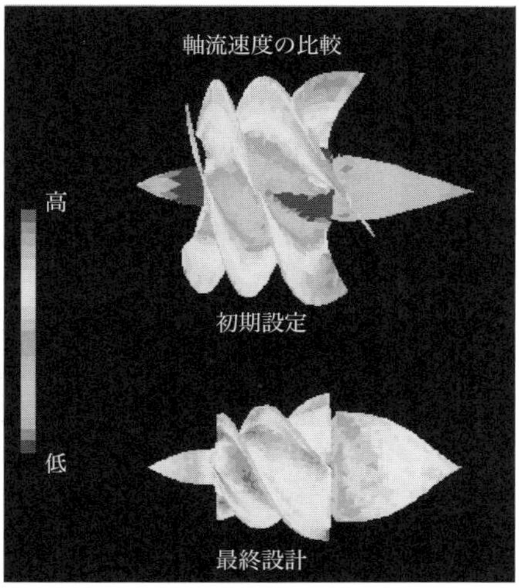

図 21.45 血液ポンプの形状最適化の例

風車翼に対する着氷シミュレーション結果を図 21.46 に示す．時間とともに翼前縁付近に氷層が形成され，氷層の成長とともにトルクが低下することが再現されている．このようなマルチフィジックスシミュレーションは流体機械の安全性や寿命の評価に有効と考えられ，将来の重要な研究課題となるであろう．

以上のように，現在の CFD は流体機械の設計に強力なツールとなっているが，通常用いられている乱流モデルの渦粘性仮説などに起因する誤差が計算結果には依然として含まれており，前述のように，遷移位置が重要な低レイノルズ数流，旋回流，縦渦，境界層剝離・再付着，圧力勾配，回転，壁面粗さなどの効果が顕著である流れでは誤差が大きいことに注意する必要がある．したがって，CFD が確立されつつあるとはいえ，実験データに基づくコード検証が依然として必要である．また，空間解像度の不足から十分な解の得られない場合が多いことにも注意すべきである．解の格子依存性がないことを確認するために，計算格子数を系統的に変化させた検証計算を欠かすことができないのが現状である．

流体機械の設計は CFD の普及により大きく変化した．すなわち，上述のようなさまざまな因子が複雑にからみあった乱流を，完全とはいえないまでも数値予測し，その結果や知見を設計に生かせるようになってきている．翼型や流路の形状最適化なども実用レベルに達しつつある．しかし，流体機械にお

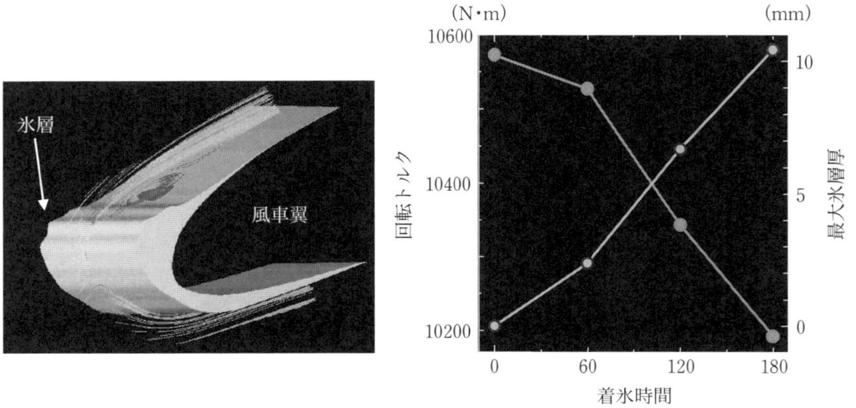

(a)　風車翼前縁の着氷形状と流線　　　(b)　最大氷層厚とトルクの関係

図 21.46　風車翼に対する着氷シミュレーションの結果

ける乱流には依然として多くの問題が残されている．たとえば，混相乱流における流体の乱れと分散媒体との干渉，乱れと構造・熱・音響・キャビテーション・エロージョン・着氷・すす付着などとの連成問題，動静翼干渉のような非定常性，旋回失速など，解決すべき問題は枚挙に暇がない．また，MEMS（micro electro mechanical system）[10] を用いた乱れの制御は，将来，流体機械に革新的な性能向上をもたらす可能性がある．このような問題の克服・研究は，これからの流体機械の設計開発に欠くことができないであろう．　　　　［山本　誠］

文　　献

1)　大橋秀雄ほか（編）：流体機械ハンドブック，朝倉書店，1998.
2)　徳川直子ほか：ながれ，**22**，2003，485-497.
3)　K. Sieger *et al.*: Engineering Turbulence Modelling and Experiments 2 (W. Rodi, F. Martelli eds.), Elsevier, 1993, 593-602.
4)　R. B. Langtry *et al.*: Trans ASME, J. Turbomachinery, **128** (3), 2006, 423-434.
5)　服部博文，長野靖尚：日本機械学会論文集（B 編），**68** (667)，2002，761-768.
6)　R. Schilling: Modelling Fluid Flow (J. Vad *et al.* eds.), Springer, 2004, 3-22.
7)　小林敏雄：数値流体力学ハンドブック，丸善，2003，595-607.
8)　G. W. Burgreen *et al.*: http://www.hpc.msstate.du/~burgreen/index.html.
9)　塗師康輔ほか：第 16 回数値流体力学シンポジウム Web 論文集，**D28** (4)，2002，1-7.
10)　M. Gad-el-Hak: Flow Control (M. Gad-el-Hak *et al.* eds.), Springer, 1998, 1-107.

21.4.4　産業用ガスタービン

地球温暖化問題に対処して，エネルギーを有効利用して二酸化炭素の排出量を抑える動きが活発である．そのなかで，産業用ガスタービンと蒸気タービンを組み合わせたコンバインド発電プラントが，世界的に脚光を浴びている[1]．コンバインド発電プラントの熱効率を改善する方法のなかで，ガスタービンのタービン入口温度を上昇させる方法が最も有効である．図 21.47 に，産業用ガスタービンのタービン入口温度の変遷を，航空用ガスタービン（ジェットエンジン）のそれと比較して示す[2]．最新の産業用ガスタービンのタービン入口温度は，1500℃ に達している．1500℃ 級のガスタービンを用いたコンバインド発電プラントの熱効率は，約 52% 以上（higher heating value, HHV）に達していて，この

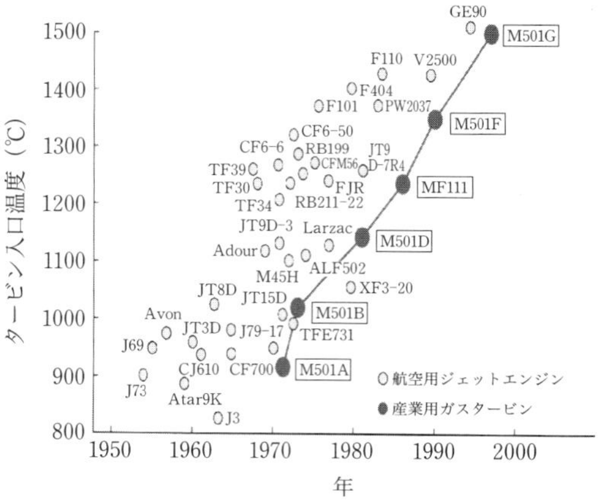

図 21.47　ガスタービンの高温化の趨勢

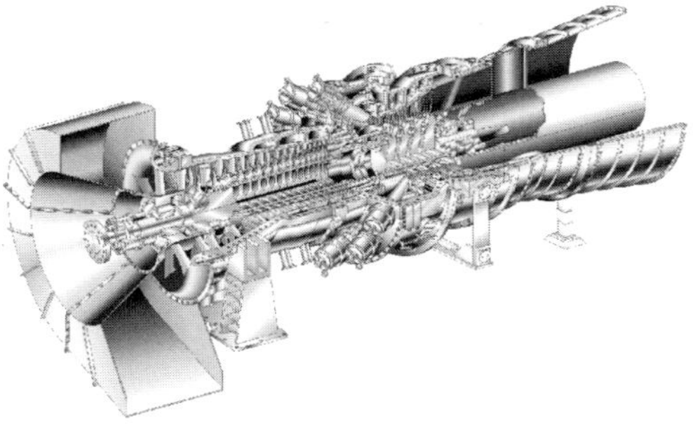

図 21.48　産業用ガスタービンの断面図（501G 形）

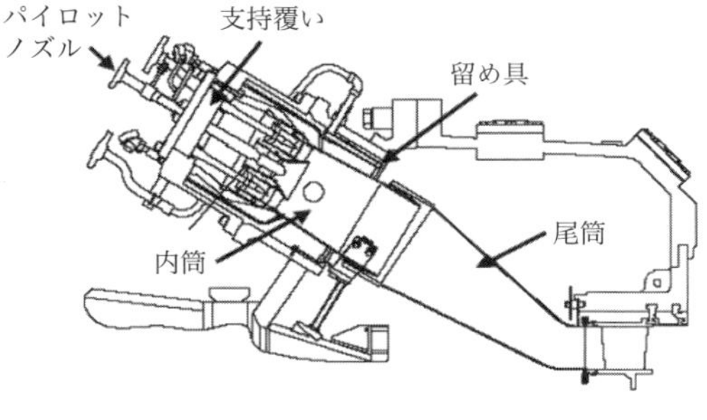

図 21.49　予混合燃焼器

熱効率は，最新鋭の火力タービンの値よりも約 30 % 高く，そのぶん二酸化炭素の排出量を抑えることができる[3]．

最新の 1500°C 級 501 G 形ガスタービンの断面図を図 21.48 に示す[4]．図に示す構造から明らかなように，産業用ガスタービンは 21.5.2 項で述べるジェットエンジンと同様の構造を有する．産業用ガスタービンとジェットエンジンの際立った違いを上げるとすれば，環境汚染対策として燃焼器に予混合燃焼器を採用している機種が多い点である．また，現地での保守点検を容易にするため，ケーシングが上下二分割構造であり，定格運転である．さらに，産業用ガスタービンは地上に設置するため堅牢であり，冷却空気の温度を下げる熱交換器なども利用可能である．また，出力を増すために吸気を冷却したり，ボトミングで発生した蒸気を燃焼器あるいはタービンに投入するようなサイクルの運用が可能である．以上が産業用ガスタービンとジェットエンジンの大きな違いである．

a.　予混合燃焼器

ガスタービンの高温化とともに，生成される NO_x 濃度が高くなるが，排ガス中にアンモニアなどを注入することなく，燃焼器を工夫することによって NO_x の発生レベルを抑える努力がなされてきた．従来は拡散燃焼であったが，ガス燃料と空気を燃焼前に混合し，希薄な状態で燃焼させることによって炎の温度を抑え低 NO_x 化する希薄予混合燃焼器が採用されている．図 21.49 にその構造図を示す[5]．燃料と空気は予混合器でできるだけ均一に混合させたうえで，予混燃焼を行う．この燃焼は，希薄な状態で行うため不安定で，失火あるいは振動燃焼などが生じやすい．火炎を安定化させるために，拡散燃焼のパイロットノズルを燃焼器の中心においている．燃焼は化学反応ゆえ，NO_x は火炎温度が高いところで生成する．このため，予混合器では燃料と空気を均一に混合し，局所的な高温の発生を抑える必要がある．予混合器は，旋回流れの下流にノズルからガス燃料を噴き出し混合する構造をとっているが，短い距離で燃料と空気をいかに均一に混合するかについて実験的，解析的研究がなされている．図 21.50 はガス燃料供給側に NO_x をトレーサとして混入して，LDA（laser doppler anemometry）およびレーザシートによって混合器の状況を可視化したものである[6]．

b.　タービン

図 21.51，図 21.52 に 1500°C 級 501 G 形ガスタービンの第 1 段静翼，第 1 段動翼の冷却構造を示す[7]．第 1 段静翼は内面にインピンジメント冷却，後縁内面にピンフィン冷却を採用している．翼面には多数のフィルム冷却孔を配した，いわゆる全面フィルム冷却を行っている．フィルム冷却の吹出し孔形状は，従来円孔であったが，最近は加工技術の進歩とともに，吹出し通路を出口側に広げ，流出速度を遅くして主流への貫通を抑えフィルム冷却効率の向上を図ったシェイプトフィルム冷却孔が採用されている．第 1 段動翼の内面には，サーペンタイン流

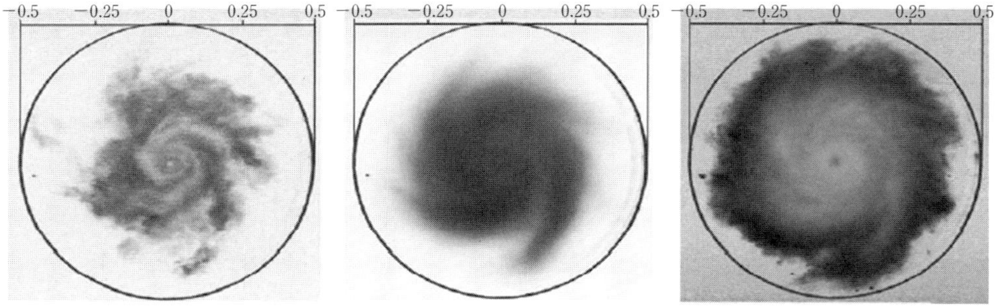

(a)　瞬時画像　　(b)　平均　　(c)　変動成分

図 21.50　予混合器における燃料の混合可視化

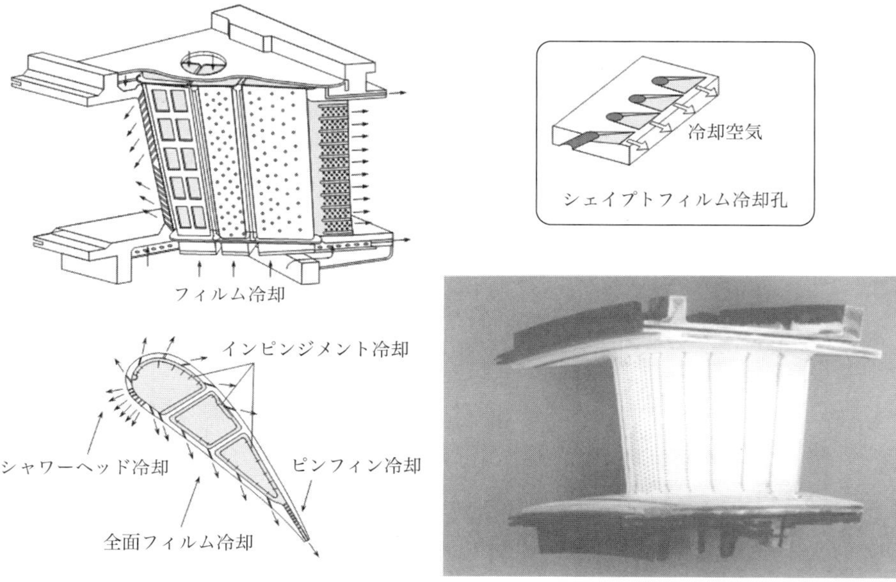

図 21.51　1500℃級産業用ガスタービン第 1 段静翼冷却構造

路が採用されていて，流路には内面の冷却性能を増すためタービュレンスプロモータが取り付けられている．タービン静翼と同様，翼前縁，翼背部腹部にはフィルム冷却が採用されている．

タービン冷却翼の冷却性能を増す方法として，乱流熱輸送係数を上げる数々の工夫がなされている．この原理については，19.2.2 項「乱流促進体による伝熱増進」を参考にされたい．図 21.52 に示す第 1 段動翼などに採用されているタービュレンスプロモータを例にとると 2 次元的なリブにおいては，剥離再付着流れで再付着点の熱伝達率が非常に高くなることを利用するのに比べ，斜目タービュレンスプロモータでは，旋回流の発生を伝熱促進に利用し，さらには 3 次元的に切断されたタービュレンスプロモータではエッジから発生した 2 次渦が伝熱促進に寄与することを利用するものである[8)]．図 21.53 にタービュレンスプロモータ周りの流動場の状況を示す．また，ピンフィンでは前列のピンフィンで発生した乱れが伝熱促進に寄与することが，詳細なピンフィン流れの乱流場の計測で明らかになっている[9)]．

フィルム冷却は，フィルム冷却空気と主流との混合を抑え，翼面の広い領域をフィルム冷却空気で覆う冷却技術であるが，長年にわたり高性能化の研究が行われてきた．最近では，前述したシェイプトフィルム冷却孔が採用されている．フィルム冷却は，フィルム冷却空気と主流の混合問題を扱うためパラメータが多く現象は非常に複雑である．

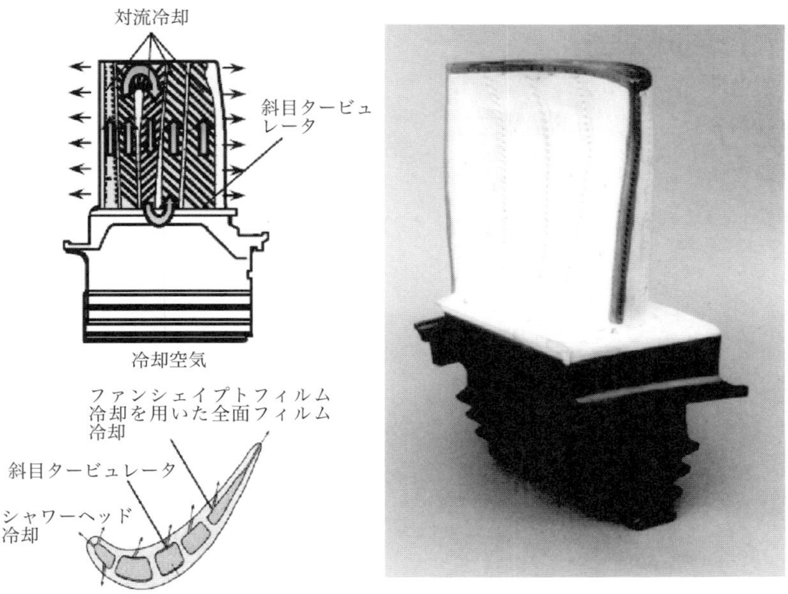

図 21.52　1500℃級産業用ガスタービン第1段動翼冷却構造

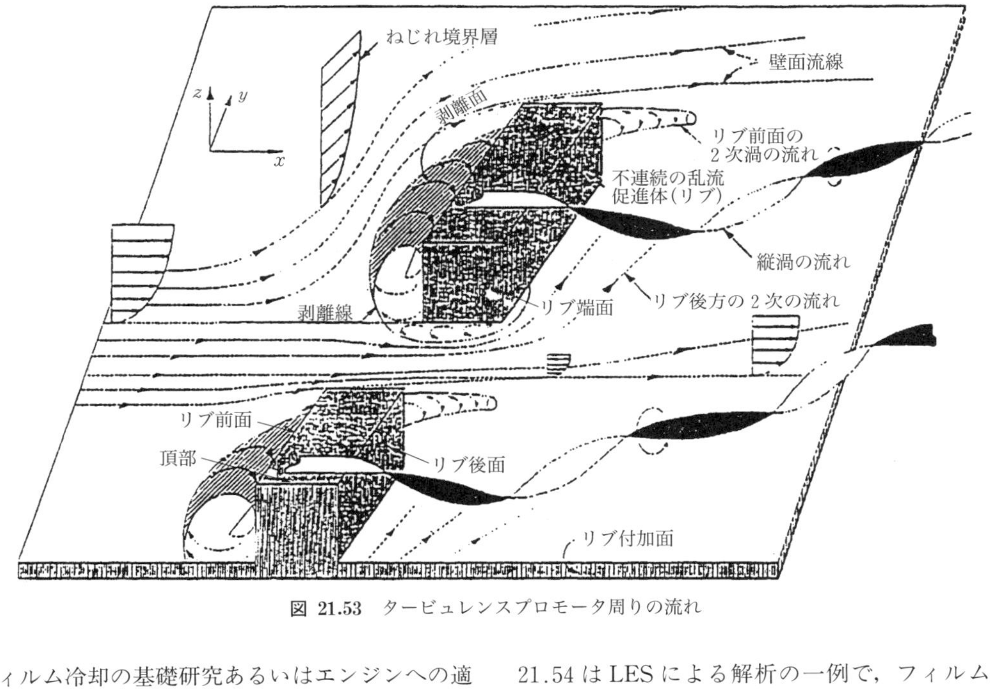

図 21.53　タービュレンスプロモータ周りの流れ

フィルム冷却の基礎研究あるいはエンジンへの適用を考慮した実験的，解析的な研究について，現在までに約2700編の論文が発表されている[10]．とくに，フィルム冷却孔の形状の最適化に関して多くの数値解析的取組みがなされている．最近では，非定常乱流場の解析にLES (large eddy simulation) などの手法を適用した結果が報告されている．図21.54はLESによる解析の一例で，フィルム冷却空気が主流と干渉してアーチ渦が発生している状況が示されている[11]．フィルム冷却は，主流の乱れあるいは非定常流の影響を強く受ける．第1段静翼以降のタービン動・静翼ではタービン翼後縁から発生したウェークの影響を受ける．第1段静翼のウェークの影響を受けるタービン第1段動翼の流れ場の状

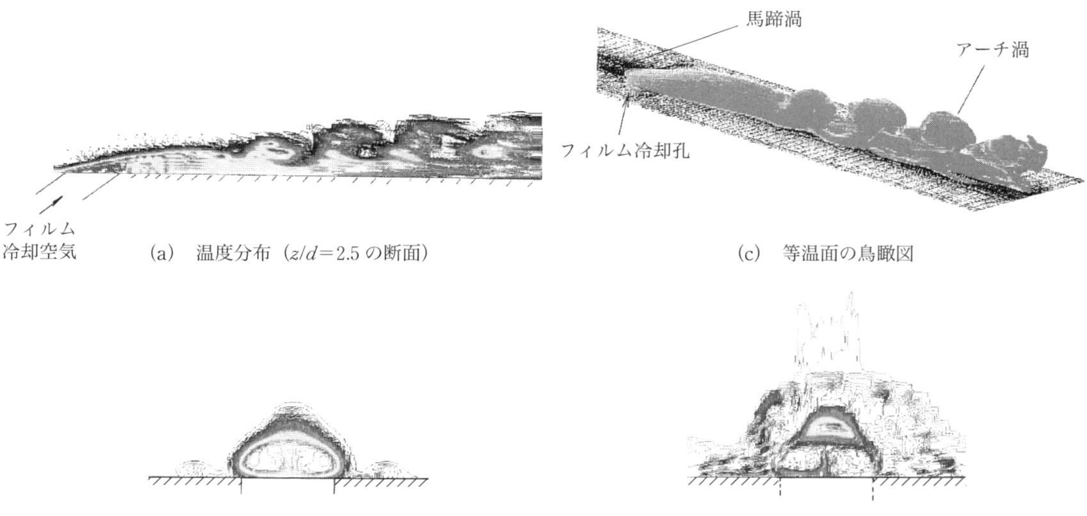

(a)　温度分布（$z/d=2.5$ の断面）

(c)　等温面の鳥瞰図

(b)　温度分布（$z/d=2.5$ の断面）

(d)　温度変動（$z/d=2.5$ の断面）

図 21.54　フィルム冷却の LES 解析例

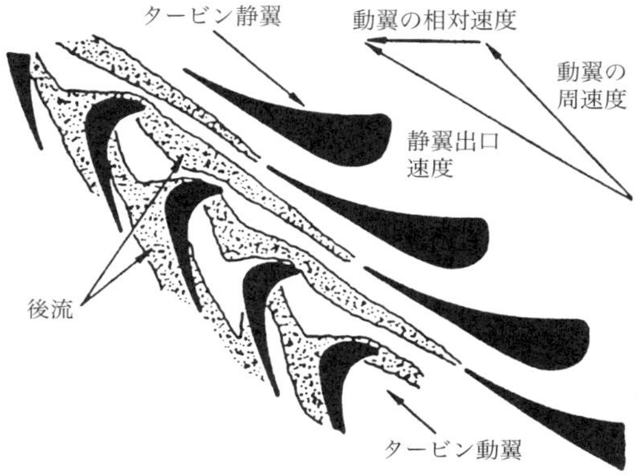

図 21.55　タービン動翼周りの非定常流れの状況

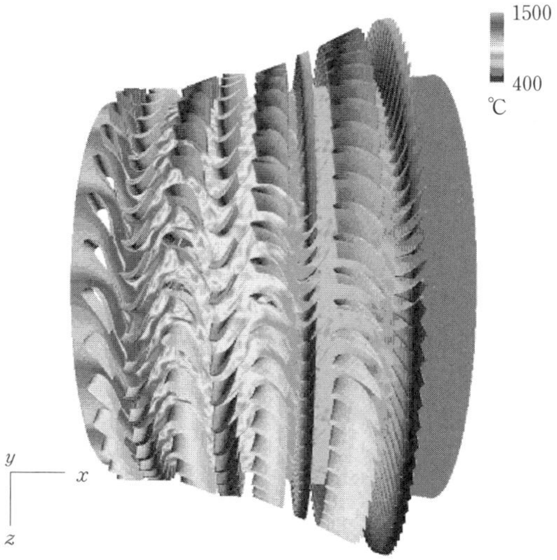

図 21.56　タービン部の多段解析の例

況を図 21.55 に示す[12]．とくに，強い剪断流れは境界層の薄い翼前縁のフィルム冷却（一般にシャワーヘッド冷却と呼ばれる）のフィルム冷却効率を低下させることが明らかになりつつある[13]．

ガスタービンでは，燃焼器で発生した強い乱れと温度不均一をもつ主流が，タービン部を流れる．さらに，タービンの後縁から発生するウェークなど非定常流の影響が加わる．この影響は，タービン静翼とタービン動翼間の距離あるいは負荷によって影響が異なるため，その効果を実験的に調べることは至難の業である．最近では，乱れの発生と減衰，あるいは，主流不均一ガス温度の変化などを，燃焼器からタービンの出口まで一貫して解析を行い，流動状況全体の最適化から性能向上，信頼性向上が図られている．図 21.56 は 4 段のタービン全体を CFD (computational fluid dynamics) で解いた例を示す[14]．

以上に述べたように，産業用ガスタービンでは，主流の乱れを抑え性能向上と伝熱抑制を目指す反面，タービン動静翼などの冷却面に関してはより優れた乱流熱輸送を工夫する努力がなされている．

［武石賢一郎］

文　　献

1) 武石賢一郎：日本エネルギー学会誌，**86**，2007，436-442.
2) 日本ガスタービン学会調査研究委員会成果報告書 1997
3) 冨永　明ほか：三菱重工技報，**40**，2003，12-17.
4) 塚越敬三ほか：日本ガスタービン学会誌，**25**，1998，2-7.
5) Siemens : Power GEN International 2006, 2006.
6) P. Burattini *et al.*: Exper. Thermal Fluid Sci., **28**, 2004, 781-789.
7) 岩崎洋一：JSME 第 73 期通常総会講演会資料集（V），1996，452-454.
8) Z. Hu *et al.*: ASME Paper 96-GT-313, 1996.
9) F. E. Ames *et al.*: ASME Paper No. GT-2004-53889, 2004.
10) R. S. Bunker : Trans. ASME, J. Heat Transfer, **127**, 2005, 441-453.
11) T. Takata *et al.*: ASME-JSME Thermal Engineering Joint Conference, Paper No. AJTEJC 99-64581999, 1999.
12) C. T. Scrivener：日本ガスタービン学会誌，**18**(70)，1990，11-16.
13) H. Du *et al.*: ASME J. Turbomachinery, **120**, 1998, 808-817.
14) 伊藤栄作，檜山覚志：日本ガスタービン学会誌，**132**，2004，259-262.

21.4.5　熱交換器

一般に，温度が異なる二流体間に熱移動を生じしめるための装置を熱交換器（heat exchanger）という．使用される流体の状態により，気体-気体，液体-気体，液体-液体の場合があり，また，蒸発器や凝縮器におけるような，相変化を伴う二相流の場合もある．高温側および低温側それぞれの流体の流れは，乱流の場合もあれば層流の場合もある．一般に，大型の熱交換器内においては乱流の場合が多いが，最近の小型・高性能化を目指す熱交換器においては流路の代表寸法が小さいため，流れが層流である場合も少なくない．このように，熱交換器内の流動様式にはさまざまな場合があり，それは個々の熱交換器ごとに，また，同じ熱交換器にあってもその作動条件ごとに考えられなければならない．本節では，熱交換器の用途，分類など，概論を述べたあと，熱交換器の性能を考えるうえで必要な基本事項について触れる．なお，ここでは，高温および低温側流体が隔壁により隔てられている場合を扱うこととし，両流体が直接接触するような熱交換器は対象外とする．

a.　熱交換器の用途

熱交換器は，発電所，製鉄・製鋼所，化学プラントなどにおける比較的規模の大きなものから，航空機，自動車，鉄道，船舶などの移動体，数々の電気・電子機器冷却システム，家庭用の冷蔵庫，エアコン，ガス湯沸し器に至るまで，じつにさまざまな分野で用いられている．いずれもその目的は，高温流体から低温流体へ熱を移動させることにあるが，その用途あるいは着目対象に応じて，加熱器，冷却器，放熱器，過熱器，再熱器，給水予熱器，空気予熱器，蒸発器，凝縮器など，さまざまな呼ばれ方をする．

b.　熱交換器の構造による分類

熱交換器を構造から分類すると，図 21.57 のようになる．管型は，伝熱面が管により構成され，プレート型は板により構成される．フィン付き熱交換器は，伝熱面積拡大のためのフィンを有し，蓄熱型は，熱交換器コアに高温流体および低温流体を交互に流すための機構を備えている．それぞれは，さらに細分される．図 21.58～21.60 にそれぞれ管型，プレート型およびフィン付き熱交換器についていくつかの例を示す．

c.　熱交換器の基本的流路形式

熱交換器の用途，構造はさまざまであるが，高温流体と低温流体の相対的な流路配置形式は，基本的には図 21.61 に示すように，(a) 並流（parallel

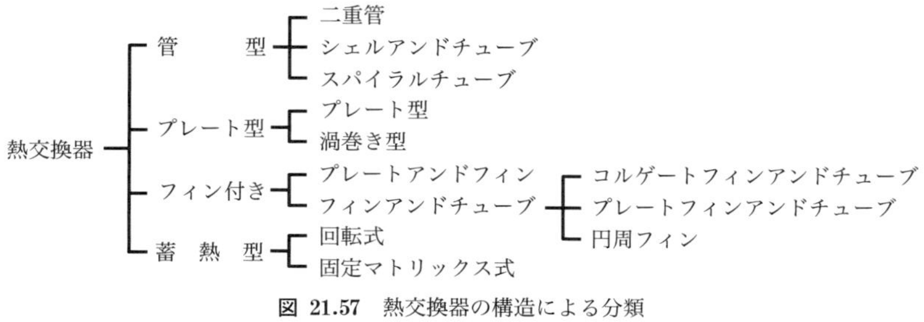

図 21.57　熱交換器の構造による分類

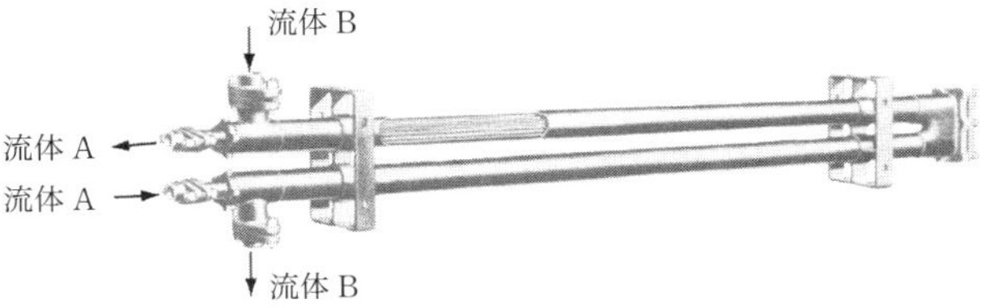

（a）二重管型

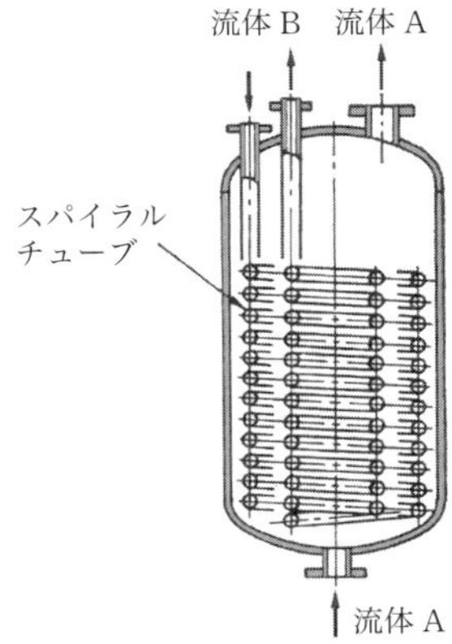

（b）スパイラルチューブ型

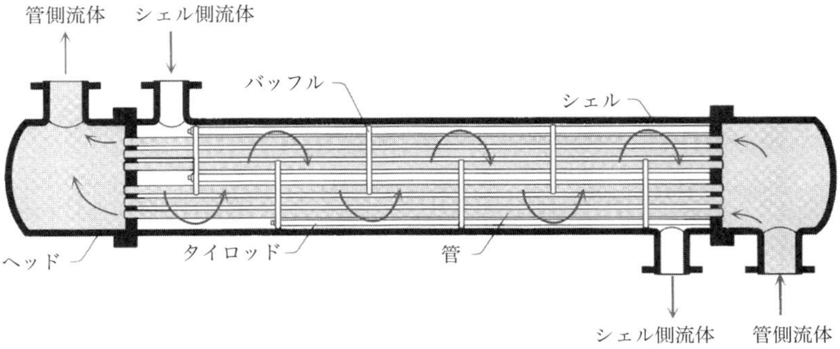

（c）シェルアンドチューブ型

図 21.58　管型熱交換器の例

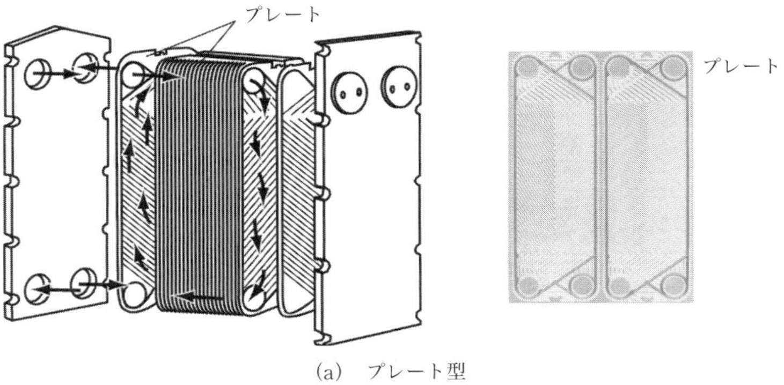

（a）プレート型

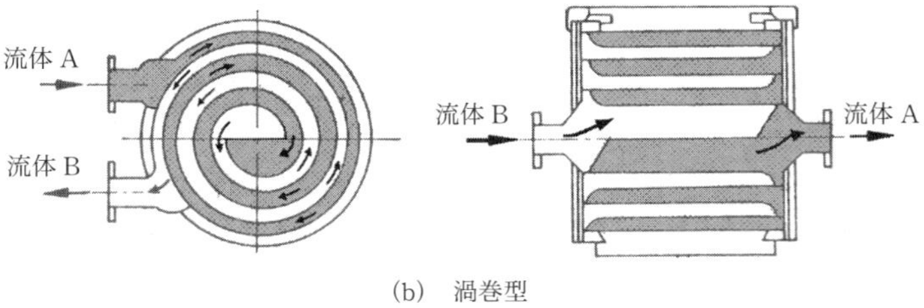

（b）渦巻型

図 21.59　プレート型熱交換器の例

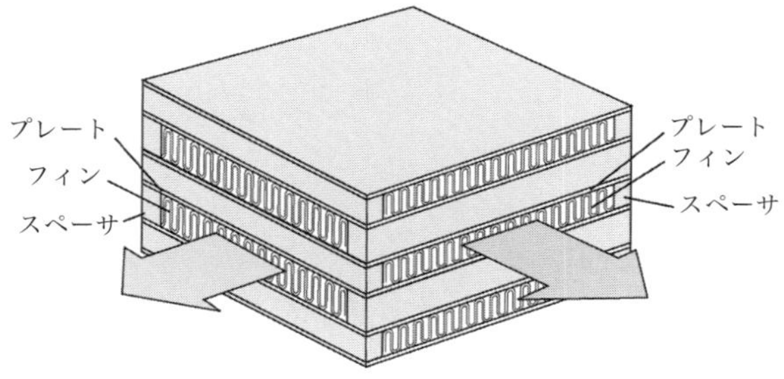

(a) プレートアンドフィン

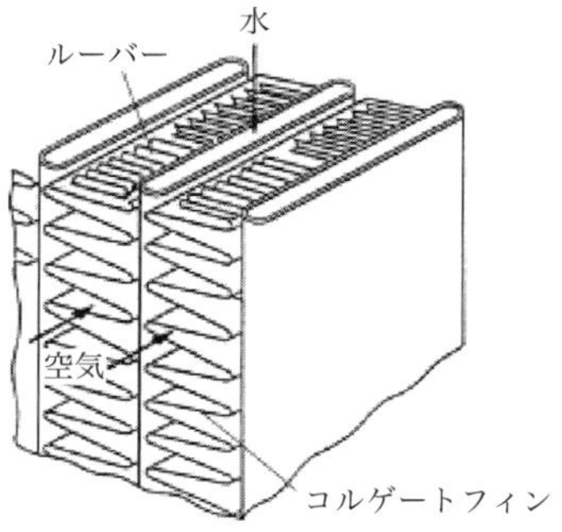

(b-1) コルゲートフィンアンドチューブ

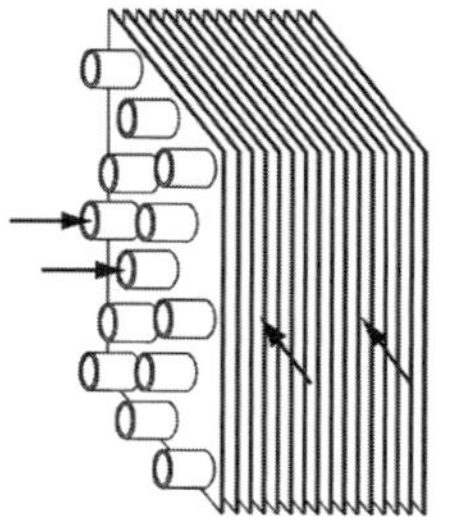

(b-2) プレートフィンアンドチューブ

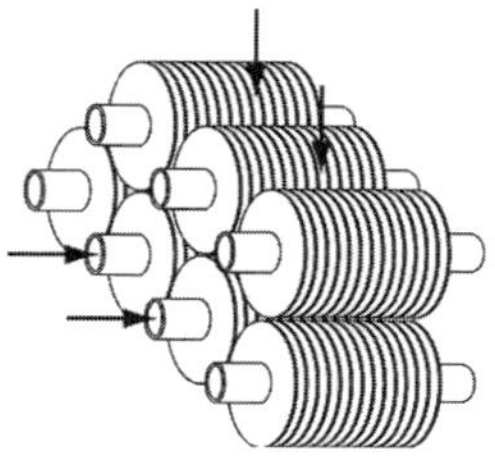

(b-3) 円周フィン

(b) フィンアンドチューブ

図 21.60 フィン付き熱交換器の例

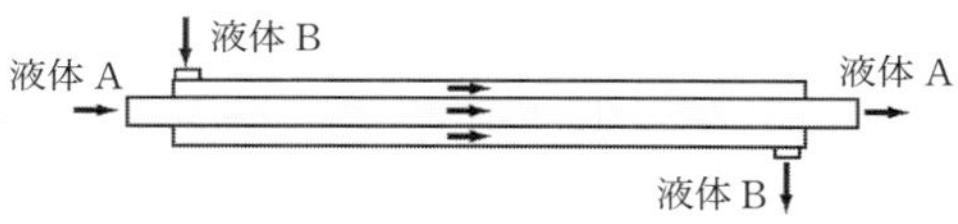

(a) 並流

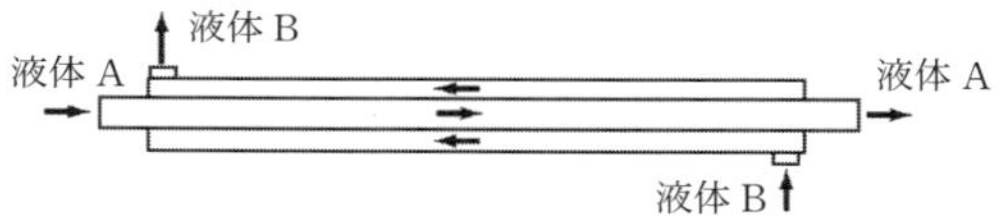

(b) 向流

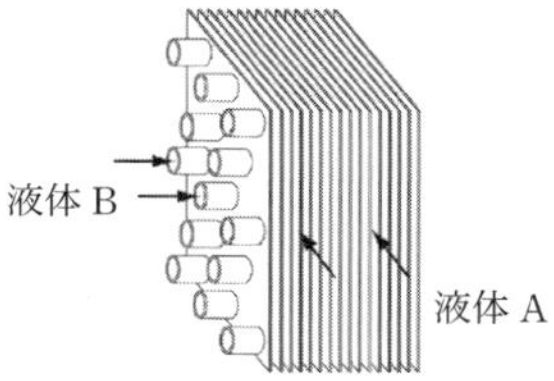

(c) 直交流

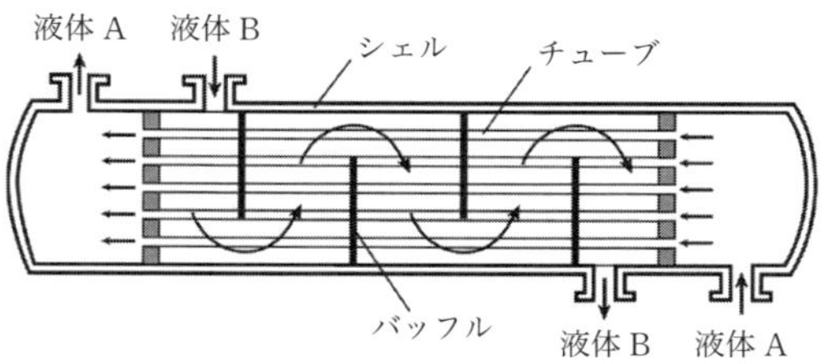

(d) 向流・直交流複合

図 21.61 熱交換器の基本的流路形式

flow), (b) 向流 (counter flow) および (c) 直交流 (cross flow) の 3 種類に分けることができる．その他にもいろいろな場合があるが，それらは上記 3 種の組合せとみなせる場合も少なくない．図 21.61(d) はその一例で，直交流と向流の組合せとみることができる．

d. 熱交換器の性能と諸変数間の関係

1) 交換熱量　熱交換器において，高温流体から低温流体へと単位時間に流れる熱量 $\dot{Q}$ を交換熱量あるいは伝熱量 (heat transfer rate) という．外部に熱の逃げがなければ，エネルギー保存則より，$\dot{Q}$ は単位時間あたりに高温流体が失う熱量あるいは低温流体が得る熱量に等しく，次式で与えられる．

$$\dot{Q}=C_h(T_{h,1}-T_{h,2})=C_c(T_{c,2}-T_{c,1}) \quad (21.4.3)$$

ただし，$C=\dot{m}c_p$ は，熱容量流量（heat capacity rate）を，$\dot{m}$，c_p および T は，それぞれ質量流量，比熱および温度である．また，添字 h および c は，それぞれ高温側および低温側を，1 および 2 は，それぞれ流路の入口および出口を表す．

2）熱通過率　一般に，高温流体から低温流体への熱移動を熱通過（overall heat transmission）と呼ぶ．たとえば図 21.62 において，伝熱面積 $\mathrm{d}A$ を通じての伝熱量 $\mathrm{d}\dot{Q}$ を次式で表すとき，

$$\mathrm{d}\dot{Q}=U(T_h-T_c)\,\mathrm{d}A \quad (21.4.4)$$

U を熱通過率（overall heat transfer coefficient）という．

U を用いると，交換熱量 $\dot{Q}$ は次式によっても表される．

$$\dot{Q}=\int_0^A U(T_h-T_c)\,\mathrm{d}A \quad (21.4.5)$$

一般に，U の値は，場所によって変化するが，熱交換器を扱う場合には，U について熱交換器全体のある平均的な値を考え，その値は場所によって変化しないものとする．その場合には，式（21.4.5）は，

$$\dot{Q}=UA\Delta T_m \quad (21.4.6)$$

と書くことができる．式（21.4.6）が平均熱通過率 U の定義式である．ただし，ΔT_m は，高温・低温二流体間の伝熱面全体にわたる積分平均温度差で

$$\Delta T_m=\frac{1}{A}\int_0^A(T_h-T_c)\,\mathrm{d}A \quad (21.4.7)$$

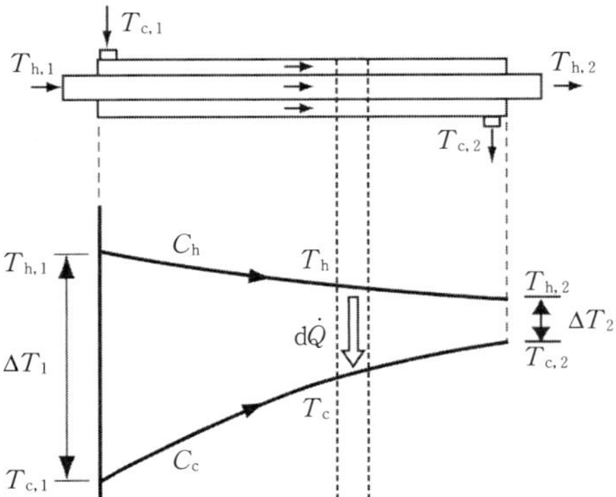

図 21.62　二流体間の熱交換と温度変化（並流の場合）

である．

式（21.4.6）からわかるように，$1/(UA)$ は，ΔT_m に応じて流れる熱流 $\dot{Q}$ に対する抵抗とみることができる．この抵抗は，全熱抵抗（overall thermal resistance）と呼ばれ，具体的には高温流体から隔壁を通って低温流体に至るまでの熱流経路の各抵抗の和として次式により算出される．

$$\frac{1}{UA}=\frac{1}{\eta_{0,h}\alpha_h A_h}+\frac{R_{f,h}}{\eta_{0,h}A_h}+R_w+\frac{1}{\eta_{0,c}\alpha_c A_c}+\frac{R_{f,c}}{\eta_{0,c}A_c} \quad (21.4.8)$$

ただし，α は熱伝達率，R_f は伝熱面の汚れ係数，R_w は隔壁内熱伝導抵抗，η_0 は全伝熱面効率である．熱交換器の伝熱面の汚れおよび隔壁内の熱伝導による抵抗を無視できる場合には，式（21.4.8）より次式を得る．

$$\frac{1}{UA}=\frac{1}{\eta_{0,h}\alpha_h A_h}+\frac{1}{\eta_{0,c}\alpha_c A_c} \quad (21.4.9)$$

3）対数平均温度差　図 21.62 に示されるような，両流体とも同じ方向に流れる並流形式の熱交換器を例にとり，式（21.4.7）で定義される平均温度差 ΔT_m について考える．流体が $\mathrm{d}A$ に対応する距離を移動する間の，高温側および低温側流体の温度変化をそれぞれ $\mathrm{d}T_h$ および $\mathrm{d}T_c$ とすると，エネルギー保存則から，次の 2 式が成り立つ．

$$\mathrm{d}\dot{Q}=-C_h\mathrm{d}T_h \quad (21.4.10)$$

$$\mathrm{d}\dot{Q}=C_c\mathrm{d}T_c \quad (21.4.11)$$

これら二つの式および式（21.4.4）から，

$$\frac{\mathrm{d}(T_h-T_c)}{T_h-T_c}=-\left(\frac{1}{C_h}+\frac{1}{C_c}\right)U\mathrm{d}A \quad (21.4.12)$$

上式を熱交換器入口 1 から任意の位置（A について 0 から任意の A）まで積分すると，

$$\Delta T=\Delta T_1 e^{-\left(\frac{1}{C_h}+\frac{1}{C_c}\right)UA} \quad (21.4.13)$$

この温度差 ΔT を全伝熱面積にわたり積分平均すると，結局，次式を得る．

$$\Delta T_m=\frac{1}{A}\int_0^A\Delta T\,\mathrm{d}A=\frac{\Delta T_1}{\ln(\Delta T_1/\Delta T_2)} \quad (21.4.14)$$

このように，積分平均温度差は，両流体の入口・出口における温度差 ΔT_1 および ΔT_2 のみにより表すことができる．式（21.4.14）で示される温度差は，対数を含むので対数平均温度差（logarithmic mean temperature difference）ΔT_{lm} と呼ぶ．すな

わち，

$$\Delta T_m = \Delta T_{lm} = \frac{\Delta T_1 - \Delta T_2}{\ln(\Delta T_1/\Delta T_2)} \qquad (21.4.15)$$

向流形式の場合にも並流の場合とまったく同じ議論が成り立ち，式（21.4.14）が得られる．ただし，その場合は

$$\Delta T_1 = T_{h,1} - T_{c,2}, \qquad \Delta T_2 = T_{h,2} - T_{c,1} \qquad (21.4.16)$$

である．

直交流や複合流路形式の場合（たとえば，図21.61(c)および(d)）には，平均温度差 ΔT_m の計算結果は非常に複雑なものとなるが，それらは向流形式の対数平均温度差 ΔT_{lm} に流路形式に応じた修正係数 F を乗じた形で表すことができる．その場合の伝熱量は，次式で表される．

$$\dot{Q} = UAF\Delta T_{lm} \qquad (21.4.17)$$

F は，与えられた流路形式に対し，次の二つのパラメータ：

$$P = \frac{T_{c,2} - T_{c,1}}{T_{h,1} - T_{c,1}} \quad \text{および} \quad R = \frac{T_{h,1} - T_{h,2}}{T_{c,2} - T_{c,1}} \qquad (21.4.18)$$

の関数 $F = f(P, R)$ となる．いくつかの流路形式について F の値は計算され求められている．一例として，直交流で，一方の流体は混合し，他方の流体は非混合の場合の F を図21.63に示す．ここで，「非混合」とは，流体が熱交換器流路断面内で互いに混合しない場合をいい，また「混合」とは，互いによく交じり合い，その結果，流路断面内の温度分布が一様とみなせる場合をいう．

4）ε と *Ntu*　二流体間で原理的に可能な最大伝熱量 $\dot{Q}_{max}$ は，いずれか一方の流体の入口から出口までの温度変化量が $T_{h,1} - T_{c,1}$ に達するときに得られ，それは，

$$\dot{Q}_{max} = C_{min}(T_{h,1} - T_{c,1}) \qquad (21.4.19)$$

である．ただし，C_c と C_h のうちいずれか小さいほうを C_{min}，他方を C_{max} する．現実の熱交換器の性能を表す指標として，$\dot{Q}$ と $\dot{Q}_{max}$ の比 ε を導入すると以下の関係を得る．

$$\varepsilon = \frac{\dot{Q}}{\dot{Q}_{max}} = \frac{C_h(T_{h,1} - T_{h,2})}{C_{min}(T_{h,1} - T_{c,1})} = \frac{C_c(T_{c,2} - T_{c,1})}{C_{min}(T_{h,1} - T_{c,1})} \qquad (21.4.20)$$

ε を伝熱有効度あるいはイフェクティブネス（heat transfer effectiveness）と呼ぶ．ε は無次元量で，$0 \leq \varepsilon \leq 1$ である．$\varepsilon = 1$ は，無限大の伝熱面積を有する向流式熱交換器において，一方の流体が入口から出口までの間に $T_{h1} - T_{c1}$ だけの温度変化を達成した場合（いわば理想の極限）に得られる．

$$C^* = C_{min}/C_{max} \qquad (21.4.21)$$

とおくと，式（21.4.20）は次のように書くことができる．

$C_{min} = C_h < C_c$ のとき

$$\varepsilon = \frac{T_{h,1} - T_{h,2}}{T_{h,1} - T_{c,1}} = \frac{1}{C^*}\frac{T_{c,2} - T_{c,1}}{T_{h,1} - T_{c,1}} = \frac{\eta_c}{C^*} \qquad (21.4.22)$$

$C_{min} = C_c < C_h$ のとき

$$\varepsilon = \frac{T_{h,2} - T_{h,1}}{T_{h,1} - T_{c,1}} = \frac{1}{C^*}\frac{T_{h,1} - T_{h,2}}{T_{h,1} - T_{c,1}} = \frac{\eta_h}{C^*} \qquad (21.4.23)$$

上式（21.4.22）および（21.4.23）における ε をそれぞれ高温側および低温側の温度効率と呼ぶことがある．ε，T_{h1} および T_{c1} がわかれば交換熱量は次式より容易に算出される．

$$\dot{Q} = \varepsilon C_{min}(T_{h,1} - T_{c,1}) \qquad (21.4.24)$$

与えられた流路形式に対し，ε は *Ntu* と C^* の関数となることが知られている．すなわち，

$$\varepsilon = f(Ntu, C^*) \qquad (21.4.25)$$

ここで，*Ntu* は伝熱ユニット数（number of transfer unit）と呼ばれ，次式で定義される．

$$Ntu = AU/C_{min} \qquad (21.4.26)$$

基本的な流路形式については，ε，*Ntu* および C^* の間の具体的な関係式が求められている[1]．たとえば，並流の場合には，

$$\varepsilon = \frac{1 - \exp\{-Ntu(1 + C^*)\}}{1 + C^*}$$

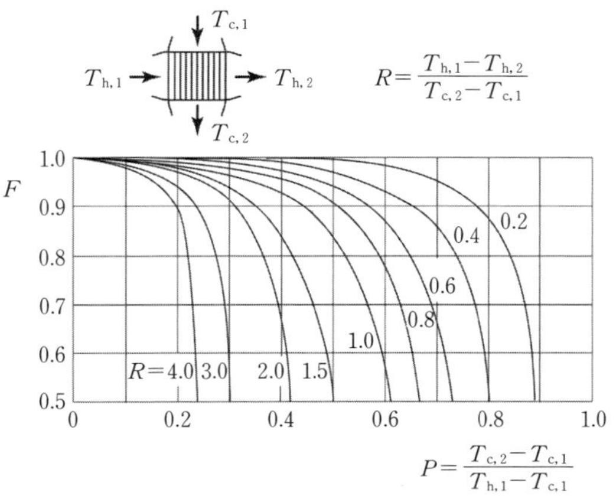

図 21.63　修正係数の例（直交流，一方混合，他方非混合）

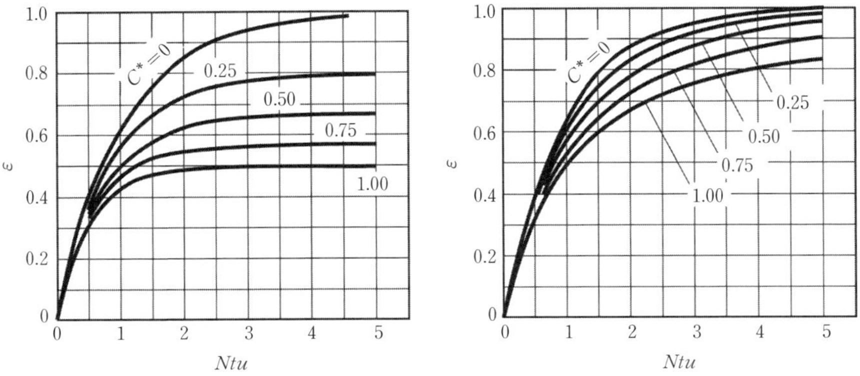

(a) 並　流　　(b) 向　流

図 21.64　ε と Ntu の関係

(21.4.27)

向流の場合には，

$$\varepsilon=\frac{1-\exp\{-Ntu(1-C^*)\}}{1-C^*\exp\{-Ntu(1-C^*)\}} \tag{21.4.28}$$

向流で，とくに $C^*=1$ の場合には，

$$\varepsilon=\frac{Ntu}{(Ntu+1)} \tag{21.4.29}$$

また，$C^*=0$（たとえば，流路の一方の側に相変化がある）の場合には，流路形式によらず，

$$\varepsilon=1-\exp(-Ntu) \tag{21.4.30}$$

となる．式 (21.4.27)～(21.4.30) の関係を図 21.64 に示す．

流路形式が与えられ，Ntu と C^* が決まれば，上に述べた ε-Ntu の関係から ε を求めることができる．ε の値がわかれば，高温・低温側それぞれの出口流体温度は，式 (21.4.20) から得られる次式より容易に求められる．

$$T_{\mathrm{h},2}=T_{\mathrm{h},1}-\varepsilon\frac{C_{\min}}{C_{\mathrm{h}}}(T_{\mathrm{h},1}-T_{\mathrm{c},1}) \tag{21.4.31}$$

$$T_{\mathrm{c},2}=T_{\mathrm{c},1}+\varepsilon\frac{C_{\min}}{C_{\mathrm{c}}}(T_{\mathrm{h},1}-T_{\mathrm{c},1}) \tag{21.4.32}$$

5）スタントン数，j-ファクタおよび摩擦係数

伝熱面の伝熱性能はスタントン数 St，あるいは j-ファクタ，j により，また，圧力損失特性はファニングの摩擦係数 f により表示されることがある．これらはいずれも無次元量である．

$$\mathrm{St}=\frac{\alpha}{\rho u c_{\mathrm{p}}}=\frac{\alpha}{Gc_{\mathrm{p}}}=\frac{\mathrm{Nu}}{\mathrm{RePr}} \tag{21.4.33}$$

$$j=\mathrm{StPr}^{2/3} \tag{21.4.34}$$

$$f=\Delta P\bigg/\left(\frac{G^2}{2\rho}\cdot\frac{A}{A_c}\right)$$

ただし，G は質量速度$=\dot{m}/A_{\mathrm{c}}=\rho u$，$\rho$ は密度，A は伝熱面積，A_{c} は流路最小断面積，Nu はヌッセルト数$=\alpha d_{\mathrm{h}}/k$，Pr はプラントル数$=\mu c_{\mathrm{p}}/k$，Re はレイノルズ数$=ud_{\mathrm{h}}/\nu$ である．j および f と Re の関係の一例を，プレートアンドフィン型熱交換器（図 21.60(a)）に用いられるオフセットストリップフィンを例にとり，平滑面と比較して図 21.65 に示す[2)]．図に示されるように，平滑フィンの場合には，f および j の Re への依存特性は低 Re 域（層流）と高 Re 域（乱流）とに大きく二つに分けられるが，オフセットフィンの場合には，f および j ともに Re の増加に伴う変化はなめらかであり，f や j の値の変化からは，層流域・乱流域を判別できない．その理由は，熱交換器内には，入口から順に定常層流域，フィン片からの渦放出に伴う変動層流域，遷移域および乱流域が共存し，Re の増加に応じて各領域の境界は上流側に移動し，Re が十分大きくなるとコア内の流れはいたるところ乱流域で占められるようになるためである[3)]．

e.　熱交換器全体の圧力損失

高温側および低温側いずれについても，実際の熱交換器の流路の入口から出口までの圧力損失 $\Delta P_{\mathrm{total}}$ は一般に次式で表される．

$$\Delta P_{\mathrm{total}}=\frac{G^2}{2}\left[\frac{K_{\mathrm{c}}+1-\sigma^2}{\rho_1}+2\left(\frac{1}{\rho_2}-\frac{1}{\rho_1}\right)+\frac{f}{\rho_{\mathrm{m}}}\cdot\frac{A}{A_{\mathrm{c}}}-\frac{1-\sigma^2-K_{\mathrm{c}}}{\rho_2}\right] \tag{21.4.35}$$

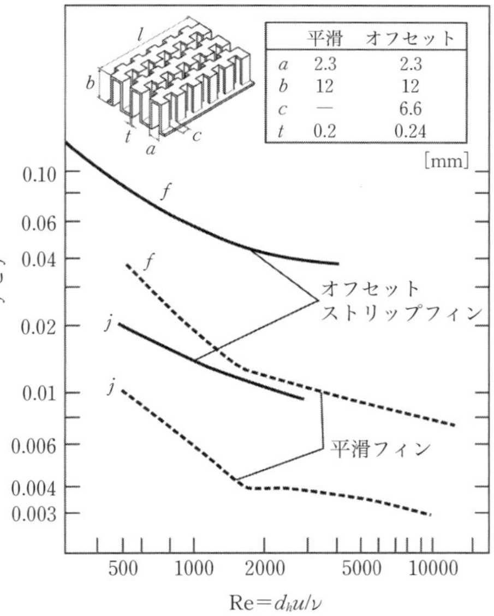

図 21.65 平滑フィンおよびオフセットストリップフィン群内の流れに対する f と j の例

上式右辺第1項と第4項は，それぞれ流路断面積の急縮小および急拡大に伴う入口および出口損失を，また，第2項は密度変化による加速損失を，第3項は熱交換器コア内の摩擦（形状抵抗を含む）損失を表す．ただし，σ は，熱交換器コアの空隙率である．

流体を駆動するためのファンあるいはポンプ動力 W は，次式で与えられる．

$$W = \dot{m}\Delta P/\rho \qquad (21.4.36)$$

熱交換器内の流れが層流か乱流かなどの流動パターンは，熱交換器の性能に大きな影響を及ぼす．しかし，熱交換器を扱う場合，流れのパターンが伝熱性能および圧力損失特性に及ぼす影響は，それぞれ熱伝達率 α（あるいは j）および摩擦係数 f に集約され，それらの値は与えられているものとして性能を議論することが多い．したがって，具体的な性能計算を行うためには，Re と α（あるいは j）の関係および Re と f の関係を個々の伝熱面ごとにあらかじめ求めておく必要があることはいうまでもない．

［望月貞成］

文　　献

1) F. P. Incropera, D. P. De Witt : Fundamentals of Heat and Mass Transfer, John Wiley, 1990, 660-661.
2) R. L. Webb : Principle of Enhanced Heat Transfer, John Wiley, 1994, 90.
3) S. Mochizuki *et al.*: Exper. Thermal Fluid Sci., **1**, 1988, 51-57.

21.5　航　　空

21.5.1　翼周り・機体周りの乱流

ここでは，航空機の翼ならびに機体周りでの遷移を含む乱流に関する事柄を低速流，超音速流ならびに極超音速流の順にまとめる．

a.　低速流

1）　2次元翼　低い迎角において翼面上では，よどみ点から層流境界層が成長し，それが遷移を起こしたのちに，乱流境界層が発達する．迎角を増すに従って層流境界層が剥離を生じて乱流に遷移したのちに，翼面上に再付着する流れ場が形成される場合がある．この流れ場は層流剥離泡（laminar separation bubble）と呼ばれる．層流剥離泡のふるまいは翼型の失速特性を決定づける[1]．

翼型上に生ずる層流剥離泡はショートバブル（短い泡）とロングバブル（長い泡）の2種類に区分される．翼型の迎角を大きくするにつれて，長さを縮めながら前縁方向へ移動する剥離泡をショートバブル，再付着点位置を後縁方向へ移動しながら長さを伸ばす剥離泡をロングバブルと呼んでいる．ショートバブルは翼型全体にわたる圧力分布にはあまり影響を与えず，前縁付近で圧力が最小になる領域の後方で層流剥離したのち，局所的に圧力がほぼ一定の領域をつくり，その後急激な圧力回復を起こして再付着に達する圧力分布を示す．これに対してロングバブルは，suction peak がほとんど失われ，その後方で圧力回復を徐々に起こしながら再付着する圧力分布を示す（図 21.66(a)）．

ショートバブルの存在している翼型の迎角を大きくしていくと，ショートバブルとして翼面に再付着していた流れが突如再付着しなくなる現象が起こる．この現象はショートバブルの崩壊（burst）と呼ばれ，翼型の揚力が急激に減少して翼型が失速を起こす直接的な原因となる．しかしながら，この崩壊については，翼型失速の原因となるものの，詳細な崩壊の機構は未だ解明されていない．

ショートバブル内では，流れが層流剥離したのちに剥離流れが遷移を生じ，乱流剪断層として翼面上

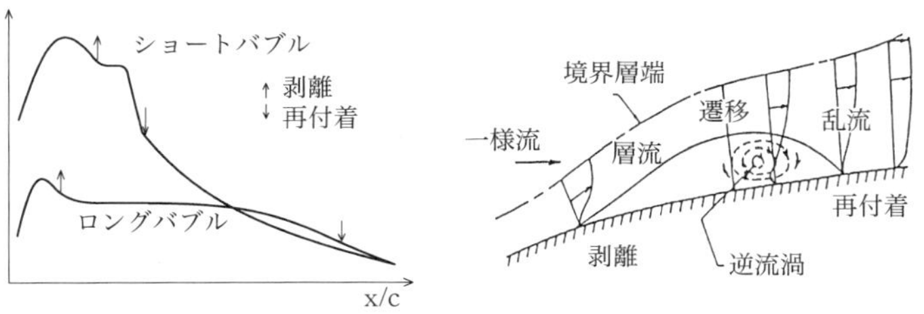

(a) ショートバブルとロングバブルの圧力分布　(b) ショートバブル内部の流れ場

図 21.66　翼型上に生ずる層流剥離泡

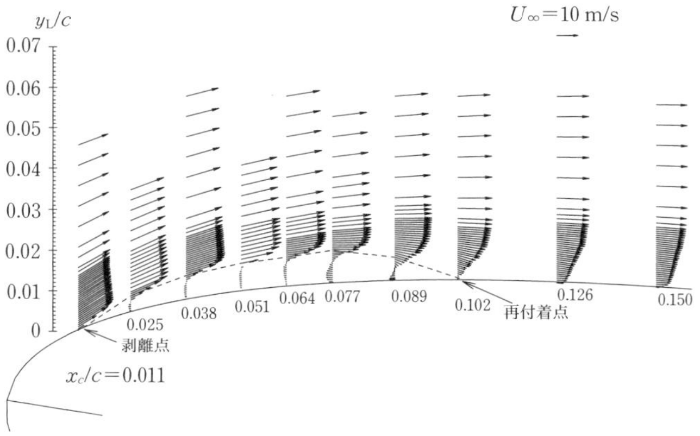

(a)　平均流速分布

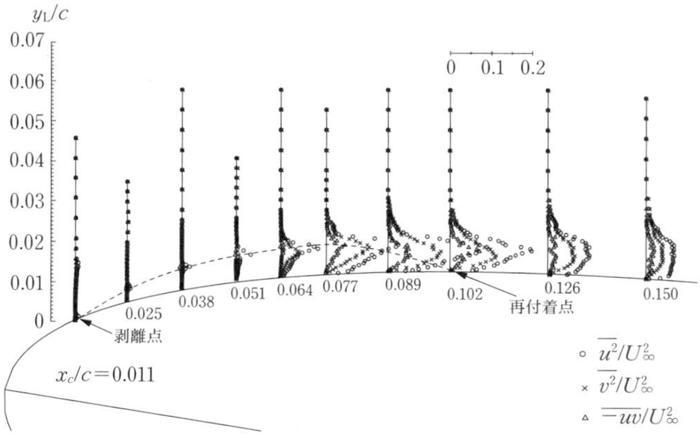

(b)　乱れ応力分布

図 21.67　NACA0012，α＝10°に生じるショートバブル[2)]
u は主流方向の速度変動，v は主流に垂直方向の主流変動，y_L はローカルな翼弦位置における翼面からの高さ，c は翼弦長．

に再付着する（図 21.66(b)）．NACA 0012 翼型上に生じるショートバブル（迎角 10°，翼弦長に基づくレイノルズ数は 1.3×10^5）内部の平均流速分布と乱れ応力分布を計測した結果を図 21.67 に示す[2)]．平均流速分布によると，再付着点の上流側に逆流領域が形成されている．乱れ応力分布によると，剥離点の下流で乱れ応力が成長しはじめ，再付着点付近で乱れ応力が最大に達することが示されている．このショートバブル内の遷移開始付近で観察される擾乱は，非対称後流（wake）の安定論によって予測される空間増幅率最大の周波数とほぼ一致する．

一方，ショートバブルが崩壊を生じる迎角近辺では剥離泡（bubble）が非定常的でかつ非常に低い周波数で振動する挙動を示す．このときの流れは，剥離泡が崩壊した状態と崩壊していない状態を周期的に繰り返す．また，この低周波数振動は，後ろ向きステップ流れの剥離流れなどで観察される剥離剪断層のフラッピング現象と同種のものと考えられている．NACA 0012 翼型上に生ずる層流剥離泡の失速付近における非定常的なふるまいを調べた実験結果について述べる[3]．失速直後の迎角である $\alpha=11.5°$ においては，平均流速分布によるとロングバブルが形成されているが，このとき低周波速度変動が観察された．この速度変動を基準信号とする位相平均法を用いて，流速測定データの条件抽出が行われた．図 21.68 に位相が 180° 異なる場合の流速分布を 2 種類示す．図より，前縁近くに翼弦長の約 10% の短い剥離再付着領域を形づくる位相 0° と翼面上全体に大きな剥離域を形成する位相 180° との間で翼面上の流れ場が変化を繰り返していることがわかる．ショートバブルの崩壊機構の解明のためには，以上のような非定常的な剥離泡の挙動をさらに詳しく調べることが必要である．

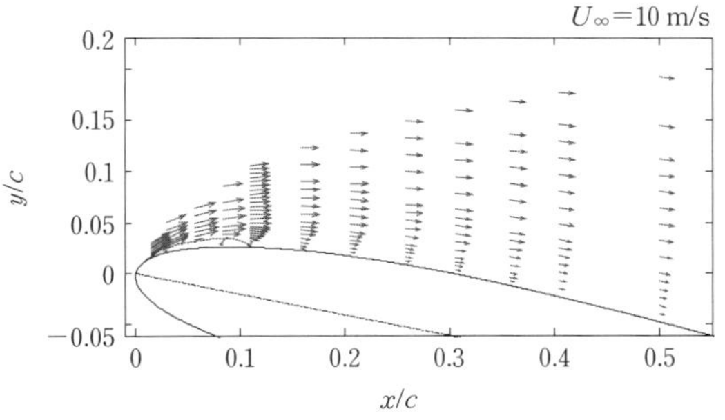

(a)　位相 0°

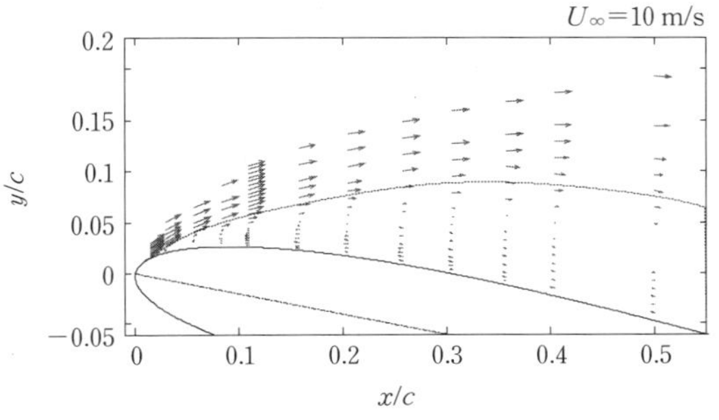

(b)　位相 180°

図 21.68　NACA0012，$\alpha=11.5°$ における低周波数で振動する流れの位相平均流速分布[3]
y は翼前縁を原点とする主流に垂直方向の座標．

2）　3 次元翼・機体　航空機の主翼や機体周りに発達する乱流境界層は，機体に働く摩擦抵抗を増大させてしまうため，主翼については，乱流への遷移をできるだけ遅らせて層流域を広く保つことが求められる．この目的のために，古くは NACA 6-series に代表される層流翼型の使用が有名であるが，このほかに層流制御技術の適用が考えられている．胴体に関しては，境界層を層流に保ち続けることが不可能なために，リブレットを機体表面に貼り付けて胴体に働く摩擦抵抗を低減させる試みもあるが，機体運航中のリブレットの汚損を防ぐなどの問題もあり実用化はされていない．

一方，航空機の飛行特性にも境界層のふるまいは，さまざまな影響を与える．たとえば，主翼については，後退角を有するテーパー翼（翼端のほうが細い翼）の場合，翼端方向に生じる圧力勾配のために翼面上に発達する乱流境界層は翼端方向へ流され翼端付近の境界層厚さが厚くなり，この部分が他の部分に先がけて失速する可能性が生じる．これは，翼端失速と呼ばれる現象であり，これが生じると，機体が急激にロールしたり（胴体中心線を中心にしての回転），後退角が大きい場合には機体が突然機首を上げる特性を示し，航空機の操縦上非常に危険である．そこで，翼端失速を防止するために翼型の設計を工夫することが行われるが，それ以外の防止法として主翼上にフェンスを設けて翼端方向へ境界層が流れることを防ぐことが行われる．このほかに，ボルテックスジェネレータと呼ばれる小さな板を翼面上に立てることによって，その後方の流れが剥離することを防ぐこともある．

高速飛行する航空機の主翼には，超音速飛行時の空力特性を向上させるためにデルタ翼（三角翼）またはそれに類似した形態が用いられる．離着陸などの低速飛行中にデルタ翼がある程度の迎角をとったときに，翼の上には前縁剥離渦が形成される．前縁剥離渦とは，デルタ翼前縁で剥がれた流れが翼上面に巻き込まれてつくられた一対の渦のことである（図 21.69(a)）．このとき，渦は上向きの吸引力を発生するので，渦がないときに比べて揚力が増す．この現象（渦揚力と呼ばれる）は，超音速旅客機の

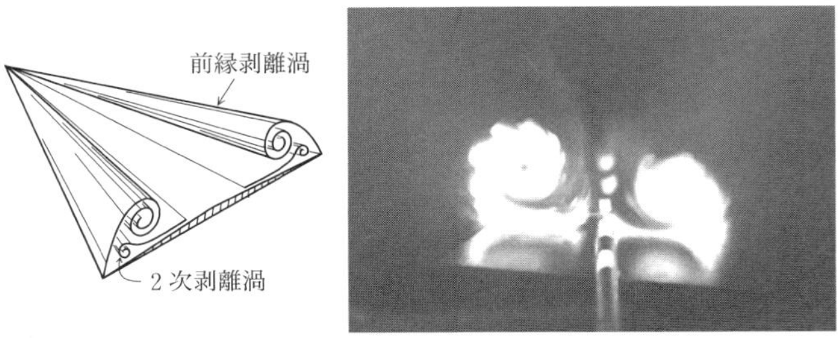

(a)　前縁剥離渦　　(b)　煙による可視化[4)]

図 21.69　デルタ翼上に生じる前縁剥離渦

着陸時などに利用される．前縁剥離渦の挙動は，流れ場のレイノルズ数によって異なる．層流剥離して形成された剥離渦は，一種の自由剪断層を形成するために，ケルビン-ヘルムホルツ不安定を生じて，小さいスケールの渦列を生じながら，さらにそれが一つの大きな渦に巻き込まれて前縁剥離渦を形成する（図 21.69(b)）[4)]．この層流での剥離渦は，剥離した流れが翼面に再付着したのちに，再度剥離して2次渦を形成する現象が大規模にみられるのに対して，乱流剥離して形成された剥離渦では，この2次剥離渦は層流の場合よりも小規模であることが明らかにされている[5)]．

b.　超音速流

超音速航空機では，超音速巡航時の経済性を高めるために機体に働く抵抗を低減することが非常に重要である．これを実現する一つの方法は，主翼上の流れを層流状態にできるだけ保ち，摩擦抵抗を少なくすることである．主翼を層流に保つために，境界層吸込みによる層流制御ならびに主翼上流れの自然層流化という2通りの方法が提案されている．超音速航空機に用いられる主翼は大きな後退角を有するため，一般的な2次元翼上で通常発生するトルミーン-シュリヒティング（Tollmien-Schlichting）不安定（T-S不安定）ではなく，横流れ（cross flow）不安定による擾乱の増幅が支配的である[6)]．このほかに，胴体境界層で発達した乱流変動が主翼の根元から翼前縁に沿って伝播する，前縁コンタミネーション（attachment-line contamination）および音，気流乱れ，表面粗さなどの外乱が不安定性を励起する機構（受容性，receptivity）も遷移に大きな影響を与える[7)]．このように，超音速翼上での遷移は種々の要因が重なって生じるために，超音速航空機主翼上での遷移予測方法は未だ確立されておらず，詳細な飛行実験データが求められている．図 21.70 に日本で現在研究が進められている小型超音速飛行実験機計画に関連して行われた風洞実験での主翼上の遷移計測例を示す[8)]．

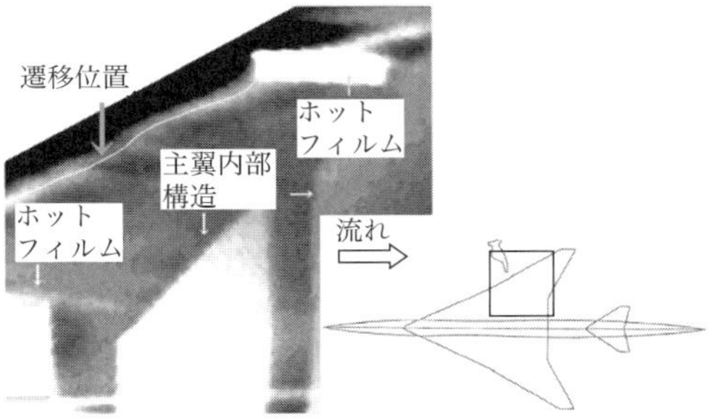

図 21.70　小型超音速実験機主翼上の遷移位置計測[8)]

c.　極超音速流

極超音速で飛行する飛行体の表面に発達する境界層内においても層流から乱流への遷移が生じる．一般に，マッハ数が4以上の気流中では，前項で述べたT-S不安定や横流れ不安定ではなく2次モードと呼ばれる音響に起因する不安定が支配的になる．極超音速流中での遷移は，機体の空力加熱現象に大きな影響をもつ．しかしながら，極超音速流においては，模型姿勢やレイノルズ数といった一般的な条件以外に高温度環境化での実在気体効果などの要因があるために，実験的に遷移を把握することは大変困難である．このため，風洞実験ではなく実飛行によってデータを得ることが必要になる．日本で1996年にはじめて極超音速飛行を行った極超音速飛行実験機 HYFLEX は，最大飛行マッハ数が約14に達する飛行を行った（図 21.71(a)）．この HYFLEX の機体長さに基づくレイノルズ数は，再突入時に乱流遷移を記録した米国のスペースシャトルのそれよりも小さいために，HYFLEX 機体上では乱流遷移

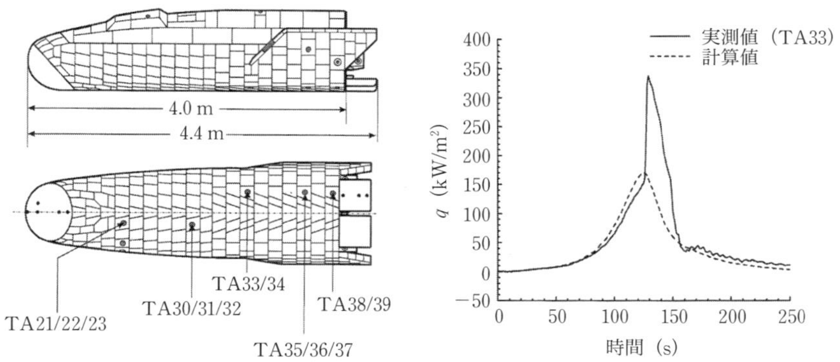

(a)　HYFLEX 機体
（番号は空力加熱計測センサー位置）

(b)　空力加熱計測結果の一例

図 21.71　極超音速飛行実験機 HYFLEX と飛行実験結果[9)]

を生じないと飛行前は考えられていた．しかしながら，実飛行データによると機体表面で急激な空力加熱が記録されており，これは後に機体表面を覆っている耐熱タイル間の段差によって引き起こされた乱流遷移のためであると判断された（図 21.71(b)）[9)]．さらには，極超音速境界層中での乱流遷移現象に対する高エンタルピー実在気体効果について実験的研究が行われ，前述の 2 次モード不安定への高温非平衡気体の効果が議論されている[10)]．しかしながら，極超音速流中での乱流遷移の詳細なメカニズムは未だ完全には解明されるに至っておらず，実在気体効果を含めた乱流モデルがいくつか提案されている段階である．　**［李家賢一］**

文　　献

1)　李家賢一：日本流体力学会誌，**22**，2003，15-22.
2)　K. Rinoie, K. Hata : AIAA J., **42**(6), 2004, 1261-1264.
3)　K. Rinoie, N. Takemura : Aeronautical J., **108**, 2004, 153-163.
4)　郭　東潤：日本航空宇宙学会論文集，**47**(543)，1999，165-173.
5)　S. Watanabe *et al.*: Measurement Sci. & Tech., **15** (6), 2004, 1079-1089.
6)　吉田憲司：日本流体力学会誌，**18**，1999，287-290.
7)　浅井雅人：日本航空宇宙学会誌，**48**(554)，2000，144-147.
8)　H. Sugiura *et al.*: J. Aircraft, **39**(6), 2002, 996-1002.
9)　K. Fujii, Y. Inoue : J. Spacecraft & Rockets, **35**(6), 1998, 736-741.
10)　K. Fujii, H. G. Hornung : AIAA J., **41**(7), 2003, 1282-1291.

21.5.2　ジェットエンジン

a.　ジェットエンジンの性能向上のトレンドとその要因

ジェットエンジンにおいて，とくに強く要求される性能には，燃費の向上および重量あたりの推力の向上があり，そのため，性能の指標として，燃料消費率（あるいは効率）および推力/重量比（推重比）がよく用いられる．重量あたりの推力の向上は，運動性および上昇力の向上を可能とするほか，重量の低減に伴う最大積載重量の増加や燃料消費量の低下を通して，単位貨客あたりの運航コストの低減および飛行レンジの拡大にも効果がある．ジェットエンジンの燃料消費率は一般に，1 時間あたり，推力 1 ポンドあたりに消費する燃料重量をポンドの単位で表した SFC (specific fuel consumption) によって示す．これまでのジェットエンジンの SFC および推重比の向上のトレンドを図 21.72，21.73 に示す．図 21.72 によると，バイパス比の変化によるエンジ

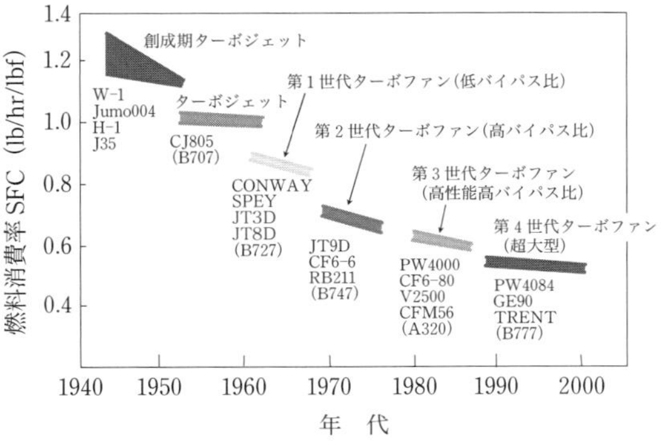

図 21.72　SFC 低減のトレンド

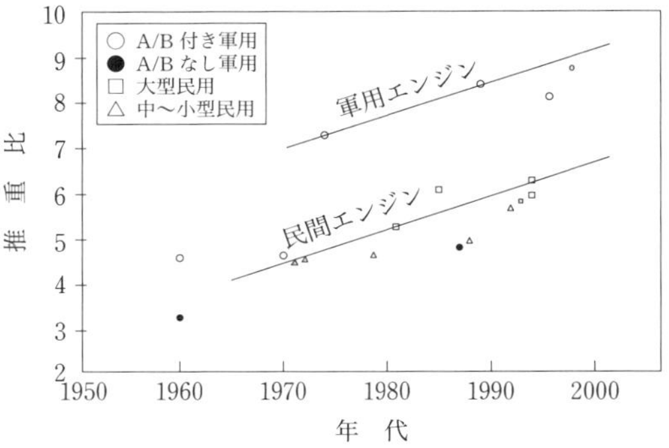

図 21.73　推重比向上のトレンド

ン形態の変化が不連続的に大きな燃費低減をもたらしていることに加えて，同じエンジン形態のなかでも，毎年連続的にSFCが向上しており，バイパス比以外にもSFC向上の要因があることがわかる．ここで，バイパス比とは，ファンを通過したあと，圧縮機に入らずにそのまま排気ノズルに流れる空気流量の，圧縮機に入る流量に対する比率である．推力＝空気流量×(排気ジェット速度－飛行速度）であるので，バイパス比を大きくして空気流量を増やし，要求される推力を確保したうえで，排気ジェット速度を減らしてジェット噴流のミキシングによる損失を減らすことによりSFCを向上できるのである．推重比については図21.73に示すように，軍用，民間輸送機用どちらも継続的向上を示している．

バイパス比以外でSFCと推重比あるいは比出力の向上を実現するためのサイクル設計上のパラメータは，タービン入口温度（TIT）と，圧縮機圧力比である．この二つのパラメータの効率および比出力に及ぼす効果を図21.74に示す．民間輸送機用のエンジンでは，部品の寿命を維持しつつ燃費を向上させるために，TITの上昇を抑えて圧縮機圧力比の向上に努めている．このとき，重量の増加を最小限に抑えつつ圧力比を上げるためには，圧縮機翼列の高負荷化が必要となり，そして，そのためには，乱流工学に基づく技術が重要となる．一方で，軍用エンジンでは幅広い機体の運動姿勢下でのエンジンの安定作動範囲を維持しつつ推重比を上げるために，圧力比を高めることはほどほどに，TITの向上に努めている．TITはすでに材料の耐熱限界を越えており，空気による各種の冷却により材料強度が維持されている．ここでの重要な技術は，熱伝達率の向上であり，そのために乱流工学に基づく技術が重要となっている．

以下に，TIT上昇を可能とした冷却技術の向上および，圧縮機翼列などにおける空力の高負荷化への乱流工学の貢献を紹介していく．また，対環境性能向上のための今後の可能性として，低NO_x燃焼器の温度制御への応用についても併せて紹介する．

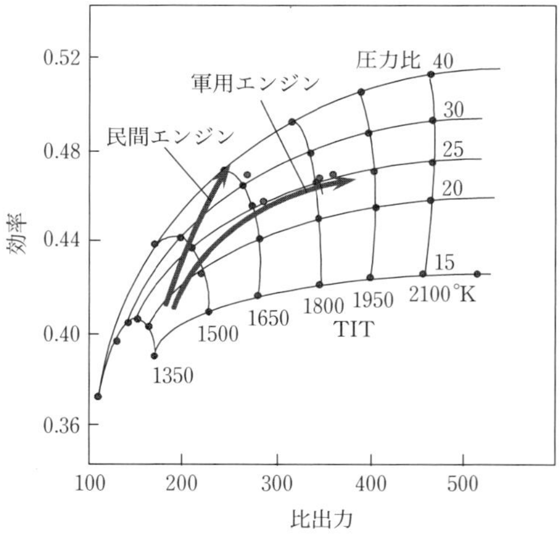

図 21.74　効率および比出力の向上に及ぼすTITおよび圧縮機圧力比の影響

b.　タービン入口温度（TIT）の上昇

図21.75にTIT上昇のトレンドを示す．これに対して，材料の耐熱温度上昇のトレンドを図21.76に示す．一般に，タービン入口温度の上昇というと，材料技術の進歩によるものが最初に思い浮かぶが，図21.77に示すように図21.75[1]と図21.76[1]の差をプロットしてみると，材料以外の冷却技術による温度上昇も大変大きく，かつ，ほぼ一定割合で上昇を続けていることがわかる．ここに乱流工学の貢献がある．

図21.78に，高圧タービン動翼内の冷却構造を示す[2]．このうち，すべての基本となっている翼内部の対流冷却においては，表面熱伝達率の向上が重要で，その方策として翼内部の流れの乱流化が図られる．翼内部におけるこのような冷却構造の概要を図21.79に示す．翼内部の冷却通路には多くのステップ状リブが，乱流促進体としてつけられており[2]，熱伝達率を最大化する形状の研究が数多く行われている．一例として示すHanらの研究[3]では，図21.79に示す各種の乱流促進リブを試験し，30～45度のV字型リブが最も高い熱伝達率を示すとして

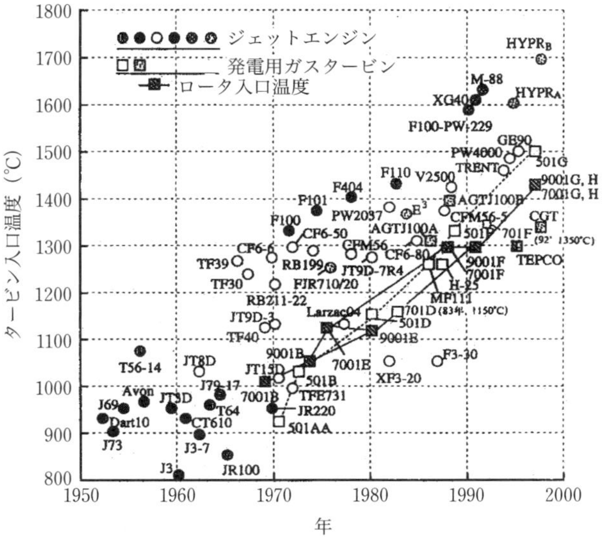

図 21.75　TIT 上昇のトレンド[1)]

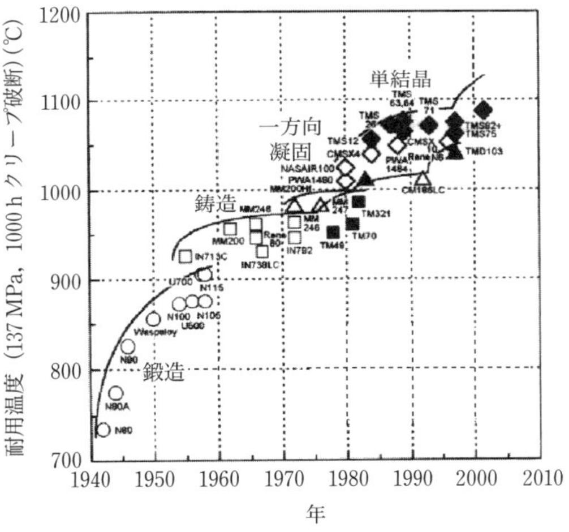

図 21.76　材料の耐熱温度向上のトレンド[1)]
○：鍛造，□：鋳造，■：鋳造（NIMS），△：一方向凝固，▲：一方向凝固（NIMS），◇：単結晶，◆：単結晶（NIMS）.

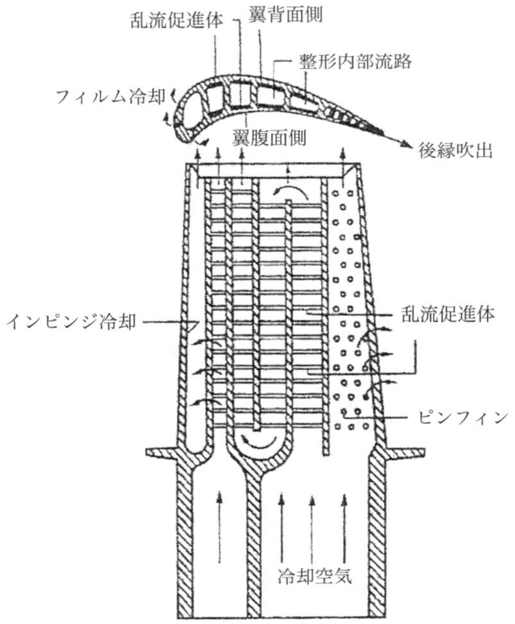

図 21.78　高圧タービン動翼内部の冷却構造例[2)]

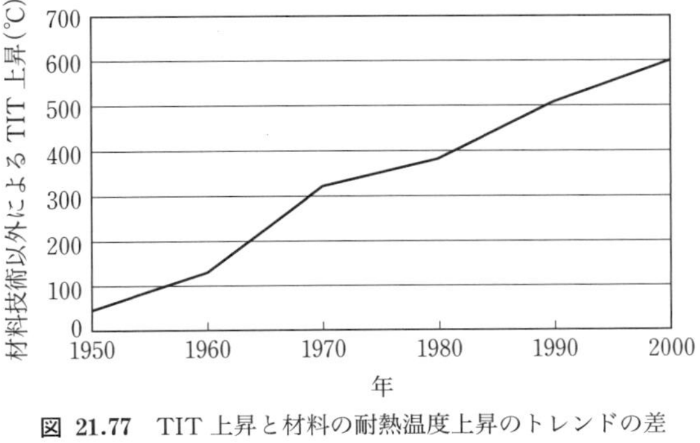

図 21.77　TIT 上昇と材料の耐熱温度上昇のトレンドの差

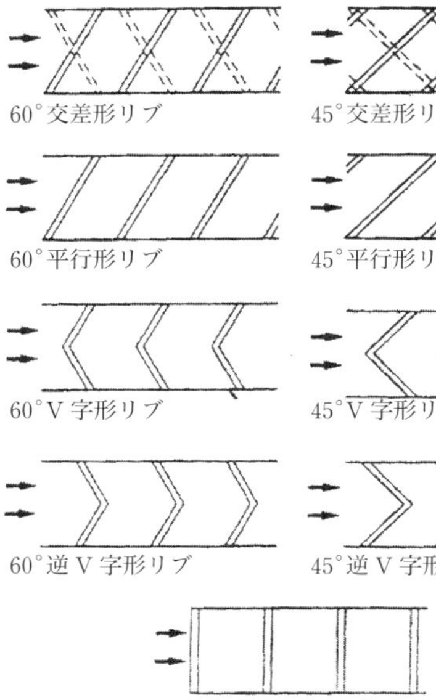

図 21.79　翼内部の対流熱伝達型冷却のための各種のリブ形乱流促進体[3)]

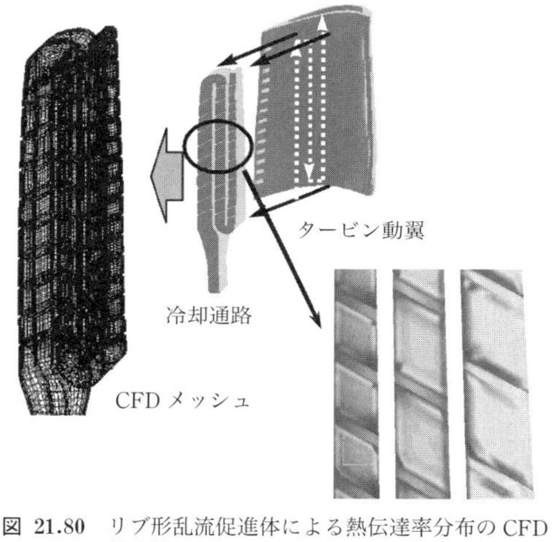

図 21.80　リブ形乱流促進体による熱伝達率分布の CFD 計算結果

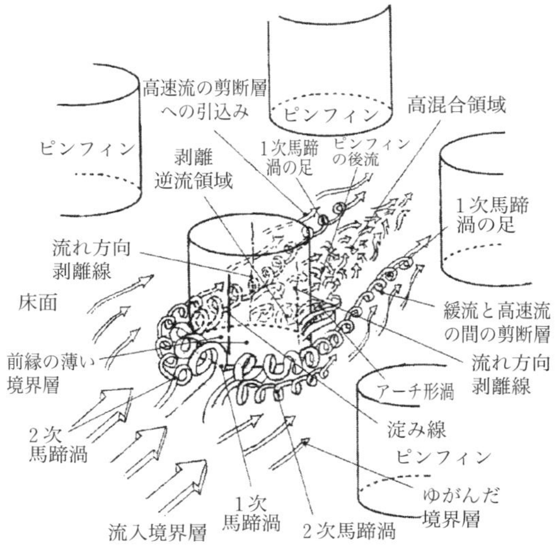

図 21.81　ピンフィンによる乱流熱伝達向上のメカニズム[4)]

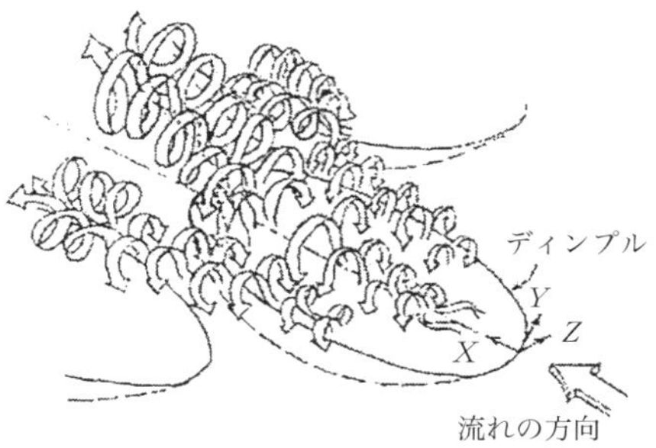

図 21.82　ディンプルによる乱流熱伝達向上のメカニズム[5)]

いる．これらは，はじめ実験をもとにした設計ノウハウであったが，近年ではCFDの発達にに伴い数値シミュレーションにより，短時間で多くの検討をできるようになった（図21.80）．これを実現するうえでは，ステップ周りの乱流流れを正しく計算できる乱流モデルの技術の発展が重要な役割を果たしている．

また，翼内部を冷却した空気は，翼の後縁付近からタービン流路に放出されるが，翼の後縁では肉厚が薄くて温度が上がりやすいため，放出孔の直前の内部通路には，ピンフィンと呼ばれる，ピン型のフィンが多数つけられている．このピンフィンの下流では，渦が干渉分裂して，ピン下流に熱伝達率の高い乱流後流領域を形成している（図21.81）[4)]．このほか，ディンプルによる乱流促進体も開発されている（図21.82）[5)]．

ガス温度が材料の耐熱温度以上となる，高圧タービンの動・静翼で使われる浸出冷却やフィルム冷却においては，冷却空気が足りないと，翼を損傷してエンジンの停止，墜落に至る可能性があり，逆に冷却空気が多すぎると，エンジン性能が低下する．そのため，最小限の空気量で必要な冷却を確実に実現することが要求され，エンジン性能向上のためには精度よい翼表面の乱流熱伝達率の予測が大変重要となる．このため，数多くの実験的研究から始まり，

CFDの発展に伴い多くの乱流モデルの研究を経て，数値実験による各種の冷却構造の研究が進められてきた．乱流モデルはすでに一般的に設計ツールのなかで使われているが，ケース依存性が高くて汎用性がないため，使い方は計算上のノウハウとなっている．そのため，コンピュータ能力の向上に伴い，乱流の直接シミュレーション（DNS）が実用的な速度でできるようになることが望まれているが，現在は，まだラージエディシミュレーション（LES）が部分的に使われるようになってきた段階である．

c．空力負荷の最適化

1）低圧タービンの負荷最適化　エンジン内部を流れるガスは，場所により温度，圧力，密度などの空力状熱量および翼弦長などの代表長さスケールが変わり，したがってレイノルズ数が変化する．軸流タービンをもつ一般的な中型エンジン内部のレイノルズ数の変化を図21.83[6]に示す．通常，低圧タービンにおいてエンジンのなかで最も低いレイノルズ数が現れ，中・小型のエンジンでは長さスケールが小さいことから，Re=10^5に近い値まで下がっている．航空エンジンの特性として，地上から高度1万m以上の高空まで，幅広い圧力，温度，空気密度の環境で運用され，高空においては地上静止状態の半分程度までレイノルズ数が低下することが知られている．そのため，低圧タービンにおいては，適切に長さスケールを選択して設計しないと，高空において遷移レイノルズ数Re=3.5×10^5以下となってしまうことがある．

エンジン内部の流れは，上流の多数の翼からの後流が流れてくるため一般的に乱流状態にあり，層流

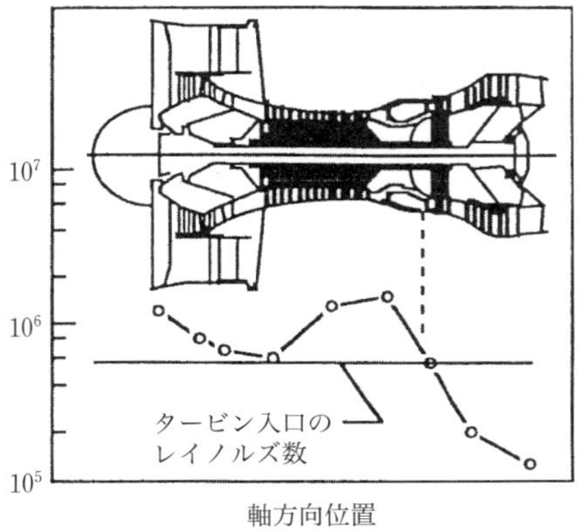

図 21.83　中型軸流ジェットエンジン内部のレイノルズ数分布[6]

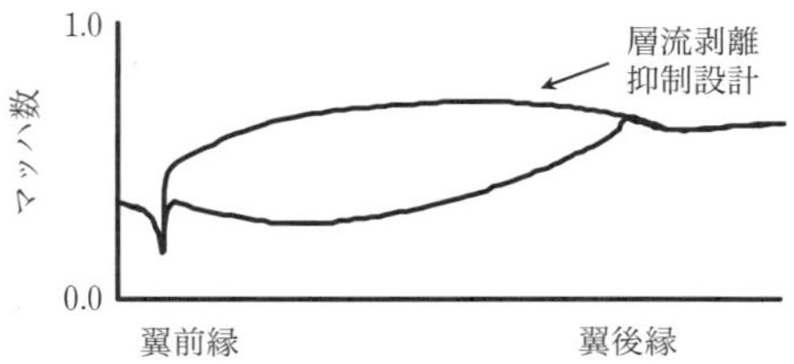

(a)　翼の層流剥離抑制設計

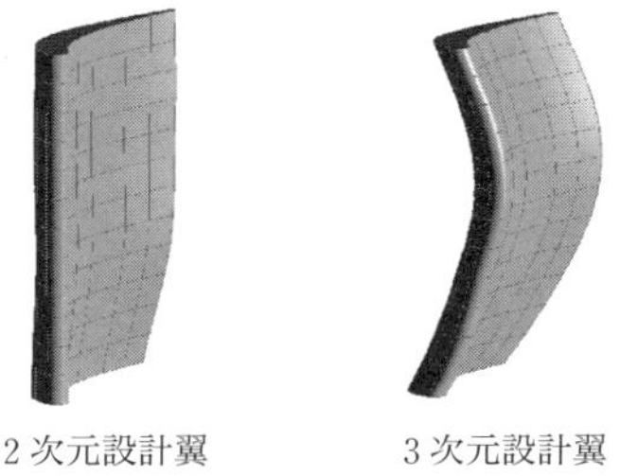

(b)　3次元翼形状

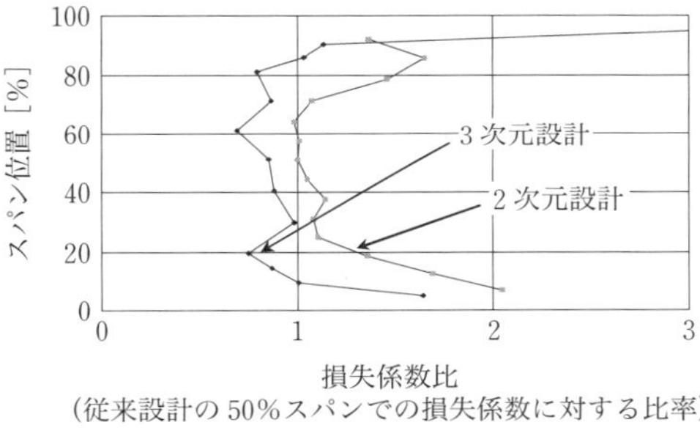

(c)　3次元設計による損失低減

図 21.84　低圧タービン翼型の層流化と3次元設計

化はしにくいものと考えられているが，これを仮定して設計すると，高空に行ったときに低圧タービン翼の流れが層流化して大規模剥離を起こし，タービンの仕事を著しく低下させてしまうことがある．そのため，層流化する可能性のある領域では，翼の負荷あるいは減速を調整して，負荷を最大化しながらも剥離を防ぐ必要があり，そのためには正確な遷移点の予測が重要となってくる．また，遷移点の正しい予測をもとに境界層の性状を広い作動範囲で正しく予測することにより，翼型を3次元的に設計することも可能となり，これによっても効率の向上が図られている（図21.84）．

2）圧縮機の高負荷化，高効率化　圧縮機に要求される性能は，効率よく多くの仕事を流体に与えることであり，効率と負荷が指標となる．航空用エンジンでは，さらに軽量化の要求がこれに加わる．これらの観点から重要となる性能指標は，無限小段

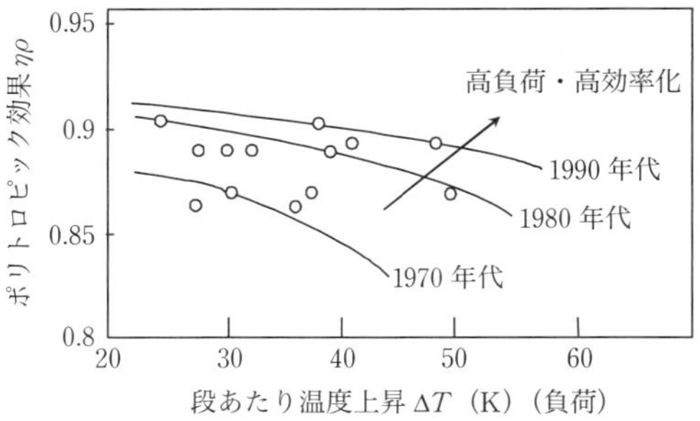

図 21.85　圧縮機段あたり負荷および効率向上のトレンド

あたりの効率であるポリトロピック効率と，段あたりの負荷としての圧力比あるいは温度上昇である．そのトレンドを図 21.85 に示す．どちらも連続的に向上を続けている様子がわかる．

圧縮機におけるこれらの高負荷化および効率向上を支えてきたものの一つとして，CFD 技術およびその計算結果を使っての翼型の最適化技術があげられる．これらの技術の発展により，従来の経験法則によって設計していた時代より限界に近い高負荷での運用ができるようになり，剥離までのマージンが少なくなった．このため，CFD の予測精度が重要となり，とくに乱流モデルおよび遷移点モデルの精度が重要となってきた．図 21.86 に，圧縮機翼形の計算例を示す．まず実験により計算手法を検証し，そのうえで翼型の最適設計を行っており，層流剥離と乱流遷移による再付着が精度よく計算されている[7]．

また，圧縮機の入口には，ファンあるいは低圧圧縮機出口と高圧圧縮機入口とを結ぶスワンネックダクトと呼ばれる，断面が S 字型に曲がった連結ディフューザダクトがあるが，ここは流れが減速しながら曲がっていくため，剥離を起こしやすい場所となっている．一方でこの場所は，エンジンの長さに直接影響する場所であり，重量低減のためには，できるかぎり短くしたい場所でもあるため，剥離を起こさない S 字の曲がり最大曲率を正しく予測することを要求される．これは，翼面上の負荷の向上と同様の技術課題であり，CFD における乱流剥離の予測精度が重要となる．

d.　燃焼器における温度制御

燃焼器内の流れは大変乱れの多い複雑な流れではあるものの，通常，設計において考慮する乱れの長さスケールは，冷却および完全燃焼のために，ライ

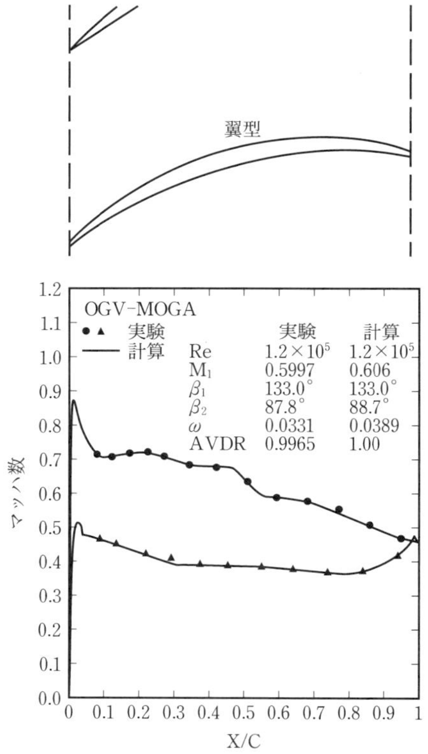

図 21.86　圧縮機翼型の計算例[7]

ナーの孔を通って外側より順次入ってくる空気と，スワーラにて強い旋回を与えられて中央部に入ってくる空気との混合，拡散による渦流れによるものであり，乱流のスケールより大きいものである．したがって一般的には，ジェットエンジン用燃焼器には現状では乱流工学はほとんど応用されていない．しかし，近年定置用ガスタービンでは低 NO_x 化の要求が強まるに従い，水噴射を使わないドライ方式の低 NO_x 化技術が出現し，この場合にタービン翼内部と同様のリブ形乱流促進体を使っているので，これを紹介する．ドライ方式における低 NO_x 化は一般に，燃料と空気の予混合希薄燃焼による最高温度の低減により実現するが，希薄燃焼には安定燃焼範囲が狭いという欠点がある．そこで，多段階燃焼などにより種火の周りに安定な火炎を確保するが，このとき燃焼前のガスで壁を冷やすことにより安定な希薄予混合燃焼を実現している[8]．図 21.87 にこの燃焼器の例を示す．燃焼前の予混合ガスが通るライナー外側面のみ図 21.88 に示すようなリブ構造とすることにより，低温側の壁面熱伝達率を高めて冷却を促進し，その結果図 21.89 に示す低 NO_x を実現

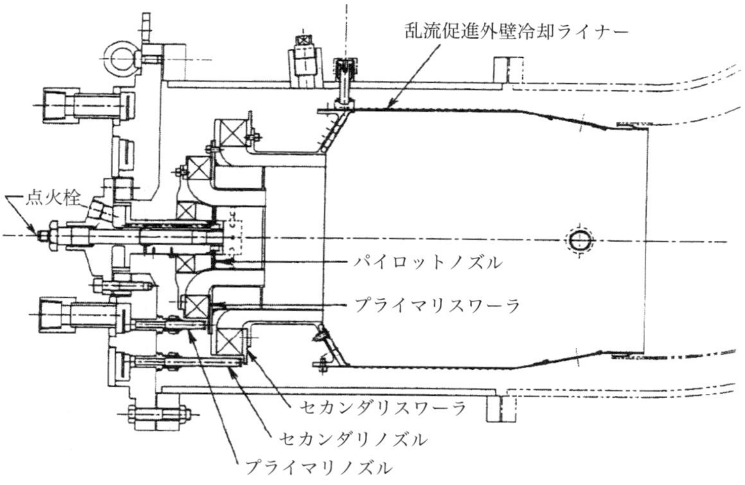

図 21.87　希薄予混合ダブルスワーラ燃焼器[8)]

図 21.88　外壁冷却ライナー上の乱流促進リブ断面形状[8)]

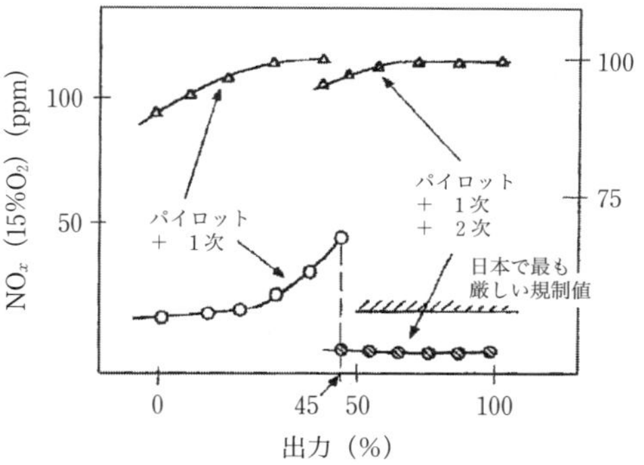

図 21.89　乱流促進リブによる NO_x 低減効果[8)]

している．このような技術は今後ジェットエンジンにも適用されていく可能性がある．

e.　今後の発展への期待

ジェットエンジンの設計においてはつねに性能の向上が強く求められる一方で，コンピュータの発達に伴い開発期間の短縮も求められている．このため，乱流および遷移を含む流れの短時間での正確な予測がますます重要となっている．そのため，現在は各種の乱流モデルが使われているが，乱流モデルは流れ場への依存性が高いために，検証した流れ場と類似の流れ場に対してしか信頼性の高い計算はできず，とくに設計上重要な高負荷限界点の計算による正確な予測は難しい．汎用的な計算精度向上のためには，流れ場に依存せずに信頼性の高い予測計算が可能な DNS が望まれるが，実用にはまだしばらく年月がかかるとみられる．一方，乱流成分のうち，乱流拡散をつかさどる大スケールのものだけを直接数値計算する LES 解析は実用段階に入りつつあり，コンピュータの性能向上と相まって，乱流を含んだ現象の大規模計算ができるようになってきた．LES 解析および DNS の実用化により，乱流モデルに依存しない数値予測がジェットエンジンの設計に活用されるようになることが期待される．

［磯村浩介］

文　　献

1)　大北洋治，荒井幹也：防衛技術ジャーナル，9, 2004, 24-33.
2)　J. C. Han *et al.*: Gas Turbine Heat Transfer and Cooling Technology, Taylor and Francis, 2000, 251-254.
3)　J. C. Han *et al.*: J. Heat Transfer, **113** (3), 1991, 590-596.
4)　P. Ligrani *et al.*: AIAA J., **41** (3), 2003, 337-362.
5)　G. Mahmood *et al.*: J. Turbomachinery, **123** (1), 2001, 115-123.
6)　J. Hourmiziadis *et al.*: AGARD Lecture Series, No. 167, 1989.
7)　H. A. Schreiber *et al.*: ASME GT 2003-38477, 2003.
8)　渡辺　猛ほか：特開平 7-275259 ガスタービン用燃焼器.

21.5.3　乱　気　流

航空機の運航に支障をもたらす気象現象はいくつ

かあるが，そのなかでも乱気流は，乗客に不快な念をいだかせるだけでなく，ときとして飛行そのものに危険を与えるため，乱気流の発生域の予知と予報に関する研究や技術開発は，航空機が実用化された時点から続けられてきた．

大気中の乱流は，その規模が千差万別であり，そのすべてが航空機に影響を及ぼすわけではないが，乱流を渦の集まりとしたとき，その渦の大きさが航空機の大きさとほぼ同程度のときにとくに大きな影響を及ぼす．また，航空機の速度や重量によっても影響の与え方は変わってくる．したがって，乱流の発生する自然条件が整っていても，つねに航空機が影響を受けるわけではない．航空機に影響を与える乱流や気流をとくに「乱気流」と呼んでいる．それは，軽やかなリズムを刻むようなものから，航空機を墜落に導くほどのものもある．実際，1996～2001年までの6年間のわが国の大型機による人的被害を伴う航空事故の約6割が乱気流を主因としている[1]．

現在の航空機にはレーダが装備されているので，低層の雲中における乱気流は一応事前に探知され，突然危険な空域に飛び込むことは防止できる．しかし，後述のように，晴天乱気流は雲のない大気中に発生するため，その予知は現在でもかなり困難である．米国NASAでは，パイロットの感ずる乱気流と気象要素との関係を表21.5にようにまとめている．

表 21.5　NASAによる乱気流の階級[2]

階　級	運行上の基準	擾乱の強さ
弱(light)	乗客は，座席ベルトを使用しなければならないが，機内の物体は移動しない	5～20 ft/s (1.5～6 m/s)
並(moderate)	乗客は，座席ベルトを使用しなければならない．ときには，ベルトで締め付けられる．固定してない物体は移動する	20～35 ft/s (6～10 m/s)
強(severe)	ときには操縦が困難になる．乗客は，ベルトを強く締め付けられ，座席に押し付けられたりする．固定してない物体は，激しく動揺する	35～50 ft/s (10～15 m/s)
烈(extreme)	まれにしか遭遇しない程度の乱気流であり，機体は激しく動揺し，操縦はきわめて困難，ときには構造的な危険に陥る	50 ft/s< (15 m/s<)

a. 乱気流の例

乱気流は，それを引き起こす原因によって，①対流によるもの（熱的乱気流），②地形・地物による風の乱れ（力学的乱気流），③山岳波によるもの，④大型機の後方にできる渦によるもの（人工的乱気流），⑤高高度乱気流に分類される[2]．ここでは，そのなかから，典型的な乱気流の特徴と成因について述べる（ただし，気象学的な記述は含まない）．

1）悪天による乱気流　熱的な要因による鉛直対流，これによって生ずる積雲や積乱雲の内部では，速度や方向の違うシア（Shear）によって渦ができ，かなり激しい乱気流となっている（「シア」とは「風シア」ともいい，鉛直または水平方向に単位距離だけ離れた二点間の風ベクトルの差を指す）．積乱雲に入り込む上昇気流は，雲の下では気流は乱れたものは少ない．積乱雲の発達過程や内部構造については，文献3に詳しい．

2）ダウンバースト/マイクロバースト[3]　ダウンバースト（downburst）は，地表近くで大きな被害を与えるような風を引き起こす強い下降流で，発散的な風の吹き出しを伴う．水平の広がりが4 km以下のものをとくにマイクロバースト（microburst）と呼んでいる．ただし，これは便宜的なものであり，ダウンバーストの大きさは1 km以下のものから，数十kmに至るものまでさまざまである．

ダウンバーストには2種類ある．一つは，雲底下の大気が乾燥していて，対流雲からの降水の蒸発によるもの，もう一つは下層大気が湿潤で上層が乾いている地域に発生する積乱雲によるものである．

図21.90は，マイクロバースト内の風系の鉛直断

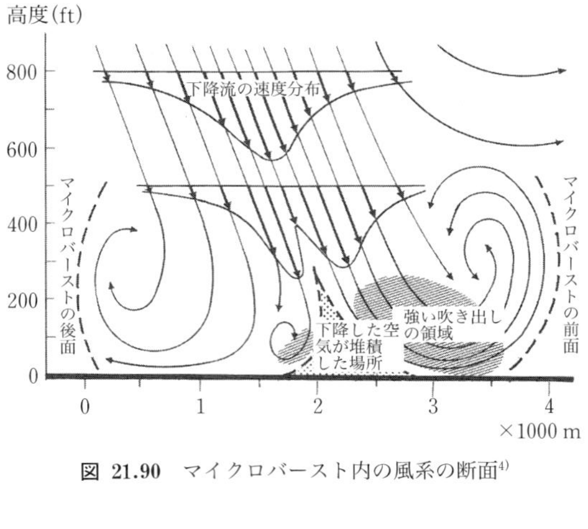

図 21.90　マイクロバースト内の風系の断面[4]

面を説明したものである．地上に達してからの寿命は10分程度であり，強風は50 m/s以上になる．

3) 地形・地物による乱気流と山岳波[2,3,5]　地表近くの空気が建物や凹凸のある地形などの障害物によって乱されて起こる乱気流である．風速が弱い場合には，乱れは害物付近にとどまるが，風速が増大し，10 m/sを越えるような場合には，乱れは風下側に運ばれ，風向によっては航空機の離着陸地点に影響する．滑走路の近くに大きなターミナルビルや格納庫などのある空港では，風の変動に注意が必要である．大洋上に位置する島の風下では，カルマン渦ができて乱気流の原因になる．

この種の乱気流でとくに危険なのが，山岳上空に位置する安定層と強風によって引き起こされる山岳波（mountain wave）である．一般に，山の影響は山の高さの4倍のところまで及ぶ．

Forchtgottによる山越え気流の分類[5]によれば，風が弱いかやや強い場合には，山を越す気流は山の形に沿うか，山の風下側に定常的な渦を形成する（図21.91(a)または(b)）．山の形に沿う場合でも，山頂付近で断熱的に冷たくなった風が風下側では急速にこぼれ落ちて乱気流的な下降気流（「下降ドラフト」「おろし風」と呼ばれる）をつくり，小型機に脅威を与える．

風がさらに強く，しかも高度とともに強くなっている場合には，波状の流れが観測される（図21.91(c)）．峰の近くで次々と渦が発生して風下に流れる．条件がそろうと風下に規則正しい停滞性の波動ができる．この波動は，風下波または山岳波といわれる．空気が湿っていると，レンズ雲が波動の上部に現れる．回転雲（ロータ雲）になる場合もある．鉛直流の強さは，しばしば10 m/sに達し，山の影響はときには高度20 km以上にも及ぶ．波の波長は，数kmが普通であるが，数十kmにまでなりうる．また，風下200 kmまで広がることもある．

山の1.5倍くらいの高さまで非常に強い風が吹き，そのうえで弱まっている場合（図21.91(d)または(e)）には，山の風下側に反対向きに回転する定常的な渦を形成し，山頂高度の2～3倍の高さのところまで非常に激しい乱気流がある．

4) 晴天乱気流[2,3)]　雲があればその雲の形やエコー観測から，乱気流の程度を予測することができるが，雲のないところに発生する乱気流は，目でみることができない．ジェット機が飛ぶ10000 m付近の雲のない上空でも相当の乱気流がある．これらの雲のないところにある乱気流をとくに晴天乱気流（clear air turbulence, CAT）と呼んでいる．CATは，対流圏上部から成層圏下部にかけて発生し，ジェット気流とも密接な関係がある．CATは，風のシア，とくに鉛直方向の風のシアが強いところで発生し，安定密度成層の境界で発生するケルビン-ヘルムホルツ不安定（KH不安定）波によるとされており，30～300 mの大きさの渦が航空機の運行に大きな影響を与える．図21.92は，縦軸にエネルギー密度を，横軸の下側に周波数，上側に渦の大きさをプロットしたものである．強いCATが発生したときのエネルギー分布は，図のM点で大きくなる．KH不安定でエネルギーが生成されるためと考えられる．

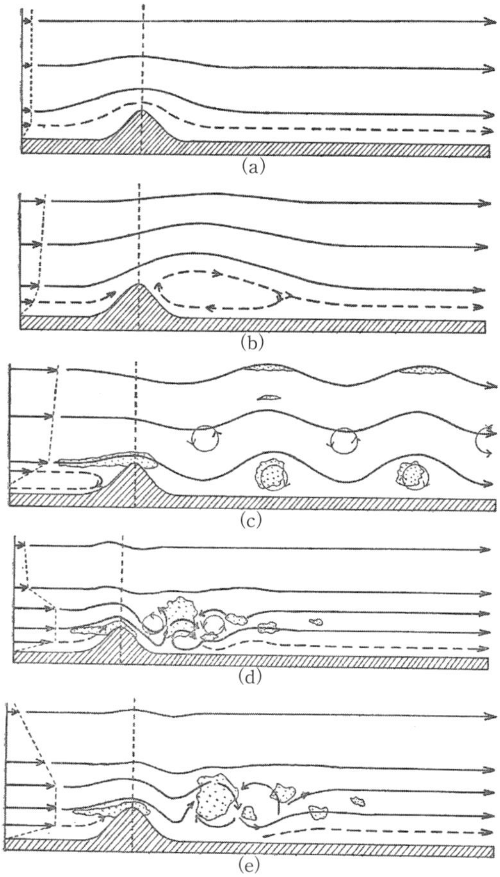

図 21.91　山岳上を吹き越す気流の分類[5]

5) 航跡渦による乱気流[2,4]　航空機が離着陸

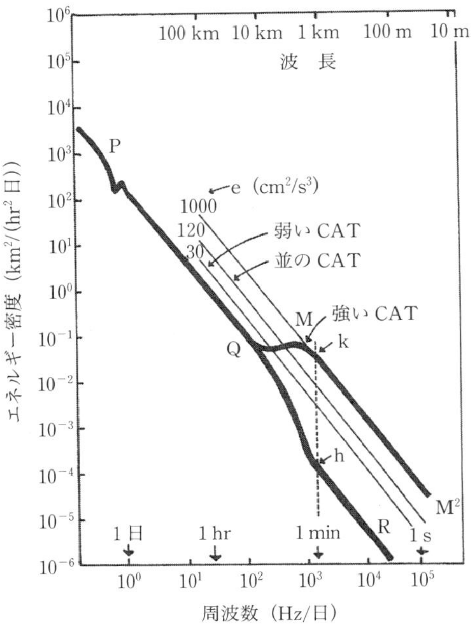

図 21.92　大気中のエネルギースペクトル[3]（ε はエネルギー散逸率）

するとき，それが通ったうしろ（航跡）にできる乱気流を航跡乱気流（wake turbulence，後方乱気流ともいう）といい，形も大きく激しいものである．小型航空機が，大型機の航跡に入ったとき，操縦不能となるような乱気流の遭遇することがある．多くの場合，それはCATにあたるものであるが，可視化すると，図 21.93 のように，翼端から発生する航跡渦（wake vortex）が大気中にしばらく残っていて，後続の航空機の運行の障害になる．大型機の出現に伴い，問題が顕在化し始めた．大型機の上空の航跡渦は，1 分間に 100 m 前後の速さで下降しなが

図 21.93　航跡渦の可視化[6]

ら，渦の直径を翼幅ぐらい（60 m 程度）にまで広げ，数分で消散していくが，場合によっては，後方 50 km 程度までこの渦の影響が残る．

b.　乱気流の理論と解析の事例

乱気流は，気象でいうところのメゾあるいはそれ以下のスケールの現象に分類される．

1）　晴天乱気流に関係するケルビン–ヘルムホルツ（KH）不安定[3,7,8]　図 21.94 に，KH 不安定波の発達・破砕に関する模式図を示す．安定成層中に鉛直シアがあると（a），それが小さい間は擾乱は発生しない（b）が，臨界値を越えると波動が発生して（c）から（f）の変化をする．このような波動を発生させるには，重力に逆らって波をつくるシアによるエネルギーが必要であり，その指標としてリチャードソン数 Ri が用いられる．

$$\mathrm{Ri}=\frac{g}{\rho}\frac{\Delta\rho}{(\Delta V)^2}$$

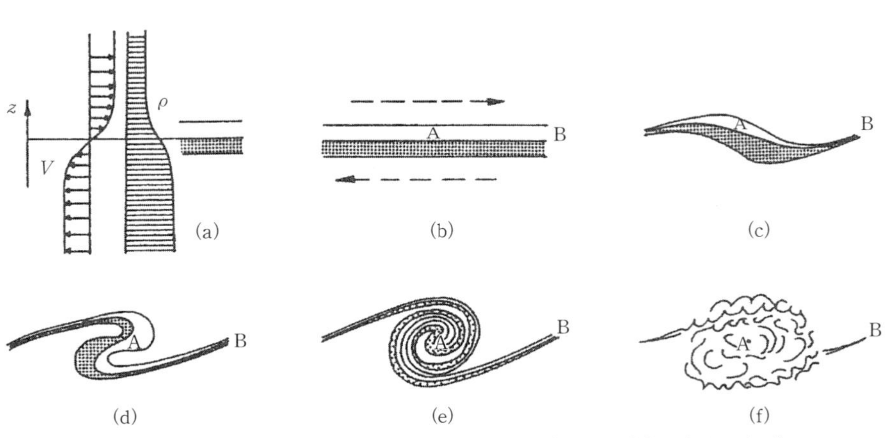

図 21.94　安定成層内のケルビン–ヘルムホルツ不安定による波動の発生と破砕[3]

ここで，g は重力加速度，$\Delta\rho$ は上下の密度差，ΔV は鉛直シアの強さを表す．線形理論[7,8]によれば，Ri が 0.25 より小さいと不安定になり，KH 波が発生する．現在の予報では，(ΔV=5 m/s(高度差 300 m) が並みの強さの CAT の基準として用いられている．

2) 乱気流の数値シミュレーション　NASA Langley の Proctor らのグループは，TASS (terminal area simulation system) と呼ばれる LES に基づいた解析法を開発した[9]．TASS では，運動量，圧力，温度の式に加え，水蒸気，雲水，雨などの六つの混合比に関する式の計 12 本の方程式を解く．雷雲近傍の対流，航跡渦などに適用し，50 m 程度の解像度が必要と報告している．［**松尾裕一**］

文　　献

1) 航空事故調査インフォーメーション，http://araic.assistmicro.co.jp/araic/aircraft/index.html.
2) 橋本梅治，鈴木義男：新しい航空気象，日本気象協会，2003.
3) 中山　章：最新航空気象，東京堂出版，1996.
4) 加藤喜美夫：航空と気象 ABC，成山堂書店，2003.
5) 伊藤　博編：航空気象，東京堂出版，1996.
6) J. R. Chambers: Concept to Reality, NASA SP-2003-4529, 2003.
7) 谷　一郎編：乱流（流体力学の進歩），丸善，1980.
8) 小倉義光：メソ気象の基礎理論，東京大学出版会，1999.
9) F. H. Proctor *et al*: AIAA Paper 2002-0944, 2002.

21.6　船　　　舶

21.6.1　船　　　体

a.　船の周りの流れの特徴

代表的な船の写真を二つ示す．図 21.95 は原油を運ぶ大型タンカー“鳥羽”である．長さ 333 m，幅 60 m，満載喫水 20.6 m，運搬重量 26 万 t で，時速 29 km で走る．図 21.96 はコンテナ船“COSCO XIAMEN”で，長さ 279 m，幅 40 m，満載喫水 12.5 m，運搬重量 6.7 万 t で，時速 47 km で走る．船体は全体として細長い箱形で，船首尾部が細い流線型をしている．船体表面には乱流境界層が下流方向に発達し，ほとんどの場合船尾に至るまで剥離がない．タンカーなどの船型はより箱形に近く，肥大船型と呼ばれ，大量の重量物を低速で運搬するのに適している．

図 21.95　タンカー船“鳥羽”[1]

船の周りの流れの最大の特徴は水面上に波，すなわち自由表面波が発生することである．水面上を走る船の波は，八の字状の発散波(diverging wave)と，進行方向に直角の波面をもつ横波 (transverse wave) からなり，Kelvin 卿（絶対温度の K で有名）の名前をとってケルビン波と呼ばれる（図 21.97）．自由表面波を特徴づけるパラメータは，曳航水槽での模型実験法を開発した William Froude の名前をとって，フルード数 (Froude number) Fr と呼ばれる．ただし，V は船の速度，L は船の長さ，g は重力加速度である．

$$\mathrm{Fr} \equiv \frac{V}{\sqrt{gL}} \qquad (21.6.1)$$

船の抵抗は，おもに，水の粘性に起因する粘性抵

図 21.96　コンテナ船“COSCO XIAMEN”[1]

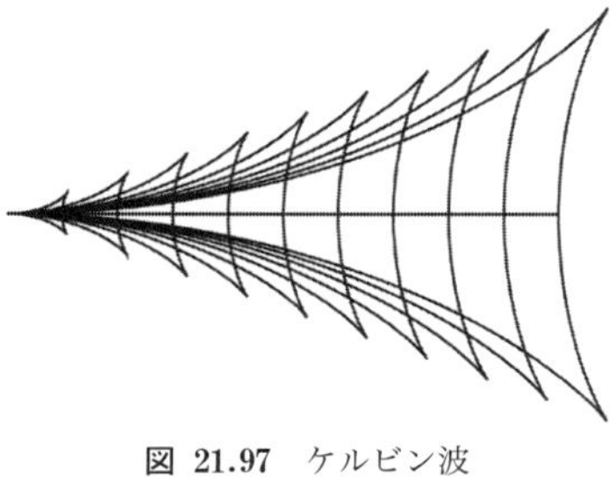

図 21.97　ケルビン波

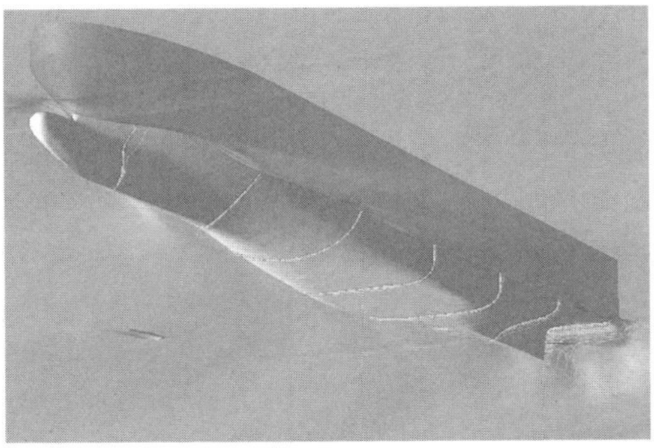

図 21.98　球状船首[2)]

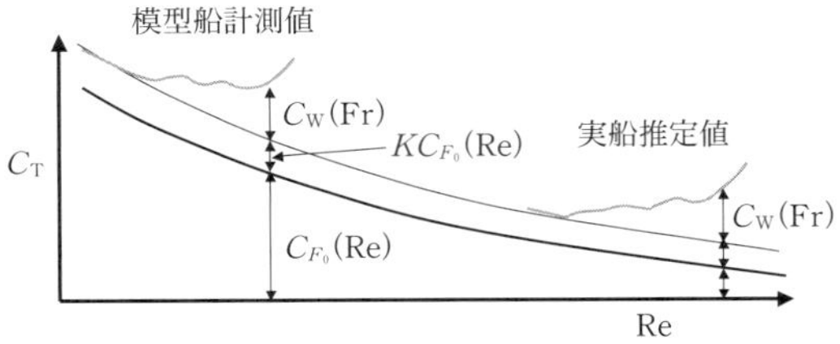

図 21.99　模型船の計測結果に基づく実船の抵抗値の推定方法

抗と，波を発生させるために船体が受ける造波抵抗からなる．造波抵抗は，ほぼ速度の 6 乗に比例して増加するため，高速な船ほど造波抵抗成分が大きく，その低減が重要となる．タンカー船型では，造波抵抗が全抵抗の 1 割程度であるが，コンテナ船では 5 割に達するため，その低減が船型設計上最も重要になる．通常，船首に球状船首（bulbous bow）と呼ばれる丸い突起を付け，それが起こす波が船体が起こす波を打ち消すことによって造波抵抗の低減を図る．図 21.98 に球状船首の一例を示す．CFD 計算結果の可視化表示であり，水のなかから見上げている．図のようにその断面形状は，波浪中での船体のピッチング（縦揺れ）による抵抗増加を抑えるため，縦長であることが多い．

船の周りの流れを特徴づけるもう一つのパラメータはレイノルズ数 Re である．ただし，ν は動粘性係数である．

$$\mathrm{Re} \equiv \frac{VL}{\nu} \qquad (21.6.2)$$

すなわち船の周りの流れはフルード数とレイノルズ数によって支配される．レイノルズ数は粘性抵抗成分を支配し，船の周りの流れでは非常に高い値をとる．図 21.95 の大型タンカーではレイノルズ数が 2.7×10^9 となり，図 21.96 のコンテナ船では 3.7×10^9 とさらに高い．なお，世界最大の航空機であるエアバス A 380 では 2.1×10^9，N 700 系新幹線車両は 16 両編成の状態で 3.4×10^9 であり，陸海空の乗物の最大レイノルズ数はほぼ同じということになる．

b.　実船の抵抗値の推定方法

船を建造する造船会社は，注文主に対して船のスピードを保証する．スピードが 0.1 ノット（1 ノットは 1.852 km/h）でも足りない場合は，違約金を支払わなければならない．そのため，船の抵抗を高精度で推定する必要がある．船体抵抗の推定法は，各造船会社は独自の方法を開発しているが，基本的には図 21.99 に示される方法によっており，以下に説明する．

①実船と幾何学的に相似な模型船（長さ 6～7 m）を製作する．

②模型船を曳航水槽で，低速（Fr<0.15 程度）で曳引して抵抗値 D を数点計測し，抵抗係数 C_T

$$C_T \equiv \frac{D}{(1/2)\rho V^2 S} \qquad (21.6.3)$$

の形に無次元化（S は浸水表面積）し，それらを速度ゼロに外挿して，造波抵抗成分がゼロの抵抗係数すなわち粘性抵抗係数 C_V(Re) を求める．なお低速実験では，スタッド（高さ 2 mm 程度の矩形状の微小突起）などを船首付近に取り付けて乱流促進を行い，層流の影響を受けないようにする必要がある．

③一方，多くの実験結果をもとに，平板の摩擦抵抗係数 C_{F_0} がレイノルズ数 Re の関数として求まっている．平板の摩擦抵抗係数として最もよく用いられるものがシェーンヘル（Schoenherr）の式[1)]である．

$$\frac{0.242}{\sqrt{C_{F_0}(\mathrm{Re})}} = \log_{10}\{\mathrm{Re}\, C_{F_0}(\mathrm{Re})\} \qquad (21.6.4)$$

そして，次式で定義される形状影響係数(form factor) K を求める．

$$1+K \equiv \frac{C_V(\mathrm{Re})}{C_{F_0}(\mathrm{Re})} \qquad (21.6.5)$$

形状影響係数は船体周りの流れが平板周りのそれからどれだけ離れているかを表し，肥大船型では0.4程度の値をとる．以降の解析では，形状影響係数はレイノルズ数にもフルード数にも依存せずつねに一定であると仮定する．

④有限速度の場合にも粘性抵抗は式（21.6.5）で表されると仮定すると，計測される全抵抗値から粘性抵抗を差し引いたものを造波抵抗と呼ぶことができ，同様に無次元化して造波抵抗係数 $C_W(\mathrm{Fr})$ で表すと次式が得られる．ただし，造波抵抗係数はフルード数にのみ依存しレイノルズ数に依存しないと仮定する．

$$C_T = C_V(\mathrm{Re}) + C_W(\mathrm{Fr}) = (1+K)\, C_{F_0}(\mathrm{Re}) + C_W(\mathrm{Fr}) \quad (21.6.6)$$

なお，このようにして得られる造波抵抗は剰余抵抗（residual resistance）とも呼ばれる．

⑤実船の抵抗係数 C_T は，実船レイノルズ数における $C_{F_0}(\mathrm{Re})$ をシェーンヘルの式によって求め，それを（$1+K$）倍して $C_V(\mathrm{Re})$ を求め，さらに $C_W(\mathrm{Fr})$ を足して求める．

上記に示した実船の抵抗値の推定方法は船の周りの流れの特徴を巧みに利用しており，また逆に，上記を裏づける数多くの実験的事実から，船の周りの流れの特徴が浮かび上がってくる．すなわち，船の周りの粘性流場と自由表面波との干渉効果は小さい．ただし，砕波現象など自由表面波の非線形性が強くなると，それが原因で伴流が発生するなど，干渉効果が大きくなる．また，模型船と実船でレイノルズ数がかなり異なっても，乱流境界層の特性はほぼ不変であると推定できる．

c. 船の周りの粘性流場の特徴

タンカー船型の水面下の部分の断面図を図21.100に，模型船におけるプロペラ面の伴流分布を図21.101に示す．船体中央部には箱形の長い平行部があるが，船尾では，プロペラ軸周りに膨らみを残しながら，V字型に絞られる．その結果，船尾に左右一対の縦渦が形成され，船体表面に沿って

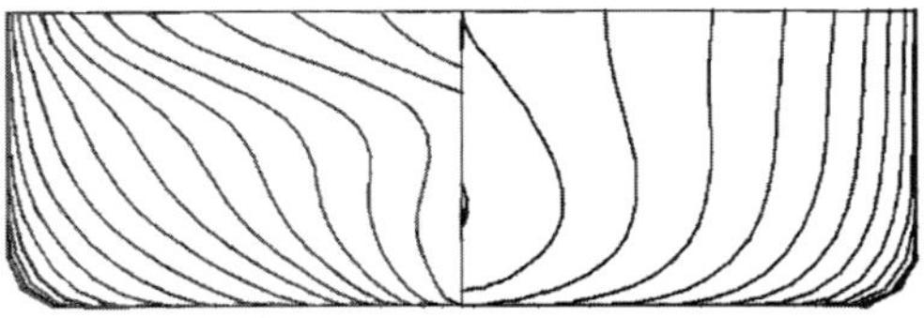

図 21.100　タンカー船型の断面図（左：後半部，右：前半部）

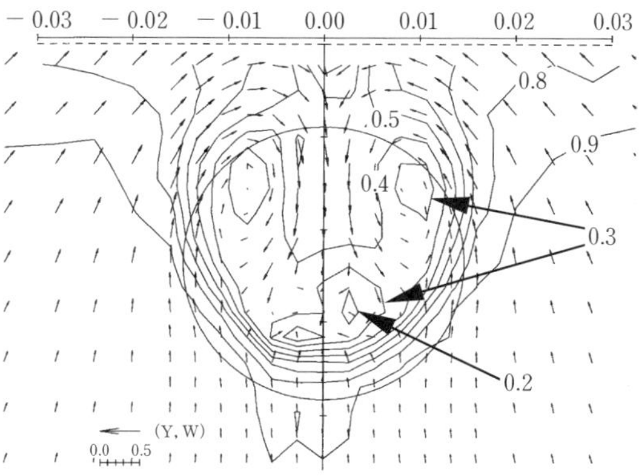

図 21.101　タンカー模型船のプロペラ面伴流分布と速度ベクトル（一様流速=1.0）

発達した乱流境界層の伴流域は，船尾のプロペラ作動断面において，プロペラ円のなかに丸く集中する．船尾では，作動するプロペラの推進効率はプロペラ流入速度が小さいほど，すなわちプロペラを船尾伴流域のなかで作動させるほど高くなる．これを伴流利得と呼ぶ．逆にいえば，そのような伴流分布が得られるように船尾形状を設計する．強い船尾縦渦は，流れに回転エネルギーを与えるため，抵抗増加の原因になる．また，船尾縦渦は針路安定性を高める働きもある．

d. 尺度影響

図21.95のタンカーを長さ7mの模型船を用いて実験すると，レイノルズ数が 8.2×10^6 になり，実船とは100倍以上の開きがある．最終的に推定する必要があるのは実船周りの流れであるが，信頼できる実船データは非常にかぎられており，推定手法の開発の大きな妨げとなっている．たとえば，CFD計算に用いられる乱流モデルは模型レベルの実験データに基づいてつくられており，10^9 レベルのレイノルズ数において有効である保証はない．肥大船の船尾縦渦について，長さ4.5mおよび8.5mの模型船と長さ167mの実船を用いたある実験結果[4]によれば，4.5mの模型船では明瞭に現れていた伴流分布の“目玉”が，8.5mの模型船では存在は確認されるものの薄くなり，実船では消滅して通常の扁平な境界層分布になった．これが普遍的な現象かどうかは，計測結果が一例しかないため，不明である．実スケールの詳細な計測データの取得が強く望まれる．

［児玉良明］

文　献

1) 海技研ニュース2005年第1号，p. 16．http://www.nmri.go.jp/main/publications/newsletter/kaigiken-news2005-1'.pdf
2) CFD page of HSVA web site. http://www.hsva.de/
3) J. N. Newman：Marine Hydrodynamics, MIT Press, 1977.
4) 高橋　肇：実船まわりの流れの計測—実船の抵抗計測を含む—，粘性抵抗シンポジウム，日本造船学会（現 日本船舶海洋工学会），1973，189-211.

21.6.2　海洋構造物

a.　海洋構造物の種類

海洋構造物は，おもに海底石油掘削装置として発展した．石油掘削装置は，固定固着型，移動式着底型，浮遊式係留型に大別される．固定固着型には，ジャケット（jacket）型，移動式着底型には，潜水着底（submergible）型や昇降脚（jack-up）型，浮遊式係留型には，半潜水（semi-submergible，セミサブ）型や船型（vessel）がある．セミサブ型には，FPS（floating production system），直立円筒型（spar）などがあり，船型には，ドリル船(drill ship)，浮体式石油掘削・貯蔵・積出設備である FPSO（floating production, storage, and offloading unit）などがある．

石油掘削が目的ではない船型構造物として，独立行政法人海洋研究開発機構（JAMSTEC）所有の地球深部探査船「ちきゅう」が2005年に建造された．「ちきゅう」は水深2500 m以下の海底からさらに最大7500 m下のマントルのコア試料のサンプリングができるといわれている．このような海底石油掘削，マントルの採取，マンガン団塊などの海底資源採取の設備には，ライザー管と呼ばれる長い管状構造物が付加されている．

長大パイプの用途としては，近年では海洋温度差発電（ocean thermal energy conversion, OTEC），二酸化炭素の海底下地中貯留や海洋深層隔離なども考えられている．ほかに石油掘削目的以外の注目される構造物として，浮体式空港や洋上発電などの大規模海上基地としての利用が考えられている超大型ポンツーン（pontoon）型のメガフロート（mega-float）がある．これらの海洋構造物の安全性に関しては，とくに海洋波中での運動が重要となる．浮遊式海洋構造物の波浪中の運動理論については，文献1，2に詳しい解説がある．

b.　海洋構造物と流れの干渉，VIV

海洋構造物と流れの干渉としては，浮体としてのトラススパー（truss spar）や，浮体から海底面に伸びるライザー管のような長大パイプに発生する渦励振（vortex induced vibration, VIV）が問題となるケースが多い．VIVとは，流れが構造物に当たる際に，構造物からの渦の剥離により構造物自身が振動する現象をいい，繰返し加重による疲労破壊が起こる危険を伴う．VIVは，高い煙突や「もんじゅ」の事故で知られるようにさまざまな構造物で発生するが，ライザー管のような長さ数千mにも及ぶ長大パイプの場合，疲労破壊以外にも，近隣パイプとの接触による破壊につながる危険もある．ここでは，近年，国際集会など（たとえば，ASME Int. Conf. on Offshore Mechanics & Arctic Eng.）で，とくに集中的に議論されている海洋の長大パイプに発生するVIVをとりあげ，その発生メカニズムと解析法について解説する．

c.　長大パイプのVIVの発生メカニズム

VIVの発生は，円柱から放出される渦と円柱の位置関係によるものと考えられる．実験では，円柱を強制振動させ長水槽にて曳航したり，あるいは回流水槽にて一様流を当てて流体力を計測する[3]．静水中で円柱を強制加振した際の渦放出のパターンは，以下のKc（Keulegan-Carpenter）数とストークス（Stokes）数βで整理される[4]．

$$\mathrm{Kc}=\frac{V}{fD}=\frac{A}{D} \tag{21.6.7}$$

$$\beta=\frac{\mathrm{Rn}}{\mathrm{Kc}}=\frac{VD}{v}\frac{fD}{V}=\frac{fD^2}{v} \tag{21.6.8}$$

ここで，Vは単振動する円柱の最大速度，fは振動数，Dは円柱直径，Aは振幅，RnはVベースのレイノルズ数である．文献3に，ポテンシャル渦の位置によって円柱に作用する起振方向の力とそれと垂直方向の力について詳しい解説がある．Sarpkaya と Isaacson[4]は，Kc数が8を越えると放出渦は非対称となり，10と15の間で起振方向の抗力は極大，付加質量は極小値をとり，それらの値はβが大きくなるにつれて，それぞれ減少，増大すると報告している．

強制振動する円柱に，振動と垂直方向に流れがある場合，Kc 数とともに，以下の流れの速度 U ベースのレイノルズ数 Re と強制加振振動数ベースのストローハル数 St も現象を支配する重要な無次元数となる．

$$\mathrm{Re}=\frac{UD}{v} \tag{21.6.9}$$

$$\mathrm{St}=\frac{fD}{U} \tag{21.6.10}$$

文献 5 に，円柱からの渦放出の様子が Re 数ベースにまとめられている．

①亜臨界領域（sub critical regime）：

$$2\times10^3<\mathrm{Re}<2\times10^5$$

円柱に沿った境界層は剥離点（上流のよどみ点から約 80° の位置）まで層流で，円柱後流は乱流化する．渦放出周期は明瞭に確認され（$f_sD/U\approx0.2$，f_s は渦放出周波数），円柱にかかる抵抗もほぼ一定となる（$C_D=1.2$）．

②臨界領域（critical regime）：

$$2\times10^5<\mathrm{Re}<5\times10^5$$

境界層内の流れは不安定になるが，乱流化する前に剥離する．抵抗係数は 0.3 程度まで落ち，渦放出周波数は定まらない．

③超臨界領域（supercritical regime）：

$$5\times10^5<\mathrm{Re}<3.5\times10^6$$

上流のよどみ点から約 100° の位置で最初の層流剥離があり，流れが乱流化したのち，再付着し剥離泡（separation bubble）を形成する．その後，約 140° にて最終的な乱流剥離が起こる．抵抗係数は 0.5～0.7 程度に回復し，後流の剥離渦は細かく複雑化し，渦放出周波数は大きく変動する．

強制加振した円柱の場合，亜臨界領域では，剥離渦と円柱の相対位置による流体力の説明が可能であるが，超臨界領域では，円柱上の剥離泡や剥離点の位置の差異により円柱に沿った流れの低圧部が横力に効いてくると考えられる．さらに渦の 3 次元性，すなわち円柱軸方向の渦構造は，臨界 Re 数以下でも発現しており，流体力に少なからず影響する[6,7]．

亜臨界 Re 数で円柱を自励振動させる場合は，円柱やその支持部の固有振動数と渦の剥離の周波数とが同期する際に，大振幅の VIV が発生することが知られている[8]．これは，ロックイン（lock-in）現象と呼ばれる．いったんロックイン VIV が起きると，広いレンジの St 数で渦放出周期は円柱振動数と一致（$f_s/f=1$）し，最大振幅は $1D$ ほどにもなり，一様流方向の抵抗は増加する[9]．また，亜臨界 Re 数での同期には，2 T（two triplets vortices per cycle of body motion）モードや 2 S（two single vortices per cycle of body motion）モードなどもある[10]．

d. 長大パイプの VIV の解析法

VIV の解析は図 21.102 のように分類されよう．最も右が古典的な VIV 解析法であり，もっとも左が先端的ともいえる全 3 次元流体構造連成計算である．

CFD の VIV 解析への応用は，まず複数の 2 次元 CFD 計算の層（strip）を，梁要素を用いた FEM による時間発展的線状構造物解析法と連成させる手法があり，実験値との検証ではある程度の成功を収めている[11,12]．しかし，この手法は，層間の流体力の補間や剥離渦の 3 次元性に課題を抱えている．2 次元 CFD の各層を 3 次元化し，3 次元 CFD 層を複数連成させる手法は，渦の 3 次元性の現出という点では意味がある．しかし，層間の流体力の補間の問題は解決されない．

3 次元の CFD と水中線状構造物解析用の時間発展的 FEM による完全な流体構造連成解析は，パイプ直径（数十 cm）とパイプの長さ（数百～数千 m）のスケール差を考慮すると，CFD の格子分割数が膨大となる．たとえば，亜臨界 Re 数でも，軸方向の格子サイズは最低でも $0.02D$ が必要とされる[13]ように，現在の計算機能力では不可能に近い．最近の例[10,14]では，パイプの長さ・直径比は 5 以下，Re 数は亜臨界の 10^5 のオーダーで 3 次元 LES が行われている．これらでは，VIV の計算は短いパイプ全体が剛体として振動するケースとなっている．文献 14 ではらせん状のストレーク（helical strake）構造付のパイプを扱っており，これは 3 次元 CFD の特質を生かした解析であるといえる．また，

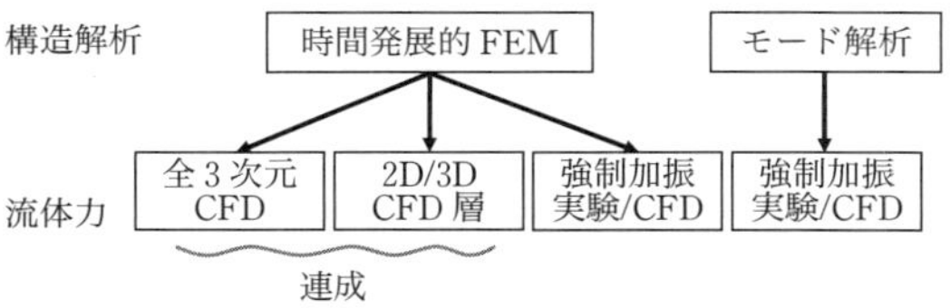

図 21.102　VIV 解析法の分類

Re 数が 1×10^4 では，1500 個のプロセッサをもつ並列計算機を用いて，同様の剛体振動の VIV 解析が DNS で実施されている[15]．パイプの長さ・直径比が 1400，Re 数が 10^4 のオーダーで，3 次元 FEM-CFD とパイプ軸方向にモードをもつ VIV 振動解析を行っている例[16] もある．ただし，円柱に沿った節点数 38，軸方向の節点数は $2.2D$ ごとに 1 と大変粗い格子となっており，結果の吟味が必要である．

VIV 解析用の CFD の格子には，移動する重合格子（Chimera grid）[10,14] や格子を変形させる arbitrary Lagrangian-Eulerian（ALE）法[16] が用いられる．また，臨界 Re 数以上の領域では，流体力を定量的に精度よく表現できる乱流モデルの選択に注意が必要となる．一般に，LES に用いられるサブグリッドスケールモデルは後流の再現に適しており，亜臨界 Re 数では渦放出周期の推定に有効である[13] が，流体力の推定にはかなり細かい格子が必要となる[17]．比較的粗い格子では，RANS 系の 2 方程式モデルが用いられることが多いが，超臨界 Re 数で流体力を精度よく表現するにはさらなる工夫が必要であろう．また，現実のパイプを考えると，これまでの CFD を用いた VIV 解析では例をみないが，円柱表面の粗度も考慮しなくてはならない．実験ではわずかな粗度の付加で，臨界 Re 数は 10^4 の後半にまで落ちることが知られている．

一方，従来から VIV 解析に用いられてきた図 21.102 の右端の手法は，パイプの強制振動実験結果をデータベース化し，FEM のモード解析に適応する手法[18,19] である．この手法では，振動時の流体力のうち起振・減衰力成分 F_S（パイプ振動速度と同位相成分）と付加質量成分 F_C（パイプ振動加速度と同位相成分）を以下のように取り出し，強制加振の振動数・振幅ごとにデータベース化する．

$$F_S=\frac{2f}{N}\int_{t_0}^{t_0+N/f}F(t)\sin[2\pi f(t-t_0)]\mathrm{d}t \tag{21.6.11}$$

$$F_C=-\frac{2f}{N}\int_{t_0}^{t_0+N/f}F(t)\cos[2\pi f(t-t_0)]\mathrm{d}t \tag{21.6.12}$$

ここで，f は強制加振の振動数，N はある自然数である．F_S についてのチャートの例[20] を図 21.103 に示す．

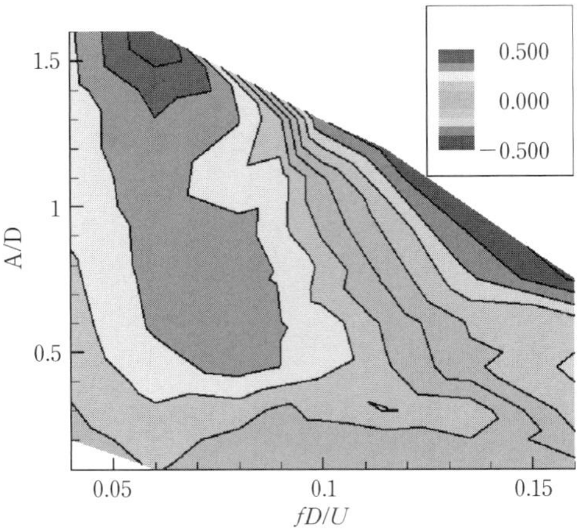

図 21.103　起振・減衰力成分 F_s のコンター図[18]

円柱の単位長さあたりの流体力 F_S は

$$\frac{1}{2}\rho C_L DV(U^2+V^2)^{1/2}$$

で無次元化されており，これが正であると起振力，負であると減衰力であることを意味する．図の縦軸，横軸はそれぞれ振動流中の Kc 数，St 数である．このようなチャートは Re 数ごとに作成される．これによると，ある振動数（St 数）の付近に起振域があり，また振幅（Kc 数）により極値をもつことがわかる．自励振動である VIV は，パイプの固有振動モードが上記の起振域にあるとき発生すると考えられる．

ついで，パイプの固有振動数・固有モードを求め，あるモードについて，その振動数と振幅の初期値からチャートを用いて流体力を抽出し，流体力がパイプに与える起振エネルギーと構造減衰力のエネルギーがバランスするまで，繰り返し計算によりモード形状（軸方向の各位置における振幅）を求める．さらに得られたモード振動数とモード形状（振幅）により，付加質量も変化するので，これについても繰り返し計算を行う．図 21.104 に解析の手順を示す．

ただし，この手法では単一モードを仮定するため，振動数が時間変化する現象や複数の振動が重なった現象などは再現できない．とくに長大パイプでは非常に近い値の固有モードが多数存在するため，単一モードごとの解析は収束が困難になることがある．

そこで，連成解析とモード解析の中間型の，強制

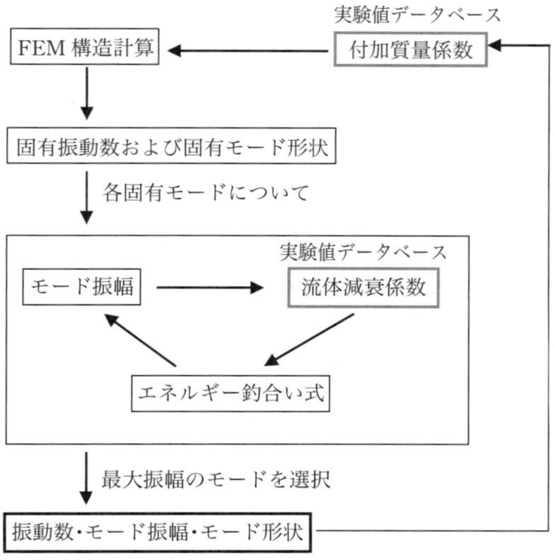

図 21.104 固有モード解析による VIV 応答解析の流れ

加振実験のデータベースを用いた時間発展的な構造解析による VIV 予測法の研究がみられるようになった．この手法では，水中線状構造物の各梁要素の位置・速度・加速度から，その瞬間の振動数・振幅・位相を決定し，データベースをもとに流体力と付加質量を求め，これを時間発展的に繰り返す．したがって，複数モードの振動が重なった場合も解析可能であるが，円柱軸方向のある位置が，ある時間にどの振動数で振動していて，どの振幅のどの位相にあるかを判断することが難しい．文献 21 では単純に位置・速度・加速度の 3 式から 3 変数を求めているのに対し，文献 20 では，位置に関する振動の履歴の情報から，主要な VIV 振動を式 (21.6.11)，(21.6.12) にウィンドウ関数をかけて抽出している． **［佐藤 徹］**

文　献

1) 元良誠三（監）：船体と海洋構造物の運動学，成山堂書店，1992.
2) 日本造船学会海洋工学委員会性能部会（編）：浮体の流体力学（前編），成山堂書店，2003.
3) 日本造船学会海洋工学委員会性能部会（編）：浮体の流体力学（後編），成山堂書店，2003.
4) T. Sarpkaya, M. Issacson: Mechanics of Wave Forces on Offshore Structures, Van Nostrand Reinhold, New York, 1981.
5) R. D. Belvins: Flow Induced Vibrations, Krieger, Florida, 2001.
6) T. Sarpkaya: J. Fluids Structures, **15**, 2001, 909-928.
7) H. M. Blackburn *et al.*: J. Fluids Structures, **15**, 2000, 481-488.
8) R. E. D. Bishop, A. Y. Hassan: Proc. R. Soc. Lond., **A377**, 1964, 51-75.
9) C. C. Feng: The measurement of vortex-induced effects in flow past stationary and oscillating circular and D-section cylinders. M. Sc. thesis, Univ. British Columbia, 1968.
10) J. P. Pontaza, H. C. Chen: Proc. 25 th Int. Conf. Offshore Mech. Arctic Eng., ASME, OMAE 2006-92052, 2006.
11) J. K. Vandiver, J.-Y. Jong: J. Fluids Structures, **1**, 1987, 381-399.
12) G. J. Lyons *et al.*: J. Fluids Structures, **17**, 2003, 1079-1094.
13) F. Menter *et al.*: Proc. 25 th Int. Conf. Offshore Mech. Arctic Eng., ASME, OMAE 2006-92145, 2006.
14) A. Pinto *et al.*: Proc. 25 th Int. Conf. Offshore Mech. Arctic Eng., ASME, OMAE 2006-92161, 2006.
15) S. Holmes *et al.*: Proc. 25 th Int. Conf. Offshore Mech. Arctic Eng., ASME, OMAE 2006-92124, 2006.
16) S. Dong, G. E. Karniadakis: J. Fluids Structures, **20**, 2005, 519-531.
17) P. R. Spalart *et al.*: Comments on the feasibility of LES for wing and on a hybrid RANS/LES approach, Advances in DNS/LES, Proc. 1 st AFOSR Int. Conf. on DNS/LES (C. Liu eds.), 1997.
18) K. Herfjord *et al.*: J. Offshore Mech. Arctic Eng., **121**, 1999, 207-212.
19) K. W. Schulz, T. S. Meling: Proc. 21 st Int. Conf. Offshore Mech. Artic Eng., ASME, OMAE 2004-51186, 2004.
20) 手島智博ほか：マリンエンジニアリング学会誌，**41**，2006，152-157.
21) J. Dalheim: Proc. 20 th Int. Conf. Offshore Mech. Artic Eng., ASME, CD-ROM, 2001.

21.7 化 学 工 学

ほとんどの化学プロセスでは，何らかの形で流体を取り扱わなければならない．しかも，化学装置内で取り扱わなければならない現象は，化学反応や熱・物質移動を伴う乱流や混相流などきわめて複雑である．乱流を応用，制御するという観点からは，攪拌・混合操作（ミキシング）は化学プロセスのなかで，代表的な単位操作の一つであり，工業的にも重要である．そこで本節では，このミキシングについて，乱流とのかかわりを述べる．

21.7.1 攪拌槽内の乱流

攪拌槽を用いた混合操作は，装置も単純であり，化学プロセスでは頻繁に使用される．攪拌槽による混合において流動状態は，通常の低粘性流体の場合は乱流，高濃度乳化液や高分子溶液などの高粘度流体の場合は層流という二つに大別される．次式で定義される攪拌レイノルズ数が約 10 以下で層流，約 1000 より大きいときに完全乱流となり，その間に幅広い遷移域をもつ[1]．

$$\mathrm{Re}=\frac{\rho n d^2}{\mu} \qquad (21.7.1)$$

攪拌槽にはさまざまなタイプがあるが，多くは図 21.105 に示すように円筒槽の中心に攪拌翼のシャフトを垂直に装着したものである．乱流での混合においては，通常 4 枚程度の邪魔板を槽壁に装着する場合が多い．邪魔板の幅 B_W には攪拌槽径の約 1/10 程度のものが用いられる．これらの邪魔板は，回転軸周りの流体の固体的循環を減少させ，攪拌翼上下に定在する渦（vortex）の形成を抑制するのに役立つとともに，槽内の乱流強度を増大させる作用ももつ．

用いる攪拌翼の種類は，流動状態が層流状態か乱流状態かによって異なり，低粘性流体の混合に用いられる乱流域の場合，図 21.106 に示すようなタービン翼，プロペラ翼，ピッチドブレード翼などが使用される．攪拌翼の直径 d は，攪拌槽径 D の 0.2 ～0.5 倍であり，直径比 $d/D=1/3$ がしばしば使用される．タービン翼から吐出される流体は半径方向であり，一方プロペラ翼から吐出される流体は軸方向（下方向）であるため，循環パターンは異なるが，槽内で有効に流体を循環させること，槽内で消費される運動エネルギーのほとんどが乱流渦（eddies）によるエネルギー消散である点からみれば大差はない．つまり，槽壁と攪拌翼での摩擦損失は全体のエネルギー消散から比べると比較的小さいといえる[3]．

十分に発達した乱流の場合には，攪拌槽内全体のエネルギー消散速度（攪拌所要動力）は以下の半経験式で表される．

$$P=\int \rho\varepsilon \mathrm{d}V=N_\mathrm{p}\rho n^3 d^5=2\pi n T \qquad (21.7.2)$$

式（21.7.2）からわかるように，各種の攪拌翼の動力数 N_p はトルクを測定すれば，簡単に求められる．一般に，攪拌槽の攪拌所要動力の特性は，図 21.107 に示すように，動力数を攪拌レイノルズ数に相関させることで評価される．図 21.107 からもわかるように十分発達した乱流域では，N_p はほぼ一定値をとる．各種の攪拌翼に対して，層流域から乱流域までをカバーする実際的な動力相関式が提案されている[5~7]．槽内の平均のエネルギー消散速度は次式で与えられるが，化学反応を考慮する場合は，槽内の ε の分布も重要な要因となる．

$$\varepsilon_\mathrm{av}=\frac{P}{\rho V}=\frac{N_\mathrm{p} n^3 d^5}{V} \qquad (21.7.3)$$

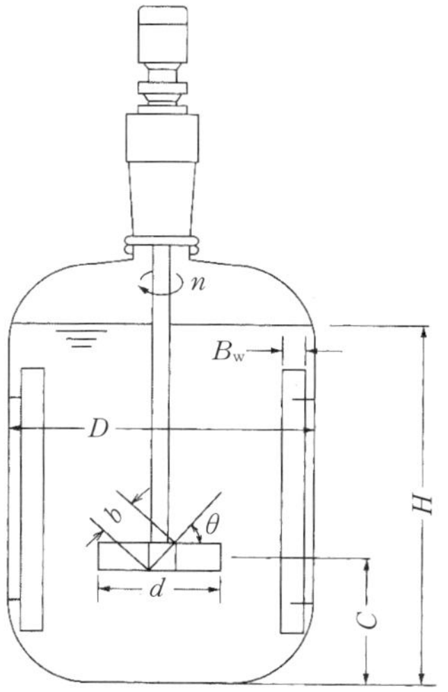

図 21.105　攪拌槽の構成[1]

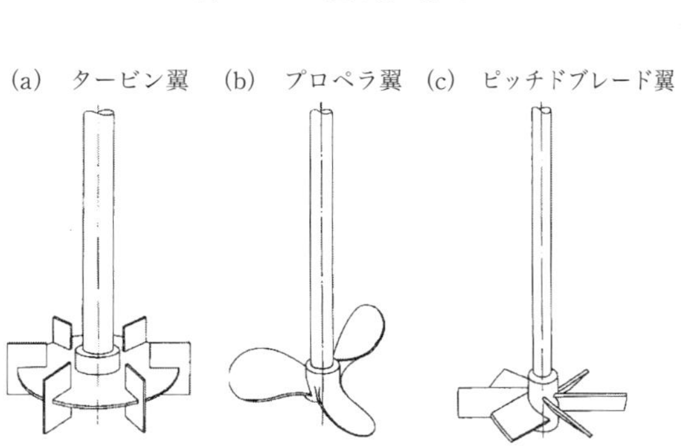

図 21.106　攪拌翼の種類[2]

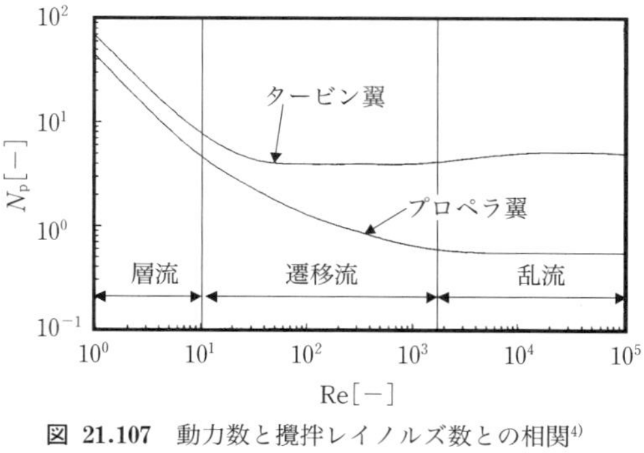

図 21.107　動力数と攪拌レイノルズ数との相関[4]

撹拌槽の混合性能を評価するうえで，もう一つの重要な因子となるのが，次式で表される撹拌翼から吐出される液流量である．

$$Q = N_q n d^3 \tag{21.7.4}$$

ここで，N_q は撹拌翼の吐出性能を評価するパラメータ（吐出流量数）である．N_q あるいは，Q は槽内の循環流との関係を表す指標となる．つまり，ある撹拌所要動力に対して，大きな N_q を与える場合は，循環流を主体とする撹拌翼であり，一方，小さな N_q を与える場合は，剪断流を主体とする撹拌翼である[1]．N_p と同様に N_q に関する経験的な相関式も提案されている[8]．

21.7.2 撹拌槽内での乱流混合

撹拌槽における混合性能は，混合時間 t_M で評価されるのが一般的である．これは，ある流体を撹拌している槽内に，この流体と可溶な別の流体を投入し，それが均一な混合流体となるまでの時間として定義される[1]．回転速度 n で無次元化した無次元混合時間 nt_M を混合性能の指標として，撹拌翼の寸法，形状，動力数，吐出流量数などを用いた相関式が提出されている[1]．

近年，化学反応を考慮に入れるため，撹拌槽内の乱流混合を三つのスケールに階層化した混合性能の指標が提案されている[3,9]．この混合指標について，少し詳しく言及する．撹拌槽内での乱流混合は，混合スケールによって以下の三つに分類される．

a. マクロ混合

撹拌槽の混合において，混合の最大のスケールは装置全体のスケールである．マクロ混合は，槽内の物質の平均濃度や，流通反応器の場合では滞留時間分布を制御する．このことは，マクロ混合は槽内の循環流に関連していると考えられる．したがって，マクロ混合については次式で表す循環時間で特徴づけられる．

$$t_C = \frac{V}{Q} = \frac{V}{N_q n d^3} = \frac{\pi D^2 H}{4 N_q d^3} \tag{21.7.5}$$

この t_C は前述の t_M と対応しており，nt_C も定義が可能である．

b. メソ混合

メソスケールの混合について，二つの特性時間が考えられている．一つは，半回分や連続操作などで，液体を撹拌槽内に供給するとき，反応速度の速い化学反応の場合は，反応は液の供給点近傍で局所的に起こるため，供給点近傍での乱流拡散過程がきわめて重要である．したがって，メソ混合に関する特性時間 t_D は，次式で定義される．

$$t_D = \frac{Q_{\mathrm{feed}}}{u_{\mathrm{av}} D_t} = \frac{\pi}{4} \frac{d_o^2}{D_t} \tag{21.7.6}$$

もう一つのメソ混合に関する特性時間は，乱流の大規模渦（large eddies）の分裂過程の慣性・対流領域に関連しており，その混合スケール r_m はコルモゴロフのマイクロスケール η より大きく，エネルギー含有渦のサイズ L よりも小さいと考えられる．速度と濃度の積分スケールが同じであると仮定すれば，この慣性・対流領域の混合を特徴づける特性時間は次式で表される[10]．

$$t_S = \frac{k}{2\varepsilon} = \frac{3}{4} \frac{L^{2/3}}{\varepsilon^{1/3}} \tag{21.7.7}$$

c. ミクロ混合

乱流においてミクロ混合はコルモゴロフの最小渦径のスケールで起こる．乱流理論からコルモゴロフのマイクロスケールは次式で定義される．

$$\eta = \left(\frac{\nu^3}{\varepsilon}\right)^{1/4} \tag{21.7.8}$$

コルモゴロフの最小渦のなかでは，分子拡散により物質の濃度が均一化すると考えられており，この最小渦内での拡散時間は次式で見積もられる．

$$t_G = K \frac{\eta^2}{D_m} \tag{21.7.9}$$

係数 K は，通常は約 90% 程度濃度が均一化する時間として，0.1 程度が採用される[3]．式（21.7.8）と式（21.7.9）の関係から，t_G は ε を用いて次式で表される．

$$t_G = 0.1 \frac{\nu^{3/2}}{\varepsilon^{1/2} D_m} \tag{21.7.10}$$

従来はミクロ混合を特徴づける時間は t_G とほぼ等しいと考えられてきた．しかし，実際のミクロ混合時間は式（21.7.10）で予想される拡散時間よりも早くなる場合がある．もし，二つの異なる体積要素が渦内に存在すれば，それらは渦運動により急速に巻き伸ばされ，図 21.108 に示すようにらせん状になり，コルモゴロフスケール内の分子拡散速度よりも早く濃度が均一化する．つまり，コルモゴロフの最小渦スケール内の混合は分子拡散によるものではなく，渦内の伸長速度に依存すると考え，次式が

図 21.108 渦運動による流体要素の引延し

提案された．

$$t_E = 17.24\left(\frac{\nu}{\varepsilon}\right)^{1/2} = \frac{1}{E} \qquad (21.7.11)$$

この t_E は吸込み時間（engulfment time），E は吸込み速度係数（engulfment rate coefficient）と呼ばれる[9]．

式（21.7.8）と（21.7.9）の関係から，t_G と t_E の比は次式で表される．

$$\frac{t_G}{t_E} = 0.0058\frac{\nu}{D_m} = 0.0058\ \mathrm{Sc} \qquad (21.7.12)$$

したがって，この比は Sc に比例することになる．一般に，液体の場合は高 Sc 流体であり，吸込み時間は拡散時間より短く，ミクロ混合時間は t_E と同じとみてよい．一方，気体のような低粘性流体は拡散時間のほうが，吸込み時間よりも早く，ミクロ混合の時間は t_G と同じとみてよい．一般に，攪拌槽は液体を取り扱うので，ミクロ混合においては，この吸込み時間が重要となるが，攪拌槽内においては，ε は一定ではなく，槽内で広い分布をもっている．図 21.109 に示すとおり，エネルギー消散の大きい攪拌翼の近傍とその他の槽内とでは消散速度は数百倍程度異なり，ε の槽内分布が化学反応に大きな影響を及ぼす．

攪拌槽内を乱流場で化学反応を起こさせる場合，先に述べたマクロ，ミクロ，メソの混合の特性時間

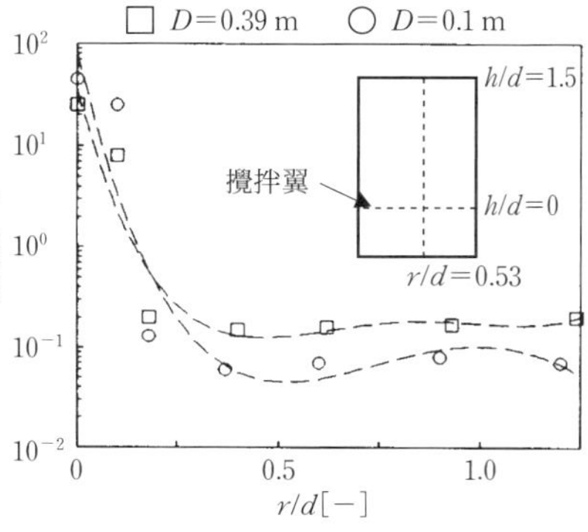

図 21.109 攪拌槽の高さ位置による相対エネルギー消散速度（タービン翼を使用）

と反応のそれとの比が重要になる．この比をダムケラー数 Da（＝混合の特性時間/反応の特性時間）と呼び，攪拌槽内の三つの混合スケールで Da が定義可能である．Da≪1 より小さい場合は，混合に要する時間は，反応に要する時間よりも十分短く，混合が反応に及ぼす影響は無視してよい．これらの比によって，それぞれの混合スケールで反応が律速か，混合が律速かを見極める必要がある．

21.7.3 噴流混合

噴流混合はメンテナンスの容易さおよび混合の効率の高さから，しばしば反応容器内あるいは管内の混合促進に用いられている手法である[12,13]．

噴流は以下の噴流レイノルズ数 $\mathrm{Re_j}$ が 1000～2000 で乱流となる（図 21.110）．

$$\mathrm{Re_j} = \frac{\rho_j \mu_j d_j}{\mu_j} \qquad (21.7.13)$$

噴流混合には注入方式から 2 種類に大別される．以下それぞれの特徴について述べる．

a. 槽内噴流混合[13]

噴流混合槽内の混合は以下の機構で進行する．

①噴流流体の噴流ノズルから，ノズルから離れた槽内領域への対流移動

②ノズルから離れた槽内領域で噴流による母液の対流移動

③噴流中に 2 次液体が取り込まれることによる母液の対流移動

④噴流流れ内の噴流と 2 次液体の混合

図 21.111 に示すように，噴流は側面あるいは中心軸から投入される．いずれの場合にも図にみられるように難混合領域が存在する．この領域の大きさは，以下の事項により影響を受ける．

①噴流ノズルと再循環吸収管との相対位置

②槽と噴流ノズルの相対的大きさ

③噴流ノズルの突出の度合

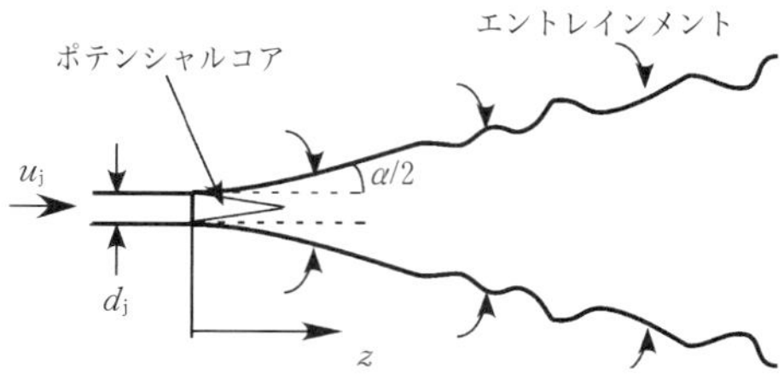

図 21.110 噴流挙動

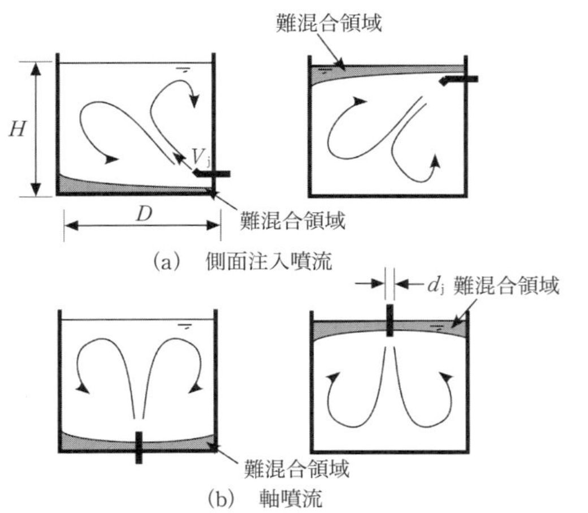

図 21.111 槽内噴流の形式[13)]

④槽形状

難混合領域は全体の混合時間を支配するため，極力小さくなるように設計することが重要である．

槽内噴流に関して Lehrer[14)] は，理論的に混合時間を導いている．槽内（直径 D，高さ H）体積の R 倍に等しい液体積が取り込まれるまでの時間 t_R は

$$t_R=\frac{R}{fz_E}\frac{D^2H}{u_jd_j} \qquad (21.7.14)$$

である．ここで，z_E は有効噴流長さとされ，f は $100<\mathrm{Re}_j<2000$ では Re_j の強い関数であるが，十分な乱流域ではほぼ一定となると考えられている係数である．この理論に基づいていくつかの実験式が提案されている．

また，側面注入式に対する実験相関式として Fox と Gex[15)] によって以下の式が提示されている．

$$t_R=K_R\frac{DH}{u_jd_j}\left(\frac{d_j}{h}\right)^{0.5} \qquad ここで\ K_R=K_0\frac{\mathrm{Fr}^l}{\mathrm{Re}_j^m},$$

$$\mathrm{Fr}=\frac{u_j^2}{gd_j} \qquad (21.7.15)$$

ここで，係数 K_0，指数 l および m は表 21.6 に示す値である．表 21.6 には同時に Lane と Rice[16)] による側面注入に対する式と軸噴流に対する式をのせた．なお，これらの係数は異なる大きさに対し，個々に設定する必要があるとされる．

噴流混合を用いる場合，噴流液と母液との間に大きな密度差がある場合，混合が生じなくなる下限界噴流速度 u_c が存在する．このことに関連して以下のような Fosset と Prosser[17)] の研究成果がある．

軽い流体の密度を ρ_1，重い流体の密度を ρ_2 とすると，以下の条件で臨界噴流速度が存在する．

$$\frac{\rho_2-\rho_1}{\rho_2}>0.05 \quad で \quad u_c=\left(2gGH\frac{\rho_2-\rho_1}{\rho_2}\Big/\sin^2\beta\right)^{0.05} \qquad (21.7.16)$$

ここで，β は噴流ノズルの水平方向への傾斜角（若干の補正が必要）であり，G は成層定数と呼ばれ，相対密度の関数であり，10 程度の値を有する．

なお，噴流混合は一般に攪拌機を使用するエネルギーに比べて多くのエネルギーを要することが指摘されている．しかしながら，攪拌機系に比べて設備費が安く，保守が容易であるため，大型の混合機に広く適用される．

b. 管路噴流混合[13)]

管路噴流混合には，噴流と主流の方向によって 2 種類に大別できる（図 21.112）．以下それぞれについて記述する．

1) 同軸噴流混合　同軸噴流混合の乱流域で，クラヤ-カルテット数 Ct が以下のとき，自由噴流の挙動を示す．

表 21.6 槽内噴流混合における混合時間の係数

		Re_j	D (m)	K_0	l	m
Fox & Gex[15)]（側面噴流）		250〜2000	0.29	7.82×10^5	0.17	1.33
			1.52	5.27×10^5	0.17	1.33
		$2000〜1.6\times10^5$	0.29	120	0.17	0.17
			1.52	85.5	0.17	0.17
			4.27	182	0.17	0.17
Lane & Rice[16)]	側面噴流	200〜2000	0.31〜0.57	1.13×10^6	0.17	1.34
		2000〜60000	0.31〜0.57	154	0.17	0.17
	軸噴流	100〜2000	0.31〜0.57	7.08×10^5	0.17	1.30
		$2000〜10^5$	0.31〜0.57	145	0.17	0.17
		$10^5〜1.4\times10^5$	0.31〜0.57	22.8	0.17	0

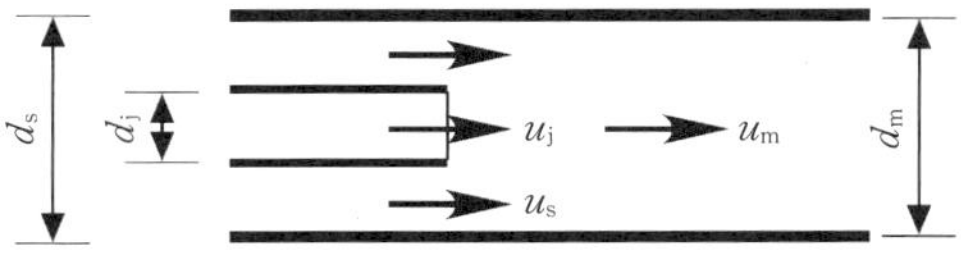

(a)　同軸噴流混合

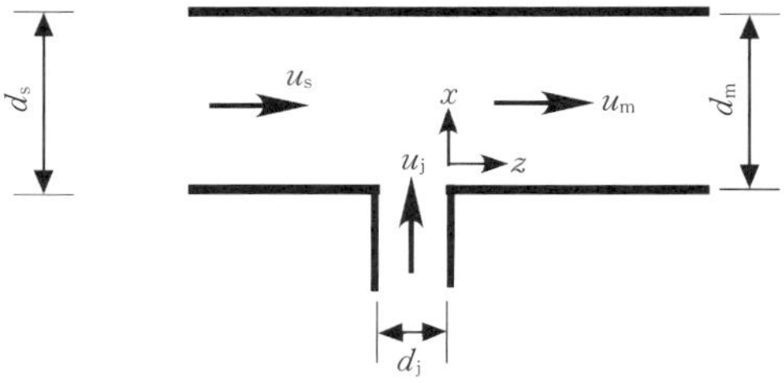

(b)　壁面噴流混合

図 21.112　管内噴流の形式[13]

$$\mathrm{Ct}>0.75 \qquad ここで,$$

$$\mathrm{Ct}=\frac{(u'-1)\,d'^2+1}{d'\{u'^2-u'-0.5d'^2(u'-1)^2\}^{0.5}} \tag{21.7.17}$$

なお，Ct<0.75 のときには，管壁近傍に再循環流域が生ずるため，混合時間が長くなる．噴流が自由噴流挙動を示す Ct>0.75 の場合の混合時間 t_M は以下の式で相関できる．

$$t_M=\left\{6.6+1.7\log\left(\frac{G_s}{G_j}\right)\right\}\frac{L_z}{u_m} \qquad ここで,$$

$$L_z=\frac{(d_m/2-d_j/2)}{\tan(\alpha/2)} \tag{21.7.18}$$

2)　壁面噴流混合[13]　　この方式は流量が極端に異なる流体の混合に適している．

噴流が主流に直角に注入される場合に，噴流が主流に浸透していく距離 x(m) を示す実験式が提案されている．

$$\frac{x}{d_j}=1.0\left(\frac{\rho_j u_j^2}{\rho_s u_s^2}\right)^{0.4}\left(\frac{z}{d_j}\right)^{0.3} \tag{21.7.19}$$

式から明らかなように，主流に対する噴流の運動量比が唯一の重要パラメータである．一方運動量比が 1.5 より小さい場合には，噴流は管壁に対して単純に偏向していく流れとなり，混合時間は開管流れの混合時間に漸近する．開管内の混合における混合時間は以下の式で良好に相関される．

$$t_M=150\frac{d_m}{u_m} \tag{21.7.20}$$

21.7.4　スタティックミキサ

従来層流域に対して用いられることが多かったが，近年では低粘度流体の混合に乱流域で用いられるようになりつつある[13]．しかしながら，乱流域で用いられるスタティックミキサの役割は，流れが層流の場合のような分配促進ではなく，主として乱れ促進である[18]．

典型的なスタティックミキサを図 21.113 に示す．乱流用にはとくに圧力損失の小さな Kenics 型や Sulzer SMV 型が多く用いられるようである．

Sulzer 混合機については，以下の相関式が導出されている．

$$\frac{(d_{VS})_m}{D_h}=0.21\,\mathrm{We}^{-0.5}\mathrm{Re}_b^{0.15} \qquad ここで,$$

$$\mathrm{We}=\frac{\mu_c\gamma d_{VS}}{\sigma} \tag{21.7.21}$$

また，スタティックミキサは伝熱促進の用途があり，Kenics 型のものについて以下の式が提案されている．

$$\mathrm{Nu}=0.078\,\mathrm{Re}_b^{0.8}\mathrm{Pr}^{0.33} \tag{21.7.22}$$

この式から空塔の場合と比較して約 3 倍の熱伝達が期待されるが，圧力損失は約 100 倍以上となる．

圧力損失の比較について表 21.7 に示す．圧力損失は一般に Funning の摩擦係数として整理される．表 21.7 の結果は空塔が 0.02 である場合に対する結果である．

Lightnin 混合機の圧力損失 ΔP_m については空塔の圧力損失 ΔP_0 に対しての式として以下の式が提案されている．

(a)　Kenics　　(b)　Sulzer SMV

(c)　Sulzer SMX　　(d)　Toray-Hi-mixer

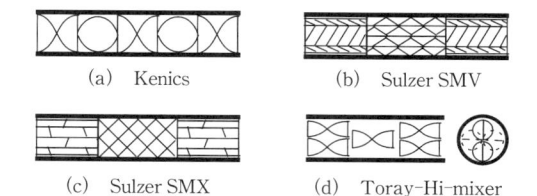

図 21.113　スタティックミキサ[12]

表 21.7　スタティックミキサの摩擦係数[13]

混合機の型式	摩擦係数
空塔	0.02
Kenics	3
Sulzer SMV	6〜12
SMX	12
Toray Hi-Mixer	11

$$\Delta P_{\mathrm{m}} = 66.5\,\mathrm{Re}_{\mathrm{b}}^{0.086} \mu^{0.064} \Delta P_0 \quad (21.7.23)$$

なお，前述のように圧力損失の関連で層流域での研究が主体であり，乱流域の応用例は少なく，それぞれの性能について十分に比較検討された研究はみあたらない．しかしながら，近年気液混合，固液混合や不均一液液混合に関して積極的な検討がなされつつある[19]．　［大村直人・鈴木　洋］

文　　献

1) 荻野文丸ほか（編）：化学工学ハンドブック，朝倉書店，2004，264-282.
2) M. Zlokarnik : Stirring, Wiley-VCH, 2001.
3) D. Thoenes : Chemical Reactor Development, Kluwer Academic Publishers, 1994, 54-71.
4) R. L. Bates *et al.* : Ind. Eng. Chem. Des. Dev., **2**, 1963, 310.
5) S. Nagata : Mixing, Principles and Applications, Kodansha-A Halsted Press Book, 1975, 31.
6) 亀井　登ほか：化学工学論文集，**21**，1995，41.
7) 平岡節郎ほか：化学工学論文集，**24**，1997，969.
8) 化学工学会（編）：化学工学のシンポ 34 ミキシング技術，横書店，2000.
9) J. Baldyga, J. R. Bourne : Turbulent Mixing and Chemical Reactions, John Wiley, 1999.
10) L. Vicum *et al.* : Chem. Eng. Sci., **59**, 2004, 1767-178.
11) K. A. Kuster : Ph. D. thesis, Eindhoven Univ. of Technology, 1991
12) 化学工学会（編）：化学工学便覧，改訂 6 版，丸善，1999.
13) N. Hamby *et al.*, 高橋幸司（訳）：液体混合技術，日刊工業新聞社，1989.
14) I. H. Lehrer : Trans. Inst. Chem. Eng., **59**, 1981, 247.
15) E. A. Fox, V. E. Gex : AIChE J., **2**, 1956, 539.
16) A. G. C. Lane, P. Rice : Trans. Inst. Chem. Eng., **60**, 1982, 171.
17) H. Forsett, L. E. Prosser : Trans. Inst. Chem. Eng., **29**, 1951, 322.
18) D. M. Krstic *et al.* : J. Membrane Sci., **208**, 2002, 303.
19) P. D. Berkman, R. V. Calabrese : AIChE J., **34**, 1988, 602.

21.8 建　　築

21.8.1 室　　内

a. 室内環境における乱流の課題

建築室内の物理環境は，大きく音，光，熱，空気の 4 要素に分けられることが多い．建築の環境工学では音に関して，建築軀体中の固体音と，気中音にかかわる波動のソース，シンク，伝搬性状の解析と人体の聴覚認知の問題を扱う．光に関しては，室内光や外光など可視域の電磁波のソース，シンク，伝播性状の解析と人体の視覚認知の問題を扱う．両者はともに人体の外部情報認知にかかわる重要な物理現象であるが，乱流という流れ現象が重要な因子になることはない．

人体は代謝によりおよそ 100 W で産熱している発熱体であり，人体内部を 37°C に保つようその環境に放熱している．産熱は比較的人体内部で生じ，皮膚表面で放熱されるため，人体内部と皮膚表面にはこの熱移動に伴う温度勾配が生じており，一般に人体深部体温 37°C に対し，平均皮膚温は 33.6°C 前後となっている．この平均皮膚温度，深部体温の維持は，人体の生理調節や衣服という断熱材で調整するほか，建物壁体の断熱材や暖房や冷房などの空調により制御している．建築環境工学では，熱に関してこの放熱と体温維持を円滑に行うための，屋外環境（ヒートアイランド現象に象徴される都市の温熱環境）や室内温熱環境の最適化と，快適性につながる人体の熱環境の認知の構造解明を課題とする．人体および周辺環境における熱移動は「伝導」，「放射」，「対流」で生じる．就寝時などをのぞき，人体は家具や床など固体物とあまり接触しておらず，人体の熱環境としては室内空気と周辺の家具や床などの固体壁に取り囲まれている．通常の室内環境で静穏な活動をしている人体の呼吸に伴う顕熱や潜熱（水蒸気）による熱放散は 10% 前後であり，人体の放熱はおもに皮膚表面（あるいは着衣表面）からの放射や対流伝熱により行われている．ただし，床壁などの固体壁面温度が空気温度と同一レベルであれば，一般の室内では人体からの放熱は放射成分によるものが対流成分によるものより多い．しかし，放射伝熱により床壁などの固体壁に伝達された熱の多くは，室内空気に対流伝熱されて室外に排出される．その意味でも対流伝熱にかかわる室内の空気の流れは一つ，重要な課題となる．なお，人体表面の対流伝熱は，人体周辺の気流との相対速度が増すにつれて大きくなり，人が風を感じる 30 cm/s 以上の相対速度で対流伝熱による放熱が大きくなっていく．この気流の相対速度，30 cm/s は，通常の静穏な環境での人体放熱に伴う熱上昇流の速度にほぼ対応している．人体が気流を感じるのは，人体の代謝発熱による人体を包み込んでいるこの周辺の熱上昇流が破られる気流速度に対応するわけである．

あらゆる生物は人も例外でなく，代謝活動を行い，絶えずさまざまな物質を摂取し，代謝物質を排出している．これは，生体周辺の空気や水などの流体を介して行われる．人の場合，食物や飲料などのほか空気を呼吸により取り入れ，酸素などを摂取し，二酸化炭素や水蒸気などの代謝物質を放出している．この呼吸は生きているかぎり絶えることはなく，清浄な空気を吸入することは，人が健康に暮らすための絶対条件となっている．一般に室内は，閉鎖されているため屋外に比べ室内空気が汚染されやすい．人体も二酸化炭素や水蒸気などの代謝物質ばかりでなく臭気なども排出して室内空気を汚染する．人体は空気中の健康影響物質を必ずしも十分に認知しない．燃焼器具などから排出される一酸化炭素を認知できないことはよく知られている．人体が清浄な空気を呼吸し，有害な汚染物質を吸入するリスクを低減させることは，室内の空気の流れがかかわるところが大きい．乱流という流れ現象による物質輸送の予測と制御は室内環境調整の重要な因子となる．

b.　循環流による輸送

上述したように，室内の空気の流れによる熱と物質の輸送は，室内環境の調整において重要な課題となる．室内における熱や流れの媒質である空気以外の物質の空間分布が流れに大きな影響を与えなければ，両者はともに流れ輸送現象としては相似となり，物質輸送（おもにガス体）での論議は，熱輸送にもそのままあてはまる．自然対流など密度差により生じる流れは，とくに室内の壁体表面から室内空気への熱伝達特性を知るうえで重要となるが，ここでは取り扱わない．一般に，室内の壁面から室内気流への対流伝熱は，対流熱伝達率で 2～6 W/m^2K 程度といわれている．対応する対流物質伝達率は，10～20 m/h 程度である．これらは，実験的には，パラジクロロベンゼン（衣類の防虫剤などに使用される昇華性の物質）の昇華速度や水膜から水蒸気蒸発速度の測定など物質伝達率の測定，固体壁面上での温度勾配の計測などによる対流熱伝達率の測定などから計測される．数値シミュレーション的には，固体壁近傍の境界層における粘性底層まで解像する乱流モデルに基づく解析などもよく行われる．

室内の温度やさまざまな物質濃度は，ソースやシンクの場所が室内で局在化していても，大きな室内循環流（平均流）と乱流混合により，第1次近似的には均質に分布し，大きな空間分布をもたないものとして，建物の設計や空調設備の施工が行われるのが一般的である．逆にいえば，空調の吹出し気流は，速やかに室内空気と混合することが期待され，とくに床上 1.8 m 高さまでの人の活動域では大きな温度分布，気流速度分布，汚染質の濃度分布が生じないよう設計される．

これに対して，近年，省エネルギーの観点から室内すべてを均一の温度，空気質に保つのではなく，室内でのこれらの空間分布を上手に利用し，人の活動域など必要箇所のみ効率よく温度や空気質を制御すればよいという思想に基づく室内環境調整が行われるようになってきた．これは，室内環境のロバスト性という観点からは，少しの条件変化や予期せぬ条件変化により人の活動域の温度や汚染室濃度が不具合になる可能性が増す意味で，一種，室内環境制御の脆弱性をもたらすものである．したがってその設計には，慎重な室内気流解析や温度，汚染質の濃度分布性状の予測が必要とされる．この際，室内の汚染濃度分布や温度分布の形成の構造を気流の性状から評価する指標として換気効率指標が導入されている．汚染質の濃度分布を例に循環流の卓越した室内気流における換気効率指標の考え方を紹介する．

その要点は室内の循環流といえども，室内を流れる空気には，室内へ導入される入口と室内から排出される出口があり，入口を最上流側とし，出口を最下流側とする空気の流れの集合体であることである．室内の汚染質管理，清浄度管理の要は，流れの上流側に汚染質の発生を許さず，汚染質の発生がある場合にはその地点を流れの最も下流側にすることである．これは，結果的に室内で発生する汚染質が室内に存在する時間，室内滞在時間を短くする最もよい方法となる．無論，乱流拡散により汚染が下流から上流に輸送されることはある．しかし，一般的な室内での乱流拡散は移流に比べて5% 程度であり（具体的には，乱流フラックスの絶対値と移流フラックスの絶対値の比が5% 程度）であり，多くの場合，下流側の物質が上流側に輸送されることは少ない．なお，汚染質が室内に存在する時間，室内滞在時間が短いことは，室内の汚染物質の平均濃度が低いことを意味する．これは，汚染質が定常発生する状況を考えれば，容易に理解できることであり，定常発生時，室内滞在時間の増加は，その分，室内の汚染質の瞬間，瞬間の総和量が多くなることを意味する．

c. 空気齢と空気余命

循環流と乱流混合のある室内気流で上流と下流の程度を示す換気効率指標で，よく用いられるものに空気齢と空気余命がある．これは，米国暖房冷凍空調学会 ASHRAE や日本の空気調和・衛生工学会 SHASE の学会基準[1,2]にも採用されている．

図 21.114 は室内のある点で，流れが汚染質や空気を輸送する経路を模式的に示している．すなわち，空気の入口である給気口からの空気（新鮮空気）は，室内のさまざまな経路を経て，いま換気の性状を評価する点 P に到達し，さらにその点 P からまたさまざまな経路を経て空気の出口である排気口に排出されている．この特定の点 P を経由するすべての空気塊の移動時間を，給気口で室内に空気が誕生し，排気口から排出されて一生を終わる空気塊の年齢に喩えて，給気口から特定の地点に到達する時間を「空気の年齢」，その点から排気口に至る時間を「空気の余命」，吹出し口から特定の地点を経由して吸込み口に至る時間を「空気の寿命」と称する．空気の年齢は，誕生からの経過時間を示しており，上流からどの程度，下流に至ったかを示している．空気の余命は，死亡するまでの時間を示しており，下流からどの程度，上流にあるかを示している．

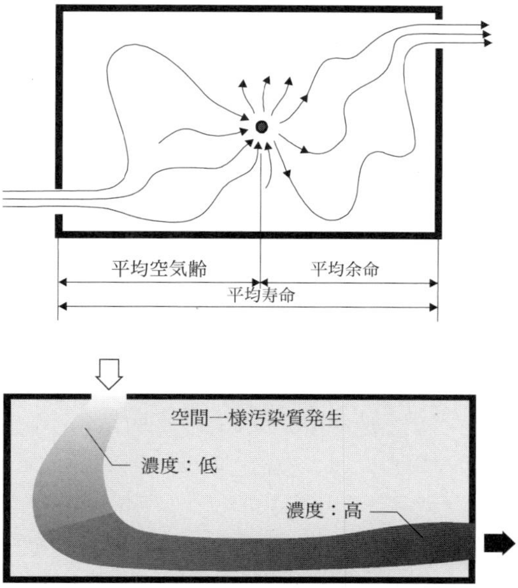

図 21.114 室内の給気口の空気齢と排気口の空気余命解析
(a) 平均空気齢（age of air），平均余命（residual life time of air），平均寿命（residence time of air）．
(b) 空間一様汚染発生濃度と空気齢の対応．

室内の空気は乱れており，特定の点を経由する空気塊の経路にはさまざまなものがあると考えられる．これに室内の平均的な循環流も関係して，一般にはさまざまな空気塊の「空気の年齢」，「空気の余命」の平均を考え，「空気の平均年齢」，「空気の平均余命」，「空気の平均寿命」が定義されている．なお，室内空気が乱れていて，「空気の年齢」，「空気の余命」を考える際に，さまざまな経路を経る空気塊の平均を考えることは，自明であることも多い．この点，「平均」という言葉が省略されて誤解を生じさせる可能性はあるが，自明である「平均」を省略し，「空気の平均年齢」，「空気の平均余命」を単に，「空気の年齢」，「空気の余命」と称することも多い．ここでも「平均」は自明のこととして，「平均」を省略して使用する．

室内で汚染質を一様発生させた場合の室内汚染質濃度分布は，この「空気の年齢」の空間分布に対応する．特定の地点の汚染質濃度は，空気塊がその地点に到達するまで，一様発生する汚染質にその時間経過に比例して染まって上昇した濃度を示す．「空気の年齢」は，一般的には給気口でトレーサを空気塊に注入し，「空気の年齢」を観察する地点でのトレーサ濃度の時間応答（時間変化）を調べて求められるが，室内全域での「空気の年齢」の空間分布性状を調べるには，この室内で一様発生する汚染質濃度の空間分布を求め，それを「空気の年齢」の空間分布と解釈することがはるかに容易となる[3]．これは，室内気流の CFD（computational fluid dynamics）解析にトレーサ濃度の乱流拡散解析を組み合わせることにより容易に実現できる．

「空気の余命」もこれを観察したい地点で，空気塊にトレーサを注入し，排気口でトレーサ濃度の時間応答（時間変化）を調べて求められるのが一般的である．これに対して，「空気の年齢」の空間分布を求めるのと同じく，室内一様発生汚染質の濃度分布を求めることにより，その「空気の余命」の空間分布を求める方法がある[4]．これは，いささかトリッキーであり厳密性を欠くが，実用的には十分な精度で「空気の余命」の空間分布が求められる．その解析方法の要諦は，「排気口までの空気の余命の算出は，給気口からの空気の年齢を求めるプロセスと，時間的な逆転場で同じプロセスを考える」ことにある．室内一様に汚染が発生する場において，給気口から空気塊がその時間経過に比例して汚されてその場の濃度が定まっているのに対応し，現在から過去に時間が進む時間逆転する流れ場では，排気口から空気塊が時間逆転により室内に戻る時間経過に比例して汚染質に汚されてその濃度が定まるはずである．すなわち，「空気の余命」は，ビデオの巻き戻し再生のように時間逆転する流れ場で汚染質を一様発生させ，その濃度分布を求めることにより得られる[4]．ここでこの「空気の余命」を求める方法がトリッキーというのは，時間的に逆転する拡散場では負の拡散を解かなければならないが，数値的にこれを解くことはできない．トリッキーであるということは，この「空気の余命」の計算方法では，負の拡散を無視して正の拡散に置き換えて計算することにある．これは，正確には時間逆転する汚染質の拡散場を解いたことにはならず，その近似した拡散場を解いたことになる．

「空気の寿命」は「空気の年齢」，「空気の余命」の和で求められる．室内気流の CFD 解析とそれに続く，室内汚染質一様発生時の濃度分布解析により，きわめて容易にこのような換気効率指標を求めることができる．このように，空気の寿命や年齢，余命を算出する方法は，濃度輸送方程式を数値的に解くのみであり，流れ場の CFD 解析を行ったあとではきわめて容易に解析ができる．一般の CFD 解析ソフトに組み込むことは容易であるし，日本で使われる商業ベースの CFD 解析ソフトには，この「空気の寿命」，「空気の年齢」，「空気の余命」を解析するシステムを提供しているものもある．

なお，「空気の年齢」は，さらに省略されて「空気齢」，「空気の余命」も同じくさらに省略されて「空気余命」と称されることが多い．空気齢，空気余命の性状は，室内気流のみならず，室間の空気移動や換気ダクト内の空気移動を含む建物内部の空気流動や，屋外の建物近傍を解析領域とする屋外の気流でも算出し，これを評価することができる．

d.　室内の温熱環境形成の寄与分析

室内の温度分布は，境界面で室内に流入する熱フラックス，流出する熱フラックスが室内気流の移流，拡散により輸送・分配されて生じる．室内の温度分布管理の観点（たとえば，特定の地点の温度を目標値の温度にコントロールするような意図がある場合）からは，どの境界面での熱フラックスが，どの程度の範囲でどの程度の大きさで室内の温度分布に影響を与えるかを把握することが有意義となる．これは，室内空間の各境界面からの熱フラックスに対する一種のセンシビリティ解析に相当し，室内のそれぞれの正の熱フラックスを生成するソース，負の熱フラックスを生成するシンクが，どの程度，室内各所の温度分布の形成に寄与しているかを解析することになる．

各熱源もしくは冷熱源が室内の乱流拡散場において室内の温度分布形成にどのような寄与をなしているかを調べる際，温度場の線形性が仮定できると解析はきわめて容易になる．これは，温度の変化に関して流れが変化しないこと，すなわち，浮力効果の働かない強制対流場を仮定することに対応する．流れ場を固定して，各熱源，冷熱源それぞれの熱拡散場を解析し，最後にそれぞれの熱拡散場を合成すれば，すべての熱源，冷熱源のそろった場合の温度場が得られるはずである．各熱源ごとの熱拡散場は，それぞれの熱源が室内各点の温度の上昇あるいは下降にどの程度寄与するかを示すものとなる[5]．

なお，上記の解析は，乱流モデルに基づくシミュレーションとその後の温度場解析によることが便利であるが，吹出し口など境界面の熱フラックスが室内への空気の流入に伴うものであれば，この流れにトレーサを混入させ，室内でその希釈の程度を測定すれば，実験的に吹出し気流が室内の温度分布の形成に寄与する程度を計測することができる．これはトレーサを熱とした実験を行うことも可能であるが，熱は対流だけでなく放射により輸送されるため，熱をトレーサとすることは勧められない．なお，室内への流入が一つの吹出し口のみであれば，当然のことながら室内のトレーサ濃度は均一で吹出し口と一致する．この場合，吹出し空気の温度変化は，そのまま室内の空気温度を平行に変化させることに対応する．大空間になれば多くの吹出し気流により室内の空調を行うことになるが，それぞれの吹出し気流がどの範囲をどの程度，カバーするかを，このトレーサの混入により精度よく計測することができる．

〔加藤信介〕

文　　献

1) ANSI/ASHRAE 129-1997: Measuring Air-Change Effectiveness, American Society of Heating, Refrigerating and Air-conditioning Engineers, Inc. (ASHRAE).
2) 空気調和・衛生工学会：SHASE-S 117-2000 規準化居住域濃度の現場測定法・同解説，2000.
3) 村上周三，加藤信介：空気調和・衛生工学会論文集，No. 32，1986.10，91-102.
4) 小林　光ほか：空気調和・衛生工学会論文集，No. 68，1998.1，29-36.
5) 加藤信介ほか：空気調和・衛生工学会論文集，No. 69，1998.4，39-47.

21.8.2 建物周り，都市環境

a. 建築外部空間と都市空間における環境形成

個々の建物周りの風，あるいは都市域内の風・大気流れは，通常，どれも乱流状態を呈する．乱流は熱あるいは物質の輸送を担い，その結果，人間あるいは社会に直接的に作用する環境が形成される．人間にとって，それはあるときは，快適なそよ風として迎えられ，またあるときは，寝苦しい熱帯夜として容赦なく襲いかかる．乱流現象は，こういった人間にかかわる環境と密接に関係し，それを決定する．

その際，周りのスケールへの視点が重要で，乱流におけるどのスケールの運動が強く作用しているかを見極める必要がある．たとえば，個々の建物を考えるとき，風のなかに存在する建物からは建物と同程度のスケールの周期的な渦（広義のカルマン渦）が発生し，それが周期的な空気力となって建物をゆらすことになる．また，煙突から出る煙は，蛇行しながら移流拡散し，煙突からどの程度離れたところで地表面に沈着するか，大気の安定度にも影響されるが，数 km オーダー程度と見積もられる．ヒートアイランドに至っては，都市全体の数十 km スケールでの気温上昇というとらえ方もできるし，あるいはその原因として高層建物群によって海陸風，山谷風などの局地循環がさえぎられ，冷気が都市に流れ込まないということを問題にするときには，高層建物群周りでの風の流れが重要となって，その場合のスケールは，数百 m から 1 km 程度である．

このように対象とする問題に応じて，空間スケールを考える必要があり，建物スケールの空間を建築外部空間，また都市スケールのものを都市空間として，環境形成の過程を吟味することが重要となる．本節では，そういったスケールの観点をもちながら，環境問題，防災問題での乱流現象の意味合いについて記述する．

b. 都市における大気境界層の特性

建築物周り，あるいは都市域における風の流れを評価するうえで，その上部にわたって形成される大気境界層の特性を明らかにすることが肝要である．建築物および都市は大気境界層のなかに埋没し，その特性については流れが吹走してきた上流位置での地表被覆の形態あるいは熱的な作用により，風速の鉛直分布が決定される．強風が想定されるとき，一般に熱的には中立が仮定され，地表粗度の大きさに応じて地表近傍ほど風速が欠損することになる．図 21.115 に都市上部の大気境界層の構造を示す．大

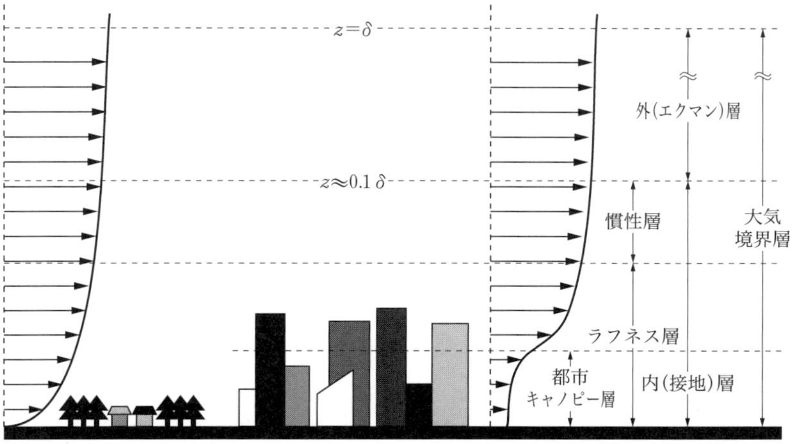

図 21.115　都市の境界層の鉛直構造

気境界層の厚さのオーダーとして1000 m程度となる．その厚さの下部1/10程度を内層，それより上部を外層と大きくは二つに分けられる．外層では，地球自転効果と粘性効果との釣合いを考え，エクマン層が導かれる．内層は接地層とも呼ばれ，運動量フラックスがほぼ一定となる慣性底層と地表粗度の直接的に影響する範囲としての粗度高さの2〜5倍程度の厚さのラフネス層に分けられる．また，都市域の地表に立つ建築物などの平均高さ以下の最下層として都市キャノピー層が与えられる．

平均風速の鉛直分布の表現方法として，対数則とべき乗則が上げられる．流体力学に基づけば，滑面の場合，対数則が境界層厚さの0.1〜0.2程度の地表近傍領域で成立するが，都市の場合も，慣性底層の領域では，地表に存在する粗度による剪断効果の積分的な作用の結果として，以下の式で平均風速の鉛直分布が表される．

$$U(z)=(u_*/\varkappa)\ln[(z-d)/z_0]$$

ここで，zは高さ，u_*は摩擦速度，z_0は粗度長，dは零面変位，$\varkappa$はカルマン定数（=0.40）である．粗度の粗さに応じて，これらのパラメータが見積もられ，粗さが大きいほど摩擦速度は高くなるが，各高さでの風速は低くなる．また粗度長については，Raupach[1]により，同じ形状の粗度要素を一様に配置した粗面の風洞実験結果を中心に，以下の式で定義される粗度密度λとの関係が示されている（図21.116）．

$$\lambda=\frac{\sum A_f}{A}$$

ここで，A_fは各粗度要素の風に対する見付け面積，

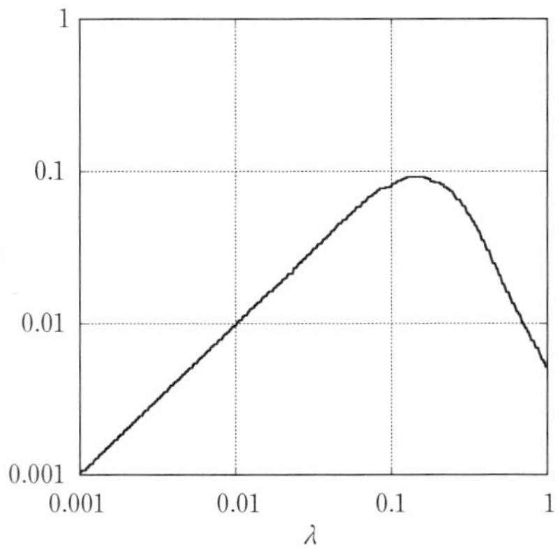

図 21.116　粗度長と粗度密度の関係（一様粗度）[1]

Aは粗度を設置した面積である．

図中hは粗度高さを示す．一様粗度の場合，粗度長は，$\lambda \fallingdotseq 0.1$のときにピーク値をとり，$\lambda>0.1$では減少しており，ある程度以上の粗度密度では，むしろ流れに対する粗さが小さくなり，粗度長も低下する．大気境界層における粗度長は，表面が滑らかな草原上では数cmオーダー，都市の中心の高層建物が立ち並ぶ場所では数mオーダーとなる．また，零面変位は，粗度高さの60〜80%程度に見積もることができ，粗くなるほど値は大きくなる．しかしながら，近年，都市を構成する建築物が大きくなり，都市域に発達する境界層の特徴として，境界層厚さと地表粗度高さ（建物の平均高さ）の比がほぼ20程度以下と考えられ，Jimenez[2]によれば，地表の粗度形状を意識しなくてよい場合が50であることから，地表粗度の形状の影響が無視できなくなる．また，都市での粗度は一般に建築物によって構成されるからランダムな形状となる．こういった特殊性は，従来の一様粗度上の境界層とは異なる乱流特性を示し，とくに300 m程度までに達する高層建築物などが林立するような場所においては，慣性底層の有無など，境界層の鉛直構造がどのようになるのかが，いまだはっきりしていない．

これに関し，ChengとCastro[3]によれば，都市を想定した境界層をとりあげ，境界層厚さがブロック高さの7倍，粗度密度が25%の条件で風洞実験を行い，ブロックの高さが変化するとき，その変動が大きいほどラフネス層が厚くなり，粗度長が長くなることを示している．

図21.117に平板上に高さを一定にした場合，および高さのみランダムに変化させた場合の，粗度ブロックを配置したときの粗面乱流境界層の同じ条件下でのLES計算結果を示す[4]．ラフネス高さに対するラフネス層の厚さはランダムの場合がやや大きいものの，両者ともほぼ2倍程度と小さく抑えられている．図21.118の平均風速鉛直分布によれば，粗度長と零面変位はランダムの場合のほうが大きくなるものの，その度合いは粗度長のほうが大きくなる．

一方，工学的には，平均風速の鉛直分布が境界層全体にわたって成立するべき乗則が用いられることが多い．この場合，以下の式で表現される．

$$\frac{U(z)}{U_\infty}=\left(\frac{z}{\delta}\right)^\alpha$$

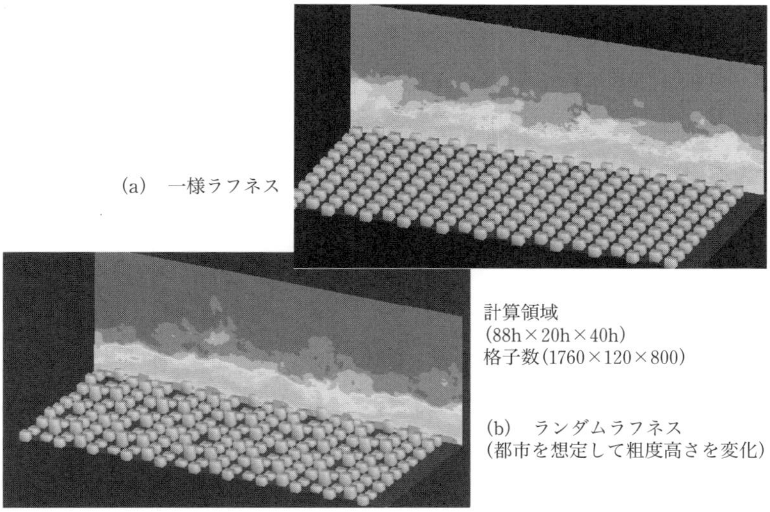

図 21.117　空間発達型粗面乱流境界層の LES

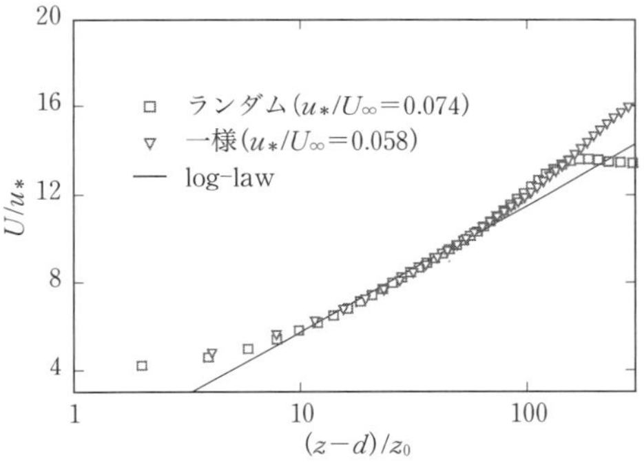

ラフネス長 z_0/z

	計算[4]	実験[3]
一　様	0.022	0.032
ランダム	0.055	0.064

零面変位 d/h

	計算[4]	実験[3]
一　様	1.10	0.92
ランダム	1.20	1.24

図 21.118　粗面乱流境界層における平均風速鉛直分布

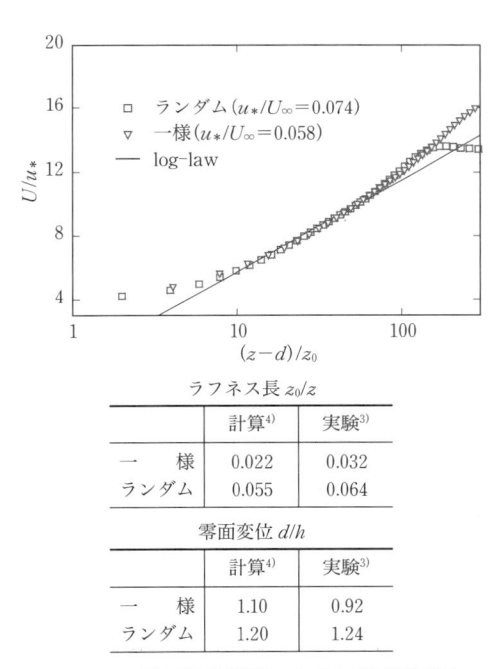

ここで，δ は境界層高さ，U_∞ は境界層高さの風速である．

草原上での風速分布においては，べき指数 α が 0.15，都市域では，0.25〜0.35 程度となる．

また，熱の効果を考慮する場合，Stull[5] によれば以下のように普遍関数 $\psi[z/L]$ を加えることによって，風速の鉛直分布を表すことができる．ここで，L はモーニンオブコフ長さを表す．

$$U(z)=\frac{u_*}{\kappa}\left(\ln\frac{z-d}{z_0}+\psi\frac{z}{L}\right)$$

安定の場合

$$\psi\frac{z}{L}=\frac{4.7z}{L}$$

不安定の場合

$$\psi[z/L]$$
$$=-2\ln\frac{1+x}{2}-\ln\frac{1+x^2}{2}+2\tan^{-1}(x)-\frac{\pi}{2}$$
$$x=\left(1-\frac{15z}{L}\right)^{1/4}$$

c.　建築物の基本形状に対する空力特性

建築分野において角柱はその基本形状であり，周囲の流れとその空力特性については，古くから多くの研究が進められ，レイノルズ数，辺長比（角柱の奥行の幅に対する比）など，さまざまなパラメータに対してまとめられている．また，そういった流れの作用によって発生する空力不安定振動まで対象とすると，角柱は，円柱などとは異なり，渦励振だけでなくギャロッピングなどの自励的な振動発生の可能性を有する形状なので，その物理機構に関する吟味も幅広く行われている．一方工学的には，角柱への作用空気力を建築物の耐風設計のために見積もるうえで，接近する流れに対して自然風のもつ特性を再現することがきわめて重要になる．とくに，接近流に乱れが存在すると角柱周囲の流れの基本的特性を大きく変える．自然風は乱流状態を呈することから，風のなかでの空気力評価には，乱れの影響を適切に把握しなければならない．角柱のように流体力学的ににぶい物体形状である場合，流れは物体から剝離し，周りに循環流あるいは渦を形成する．物体から剝離した剪断層は，接近流に含まれている乱れの影響を鋭敏に受け，ときに乱流化が促進される．乱流化した剝離剪断層は，連行性から物体に原則的には接近するが，その挙動は物体の剝離域内に存在する後方形状（afterbody）によって影響の受け方が大きく変化する．たとえば，角柱の辺長比が変化すると，剝離剪断層と物体後部との干渉の有無により，作用する空気力がさまざまな特性を有することになる．

一様流中における角柱周りの流れと空気力の基本的特性について，まずあげられることは，円柱など，他の柱状体と同様，両側に周期的な渦を交互に発生するということである．図 21.119 に低レイノルズ（Re）数時の正方形角柱周りの流れの DNS（direct numerical simulation）の結果を示す[6]．Δp（圧力のラプラシアン）の等値面で渦が表現されており，Re＝150 では周期的な渦（カルマン渦）が角柱の後方に，かなり単純な形態で発生している．それより Re 数が高くなると，渦に 3 次元的な構造が現れ，横渦を囲むように縦渦が発生する．さらに，渦同士が干渉し合って流れがますます複雑になるが（Re＝1000），その周期性は依然として存在する．したがって，空気力についても，交番的な非定常力が存在し続ける．正方形角柱の場合，レイノルズ数依存性については，円柱のように剝離点が移動するようなことがないため圧力抵抗が大きく変化せず，平均的な空気力特性はあまり変わらない．ただし，剝離点である角柱の隅角部の形状を変化させると，剝離後の剪断層自体の挙動が鋭敏に影響を受け，空気力は大きく変化する．こういった性質を利用し，角柱の空気力あるいは振動を制御する技術が数多く提案されている．

辺長比の異なる場合の 2 次元角柱の流れと空力特性に与える乱れの影響については，抗力が大きくなったり（臨界断面辺長比（≈0.6）以下），小さくなったりし，結果としてまったく逆の効果が現れる．こういった角柱の後流構造の変化は，空力不安定振動にも異なる特性を招くことになるものと予想される．図 21.120 に臨界断面より大きな辺長比の静止角柱を対象にして行った接近乱流中での LES 計算結果を示す[7,8]．LES の場合は後流構造からより詳細な物理機構が推奨された[7,8]．すなわち，辺長比が臨界断面より小さいうちは，後端との干渉がないため，乱れによって渦が角柱背面に接近し，大きな

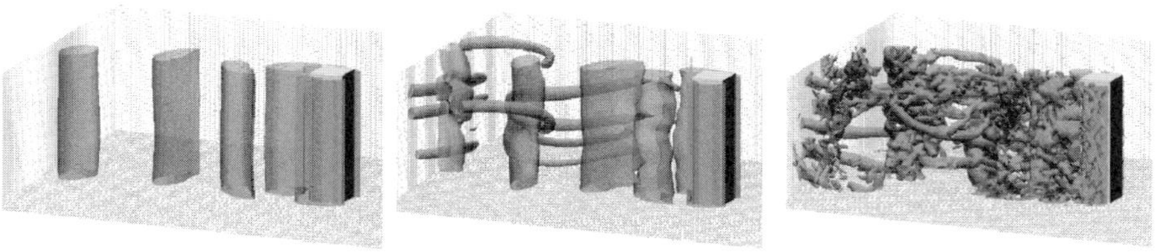

図 21.119　低ノイノルズ数の正方形角柱周りの流れ（DNS）[6]

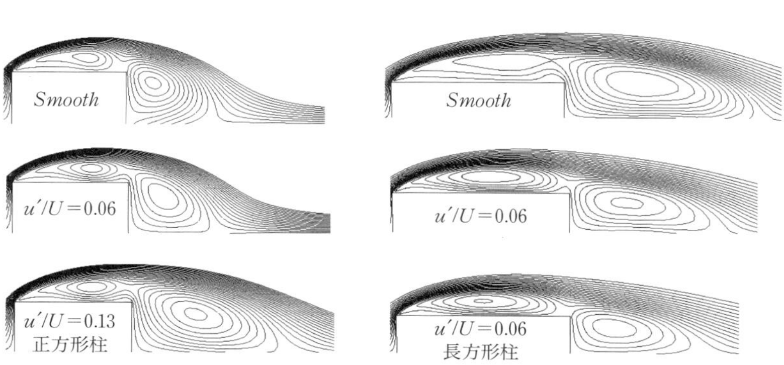

図 21.120　一様流・一様乱流中の角柱周りの平均流線（LES）[7]

抗力を生み出すことになることが予想されるが，辺長比が大きくなるにつれて（正方形柱），まず乱れの連行効果により流れが角柱に接近し，後端に近づく．その結果，後端の影響で渦を後方へ押しやるようになり，抗力低下をもたらす．さらに，辺長比が大きくなると（1：2 長方形柱），乱れによって剝離剪断層の後端近傍での再付着が頻発するようになって，循環領域が背面によるようになる．しかし今度は，後端からの剝離に基づく渦形成であるため，強い負圧とならず，抗力は依然として低くなる．

このように，正方形柱と長方形柱に対する乱れの影響は，空力特性は同様としても，後流構造は大きく異なっている．その結果，空力不安定振動に対する乱れの影響は大きくなる[8,9]．図 21.121 は 1：2 長方形柱の無次元風速（V_r）に対する応答の変化であるが，$V_r=5$ 近傍で発生する前縁剝離渦励振は，乱れの有無にかかわらず，応答レベルは変わらないものの，V_r が十数の共振風速（V_{cr}）以上では乱れの影響によって高風速ギャロッピングが消失している．ギャロッピング消失の物理機構をみるために，図 21.122 に変位 0 で上向き運動中の位相 0 での位相平均された渦度の図を示す．長方形柱の場合，一様流中では，位相 0 で剝離剪断層がほぼ同じ位置に存在するため，位相平均によりはっきりと剪断層が識別できる．その結果，負減衰力を安定して生み出し続けるので，発散振動を生じているが，乱流中では，剪断層が接近流の乱れの影響を受けて，その位置も確定せず，時に再付着を生じさせている．したがって，負減衰力が安定して生じないため，発散振動が生じていない．

d.　防災問題

建築物の耐風性能を評価するための 3 次元角柱を乱流境界層中に設置した場合の LES 計算について述べる[10,11]．これは，粗面上を空間発達する乱流境界層のシミュレーションに対して，リスケーリングに基づく準周期境界を用いる方法が提案され，その計算負荷が著しく低減されたことから実現されている[12]．図 21.123 に 3 次元角柱周りの瞬間的な流れ場の LES 解析結果を示す．乱流場が角柱によって歪められているのがわかる．また，風洞実験での接近乱流に対して，平均流速および乱れの強さの鉛直分布をできるだけ合わせた境界層乱流を生成し，そのもとで 3 次元角柱周りの乱流場の LES 解析を行い，圧力分布特性を検討したのが，図 21.124 であ

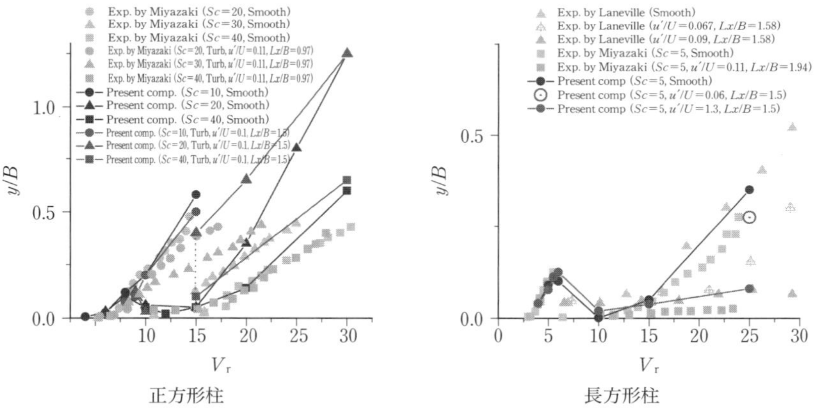

図 21.121　角柱の空力不安定振動（LES）[7]

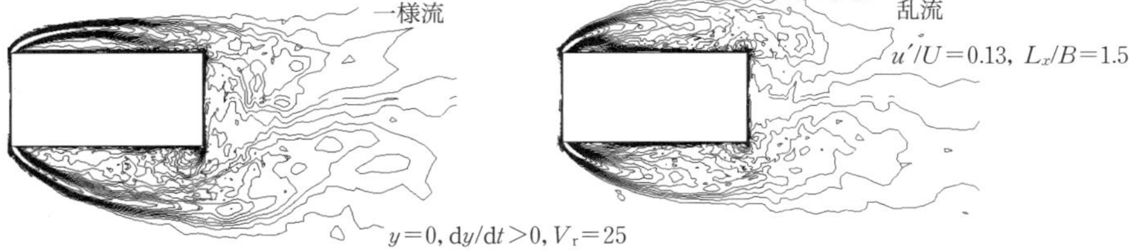

図 21.122　空力不安定振動時の角柱周りの渦度の位相平均分布（LES）[7]

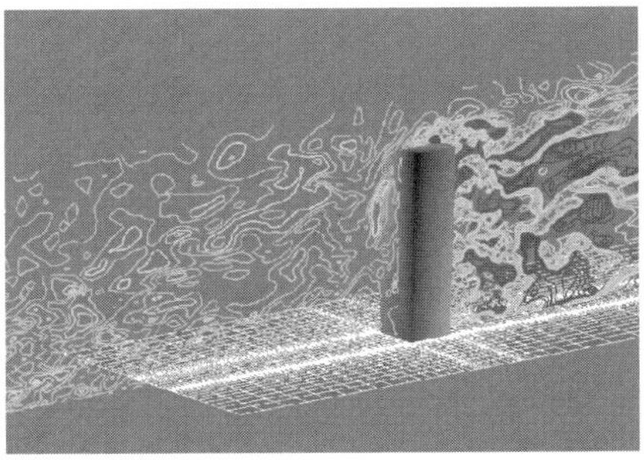

図 21.123　空間発達する乱流境界層中の3次元角柱周りの流れ（LES）[11]

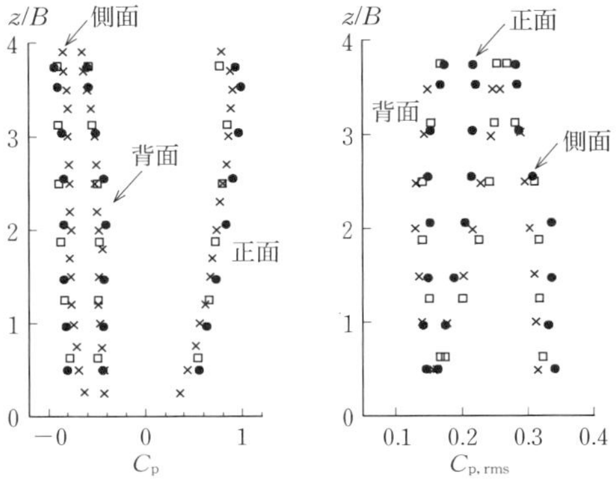

図 21.124　境界層乱流中の3次元角柱の正面・側面・背面の圧力分布（LES）[11]
□：風洞実験（大竹，2002），×：風洞実験（河井，1982），●：LES，C_p：平均圧力係数，$C_{p,rms}$：変動圧力係数．

る．計算による平均ならびに変動風圧係数の実験値の再現性がかなり高く，接近乱流が角柱の空力特性に与える影響を評価するうえで，接近乱流の特性を再現することが重要であることが認識される．ここで得られた風力，風圧のデータは建築物の耐風性能を評価するうえで活用される．

また，都市域強風に対する危険度の評価が重要となり，建築物の耐風設計を行う際には，都市域における風速の鉛直分布を把握する必要がある．しかしながら，都市域においては，中層および高層建物がある特定の場所に密集し，また公園などの植生が局在し，地表被覆の状況は，粗度が混在したものとなっている．そのため，対象としている地域の地表面粗度の状況から風速の鉛直分布を推定することは容易ではない．一方，近年のGISデータの進歩により，実在都市の形態をそのまま再現する高精度なモデルを作成することが可能となっている．そこで，

(a)　Case 6: 新宿

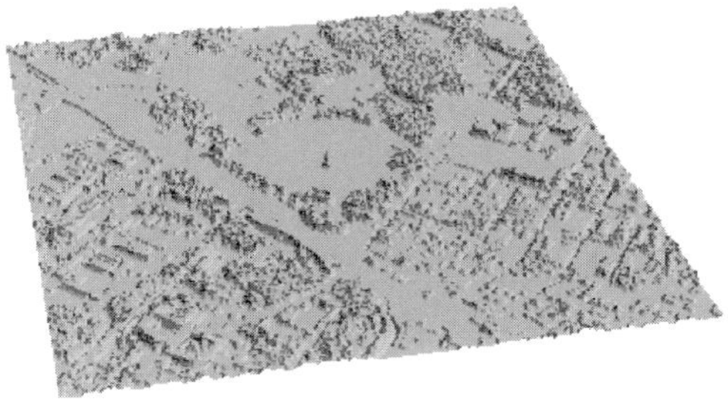

(b)　Case 9: 筑波

図 21.125　都市の解析モデル

表 21.8　解析ケース概要

Cace	λ	領域広さ	地域
1	0.415	1000 m × 1000 m	神田
2	0.397	500 m × 1000 m	神田
3	0.298	500 m × 1000 m	神田
4	0.484	500 m × 1000 m	神田
5	0.412	500 m × 2000 m	神田
6	0.511	1000 m × 1000 m	新宿
7	0.220	1000 m × 1000 m	目黒
8	0.241	500 m × 1000 m	目黒
9	0.165	1000 m × 1000 m	筑波
10	0.125	500 m × 1000 m	筑波
11	0.190	500 m × 1000 m	筑波

さまざまな地表面粗度形状の実在都市を想定して，LES解析が行われている[13]．図21.116のRaupachらが示した曲線においては，今回の都市の粗度密度λは0.1～0.5で，粗度長z_0がλに対してすべて単調減少している領域内にある．図21.125と表21.8に都市の解析モデルの例として，λが大きいものと小さいものを示す．格子の解像度は4 mであり，水平方向の境界条件は周期境界としている．図21.126は各種地表面粗度を有する都市モデルのLES解析結果より，解析領域全体の空間および時間に対する平均処理を行って求めた風速の鉛直分布である．図中の直線はべき乗則による近似直線である．この近似曲線のべき指数αと粗度密度λの関

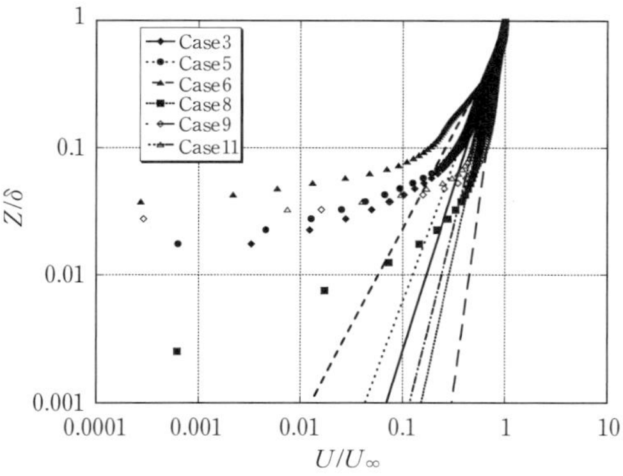

図 21.126　流下方向平均風速の鉛直分布

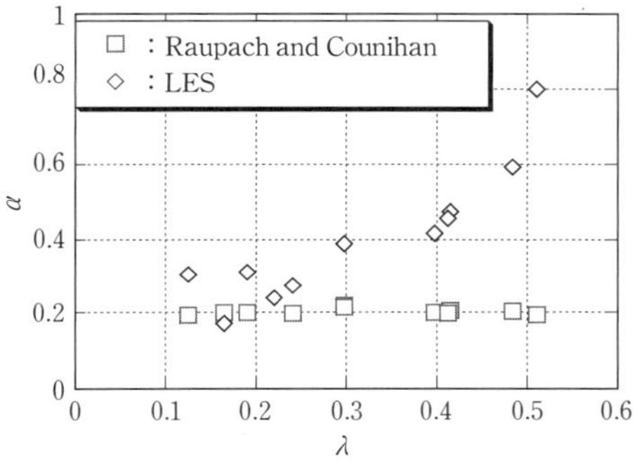

図 21.127　粗度密度 λ とべき指数 α の関係

係をすべてのケースについてプロットしたものを図 21.127 に示す．また，べき指数 α は図 21.128 に示すフローチャートから算出することもできる．粗度密度 λ から図 21.116 に示す Raupach 曲線より粗度高さを平均建物高さとすることで粗度長 z_0 を算出し，以下の Counihan の提案式[14] よりべき指数 α を求める．ここで z_0 の単位は m である．

$$\alpha = 0.24 + 0.096(\log_{10} z_0) + 0.016(\log_{10} z_0)^2$$

算出したべき指数 α を図 21.127 に併記する．LES による解析結果では粗度密度 λ が大きくなるほど，べき指数 α も大きくなる．一方，Raupach 曲線と Counihan の式より算出したべき指数 α は，粗度密度 λ によらずほぼ一定値となる．$\lambda<0.2$ の場合には，両者はほぼ同等の値となる．$\lambda>0.2$ での違いは，Raupach 曲線は一様粗度の場合の評価であるため，λ が 0.1 より大きくなると，粗度としての効果が小さくなっていくのに対して，実在都市の粗度の高さには，つねにばらつき，それぞれの形状もさまざまであるので，粗度密度 λ の値が大きくなっても粗度効果の低減は生ぜず，λ が大きくなるにつれてべき指数 α は大きくなったものと考えられる．

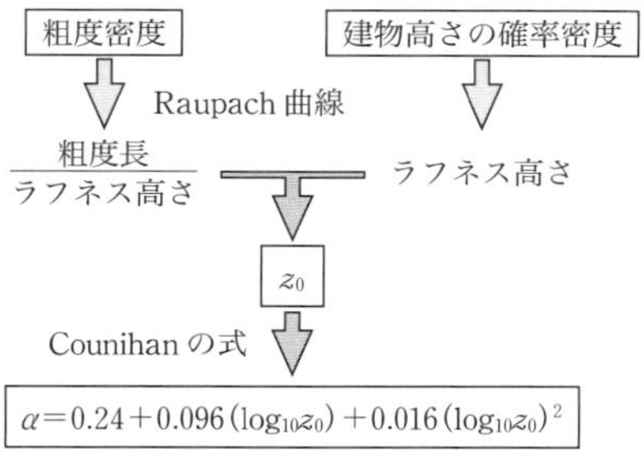

図 21.128　Raupach 曲線と Counihan の式によるべき指数 α の評価

e.　環境問題

ここでは，実在都市における大気拡散の LES 解析[15] について述べる．この例では，別途ドライバ部を設定し，そこで粗面境界層の解析を行い，流入境界で与える乱流場を作成している．図 21.129 に実在都市の各ポイント A～E（図 21.130）における時間平均風速の鉛直分布を示す．縦軸は，境界層厚さと零面変位 d を用いて規格化している．なお，零面変位は粗度高さの 80% としている．ここで，おのおのの実在都市の粗度密度から Raupach の曲線より粗度長を見積もり，Counihan の式によりべき指数を推定すると，実在都市の霞ヶ関，神田ではそれぞれ 0.22，0.20 である．

霞ヶ関では，いずれの測定位置（A～E）においても地表近傍から上空に至るまで，推定値に比べて計算結果は大きな流速欠損とはならない．また，フィッティングにより求められたべき指数は 0.18 で

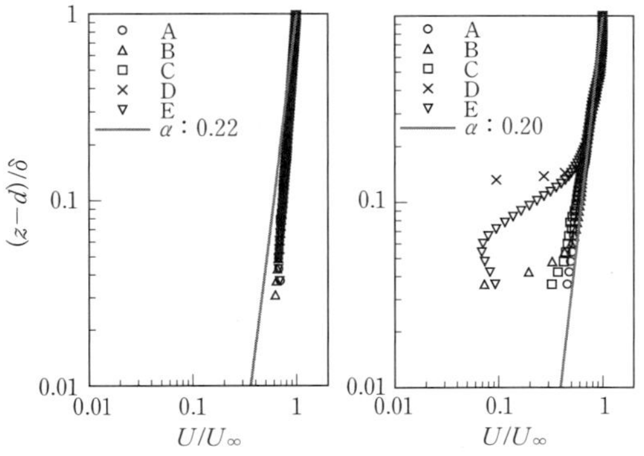

(a)　霞ヶ関　　(b)　神田

図 21.129　実在都市における平均風速分布

あり，推定されたべき指数より小さい値となっている．一方，神田においては，地表被覆の凹凸が激しく，地表近傍からやや上空に至るまでべき乗則からやや歪められた風速分布を示す．ただし，あえてフィッティングにより求めてみるとべき指数は0.25を示し，推定によるべき指数より大きい．これらの推定値と計算結果との差異については以下のように考えられる．まず，霞ヶ関は，マッシブな建物が点在して配置するといった粗度形態を示すため，個々の建物が流れ場に対して抵抗として働く作用は局所的なものにかぎられる．そのため，計算結果のべき指数は，そういった局所性の強い乱流特性を広範囲に表現しきれず，小さく評価されることになった．一方，神田では，低中層建物の混在ならびに高層建物の林立といった非一様性の強い粗度形態を示すため，Raupachの曲線における高密度での平滑化回復による粗度長の低下を表現できず，計算結果のべき指数が大きく評価されることになったと考えられる．

次に，都市における拡散特性について述べる．煙源位置は図21.130のP点に設置している．

図21.132に実在都市における濃度の時系列変化を示す．実在都市での濃度の測定位置は，図21.130のF点（マッシブな建物背後），G点（マッシブな建物群の外部），H点（ストリートキャニオン），I点（低中層建物密集地域）としている．瞬間濃度は主流速度，境界層厚さおよび煙源強度で規格化されている．マッシブな建物背後では，ある程度の濃度レベルを維持しながら連続的に変動し，そのなかに短時間間隔で高濃度の発生が時折みられ，マッシブな建物群の外部では周囲流体とプルームとの界面の揺らぎにより瞬間高濃度が間欠的に発生している．ストリートキャニオンではある程度の高い濃度を保持したまま瞬間高濃度が頻繁に発生し，いくらかの時間幅をもつ瞬発性の独特な濃度波形を示す．低中層建物密集地域においては濃度変動の時間間隔の長い，ただし，それぞれのガス塊の大きさが異なる特徴的な特性を示すことがわかる．

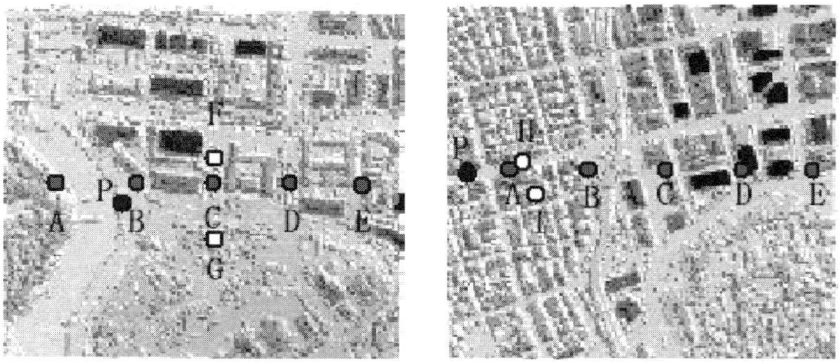

(a)　霞ヶ関　　　　(b)　神田

図 21.130　実在都市における風速・濃度の測定位置

(a)　霞ヶ関　　　　(b)　神田

図 21.131　実在都市における平均濃度分布

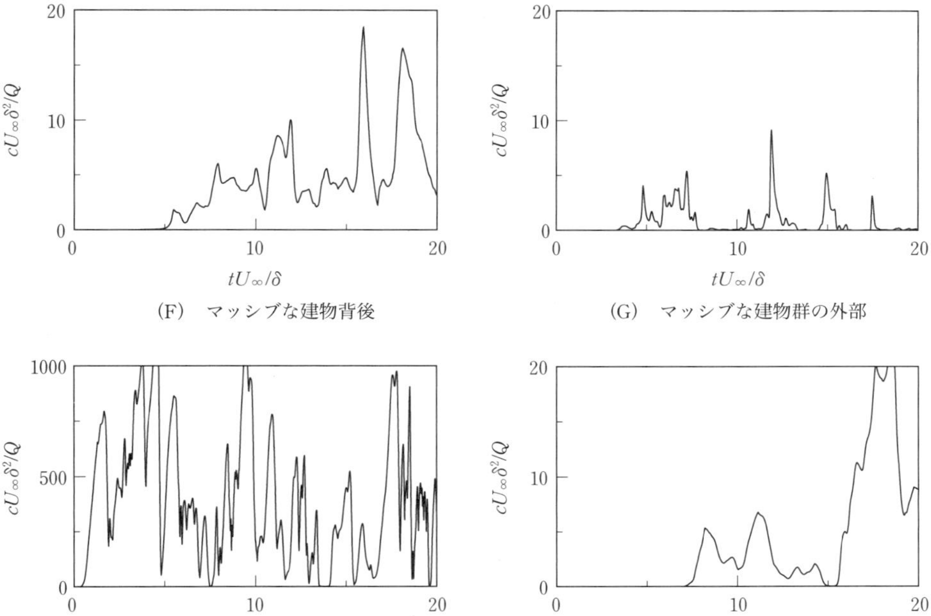

(F) マッシブな建物背後　(G) マッシブな建物群の外部

(H) ストリートキャニオン　(I) 低中層建物密集地域

図 21.132 実在都市における濃度の時系列変化

以上，実在都市では建物やストリートなどの配置形態に強く依存し，建物後流域への巻き込みによる迅速な拡散やストリートキャニオンでの高濃度の形成など，局所性の強い濃度分布を示すことがわかる．したがって，都市域での大気拡散特性を一様配列粗度ブロックのモデルを用いて検討することでは，必ずしもすべての拡散機構を把握することができない．

［田村哲郎］

文　　献

1) M. R. Raupach *et al.*: Appl. Mech. Rev., **44** (1), 1991, 1-25.
2) J. Jemenez: Ann. Rev. Fluid Mech., **36**, 2004, 173-196.
3) H. Cheng, I. P. Castro: Boundary-layer Met., **104**, 2002, 229-259.
4) K. Nozawa, T. Tamura: Large eddy simulation of a boundary layer flow over urban-like roughness, The 58 th APS Annual Meeting of Fluid Dynamics, 2005, 152.
5) R. B. Stull: An Introduction to Boundary Layer Meteorology, Kluwer, 1997, 670.
6) 野津　剛，田村哲郎：日本建築学会構造系論文集，No. 494，1997，43-47.
7) 小野佳之，田村哲郎：日本建築学会構造系論文集，No. 551，2002，21-28.
8) T. Tamura, Y. Ono: JWEIA, **91**, 2003, 1827-1846
9) 小野佳之，田村哲郎：日本建築学会構造系論文集，No. 563，2003，67-74.
10) K. Nozawa, T. Tamura: APCWE V, Kyoto, 2001, 333-336.
11) K. Nozawa, T. Tamura: Feasibility study of LES on predicting wind loads on a high-rise building, 11 thICWE, 2003.
12) 野澤剛二郎，田村哲郎：日本建築学会構造系論文集，No. 554，2002，37-44.
13) A. Okuno *et al.*: Proceedings of The 6 th Asia-Pacific Conference on Wind Engineering, 2005, 1-9.
14) J. Counihan: Environment, **9**, 1975, 871-905.
15) 田村哲郎ほか：日本建築学会環境系論文集，No. 604，2006，31-38.

21.8.3 火　　災

a. 火災時の乱流の時間・空間スケール[1)]

火災現象は，火炎，熱気流のように，大きな渦（large eddy）で決まる巨視的スケールの現象から，化学的な燃焼反応のように分子レベルで生じる微視的なスケールの現象まで，多様な空間・時間スケールを含んだ複合的現象である．たとえば，火災現象の基礎となる乱流拡散火炎や火炎上方に形成される熱気流（thermal plume）では，火源の寸法や，プリューム幅（D：数 m～数十 m）が重要な代表長さであるが，乱流拡散による気流構造や化学反応現象は，乱流エネルギーの粘性消散にかかわる，いわゆるコルモゴロフの長さスケール $\eta=(\nu^3/\varepsilon)^{1/4}$ が重

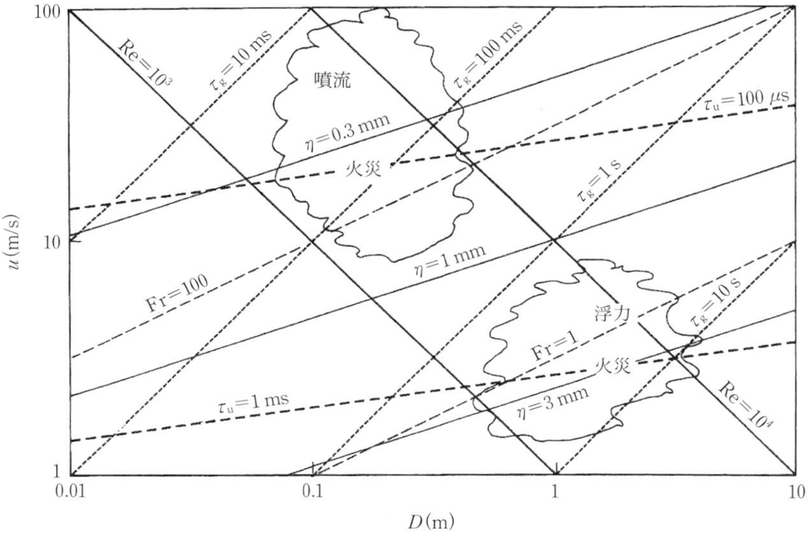

図 21.133　火災を含む燃焼現象の時間空間スケール模式図[1)]

要になる．火災におけるこの長さスケールは数 mm オーダーで，乱流ジェット（～0.3 mm）に比べて一桁程度大きな値となる．

一方，乱流拡散火炎の形成にかかわる化学反応における時間スケールとしては，分子レベルでの濃度拡散の時間スケール $\tau_g(=D/(\overline{u'^2})^{1/2})$ と反応速度（アレニウス反応を仮定）にかかわる $\tau_c=[Y_a Y_b \rho B \times \exp(-E/RT)]^{-1}$ が代表的なものとしてあげられる．

前者の時間スケール τ_g が数秒オーダーであるのに対して反応時間 τ_c は 10^{-5}～10^{-6} 秒のオーダーである．そのため，大半の火災の数値モデルでは，化学反応は瞬時に完了すると仮定し，拡散火炎の構造と乱れの強さは，濃度拡散の時間スケール τ_g あるいは，先に述べたコルモゴロフの長さスケールの渦がある定点を通過する際の時間スケール τ_u（数 ms）で定まることとなる．火災気流の乱流構造を理解するうえでは，火災現象の長さ・時間スケールについての理解が重要であり，他の燃焼現象との比較を模式的に示したものを図 21.133[1)] に示す．

b.　乱流拡散火炎と鉛直方向への熱気流

火災現象では，浮力と慣性力の比である $\mathrm{Fr}(=u^2/gD)$ が支配的な無次元数となることが多い．工業的に用いられるジェット状の火炎では，慣性力が浮力に対して大きくなるために，Fr 数は約 100 以上のオーダーを示すのに対し，自然対流が主となる

図 21.134　脈動する乱流拡散火炎

火災性状では，0.1～1 程度にとどまる．また，火災現象の源となる乱流拡散火炎は，図 21.134 でみられるように，化学反応の発熱によって生じる強い浮力効果により，周囲からの巻き込み（渦）が生じ，それによって火炎そのものが脈動（pulsation）することがしばしばある．こうした振動数を

決めるのは微視的な濃度拡散スケールではなく，火源の代表長さ（円形の場合は直径 D）および発熱速度（Q）という巨視的なスケールである．たとえば，同一の燃料であれば，図 21.135[1] に示すように，火炎の振動数 $f[1/S]$ は，以下の式で与えられることがわかっている．

$$f=1.5D^{-1/2} \qquad (21.8.1)$$

このように，炎の振動は，強い圧縮性の浮力流体により引き起こされる火炎内および火炎近傍の雰囲気の渦の形成が大きくかかわっているが，巨視的な炎の高さや火源の鉛直上方に形成される平均的な温度や風速の流れ場は，重力に抗して上方に引き上げられる浮力効果と慣性力の比（Fr）によって定まる．

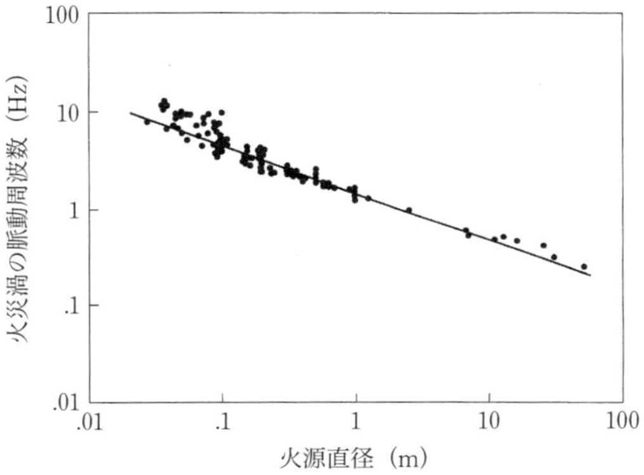

図 21.135　プール火災およびガスバーナーによる火災の火炎渦の脈動周波数と火源面積の関係[1]

火災安全工学では，しばしば，発熱速度 Q と火源の長さスケール D をもとにした以下のような無次元発熱速度（dimensionless heat flux）が Fr 数に代わって用いられる．

$$Q^*=\frac{Q}{\rho_\infty C_p T_\infty g^{1/2} D^{5/2}}=\left(\frac{\rho_g}{\rho_\infty}\right)\left(\frac{\Delta H}{C_p T_\infty}\right)\mathrm{Fro}^{1/2} \qquad (21.8.2)$$

図 2.136[2] は，この無次元発熱量と火炎の高さの関係を，広範囲にわたって（10^{-2}～10^6），表現したものである．Q^* により火炎の高さが異なるのは，図中に示したように，火炎への周囲の乱れの渦の関与が異なるからである．Q^* が小さい場合は，浮力が弱く，火源の上面全域において，多くの小さな渦ができ，結果として炎の高さが抑えられることとなる．こうした現象は，火源の長さスケールが大きい市街地火災などでみることができる．

これとは逆に Q^* が非常に大きくなると，結果として噴出の速度（慣性力）が支配的なジェット火炎となり，浮力そのものは炎の高さにほとんど影響しなくなる．

また，一般の建物火災でみられる乱流拡散火炎の Q^* の範囲は 1 前後であり，

$$L=aQ^{*2/3}D \qquad 0.3<Q^*<1.0 \qquad (21.8.3\,a)$$

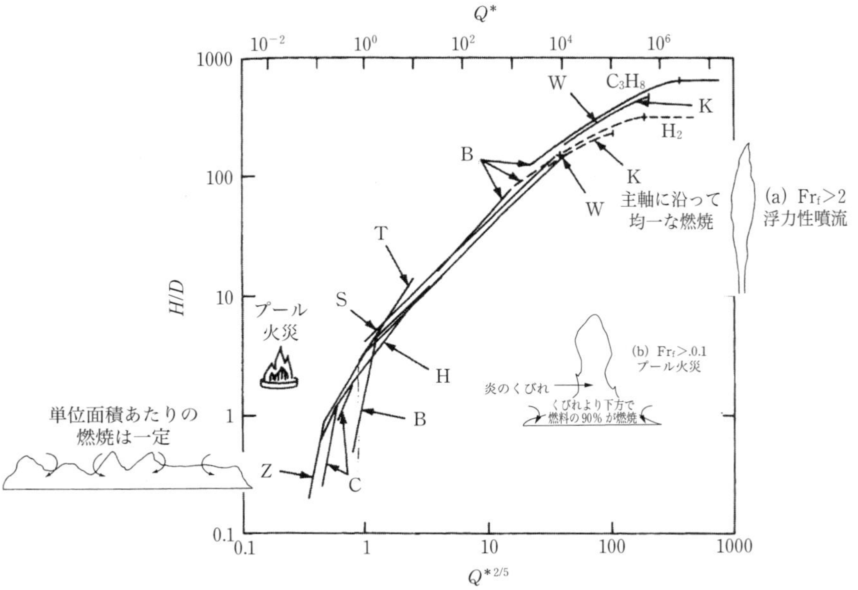

図 21.136　無次元発熱量と火源代表長さで規準化した火炎高さの関係[2]

$$L = aQ^{*2/5}D \qquad 1.0 < Q^* < 40 \qquad (21.8.3\,\mathrm{b})$$

で与えられる．なお，上記式，a は火炎の様態で定まる係数であり，常に炎が存在する領域では1.8，また間欠的に火炎片が到達する間欠火炎域と呼ばれる領域では3.3で与えられる．これらのおのおのの領域では，以下に示すように火源直上軸上の温度・風速分布も異なる．火災安全工学においては，乱流拡散火炎に関しては，図21.137[2,3]に示すように，火源の上方の中心軸上の温度，風速をもとに，次の三つに区分するのが一般的である．

1）連続火炎域　($0.03 < z/Q^{2/5} < 0.08$)　化学反応が連続的に行われ，火炎が恒常的に存在する領域である．固体，液体燃料の場合，この炎の領域から燃料表面への伝熱により可燃性気体が放出される．発熱による浮力で，鉛直上方に沿って平均風速は加速され，火炎内の乱れも，炎と雰囲気の境界層も発達する．ただし，燃料表面の直近およびその外部境界付近は，火災現象では，まれな層流状態が観察される．この連続火炎域（flame region）での軸上平均温度，平均流速は，おおむね以下の式[3]で与えられる．

軸上温度

$$\theta_0 = 700 \sim 800 \qquad (\mathrm{const}) \qquad (21.8.4\,\mathrm{a})$$

軸上流速

$$V_0 = (6.83 \sim 6.84)\,z^{1/2} \qquad (21.8.4\,\mathrm{b})$$

2）間欠火炎域　($0.08 < z/Q^{2/5} < 0.20$)　連続火炎域では，火源から供給される燃料の約9割の燃焼反応が完了するが，残る約1割はこの間欠火炎域（intermittent）で起きているといわれている．浮力と慣性力は，同一オーダーでバランスがとれ，鉛直上方への軸上風速は，ほぼ一定となる．乱れは強く炎の脈動に起因した外部からの巻き込みの影響が強い．

軸上温度[3]　$\theta_0 = (56 \sim 70)\,z^{-1}Q^{2/5} \qquad (21.8.5\,\mathrm{a})$

軸上流速[3]　$V_0 = (1.5 \sim 1.93)\,z^{-0}Q^{1/5}$
(const.)　$(21.8.5\,\mathrm{b})$

3）熱気流領域　($0.20 < z/Q^{2/5}$)　炎は存在しなく，周囲からの空気の巻込みが鉛直上方に沿って恒常的に発生している領域である．水平断面での風速・温度分布は，鉛直方向において自己保存される．その断面分布形 $f(\eta)g(\eta)$ は，横井[4]によって実験および解析的に以下のように導出されているが，実用的には，誤差関数を用いることが多い．なお，η は，高さに対する中心軸状からの水平距離を火源から高さで規準化したもので，$\eta = r/(C^{2/3}z)$ で表される．この分布系は間欠火炎域近傍では，多少火源の寸法の影響を受けるが，十分離れた高さでは，仮想的な点火源位置からの距離によってほぼ決定される相似形として与えられる．

熱気流温度

$$\theta(\eta) = \theta_0 g(\eta) \qquad (21.8.6\,\mathrm{a})$$

軸上温度

$$\theta_0 = 0.00198\,(Q^2/\beta\rho^2C_p^2)^{1/3}\cdot C^{-8/9}\cdot z^{-5/3}$$
$$\approx (21.6 \sim 29.7)\,z^{-5/3}Q^{2/3} \qquad (21.8.6\,\mathrm{b})$$

分布形

$$g(\eta) = (1 + 0.9383\eta^{3/2} + 0.4002\eta^3 + 0.9398\eta^{9/2})\exp(-1.4617\eta^{3/2}) \qquad (21.8.6\,\mathrm{c})$$

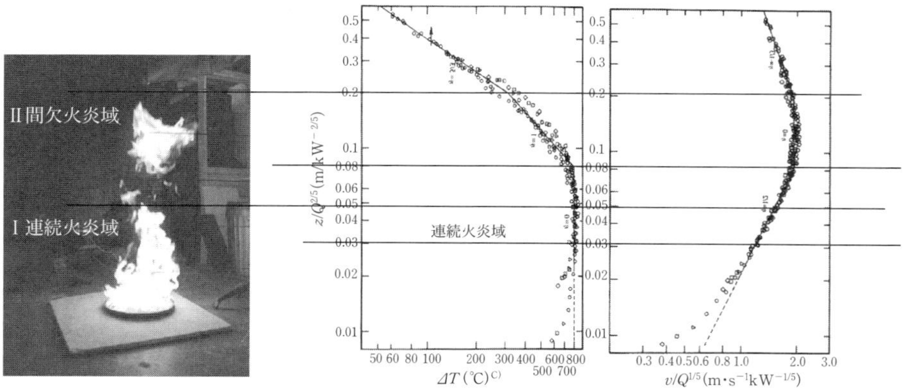

(a)　乱流拡散火炎　　(b)　中心軸状温度　　(c)　中心軸上風速

図 21.137　乱流拡散火炎およびその直上の火災プリュームの構造[2,3]

熱気流速度

$$V(\eta)=V_0 f(\eta) \qquad (21.8.6\,\mathrm{d})$$

軸上流束

$$V_0=0.178(Q\beta/\rho C_p)^{1/3}\cdot C^{-4/9}\cdot z^{-1/3}$$
$$\approx 1.08\sim 1.42 Q^{1/3} z^{-1/3} \qquad (21.8.6\,\mathrm{e})$$

分布形

$$f(\eta)=(1+0.9174\eta^{3/2}+0.3990\eta^{3}+0.1077\eta^{9/2})\exp(-1.4617\eta^{3/2}) \qquad (21.8.6\,\mathrm{f})$$

ここで，C は乱れの強さを表すパラメータで，室内での燃焼では，おおむね $C\sim 0.03\sim 0.06$，r は中心軸から水平方向の距離 (m)，z は火源面あるいは仮想点火源からの鉛直方向の距離 (m) である．

以上の 3 領域中，火炎の存在する部分は，発熱による流体の圧縮性や適切な乱流モデルの考慮なしでは，数値的に現象を再現することは難しいが，熱気流領域の流れ場は非圧縮性の密度流と類似した性状を示すため，非圧縮性の k-ε モデルの仮定下でも，おおむねその性状を再現できることが知られている．

c. 屋内の火災気流

1) 水平流における煙の流れ　室内で火災が起きた場合，天井に衝突した熱気流は，天井に沿って周囲に流れていく．部屋から流れ出した煙，トンネル内で火災時の煙の伝播は，水平流路を流れる密度流の問題であるが，境界面からの巻込み以外に，周囲への失熱があり，火源から遠ざかるにつれて密度差が減じ，流れそのものにも影響を及ぼされる点が，単なる密度流と異なる．しかしながら，失熱を含めた水平の火災気流の系統的な研究は少なく，水利学で取り扱われる浅い流路における密度流の研究成果を参照されることが一般的である．

図 21.138[5] は，浅い水路内への貫入する密度流の流れを模式的に示したものであるが，火災時の煙の水平路での火災時の煙伝播もこれに類似している．火災の場合は，図中，角度 θ_0 は，横風に依存するが，通常の火災では 90 度と考えてよい．

火源から立ち上がった熱気流が水平路天井に衝突すると，そこから前後に分岐し，速い流れ（射流）を引き起こす．その後，下流では流速が減じた常流となるが，その際跳水を生じる．この部分での巻込みは，現象から予想されるほどは大きくなく，廊下

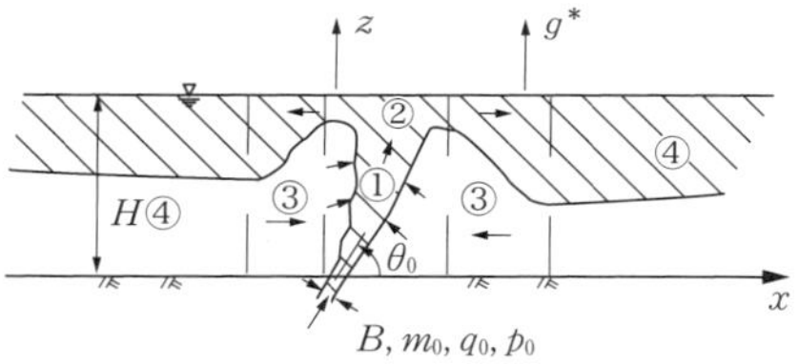

(a)　安定した密度流の模式図

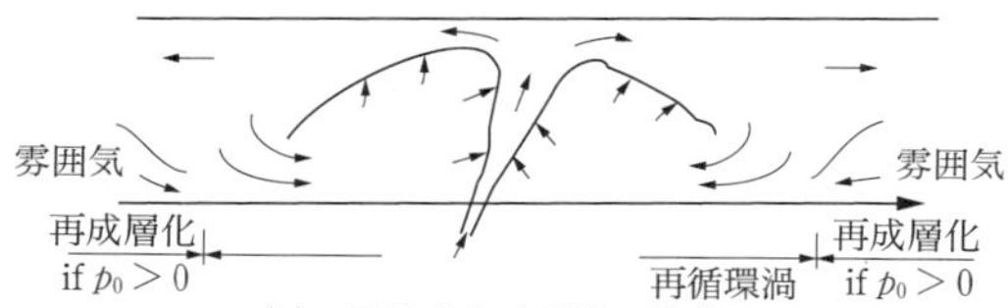

(b)　不安定な密度流の模式図

図 21.138　水路内への貫入する密度流の模式図による水平路内の火災気流伝播アナロジー[5]
① 浮力性噴流領域，② 境界面衝突領域，③ 跳水領域，④ 成層対向流領域．

に流れる煙への連行空気は，鉛直熱気流部分が多くを占める．

その後は，天井に沿って熱気流が火源から遠ざかるように流れるとともに，その下の層では火源に向かって流れる対向流が生じる．多くの火災においては，煙層は，流路高さに関して薄いため，安定的な流れを生じる（図 21.138(a)）が，流路に比べ，火災規模が大きいと，超水部分において対向流のブロッキングが生じ，流れが不安定になり，火源近傍で循環渦ができることがある(図 21.138(b))．

いったん層化した流れでは，慣性力と壁および境界面での摩擦が全体の流れを支配していると考えられている．層化した煙層内の分布は，最初の頃は誤差関数の半分のような形状をなし，混合層は全域に及んでいるが，鉛直方向への熱気流の自己保存性とは異なり，火源から離れると浮力のダンピング効果により煙層内の乱れは少なくなり，下層の対向新鮮空気流との混合層 (mixing layer) も薄く，下層から上層への空気の巻込み量が少ない非常に安定した界面が形成される(図 21.138(a))．

水平路を流れる煙層内の気流構造についても系統的な研究データは少ないが，数値計算や実験により，図 21.139[6] のように，流路断面方向においては壁に沿った対称な循環流が構成させることが観察されている．こうした循環流は，しばしば有風時の火源，風下に形成される．一対の非対称の渦 (counter rotating vortey pair, CVP) としてもみられ，同種の現象と考えられるが，周囲の境界面か

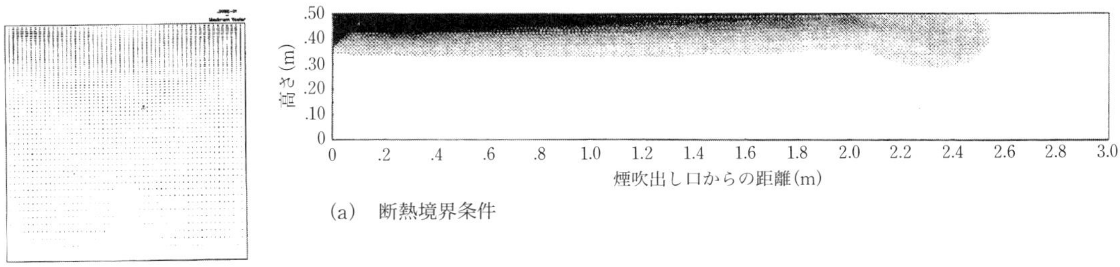

(a)　断熱境界条件

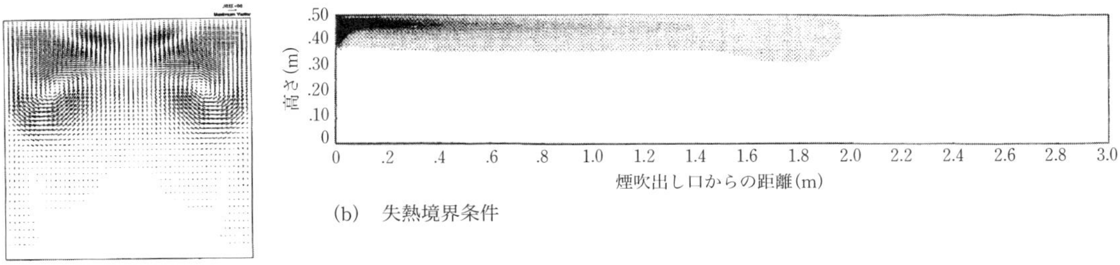

(b)　失熱境界条件

図 21.139　流水平路を流れる煙の数値計算結果[6]
右図は流路流れ方向断面の温度分布を示す．左図は 1.67 m 流路断面での風速ベクトルを示す．

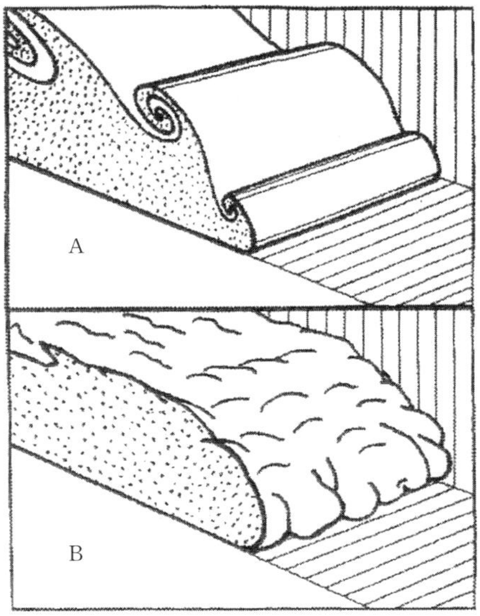

図 21.140　床面に沿って流れる密度流の先端の2種類の不安定な挙動[7]

らの失熱の影響もあり，詳細は今後の課題である．

一方，煙と空気の混合という観点からは，流れの先端部が最も乱れが激しく重要であり，水力学では密度流を用いた実験でかなり実験的に研究されている．先端の盛り上がった背後に潮津波（bore）と呼ばれる部位での乱流混合の状況も明らかにされてきているが，図 21.140[7] に示すように，流れ，境界条件によってその様相は異なり未解明な課題は多い．

2）　単室火災の気流性状　建物火災の最も基本となるのは，図 21.141(a) に示すような一つの部屋に 1 開口部があるような単純な火災で，防火工学においてはこれを単室火災と呼ぶ．

火災は，同一なものが燃焼しても，コーナーや壁際で燃える場合が最も激しくなる．火災が起きると，単室の上部には，高温の煙層が，下部には，開口部を通じて外部から流入する新鮮空気層が形成される．実際の火災では，火源も外乱も常に変動しており，十分に混合拡散が進んだ乱流状態である．防火安全工学においては，おおむね室内の平均温度と，蓄積される煙層の高さが把握できればよく，火災室内の気流の構造について，乱流構造を含めた実験や解析はほとんど行われていない．わが国では，義江ら[8] が，数値モデルのシミュレーション結果の妥当性検証のために，乱流強度を計測した事例が数少ないデータの一つである．

図 21.141(b)(c) は，壁際で発熱がある場合の，屋内の気流分布を垂直断面で示したものである．それによると，火炎直上部分では，熱源近傍の密度（温度）変動の大きい領域での浮力や，壁面や熱気流の境界面で生じる強い速度勾配による，乱流強度が強い領域がみられる．これらの乱れは，天井に衝

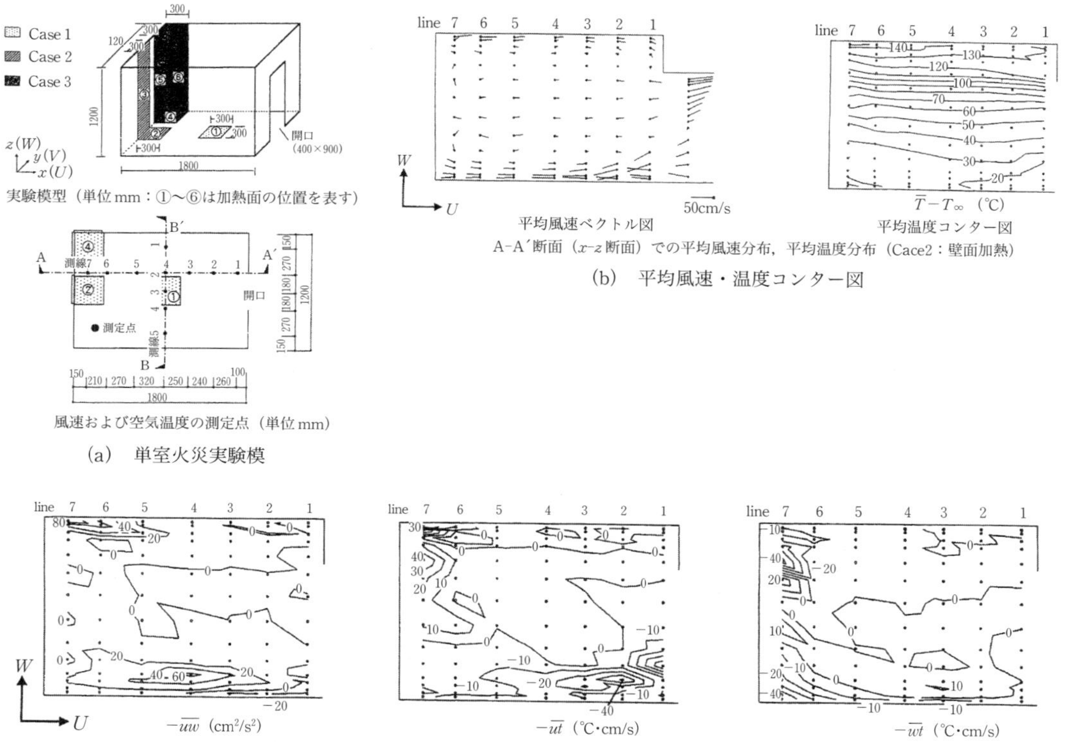

(c) レイノルズストレスおよび乱流ヒートフラックス

図 21.141 単室火災室内の気流分布測定例[8)]

突したのち，煙層内に移流で輸送される．この輸送の間に，浮力のダンピング効果により乱流エネルギーが急速に消散されるため，火源から離れた煙層内は層流に近い非常に乱れの弱い状態になり，安定した成層化が起きる．火災室の単純な火災モデルとして，室内を上部高温層と下部の新鮮空気層の二つの層に分ける，いわゆる二層ゾーンモデルが仮定されるゆえんである．

［山田常圭］

文　献

1) G. Cox : Combustion Fundamentals of Fire, Academic Press, 1995, 1-30.
2) B. J. McCaffery : Purely buoyant diffusion flames ; some experimental results, National Bureau of Standards, NBSRI 79-1910
3) 日本火災学会（編）：火災便覧，第 3 版，共立出版，1997，139.
4) 横井鎮男：建築研究報告，No 34，建築研究所，1960，3 章～5 章.
5) W. Rodi : Turbulent Jets and Plumes, HMT The Science and Applications of Heat and Mass Transfer Reports/Review・Computer Programs, 96.
6) R. G. Rehm *et al.* : Transport by Gravity Currents in Building Fire, International Association for Fire Safety Science. Fire Safety Science. Proceedings. 5th International Symposium, 1997, 391-402.
7) J. E. Simpson : Gravity Currents in the Environment and the Laboratory, Cambridge Univ. press, 142.
8) 義江龍一郎ほか：日本建築学会計画論文集，No. 521，1999，55-62.

21.9 原　子　力

21.9.1 軽水炉，高速炉

a. 原子炉炉心と熱輸送

原子炉は，ウランやプルトニウムなどが中性子を吸収して生じる核分裂の連鎖反応を制御し，発生するエネルギーを冷却材で輸送する装置である．その核反応に関与する中性子の平均運動エネルギーの大きさにより，熱中性子炉，高速中性子炉などに分類される．熱中性子炉においては，核分裂で発生する高エネルギー（高速）の中性子を減速する役目を果たす物質（減速材）の種類により，軽水炉，重水炉，黒鉛炉などに分類される．軽水炉の減速材である水は，炉心で発生する熱を輸送する冷却材の役割を同時に果たす．ただし，大気圧での沸点が100℃と低いため，加圧水型軽水炉（PWR）の場合，約150気圧（飽和温度342℃），沸騰水型軽水炉（BWR）の場合，約72気圧（同286℃）に加圧して用いる．これは，プラントの熱効率を上げるためである．最新型のBWR（ABWR：電気出力約136万kW）の場合[1]，872体の燃料集合体からなる炉心で発生する熱出力3926 MW（最大線出力約44 kW/m）を強制対流沸騰熱伝達によって熱を輸送する．したがって，冷却材の炉心の下部入口から半ばまでは単相乱流であるが，下流は炉心出口平均クオリティ0.13（平均ボイド率で約43%）となる二相流乱流となる．改良型PWR（APWR：電気出力約153万kW）の場合[1]，257体の燃料集合体からなる炉心で発生する熱出力4450 MW（最大線出力約42 kW/m）を強制対流単相乱流熱伝達によって熱を輸送する．したがってPWRの場合，炉心で発生した蒸気で直接タービンを回すBWRと異なり，蒸気発生器という熱交換器を介して蒸気を発生し，その蒸気でタービン発電機を回すことになる．

高速中性子を減速しないで，そのまま核分裂に用いる原子炉を高速中性子炉または通常，高速炉と呼ぶ．したがって，高速炉では減速材を用いない．高速増殖炉は，消費した燃料よりも多くの燃料を創り出す高速炉で，わが国で開発段階にある原型炉「もんじゅ」[2]はその例である．熱出力は714 MW（最大線出力約36 kW/m），そのうち約650 MWが198体の炉心燃料集合体で，残りが炉心を取り囲む172体の半径方向ブランケット集合体などで発生する．冷却材としては，Heガスなども候補になるが，原子量が大きい液体金属を用いるのが一般的である（液体金属冷却高速増殖炉LMFBR）．高速炉の炉心における燃料体積比は軽水炉よりも高く，冷却材が炉心で占める体積割合が低い．すなわち，流路断面積が小さく，出力密度が軽水炉の2.5～3倍と高いため，優れた伝熱性能をもつ低Pr流体を冷却材として用いる必要がある．また，過渡変化時，事故時においても冷却材が沸騰してはならない．そのため，冷却材は高沸点である必要がある．そのなかでも，核特性，伝熱特性，構造材との共存性に優れ，軽量かつ水とほぼ同じ流力特性を示すナトリウム（Na）が，これまでほとんどの高速炉の冷却材に採用されてきた．Naの沸点は1気圧で880℃と十分高く，軽水炉のように加圧する必要がない．低圧システムであることは，原子炉安全性の観点から大きな利点である．炉心熱除去は，強制対流単相乱流熱伝達で行われ，中間熱交換器を通して2次系Naに熱を伝える．このように，炉心の冷却材と蒸気発生器との間に2次系をおくのは，発生頻度としては無視できるものの，蒸気発生器の不慮の事故のために発生する可能性があるとされるNa-水反応の影響が炉心に及ばないようにするための配慮である．

ここでは，最もポピュラーな軽水炉，および将来の主流と目される高速炉の例から，とくに原子炉炉心除熱にかかわる乱流現象，モデル化について述べる．計算機資源の急速な増加は，計算流体力学（CFD）による燃料集合体内の乱流伝熱流動（単相流）を一挙にシミュレーションすることを可能としつつあり，近い将来，単相乱流に関してはCFDが，b. に述べるサブチャネル解析にとって代わることが予想される．そこで，c. および d. において，おもに三角配列燃料集合体サブチャネル内の単相流乱流のモデル化と数値解析について，巨視的および局所的な視点から記述する．最後に e. において，炉心沸騰二相流解析手法の現状について述べる．

b.　炉心燃料集合体とサブチャンネル解析

a. で述べた典型的なABWRの設計を一例にとると，燃料集合体は被覆管外径$D=12.3$ mm，有効長3.7 mの燃料要素（燃料棒）が配列ピッチ$P=16.3$ mmで8×8の正方格子に束ねられている．隣接燃料間のギャップ幅4 mmを一定に保つために，グリッド型スペーサが7～8段設けられている．この燃料束は，チャネルボックスのなかに収められており，燃料集合体間の冷却材の往来はない．APWRの場合は，$D=9.5$ mm，燃料有効長3.6 mの燃料要素が17×17の正方格子に束ねられ，$P=12.6$ mmの間隔を保つように9段のグリッド型スペーサに固定されている．PWRの場合，チャネルボックスのようなケーシングがなく，オープンラティス形状で集合体間の冷却材の往来がある．

LMFBR原型炉「もんじゅ」の燃料集合体の場合，$D=6.5$ mm，長さ2.8 mの燃料要素169本が正三角形の配列ピッチ$P=7.9$ mmで束ねられている．燃料要素間ギャップ幅は1.3 mmと通常の軽水

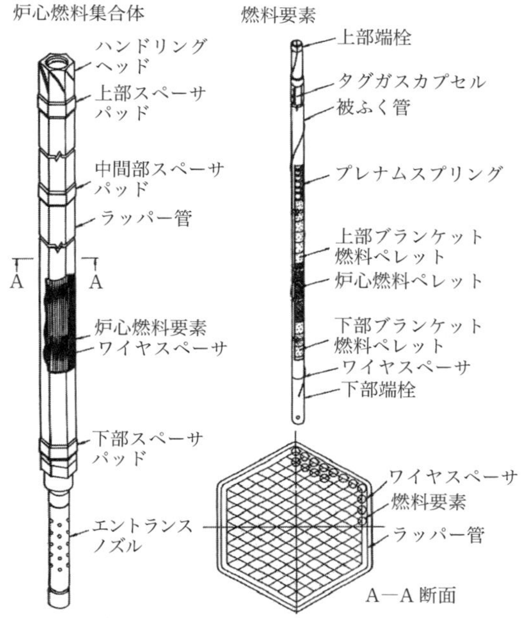

図 21.142　もんじゅ炉心燃料集合体と燃料要素[2)]

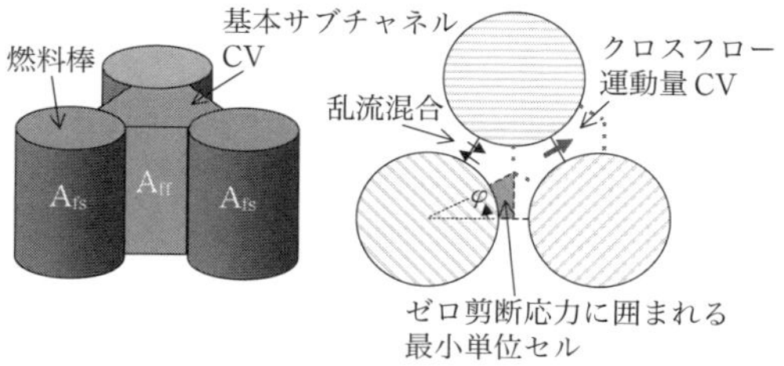

図 21.143　基本サブチャネルコントロールボリューム(CV)
A_{ff}：液–液接触面，A_{fs}：液–壁接触面.

炉に比べて極端に狭い．この意味で，LMFBR の燃料集合体は稠密燃料格子である．その燃料間隔を一定に保つために，すべての燃料要素にワイヤスペーサが規則的にらせん状に巻きつけられている．この燃料要素束は，ラッパー管と呼ばれる六角のケーシングに収納されており，やはり集合体間の冷却材の往来はない．図 21.142 に炉心燃料集合体構造説明図[2)] を示す．近年，軽水炉でも中性子の減速を抑制して，ウラン 238 がプルトニウム 239 に転換する割合を高くする低減速型軽水炉の設計提案が行われているが[3)]，この場合の燃料集合体形状は LMFBR の稠密燃料格子のそれと近い．ただしスペーサとしては，グリッド型を用いるのが一般的である．

冷却材は集合体内燃料要素軸方向に沿い炉心下部から上部に向かって流れ，横方向のクロスフロー流速成分は小さい．よって，燃料集合体内部の流路チャネルは，三角配列格子の場合は 3 本 (図 21.143)，正方格子の場合は 4 本の燃料要素によって囲まれたサブチャネルコントロールボリューム (CV) に区分けされる．このような区分が，サブチャネルごとに軸方向 1 次元的な流れと，燃料要素間ギャップをクロスする対流・拡散を仮定して，集合体全体の 3 次元熱流動場を巨視的に求めることを容易にする．これをサブチャネル解析というが，すべての物理量はサブチャネル CV 平均で与えられるため，その空間分解能は CV サイズで規定される．計算結果の妥当性は，サブチャネル間乱流混合，軸方向およびクロスフロー方向の摩擦・形状圧損や乱流熱伝達に関する構成方程式に依存する部分が大きい．構成方程式を正しく構築するためには，サブチャネル CV 内または CV 表面上の局所瞬時の正確な物理情報が必須で，過去の炉心熱流動工学における乱流や沸騰二相流に関する熱流動研究は，結局のところ，この構成方程式の構築と改良のために行われていたといっても過言ではない．とくに沸騰二相流の分野では，現在でもサブチャネル解析に依存するところが大きく，進化する集合体設計に合わせて，単相流に比べて格段に複雑で多くの構成方程式の構築を行う必要があるのが現状である (e. 参照)．

c.　サブチャネル解析乱流モデル

設計に用いる乱流摩擦圧損係数は，異なる設計ごとに燃料集合体のモックアップ試験を実施して求められる．したがって，他の集合体設計には適用できない．任意の集合体サブチャネル流路の摩擦圧損係数を求める考え方は，たとえば，Nikuradse の乱流プロファイル

$$w^{+}=2.5\ln y'+5.5 \qquad (21.9.1)$$

をサブチャネル内乱流に仮定し，流路形状を表す P/D と水力等価直径 D_h を用いた形状因子を導入して，既知の平板，円管，二重管流路などで得られている摩擦圧損係数を補正するものである[4)]．乱流熱伝達係数についても同様で，その基本は平板などで得られる相関式に形状効果を加味してモデル化することができる．高速炉の典型的な相関式としては米国ウェスティングハウス社による FFTF-CRBRP 式や[5)]，Graber-Reiger の式[6)] などが代表的であるが，いずれも P/D が 1.3 または 1.25 以上の格子に対して求められたものである．

隣接サブチャネル間の運動量とエネルギー交換は，流速分布や温度分布を平坦化する．そのメカニズムは大別してクロスフローによる対流と拡散（分子拡散および乱流拡散の重ね合せ）に分けられる．たとえば，CV の境界面 A_f を通しての運動量およびエネルギー拡散 M^M，Q^M は次の式で与えられる．

$$M^M \equiv \frac{1}{\Delta V_f}\int_{A_{ff}}[\bar{\tau}\cdot\vec{n}]dA;$$
$$Q^M \equiv \frac{1}{\Delta V_f}\int_{A_{ff}}(k+k^t)\nabla T\cdot\vec{n}dA \quad (21.9.2)$$

ただし，ΔV_f は CV 体積，$\vec{n}$ は A_f に垂直な外向き単位ベクトル，k は熱伝導率，T は温度，A_{ff} は境界面 A_f の液-液部分である（図 21.143 左図参照）．もし，隣接サブチャネル i，j 間の境界 A_{ij} における剪断応力 $\bar{\tau}$ や乱流熱流束の詳細分布情報が実験的または数値的に求まれば各拡散項を直接モデル化できるが，実際には現象論的なアプローチを採用している．すなわち，運動量についていえば境界面における渦拡散率を用いて次の式で評価する．

$$M_{ij}^M \approx -\frac{1}{\Delta V_f}A_{ij}\mu\left(1+\frac{\varepsilon_\varphi^M}{\nu}\right)\left(\frac{[w]_i-[w]_j}{\Delta x_{ij}^{*M}}\right) \quad (21.9.3)$$

μ は分子粘性，ν は動粘性係数，$[w]_i$ は i 番目の流路断面での流速 w の平均，Δx_{ij}^{*M} はサブチャネル間の運動量混合長である．運動量渦拡散率 ε_φ^M については，一様円管乱流モデルの改良や，乱流プロファイル式（21.9.1）と van Driest の混合長理論などを適用して求めることができる[7]．エネルギー交換についても式（21.9.3）と類似な関係式が与えられる．

上に述べた摩擦圧損モデル，熱伝達係数や乱流混合は，集中定数系解析で必要となる巨視的概念であるが，これらを評価するためには正確な局所瞬時の乱流統計量が集合体設計ごとに必要となる．そのような詳細情報は実験のみでは得がたいものが多く，計算資源の制約が少なくなれば，直接乱流シミュレーション（DNS）が実験に代わってデータを提供することになるであろう．たとえば，DNS の結果で式（21.9.1）や温度分布，式（21.9.2）中の乱流拡散量を置き換えることにより高精度の摩擦圧損係数や熱伝達係数，乱流混合モデルを与えることが可能となる．また，ラージエディシミュレーション(LES)やレイノルズ平均ナビエ-ストークス方程式(RANS）を解く CFD が普及すれば，設計ツールとしてサブチャネル解析コードにとって代わることが予想され，これまでの設計式や相関式によらない，いわゆる「計算シミュレーションに基づく設計」の確立につながる．そのためにも，SGS モデルや RANS 乱流モデルの構築に，DNS による詳細な乱流情報が必要不可欠である．

d. 集合体内乱流現象と CFD

円管や並行平板流路と異なり，燃料集合体内流路形状は複雑である．そこを流れる乱流は，燃料要素間隔が狭いために壁の影響を強く受け，非等方性が強い．とくに P/D が小さくなる稠密格子燃料集合体ではその傾向が強くなる．そのため，等方性乱流を仮定した k-ε モデルや，壁関数を用いるモデルでは説明できない現象がいくつかあげられる．たとえば，乱流の非等方性に起因する顕著な現象の一つが第 2 種 2 次流れで，流速の軸方向主流成分の分布と相互に強い影響を及ぼしあう．したがって，流体-壁接触面における軸方向流速 w の y_r^* 方向勾配に直接関係する壁剪断応力の φ-方向分布は，この 2 次流れ分布にきわめて敏感となる．P/D が減少すると，他と比べて高い値のレイノルズ垂直応力を示す領域が現れ，ある特徴的な周期で狭いギャップを行き来するグローバルな振動現象，いわゆるフローパルセーションが観察される[8]．また，一般的に，Re 数が低くなると，燃料間隙部近傍で乱流の非均質性が増し，局所的な層流化現象がみられるようになる．そのため，一部遷移領域を含み，流れそのものが不安定となることが予測される．

ここでは，DNS によって得られた知見[9]に基づき，RANS-CFD の乱流モデルについて述べる．簡単のために，無限大本数燃料集合体を仮定すると，基本サブチャネル内で，十分に発達した乱流プロファイルに対するゼロ剪断応力と燃料被覆管表面で囲まれる最小単位セル（図 21.143 右図参照）と，幾何学的な最大対称セルとは一致する．実際の有限本数燃料集合体の場合は，チャネルボックスやラッパー管の壁の影響のために，このような幾何学的な対称性を示すラインとゼロ剪断応力の位置は一致しないが，十分大きな数の燃料からなる集合体の内部サブチャネルに対してはよい近似となる．

図 21.144 に DNS で計算された y^+ 方向の w^+ 分布を，角度 φ（図 21.143 参照）0，15，30° の各位置で，Reichardt による壁関数[10] と比較して示す．図 21.145 は三角配列燃料棒表面壁剪断応力に対する 2 次流れの影響を示す．ちなみに，乱流の非等方性を考慮しない場合（ケース 1），2 次流れによるモメンタムの再配分が行われず，ギャップ位置から遠ざかるにつれ，流速 w の y 方向分布が壁近傍で急峻となり壁剪断応力が増加する．一方，非等方性を考慮すると（ケース 2），2 次流れによって全体的に w 分布が平坦化され，壁剪断応力分布のピークが φ～20° 近傍にシフトする．図 21.146 に Re_τ＝400（$\mathrm{Re}_{\mathrm{bulk}}$～6000）のときの DNS による壁剪断応力分布を平均値で規格化した $\tau_{\mathrm{W}}/\tau_{\mathrm{Wav}}$ を異なる P/D について比較して示す．このような比較的低 Re 数の領域では，同一の Re 数に対し，格子配列が稠密になるほど（P/D～1.05）τ_{W} のピーク値が高くなる．同一の P/D に対し Re 数を増加させると，$\tau_{\mathrm{W}}/\tau_{\mathrm{Wav}}$ のピークが下がり，ある Re 数を境に形状が一定になる傾向を DNS 計算が示す．実際，Re_τ＝1000，

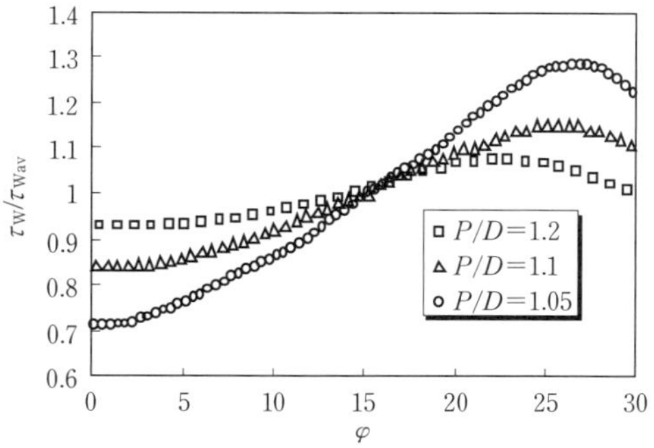

図 21.146　壁剪断応力分布の P/D 依存性（Re＝6000）

1400（$\mathrm{Re}_{\mathrm{bulk}}$～16000，24000）で，$\tau_{\mathrm{W}}$ 分布はおおむね同一形状である．φ～25° 近傍に位置するピーク値は平均値の 105% で，Re_τ＝400 の 108% に比べて平坦化することが，2 次流れ分布の変化から説明できる．これらは，比較的大きな P/D(＞1.2)の集合体において，ピーク位置（φ～24°）と τ_{W} 分布形状が高乱流の領域では Re 数(＞24000)に依存しないという Trupp ほか[11]，Hooper[12] の実験事実と合致する．なお，集合体内乱流の詳細な実験データが過去にいくつか報告されているが，P/D＜1.1 または Re＜20000 の条件下のデータの報告はない．これらのことより，DNS 計算の有用性が理解される．

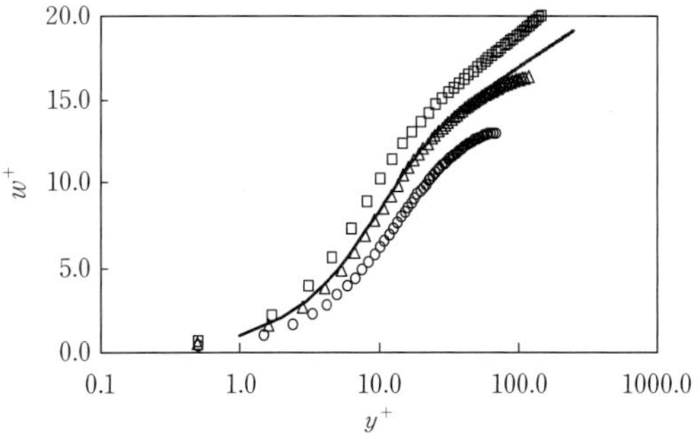

図 21.144　DNS による異なる位置における流速分布と壁関数との比較（P/D=1.05，Re=9500）
―：Reichardt による壁関数，○：φ=0°，△：φ=15°，□：φ=30°.

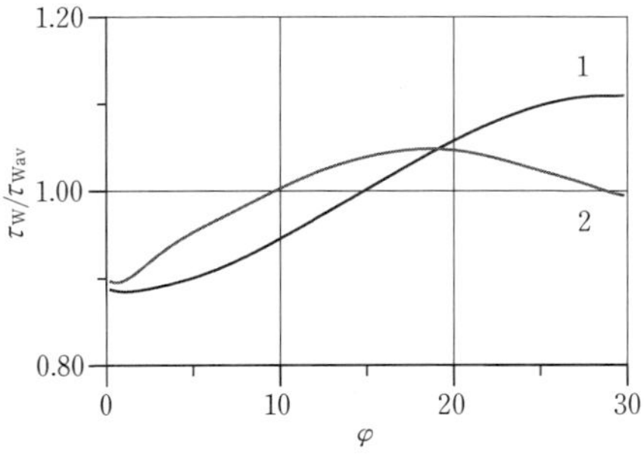

図 21.145　壁剪断応力分布 Re＝8000
1：2 次流なし，2：2 次流あり．

本節の冒頭に述べた理由から，RANS-CFD による集合体内乱流解析においては，等方性乱流を仮定した線形 k-ε モデルを適用するのは適切でなく，レイノルズ応力モデル（RSM）や代数的応力モデル（ASM）による解析が推奨される．ただし，このようなアプローチでも壁近傍の扱いに注意すべきで，よく使われる壁関数モデルは燃料集合体内の乱流に対しては破綻をきたすことが多い．この場合，壁に隣接する計算メッシュ幅が DNS 並みの y^+ にとった低レイノルズ数モデルなどに依存することになる．このような壁近傍の扱いに加え，たとえば Shih-Zhu-Lumley の代数的応力モデル[13] と呼ばれる非線形モデル

$$\rho\overline{\mu_i'\mu_j'}=\frac{2}{3}\rho k\delta_{ij}-\mu_t S_{ij}+C_1\mu_t\frac{k}{\varepsilon}\left[S_{ik}S_{kj}-\frac{1}{3}\delta_{ij}S_{ki}S_{kl}\right]+C_2\mu_t\frac{k}{\varepsilon}[\Omega_{ik}S_{kj}+\Omega_{jk}S_{ki}]+C_3\mu_t\frac{k}{\varepsilon}\left[\Omega_{ik}\Omega_{jk}-\frac{1}{3}\delta_{ij}\Omega_{kl}\Omega_{kl}\right],$$

ただし，

$$S_{ij}=\frac{\partial u_i}{\partial x_j}+\frac{\partial u_j}{\partial x_i},\qquad \Omega_{ij}=\frac{\partial u_i}{\partial x_j}-\frac{\partial u_j}{\partial x_i}$$

(21.9.4)

の係数 $C_1 \sim C_3$ を DNS データに基づいて定めることで，稠密燃料格子内非等方性乱流の忠実な再現が可能となることが Baglietto ほかにより示されている[14]．

RANS アプローチは，高 Re 数乱流に対し安定に解をもたらしてくれる．しかしながら，比較的低い Re 数乱流（Re<20000）においては，稠密格子燃料集合体内流れのように壁の影響を強く受ける乱流の収束解が得られにくい．これは先に述べた複雑な乱流場，とくに局所的に層流-乱流の遷移領域が並存するような流れ場について，RANS モデルでは十分に記述できていないためと考えられる．また，非等温場とくに自然対流と強制対流が混在するような混合対流領域における乱流のモデル化などは今後の課題として残っている．

RANS や LES が設計などに活用されるようになるにつれ，DNS の役割も大きくなっていく．しかし，日常的に世界最高性能の超並列計算機を最大限利用できるのなら別であるが，一般的なユーザーがアクセスできる計算機による DNS は Re 数で高々 20000 程度が限界である．しかも本節で述べた DNS 計算は，燃料集合体体系のきわめてかぎられた一部を $10^7 \sim 10^8$ 格子点で模擬し，周期境界条件を仮定した十分に発達した乱流にかぎられることに留意したい．

e.　炉心沸騰二相流解析

沸騰水型原子炉（BWR）の炉心燃料集合体設計では，限界熱流束および対応する燃料被覆管の最高温度とその発生場所の特定などを行う必要がある．そのために，実機集合体を忠実に模擬した試験体を製作し，実機と同じ熱流動条件下での試験を実施して，設計性能と限界に対する安全尤度を確認することが一般的である．しかしながら，b. で述べた ABWR のさらなる改良版である次世代型沸騰水型原子炉 ABWR 2 や将来型炉では，燃料配列が大型化あるいは稠密になる傾向があり，実機模擬試験実施にかかるコストが膨大になりつつある．最近では，こうした実証試験の効率化やコスト削減を目指し，解析的な手法によるデータの補完や外挿，現象の理解の試みが行われている．

BWR の場合，原子炉燃料集合体の入口から出口に至る領域では，ミクロからマクロまでさまざまなスケールの物理プロセスが絡み合った沸騰二相流現象がみられる．しかし，DNS のような詳細な手法で集合体全領域を一括して解析することは，到底不可能である．したがって，サブチャネルコントロールボリューム（CV）のなかに分布するすべての物理量を空間・時間的に平均化して，全体の二相流現象挙動を解析できるサブチャネル解析コードを用いるのが，工学的に最も現実的かつ信頼性が高いアプローチとなる．

サブチャネル CV 内に分布する流体成分は，液相と気相（蒸気相）であり，それぞれの相の挙動を記述する瞬時局所の保存方程式はナビエ-ストークスの方程式とエネルギー方程式である．これらを統一的な輸送方程式で表現すると，

$$\frac{\partial \rho_k \Psi_k}{\partial t}+\nabla\cdot(\rho_k \Psi_k \vec{u}_k)=-\nabla\cdot\vec{J}_k+\rho_k S_k$$

(21.9.5)

と書ける．また，気液界面の挙動は

$$\frac{d_s \Psi_{\mathrm{a}}}{\mathrm{d}t}+\Psi_{\mathrm{a}}\nabla_s\cdot\vec{u}_I$$
$$=\sum_{k=1}^{2}\{\rho_k \Psi_k \vec{n}_k\cdot(\vec{u}_k-\vec{u}_I+\vec{u}_k\cdot\vec{J}_k\}-\nabla_s\cdot\vec{J}_{\mathrm{a}}+S_{\mathrm{a}}$$

(21.9.6)

によって記述される[15]．ただし，添字 k は L（液相）と G（気相），a は界面における平均を示し，$d_s/\mathrm{d}t$ は速度 $\vec{u}_I$ で移動する界面における対流微分，∇_s はその界面における発散オペレータである．ρ_k，$\vec{u}_k$，$\vec{J}_k$ はそれぞれ，k 相の密度，流速，拡散束で，Ψ_k，$\vec{J}_k$，S_k（ソース項）は，質量，運動量，エネルギそれぞれの保存式において表 21.9 に示す量に対応する．

式（21.9.5），(21.9.6）に時間平均と局所体積平均操作をほどこして得られるのが，いわゆる二流体モデルの支配方程式で[15]，単相流の RANS 方程式に対応する．この時点で，ボイド率（気相体積率）

表 21.9　保存式（21.9.5）における輸送物理量とソース項

	質量保存式	運動量保存	エネルギー保存式
Ψ_k	1	u_k	$e_k+u_k^2/2$
$\vec{J}_k$	0	$p_k\bar{\bar{I}}-\bar{\bar{\tau}}_k$	$\vec{q}_k+(p_k\bar{\bar{I}}-\bar{\bar{\tau}}_k)\cdot\vec{u}_k$
S_k	0	$\vec{g}_k$	$\vec{g}_k\cdot\vec{u}_k$

表の中で，$\bar{\bar{I}}$ は単位行列，e_k は内部エネルギー，$\vec{g}_k$ は k 相に働く外力である．

の概念が導入される．また，式（21.9.6）は境界におけるジャンプ条件として代数式で近似する場合が多い．沸騰二相流サブチャネル解析の定式化は，この二流体モデル方程式を，さらにサブチャネルCVで体積積分平均して求められる．結果的に，液相と気相それぞれの支配方程式は，前述の単相流サブチャネル解析の定式化に，相変化を含む気液間相互作用の項を加えたものになる．

液相は流れの様式によっては液膜と液滴に分けることができる．液膜，蒸気，液滴それぞれについて，サブチャネルCV内およびCV表面上で平均化されて得られる状態変数，すなわち集中定数化された速度，温度，圧力で記述される三流体場モデルが，最新のサブチャネル解析コードの骨格となっている．そこでは，液相（高ボイド率流れでは液膜と液滴），蒸気相（蒸気流コア部分または気泡）それぞれと固体壁との間の摩擦や熱伝達，気液界面における各相との相互作用などについて，多くの構成方程式をモデル化して与えなければならない．たとえば，液膜と蒸気相との間では，気液界面における蒸発・凝縮，相間の摩擦や熱伝達，相変化に伴う運動量と熱の交換を，ジャンプ条件を満たしながら集中定数化された変数の関数のかたちで構成方程式として与えることになる．

ここで注意しなければならないのは，集中定数化することによって，サブチャネルCV内およびCV表面上の局所的現象に関する情報が消滅するため，マクロな二相流挙動に与える影響がこのままでは考慮されないことである．したがって，気・液それぞれの平均場の支配方程式に，これら局所現象がマクロな現象に影響を与える機構をモデル化した構成方程式を組み込む必要がある（機構論的構成方程式と呼ぶ）．ということは，局所現象がマクロ現象を発現させる機構を十分に理解していることが，モデル化の要諦となることはいうまでもない．

局所的な要因によって発生したり，左右されたりするマクロな輸送現象としては，液膜ドライアウト，隣接するサブチャネル間に圧力差がなくても発生するサブチャネル間の二相乱流混合とボイドドリフト，気泡の相対的な移動に伴う仮想質量効果，気液間の局所的な速度差・密度比や表面張力に依存する気泡変形・合体や分裂に伴う二相境界面形態と二相流動様式の遷移などである．液滴と蒸気相との間の相互作用としては，抗力・揚力および熱伝達に伴う相変化，また気液界面における液滴生成・再付着などがある．また，サブチャネル内にスペーサが含まれる場合，液膜流，気泡やコアの蒸気流，液滴流に与える障害物効果がある．これらの現象機構を正しくモデル化することが限界熱流束を精度よく予測するうえで重要で，サブチャネル解析の重点課題となっている．これらの現象の多くは，二相界面や乱流挙動と密接な関係があり，多くは実験室規模で行う分離効果試験を実施し，得られる実験データに基づいてモデル化するのが実情である．

上述したボイドドリフト現象は，集合体コーナー部で発生した気泡が合体して大気泡に成長しつつ，流路断面積が広い集合体中心部へ移動していく現象である．その結果，コーナー部では発熱対流量の比が集合体内部と比べて大きいにもかかわらず，沸騰開始部の下流から出口にかけて，コーナー部のボイド率が中心部に比べて低くなる．その機構は複雑で，間歇的に狭いサブチャネル間ギャップをまたがってクロスする巨大なテイラー気泡の挙動メカニズムや，二相乱流強度の勾配などにも関連すると推測されるが[16]，未だ十分に理解されているわけではない．

原子炉で扱う気液二相流は，燃料集合体という複雑形状流路中での蒸発・凝縮を伴うきわめて複雑な現象である．従来から，気液自由界面および乱流の微細構造解明とモデル化は活発な研究分野の一つであるが，実際には単純形状流路内の蒸発・凝縮を伴わない等温場の二相流を対象とするのが大半であった．こうした努力のなかで，式(21.9.5)～(21.9.6)を直接解くDNSやLESも報告が多いが，工学的に最も実用化に近いのが，これらの式を計算格子サイズの微小体積で体積平均した二流体モデルのRANS式を高精度に解くアプローチである．単相流の場合と大きく違うのは，界面の追跡を行うことである．そこでは，VOF（volume of fluid，流体率と呼ばれる）に着目して，その輸送方程式をナビエ-ストークス式と連成して解く[17]．界面の追跡法としては他にLevel-set法や[18]，界面こう配の輸送を考慮したさまざまな手法[19]が提案されているが，これらに共通する課題は，①界面形状の正確な捕獲と輸送，②界面を含む計算格子セル内の流体率の正確な輸送，そして③隣接格子境界における流体率の連続性の3点をいかに保証するかである．

RANSが気液界面と乱流の相互作用を解析するうえで果たしてきた役割は大きく，今後ともこの二流体モデルアプローチが工学的応用の主流であることには間違いはない．しかしながら，同アプローチによって計算される気液界面とその乱流構造はモデル化に依存しているのであり，モデル化されていない現象に関する情報を与えてくれるわけではないことに注意する必要がある．その意味ではLESや，乱流モデルを必要としないDNSによる解析が好ましい．計算機能力の増大とともに詳細な界面の追跡も可能となりつつあり[20]，RANSモデルの構築に必要な情報を提供しつつある．しかしながら，重要性の増大と背反して，現時点ではそれらの実用性には難があるのも事実である．　［二ノ方　壽］

文　献

1) 原子力ポケットブック2006年版，日本電気協会新聞部，2006.
2) 高速増殖炉もんじゅ発電所原子炉設置許可申請書，本文及び添付書類（一～十一），動力炉・核燃料開発事業団，昭和55年12月.
3) K. Hibi *et al.*: Nucl. Eng. Des., **210**, 2001, 9-19.
4) K. Rehme: Int. J Mass Heat Transfer, **16**, 1973, 933-950.
5) H. Graber, M. Reiger: Progr. Heat and Mass Transfer, **7**, 1973, 151.
6) 堀　雅夫編：基礎高速炉工学，日刊工業新聞社，1993, 84-86.
7) 二ノ方寿：日本原子力学会誌，**22**(1)，1980，2-8.
8) T. Krauss, L. Meyer: Nucl. Eng. Des, **180**, 1998, 185-206.
9) E. Baglietto *et al.*: Nucl. Eng. Des, **236**, 2006, 1503-1510.
10) J. O. Hinze: Turbulence, McGraw-Hill, 1959.
11) A. C. Trupp, R. S. Azad: Nucl. Eng. Des., **32**, 1975, 47-64.
12) J. D. Hooper: Nucl. Eng. Des., **60**, 1980, 365-379.
13) T. H. Shih *et al.*: NASA TM 105993, 1993.
14) E. Baglietto, H. Ninokata: Nucl. Eng. Des., **235**, 2006, 773-784.
15) M. Ishii: Thermo-fluid Dynamics Theory of Two Phase Flow, Eyrolles, Paris, 1975.
16) A. Hotta *et al.*: Nucl Eng. Des., **235**, 2005, 983-999.
17) C. W. Hirt, D. B. Nicholas: J. Comp. Phys., **39**, 1981, 201-225.
18) S. Osher, R. Fedkiw: Level Set Methods and Dynamic Implicit Surfaces, 2nd ed., Springer, 2003.
19) 功刀資彰：日本流体力学会数値流体力学部門Web会誌，**11**-3，2003，108-120.
20) P. Liovic *et al.*: Direct and Large-Eddy Simulation V Amsterdam: Kluwer Academic, **5**, 2004, 261-270.

21.9.2　ガ　ス　炉

ガス冷却炉は，1950年代前半に黒鉛減速材，大気圧の空気を冷却材に用いたプルトニウム生産炉としてフランスや英国で開発された．気体冷却が採用されたのは，水冷却に比べて安全性が高いと考えられたためである．ついで，プルトニウム生産と発電の多目的をもつ高温運転が可能な加圧炭酸ガス冷却マグノクッス炉が開発された．この熱流動環境にはヘリウムガスのほうが適当であったが，当時はコストが相当に高かったことが原因して採用されなかった．最初のガス炉による発電は，1956年，英国のCalder Hallに建設された鋼製原子炉容器をもつAGR（advanced gas-cooled reactor，入口温度140℃/出口温度336℃）によるものであり，電気出力35 MWeであった．これは米国ペンシルバニア州シッピングポートでの加圧水型炉（pressurized water reactor, PWR）での発電より1年前のことである．その後，フランスのマルクールにも同様な炭酸ガス冷却炉が建設された．マルクール炉（40 MWe，入口温度150℃/出口温度354℃）の建設は原子炉容器をPCRV（prestressed concrete reactor vessel）とする新技術を産み出した．

これら炭酸ガス炉開発と並行して全セラミックス製ヘリウム冷却黒鉛減速炉（high temperature reactor, HTR；high temperature gas-cooled reactor, HTGR）の研究も進められていた．HTGRの原型炉開発は1960年代半ばから始まり，英国のDragon炉（熱出力20 Mwt，入口温度350℃/出口温度750℃），米国のPeach Bottom Unit 1（40 MWe，入口温度345℃/出口温度725℃）およびドイツのAVR（15 MWe，球型燃料，入口温度200℃/出口温度850℃）などがある．その後，ドイツで多目的トリウム高温ガス炉（thorium high temperature reactor, THTR，300 MWe，球型燃料，入口温度250℃/出口温度750℃）が1984年，米国ではFort St. Vrain HTGR（330 MWe，入口温度405℃/出口温度775℃）が1976年にそれぞれ発電を開始した．その後，世界の商用ガス炉開発は予算的な理由から頓挫した．しかし，ガス炉のもつ高い安全性の魅力は，数多くの設計研究や基礎研究として進捗し，さまざまな熱流動の課題が検討されてきた．

わが国では，日本原子力研究所において，1961

年に多目的高温ガス実験炉（very high temperature gas-cooled reactor, VHTR）が計画され，1986年から図21.147に示す高温工学試験研究炉（high temperature engineering test reactor, HTTR）として開発が進められている[1)]．VHTRおよびHTTRはピン・イン・ブロック型燃料要素（図21.148参照）を採用しており，六角柱状の黒鉛ブロックにあけた円柱状の孔に燃料棒を挿入して形成される環状流路を冷却材ヘリウムガスが流れて炉心を冷却する構造となっており，冷却材の炉心出口ガス温度を約1000°Cに高めるために冷却材の流量を低く設定している．このため，炉心入口で冷却材のレイノルズ数は10000弱であるが，炉心出口では温度上昇による物性値変化により5000以下に低下し，流れは層流と乱流の中間的な挙動を示す遷移領域に近い条件となる．流路断面積を絞って流れを加速したり，円管流路を流れるガス流を強く加熱すると，加速や加熱の弱い条件では完全な乱流であっても熱伝達率が層流の値まで急激に低下する，いわゆる層流化現象が起こることが報告されていた[2~4)]．

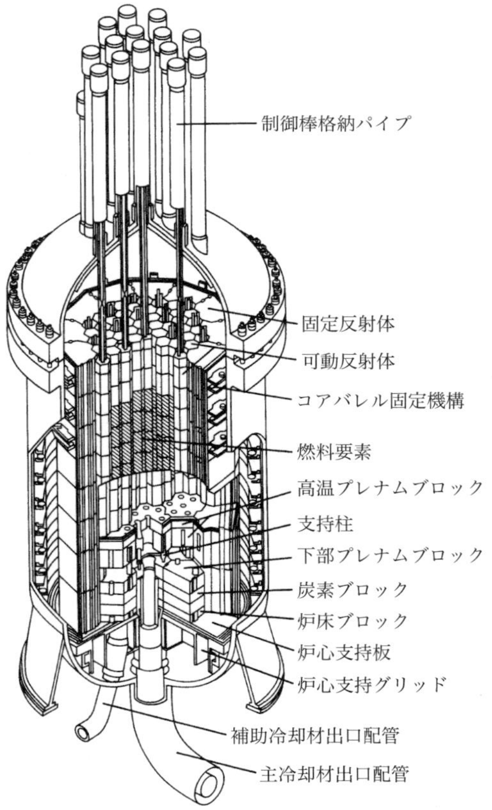

図 21.147 高温工学試験研究炉（HTTR）概念図[1)]

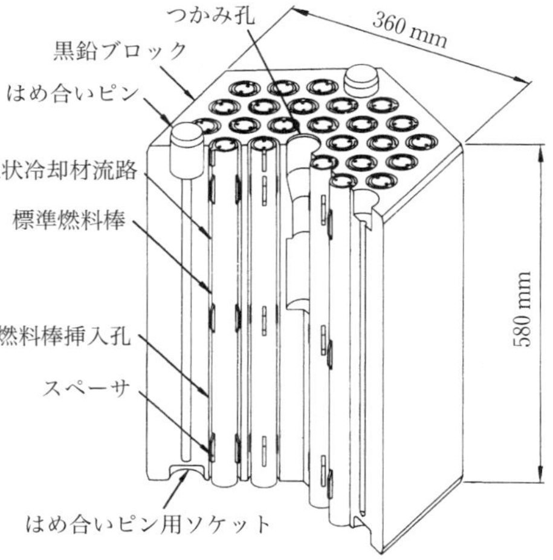

図 21.148 高温工学試験研究炉燃料ブロック概念図[1)]

仮に，高温ガス炉の炉心で層流化現象が発生すると，条件によっては熱伝達が数分の一にも低下するので，過熱によって燃料の破損に至る事態も想定された．このため，層流，乱流の判別や遷移領域での伝熱流動特性の把握および設計式を求めることが重要な課題となり，多くの実験および解析が行われてきた．

代表的な冷却材流路形状である円管流路について，小川ら[5)]は空気を作動流体として入口形状を種々変えた実験を行い，遷移領域で乱流と層流が交互に現れる間欠流の存在を確認し，遷移領域の上限と下限レイノルズ数および乱流が現れる時間的割合を間欠因子として測定し，これらを組み合わせて熱伝達と摩擦損失を表す実験式を示し，遷移領域の伝熱流動特性の理解を深めた．

拡大縮小部分を伴う冷却材流路について，椎名ら[6)]は等温条件で流路断面積を絞った加速流について実験し，層流化発生条件を決定する閾値を求めた．これは，冷却材流路の工作精度の判断基準として設計に反映された．

円管内流路における強加熱ガス流の層流化について，河村[7)]はRottaによるk-$kL2$方程式乱流モデル[8)]を粘性効果や温度による熱物性値の変化を考慮した形に拡張し，層流化を含む高熱流束加熱ガス流の実験結果と比較した．その結果，k-$kL2$方程式乱流モデルによる数値解析結果は実験値をよく再現し，強加熱ガス流の層流化現象の数値予測にはじめて成功した．

円管内鉛直上昇加熱ガス流について，Shehata ら[9]は乱流状態から層流化発生までの系統的な実験を行い，管内平均速度分布とともに径方向温度分布の測定結果をはじめて示した．その後，このデータをターゲットとしたEzato ら[10]の低レイノルズ数型 k-ε 乱流モデル解析（AKN モデル[11]を使用），Nishimura ら[12]のレイノルズ応力モデル解析や Satake ら[13]の直接数値シミュレーション（direct numerical simulation, DNS）が実施された．この Shehata らの実験条件（管入口レイノルズ数 4300，無次元加熱流束 $q_{\text{in}}^{+}=0.045$）を対象としたDNS（流れ場および温度場は空間発達問題として解析した．ただし，壁面の温度境界条件には実験値を用いている）の結果の一例として無次元化した主流方向速度乱れ $u_{z,\text{rms}}^{\prime+}$ の変化を図 21.149 に示す．実線は非加熱時のDNS結果であり，主流速度乱れ $u_{z,\text{rms}}^{\prime+}$ が下流方向（Z）に進むに従って著しく低下していく様子がわかる（図中の無次元位置は管直径 D で無次元化している）．このようなDNS解析によって，円管内の加熱層流化現象の詳細なメカニズムが解明されつつある．

VHTR および HTTR のピン・イン・ブロック型燃料要素の環状冷却材流路については，藤井ら[14]および鳥居ら[15]が環状流路の層流化の発生条件について実験的に検討を加え，内管のみを加熱した場合には層流化が発生しないという結果を得た．その後，鳥居ら[16]は両管を等熱流束加熱した場合，層流化が発生すると報告しているが，藤井[17]は k-kL-$\overline{u'v'}$ 3 方程式モデルを用いた環状流路の層流化現象の数値予測を行い，内管や外管のみ加熱した場合，ある熱流束以上では熱流束の増加に従って熱伝達率がある一定値に近づき層流化が発生しない理由を明らかにした．さらに，両管を加熱した場合，一方の管における熱流束がある値以下のときは，他方の管における熱流束をいくら増加しても系全体の層流化は発生しないことを示し，両管加熱の場合に系全体が層流化する限界条件を明らかにした．

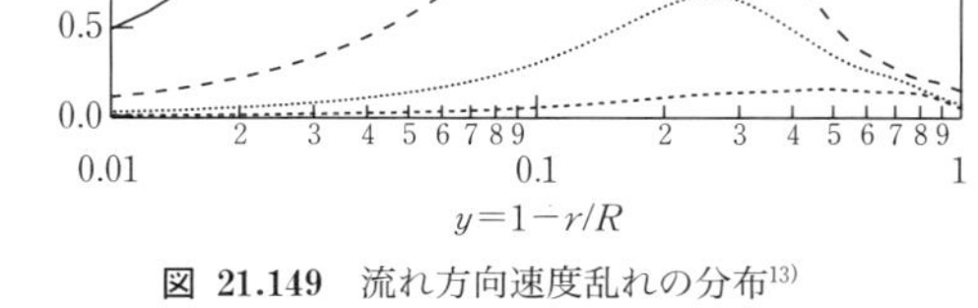

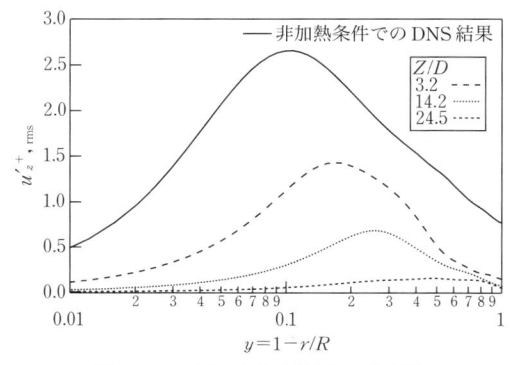

図 21.149　流れ方向速度乱れの分布[13]

以上のような層流化の防止策として検討されているのが，燃料棒表面への 2 次元または 3 次元突起の加工や，環状流路を確保するためのスペーサによる伝熱促進技術であるが，ガス炉に固有の技術ではないため本項では触れない．多くの場合，拡大伝熱面による伝熱性能向上率と圧損増加率はほぼ同程度となるため，成績係数（cost of performance, COP）の向上という観点での工夫が必要である．

ガス炉固有の乱流工学の問題としては，炉床部内での冷却材の乱流混合がある．HTTR の炉心は中心の 1 領域（六角柱状黒鉛ブロック 6 体と制御棒ブロック 1 体の 7 体で 1 領域を形成）とそれを取り囲む周辺 6 領域の計 7 領域で構成され，炉床構造物で支えられている．炉内へ流入した約 400°C のヘリウムガスは各炉心領域を冷却したのち，炉床部にある高温プレナム内で混合されて約 950°C となり，円管状の出口管を経由して炉外へ輸送される．高温プレナム内には，混合を促進するための円盤状の混合促進板が取り付けてあるが，炉心領域出口の冷却材に温度差を生じ（設計では，中心領域と周辺領域の温度差が最大で約 60°C，周辺領域間で最大 20°C），高温プレナムや出口管内で均一な温度に混合されない場合にはホットストリークを生じ，出口管の下流に位置する中間熱交換器（IHX）などに破損を生ずるおそれがある．このため，3 次元熱流体解析や模擬実験装置による実験で温度混合状態を検討し，領域間に温度不均一が生じた場合でも混合板によって出口管内部での温度不均一を 2°C 以内まで減少することを実験的に確認し，k-ε 乱流モデルで温度混合状態は予測可能であることが明らかとなっている[18]．

［功刀資彰］

文　　献

1) S. Saito *et al.*: JAERI Report 1332, 1994.
2) C. W. Coon, H. C. Perkins: Trans. ASME, Ser. C, **92**, 1970, 506-512.

3) H. C. Perkins *et al.*: Int. J. Heat Mass Transfer, **16**, 1973, 897-916.
4) K. R. Perkins, D. M. McEligot: Trans. ASME, Ser. C, **97**, 1975, 589-593.
5) 小川益郎，河村　洋：日本機械学会論文集（B 編），**52**, 1986, 2164-2169.
6) Y. Shiina *et al.*: J. Nucl. Sci. Technol., **17**, 1980, 869-871.
7) 河村　洋：日本機械学会論文集(B 編)，**45**, 1979, 1038-1046.
8) J. Rotta: Z. Physik, **129**, 1951, 547.
9) A. M. Shehata, D. M. McEligot: Int. J. Heat Mass Transfer, **41**, 1998, 4297-4313.
10) K. Ezato *et al.*: Trans. ASME, J. Heat Transfer, **121**, 1999, 546-555.
11) K. Abe *et al.*: Int. J. Heat Mass Transfer, **37**, 1994, 139-151.
12) M. Nishimura *et al.*: J. Nucl. Sci. Technol., **37**, 2000, 581-594.
13) S. Satake *et al.*: Int. J. Heat Fluid Flow, **21**, 2000, 526-534.
14) 藤井貞夫ほか：第 17 回日本伝熱シンポジウム講演論文集，1980, 97.
15) 鳥居修一ほか：日本機械学会論文集（B 編），**53**, 1987, 1277-1283.
16) 鳥居修一ほか：九州大学総合理工学研報告，**11**, 1989, 53-59.
17) 藤井貞夫：博士学位論文，東京大学，1991.
18) 稲垣嘉之ほか：日本機械学会論文集（B 編），**55**, 1989, 1692-1697.

21.10 土　　木

21.10.1 河　　川

a. 河川乱流の特徴

河川乱流の特徴として，①川幅に比較して水深が浅い流れであること，②河道の複雑な平面形状や横断面形状，水理構造物に起因して流れが局所的に強い 3 次元性を示すこと，③水面だけでなく土砂輸送に伴って河床や河岸も移動境界となること，④流れと河道内に繁茂する植生，土砂輸送の 3 者間での相互作用が重要であることをあげることができる．

河川管理においては治水，利水とともに河川環境の保全を図る必要があるが，乱流解析の必要性は河川に最も大きな影響を与える洪水流に対して高い．洪水時には，土砂輸送に伴う河床形状の変化，さらには植生の倒伏や流失といった現象が広範囲にわたって起こるが，観測されるデータは流れ場の一部のデータにすぎない．そのような状況のもとで，洪水を安全に流下させるための河道設計や堤防や橋脚などの安全性を確保する設計などを行うためには，数値解析が不可欠である．

ここでは，河川乱流に関連する最近の研究成果を，開水路乱流のモデル化，流れと植生の相互作用のモデル化，土砂輸送形態の一つである浮遊砂輸送の解析について紹介する．

b. 開水路乱流のモデル化

河川乱流の解析手法には，目的に応じてさまざまな手法が開発されてきた．実務では，比較的長い河道区間における流れの解析を行う必要があるため，水圧の静水圧分布と流速の鉛直分布が場所的に大きくは変化しないことを仮定した平面 2 次元の浅水流方程式を解くことが頻繁に行われている．近年，洪水流に関しては，植生の存在や河道の横断面形状などにより主流の川幅方向の分布形が変曲点を有し，大規模な水面渦が観測されることや，その大規模渦が流れの抵抗や土砂の川幅方向への輸送に大きな影響を与えていることが報告されている．このため，2 次元解析では水深より小さなスケールの渦をモデル化し，水深より大きなスケールの渦運動を解析する工夫が進められてきた[1]．

流れの 3 次元解析は，比較的短い河道区間の流れを対象として行われる．実務ではゼロ方程式モデルが多く使用されている．それは，河床形状や植生，河床材料の大きさが正確には得られていないことや土砂輸送モデルの精度が高くないことにより，高度な乱流モデルの利用が正確な予測につながらないためである．一方，研究レベルでは 2 方程式モデルから応力方程式モデルまでが利用されており，最近では LES による流れの構造の解析が多く報告されている．2 パラメータのダイナミック SGS モデルを用いた事例として，河床に形成される砂漣上の流れと土砂輸送の解析[2]，複断面開水路流れ[3]などがある．場所的に変化する粗度や計算では，解像されない地形の影響のモデル化に関して今後とも検討が必要である．

c. 流れと植生の相互作用のモデル化

洪水流と河道内の植生の相互作用に関する検討は，流れの抵抗の評価という観点から始められ，植生の伐採の判断に関連していた．しかし，植生が，生態系の保全に不可欠な役割を果たしていることや河道の安定化に寄与する場合があることなどが認識されるにつれて，植生内/植生上の流れやそれに伴う土砂・物質輸送の解析が必要であると考えられるに至っている．乱流中の植生効果のモデル化は，2方程式モデルや応力方程式モデルの基礎方程式に空間平均を施し，植生の影響を表現するための項を追加する形で進められてきた[4~6]．

Choi-Kang[6]は応力方程式モデル（RSM）（圧力歪相関項にSpeziale-Sarkar-Gatskiモデルと水面補正のためのGibson-Launderモデルを使用）を空間平均し，植生による抗力項を追加した．また，乱流エネルギーの散逸率（ε）の輸送方程式に植生の抗力に起因する生成項を加えた．図21.150に植生が完全に水没している場合の結果を示している．図中にはRSMによる計算結果や実験結果に加え，他のモデル（k-εモデル，代数応力モデル（ASM））の結果も併記している．図(a)の平均流速，(b)の鉛直方向のレイノルズ応力，(c)の渦動粘性係数（RSMではレイノルズ応力と平均流速から算出）のいずれに関してもRSMが実験結果を最も良好に再現している．一方，植生が水面上に出ていて流れが植生間を通過する場合には，図21.151(a)，(b)に示すように，平均流速が鉛直方向に一様化し，鉛直方向のレイノルズ応力はゼロとなる．図(c)は乱流エネルギーの収支を示すが，植生の抗力によって生成される乱流エネルギー（P_w: wake production）とエネルギー散逸（ε）とが釣り合い，レイノルズ応力が平均流速から得る生成エネルギー（P_s: shear production）の寄与は無視できることがわかる．

植生内を通過する流れでは，重力の流れ方向の成

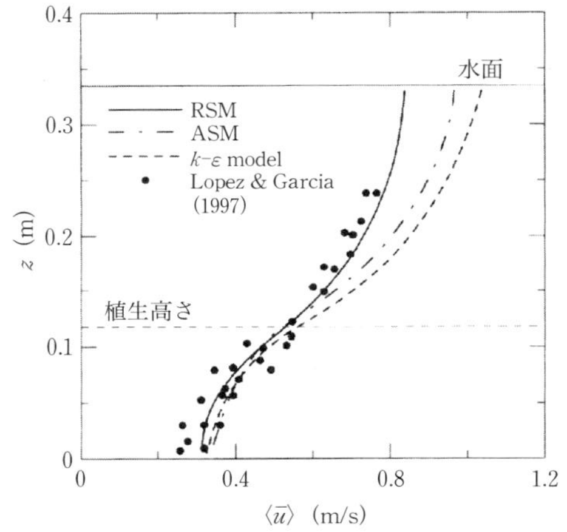

(a)　主流方向の平均流速

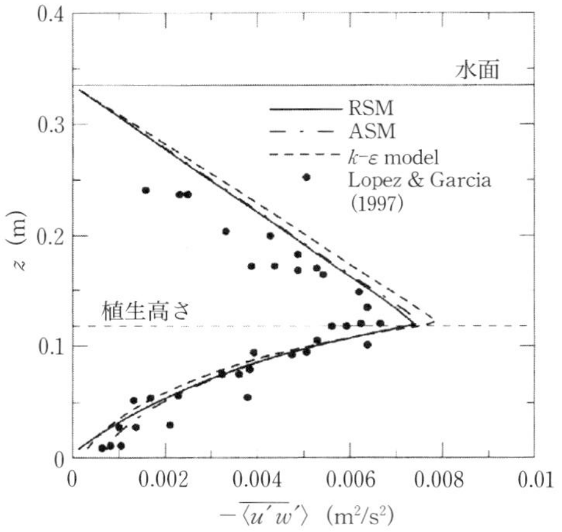

(b)　鉛直方向のレイノルズ応力

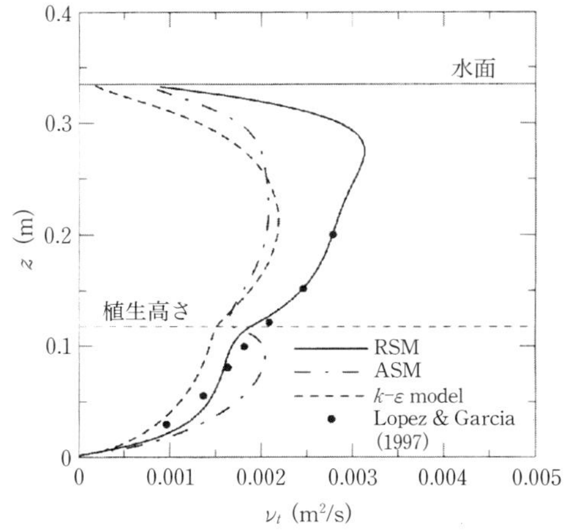

(c)　渦動粘性係数

図 21.150　植生上の乱流場の解析

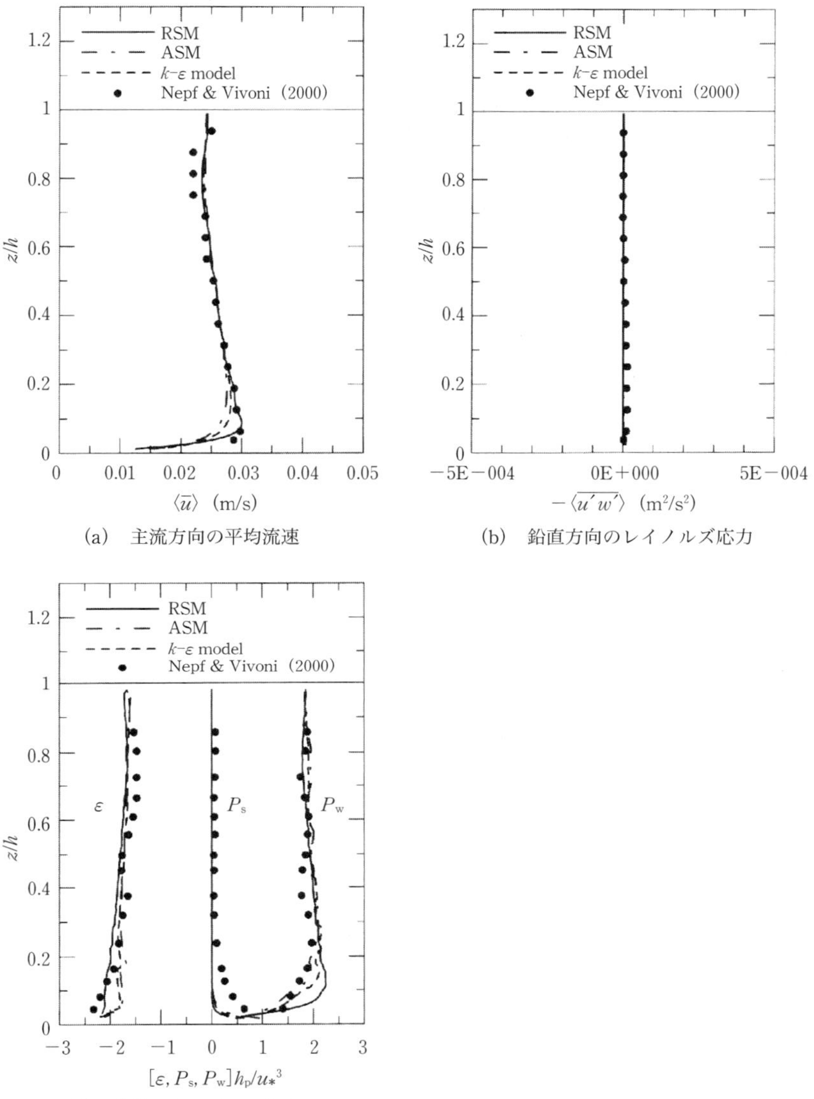

(a) 主流方向の平均流速

(b) 鉛直方向のレイノルズ応力

(c) 乱流エネルギーの収支

図 21.151 植生間を通過する乱流場の解析

分を植生の抵抗が受けもつようになり，河床に作用する剪断力が小さくなる．また，底面付近の乱れも抑制されるため，植生内に輸送された土砂はいったん堆積すると巻き上げられなくなる．このため，土砂の堆積が一方的に進むこととなる．また，堆積した土砂の細粒分には栄養塩が吸着しているが，それが植生の成長を促すこととなる．そして，植生の繁茂と土砂の堆積が洪水流の疎通能力をさらに低下させることとなる．このように，流れと植生と流砂の機構を同時に考慮した解析が河川での現象の理解に必要であることが明確になっている．なお，流水中で植生は変形するが，その変形の数値解析上の取扱いや樹形や葉の繁茂状態のモデル化にはさらに改善の必要がある．

d. 浮遊砂輸送の解析事例

河道内の流れと土砂輸送，河床変動の解析は河道設計上での最も重要な検討項目である．河床に作用する剪断力がある限界値を越えると，土砂は移動するようになる．その移動形態は掃流砂と浮遊砂に大別され，個別にモデル化されることが多い．掃流砂とは，絶えず河床と接触しながら移動する形態であり，流れの乱れの影響をほとんど受けず，河床の凹凸に応じて複雑な運動をする．これに対して，浮遊砂とは，流れの乱れの影響を強く受けて，河床付近から水面まで分布し，長い距離を漂うように移動する形態である．このため，浮遊砂の輸送モデルは乱流モデルと密接な関係にある．通常，浮遊砂は個別粒子としてではなく濃度として取り扱われ，その輸送モデルとしては渦拡散係数モデルが使用されている．ただし，浮遊砂の河床面での境界条件，すなわち，河床からの高さと濃度をどのように設定するかが重要であり，それらに対しては実験公式が用いられることが多い．そのような一例として，Fang-Rodi[9] は中国長江の三峡ダムの大型模型実験における流れと浮遊砂輸送，河床変動を解析し，ダム湖内での流れや堆砂の経年変化を良好に再現することを報告している．

［河原能久］

文　　献

1) 灘岡和夫，八木　宏：土木学会論文集，**473**，1993，25-34.
2) E. A. Zedler, R. L. Street : J. Hydraulic Engineering, **127**(6), 2000, 444-452.
3) S. Yokojima, Y. Kawahara : 4th Int. Symp. Turbulence & Shear Flow Phenomena, 2004, 565-570.
4) Y. Shimizu, T. Tsujimoto : J. Hydroscience and Hydraulic Engineering, **11**(2), 1994, 57-67.
5) F. Lopez, M. Garcia : J. Hydraulic Engineering, **127**(5), 2000, 392-402.
6) S-U. Choi, H. Kang : J. Hydraulic Research, **42**(1), 2004, 3-11.
7) F. Lopez, M. Garcia : Wetlands Res. Program Tech. Rep. WRP-CP-10, Waterway Exp. Stu., 1997.
8) H. M. Nepf, E. R. Vivoni : J. Geophy. Res. AGU, **105**(5), 2000, 558-563.
9) H-W. Fang, W. Rodi : J. Hydraulic Research, **41**(4), 2003, 379-394.

21.10.2 湖　　沼

a. 湖沼・貯水池における乱流の特徴

湖沼・貯水池の流れは，①閉鎖性と②成層構造によって特徴づけられる．閉鎖性は流れと乱流構造の3次元性・境界依存性を高める．成層構造は鉛直乱流輸送を抑制して水平拡散を促進する．乱流の生成要因としては，水面に作用する風の剪断応力，河川水の流入・流出，水面での熱交換などの自然外力のほかに，貯水池における揚水・発電の取放水や水質浄化のための曝気循環など人為的外力がある．乱流構造に対する密度成層や熱輸送の影響が大きいことは，海洋や大気の成層乱流との類似点であるが，湖沼・貯水池は閉鎖水域であるために水面と湖盆面に剪断力が作用し乱流生成域が3次元的に分布する．成層期における湖沼・貯水池の乱流構造を模式的に示せば図21.152のようである[1]．

①表面混合層（surface mixing layer, SML）：風応力，自然対流，河川流入などの擾乱を受けて強い乱流状態にあり，水温・水質が均一に混合した層．

②副混合層（subsurface mixing layer, SSML）：SML直下の水温躍層に含まれる乱流層．

③底面境界層（benthic boundary layer, BBL）：セイシュによる往復振動流，湖盆上での内部波の反射・遡上・砕波などにより形成される乱流境界層．

④主水体（main water column, MWC）：大部分が非乱流であるが，内部波の剪断力などによって局所的に乱流塊（turbulent patch, TP）が散在する乱流構造をもつ．水質はおもに分子拡散と層流沈降により輸送されるが，局所的に乱流拡散の影響を受ける．

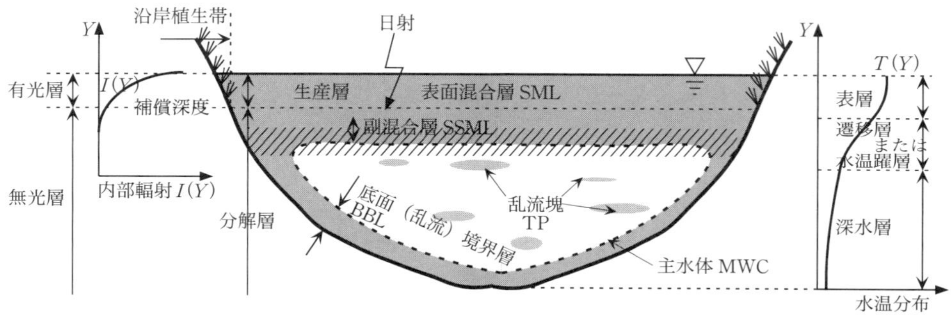

図 21.152　湖沼・貯水池の横断構造（文献1に加筆，灰色部が乱流）

b. 乱流を規定するパラメータ

大気・海洋の場合と同様に，乱流に関する支配パラメータとしてリチャードソン数（Richardson number）がよく用いられる．湖沼・貯水池では水質が鉛直方向に大きく変化するので，鉛直混合に対する成層構造の安定性を知ることが水質工学上重要である．本来，リチャードソン数は局所的な成層安定度を規定するパラメータであるが，乱れの外因を特定し，さらに空間平均的（あるいは大域的）に定義される大域的リチャードソン数（overall Richardson number）$\mathrm{Ri_0}$ を次式のように定義すれば，水域の鉛直混合度を図ることができる．

$$\mathrm{Ri_0}=\frac{\Delta\rho g l}{\rho_0 U^2}\text{（二層系）}\quad\text{または}=\frac{N^2 l^2}{U^2}\text{（連続成層系）}\qquad(21.10.1)$$

ここで，$N^2=-(g/\rho_0)(\partial\rho/\partial z)$ は浮力振動数，l は混合層厚さ，U は乱れの外因の代表速度である．たとえば，表層乱れによる鉛直混合を解析する場合，l として躍層の深さ，($\Delta\rho$, $\mathrm{d}\rho/\mathrm{d}z$) として躍層での密度差や密度勾配をおのおのとればよい．速度スケール U としては対象に応じて，風応力の摩擦速度 u_*，冷却混合の自然対流速度 u_f，河川の流入速度 U_I，曝気循環における気泡上昇速度 u_B のようにとる．$\mathrm{Ri_0}$ は積分モデルにおいて混合現象を規定する成層度パラメータであり，$\mathrm{Ri_0}$ が大きいほど成層強度は強く，乱れが小さい．単位外力 U あたりの鉛直混合速度（連行速度）W_e，すなわち連行係数 $E=W_e/U$ は $\mathrm{Ri_0}$ の減少関数として実験的，理論的に定式化される．

前述のように，大気・海洋と湖沼・貯水池との根本的な相違はその閉鎖性にある．たとえば，風が吹いた場合，水面の剪断乱流により鉛直混合が進行しながら，同時に水体も吹き寄せられる．前者は，リチャードソン数で規定される鉛直1次元過程であるのに対し，後者は密度成層の3次元的変形であり，水域が狭いほど顕著になる．そこで，閉鎖水域の混合現象を規定するパラメータとして，［外力の大きさ，成層度］のほかに水域の水平スケール L を加えたウェダバーン数（Wedderburn number）W が用いられる．

$$\mathrm{W}=\frac{\Delta\rho g H}{\rho_0 u_*^2}\cdot\frac{H}{L}=\mathrm{Ri_W}\cdot\frac{H}{L}\qquad(21.10.2)$$

ここで，$\mathrm{Ri_W}$ は l として水深 H を，U として風応力摩擦速度 u_* をそれぞれ用いた大域的リチャードソン数である．Spigel と Imberger[2] は閉鎖成層水域の混合形態を W によって図 21.153 のように分類した．W が小さいほど成層強度が弱い（あるいは乱れが強い）ため，鉛直混合は急速に進み成層が水平方向に変形する．すなわち，W が小さいほど「水理学的に浅く」，大きいほど「水理学的に深い」水域である．Regime-C，D では底層水が湖岸の水面にまで湧昇する．沿岸部への深層水の湧昇は，東京湾における「青潮」や三河湾の「ニガ潮」など，貧酸素水塊の湧昇現象として知られている．

ウェダバーン数，$\mathrm{W}=\Delta\rho g H^2/(\rho_0 u_*^2 L)$ は，［成層の有効重力に抗して深層水を上方へ持ち上げるのに要する仕事量：$\rho\varepsilon g H^2/2$］/［風応力が水面に作

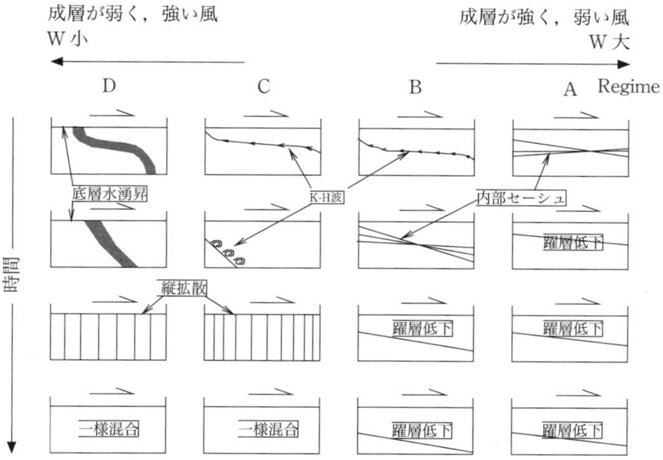

図 21.153 ウェダバーン数 W による混合形態の分類[2]

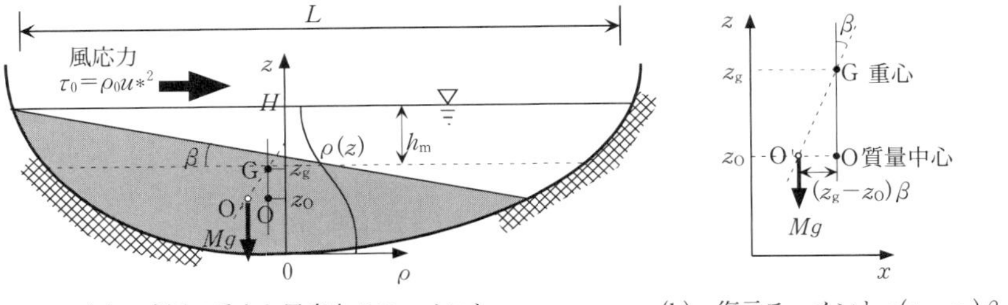

(a)　成層の重力と風応力のモーメント　　(b)　復元モーメント $g(z_g-z_O)\beta$

図 21.154　成層水域に風応力が作用した場合の力のモーメント

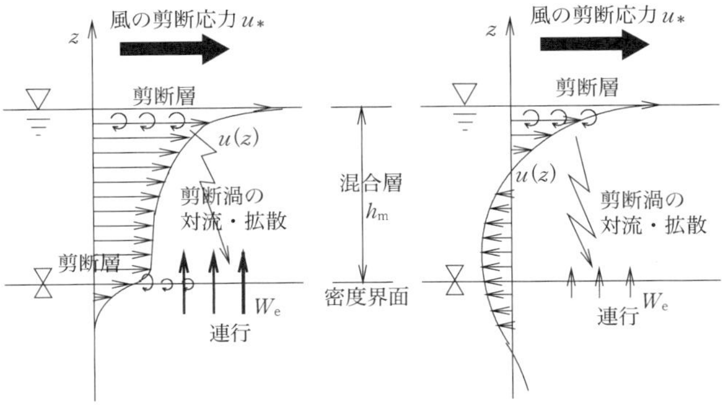

(a)　スラブ型吹送流　　(b)　循環型吹送流

図 21.155　2種類の吹送流における乱流と混合

用するエネルギー：$(\rho u_*^2/2)\cdot L$］であるのに対し，図21.154に示すような，［密度成層の重力復元モーメント］/［風応力による水体の転倒モーメント］の比を考えると，Lake number，L_N が次式のように定義される[3]

$$L_N=\frac{S_t h_m}{\rho_0 u_*^2 A_S^{3/2}(H-z_g)} \tag{21.10.3}$$

ここで，

$$S_t=\int_0^H (z_g-z)\rho(z)gA(z)\,dz$$

は密度成層のポテンシャルエネルギー，z_g は水体の体積重心，$A(z)$ は高さ z における湖盆の水平面積，$A_S=A(H)$ は水表面積，h_m は表層混合層SMLの厚さである．Lake number，L_N は，任意の密度分布形に対し定義され，二層系の場合には $L_N=W$ となる．L_N は風に対する水温成層の転倒安定度を表すと同時に，深水層の乱流状態を量る目安である．すなわち，$L_N>1$ の場合，深水層は非乱流に保たれ，$L_N<1$ の場合，湖底に至るまでの全層が乱流になる．湖底での乱流状態，底質との水質交換に大きく影響し水質構成の重要な支配要因である．

c.　表層における乱流の生成

表層混合層SMLにおける乱れの駆動力は，①風応力，②河川流入，③自然対流である．

吹送流の乱流構造と混合特性は，無次元吹送時間 $\tilde{t}_w$ によって異なる[4]．

$$\tilde{t}_w=4t_w/T_i \tag{21.10.4}$$

ここで，

$$T_i=2L\Big/\sqrt{\frac{\Delta\rho g h_1 h_2}{\rho_0(h_1+h_2)}}=o\frac{L}{\sqrt{\varepsilon g H}}$$

は，吹送距離 L の水域を上下層厚さ（h_1, h_2），相対密度差 $\varepsilon=\Delta\rho/\rho_0$ の二層系とみなしたときの基本モード内部セイシュの周期である．$\tilde{t}_w$ を用いて吹送流を分類すれば，

$$\begin{cases}\tilde{t}_w<1 \text{ のとき，スラブ型吹送流}\\ \tilde{t}_w>1 \text{ のとき，循環型吹送流}\end{cases}$$

となる．スラブ型吹送流とは，成層のセットアップ（吹寄せ）が完了するまで段階（$t_w<T_i/4$）における「岸辺を感じない」吹送流である．表層がスラブ（板）のように剛体的に滑るので，図21.155(a)のように水面に加えて躍層面にも大きな内部剪断が生

じ，大きな鉛直混合をもたらす．循環型吹送流は，セットアップ（吹寄せ）完了後（$t_W > T_i/4$）の「岸辺を感じる」吹送流であり，図 21.155(b) のように水面において発生する剪断乱流だけが鉛直混合を駆動する．式（21.10.4）からわかるように，密度成層が弱く浅い水域では T_i が大きいため，同じ吹送時間 t_W に対しても $\tilde{t}_W$ が小さくなる．このような条件では，スラブ型吹送流が長時間維持され，「水理学的に広い水域」となる．逆に，密度成層が強く深いほど T_i が小さいので「水理学的に狭い水域」といえる．したがって，吹送流の乱流強度は，摩擦速度 u_*，混合層厚さ h_m のほか，無次元吹送時間 $\tilde{t}_W$ にも依存する．

河川水温が高い春期から初夏においては，河川水が表層へ流入するので，躍層に内部剪断層が発達し乱れを生成する．河川水温が低下する秋期から冬期や濁度によって河川水が重くなる出水期には，水底に沿う下層密度流を形成するので，湖底面上に壁面乱流を形成する．乱流強度は，河川水と周囲水との速度差 ΔU，流入層の厚さ，流入水深などに依存する．

自然対流による乱流構造と鉛直混合量は，水面熱フラックス F から算定される対流速度

$$u_f = \left(\frac{\alpha g F h_m}{\rho c_p}\right)^{1/3} \qquad (21.10.5)$$

と混合層厚さ h_m に規定される（α は熱膨張係数，ρ は密度，c_p は定圧比熱）．自然対流による乱流は剪断乱流と異なり，混合層全域に及ぶ．動力学的には大気や海洋の対流境界層と類似であり，成書・レビュー論文に乱流特性が詳述されている[5]．

d. 湖底面と深水層における乱流の生成

富栄養化した水域の底には多量の栄養塩や有機物が堆積しており，水体への再溶出・吸脱着が内部生産を促進して有機汚濁を進行させる．底面との物質交換には，乱れと周囲水の水質条件が支配的に関与する．このような底面境界層 BBL における乱流エネルギーの成因としては，以下のものがある．

①吹送流：W が小さい水域では，密度成層が風によって破壊されやすいため，水面で生成された乱れが湖底面まで達する．

②内部セイシュ：W<1 で L_N<1 の場合には，密度成層が安定であっても深層水が振動し，水底に乱流境界層が形成される．湖底の突起地形などにおいては，後流渦が形成される．躍層面と湖底との交差線では，内部セイシュによる境界混合（boundary mixing）が生じ，生成された混合水塊は重力効果によって水平に貫入する．これにより，湖底から発生した栄養塩や浮遊物質が湖心へと輸送される．

③河川流入：下層密度流として流入した場合，壁面乱流や凸部地形で後流渦が生成される．また，洪水のように非定常性の強い流入事象においては内部セイシュが発生し，②と同様に乱流が生成される．

④内部波：表層の擾乱エネルギーが成層化した深水層へ伝播すると内部波を生起する．傾斜角 β の湖底面においては，内部波の周波数 ω が限界周波数 $\omega_c = N \sin\beta$（N は前出の浮力振動数）に近いとき，入射波と反射波の相互干渉によって増幅し砕波する．内部波が湖底面を遡上するときにも，浅水変形によって増幅し砕波する．いずれの内部砕波も境界混合と同様に混合水塊を生成して湖底の物質を湖心へと輸送する．

以上のような乱流エネルギーを生成する外力は局所的で非定常であり，底面境界層 BBL から深水層へのエネルギー輸送は断続的で不規則になる．大気の晴天乱流（clear air turbulence）と同じように，深水層で乱流層がパッチ状に点在するのはこのような理由による．乱流/非乱流から構成される深水層は，完全乱流である表層混合層 SML に比べて定式化が困難であるが，水質現象に対しては深水層の乱れも大きく影響するので，適切な乱流モデルが必要である．

e. 水質・生態現象と乱流

湖沼や貯水池においては水質の化学反応や生態挙動も成層構造の変形要因となり，これに伴って乱流特性が変化する．たとえば，富栄養化によって藻類などの有機物が多量に生産されると，生物の死骸や排泄物の沈降・分解によって高濃度の無機溶解物質すなわち，塩分が底層へ供給される．また，水中の溶存酸素が有機物の分解によって消費されると深水層が貧酸素化し，底質から栄養塩や金属塩など高濃度の溶解成分が湖底面に溶出する．塩分は密度を増加させるので，底層に安定な「生化学的塩分成層」が形成され，乱流輸送が抑制される．とくに，底層

水は低温で熱膨張係数が小さいので，密度差への影響は水温よりも塩分のほうが大きくなる．富栄養化が進み塩分生産が顕著な水域では，冬季においても全層循環しない部分循環状態となり，底層水の停滞をもたらすことが国内外の湖沼・貯水池で報告されている[1,6~8]．塩分成層の形成は乱れを抑制すると同時に，水温成層との二重拡散によって熱塩対流を生成する[8]．これは，富栄養化という生物・化学的水質現象から乱流が発生する事例である．

プランクトンなど微生物の生活史も乱流特性と密接に関係する．藻類にとっては，有光層に浮遊できる期間が光合成の可能な時期であり，生物体の沈降速度・遊泳力と浮上拡散を維持する乱流エネルギーとの比が生存率を左右する．1次生産量は藻類の大きさや行動範囲と栄養塩・水温の空間分布との大きさ関係に依存するが，後者は乱流特性から決定されるものである．歪み速度 $\gamma=(\varepsilon/\nu)^{1/2}$（$\varepsilon$ は乱流エネルギー散逸率，ν は動粘性係数）は微生物の合体・分解を支配し，歪み速度 γ の増大は微生物の生長を阻害するなど，最小渦特性と微生物活動は密接に関連している．植物プランクトンと動物プランクトンは，被捕食者と捕食者の関係にあるが，両者が出会う確率はそれぞれの個体数・移動速度のほか，乱流速度にも依存する．

逆に，乱れの構造が生物活動に支配される過程も重要である．藻類が増殖すると透明度は減少し，水表面近傍で光エネルギーの大部分が吸収される．これによって水温成層が強化され，乱れは抑制される．微生物ですら乱流の生成要因となることがある．地下水から硫黄分が供給されている湖の底層では，これを栄養分とするバクテリアが増殖し，その浮上・沈降に伴って発生する鉛直対流が密度成層を攪乱し均質化している観測事例がある[1]．

［道奥康治］

文　　献

1) J. Imberger : Coast. Estuar. Studies, **54**, 1998, 668.
2) R. H. Spigel, J. Imberger : J. Phys. Oceanogr., **19**, 1980, 1104-1121.
3) J. Imberger, J. C. Patterson : Adv. Appl. Mech., **27**, 1990, 303-475.
4) 道奥康治：混相流，**6**(2)，1992，132-148.
5) たとえば R. Stull : An introduction to Boundary Layer Meteorology, Kluwer Academic Publishers, 1988, 666.
6) D. M. Imboden, A. Wuest : Mixing mechanisms in lakes, Physics and Chemistry of Lakes, Springer, 1995, 83-138.
7) A. Wuest : Limnologica, **24**, 1994, 93-104.
8) 道奥康治ほか：土木学会論文集，**740/II-64**，2003，45-62.

21.10.3　沿　岸　域

気象・海洋乱流のような大スケール乱流場に関するクロージャーモデルとして，Mellor と Yamada のレベル 2.5 モデル（以下 M-Y モデル）がポピュラーであり，沿岸域でもその適用例が多い．ただし，沿岸域は，一般に，淡水と海水が接触する水域（estuary, regions of freshwater influence : ROFI）で，強い密度成層が存在し，潮汐などによって成層強度の時間変動も激しいことに注意する必要がある．M-Y モデルにも密度成層の効果は取り入れられているが，密度成層強度の大きい沿岸域におけるモデルの再現性は十分とはいえない状況である．

M-Y モデルは，以下の式 (21.10.6)，(21.10.7) の乱れエネルギーと乱れスケールに関する輸送方程式を解き，渦動粘性係数，渦拡散係数を式(21.10.12) で評価している．

$$\frac{D}{Dt}\left(\frac{q^2}{2}\right)-\frac{\partial}{\partial z}\left[K_q\frac{\partial}{\partial z}\left(\frac{q^2}{2}\right)\right]=P_s+P_b-\varepsilon+F_q \tag{21.10.6}$$

$$\frac{D}{Dt}(q^2l)-\frac{\partial}{\partial z}\left[K_l\frac{\partial}{\partial z}(q^2l)\right]=lE_1(P_s+P_b)-\frac{q^3}{B_1}\left[1+E_2\left(\frac{l}{\kappa L}\right)^2\right]+F_l \tag{21.10.7}$$

ここで，P_s，P_b，ε はそれぞれ乱れエネルギー生成率，浮力生成率，エネルギー散逸率で，それぞれ

$$P_s=K_M\left[\left(\frac{\partial U}{\partial z}\right)^2+\left(\frac{\partial V}{\partial z}\right)^2\right] \tag{21.10.8}$$

$$P_b=\frac{g}{\rho_0}K_H\frac{\partial\rho}{\partial z} \tag{21.10.9}$$

$$\varepsilon=\frac{q^3}{B_1 l} \tag{21.10.10}$$

から求められる．水位変動を η，平均水深を H とすると，

$$L^{-1}=(\eta-z)^{-1}+(H-z)^{-1} \tag{21.10.11}$$

である．また，B_1，E_1，E_2 はモデル定数である．

乱流輸送は勾配拡散で表されており，乱流輸送係数は乱れエネルギーと乱れスケールを使って

$$(K_M, K_H, K_q, K_l) = lq(S_M, S_H, S_q, S_l) \tag{21.10.12}$$

と表現されている．F_q，F_l は水平拡散項で，スマゴリンスキー（Smagorinsky）の拡散係数 A_H を使ってそれぞれ式（21.10.13），（21.10.14）で求められる．

$$F_q = \frac{\partial}{\partial x}\left(HA_H \frac{\partial q}{\partial x}\right) + \frac{\partial}{\partial y}\left(HA_H \frac{\partial q}{\partial y}\right) \tag{21.10.13}$$

$$F_l = \frac{\partial}{\partial x}\left(HA_H \frac{\partial l}{\partial x}\right) + \frac{\partial}{\partial y}\left(HA_H \frac{\partial l}{\partial y}\right) \tag{21.10.14}$$

安定化関数 S_M はリチャードソン数の関数で，中立状態で 0.39 の値をとり，成層が強くなるに従って急激に小さくなる．長さスケール l と混合距離 l_m が等しければ，S_M はレイノルズ応力，乱れエネルギーと $|\overline{u'w'}|/q^2 = S_M^2$ の関係にある．

沿岸域では流れ場と密度場が時々刻々と変化するため，乱流観測は困難で実測データは非常に少ない．Stacey ら[1]や Kawanisi[2]は，超音波ドップラー流速分布計（ADCP）を使って，M-Y モデルのモデル定数や安定化関数 S_M を評価し，モデルの再現性を検討している．Kawanisi[2]は潮差 3 m の河川流量の少ない河口域で，パルスコヒーレント方式の ADCP を使って詳細な乱流計測を行った．図 21.156 は局所勾配リチャードソン数と鉛直渦動粘性係数の経時変化を示したものである．リチャードソン数の変動幅は大きく，tidal straining により干潮付近で密度成層は強くなっている．局所勾配リチャードソン数の最大値は 1/4 を越えており，すべての擾乱に対し安定な状態になっている．しかし，渦動粘性係数 K_M をみると，干潮付近での K_M の減少は小さく，局所勾配リチャードソン数よりむしろ潮汐位相による変化のほうが大きいことがわかる．図 21.157 に ql_m と K_M の関係を示す．混合距離 l_m と M-Y モデルの長さスケール l を同じと仮定すると，図 21.157 の勾配は安定化関数 S_M の値に相当する．S_M は 0.15～0.29 の値を示し，下げ潮期では tidal straining により上層に淡水が流れてきて成層が強くなるため，上げ潮期より小さくなっている．ただし，その変動幅は局所勾配リチャードソン数の変化から予想されるほどには大きくない．ちなみに，中立状態の乱流境界層では $|\overline{u'w'}|/q^2 = 0.5$ であるから $S_M \approx 0.39$ となり，これは M-Y モデルの値に一致している．

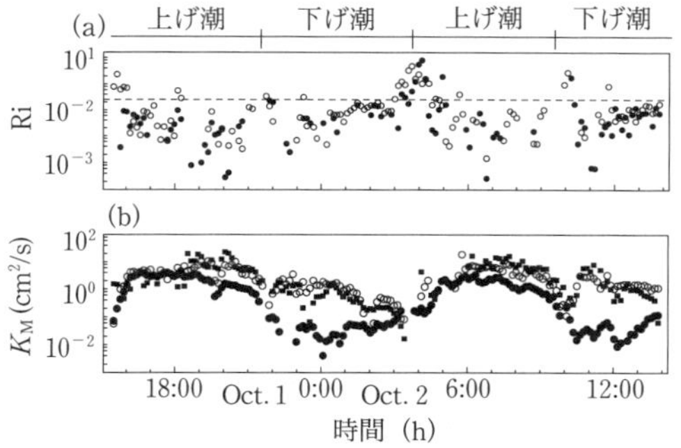

図 21.156　リチャードソン数と渦動粘性係数の経時変化[2]
底面からの高さ：● 0.1 m，○ 0.26 m，■ 0.71 m．

Stacey ら[1]による M-Y モデルと観測結果との比較によれば，M-Y モデルは密度成層が強いとき鉛直混合を過小評価し上層の乱れエネルギーが観測値より小さくなること，成層が弱いときは逆に鉛直混合を過大評価することを示している．密度成層が強いとき，M-Y モデルでは鉛直混合が小さくなりすぎるため過去のいくつかの計算では K_M の下限値として $1.0 \sim 5.0 \times 10^{-5}$ m²/s の値が用いられている．

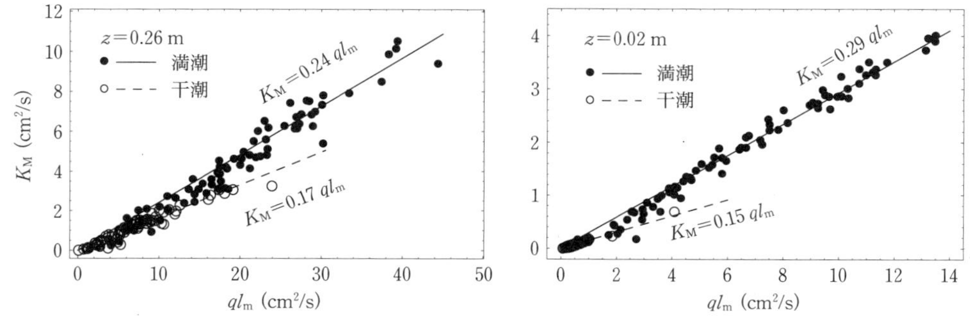

図 21.157　ql_m と K_M の関係[2]

川西ら[3]はK_Mの上限値を0.35とするとともに，K_Mの下限値を$1.0\times10^{-5}\,m^2/s$として河口域における流動と密度成層の再現計算を行っている．図21.158に密度成層強度と水深平均流速の経時変化の観測値と計算値を示す．図21.158から計算結果は平均流速の経時変化をよく再現していることがわかる．Tidal strainingによる密度成層強度の変化も定性的には再現されている．

次に，内湾へのM-Yモデルの適用例を示す．川西ら[4]は広島湾にM-Yモデルを適用し，夏季の成層期における北部海域の流動構造と海水交換特性を調べた．図21.159はM_2潮流楕円の計算値と観測値の比較を示したものである．各観測点の水深は10m以浅となっている．ほとんどの測点で計算値

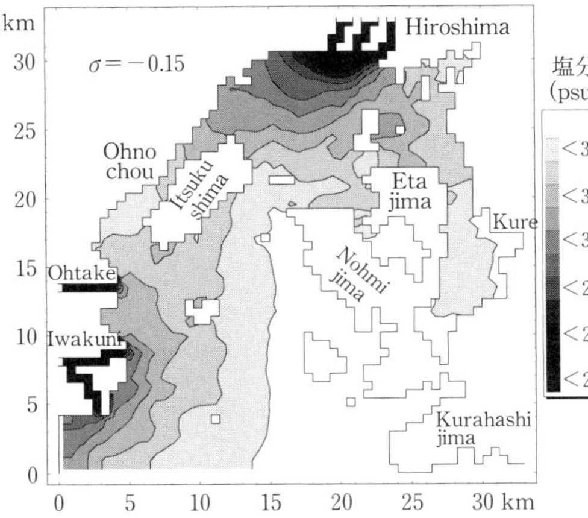

図 21.160　広島湾における塩分分布[4]

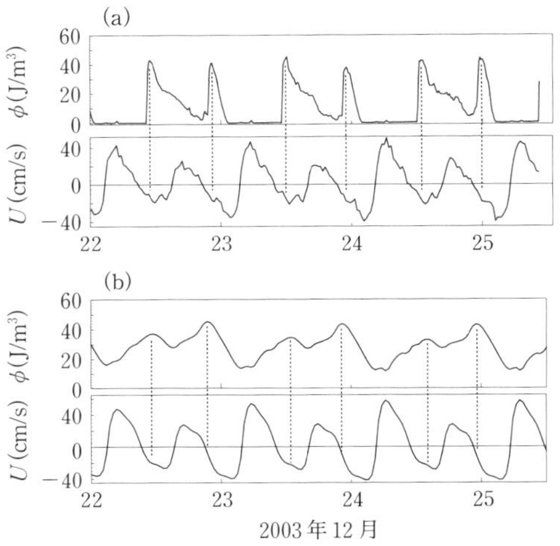

図 21.158　密度成層強度と水深平均流速の経時変化[3]
(a) 観測値，(b) 計算値．

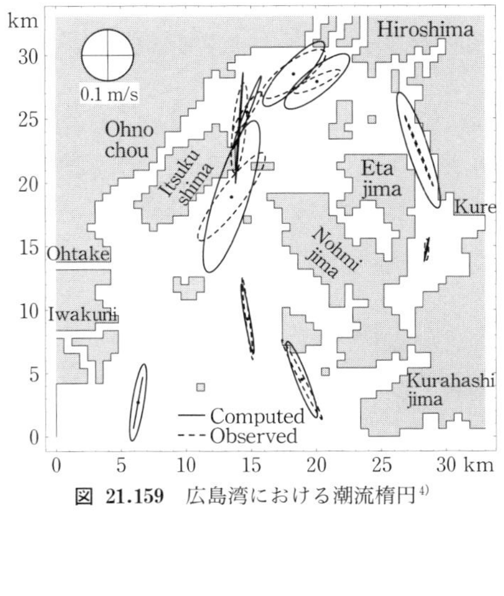

図 21.159　広島湾における潮流楕円[4]

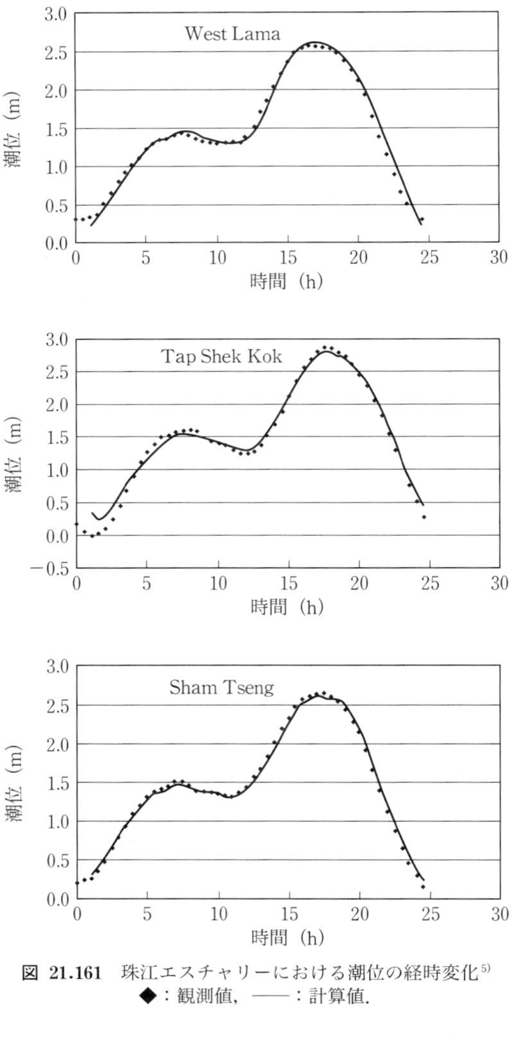

図 21.161　珠江エスチャリーにおける潮位の経時変化[5]
◆：観測値，——：計算値．

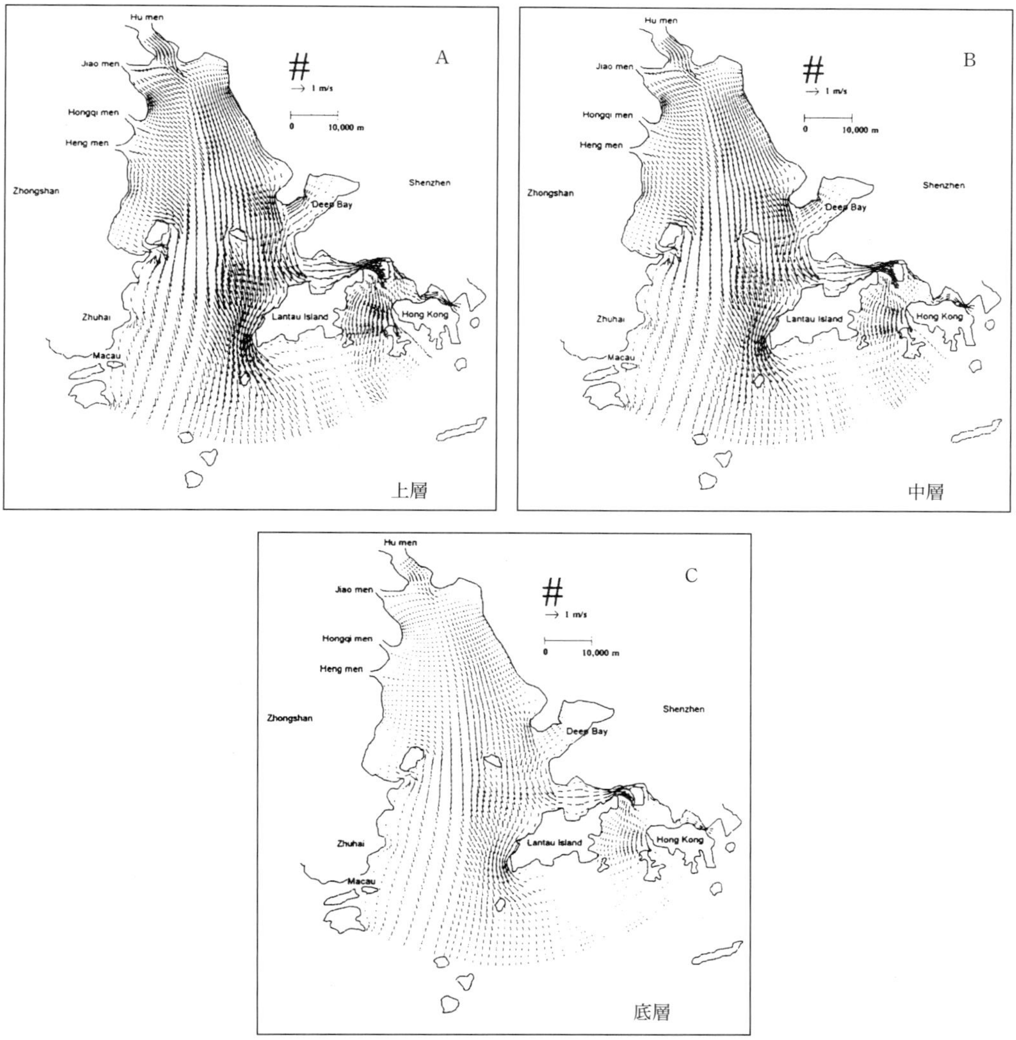

図 21.162　珠江エスチャリーにおける流速ベクトル分布[5)]

と実測値の一致の程度は良好で，湾北部海域の潮流場はうまくシミュレートされている．ここには示さないが，広島港と呉港における M_2 振幅の計算値はそれぞれ1.08 m と 1.1 m であり，実測値の 1.02 m と 1.03 m に比べて大きかったが，開境界で与えた振幅（1 m）がやや大きかったことを考慮すると，潮位変動の再現性もきわめて良好である．図 21.160 は上層の塩分分布を示したものである．湾北（奥）部から南下する低塩分水は湾の中心から西岸に沿って分布し，一方，外洋性の影響が強い高塩分の海水は湾の東側に分布している．こうしたシミュレーション結果は，現地観測や水理模型実験の結果とよく一致している．

Chau と Jiang[5)] は珠江エスチャリーに M-Y モデルを適用し，観測値との比較を行って，計算値が観測値をよく再現することを示している．図 21.161～21.163 に彼らの結果を示す．水深積分量の水平分布は鉛直分布に比べて再現性が高いこともあり，観測値と計算値の一致は良好である．

最後に，他の乱流モデルの例として，Haque と Berlamont[6)] による潮流シミュレーション結果について簡単に触れておく．彼らは成層化した潮流の実験と代数応力モデルの比較を行っている．平均的な流速と密度，および乱れの特性量の計算結果はおおむね良好であるが，潮汐の位相によっては 20% 超の差がみられる．以上のように，乱流モデルを使っ

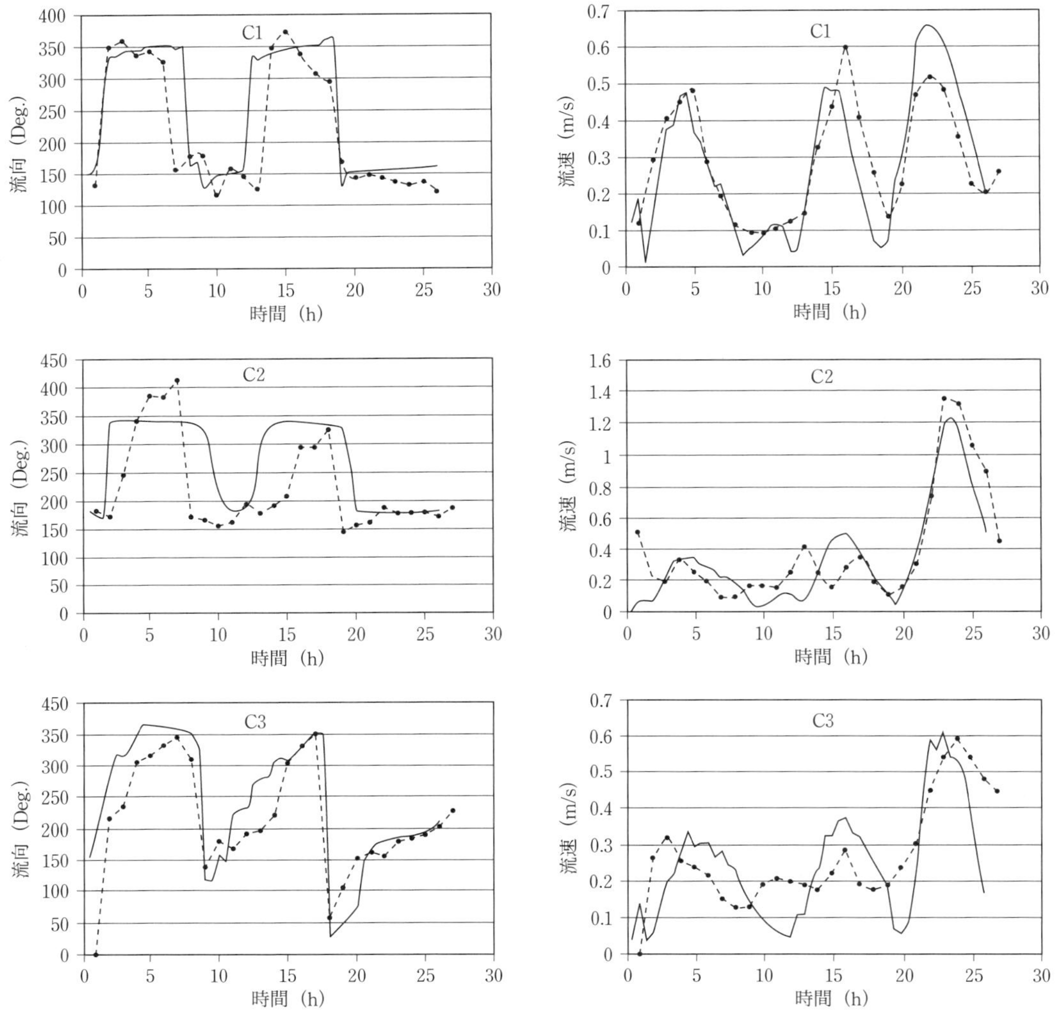

図 21.163　珠江エスチャリーにおける水深平均流速の流向と流速の経時変化[5]
●：観測値，——：計算値．

て沿岸域の流動と密度場はおおむね再現できるが，運動量や物質などの鉛直乱流輸送の再現性にはやや問題を含んでいる．　　［川西　澄］

文　　献

1) M. T. Stacey *et al.*: J. Phys. Oceanogr., **29**, 1999, 1950-1970.
2) K. Kawanisi: J. Hydraulic. Engineering, **130**(4) 2004, 360-370.
3) 川西　澄ほか：水工学論文集，**49**，2005，655-661．
4) 川西　澄ほか：海岸工学論文集，**46**，1999，1041-1045．
5) K. W. Chau, Y. W. Jiang: J. Hydraulic. Engineering, **127**(1), 2001, 72-82.
6) A. Haque, J. Berlamont: J. Hydraulic. Engineering, **124**(2), 1998, 135-145.

21.11 大気，海洋

21.11.1　大気境界層

大気境界層（atmospheric boundary layer）は，地表面をじかに取り巻く薄い空気の層である．薄いといっても，われわれ人間からみれば地表から約1 kmの高さに及ぶ空気の層である．大気境界層の上の空気は自由大気と呼ばれ，地衡風，上層風が吹いている．大気境界層は地表面から直接的に影響を受け，約1時間以下の時間スケールをもつ表面外力に応答する部分といってよい．ここで表面外力とは，摩擦，蒸発あるいは蒸散，熱輸送，汚染物質の放出，地形効果などである．応答の内容によって，時間的にも地域的にも大気境界層の厚さは数百m〜数kmに及ぶ．もう一つの大きな特徴は日変化があるということである．自由大気ではほとんどない．その源となる太陽熱は地表で受け止められ，大気は地表面を通して暖められたり，冷やされたりする．これらの授受された熱，上空の風の運動量，放出された物質などは，この大気境界層内では乱流輸送で運ばれるということも大きな特徴である．大気境界層のなかは大小さまざまな渦で満たされており，大気境界層の代名詞ともなる現象が乱流ということである．さらに，大気境界層では温度（密度）成層（気温，密度に鉛直勾配があること）による浮力が大気の流動現象に大きな影響を及ぼす．したがって，成層した乱流が大気境界層の本質である．空気の流れは平均流，乱れ，波の三つの成分に分けられる．一般に，大気境界層中では熱，運動量，水分，汚染物質などの物理量は，水平方向には平均流で運ばれ，鉛直方向には乱れで運ばれる．波はしばしば夜間の安定境界層（後述）で観測され，物理量のうち，運動量やエネルギーを遠方へ運ぶ．

図21.164には大気の鉛直構造を示す．大気境界層のなかで，地表すぐ近くの層は接地層（surface layer）と呼ばれる．地表のすぐ上を吹く風は，地表面の凹凸に直接影響を受ける．都市域など建物の群れのなかではその間をぬって吹き抜けたり，あるいは建物や小地形によって大小さまざまな渦をつくったりして大きな摩擦力を受ける．この摩擦力に支配されている層が接地層である．接地層はその厚さが境界層の約1/10以内の気層であり，乱流フラックスがほぼ一定の値を示す領域（constant flux layer）である．接地層の上は外部境界層，あるいはエクマン層（Ekman layer）と呼ばれ，水平の気圧傾度力，摩擦力，およびコリオリ力（Coriolis force）が釣り合っている．上空にいくに従って風の吹く向きが，らせん状に変化するエクマンスパイラルと呼ばれる独特な鉛直の風速構造を示す．さらに，上空は大気境界層を離れ（地表摩擦力の影響がなくなる），自由大気の層に入る．ここでは，気圧傾度力とコリオリ力がバランスして地衡風（geostrophic wind）が吹く．

上に少し触れたように，大気境界層中での風速は温度成層と密接に関係がある．したがって，大気境界層全体を温度成層によって分類する．つまり，熱的に安定，中立および不安定な場合の大気境界層として扱う．ここに，大気安定度と呼ばれる熱的に安定，中立，不安定というのは，温位勾配がそれぞれ正，ゼロおよび負の場合をいう．これらはまた，熱の流れがそれぞれ下向き，なし，および上向きになっている状態である．ここで温位(potential temperature）とは，ある基準圧力まで空気塊を断熱的に移動させたときにもつべき温度と定義される．単に気温の鉛直分布ではなく，温位の鉛直分布によって大気の静的な安定度を評価することができる．

a. 大気境界層と乱流

図21.165には長期間にわたって観測された風の速度変動のスペクトルを示す[1]．図からわかるように，スペクトルには2個の顕著な極大が存在する．約1分と約4日の周期のところである．その中間の周波数帯（1時間程度）には，スペクトルの谷間（スペクトルギャップと呼ばれる）がみられる．接地層では，通常，このギャップより右側の周波数範囲の風速変動が対象とされる．約4日周期の山は，中緯度に現れる移動性高気圧などの総観スケールによるものであり，また約10時間周期にある小さな極大は，海陸風などの局地循環風によるものである．右側の高周波数側のエネルギーピークに象徴さ

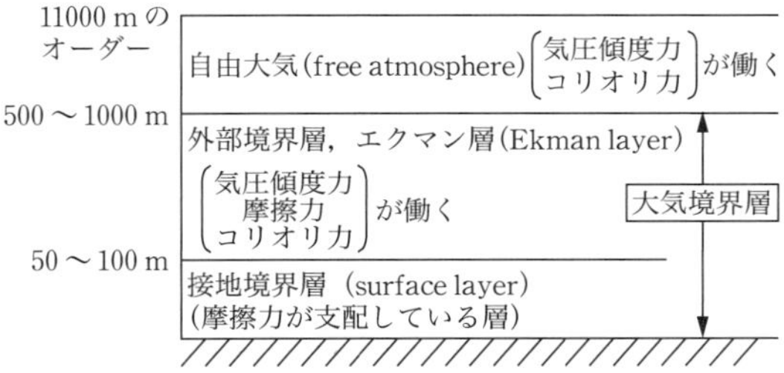

図 21.164 大気の鉛直構造

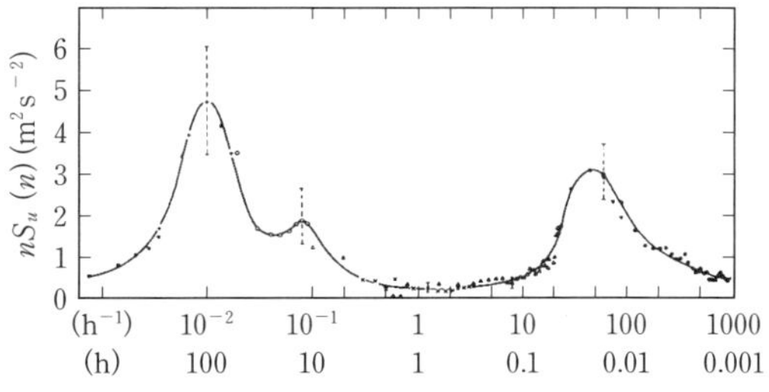

図 21.165 地上風の分散スペクトルの例[1]
縦軸のnは周波数．

れるように接地層における風速変動は乱流である．定常で一様な乱流状態にある接地層の物理量はモニン-オブコフの相似則（Monin-Obukhov similarity）に従う．また，物理量の変動スペクトルも同じように相似則に従い，対象とする周波数が乱流の慣性小領域のなかにあるとすれば，コルモゴロフのスペクトルの$-5/3$乗則が成立することがわかっている．

1） 接地層における相似則　地表面に接した接地境界層の高さは数十mである．この層では摩擦力が支配的であり，鉛直方向の運動量フラックスや熱フラックスは高さ方向に10％程度以下の変化でほぼ一定とみなすことができる．水平方向に局所的に一様で準定常的な接地層については，以下のモニン-オブコフの相似則が成り立つ．乱流状態にある風速や気温の各種統計量（平均値，分散，共分散，スペクトルなど）は，変数として地表における摩擦応力（運動量フラックス$-\rho\overline{uw}$），温度フラックス（鉛直熱フラックス$\overline{\theta w}$），浮力パラメータg/Θだけで一義的に決まると考える．ここで，U，Θは風速と気温の平均値，u，w，θは風速の水平と鉛直の変動成分および気温の変動成分，gは重力加速度である．これら三つの基本的な量から，速さ（摩擦速度$u_\tau=(-\overline{uw})^{1/2}$），温度（摩擦温度$\Theta_\tau=-\overline{w\theta}/u_\tau$），および長さ（モニン-オブコフの長さ$L=-u_\tau{}^3\Theta/(\kappa g\overline{w\theta})$）の次元をもつ量をつくることができる．ここで$\kappa$はカルマン定数である．$L$は大気安定度によって変化するので，モニン-オブコフの相似則ではz/Lを大気安定度のパラメータとして用いる．z/Lは不安定で負，安定で正，中立でゼロとなる．これらのスケールを用いて各種統計量の普遍関数を見出すことができる．すなわち，接地境界層における乱流統計量をFとし，上記の三つの基本スケールから導出したFと同じ次元の量をF_*とすると，乱流統計値は高さzのみの関数であり，$F/F_*=\phi(z/L)$が成立することが相似則の内容である．ここで，ϕがFについての普遍関数であり，z/Lによって一義的に決まる．しかし，最終的には実測によって決定すべきものである．このように適当なパラメータを選んでスケーリングを行うと接地層における多くの観測結果が共通の様相を示すという相似則が成立している．

ここで例として平均風速Uの鉛直プロファイルに適用してみる．平均風速の鉛直勾配をu_τとzで無次元化すれば，普遍関数$\phi_{\rm m}(z/L)=(\kappa z/u_\tau)(\mathrm{d}U/\mathrm{d}z)$が得られる．$L$が無限大となる中立の場合（$z/L=0$）には，対数法則$U(z)=(u_\tau/\kappa)\ln(z/z_0)$に従うので，$\mathrm{d}\bar{U}/\mathrm{d}z=(U_\tau/\kappa)(1/z)$となり，上の普遍関数$\phi_{\rm m}$に代入して$\phi_{\rm m}(0)=1$となる．ここで$z_0$は粗度長である．中立に近い場合（$|z/L|\ll 1$）には，$\phi_{\rm m}$をテイラー展開して，$\phi_{\rm m}=1+\beta z/L$と近似することができる．ただし，定数$\beta$は実測で決められるものである．平均気温のプロファイルについても，$\phi_{\rm h}(z/L)=(\kappa z/\Theta_\tau)(\mathrm{d}\Theta/\mathrm{d}z)$が得られ，$\phi_{\rm m}$と類似の関係となる．種々の観測結果を整理してまとめた普遍関数の形が提案されており[2]，それらの形を以下の式に示し，図21.166に表示している．ここで$\phi_w(=\sigma_w/u_\tau)$はw速度変動の強さ，$\phi_\theta(=\sigma_\theta/|\Theta_\tau|)$は温度変動強さ，$\phi_\varepsilon(=\kappa z\varepsilon/u_\tau{}^3)$は乱流運動エネルギー散逸率，$\sigma_w$は$w$速度変動の標準偏差，$\sigma_\theta$は温度変動の標準偏差を表す．

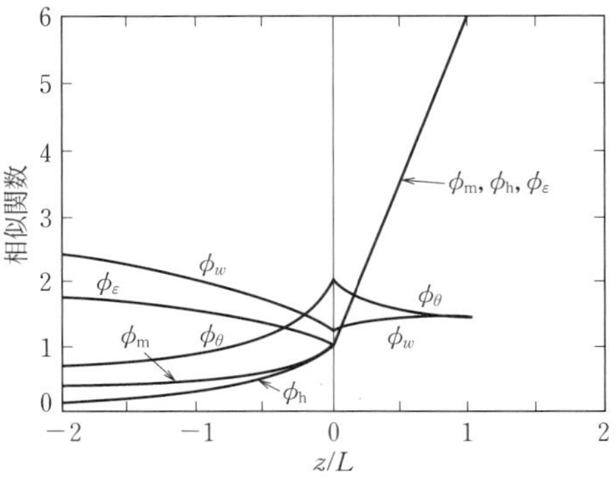

図 21.166 接地層における風速と気温の鉛直勾配，w速度変動と温度変動の分散，および乱流運動エネルギー散逸率の各普遍関数[2]（zは地表からの高さ）

$$\phi_{\rm m}=\begin{cases}(1+16|z/L|)^{-1/4}, & -2\le z/L\le 0\\ (1+5z/L), & 0\le z/L\le 1\end{cases}$$

$$\phi_{\rm h}=\begin{cases}(1+16|z/L|)^{-1/2}, & -2\le z/L\le 0\\ (1+5z/L), & 0\le z/L\le 1\end{cases}$$

$$\phi_w=\begin{cases}1.25(1+3|z/L|)^{1/3}, & -2\le z/L\le 0\\ 1.25(1+0.2z/L), & 0\le z/L\le 1\end{cases}$$

$$\phi_\theta=\begin{cases}2(1+9.5|z/L|)^{-1/3}, & -2\le z/L\le 0\\ 2(1+0.5z/L)^{-1}, & 0\le z/L\le 1\end{cases}$$

$$\phi_\varepsilon=\begin{cases}(1+0.5|z/L|^{2/3})^{3/2}, & -2\le z/L\le 0\\ (1+5z/L), & 0\le z/L\le 1\end{cases}$$

2） 温度（密度）成層した流体における乱流　成層流体の乱流の発達・減衰を示すパラメータとして

リチャードソン (Richardson) 数 Ri がある. 一般に, 大気境界層における乱流の基礎方程式は, 第 2.4 節に示すようにブシネスク近似した成層流体に対して得られたものを基本とする. これに基づき, 大気の水平方向一様性を仮定し, 沈降はなく, 平均流方向を x 軸にとると乱流場のエネルギー方程式は以下のように表せる[3].

$$\frac{\partial k}{\partial t}=\frac{g}{\Theta}(\overline{w\theta})-\overline{uw}\frac{\partial U}{\partial z}-\frac{\partial(\overline{wk})}{\partial z}-\frac{1}{\rho}\frac{\partial(\overline{wp})}{\partial z}-\varepsilon$$

ここで, 右辺第 1 項の浮力項と第 2 項のレイノルズ応力項とのエネルギー生成率の比をとると, 無次元数としてのフラックスリチャードソン数 R_f が得られる. また, R_f の定義に現れるレイノルズ応力や熱フラックスを乱流拡散係数を用いて表した (K-theory と呼ばれる) 勾配リチャードソン数 Ri もよく用いられる. R_f, Ri, およびレイノルズ応力, 熱フラックスは以下のように表される.

$$R_f=\frac{(g/\Theta)\overline{w\theta}}{\overline{uw}(dU/dz)},$$

$$Ri=\frac{(g/\Theta)(d\Theta/dz)}{(dU/dz)^2}=\frac{K_m}{K_h}R_f-\overline{uw}=K_m\frac{dU}{dz},$$

$$-\overline{w\theta}=K_h\frac{d\Theta}{dz}$$

ここで, K_m, K_h は運動量と熱の乱流拡散係数を表す. R_f を用いてエネルギー方程式を再表現すると, $R_f>1$ では平均流から得るエネルギーよりも浮力によって失われるエネルギーが多くなり, 乱流運動は減衰し消滅してしまうことがわかる. また, 層流不安定による乱流の発生限界を与える臨界リチャードソン数 Ri_c は, 非粘性流体に対しては理論的に $Ri_c=0.25$ という値が示され, 野外観測や室内実験などからは $Ri_c=0.2$ 程度の値が得られている.

b. 種々の様相を示す大気境界層

図 21.167 には 1 日にわたる大気境界層の構造の変化を示している. 大気境界層内の風, すなわち地表に近い風をその成因に関連して, ①夜間の安定境界層の風, ②昼間の対流混合層の風, ③地表面の熱的あるいは機械的な変化による内部境界層の風, ④局地循環風などに分けることができる. 以下では, 1 日の代表的状態である, ①安定境界層, ②対流混合層についてより詳しく説明する.

1) 安定境界層 穏やかな晴天の日の日没後, 地表面および地表に近い大気は放射冷却により気温が低下していく. そうすると, 上空の空気のほうが下層に比べて気温が高くなる逆転層 (inversion layer) が生成される. 安定境界層 (stable boundary layer) は接地逆転層とも呼ばれる. この状態では, 密度の重い空気の上に軽い空気が存在することになるので静的に安定である. 安定成層状態なので乱流は抑制され, 散発的, 局所的になる. 一方, 内部重力波の発生や流れのシアー不安定から波動が発生することもある. 図 21.168 に模式的にスケッチして示すように乱れと波動が混在する複雑な流れとなる. 図 21.169 に温度成層風洞で安定境界層を再現し, 強安定状態で発生したケルビン-ヘルムホルツ (K-H) 波の可視化写真を示す[4]. 図 21.169 の写真のように, 地表面近くで乱流がなければ地面との関係が断ち切られる. 強安定の成層流では, 鉛直方向の運動量輸送が抑制されるため, しだいに風

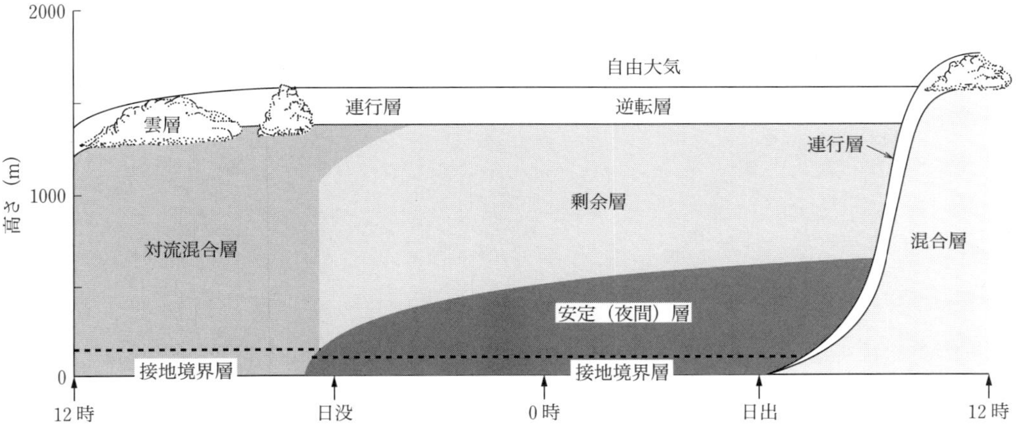

図 21.167 大気境界層の構造の日変化[3]

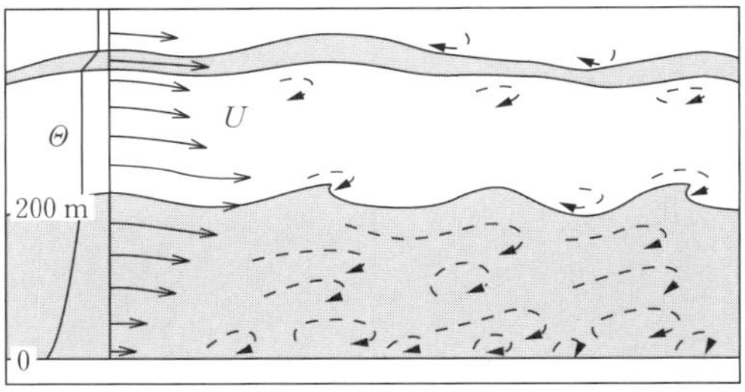

図 21.168　安定境界層における乱れと波動の概念図[2)]

速シアーが強化され局所的に Ri 数が臨界数以下となり，シアー不安定から K-H 波が発生し，その崩壊による乱流の発生がみられる．あるいは K-H 波の発生なしに突然乱流バーストの発生もみられる．乱流の発生後は風速シアーが緩和され，高い Ri 数へ戻り，もとの層流状態へ復帰する．このような繰り返し過程がしばしば観測される．したがって強安定状態では，乱れは地表面（壁面）を離れて発生し，間欠的で局所的となる．乱れ強さや乱流フラックスに関して，安定境界層における特徴的な鉛直分布を図 21.170 に示す[4)]．図中の複数のプロファイルのなかで N 1 は中立のケース，S 1 と S 2 は弱安定ケース，S 3 は強安定ケースの分布である．強安定のケース S 3 では，u 変動乱れ強さは地表面ではゼロに近づき，境界層の低層部で極大値（上に述べた K-H 波の発生と崩壊などが要因）をとる．運動量フラックスは境界層高さ全体でほぼゼロとなる．

風速の鉛直構造は，地面レベルは穏やかで，少し高い所で高風速もありうる．これは夜間ジェット（low-level jet）と呼ばれ，広大な大陸などでは顕著である．この夜間ジェットは，その強い風速シアーで時として乱れを誘発する．安定境界層中で汚染物質などの鉛直拡散は小さいが，水平方向には拡散しやすい．もし，地形に傾斜起伏があれば，地面近くの冷気は重力の作用で流下し，谷部に集中する（冷気湖）．安定境界層は日中にもできうる．暖かい空気が冷たい空気の上に流れ込んできた場合などで

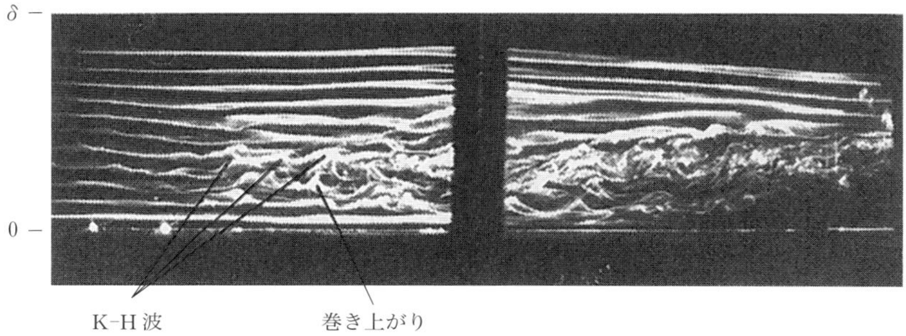

図 21.169　安定境界層流れの可視化（強安定時 CaseS3）
矢印は K-H 波の生成を示す[4)]．

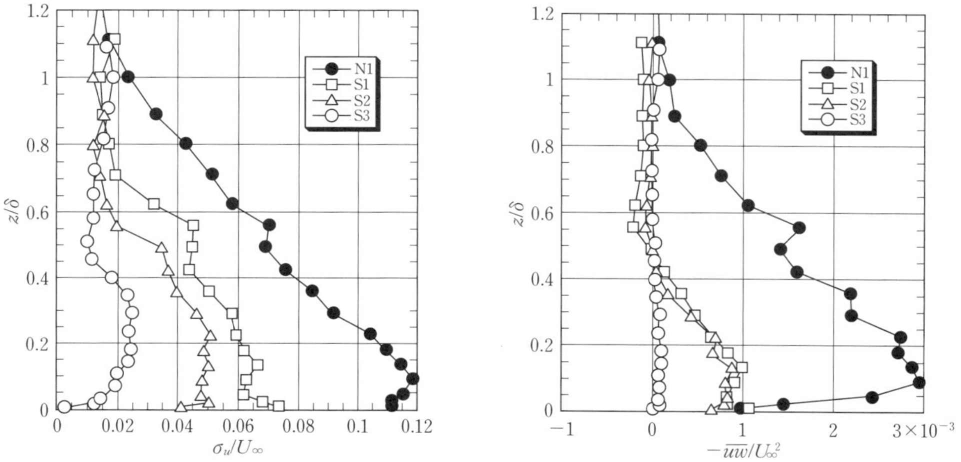

図 21.170　u 速度変動強さと運動量フラックスの鉛直分布[4)]

ある．たとえば，暖かい前線が海岸線付近を通過するときなどに安定境界層が生じる．安定境界層は対流混合層に比べて理解が進んでいない．安定境界層では乱れの強さが小さいため，また間欠化，局在化するため測定が難しい．重力波や斜面降下気流が生じやすいので構造が複雑になる．

2) 対流混合層　対流混合層（convective boundary layer）（単に混合層とも呼ばれる）内の乱流は対流で生じる．対流は暖かい地面からの熱移動や雲の層からの冷却によるケースがある．前者は上昇する暖かい空気のサーマル（thermal）を生み，後者は雲から降りてくる冷たいサーマルを生む．快晴の日，日の出から約30分後乱された混合層は厚く発達し始める．混合層は暖かい空気が地面から上昇する静的に不安定な状態で，混合が激しく行われながら生成していく（図21.167）．混合層は午後過ぎに最も厚く発達する．成長の過程では周りの大気を引き込んで発達する．混合層内の乱れは熱，水分，運動量を鉛直方向に一様に混合しようとする．図21.171には，混合層内の流れのふるまいを模式的に描いている．混合層内の浮力による乱れは，境界層全体を満たすほどの大きな渦からできている．すなわち，上昇するサーマルで占められる領域もあるが，上空空気が下降してくる領域もある．混合層の上部には安定層となる逆転層が存在し，上昇してくるサーマルのふたとなる．この逆転層は移行層，あるいはエントレインメント層（entrainment layer）とも呼ばれ，この逆転層に貫入したサーマルが反動で沈み込むとき，上空の自由大気を下方に連行する．これらの状況により，上空逆転層付近では温度変動，熱フラックスに特徴的な分布が現れる．すなわち，図21.172に示すように逆転層 z_i 付近で温度変動の極大，ならびに熱フラックスの負値への移行がみられる[5]．鉛直方向の温位（potential temperature）の分布は，ほぼ一定でほとんど断熱的である．接地層では地面付近で超断熱層がみられる．対流混合層に関しては多くの野外観測がなされ，その力学的構造，性質に関する理解は進んでいる．最近では，数値シミュレーションによってその消長まで予測できるようになっている．

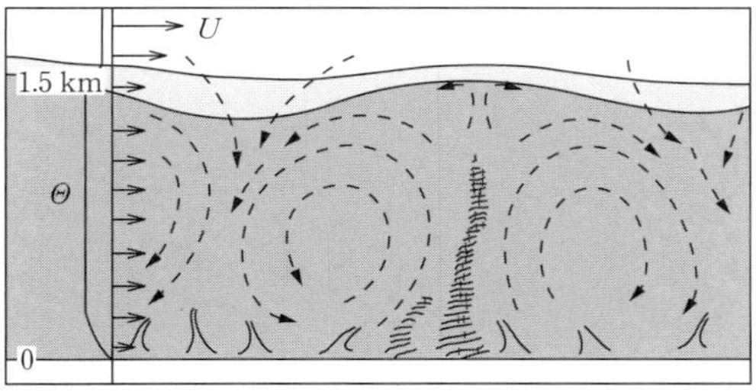

図 21.171　対流混合層における大規模な循環と上空からの空気の連行を示す概念図[2]

c.　山を越える気流と山岳乱流

流れが地表面上の物体をすぎるとき，物体項上付近で流れの剥離が生じ，物体の下流に複雑な渦領域を生成する．山を越える気流も同様に，風が強くて大気安定度が中立に近い場合は，山項付近で流れが剥離し，山の下流に大規模で複雑な渦後流を形成する．興味深いのは，大気が安定成層した状態で山を越える気流の状況である．この場合，斜面下降風（カタバ風），おろし風の発生，山の下流には風下波（lee wave），あるいは山岳波（mountain wave）

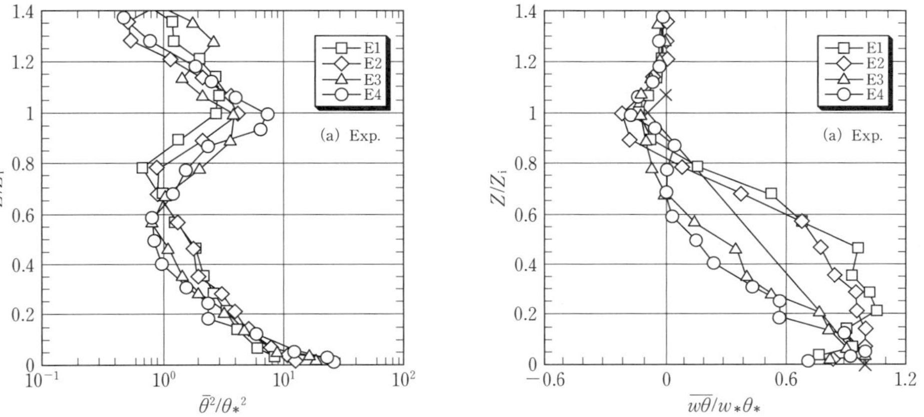

図 21.172　温度変動分散と熱フラックスの鉛直分布[5]

とも呼ばれる内部重力波の発生，ハイドロリックジャンプ（hydraulic jump），ローター（rotor）の発生，および山の上流におけるブロッキング（blocking）などのさまざまな現象が現れる．

これらの現象のうち，山岳乱流として注目されるのは，風下波の発生とこれに伴うローターの発生である．いま，2次元的な山脈を想定し，これをすぎる安定成層流を数値シミュレーションで調べた例を図21.173に示す[6]．ただし，この場合，上空には大気安定度の変化などにより大気のふたがあり，山脈地形により励起された鉛直方向に伝播する内部重力波はそこで反射されるものとする．この状況では，大気の有限深さと密度成層の強さに対応した離散的な内部重力波の鉛直モードが存在する．このような有限深さ大気内の山をすぎる安定成層流を規定する無次元数は，成層パラメータとして $K(=NH/\pi U)$ がある．ここで，H は大気の有限深さ，N はブラント-バイサラ振動数（Brunt-Vaisala frequency），U は上空風速である．図21.173に示すように $K<1$ の間は山の下流に大規模な渦放出がみられ，風下波の発生はない．しかし，図21.174に示すように $K>1$ となって安定度が高くなると，明瞭な定常風下波の発生がみられる．$K=1$ から2と大きくなるにつれ，風下波の波長は短くなる．このとき，風下波の峰の下方域では地面との間に渦領域であるローターの発生があり，激しい乱れを伴う．さらに成層度が高くなって $K=2$ から3と大きくなると，風下波の振幅が大きくなってハイドロリックジャンプがみられ，山より高い上空下流にローターが発生し乱流場をつくる．このようなローターの出現は激しい乱気流を伴い，航空機の飛行に危険な存在となる．山岳乱流については次項（21.11.2）にも説明している．　　［大屋裕二］

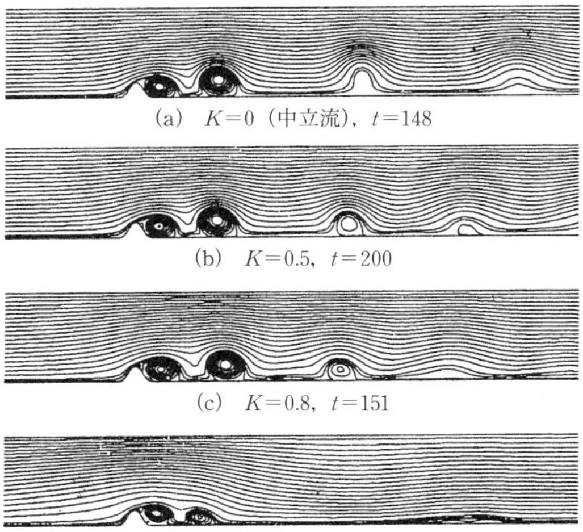

(a) $K=0$（中立流），$t=148$
(b) $K=0.5$，$t=200$
(c) $K=0.8$，$t=151$
(d) $K=1$，$t=200$

図 21.173　弱安定成層流れ（$0\leq K\leq 1$）の地形周囲流（流線図）．Re = 2000，K は成層度[6]

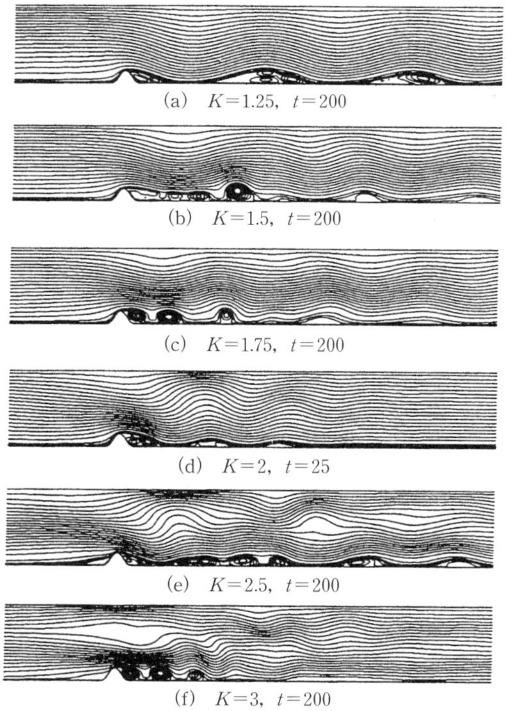

(a) $K=1.25$，$t=200$
(b) $K=1.5$，$t=200$
(c) $K=1.75$，$t=200$
(d) $K=2$，$t=25$
(e) $K=2.5$，$t=200$
(f) $K=3$，$t=200$

図 21.174　強安定成層流れ（$1<K\leq 3$）の地形周囲流（流線図）．Re = 2000，K は成層度[6]

文　献

1) Van der Hoven: J. Meteor., **14**, 1957, 160-164.
2) J. C. Kaimal, J. J. Finnigan: Atmospheric Boundary Layer Flows, Oxford Univ. Press, 1994, 10-21.
3) R. B. Stull: An Introduction to Boundary Layer Meteorology, Kluwer Academic Publishers, 1988, 152.
4) Y. Ohya: Boundary-layer Meteorol., **108**, 2003, 19-38.
5) Y. Ohya, T. Uchida: Boundary-layer Meteorol., **112**, 2004, 223-240.
6) 内田孝紀，大屋裕二：日本流体力学会誌ながれ，**18**，1999，308-320.

21.11.2　大気中のメソスケール乱流

気象学の分野でメソスケールというのは，空間スケールで10〜1000 km程度をさす．メソスケールの気象擾乱としては，豪雨をもたらす組織的な積雲

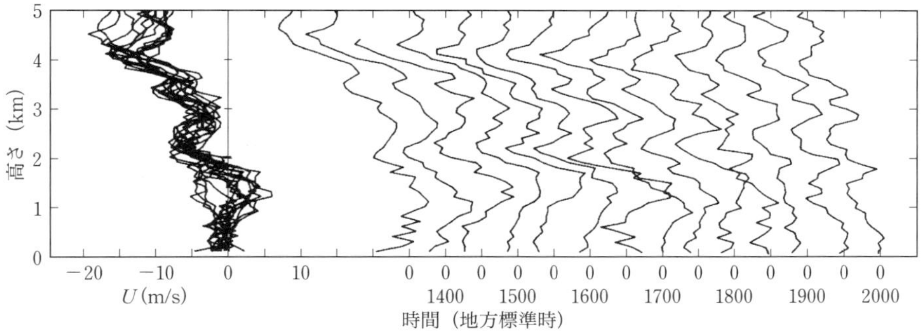

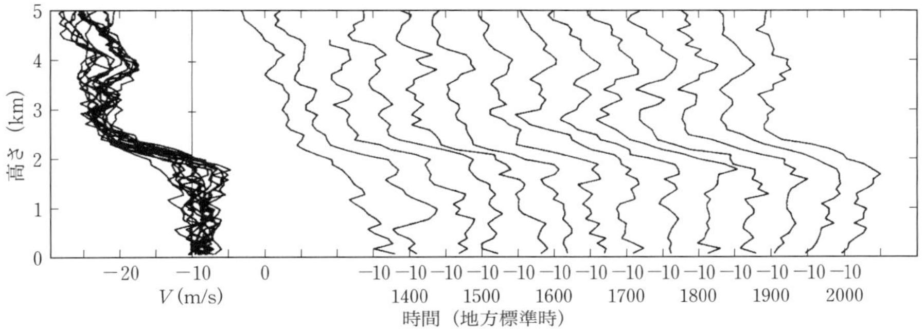

図 21.175 1976年3月31日米国ミネソタ州 St. Cloud で観測された地上から5km上空までの風速分布
上が東西成分，下が南北成分で左側にこれらのコンポジットが示されている[1].

対流や海陸風などの現象が知られている．これらの現象については個別に研究が進んでおり，一般に大気中の「乱流現象」とはみられていない．一方，大気下層の風速の鉛直分布を調べると，とくに特定の現象とは結びついているとは思われないのに，数時間のうちに数 m/s の程度の変化が起きていることがわかってきた[1]（図 21.175）．従来，メソスケールの現象は，時間・空間的に密な観測を行うことが困難であったため，乱流のような変動を直接見出すことはまれであった．しかし，近年ではウィンドプロファイラ，ドップラレーダ，その他の観測機器によりメソスケールの現象を高い空間密度で連続的に観測することが可能になってきた．また，天気予報のための数値予報モデルは，観測値を同化しながら予報モデルに取り込んでいくが，観測値には単なる観測誤差ではなく，メソスケールの擾乱が含まれることが次第に明らかになってきた．このため，観測値の代表性を議論する際にメソスケール擾乱の性質についての知識が必要となってきている．メソスケールの擾乱には後述するように，波動，渦，乱流などの現象が含まれる．以下，これらを明確に区別していないときに「擾乱」という言葉を使用することにする．

a. 大気の運動とメソスケール乱流

対流圏大気の主要な運動は，高低気圧の動きに対応する数千 km の水平スケールをもつ運動である（図 21.165）．地球回転の影響があるため，ある程度以上のスケールでは乱流の性質は2次元乱流的になり，エネルギーがスケールの小さい現象から大きい現象に移動するといわれているが（geostrophic turbulence ともいう），ここで着目するメソスケール乱流はこれよりは小さいスケールの現象である．図 21.165 は，米国ブルックヘブン国立研究所における地上 125 m の風のパワースペクトルであるが，高低気圧の移動によってもたらされる左側のピークと，いわゆる大気乱流である右側のピークの間には12時間周期を除いて目立ったピークは存在しない．このため，これらの中間スケールであるメソスケールの擾乱についてはあまり研究がされてこなかった．また，いろいろな観測機器が発展してきたとはいえ，実際の大気中に存在するメソスケール乱流の性質を観測から直接明らかにすることは現時点ではまだまだ困難である．近年では数値実験などにより成層流体中に起こる擾乱について研究が行われており，メソスケール乱流との関係やその結果の実大気への応用への限界についても議論されるようになっている．

b.　内部重力波と慣性内部重力波

メソスケールの大気の擾乱には，乱流ばかりではなく波動も含まれる．ときとして両者の区別が大変難しい場合も多々あるので，メソスケールの大気の波動についてはじめに簡単に紹介する．

大気は通常上空に向かって気温が低減するが，乾燥気塊が断熱的に上昇するときには1 kmで約9.8 K気温が下がる．したがって，周りの大気の気温減率がこれより小さいときには，空気塊が断熱的に上昇（下降）すると周りより気温が下がり（上がり），重力（浮力）のためにもとの位置に戻ろうとする復元力が働く．大気（対流圏）の気温減率は平均的に6.5 K/km程度であるので大気は通常安定成層をしている．このような重力（浮力）による復元力が働く流体中の場では内部重力波が存在できる．

安定な大気中の微小気塊がこのような復元力に応じて鉛直方向に振動するとき，振動により周りに与える影響を無視すればその振動数Nは，

$$N^2=\frac{g}{\Theta}\frac{\mathrm{d}\theta_0}{\mathrm{d}z}$$

で表される．ここで，Nは浮力振動数またはブラント-バイザラ振動数と呼ばれる量である．gは重力加速度，θ_0は基本場の温位，Θはその場の代表的温位である．温位とは，大気を基準圧力p_0（通常1000 hPaにとる）まで断熱変化させたときの温度で，気温Tとは

$$\theta\equiv T\left(\frac{p_0}{p}\right)^{\frac{R}{c_p}}$$

の関係がある．ここでRは気体定数，c_pは定圧比熱である．

内部重力波は任意の振動数で大気中に存在できるわけではなく，その振動数をωとするとき，$\omega^2\leq N^2$を満たす必要がある（より正確には非圧縮の条件のもと）．実際の大気（対流圏）ではこの最小の周期はおよそ10分程度となる．大気中の内部重力波の例としては，山岳に風があたることにより励起される山岳波がある．振動数がさらに小さく周期が数時間を越えるようになると，地球の回転の影響も受けるようになる（慣性内部重力波）．大気の場合，慣性内部重力波の特徴的スケールは1000 km程度である．

c.　安定成層中の擾乱の分離

流体の成層を記述するパラメータとしてフルード数があるが，ここでフルード数Frを

$$\mathrm{Fr}=\frac{u'}{NL_\mathrm{V}}$$

で定義する．通常，対流圏では$N\sim0.01$の程度であり，メソスケールの擾乱に特有なスケールとしてu'は2～3 m/s，$L_\mathrm{V}\sim1000$ mとするとFr～0.2～0.3の程度となる．このため，メソスケールの擾乱は安定成層の影響を大きく受ける．したがって，安定成層中の乱流について調べると，大気のメソスケール乱流を理解する一助となるであろう．一般に，安定成層中に与えられる初期の擾乱（波動の砕波，対流雲，山岳による擾乱など）は水平方向，鉛直方向ともほぼ同じスケールで3次元的に与えられることが多いはずである．しかしながら時間の経過に伴い，擾乱は伝播する波動とその場に残る渦運動に分離していく．

基本方程式系にスケーリングを施すことにより，安定成層中の現象がどう分類されるかをみてみる[2]．はじめに，水平方向の長さスケールをL_H，鉛直方向の長さスケールをL_V，水平速度のスケールをu'，時間スケールを$N^{-1}L_\mathrm{H}/L_\mathrm{V}=N^{-1}\alpha^{-1}$ととってみる．ここで$f$をコリオリパラメータとして

$$\frac{f}{N}<\alpha\leq1$$

とする．圧力に関しては，運動量方程式の圧力勾配項と風速の時間変化項がバランスしているとして，$p\approx\rho_0u'^2\mathrm{Fr}^{-1}$とする．ここでのフルード数Frの定義は

$$\mathrm{Fr}=\frac{u'}{NL_\mathrm{V}}$$

である．密度に関しては静水圧平衡，鉛直速度に対しては密度擾乱の式（温度や海洋の場合の塩分の変化に相当）の時間変化項と線形項（基本密度勾配にかかる鉛直速度の項）がバランスするとして，$w\approx\alpha u'$とする．これらのスケーリングをブシネスク（Boussinesq）近似をした運動方程式に施すと，

$$\frac{\partial}{\partial t}\vec{u}_\mathrm{H}+\mathrm{Fr}\left(\vec{u}_\mathrm{H}\cdot\nabla\vec{u}_\mathrm{H}+w\frac{\partial}{\partial z}\vec{u}_\mathrm{H}\right)+\frac{1}{\alpha}\frac{f}{N}\vec{e}_z\times\vec{u}_\mathrm{H}$$
$$=-\nabla_\mathrm{H}p+\alpha^2\frac{\mathrm{Fr}}{R_L}\nabla^2\vec{u}_\mathrm{H}\qquad(21.11.1\,\mathrm{a})$$

$$\alpha^2\left(\frac{\partial w}{\partial t}+\mathrm{Fr}\,\vec{u}_{\mathrm{H}}\cdot\nabla w+\alpha\mathrm{Fr}\,w\frac{\partial w}{\partial z}\right)$$

$$=-\frac{\partial p}{\partial z}-\rho+\frac{\mathrm{Fr}}{R_L}\nabla^2 w \qquad (21.11.1\,\mathrm{b})$$

$$\nabla\cdot\vec{u}_{\mathrm{H}}+\frac{\partial w}{\partial z}=0 \qquad (21.11.1\,\mathrm{c})$$

$$\frac{\partial \rho}{\partial t}+\mathrm{Fr}\,\vec{u}_{\mathrm{H}}\cdot\nabla\rho+\alpha^2\mathrm{Fr}\,w\frac{\partial\rho}{\partial z}-w=\frac{1}{\alpha^2}\frac{\mathrm{Fr}}{R_L\mathrm{Sc}}\nabla^2\rho \qquad (21.11.1\,\mathrm{d})$$

となる．ここで，$R_L=u'L_V/\nu$（ν は動粘性係数），ρ は無次元密度擾乱，$\vec{e}_z$ は鉛直方向の単位ベクトル，Sc はシュミット数である．また，$\vec{u}_{\mathrm{H}}$ は水平風のベクトル，∇_{H} は水平方向の gradient である．ここでの導入されたスケーリングから明らかなように，$\mathrm{Fr}\to 0$ の極限をとると方程式系は線形化され，式（21.11.1 a）～(21.11.1 d）は伝播する波動を表す方程式系となる．しかし，この方程式系はいわゆる乱流成分を含んでいない．

もう一つのスケーリングとして，空間スケールと速度スケールは同様にとるが，時間スケールを波動のタイムスケールではなく移流の時間スケール $t\approx L_{\mathrm{H}}/u'=(\alpha N\mathrm{Fr})^{-1}$ でとり，圧力勾配項も同じく移流項とバランスするとすれば，$p\approx\rho_0 u'^2$ また $\rho\approx\rho_0\{u'^2/(L_V g)\}$ となる．時間スケールに Fr がついたことにより $w\approx u'\alpha\mathrm{Fr}^2$ となる．これより，Fr が小さいときには鉛直速度が非常に小さくなることが期待される．このスケーリングを用いて，同様に方程式を書き直すと，

$$\frac{\partial}{\partial t}\vec{u}_{\mathrm{H}}+\vec{u}_{\mathrm{H}}\cdot\nabla\vec{u}_{\mathrm{H}}+\mathrm{Fr}^2 w\frac{\partial}{\partial z}\vec{u}_{\mathrm{H}}+\frac{1}{Ro}\vec{e}_z\times\vec{u}_{\mathrm{H}}$$

$$=-\nabla_{\mathrm{H}}p+\frac{1}{\alpha^2}\frac{1}{R_L}\nabla^2\vec{u}_{\mathrm{H}} \qquad (21.11.2\,\mathrm{a})$$

$$\nabla\cdot\vec{u}_{\mathrm{H}}+\mathrm{Fr}^2\frac{\partial w}{\partial z}=0 \qquad (21.11.2\,\mathrm{b})$$

$$\alpha^2\mathrm{Fr}^2\left(\frac{\partial w}{\partial t}+\vec{u}_{\mathrm{H}}\cdot\nabla w+\mathrm{Fr}^2 w\frac{\partial w}{\partial z}\right)$$

$$=-\frac{\partial p}{\partial z}-\rho+\frac{\mathrm{Fr}^2}{R_L}\nabla^2 w \qquad (21.11.2\,\mathrm{c})$$

$$\frac{\partial\rho}{\partial t}+\vec{u}_{\mathrm{H}}\cdot\nabla\rho+\mathrm{Fr}^2 w\frac{\partial\rho}{\partial z}-w=\frac{1}{\alpha^2}\frac{1}{R_L\mathrm{Sc}}\nabla^2\rho \qquad (21.11.2\,\mathrm{d})$$

となる．ここで，$\mathrm{Ro}=u'/fL_{\mathrm{H}}$ はロスビー数である．ここで，$\mathrm{Ro}\geq 1$（すなわちメソスケール）として $\mathrm{Fr}\to 0$ の極限をとれば，式（21.11.2 a）～(21.11.2 d）は，

$$\frac{\partial}{\partial t}\vec{u}_{\mathrm{H}}+\vec{u}_{\mathrm{H}}\cdot\nabla\vec{u}_{\mathrm{H}}+\frac{1}{\mathrm{Ro}}\vec{e}_z\times\vec{u}_{\mathrm{H}}$$

$$=-\nabla_{\mathrm{H}}p+\frac{1}{\alpha^2}\frac{1}{R_L}\nabla^2\vec{u}_{\mathrm{H}} \qquad (21.11.3\,\mathrm{a})$$

$$\nabla\cdot\vec{u}_{\mathrm{H}}=0 \qquad (21.11.3\,\mathrm{b})$$

$$0=-\frac{\partial p}{\partial z}-\rho \qquad (21.11.3\,\mathrm{c})$$

$$\frac{\partial\rho}{\partial t}+\vec{u}_{\mathrm{H}}\cdot\nabla\rho-w=\frac{1}{\alpha^2}\frac{1}{R_L\mathrm{Sc}}\nabla^2\rho \qquad (21.11.3\,\mathrm{d})$$

となり，今度は非線形性を保った成層乱流の方程式系となる．スケーリングの取り方より運動がはじめのスケーリングにより導かれた波動よりもゆっくりであること，また，式（21.11.3 a），(21.11.3 b）から流体運動が 2 次元的であることが示唆される．一方，式（21.11.3 d）より鉛直速度が小さいとはいえ存在すること，また 3 次元的拡散項が存在することから現象が 3 次元構造をもつことも容認している．さらに，式（21.11.3 c）の静水圧方程式より擾乱が遠方には伝搬しない（移流では動くが）ことが示唆される．

d. 済州島のカルマン渦列

気象衛星の画像で済州島や屋久島のような海洋に浮かぶ孤島（孤立峰）下流側にカルマン渦状の渦列がときどき現れる[3,4]（図 21.176）．通常のカルマン渦は，円筒をすぎる流れなどに現れるが，これは円筒表面の摩擦力により後流の速度分布に変曲点を生

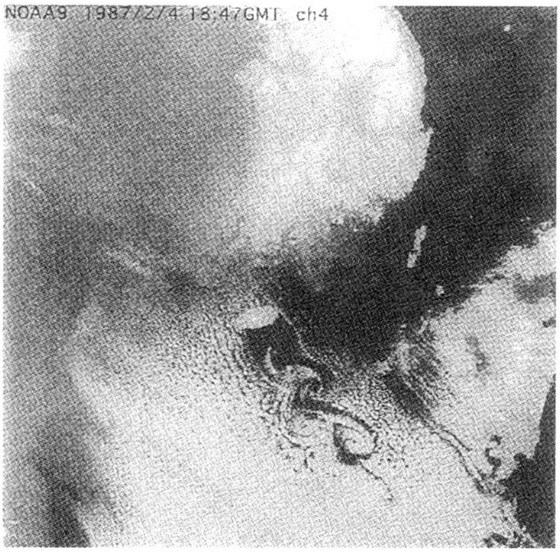

図 21.176 1987 年 2 月 5 日 3 時（日本時間）の NOAA からの衛星写真[3]

じ，変曲点不安定により発生する．これに対し，メソスケールのカルマン渦は数値実験によれば，表面摩擦をなくしても生ずる．また，島の山の形は一般には円筒型ではない．さらに，メソスケールのカルマン渦の発生は $\mathrm{Fr}=U/NH$ に大きく依存する．ここで，H は山の高さである．

メソスケールのカルマン渦に関する研究が微小スケールの乱流を解像しない数値モデル（したがって，乱流はパラメタリゼーションで与える）で近年多くなされている[5,6]．メソスケールのカルマン渦の発生のメカニズムも水平方向のシアーによる絶対不安定（変曲点不安定）に基づくというのが結論であるが，表面摩擦のない状況で孤立峰の後流の流速が遅くなって水平シアーが生じるのはなぜであろうか．その理由を調べるため，Kang と Kimura[3] は静水圧近似モデルを用いた数値実験を行った．孤立峰に安定成層をした流れがあたると山岳波が励起され，山岳抵抗が生じて孤立峰の上で運動量が下向きに輸送される．Fr が小さくなると，孤立峰によって励起された山岳波が山岳表面付近で砕波し，下層の鉛直方向運動量輸送が急激に増大する（山岳付近で流れが乱流化する理由が砕波だけかどうかについての詳細は，今後の高解像度モデルの結果を待つことになる）ことにより，後流側の水平流速が減少する．Kang と Kimura はベル型の山岳の場合，Fr＝0.8 で山岳波の砕波が始まり，Fr＝0.48 で後流に定常的双子渦が生じ，さらに Fr＝0.22 より小さくなるとカルマン渦が生じることを示した．静水圧近似モデルでメソスケールのカルマン渦がよく再現できたことは前節の式（21.11.3 a）～(21.11.3 d）を導いたスケーリングからも理解される．

［近藤裕昭］

文　　献

1) K. S. Gage, W. H. Jasperson : Mon. Wea. Rev., **107**, 1979, 77-86,
2) J. J. Riley, M.-P. Lelong : Ann. Rev. Fluid Mech., **32**, 2000, 613-657.
3) S.-D. Kang *et al.* : J. Meteor. Soc. Japan, **76**, 1998, 925-935.
4) 浅井冨雄：ローカル気象学，東京大学出版会，1996, 223.
5) P. K. Smolarkiewicz, R. Rotunno : J. Atmos. Sci., **46**, 1989, 1154-1164.
6) C. Schär, D. R. Durran : J. Atmos. Sci., **54**, 1997, 534-554.

21.11.3 海洋乱流

海に出ると，しばしば強い「シオ」の流れに遭遇する．その位置や大きさや向きは，適度の不規則性と秩序構造を併せ持って的確な予測が困難であり，ときに突発的な大変動が広範囲に出現して数年にも及ぶ．漁師や航海者に古くから知られたこの力学的な海洋動態は，1930 年代に出現した「黒潮大蛇行」以降，海洋学（oceanography）の主要テーマとなってきた[1]．1970 年代に地球観測衛星による可視化（visualization）が実現すると，乱流分野に蓄積されてきた理学的・工学的知識が海洋動態に応用されるようになった．本項では，このようにして得られた海洋乱流（oceanic turbulence）の描像を概観する．

a. 鳴門の渦潮

「鳴門の渦潮」は，現地でほぼ全体像を目視できる海洋乱流の数少ない一例であって，代表時間スケールは秒～分，空間スケールは 1～100 m である．海洋乱流としては小規模だが，固定した流速計による直接測定は困難であり，データの多くが可視化に依存する．図 21.177 の航空写真にみるように，鳴門海峡は徳島と淡路島の双方から急に狭まった幅約 1000 m の水路である．撮影時には，流速約 4.5 m/s の潮流が播磨灘より紀伊水道に向かう噴流（jet）を形成し，両側に伸びるそれぞれの乱流混合層（turbulent mixing layer）の内部には，海中に連行

図 21.177　鳴門の渦潮の航空写真

された気泡によって径数 m の鳴門の渦が可視化されている．レイノルズ数は Roshko[2] の実験より 3 桁高くなるが，混合層の内部に類似の秩序構造 (coherent structure) が発達し，逆カスケード過程（小径の渦の合体による大径の渦へのエネルギー移行）が進行する．しかし，この噴流の場合，渦の間隔が噴流の幅と同等になると，対岸の混合層との間の相互作用によってカルマン渦列に類似した秩序構造を形成し，さらに流下すると秩序構造が崩れて不規則性が増す．渦に関連する無次元量として渦径と渦長（水深）の比，およびロスビー数（渦と地球自転との回転角速度の比）をとると，それぞれ 1/5 および 10^4 のオーダーである．すなわち，このスケールでみる鳴門の渦の 3 次元性は高く，地球自転の影響は小さい．

鳴門海峡の潮流は約 12 時間 25 分を 1 周期とする往復流だから，鳴門の渦潮を日スケールでみると間欠噴流 (intermittent jet) となる．この場合，空間スケールは 100 m〜10 km に広がるから，可視化には陸域対象の観測衛星が適している．図 21.178 は JERS-1 の光学映像センサ OPS（空間分解能 18 m×24 m，観測幅 75 km）による可視画像であり，間欠噴流によって鳴門海峡周辺に形成された複数の渦対 (vortex dipole) を示している．このタイプの観測衛星は空間分解能の高さと引き換えに観測幅が狭く，結果として回帰日数は 10 日以上に設定されるから，渦の動態の時系列的な追跡は難しい．しかし，複数の衛星画像を潮流の位相の順に整理すると，これらの渦対が海峡を背に沖合に自走して，鳴門海峡を通しての内海水と外洋水との海水交換 (tidal exchange) に寄与することがわかる．この場合の渦径/渦長比は 50 となり，渦の 2 次元性は高く，渦対としての秩序構造が組織されてくる．また，ロスビー数は 100 であり，地球自転効果を受けて流れの鉛直方向の一様性が高くなり，海底に沿ったエクマン境界層 (Ekman layer) 内の収束流と内部領域の鉛直流が生じる[3]．

図 21.178 鳴門の渦潮の JERS-1/OPS 画像

b. NOAA/AVHRR による黒潮の可視化と PIV

黒潮 (Kuroshio) は北太平洋亜熱帯循環の西岸境界流[3] であり，日本列島周辺にエネルギー強度の高い海洋乱流場を形成する．乱れのエネルギー保有成分は中規模渦 (meso-scale eddy) と呼ばれ，代表スケールは 100 km および日〜年である．図 21.179 は，海洋気象衛星 NOAA の可視赤外映像センサ AVHRR による熱赤外画像であり，海面水温 (sea surface temperature, SST) 分布を示している．太平洋岸沖に伸びる幅約 100 km の高温帯が黒潮である．その両側には径 10〜100 km の渦がみえる．大気や海洋を対象とする NOAA/AVHRR の空間分解能は衛星直下で 1.1 km，輝度分解能は 0.12°C，観測幅は約 3000 km であり，この乱流場の可視化に十分な諸元を備えている．

黒潮に関連した海洋動態は，船舶の安全・経済航行，漁場の同定，沿岸異常潮位予測などの実用上の観点からだけでなく，日本列島周辺の海洋や大気，さらには陸域環境のメカニズムを把握するうえでも重要である．従来，黒潮の動態はときに「直進」

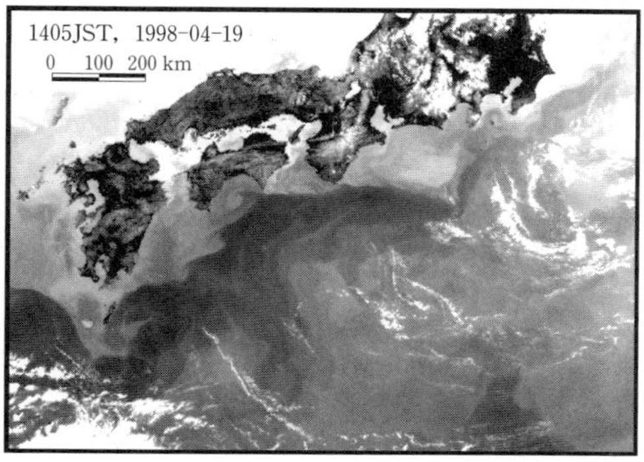

図 21.179 NOAA/AVHRR による黒潮の可視化 (1998 年 4 月 19 日)

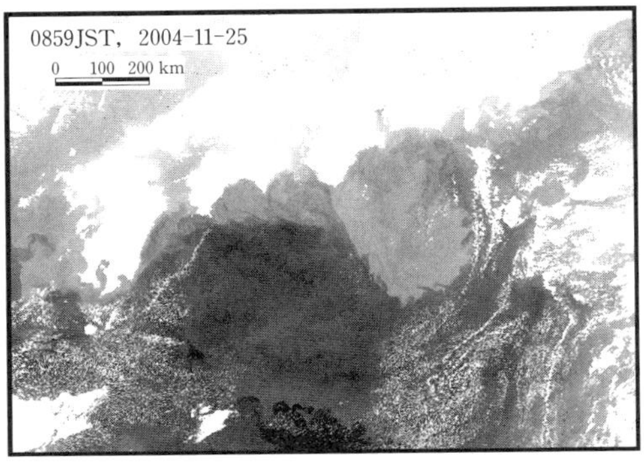

図 21.180　NOAA/AVHRR による黒潮の可視化（2004 年 11 月 25 日）

し，ときに「蛇行」する「流路の変動」として記述されてきた．たとえば，海上保安庁海洋情報部の「海洋速報」[4] によれば，図 21.179 の黒潮は「直進型（N 型）」流路をとっている．一方，図 21.180 の熱赤外画像は，もう一つの典型的な黒潮の状況，すなわち「大蛇行型（A 型）」に分類される．海洋乱流の観点から双方を比較すると，図 21.179 においては比較的多くの小径（100 km）の渦が不規則性の高い配列を示し，図 21.180 においては 2 個の大径（250 km）の中規模渦が渦対としての秩序構造を形成している．

このような黒潮流路の形態と海洋乱流場の秩序構造との関係は興味深い研究対象を提供するが，乱流場の定量化がアプローチの前提条件となる．海洋気象衛星 NOAA は，陸域対象の衛星に比べて粗い空間分解能と引き替えに回帰日数は 1/2 日に設定してあり，しかも複数の衛星が運用されるから，1 日に数シーンの画像を収集できる．図 21.181 は，図 21.180 の得られた 2004 年 11 月 25 日の NOAA データに PIV（particle image velocimetry）を適用して計測された海面流速ベクトル場である．これらの海面水温場と海面流速ベクトル場とを総合して判読することによって，黒潮と太平洋岸との間に乱流境界層が発達すること，乱流境界層内の逆カスケード過程によって，遠州灘に反時計回りの中規模渦が形成されていること，その直径 250 km は黒潮蛇行のスケールと同一であること，さらにこの渦と黒潮沖合の時計回りの渦とが一つの渦対としての秩序構造を組織していることがわかる．このとき，中規模渦の渦径/渦長比は 20，ロスビー数は 0.3 である．これらの値は中緯度の大気乱流場内部に卓越する低気圧/高気圧システムと共通であり，ともに渦の 2 次元性は高く，地球自転の影響を受ける．

c.　閉じた容器の内部の回転系乱流場

大気乱流との違いの一つは，双方のおかれている固体地球の条件にある．日本列島周辺海域には計 4 枚の地殻プレートが集中し，図 21.182 に示すように，起伏に富んだしかも適度の秩序構造を備えた海底地形を形成する．図 21.180，21.181 に可視化された遠州灘の反時計回りの中規模渦の東側境界は，伊豆半島沖から南方に真っすぐに延びる伊豆・小笠原海嶺である．同様に，黒潮沖の時計回りの中規模渦の西側境界は，九州沖から延びる九州・パラヲ海嶺である．すなわち，中規模渦の形成する渦対は，これら二つの直線状の海嶺と列島太平洋岸に囲まれた四国海盆のなかに収まっている．この海盆の海底面は水面下約 5000 m の平坦なプレート表面であり，中央には膠洲海山（−2180 m），第 2 紀南海山（−680 m）などのいくつかの離散的な海山群が紀伊水道から沖合に向けて直線状に並んで屹立している．この場合，膠洲海山は渦対中央の速い流れの直

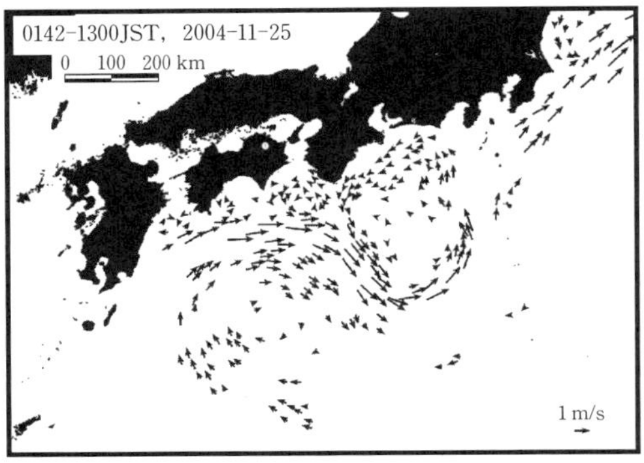

図 21.181　NOAA/AVHRR による PIV（2004 年 11 月 25 日）

図 21.182　日本列島周辺海洋乱流場を収容する閉じた容器

下に，第二紀南海山は渦対の項部に位置する．もし，この渦対の秩序構造が安定で再現性の高いものであったとすれば，この状況に対応する「大蛇行型(A型)」の黒潮流路がいったん出現すると，その後長期に安定することになる．実際，観測船による黒潮観測によれば，表層500 mを流れる黒潮の位置が，大蛇行時にはこれらの海山上に固定されることを示している[1]．NOAA/AVHRRによるモニタリング[5]によれば，このような「閉じた容器のなかの回転系乱流場の秩序構造」は，この四国海盆のほかに，親潮海域，オホーツク海の千島海盆，日本海および沖縄東方海域に出現することが示されている．

［西村　司］

文　献

1) H. Stommel, K. Yoshida : Kuroshio, Univ. of Tokyo Press, 1972, 517.
2) A. Roshko : J. AIAA, **14**, 1974, 1349-1357.
3) 木村竜治：地球流体力学入門，東京堂出版，1996，32-45.
4) 海上保安庁海洋情報部：http://www1.kaiho.mlit.go.jp/
5) http://www.rs.noda.tus.ac.jp/~ kaiyou/uzu.htm

付　録

ベクトルとテンソル

一般に，任意の二つのデカルト座標系間の座標変換（$O-x_1x_2x_3 \leftrightarrow O'-x'_1x'_2x'_3$）は，正と負の変換の合成により表現される（付表1）．正の変換には並進と回転があるが，このうち並進変換は自明であり，原点の移動ベクトル $\overline{OO'}=\boldsymbol{a}$ を用いて，任意の位置ベクトル $\boldsymbol{x}$ は $\boldsymbol{x}'=\boldsymbol{x}-\boldsymbol{a}$ へと変換される．一方，負の変換は，右手座標系から左手座標系への変換（鏡像）に対応する．

テンソルは，上記の正の変換のうち，座標系の回転に対して，普遍的な変換則をもつ実体として定義される．最も単純なテンソルは，温度や圧力などに代表されるスカラーであり，0階のテンソルである．また，速度や位置などの3成分の実数の組合せはベクトルであり，1階のテンソルである．より一般的には，3次元空間における n 階のテンソルは，3^n の成分の組合せで表現される（付表2）．

ここでは，座標系の回転に対するテンソルの変換則をもとに，テンソルの一般的性質から乱流解析への応用までを概説する．

付表 1　二つのデカルト座標系間の変換

		直交変換
正の変換	1）並進
	2）回転
負の変換	3）鏡像（右手系⇔左手系）

付表 2　テンソルの分類

階数	表記の例	成分の数
0	A（スカラー）	1
1	A_i（ベクトル）	3
2	A_{ij}	9
n	$\underbrace{A_{ijk\cdots}}_{n}$	3^n

付1　座標系の回転

いま，デカルト座標系 $O-\boldsymbol{x}_1\boldsymbol{x}_2\boldsymbol{x}_3$ における点 $\boldsymbol{x}$ を考え，その各方向座標を（x_1, x_2, x_3）とする．さらに座標系 $O-x_1x_2x_3$ を任意の方向に回転して得られる新しい座標系を $O'-x'_1x'_2x'_3$ とし，この座標系における $\boldsymbol{x}$ の各方向座標を（x'_1, x'_2, x'_3）とする（付図1）．

このとき，$\boldsymbol{x}$ は以下のように表される．

$$\boldsymbol{x}=\sum_{j=1}^{3} x_j\cdot\boldsymbol{e}_j=\sum_{j=1}^{3} x'_j\cdot\boldsymbol{e}'_j \tag{1}$$

ここで，（$\boldsymbol{e}_1, \boldsymbol{e}_2, \boldsymbol{e}_3$），および（$\boldsymbol{e}'_1, \boldsymbol{e}'_2, \boldsymbol{e}'_3$）は，各座標系における基底ベクトルである．以後，アインシュタインの総和規約（Einstein's summation convention）を適用し，式中に同じ添え字を用いた場合，その添字に関して1から3まで足し込みを行う．

これより，式（1）は以下のように簡略化される．

$$\boldsymbol{x}=x_j\cdot\boldsymbol{e}_j=x'_j\cdot\boldsymbol{e}'_j \tag{1*}$$

足し込み変数 j をダミーインデックス，足し込みを縮約と呼ぶ．

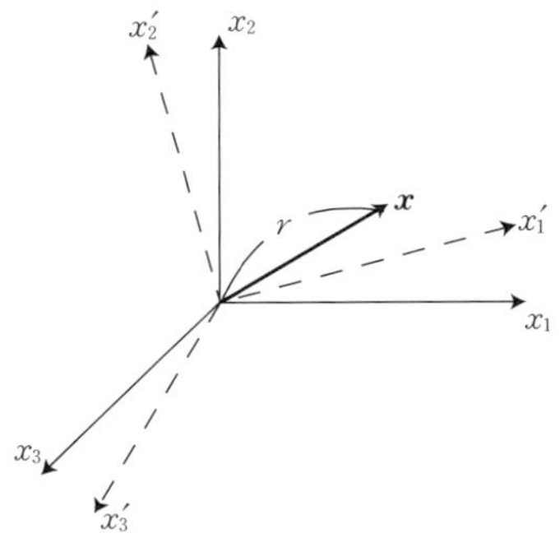

付図 1　デカルト座標系の回転

式 (1*) と $\boldsymbol{e}_i$ の内積をとると，

$$x_j\cdot\boldsymbol{e}_i\cdot\boldsymbol{e}_j=x_i=x'_j\cdot\boldsymbol{e}'_j\cdot\boldsymbol{e}_i=x'_j\cdot\boldsymbol{e}_{ji} \qquad (2)$$

となる．ここで，回転マトリックス e_{ij} は以下のように定義される．

$$e_{ij}=\boldsymbol{e}'_i\cdot\boldsymbol{e}_j \qquad (3)$$

同様に，式 (1*) と $\boldsymbol{e}'_i$ の内積をとることで，

$$x_j\cdot\boldsymbol{e}'_i\cdot\boldsymbol{e}_j=x'_j\cdot\boldsymbol{e}'_j\cdot\boldsymbol{e}'_i=x'_i \qquad (4)$$

を得る．式 (2) および式 (4) より，方向座標は座標系の回転により，以下のように変換される．

$$x'_i=x_j\cdot e_{ij}, \qquad x_i=x'_j\cdot e_{ji} \qquad (5)$$

ここで，e_{ij} の意味を考えると，定義 (3) より e_{ij} は新しい基底ベクトル $\boldsymbol{e}'_i$ のもとの基底ベクトル $\boldsymbol{e}_j$ に対する方向余弦である．

$$\boldsymbol{e}_{ij}=\boldsymbol{e}'_i\cdot\boldsymbol{e}_j=\cos\theta_{i'j} \qquad (6)$$

また，一般に，$\boldsymbol{e}'_i\cdot\boldsymbol{e}_j\neq\boldsymbol{e}'_j\cdot\boldsymbol{e}_i$ より，$e_{ij}\neq e_{ji}$ となることに注意する．

座標系の変換に対してベクトルの長さ r は不変であるから，以下の恒等式が成立する．

$$r^2=x_1{}^2+x_2{}^2+x_3{}^2=x_1'^2+x_2'^2+x_3'^2 \qquad (7)$$

これに式 (5) を代入すると，

$$\begin{aligned}r^2&=x_1{}^2+x_2{}^2+x_3{}^2=(x'_1e_{1i}+x'_2e_{2i}+x'_3e_{3i})\cdot(x'_1e_{1i}\\&\qquad+x'_2e_{2i}+x'_3e_{3i})\\&=x_1'^2(e_{11}{}^2+e_{12}{}^2+e_{13}{}^2)+x_2'^2(e_{21}{}^2+e_{22}{}^2+e_{23}{}^2)\\&\quad+x_3'^2(e_{31}{}^2+e_{32}{}^2+e_{33}{}^2)+2x_1'x_2'(e_{11}e_{21}+e_{12}e_{22}\\&\quad+e_{13}e_{23})+2x_2'x_3'(e_{21}e_{31}+e_{22}e_{32}+e_{23}e_{33})\\&\quad+2x_3'x_1'(e_{31}e_{11}+e_{32}e_{12}+e_{33}e_{13})\end{aligned} \qquad (8)$$

となる．式 (7) は，すべての x_1, x_2, x_3 に対して成立するため，e_{ij} に関して以下の関係式が得られる．

$$e_{11}{}^2+e_{12}{}^2+e_{13}{}^2=1 \qquad (9\text{-}1)$$

$$e_{21}{}^2+e_{22}{}^2+e_{23}{}^2=1 \qquad (9\text{-}2)$$

$$e_{31}{}^2+e_{32}{}^2+e_{33}{}^2=1 \qquad (9\text{-}3)$$

$$e_{11}e_{21}+e_{12}e_{22}+e_{13}e_{23}=0 \qquad (9\text{-}4)$$

$$e_{21}e_{31}+e_{22}e_{32}+e_{23}e_{33}=0 \qquad (9\text{-}5)$$

$$e_{31}e_{11}+e_{32}e_{12}+e_{33}e_{13}=0 \qquad (9\text{-}6)$$

よって，e_{ij} は正規直交系を構成する．アインシュタインの総和規約を適用すると，式 (9-1)～(9-6) は以下のように簡略化される．

$$e_{ij}e_{kj}=\begin{cases}1 & \text{for} \quad i=k\\0 & \text{for} \quad i\neq k\end{cases} \qquad (9^*)$$

さらに，一式で表現すると，

$$e_{ij}e_{kj}=\delta_{ik} \qquad (9^{**})$$

となる．ここで，δ_{ik} はクロネッカーのデルタ (Kronecker delta) であり，以下のように定義される．

$$\delta_{ik}=\begin{cases}1 & \text{for} \quad i=k\\0 & \text{for} \quad i\neq k\end{cases} \qquad (10)$$

付 2 テンソルの定義

付 2.1 スカラー

座標系の回転に対して値が不変となる変数をスカラー (scalar)，または 0 階のテンソルと呼ぶ．デカルト座標系における 2 点間の距離は，式 (7) よりスカラーである．また，ある点の温度，圧力などの値も，観測する座標系に依存しないのでスカラーである．

付 2.2 ベクトル

座標系の回転に対して，三つの成分が以下の変換則に従う実体 A_i をベクトル (vector)，または 1 階のテンソルと呼ぶ．

$$A'_i=A_j\cdot e_{ij} \qquad (11)$$

このとき，逆に

$$A_i=A'_i\cdot e_{ji} \qquad (12)$$

が成立する．

式 (5) より，点 $\boldsymbol{x}$ の方向座標 (x_1, x_2, x_3) はベクトルである．

ベクトルの各成分 A_i にスカラー B をかけたものを $\boldsymbol{C}=C_i=BA_i$ とすると，$\boldsymbol{C}$ はベクトルである．なぜなら，

$$C_i=BA_i=BA'_i\cdot e_{ji}=(BA'_i)\cdot e_{ji}=C'_i\cdot e_{ji} \qquad (13)$$

より，変換則 (12) を満足する．

また，二つのベクトル A_i, B_i の各成分を足したものを D_i とすると，以下に示すように，D_i もまたベクトルとなる．

$$\begin{aligned}D_i&=A_i+B_i=A'_i\cdot e_{ji}+B'_i\cdot e_{ji}=(A'_i+B'_i)\cdot e_{ji}\\&=D'_i\cdot e_{ji}\end{aligned} \qquad (14)$$

付 2.3 高階のテンソル (tensor of high order)

二つのベクトル $\boldsymbol{A}$, $\boldsymbol{B}$ の直積 (direct product) をとると，9 成分からなる 2 階のテンソル (tensor of rank two) $\boldsymbol{C}$ が得られる．

$$C_{ij}=A_iB_j=\begin{pmatrix} A_1B_1 & A_1B_2 & A_1B_3 \\ A_2B_1 & A_2B_2 & A_2B_3 \\ A_3B_1 & A_3B_2 & A_3B_3 \end{pmatrix} \quad (15)$$

このとき，$\boldsymbol{C}$ の各成分は座標回転により，以下のように変換される．

$$C'_{ij}=A'_iB'_j=e_{ik}A_ke_{jl}B_l=e_{ik}e_{jl}A_kB_l=e_{ik}e_{jl}C_{kl} \quad (16)$$

九つの成分が式 (16) の変換則に従う実体を 2 階のテンソルと定義する．

同様に，n 階のテンソル $\boldsymbol{A}$ と m 階のテンソル $\boldsymbol{B}$ の積により，$n+m$ 階のテンソル $\boldsymbol{C}$ が得られる．

$$A_{\underbrace{ijk\cdots}_{n}}B_{\underbrace{pqr\cdots}_{m}}=C_{\underbrace{ijk\cdots pqr\cdots}_{n+m}} \quad (17)$$

一般に，下記の変換則を満たす 3^n 個の成分の集まりを n 階のテンソル (tensor of rank n) と定義する．

$$A'_{\underbrace{ijk\cdots}_{n}}=\underbrace{\boldsymbol{e}_{ip}\boldsymbol{e}_{jq}\boldsymbol{e}_{kr}\cdots}_{n}A_{\underbrace{pqr\cdots}_{n}} \quad (18)$$

付3 テンソル解析

付 3.1 加 減 法

テンソルの加減法 (addition and subtraction of tensors) は同階数のテンソルのみに定義され，各成分に関して演算を行う．

$$A_{ij}+B_{ij}=C_{ij} \quad (19)$$

このとき，得られた $\boldsymbol{C}$ もテンソルであることが容易に示される．

付 3.2 テンソルの微分

テンソルを微分 (derivative of a tensor) することで，高階のテンソルが得られる．いま，あるスカラー A の空間微分を考えると，

$$\frac{\partial A'}{\partial x_i}=\frac{\partial x_j}{\partial x'_i}\frac{\partial A}{\partial x_j}=e'_{ji}\frac{\partial A}{\partial x_j}=e_{ij}\frac{\partial A}{\partial x_j} \quad (20)$$

となり，ベクトルの変換則 (11) を満たす．

一般的には，n 階のテンソルの m 階微分は，$n+m$ 階のテンソルとなる．たとえば，速度ベクトル u_i の空間微分 $\partial u_i/\partial x_j$ は 2 階のテンソルであり，変形速度テンソル (deformation rate tensor) と呼ばれる．

付 3.3 縮 約

2 階のテンソル C_{ij} を考える．ここで，添字 i と j に関して足し込みを行うと，

$$C_{ii}=e'_{ik}e'_{il}C'_{kl}=\delta_{kl}C'_{kl}=C'_{kk} \quad (21)$$

これより，C_{ii} は座標変換に対して不変なので，スカラーである．これは，二つのベクトルの直積を C_{ij} とすれば，両者の内積が座標系によらないことを示している．

一般に，n 階のテンソルの任意の二つの添字に関して足し込みを行うと，n-2 階のテンソルが得られる．このような演算を縮約 (contraction) と呼ぶ．以下にその例を記す．

$$A_{ijjk}=C_{ik} \quad (22)$$

$$A_{ij}B_{jkl}=C_{ijjkl}=D_{ikl} \quad (23)$$

付 3.4 対称テンソルと反対称テンソル

テンソル $\boldsymbol{A}$ の成分が，二つのインデックスに対して対称であるとき (たとえば，$A_{ijkl}=A_{jikl}$)，$\boldsymbol{A}$ を対称テンソルと呼ぶ．2 階の対称テンソルでは，独立な成分は六つとなる．逆に，$B_{ij}=-B_{ji}$ が成立するとき，$\boldsymbol{B}$ を反対称テンソルと呼ぶ．このとき，対角成分はゼロとなり，独立な成分は三つである．

任意のテンソル $\boldsymbol{C}$ は，対称テンソルと反対称テンソル (symmetric and antisymmetric tensors) の和で表現できる．

$$C_{ij}=\frac{1}{2}(C_{ij}+C_{ji})+\frac{1}{2}(C_{ij}-C_{ji}) \quad (24)$$

ここで，右辺第 1 項が対称テンソル，第 2 項が反対称テンソルである．

対称テンソル τ と任意のテンソル $\boldsymbol{B}$ の縮約を考える．

$$\tau_{ij}B_{ij}=\tau_{ij}(S_{ij}+A_{ij}) \quad (25)$$

ここで，$\boldsymbol{S}$ と $\boldsymbol{A}$ は $\boldsymbol{B}$ の対称成分と反対称成分であり，以下のように表される．

$$S_{ij}=\frac{1}{2}(B_{ij}+B_{ji}), \qquad A_{ij}=\frac{1}{2}(B_{ij}-B_{ji}) \quad (26)$$

式 (25) を変形すると，

$$\begin{aligned} \tau_{ij}B_{ij} &= \tau_{ij}(S_{ij}+A_{ij}) && (25) \\ &= \tau_{ij}S_{ij}-\tau_{ij}A_{ji} \quad \because \quad A_{ij}=-A_{ji} \\ &= \tau_{ij}S_{ij}-\tau_{ji}A_{ji} \quad \because \quad \tau_{ij}=\tau_{ji} \\ &= \tau_{ij}S_{ij}-\tau_{ij}A_{ij} \quad \because \quad i\leftrightarrow j && (27) \end{aligned}$$

式 (25)，(27) より，対称テンソル $\boldsymbol{\tau}$ と反対称テ

ンソル $\boldsymbol{A}$ の縮約はゼロとなる.

$$\tau_{ij}A_{ij}=0 \tag{28}$$

したがって，最終的に以下の関係式を得る.

$$\tau_{ij}B_{ij}=\frac{1}{2}\tau_{ij}(B_{ij}+B_{ji}) \tag{29}$$

すなわち，対称テンソルと反対称テンソルの縮約は常にゼロとなり，対称テンソル $\boldsymbol{\tau}$ と任意のテンソル $\boldsymbol{B}$ の縮約は，$\boldsymbol{\tau}$ と $\boldsymbol{B}$ の対称成分の縮約と等しい.

付4　等方テンソル

テンソルは変換則（18）を満たす実体として定義される．そのうち，任意の座標変換に対して，成分が不変となる特別なテンソルがある．それらを等方テンソル（isotropic tensor）と呼ぶ．定義より，任意のスカラーは0階の等方テンソルである．一方，1階の等方テンソルは，零ベクトル $\mathbf{0}=(0,0,0)$ のみである.

付4.1　クロネッカーのデルタ

2階の等方テンソルとしては，クロネッカーのデルタ（Kronecker delta）δ_{ij}（式（10））がある.

いま，δ_{ij} をテンソルと仮定すると，

$$\delta'_{kl}=\boldsymbol{e}_{ki}\boldsymbol{e}_{lj}\delta_{ij}=\boldsymbol{e}_{ki}\boldsymbol{e}_{li}=\begin{cases}1 & (k=l)\\ 0 & (k\neq 1)\end{cases} \tag{30}$$

であるから，座標変換後の δ'_{kl} の成分は不変である.

重要な δ_{ij} の性質として以下のものがある.

$$\delta_{ii}=\delta_{11}+\delta_{22}+\delta_{33}=3 \tag{31}$$

$$\delta_{ij}\delta_{jk}=\delta_{ik} \tag{32}$$

また，テンソルに δ_{ij} をかけることで，添字の交換，縮約が行われる．以下にその例を示す.

$$\begin{aligned}\delta_{ij}A_{kj}&=\boldsymbol{e}_{mi}\boldsymbol{e}_{mj}\boldsymbol{e}_{lk}\boldsymbol{e}_{nj}A'_{ln}=\boldsymbol{e}_{mi}\boldsymbol{e}_{lk}\boldsymbol{e}_{mj}\boldsymbol{e}_{nj}A'_{ln}\\&=\boldsymbol{e}_{mi}\boldsymbol{e}_{lk}A'_{lm}=A_{ki}\end{aligned} \tag{33}$$

$$\delta_{ip}A_{ij}B_{pqr}=A_{ij}B_{iqr}=C_{jqr} \tag{34}$$

付4.2　交代テンソル

3階の等方テンソルは，交代テンソル（alternative tensor）ε_{ijk} であり，以下のように定義される.

$$\begin{cases}\varepsilon_{123}=\varepsilon_{231}=\varepsilon_{312}=1\\ \varepsilon_{321}=\varepsilon_{213}=\varepsilon_{132}=-1\\ \varepsilon_{ijk}=0 \quad (i=j \;\text{ or }\; j=k \;\text{ or }\; k=i)\end{cases} \tag{35}$$

交代テンソル ε_{ijk} に任意のベクトル A_l をかけて，添字 k，l に関して縮約を取ると，2階の反対称テンソル B_{ij}（antisymmetric tensor）が得られる.

$$B_{ij}=\varepsilon_{ijk}A_k=\varepsilon_{ij1}A_1+\varepsilon_{ij2}A_2+\varepsilon_{ij3}A_3 \tag{36}$$

マトリックス表示すると，

$$B_{ij}=\begin{pmatrix}0 & A_3 & -A_2\\ -A_3 & 0 & A_1\\ A_2 & -A_1 & 0\end{pmatrix} \tag{37}$$

より，$B_{ij}=-B_{ji}$ となる．反対称テンソル B_{ij} には，対応するベクトル A_l が必ず存在し，両者は ε_{ijk} を用いて式（36）より関連づけられる.

交代テンソル ε_{ijk} に二つのベクトル A_j，B_k をかけることで，ベクトル C_i が得られる．これは，ベクトル解析の外積（cross product）$\boldsymbol{A}\times\boldsymbol{B}$ に相当する.

$$C_i=\varepsilon_{ijk}A_jB_k: \quad \boldsymbol{C}=\boldsymbol{A}\times\boldsymbol{B} \tag{38}$$

ここで，

$$\begin{aligned}C_1&=\varepsilon_{ij1}A_iB_j=A_2B_3-A_3B_2\\ C_2&=\varepsilon_{ij2}A_iB_j=A_3B_1-A_1B_3\\ C_3&=\varepsilon_{ij3}A_iB_j=A_1B_2-A_2B_1\end{aligned} \tag{39}$$

である.

また，交代テンソル ε_{ijk} と三つのベクトル A_i，B_j，C_k の積により，スカラーが得られる．これは，ベクトル解析における $\boldsymbol{A}\cdot(\boldsymbol{B}\times\boldsymbol{C})$ に対応する.

$$\begin{aligned}\varepsilon_{ijk}A_iB_jC_k&=A_1B_2C_3+A_2B_3C_1+A_3B_1C_2-A_3B_2C_1\\&\quad-A_2B_1C_3-A_1B_3C_2\\&=A_1(B_2C_3-B_3C_2)+A_2(B_3C_1-B_1C_3)\\&\quad+A_3(B_1C_2-B_2C_1)\\&=\boldsymbol{A}\cdot(\boldsymbol{B}\times\boldsymbol{C})\end{aligned} \tag{40}$$

その他の交代テンソルの重要な性質として，

$$\delta_{ij}\varepsilon_{ijk}=\mathbf{0} \tag{41}$$

$$\varepsilon_{ijk}\varepsilon_{lmn}=\begin{vmatrix}\delta_{il} & \delta_{im} & \delta_{in}\\ \delta_{jl} & \delta_{jm} & \delta_{jn}\\ \delta_{kl} & \delta_{km} & \delta_{kn}\end{vmatrix} \tag{42}$$

がある．式（42）を展開すると，

$$\begin{aligned}\varepsilon_{ijk}\varepsilon_{lmn}&=\delta_{il}\delta_{jm}\delta_{kn}+\delta_{im}\delta_{jn}\delta_{kl}+\delta_{in}\delta_{jl}\delta_{km}\\&\quad-\delta_{il}\delta_{jn}\delta_{km}-\delta_{im}\delta_{jl}\delta_{kn}-\delta_{in}\delta_{jm}\delta_{kl}\end{aligned} \tag{42*}$$

となる．

式（42*）の縮約を1回とると，

$$\varepsilon_{ijk}\varepsilon_{lmk}=\delta_{il}\delta_{jm}-\delta_{im}\delta_{jl} \quad (43)$$

を得る．

さらに1回縮約をとることで，

$$\varepsilon_{ijk}\varepsilon_{ljk}=\delta_{il}\delta_{jj}-\delta_{ij}\delta_{jl}=3\delta_{il}-\delta_{il}=2\delta_{il} \quad (44)$$

を得る．

最終的に，すべてのインデックスに関して縮約をとると，

$$\varepsilon_{ijk}\varepsilon_{ijk}=2\delta_{ii}=6 \quad (45)$$

となる．

4階以上の等方テンソルは，スカラー，クロネッカーのデルタ δ_{ij}，および交代テンソル ε_{ijk} の積で表される．たとえば，4階の等方テンソル T_{ijkl} は，δ_{ij} と任意のスカラー A，B，C を用いて，以下のように表現できる．

$$T_{ijkl}=A\delta_{ij}\delta_{kl}+B\delta_{ik}\delta_{jl}+C\delta_{il}\delta_{jk} \quad (46)$$

付5　テンソルの不変量 (tensor invariants)

すべての成分が実数である対称テンソル $\boldsymbol{\tau}$ を考える．レイノルズ応力テンソル，歪み速度テンソルなどがこれに相当する．以下，$\boldsymbol{\tau}$ の重要な性質を記す．

付5.1　固有値と固有ベクトル

$\boldsymbol{\tau}$ は三つの実数の固有値 λ^k $(k=1,2,3)$ をもつ．このとき，各固有値に対応する固有ベクトル $\boldsymbol{b}^k$ が存在し，以下の関係を満たす．

$$\tau_{ij}b_j=\lambda b_i \quad \text{または，} \quad (\tau_{ij}-\lambda\delta_{ij})\,b_j=0 \quad (47)$$

これは，ベクトル $\boldsymbol{b}$ を $\boldsymbol{\tau}$ により1次変換した際に，方向が不変で長さが λ 倍される方向を求めることを意味する．式（47）が自明でない解をもつためには，λ は以下の3次式（固有方程式）を満たす必要がある．

$$\det|\tau_{ij}-\lambda\delta_{ij}|=0 \quad (48)$$

数式で記述すると，

$$\lambda^3-I\lambda^2+II\lambda-III=0 \quad (49)$$

となる．ここで，

$$I=\tau_{ii} \quad (50\text{-}1)$$

$$II=(\tau_{ii}\tau_{jj}-\tau_{ii}^2)/2 \quad (50\text{-}2)$$

$$III=(\tau_{ii}\tau_{jj}\tau_{kk}-3\tau_{ii}\tau_{jj}^2+2\tau_{ii}^3)/3! \quad (50\text{-}3)$$

ただし，

$$\tau_{ij}^2=\tau_{ik}\tau_{kj}, \qquad \tau_{ij}^3=\tau_{ik}\tau_{kl}\tau_{lj} \quad (51)$$

である．I，II，III は座標回転に対して不変であり，$\boldsymbol{\tau}$ の不変量と呼ばれる．

三つの固有値 λ^k $(k=1,2,3)$ に対応する固有ベクトルは，式（47）を解くことで求められる．このとき，三つの固有ベクトルは，$\boldsymbol{\tau}$ の主軸 (principal axis) と呼ばれ，互いに直交する．

座標軸と $\boldsymbol{\tau}$ の主軸が一致するよう座標系を回転させると，$\boldsymbol{\tau}$ は以下のように対角化される．

$$\tau_{ij}=\begin{pmatrix}\lambda^1 & 0 & 0\\ 0 & \lambda^2 & 0\\ 0 & 0 & \lambda^3\end{pmatrix} \quad (52)$$

このとき，対角成分は固有値となる．

座標系の回転に伴い，$\boldsymbol{\tau}$ の各成分は式（16）に従って変換される．しかし，各成分のとれる値には以下の制限がある．

$$\lambda_{\min}\leq\tau_{ij}\leq\lambda_{\max} \quad (53)$$

ここで，$\lambda_{\min}$ と $\lambda_{\max}$ は，三つの固有値の最大値と最小値である．すなわち，主軸方向とは，テンソル成分が極値をとる方向である．

付5.2　ケーリー-ハミルトンの定理

$\boldsymbol{\tau}$ の主軸と座標軸を一致させ $\boldsymbol{\tau}$ 対角化すると，λ^k $(k=1,2,3)$ の固有方程式（49）は，行列形式で以下のように表記できる．

$$\boldsymbol{\tau}^3-I\boldsymbol{\tau}^2+II\boldsymbol{\tau}-III=0 \quad (54)$$

ここで，左辺はテンソルであるから，いかなる座標系の回転に対しても，式（54）は成立する．一般に，テンソル $\boldsymbol{\tau}$ の固有方程式が $f(\lambda)=0$ で与えられるとき，$f(\boldsymbol{\tau})=0$ が成立する．これをケーリー-ハミルトンの定理 (the Cayley-Hamilton theorem) と呼ぶ．

式（54）の左辺第2項以降を右辺へ移項すると，

$$\boldsymbol{\tau}^3=I\boldsymbol{\tau}^2-II\boldsymbol{\tau}+III \quad (54^*)$$

となる．これより，$\boldsymbol{\tau}$ の3次以上のすべての項は，2次以下の線形結合で表現できることがわかる．

乱流研究において，レイノルズ応力テンソル $-\overline{u_i'u_j'}$ の予測は，主要課題の一つである．その際，$-\overline{u_i'u_j'}$ を平均歪み速度テンソル

$$S_{ij}=\frac{1}{2}(\partial U_i/\partial x_j+\partial U_j/\partial x_i)$$

と平均渦度テンソル

$$\omega_{ij}=\frac{1}{2}(\partial U_i/\partial x_j-\partial U_j/\partial x_i)$$

の結合和で表現するのが一般的である．このとき，ケーリー-ハミルトンの定理は，2次以下のテンソルの結合和を仮定する数学的根拠となっている．

付 5.3　テンソル不変量による乱流場非等方性の定量化

テンソルの不変量解析の応用例として，ここでは，乱流場の非等方性の定量化を行う．

レイノルズ応力の非等方テンソル（anisotropy tensor）b_{ij} を以下のように定義する．

$$b_{ij}=\left(\overline{u'_iu'_j}-\frac{1}{3}q^2\delta_{ij}\right)/q^2 \qquad (55)$$

ただし，

$$q^2=\overline{u'_iu'_i} \qquad (56)$$

である．式（55）より，b_{ij} は，レイノルズ応力テンソル $\overline{u'_iu'_j}$ をトレースフリーとしたのち，局所の乱流強度で正規化したものであり，乱流の非等方性の度合いを表す．

$\overline{u'_1u'_1}$, $\overline{u'_2u'_2}$, $\overline{u'_3u'_3}>0$ であるから，b_{ij} のとりうる値には以下の制限がある．

$$-\frac{1}{3}\leq b_{ij}\leq\frac{2}{3} \qquad (57)$$

次に，b_{ij} の不変量を計算する．トレースフリー条件より，第1不変量 I は，つねにゼロとなる．

$$I=b_{ii}=0 \qquad (58)$$

したがって，非等方テンソル b_{ij} の状態は，二つの不変量 II，III により表現される．なお，b_{ij}，I，II，III の代わりに，各成分を2倍した a_{ij}，およびその固有値 A_1，A_2，A_3 を用いることがある．b_{ij} と a_{ij} の各成分と固有値の関係は，以下の式で与えられる．

$$a_{ij}=\frac{\overline{2u'_iu'_j}}{q}-\frac{2}{3}\delta_{ij}=2b_{ij} \qquad (59)$$

$$A_2=a_{ij}a_{ji}=-8II \qquad (60)$$

$$A_3=a_{ij}a_{jk}a_{ki}=24III \qquad (61)$$

$$A_1=1-\frac{9}{8}(A_2-A_3)=I \qquad (62)$$

以下に，代表的な流れ場における，II と III の関係を記す．なお，テンソルの不変量は座標系によらないことを考慮し，以下では b_{ij} の主軸方向に座標系をとり，対角化された b_{ij} を考える．

a.　2次元流れ

$\overline{u'_3u'_3}=0$ となる2次元流れを考える．このとき，b_{ij} の一般形は以下のようになる．

$$b_{ij}=\begin{pmatrix} a & 0 & 0 \\ 0 & 1/3-a & 0 \\ 0 & 0 & -1/3 \end{pmatrix} \qquad (63)$$

ただし，$-1/3\leq a\leq 2/3$ である．このとき，第2，第3不変量は以下のように与えられる．

$$II=-b_{ij}b_{ji}/2=-\left\{a^2+\left(\frac{1}{3}-a\right)^2+\left(\frac{1}{3}\right)^2\right\}\Big/2$$

$$=-a^2+\frac{1}{3}a-\frac{1}{9} \qquad (64)$$

$$III=b_{ij}b_{jk}b_{ki}/3=\left\{a^3+\left(\frac{1}{3}-a\right)^3+\left(-\frac{1}{3}\right)^3\right\}\Big/3$$

$$=\frac{1}{9}a^2-\frac{1}{27}a \qquad (65)$$

式（64），（65）より，2次元流れでは，以下の関係式が成立する．

$$II+9III+\frac{1}{9}=0 \qquad (66)$$

b.　軸対称流れ

$\overline{u'_1u'_1}=\overline{u'_2u'_2}=-\overline{u'_3u'_3}/2$ となる軸対称流れを考える．このとき，b_{ij} の一般形は以下のようになる．

$$b_{ij}=\begin{pmatrix} a & 0 & 0 \\ 0 & a & 0 \\ 0 & 0 & -2a \end{pmatrix} \qquad (67)$$

第2，第3不変量を計算すると，

$$II=-b_{ij}b_{ji}/2=-\{a^2+a^2+(-2a)^2\}/2=-3a^2 \qquad (68)$$

$$III=b_{ij}b_{jk}b_{ki}/3=\{a^3+a^3+(-2a)^3\}/3=-2a^3 \qquad (69)$$

となる．

1）　$a>0$ のとき　　$b_{11}=b_{22}>0$，$b_{33}<0$ であり，物理的には軸対称ノズル流れに対応する．このとき，$II<0$，$III<0$ となり，II と III の関係式は次式で与えられる．

$$III=-2\left(\frac{-II}{3}\right)^{3/2} \qquad (70)$$

2）　$a<0$ のとき　　$b_{11}=b_{22}<0$，$b_{33}>0$ であり，物理的には軸対称ディフューザ流れに対応する．このとき，$II<0$，$III>0$ となり，II と III の関係式は

$$III=2\left(\frac{-II}{3}\right)^{3/2} \tag{71}$$

となる．

横軸に III，縦軸に $-II$ をとり，2次元面内にプロットしたものを，乱流非等方テンソルの不変量図 (anisotropy invariant map) と呼ぶ[3]．このとき，すべての点は，式 (66)，式 (70)，式 (71) の三つの曲線で囲まれる領域に収まる．式 (66) と式 (70) の交点 $(III,-II)=(-1/108, 1/12)$ は2次元等方流れ ($b_{11}=b_{22}=1/6$，$b_{33}=-1/3$)，式 (66) と式 (71) の交点 $(III,-II)=(2/27, 1/3)$ は1次元流れ ($b_{11}=2/3$，$b_{22}=b_{33}=-1/3$)，式 (70) と式 (71) の交点 $(III,-II)=(0,0)$ は3次元等方性流れ ($b_{11}=b_{22}=b_{33}=0$) に対応する．

付図2に，平行平板間乱流場 ($Re_\tau=150$) における第2，第3不変量のDNSデータをプロットしたものを示す．チャネル中央では，3次元等方流れ ($III\sim0$，$II\sim0$) に近く，壁に近づくに従って2次元性が増加する．$y^+=8$ 近辺で1次元性が最も強く現れたのち，さらに壁近傍では2次元等方流れに向かうことがわかる．

このように，テンソルの不変量を用いることで，座標系に依存しない，乱流場の非等方度の記述が可能となる．　　**［笠木伸英・長谷川洋介］**

文　　献

1) J. O. Hinze : Turbulence, 2nd ed., McGraw-Hill, 1975, 771-780.
2) P. K. Kundu : Fluid Mechanics, Academic Press, 1990, 24-46.
3) J. L. Lumley, G. R. Newman : J. Fluid Mech., **82**, 1977, 161-178.

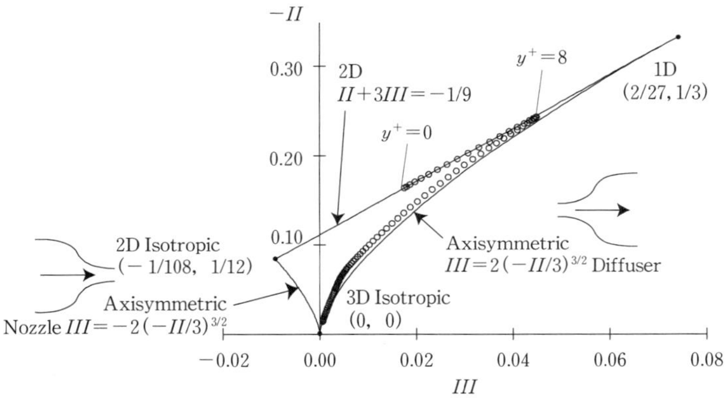

付図 2　乱流非等方テンソルの不変量図
○：平行平板間乱流場 ($Re_\tau=150$) の DNS データ．

乱流工学参考書

1. 吉澤　徴：流体力学，東京大学出版会，2001.
2. 日野幹雄：流体力学，朝倉書店，1992.
3. 日本流体力学会編：流体力学ハンドブック，第2版，丸善，1998.
4. 笠木伸英，木村龍治，西岡道男，日野幹雄，保原　充（編）：流体実験ハンドブック，朝倉書店，1997.
5. P.K. Kundu : Fluid Mechanics, Academic Press, 1990.
6. R.B. Bird, W.E. Stewart and E.N. Lightfoot : Transport Phenomena, 2nd ed., John Wiley & Sons, 2007.
7. W.M. Lai, D. Rubin and E. Krempl : Introduction to Continuum Mechanics, 3rd ed., Pergamon Press, 1993.
8. F.P. Incropera and D.P. DeWitte : Introduction to Heat Transfer, John Wiley & Sons, 1985.
9. M. Van Dyke : An Album of Fluid Motion, The Parabolic Press, 1982.
10. H. Tennekes and J.L. Lumley : A First Course in Turbulence, The MIT Press, 1972.
11. J.O. Hinze : Turbulence, 2nd ed., McGraw-Hill, 1975.
12. H. Schlichting and K. Gersten : Boundary-Layer Theory, Springer, 8th ed., 2000.
13. J.C. Tannehill, D.A. Anderson and R.H. Pletcher : Computational Fluid Mechanics and Heat Transfer, 2nd ed., Taylor & Francis, 1997.
14. W.M. Kays, M.E. Crawford and B. Weigand : Convective Heat and Mass Transfer, 4th ed., McGraw-Hill, 2005.
15. S.B. Pope : Turbulent Flows, Cambridge University Press, 2000.
16. P.A. Davidson : Turbulence An Introduction for Scientists and Engineers, Cambridge University Press, 2004.
17. 日野幹雄：スペクトル解析（統計科学ライブラリー），朝倉書店，1977.
18. 日野幹雄（総編）：スペクトル解析ハンドブック，朝倉書店，2004.
19. 後藤俊幸：乱流理論の基礎，朝倉書店，1998.
20. 木田重雄，柳瀬眞一郎：乱流力学，朝倉書店，1999.
21. 高橋亮一：差分法，培風館，1991.
22. S. V. パタンカー（著），水谷幸夫，香月正司（訳）：コンピュータによる熱移動と流れの数値解析，森北出版，1985.
23. 藤井孝三：流体力学の数値計算法，東京大学出版会，1994.
24. 梶島岳夫：乱流の数値シミュレーション，養賢堂，1999.
25. 保原　充，大宮司久明（編）：数値流体力学，東京大学出版会，1992.
26. 大宮司久明，三宅　裕，吉澤　徴（編）：乱流の数値流体力学，東京大学出版会，1998.
27. 笠木伸英，長野靖尚，宮内敏雄：乱流伝熱のダイレクトシミュレーション（新編伝熱工学の進展，第3巻，日本機械学会(編))，養賢堂，2000，1-123.

乱流工学関連のデータベース・ウェブサイト

1. e-Fluids
http://www.efluids.com/

2. DATHET Database of Turbulent Heat Transfer, Japan Society of Mechanical Engineers
http://www.jsme.or.jp/ted/HTDB/dathet.html

3. DNS and 3-D PTV Database, Turbulence and Heat Transfer Laboratory, The University of Tokyo
http://www.thtlab.t.u-tokyo.ac.jp/

4. DNS Database of Wall Turbulence and Heat Transfer, Tokyo University of Science
http://murasun.me.noda.tus.ac.jp/db/index.html

5. DNS Database, Heat Transfer Laboratory, Nagoya Institute of Technology
http://heat.mech.nitech.ac.jp/database/DNS.html

6. Institute of Fluid Science Database, Tohoku University
http://afidb.ifs.tohoku.ac.jp/

7. ERCOFTAC (European Research Community on Flow Turbulence And Combustion) "Classic Collection"
http://cfd.mace.manchester.ac.uk/ercoftac/

8. AGARD Test Cases for the Validation of Large-Eddy Simulations of Turbulent Flows
ftp://torroja.dmt.upm.es/

9. DNS Database of Turbulent Natural Convection in Horizontal Fluid Layers
http://hikwww4.fzk.de/irs/anlagensicherheit_und_systemsimulation/fluid_dynamics/

10. Laser Doppler and Phase Doppler Signal and Data Processing
http://ldvproc.nambis.de

11. INRIA Numerical Simulation Research Center
http://www-sop.inria.fr/sinus/

12. NASA Technical Reports Server
http://ntrs.nasa.gov/search.jsp

13. NASA Technical Reports Archive
http://www.nas.nasa.gov/News/Techreports/techreports.html

14. Thermodynamics Resource, Sandia National Laboratories
http://www.ca.sandia.gov/HiTempThermo/

15. Journal of Fluids Engineering Databank
http://scholar.lib.vt.edu/ejournals/JFE/data/JFE/

16. Princeton Super Pipe and Boundary Layer Data
http://gasdyn.princeton.edu/

17. Boundary Layer Images and Data from University of Illinois
http://ltcf.tam.uiuc.edu/Downloads/Data/BL/index.html

18. The JHU Turbulence Database Cluster
http://turbulence.pha.jhu.edu/

(2009 年 8 月現在)

索　　引

オ

カ

サ

シ

ス

セ

ハ

ヒ

フ

資　料　編

—掲載会社—

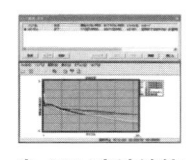

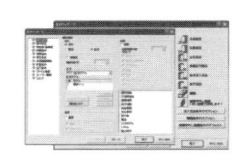

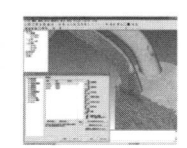

乱流工学ハンドブック　　定価は外函に表示

2009年11月20日　初版第1刷

総編集　笠木伸英
編集委員　河村　洋
長野靖尚
宮内敏雄
発行者　朝倉邦造
発行所　株式会社 朝倉書店
東京都新宿区新小川町 6-29
郵便番号　162-8707
電　話　03(3260)0141
FAX　03(3260)0180
http://www.asakura.co.jp
〈検印省略〉

中央印刷・渡辺製本

ISBN 978-4-254-23122-9　C 3053　Printed in Japan

東大 笠木伸英・前東大 木村龍治・前大阪府大 西岡通男・前東工大 日野幹雄・愛知工大 保原　充編

流体実験ハンドブック

20088-1 C3050　　A５判 740頁 本体28000円

コンピュータの発展とともに画像化，数値化，高速処理化も可能となり，流体力学の実験面での進歩は著しい。本書はそれらの成果をもとに最新の応用面まで総合的に解説。〔内容〕流体実験の歴史／流体力学の基礎／計測の不確かさ／データの最適化／流れの計測／流れの可視化，データ画像処理／衛星リモートセンシング／数値実験／物体まわりの流れ／機械・装置内の流れ／開水路流の計測／海岸での現地観測手法と観測機器／密度流・回転流・地球流体／混相流／その他の流れ／他

前東大 大橋秀雄・横国大 黒川淳一他編

流体機械ハンドブック

23086-4 C3053　　B５判 792頁 本体38000円

最新の知識と情報を網羅した集大成。ユーザの立場に立った実用的な記述に最重点を置いた。また基礎を重視して原理・現象の理解を図った〔内容〕【基礎】用途と役割／流体のエネルギー変換／変換要素／性能／特異現象／流体の性質／【機器】ポンプ／ハイドロ・ポンプタービン／圧縮機・送風機／真空ポンプ／蒸気・ガス・風力タービン／【運転・管理】振動／騒音／運転制御と自動化／腐食・摩耗／軸受・軸封装置／省エネ・性能向上技術／信頼性向上技術・異常診断［付録：規格・法規］

日本混相流学会編

混相流ハンドブック

20117-8 C3050　　A５判 512頁 本体20000円

固体・液体・気体が混在あるいは共存している混合体の流れを混相流という。本書は学会の総力をあげて解説する決定版。〔基礎編〕にて気液，固気，液液，固液の輸送現象の概念と数値計算法および計測法について基礎概念を述べ，〔応用編〕で各専門領域(電磁流体，エネルギー，環境，原子力，資源，材料，化学，石油，粉体，機械，油空圧，輸送機器，海洋，土木，衛生，雪氷，宇宙，農業，医学，医薬品)での混相流現象の実体を活写する。他分野の状況も把握できる総合HBである。

前東工大 日野幹雄総編集

スペクトル解析ハンドブック

20108-6 C3050　　B５判 640頁 本体28000円

理工学のみならず，医学や経済学その他の分野においても幅広く応用されているスペクトル解析について，基礎から丁寧に解説するとともに，一線で活躍する各分野の執筆者が実際の応用事例を紹介したスペクトル解析の総合事典。〔内容〕基礎編(スペクトル解析の基礎，ウェーブレット解析，カオスとフラクタル)／応用編(流体力学，気象，海洋，海岸，地震・地震工学，土木・建築，機械工学，航空宇宙・船舶・自動車，化学・化学工学，光学，音声・画像処理，医学，ファイナンス)

前東工大 日野幹雄著

流体力学

20066-9 C3050　　A５判 496頁 本体7900円

魅力的な図や写真も多用し流体力学の物理的意味を十分会得できるよう懇切ていねいに解説し，流体力学の基本図書として高い評価を獲得(土木学会出版賞受賞)している。〔内容〕I.完全流体の力学／II.粘性流体の力学／III.乱流および乱流拡散

前東工大 日野幹雄著

統計ライブラリー

スペクトル解析

12511-5 C3341　　A５判 312頁 本体5500円

広い分野で応用されているランダムデータのスペクトル解析法をその初歩から説きおこし，応用例をあげつつ順次高次の概念へと導き，最後に具体的計算法を解説する。〔内容〕スペクトル解析の基礎理論／データ処理の理論と方法

名工大 後藤俊幸著

乱流理論の基礎

13074-4 C3042　　A５判 244頁 本体4200円

乱流の技術的応用が進んでいる現在，その基礎となる統計理論に基づいて体系的に解説。〔内容〕乱流場の数学的記述／乱流の現象論／乱流の準正規理論／直接相互作用近似／ラグランジュ的くりこみ近似／くりこみ群／乱流の間欠性／付録

京大 木田重雄・岡山大 柳瀬眞一郎著

乱流力学

20095-9 C3050　　A５判 464頁 本体7800円

乱流力学の体系的定本。〔内容〕流体の動力学(流れの基礎方程式，等)／乱流の統計力学(一様乱流，乱流輸送，等)／渦構造の力学(渦力学，一様・非一様乱流の渦構造，等)／乱流の計算法(乱流の計算と渦粘性，各種シミュレーション，等)

上記価格（税別）は2009年10月現在